CHEMISCHES ZENTRALBLATT

1830 gegründet
1897—1945 von der Deutschen Chemischen Gesellschaft fortgeführt

Herausgegeben im Auftrage
der Deutschen Akademie der Wissenschaften zu Berlin,
der Chemischen Gesellschaft in der DDR,
der Akademie der Wissenschaften zu Göttingen
und der Gesellschaft Deutscher Chemiker
von Prof. Dr. HEINRICH BERTSCH und Prof. Dr. Dr. h. c. WILHELM KLEMM

Chefredakteure
Dr. HELGA VÖLZ und Dr.-Ing. CHRISTIAN WEISKE

REFERAT 0001—1811
SEITE 1—192
140. JAHRGANG

19/1969

7. MAI 1969

AKADEMIE-VERLAG GMBH · BERLIN · VERLAG CHEMIE GMBH · WEINHEIM/BERGSTRASSE

Inhalt

CHEMISCHES ZENTRALBLATT

BIBLIOGRAPHIEN
Nr. 5 · 1969

Neue Bücher

A. Allgemeine, physikalisch-anorganische und anorganische Chemie

Edmund John Bowen, Luminescence in chemistry. London: Van Nostrand. 1968. (XIV + 254 S. m. Abb. u. Taf.) 75 s.

Paul Prosper Colmant, Chimie générale et abrégé de chimie minerale. 5e édit. Paris: Editions Wesmael-Charlier. 1968. (XVI + 622 S. m. Abb., Tab. u. Diagr.) 8⁰. 400 fr.

V. I. Gol'danskii, Chemical applications of Mössbauer spectroscopy. New York: Academic. 1968. (XIV + 701 S. m. Abb.) $ 29,—.

Henri Guérin, Chimie. 3e édit. 1. Chimie physique. Paris: Dunod. 1968. (XXX + 432 S. m. Abb.) 48 F.

Edward W. Lawless, Inorganic high-energy oxidizers: synthesis, structure, and properties. New York: M. Dekker. 1968. (X + 304 S.) $ 14.75.

Kenneth Malcolm Mackay, Introduction to modern inorganic chemistry. London: Intertext. 1968. (263 S. m. Abb.) 55 s.

D. J. Marks, Introduction to physical inorganic chemistry. London: Longmans. 1968. (IX + 273 S. m. Abb.) 25 s.

Maurice Ravaille, Chimie générale. 2e édit. Paris: J.-B. Baillière et fils. 1968. (VIII + 370 S. m. Abb.) 8⁰. 52,50 F.

Hans Strehlow, Magnetische Kernresonanz und chemische Struktur. 2., erw. Aufl. Darmstadt: Steinkopff. 1968. (XII + 174 S. m. 99 Abb. u. 22 Tab.) 8⁰ = Fortschritte der physikalischen Chemie. Bd. 7. DM 34,—.

H. Wahl, Chimie générale appliquée. Paris: Masson. 1968. (374 S. m. 126 Abb.) 58 F.

A–1. Physik der Atomkerne

Marc Lefort, Nuclear chemistry. Princeton, London: Van Nostrand. 1968. (XVI + 531 S. m. Abb.) 5 £.

Richard H. Lemmer u. a., Intermediate structure in nuclear reactions. Lexington: Univ. of Kentucky Pr. 1968. (VIII + 219 S. m. Abb.) $ 7.50.

A–3. Physik der Festkörper und Flüssigkeiten

—, Einige Fragen der Elektronenstruktur der Übergangsmetalle. (Übersicht). Kiev: 1968. (193 S.) 1 Rbl. 44 Kop. [russ.]

—, Ferroelektrika (Mitteilungssammlung). Rostov: Izd. Rost. un-ta. 1968. (274 S.) 1 Rbl. 66 Kop. [russ.]

—, Relaxationserscheinungen in festen Körpern. Moskva: Metallurgija. 1968. (694 S. m. Abb.) 3 Rbl. 89 Kop. [russ.]

Petr Petrovich Budnikov, Principles of solid state chemistry: reactions in solids. Croydon: Maclaren. 1968. (IX + 454 S. m. Abb. u. Taf.) 8 £. 8 s.

Ju. I. Ravič, B. A. Efimova und **I. A. Smirnov,** Methoden zur Untersuchung von Halbleitern bei Anwendung der Bleichalkogenide PbTe, PbSe und PbS. Moskva: Nauka. 1968. (383 S. m. Abb.) 1 Rbl. 46 Kop. [russ.]

A–4. Thermodynamik, Mechanik der Gase und Flüssigkeiten, Gleichgewichte

—, Chemie und Thermodynamik von Lösungen. (Mitteilungssammlung). Leningrad: Izd-vo Leningr. un-ta. 1968. (239 S.) 1 Rbl. 74 Kop. [russ.]

A–5. Elektrochemie

Stal' Grigor'evich Mairanovskii, Catalytic and kinetic waves in polarography. Übers. aus dem Russischen v. Bela M. Fabuss. New York: Plenum. 1968. (XIV + 352 S. m. Abb.) $ 19.50.

A–7. Kinetik, Katalyse

Gilbert S. Bahn, Reaction rate compilation for the H—O—N system. New York: Gordon & Breach. 1968. (VII + 246 S.) $ 15.75.

A–8. Darstellung und Reaktionen von Elementen und anorganischen Verbindungen

—, Methoden der element-organischen Chemie. Germanium, Zinn, Blei. Moskva: Nauka. 1968. (704 S.) 4 Rbl. 20 Kop. [russ.]

John Harmsworth Canterford, Halides of the transition elements. In 3 vols. Chichester: Wiley. 1968. (XX + 409 S. m. Abb.) 6 £.

A. C. Gončarenko, Elektrochemie des Vanadins und seiner Verbindungen. Moskva: Metallurgija. 1969. (176 S.) 47 Kop. [russ.]

Clifford Allen Hampel, The encyclopedia of the chemical elements. New York, London: Reinhold. 1968. (VIII + 849 S. m. Abb.) 12 £. 16 s. 6d.

John Henry Holloway, Noble-gas chemistry. London: Methuen. 1968. (VIII + 213 S. m. Abb.) 42 s.

A–9. Geochemie

—, Experimentelle Untersuchung der Zersetzung von Mineralien mit organischen Säuren. (Mitteilungssammlung). Moskva: Nauka. 1968. (177 S.) 72 Kop. [russ.]

B. Physikalische organische Chemie

K. F. Reid, Properties and reactions of bonds in organic molecules. London: Longmans. 1968. (XIII + 556 S. m. Abb.) 60 s.

B–1. Optische, elektrische und magnetische Eigenschaften, Spektren

Thomas Cairns, Spectroscopic problems in organic chemistry. London: Heyden. 1967. 17 s. 6 d.

B–6. Kinetik, Katalyse

T. Gaumann, Aspects of hydrocarbon radiolysis. London, New York: Academic P. 1968. (IX + 273 S. m. Diagr.) $ 11.—.

C. Präparative organische Chemie, Naturstoffe

—, Oxidation of organic compounds; proceedings. Vol. 2: Gasphase oxidations, homogeneous and heterogeneous catalysis, applied oxidations and synthetic processes. Vol. 3: Ozone chemistry, photo and singlet oxygen and biochemical oxidations. Vol. 2: $ 13.50; Vol. 3: $ 11.50 Washington: Amer. Chem. Soc. 1968.

G. M. Badger, Aromatic character and aromaticity. London: Cambridge University Press. 1969. (VIII + 133 S. m. Tab. u. Abb.) 35 s.

A. Albert Baker, Unsaturation in organic chemistry. Boston: Houghton. 1968. (VIII + 136 S. m. Abb.) $ 2.95.

Hans-Georg Boit, Beilsteins Handbuch der organischen Chemie. 4. Aufl. Erg.-Werk 3. Die Literatur von 1930–1949. Bd. 7. Teil 2. Systemnummer 621–648. Berlin, Heidelberg, New York: Springer. 1968. (XV + 1445 S.) DM 1248.–.

S. N. Borisov, M. G. Voronkov und **E. Ja. Lukevic,** Siliciumorganische Phosphor- und Schwefelderivate. Leningrad: Chimija. 1968. (292 S.) 1 Rbl. 54 Kop. [russ.]

Hans Cerfontain, Mechanistic aspects in aromatic sulfonation and desulfonation. New York: Interscience. 1968. (XIII + 314 S. m. Abb.) $ 14.–.

D.-J. Cram und **G.-S. Hammond,** La chimie organique. 2ᵉ édit. rev. Laval (Québec): Presses de l'Université. 1968. (1152 S.) 98,72 F.

Louis Frederick Fieser, Organic experiments. 2nd edit. Lexington (Massachusetts): Raytheon Educ. Co. 1968. (VIII + 342 S. m. Abb.) $ 7.95.

Karl-Dietrich Gundermann, Chemilumineszenz organischer Verbindungen. Ergebnisse und Probleme. Berlin, Heidelberg, New York: Springer. 1968. (VI + 174 S. m. 33 Abb.) 8⁰ = Organische Chemie in Einzeldarstellungen. 11. DM 48,–.

George K. Helmkamp, Selected experiments in organic chemistry. San Francisco: Freeman. 1968. (184 S. m. Abb.) $ 3.75.

B. A. Kazanskij, Katalytische Umwandlung der Kohlenwasserstoffe. (Sammlung ausgewählter Arbeiten). Moskva: Nauka. 1968. (694 S. m. Abb.) 3 Rbl. 60 Kop. [russ.)

Terrell Clay Myers, Chemistry of amino acids, peptides, and proteins; a programmed text. New York: Harper. 1968. (VIII + 384 S. m. Abb.) $ 8.–.

Leo A. Paquette, Principles of modern heterocyclic chemistry. New York: Benjamin. 1968. (XIV + 401 S.) $ 11.95.

Leon M. Stock, Aromatic substitution reactions. Englewood Cliffs (New Jersey): Prentice. 1968. (XV + 156 S. m. Abb.) $ 5.95.

Werner Strecke, Einführung in die präparative organische Chemie. Praktikum unter Verwendung einfacher Geräte. 2. Aufl. Leipzig: Deutscher Verl. f. Grundstoffindustrie. 1967. (232 S. m. 67 Abb.) 8⁰. M 8.50.

Henri Ulrich, The chemistry of imidoyl halides. New York: Plenum. 1968. (X + 238 S. m. Abb.) $ 12.50.

C–1. Acyclische Verbindungen

Harold Hart und **G. J. Karabatsos,** Hrsg., Advances in alicyclic chemistry. Vol. 2. New York, London: Academic P. 1968. (XIII + 269 S. m. Abb.) 7 £.

C–4. Naturstoffe

Seymour Bernstein, Physical properties of steroid conjugates. New York: Springer-Verl. 1968. (XI + 212 S.) $ 12.–.

Jiři Holubek, Spectral data and physical constants of alkaloids. Vol. 3. Prague: Czechoslovakia Academy of Sciences; London: Heyden. 1968. 10 £. 8 s.

R. H. F. Manske, Hrsg., The alkaloids: chemistry and physiology. Vol. 11. New York, London: Academic P. 1968. (XVI + 549 S. m. Abb.) 12 £. 2 s. 6 d.

D. Makromolekulare Chemie

–, Characterization of macromolecular structure; proceedings of a conference, April 5–7, 1967, Warrenton, Virginia. Washington: Natl. Acad. of Scis. 1968. (IX + 410 S. m. Abb.) $ 15.–.

–, Kinetik, Bildungsmechanismus und Umwandlung von Makromolekülen. Moskva: Nauka. 1968. (300 S.) 1 Rbl. 68 Kop. [russ.]

H. Peter Frank, Polypropylene. New York: Gordon & Breach. 1968. (X + 134 S. m. Abb.) = Polymer monographs, vol. 2. $ 8.50.

John Edward Katon, Organic semiconducting polymers. London: Edward Arnold. 1968. (X + 315 S. m. Abb.) 8 £. 10 s.

Joseph Paul Kennedy, Polymer chemistry of synthetic elastomers. New York: Interscience. 1968. $ 25.–.

K. T. Pološin und **V. A. Šibnev,** Synthese von Polyaminosäuren und regulären Polypeptiden. Dušanbe: Doniš. 1968. (257 S. m. Abb.) 1 Rbl. 61 Kop. [russ.]

Isaac D. Rubin, Poly (1-butene); its preparation and properties. New York: Gordon & Breach. 1968. (VIII + 127 S. m. Abb.) = Polymer monographs, vol. 1. $ 8.50.

E. Biologische, physiologische und medizinische Chemie

–, Recent advances in phytochemistry. Vol. 1. New York: Appleton. 1968. $ 16.50.

Jerome Gerald Lewis, Therapeutics. London: English Universities P. 1968. (X + 180 S. m. Abb.) 32 s.

V. O. Mochnač, Theoretische Grundlagen der biologischen Wirkung von Halogenverbindungen. Leningrad: Nauka. 1968. (298 S.) 1 Rbl. 67 Kop. [russ.]

Werner Perkow, Die Insektizide. Chemie, Wirkungsweise und Toxizität. 2., verb. u. überarb. Aufl. Heidelberg: Hüthig. 1968. (565 S. m. 15 Abb. u. Tab.) 8⁰. DM 54,–.

John Michael Robson, Recent advances in pharmacology. 4th edit. London: Churchill. 1968. (IX + 557 S. m. Abb. u. 9 Taf.) 95 s.

R. Slack und **A. W. Nineham,** Medical and veterinary chemicals. Vol. 1. Parts I u. II. (XVII + 254 S). Vol. 2. Part III. (V + 208 S.) 6 £ per set 2 vol. Oxford, London, Edinburgh, New York, Toronto, Sydney, Paris, Braunschweig: Pergamon Press. 1968.

F. Pharmazeutische Chemie

Arnold Heyworth Beckett, Practical pharmaceutical chemistry. 2nd edit., in two parts. Part 1. London: Athlone P. 1968. (X + 316 S. m. Abb.) 55 s.

Prosper de Moerloose, Farmaceutische organische scheikunde. Deel I. Gent: Rijksuniversiteit. 1968. (VI + 173 Bl.) 200 fr.

R. C. Moreau, Cours de pharmacie chimique. I. Série hydrocyclique. Série hétérocyclique. Alcaloi'des et derivés. Antibiotiques. 2ᵉ part. 4ᵉ année. Paris: C.D.U. et S.E.D.E.S. Réunis. 1968. (452 S.) 40 F.

G. Analytische Chemie, Laboratoriumspraxis

G–1. Allgemeine Verfahren und Apparate

A. K. Babko und **A. T. Pilipenko,** Photometrische Analyse. Moskva: Chimija. 1968. (388 S.) 1 Rbl. 72 Kop. [russ.]

Izaak Maurits Kolthoff, Treatise on analytical chemistry. Part 1: Theory and practice. Vol. 8. New York, London: Interscience. 1968. (XVIII + 415 S. m. Abb.) 8 £. 18 s.

G–2. Analyse der Elemente und anorganischen Verbindungen

A. M. Dymov und **A. P. Savostin,** Analytische Chemie des Galliums. Moskva: Nauka. 1968. (256 S.) 1 Rbl. 39 Kop. [russ.]

Richard Balser Hahn, Inorganic qualitative analysis. 2nd edit. Princeton (New Jersey): Van Nostrand. 1968. (VIII + 326 S. m. Abb.) $ 5.95.

G–4. Analyse biologischer Materialien, forensische Analyse

—, Bestimmung von Spurenelementen in biologischen Objekten. Riga: Zinatne. 1968. (171 S.) 1 Rbl. 11 Kop. [russ.]

H. Angewandte Chemie

H–3. Anorganische Industrie

Dale Wilmer Kaufmann, Sodium chloride; the production and properties of salt and brine. New York: Hafner. 1968. (XIV + 743 S. m. Abb.) = Amer. Chem. Soc. Monograph ser., no. 145) $ 25.—.

H–6. Organische Industrie

—, Chemie und praktische Anwendung siliciumorganischer Verbindungen. Leningrad: Chimija. 1968. (251 S.) 1 Rbl. 81 Kop. [russ.]

H–8. Farbstoffe

G. E. Kričevskij, Reaktivfarbstoffe. Moskva: Legkaja Industrija. 1968. (338 S.) 2 Rbl. 20 Kop. [russ.]

Anmerkung!

Die Bibliographienbeilagen erscheinen zwanglos und sind fortlaufend numeriert. Die Seiten der Beilagen sind mit B gekennzeichnet und werden durchpaginiert. Die Bibliographien werden für das Autorenregister und Sach- bzw. Formelregister ausgewertet.
—, Kein(e) Autor(en) genannt.

Ausgewertete Bibliographie-Fachzeitschriften

Belgien	Bibliographie de Belgique
BRD	Deutsche Bibliographie. Wöchentliches Verzeichnis. Ausgabe II. [Frankfurt/Main]
ČSSR	Bulletin — Wissenschaft und Buch [Praha] Nové knihy
Dänemark	Danske Bogmarked
DDR	Deutsche Nationalbibliographie. Reihe A: Neuerscheinungen des Buchhandels [Leipzig]
England	British National Bibliography
Frankreich	Bibliographie de la France
Griechenland	Greek Bibliography [Athen]
Italien	Bibliografia Nazionale Italiana
Niederlande	Nieuwsblad voor de Boekhandel
Österreich	Österreichische Bibliographie
Polen	Quarterly Review of Scientific Publications
Rumänien	Bibliografia Republicii Socialiste România
Schweiz	Schweizer Buch. Serie A und Serie B
UdSSR	Knižnaja Letopis' Knižnoe Obozrenie
Ungarn	Magyar Nemzeti Bibliográfia
USA	Publishers' Weekly

Namenregister Nr. 19

Ein vollständiger oder gekürzter Abdruck der Referate ist ohne Genehmigung der Redaktion und des Verlages verboten!

Patentregister

Australische Patente — Aust.P.

Nr.	Ref.-Nr.	Bezugspatent
271 950	1291	
951	1291	
952	1291	
273 180	1303	
222	1282	

Britische Patente — Brit.P.

Nr.	Ref.-Nr.	Bezugspatent
1 016 518	1292	
1 019 775	1281	
781	1684	
1 021 780	1683	
1 042 481	1301	
482	1301	
483	1301	
484	1301	
485	1301	
487	1301	
488	1301	
1 048 555	1300	
1 052 055	1295	
1 054 043	1681	
745	1640	
1 055 221	1298	
1 057 740	1688	
1 058 535	1307	
711	1704	
977	1686	
1 063 424	1702	
1 064 618	1703	
1 065 517	1308	
1 071 346	1694	
479	1283	
1 072 133	1808	(Belg.A.S. 653 163)
1 073 483	1651	
828	1309	
933	1310	
996	1311	
1 076 089	1289	
1 077 358	1297	
1 079 340	1706	
1 080 333	1304	
496	1279	
1 081 124	1290	
282	1696	
283	1286	
1 084 136	1695	
008	1097	
1 085 922	1285	
1 086 068	1691	
398	1699	
1 087 001	1299	
1 095 076	1648	
1 097 985	1802	(Oe.P. 251 726)

Canadische Patente — Can.P.

Nr.	Ref.-Nr.	Bezugspatent
681 349	1424	(D.A.S. 1 162 494)

Auslegeschriften der Patentanmeldungen des Deutschen Patentamtes München — D.A.S.

Nr.	Ref.-Nr.	Bezugspatent
1 260 827	1572	
1 267 360	1805	(Brit.P. 1 061 424)
1 268 135	1680	
604	1653	
1 269 266	1808	(Belg.A.S. 653 163)
608	1687	
1 270 710	1799	(Oe.P. 247 486)
1 273 727	1795	(F.P. 1 345 989)
1 276 846	1788	
1 278 636	1786	

Deutsche Patente — D.P.(DDR)

Nr.	Ref.-Nr.	Bezugspatent
46 266	1341	(Oe.P. 238 202)
54 355	1682	

Französische Patente — F.P.

Nr.	Ref.-Nr.	Bezugspatent
1 163	1338	(D.P.(DDR) 31 468) [Méd.]
1 360	1328	(U.S.P. 3 057 867) [Méd.]
1 812	1339	(Brit.P. 971 661) [Méd.]
1 915	1351	(Brit.P. 952 484) [Méd.]
2 269	1320	(Brit.P. 979 679) [Méd.]
2 270	1320	(Brit.P. 979 679) [Méd.]
2 461	1342	(Brit.P. 963 050) [Méd.]
2 474	1332	(Brit.P. 977 810) [Méd.]
2 496	1313	(D.A.S. 1 184 333) [Méd.]
2 498	1346	(U.S.P. 3 137 693) [Méd.]
2 619	1314	(Brit.P. 961 045) [Méd.]
2 752	1358	(Brit.P. 980 394) [Méd.]
2 837	1321	(Brit.P. 979 007) [Méd.]
2 925	1357	(Brit.P. 963 419) [Méd.]
		(Port.P. 40 200) [Méd.]
3 164	1333	(U.S.P. 3 135 770) [Méd.]
3 278	1337	(Port.P. 42 283) [Méd.]
		(U.S.P. 3 214 429) [Méd.]
3 351	1335	(D.P.(DDR) 39 612) [Méd.]
3 701	1329	(D.A.S. 1 195 762) [Méd.]
75 047	1657	(D.A.S. 1 198 321)
78 090	1658	(Oe.P. 226 197)
89 637	1648	
1 257 477	1737	(D.A.S. 1 200 820)
1 279 700	1660	(Oe.P. 225 155)
1 283 843	1350	(Brit.P. 885 981)
1 300 177	1349	(Brit.P. 905 823)
		(U.S.P. 3 016 279)
1 309 424	1655	(Can.P. 689 760)
1 313 771	1318	(Oe.P. 230 354)
		(Oe.P. 230 356)
		(Oe.P. 230 357)
		(Oe.P. 230 358)
		(Oe.P. 230 359)
1 317 595	1336	(D.A.S. 1 164 415)
1 322 420	1324	(Brit.P. 959 958)
1 324 582	1352	(D.A.S. 1 201 353)
857	1325	(Oe.P. 226 219)
1 328 256	1327	(U.S.P. 3 137 711)
1 329 056	1659	(U.S.P. 3 111 376)
108	1331	(Brit.P. 963 310)
160	1347	(D.P.[DDR] 40 504)
256	1315	(Brit.P. 975 706)
1 332 543	1344	(Brit.P. 954 264)
557	1353	(Oe.P. 237 803)
1 334 118	1322	(D.A.S. 1 204 675)
1 335 354	1342	(Brit.P. 963 050)
533	1356	(Brit.P. 955 303)
751	1321	(Brit.P. 979 007)
1 336 392	1656	(Brit.P. 960 537)
696	1340	(U.S.P. 3 133 926)
1 337 762	1360	(U.S.P. 3 155 654)
797	1355	(Brit.P. 967 897)
997	1343	(D.A.S. 1 196 206)
1 338 076	1326	(Brit.P. 1 016 078)
1 339 085	1716	(Ung.P. 151 457)
125	1758	(U.S.P. 3 139 448)
175	1345	(U.S.P. 3 122 538)
323	1725	(Brit.P. 959 875)
463	1761	(Can.P. 696 856)
764	1746	(Oe.P. 232 988)
1 341 087	1719	(Brit.P. 976 136)
111	1741	(Brit.P. 960 201)
1 343 206	1736	(U.S.P. 3 137 726)
599	1771	(Brit.P. 968 765)
613	1320	(Brit.P. 979 679)
927	1359	(U.S.P. 3 145 203)
1 344 352	1713	(Brit.P. 967 832)
1 345 311	1765	(Brit.P. 959 542)
812	1717	(Brit.P. 964 755)
865	1748	(Brit.P. 956 027)
1 346 276	1776	(D.P.[DDR] 35 928)
343	1712	(Brit.P. 973 949)
563	1762	(Brit.P. 970 450)
637	1768	(Brit.P. 973 062)
1 347 137	1774	(D.A.S. 1 206 439)
1 348 091	1769	(Brit.P. 972 950)
698	1745	(Brit.P. 956 229)
699	1744	(U.S.P. 3 134 818)
917	1715	(Brit.P. 971 969)
1 349 193	1755	(Can.P. 690 283)
281	1735	(D.A.S. 1 192 190)
809	1747	(Brit.P. 963 787)
816	1718	(Can.P. 697 759)
1 350 188	1739	(Can.P. 697 704)
654	1772	(D.A.S. 1 205 510)
668	1749	(Brit.P. 955 129)
1 351 144	1757	(Brit.P. 960 665)
424	1711	(Can.P. 698 297)
666	1730	(Brit.P. 972 656)
1 352 516	1754	(Can.P. 692 093)
613	1767	(D.P.[DDR] 32 821)
870	1734	(Can.P. 694 441)
1 353 888	1756	(Brit.P. 970 024)
1 354 364	1341	(Oe.P. 238 202)
603	1743	(D.A.S. 1 199 277)
630	1740	(Brit.P. 968 801)
932	1750	(D.A.S. 1 205 520)
1 355 257	1751	(D.A.S. 1 203 754)
1 356 114	1763	(D.A.S. 1 203 254)
800	1773	(U.S.P. 3 167 538)

Nr.	Ref.-Nr.	Bezugspatent
1 356 815	1731	(D.A.S. 1 196 179)
1 357 871	1720	(Can.P. 692 092)
1 358 120	1742	(Brit.P. 970 746)
293	1733	(U.S.P. 3 128 275)
362	1339	(Brit.P. 971 661)
997	1710	(Brit.P. 976 883)
1 359 053	1317	(Oe.P. 223 603)
431	1738	(Brit.P. 968 470)
614	1317	(Oe.P. 223 603)
1 360 481	1714	(D.P.[DDR] 37 754)
535	1348	(D.A.S. 1 197 896)
537	1752	(Brit.P. 969 311)
1 361 228	1753	(D.A.S. 1 227 911)
323	1775	(Can.P. 690 294)
797	1723	(Jap.A.S. 1 575/1965)
1 362 251	1330	(D.A.S. 1 183 075)
1 363 232	1316	(Oe.P. 242 121)
1 364 810	1724	(Brit.P. 964 552)
991	1766	(Can.P. 687 511)
1 365 275	1770	(U.S.P. 3 141 880)
1 366 715	1319	(Brit.P. 859 342)
1 367 324	1726	(D.A.S. 1 205 519)
813	1323	(Oe.P. 241 456)
1 369 277	1764	(D.A.S. 1 205 966)
641	1358	(Brit.P. 980 394)
815	1777	(D.A.S. 1 207 387)
1 370 062	1727	(Brit.P. 975 683)
233	1721	(Brit.P. 972 403)
1 371 896	1728	(Brit.P. 975 709)
1 372 246	1722	(Can.P. 686 830)
445	1759	(D.A.S. 1 200 819)
446	1760	(D.A.S. 1 200 818)
549	1729	(Brit.P. 976 316)
724	1778	(U.S.P. 3 192 240)
867	1732	(D.A.S. 1 202 282)
1 374 662	1333	(U.S.P. 3 135 770)
1 393 218	1312	(Brit.P. 949 405)
1 395 924	1337	(Port.P. 42 283)
		(U.S.P. 3 214 429)
1 403 372	1688	
1 433 343	1421	
509	1623	
1 465 429	1420	
785	1422	
1 468 364	1570	
1 471 049	1494	
1 472 804	1495	
1 473 974	1624	
1 477 221	1649	
222	1649	
1 488 166	1571	
1 494 011	1650	
1 496 357	1654	

Österreichische Patente — Oe.P.

Nr.	Ref.-Nr.	Bezugspatent
234 901	1354	(Ind.P. 71 679)
		(U.S.P. 3 161 573)
235 280	1334	(U.S.P. 3 104 241)
244 346	1330	(D.A.S. 1 183 075)
976	1345	(U.S.P. 3 122 538)
977	1345	(U.S.P. 3 122 539)
245 566	1335	(D.P.[DDR] 39 612)
247 308	1329	(D.A.S. 1 195 762)
339	1337	(Port.P. 42 283)
		(U.S.P. 3 214 429)
255 000	1797	(Belg.A.S. 664 682)

Niederländische Patente — Niederl.P.

Nr.	Ref.-Nr.	Bezugspatent
122 490	1708	
491	1709	
633	1690	
641	1707	
123 583	1498	(Aust.P. 246 751)

Schweizer Patente — Schwz.P.

Nr.	Ref.-Nr.	Bezugspatent
407 128	1296	
419 139	1292	
421 138	1288	
423 793	1284	
433 241	1280	
296	1700	
434 273	1689	
281	1283	
436 285	1701	
438 289	1302	
524	1801	(F.P. 1 222 195)
792	1499	(F.P. 1 353 819)
439 276	1293	
308	1294	
440 297	1693	
504	1804	(Brit.P. 1 069 753)
441 341	1693	
550	1794	(Brit.P. 885 059)
		(D.A.S. 1 155 549)
		(F.P. 1 253 475)
567	1794	(Brit.P. 885 059]
		(D.A.S. 1 155 549)
		(F.P. 1 253 475)
585	1791	
586	1789	
442 324	1688	
576	1803	(Brit.P. 968 474)
		(F.P. 1 371 801)
577	1806	(Belg.A.S. 658 470)
443 316	1693	
520	1794	(Brit.P. 885 059)
		(D.A.S. 1 155 549)
		(F.P. 1 253 475)
528	1785	
444 344	1783	
446 569	1809	(Niederl.P. 122 492)
446 578	1790	
447 210	1684	
421	1807	(D.A.S. 1 227 588)
448 107	1698	
332	1798	(Belg.A.S. 665 505)
992	1281	
449 148	1782	
654	1306	
817	1794	(Brit.P. 885 059)
		(D.A.S. 1 155 549)
		(F.P. 1 253 475)
450 589	1800	(Brit.P. 1 053 313)
596	1811	(F.P. 89 146)
451 195	1705	
372	1793	
452 079	1796	(F.P. 1 331 284)
088	1792	
453 532	1810	(F.P. 1 461 884)
454 308	1779	
455 083	1784	
456 807	1787	
457 656	1780	
659	1781	

USA-Patente — U.S.P.

Nr.	Ref.-Nr.	Bezugspatent
3 236 852	1300	
3 252 990	1692	
3 264 316	1286	
3 279 988	1287	
3 287 380	1304	
406	1685	
3 303 608	1639	
3 316 252	1305	
3 325 244	1645	
246	1644	
3 326 635	1643	
3 330 619	1641	
3 333 921	1647	
3 338 674	1642	
3 349 132	1549	(Brit.P. 993 299)
3 355 251	1423	(D.A.S. 1 250 658)
3 357 805	1646	

Sowjetische Patente — UdSSR.P.

Nr.	Ref.-Nr.	Bezugspatent
179 471	1652	
503	1547	
180 397	1496	
398	1497	
402	1622	
844	1419	
847	1545	
181 081	1548	
372	1546	
379	1625	

CHEMISCHES ZENTRALBLATT

Nr. 19 · 7. Mai 1969
Referat 0001–1811
Seite 1–192

A. Allgemeine, physikalisch-anorganische und anorganische Chemie

A–2. Physik der Atome und Moleküle

0001 **Entwicklung der zeitabhängigen Wellenfunktion in quasistationäre Energieeigenfunktionen.** Robert B. Frey und Everett Thiele. (J. chem. Physics **48** (1968) 7, 3240–45; Dep. of Chem., Johns Hopkins Univ., Baltimore, Md.; engl.) — Durch Betrachten der Bewegung eines Wellenpakets in einem Potentialtopf mit durchlässiger Wand wird ein formal exakter Ausdruck für den Entw.-Operator als Summe über quasistationäre Energieeigenfunktionen plus eines weiteren Terms abgeleitet. R. Blank 22

0002 **Zur Lösung des quantenmechanischen Drei-Körper-Problems.** H. Ruder. (Z. Naturforsch. **23a** (1968) 4, 579–96; Inst. für Theor. Physik, Univ., Erlangen-Nürnberg; dt.) — Zur Beschreibung des Drei-Körper-Problems führt Vf. 6 Koordinaten unter Ausnutzung der vollen Symmetrieeig. des Syst. ein, von denen 3 die Gestalt des Dreiecks (innere Koordinaten) u. 3 die Orientierung des Dreiecks im Raum (äußere Koordinaten) festlegen. Für diese Koordinaten wird die Schrödinger-Gleichung abgeleitet u. für verschiedene Potentiale gelöst. Die physikal. Bedeutung der in den Gleichungen auftretenden Differentialoperatoren führt zu einer neuen Anordnung des Hamilton-Operators in einer sehr transparenten Form u. zeigt den Weg der günstigsten Störungsentwicklungen. Die Berechnung der Grundzustandsenergie von *He* zeigt die schnelle Konvergenz der Methode. R. Blank 22

0003 **Asymptotische Beziehungen zwischen dem Thomas-Fermi-Dirac- und dem Thomas-Fermi-Atommodell.** 1. Mitt. **Der Fall niedriger Ordnungszahl.** J. J. Gilvarry, R. E. Hartle und N. H. March. (J. chem. Physics **47** (1967) 3, 1029–35; Ames Res. Center, NASA, Moffet Field, Calif.; engl.) — Theoret. Ableitung einer asymptot. Beziehung zwischen dem Druck mit Austausch im Thomas-Fermi-Dirac-Atommodell u. dem entsprechenden Druck ohne Austausch im Thomas-Fermi-Modell. Vgl. der Ableitung mit der von Gilvarry für diese Beziehung (letztere mit verschwindender Atomzahl). Diskussion der Lsg. der Thomas-Fermi-Dirac-Gleichung von March u. von Rijnierse. J. M. Spaeth 22

0004 **Lebensdauer metastabiler Zustände von heliumähnlichen Ionen.** V. S. Senašenko und B. Teku. (Vestnik Moskovskogo Univ., Ser. III **23** (1968) 3, 120 bis 122; NIIJaF; russ.) — Die Lebensdauern der metastabilen 2^1S- (u. z. T. 2^3S)-Zustände der Ionen He, Li^+, Be^{2+}, B^{3+}, C^{4+}, N^{5+}, O^{6+}, F^{7+} u. Ne^{8+} werden mit Hilfe eines störungstheoret. Ansatzes berechnet. H. Roschkowski 22

0005 **Auswahlregel für Vielquantenübergänge.** D. A. Varšalovič. (Optika i Spektroskopija **25** (1968) 1, 162 bis 163; russ.) — Die Auswahlregeln für den Drehimpuls J_n, $J_n = 0^+, 2^+, 4^+ \ldots n^+$ für n = gerade u. $J_n = 1^-, 3^-, 5^- \ldots n^-$ für ungerades n, die für Übergänge höherer Multipolarität erweitert werden können, werden diskutiert, ebenso die Anwendung auf *Ar I*- u. *Ne I*-Übergänge. M. Wiedemann 22

0006 **Variationsberechnung der Wahrscheinlichkeit der Singulett–Triplett-Übergänge im Heliumatom.** M. S. Jur'ev. (Optika i Spektroskopija **25** (1968) 2, 295–97; russ.) — Vf. ber. die Wahrscheinlichkeit einiger Singulett–Triplett-Übergänge im He-Atom mit Hilfe des Variationsprinzips für die Wahrscheinlichkeit verbotener Übergänge. W. Müller-Litz 22

0007 **Intermediäre Kopplungslinienstärken in der Reihe $2p^2$-$2p3s$ von CI, NII und OIII.** J. B. Tatum. (Monthly Notices Roy. astronom. Soc. **140** (1968) 1, 87–91; Radley Coll., Abingdon, Berks., Großbritannien; engl.) — Berechnung der Linienstärken u. Übergangswahrscheinlichkeiten mit einer intermediären Kopplungstheorie von allen Linien in der Reihe $2p^2$–$2p3s$ von CI, NII u. OIII, von denen einige im XUV-Bereich des solaren Chromosphärenspektrums auftreten. R. Blank 22

0008 **Form der Absorptions- und Emissionsspektralbanden von Molekülen in dichten Medien.** Sheng Hsien Lin. (Theoret. chim. Acta [Berlin] **10** (1968) 4, 301–10; Dep. of Chem., Ariz. State Univ., Tempe, Ariz.; engl.) — Eine auf dem Franck-Condon-Prinzip basierende quant. Theorie für die Form von Absorptions- u. Emissionslinien von Mol. in krist. Lsgm. wird entwickelt u. die Beziehung zwischen strahlungslosen Übergängen u. Absorption bzw. Emission diskutiert. D. Hoene 22

0009 **Matrixeigenschaft des Schwingungs-Überlappungsintegrals.** R. W. Nicholls. (Nature [London] **219** (1968) 5150, 151–52; Centre for Res. in Experimental Space Sci., York Univ., Toronto, Ontario; engl.) — Nachw. der Matrix-Multiplikationseig. von Schwingungs-Überlappungsintegralen von Bandensyst. zweiatomiger Moleküle. H. Liepack 22

0010 **Berechnung von mittleren Schwingungsamplituden. Normalkoordinatenanalyse und Ermittlung von mittleren Schwingungsamplituden nach einer neuen Methode für Moleküle des Typs $XY_3(C_{3v})$.** A. Müller, B. Krebs und C. J. Peacock. (Z. Naturforsch. **23a** (1968) 7, 1024–28; Anorgan.-Chem. Inst. der Univ. Göttingen; dt.) — Die mittleren Schwingungsamplituden u für gebundene Atome können aus einer einfachen Formel ber. werden, in die nur Valenzschwingungs-Kraftkonst. u. Atommassen eingehen. Die Werte für eine große Zahl von $XY_3(C_{3v})$- u. $XY_4(T_d)$-Mol. weichen um weniger als 5% von den streng ber. ab. Normalkoordinatenanalyse für $XY_3(C_{3v})$-Mol. in einer M.V.F.F.-Näherung. H. Liepack 22

0011 **Günstigste Orientierung für Schwingungsübergänge in asymmetrischen zweiatomigen Molekülen.** Hyung Kuy Shin. (Chem. Physics Letters [Amsterdam] **2** (1968) 2, 83–87; Dep. of Chem., Univ. of Nev., Reno, Nev.; engl.) — Unters. der Abhängigkeit der Schwingungsübergangswahrscheinlichkeit von der Mol.-Drehung mit einer Vierzentrenwechselwrkg.-Energie. Vf. findet für asymm. zweiatomige Mol. einen stark winkelabhängigen Ausdruck der Übergangswahrscheinlichkeit. Beim *HBr*–*HBr*-Stoß z. B. wird die Mol.-Schwingung am stärksten angeregt, wenn die Geschw. der relativen Bewegung entlang der kollinearen Richtung von *Br–H··H–Br* gerichtet ist. R. Blank 22

0012 **Verbesserte Methode zur Deutung der Schwingungsstruktur zweiatomiger Moleküle.** G. V. Kovalenok. (Izvest. vysšich učebnych Zavedenij [Tomsk], Fiz. **11** (1968) 5 (72), 130–32; Tomskij politechn. inst. im. Kirova; russ.) — Beschreibung eines Verf. zur Best. von Schwingungskonst. zweiatomiger Mol., ausgehend von Daten des sichtbaren oder UV-Spektrums. Die Schwingungskonst. von *NaK*, *NaRb*, *NaCs*, *KF*, *KRb*, *KCs*, *LiCs*, *LiK*, *LiRb*, *LiBr*, *LiCl*, *LiF*, Li_2, *RbCs*, *MgJ*, *CaBr*, *CaF*, *CaCl*, *SrBr*, *SrF*, *SrCl*, *BaBr*, *BaJ*, *CdJ*, *CdF*, *HgJ*, *HgIn*, *ZnBr*, *ZnF*, *AlF*, *TlJ* u. *BF* werden als Beispiele berechnet. H. Roschkowski 22

0013 **Einfluß der Temperaturänderung auf die aus spektroskopischen Daten berechneten mittleren Schwingungsamplituden und Schrumpfeffekte in Kohlenstoffsubsulfid.** J. Brunvoll. (Chem. Physics Letters [Amsterdam] **2** (1968) 2, 116; Inst. for teoret. kjemi, Norges Tekn. högskole, Trondheim, Norway; engl.) — Tabellar. Zusammenstellung der ber. mittleren Schwingungsamplituden u. Schrumpfeffekte zwischen 0 u. 1000°K von Kohlenstoffsubsulfid. R. Blank 22

0014 **Anregungsenergie bei der Kernspin-Spin-Wechselwirkung.** Eugene Duval. (J. chem. Physics **46** (1967)

12, 4989; Inst. de Phys. Expérimentale, Univ., Genève, Suisse; engl.) — Verbesserte, neue Formeln zur Berechnung der Kopplungskonst. gegenüber früheren Rechnungen des Vf. (ibid. **45** (1966) 2855) werden angegeben. R. Blank 22

0015 **Magnetische Momente angeregter Zustände aus der Momentenanalyse des magnetischen Zirkulardichroismus.** P. J. Stephens. (Chem. Physics Letters [Amsterdam] **2** (1968) 4, 241—44; Dep. of Chem., Univ. of Southern Calif., Los Angeles, Calif.; engl.) — Die 0. u. 1. Momente des magnet. Zirkulardichroismus eines erlaubten Elektronenüberganges von einem nichtentarteten Grundzustand erlauben die Best. des magnet. Moments des angeregten Zustandes. Als Beispiele werden von MnO_4^-, *Triphenylen* u. *Coronen* die Übergänge $^1A_1 \rightarrow {}^1T_2$, $^1A_1' \rightarrow {}^1E'$ bzw. $^1A_{1g} \rightarrow {}^1E_{1u}$ untersucht. H. Liepack 22

0016 **Mit Hilfe einer Gasstrahlquelle aufgenommene kontinuierliche Spektren von Edelgasen im Bereich des Vakuumultravioletts.** É. T. Verchovceva, Ja. M. Fogel' und V. S. Osyka. (Optika i Spektroskopija **25** (1968) 3, 440—42; russ.) — Im Spektrum des *Ar* wurden die Linien 1075, 1265 u. 1925 Å neu gefunden, im *Xe*-Spektrum die üblichen Linien des Entladungsspektrums Die Intensität des kontinuierlichen Spektrums nahm mit steigendem Gasdruck im Strahl zu. Die Rolle von polymeren Mol. u. ihre Anregung werden diskutiert. M. Wiedemann 26

0017 **Quantitative Ausmessung des Chlor-Affinitätskontinuums.** Günther Mück und Hanns-Peter Popp. (Z. Naturforsch. **23a** (1968) 8, 1213—20; Elektrophys. Inst. der TH München; dt.) — Unters. zur Anlagerung freier Elektronen an neutrale Atome mit positiver Elektronenaffinität, bei der der frei werdende Energiebeitrag vorwiegend in Form eines Affinitätskontinuums abgestrahlt wird. Die aus der Achse eines zylindr. Niederstrombogens in Cl emittierte Strahlung wurde quant. aufgezeichnet. Im UV-Bereich tritt das Affinitätskontinuum von Cl auf, das bei einer Langwellenschwelle von 3428 Å beginnt, woraus sich eine Elektronenaffinität von Cl von 3,616 eV ergibt. Durch spektroskop. Temp.-Messungen u. mittels des Kirchhoff-Gesetzes wird der Absorptionskoeff. des Affinitätskontinuums nach Abtrennung des Backgrounds mit einer linearen Extrapolation erhalten. Der Ablösungs-Wrkg.-Querschnitt des negativen Cl-Ions wird als Funktion der Photonenenergie berechnet. Abweichungen vom thermodynam. Gleichgew. bei Niederstrom-Lichtbögen werden berücksichtigt. Herbert Weber 26

0018 **Untersuchung der elektronisch angeregten Jodatome $J(5^2P_{1/2})$ durch zeitaufgelöste Emission.** D. Husain und J. R. Wiesenfeld. (Nature [London] **218** (1967) 5082, 1227—28; Dep. of Chem., Case Inst. of Technol., Univ. Circle, Cleveland, O.; engl.) — Bei der Blitzlichtphotolyse einer Mischung von gasf. CF_3J u. *Ar* wird die zeitaufgelöste Emission $J(5^2P_{1/2}) \rightarrow J(5^2P_{3/2})$ mit Hilfe einer PbS-Photoleitfähigkeitszelle, die am Austrittsspalt eines Gittermonochromators hoher Apertur angebracht ist, untersucht. Dazu wird die zeitliche Intensitätsverteilung auf einen Oszillographen übertragen. Vf. erhalten im untersuchten Bereich p_{Ar} = 0,2 bis 1 Torr eine lineare Abhängigkeit des Intensitätsabfallkoeff. vom Ar-Partialdruck. A. Meixner 26

0019 **Atomabsorptionscharakteristiken von Vanadin durch Verwendung des Kniseley-Brenners.** Delbert Marshall und W. G. Schrenk. (Spectroscopy Letters **1** (1968) 2, 87—93; Chem. Dep., Fort Hays Kan. State College, Hays, Kan.; engl.) — Unter optimalen Bedingungen u. bei Verw. eines Kniseley-Brenners mit *Sauerstoff-Acetylen*-Flamme zeigt das Absorptionsspektrum zwischen 3600 u. 2600 Å von V zwei starke Linien bei 3185, 40 Å u. 3187,7 Å. Unters. der Flammenprofile weisen auf Bereiche max. Grundzustandsbesetzung hin. Interferenzunters. im Bereich 0—1000 μg/ml der Fremdionkonz. mit 20 μg/ml der Konz. von V zeigen Depression des Absorptionssignals bei *Bi, Cr, Li, Na, Ti, Zr, K* u. *Phosphat* u. Verstärkung des Emissionssignals bei *Cr* u. *Ti. Al, Fe, Sb* u. *Acetat* verstärken das Signal bei manchen Konz. u. schwächen es bei anderen. Die möglichen Interferenzmechanismen werden diskutiert. R. Blank 26

0020 **Anregung hoher Rotationsniveaus von C_2-Banden.** G. Messerle. (Z. Naturforsch. **23a** (1968) 3, 470; DVL-Inst. für Raketentreibstoffe, Abt. Spektroskopie, Stuttgart; dt.) — Unters. des Mulliken-Syst. $d^1\Sigma_u^+ - x^1\Sigma_g^+$ (0—0) u. (1—1) bis J = 92 u. (2—2) bis J = 60; die Ergebnisse schließen eine Prädissoziation des $d^1\Sigma_u^+$-Terms in $C(^3P) + C(^3P)$ aus, wahrscheinlich dissoziiert $d^1\Sigma_u^+$ in $C(^1D) + C(^1S)$. Es wurde ferner das Fox-Herzberg-Syst. untersucht. H. Liepack 26

0021 **$a^3\Pi_0^-$-$X^1\Sigma^+$-Übergang des GaH-Moleküls.** P. C. Poynor, K. K. Innes und M. L. Ginter. (J. molecular Spectroscopy **23** (1967) 2, 237—41; Dep. of Chem., Vanderbilt Univ., Nashville, Tenn.; engl.) — Unter Verw. experimenteller Daten einer früheren Unters. von Ginter u. Innes (J. molecular Spectroscopy **7** (1961), 64) werden für die (0—0-, (0—1)-, (1—0-), (2—1)- u. (2—2)-Banden des $a^3\Pi_0^-$-$X^1\Sigma^+$-Überganges von GaH Rotationsanalysen durchgeführt. Mol.- u. Rotationskonst. für den $a^3\Pi_0^-$-Subzustand werden angegeben, ebenso die ber. Intensitätsverteilung für den (0—0)-Übergang. Die Ergebnisse werden mit Werten für InH u. PH verglichen. G. Buttgereit 26

0022 **Strahlungslebensdauer von BBr und von Ultraviolettemissionen in durch Elektronenstrahlen angeregtem BBr_3-Gas.** Barry L. Lutz und James E. Hesser. (J. chem. Physics **48** (1968) 7, 3042—45; Dep. of Astrophys. Sci., Princeton Univ., Princeton, N. J.; engl.) — Die Lebensdauer der Strahlung von BBr (**I**) im $A^1\Pi$-Zustand (2949 Å) wird durch die Meth. der Phasenverschiebung zu τ = 25,6 ± 5,0 ns bestimmt. Das Übergangsmoment von $A^1\Pi \rightarrow X^1\Sigma^+$ von **I** wird mit den entsprechenden Literaturdaten von *BF* u. *BCl* verglichen. Das Emissionssyst. vom angeregtem BBr_3-Gas zwischen 1800 u. 3700 Å wird diskutiert u. folgende starke Peaks zugeordnet: *BI* 1826 Å ($2s^23d\ {}^2D$-$2s^22p\ {}^2P^0$), *BI* 2098 Å ($2s2p^2\ {}^2D$-$2s^22p\ {}^2P^0$), *BI* 2497 Å ($2s^23s\ {}^2S$-$2s^22p\ {}^1P^0$), *BII* 3451 Å ($2p^2\ {}^1D$-$2s2p\ {}^1P^0$). R. Blank 26

0023 **Elektronen-Schwingungs-Rotationsspektren des ScCl-Moleküls und einige zusätzliche Daten der Molekülkonstanten von ScF, YF und LaF.** E. A. Šenjavskaja, A. A. Mal'cev und L. V. Gurvič. (Vestnik Moskovskogo Univ., Ser. II **22** (1967) 4, 104—05; Kaf. fiz. chim.; russ.) — Aus den Spektren von $Sc^{35}Cl$, $Sc^{37}Cl$, ScF, YF u. LaF erhaltene Mol.-Konst. sind tabelliert. Die Dissoziationsenergie von ScCl beträgt nach linearer Extrapolation des Schwingungsniveaus des Grundzustandes 3,4 eV. J. J. Pohl 26

0024 **Experimentelle Bestimmung der Rotationskonstanten der Zustände $^1\Pi$ und $^1\Sigma$ von molekularem AsN.** Jean d'Incan und Bernadette Fémelat. (C. R. hebd. Séances Acad. Sci., Sér. A et B **264** (1967) 17, B 1261—62; Labor. de Spectrosc. et de Luminesc., Univ., Lyon, Rhône; franz.) — Durch eine teilweise Strukturanalyse der Banden [0,0] (ν_0 = 35900,8 cm^{-1}; ν_h = 35906,2 cm^{-1}) u. [0,1] (ν_0 = 34842,7 cm^{-1}; ν_h = 34848,6 cm^{-1}) im $^1\Pi$-$^1\Sigma$-Syst. werden die betreffenden Rotationskonst. bestimmt: $^1\Pi$:B_0' = 0,4891 cm^{-1}; r_0' = 1,709 Å. $^1\Sigma$:B_1'' = 0,5337 cm^{-1}, B_0'' = 0,5375, B_e = 0,5394; r_e = 1,627 Å. F. Langenbucher 26

0025 **Elektronenstruktur von Tris-[α-diimin]-eisen(II)-Komplexen.** Tasuku Ito, Nobuyuki Tanaka, Ichiro Hanazaki und Saburo Nagakura. (Bull. chem. Soc. Japan **41** (1968) 2, 365—73; Dep. of Chem., Fac. of Sci., Tohoku Univ., Katahira-cho, Sendai; engl.) — Theoret. Unters. der Elektronenspektren zwischen 10 u. 60×10^{-3} cm^{-1} von *Tris-[glyoxal-bis-(N-methylimin)]-eisen(II)-tetrafluoroborat, Tris-[diacetyl-bis-(N-methylimin)]-eisen(II)-tetrafluoroborat* u. *Tris-[diacetyl-bis-(N-butylimin)]-eisen(II)-tetrafluoroborat* in wss. Lsg. zeigen, daß starke π-Rückbindungen im Grundzustand für die ungewöhnliche Stabilität der Eisen(II)-Komplexe verantwortlich sind. Die intensive Bande im sichtbaren Bereich gehört zum CT-Übergang von 3dπ-AOs des Eisens zum niedrigst freien π-MO des Liganden. Der niedrigste

π–π*-Übergang im α-Diimin ist parallel zur Stickstoff-Stickstoff-Richtung des Mol. polarisiert u. die Übergangsdipole in den drei Liganden stehen in Wechselwrkg. miteinander, wodurch die $A_1 \to A_2$- u. $A_1 \to$ E-Übergänge im Metallkomplex mit D_3-Symmetrie bedingt sind. R. Blank 26

0026 **Absorptionsspektren planarer Komplexe von Äthylen-bis-[biguanid] mit Nickel(II) und Palladium(II).** David J. MacDonald. (Inorg. Chem. [Washington] 6 (1967) 12, 2269–70; Dep. of Chem., Univ. of Nev., Reno, Nev.; engl.) — Die Absorptionsspektren beider Komplexe weisen im UV nur je ein Max. auf, in H_2O für *[Ni(enbbg)]Cl*$_2$ bei 478 nm, für *[Pd(enbbg)]Cl*$_2$ bei 307 nm. Da die Wellenlängen bei Änderung des Lsgm. (*DMSO, Formamid*) nicht verschoben werden, werden die Max. dem d-d-Übergang mit geringster Energie [$d_{xy} \to d_{x^2-y^2}$ ($^1A_{1g} \to {}^1A_{2g}$)] zugeschrieben, woraus die Reihenfolge der Energiezustände $d_{xy} > d_{z^2}$ folgt. H. Riemer 26

0027 **Einfluß der axialen Ligandenanlagerung auf die Ligandenfeldspektren von β-Diketonato-Kupfer(II)-Verbindungen.** L. L. Funck und T. R. Ortolano. (Inorg. Chem. [Washington] 7 (1968) 3, 567–73; Dep. of Chem., Lehigh Univ., Bethlehem, Pa.; engl.) — Der Einfl. der Einfach- u. Doppeladdition von *Py.* an *Bis-[hexafluoracetylacetonato]-kupfer(II)* (I) auf dessen LF-Spektrum wird gruppentheoret. u. bez. der LF-Aussagen auf die Zuordnung der d-d-Banden untersucht. Dabei zeigt sich, daß die Analyse auch auf den nichtfluorierten Komplex u. dessen Monopyridinaddukt sowie das Syst. I–H_2O (II) anwendbar ist. Danach sollten im Syst. II neben der wasserfreien Chelatverb. noch ein Mono- u. ein Bisaquo-Addukt existieren. R. Blank 26

0028 **Exzitonenaufspaltung in den UV-Banden der Liganden von Koordinationskomplexen.** S. F. Mason und B. J. Norman. (Chem. Physics Letters [Amsterdam] 2 (1968) 1, 22–24; School of Chem. Sci., Univ. of East Anglia, Norwich; engl.) — Die Absorptionsspektren u. CD-Kurven von (+)-*[Os(phen)*$_3$*](ClO*$_4$*)*$_2$, (+)-*[Os·(bipy)*$_3$*](ClO*$_4$*)*$_2$, (–)-*[Os(phen)*$_2$*(bipy)](ClO*$_4$*)*$_2$ u. (–)-*[Os·(bipy)*$_2$*(phen)](ClO*$_4$*)*$_2$ in W. werden untersucht. W. Sobieski 26

0029 **Theorie der natürlichen Linienbreite.** H. H. Chan und M. Razavy. (Chem. Physics Letters [Amsterdam] 2 (1968) 3, 202–04; Theoret. Phys. Inst., Dep. of Phys., Univ. of Alberta, Edmonton, Canada; engl.) — Diskussion eines Modells für die Wechselwrkg. zwischen einem Atomsyst. mit zwei Niveaus u. dem transversalen elektromagnet. Feld u. Unters. der Wahrscheinlichkeitsamplitude für den Zerfall von einem Niveau zu einem anderen. Die Niveauverschiebung infolge der Kopplung an das elektromagnet. Feld u. die Linienbreite der emittierten Welle werden berechnet. H. Liepack 28

0030 **Gleichzeitiges Auftreten und Konkurrenz zwischen stimulierten optischen Streuprozessen in Gasen.** R. W. Minck, E. E. Hagenlocker und W. G. Rado. (J. appl. Physics 38 (1967) 5, 2254–60; Sci. Labor., Ford Motor Company, Dearborn, Mich.; engl.) — Unter Verw. der Ausb.-Koeff. einzeln angeregter Brillouin- u. Raman-Übergänge in Gasen ber. Verf. Druck u. Temp., bei denen die Ausb.-Koeff. für verschiedene Übergänge gleich sind. Die Konkurrenz zwischen gleichzeitig angeregten opt. Streuprozessen wurde in der Umgebung dieser ber. Schnittstellen untersucht. Aus einem idealisierten Modell wird die Verstärkung u. Schwächung der Ausb.-Koeff. hergeleitet. Anwendung auf H_2, D_2 u. CH_4 u. Vgl. mit Experimenten. B. Rassow 28

0031 **Zeitliche Entwicklung der erzwungenen Mandelstam-Brillouin-Streuung in gasförmigem Stickstoff bei 150 atm.** V. V. Korobkin, D. I. Maš, V. V. Morozov, I. L. Fabelinskij und M. Ja. Ščelev. (Ž. èksper. teoret. Fiz.-Pis'ma v Redakciju 5 (1967) 10, 372–75; Fiz. inst. im. Lebedeva AN SSSR; russ.) — Die erzwungene Mandelstam-Brillouin-Streuung (EMBS) entstand im fokussierten Licht eines Riesenimpuls-Rubinlasers (40–50 MW), wobei außerdem die Entstehung eines Plasmas beobachtet wurde. Das EMBS-Spektrum hatte bis zu 4 Stokessche Komponenten. Zwei kinet. Modelle der EMBS wurden diskutiert u. experimentell überprüft. H.-D. Schwartz 28

0032 **Aufbau einer parametrischen Theorie der Intensitäten der Infrarotspektren mehratomiger Moleküle.** L. A. Gribov. (Optika i Spektroskopija 25 (1968) 1, 53–57; russ.) H. Roschkowski 30

0033 **Struktur-Gruppenanalyse der IR-Spektren mehratomiger Moleküle mit Hilfe von Elektronenrechnern.** 3. Mitt. M. E. Eljašberg und L. A. Moskovkina. (Ž. prikl. Spektroskopii 8 (1968) 6, 998–1002; russ.) — 2. vgl. ibid. 8 (1968) 648. H. Roschkowski 30

0034 **Infrarotspektren von CO.** Lee A. Young. (J. quantitative Spectroscopy radiative Transfer 8 (1968) 2, 693–716; Avco Everett Res. Labor., Everett, Mass.; engl.) — Die integrierten Absorptionskoeff. (AK) der IR-Grund- u. der 1. u. 2. Oberschwingungsbande von CO werden auf der Grundlage einer numer. Abschätzung der Matrix-Elemente berechnet. Aus diesen Ergebnissen werden die über mehrere Linien gemittelten spektralen AK berechnet. Meth. zur Best. der physikal. Bedingungen, unter denen diese AK zur Berechnung der mittleren Absorption oder Emissionsfähigkeit verwendet werden können, werden angegeben. A. Günther 30

0035 **Quantenmechanische Analyse der Feinstruktur des Schwingungs-Rotations-Spektrums von Wasserdampf. 1. Mitt. Methodik zur Berechnung der Lage, der Intensitäten und Halbwertsbreiten der Linien sowie der Absorptionskoeffizienten.** V. E. Zuev, I. I. Ippolitov, Ju. S. Makuškin, A. A. Orlov und V. V. Fomin. (Optika i Spektroskopija 25 (1968) 1, 36–44; russ.) H. Roschkowski 30

0036 **Normalschwingungen des Perchlorylamidions.** Ju. Ja. Charitonov und A. I. Karelin. (Ž. prikl. Spektroskopii 8 (1968) 6, 1011–17; russ.) — Ausgehend von den IR-Spektren von $K_2{}^{14}NClO_3$ u. $K_2{}^{15}NClO_3$ werden die Normalschwingungsfrequenzen des Perchlorylamidions berechnet. H. Roschkowski 30

0037 **Schwingungsspektren von Hexabromdisiloxan und Hexabromdisilazan.** Hans Bürger und Manfred Schulze. (Z. Chem. 8 (1968) 7, 256–57; Braunschweig, TU, Inst. für Anorg. Chem.; dt.) — Die IR- u. Raman-Spektren im Bereich von 33–4000 cm^{-1} der Verb. *Br*$_3$·*SiNHSiBr*$_3$ (I) u. *Br*$_3$*SiOSiBr*$_3$ werden mitgeteilt u. mit jenen der entsprechenden Hexachlorverb. verglichen. Auf Grund von Kraftkonst.-Rechnungen wird für I ein SiNSi-Winkel von 125° mit f SiN = 4,2 mdyn/Å für wahrscheinlich gehalten. Wie die Hexachlorverb. zeigt I keine C_3-Lokalsymmetrie der $SiBr_3$-Gruppen mehr; die entsprechenden Siloxane geben nur zu 4 SiCl- bzw. SiBr-Schwingungen Anlaß. Hans Bürger 30

0038 **Die b_1C≡O-Streckschwingung in den Infrarotspektren von C_{4v}–M(CO)$_5$X-Komplexen.** S. F. A. Kettle und I. Paul. (Inorg. chim. Acta [Padova] 2 (1968) 1, 15–16; Sheffield, Univ., Dep. of Chem.; engl.) — Ein Mechanismus, der die verbotene b_1C≡O-Streckschwingung in M(CO)$_5$X-Komplexen mit C_{4v}-Symmetrie erklärt, wird diskutiert. B. I. 30△

0039 **^{13}C–O-Valenzschwingung in Carbonyl-Nitrosyl-Komplexen.** A. Poletti, R. Cataliotti und A. Foffani. (Inorg. chim. Acta [Padova] 2 (1968) 2, 157–58; Inst. of Phys. Chim., Univ. of Perugia, Italy; engl.) — Die ^{13}C–O-Valenzschwingung in den Spektren von *Co(CO)*$_2$·*(^{13}CO)NO* u. *FeCO(^{13}CO)(NO)*$_2$ im Bereich 1900 bis 2100 cm^{-1} wird bestimmt u. berechnet. J. J. Pohl 30

0040 **IR-Spektren einiger hydratisierter Permanganate.** E. J. Baran und P. J. Aymonino. (Mh. Chem. 99 (1968) 4, 1584–90; Cátedra de Quimira Inorg., Univ. Nat. de La Plata, La Plata, Argentinien; dt.) — Unters. der IR-Spektren von *Mg(MnO*$_4$*)*$_2$ · 6*H*$_2$*O*, *Ni(MnO*$_4$*)*$_2$ · 6*H*$_2$*O*, *Zn(MnO*$_4$*)*$_2$ · 6*H*$_2$*O* u. *Cu(MnO*$_4$*)*$_2$ · 2*H*$_2$*O* im Bereich von 4000–600 cm^{-1}. Die Kationen üben keinen sichtbaren Einfl. auf die Schwingungen des MnO_4^--Ions aus. I. Zoll 30

0041 **Infrarotspektroskopische Untersuchung der Struktur von Acetylacetonaten.** L. A. Gribov, Ju. A. Zolotov und M. P. Noskova. (Ž. strukturnoj Chim. **9** (1968) 3, 448–57; Inst. geochim. i anal. chim. AN SSSR; russ.) – Die IR-Absorptionsspektren von $[MeA_2]$ (Me = *Ni, Co, Zn, Cd, Pd*), $[Me'A_3]$ (Me' = Fe^{III}, *Ga, In*, Cr^{III}, Co^{III}, Mn^{III}, *Al, La*) u. $[Me''A_4]$ (Me'' = *Zr, Th*) mit HA = *Acetylaceton* bei 400–3800 cm^{-1} werden aufgenommen u. interpretiert. Die π-Elektronen in den Chelatringen aller untersuchter Komplexe sind delokalisiert. H. Roschkowski 30

0042 **Stereochemie und Spektren von Dimethylselenoxid-Zinn(IV)-Komplexen im fernen Infrarot.** T. Tanaka und T. Kamitani. (Inorg. chim. Acta [Padova] **2** (1968) 2, 175–78; Dep. of Applied Chem., Osaka Univ., Higashinoda, Miyakojima, Osaka, Japan; engl.) – Durch die Zugabe einer Lsg. des entsprechenden Sn(IV)-Halogenids in Dichlormethan zu Dimethylselenoxid (A) im gleichen Lsgm. im Molverhältnis 1:2 wurden die Komplexe $[SnCl_4A_2]$, Zers. bei 151–152°, $[(C_6H_5)_2SnCl_2A_2]$, F. 158 bis 160°, $[(CH_3)_2SnCl_2A_2]$, F. 188–189°, $[(C_2H_5)_2SnCl_2A_2]$, F. 159–160° u. $[(CH_3)_2SnBr_2A_2]$, F. 119–120°, dargestellt. Die IR-Spektren der Komplexe (80–5000 cm^{-1}) zeigen, daß A über O an Sn koordiniert ist, das Koordinationsvermögen ist in der gleichen Größenordnung wie bei DMSO. Der $SnCl_4$-Komplex hat cis-Konfig., in den Dialkylzinnhalogenidkomplexen sind die Alkylgruppen in trans-, die Halogenatome in cis-Stellung. Für $[(CH_3)_2 \cdot SnCl_2A_2]$ wird eine trigonal bipyramidale Konfig. diskutiert. J. J. Pohl 30

0043 **Infrarotspektren und Normalkoordinatenanalyse von Metall-Biuret-Komplexen.** B. B. Kedzia, P. X. Armendarez und K. Nakamoto. (J. inorg. nuclear Chem. **30** (1968) 3, 849–60; Chicago, Ill. Inst. of Technol., Dep. of Chem.; engl.) – 2 Isomere des *Cu(II)-Biuret-Komplexes* sind bekannt, in denen Cu über O bzw. N an den zweizähnigen Liganden gebunden ist. Ihre IR-Spektren u. die ihrer Deuteriumanaloga im Bereich von 4000–200 cm^{-1} wurden registriert. Eine Normalkoordinatenanalyse sicherte die Zuordnung der Spektren neben der Ermittlung der Kraftkonstanten. Die bei $[Cu(C_2H_5N_3O_2)_2]Cl_2$, $[Cu(C_2D_5N_3O_2)_2]Cl_2$, $K_2[Cu(C_2H_3 \cdot N_3O_2)_2] \cdot 2H_2O$ u. $K_2[Cu(C_2D_3N_3O_2)_2] \cdot 2D_2O$ erhaltenen Ergebnisse wurden auf die Spektren von $[Ni(C_2H_5N_3O_2)_2] \cdot Cl_2$, $K_2[Ni(C_2H_3N_3O_2)_2] \cdot 2H_2O$ u. $K_2[Co(C_2H_3N_3O_2)_2] \cdot 2H_2O$ angewandt. U. Goetze 30

0044 **Infrarotspektren von Thoriumoxalatkomplexen.** Ju. Ja. Charitonov, A. K. Molodkin und T. A. Balakaeva. (Ž. neorg. Chim. **13** (1968) 8, 2315–18; Inst. obšč. i neorg. chim. im. Kurnakova AN SSSR; russ.) – Die IR-Spektren von $(CN_3H_6)_2Th(C_2O_4)_3 \cdot 8H_2O$, $Na_4Th \cdot (C_2O_4)_4 \cdot 5{,}5H_2O$, $K_4Th(C_2O_4)_4 \cdot 4H_2O$, $(NH_4)_4Th(C_2O_4)_4 \cdot 3H_2O$, $(CN_3H_6)_4Th(C_2O_4)_4 \cdot 2H_2O$, $(NH_4)_6Th(C_2O_4)_5 \cdot 3H_2O$, $[Co(NH_3)_6]_2 \cdot Th(C_2O_4)_5 \cdot 3H_2O$ wurden bei 400 bis 4000 cm^{-1} aufgenommen u. die Banden den C=O-, C–O-, C–C- u. weiteren Schwingungen zugeordnet. J. J. Pohl 30

0045 **IR-Spektren der Umsetzungsprodukte von Dimethyläthinylcarbinol mit Palladiumchlorid und seinen Derivaten.** Ju. Ja. Charitonov, T. I. Beresneva, G. Ja. Mazo und A. V. Babaeva. (Ž. neorg. Chim. **13** (1968) 8, 2184–93; Inst. obšč. i neorg. chim. im. Kurnakova, AN SSSR; russ.) – IR-Spektren von $(CH_3)_2 \cdot C(OCOCH_3)$–C≡CH, $(CH_3)_2C(OCOCH_3)$–C(PdCl)H–CHO, $(CH_3)_2C(OH)$–C≡CH u. $(CH_3)_2C(OH)$–C(PdX){=CH–C · $[C(CH_3)_2OH]\}_3$–CHO(X=Cl, Br, J, SCN) bei 400 bis 4000 cm^{-1}. Mögliche Strukturen der Komplexverb. werden diskutiert. J. J. Pohl 30

0046 **IR-Absorptionsspektren der geometrischen Isomeren von $[Pt(n\text{-}C_3H_7NH_2)_2Cl_2]$.** Ju. Ja. Charitonov, I. K. Dymina, T. N. Leonova. (Ž. neorg. Chim. **13** (1968) 8, 2205–14; Inst. obšč. i neorg. chim. im. Kurnakova AN SSSR; russ.) – Die IR-Spektren von *cis-* u. *trans*-$[Pt(n\text{-}C_3H_7NH_2)_2Cl_2]$, *trans*-$[Pt(n\text{-}C_3H_7ND_2)_2Cl_2]$ $[Pt(n\text{-}C_3H_7NH_2)_4]Cl_2$ u. $[Pt(n\text{-}C_3H_7ND_2)_4]Cl_2$ wurden im Bereich 400–4000 cm^{-1} aufgenommen. Die Reihenfolge der Pt–N-Kraftkonst. wurde festgelegt, die Konst. wächst wie ein Vgl. mit Literaturwerten zeigt, in der Reihenfolge der Liganden Ammoniak < Methylamin < Äthylamin, Propylamin, wobei der Induktionseffekt ausschlaggebend ist. J. J. Pohl 30

0047 **Ramanspektroskopische Untersuchungen von HDO in D_2O.** G. E. Walrafen. (J. chem. Physics **48** (1968) 1, 244–51; Murray Hill, N.J., Bell Telephone Labor., Inc.; engl.) – Das Raman-Spektrum von HDO (6,2 m) in H_2O wurde im Bereich der OD-Valenzschwingung zwischen 16 u. 97° unter Anregung mit einem Ar-Laser u. Hg-4358 Å untersucht. Es besteht aus zwei Banden mit Gauß-Profil u. einem isosbest. Punkt bei 2570 ± 5 cm^{-1} die entgegengesetzte Temp.-Abhängigkeit besitzen. Aus der Abhängigkeit der integralen Raman-Intensitäten der beiden Gauß-Kurven von der Temp. wurde ΔH^0 zur Brechung der OD ... O-Brücke zu 2,5 ± 0,6 kcal/Mol bestimmt. Die Raman-Ergebnisse stehen mit ebenfalls mitgeteilten IR-Messungen im Einklang. Hans Bürger 30

0048 **Organoxyisocyanatosilane. 3. Mitt. Raman-Spektren von Phenoxyisocyanatosilanen.** Jerzy Prejzner. (Roczniki Chem. [Ann. Soc. chim. Polonorum] **41** (1967) 4, 647–54; Gdańsk, Kat. Chem. Nieorg., Politechn.; pol.) – 2. vgl. C. **1968**, 51/52-0070. – Es werden die photoelektr. registrierten Raman-Spektren folgender Verb. mitgeteilt u. qual. zugeordnet: $Si(NCO)_4$, $C_6H_5OSi \cdot (NCO)_3$, $(C_6H_5O)_2Si(NCO)_2$, $(C_6H_5O)_3SiNCO$, $(C_6H_5O)_4Si$. Hans Bürger 30

0049 **Raman-Spektren einiger Komplexanionen der Formel $[MX_6]^{2-}$ in fester Phase und in Lösung mit M = Se, Te und X = Cl, Br, J.** P. J. Hendra und Z. Jović. (J. chem. Soc. [London], Sect. A **1968**, 3, 600–02; Dep. of Chem., Univ., Southampton, Hampshire, England; engl.) – Tabellar. werden die aus Raman-Spektren mittels eines Lasers bestimmten $\nu_1(A_{1g})$, $\nu_2(E_g)$ u. $\nu_5(F_{2g})$-Schwingungsfrequenzen folgender MX_6^{2-}-Ionen enthaltender fester Salze mitgeteilt: $K_2[SeCl_6]$, $Rb_2 \cdot [SeCl_6]$ (**I**), $Cs_2[SeCl_6]$ (**II**), $K_2[TeCl_6]$, $(NH_4)_2[TeCl_6]$ (**III**), $Cs_2[TeCl_6]$ (**IV**), $K_2[SeBr_6]$ (**V**), $Cs_2[SeBr_6]$, $[(C_5H_5 \cdot N)_2H_2][SeBr_6]$, $K_2[TeBr_6]$ (**VI**), $Cs_2[TeBr_6]$, $[N(C_4H_9)_4]_2 \cdot [TeBr_6]$, $[(C_5H_5N)_2H_2][SeJ_6]$ (**VII**), $K_2[TeJ_6]$ (**VIII**) sowie für die folgenden Ionen in CH_3CN: $[SeCl_6]^{2-}$ (**IX**), $[TeCl_6]^{2-}$ (**X**), $[SeBr_6]^{2-}$ (**XI**), $[TeBr_6]^{2-}$ (**XII**), $[SeJ_6]^{2-}$ u. $[TeJ_6]^{2-}$. Außerdem sind die $\nu_3(f_{1u})$ u. $\nu_4(f_{1u})$-Schwingungen der IR-Spektren von **I**–**VIII** angegeben. Für die Ionen **IX**–**XII** werden ν_1, ν_2, ν_5 u. die Urey-Bradley-Kraftkonst. berechnet. Darüber hinaus sind die Spektren von in *HCl, HBr* u. *HJ* gelöstem SeO_2 (**XIII**) u. TeO_2 angegeben. Durch Konz.-Variation wird gezeigt, daß in der Lsg. von **XIII** in *HBr* ein Gleichgew. $SeBr_5^- + Br^- \rightleftharpoons SeBr_6^{2-}$ vorliegt. R. Blank 30

0050 **Monte Carlo-Berechnung der magnetischen Resonanzspektren von bewegten Spins.** Martin Saunders und Charles S. Johnson jun. (J. chem. Physics **48** (1968) 1, 534–36; Dep. of Chem., Yale Univ., New Haven, Conn.; engl.) – Berechnung ausgehend von der Andersonschen Relaxationsfunktion $g(t) = \exp \cdot [i \int_0^t \omega'(t')dt']$. A. Blaschette 36

0051 **Doppelmodulationsmethode zur Messung der Breite von Spinpaketen anomal verbreiterter EPR-Linien.** V. I. Muromcev, S. N. Safronov, U. I. Safronova und I. G. Achvlediani. (Fiz. tverdogo Tela **10** (1968) 5, 1475–79; N.-I. fiz. chim. inst. im. Karpova, Moskva; russ.) – Meth. zur Messung der Spinanteile an EPR-Linien, deren Verbreiterung von der Verteilungsfunktion unabhängig ist. Experimentelle Daten (77 °K) werden für die Radikale CH_3-$\dot{C}H$-OH mitgeteilt. K. Jaeger 36

0052 **Instabile Zwischenprodukte.** 45. Mitt. **Hyperfeinkopplung und Spinpolarisation anorganischer und organischer Radikale.** T. F. Hunter und M. C. R. Symons. (J. chem. Soc. [London], Sect. A **1967**, 11, 1770–73; Dep. of Chem., Univ., Leicester; engl.) – 44. vgl. C. **1969**, 5-0076. – Für die Spinpolarisation von π-Radikalen wird als Ersatz für den Q^x-Wert ein neuer Ausdruck U^x vorgeschlagen. U^x wird definiert als Verhältnis von Q^x zur isotropen Hyperfeinkopplung A^x, ber. für ein Elektron im entsprechenden s-Valenzorbital vom Atom X. U^x wird aus ESR-Ergebnissen für eine Anzahl anorgan. u.

organ. Radikale berechnet. Dabei zeigen die U^x-Werte eine bemerkenswerte Konstanz. Angaben für U^C, U^N, U^O, U^F, U^P, U^S, U^{Cl}; untersuchte Radikale: CH_3, NH_3^+, NH_2, OH, CH_3CH_2, $C_6H_6^-$, CO_3^-, NO_3, $(SO_3)_2NO^{2-}$, $N(CH_3)_3^+$, NF_2, NO, N_2^-, H_2NSO_3, $HNSO_2^-$, $N(SO_3)_2^{2-}$, F_2^-, $FCH(CONH_2)$, PH_2, PO_4^{2-}, SO_2^-, ClO_2.
I. Zoll 36

0053 **Untersuchung der Li-Kationenstörung der Spindichteverteilung in symm. Trinitrobenzol-Radikalanionen.** R. K. Gupta, J. Subramanrian, N. K. Ray und P. T. Narasimhan. (Chem. Physics Letters [Amsterdam] **2** (1968) 3, 150—54; Dep. of Phys., Indian Inst. of Technol., Kanpur, UP, India; engl.) — ESR- u. theoret. Unters. des Einfl. der Li-Kationenassoziation auf die Spindichteverteilung in symm. Trinitrobenzol-Radikalanionen. Die experimentellen Beobachtungen können nur befriedigend durch einfache Hückel-MO-Berechnungen erklärt werden, wenn angenommen wird, daß das Kation fest an eine der Nitrogruppen gebunden ist.
H. Liepack 36

0054 **Modulationseffekte des Spinechos freier Radikale.** G. M. Židomirov und K. M. Salichov. (Teoret. ėksper. Chim. **4** (1968) 4, 514—19; Inst. chim. kinetiki i gorenija SO AN SSSR, Novosibirsk; russ.) — Für einige für freie Radikale charakterist. Modellfälle wird die Form der Modulation des Abklingens des Spinechosignals ber., das auf anisotrope Hyperfeinwechselwrkg. zurückgeht.
H. Roschkowski 36

0055 **Elektronenspinresonanz des Mn^{2+}-Ions in wäßriger Lösung von Netzmitteln.** Masaji Miura, Akinori Hasegawa und Yasuyoshi Michihara. (Bull. chem. Soc. Japan **41** (1968) 2, 534; Dep. of Chem., Fac. of Sci., Hiroshima Univ., Hagashisenda-machi, Hiroshima; engl.) — Die ESR-Linienbreite von Mn^{2+} in wss. Lsg. von *$Mn(NO_3)_2$* u. Natriumdodecylsulfat (I) bzw. Natriumdecylsulfat (**II**) wurde in Abhängigkeit von der Konz. von **I** oder **II** untersucht. Im Konz.-Bereich $(3-13) \cdot 10^{-3}$ m (I) bzw. $(3-7) \cdot 10^{-2}$ m (**II**) wurde eine Änderung der Linienbreite beobachtet, während sie außerhalb dieser Bereiche konst. bleibt. Die durch Messung der spezif. Leitfähigkeit bestimmten CMC liegen jeweils in denselben Bereichen.
B. Stender 36

0056 **Elektronenspinresonanz-Linienbreite des Hexaquochrom(III)-Ions als Kriterium für Koordinationswechselwirkungen der äußeren Sphäre.** K. M. Sancier. (J. physic. Chem. **72** (1968) 4, 1317—23; Stanford Res. Inst., Menlo Park, Calif.; engl.) — Die ESR-Linienbreite von $[Cr(H_2O)_6]^{3+}$ in wss. Lsg. wurde in Abhängigkeit von der Konz. der diamagnet. Elektrolyte *Na_2SO_4*, *$(NH_4)_2 \cdot SO_4$*, *$Ca(NO_3)_2$*, *$Mg(NO_3)_2$*, *$Mg(ClO_4)_2$*, *$NaNO_3$*, *$NaClO_4$*, $NH_4 \cdot ClO_4$, *HNO_3* u. *$HClO_4$* untersucht. Die $[Cr(H_2O)_6]^{3+}$-Konz. betrug 0,04 M, die Elektrolytkonz. variierte zwischen 0,001 M u. Sättigung. Allg. nimmt die Linienbreite mit steigender Konz. zunächst etwas ab, dann monoton zu. Bei gegebener Ionenstärke nimmt die Linienbreite in der Ordnung $SO_4^{2-} > HSO_4^- > NO_3^- > ClO_4^-$; $Na^+ > NH_4^+ > H^+$ u. $Mg^{2+} > Ca^{2+}$ ab. Die Effekte werden durch ion. Wechselwrkg. von $[Cr(H_2O)_6]^{3+}$ mit Anionen in der 2. u. Kationen in der 3. Koordinationssphäre erklärt. Der Relaxationsmechanismus wird im TMC-Modell (eingeschränkte Bewegung der mikrokrist. Komplexe) u. im EFA-Modell (Einfl. der Anisotropie des elektr. Feldes) diskutiert. Anionen mit größerer Ladungsdichte erzeugen in beiden Modellen größere Linienverbreiterung. Kationen mit größerer Ladungsdichte verursachen im TMC-Modell größere, im EFA-Modell kleinere Linienbreiten.
B. Stender 36

0057 **Spektroskopische Untersuchungen an Komplexverbindungen.** 10. Mitt. **EPR-Spektren des monomeren π-Cyclopentadienylchromtricarbonyl.** H. J. Keller. (Z. Naturforsch. **23b** (1968) 2, 133—36; Anorg.-chem. Labor., TH, München; dt.) — 9. vgl. ibid. **22b** (1967) 231; 6. vgl. C. **1968**, 20-0112. — Bei der unter leichtem Erwärmen auf 40—50° im Hochvakuum verlaufenden Subl. von diamagnet., dunkelgrünem Bis-[(π-cyclopentadienyl)-chrom-tricarbonyl] (Bis-I) an einen mit fl. N_2 gekühlten Quarzfinger erhält man je nach Schichtdicke dunkelgrün bis gelbgrün gefärbte, polykrist., paramagnet. Prod., die zu 50% aus dem monomeren Radikal **I** bestehen. Aus den EPR-Spektren des Subl.-Prod. ber. sich **3** Extremwerte des g-Faktors zu $g_1 = 1{,}996$, $g_2 = 2{,}03$ u. $g_3 = 2{,}117$, die eine gestörte Symmetrie des Mol. beweisen. Bei der gemeinsamen Subl. von Bis-**I** mit Ferrocen resultieren 2 verschiedene paramagnet. Substitutionsprodukte. Diskussion der EPR-Spektren der Subl.-Prod. vgl. Original.
H.-J. Schönherr 36

0058 **Elektronische Eigenschaften und Stereochemie des Kupfer(II)-Ions.** 1. Mitt. **Bis-[äthylendiamin]-kupfer(II)-Komplexe.** I. M. Procter, B. J. Hathaway und P. Nicholis. (J. chem. Soc. [London], Sect. A **1968**, 7, **1678**—84; Colchester, Univ. of Essex; engl.) — Die Elektron., ESR- u. IR-Spektren von *Bis-[äthylendiamin]-kupfer(II)*-Komplexen *$[Cu(en)_2]X_2$* mit X_2 = *SO_4*, *$Hg(NCS)_4$*, *$(NO_2)_2$*, *Cl_2*, *J_2*, *$(NO_3)_2$*, *C_2O_4*, *Br_2*, *$(NCS)_2$*, *$(ClO_4)_2$*, *HgJ_4*, *$(BF_4)_2$* u. *$[PtCl_4]$* als Anion werden untersucht. Die Übergänge $^2A_{1g} \leftarrow {}^2B_{1g}$, $^2B_{2g} \leftarrow {}^2B_{1g}$ u. $^2E_g \leftarrow {}^2B_{1g}$ der D_{4h}-Symm. werden für 7 Komplexe mit bekannter Struktur zugeordnet. Aus den ESR-Spektren polykrist. Proben der Komplexe mit tetragonaler Symm. werden die Werte $(g_\parallel - 2)/(g_\perp - 2)$ bestimmt. Für Quotienten < 4,0 wird Austauschkopplung angenommen; für > 4,0 werden die beobachteten g-Werte ident. mit denen der lokalen Cu(II)-Ionen angesehen. In diesem Fall konnten die g-Werte mit den elektron. Übergängen kombiniert werden u. daraus die Orbital-Red.-Faktoren $k_\parallel$ u. $k_\perp$ entwickelt werden. Schwach koordinierte Polyanionen können an Hand der IR-Spektren erkannt werden.
B. I. 36△

0059 **Elektronische Eigenschaften und Stereochemie des Kupfer(II)-Ions.** 2. Mitt. **Monoamminaddukte von Bis-[äthylendiamin]-kupfer(II)-Komplexen.** A. A. G. Tomlinson und B. J. Hathaway. (J. chem. Soc. [London], Sect. A **1968**, 7, 1685—88; engl.) — 1. vgl. vorst. Referat. — Die elektron., ESR-, IR-Spektren u. magnet. Momente von *$[Cu(en)_2NH_3]X_2$* mit *X* = *Cl*, *Br*, *J*, *ClO_4*, *BF_4*, *NO_3* u. *$[Cuen_2NH_3](HgJ_4)$* werden untersucht. Durch Vgl. mit den entsprechenden Bis-[äthylendiamin]-kupfer(II)-Komplexen wird gezeigt, daß die Monoamminkomplexe 5fach koordiniert sind mit quadrat.-pyramidaler Konfiguration.
B. I. 36△

0060 **Lokalisierte magnetische Momente an Übergangsfremdatomen in Metallen.** Joachim Stange. (Z. Naturforsch. **23a** (1968) 10, 1517—26; Inst. für Theoret. Phys., Univ. Göttingen; dt.)
M. Frenzel 38

0061 **Elektronographische Untersuchung des Baues des SO_2Cl_2-Moleküls.** István Hargittai. (Magyar Kémiai Folyóirat [Ung. Z. Chem.] **74** (1968) 8, 362—65; ung.) — Die Bindungslängen u. Valenzwinkel von SO_2Cl_2 betragen: r(S–O) = 1,409 ± 0,005, r(S–Cl) = 2,011 ± 0,006 Å, ∢ OSO = 123 ± 2°, ∢ OSCl = 107,6 ± 0,6°.
D. Hoene 40

0062 **Genaue Bestimmung des Isotopenverhältnisses mit dem Massenspektrometer im Falle zeitlich veränderlicher Ionenintensität.** Kadosa Balogh und Ádám Kovách. (Atomki Közlemények [Atom.-Mitt.] **10** (1968) 1, 45—51; Debrecen, MTA Atommag Kutató Intézet; ung.) — Wenn nur kleine Stoffmengen zur Verfügung stehen, ist zu erwarten, daß die Substanz in der therm. Ionenquelle sehr rasch verdampft u. der Ionenstrom exponentiell abklingt. Vf. gibt für diesen Fall die systemat. Fehler u. die Ausführung der Best. mit möglichst bester Genauigkeit an.
J. Plank 42△

0063 **Massenspektrometrische Untersuchung des Cycloheptaschwefels, S_7, und des Cyclodekaschwefels, S_{10}.** U.-I. Záhorszky. (Angew. Chem. **80** (1968) 16, 661, dt.; int. Edit. **7** (1968) 8, 633; engl.; Inst. für org. Chem., Univ., Marburg.) — Die von Schmidt et al. (ibid. **80** (1968) 16, 660) erstmalig beschriebenen cycl. S-Modifikationen S_7 u. S_{10} zeigten im Massenspektrometer das erwartete Molgew., die höchsten Massenzahlen sind (m/e) 224 für S_7 u. 320 für S_{10}.
H. Roschkowski 42

0064 **Massenspektrometrische Untersuchung von Phosphoroxid.** Akio Hashizume, Nobuhide Wasada und Toshikazu Tsuchiya. (Rep. Government chem. ind. Res. Inst., Tokyo **68** (1968) 5, 229—34; jap., Auszug:

engl.) — P_2O_5-Proben wurden im Temp.-Bereich 60 bis 650° aus einer Knudsen-Zelle in die Ionenquelle verdampft u. Ionisationsausb.-Kurven nahe dem Auftrittspotential für $P_4O_9^+$ u. $P_4O_{10}^+$ gemessen. 3 Kurven, die die Intensität von $P_4O_{10}^+$ als Funktion der Temp. angeben, wurden erhalten. Zwei davon, die bei 250 bzw. 450° einsetzen, werden mit den bekannten Dampfdruckkurven von P_2O_5 in Beziehung gebracht. Eine dritte Kurve, die bei 100° einsetzt, wird als Dampfdruckkurve einer neuen Phase von P_2O_5 interpretiert.

J. Büttner 42

0065 **Energien für die Ionisation und Dissoziation von $Ni(CO)_4$, $Fe(CO)_5$, $Cr(CO)_6$, $Mo(CO)_6$ und $W(CO)_6$.** Gregor A. Junk und Harry J. Svec. (Z. Naturforsch. **23b** (1968) 1, 1—9; Inst. for Atomic Res. and Dep. of Chem., Ia. State Univ., Ames, Ia.; engl.) — Die Massenspektren der Metallcarbonyle von Ni, Fe, Cr, Mo u. W wurden gemessen. Die Ionisationspotentiale u. die Energien, die zur Bldg. der verschiedenen Fragmentionen benötigt werden, wurden bestimmt. Diese Daten werden benutzt, um die Bldg.-Wärmen der verschiedenen Ionen zu berechnen. Außerdem werden Dissoziationsenergien aus den Auftrittspotentialdaten, zusätzlichen thermochem. Daten u. Valenzzustands-Anregungsenergien ber.: 1. spezif. Bindungs-Dissoziationsenergien der einfach geladenen Metall-Carbonylionen, 2. durchschnittliche Dissoziationsenergien für einfach geladene Muttermol.-Ionen, 3. durchschnittliche Dissoziationsenergien der neutralen Metallcarbonyle zu Grundzustands-Prod., wobei Vgl. mit kalorimetr. Messungen angegeben sind u. 4. durchschnittliche Dissoziationsenergien der Metallcarbonyle zu valenzzustandsangeregten Produkten. Der unimol. Abbau der Metallcarbonyle wird diskutiert u. die Auftrittspotentiale der Metallionen werden benutzt, um die Valenzzustands-Anregungsenergien der Metallatome zu berechnen. Diese Werte, W* = 3,18 eV, Mo* = 4,92 eV, Cr* = 8,04 eV oder 7,41 eV u. Fe* = 6,57 eV stimmen ausgezeichnet mit den spektroskop. Werten für Mo u. mit den aus spektroskop. Messungen für Cr u. Fe ber. Werten überein. Der Wert für die Valenzzustands-Anregungsenergie von W wird erstmalig in der Literatur angegeben.

J. Büttner 42

0066 **Massenspektren einiger mehrkerniger Kobaltcarbonyl-Verbindungen: Strukturvorschlag für Hydridododekacarbonyleisentrikobalt und Hydridododekacarbonylrutheniumtrikobalt.** M. J. Mays und R. N. F. Simpson. (J. chem. Soc. [London], Sect. **A 1968**, 6, 1444—47; Univ. Chem. Labor., Cambridge; engl.) — Verb. vom Typ $XCCo_3(CO)_9$ verlieren im Massenspektrometer schrittweise die CO-Gruppen bis zum $XCCo_3^+$ mit X = H, F, Cl, Br oder C_6H_5. Mit geringer Wahrscheinlichkeit werden auch Umlagerungsprod. vom Typ CoX^+ beobachtet. Das aus $C_6H_5CCo_3(CO)_9$ gebildete $C_6H_5CCo_3^+$ zerfällt teils durch Abspaltung von Co zu $C_6H_5CCo^+$, teils durch Abspaltung von 2 C_2H_2 zu $C_2HCCo_3^+$. Aus massenspektrometr. u. IR-spektroskop. Unters. wird für $HFeCo_3(CO)_{12}$ u. $HRuCo_3(CO)_{12}$ eine Struktur abgeleitet, in welcher sich das H im Innern des tetraedr. Käfigs aus Metallatomen befindet.

L. Leonhardt 42

0067 **Massenspektrale Untersuchung der Metallchelate. 2. Mitt. Massenspektren und Auftrittspotentiale der Acetylacetonate dreiwertiger Metalle der ersten Übergangsperiode.** G. M. Bancroft, C. Reichert und J. B. Westmore. (Inorg. Chem. [Washington] **7** (1968) 5, 870—74; Dep. of Chem., Univ. of Manitoba, Winnipeg, Canada; engl.) — Die Massenspektren von *Tris-[acetylacetonato]-Ti, -V, -Cr, -Mn, -Fe, -Co* u. *-Al* u. die Auftrittspotentiale der aus diesen Verb. gebildeten Ionen $[M(acac)_3]^+$ u. $[M(acac)_2]^+$ werden gemessen. Die Ergebnisse widersprechen den theoret. Berechnungen. Ein Zerfallsschema für die $[M(acac)_3]^+$-Ionen wird angegeben.

L. Leonhardt 42

0068 **Organometallische Verbindungen. 5. Mitt. Die Massenspektren einiger Aryltrimethylzinnverbindungen.** M. Gielen und J. Nasielski. (Bull. Soc. chim. belges **77** (1968) 1/2, 5—14; Univ. Libre de Bruxelles Serv. de Chim. Org., Fac. des Sci.; engl.) — 4. vgl. ibid. **76** (1967) 559. — Die Massenspektren von *Aryltrimethylzinn* mit folgenden Arylgruppen werden angegeben: *9-Phenanthryl, p-Bromphenyl, p-Trimethylsilylphenyl, p-Neopentylphenyl, 1-Naphthyl, 2-Naphthyl, p-Methoxyphenyl, m-Methoxyphenyl; 2.6-Dimethylphenyl, p-Tolyl, m-Tolyl, o-Tolyl* u. *Phenyl*. Die Spektren zeichnen sich durch ein schwaches Mol.-Ion, sehr intensives $ArSn(CH_3)_2^+$, ein schwaches $ArSn(CH_3)^+$ u. ein mäßig starkes $ArSn^+$ aus. Zum Vgl. werden die entsprechenden *Aryltrimethylsilicium*-Verb. mit den Arylgruppen *1-*$C_{10}H_7$, *2-*$C_{10}H_7$ oder *p-*$CH_3O-C_6H_4$ untersucht. In ihren Massenspektren werden stärkere Mol.-Ionen u. schwächere Peaks von doppelt geladenen Ionen gefunden als bei den entsprechenden Sn-Verbindungen.

L. Leonhardt 42

0069 **Organometallische Verbindungen. 6. Mitt. Durch Elektronenstoß verursachte Bruchstückbildung einiger gemischter und symmetrischer Tetraalkylzinnverbindungen.** S. Boué, M. Gielen und J. Nasielski. (Bull. Soc. chim. belges **77** (1968) 1/2, 43—58; engl.) — 5. vgl. vorst. Ref.; 7. vgl. C. **1968**, 61-0010. — Die Massenspektren von $RSn(CH_3)_3$ mit R = CH_3, C_2H_5, *n-*C_3H_7, *iso-*C_3H_7, *n-*C_4H_9, *tert.-*C_4H_9, *cyclo-*C_6H_{11}, *o-*, *m-* u. *p-*$CH_3C_6H_4$–CH_2, ferner von $RSn(C_2H_5)_3$ mit R = CH_3, C_2H_5, *n-*C_3H_7, *iso-*C_3H_7 u. *n-*C_4H_9 sowie von R_4Sn mit R = *n-*C_3H_7, *iso-*C_3H_7, *n-*C_4H_9, *iso-*C_4H_9, *cyclo-*C_5H_9 u. *cyclo-*C_6H_{11} werden angegeben für eine Ionenquellentemp. von 250°, einen Druck von $1-3 \cdot 10^{-6}$ Torr u. eine Elektronenenergie von 70 eV. Bruchstücke mit Sn(IV) u. Sn(II) werden bevorzugt gebildet.

L. Leonhardt 42

0070 **Phasenverschiebung von s-Wellen bei einem energiearmen „Hard-core"-Potential.** B. Kuchowicz. (Bull. Acad. polon. Sci., Sér. Sci. math., astronom. physiques **15** (1967) 9, 643—46; Dep. Radiochem., Univ. Warsaw; engl.) — Die Streuung von s-Wellen an einem „hard-core"-Potential ruft eine Phasenverschiebung δ_0 hervor. Als Potentialmodell wurde das Zweiteilchenpotential von Morse verwendet.

H. Kelm 44

0071 **Anmerkung zu Integralausdrücken für Streuamplituden.** M. R. H. Rudge. (J. Physics, B (Proc. physic. Soc.) [2] **1** (1968) 1, 130—31; Dep. of Appl. Math., The Queen's Univ., Belfast; engl.) — Vf. weist auf eine Fehlinterpretation in Arbeiten anderer Autoren bez. der Streuamplituden hin, da sie einen divergenten Phasenfaktor enthalten.

R. Blank 44

0072 **Atomformfaktor und Funktion der inkohärenten Streuung des Heliumatoms.** Yong-Ki Kim und Mitio Inokuti. (Physic. Rev. [2] **165** (1967) 1, 39—43; ANL, Argonne, Ill.; engl.) — Berechnungen mit verschiedenen Wellenfunktionen verschiedener Genauigkeiten. Der Formfaktor aus der Hartree-Fock-Wellenfunktion ist für alle Werte der Impulsübertragung in sehr guter Übereinstimmung mit dem aus einer Hylleraas-Funktion mit 20 Termen. Für kleinere Impulsübertragungen (< 3 a. E.) ist die Funktion der inkohärenten Streuung von der Wellenfunktion abhängig. Korrelierte Wellenfunktionen geben bei kleinen Impulsübertragungen Streufunktionen, die um ca. 5% kleiner als nach Hartree-Fock-Wellenfunktionen sind. Folgerungen für Berechnung von Wrkg.-Querschnitten bei Elektronen- u. Röntgenstreuung werden diskutiert.

H. Liepack 44

0073 **Ausdruck für den totalen Querschnitt für molekulare Streuung in Gegenwart eines winkelabhängigen Potentials.** K. P. Lawley. (Molecular Physics **13** (1967) 2, 131—43; Dep. of Chem., Univ., Edinburgh; engl.) — Das zwischenmol. Potential zwischen einem Atom u. einem zweiatomigen Mol. wird in sphär. Harmonischen des Winkels zwischen der Mol.-Achse u. der Stoßrichtung entwickelt. Mit einer Störungstheorie wird gezeigt, daß der totale Streuquerschnitt einen Beitrag enthält, der hauptsächlich von inelast. Ereignissen herrührt. Dieser Beitrag hat die gleiche Abhängigkeit von der Energie wie der von Zentralkräften herrührende, ist aber sehr klein.

G. Ertl 44

0074 **Löschung der Glorienundulation bei der Streuung der Na-Atome durch Polyhalogenid-Moleküle.** E. A. Gislason und G. H. Kwei. (J. chem. Physics **46** (1967) 7, 2838—40; Dep. of Chem. Harvard Univ., Cambridge,

Mass.; engl.) — Die Geschw.-Abhängigkeit des totalen Wrkg.-Querschnitts wurde für die Streuung der Na-Atome an CBr_4, Br_2, $SnCl_4$, CCl_4, CH_3J, SF_6 u. $SiCl_4$ gemessen. Alle Syst. zeigen die $v^{-2/5}$-Geschw.-Abhängigkeit. Die gewöhnliche Schwingungswellen-Struktur, die mit dem van der Waals-Potential verbunden ist, erscheint nur in einem Fall: bei Na + SF_6. Für die meisten Syst. kann die Abwesenheit der Schwingungswellen auf eine Auslöschung durch Streuung zurückgeführt werden. S. Lampenscherf 44

0075 **Einflüsse der Diffusion auf die Energieübertragung durch Resonanz.** Mario Yokota und Osamu Tanimoto. (J. physic. Soc. Japan **22** (1967) 3, 779–84; Dep. of Appl. Phys., Osaka City Univ., Sumiyoshi-ku, Osaka; engl.) — Die Einfl. der Diffusion auf den Energietransport zwischen Mol. werden nach der Meth. der Streulänge u. nach der Padé-Näherung behandelt, wobei die Diffusionskonst. Entw.-Parameter ist. Das Abklingen der Emission durch angeregte Mol. ist als Funktion der Zeit in geschlossener Form darstellbar. Die Abklingkonst. ist eine Funktion der Diffusionskonst. u. wird mit noch unveröffentlichten experimentellen Ergebnissen (*Pyren* sowie *Perylen* in *n-Hexan*) von Tomura u. Ishiguro verglichen. Die erhaltene Übereinstimmung ist gut. M. Wiedemann 44

0076 **Schwingung → Schwingungs- und Schwingung → Translations-Energietransfer in Methan–Sauerstoff-Mischungen.** James T. Yardley und C. Bradley Moore. (J. chem. Physics **48** (1968) 1, 14–17; Dep. of Chem., Univ. of Calif., Berkeley, Calif.; engl.) — Der Übergang von Schwingungsenergie von O_2 zu CH_4 u. die Schwingungs–Translations-Relaxation in O_2–CH_4-Mischungen wurden durch Messung der laserangeregten IR-Fluoreszenz untersucht. Demnach sind 440 ± 40 Stöße zwischen O_2- u. CH_4-Mol. erforderlich, um ein Quant Schwingungsanregung von O_2 auf CH_4 zu übertragen. Ferner wurde die Schwingungsrelaxation in *NO*–CH_4-Mischungen untersucht. A. Blaschette 44

0077 **Resonanznahe Schwingungsenergieübertragung in N_2–CO_2-Mischungen.** R. D. Sharma und C. A. Brau. (Physic. Rev. Letters **19** (1967) 22, 1273–75; Avco Everett Res. Labor., Everett, Mass.; engl.) — Auf Grund neuerer Experimente scheint es, daß der wirksame Querschnitt für die Übertragung von Schwingungsenergie einen stark negativen Temp.-Koeff. für Temp. unterhalb ≈ 1000°K besitzt. Dies steht in Widerspruch zu den Voraussagen der Theorie von Schwartz, Slawsky u. Herzfeld. Es wird gezeigt, daß dieses anomale Verh. auf weitreichende Dipol–Quadrupol-Wechselwrkg. zwischen den Mol. zurückgeführt werden kann. F. Langenbucher 44

0078 **Einfluß einer Term-Pseudowechselwirkung auf die adiabatischen Übergänge bei unelastischen Atomstößen.** V. A. Kvlividze. (Ž. ėksper. teoret. Fiz. **54** (1968) 1, 250–54; Inst. jadernoj fiz. Mosk. gos. univ.; russ., Auszug: engl.) — Theoret. Arbeit. K. Jaeger 44

0079 **Kinetik der Zwei-Körper-Assoziation von Atomen unter Strahlung.** Howard B. Palmer. (J. chem. Physics **47** (1967) 6, 2116–20; Dep. of Fuel Sci., Pa. State Univ., University Park, Pa.; engl.) — Die Assoziation von Atomen unter Strahlungsabgabe wird auf der Basis des statist. Gleichgew. für den Fall abgeleitet, bei dem die stoßenden Atome in den Abstoßungsbereich eines angeregten Zustands eintreten u. durch Abgabe von Strahlung in den elektron. Grundzustand übergehen u. dadurch stabilisiert werden. Der Ausdruck für die Geschw.-Konst. ist ident. mit dem, der sich aus der Streutheorie unter Annahme eines reinen Abstoßungspotentials ergibt. G. Ertl 44

0080 **Ein möglicher Mechanismus der negativen Absorption.** J. Ďurček. (Czechoslov. J. Physics, Sect. B **17** (1967) 5, 474–75; Transport College, Žilina; engl.) — Quantenmechan. Deutung durch Stoßverbreiterung der Spektrallinien. K. Jaeger 44

0081 **Unelastische Elektronenstoßbeiträge zur Ionenlinienbreite.** D. E. Roberts und J. Davis. (J. Physics, B (Proc. physic. Soc.) [2] **1** (1968) 1, 48–52; Dep. of Phys., Imp. Coll., London; engl.) — Berechnung der unelast. Beiträge zur Stark-Verbreiterung einiger *S II*-Multipletts mit Burgess' halbklass. Elektron–Ion-Stoßtheorie. Die Näherung wird mit anderen Meth. der Literatur verglichen. R. Blank 44

0082 **Halbempirische Formeln für die Elektronenstoßbreiten und Verschiebungen isolierter Ionenlinien in Plasmen.** Hans R. Griem. (Physic. Rev. [2] **165** (1968) 1, 258–66; Univ. of Md., College Park, Md.; engl.) — Best. eines „opt." Wrkg.-Querschnitts der innerhalb eines Faktors 1,5 mit den gemessenen Stark-Breiten für Verhältnisse Anfangselektronenenergie zu Schwellenenergie von 0,5–50 übereinstimmt. Aus den Breiten werden Linienverschiebungen abgeschätzt. Vgl. zwischen ber. u. gemessenen Breiten für C II, N II, S II, Ar II, Ca II u. Si II. H. Liepack 44

0083 **Optisches Modell elastischer Elektronenstöße mit Atomen.** V. D. Ob'edkov. (Vestnik Leningradskogo Univ., Ser. fiz. Chim. **23** (1968) 4, Ser. Nr. 1, 42–46; russ., Auszug: engl.) H. Roschkowski 44

0084 **Negative Elektronen-Zyklotronresonanzabsorption infolge von Stößen.** J. M. Wachtel und J. L. Hirshfield. (Physic. Rev. Letters **19** (1967) 6, 293–95; Yale Univ., New Haven, Conn.; engl.) H. Liepack 44

0085 **Charakteristischer Energieverlust von Elektronen in Argon.** G. C. Hale und J. B. Hasted. (Nature [London] **217** (1968) 5132, 945–46; Dep. of Phys., Univ. Coll., London; engl.) — Messungen des Energieverlusts von 1,1 keV-Elektronen in Ar für Vorwärtsstreuung liefern u. a. ein schwaches Max. bei ca. 230 eV, das sich nicht mit bekannten Ar-Niveaus identifizieren läßt. Vf. interpretieren diesen Peak als Folge einer Mehrfachanregung. P. Weiland 44

0086 **Natur der Ionisation in einem Cäsium-Entladungsplasma.** N. D. Morhulis, Ju. P. Korčevyj und V. I. Lukašenko. (Ukraïns'kyj fiz. Ž. **12** (1967) 8, 1361–73; Kyïvs'kyj deržuniv. im. Ševčenka; ukrain., Auszug: engl.) — Die Ionisation in einem Cs-Bogenentladungsplasma bei 0,03–0,3 Torr u. Elektronenkonz. von 10^{11}–10^{15} cm^{-3} wird mit Hilfe von Sondenmessungen untersucht. H. Roschkowski 44

0087 **Absolute Wirkungsquerschnitte für Ionisation und Anregung von CO_2 durch Elektronenstoß.** J. W. McConkey, D. J. Burns und J. M. Woolsey. (J. Physics, B (Proc. physic. Soc.) [2] **1** (1968) 1, 71–76; Dep. of Pure and Appl. Phys., Queens Univ., Belfast; engl.) — Abs. Wrkg.-Querschnitte für gleichzeitige Ionisation u. Anregung von CO_2 durch Elektronenstoß wurden nach der Meth. der gekreuzten Strahlen gemessen. Der Max.-Wert des Wrkg.-Querschnitts des Niveaus $B^2\Sigma_u^+$ ist 22,4 · 10^{-18} cm^2 u. der des Niveaus $A^2\Pi_u^+$ ist 74,4 · 10^{-18} cm^2. Relative Wrkg.-Querschnitte innerhalb der Schwingungsbanden werden aufgeführt. Die Anregungsfunktionen sind der Form nach der totalen Ionisationsfunktion gleich. J. Büttner 44

0088 **Dissoziative Ionisation von N_2, O_2, H_2O, CO_2 und Äthan.** H. Ehrhardt und A. Kresling. (Z. Naturforsch. **22a** (1967) 12, 2036–43; Phys. Inst., Univ. Freiburg; dt.) — Verschiedene Rk.-Wege werden durch gleichzeitige Analyse von e/m, der kinet. Energien der Fragmente u. ihrer Appearance-Potentiale untersucht u. die Energieabhängigkeiten der abs. Wrkg.-Querschnitte für verschiedene Rk., die zur Bldg. von N^+ u. O^+ aus N_2 bzw. O_2 führen, bestimmt (Elektronenstoßionisation im Massenspektrometer). M. Frenzel 44

0089 **Anwendung der adiabatischen Hypothese auf Ladungsübertragungs-Hochenergiestöße bei Edelgasen.** J. F. Williams. (J. Physics, B (Proc. physic. Soc.) [2] **1** (1968) 1, 132–34; Phys. Dep., Laval Univ., Quebec, P.Q., Canada; engl.) — Die gemessenen totalen Elektroneneinfangwrkg.-Querschnitte für Ne^+, Ar^+ u. Kr^+ (Energien zwischen 60–500 keV) beim Beschuß von H_2, *He*, *Ne*, *Ar* u. *Kr* werden durch die adiabat. Max.-Regel interpretiert, wodurch die Energieabhängigkeit aller Max. in den Wrkg.-Querschnittswerten gedeutet werden kann. R. Blank 44

A–3. Physik der Festkörper und Flüssigkeiten

0090 **Anwendung des Mössbauer-Effekts in „Materials Science“.** U. Gonser. (Mater. Sci. Engng. [Lausanne] **3** (1968) 1, 1—23; Sci. Center of North. Amer. Rockwell Corp., Thousand Oaks, Calif.; engl.) — Überblick. — 172 Literaturangaben. Herbert Weber 50

0091 **Einige Anwendungen von Radionukliden in der Metallkunde.** D. Bergner. (Freiberger Forsch.-H., Reihe B **1968,** 132, 107—30; Freiberg; dt.) — Nach einigen Betrachtungen zur Vorbereitung u. Durchführung von Indikatorexperimenten u. Aussagen über die Nachw.-Grenze wird ausführlich über Anwendungen von Radionukliden bei Unters. der Volumen- u. Korngrenzendiffusion berichtet. Daneben werden Probleme bei Ox.-Vorgängen betrachtet, bei deren Lsg. radioakt. Isotope helfen können. Schließlich werden die Grundlagen der qual. u. quant. Autoradiographie u. Möglichkeiten ihrer Anwendung in der Metallkunde dargestellt. M. Hähnert 50

0092 **Realstruktur, Reaktionsfähigkeit und Fernwirkung von Kristalloberflächen.** G. I. Distler. (Izvest. Akad. Nauk SSSR, Ser. fiz. **32** (1968) 6, 1044—55; Inst. kristallogr. AN SSSR; russ.) — Übersicht. — 39 Literaturangaben. H. Roschkowski 50

0093 **Gitterparameter von fein verteiltem MgO.** R. M. Curtis. (Mater. Res. Bull. **3** (1968) 6, 533—35; Shell Dev. Co., Emeryville, Calif.; engl.) — Das von Anderson et al. (ibid. **2** (1967) 895) auf der Basis der Born-Mayer-Gleichung erhaltene Ergebnis, wonach kleine Ionenkrist. im Vgl. zu großen Krist. eine Gitterkontraktion aufweisen, wird krit. analysiert. W. Laqua 50

0094 **Gitterparameter von fein verteiltem MgO.** P. J. Anderson. (Mater. Res. Bull. **3** (1968) 6, 535—36; A.E.R.E., Harwell, Didcot, Berks.; engl.) — Erwiderung auf die krit. Unters. von Curtis (vgl. vorst. Ref.). W. Laqua 50

Struktur

0095 **Analogberechnung dynamischer Elektronenbeugungsintensitäten.** A. W. S. Johnson. (Acta crystallogr. [Copenhagen], Sect. A **24** (1968) 5, 534—43; Div. of Chem. Phys., CSIRO, Melbourne; engl.) H. Roschkowski 51

0096 **Neue Methode zur Bestimmung des Atomformfaktors durch Hochspannungs-Elektronenbeugung. Anwendung des Effekts des Verschwindens der Reflexion zweiter Ordnung.** D. Watanabe, R. Uyeda und A. Fukuhara. (Acta crystallogr. [Copenhagen], Sect. A **24** (1968) 5, 580—81; Dep. of Phys., Nagoya Univ., Nagoya, Japan; engl.) — Beschreibung des Verf. an Hand von Best. der Atomformfaktoren von *Fe, Ni* u. *Al.* H. Roschkowski 51

0097 **Bestimmung der Strahlenanzahl bei der Berechnung der integrierten Intensität eines Elektronenbeugungsflecks.** P. Haymann. (Acta crystallogr. [Copenhagen], Sect. A **24** (1968) 5, 505—13; Fac. des Sci., Mont Saint-Aignan; franz.) — Es wird gezeigt, bis zu welchem Grad die Berechnung der Anzahl der Strahlen möglich ist, die im Fall systemat. Wechselwrkg. eines reziproken Punkts h interferieren. Beispielsberechnungen für *Au, Pt, Ag, Ni, Cu* u. *Al.* H. Roschkowski 51

0098 **Theorie des im Rasterelektronenmikroskop beobachteten Abbildungskontrasts eines p–n-Übergangs.** G. V. Saparin, G. V. Spivak, N. N. Sedov und L. F. Komolova. (Izvest. Akad. Nauk SSSR, Ser. fiz. **32** (1968) 6, 947—52, 2 Tafeln; Fiz. fak. Mosk. gos. univ.; russ.) H. Roschkowski 51

0099 **Neutronenbeugungsuntersuchungen der anharmonischen Temperaturfaktoren von BaF_2.** M. J. Cooper, K. D. Rouse und B. T. M. Willis. (Acta crystallogr. [Copenhagen], Sect. A **24** (1968) 5, 484—93; Mater. Phys. Div., AERE, Harwell, Berks.; engl.) — Genaue integrierte Neutronenbeugungsintensitäten von BaF_2 wurden bei Temp. von 20—600° gemessen u. hinsichtlich therm. diffuser Streuung u. Extinktion korrigiert. Die Vers.-Daten zeigen systemat. Abweichungen von den Vorhersagen eines Modells, das harmon. Temp.-Faktoren beider Atomarten beinhaltet. Gute Übereinstimmung zwischen gemessenen u. ber. Werten wird erhalten, wenn ein Anharmonizitätsparameter nur für die F-Atome eingeführt wird. H. Roschkowski 51

0100 **Kinematische Beugung von Mischkristallen mit Nahordnung und Größeneffekt.** J. M. Cowley. (Acta crystallogr. [Copenhagen], Sect. A **24** (1968) 5, 557—63; School of Phys., Univ. of Melbourne, Parkville, Victoria; engl.) — Entw. einer allg. Theorie der Röntgen-, Neutronen- oder Elektronen-Streuung an derartigen Mischkristallen. H. Roschkowski 51

0101 **Anwendung der dynamischen Theorie von S. Takagi auf den Kontrast eines ebenen Fehlers in der Röntgentopographie. 1. Mitt. Stapelfehler.** A. Authier und D. Simon. (Acta crystallogr. [Copenhagen], Sect. A **24** (1968) 5, 517—26; Labor. de Minér.-Cristallogr. associé au CNRS, Fac. des Sci., Paris; franz.) H. Roschkowski 51

0102 **Anwendung der dynamischen Theorie von S. Takagi auf den Kontrast eines ebenen Fehlers in der Röntgentopographie. 2. Mitt. Moiré-Streifen.** D. Simon und A. Authier. (Acta crystallogr. [Copenhagen], Sect. A **24** (1968) 5, 527—34, 2 Tafeln; franz.) — 1. vgl. vorst. Referat. — Moiré-Streifen wurden auf Röntgentopographien protonenbestrahlter *Si*-Krist. beobachtet, u. ihre Geometrie wird mit Hilfe der kinemat. Theorie der Röntgenbeugung erklärt. Der Streifenkontrast auf Sektionstopographien läßt sich in guter Übereinstimmung mit dem Vers. mit Hilfe der dynam. Theorie von Takagi (ibid. **15** (1962) 1311) deuten. H. Roschkowski 51

0103 **Nachweis für systematische, aus Bindungseffekten resultierende Fehler von Röntgen-Temperaturparametern.** Philip Coppens. (Acta crystallogr. [Copenhagen], Sect. B **24** (1968) 9, 1272—74; Chem. Dep., BNL, Upton, N.Y.; engl.) H. Roschkowski 51

0104 **Radiale Häufigkeitsverteilung der Interferenzpunkte am Debye-Scherrer-Kreis.** A. Wagendristel, H. Ebel und P. Jonke. (Acta crystallogr. [Copenhagen], Sect. A **24** (1968) 5, 565—67; Inst. für angew. Phys., TH, Wien; dt.) — Theoret. Analyse der Verteilung von Röntgenbeugungsmaxima. Anwendung auf Beugungsprofile von feinkrist. Reinstaluminium. H. Roschkowski 51

0105 **Absorptionskorrektur in komplexen Fällen. Anwendung auf Einkristall-Beugungsuntersuchungen bei hohem Druck.** A. Santoro, C. E. Weir, S. Block und G. J. Piermarini. (J. appl. Crystallogr. [Copenhagen] **1** (1968) 2, 101—07; Inst. for Mater. Res., NBS, Washington, D.C.; engl.) — Beschreibung eines Verf. zur Best. der Absorptionskorrektur bei Röntgenbeugungsunters. für den Fall, daß neben dem Krist. auch andere Objekte (z. B. in Hochdruckapp.) absorbieren. Anwendung zur Korrektur von Röntgenbeugungsintensitäten eines *Brom*-Einkrist. unter einem Druck von ca. 10 kbar. H. Roschkowski 51

0106 **Anomale Röntgenstreuung von Halbleitern mit dem Strukturtyp der Zinkblende.** Claude Schiller und Brigitte Jarrousse. (J. appl. Crystallogr. [Copenhagen] **1** (1968) 2, 117—18; Labor. d'Et. et de Rech. Gén. RTC-La Radiotechn.-Compelec, Suresnes; franz.) — Durch Verw. eines kontinuierlichen Röntgenspektrums ist es möglich, die Polarität von Halbleitern des Blendetyps zu ermitteln. Dicht an den Absorptionskanten sind die gestreuten Intensitäten der (111)- u. ($\bar{1}\bar{1}\bar{1}$)-Fläche verschieden. Als Beispiel wird *GaAs* besprochen. H. Roschkowski 51

0107 **Methodik zur Röntgenuntersuchung axialer Texturen von Metallen.** Ju. V. Silochin und I. P. Talaškevič. (Fiz. Metallov Metallovedenie **25** (1968) 6, 1036—38; Inst. fiz. So AN SSSR; russ.) — Beschreibung eines entsprechenden Verf. an Hand von Unters. an *Cu-, Ni-* u. *Al*-Proben. H. Roschkowski 51

0108 **Bestimmung des Polarisationsfaktors für Kristallmonochromatoren.** P. Suortti und T. Paakkari. (J. appl. Crystallogr. [Copenhagen] **1** (1968) 2, 121—22; Dep. of Phys., Univ. of Helsinki; engl.) — Beschreibung eines Verf. zur Best. des Polarisationsfaktors unter Verw. polarisierter Röntgenstrahlen, die durch anomale Transmission oder den Borrmann-Effekt erhalten werden. Anwendung auf die Best. des Polarisationsvektors zweier (10$\bar{1}$1)-Quarzmonochromatoren mit CuK_α-Strahlung. H. Roschkowski 51

0109 **Bestimmung von Verformungs-Verzwillingungs-Stapelfehlern.** A. S. Kagan und A. E. Koval'skij. (Kristallografija **13** (1968), 4, 649—54; russ.) — Ableitung einer Beziehung für die Röntgenbeugungsintensität eines Krist. mit Zwillings-Stapelfehlern. H. Roschkowski 51

0110 **Bestimmung von Orientierungsverteilungen in Faser- und Blattstrukturen.** Sulo Seitsonen. (J. appl. Crystallogr. [Copenhagen] **1** (1968) 2, 82—84; Dep. of Phys., Univ. of Turku, Finland; engl.) — Ableitung von Beziehungen zur Berechnung einer rotationssymm. Verteilung einer kristallograph. Richtung aus der rotationssymm. Orientierungsverteilung von Ebenen parallel zu dieser Richtung. H. Roschkowski 51

0111 **Trennung von Linienverbreiterungseffekten mit Hilfe von Linienbreitenbeziehungen.** W. Ruland. (J. appl. Crystallogr. [Copenhagen] **1** (1968) 2, 90—101; Union Carbide Europ. Res. Assoc., Brussels; engl.) — Vorschlag eines Verf. zur Analyse von Röntgenbeugungslinienprofilen. H. Roschkowski 51

0112 **Prüfung von Pulverproben hinsichtlich von Dispersion und Kompaktheit mit Hilfe der gebeugten Intensität.** I. Asztalos und P. Gadó. (J. appl. Crystallogr. [Copenhagen] **1** (1968) 2, 119—21; Mater. Res. Dep., Ind. Res. Inst. of Electron. „HIKI", Budapest; engl.) — Beschreibung eines Verf. zur Auswertung der Röntgenbeugung von Pulverproben hinsichtlich Feinheit u. Kompaktheit des Materials. Die mögliche technolog. Anwendung wird besprochen. H. Roschkowski 51

0113 **Reflexprofilanalyse zur Bestimmung der Elektronendichteverteilung in Kristallen.** Hans Bradaczek und Rolf Hosemann. (Acta crystallogr. [Copenhagen], Sect. A **24** (1968) 5, 568—77; Fritz-Haber-Inst., Berlin-Dahlem; dt.) — Ein Verf. zur Korrektur der beobachteten Braggschen Röntgenbeugungsintensitäten hinsichtlich Absorption, Extinktion, therm. diffuser Streuung usw. durch Auswertung des photograph. ermittelten relativen Verlaufs der Linienprofile wird beschrieben. Die Einphononen-Streuanteile der (600)- u. (800)-Reflexe von *NaCl* werden berechnet. H. Roschkowski 51

0114 **Indizierung von Röntgenpulverdiagrammen.** 1. Mitt. **Theorie des triklinen Falls.** V. Vand und G. G. Johnson jun. (Acta crystallogr. [Copenhagen], Sect. A **24** (1968) 5, 543—46; Mater. Res. Labor., Pa. State Univ., University Park, Pa.; engl.) H. Roschkowski 51

0115 **Vereinfachtes Kriterium für die Verläßlichkeit der Indizierung einer Pulveraufnahme.** P. M. de Wolff. (J. appl. Crystallogr. [Copenhagen] **1** (1968) 2, 108—13; Labor. voor Techn. Natuurkunde, Techn. Hogeschool, Delft; engl.) H. Roschkowski 51

0116 **Das Phasenproblem und Korrelationseigenschaften von Röntgenstrahlen.** A. V. Kolpakov und R. N. Kuz'min. (Doklady Akad. Nauk SSSR **180** (1968) 1, 63—65; Mosk. gos. univ. im. Lomonosova; russ.) — Die Verw. der Röntgen-Zweistrahlinterferenz zur Best. der Phasen der Strukturamplituden bei Beugungsunters. von Krist. wird theoret. begründet. H. Roschkowski 51

0117 **Einfluß falscher Standardisierungsfaktoren auf die mit der anomalen Dispersionsmethode berechneten Phasen und Elektronendichten.** A. K. Singh. (Acta crystallogr. [Copenhagen], Sect. B **24** (1968) 9, 1242—49; Mater. Sci. Div., Nat. Aeronaut. Labor., Bangalore, India; engl.) H. Roschkowski 51

0118 **Einfluß thermischer Parameter auf Elektronendichtediagramme.** Robert F. Stewart. (Acta crystallogr. [Copenhagen], Sect. A **24** (1968) 5, 497—505; Mellon Inst., Pittsburgh, Pa.; engl.) — Genaue Beziehungen für die Konvolution atomarer Einelektronendichtefunktionen auf anisotrope Gauß-Verteilungsfunktionen werden angegeben. Theoret. zeitmittlere Elektronendichtefunktionen für das N-Atom bei verschiedenen Auflösungen werden durch Variation der Debye-Waller-Faktoren analysiert. Es wird gezeigt, daß die Genauigkeit der therm. Parameter die Fourier-Diagramme in der Nähe der zeitmittleren Kernpositionen beeinflußt. H. Roschkowski 51

0119 **Analytische Darstellung der integralen Charakteristiken der dreidimensionalen Patterson-Funktion.** G. G. Dvorjankina und V. F. Dvorjankin. (Kristallografija **13** (1968) 4, 699—701; Inst. radiotechn. i élektron. AN SSSR; russ.) — Theoret. Ableitungen zur Deutung der bei Beugungsunters. an Krist. erhaltenen Max. der dreidimensionalen Patterson-Funktion unter Berücksichtigung therm. Atomschwingungen. H. Roschkowski 51

0120 **Programmierungen für Elektronenrechner des Typs „Ural-2" für die Röntgenstrukturanalyse.** 1. Mitt. **Summierung zweidimensionaler Fourier-Reihen.** L. Čordaš. (Acta chim. Acad. Sci. hung. **57** (1968) 2, 147—52; Kaf. eksper. fiz. univ. im. Ětvěša; russ.) H. Roschkowski 51

0121 **Verfeinerung von Strukturen mit nicht kristallographischer Molekülsymmetrie.** E. N. Maslen. (Acta crystallogr. [Copenhagen], Sect. B **24** (1968) 9, 1165—70; Dep. of Phys., Univ. of Western Australia, Nedlands, Western Australia; engl.) — Beschreibung eines Verf. zur Phasenberechnung der Strukturfaktoren von Verb., deren Elementarzelle Symmetrieelemente nicht kristallograph. Natur enthält. Anwendung auf eine Modellstruktur. H. Roschkowski 51

0122 **Genauigkeit von Elektronendichteverteilungen mit besonderer Bezugnahme auf Strukturen mit nichtkristallographischer Molekülsymmetrie.** E. N. Maslen. (Acta crystallogr. [Copenhagen], Sect. B **24** (1968) 9, 1172—75; engl.) — Vgl. vorst. Referat. — Der Einfl. von Fehlern bei der Standardisierung der beobachteten Strukturfaktoren u. von Fehlern bei der Best. der Phasenwinkel auf die Genauigkeit ber. Elektronendichteverteilungen wird allg. untersucht. H. Roschkowski 51

0123 **Verfeinerungsmethode nach dem Verfahren kleinster Quadrate für die isomorphe Substitution.** Richard E. Dickerson, Jon E. Weinzierl und Rex A. Palmer. (Acta crystallogr. [Copenhagen], Sect. B **24** (1968) 8, 997—1003; Gates and Crellin Labor. of Chem., Calif. Inst. of Technol., Pasadena, Calif.; engl.) — Beschreibung einer Meth. zur Verfeinerung der Schweratomparameter einer Strukturanalyse nach dem Verf. der isomorphen Substitution am Beispiel von Pt- u. Hg-Deriv. von Cytochrom C. H. Roschkowski 51

0124 **Praktische Experimente in der Kristallographie. Lösung von Strukturen auf der Grundlage von Packungsprinzipien.** L. Brezerton und K. G. L. Kennard. (Ž. strukturnoj Chim. **9** (1968) 3, 545—46; Chem. fac., Queensland, Australia, Univ.; russ.) H. Roschkowski 51

0125 **Einfache Methode zum Auffinden der Ebene eines ebenen oder teilweise ebenen Moleküls.** J. L. Lawrence und S. G. G. MacDonald. (Acta crystallogr. [Copenhagen], Sect. A **24** (1968) 5, 579; Carnegie Labor. of Phys., Univ. of Dundee; engl.) H. Roschkowski 51

0126 **Konstruktion stereographischer Projektionen mit einem Computer.** G. K. Stokes, S. R. Keown und D. J. Dyson. (J. appl. Crystallogr. [Copenhagen] **1** (1968) 2, 68—70; United Steel Co. Ltd., Swinden Labor., Moorgate, Rotherham, Yorks.; engl.) — Beschreibung eines Verf. zur stereograph. Projektion kristallograph. Ebenen, Achsen u. Winkel am Beispiel einer Strukturprojektion von Zementit auf (001). H. Roschkowski 51

0127 **Untersuchung der Polytypie in Siliciumcarbid durch Röntgentopographie.** C. A. Wallace. (Z. Kristallogr., Kristallgeometr., Kristallphysik, Kristallchem. **126** (1968) 5/6, 444–49; Gen. Electr. Comp. Ltd., Hirst Res. Centre, Wembley; engl.) — Durch die Röntgentopographie ist es möglich, die vorhandenen Polytype in SiC zu identifizieren u. die Gestalt der Bereiche zu bestimmen. Die Meth. wird an einem epitakt. gewachsenen u. an einem lamellar aufgebauten Krist. demonstriert. M. Frenzel 52

0128 **Kristallstruktur von Antimon bei hohen Drücken.** T. N. Kolobjanina, S. S. Kabalkina, L. F. Vereščagin und L. V. Fedina. (Ž. èksper. teoret. Fiz. **55** (1968) 1(7), 164–69; Inst. fiz. vysokich davlenij AN SSSR; russ., Auszug: engl.) — Messungen der linearen u. Volumenkompressibilitäten der rhomboedr. Phase des Sb im Druckbereich zwischen 0–80 kbar zeigen, daß die Phasenumwandlung in die kub.-primitive Struktur eine Umwandlung erster Art ist. Hierbei treten Verringerungen der c- u. Vergrößerungen der a-Gitterkonst. auf. Bei ca. **90** kbar geht die kub.-primitive Atomanordnung in eine fehlgeordnete hexagonal dichte Packung über. Die erhaltenen Daten weichen nur wenig von Literaturwerten (Bridgman u. a.) ab. M. Hähnert 52

0129 **Martensitische Umwandlungen in In–Tl-Legierungen bei tiefen Temperaturen.** J. T. A. Pollock und H. W. King. (J. Mater. Sci. **3** (1968) 4, 372–79; Dep. of Metallurg., Imp. Coll., London; engl.) — Zwischen Raumtemp. u. 9,5°K wurde durch Interferenzkontrastmikroskopie die martensit. Umwandlung kub.-flächenzentriert → tetragonal-flächenzentriert von In–Tl-Leg. (15–36 Atom-% Tl) verfolgt. Die Form der Martensitbänder im Anfangszustand u. der darauffolgende Umwandlungsprozeß werden für die beiden Fälle verändert, daß die martensit. Umwandlungstemp. M_s oberhalb oder unterhalb der halben Schmelztemp. Tm (°K) liegt. Unterhalb dieser Temp. ist die Umwandlung nicht vollständig, da in der noch nicht umgewandelten kub.-flächenzentrierten Phase Spannungen aufgebaut werden; die beiden Phasen können in diesem Fall unbeschränkt koexistieren. Beim Erhitzen verläuft die Umwandlung reversibel; die beobachtete therm. Hysterese nimmt zu, wenn durch Tl-Geh. der Leg. die M_s-Temp. unerhalb 0,5 T_m absinkt. Die thermodynam. Ordnung des Umwandlungsprozesses wird unter Einführung des Druckes als zusätzliche Variable zu Temp. u. Zus. für das Gleichgew. zwischen den beiden Phasen diskutiert. W. Laqua 52

0130 **Polymorphie der Seltenerdmetalle.** G. V. Samsonov. (Doklady Akad. Nauk SSSR **180** (1968) 2, 377–80; Inst. problem materialovedenija AN SSSR; russ.) — Diskussion des Zusammenhangs der Elektronenstruktur mit der Polymorphie. H. Roschkowski 52

0131 **Polymorphie von ZrO_2 in Gegenwart kleiner Oxidzusätze.** A. M. Havryš, B. Ja. Sucharevs'kyj und P. P. Kryvoručko. (Dopovidi Akad. Nauk Ukr.SSR, Ser. B-Geologija, Geofiz., Chim. Biol. **1968**, 6, 540–43; Ukr. n.-d. inst. vognetr.; ukrain., Auszug: engl.) — Der Einfl. von Beimengungskationen auf das Temp.-Verh. der reversiblen polymorphen Umwandlung von monoklinem ZrO_2 in die tetragonale Phase wird röntgenograph. untersucht. Kleine CaO-, MgO-, Y_2O_3- u. CeO_2-Zusätze bilden mit ZrO_2 monokline Mischkrist. u. setzen die Temp. des Umwandlungsbeginns herab. HfO_2-Zusätze erhöhen sie. Die Übergangsintervalle nehmen in allen Fällen zu. Die Verschiebung des Umwandlungsbeginns ist durch eine Änderung der Wechselwrkg.-Energie im Sauerstoffgitter beim Austausch von Zr gegen Kationen anderer Wertigkeit u. mit anderem Ionenradius bedingt. J. J. Pohl 52

0132 **Orientierte Umwandlung in Lithiophorit.** D. R. Dasgupta. (Z. Kristallogr., Kristallgeometr., Kristallphysik, Kristallchem. **126** (1968) 5/6, 330–38; Geol. Survey of India, Calcutta; engl.) — Lithiophorit, (Al, Li)$MnO_3 \cdot H_2O$, geht bei ca. 550° in eine Spinellphase vom Strukturtyp von γ-Fe_2O_3 oder γ-Al_2O_3 über. Durch Drehkrist.-Aufnahmen wird die Orientierung der neuen Phase bez. des ursprünglichen Lithiophorits geklärt; die Richtungen [100], [010] u. C* des Minerals werden zu [11$\bar{2}$], [1$\bar{1}$0] u. [111] der Spinellphase. Der Transformationsvorgang wird durch Kationenwanderung erklärt. M. Frenzel 52

0133 **Einfluß des Rotationsprozesses des gezogenen Kristalls auf die Temperaturgradienten im Querschnitt der Barren.** B. M. Turovskij und K. D. Čeremin. (Izvest. Akad. Nauk SSSR, Neorg. Mater. **4** (1968) 6, 811–16; Giredmet; russ.) — Der Einfl. der Rotationsgeschw. des wachsenden Krist. beim Czochralski-Verf. auf die Temp.-Gradienten im Krist. wird am Beispiel der Züchtung von Si-Einkrist. untersucht. H. Roschkowski 54

0134 **Faktoren, die die Versetzungsdichte bei der Kristallzüchtung nach Czochralski bestimmen.** S. V. Civinskij. (Fiz. Metallov Metallovedenie **25** (1968) 6, 1013–20; Fiz. techn. inst. nizkich temp. AN USSR; russ.) — Ableitung einer Gleichung zur Näherungsberechnung der Versetzungsd. in Abhängigkeit vom Temp.-Gradienten an der Kristallisationsfront, dem Querschnitt des wachsenden Krist. u. seinen elast. Eigenschaften. Berechnungen werden für *Ge*-, *Si*- u. *Al*-Krist. durchgeführt u. mit bekannten Vers.-Daten verglichen. H. Roschkowski 54

0135 **Diffusion in einen Kristall aus einer flüssigen Zone, die sich in der festen Phase bewegt.** V. N. Lozovskij, P. S. Popov und V. P. Popov. (Izvest. vysšich učebnych Zavedenij [Tomsk], Fiz. **11** (1968) 6 (73), 94–95; Novočerkasskij politechn. inst. im. Ordžonikidze; russ.) — Ableitung entsprechender mathemat. Zusammenhänge u. Anwendung auf die Herst. eines p–n-Übergangs in n-Si durch Zonenschmelzen mit einer Al–Si-Leg. als fl. Zone. H. Roschkowski 54

0136 **Bewegung von flüssigen Zonen in Siliciumkristallen unter der Einwirkung rechtwinklig zueinander stehender elektrischer und thermischer Felder.** V. N. Lozovskij, V. P. Popov und N. I. Darovskij. (Izvest. vysšich učebnych Zavedenij [Tomsk], Fiz. **11** (1968) 6 (73), 126 bis 128; russ.) — Vgl. vorst. Referat. — Die Bewegung der fl. Zone beim Zonenschmelzen von Si mit Al-Dotierung kann durch Anlegen gekreuzter Temp.- u. elektr. Felder gesteuert werden. H. Roschkowski 54

0137 **Epitaxie von Silicium auf Quarz.** A. S. Brown, B. A. Joyce, J. H. Neave und D. J. Stirland. (J. appl. Crystallogr. [Copenhagen] **1** (1968) 2, 70–82; Allen Clark Res. Centre, Plessey Co. Ltd., Caswell, Towcester, Northhamptonshire; engl.) — Epitakt. Si-Filme auf Quarz wurden durch Red. von $SiHCl_3$ mit H_2 oder Pyrolyse von SiH_4 abgeschieden u. durch Elektronen- sowie Röntgenbeugung u. elektronenmkr. untersucht. Die Trägerkonz. u. -beweglichkeiten der Filme wurden ebenfalls bestimmt. Die Orientierungsbeziehungen zwischen Substrat (verschiedene Ebenen) u. Epitaxiefilm werden eingehend besprochen. H. Roschkowski 54

0138 **Dotierung epitaktischer Siliciumschichten mit Arsen mit Hilfe einer Gasentladung.** T. A. Dutkina, V. V. Nikolaeva, I. M. Skvorcov und G. F. Lymar'. (Izvest. Akad. Nauk SSSR, Neorg. Mater. 4 (1968) 7, 1176–77; russ.) — Beschreibung einer App. zur Erzielung einer Entladung zwischen As-Stäben in $SiCl_4$, das durch Red. mit H_2 epitakt. Si-Filme in einer Rk.-Kammer ergibt. H. Roschkowski 54

0139 **Eigenschaften epitaxialer Siliciumschichten auf Spinell-Einkristallen.** W. Heywang. (Mater. Res. Bull. **3** (1968) 4, 315–27; Forsch.-Labor. München, Siemens AG, München; dt.) — Auf (111)- u. (100)-Flächen von $MgAl_2O_4$-Einkrist. konnten aus einem $SiCl_4/H_2$-Strom bei einer Substrat-Temp. von ≈ 1200° epitakt. aufgewachsene Si-Schichten gezüchtet werden, die einkrist. waren. Als hauptsächlichste Krist.-Fehler treten eingelagerte Lamellen in Zwillingsorientierung auf. Die charakterist. Abhängigkeit der Ladungsträgerbeweglichkeit der Si-Schichten vom Dotierungsniveau läßt sich unter Berücksichtigung dieser Wachstumszwillinge u. der in den Schichten existierenden therm. Spannungen deuten. W. Laqua 54

0140 **Vorkristalliner Zustand von LiCl in wäßrigen Lösungen.** T. A. Komarova und A. V. Achutin. (Ž.

fiz. Chim. **42** (1968) 7, 1704—07; Mosk. gos. univ. im. Lomonosova, chim. fak.; russ.) — Der Übergang von LiCl-Lsg. in den übersätt. Zustand wird von einer Zunahme der Aktivierungsenergie der elektr. Leitfähigkeit von 0,16 auf 0,60 kcal/Mol charakterisiert. Die Oberflächenspannung an der Grenze Lsg.-Keim beträgt dabei 2—8 erg/cm², die Keimbldg.-Arbeit im Mittel $26 \cdot 10^{-13}$ erg.
J. J. Pohl 54

0141 **Einfluß oberflächenaktiver Beimengungen auf die Mikrostruktur der Wachstumsoberfläche von NaCl.** V. M. Kosevič, L. S. Palatnik und A. A. Sokol. (Doklady Akad. Nauk SSSR **180** (1968) 2, 341—42; Char'kovskij politechn. inst. im. Lenina; russ.) — Das Wachstum von NaCl-Krist. bei der Kondens. aus der Dampfphase mit Zusätzen von $MnCl_2$ u. $PbCl_2$ wird untersucht. Bei geringen (< 1 Gew.-%) Zusätzen bleibt die Wachstumsoberfläche von NaCl sehr homogen, bei größeren Zusatzmengen treten infolge von Rk. der Beimengungen mit Wachstumsstufen Mikrofiguren auf der Oberfläche auf u. später Riffelungen. Die Beimengungen wirken über einen Adsorptionsmechanismus.
H. Roschkowski 54

0142 **Gerichtete Kristallisation wäßriger Kaliumchloridlösungen in Ampullen aus verschiedenen Materialien.** A. N. Kirgincev und B. M. Šavinskij. (Ž. fiz. Chim. **42** (1968) 7, 1816—19; Inst. neorg. chim. SO AN SSSR, Novosibirsk; russ.) — Die Verteilung von KCl bei der gerichteten Krist. seiner wss. Lsg. wird stark vom Ampullenmaterial (Glas, rostfreier Stahl, Quarz, Plexiglas, Teflon) beeinflußt. Je höher die Benetzbarkeit des Ampullenmaterials ist, um so mehr KCl wird von der Kristallisationsfront weggeführt.
H. Roschkowski 54

0143 **Ausscheidungskinetik übersättigter KCl (+ $SrCl_2$)-Kristalle.** W. Rogalla und H. Schmalzried. (Ber. Bunsenges. physik. Chem. **72** (1968) 5, 615—19; MPI für Phys. Chem., Göttingen; dt.) — Die Ausscheidung von $SrCl_2$ aus übersätt. KCl wird behandelt u. als diffusionsbedingte Rk. gedeutet. Für ein kugelsymm. Ausscheidungsmodell wird die Relaxationszeit der Ausscheidung mit Hilfe der Annahme diffusionsbedingter Rk.-Geschw. theoret. ber. u. experimentell durch elektr. Leitfähigkeitsmessungen bestimmt. Die hierzu notwendigen Selbstdiffusionskoeff. von Sr in KCl werden aus Tracervers. ermittelt. Diese Messungen u. Leitfähigkeitsmessungen erlauben Aussagen über Fehlstellenassoziation.
M. Frenzel 54

0144 **Epitaktisches Wachstum von kubischem ZnS beim Aufdampfen im Ultrahochvakuum.** B. A. Unvala, J. M. Woodcock und D. B. Holt. (J. Physics, D (Brit. J. appl. Physics) [2] **1** (1968) 1, 11—14; Metallurg. Dep., Imp. Coll., London; engl.) — Auf im UHV hergestellte NaCl-Spaltflächen, die Temp. T_t von 200—600° haben, werden bei Restgasdrücken von $5 \cdot 10^{-9}$ Torr in einer mit Sorptions- u. Getterionenpumpen evakuierten App. epitakt. Schichten von kub. ZnS aufgedampft. Als Dampfquelle dienen durch hydrostat. Pressen hergestellte Tabletten aus handelsüblichem ZnS, die mit Hilfe einer von Unvala [Le Vide **104** (1963) 109] beschriebenen Anordnung durch Elektronenbeschuß (5 kV, 40 mA) verdampft werden. Nach elektronenmkr. u. Elektronenbeugungsunters. sind die Schichten für $T_t \geq 225°$ frei von Wurtzit-Beimengungen u. Mikrozwillingen.
Herbert Müller 54

0145 **Züchtung von Einkristallen der festen Lösungen $Zn_xCd_{1-x}Sb$.** I. M. Pilat und È. V. Osipov. (Izvest. Akad. Nauk SSSR, Neorg. Mater. **4** (1968) 8, 1356—58; Černovickij gos. univ.; russ.) — Die Einkrist. des Syst. mit x = 0—0,1 wurden durch Zonenumkristallisation unter Verw. eines Keimeinkrist. gezüchtet. An den erhaltenen Proben wird die Anisotropie von Thermo-EMK, elektr. Leitfähigkeit u. Hall-Konst. bei 80—400°K untersucht.
H. Roschkowski 54

0146 **Darstellung und Eigenschaften von dotierten CdSb-Einkristallen.** G. V. Rakin. (Izvest. Akad. Nauk SSSR, Neorg. Mater. **4** (1968) 7, 1032—35; Černovickij gos. univ.; russ.) — CdSb-Einkrist. wurden durch Zusammenschmelzen u. Zonenschmelzen aus den Komponenten bei möglichst niedriger Temp. erhalten. Die elektr. Leitfähigkeit von mit In dotierten Proben wird im Vgl. zu reinem CdSb bestimmt.
H. Roschkowski 54

0147 **Kristallisationsbedingungen der metastabilen Verbindung Cd_3Sb_2.** K. A. Dobryden' und V. I. Psarev. (Izvest. Akad. Nauk SSSR, Neorg. Mater. **4** (1968) 7, 1036—39; Černovickij gos. univ.; russ.) — Einphasige Krist. des metastabilen Cd_3Sb_2 wurden durch rasche (170—300 Grad/h) Abkühlung von Schmelzen des Syst. Cd-Sb mit ca. 40—42 Gew.-% Sb erhalten. Sie zerfallen bei 100° zu Cd_4Sb_3 u. Cd, Cd_4Sb_3 danach weiter in CdSb u. Cd.
H. Roschkowski 54

0148 **Abhängigkeit der Substruktur von Quecksilbertellurid-Einkristallen von der Kristallisationsgeschwindigkeit.** A. V. Vanjukov, È. L. Polisar, G. V. Indenbaum und V. P. Ščastlivyj. (Izvest. Akad. Nauk SSSR, Neorg. Mater. **4** (1968) 6, 836—40; Mosk. inst. stali i splavov; russ.) — Die Kristallisationsgeschw. bei einem axialen Temp.-Gradienten von 50 Grad/cm beeinflußt die Entw. der Versetzungssubstruktur in HgTe durch Veränderung der Verteilung von Te in der Schmelze u. Entw. einer Konz.-Unterkühlung an der Grenze Krist.-Schmelze. Die Segregation von Te bei der Züchtung mit Geschw. von 10—50 mm/h führt zur Entw. einer Zellensubstruktur u. zum Auftreten einer 2. Phase. Bei 1 mm/h gezüchtete Krist. sind homogen.
H. Roschkowski 54

0149 **Herstellung von Einkristallen aus festen Lösungen des Systems Ga_2Te_3–GaSe.** P. G. Rustamov, V. B. Čerstvova und M. A. Alidžanov. (Izvest. Akad. Nauk SSSR, Neorg. Mater. **4** (1968) 8, 1351—52; Inst. neorg. i fiz. chim., AN Az. SSR; russ.) — Einkrist. des Syst. Ga_2Te_3–GaSe wurden mit Hilfe des vertikalen Bridgman-Verf. erhalten u. an ihnen die Temp.-Abhängigkeit der elektr. u. therm. Leitfähigkeit sowie der Thermo-EMK untersucht. Die Breite der verbotenen Zone der Einkrist. wird bestimmt.
H. Roschkowski 54

0150 **Synthese und Züchtung von ZnS-, ZnSe-, ZnTe-, GaS-, Ga_2Se_3- und InS-Kristallen in Ga- und In-Schmelzen.** M. Hársy. (Mater. Res. Bull. **3** (1968) 6, 483—87; Res. Inst. for Techn. Phys. of the Hung. Acad. of Sci., Budapest; engl.) — In geschlossenen Quarzampullen (10^{-5} Torr) wurden ZnS, ZnSe, GaS u. Ga_2Se_3 aus den Elementen in fl. Ga u. ZnS, ZnSe u. InS in fl. In nach einem kontrollierten Aufheiz- und Abkühlumgsprogramm im senkrecht stehenden Ofen erhalten. Die Abkühlungsgeschw. nach Erreichen einer Homogenisierungstemp. von 1000—1200° betrug 20 Grad/h. Die erhaltenen Krist., die röntgenograph. untersucht wurden, besitzen dendrit. Struktur.
W. Laqua 54

0151 **Herstellung und Strukturuntersuchung von PbSe-Einkristallen.** I. S. Aver'janov, N. P. Markina, F. P. Volkova, G. P. Percev und S. P. Čaščin. (Izvest. Akad. Nauk SSSR, Neorg. Mater. **4** (1968) 6, 825—28, 1 Tafel; russ.) — PbSe-Einkrist. wurden durch Subl., nach Bridgman-Stockbarger u. in einer bes. beschriebenen Krist.-Züchtungsapp. aus der Schmelze erhalten u. ihre Makrostruktur durch Ätzen in einer Lsg. von 10 g KOH in 10 ml W. + 1 ml Glycerin + 0,5 ml 30%ig. H_2O_2 untersucht. Die Versetzungsdichte der erhaltenen Krist. betrug 10^4—10^7 cm^{-2}.
H. Roschkowski 54

0152 **Darstellung von Eindomänenkristallen des Lithiummetaniobats.** V. P. Kljuev, R. M. Tolčinskaja, V. L. Farštendiker und S. A. Fedulov. (Kristallografija **13** (1968) 3, 531—33; russ.) — Die Darst. von *$LiNbO_3$* **(I)** erfolgte sowohl nach der Meth. von Czochralski durch Züchtung im elektr. Feld als auch durch Anlassen der Einkrist. im elektr. Feld. Bei der 1. Meth. entstehen nur Monodomänenkrist. mit Nullorientierung, während bei der 2. Meth. Krist. mit beliebiger Orientierung gebildet werden können. Bei der 2. Meth. wurden erstmalig die Pt-Elektroden unmittelbar mit **I** in Kontakt gebracht bzw., um ein Ankleben zu verhindern, wurde die positive Elektrode 1,5—2 mm von **I** entfernt angeordnet. Die Darst. erfolgte bei 1150—1200° innerhalb von 1—2 Std., wenn an die Elektroden eine Spannung von 30 V angelegt wurde.
U. Strobel 54

0153 **Wachstum von β-Ga_2O_3- und $Al_2(WO_4)_3$-Kristallen aus einer Lösung in einer Natriumpolywolframatschmelze.** V. I. Voronkova, V. K. Janovskij und V. A. Kopcik. (Vestnik Moskovskogo Univ., Ser. III **23** (1968) 3, 109 bis 112; Kaf. fiz. kristallov; russ.) — Aus einer Schmelze von 7 (Mol-%) Ga_2O_3, 64,5 WO_3 u. 28,5 Na_2CO_3, die auf 1350° erhitzt, nach 2 Std. langsam auf 900° abgekühlt u. aus dem Pt-Tiegel bei dieser Temp. ausgegossen wurde, blieben an den Wänden β-Ga_2O_3-Krist. zurück, die mit sd. H_2O von restlichem Lsgm. befreit wurden. Ähnlich wurden $Al_2(WO_4)_3$-Krist. aus Na_2O–Al_2O_3–WO_3-Schmelzen hergestellt. H. Roschkowski 54

0154 **Darstellung von Einkristallen von Uranphosphiden und -arseniden durch chemischen Transport.** Zygmunt Henkie. (Roczniki Chem. [Ann. Soc. chim. Polonorum] **42** (1968) 2, 363—67; Inst. Nisk. Temp. i Badań Struktural. P.A.N., Wrocław; pol.) — Es wird eine Meth. beschrieben zur Darst. von U_3P_4-, UP_2-, U_3As_4- u. UAs-Einkrist. mit Jod als Transportmittel. Die Wachstumsgeschw. in Abhängigkeit von J-Konz. u. Temp. wird dargestellt. Die Krist. haben metall. Aussehen, sind an der Luft u. in konz. HCl beständig. Von kalter HNO_3 werden die Arsenide, von heißem Königswasser die Phosphide etwas angegriffen. Die Krist. eignen sich zur Messung thermoelektr. Kräfte, des Hall-Effekts u. der elektr. Leitfähigkeit. Rolf Heyer 54

0155 **Kornwachstum im System UO_2–Al_2O_3 bei Gegenwart einer flüssigen Phase.** K. W. Lay. (J. Amer. ceram. Soc. **51** (1968) 7, 373—76; Gen. Electric Res. and Dev. Center, Schenectady, N.Y.; engl.) — Zwischen 1960 u. 2200° wird das Kornwachstum von UO_2 bei Ggw. von 0,5 Gew.-% Al_2O_3 untersucht. Bei einer Anfangskorngröße von 1 μm beträgt nach 1,5 Std. bei 2100° die Durchschnittskorngröße 100 μm, ohne Ggw. des Al_2O_3 dagegen nur 45 μm. Für die Wachstumsgeschw. wird eine Beziehung abgeleitet unter Anlehnung an Formeln für die Koagulation von in Fl. dispergierten Teilchen. Danach gilt allg. $d^3 = kt$, wobei k temperaturabhängig ist. Für das obige Syst. gilt $d^3 = 0{,}106 \exp(-93{,}000/RT)\, t$ (d = Korndurchmesser, t = Zeit in Sek.). H. Tulhoff 54

0156 **Züchtung von Einkristallen aus Yttriumferritgranat.** Ju. B. Petrov und É. A. Bezrukova. (Izvest. Akad. Nauk SSSR, Neorg. Mater. **4** (1968) 7, 1152—55; Leningradskij élektrotechn. inst. im. Ul'janova (Lenina). russ.) — Am Beispiel des $Y_3Fe_5O_{12}$ wird der Kristallisationsmechanismus einer inkongruent schmelzenden Verb. bei induktiver Heizung untersucht. Der Zusammenhang zwischen Temp.-Veränderungen u. Phaseneinschlüssen wird beschrieben. U. Strobel 54

0157 **Versetzungsdynamik.** A. S. Argon. (Mater. Sci. Engng. [Lausanne] **3** (1968) 1, 24—32; MIT, Cambridge, Mass.; engl.) — Überblick über die Beziehung zwischen Versetzungsdynamik (Bewegung) u. Kaltverfestigung. — 55 Literaturangaben. Herbert Weber 56

0158 **Verschiebungsfeld eines Versetzungsvielecks.** R. D. Dochner und A. N. Orlov. (Fiz. Metallov Metallovedenie **25** (1968) 6, 972—76; Inst. fiz. AN Gruz. SSR; russ.) — Anwendung der Burgers-Gleichung zur Berechnung der Form eines Versetzungsvielecks. H. Roschkowski 56

0159 **Computer-Simulierung von sphärischen Kristall-Oberflächen: Stapelfehler und partielle Versetzungen in kubisch flächenzentrierten Kristallen.** A. J. Perry und D. G. Brandon. (Philos. Mag. [8] **18** (1968) 152, 353—59; Battelle Inst., Advanced Stud. Center, Geneva, Switzerland; engl.) — Frühere Berechnungen der Vf. werden erweitert, um den Fall eines einzigen Bandes von Stapelfehlern, die 2 parallele partielle Shockley-Versetzungen in einem hemisphär. kub. flächenzentrierten Krist. trennen, zu erfassen. Bildkräfte werden vernachlässigt; die klass. isotrope Elastizitätstheorie wird benutzt. Herbert Weber 56

0160 **Blockierung von Überversetzungen in der $L1_2$-Überstruktur.** L. E. Popov und N. S. Golosov. (Izvest. vysšich učebnych Zavedenij [Tomsk], Fiz. **11** (1968) 6 (73), 148—50; Sibir. fiz.-techn. inst. im. Kuznecova; russ.) — Theoret. Ableitung eines Blockierungsmechanismus. H. Roschkowski 56

0161 **Theorie der Korngrenzen in geordneten Legierungen.** M. J. Marcinkowski. (Philos. Mag. [8] **17** (1968) 145, 159—68; Inst. for Atomic Res. and Dep. of Metallurg., Ia. State Univ., Ames, Ia.; engl.) — Vf. analysiert theoret. die Konfig. von Kleinwinkel-Kippgrenzen in Überstrukturgittern. Für kleine Kippwinkel besteht die Versetzungswand aus Überstrukturgitter-Versetzungen, die entweder entlang der Gleitebene oder senkrecht dazu aufgespalten sind, was von der Änderung der Antiphasen-Korngrenzenenergie mit der Orientierung abhängig ist. Für beide Fälle nimmt die Aufspaltung der Überstrukturgitter-Versetzungen mit zunehmendem Kippwinkel ab. Für größere Kippwinkel ist die Versetzungswand stabiler, die aus senkrecht zur Gleitebene aufgespaltenen Versetzungen besteht; die Aufspaltung beträgt h/2, wenn h der Abstand zwischen den Überstrukturgitter-Versetzungen ist. Bei sehr kleinen Winkeln hängt die jeweilige Konfig. von der Anisotropie der Antiphasen-Korngrenzenenergie ab. Für B2-Überstrukturgitter ist die vertikale, für $L1_2$-Überstrukturgitter die horizontale Aufspaltung bevorzugt. Als Beispiel werden die Ergebnisse auf eine vollkommen geordnete *FeCo-Leg.* angewandt. W. Laqua 56

0162 **Elektronenmikroskopische Untersuchung der in Zink bei der Verformung mit Ultraschall entstehenden Versetzungsstruktur.** N. A. Tjapunina und G. M. Zinenkova. (Izvest. Akad. Nauk SSSR, Ser. fiz. **32** (1968) 6, 1064—66; russ.) H. Roschkowski 56

0163 **Natur von Punktdefekten, die Zn-Clusterbildung in Al-10% Zn-Legierungen unterstützen.** S. Ceresara und T. Federighi. (Philos. Mag. [8] **18** (1968) 152, 301—07; I.S.M.L., Novara, Italy; engl.) — Ergebnisse neuer Widerstandsunters. über die Alterung nach Kaltbearbeitung einer Al-10% Zn-Leg. sowie frühere Ergebnisse über diese Leg. werden nach den verschiedenen Modellen für die Erholungsstufe III in Al analysiert. Ein neues Phänomen, das bei der isothermen Alterung nach schwacher Deformation beobachtet wurde (Verlangsamung der anfänglichen Clusterbldg.-Rate durch Erhöhung der Temp. in der Nähe von −50°) scheint nur durch das Leerstellenmodell für Stufe III erklärbar zu sein. Herbert Weber 56

0164 **Strukturänderungen beim Zerfall des Mischkristalls in einer Al-Legierung mit 30 Gewichtsprozent Zn.** M. I. Zacharova und N. A. Chatanova. (Izvest. Akad. Nauk SSSR, Ser. fiz. **32** (1968) 7, 1257—61, 2 Tafeln; russ.) — Röntgenograph. u. elektronenmikr. wird gezeigt, daß der Zerfall des Mischkrist. bei einer Anlaßtemp. von 150° nur über eine metastabile R-Phase verläuft. Die für die Leg. bekannte zweite metastabile α'-Phase mit kub.-flächenzentriertem Gitter bildet sich hierbei nicht. H. Roschkowski 56

0165 **Versetzungshaltiges und versetzungsfreies Germanium.** L. S. Okun' und A. V. Ovodova. (Izvest. Akad. Nauk SSSR, Neorg. Mater. **4** (1968) 7, 1173; Mosk. inst. stali i splavov; russ.) — Die Ätzgeschw. von n-Ge-Proben mit Versetzungsdichte $N_D = 0$ u. $N_D = 10^3$–10^4 cm^{-2} in H_2O_2 werden verglichen. Die Geschw. ist bei den versetzungshaltigen Krist. um das 1,3—1,5fache höher. Eine mechan. Behandlung führt in den versetzungsfreien Krist. nicht zur Versetzungsbildung. H. Roschkowski 56

0166 **Elektronenmikroskopische Untersuchung einiger Legierungen auf Nb-Basis.** E. K. Smirnova. (Zav. Labor. **34** (1968) 7, 824—25; CNIITMAŠ; russ.) — Zur Vermeidung von die elektronenmikr. Unters. störenden Oxidhäutchen wird beim Ätzen von Nb u. Nb-Leg. ein stark reduzierendes Reagens, z. B. HF, verwendet. Befriedigende Ergebnisse werden mit einem aus 300 g KCl, 30 g $C_6H_8O_7$, 30 ml HCl, 1000 ml H_2O + 20 ml HF bestehenden Ätzmittel erhalten. Die Ätzung wird elektrolyt. mit einer Stromdichte von 0,2 A/cm² u. einer Dauer von 7 Min. durchgeführt. H. Hochstein 56

0167 **Struktur und elektrischer Widerstand von durch Kathodenzerstäubung erhaltenen Tantalfilmen.** U. S. Urazaliev, B. D. Galkin und R. D. Ivanov. (Fiz. Metallov Metallovedenie **25** (1968) 6, 1025—28; russ.) — Durch Kathodenzerstäubung erhaltene Ta-Filme werden röntgenograph. u. durch Elektronenbeugung untersucht sowie ihr elektr. Widerstand gemessen. Neben α-Ta wird infolge von C-Verunreinigungen auch TaC gebildet. H. Roschkowski 56

0168 **Struktur dünner und sehr dünner Tantalfilme.** U. S. Urazaliev. (Fiz. Metallov. Metallovedenie **26** (1968) 1, 97—100; russ.) — Vgl. vorst. Referat. — Untersucht werden durch Kathodenzerstäubung auf NaCl(100)-Einkrist.-Oberflächen erhaltene Ta-Filme von 16—50 Å Dicke („sehr dünne Filme") sowie dickere Kondensate. In den sehr dünnen Filmen wird elektronenmkr. ein Ta-Suboxid TaO_z mit NaCl-Struktur u. a = 6,68 Å nachgewiesen. H. Roschkowski 56

0169 **Deformationsstrukturen und Rekristallisationsverhalten der Al–1,04% Mn-Legierung.** F. Gatto, G. Camona, M. Conserva und P. Fiorini. (Mater. Sci. Engng. [Lausanne] **3** (1968) 1, 56—63; Ist. Sperimentale dei Metalli Leggeri, Novara, Italy; engl.) — Mit Hilfe opt., elektronenmikroskop. u. röntgenograph. Verf. sowie durch Mikrohärte-Unters. wurden Verformungs- u. Rekristallisationsstrukturen sowie die Rekristallisationskinetik einer Al–1,04% Mn-Leg. mit Mn in Lsg. oder als ausgeschiedene Phase untersucht. Die Ergebnisse lassen vermuten, daß die Ausscheidungen z. T. die Verformungsstrukturen beeinflussen, während Mn in Lsg. stark die Rekristallisationskinetik bestimmt. Herbert Weber 56

0170 **Wechselwirkung von Prozessen der Rekristallisation und des Zerfalls des Mischkristalls in Al–Mn-Legierungen.** A. F. Polesja und V. M. Pasal'skij. (Fiz. Metallov Metallovedenie **26** (1968) 1, 115—19; Dnepropetrovskij gosuniv.; russ.) — Röntgenograph. wird die Rekristallisation zu 80% verformter einphasiger Al-Leg. mit 1,5—3,5 (Gew.-%) Mn u. einer zweiphasigen Al-Leg. mit 4,6 Mn untersucht. Anlaßtemp. waren 380—500°. Die Konkurrenz der Rekristallisation mit dem Zerfall der Mischkrist. wird besprochen. H. Roschkowski 56

0171 **Vergleich der Ätzmittel zur Aufdeckung der Versetzungsstruktur im α-Eisen.** I. N. Drjukova und I. V. Navrockij. (Zav. Labor. **34** (1968) 7, 817—19; Ukr. NII metallov; russ.) — Beim Vgl. von Ätzmitteln für Versetzungsstrukturen an einem grobkörnigen, elektropolierten α-Fe (Marke E) wird festgestellt, daß das Ätzmittel I (bestehend aus 30 ml Essigsäure mit Zusatz von 20 g Benzoesäure auf 100 ml, 15 ml Propionsäure, 6 ml Milchsäure u. den konz. Säuren: 1 ml HNO_3, 1 ml H_3PO_4 u. 0,25 ml HCl) bei einer Ätzdauer von 60—90 s qual. die Verzerrung der Zwillingsgrenzen in Abhängigkeit vom Verformungsgrad aufzeigt, während das Ätzmittel II (Pikrat/Nitrat-Gemisch) den Beginn einer plast. Verformung nur bei einer zusätzlichen Alterung erkennen läßt. Das Ätzmittel III (Lsg. von $FeCl_3$ in Methanol) führt zur Aufdeckung frischer Versetzungen. H. Hochstein 56

0172 **Feldionenmikroskopie eines Legierungsstahls.** D. M. Schwartz, A. T. Davenport und B. Ralph. (Philos. Mag. [8] **18** (1968) 152, 431—36; Dep. of Metallurgy, Univ. of Cambridge; engl.) — Vorl. Ergebnisse einer kombinierten Feldionenmikroskop- u. Elektronenmikroskop-Unters. einer Fe-Leg. mit 2 Gew.-% V u. 0,2 Gew.-% C. Nach isothermer Transformation werden Teilchen von Vanadiumcarbid mit einer Größe u. Verteilung gebildet, die von den Wärmebehandlungsbedingungen abhängen. Herbert Weber 56

0173 **Elektronenmikroskopische Untersuchung der Substruktur von Austenit nach partieller Warmverformung.** L. Ja. Vinnikov und L. M. Utevskij. (Izvest. Akad. Nauk SSSR, Ser. fiz. **32** (1968) 7, 1269—74; CNIIČERMET im. Bardina; russ.) — Untersucht wird eine austenit. Fe-Leg. mit 30% Ni u. 2 V. Die Warmverformung bei 800—1000° führt zur Bldg. einer polygonisationsähnlichen Struktur. Die sich ausbildende Subgrenzenkonfig. wird besprochen. H. Roschkowski 56

0174 **Gesetzmäßigkeiten der Neuverteilung von Kohlenstoff während der Austenitumwandlung.** B. I. Bruk und Z. I. Kusnicyna. (Fiz. Metallov Metallovedenie **25** (1968) 6, 1073—81; Severo-zapadnyj zaočnyj politechn. inst., Leningrad; russ.) — Die Entstehung von Austenit tritt in der Nähe von Gefügeunvollkommenheiten der α-Phase intensiver auf als im Innern des Perlits, an den Grenzen von Ferrit- u. Zementit-Teilchen. Es wird daher angenommen, daß bei der austenit. Umwandlung eines untereutektoiden Stahles gleichzeitig mit einer C-Verschiebung in Richtung Zementit → Austenit → Ferrit auch noch eine andere C-Verschiebung: Zementit → Ferrit → Austenit auftritt. Der Einfl. der Leg.-Elemente auf die Kinetik u. die Temp. des Beginns der Austenitumwandlung wird untersucht. Eine der Ursachen der bevorzugten Austenitbldg. in der Nähe der Ferritkorngrenzen wird durch den höheren Grad der freien Energie der Phasengrenze in der festen α-Lsg. im Vgl. zu den Phasengrenzen Ferrit–Zementit im Eutektoid bedingt. Einer der wichtigsten Gründe der Verlangsamung der austenit. Umwandlung durch carbidbildende Elemente besteht in der Erniedrigung der C-Löslichkeit im Ferrit. H. Hochstein 56

0175 **Kristallstruktur von Kugelgraphit, der durch Behandlung eines weißen Gußeisens bei 900° gebildet wird.** Nguyen-Ba-Chanh und Édouard Sanchez. (C. R. hebd. Séances Acad. Sci., Sér. C **266** (1968) 8, 493—95; Labor. de Cristallogr., Inst. de Magnéto-Chim., CNRS, Bordeaux; franz.) — Ein homogenes, weißes Gußeisen (Zementit u. Perlit) mit 2,26% C wird bei 900° 15 Std. geglüht, der gebildete Kugelgraphit durch Behandlung mit HCl u. anschließend HF isoliert u. durch Röntgenbeugung untersucht ($\lambda_{CuK\alpha}$ = 1,540 Å). Der durch die Glühbehandlung ausgeschiedene Kohlenstoff stellt eine feste krist. Lsg. von 60% hexagonalem u. 40% rhomboedr. Graphit dar; der durchschnittliche Durchmesser der Kristallite beträgt $L_a \simeq$ 1000 Å; es wird angenommen, daß durch längeres Glühen bei > 2000° die Struktur zu reinem hexagonalen Graphit tendiert. O. Rösner 56

0176 **Ätzung von Mikroschliffen des Bimetalls Molybdän–Kohlenstoffstahl.** V. T. Ababkov. (Zav. Labor. **34** (1968) 7, 823; Mosk. inst. chim. mašst.; russ.) — Zum elektrolyt. Ätzen eines Bimetalls Mo–C-Stahl wird eine 5% Äthylalkohol-Lsg. von H_2SO_4 verwendet, wobei die Ätzung bei 20° mit einer Stromdichte von 0,5—0,6 A/cm² u. einer Dauer von 3—4 s durchgeführt wird. H. Hochstein 56

0177 **Elektronenmikroskopische Untersuchung von Strukturveränderungen in Fe–Mn-Legierungen.** I. N. Bogačev, L. V. Žuravel' und V. F. Egolaev. (Fiz. Metallov Metallovedenie **25** (1968) 4, 708—12; Ural'skij politechn. inst. im. Kirova; russ.) — Mit Vergrößerung des Mangangeh. bis 20% steigt die Stapelfehlerdichte an, erreicht ein Max. u. verringert sich bei weiterer Erhöhung des Mn-Geh. bis zu 29%. Im Austenit der Fe–Mn-Leg. G 20 treten sowohl ungeordnete als auch geordnete Stapelfehler auf. Letztere scheinen Keime hexagonaler Kristallstruktur zu sein. Friedel Schneider 56

0178 **Strukturzustände von Alnico-Legierungen.** M. I. Zacharova, I. B. Mogaryčeva, S. N. Gladyšev und Ju. S. Sakatunov. (Fiz. Metallov Metallovedenie **26** (1968) 1, 89—96; Mosk. gosuniv. im. Lomonosova; russ.) — Röntgenstrukturanalyse von Einkrist. der Leg. JuNDK 24 (49 Gew.-% Fe, 14 Ni, 9 Al, 4 Cu, 24 Co), JuNDK 35T5BA (35 Co, 14 Ni; 7,5 Al; 4 Cu, 5 Ti, 1 Nb; 34,5 Fe) sowie von Alnico-Leg. (ca. 30 Co, 15 Ni, 3 Cu, 1—4 Ti, 0—1 Nb, Rest Fe) in verschiedenen magnet. Zuständen. H. Roschkowski 56

0179 **Röntgenographische Untersuchung der Struktur der metallkeramischen Legierung Ticonal 2000 im hochkoerzitiven Zustand.** V. L. Kalichman und V. D. Turov. (Fiz. Metallov Metallovedenie **25** (1968) 6, 1058—63; VNII ėlektromechan. Istrinskij filial; russ.) — Röntgenbeugungsaufnahmen an polykrist. Schliffen ermöglichen die Unters. der Feinstruktur von Sinter-Dauermagneten des Syst. Alnico mit erhöhtem Ti-Geh. nach einer thermomagnet. Behandlung. Sintermagnete Ticonal 2000 bestehen aus einem Gemisch zweier raumzentrierter, tetragonaler Ordnungsphasen, die kohärent gebunden sein können. Im letzten Falle wird eine dieser Phasen kubisch. Der Zerfall der α-Phase beginnt bei 950—1000° u. endet mit einer Ausscheidung aus der raumzentrierten Grundmasse. Im Temp.-Bereich von 950—800° zerfällt die anfängliche feste Lsg. in zwei kub. Phasen u. bei niedrigerer Temp. in zwei tetragonale Phasen. Die Diffraktionsmax. dieser bei 850° gebildeten tetragonalen Phasen sind nicht getrennt. H. Hochstein 56

0180 **Untersuchung der Erzeugung von Korrosionsbildnern auf Eisen durch Einwirkung von Jod in Methanol.** Jean-Pierre Kauffmann und Jean Bardolle. (C. R. hebd. Séances Acad. Sci., Sér. C **266** (1968) 7, 439—42; Labor. de Chim. gén. II, Fac. des Sci., Orléans; franz.) — Die Ätzung erfolgte mit 0,1—2 g J_2/100 ml CH_3OH bei —15 bis +30° bis zu ca. 60 Min. lang. Zur Demonstration des Effektes dienten zwei verschiedene Fe-Sorten. Die behandelten Proben wurden mkr., elektronenmkr., metallograph. u. röntgenograph. untersucht. Bei der Behandlung erscheinen kleine Flächen, die der (110)-Fläche (am dichtesten besetzte Fläche) von α-Fe entsprechen. Sie begrenzen als Flächen geringster Energie die Korrosionsfiguren. G. Schatz 56

0181 **Einfluß der Temperaturbehandlung auf die Struktur von Nickel, das chemisch an nichtmetallischen Oberflächen gefällt wurde.** A. I. Kublanovskaja und A. N. Piljankevič. (Ukrainskij chim. Ž. **34** (1968) 7, 723—27; Inst. obšč. i neorg. chim. AN Ukr. SSR; russ.) — Die Strukturänderungen von durch Red. mit $Na_4P_2O_6$ erhaltenen Ni-Nd. wurden elektronenmkr. u. elektronograph. untersucht. Im Anfangsstadium der therm. Behandlung findet ein teilweiser Zerfall der Mischkrist. von P in Ni mit verzerrter Struktur unter Bldg. von Ni_3P u. Mischkrist. mit regulärer Struktur statt. Weiteres Erwärmen führt zum vollständigen Zerfall der Mischkrist. unter Bldg. von Ni_3P u. Ni, die Zerfallsprod. krist. um. J. J. Pohl 56

0182 **Ermittlung von Versetzungen in Ni und in einem Ni-Mischkristall.** M. B. Guterman und A. S. Trekalo. (Zav. Labor. **34** (1968) 7, 822—23; CNIITMAŠ; russ.) — Ni u. eine Ni-Leg. mit 3 Atom-% Ti werden entweder in einem Gemisch aus Eisessig, HNO_3 u. HCl (65:35:0,5) chem. oder in einem aus 60%ig. H_2SO_4 bestehenden Elektrolyten (2 A/cm² Stromdichte) poliert. Die Anwendung der einen oder anderen Meth. hängt vom Strukturcharakter ab. Das erste Reagens löst sehr intensiv Ni u. etwas schlechter die Legierung. Jedoch bildet sich ein sehr starkes, die Strukturanalyse störendes Relief. Im zweiten Reagens wird Ni nur langsam ohne Reliefbldg. aufgelöst, wobei Ätzgrübchen entstehen. Die so vorbehandelten Proben werden elektrolyt. in wss. 35%ig. H_3PO_4 geätzt, wobei die Ätzdauer für Ni (10 Min.) u. für die Ni-Leg. (2 Min.) unterschiedlich ist. Die sich auf der Oberfläche der Schliffe bildenden runden Grübchen geben Aufschluß sowohl über frische als auch über nach einem Glühen übriggebliebene Versetzungen. H. Hochstein 56

0183 **Wechselwirkung von Versetzungen mit Korngrenzen.** V. P. Severdenko, È. I. Točickij und L. I. Gurskij. (Izvest. Akad. Nauk SSSR, Ser. fiz. **32** (1968) 6, 1067—70; russ.) — Elektronenmkr. Unters. an Ni-Folien zeigen, daß Korngrenzen mit großem Fehlordnungswinkel kein starkes Hindernis für die Versetzungsbewegung darstellen. Die Ansammlung von Versetzungen an den Grenzen führt zu starken Spannungen, die in benachbarten Körnern neue Versetzungen hervorrufen können. H. Roschkowski 56

0184 **Elektronenmikroskopische Beobachtungen der im Spannungszustand in Kupfereinkristallen vorhandenen Versetzungsanordnungen.** J. C. Crump III und F. W. Young jun. (Philos. Mag. [8] **17** (1968) 146, 381—86; Oak Ridge Nat. Labor., Oak Ridge, Tenn.; engl.) — Mit Schubspannungskomponenten von 40, 100 u. 500 g/mm² verformte Cu-Einkrist. wurden, während sie noch unter Druckbelastung standen, mit schnellen Neutronen zur Fixierung der Versetzungen bestrahlt u. elektronenmkr. untersucht. Die Versetzungsstrukturen der mit 500 g/mm² verformten Krist. gleichen denen, die in ähnlich verformten Krist. im nicht mehr unter Druckbelastung stehenden Zustand existieren. Für die kleineren Schubspannungen wurden deutliche Unterschiede beobachtet. W. Laqua 56

0185 **Einfluß von Spannungsumkehrungen auf die Struktur von anfänglich kalt gewalztem Kupfer.** W. D. Dover und A. Vilain. (J. Mater. Sci. **3** (1968) 3, 302—05; Fac. Polytechn. de Mons, Mons, Belgium; engl.) — Elektronenmkr. Unters. an kalt gewalztem Cu zeigen, daß cycl. Dehnungen die Raumtemp.-Erholung in isolierten Bereichen fördern können. H. Roschkowski 56

0186 **Bestimmung der Walztextur des Kupfers mit Hilfe der Neutronenbeugung.** Hans Joachim Bunge und J. Tobisch. (Z. Metallkunde **59** (1968) 6, 471—75; Inst. für Strukturforsch. der DAW zu Berlin; dt.) — Mit Hilfe der Neutronenbeugung lassen sich Polfiguren mit bes. hoher Genauigkeit messen. Aus vier neutronograph. gemessenen Polfiguren wird die Orientierungsverteilungsfunktion eines 90% kaltgewalzten Cu-Bleches berechnet. Sie ist in guter Übereinstimmung mit einer röntgenograph. u. einer elektronograph. gemessenen Textur. M. Frenzel 56

0187 **Untersuchungen zur Versetzungsanordnung in verformten Kupfereinkristallen mit Röntgenabbildung.** 1. Mitt. **Die Versetzungsanordnung im Bereich I der Verfestigungskurve.** H. Auer, B. Obst und M. Wilkens. (Mater. Sci. Engng. [Lausanne] **3** (1968) 1, 33—40; Inst. für Phys. am MPI für Metallforsch., Stuttgart; dt.) — Mittelorientierte Cu-Krist. wurden nach Zugverformung bis in den Bereich I parallel zu verschiedenen kristallograph. Ebenen aufgeschnitten u. mit einem Röntgen-Berg-Barrett-Verf. (Topographie) in Rückstrahlanordnung untersucht. Durch Analyse der Kontrastentstehung auf den Röntgenabb. wurde geschlossen, daß die Versetzungsanordnung im Bereich I vorwiegend aus bündel- oder schichtartigen Dipol- bzw. Multipolanordnungen prim. Stufenversetzungen besteht. Systemat. Wechselwrkg. zwischen prim. u. sek. Gleitung wurden nicht beobachtet. Herbert Weber 56

0188 **Untersuchungen zur Versetzungsanordnung in verformten Kupfereinkristallen mit Röntgenabbildung.** 2. Mitt. **Die Versetzungsanordnung im Übergangsbereich und im Bereich II.** B. Obst, H. Auer und M. Wilkens. (Mater. Sci. Engng. [Lausanne] **3** (1968) 1, 41—55; dt.) — 1. vgl. vorst. Referat. — Mittelorientierte Cu-Einkrist., die bis an den Übergangsbereich I—II bzw. bis in den Bereich II verformt worden waren, wurden mit Röntenabb. (Berg-Barrett-Verf.) untersucht. Mit dem Beginn des Übergangsbereichs wurden Versetzungsschichten etwa parallel zur Hauptgleitebene gefunden, die durch systemat. Wechselwrkg. zwischen prim. u. sek. Versetzungen entstehen. Aus den Drehachsen u. der gegenseitigen Anordnung der Schichten ergeben sich Aussagen über den Mechanismus der Sekundärgleitung im Übergangsbereich. Die zu Beginn des Bereichs II entstehenden Knickwände sind sehr inhomogen u. unterscheiden sich hierin von den wenigen schon im Bereich I entstehenden Knickwänden. Die lokale Überschußversetzungsdichte prim. Stufenversetzungen in der Umgebung der Knickwände wird quant. bestimmt. Herbert Weber 56

0189 **Konzentrationsabhängigkeit der Nahordnungsparameter in angelassenen Kupfer-Aluminium-Legierungen.** È. V. Kulmanen und O. N. Šivrin. (Izvest. vysšich učebnych Zavedenij [Tomsk], Fiz. **11** (1968) 5 (72), 95 bis 99; Petrozavodskij gosuniv.; russ.) — Die diffuse Röntgenstreuung von Cu-Leg. der α-Phase mit 11,9 bis 17,6 Atom-% Al wird nach längerem, stufenweisem Glühen untersucht. Die Analyse der Nahordnungskoeff. weist auf eine homogene Ordnungseinstellung bei Al-Konz. < 15 Atom-% hin. Die Struktur der geordneten Leg. entspricht dem Modell von Gehlen et al. (Physics Rev. **139** (1965) 844). H. Roschkowski 56

0190 **Beobachtungen von Versetzungsquellen in einer Al-Cu-Si-Legierung.** Mary Ellen Gulden und William D. Nix. (Philos. Mag. [8] **18** (1968) 152, 217—28; Dep. of Mater. Sci., Stanford Univ., Stanford, Calif.; engl.) —

Elektronenmkr. Unters. zeigen, daß Si-Teilchen in einer Al–4% Cu-Leg. als Quellen von Gleitversetzungsschleifen während der Abschreckung dienen. Die Burgers-Vektoren der Schleifen sind vom Typ a/2 ⟨110⟩. Kleine prismat. Schleifen, die an die Schraubenkomponente der Gleitschleifen angrenzen, wurden beobachtet. Eine halbquant. Analyse der Kräfte in der Nähe der Teilchen wird durchgeführt. Eine krit. Teilchengröße für Versetzungskeimbldg. wird vorgeschlagen. Einige Aspekte des Gleichgew.-Durchmessers der Gleitschleifen werden behandelt. Einige Betrachtungen über dispersionsverstärkte Materialien werden wiedergegeben.
Herbert Weber 56

0191 **Ausscheidung in verformten Aluminium–Kupfer–Cadmium-Legierungen.** B. Noble und E. Holmes. (Philos. Mag. [8] **17** (1968) 145, 7—19; Dep. of Metallurg., Univ. of Nottingham; engl.) — Die Ausscheidung der Θ'-Phase in einer Al–5,12% Cu–0,14% Cd-Leg. während des Alterns bei 180° gehorcht für Verformungsgrade zwischen 10 u. 60% einem $t^{2/3}$-Gesetz. Aus einer kinet. Analyse folgt, daß sich die Phase an Versetzungen ausscheidet; das konnte durch elektronenmkr. Unters. bestätigt werden. Die Θ-Phasen-Ausscheidung wird durch vor dem Alterungsprozeß durchgeführte Verformung erhöht; Verformung während des Alterns verzögert die Ausscheidung. Aus Best. der Aktivierungsenergie des Kriechprozesses während des Alterns unter Einw. äußerer Spannungen folgt, daß die Versetzungen um ausgeschiedene Θ-Phasen-Teilchen Schleifen bilden. Der gleiche Verlauf der Aktivierungsenergie auch für den Ausscheidungsprozeß der Θ-Phase während des Spannungsalterns läßt vermuten, daß Cu-Atome durch die Versetzungsschleifen eingefangen werden. Die Wanderung der Cu-Atome zu den Ausscheidungen wird dann durch die Geschw. bestimmt, mit der die innere Versetzungsschleife über die Ausscheidung klettert.
W. Laqua 56

0192 **Substrukturänderungen beim Zerfall der übersättigten Mischkristalle einer Ag–Cu-Legierung.** G. A. Sirenko und V. I. Chotkevič. (Fiz. Metallov Metallovedenie **26** (1968) 1, 180—82; Char'kovskij gosuniv. im. Gor'kogo; russ.) — Durch harmon. Analyse der Röntgenbeugungslinien werden die Strukturänderungen in den sich beim isothermen Anlassen einer Ag–Cu-Mischkrist.-Leg. mit 12 Atom-% Cu ausscheidenden Teilchen untersucht. H. Roschkowski 56

0193 **Einfluß von 0,5 Gewichtsprozent Ag auf die Defektstrukturen in einer Al-Legierung mit 3,2 Gewichtsprozent Cu und 1,5 Gewichtsprozent Mg.** N. Sen und D. R. F. West. (J. Mater. Sci. **3** (1968) 3, 266—70; Dep. of Metallurg., Imp. Coll. of Sci. and Technol., London; engl.) — Elektronenmkr. wird gezeigt, daß in der Ag-freien, abgeschreckten u. leicht gealterten Leg. hauptsächlich prismat. Versetzungsschleifen vorliegen, während in der gleichen Leg. mit Zusatz von 0,5 Gew.-% Ag weniger Defekte vorliegen, die meist Versetzungshelices sind. Die Beobachtungen werden durch Versetzungswechselwrkg. mit Ag erklärt.
H. Roschkowski 56

0194 **Beobachtung von Gleitkanälen in abgeschrecktem Gold.** M. S. Bapna, T. Mori und M. Meshii. (Philos. Mag. [8] **17** (1968) 145, 177—84; Dep. of Mater. Sci. and ARPA Mater. Res. Center, Northwestern Univ., Evanston, Ill.; engl.) — 99,999% Au wurde nach Abschrecken von 1020 auf —25° u. anschließendem Altern bei 100° unter Zug bei 245° mit einer Geschw. von $2 \cdot 10^{-4}$ s^{-1} zu 2,5 u. 5% verformt u. transmissionselektronenmkr. untersucht. Innerhalb von begrenzten Bereichen der Proben wurde plast. Verformung unter Ausbldg. von Gleitkanälen beobachtet, die frei von Stapelfehlertetraedern sind. Zwischen Versetzungen u. Stapelfehlertetraedern existieren Kontaktwechselwrkg.; die Rk. zwischen wandernden Versetzungen u. Stapelfehlertetraedern führt zu einem Verschwinden der letzteren unter Bldg. von Defekten kleiner Dimensionen. Der mittlere Abstand der Gleitkanäle von ≈ 4 μm u. die mittlere Breite von ≈ 0,4 μm stimmen größenordnungsmäßig mit den entsprechenden Werten der Gleitbänder überein.
W. Laqua 56

0195 **Strukturdefekte in hexagonalen Au–Cd-Legierungen.** B. Sharan und O. P. Agnihotri. (Acta crystallogr. [Copenhagen], Sect. A **24** (1968) 4, 437—39; Dep. of Phys., Indian Inst. of Technol., Delhi, India; engl.) — Röntgenbeugungsunters. hexagonaler Au–Cd-Leg. mit 18, 19 u. 20 Gew.-% Cd. Die Stapelfehler-Wahrscheinlichkeit ist am größten bei 18 Gew.-% Cd u. nimmt mit zunehmendem Cd-Geh. ab. Die Clusterbldg. von Fehlern wurde nachgewiesen. H. Liepack 56

0196 **Gitterkonstanten für Vanadinlösungen in Gold.** B. Morosin. (J. appl. Crystallogr. [Copenhagen] **1** (1968) 2, 123—24; Sandia Labor., Albuquerque, N.Mex.; engl.) — Bei Raumtemp. nimmt die Gitterkonst. von Au linear mit Zusätzen von 0—10 Atom-% V ab.
H. Roschkowski 56

0197 **Überversetzungen in Ordnungslegierungen des AuCu-Typs.** B. A. Grinberg, V. I. Sjutkina und E. S. Jakovleva. (Fiz. Metallov Metallovedenie **26** (1968) 1, 18—27; Inst. fiz. metallov AN SSSR; russ.) — Die Gleichgew.-Konfig. von Überversetzungen in geordneten Leg. des AuCu-Typs wird theoret. untersucht u. die Abhängigkeit ihrer Breite vom Fernordnungsgrad bestimmt. Wechselwrkg. komplexer Versetzungen werden besprochen.
H. Roschkowski 56

0198 **Kristallstruktur von Jodmonobromid, JBr.** L. N. Swink und G. B. Carpenter. (Acta crystallogr. [Copenhagen], Sect. B **24** (1968) 3, 429—33; Providence, R.I., Brown Univ., Metcalf Chem. Labor.; engl.) — Die Krist.-Struktur von JBr wurde bei 20° mit Röntgeneinkrist.-Meth. bestimmt u. nach der Meth. der kleinsten Quadrate zu R = 6,5% verfeinert. Die Verb. ist orthorhomb., $Cmc2_1$, mit a = 4,903 ± 0,003 (Å), b = 6,993 ± 0,006, c = 8,931 ± 0,005. Z = 4. $D_{\cdot exp}$ = 4,41 (gcm^{-3}), $D_{\cdot R}$ = 4,49. In der Struktur liegen alle Atome auf Spiegelebenen u. die Mol. bilden ein Heringsgrätenmuster ähnlich wie beim krist. J. Der intramol. Abstand J–Br beträgt 2,52 Å, die kürzesten intermol. J–Br-Abstände sind 3,18 u. 3,76 Å. Atomparameter, Strukturfaktoren, Abstände u. Winkel sind tabellar. angegeben, die Struktur ist in Abb. dargestellt. E. Schulte 58△

0199 **Pulverdiagramme und Gitterkonstanten von NH_3BF_3 und NH_4BF_4.** A. P. Caron, J. L. Ragle, M. E. Yorke und H. Yeh. (J. physic. Chem. **72** (1968) 2, 556—61; Dep. of Chem., Univ. of Mass., Amherst, Mass.; engl.) — Es ist a = 8,130 ± 1, b = 8,035 ± 1, c = 9,252 ± 1 Å für NH_3BF_3 u. a = 9,077 ± 3, b = 5,679 ± 2, c = 7,279 ± 3 Å für NH_4BF_4. H. Liepack 58

0200 **Struktur der Anionen kondensierter Arsenate und Arsenatophosphate und die Wege zu ihrer Ermittlung.** Erich Thilo. (Rev. Chim. minérale **5** (1968) 1, 179—99; Inst. für Anorg. Chem. der DAW, Berlin-Adlershof; dt.) — Arsenate sind wie die Phosphate befähigt, kondensierte Anionen mit Ketten- u. Ringstruktur zu bilden, in denen das Zentralatom die Koordinationszahl 4 besitzt; auch Mischkondensate zwischen Phosphaten u. Arsenaten (= Arsenatophosphate, AP) sind darstellbar. Darüber hinaus gibt es Arsenate u. AP mit Schicht- u. Raumnetzstruktur, in denen As die Koordinationszahl 4 u. 6 betätigen kann. In den kondensierten Arsenaten u. AP sind die As–O–As- bzw. As–O–P-Bindungen gegenüber der Einw. von W. unbeständig: die Konstitutionsermittlung der genannten Verb. erfolgte daher indirekt unter Benutzung von Isomorphiebeziehungen von Gesetzen der Krist.-Chemie bzw. durch vollständige Krist.-Strukturanalyse. — Überblick über hauptsächlich vom Vf. u. Mitarbeitern publizierte Arbeiten. — 44 Literaturangaben. W. Feldmann 58

0201 **Kristallstruktur von Natriumtrihydrogenselenit.** M. Vijayan. (Acta crystallogr. [Copenhagen], Sect. B **24** (1968) 9, 1237—41; Dep. of Phys., Indian Inst. of Sci., Bangalore; engl.) — $NaH_3(SeO_3)_2$ krist. nach Röntgenbeugungsdaten bei Raumtemp. monoklin mit a = 10,35 ± 0,02; b = 4,84 ± 0,02; c = 5,84 ± 0,02 Å; β = 89 ± 1°; $D_{\cdot exp}$ 3,20 ± 0,01; $D_{\cdot R}$ 3,18 g/cm³ für Z = 2 in $P2_1/n$. Best. der Atomparameter mit Patterson- u. Fourier-Methoden. Die Selenitionen haben idealisierte C_{3v}-Symmetrie. Na ist von 8 O-Ionen schwach verzerrt oktaedr. umgeben. Die Selenitionen sind über Wasserstoffbrücken verbunden.

H. Roschkowski 58

0202 **Kristallstrukturen der sauren Salze einiger einbasischer Säuren. 13. Mitt. Kaliumhydrogendianisat (Di-p-methoxybenzoat).** D. R. McGregor und J. C. Speakman. (J. chem. Soc. [London], Sect. A **1968**, 9, 2106—08; Glasgow, Univ. of Glasgow, Chem. Dep.; engl.) — 12. vgl. C. **1968**, 21-0230. — Die *Hydrogendianisate* von *K* u. *Rb*, $MH(O_2C \cdot C_6H_4 \cdot OCH_3)_2$ (M = K oder Rb) sind isomorph. Die Krist.-Struktur des K-Salzes, $KH(C_8H_7 \cdot O_3)_2$, wurde bestimmt u. verfeinert zu R = 15% für 1200 unabhängige Reflexe. Die Verb. krist. orthorhomb. (Pbcn) mit a = 35,77 ± 0,10 (Å), b = 7,05 ± 0,07, c = 6,16 ± 0,06. Z = 4, $D_{\cdot exp}$ 1,43 (gcm^{-3}), $D_{\cdot R}$ 1,46. [$RbH(C_8H_7O_3)_2$: orthorhomb. (Pbcn) a = 35,3 ± 2, b = 7,00 ± 10, c = 6,40 ± 10. Z = 4. $D_{\cdot exp}$ 1,63, $D_{\cdot R}$ 1,63.] Die Struktur ist die eines sauren Salzes vom A-Typ, die beiden Anisat-Reste sind über eine zweifache Drehungsachse durch eine H-Brücke verbunden mit einem O...H...O-Abstand von 2,476 ± 18. Die Struktur wird mit der freier Anissäure verglichen. Atomkoordinaten, interatomare Abstände u. Winkel werden tabellar. angegeben, die Struktur wird graph. dargestellt.

E. Schulte 58△

0203 **Kristallstruktur des 1:4-Komplexes von Cäsiumchlorid mit Thioharnstoff.** J. C. A. Boeyens. (Acta crystallogr. [Copenhagen], Sect. B **24** (1968) 9, 1191—94; Nat. Phys. and Chem. Res. Labor., CSIR, Pretoria, South Africa; engl.) — $CsCl \cdot 4SC(NH_2)_2 \cdot H_2O$ wurde krist. nach 18monatigem Stehenlassen einer alkohol. Lsg. erhalten u. röntgenograph. untersucht. Die Verb. krist. mit a = 32,10; b = 13,22; c = 8,51 Å; Z = 8; $D_{\cdot exp}$ $1,8_0$; $D_{\cdot R}$ 1,81 g/cm³ in D_{2h}^{18}–Cmca. Die Struktur entspricht den bekannten Strukturen der Thioharnstoffkomplexe von Alkalimetallbromiden, -jodiden u. -fluoriden u. baut sich aus getrennten Anionen- u. Kationensäulen mit organ. Brückenmol. auf.

H. Roschkowski 58

0204 **Kristallstruktur des 1:4-Komplexes von Thallium (I)-dihydrogenphosphat mit Thioharnstoff.** L. H. W. Verhoef und J. C. A. Boeyens. (Acta crystallogr. [Copenhagen], Sect. B **24** (1968) 3, 1262—66; engl.) — Vgl. vorst. Referat. — $TlH_2PO_4 \cdot 4SC(NH_2)_2$ krist. nach Röntgenbeugungsdaten mit a = 15,40; b = 14,64; c = 8,27 Å (alle ± 0,05 Å), $D_{\cdot exp}$ 2,151; $D_{\cdot R}$ 2,153 g/cm³ für Z = 4 in Cccm. In der Struktur liegen Säulen von Tl(I)-Ionen vor, die von S-Atomen an den Ecken verzerrter Antiprismen umgeben sind. Die Kationenanordnung gleicht der in den Thioharnstoffkomplexen von $TlClO_4$ u. $TlNO_3$. Die Anionen nehmen Positionen ein, die die Bldg. von H-Brückenbindungen begünstigen.

H. Roschkowski 58

0205 **Ternäres Amid $K_2Mg(NH_2)_4$, ternäres Imid $K_2Mg \cdot (NH)_2$ und Doppelnitrid KMgN.** Pierre Palvadeau und Jean Rouxel. (C. R. hebd. Séances Acad. Sci., Sér. C **266** (1968) 23, 1605—07; Fac. des Sci. de Nantes, Nantes, Loire-Atlantique; franz.) — Durch Umsetzung von in fl. NH_3 gelöstem K mit Mg werden Einkrist. von $K_2Mg \cdot (NH_2)_4$ (**I**) erhalten. **I** krist. orthorhomb. in D_{2h}^{1}–Pncb mit a = 7,01, b = 7,45 (± 0,01), c = 26,01 (± 0,02) Å, $D_{\cdot exp}$ 1,60, $D_{\cdot R}$ = 1,62 g cm^{-3}. Angabe der I- u. d-Werte. Der therm. Abbau von **I** führt ab 70° zu $K_2Mg(NH_2)_2NH$, ab 120° zu $K_2Mg(NH)_2$ u. ab 250° zu KMgN (**II**). Alle Abbauprod. sind kristallin, Angabe der I- u. d-Werte. **II** krist. tetragonal mit a = 8,97, c = 6,90 Å. **II** geht ab 330° in K, Mg_3N_2 u. N_2 über. G. Schatz 58

0206 **Kristallstruktur von α-$Ca_2P_2O_7$.** C. Calvo. (Inorg. Chem. [Washington] **7** (1968) 7, 1345—51; Hamilton, Ontario, McMaster Univ., Dep. of Chem. and Mater. Res. Unit.; engl.) — Die Hochtemp.-Form von α-$Ca_2P_2O_7$ hat monokline Symmetrie mit a = 12,66(1) (Å); b = 8,542(8); c = 5,315(5); β = 90,3° ± 1°; $P2_1/n$; Z = 4; $D_{\cdot exp}$ 2,947; $D_{\cdot R}$ 2,95. Die Struktur hat eine sehr große Ähnlichkeit mit der des rhomb. α-$Sr_2P_2O_7$. Die Strukturbest. lieferte die tabellar. angegebenen Atomkoordinaten; tabellar. sind auch die Bindungsabstände u. Valenzwinkel zusammengestellt. Sowohl Ca als auch Sr haben die Koordinationszahl 8 mit einem Abstand Kation–O von 2,54 u. 2,51 Å. In dem Anion beträgt der Winkel P–O–P 130° gegenüber 133,5° in der Sr-Verbindung. Diese Anionen sind in Säulen gepackt, die aus Paaren bestehen, u. zwar mit der cis-Seite der Anionen benachbart zueinander. Diese Säulen ihrerseits bilden Schichten parallel zur ac-Ebene, wobei die Säulen in benachbarten Schichten um fast 90° gedreht u. um $^1/_2$a verschoben sind, um in die Zwischenräume zwischen aufeinanderfolgenden Säulen in derselben Schicht zu passen. Die einzelnen Abstände P–O liegen zwischen 1,49 u. 1,62 Å.

C. Gottfried 58△

0207 **Kristallstrukturen von Bariumcyanamid.** Karl-Gustav Strid. (Z. anorg. allg. Chem. **360** (1968) 3/4, 205—07; Göteborg, Schweden, Chalmerssche TH, Phys. Inst.; dt.) — Einkrist. von $BaCN_2$, aus $BaCO_3$ u. HCN bei 650° hergestellt, wurden röntgenograph. untersucht. Die Verb. ist rhomb., $Pn2_1a$ oder Pnma, mit a = 8,596 (Å), b = 10,188, c = 12,971. Z = 12. $D_{\cdot R}$ = 3,11 ± 0,01 (g cm^{-3}). Eine zweite, bei niedrigerer Temp. gebildete Modifikation von $BaCN_2$ ist ebenfalls rhomb., Cc2a oder Cmca, mit a = 11,86, b = 20,54, c = 7,45; Z = 16 u. läßt sich pseudohexagonal beschreiben.

E. Schulte 58△

0208 **Strukturelle Untersuchungen von Metalldithiocarbamaten. 4. Mitt. Kristall- und Molekularstruktur von Cadmium(II)-N.N-diäthyldithiocarbamat.** A. Domenicano, L. Torelli, A. Vaciago und L. Zambonelli. (J. chem. Soc. [London], Sect. A **1968**, 6, 1351—61; Roma, Univ. degli Studi, Ist. di Chim. Farm. e Tossicolog.; engl.) — 3. vgl. C. **1966**, 44-0186. Die in monoklinen Prismen krist. Verb. $C_{10}H_{20}CdN_2S_4$ hat die Zelldimensionen a = 10,166 ± 0,010; b = 10,746 ± 0,005; c = 16,717 ± 0,010; β = 111°53′ ± 5′; Raumgruppe ist $P2_1/c$; Z = 4; $D_{\cdot exp}$ 1,62 ± 0,01; $D_{\cdot R}$ 1,603. Die mit Hilfe dreidimensionaler Meth. erhaltenen Atomkoordinaten wurden mit der Meth. der kleinsten Quadrate weiter verfeinert. Die Parameter, einschließlich der der H-Atome, sind tabellar. zusammengestellt. Ebenso sind in Tabellen die Bindungsabstände u. Valenzwinkel angegeben. Im festen Zustand ist die Verb. als ein binuclearer Komplex mit der Formel $Cd_2[S_2CN(C_2H_5)_2]_4$ anzusehen. 2 der 4 N.N-Diäthyldithiocarbamatgruppen wirken als brückenbildende Liganden, wodurch ein gewellter achtgliedriger Ring entsteht, der 2 Cd-, 4 S- u. 2 C-Atome enthält. Den gleichen Ring enthält die l.c. beschriebene analoge Zn(II)-Verbindung. C. Gottfried 58△

0209 **Kristall- und Molekülstrukturen cyclischer Organoquecksilberverbindungen.** F. W. Küpper und H. J. Lindner. (Z. anorg. allg. Chem. **359** (1968) 1/2, 41—50; Darmstadt, TH, Eduard-Zintl-Inst., Lehrstuhl für anorg. Chem.; dt.) — Die Strukturen von Bis-[ω.ω′-(N.N′-dimethyl)-äthylendiamino]-o-tolyl-quecksilber (**I**) u. Bis-[ω.ω′-äthylendioxy]-o-tolyl-quecksilber (**II**) wurden röntgenograph. durch dreidimensionale Patterson-Funktionen u. dreidimensionale Fourier-Synth. nach der Schweratommeth. bestimmt. Verfeinerung der Parameter erfolgte durch dreidimensionale Differenz-Fourier-Synth. u. Ausgleichsrechnungen mit dem Least-Squares-Programm. **I** krist. in farblosen monoklinen Säulen der Raumgruppe $P2_1/a$ mit a = 15,44 ± 0,02 (Å), b = 10,10 ± 0,01, c = 11,68 ± 0,01 u. β = 109,3 ± 0,1°, **II** in farblosen rhomb. Nadeln der Raumgruppe $Pbn2_1$ mit a = 23,21 ± 0,02, b = 11,68 ± 0,01 u. c = 5,25 ± 0,01. Der Winkel der C–Hg–C-Bindung wurde bei **I** zu 172°, bei **II** zu 174° bestimmt. Eine Komplexverb. zwischen Hg-Atomen u. Heteroatomen der Ringsyst. konnte nicht festgestellt werden. Atomparameter, Standardabweichungen, Bindungsabstände, Bindungswinkel, Ebenengleichungen der Benzolringe, Schnitt durch dreidimensionale Fourier-Synth. u. Differenz-Fourier-Synth. sowie Projektion der halben Elementarzelle werden im Orig. angegeben. H.-J. Schönherr 58

0210 **Neutronen- und Röntgenbeugungsuntersuchungen von $Ca_3Al_2(OD)_{12}$ mit Granatstruktur.** Dennis W. Foreman jun. (J. chem. Physics **48** (1968) 7, 3037—41; Ohio State Univ., Columbus, O.; engl.) — Zur Überprüfung der isomorphen Substitution von $(OH)_4^{4-}$ für $(SiO_4)^{4-}$ wurde deuteriertes $Ca_3Al_2(OD)_{12}$ dargestellt u. durch Neutronen u. Röntgen-Beugung untersucht. Die polykrist. Probe ist kub. mit 12,5755 Å (28°) u. den Sauerstoff-Parametern x = 0,0303, y = 0,0547 u. z = 0,6430. Auf Grund der Beugungsaufnahmen findet zwischen 301 u. 77 °K keine Phasenänderung statt, obwohl die Deuterium-Atome zu mehr symm. ausgerichteten Plätzen bei tiefer Temp. wandern. Die Deuterium-Parameter sind x = 0,149, y = 0,086 u. z = 0,792 bei 301 °K u. x = 0,148, y = 0,087 u. z = 0,798 bei 77 °K. Der kürzeste *O–D*-Abstand ist 0,95 Å bei 301 °K u. 0,94 Å bei 77 °K u. weist auf Hydroxylbindungen hin.

R. Blank 58

0211 **Synthesen und Strukturen von Phasen im System In_2O_3–Ga_2O_3.** R. D. Shannon und C. T. Prewitt. (J. inorg. nuclear Chem. **30** (1968) 6, 1389–98; Wilmington, Del., Central Res. Dep., E. I. du Pont de Nemours and Comp., Exper. Stat.; engl.) — Verb. der Zus. $Ga_{2-x}In_xO_3$ (x = 0,0–1,0) mit β-Ga_2O_3-Struktur wurden nach verschiedenen Meth. in Pulverform u. in Form von Einkrist. dargestellt u. durch röntgenograph. u. Widerstandsmessungen charakterisiert. *$InGaO_3$ II* hat eine einfache hexagonale Oxidstruktur, in der zum ersten Mal Ga^{3+} mit der KZ 5 beobachtet wurde. a = **3,310** ± 0,002 (Å), c = 12,039 ± 0,002; Z = 2, $D._R$ 6,756 gcm^{-3}, Raumgruppe $P6_3/mmc$. Interatomare Abstände: In–O (1) [x2], 3,010; In–O (2) [x6] 2,174; Ga–O (1) [x3] 1,911; Ga–O (2) [x2] 1,973. $InGaO_3$ II ist mit hexagonalem $YAlO_3$ isotyp u. seine Struktur ist mit der von $YMnO_3$, die Mn^{3+} mit der KZ 5 enthält, verwandt. Indizierte d-Werte, Atomkoordinaten, Strukturfaktoren, Bindungslängen u. -winkel sind tabellar. angegeben.

E. Schulte 58△

0212 **Kristallparameter von wasserfreien Sulfaten und Selenaten von dreiwertigen Metallen.** 1. Mitt. **Sulfate von Scandium und Yttrium.** René Perret, Bernard Rosso und Jean Loriers. (Bull. Soc. chim. France **1968,** 7, 2698–99; Dijon, Fac. des Sci., Labor. de Rech. sur la Réactivité des Solides; franz.) — Durch direkte Einw. von H_2SO_4 auf Sc_2O_3 u. Y_2O_3 erhält man die Hydrate $Sc_2(SO_4)_3 \cdot 5H_2O$ u. $y_2(SO_4)_3 \cdot 8H_2O$. Wasserfrei erhält man die beiden Sulfate durch zweistündiges Erhitzen auf etwa 180° in Form weißer, hygroskop. Pulver. Pulveraufnahmen an $Sc_2(SO_4)_3$ (**I**) u. $Y_2(SO_4)_3$ (**II**) ergaben rhomboedr. Symmetrie mit den hexagonalen Zelldimensionen (a) 8,670 (Å); (c) 22,50 u. den rhomboedr. Zelldimensionen (a) **9,040** ; (α) 57°20′ für **I** u. 9,190; 22,87 bzw. 9,290, 59°20′ für **II**; Raumgruppe für beide Sulfate R $\bar{3}$; Z = 2; für **I** ist ($D._{exp}$) $2{,}57_5$ u. ($D._R$) 2,565 u. für **II** $2{,}75_5$; 2,776.

C. Gottfried 58△

0213 **Kristallparameter von wasserfreien Sulfaten und Selenaten von dreiwertigen Metallen.** 2. Mitt. **Selenate von Aluminium und von Gallium.** René Perret und Bernard Rosso. (Bull. Soc. chim. France **1968,** 7, 2700–01; franz.) — 1. vgl. vorst. Referat. — Durch Einw. von H_2SeO_4 auf $Al(OH)_3$ oder $Ga(OH)_3$ erhält man die wasserhaltigen Selenate $Al_2(SeO_4)_3 \cdot 16H_2O$ bzw. $Ga_2 \cdot (SeO_4)_3 \cdot 16H_2O$. Wasserfrei erhält man das Al-Selenat durch zweistündiges Erhitzen auf 280°, das entsprechende Ga-Selenat durch dreistündiges Erhitzen auf etwa 250°. Beide wasserfreien Selenate haben rhomboedr. Symmetrie. Die hexagonalen Zelldimensionen für das Al-Salz sind (a) 8,290 (Å) u. (c) $22{,}34_5$, für das Ga-Salz 8,361; $22{,}71_0$; die entsprechenden rhomboedr. Zelldimensionen sind 8,853 u. 55°49′ bzw. 8,964 u. 55°38′; Raumgruppe für beide Verb. ist R$\bar{3}$ u. Z = 2. Für das Al-Salz ist ($D._{exp}$) 3,56 u. ($D._R$) 3,620 u. für das Ga-Salz 4,10 u. 4,130.

C. Gottfried 58△

0214 **Röntgenographische Untersuchungen an Lanthanvanadat(III) und Lanthanniobat(III).** Joachim Sieler, Brigitte Kreßner und Heinz Holzapfel. (Z. Chem. 8 (1968) 1, 33; Inst. für anorg. Chem., Karl-Marx-Univ., Leipzig; dt.) — Die nach dem Guinier-Verf. ermittelten Gitterkonst. für $LaVO_3$ betrugen: a = 5,554 ± 0,004, c = 7,85 ± 0,01 Å. $LaVO_3$ wurde durch Red. von $LaVO_4$ mit H_2 bei 1000° oder aus La_2O_3 + V_2O_3 im Vakuum bei 1100° erhalten. Aus La_2O_3 + NbO + NbO_2 bei 1400° im Hochvakuum bildet sich $LaNbO_3$ mit geringem O_2-Überschuß; es ist sehr oxydationsempfindlich. Die Debye-Scherrer-Aufnahme ließ sich kub. indizieren. Die röntgenograph. Daten sind tabelliert, a = 4,02 ± 0,02 Å.

G. Schatz 58

0215 **Kristallstruktur von Lanthancarbonatoktahydrat.** Dennis B. Shinn und Harry A. Eick. (Inorg. Chem. [Washington] **7** (1968) 7, 1340–45; East Lansing, Mich., Mich. State Univ., Dep. of Chem.; engl.) — $La_2(CO_3)_3 \cdot 8H_2O$ (**I**) wurde durch langsame Hydrolyse von Lanthantrichloracetat erhalten. **I** krist. rhomb. mit a = 8,984 ± 0,004 (Å); b = 9,580 ± 0,004; c = 17,00 ± 0,01; Pccn; Z = 4; $D._{exp}$ 2,72 ± 0,01; $D._R$ 2,732. Die mit Hilfe der üblichen Meth. bestimmten Atomkoordinaten sind zusammen mit den Bindungslängen u. Valenzwinkeln tabellar. zusammengestellt. Die Struktur ist als ein unregelmäßiger Schichttyp anzusehen, in dem die grundlegende Schicht durch abwechselnde Reihen von Carbonat- u. Metallionen gebildet wird. Die Struktur enthält 2 verschiedene 10-koordinierte Metallpolyeder, in denen die Koordinationsplätze durch W.-Mol. u. durch ein- u. zweizähnige Carbonatgruppen besetzt sind. Die Polyedersymmetrie dürfte mit einem Dodekaeder verwandt sein, in dem 2 Plätze mit zweizähnigen Carbonationen besetzt sind. $^1/_4$ der W.-Mol. sind nicht an das La gebunden u. liegen zwischen den Schichten.

C. Gottfried 58△

0216 **Seltenerdmetallorthogallate.** M. Marezio, J. P. Remeika und P. D. Dernier. (Inorg. Chem. [Washington] **7** (1968) 7, 1337–40; Murray Hill, N.J., Bell Telephone Labor., Inc.; engl.) — Dargestellt u. röntgenograph. untersucht wurden die folgenden Orthogallate: *$LaGaO_3$* (**I**), *Pr_2GaO_3* (**II**), *$NdGaO_3$* (**III**), *$SmGaO_3$* (**IV**), *$EuGaO_3$* (**V**), *$GdGaO_3$* (**VI**), *$TbGaO_3$* (**VII**), *$DyGaO_3$* (**VIII**), *$HoGaO_3$* (**IX**), *$ErGaO_3$* (**X**), *$TmGaO_3$* (**XI**), *$YbGaO_3$* (**XII**) u. *$LuGaO_3$* (**XIII**). Mit Ausnahme von **I, II** u. **III** werden Einkrist. der Gallate erhalten durch Erhitzen der entsprechenden Granate auf 1000° u. bei einem Druck von 45 KBar. Es wird bemerkt, daß unter den obigen Bedingungen vollkommene Zers. bei **IV–VII** eintrat, während bei den restlichen Verb. nur eine teilweise Zers. festgestellt wurde, denn auf den Pulveraufnahmen der Rk.-Prod. wurden noch Interferenzen der entsprechenden Granate nach dem Abschrecken gefunden. Bei diesen Hochdruckvers. wurde in allen Fällen NaOH als Flußmittel verwendet. Die Verb. **I–III** können bei normalem Druck synthetisiert werden. Alle Gallate haben rhomb. Symmetrie u. die Zelldimensionen für **I**: (a) 5,526 (Å); (b) 5,473; (c) 7,767; für **II**: 5,458; 5,490; 7,733; für **III**: 5,431; 5,499; 7,710; für **IV**: 5,369; 5,520; 7,650; für **V**: 5,351; 5,528; 7,628; für **VI**: 5,322; 5,537; 7,606; für **VII**: 5,307; 5,531; 7,578; für **VIII**: 5,282; 5,534; 7,556; für **IX**: 5,251; 5,531; 7,536; für **X**: 5,239; 5,527; 7,522; für **XI**: 5,224; 5,515; 7,505; für **XII**: 5,208; 5,510; 7,490 u. für **XIII**: 5,188; 5,505; 7,484. Trägt man die Gitterparameter gegen die Ordnungszahl der Seltenerdmetalle auf, dann ist aus den Kurven ersichtlich, daß innerhalb der Fehlergrenzen a u. c langsam von Lu bis La zunehmen, während der b-Parameter durch ein Max. bei etwa Dy–Tb–Gd geht; eine Erklärung für dieses anomale Verh. kann bis jetzt nocht nicht gegeben werden. Alle Gallate haben eine perowskitähnliche Struktur. Möglicherweise kann das anomale Verh. des b-Parameters durch eine Änderung der Koordinationszahl des Seltenerdmetallions erklärt werden.

C. Gottfried 58△

0217 **Kristallstruktur von Cersulfatenneahydrat, $Ce_2 \cdot (SO_4)_3 \cdot 9\,H_2O$.** André Dereigne und Guy Pannetier. (Bull. Soc. chim. France **1968,** 1, 174–80; Fac. des Sci. de Paris; franz.) — $Ce_2(SO_4)_3 \cdot 9\,H_2O$ (**I**) krist. hexagonal; die Gitterkonst. wurden nach Weissenberg bestimmt: a = **10,997** ± 0,004 Å, c = 8,018 ± 0,003, $D._{exp}$ 2,83, $D._R$ 2,88; Z = 2, Raumgruppe $P6_3/m$. Die Struktur wurde durch Projektion der Patterson-Funktion u. der Elektronendichteverteilung bestimmt. Es ergeben sich 2 Arten von Ce^{3+}, 2 von ihnen (000,001/2) sind mit 12 O-Atomen koordiniert, die beiden anderen (1/3 2/3 1/4, 2/3 1/3 3/4) mit 3 O-Atomen u. 6 Mol. H_2O. Die vollkommene Isomorphie von **I** mit der entsprechenden La-Verb. wird erläutert. Aus den ber. Atomabständen ergeben sich starke H-Bindungen. Die Indizierung (HKL) u. die ber. u. beobachteten Formfaktoren, sowie die ermittelten Atompositionen u. Atomabstände sind tabelliert.

G. Schatz 58

0218 **Kristallstruktur von $HoZn_3$.** David J. Michel und Earle Ryba. (Acta crystallogr. [Copenhagen],

Sect. B 24 (1968) 9, 1267–69; Dep. of Mater. Sci., Pa. State Univ., University Park, Pa.; engl.) — $HoZn_3$ krist. nach Einkrist.-Röntgenbeugungsaufnahmen mit a = 6,697 ± 0,003; b = 4,3655 ± 0,0014; c = 10,099 ± 0,003 Å in Pnma. Die Verb. ist isostrukturell zu YZn_3.
H. Roschkowski 58

0219 **Kristall- und Molekularstruktur von Dichloro-bis-[8-hydroxychinolinato]-titan(IV).** B. F. Studd und A. G. Swallow. (J. chem. Soc. [London], Sect. A **1968**, 8, 1961–67; London, Northern Polytechn. Dep. of Chem.; engl.) — Die Krist.-Struktur von *Dichloro-bis-[8-hydroxychinolinato]-titan(IV)*, $TiCl_2C_{18}H_{12}N_2O_2$, wurde mit Hilfe dreidimensionaler Patterson- und Fourier-Meth. bestimmt u. nach der Meth. der kleinsten Quadrate verfeinert (R = 0,116). Die Verb. ist monoklin, C2/c, a = 14,06 ± 0,04 (Å), b = 8,54 ± 0,01, c = 14,97 ± 0,03; β = 111°; Z = 4; D_{exp} 1,64 (gcm^{-3}); D_R 1,61. Die Struktur besteht aus monomeren $TiCl_2Ox_2$-Einheiten mit zweizähliger Symmetrie, in der Ti oktaedr. von zwei Cl- (in cis-Stellung) mit einem Abstand von 2,283, zwei N- (cis) bei 2,200 u. zwei O-Atomen (in trans-Konfig.) bei 1,888 Å umgeben ist. Der große Unterschied zwischen den Ti–N- u. Ti–O-Abständen wird diskutiert u. mit den Abständen in anderen Metall–Oxin-Komplexen verglichen. Die Struktur ist in Abb. dargestellt. Atomkoordinaten, Temp.- u. Strukturfaktoren, Bindungslängen u. -winkel werden tabellar. angegeben.
E. Schulte 58△

0220 **Kristallstruktur der Verbindung Zr_5Si_4.** O. G. Karpinskij und B. A. Evseev. (Izvest. Akad. Nauk SSSR, Neorg. Mater. 4 (1968) 8, 1248–54; Inst. metallurg. im. Bajkova AN SSSR; russ.) — Zr_5Si_4 krist. nach Röntgenbeugungsdaten tetragonal mit a = 7,123; c = 13,002 Å, Z = 4 in D_4^4–$P4_12_12$. Best. der Atomparameter mit Patterson- u. Fourier-Methoden. Zr_5Si_4 stellt einen neuen Strukturtyp der Übergangsmetallsilicide dar.
H. Roschkowski 58

0221 **Mischoxide des Typs MO_2(Fluorit)–M_2O_3.** 3. Mitt. **Kristallstrukturen der intermediären Phasen $Zr_5Sc_2O_{13}$ und $Zr_3Sc_4O_{12}$.** M. R. Thornber, D. J. M. Bevan und J. Graham. (Acta crystallogr. [Copenhagen], Sect. B **24** (1968) 9, 1183–90, 1 Tafel; School of Chem., Univ. of Western Australia, Nedlands, Western Australia; engl.) — 2. vgl. Bevan et al., Rare Earth Research **3** (1965) 441; ed. Gordon and Breach, New York). — Die Strukturen beider Phasen des Syst. ZrO_2–Sc_2O_3 wurden röntgenograph. bestimmt. Beide Verb. krist. hexagonal in R$\bar{3}$, die hexagonalen Zelldimensionen sind für $Zr_5Sc_2 \cdot O_{13}$ (a =) 9,53 ± 0,01 (Å); (c =) 17,44 ± 0,002; für $Zr_3Sc_4O_{12}$ 9,37 ± 0,01; 8,71 ± 0,01. Beide Strukturen leiten sich aus der von ZrO_2 durch geordnetes Fehlen von O-Atomen ab, die beobachtete rhomboedr. Verzerrung ist das Ergebnis einer Gitterrelaxation.
H. Roschkowski 58

0222 **Darstellung und Strukturuntersuchungen von Phosphaten mit der gemeinsamen Formel $M^IM_2^{IV}(PO_4)_3$ (M^I = Li, Na, K., Rb, Cs; M^{IV} = Th, U, Zr, Hf).** B. Matković, B. Prodić und M. Šljukić. (Bull. Soc. chim. France **1968**, Sonder-Nr., 1777–1779; Zagreb, Inst. „Rudger Bosković"; engl.) — Dargestellt u. röntgenograph. untersucht wurden die folgenden Verb.: $LiTh_2(PO_4)_3$ (**I**), $NaTh_2(PO_4)_3$ (**II**), $KTh_2(PO_4)_3$ (**III**), $RbTh_2(PO_4)_3$ (**IV**), $CsTh_2(PO_4)_3$ (**V**), $LiU_2(PO_4)_3$ (**VI**), $NaU_2(PO_4)_3$ (**VII**), $LiZr_2(PO_4)_3$ (**VIII**), $LiHf_2(PO_4)_3$ (**IX**), $NaZr_2(PO_4)_3$ (**X**), $NaHf_2(PO_4)_3$ (**XI**), $KZr_2(PO_4)_3$ (**XII**), $KHf_2(PO_4)_3$ (**XIII**), $RbZr_2(PO_4)_3$ (**XIV**), $RbHf_2(PO_4)_3$ (**XV**), $CsZr_2(PO_4)_3$ (**XVI**) u. $CsHf_2(PO_4)_3$ (**XVII**). Zur Darst. der Verb. wurden homogene Gemische von Alkalimetallphosphat u. dem Metalloxid mit B_2O_3 als Flußmittel in einem Pt-Tiegel langsam auf 1200° erhitzt, bei dieser Temp. 18 Std. belassen u. ebenfalls langsam abgekühlt. **I–VII** erwiesen sich als monoklin; 3 verschiedene Habitusarten wurden festgestellt. Die Zelldimensionen sind für **I** (a =) 17,43 ± 0,02 (Å); (b =) 6,82 ± 0,01; (c =) 8,14 ± 0,01; (β =) 101°20′ ± 10′; (D_{exp}) 5,25; (D_R) 5,294; für **II**: 17,37 ± 0,02; 6,81 ± 0,01; 8,13 ± 0,01; 101°03′ ± 10′; 5,41; 5,435; für **III**: 17,57 ± 0,02; 6,86 ± 0,01; 8,14 ± 0,01; 101°46′ ± 10′; 5,44; 5,451; für **IV**: 17,55 ± 0,02; 6,84 ± 0,01; 8,14 ± 0,01; 102°06′ ± 10′; 5,72; 5,804; für **V**: 17,73 ± 0,02; 6,88 ± 0,01; 8,17 ± 0,01; 102°06′ ± 10′; 5,91; 6,014; für **VI**: 17,39 ± 0,02; 6,73 ± 0,01; 8,04 ± 0,01; 101°29′ ± 10′; 5,65; 5,537; für **VII**: 17,23 ± 0,02; 6,70 ± 0,01; 8,03 ± 0,01; 101°06′ ± 10′; 5,68; 5,727. Raumgruppe ist Cc; Z = 4. Th u. U haben die Koordination 9, das Koordinationspolyeder ist ein verzerrtes trigonales Prisma mit zusätzlichen Liganden außerhalb jeder der rechtwinkligen Flächen. Die Verb. **VIII** bis **XVII** haben rhomboedr. Symmetrie; mögliche Raumgruppen sind R$\bar{3}$c oder R3c, u. für die hexagonale Zelle ist Z = 6. Die rhomboedr. Zelldimensionen sind für **VIII**: (a =) 9,10 ± 0,01; (α =) 57°18′; für **IX**: 8,94 ± 0,01; 59°08′; für **X**: 9,11 ± 0,01; 57°36′; für **XI**: 9,09 ± 0,01; 57°36′; für **XII**: 9,41 ± 0,01; 55°08′; für **XIII**: 9,36 ± 0,01; 55°14′; für **XIV**: 9,53 ± 0,01; 54°02′; für **XV**: 9,52 ± 0,01; 53°54′; für **XVI**: 9,66 ± 0,01; 52°58′ u. für **XVII**: 9,63 ± 0,01; 52°40′. Die hexagonalen Gitterparameter sind ebenfalls angegeben. Aus der Strukturanalyse von **XII** ergab sich, daß Zr von 6 O-Atomen oktaedr. umgeben ist. Eine Ähnlichkeit in den kristallograph. Eig. u. der Koordinationspolyeder zwischen **I** bis **VII** u. **VIII** bis **XVII** wurde nicht gefunden.
C. Gottfried 58△

0223 **Kristallstruktur von Tetrametaphosphaten des Typs $M^{II}M_2^I(PO_3)_4$.** M. Isaac Tordjman, Claude Martin, Tranqui Duc und André Durif. (Bull. Soc. chim. France **1968**, Sonder-Nr., 1780; Grenoble, Labor. d'Électrostat. et de phys. du métal; franz.) — Dargestellt u. röntgenograph. untersucht wurden die folgenden isomorphen tetragonalen Verb.: $(NH_4)_2Sr(PO_3)_4$ (**I**), $K_2Sr(PO_3)_4$ (**II**), $RbSr(PO_3)_4$ (**III**), $Tl_2Sr(PO_3)_4$ (**IV**) u. $K_2Pb(PO_3)_4$ (**V**). Die Zelldimensionen sind für **I**: (a =) 7,575 (Å), (c =) 10,26; (D_R) 2,480; für **II**: 7,445; 10,17; 2,838; für **III**: 7,585; 10,23; 3,225; für **IV**: 7,608; 10,25; 4,660 u. für **V**: 7,435; 10,28; 3,524. Fehlergrenzen für die a-Parameter 0,005, für die c-Parameter 0,02; Raumgruppe ist I$\bar{4}$; Z = 2. Bestimmt wurde die Struktur von **II**; die gefundenen Atomkoordinaten sind tabellar. angegeben. In dem Gitter hat K 4 nächste Nachbarn in Abständen zwischen 2,74 u. 2,86 Å u. 6 entferntere Nachbarn in den Abständen 3,02; 3,04 u. 3,30 Å; Sr hat 8 Nachbarn in den Abständen 2,65 u. 2,56 Å.
C. Gottfried 58△

0224 **Kristallstrukturen von Niob(III)-selenid und Tantal(III)-selenid.** F. Kadijk, R. Huisman und F. Jellinek. (Acta crystallogr. [Copenhagen], Sect. B **24** (1968) 8, 1102–06; Labor. voor Anorg. Chem., Rijksuniv., Groningen; engl.) — Nb_2Se_3 u. Ta_2Se_3 krist. nach Röntgenbeugungsdaten monoklin mit a = 6,503 bzw. 6,495; b = 3,434 bzw. 3,408; c = 9,215 bzw. 9,206 Å; β = 103,39 bzw. 103,63°, D_R = 7,012 bzw. 10,040 g/cm³, Z = 4 in $P2_1/m$. Alle Atome befinden sich in der speziellen Punktlage 2 (e): ± x 1/4 z. Die Verb. sind isotyp mit Mo_2S_3.
H. Roschkowski 58

0225 **Direktbestimmung der Kristallstruktur von $PaOCl_2$.** Richard P. Dodge, Gordon S. Smith, Quintin Johnson und Robert E. Elson. (Acta crystallogr. [Copenhagen], Sect. **B 24** (1968) 3, 304–12; Livermore, Calif., Univ. of Calif., Lawrence Radiat. Labor.; engl.) — Eine während der Red. von $PaCl_5$ erhaltene Verb. wurde mit Hilfe von Röntgen-Einkrist.-Meth. untersucht u. als $PaOCl_2$ identifiziert. Die Krist. sind orthorhomb. mit a = 15,25 (Å), b = 17,86, c = 4,01. Raumgruppe Pbam. Z = 11. Die Verfeinerung nach der Meth. der kleinsten Quadrate ergab R = 7,6%. Die Struktur besteht aus unendlichen polymeren Ketten, die sich entlang der c-Achse erstrecken u. die durch brückenbindende Cl-Atome an andere in der ab-Ebene liegende Ketten gebunden sind. Die sich wiederholende Einheit entlang der Kette ist ein aus 12 Atomen bestehendes Aggregat $Pa_3O_3Cl_6$. Die Pa-Atome haben die KZ 7, 8 u. 9; die O-Atome die KZ 3 u. 4 u. die Cl-Atome die KZ 2 u. 3. Die Abstände Pa–O liegen im Bereich 2,19–2,38, die Pa–Cl-Abstände im Bereich 2,74–3,08 Å. Strukturfaktoren, Atomparameter, Bindungslängen u. -winkel sind tabellar. angegeben, die Struktur ist in Abb. dargestellt.
E. Schulte 58△

0226 **Kristallstruktur von Methylammonium-Chromalaun.** A. H. C. Ledsham und H. Steeple. (Acta crystallogr. [Copenhagen], Sect. B 24 (1968) 3, 320–22;

Manchester, Großbritannien, Univ. of Manchester, Inst. of Sci. and Technol., Phys. Dep.; engl.) — Allg. wurde angenommen, daß Methylammonium-Chromalaun zur Klasse der β-Alaune gehört. Die Struktur ist jedoch die eines Alauns der α-Klasse mit der Raumgruppe Pa3 u. a = 12,44 Å. Das Ergebnis zeigt, daß die Klassifikation von Lipson nach der Größe einwertiger Ionen zu modifizieren ist. Strukturfaktoren u. Atomkoordinaten sind tabellar. angegeben, die Struktur ist in Projektionen dargestellt. E. Schulte 58△

0227 **Metall-Carbonyl- und Metall-Nitrosyl-Komplexe. 6. Mitt. Kristall- und Molekularstruktur von trans-Di-μ-phenylthio-dinitrosyl-bis-[π-cyclopentadienyl]-dichrom(I).** A. T. McPhail und G. A. Sim. (J. chem. Soc. [London], Sect. A **1968**, 8, 1858—65; Urbana, Ill., Univ. of Ill., Dep. of Chem.; engl.) — 5. vgl. C. **1968**, 45-0241. — Die Krist. von *trans-Di-μ-phenylthio-dinitrosyl-bis-[π-cyclopentadienyl]-dichrom(I)*, trans-$[C_5H_5Cr(NO)SC_6H_5]_2$, sind rhomb., Raumgruppe Pbcn mit a = 11,75 (Å), b = 10,44, c = 17,51. Z = 4. D_R = 1,584 gcm^{-3}. Das Mol. liegt auf einem Symmetriezentrum, der $(CrS)_2$-Ring ist daher eben. Die dreidimensionale Röntgen-Einkrist.-Analyse zeigt, daß die Cyclopentadienyl-, Nitrosyl- u. S-Liganden um jedes Cr-Atom in einer angenähert tetraedr. Konfig. angeordnet sind. Die CrNO-Gruppierung weicht um 10° von der Linearität ab u. die Cr–N-Bindung (1,66 Å) hat merklichen Vielfach-Bindungscharakter. Die Cr–C(Cyclopentadienyl)-Bindungslängen liegen im Bereich 2,17 bis 2,25 u. der Mittelwert (2,21) ist mit Cr–C-Abständen anderer Komplexe in guter Übereinstimmung. Der Cr–Cr-Abstand beträgt 2,950. Atomkoordinaten, anisotrope Temp.-Faktoren, Strukturfaktoren, interatomare Abstände u. -winkel sind tabellar. angegeben, die Struktur ist in Abb. dargestellt. E. Schulte 58△

0228 **Metall-Carbonyl- und Metall-Nitrosyl-Komplexe. 7. Mitt. Röntgenanalyse von 1-Aminonaphthalintricarbonylchrom.** O. L. Carter, A. T. McPhail und G. A. Sim. (J. chem. Soc. [London], Sect. A **1968**, 8, 1866—70; engl.) — 6. vgl. vorst. Referat. — Krist. von 1-Aminonaphthalintricarbonylchrom, $C_{13}H_9NO_3Cr$, sind rhomb., Pbca, mit a = 14,88 (Å), b = 11,43, c = 13,96. Z = 8. D_{exp} 1,52 (gcm^{-3}), D_R 1,56. Der Tricarbonylchromteil des Mol. liegt über dem nichtsubstituierten Ring des Naphthalin u. die Orientierung der Carbonylgruppen zum aromat. Ring gleicht der gestaffelten Konfig. von Benzoltricarbonylchrom mehr als der eklipt. Konfig. von o-Toluidintricarbonylchrom. Atomkoordinaten, Strukturfaktoren, interatomare Abstände u. -winkel sind tabellar. angegeben, die Struktur ist in Abb. dargestellt. E. Schulte 58△

0229 **Kristall- und Molekularstruktur von Pentaäthylcyclopentaphosphinmolybdäntetracarbonyl, $[(C_2H_5)P]_5 \cdot Mo(CO)_4$.** M. A. Bush und P. Woodward. (J. chem. Soc. [London], Sect. A **1968**, 6, 1221—31; Bristol, Univ., Dep. of Inorganic Chem.; engl.) — Die nach Forster et al. (Inorg. Nuclear Chem. Letters **2** (1966) 233) dargestellte u. in orangegelben Säulen krist. Verb. hat trikline Symmetrie, a = 10,16 ± 0,01 (Å); b = 12,96 ± 0,01; c = 17,77 ± 0,02; α = 80°12′ ± 10′; β = 85°47′ ± 10′; γ = 80°24′ ± 10′; Raumgruppe ist P$\bar{1}$; Z = 4; D_{exp} 1,48; D_R 1,48. Die asymm. Einheit enthält infolgedessen 2 kristallograph. verschiedene Moleküle. Die nach den üblichen Verf. durchgeführte Strukturbest. führte zu den tabellar. angegebenen Atomkoordinaten für die beiden Mol. A u. B. Die allg. Konfig. des Mol. ist zeichner. wiedergegeben. Jn den beiden, kristallograph. verschiedenen Mol. besteht kein Unterschied zwischen den Bindungslängen. In dem Pentaphosphinring sind alle P–P-Abstände $2{,}20_3$ ± 0,006 Å. Der mittlere Abstand P–C beträgt $1{,}84_9$ Å. Die 6 Bindungen um das zentrale Mo-Atom weichen beträchtlich von einer regulären oktaedr. Symmetrie ab. Der mittlere Abstand Mo–P beträgt $2{,}52_3$ ± 0,0005 Å. Bei den 4 Mo–C(Carbonyl)-Abständen kann man in beiden Mol. je 2 Paare von Bindungslängen unterscheiden, die beträchtlich verschiedene Bindungslängen haben u. zwar sind die der axialen, Atome länger als die der äquatorialen Atome; im ersten Fall beträgt der Abstand $2{,}01_2$ ± 0,015 Å, im zweiten Fall $1{,}93_1$ ± 0,018 Å. C. Gottfried 58△

0230 **Strukturelle Untersuchung des Systems Al_2O_3–WO_3.** D. C. Craig und N. C. Stephenson. (Acta crystallogr. [Copenhagen], Sect. B **24** (1968) 9, 1250—55; School of Chem., Univ. of New South Wales, Kensington, NSW; engl.) — Bei der von Waring (J. Amer. Ceram. Soc. **48** (1965) 493) bei Unters. des Syst. Al_2O_3–WO_3 gefundenen Verb. 2 Al_2O_3 · 5 WO_3 handelt es sich nach Röntgenbeugungsdaten in Wirklichkeit um 2 Al_2O_3 · 6 WO_3 bzw. $Al_2(WO_4)_3$, das rhomb. mit a = 12,588 ± 0,063; b = 9,055 ± 0,045; c = 9,127 ± 0,046, Z = 2 in Pbcn krist. u. isomorph mit den Wolframaten u. Molybdaten der kleineren Seltenerdmetallionen ist. Die Struktur besteht aus WO_4-Tetraedern u. AlO_6-Oktaedern, die über gemeinsame Kanten zu einem unendlichen dreidimensionalen Netzwerk verbunden sind. Eine bei hohen Drücken erhaltene, sehr dichte polymorphe Form der Verb. wird besprochen. H. Roschkowski 58

0231 **Darstellung und kristallographische Eigenschaften einiger Lanthanid- und Actinid-tribromide und -tribromidhexahydrate.** D. Brown, S. Fletscher und D. G. Holah. (J. chem. Soc. [London], Sect. A **1968**, 8, 1889 bis **1894**; Barwell, Didcot. Berks. Chem. Div., Building 220, A.E.R.E.; engl.) — Die kontrollierte therm. Entwässerung im Vakuum der Verb. $MBr_3 \cdot 6\,H_2O$ (M = Y, Pr, Nd, Gd–Lu u. U–Am) führt zu den wasserfreien Tribromiden. Die Tribromide von Y u. von Gd bis Lu haben eine rhomboedr. Struktur vom $FeCl_3$-Typ, Raumgruppe R$\bar{3}$. Die Tribromidhexahydrate sind monoklin, Raumgruppe P2/n. Für beide Serien von Verb. wurden Gitterkonst., u. für die Tribromide wurden unter der Annahme idealer oktaedr. Umgebung Metall–Br-Bindungslängen berechnet. Die Lagen der Metall–Br-Streckschwingungen werden für einige ausgewählte Verb. angegeben. Die Ergebnisse werden im Hinblick auf mögliche strukturelle Änderungen in der Serie von Actinidtrihalogeniden MX_3 (M = Cl, Br oder J) diskutiert. Gitterkonst. der Hexahydrate von $NdBr_3$: (a =) 10,073 (Å); (b =) 6,785; (c =) 8,212; (β =) 93,515°. $GdBr_3$: 10,014; 6,753; 8,149; 93,43°. $TbBr_3$: 10,000; 6,744; 8,139; 93,35°. $DyBr_3$: 9,969; 6,733; 8,102; 93,30°. $HoBr_3$: 9,937; 6,717; 8,085; 93,32°. $ErBr_3$: 9,925; 6,700; 8,073; 93,33°. $TmBr_3$: 9,920; 6,698; 8,056; 93,44°. $YbBr_3$: 9,920; 6,693; 8,046; 93,43°. $LuBr_3$: 9,902; 6,678; 8,024; 93,42°. YBr_3: 9,963; 6,716; 8,084; 93,44°. UBr_3: 10,061; 6,833; 8,288; 92,99°. $NpBr_3$: 10,041; 6,821; 8,260; 92,99°. $PuBr_3$: 10,022; 6,798; 8,181; 92,97°. $AmBr_3$: 9,955; 6,783; 8,166; 92,75°. Gitterkonst. wasserfreier Verb.: $GdBr_3$: (a_{hex} =) 7,216; (c_{hex} =) 19,189. $TbBr_3$: 7,159; 19,163. $DyBr_3$: 7,107; 19,161. $HoBr_3$: 7,072; 19,150. $ErBr_3$: 7,045; 19,148. $TmBr_3$: 7,002; 19,111. $YbBr_3$: 6,981; 19,115. $LuBr_3$: 6,950; 19,109. YBr_3: 7,072; 19,150. E. Schulte 58△

0232 **Kristallstruktur der Phase ZnV_2O_6.** Jacques Angenault und Alexandre Rimsky. (C. R. hebd. Séances Acad. Sci., Sér. C **267** (1968) 3, 227—30; Paris, Sorbonne, Chaire de Chim. minérale; franz.) — Die nach der b-Achse gestreckten u. abgeflachten monoklinen u. piezoelektrischen Nadeln der obigen Verb. haben monokline Symmetrie mit a = 9,242 (Å); b = 3,526, c = 6,574; β = 111°33′; Raumgruppe C2; Z = 2; D_{exp} 4,35; D_R 4,38. Angabe der Atomkoordinaten u. Diskussion der Struktur. Es wird auf die große Ähnlichkeit mit CdV_2O_6 hingewiesen (nicht piezoelektr. u. daher die Raumgruppe C2/m). Weitere Unters. der Tieftemp.-Form des Vanadats HgV_2O_6. Die Verb. hat monokline Symmetrie mit a = 9,580 (Å); b = 3,644; c = 6,655; β = 101°13′. Mögliche Raumgruppen sind C2, Cm oder C2/m. C. Gottfried 58△

0233 **Bestimmung des charakteristischen Abstandes V^{II}–O_6.** Paul Poix und Jean-Claude Bernier. (Bull. Soc. chim. France **1968**, 7, 2697—98; Orsay, Fac. des Sci., Labor. de chim. minér.; franz.) — An Hand von Strukturdaten aus der Literatur, bes. von VTa_2O_6, schließen Vf. auf einen charakterist. V^{II}–O-Abstand in der oktaedr. Gruppe VO_6 von 2,146 Å. C. Gottfried 58△

0234 **Neutronenbeugungsuntersuchung der Raumgruppe und Struktur von Manganleonit, $K_2Mn(SO_4)_2 \cdot 4H_2O$.** S. Srikanta, A. Sequeira und R. Chidambaram.

(Acta crystallogr. [Copenhagen], Sect. B **24** (1968) 9, 1176—82; Bhabha Atom. Res. Centre, Trombay, Bombay engl.) — Neutronenbeugungsunters. an $K_2Mn(SO_4)_2 \cdot 4H_2O$-Einkrist. bestätigen im wesentlichen die von Schneider (ibid. **14** (1961) 784) für die Verb. röntgenograph. ermittelten Atomparameter in der Raumgruppe C2/m. Diskussion der Wasserstoffbindungen. Eine SO_4-Gruppe der Verb. scheint ungeordnet zu sein.
H. Roschkowski 58

0235 **Kristallstruktur von $Na_2Ti_7O_{15}$, ein geordnetes Aufeinanderwachsen von $Na_2Ti_6O_{13}$ und $Na_2Ti_8O_{17}$.** A. D. Wadsley und W. G. Mumme. (Acta crystallogr. [Copenhagen], Sect. B **24** (1968) 3, 392—96; Melbourne, Australia, CSIRO, Div. of Mineral Chem.; engl.) — Aus einer Probe der Zus. $Na_2O \cdot Al_2O_3 \cdot 2TiO_2$, die in einer verschlossenen Pt-Kapsel auf 1300° erhitzt wurde, wurden Krist. von $Na_2Ti_7O_{15}$ isoliert. (Monoklin, C2/m, mit a = 14,9 ± 0,1 (Å), b = 3,74 ± 0,01, c = 20,9 ± 0,1, β = 96,5° ± 0,5°. Z = 4.) Die Struktur wurde mit Hilfe von Patterson- u. Fourier-Meth. ermittelt; sie enthält zwei Arten von kondensierten Ti-O-Oktaedergruppen. Die eine Einheit besteht aus drei über Kanten verbundenen Oktaedern, die ein endloses Zickzackband bilden. Die andere Einheit besteht aus vier Oktaedern, die in ähnlicher Weise verbunden sind. Durch die Anordnung der Oktaeder entstehen offene Tunnel, in denen sich die Na-Atome befinden. Die Struktur kann als ein geordnetes Aufwachsen von $Na_2Ti_6O_{13}$ u. $Na_2Ti_8O_{17}$ aufgefaßt werden. Atomparameter, Strukturfaktoren u. interatomare Abstände sind tabellar. angegeben, die Struktur ist in Abb. dargestellt. E. Schulte 58△

0236 **Neue, durch $Rb_xMn_xTi_{2-x}O_4$ typisierte Klasse von Verbindungen $M_x^+A_x^{3+}Ti_{2-x}O_4$ (0,60 < x < 0,80).** A. F. Reid, W. G. Mumme und A. D. Wadsley. (Acta crystallogr. [Copenhagen], Sect. B **24** (1968) 9, 1228—33; engl.) — Vgl. vorst. Referat. — $Rb_xMn_xTi_{2-x}O_4$ (I) ist eine nichtstöchiometr. Verb. mit rhomb. Symmetrie, Imm2, die bei x = 0,75 mit a = 3,934; b = 15,918; c = 2,993 Å kristallisiert. Die röntgenograph. bestimmte Struktur enthält (Ti, Mn)-O-Oktaeder mit gemeinsamen Kanten in versetzten Schichten normal zu (001) ähnlich wie in Lepidocrocit, FeO(OH). Das Zustandsdiagramm $RbMnO_2$-TiO_2 wird diskutiert. Isotyp mit I sind die Verb. $Rb_{0,75}Mn_{0,75}Ti_{1,25}O_4$; $Rb_{0,67}Sc_{0,67}Ti_{1,33}O_4$, $Cs_{0,7} \cdot Mg_{0,35}Ti_{0,65}O_4$; $Cs_{0,7}Sc_{0,7}Ti_{1,3}O_4$, $Cs_{0,7}Mn_{0,7}Ti_{1,3}O_4$ u. $Cs_{0,67}Fe_{0,67}Ti_{1,33}O_4$. H. Roschkowski 58

0237 **Kristall- und Molekülstruktur von Trirheniumnonajodid.** M. J. Bennett, F. A. Cotton und Bruce M. Foxman. (Inorg. Chem. [Washington] **7** (1968) 8, 1563—69; Cambridge, Mass., MIT, Dep. of Chem.; engl.) — Die Struktur von Re_3J_9 wird aus 623 Röntgenreflexen mit einem R-Faktor von 0,044 bestimmt. Die Re-Re-Abstände betragen 2,440 u. 2,507 Å. Die Re_3J_9-Gruppen sind zickzackförmig in Ketten angeordnet (Halogenbrückenbindungen). Raumgruppe $P2_1/m$; a = 9,234; b = 11,309; c = 8,799 Å; β = 110,25°. Die Struktur wird diskutiert. Strukturfaktortabellen, Angabe von Atomabständen u. Bindungswinkeln. B. I. 58△

0238 **Kristallstruktur von [Tris-(2-dimethylaminoäthyl)-amin]-mangan(II)-, -eisen(II)- und -zink(II)-bromid.** M. Di Vaira und P. L. Orioli. (Acta crystallogr. [Copenhagen], Sect. B **24** (1968) 9, 1269—72; Ist. di Chim. Gen. e Inorg., Univ. di Firenze, Florence; engl.) — Röntgenbeugungsunters. an $[MnL]Br_2$ (I), $[FeL]Br_2$ (II) u. $[ZnL]Br_2$ (III; L = *Tris-[2-dimethylaminoäthyl]-amin*) zeigen, daß die Verb. isomorph u. kub. mit a = 12,216 ± 0,007 (Å) für I; 12,185 ± 0,004 für II u. 12,105 ± 0,003 für III krist., Z jeweils 4; $P2_13$. Die Strukturen bestehen aus $[MLBr]^+$- u. Br^--Ionen in einer verzerrten Anordnung vom NaCl-Typ. H. Roschkowski 58

0239 **Kristallstruktur eines cyclischen Acetylenkomplexes von Hexacarbonyldikobalt $Co_2(CO)_6 \cdot C_6F_6$.** N. A. Bailey und R. Mason. (J. chem. Soc. [London], Sect. A **1968**, 6, 1293—99; Sheffield, Univ., Dep. of Chem.; engl.) — Vf. berichten über die Strukturbest. von 3.4.5.5.6.6-Hexafluorcyclohexin-(1)-en-(3)-dikobalthexacarbonyl (I), das in roten monoklinen Krist. mit a = 9,04 ± 0,02 (Å); b = 12,62 ± 0,03; c = 14,44 ± 0,03; β = 103°4′ ± 2′ krist.; Raumgruppe ist $P2_1/c$; Z = 4. Patterson-Projektionen, Fourier-Synth. u. mehrfache Anwendung der Meth. der kleinsten Quadrate lieferten die tabellar. angegebenen Atomkoordinaten. Die Struktur besteht aus 2 $Co(CO)_3$-Gruppen, die durch den cycl. Acetylenliganden durch Brücken verbunden sind. Die Winkel an den Co-Atomen zwischen den Carbonylgruppen betragen angenähert 100° u. die Koordination der Co-Ionen selbst kann als ein stark verzerrtes Oktaeder angesehen werden; der mittlere Abstand Co-C (Ring) beträgt 1,92 Å. Das gesamte carbocycl. Ringsystem ist nicht eben. Die C-F-Abstände liegen zwischen 1,29 u. 1,45 Å. — I wird durch Umsetzung von $Co_2(CO)_8$ mit Octafluorcyclohexadien-(1.3) in 14%ig. Ausb. erhalten. C. Gottfried 58△

0240 **Kristallstruktur der Verbindungen des Typs $NH_4 \cdot M^{II}PO_4 \cdot H_2O$.** Tranqui Duc, André Durif, Jean-Claude Guitel und Marie-Thérèse Averbuch-Pouchot. (Bull. Soc. chim. France **1968**, Sonder-Nr., 1759—63; Grenoble, Labor. d'electrostat. et de phys. du métal; franz.) — Dargestellt wurden die folgenden Verb.: $NH_4CoPO_4 \cdot H_2O$ (I), $NH_4NiPO_4 \cdot H_2O$ (II), $NH_4CdPO_4 \cdot H_2O$ (III), $NH_4MgPO_4 \cdot H_2O$ (IV), $NH_4FePO_4 \cdot H_2O$ (V) u. $NH_4MnPO_4 \cdot H_2O$ (VI). Die Verb. sind isomorph u. haben rhomb. Symmetrie u. die Zelldimensionen: I (a =) 5,624 (Å); (b =) 4,801; (c =) 8,775; (D.) 2,66; II: 5,588; 4,763; 8,777; 2,70; III: 5,825; 5,025; 8,879; 3,11; IV: 5,621; 4,810; 8,774; 2,17; V: 5,660; 4,827; 8,819; 2,57 u. VI: 5,741; 4,912; 8,824; 2,49. Bestimmt wurde die Struktur von I; die Atomkoordinaten sind tabellar. angegeben. In dem Gitter wird das Co oktaedr. von 5 O-Atomen u. einem H_2O-Mol. umgeben; außerdem enthält das Gitter tetraedr. PO_4-Gruppen.
C. Gottfried 58△

0241 **Kristallstruktur von $(CH_3)_4NNiCl_3$.** G. D. Stucky. (Acta crystallogr. [Copenhagen], Sect. B **24** (1968) 3, 330—37; Urbana, Ill., Univ. of Ill., Dep. of Chem. and Chem. Engng. and Mater. Res. Labor.; engl.) — Die Struktur von $(CH_3)_4NNiCl_3$ wurde mit Hilfe dreidimensionaler Zählmeth. bestimmt. Die Krist. sind hexagonal, $P6_3/m$ oder $P6_3$, mit a = b = 9,019 ± 0,001 (Å), c = 6,109 ± 0,001. Z = 2. $D._{exp}$ = 1,78 ± 0,01 (gcm^{-3}), $D._R$ = 1,817. Die Verfeinerung nach der Meth. der kleinsten Quadrate ergab R_1 = 4,7% u. R_2 = 4,8%. Die Struktur besteht aus linearen eindimensionalen Ketten von Ni-Atomen mit drei brückenbildenden Cl-Atomen zwischen den Ni-Atomen. Atomparameter, beobachtete u. berechnete Strukturfaktoren, einige Bindungslängen u. Winkel sind tabellar. angegeben, die Struktur ist in Abb. dargestellt. Die Strukturmerkmale werden mit denen ähnlicher Verb. z. B. $(CH_3)_4NNiBr_3$ u. $(CH_3)_4NMnCl_3$ verglichen. E. Schulte 58△

0242 **Kristall- und Molekularstruktur von Bis-[thioacetamid]-nickel(II)-thiocyanat.** Lucia Capacchi, Giovanna Fava Gasparri, Mario Nardelli und Giancarlo Pelizzi. (Acta crystallogr. [Copenhagen], Sect. B **24** (1968) 9, 1199—1204; Ist. di Struttur. Chim., Univ. degli Stud., Parma; engl.) — $[Ni(tm)_2](SCN)_2$ (tm = Thioacetamid) krist. nach Röntgenbeugungsdaten mit a = 9,463 ± 0,009; c = 12,627 ± 0,022 Å; Z = 3 in $P3_121$. Die Koordination der Ni-Atome ist oktaedr. u. schließt 2 S-Atome von zwei tm-Mol., 2 S-Atome u. 2 N-Atome von 4 NCS-Gruppen ein, die Brücken bilden. Die Oktaeder sind zu Spiralketten entlang einer 3_1-Achse verbunden. Die tm-Mol. sind eben.
H. Roschkowski 58

0243 **Kristallstruktur des 1:2-Komplexes von Kupfer(II)-nitrat und Methylcyanid.** B. Duffin. (Acta crystallogr. [Copenhagen], Sect. B **24** (1968) 3, 396—400; Nottingham, England, Univ., Dep. of Chem.; engl.) — Die Struktur von $Cu(NO_3)_2 \cdot 2CH_3CN$ wurde mit Hilfe der Schweratomtechnik bestimmt u. nach least squares Meth. zu R = 0,15 verfeinert. Der Komplex krist. monoklin, $P2_1/c$, mit a = 8,81 ± 0,02 (Å), b = 7,36 ± 0,02, c = 14,73 ± 0,03, β = 94 ± 1°. Z = 4. $D._{exp}$ = 1,825. (gcm^{-3}), $D._R$ = 1,879. In der Struktur hat jedes Cu-Atom eine 4 + 1 tetragonal-pyramidale Umgebung. Die Hälfte der Nitratgruppen sind brückenbindende Liganden, sie verbinden die mit einer zweifachen Schraubenachse in Verb. stehenden tetragonalen Pyramiden zu endlosen Ketten parallel zur b-Achse. Die restlichen Nitratgruppen sind einzähnig u. sind mit einer Bindung an das Cu-Atom gebunden. Die Methylcyanid-Mol., die an Cu über ihre N-Atome gebunden sind, nehmen in der quadrat. Ebene der Cu-Atome trans-Positionen ein. Die Struktur wird mit den Strukturen von α-$Cu(NO_3)_2$ u. seinem Komplex mit Nitromethan verglichen. Strukturfaktoren, Atomparameter, Bindungslängen u. -winkel sind tabellar. angegeben, die Struktur ist in Abb. dargestellt. E. Schulte 58△

0244 **Kation–Anion-Abstände in Chalkogenid-Spinellen.** F. K. Lotgering und R. P. van Stapele. (Mater. Res. Bull. **3** (1968) 6, 507—11; Philips Res. Labor., N. V. Philips' Gloeilampenfabrieken, Eindhoven, Netherlands; engl.) — Aus einem Vgl. der Kation–Anion-Abstände in Spinellen der Zus. $CuCr_2X_4$ (X = *S*, *Se*, *Te*) mit den entsprechenden Abständen in einigen Chalkogeniden, die einwertiges Cu enthalten, kommen Vf. im Gegensatz zu Sleight (ibid. 2 (1967) 1107) zu dem Schluß, daß die in $CuCr_2X_4$-Spinellen gemessenen Cu–X- u. Cr–X-Abstände nicht im Widerspruch zum Auftreten von einwertigem Cu in diesen Verb. stehen. W. Laqua 58

0245 **Notiz über KCuO.** K. Hestermann und R. Hoppe. (Z. anorg. allg. Chem. **360** (1968) 3/4, 113—16; Gießen, Justus-Liebig-Univ., Inst. für Anorg. u. Analyt. Chem.; dt.) — *KCuO*, bislang unbekannt, wird aus K_2O/Cu_2O-Mischungen durch Erhitzen im geschlossenen Ag-Bömbchen erhalten. Die Verb. ist tetragonal, mit a = 9,32 (Å), c = 5,46; Z = 8; D_{exp} = 3,27 (gcm^{-3}), D_R = 3,32; u. mit KAgO isotyp. Es liegen in der Struktur isolierte $[Cu_4O_4]$-Gruppen vor. Die Mol.-Vol. der mit KAgO isotypen Verb. werden diskutiert. Indizierte $\sin^2\theta$-Werte sind angegeben. E. Schulte 58△

0246 **Elektronendefizitbindung mit Schwefelatomen.** 3. Mitt. **Kristall- und Molekularstruktur von Bis-[thioharnstoff]-silber(I)-chlorid.** E. A. Vizzini, I. F. Taylor und E. L. Amma. (Inorg. Chem. [Washington] **7** (1968) 7, 1351—57; Columbia, S.C., Univ. of S.C., Dep. of Chem.; engl.) — 2. vgl. C. **1967**, 39-0267. — $Ag[SC(NH_2)_2]_2Cl$ krist. monoklin mit a = 36,70(4) (Å); b = 8,24(1); c = 5,87(1); β = 92°50' ± 15'; $P2_1/a$; Z = 8; D_{exp} 2,18; D_R 2,22. Die Zelle enthält wegen Z = 8 2 kristallograph. unabhängige Formeleinheiten. Die mit Hilfe der üblichen Meth. erhaltenen Atomkoordinaten sind, zusammen mit den Bindungsabständen u. Valenzwinkeln, tabellar. angegeben. Die so gefundene Struktur besteht aus nahezu trigonal ebenen $Ag(S)_3$-Einheiten, die mit Hilfe von S-Brücken ein spiralartiges lineares Polymer bilden. Die vierte Koordinationslage jedes Ag-Atoms wird durch lange axiale Ag–Cl-Abstände von 2,854 bzw. 3,035 Å gekennzeichnet. Die Ag–Ag-Abstände betragen abwechselnd 4,704 u. 3,132 Å mit begleitenden Ag–S–Ag-Brückenwinkeln von 133,4 bzw. 77,3°. Diese kleinwinklige Brückenbindung läßt sich als eine Ag–S–Ag-Dreizentren-, Zweielektronen-, Elektronenunterschuß-Brückenbindung erklären. Der größere Brückenbindungswinkel wird durch 2 Elektronenpaar-Donatorakzeptor-Bindungen erklärt. Die Abstände Ag–S liegen zwischen 2,49 u. 2,59 Å. C. Gottfried 58△

0247 **Struktur der Verbindungen Ag_3Ln (Ln = Y, La, Ce, Sm, Gd, Dy, Ho, Er).** S. Steeb, D. Godel und C. Löhr. (J. less-common Metals [Lausanne] **15** (1968) 2, 137—41; Stuttgart, MPI für Metallforsch., Inst. für Sondermetalle; engl.) — Die intermetall. Verb. Ag_3R.E. (R.E. = Y, La, Ce, Sm, Gd, Dy, Ho u. Er) sind mit Ag_3Pu isotyp (Z = 64, hexagonale Elementarzelle). Unters. der Änderung der mittleren Atomvol. in Abhängigkeit von der Konz. der R.E.-Geh. in den Syst. Ag–R.E. Ergebnisse der Hochtemp.-Unters. der Phase Ag_3Sm werden mitgeteilt. Die therm. Ausdehnungskoeff. sind: $\Delta a/\Delta T = 1{,}5 \cdot 10^{-4}$ kX/° u. $\Delta c/\Delta T = 1{,}7 \cdot 10^{-4}$ kX/° E. Schulte 58△

0248 **Silber-Bullvalen-Komplexbildung, die zu einer unendlichen Helixstruktur mit Ag^+-H_2O-Koordination führt.** James S. Mc Kechnie und Iain C. Paul. (Chem. Commun. **1968**, 1, 44—45; Urbana, Ill., Univ. of Ill., W. A. Noyes Chem. Labor.; engl.) — Beim Vers., Einkrist. des 2:1-Komplexes von Bullvalen mit $AgBF_4$ herzustellen, wurden einige Krist. des 1:1-Komplexes $AgBF_4 \cdot C_{10}H_{10} \cdot H_2O$ erhalten. Von diesen Krist. wurde die Stuktur mit Hilfe der Schweratomtechnik bestimmt u. mit der Meth. kleinster Quadrate verfeinert zu R = 0,12. Die Verb. krist. monoklin in $P2_1/c$ mit a = 8,49 (2) (Å), b = 14,84 (3), c = 18,74 (4), β = 107°40' ± 20'; Z = 8. D_{exp} 1,95 (gcm^{-3}), D_R 2,02. Jedes Ag^+ ist an zwei Bullvalenmol. gebunden, jedes Bullvalen-Mol. seinerseits an zwei Ag^+-Ionen. Es entsteht eine unregelmäßige Helixstruktur um die 2_1-Schraubenachse. Die Struktur ist in Abb. dargestellt, einige Bindungslängen sind angegeben. E. Schulte 58

0249 **Kristall- und Molekularstruktur von $[RuBr_2(CO)_3]_2$.** Stefano Merlino und Giorgio Montagnoli. (Acta crystallogr. [Copenhagen], Sect. **B 24** (1968) 3, 424—29; Pisa, Italy, Univ., Ist. di Miner., IV Sez. del Centro Naz. di Cristallografia del C.N.R.; engl.) — Eine dreidimensionale Röntgenstrukturanalyse einer neuen Bromcarbonylverb. von Ru^{2+} ergab die Formel $[RuBr_2(CO)_3]_2$. Die Krist. sind monoklin, C2/m, mit a = 10,74 ± 0,02 (Å), b = 7,44 ± 0,01, c = 9,12 ± 0,02, β = 100°32' ± 10'. Z = 4. D_{exp} = 3,11 (gcm^{-3}), D_R = 3,17. Verfeinerung nach der Meth. der kleinsten Quadrate ergab R = 0,103 für die beobachteten Reflexe. Das Mol. besitzt mol. Punktgruppensymmetrie 2/m; die Ru-Atome sind nicht direkt, sondern über zwei Br-Brücken miteinander verbunden. Die beobachtete Verlängerung der nichtbrückengebundenen Metall–Halogen-Bindung wurde als vom trans-Effekt des Carbonyl-Liganden herrührend interpretiert. Beobachtete u. ber. Strukturfaktoren, Atomparameter, Bindungslängen u. -winkel sind tabellar. angegeben, die Struktur ist in Abb. dargestellt. E. Schulte 58△

0250 **Kristall- und Molekularstruktur von Tri-μ-chloro-dichloro-tetrakis-[tri-n-butylphosphin]-diruthenium, ein Ruthenium(II)–Ruthenium(III)-Komplex.** G. Chioccola und J. J. Daly. (J. chem. Soc. [London], Sect. **A 1968**, 8, 1981—85; Zürich, Switzerland, Monsanto Res. S. A.; engl.) — Die Krist.-Struktur von *Tri-μ-chloro-dichloro-tetrakis-[tri-n-butylphosphin]-diruthenium*, $C_{48}H_{108}Cl_5P_4 \cdot Ru_2$, wurde mit Hilfe von Röntgeneinkrist.-Meth. bestimmt. Die Krist. (F. 95,5—96° unter Zers.) sind monoklin, $P2_1/c$. mit a = 13,866 (9) (Å), b = 16,003 (10), c = 30,545 (18), β = 110,0(3)°. Z = 4; D_{exp} 1,23 (gcm^{-3}), D_R 1,24. Die Verfeinerung der mit Patterson- u. Fourier-Meth. erhaltenen Atomparameter mit der Meth. der kleinsten Quadrate ergab R = 0,083. In der Struktur sind die beiden Ru-Koordinationspolyeder so ähnlich, daß Ru^{2+}- u. Ru^{3+}-Zustände nicht unterschieden werden können. Die Ru–P-Bindungslänge beträgt im Mittel 2,329, der Ru...Ru-Abstand ist 3,115. Die Struktur ist in einer Projektion dargestellt. Strukturfaktoren, Bindungslängen u. -winkel sind tabellar. angegeben. E. Schulte 58△

0251 **Struktur von Diäthylammoniumcyanopalladat(II).** S. Jerome-Lerutte. (Bull. Soc. roy. Sci. Liège **37** 1968) 3/4, 206—11; Univ. de Liège, Inst. de Minér. et Cristallogr.; franz.) — $[(C_2H_5)_2NH_2]_2[Pd(CN)_4]$ krist. nach Röntgenbeugungsdaten triklin mit a = 15,80 ± 0,05; b = 9,13 ± 0,03; c = 6,35 ± 0,05 Å; α = 84°12'; β = 92°38'; γ = 93°45'; D_{exp} 1,30 ± 0,02 g/cm³, Z = 2 in $C\bar{1}$. Auf der Grundlage einer Fourier-Synth. (001) werden vorl. Atomkoordinaten mitgeteilt. Eine Pd–Pd-Bindung ist ausgeschlossen. H. Roschkowski 58

0252 **Strukturen mit Platin-Ketten.** 4. Mitt. **Rote Dioxalatoplatinate(II).** K. Krogmann. (Z. Naturforsch. **23b** (1968) 7, 1012; Labor. für anorg. Chem., Univ., Stuttgart; dt.) — 2. vgl. C. **1969**, 4-0239. — $Ca[Pt \cdot (C_2O_4)_2] \cdot 3{,}5\, H_2O$-Einkrist. wurden aus gesätt. wss. Lsg. erhalten u. röntgenograph. untersucht. Sie sind triklin, a = 9,33; b = 10,72; c = 6,36 Å; α = 93,7°; β = 99,3°; γ = 115,1°; Z = 2; D_R 2,80; D_{exp} 2,83 g/cm³. Im Krist. sind lineare Ketten von Pt-Atomen entlang C anzunehmen, während die C_2O_4-Gruppen abwechselnd „auf Lücke" übereinander gestapelt sein sollten. H. Roschkowski 58

0253 **Strukturelle Untersuchung von „Calciumphosphat“ und isotypen Strukturen.** Ulrich Keppler. (Bull. Soc. chim. France **1968,** Sonder-Nr., 1774—77; Karlsruhe, TH, Miner. Inst.; engl.) — Vf. berichtet über die röntgenograph. Best. der Zelldimensionen von *Fe-Whitlockit* (**I**) u. *Mg-Whitlockit* (**II**), die rhomboedr. Symmetrie haben, u. des mit dem Whitlockit isotypen Silicates *Cerit* (**III**). Reiner Ca-Whitlockit hydrolysiert hauptsächlich zu Hydroxylapatit. Therm. Synth. erzeugt nur Pulverproben u. keine Einkristalle. Geringe Mengen von Fremdionen (Fe oder Mg) erlauben die Darst. von Einkristallen. Die hexagonalen Zelldimensionen von **I** u. **II** sind (a =) 10,33 ± 0,01 (Å); (c =) 37,2 ± 0,1 für **I** u. 10,31 ± 0,01; 37,2 ± 0,1 für **II**; die rhomboedr. Zelldimensionen sind für **I** (a =) 13,76 ± 0,04 (Å); (α =) 44,1° ± 0,1° u. für **II** 13,75 ± 0,04; 44,0° ± 0,1°. Für **III** sind die entsprechenden hexagonalen u. rhomboedr. Zelldimensionen 10,79 ± 0,05; 38,1 ± 0,2 u. 14,15 ± 0,08; 44,8° ± 0,4°. Eine ausführliche Diskussion führte für den reinen Ca-Whitlockit zu der Formel Ca_9CaP_7 (O, OH)$_{28}$. Die Zus. des **III** entspricht der von Gay (vgl. Mineral. Mag. **31** (1957), 455) angegebenen Zusammensetzung. C. Gottfried 58△

0254 **Vorläufige Untersuchung der Kristallstruktur des Ettringits.** Alain Courtois, Yves Dusausoy, Alain Laffaille und Jean Protas. (C. R. hebd. Séances Acad. Sci., Sér. D **266** (1968) 19, 1911—13; Nancy, Fac. des Sci., Labor. de Miner.-Cristallogr.; franz.) — Ettringit, $Ca_6Al_2(SO_4)_3(OH)_{12} \cdot 24\,H_2O$, hat hexagonale Symmetrie mit a = 11,26 ± 0,05 (Å); c = 21,49 ± 0,08; wahrscheinlichste Raumgruppe ist $P6_3$; Z = 2; $D_{\cdot exp}$ 1,77; $D_{\cdot R}$ 1,76. Eine mögliche Struktur des Minerals wird kurz besprochen. C. Gottfried 58△

0255 **Verfeinerung der Kristallstruktur von Groutit, α-MnOOH.** L. S. Dent Glasser und Lorna Ingram. (Acta crystallogr. [Copenhagen], Sect. B **24** (1968) 9; 1233—36; Dep. of Chem., Univ. of Aberdeen, Scotland; engl.) — Ausgehend von den von Collin et al. (ibid. **2** (1949) 104) angegebenen Atomparametern u. neuen dreidimensionalen Röntgenbeugungsdaten wird die Struktur der Verb. verfeinert. Infolge des Jahn-Teller-Effekts treten große Schwankungen der Mn-O-Bindungslängen auf. H. Roschkowski 58

0256 **Berechnung der Röntgenbeugungsintensitäten für Anordnungen kleiner Kristallite von Hydroxylapatit.** Arthur Bienenstock und Aaron S. Posner. (Arch. Biochem. Biophysics **124** (1968) 1/3, 604—07; Dep. of Mater. Sci., Stanford Univ., Stanford, Calif.; engl.) — Die Berechnungen werden für Krist. unterschiedlicher Gestalt u. Größen zwischen einer u. 20 Elementarzelleneinheiten durchgeführt; dazu wurde ein neues, allg. verwendbares Computerprogramm entwickelt, mit dem sich die Beugungsintensitäten von Anordnungen kleiner Krist. von Verb. mit komplexen Elementarzellen erhalten lassen. In allen Fällen treten bei einem Beugungswinkel von 32° breite Max. auf. Daraus folgt, daß die amorphe Phase von $Ca_5(PO_4)_3OH$ (vgl. J. C. Weber et al., ibid. **120** (1967) 723) nicht aus kleinen Krist. der Verb. aufgebaut sein kann. W. Laqua 58

0257 **Verfeinerung der Ludwigit-Struktur ($Mg_{1,85}Fe_{0,15}{}^{2+}$) ($Fe^{3+}_{0,60}Al_{0,40}$)$BO_3O_2$ sowie die Mg- und Fe^{2+}-Verteilung auf die Kationenpositionen.** V. I. Mokeeva. (Geochimija **1968,** 8, 975—79; Inst. Geochim. i anal. chim. im. Vernadskogo AN SSSR, Moskva; russ., Auszug: engl.) — Verfeinerung der Ludwigit-Struktur mit der Meth. der kleinsten Quadrate von einem R-Faktor für die ϱ(x,y)-Projektion von 0,30 auf 0,070. Die Mg besetzen die M_1(0; 0; 0,5)- u. M_2(0; 0,281; 0)-Positionen u. zusätzlich gemeinsam mit Fe^{2+} (75/25%) die M_3-Plätze (0,5; 0; 0). M. Hähnert 58

0258 **Kristallstruktur von Serpierit.** C. Sabelli und P. F. Zanazzi. (Acta crystallogr. [Copenhagen], Sect. B **24** (1968) 9, 1214—21; Centro Naz. di Cristallogr. del CNR, Ist. di Miner., Univ., Firenze; engl.) — Serpierit, Ca · $(Cu, Zn)_4(OH)_6(SO_4)_2 \cdot 3\,H_2O$, krist. nach Röntgenbeugungsdaten monoklin mit a = 22,186 ± 0,002; b = 6,250 ± 0,002; c = 21,853 ± 0,002 Å; β = 113,36° ± 0,01°, $D_{\cdot exp}$ 3,07; $D_{\cdot R}$ 3,08 g/cm³ für Z = 8 in C2/c. Best. der Atomparameter mit Hilfe von Patterson- u. Fourier-Synthesen. In der Struktur liegen Ca-Ionen in siebenfacher Koordination, Cu-Ionen in oktaedr. u. einer 4 + 2-Umgebung u. schwach verzerrte $SO_4{}^{2-}$-Gruppen vor. Die Verzwillingung wird besprochen. H. Roschkowski 58

0259 **Einfluß der Temperatur und gelöster Stoffe auf die Struktur von Wasser.** O. D. Bonner und G. B. Woolsey. (J. physic. Chem. **72** (1968) 3, 899—905; Dep. of Chem., Univ. of S.C., Columbia, S.C.; engl.) — Das Spektrum von fl. W. wurde im Bereich von 600—1800 nm mit Hilfe einer Differenzmeth. aufgenommen, wobei W. von 25° mit W. von höherer Temp. bzw. mit wss. Lsg. verglichen wurde. Die Konz. von monomerem W. nimmt danach mit steigender Temp. linear zu. Die Stärke der Wasserstoffbindung wird zu 2,67 kcal/Mol, die Konz. von nicht gebundenem H_2O bei 25° zu 3,5 Mol/l bzw. 6% abgeschätzt. Aus einer quant. Analyse der 958-nm-Bande von Lsg. ließen sich die Solvatationszahlen von *HCl, LiCl, NaCl, KCl, CsCl,* NH_4Cl, *NaBr, NaJ, KBr, KJ,* KNO_3, $MgCl_2$, $CaCl_2$, $BaCl_2$, $LaCl_3$ sowie von *Saccharose, Dextrose, Harnstoff* u. $(CH_3)_4NCl$ ermitteln. Die strukturverstärkende Wrkg. organ. gelöster Stoffe wird bestätigt. H. Karge 60

0260 **Strukturen von flüssigem Quecksilber und verdünnten flüssigen Quecksilber-Legierungen.** N. C. Halder und C. N. J. Wagner. (Z. Naturforsch. **23a** (1968) 7, 992—96; Dep. of Phys., State Univ. of N.Y., Albany, N.Y.; engl.) — Röntgenbeugungsunters. an fl. Hg u. verd. fl. Hg-Leg. mit 0,5 u. 2 Atom-% *Cd* u. 0,5 u. 1 Atom-% *Pb.* Durch Cd wurde keine nachweisbare Änderung der Interferenzfunktion I (K) bewirkt, während kleine Pb-Zusätze die Asymmetrie des ersten Max. von I(K) in reinem Hg zu red. scheinen u. eine kleine Verschiebung des zweiten Max. zu kleineren K-Werten bewirken. H. Liepack 60

0261 **Härtung von Silicatgläsern durch Ionenaustausch.** D. K. Hale. (Nature [London] **217** (1968) 5134, 1115 bis 1118; Teddington, Middlesex, Nat. Phys. Labor., Div. of Inorg. and Metall. Struct.; engl.) — Bei der chem. Härtung von Glas durch Austausch von kleineren Kationen, wie z. B. Na^+ oder Li^+, gegen größere, wie z. B. K^+ werden Druckspannungen in der Glasoberfläche erzeugt. Für den Austauschvorgang wird ein thermodynam. Austauschkoeff. abgeleitet, der von den Aktivitäten der einzelnen Kationen im Glas u. in der Salzschmelze sowie von einem Energieterm für die Verformung (proportional dem Elastizitätsmodul) abhängig ist. Andere Gleichungen für den Austauschvorgang wie für die Größe der Druckspannung werden auf der Grundlage von Anschauungen über die Fehlordnungsenergie in metall. Mischkrist. abgeleitet. Die Abweichung der somit theoret. ber. Druckspannungswerte bei einem Na-Silicatglas mit 20,15 Gew.-% Na_2O von dem in der Literatur angegebenen, experimentell ermittelten (11000 gegenüber 8400 kg/cm²) wird u. a. darauf zurückgeführt, daß der Austauschvorgang nicht einheitlich vor sich geht, da Clusterbldg. zu erwarten ist. Der Austauschkoeff. $K_{Na}{}^K$ beträgt in diesem Glas (1 Mol Na^+-Ionen/60 cm³ Glas) 7,3 bei 400° u. für ein Alumosilicatglas mit 11,6 Gew.-% Al_2O_3, 12,4 Na_2O u. 76,0 SiO_2 (1 Mol Na^+-Ionen/109 cm³ Glas) 5,3 bei 525° unter der Annahme, daß die Quotienten aus den Aktivitätskoeff. der Alkaliionen im Glas u. in der Salzschmelze gleich groß sind. A. Kumm 60

0262 **Einfluß des chemischen Ätzens auf die Oberflächenstruktur der Sitalle des Lithium–Aluminium–Silicat-Systems.** O. V. Žukovskaja und N. V. Černyš. (Izvest. Akad. Nauk SSSR, Neorg. Mater. 4 (1968) 7, 1204—05; russ.) — Mit Reflexions-IR-Spektroskopie u. Elektronenmikroskopie wurde festgestellt, daß durch Ätzen mit HF die Hauptkrist.-Phase von Sitallen des Li–Al-Silikatsyst. nicht verändert wird. Es werden nur die Oberflächenschichten zerstört bzw. weggelöst. U. Strobel 60

0263 **Chemismus der Strukturumwandlungen in der Vorkristallisationsperiode.** Ju. N. Kondrat'ev. (Izvest. Akad. Nauk SSSR, Neorg. Mater. 4 (1968) 8, 1290—95; russ.) — Der Einfl. von Ti auf das Vorkristallisations-

verh. von Gläsern des Syst. $(66-x)SiO_2 \cdot (17 + x)Al_2O_3 \cdot 17\,Li_2O \cdot y\,TiO_2$ mit $x = 0-12$ u. y in den Grenzen $0 \leq y \leq x$ wurde untersucht. Bei der Vorkristallisation zerfällt das Glas in zwei fl. Phasen. Die fl. Phase mit geringer SiO_2-Konz. beginnt zu kristallisieren.
H. Roschkowski 60

Mechanische und thermische Eigenschaften

0264 **Strukturabhängige Beziehungen für Metalle.** V. Valvoda und B. Strušil. (Acta metallurg. [Long Island City, N.Y.] **16** (1968) 6, 799—802; Dep. of Solid State Phys., Fac. of Mathem. and Phys., Charles Univ., Prague; engl.) — Darst. der Potentialfunktion eines Krist. in red. Einheiten, sie wird als einheitlich für alle Metalle mit gleicher kristallograph. Struktur angenommen. Ein Vgl. mit experimentellen Daten für kub.-flächenzentrierte Metalle bestätigt diese Annahme als erste gute Näherung. Die Darst. ermöglicht eine Erklärung verschiedener empir. gefundener strukturabhängiger Beziehungen zwischen Bindungs- u. Schwingungseig. von Metallen.
H. Liepack 72

0265 **Reichweite der Ordnungskräfte in ferngeordneten Strukturen.** H. Cloiter. (Acta metallurg. [Long Island City, N.Y.] **16** (1968) 9, 1167—75; Inst. für Metallphys., Univ. Göttingen; dt.) — Unters. an Ni-reichen Ni–Al-Mischkrist. u. theoret. Behandlung. M. Frenzel 72

0266 **Stapelfehlerenergien einiger binärer Nickel-Legierungen, die für die Nimonicreihe grundlegend sind.** B. E. P. Beeston und L. K. France. (J. Inst. Metals **96** (1968) 4, 105—07; Birmingham, Univ. of Birmingham, Dep. of Phys. Metallurg. and Sci. of Materials; engl.) — Die Ergebnisse der Messungen von Stapelfehlerenergien für verschiedene Zus. von *Ni*-Leg. mit *Cr, Fe, Al, Ti* u. *Cu* werden mitgeteilt. Zur Erniedrigung der Stapelfehlerenergie von *Ni* ist *Cr* als Leg.-Zusatz besser geeignet als *Co*. Eine Beziehung zwischen Stapelfehlerenergie u. Scherfestigkeit wird für fünf Nimonic-Leg. aufgezeigt.
E. Schulte 72△

0267 **Untersuchung der relativen Grenzflächenenergien in korrosionsbeständigem Stahl 304 mit Hilfe von Durchstrahlungs- und Beugungs-Elektronenmikroskopie.** L. E. Murr. (Acta metallurg. [Long Island City, N.Y.] **16** (1968) 9, 1127—45; Dep. of Mater. Sci. and Electr. Engng., Univ. of Southern Calif., Los Angeles; engl.) — Unters. an einem Stahl mit 9,52 (Gew.-%) Ni, 18,43 Cr, 70,30 Fe, 1,05 Mn, 0,14 Cu, 0,42 Si, 0,058 C (maschinelle Berechnung der Zwillings- u. Korngrenzenenergien).
M. Frenzel 72

0268 **Phononenmoden einer Ionenkristallplatte.** A. A. Lucas. (J. chem. Physics **48** (1968) 7, 3156—68; Battelle Mem. Inst., Columbus, O.; engl.) — Theoret. Unters. der Schwingungsprobleme eines plattenförmigen Ionenkrist. (*NaCl*) mittels cycl. Randbedingungen der Gitterdynamik u. Coulomb-Kräften. R. Blank 72

0269 **Neue Methode zur Bestimmung der Rotationsbewegung von Radikalen in Kristallen durch die elastische Neutronenstreuung und ein Beispiel.** I. Shibuya. (Japan atomic. Energy Res. Inst., Res. Rep. **1968,** 1157, 67—75; Kyoto Univ., Res. Reactor Inst.; jap., Auszug: engl.) — Die therm. Rotationsbewegung des NO_2-Radikals in $NaNO_2$, die durch die unelast. Neutronenstreuung nicht beobachtet werden kann, wird mit Hilfe der elast. Neutronenstreuung untersucht. Bei der Meth. werden die Patterson-Funktionen bei erhöhter Temp. ausgewertet, so daß zeitliche u. räumliche Mittelwerte für die therm. Rotationsbewegung direkt erhalten werden. Als Beispiel wird die therm. Rotationsbewegung des NO_2-Radikals in $NaNO_2$ in Zusammenhang mit ferroelektr. Phasenübergängen untersucht. Extinktionseinfl. u. Reihenmessungsfehler sind vernachlässigbar.
H.-S. Park 72

0270 **Gebogene O–H---O-Wasserstoffbindungen in Kristallen.** R. Chidambaram und S. K. Sikka. (Chem. Physics Letters [Amsterdam] **2** (1968) 3, 162—65; Bhabha Atomic Res. Centre, Bombay, India; engl.) — Eine Zusammenstellung von Neutronenbeugungsergebnissen zeigt, daß kürzere H-Bindungen im Mittel weniger gebogen sind als längere. Das Verh. wird auf Grund einer modifizierten Lippincott-Schroeder-Potentialfunktion für die H-Bindung erklärt. H. Liepack 72

0271 **Pendelschwingungen des H_2O-Moleküls in Wasser und Festkörper-Hydraten.** Gérard Brun. (Rev. Chim. minérale **5** (1968) 4, 899—932; Fac. des Sci., Montpellier; franz.) — Übersicht über die Bedeutung der Spektroskopie im fernen IR für die Aufklärung der intermol. Vorgänge zwischen H_2O u. seiner Umgebung (W.-Anion, W.-Kation in Salzen, Einfl. der H-Bindung u. der Koordination Metall–W.). Der Anteil der kovalenten Bindung der Übergangsmetallkomplexe läßt sich abschätzen. — 86 Literaturangaben. G. Schatz 72

0272 **Mössbauer-Effekt.** D. A. O'Connor. (Contemporary Physics **9** (1968) 6, 521—35; Dep. of Phys., Univ. of Birmingham; engl.) — Überblick mit Anwendungsbeispielen. Herbert Weber 72

0273 **Steigerung der Energieauflösung der Mössbauer-Linie 14,4 keV.** V. I. Še In und M. N. Uspenskij. (Zav. Labor. **34** (1968) 6, 710; Mosk. inženernofiz. inst.; russ.) — Zur Erhöhung der Energieauflsg. der 14,4-keV-Linie einer ^{57}Co-Quelle in rostfreiem Stahl werden NaJ:Tl-Krist. verschiedener Dicke verwendet.
H. Roschkowski 72

0274 **Mössbauer-Effekt von ε- und ζ-Eisennitriden von der ungefähren Zusammensetzung Fe_2N.** Martial Chabanel, Christian Janot und Jean-Pierre Motte. (C. R. hebd. Séances Acad. Sci., Sér. A et B **266** (1968) 7, B 419—22; Labor. de Phys. du Solides, ENSMIM, Nancy; franz.) — Mössbauer-Spektren der ε-Phase (hexagonal, Zus. zwischen Fe_3N u. Fe_2N) u. der ζ-Phase (orthorhomb., Zus. zwischen $Fe_{2,01}N$ u. $Fe_{1,98}N$). Die beiden Eisennitridphasen sind kristallograph. sehr ähnlich; der ε-ζ-Übergang erfolgt bei geringer Verzerrung der hexagonalen Elementarzelle. Aus der Isomerenverschiebung kann auf eine Elektronenkonfig. des Fe nahe $3d^9 4s$ geschlossen werden. I. Zoll 72

0275 **Mössbauer-Effekt von $LiFeO_2$ (β-Phase).** Georges A. Fatseas und Simone Lefebvre. (C. R. hebd. Séances Acad. Sci., Sér. A et B **266** (1968) 7, B 374—76; Labor. de Magn. et de Phys. du Solide, CNRS, Bellevue-Meudon; franz.) — Li-Ferrit, $LiFeO_2$, besitzt eine Hochtemp.-Phase α, eine tetragonale Phase Q_I oder γ u. eine Phase Q_{II} oder β. Die β-Phase ist antiferromagnet. wie Q_I u. α. Von der β-Phase wurden die Mössbauer-Spektren bei 300, 80 u. 6,5°K bestimmt u. mit den von der α- u. γ-Phase sowie FeOF, $CuFeO_2$ u. α-Fe_2O_3 verglichen. Diskussion über die Struktur. — 15 Literaturangaben. I. Zoll 72

0276 **Mössbauer-Effekt in ^{237}Np.** B. M. Aleksandrov, A. V. Kaljamin, A. S. Krivochatskij, B. R. Lur'e, A. N. Murin und Ju. F. Romanov. (Ž. èksper. teoret. Fiz.-Pis'ma v Redakciju **8** (1968) 186—88; Leningradskij gos. univ.; russ.) — ^{237}Np hat ein Mössbauer-Niveau mit 59,6 keV u. einer Lebensdauer von $6{,}3 \cdot 10^{-8}$ s. Mit AmO_2, AmO_2 im NpO_2-Gitter, AmF_3 u. metall. Am im Th-Gitter als Quellen u. NpO_2 u. Np_3O_8 als Absorber wurden die Spektren bei 77°K untersucht. Diskutiert wird der Übergang von Np^{3+} zu Np^{6+} u. von Np^{3+} zu Np^{4+}. Diesem wird die Elektronenkonfig. $5f^3 6d$ zugeordnet. M. Wiedemann 72

0277 **Wärmeinhalt und spezifische Wärme von Uran-Kernbrennstoffen.** M. Farkas und E. Eldridge. (J. nuclear Mater. [Amsterdam] **27** (1968) 1, 94—96; Columbus Labor., Battelle Memorial Inst., Columbus, O.; engl.) — Messungen an U-10 (Gew.-%) *Mo*, *Nb*-20U u. UB_{13}. M. Frenzel 74

0278 **Spezifische Wärme von wasserfreien Chloriden der Eisengruppe bei tiefen Temperaturen.** M. O. Kostrjukova. (Ž. èksper. teoret. Fiz. **55** (1968) 2 (8), 453—59; Mosk. gos. univ.; russ., Auszug: engl.) — Best. der spezif. Wärme von $CoCl_2$ bei Temp. zwischen 1,8 u. 4°K. Die Meßergebnisse werden zusammen mit denen von $FeCl_2$ u. $NiCl_2$ im Hinblick auf die Eig. des magnet. Spektrums lamellarer Antiferromagnetica diskutiert.
I. Zoll 74

0279 **Spezifische Wärme bei Raumtemperatur von Ferriten des Systems $NiFe_2O_4$–$ZnFe_2O_4$.** V. S. Varazašvili, N. A. Landija, G. D. Čačanidze und N. G. Ležava. (Izvest. Akad. Nauk SSSR, Neorg. Mater. **4** (1968) 7, 1160–63; Inst. neorg. chim. i ėlektrochim. AN Gruz.SSR; russ.) — Kalorimetr. wird c_p bei Raumtemp. von $Ni_{1-x}Zn_xFe_2O_4$ mit x = 0,2; 0,4; 0,6 u. 0,8 gemessen. Ein Max. von $c_{p,\,298,15}$ wird bei $Ni_{0,6}Zn_{0,4}Fe_2O_4$ beobachtet, das mit der Lage des Max. des magnet. Moments in Abhängigkeit von der Zus. zusammenfällt. H. Roschkowski 74

0280 **Elektronenordnung von Fe_3O_4: Notwendigkeit einer konstanten Entropie unterhalb des Übergangspunktes.** François de Bergevin und Michel Brunel. (C. R. hebd. Séances Acad. Sci., Sér. A et B **266** (1968) 2, B 88–91; Labor. d'Electrostat. et de Phys. du Métall, C.N.R.S., Grenoble, franz.) — Es gibt eine schwache Ähnlichkeit zwischen dem Ordnungs-Unordnungs-Übergang von Fe_3O_4 u. dem des Modells von Slater für KH_2PO_4: Die Entropie sollte daher unterhalb der Übergangstemp. konst. sein. Die nach einer Bethe-Näherung ber. latente Wärme ist ähnlich der experimentell gefundenen. W. Gauster 74

0281 **Ultraschalldämpfung in nichtperfekten Isolatorkristallen.** B. D. Silverman. (Progr. theoret. Physics [Kyoto] **39** (1968) 2, 245–69; NASA, Electron. Res. Center, Cambridge, Mass.; engl.) — Es wird angenommen daß die Krist.-Fehler die Temp.-Abhängigkeit der Ultraschallabschwächung beeinflussen, indem sie die Frequenz u. die Lebensdauer durch anharmon. Wechselwrkg. an die Ultraschallwelle gekoppelter therm. Phononen verändern. Bei tiefen Temp. verstärken zusätzliche Krist.-Fehler die Dämpfung, da die Lebensdauer therm. Phononen verkürzt wird. Bei hohen Temp. bewirken zusätzliche Krist.-Fehler eine Abnahme der Dämpfung. Beide Effekte heben sich bei geringer D. der Krist.-Fehler auf. Die Ergebnisse werden hinsichtlich der Unters. an neutronenbestrahltem *Quarz* diskutiert. P. Weiland 76

0282 **Ultraschalldämpfung am magnetischen kritischen Punkt.** Kensuke Tani und Hazime Mori. (Progr. theoret. Physics [Kyoto] **39** (1968) 4, 876–96; Dep. of Chem., Kyoto Univ., Kyoto; Dep. of Phys., Kyushu Univ., Fukuoka; engl.) — Unters. des anomalen Verh. der Dämpfungskonst. der longitudinalen Ultraschallwelle in Ferro- u. Antiferromagneten in der Nähe des krit. Punktes. Danach führt die Modulation der von den Gitterschwingungen herrührenden Heisenberg-Austauschwechselwrkg. zu einer Wechselwrkg. der Schallwellen mit den Spins, die die Dämpfung verursacht u. durch die krit. Fluktuation des Spinsyst. anomal wird. Die Abhängigkeit der Dämpfungskonst. von der Temp., der Austauschwechselwrkg. u. der Wellenzahl wird explizit bestimmt u. eine Anisotropie dieser Konst. bez. der Schallfortpflanzungsrichtung vorausgesagt. Diskussion der Ergebnisse an Literaturdaten von UO_2 u. *Gd* sowie detailliert an MnF_2. R. Blank 76

0283 **Mechanische Eigenschaften von Metallfilmen.** L. S. Palatnik und A. I. Il'inskij. (Usp. fiz. Nauk **95** (1968) 4, 613–45; Char'kovskij politechn. inst. im. Lenina; russ.) — Übersicht mit 107 Literaturangaben. H. Roschkowski 78

0284 **Berechnung der kritischen Schubspannung von Legierungen mit kohärenten Ausscheidungen.** V. Gerold. (Acta metallurg. [Long Island City, N.Y.] **16** (1968) 6, 823–27; MPI für Metallforsch., Inst. für Metallkunde, Stuttgart, Germany; engl.) — Vgl. zweier Abschätzungen für τ_0. H. Liepack 78

0285 **Verteilung von Hohlräumen während des Kriechens.** P. W. Davies, K. R. Williams und B. Wilshire. (Philos. Mag. [8] **18** (1968) 151, 197–200; Dep. of Metallurg., Univ. Coll., Singleton Park, Swansea, Glam.; engl.) — Bei 415° wurde die wahre u. scheinbare Winkelverteilung von Korngrenzenleerstellen in *Cu* als Funktion der Kriechgeschw. (1,2, 0,036 u. 0,0036%/h) gemessen. Ein Einfl. der Verformungsgeschw. konnte nicht beobachtet werden; in allen Fällen ist die Häufigkeit der Hohlraumbldg. an solchen Korngrenzen am größten, die mit der Richtung der Dehnungsspannung einen rechten Winkel bilden. Die wahre Verteilung der Hohlräume wird durch die beobachtete scheinbare Verteilung gut wiedergegeben. Die Häufigkeit der Hohlraumbldg. an geneigten Korngrenzen läßt sich dadurch erhöhen, daß die Proben vor dem Dehnungskriechen einer Druckspannung ausgesetzt werden. W. Laqua 78

0286 **Einfluß der Korngröße auf die Natur des Portevin-Lechatelier-Fließens.** W. Charnock. (Philos. Mag. [8] **18** (1968) 151, 89–99; Dep. of Metallurg., Univ. of Brit. Columbia; engl.) — Untersucht wird der Einfl. der Korngröße μ auf den Portevin-Lechatelier-Effekt durch experimentelle Best. der krit. Zugspannung ε_0, die ein sägeartiges Fließ-Verh. von *α-Messing* (70/30) hervorruft u. durch Messung der Versetzungsdichte in verschiedenen Stadien des Fließens. Aus einer Korngrößenabhängigkeit der Versetzungsdichte ergibt sich nach der Cottrellschen Theorie des Portevin-Lechatelier-Effekts auch eine Korngrößenabhängigkeit von ε_0 nach der Beziehung ε_0 = (konst.) μ^p mit $p = n/(m + \beta)$. Aus den experimentellen Ergebnissen wurden die Parameter n u. $(m + \beta)$ erhalten, womit sich die Beziehung ε_0 = (konst.) $(\dot{\varepsilon}\mu)^{1/2}$ mit $\dot{\varepsilon}$ als der krit. Verformungsgeschw. ergibt. Die direkte experimentelle Best. von ε_0 als Funktion von μ steht in Übereinstimmung mit den theoret. Vorhersagen. Periodizität u. Amplitude der sägeförmigen Änderungen des Fließverh. nehmen mit wachsender Korngröße ab. Das steht in Übereinstimmung mit der Annahme, daß jede einzelne sägeförmige Änderung einem Fließpunkt entspricht, auf den eine örtliche Lüders-Dehnung folgt. W. Laqua 78

0287 **Plastische Verformung und Bruch von Zinkkristallen bei verbotener Basisgleitung.** F. F. Lavrent'ev, O. P. Salita und Ju. G. Kazarov. (Fiz. Metallov Metallovedenie **26** (1968) 2, 348–60; Fiz.-techn. inst. nizkich temp. AN USSR; russ.) H. Roschkowski 78

0288 **Widerstand auf Versetzungen in Aluminium bei großen Verformungsgeschwindigkeiten.** A. Kumar, F. E. Hauser und J. E. Dorn. (Acta metallurg. [Long Island City, N.Y.] **16** (1968) 9, 1189–97; General Motors Comp., Warren, Mich.; engl.) — Der Versetzungswiderstandskoeff. (drug coefficient) von Al-Einkrist. wird bei verschiedenen Verformungsgeschw. u. bei 10, 77, 300 u. 500 °K gemessen. M. Frenzel 78

0289 **Ermüdungsverhalten von Titan.** N. G. Turner und W. T. Roberts. (Trans. metallurg. Soc. AIME **242** (1968) 7, 1223–30; King of Prussia, Pa., Gen. Electr. Valley Forge Space Technol. Center, Spacecraft Dep.; engl.) — Die Unters. der Ermüdungseig. von kommerziellem, reinem Ti verschiedener Reinheitsgrade zeigt, daß der Reckalterungsprozeß bei der Ausbildung einer Ermüdungsgrenze u. eines relativ hohen Ermüdungs-Kraftverhältnisses von geringerer Bedeutung ist. Metallograph. Beobachtungen u. Messungen der Dämpfung zeigen, daß Streifungen nur bei Spannungsniveaus oberhalb der Ermüdungsgrenze in der Lage sind, sich von Korn zu Korn zu strecken. Daraus wird geschlossen, daß die Ermüdungsgrenze die Spannung darstellt, oberhalb deren eine Entarretierung der Versetzungen auftritt. Ermüdungs-Unters. an angelassenem Material bei −60° u. −196° zeigen, daß unter Bedingungen, bei denen ein therm. aktivierter Diffusionsprozeß unterdrückt wird, die Ermüdungsgrenze nicht beseitigt ist. Eine Vorspannung bei Raumtemp. hat keinen nachteiligen Einfl. auf die Dauerfestigkeit bei Raumtemp., bei −60° wurde jedoch eine Abnahme beobachtet. Das ist ein weiterer Beweis dafür, daß initiale Versetzungs-Hemmung ein wichtiger Verfestigungsmechanismus ist. E. Schulte 78△

0290 **Hochtemperatur-Kriechverhalten von Wolframcarbid-Kobalt-Legierungen unter Kompression.** J. T. Smith und J. D. Wood. (Acta metallurg. [Long Island City, N.Y.] **16** (1968) 10, 1219–26; Dep. of Metallurg. and Mater. Sci., Lehigh Univ., Betlehem, Pa.; engl.) — Unters. an WC mit 12 u. 15% Co bei 800–1000° u. 10000–110000 psi. M. Frenzel 78

0291 **Deformation der dispergierten Partikel in WC-Co-Legierungen.** J. T. Smith und J. D. Wood. (Trans. metallurg. Soc. AIME **242** (1968) 6, 1181–82; engl.) – Vgl. vorst. Referat. – 12 Gew.-% Co enthaltende WC-Co-Sinterleg. werden bei 800° mit einem Druck von 110000 psi belastet. Die Belastung erfolgt stufenweise bis zur Erreichung des Enddrucks in 5, 50 u. 500 Sekunden. Metallograph. Untersuchungen zeigen, daß bei langsamer Belastung plast. Deformation der Co-Binderphase auftritt, bei schneller Belastung aber Deformation durch Versetzung in den WC-Krist. erfolgt.
H. Tulhoff 78

0292 **Wachstum der Gefügekomponenten und Veränderung der Festigkeitseigenschaften in WC–Co-Legierungen mit verschiedenen Co-Gehalten.** H. Grewe und P. Walter. (Metall **22** (1968) 7, 707–16; Hartmetallwerk der Firma Ledermann & Co., Horb a. N.; dt.) – WC–Co-Hartmetallproben mit 6, 9 u. 12 Gew.-% Co werden bis zu 30 Std. einer Glühbehandlung bei Temp. dicht unterhalb der Sintertemp. unterzogen. Mit steigender Temp. u. Glühdauer wachsen die WC-Krist. u. die Co-Zwischenschichten. Härte u. Koerzitivkraft nehmen ab. Die Porosität wird größer, was aber hauptsächlich auf C-Porosität durch die aufkohlende Atmosphäre des Vers.-Ofens zurückzuführen ist. Die Biegebruchfestigkeit durchläuft ein Max., da das Wachstum der Co-Zwischenschicht die Bruchfestigkeit erhöht, andererseits aber sehr grobe WC-Krist. diese erniedrigen. Der Bruch verläuft dann nicht längs der Korngrenzen, sondern durch die WC-Kristalle. H. Tulhoff 78

0293 **Struktur und physikomechanische Eigenschaften gegossener und gesinterter Co–WC-Legierungen.** V. I. Tumanov, E. A. Ščetilina, S. M. Elmanova und O. I. Serebrova. (Izvest. Akad. Nauk SSSR, Metally **1968**, 5, 152–59; Moskva; russ.) – Koerzitivkraft, Elastizitätsmodul u. Festigkeit von Co–WC-Leg. mit 1,0–10,0 Mol-% WC werden untersucht u. im Zusammenhang mit dem Strukturzustand der Leg. besprochen.
H. Roschkowski 78

0294 **Abhängigkeit der Festigkeit und der Härte von WC–TaC–Co- und WC–NbC–Co-Legierungen von der Temperatur.** V. S. Panov und G. A. Meerson. (Izvest. Akad. Nauk SSSR, Metally **1968**, 5, 160–64; Moskva; russ.) – An Leg. mit 0–100 Mol-% TaC(NbC) relativ zur Summe WC + TaC (NbC) u. 25 Vol.-% Co wird die Biegefestigkeit u. Härte bei 20–800° untersucht. Die Daten werden im Zusammenhang mit der Struktur der Leg. besprochen. H. Roschkowski 78

0295 **Momentanes und stetiges Kriechverhalten von Nickel, Zink und Eisen.** W. J. Evans und B. Wilshire. (Trans. metallurg. Soc. AIME **242** (1968) 7, 1303–07; Singleton Park, Swansea, Wales, Univ. Coll., Dep. of Metallurg.; engl.) – Die Hochtemp.-Kriecheig. von Ni, Zn u. Fe wurden bei verschiedenen Drücken bestimmt. Die Kriechspannung ε ändert sich mit der Zeit t nach: $\varepsilon = \varepsilon_0 + \varepsilon_T(1 - e^{-mt}) + \dot{\varepsilon}_s t$, wobei ε_0 = momentane Belastung, ε_T = gesamte vorübergehende Kriechspannung, $\dot{\varepsilon}_s$ = Gleichgew.-Kriechgeschw. u. m = Konst. ist. Abweichungen von dieser Beziehung kommen während der anfänglichen 10–15% des vorübergehenden Zustandes vor. Die Abweichungen kommen in der anfänglichen Kriechgeschw. $\dot{\varepsilon}_0$, ber. als $(m \cdot \varepsilon_T + \dot{\varepsilon}_s)$, zur Geltung, sie ist beträchtlich niedriger als die durch Messungen an der Kriechkurve erhaltene. Für alle Materialien stehen die anfängliche Kriechgeschw., die Konst. m u. die Dauer des temporären Kriechens zur Gleichgew.-Kriechgeschw. in Beziehung. Es wird geschlossen, daß temporäres u. Gleichgew.-Kriechen nicht als unterschiedliche Stufen anzusehen sind. E. Schulte 78△

0296 **Konzentrationsabhängigkeit der kritischen Bruchspannung in Nickel–Aluminium-Legierungen.** G. I. Nosova, N. T. Travina und E. Z. Vintajkin. (Fiz. Metallov Metallovedenie **26** (1968) 2, 371–73; Inst. metallovedenija i fiz. metallov CNIIČM im. Bardina; russ.) – Der Einfl. der Al-Konz. auf die krit. Bruchspannung wird an Ni-Leg. mit 4, 8, 14 u. 24,8 Atom-% Al untersucht. H. Roschkowski 78

0297 **Korngrenzendurchdringung und Versprödung von Nickel-Bikristallen durch Wismut.** G. H. Bishop. (Trans. metallurg. Soc. AIME **242** (1968) 7, 1343–51; Cambridge, Mass., Harvard Univ., Div. of Engng. and Appl. Phys.; engl.) E. Schulte 78△

0298 **Ermüdungseigenschaften einiger kubisch-flächenzentrierter Mischkristalle auf Kupferbasis.** J. C. Bierlein und R. A. Dodd. (Trans. metallurg. Soc. AIME **242** (1968) 7, 1431–36; Warren, Mich., Gen. Motors Res. Labor., Dep. of Mechan. Dev.; engl.) – Unters. des mechan. Ermüdungsverh. an Cu-Leg. mit 2,5; 5,0 u. 7,5 (Atom-%) Si, Cu-Leg. mit 5; 25 u. 50 Ni u. Cu-Leg. mit 5; 15 u. 25 Au bei Lastwechselzahlen bis 10^5.
E. Schulte 78△

0299 **Theorie der Eigenschaften von durch eine Flüssigkeit komprimierten Metallen.** S. D. Volkov und V. Ja. Dolgich. (Fiz. Metallov Metallovedenie **25** (1968) 5, 811 bis 816; Sverdlovskoe otd. Mat. inst. im. Steklova; russ.) – In polykrist. Metallen ist das Spannungsfeld 2. Art homogen, wenn das Metall einphasig, im Mittel homogen, quasiisotrop ist u. kub. Kornsymmetrie besitzt sowie Strukturdefekte fehlen.
H. Roschkowski 80

0300 **Messungen der isothermen Kompressibilität mittels einer Belastungsmethode.** D. F. Gibbs und B. W. Jones. (J. Physics, D (Brit. J. appl. Physics) [2] **1** (1968) 8, 1059–63; Wills Phys. Labor., Univ. of Bristol; engl.) – Durch Einw. von hydrostat. Druck werden an *KCl*-Proben von unterschiedlichem Reinheitsgrad (*Sr*-dotiert) die Kompressibilitäten gemessen, wobei festgestellt wird, daß Verunreinigungen keinen größeren Einfl. auf die Kompressibilität haben. Nebenbei ergaben die Messungen, daß bei Druckänderung im Verh. der DK eines KW-Stofföls (DTD 585) Besonderheiten auftreten.
I. Zoll 80

0301 **Anmerkungen zu „Drucksintern von NaCl und anderen Ionenverbindungen".** W. N. Lawless. (J. Amer. ceram. Soc. **51** (1968) 4, 234–35; Res. Labor., Corning Glass Works, Corning, N.Y.; engl.) – Die von Ammar et al. (vgl. Trans. Brit. Ceram. Soc. **66** (1967) 3, 93) bei der Unters. des Drucksinterns von NaCl, *LiF* u. *MgO* erhaltenen experimentellen Ergebnisse werden analysiert. Danach wird die l.c. angegebene Vermutung, daß die Endverdichtung von NaCl durch einen plast. Verformungsmechanismus kontrolliert wird, weiter gestützt. W. Laqua 80

0302 **Konzentrationsabhängigkeiten der mittleren Atomvolumina der Oxide von Übergangsmetallen der Gruppen IVa–Va.** G. P. Švejkin, P. V. Gel'd, S. I. Aljamovskij und V. A. Cchaj. (Ž. fiz. Chim. **42** (1968) 9, 2178–83; Inst. chim. Ural'skogo filiala AN SSSR, Sverdlovsk; russ.) – Die Konz.-Abhängigkeiten der mittleren Atomvol. von Ti-, Zr-, Hf-, V-, Nb- u. Ta-Oxiden lassen sich durch 2 geradlinige Anteile für die Zus.-Bereiche $Me–MeO_{0,5}$ u. $MeO_{0,5}–MeO_{2-2,5}$ annähern.
H. Roschkowski 80

0303 **Berechnung der Wärmeleitfähigkeit einiger Halbleiter.** B. N. Chusainova. (Vestnik Moskovskogo Univ., Ser. III **23** (1968) 4, 117–18; Kaf. mol. fiz.; russ.) – Vf. vergleicht Vers.-Daten zur Wärmeleitfähigkeit k von *Diamant*, *Si*, *SiC*, *Ge* u. In_2Te_3 mit nach der Beziehung von Predvoditelev, $k = k_0 \varrho^{1/3} T^{1/3}/\alpha$, ber. Daten ($\varrho$ = D., α = linearer Wärmeausdehnungskoeff., k_0 = Konst.) u. stellt Übereinstimmung dieser Werte in der vorst. Reihenfolge der Stoffe für die Temp.-Bereiche 100 bis 700°K, 160–350°K, 150–450°K, 80–220°K u. 30–140°K fest. H. Roschkowski 82

0304 **Besonderheiten der kristallchemischen und thermischen Eigenschaften von Halbleitern mit stöchiometrischen Leerstellen.** V. M. Koškin, B. L. Timan und L. P. Hal'činec'kyj. (Ukraïns'kyj fiz. Ž. **12** (1967) 12, 2062 bis 2065; VNDI monokryst., Charkiv; ukrain.) – Unters. an Ga_2Se_3, Ga_2Te_3, In_2Te_3, $ZnAl_2S_4$, $CdAl_2S_4$, $HgAl_2S_4$, $ZnAl_2Se_4$, $CdAl_2Se_4$, $HgAl_2Se_4$, $ZnAl_2Te_4$, $CdAl_2Te_4$, $HgAl_2Te_4$, $ZnGa_2S_4$, $CdGa_2S_4$, $HgGa_2S_4$, $ZnGa_2Se_4$, $CdGa_2Se_4$, $HgGa_2Se_4$, $ZnGa_2Te_4$, $CdGa_2Te_4$, $HgGa_2Te_4$, $ZnIn_2Se_4$, $CdIn_2Se_4$, $HgIn_2Se_4$, $ZnIn_2Te_4$, $CdIn_2Te_4$,

$HgIn_2Te_4$. Diskussion der Gitterschwingungen, Wärmeleitung u. therm. Ausdehnung. I. Zoll 82

0305 **Wärmeleitfähigkeit glasiger Natriumphosphate.** Takayuki Tsubaki, Makoto Hattori und Masami Tanaka. (Kolloid-Z., Z. Polymere **225** (1968) 2, 112—16; Dep. of Chem., Univ. of Osaka Prefecture, Sakai, Osaka; engl.) — Messungen für R = Molverhältnis Na_2O/P_2O_5 = 0,3—1,4 bei 50—160°. M. Frenzel 82

0306 **Temperaturleitfähigkeit von Mg_2SiO_4, Fe_2SiO_4 und NaCl bei hohen Drücken und Temperaturen.** Hideyuki Fujisawa, Naoyuki Fujii, Hitoshi Mizutani, Hiroo Kanamori und Syun-iti Akimoto. (J. geophys. Res. **73** (1968) 14, 4727—33; Tokyo, Univ. of, Tokyo, Inst. for Solid State Phys.; engl.) — Die Druck- u. Temp.-Abhängigkeit der Temp.-Leitzahl $\varkappa$ von polykrist. Mg_2SiO_4 wurde in den Bereichen 24—50 kb u. 400—1300°K gemessen. Der Einfl. der Umwandlung Olivin → Spinell auf die Temp.-Leitfähigkeit von Fe_2SiO_4 wurde bei 48,5 kb im Temp.-Bereich 350—650°K untersucht. Dabei wurden Proben von 1—5 μm Korngröße verwendet. Für den untersuchten Druckbereich nimmt $1/\varkappa$ für Mg_2SiO_4 bis zu ca. 1200°K fast linear mit der Temp. (T) zu, wie nach der Theorie der Phononenleitung erwartet wurde, u. bleibt dann oberhalb dieser Temp. nahezu konstant. Die Kurve $1/\varkappa = f(T)$ von Olivin ist nahezu eine Gerade bis 700°K, sie wird dann leicht konvex. $\varkappa$ von NaCl wurde zum Vgl. mit den Bridgman-Daten unter ähnlichen Bedingungen gemessen. Die Übereinstimmung ist verhältnismäßig gut. Die Ableitung nach dem Druck $\delta\varkappa/\delta P$ bei P = 40 kb beträgt $1{,}8 \cdot 10^{-4}$ (cm²/skb) bei 700°K u. $0{,}8 \cdot 10^{-4}$ bei 1100°K für Mg_2SiO_4 u. $4{,}7 \cdot 10^{-4}$ bei 700°K für NaCl. Die Druckabhängigkeit kann durch die Theorie der Phononenleitung erklärt werden. Über den Bereich 350 bis 650°K ist $\varkappa$ von Fe_2SiO_4 (Spinell) etwa 1,5mal so groß wie das von Fe_2SiO_4 (Olivin). Der Einfl. des Wärmetransports durch Strahlung in Mg_2SiO_4 wird diskutiert. Die mittlere freie Weglänge der Phononen wird auf 0,3 mm bei 1400°K geschätzt. E. Schulte 82△

0307 **Wärmeleitfähigkeit und spezifische Wärme von Plutoniummonophosphid und -monosulfid.** J. B. Moser und O. L. Kruger. (J. Amer. ceram. Soc. **51** (1968) 7, 369—72; ANL, Argonne, Ill.; engl.) — Messungen werden zwischen 20 u. 650° durchgeführt. Die spezif. Wärme von PuP beträgt 0,055—0,056 cal/g · Grad, die Wärmeleitfähigkeit 0,014—0,019 cal/s · cm · Grad, wobei jeweils der kleinere Wert für etwa 20° u. der größere für 650° gilt. Die spezif. Wärme von PuS beträgt 0,054—0,058 cal/g · Grad. Die Wärmeleitfähigkeit nimmt von 0,023 zuerst ab u. steigt dann nach Durchlaufen eines Minimums bei etwa 250° von 84% des Anfangswertes auf 0,037 cal/s. cm · Grad. Das Auftreten des Minimums wird unter Berücksichtigung der Halbleitereig. des PuS diskutiert. H. Tulhoff 82

0308 **Atomare Beweglichkeiten bei der Vielkomponenten-Diffusion und ihre Bestimmung.** M. A. Dayananda. (Trans. metallurg. Soc. AIME **242** (1968) 7, 1369—72; Lafayette, Ind., Purdue Univ., School of Mater. Sci. and Metallurg. Engng.; engl.) — Basierend auf den Arbeiten von Kirkendall wird eine Meth. zur Best. der atomaren Beweglichkeiten aller diffundierenden Spezies in einem Vielkomponentensyst. mit einem einzelnen Diffusionspaar vorgeschlagen. Das Modell ersetzt die Erfordernisse einer vorhergehenden Best. der Interdiffusionskoeff. für die Berechnung der Beweglichkeiten. Beziehungen zwischen den wahren Diffusionskoeff. u. den Beweglichkeiten werden abgeleitet u. die Beweglichkeitsberechnungen unter Verw. von Diffusionsdaten von Cu–Zn–Mn-Leg. bei 850° erläutert. E. Schulte 84△

0309 **Korrelierte und unkorrelierte Diffusion über Stufenversetzungen.** H. Wever, P. Adam und G. Frohberg. (Acta metallurg. [Long Island City, N.Y.] **16** (1968) 10, 1289—95; Inst. für Metallphys., TU Berlin; dt.) M. Frenzel 84

0310 **Verifizierung der Analyse des Stofftransports bei der Ostwald-Reifung und verwandten Erscheinungen.** A. H. Feingold und Che-Yu Li. (Acta metallurg. [Long Island City, N.Y.] **16** (1968) 9, 1101—04; Cornell-Univ., Ithaca, N.Y.; engl.) — Die Rillenbldg. an Korngrenzen einer inneren Grenzfläche fest–fest wird im Ni-Al_2O_3-Syst. untersucht. Die gemessenen Konst. der Kinetik des Wachstums von Al_2O_3-Korngrenzenrillen stimmen mit den ber. Werten überein, wenn man die gekoppelte Diffusionsanalyse, die gemessenen Löslichkeiten u. mitgeteilten Diffusionskonst. anwendet. M. Frenzel 84

0311 **Temperaturabhängigkeit der Aktivierungsenergie der Diffusion in Festkörpern.** V. P. Mychal'čenko. (Ukraïns'kyj fiz. Ž. **13** (1968) 5, 873—75; Černivec'kyj deržuniv.; ukrain.) I. Zoll 84

0312 **Zusammenhang der Aktivierungsenergie der Volumendiffusion mit der charakteristischen Temperatur.** B. N. Oščerin. (Fiz. Metallov Metallovedenie **26** (1968) 2, 204—07; Leningradskij technol. inst. im. Lensoveta; russ.) — Auf der Grundlage von Vorstellungen über einen Leerstellen-Diffusionsmechanismus werden Beziehungen abgeleitet, die die Aktivierungsenergie der Selbstdiffusion mit der Kompressibilität u. der charakterist. Temp. für Krist. u. für Schmelzen in der Nähe des F. verbinden. H. Roschkowski 84

0313 **Gesetzmäßigkeiten der Oberflächendiffusion.** V. T. Borisov und V. V. Gal'. (Fiz. Metallov Metallovedenie **26** (1968) 2, 319—26; CNIIČM im. Bardina; russ.) — Theoret. Analyse für eine halbunendliche oder momentan lineare Diffusionsquelle. H. Roschkowski 84

0314 **Diffusionsgeschwindigkeiten in anorganischen Kernmaterialien.** A. L. Dragoo. (J. Res. nat. Bur. Standards, Sect. A **72 A** (1968) 2, 157—73; Washington, D.C., NBS, Inst. for Materials Res.; engl.) — Unter Verw. von in der Literatur angegebenen experimentellen Meßwerten wurden die Tracer-, Selbst-, inneren u. gegenseitigen Diffusionskoeff. sowie die Frequenzfaktoren u. Aktivierungsenergien für die Diffusion (DI) in Boriden, Carbiden u. Oxiden von Be, Hf, Mo, Nb, Ta, Th, Ti, Zr u. für die DI von C, N_2 u. O_2 in Be, Hf, Mo, Nb, Ta, Th, Ti, Zr tabellar. zusammengestellt. Die Korngrenzen-DI wird der Gitter-DI gegenübergestellt u. diskutiert. Mitgeteilt werden außerdem die Reinheit, Darst. u. Eig. der Materialien sowie die Best.-Meth. der DI-Parameter u. die Temp.-Bereiche. G. Gattow 84

0315 **Einfluß von Ultraschall auf die Diffusion.** B. F. Walker, V. A. Johnson, W. C. Hahn jun. und J. D. Wood. (Trans. metallurg. Soc. AIME **242** (1968) 7, 1233—35; Indianapolis, Ind., Western Electric Co., Merrimack Valley, Conn.; engl.) — Die Diffusionskoeff. von ^{65}Zn in *Zn*-Einkrist. u. von ^{13}C in polykrist. *Ni* u. in *Ni*-Einkrist. wurden mit u. ohne gleichzeitige Einw. von Ultraschallschwingungen gemessen. In keiner der Proben tritt bei Ultraschalleinw. eine erhöhte Diffusion auf. E. Schulte 84△

0316 **Edelgase in Festkörpern.** 38. Mitt. **Diffusion von Argon-37 in neutronenbestrahlten CaO-Kristallen.** F. W. Felix und D. Beer. (Nukleonik [Berlin] **11** (1968) 2, 106—07; Hahn-Meitner-Inst., Sektor Kernchemie, Berlin; dt.) — 36. vgl. C. **1968**, **37-0328**. — Neutronenbestrahlte CaO-Krist. enthalten ^{37}Ar, welches über eine (n, α)-Rk. aus ^{40}Ca gebildet wird. Die Abgabe von Ar während des isothermen Temperns erfolgt über einen Ausbruch mit anschließender Vol.-Diffusionskinetik. Die Diffusion von Ar zwischen 1100 u. 1800° kann mit Hilfe der Arrhenius-Parameter D_0 = 0,55 cm² s⁻¹ u. ΔH = 3,5 eV beschrieben werden. Die Diffusion hängt von der Neutronendosis ab, was eine Wechselwrkg. der Ar-Atome mit Fehlstellen anzeigt. G. Malow 84

0317 **Sauerstoffdiffusion in hypostöchiometrischem Zirkoniumoxid im Temperaturbereich 875° bis 1050°.** C. J. Rosa und W. C. Hagel. (Trans. metallurg. Soc. AIME **242** (1968) 7, 1293—98; Denver, Colo., Univ. of Denver, Res. Inst.; engl.) — Es wird gezeigt, daß die Sauerstoff-ion-Diffusionskoeff. von hypostöchiometr. Zr-Oxid aus theoret. Überlegungen abgeleitet werden können. Dazu sind die Kenntnis der O-Diffusionskoeff. in α- u. β-Zr u. die experimentell bestimmten Grenzflächengeschw. der Phasen erforderlich. Die Ergebnisse erfüllen die Beziehung

D (O^{2-} in ZrO_2) = 1,36 · 10^{-4} exp (−28400/RT) cm^2s^{-1} für den Temp.-Bereich 875−1050°. E. Schulte 84△

0318 **Konzentrationsabhängigkeit des Interdiffusionskoeffizienten in binären, metallischen Mischkristallen.** A. Vignes und C. E. Birchenall. (Acta metallurg. [Long Island City, N.Y.] **16** (1968) 9, 1117−25; Ecole Nac. Supér. de la Metallurg. et de l'Ind. des Mines, Univ. of Nancy; engl.) M. Frenzel 84

0319 **Besonderheiten des Leerstellen-Diffusionsmechanismus in einem Bimetallsystem.** E. P. Ponomarenko. (Fiz. Metallov Metallovedenie **26** (1968) 2, 305−12; Ukr. NII specstal'; russ.) — Theoret. Analyse des Mechanismus der Diffusion über Leerstellen in einem bin. Metallsyst. mit Anwendung auf die Syst. Fe–Cu u. Fe–Cr. Vgl. mit Vers.-Daten. H. Roschkowski 84

0320 **Einfluß des Reinheitsgrades auf die Selbstdiffusion von Natrium in Natriumchlorid-Einkristallen.** François Bénière und Marius Chemla. (C. R. hebd. Séances Acad. Sci., Sér. C **266** (1968) 10, 660−63; Labor. d'Electrochim., Fac. des Sci., Paris; franz.) — Best. des Selbstdiffusionskoeff. von Na^+ in Abhängigkeit von der Temp. in NaCl-Krist. sehr großer Reinheit u. in mit Sr^{2+} durch Diffusion dotierten NaCl-Kristallen. Bei tiefen Temp. hängt die Aktivierungsenergie von der Verunreinigungskonz. ab, bei gegebener Temp. nimmt der Diffusionskoeff. mit der Fremdionenkonz. zu. I. Zoll 84

0321 **Selbstdiffusion der Cl^--Ionen in mit Sr^{2+} dotierten NaCl-Kristallen.** François Bénière, Michelle Bénière und Marius Chemla. (C. R. hebd. Séances Acad. Sci., Sér. C **267** (1968) 10, 633−36; Labor. d'Electrochim., Fac. des Sci., Paris; franz.) — Best. der Selbstdiffusion von Cl^- mit Hilfe des Indikators ^{36}Cl zwischen 500−750° in sehr reinen NaCl-Einkrist. sowie in mit Sr^{2+} durch Diffusion dotierten NaCl-Kristallen. I. Zoll 84

0322 **Diffusion von Li in CdS-Einkristallen.** O. R. Dobrovyns'ka, M. I. Krajnjukov, Ja. A. Obuchovs'kyj und L. A. Sysojev. (Ukraïns'kyj fiz. Ž. **13** (1968) 5, 861−62; VNDI monokryst., Charkiv; ukrain.) I. Zoll 84

0323 **Selbstdiffusion in β-Titan und β-Hafnium.** N. E. Walsöe de Reca und C. M. Libanath. (Acta metallurg. [Long Island City, N.Y.] **16** (1968) 10, 1297−1305; Comisión Nac. de Energia Atóm., Dpto. de Metalurg., Buenos Aires; port.) — Es gilt D(β-Ti) = 1,9 · 10^{-3} exp −[(36500 ± 490)/RT] (900−1580°) u. D(β-Hf) = 4,8 · 10^{-3} exp −[(43800 ± 2200)/RT] cm^2/s (1785−2158°). M. Frenzel 84

0324 **Korngrenzendurchdringung von Niob durch Lithium.** W. F. Brehm jun., J. L. Gregg und Che-Yu Li. (Trans. metallurg. Soc. AIME **242** (1968) 7, 1205−10; Richland, Wash., Battelle Mem. Inst., Pacific Northwest Labor.; engl.) — Orientierte, sauerstoffdotierte Nb-Bikrist. wurden in fl. Li untersucht. Dabei wurden vorzugsweise die Korngrenzen angegriffen. Die Tiefe der Durchdringungszone ändert sich mit $(Zeit)^{1/2}$. Die Durchdringung ist anisotrop, hat eine hohe Aktivierungsenergie u. nimmt mit zunehmendem Dotierungsgrad zu. E. Schulte 84△

0325 **Selbstdiffusion und Diffusion von Kobalt in α- und δ-Eisen.** R. J. Borg und D. Y. F. Lai. (Philos. Mag. [8] **18** (1968) 151, 55−59; Lawrence Radiat. Labor., Univ. of Calif., Livermore, Calif.; engl.) — Nach Messungen der Vf. zeigt der Diffusionskoeff. D für die Diffusion von Fe in α-Fe eine bei 900° beginnende negative Abweichung von der Arrhenius-Geraden; James et al. (ibid. **14** (1966), 701) fanden, daß die Linearität bis zur Curie-Temp. von 760° erhalten bleibt, worauf eine sehr geringe negative Abweichung einsetzt. Die von Vf. gefundenen D-Werte sind kleiner als die von James et al. Aus Messungen der Diffusion von Fe in einer durch V stabilisierten α-Fe-1,8 Gew.-%-V-Leg. zwischen 700 u. 1500° folgt, daß die D-Werte oberhalb 900° folgender Beziehung gehorchen: D = 1,39 exp {−(56,5 ± 1) · 10^3/RT} cm^2/s. Zwischen 810 u. 910° beträgt die Aktivierungsenergie des Diffusionsprozesses 68 kcal/Mol; unterhalb 810° wird die Arrhenius-Beziehung nicht mehr befolgt. Die beobachteten Abweichungen stehen im Einklang mit der Änderung der elast. Eig. der Leg. entsprechend der Theorie von Zener u. LeClaire. W. Laqua 84

0326 **Selbstdiffusion in reinem Nickel.** D. F. Kalynovyč, I. I. Kovens'kyj und M. D. Smolin. (Ukraïns'kyj fiz. Ž. **13** (1968) 3, 515−16; Inst. problem materialoznavstva AN URSR, Kyïv; ukrain.) — Unters. mit ^{63}Ni bei 1000−1400° führen auf D = 9,96 exp (−60500/RT) cm^2/s. I. Zoll 84

0327 **Selbstdiffusion von Gold an einer Oberfläche mit natürlichen Rauheitsstufen.** Ja. E. Geguzin, Ju. S. Kaganovskij und N. V. Stojčev. (Fiz. Metallov Metallovedenie **26** (1968) 2, 298−304; Char'kovskij gosuniv. im. Gor'kogo; russ.) — Best. des Selbstdiffusionskoeff. von Au über natürlich rauhe Oberflächen bei 870−970° mit Hilfe eines Massenüberführungsverfahrens. Die ermittelte Aktivierungsenergie stimmt mit 47 ± 5 kcal/Mol mit der für die Diffusion über „glatte" Oberflächen überein. Die Ursache der beobachteten Anisotropie wird besprochen. H. Roschkowski 84

0328 **Kanalleitung von Teilchen in Kristallen.** M. W. Thompson. (Contemporary Physics **9** (1968) 4, 375−98; School of Math. and Phys. Sci., Univ. of Sussex, Brighton, England; engl.) — Es wird ein Überblick über die Grundlagen der Kanalleitung u. „Blockierung" von Teilchen u. die Möglichkeiten ihrer Verw. zur Unters. des Krist.-Aufbaus sowie von Krist.-Baufehlern gegeben. Die Theorie wird ausführlich behandelt. Manfred Schenk 86

0329 **Kanalleitung von $^1H^+$-, $^2D^+$- und $^3He^{2+}$-Ionen in Germanium: Beugungsberechnung.** David K. Brice. (Physic. Rev. [2] **165** (1968) 2, 475−84; Sandia Labor., Albuquerque, N.Mex.; engl.) — Die Kanalleitungseig. der $^1H^+$-, $^2D^+$- u. $^3He^{2+}$-Ionen in Ge werden mit Hilfe eines Beugungsmodells untersucht, das die Wechselwrkg. zwischen dem Gitter u. den tunnelnden Ionen beschreibt. Dabei wird angenommen, daß Z Elektronen eine starre, negativ geladene Schale rund um den Atomrumpf bilden, wobei Z ein der Rechnung anpaßbarer Parameter ist. Die Meßergebnisse liefern für Z bei den angegebenen Einfallsrichtungen der Ionen ⟨110⟩, Z = 5,6 ± 0,3; ⟨111⟩, Z = 8,6 ± 0,4 u. ⟨112⟩, Z = 7,2 ± 0,3. K. H. Härdtl 86

0330 **Winkelverteilung von an Spiegelflächen gestreuten und desorbierten Atomen.** George Comsa. (J. chem. Physics **48** (1968) 7, 3235−40; Inst. of. Atom. Phys., Bucharest, Roumania; engl.) — Analyse der Winkelverteilung von Atomen u. Mol., die eine Spaltkrist.-Fläche verlassen, für die die Bedingungen der Spiegelreflexion gelten. An Literaturwerten der Abhängigkeit des Reflexionsvermögens vom Glanzwinkel am Syst. *He–LiF* (**I**) u. aus allg. Betrachtungen wird die Abweichung vom Kosinusgesetz der Winkelverteilung bei Atomen abgeleitet, die aus Spiegelflächen nach unelast. Stößen austreten. Diese Abweichung hängt mit der Kurvengestalt der Abhängigkeit zusammen, die zu den Atomen gehört, die in der Spiegelfläche reflektiert werden. Für das Syst. I wird dazu ein Modell entwickelt. R. Blank 86

0331 **Korrektur für Mehrfach-Streuung bei Messungen der Streuung unelastischer Neutronen.** H. Kadotani. (Japan atomic Energy Res. Inst., Res. Rep. **1968,** 1157, 55−57; Tokyo Inst. of Technol.; jap., Auszug: engl.) — Mit Hilfe des MUSE-code nach Honeck (**1964**) wurde eine Korrektur für Mehrfach-Streuung für unelast. Neutronen in dünnen H_2O- u. V-Filmen berechnet. Die Korrektur ist stark von der Energie der einfallenden Neutronen, dem Streuungswinkel u. der Energie der gestreuten Neutronen abhängig. H.-S. Park 86

0332 **Energieabhängigkeit der Streuquerschnitte kalter Neutronen an Gallium im flüssigen Zustand über den Wellenlängenbereich von 1 bis 8 Å.** V. O. Hul'ko, O. N. Majstrenko und V. F. Razbudjej. (Ukraïns'kyj fiz. Ž. **13** (1968) 3, 512; Inst. fiz. AN URSR, Kyïv; ukrain.) I. Zoll 86

0333 **Einfluß der Hochtemperaturbestrahlung mit Neutronen auf die mechanischen Eigenschaften und Kalt-**

brüchigkeit von mono- und polykristallinem Molybdän. V. A. Nikolaev, Ju. I. Patrikeev, S. K. Michajlov. (Atom. Énerg. **25** (1968) 3, 197—200; russ.) — Mono- u. polykrist. Mo mit 0,02% C wurde im Reaktor bei 150°, 800—1000° u. 1400—1500° mit der Dosis $2 \cdot 10^{19}$ Neutronen/cm^2 bestrahlt. Die Zerstörung von Monokristall-Ausgangsproben verläuft ab —60 bis —40° ohne makroplast. Deformation. Nach einer Bestrahlung bei 800 bis 1000° liegt die krit. Sprödigkeitstemp. bei ca. —35°. Eine Bestrahlung bei 1400—1500° erhöht die Fließgrenze u. die Kaltbrüchigkeitsschwelle der Monokristalle. Die Widerstandszeit u. die Plastizität im Bereich der viskosen Zerstörung ändern sich hingegen prakt. nicht. Polykrist. Proben zeigen trotz großer Unterschiede im Beimengungsgeh. eine ähnliche Änderung der mechan. Eig. bei der Bestrahlung. J. J. Pohl 86

0334 **Thermische Stabilität durch Strahlung erzeugter Defekte in Molybdän.** J. L. Brimhall, B. Mastel und T. K. Bierlein. (Acta metallurg. [Long Island City, N.Y.] **16** (1968) 6, 781—88; Batelle-Northwest, Pacific Northwest Labor., Richland, Wash.; engl.) — Elektronenmkr. Unters. mikrostruktureller Schädigung u. deren Erholung nach Neutronenbestrahlung bei 600°. Nach Bestrahlung wurden große interstitielle Ringe u. kleinere Agglomerate innerhalb der Körner gefunden. In der Nähe von Korngrenzen befand sich eine nur Leerstellenagglomerate enthaltende Zone. Die großen interstitiellen Ringe verschwanden innerhalb der Körner mit einer der Selbstdiffusion entsprechenden Geschwindigkeit. Das schnellere Ausheilen kleinerer Agglomerate erfolgte mit Geschw. ähnlich der der Leerstellenwanderung. H. Liepack 86

0335 **Ausheizen von bestrahltem Platin.** M. J. Attardo und J. M. Galligan. (Physic. Rev. [2] **161** (1967) 3, 558—68; BNL, Upton, N.Y.; engl.) — Feldionenmkr. Unters. bei 4,2°K von durch Bestrahlung mit schnellen Neutronen erzeugten Defekten in 99,998% reinem Pt. Die beschädigten Bereiche werden identifiziert u. ihre Konz. u. Größe in Abhängigkeit von der Bestrahlungsdosis u. Ausheiztemp. bestimmt. I. Zoll 86

0336 **Chemisches Verhalten von ^{35}S in neutronenbestrahltem Natriumchlorid.** C. Chiotan, Ioana Zamfir und T. Costea. (J. inorg. nuclear Chem. **30** (1968) 10, 2857 bis 2859; Inst. of Atom. Phys., Bucharest, Roumania; engl.) — In einer früheren Unters. (vgl. ibid. **30** (1968), 1377) über den chem. Zustand von ^{35}S zeigten vor der Neutronenbestrahlung entgaste u. getrocknete (bei 130°) NaCl-Krist. ein anomales Verhalten, nämlich einen Peak in der isothermen Temperungskurve für die Änderung des $^{35}S^{2-}$-Prozentsatzes mit der Erhitzungszeit. Für bei 210° getrocknetes NaCl wird jetzt (wie im Fall von KCl) ein monotones Ansteigen der red. S-Fraktion gefunden. Diese Ergebnisse bestätigen die Schlußfolgerung, daß prim. W.-Radiolyseprod. mit dem Rückstoß-S unter Bldg. von Sekundärprod. reagieren können. Herbert Weber 86

0337 **Chemische Effekte des Einfangs thermischer Neutronen durch Kaliumhexacyanoferrat(II).** B. Meriadec und M. Milman. (J. inorg. nuclear Chem. **30** (1968) 10, 2853—56; C.E.A., Saclay, Gif-sur-Yvette; franz.) — Die durch (n, γ)-Rk. an $K_4[Fe(CN)_6]$ erzeugten chem. Spezies, die ^{59}Fe enthielten, wurden abgetrennt u. durch Elektrophorese identifiziert: Fe(II), Fe(III), $Fe(CN)_6^{4-}$. Die Unters. des therm. Ausheilprozesses nach der Bestrahlung zeigte die Existenz einer chem. Rk., nach der Fe^{2+} das ursprüngliche Mol. neu bildet. Die Aktivierungsenergie dieser Rk. wurde untersucht. Herbert Weber 86

0338 **Thermisches Ausheilen von Rückstoßeffekten in Bromaten.** 1. Mitt. **Die Rolle kristalleigener Defekte.** I. G. Campbell und C. H. W. Jones. (Radiochim. Acta [Frankfurt/M.] **9** (1968) 1, 7—12; Manchester, Univ. of Manchester, Chem. Dep.; engl.) — Krist. Proben von $NaBrO_3$ bestrahlte man bei Raumtemp. mit Neutronen einer Ra-Be-Quelle u. untersuchte anschließend die therm. Ausheilung von ^{80m}Br-Rückstoßeffekten. Je nach Art der Vorbehandlung (Rekristallisation) u. der Temp. bei der Ausheilung wurden unterschiedliche Ergebnisse erzielt. Tempern der Proben vor der Neutronenbestrahlung führte zu größeren Anfangsretentionen. Die Ergebnisse werden unter Berücksichtigung verschiedener Arten von Krist.-Baufehlern diskutiert. Die Ausheilung erfolgt danach über 2 Prozesse. Tempern zwischen 100 u. 200° vor der Bestrahlung führte zur Eliminierung des allein auf kristalleigene Defekte zurückzuführenden Prozesses. Der zweite Prozeß (Tempern oberhalb 200°) wird sowohl durch kristalleigene wie auch γ-induzierte Defekte bedingt. W. Wiechmann 86

0339 **Thermisches Ausheilen von Rückstoßeffekten in Bromaten.** 2. Mitt. **Isotopieeffekt.** I. G. Campbell und C. H. W. Jones. (Radiochim. Acta [Frankfurt/M.] **9** (1968) 2/3, 71—76; engl.) — 1. vgl. vorst. Referat. — Es wurde die Temp.-Abhängigkeit des Isotopieeffekts bei der therm. Ausheilung von ^{80m}Br- u. ^{82}Br-(n, γ)-Rückstoßeffekten in $Ba(BrO_3)_2$ u. $LiBrO_3$ untersucht. In $Ba(BrO_3)_2$ wurde ein Isotopieeffekt von 6% beobachtet. Dies wird mit einer diskreten Ausheilrk. unterhalb 125° erklärt, die nur mit ^{82}Br-Rückstoßatomen abläuft. Oberhalb dieser Temp. nehmen beide Arten von Rückstoßatomen an Ausheilungsprozessen teil, die über Gitterfehler ablaufen. In $LiBrO_3$ wird ein solcher Isotopieeffekt nicht beobachtet. Die beiden Arten von Rückstoßatomen sind in ihrem Verh. bemerkenswert ähnlich, was wahrscheinlich auf eine Anregung u. Ionisation des Gitters durch die bei der (n, α)-Rk. des ^6Li entstehenden Prod. zurückzuführen ist. Diese Erscheinung hängt vermutlich von der Neutronendosis ab. Die bei dieser Verb. beobachtete erhöhte Ausheilbarkeit wird einem Beitrag von seiten solcher Ausheilprozesse zugeschrieben, die oberhalb 175° ablaufen. Herbert Weber 86

0340 **Thermische Ausheilung in neutronenaktivierten K_2ReBr_6 - K_2ReCl_6 - Mischkristallen.** Horst Müller. (Radiochim. Acta [Frankfurt/M.] **9** (1968) 2/3, 167—68; Chem. Labor., Univ. Freiburg/Br.; dt.) — Nach der Neutronenaktivierung eines K_2ReBr_6–K_2ReCl_6-Mischkrist. mit 46,5 Mol.-% K_2ReBr_6 lag ^{186}Re in folgender Verteilung vor: 21,5% $ReBr_6^{2-}$, 4% $ReBr_5Cl^{2-}$, 2,7% $ReBr_4Cl_2^{2-}$, 3,1% $ReBr_3Cl_3^{2-}$, 3,9% $ReBr_2Cl_4^{2-}$, 42,9% $ReBrCl_5^{2-}$ + ReO_4^- u. 21,8% $ReCl_6^{2-}$. Die bei verschiedenen Temp. vorgenommene Ausheilung war bereits nach 30 Min. beendet, während weiterer 72 h traten keine Veränderungen mehr ein. Die Ausheilvers. führten zu dem Ergebnis, daß sämtliche 7 Hexabromochlororhenate in ihrer Menge zunehmen, u. zwar $ReBr_6^{2-}$ um knapp 7%, die übrigen Formen um 2—3%. Hieraus folgt, daß es sich bei der Ausheilung nicht nur um eine Rekombination ursprünglich koordinierter Atome handelt. Entsprechend dem Fehlordnungsmodell ist vielmehr anzunehmen, daß das Rückstoßatom mit den 6 zufällig in seiner nächsten Umgebung vorhandenen Halogenidionen zu retentionsähnlichen Formen zurückreagiert. Das kann wohl nur darauf zurückgeführt werden, daß Rückstoßatome auf Fehlstellen bei der Ausheilung zwischen Cl^- u. Br^- wegen deren großer physikal. u. chem. Ähnlichkeit kaum unterscheiden. Herbert Weber 86

0341 **Möglicher Bildungsmechanismus der durch Elektronenbestrahlung eingeführten komplexen Strahlungsdefekte in Silicium.** S. M. Gorodeckij und L. B. Krejnin. (Doklady Akad. Nauk SSSR **181** (1968) 1, 46—48; Inst. poluprovodnikov AN SSSR; russ.) — Ausgehend vom differentiellen Querschnitt der Wechselwrkg. eines relativist. Elektrons mit den Gitteratomen werden Berechnungen über die Defektbldg. durchgeführt. H. Roschkowski 86

0342 **Moduleffekte in Metallen nach Elektronenbestrahlung bei tiefer Temperatur.** 3. Mitt. **Aluminium.** D. W. Keefer, J. C. Robinson und A. Sosin. (Acta metallurg. [Long Island City, N.Y.] **16** (1968) 7, 927—37; Atom. Internat. Div. of the North Amer. Rockwell Corp., Thousand Oakes, Calif.; engl.) — 2. vgl. C. **1967**, **30-0273**. — Elektronenbestrahltes Al wird mit Hilfe von Modulmessungen untersucht. Die Strahlenschädigung wird bei < 10°K verfolgt u. mit ähnlichen Daten für Cu u. Au verglichen. Nach der Bestrahlung wird mit Hilfe von Isochronen das Ausheilverh. zwischen ca. 10 u. 500°K untersucht, ebenso nach Abschrecken u. nach Abschrekken plus Bestrahlung. Nach Bestrahlung werden zwei

Stufen der Versetzungsverankerung gefunden: bei 20 u. 50 °K (Stufe I) bzw. 240 u. 360 °K (Stufe III). Diese Stufen sind durch ein Temp.-Intervall voneinander getrennt, in dem der Modul allg. abnimmt. Die isochronen Erholungsdaten werden mit ähnlichen Daten für Cu u. Au verglichen u. mit Messungen der Fließspannung u. des elektr. Widerstandes an Al korreliert. M. Frenzel 86

0343 **Elektronen-Verschiebungsschaden in Kupfer und Aluminium in einem Hochspannungs-Elektronenmikroskop. M. J.** Makin. (Philos. Mag. [8] **18** (1968) 153, 637 bis **653**; Harwell, Berks., AERE, Metallurgy Div.; engl.) — Es wurde gefunden, daß sich Defektcluster in *Cu* u. *Al* während der Unters. bei ca. 20° in einem Hochspannungselektronenmikroskop bilden, wenn die Spannung größer ist als ∼ 500 kV u. der Strom des Elektronenstrahles hoch ist (0,1—0,4 μA in einem 5 μ Fleck). Die Schäden sind das Ergebnis direkter Verschiebung von Gitteratomen durch den Elektronenstrahl; es wird homogene Keimbldg. von Punktdefektclustern bewirkt. In angelassenem Cu ist die zur Bldg. dieses Effekts erforderliche Schwellenenergie der Elektronen orientierungsabhängig. Die effektive Verschiebungsenergie E_d' ist $> \sim 30$ eV in den Richtungen ⟨100⟩ u. ⟨110⟩ u. $\lesssim 26$ eV in den von den Ecken des Einheitsdreiecks wegführenden Richtungen. In vorher mit Neutronen bestrahltem u. teilweise angelassenem, abgeschrecktem oder kaltbearbeitetem Cu werden komplexe Effekte beobachtet. Die Ergebnisse werden mit Hilfe der Keimbldg. von Zwischengitter-Versetzungsschleifen u. der Bldg. von submkr. Fehlstellen-Clustern interpretiert. E. Schulte 86△

0344 **Zunahme der Fließspannung in elektronenbestrahltem Kupfer.** Kanji Ono, T. Mifune und M. Meshii. (Philos. Mag. [8] **17** (1968) 146, 235—40; Dep. of Engng., Univ. of Calif., Los Angeles, Calif.; engl.) — Cu-Einkrist. wurden unterhalb 31 °K mit 2-MeV-Elektronen bis zu Dosen von $2{,}2 \cdot 10^{17}$ e/cm^2 bestrahlt. Bei 25 °K wurde eine strahlenbedingte starke Zunahme der Fließspannung gemessen, die auf eine Härtung durch dispers verteilte Zwischengitteratome zurückgeführt wird. Manfred Schenk 86

0345 **Zerfall der festen Lösung Cu + 3,5% Be durch Einwirkung von Elektronenstrahlen.** L. N. Bystrov, L. I. Ivanov und Ju. M. Platov. (Fiz. Metallov Metallovedenie **25** (1968) 5, 950—53; Inst. metallurg. im. Bajkova AN SSSR; russ.) — Der Zerfall der Berylliumbronze Cu + 2,5% Be läuft entsprechend Messungen des elektr. Widerstandes nach Elektronenbestrahlung bedeutend langsamer ab als in nichtbestrahlten Proben. Friedel Schneider 86

0346 **Einfluß von Punktdefekten auf den Gitterparameter von gehärtetem und bestrahltem Kupfer, Molybdän und Nickel.** I. A. Malinenko und O. N. Sivrin. (Fiz. Metallov Metallovedenie **26** (1968) 1, 184—86; Petrozavodskij gosuniv. im. Kunsinena; russ.) — Die Veränderung der Gitterparameter bei Härtung u. γ-Bestrahlung von polykrist. techn. reinem Cu, Ni u. Mo wird bestimmt. Infolge der lokalen Erhitzung kann eine Rekombination von Punktdefekten (Leerstellen-Zwischengitteratom-Paare) bei der Bestrahlung auftreten. H. Roschkowski 86

0347 **Mechanismus für die Zerstörung von Festkörpern durch intensives Licht.** A. Wasserman. (Appl. Physics Letters **10** (1967) 4, 132—33; Corvallis, Oreg., Oreg. State Univ.; engl.) — Vf. diskutiert die durch opt. Intrabandabsorption verursachten Elektronenlawinen als mögliche Ursache für die durch Laser-Strahlung bewirkte Zerstörung in verschiedenen isolierenden Krist., wie *LiF*, *NaF* u. *NaCl*. K. H. Härdtl 86

0348 **Abschirmung der Metalloberfläche durch ihre Zerstörungsprodukte bei Einwirkung von Laserstrahlung kleiner Dichte.** G. S. Romanov und K. L. Stepanov. (Ž. prikl. Spektroskopii **8** (1968) 5, 753—63; russ.) — Vf. untersuchten die Erscheinungen der Zerstörung einer Metalloberfläche (W, Mo, Cr, Ni, Fe, Al, Cu, Sn, Bi, Pb) durch Einw. von Laserstrahlen, die damit verbundene Abschwächung der auf die zerstörte Oberfläche einfallenden Strahlung durch Absorption durch die Zerstörungsprod., den Einfl. der Ungleichmäßigkeit der Ionisation u. der Besetzung der Atomniveaus auf die Absorption der Strahlung u. diejenigen Bedingungen, unter denen das Anwachsen der Zerstörungsprod. auf der Oberfläche adiabat. vor sich geht. W. Müller-Litz 86

0349 **Massenspektrometrische Untersuchung der sich bei der Wechselwirkung von Laserstrahlung mit einem Stoff bildenden Ionen.** Ju. A. Bykovskij, V. I. Dorofeev, V. I. Dymovič, B. I. Nikolaev, S. V. Ryžich und S. M. Sil'nov. (Ž. techn. Fiz. **38** (1968) 7, 1194 bis 1196; Mosk. inženernofiz. inst.; russ.) — Massenspektrometr. werden die beim Beschuß von Metalloberflächen (Ti, Fe, Zr, Nb, Ta, W) mit Rubinlaserstrahlung gebildeten Metallionen untersucht. Neben C^{2+}, O^{2+}, C^+, N^+ u. O^+ von Oberflächenverunreinigungen werden die ein- bis vierfach geladenen Metallionen nachgewiesen. H. Roschkowski 86

0350 **Massenspektrometrische Untersuchung laserinduzierter Verdampfungsprozesse.** 1. Mitt. **Selen.** Bruce E. Knox. (Mater. Res. Bull. **3** (1968) 4, 329—36; Mater. Res. Labor., Pa. State Univ., University Park, Pa.; engl.) — Die Verdampfung von einkrist. hexagonalem u. α-monoklinem Se, glasigem Se u. aus der Dampfphase gezüchteten dünnen amorphen Se-Filmen wurde im Laser-Massenspektrometer untersucht. Bei allen Se-Formen besteht die Dampfphase in der Hauptsache aus Se_5^+-Ionen, für die Ringstruktur angenommen wird; daneben treten Se_6^+-, Se_7^+- u. Se_8^+-Ionen auf, wähernd Se_2^+-, Se_3^+-, Se_4^+- u. Se_9^+-Ionen nur einen unbedeutenden Anteil darstellen. In der Dampfphase vorhandene Se_5-Mol., die den größten Anteil der neutralen Mol. ausmachen, werden durch therm. Einfl. in Se_2-Mol. gespalten. W. Laqua 86

0351 **Massenspektrometrische Untersuchung laserinduzierter Verdampfungsprozesse.** 2. Mitt. **System Wismut–Selen.** Bruce E. Knox, Vladimir S. Ban und John Schottmiller. (Mater. Res. Bull. **3** (1968) 4, 337—48; engl.) — 1. vgl. vorst. Referat. — Untersucht wurde die Verdampfung von einkrist. Bi_2Se_3 u. *BiSe*, polykrist. Bi–Se mit Bi-Geh. zwischen 65 u. 35 Atom-% u. amorphen Bi–Se-Filmen mit Bi-Geh. zwischen 0,5 u. 25 Atom-%. In allen Fällen enthält die Dampfphase beträchtliche Anteile an Bi_3Se^+-Ionen, woraus geschlossen wird, daß Bi_3Se die wichtigste Struktureinheit mit Nahbereichsordnung des Syst. Bi–Se ist. Das mit zunehmendem Se-Geh. zu beobachtende Auftreten weiterer solcher Struktureinheiten, wie $BiSe_4^+$ u. $BiSe_5^+$, in der Dampfphase wird auf eine Änderung des Bandabstandes im Bi–Se-Syst. zurückgeführt. Einige Hundert μsec nach der Emission der ion. Teilchen setzt die Verdampfung ungeladener Mol. ein, wobei in allen Fällen Se_2-Mol. in der Dampfphase überwiegen. Daneben tritt $BiSe_3$, $BiSe_4$ u. $BiSe_5$ auf, sobald der Bi-Geh. oberhalb 11,5 Atom-% bei den krist. u. oberhalb 2,5% bei den amorphen Proben liegt. W. Laqua 86

Optische Eigenschaften

0352 **Spektrale Lücken in dreidimensionalen fehlgeordneten Gittern.** Hirotsugu Matsuda. (Progr. theoret. Physics [Kyoto] **38** (1967) 2, 512—14; Res. Inst. for Fundamental Phys., Kyoto Univ., Kyoto; engl.) — Angabe einer Meth. zur Berechnung einer oberen u. unteren Grenze für das integrierte Spektrum eines mehrdimensionalen Systems. Ableitung nötiger u. ausreichender Bedingungen für Abstände in einem einfachen kub. Gitter mit zwei Untergittern. IR-Reflexions-Experimente an Mischkrist. (KCl + NaCl, KCl + RbCl, KCl + TlCl, GaAs–GaP, GaAs–GaSb, InAs + InP) werden bez. des Modells diskutiert. D. Hoene 91

0353 **Untersuchungen zur Reflexion von Röntgenstrahlen an Aluminium-Aufdampfschichten und an Glas BK 7.** G. Kühnen. (Optik **26** (1968) 5, 582—93; I. Phys. Inst. FU Berlin; dt.) — Der Brechungsindex von aufgedampften Al-Filmen stimmt bis zur Dicke von ∼ 200 Å mit dem von kompaktem Al überein. Die experimentellen Reflexionskurven zeigen für unbedampfte Spiegel aus BK-7-Glas einen Gang, der mittels Interferenz interpretiert wird, u. eine Abstandsabhängigkeit der nichtregulären Interferenz nullter Ordnung von der Dicke der Al-Filme. G. Malow 92

0354 **Polarisation von mit einem Kristall monochromatisierten Röntgenstrahlen.** L. D. Jennings. (Acta crystallogr. [Copenhagen], Sect. A **24** (1968) 4, 472—74; Army Materials and Mechan. Res. Center, Watertown, Mass.; engl.) — Messung mit einem gebogenen *LiF*-Krist. an CuK_α. Der Polarisationsfaktor liegt außerhalb des allg. als möglich angenommenen Bereichs. Das Ergebnis wird durch die große sek. Extinktion erklärt. H. Liepack 92

0355 **Bestimmung einiger Röntgen-Massenabsorptionskoeffizienten.** G. D. Hughes, J. B. Woodhouse und I. A. Bucklow. (J. Physics, D (Brit. J. appl. Physics) [2] **1** (1968) 6, 695—706; Metals Res. Ltd., Melbourn, Royston, Herts.; engl.) — Die mit einem Mikroanalysator bestimmten Massenabsorptionskoeff. von *Al, Ti, Ni, Cu, Zr, Nb, Pd, Ag, Ta* u. *Au* für Wellenlängen zwischen 0,5 u. 10 Å wurden tabelliert. Im Ergebnis einer Fehlerbetrachtung wird eine Genauigkeit von 0,1% angegeben. Experimentelle Details werden ausführlich dargestellt. A. Meisel 92

0356 **Absorptionskoeffizient des Kohlenstoffs im Gebiet ultraweicher Röntgenstrahlung.** V. A. Fomičev und I. I. Žukova. (Optika i Spektroskopija **24** (1968) 2, 284—86; russ.) — Mit drei Kohlefolien unterschiedlicher Stärke (525, 1000 u. 1390 Å) wird der lineare Absorptionskoeff. μ im Röntgengebiet von 17,6—250 Å untersucht. Aus der graph. Darst. von $\lg \mu = f(\lg \lambda)$ ergibt sich oberhalb u. unterhalb der Absorptionskante (μ in cm^{-1}, λ in Å): $\mu = 5{,}0 \cdot \lambda^{2,75}$ für $\lambda < 37{,}0$ Å u. $\mu = 1{,}3 \cdot \lambda^{2,25}$ für $\lambda > 44{,}5$ Å. A. Meisel 92

0357 **Über die Interpretation der Röntgenspektren.** V. G. Alešin, V. P. Smirnov und M. S. Nachmanson. (Fiz. tverdogo Tela **10** (1968) 5, 1585—87; Leningradskij gos. univ. im. Ždanova; russ.) — Zur Klärung des Einfl. zonaler Wellenfunktionen auf die Form u. Breite der Röntgenspektren von Verb. benachbarter Elemente werden in dieser vorl. Mitt. Berechnungen der energet. Struktur des *BN* angekündigt. Für Übergänge aus dem Valenzband auf die 1s-Schale von B u. N sind die Werte von $|M(k)|^2$ für einige hochsymm. Punkte der Brillouin-Zone tabelliert. Es zeigt sich eine starke Abhängigkeit des Matrixelementes von verschiedenen Faktoren, die auch die unterschiedliche Form u. Breite der Spektren von B u. N im BN zu erklären gestatten. A. Meisel 94

0358 **Gründliche Untersuchung der Bildung von Abschirmungsdubletts in den Röntgenemissionsspektren.** G. B. Deodhar, P. P. Varma und R. B. Singh. (J. Physics, B (Proc. physic. Soc.) [2] **1** (1968) 1, 97—103; Phys. Dep., Univ. of Allahabad; engl.) — In Fortführung früherer Arbeiten (C. **1966**, 48-0073) ergibt eine Unters. der Dipol- u. Nichtdipolübergänge im K-, L- u. M-Bereich der Elemente mit Z = 70—92 weitere K- u. L-Abschirmungsdubletts, die sich alle in irgendeine der fünf Gruppen der von den Vf. gegebenen Klassifizierung der Abschirmungsdubletts einteilen lassen. Die Vorteile gegenüber der Einteilung von Mande u. Damle (C. **1967**, 7-0142) werden diskutiert. A. Meisel 94

0359 **Röntgenspektren und Zonenstruktur von Festkörpern.** V. V. Nemoškalenko, T. N. Bondarenko, V. P. Dzehanovs'kyj und A. V. Zyrin. (Ukraïns'kyj fiz. Ž. **13** (1968) 7, 1169—73; Inst. metalofiz. AN URSR; ukrain., Auszug: engl.) — Die Bedeutung der K- u. L-Spektren zur Konstruktion von Energiezonenschematas wird am Beispiel des Al_2O_3 u. Cr_2O_3 gezeigt. Das Profil der L-Bande von Cr in Cr_2O_3 wird beschrieben. Diskussionen über die Energieverteilung der 3d-Zustände. I. Zoll 94

0360 **Chemische Einflüsse auf das Röntgen-K-Absorptionsspektrum des Arsens.** B. K. Agarwal und L. P. Verma. (J. Physics, C (Proc. physic. Soc.) [2] **1** (1968) 1, 208—09; Phys. Dep., Univ. of Allahabad, Indien; engl.) — Während sich die K-Kante im As_2O_3, As_2O_5 u. AsJ_3 nach höheren Energien (um 4,47, 11,13 bzw. 1,08 eV) im Vgl. zum Element verschiebt, wird im As_2S_5 eine langwellige Verschiebung (um 4,07 eV) beobachtet. Nur im Falle des elementaren As u. im As_2O_3 tritt eine weiße Linie auf. A. Meisel 94

0361 **Untersuchung der Bandstruktur von amorphem As_2Se_3 mittels ultraweicher Röntgenspektroskopie.** V. I. Kruglov und T. M. Zimkina. (Fiz. tverdogo Tela **10** (1968) 1, 226—29; Leningradskij gos. univ. im. Ždanova; russ.) — Die Valenzbandbreite wird zu 7 ± 0,5 eV, der Bandabstand zu 1,1 ± 0,3 eV aus Unters. der $M_{II,III}$- u. $M_{IV,V}$-Spektren von Se u. As in As_2Se_3 bestimmt. Die Zustände im Valenzband u. an der unteren Kante des Leitungsbandes zeigen im wesentlichen p-Symmetrie. K. Jaeger 94

0362 **Untersuchung der Energiestruktur des Siliciumcarbids und -nitrids mit Hilfe der Ultraweich-Röntgenspektroskopie.** I. I. Žukova, V. A. Fomičev, A. S. Vinogradov und T. M. Zimkina. (Fiz. tverdogo Tela **10** (1968) 5, 1383—91; Leningradskij gos. univ. im. Ždanova; russ.) — Mit Hilfe eines Konkavgitterspektrographen mit Proportionalzähler als Detektor wurden die $L_{II,III}$-Emissionsspektren des Si in kub. u. hexagonalem *SiC*, Si_3N_4 u. das K-Emissionsspektrum des Stickstoffs im Si_3N_4 aufgenommen. Außerdem wurde von den genannten Substanzen die Quantenausb. des äußeren Photoeffektes mit Hilfe eines speziellen SEV im Energiebereich der Si L-Absorptionskante u. der N K-Absorptionskante gemessen. Die hexagonale u. kub. Modifikation des SiC liefern sehr ähnliche Banden gleicher Breite (18,2 eV). Eine Gegenüberstellung mit theoret. Berechnungen wird auf die Breite der besetzten u. unbesetzten Zustände beschränkt u. zeugt von einer weitgehenden sp^3-Hybridisierung. Darauf deutet ebenfalls die gleiche energet. Lage u. Breite der Si L-Hauptbande u. der N K-Bande im Si_3N_4 hin. Eine Zusammenstellung des energet. Abstandes der niederenerget. Teilbanden von den Hauptbanden in der Reihe SiO_2, Si_3N_4, SiC zeigt eine Tendenz, die den Ursprung des unteren Teilbandes mit s-Charakter im Festkörper aus den L_I-Niveaus der Bindungspartner beweist. A. Meisel 94

0363 **Ultraweiche Röntgenspektren des Jods im KJ.** T. M. Zimkina und V. A. Fomičev. (Fiz. tverdogo Tela **10** (1968) 5, 1392—96; russ.) — Vgl. vorst. Referat. — Die Röntgen-$N_{IV,V}$-Spektren des Jods im *KJ* in Emission u. Absorption wurden mit Hilfe eines SEV mit SrF_2-Photokathode registriert u. als unkorr. Intensitätskurven graph. dargestellt. Die energet. Lage der 4 Max. der Emissionsbande u. der 5 Max. in der Nähe der Absorptionskante wurden tabelliert. Die Erklärung der Strukturen der Emissionsbande als Dipolübergänge $N_{IV,V}(4d_{3/2}; 4d_{5/2}) \rightarrow V(5p_{1/2}; 5p_{3/2})$ stimmt mit einer Berechnung der Bandstruktur des KJ gut überein. Eine $N_{II,III}$-Emissionsbande konnte im Einklang mit den Auswahlregeln nicht nachgewiesen werden. Die Max. der Absorptionskurve wurden ebenfalls im Vgl. mit dieser Bandstrukturberechnung interpretiert, wobei die experimentell bestimmte Breite der verbotenen Zone größer als die ber. erscheint. Darin zeigt sich wiederum der Einfl. der Übergangswahrscheinlichkeiten, wobei in diesem Fall, den Auswahlregeln entsprechend, die unterste Leitfähigkeitszone mit s-Symmetrie keine Übergänge aus den $N_{IV,V}$-Niveaus zuläßt. A. Meisel 94

0364 **Berechnung des Einflusses der Polarisierung von Röntgenstrahlen auf das K-Absorptionsspektrum des Chlors im $KClO_3$-Einkristall.** R. L. Barinskij. (Ž. strukturnoj Chim. **9** (1968) 2, 218—21; Inst. miner., geochim. i kristallochim. redkich ėlementov; russ.) — Die Feinstruktur der Röntgen-K-Absorptionsspektren des Chlors im $KClO_3$-Einkrist. bei Anregung mit polarisierter Strahlung wird berechnet. Mit Hilfe der Zentralpotentialnäherung werden die Lage der Absorptionsmaxima u. die Grenze der kontinuierlichen Absorption bestimmt u. experimentellen Daten gegenübergestellt. Unter Berücksichtigung der näheren Umgebung des Chloratoms im Krist. (Symmetrie C_{1h}) erhält man eine Aufspaltung der Absorptionslinien, deren graph. Überlagerung der experimentellen Kurve annähernd folgt. Die Veränderung der Intensitätsverhältnisse mit dem Winkel zwischen Polarisationsebene u. 001-Fläche des $KClO_3$-Krist. wird von der Theorie nur qual. wiedergegeben. A. Meisel 94

0365 **Röntgen-K-Absorptionskante von Yttrium in einigen Yttriumverbindungen.** V. G. Bhide und N. V.

Bhat. (J. chem. Physics **48** (1968) 7, 3103–08; Nat. Phys. Labor., New Delhi, India; engl.) — Vf. untersuchen Lage u. Struktur der Röntgen-K-Absorptionskante zur Best. der chem. Bindung von Yttrium in *YCl_3* **(I)**, *$Y_2(SO_4)_3$* **(II)**, *$Y(NO_3)_3$* **(III)**, wss. Lsg. von **I**, **II** u. **III**, *$Y(OH)_3$*, *Y_2O_3* sowie *Y-Succinat*, *-Mono-*, *-Di-* u. *-Trichloracetat*, *Y-Maleat*, wasserfreies *Y-Laurat* u. *Y-Laurat* in *Mesitylen*. Die Übereinstimmung der Absorption von Y^{3+} in den verd. wss. Lsg. zeigt, daß die Y^{3+}-Ionen wie im Vakuum absorbieren. In den festen Verb. scheint die Verschiebung zur niederfrequenten Seite hin mit dem Kovalenzcharakter zusammenzuhängen. Ist der nächste Nachbar in einer Verb. ungeladen, so beeinflussen die entfernteren Nachbarn die Lage der Absorptionskante nicht. R. Blank 94

0366 **Röntgen-M-Absorptionsspektrum von ^{70}Yb.** F. H. Combley, E. A. Stewardson und J. E. Wilson. (J. Physics, B (Proc. physic. Soc.) [2] **1** (1968) 1, 120–27; Dep. of Phys., Univ., Leicester; engl.) — Mit einem fokussierenden Röntgenspektrometer (Proportionalzähler Ne/CH_4, punktweise Registrierung, Korrektur von Intensitätsschwankungen) wurden die Yb M_{III}-, M_{IV}- u. M_V-Kanten in *YbF_3*, *Yb_2O_3* u. *Yb-Metall* aufgenommen. Aus dem Vgl. der Intensitäten der M_V-Absorptionslinie im YbF_3 (bez. F-Absorption korr.) u. metall. Yb folgt, daß letztere im wesentlichen zweiwertige Yb-Atome mit der Konfig. $4f^{14}6s^0$ enthält; nur etwa 1% des Yb besitzt eine Vakanz in der 4f-Schale. Während die Verschiebung der M_{IV}- u. M_V-Kanten im YbF_3 u. Yb_2O_3 im Vgl. zum Metall etwa 10 eV nach höheren Energien beträgt, treten bei der M_{III}-Kante nur geringe Veränderungen auf. A. Meisel 94

0367 **L-Spektrum von Ytterbium.** G. B. Deodhar, R. B. Singh und P. P. Varma. (J. Physics, B (Proc. physic. Soc.) [2] **1** (1968) 1, 103–05; Phys. Dep., Univ. of Allahabad; engl.) — Mit einem fokussierenden Röntgenspektrographen (Cauchois-Verf., Glimmer [$\bar{2}$01], Primäranregung von *Yb_2O_3*, 25–30 kV, 10–12 mA) wurden folgende neue Linien gefunden: L_IN_I (λ = 1236,80 X), $L_{II}N_{VI}$ (1240,63 X), $L_{II}N_{III}$ (1284,43 X), $L_{III}N_{VI,\,VII}$ (1384,80 X), L_{III}, N_{III} (1438,75 X). Die von Allais gefundenen $L_{II}O_I$- $L_{III}O_I$-, $L_{III}O_{IV,\,V}$-, L_IM_V-, L_IO_I-, $L_IO_{IV,\,V}$-, $L_{II}M_{II}$-, $L_{III}O_{II,\,III}$-Übergänge konnten im Gegensatz zu den L_IM_{IV}-, $L_{II}O_{II,\,III}$-, $L_{III}M_{II}$-Übergängen bestätigt werden. A. Meisel 94

0368 **Isochromaten von W, Ta und Mo bei 8 kV.** Hideenao Sugawara, Hirofumi Fujimoto und Takesi Hayasi. (Sci. Rep. Tôhoku Univ., Ser. I **50** (1967) 3, 152–56; Miyagi Coll. of Educat., Sendai, Japan; engl.) — Messung der Isochromaten von *W*, *Ta* u. *Mo* im Bereich von 0–50 eV über der Einsatzspannung des kontinuierlichen Röntgenbremsspektrums (8,047 kV; $CuK\alpha_1$-Strahlung; Diagramme, Tabelle). Gegenüber den Messungen anderer Autoren beobachten Vf. zusätzl. Max. u. Minima in den Isochromatenkurven. Die beobachteten Daten stimmen mit denen aus Messungen der charakterist. Energieverluste von Elektronen gut überein. H.-U. Chun 94

0369 **Röntgen-Fluoreszenzausbeuten von Al, Cl, Ar, Sc, Ti, V, Mn, Fe, Co, Y und Ag.** L. Evan Bailey und John B. Swedlund. (Physic. Rev. [2] **158** (1967) 1, 6–13; Nucl. Phys. Dep., Stanford Res. Inst., Menlo Park, Calif.; engl.) — Messung der Röntgen-K-Fluoreszenzausbeuten ω_K von Al, Cl (in der Form von $(H_2CCl_2)_n$ (Saran)), Ar, Sc, Ti, V, Mn (*Mn*, *Cu*, *Ni*, *Fe*-Leg.), Fe, Co u. der L-Fluoreszenzausbeuten $\bar{\omega}_L$ (Mittelwert über alle Komponenten der L-Strahlung) von Y u. Ag. Die Elemente (außer Ar) werden in Form dünner Folien mit monochromat. Strahlung ($Cr–K_\alpha$, $Cu–K_\alpha$) bestrahlt u. die Fluoreszenzstrahlung mit einem $Ar–CH_4$-Proportionalzählrohr unter 90° zum Primärstrahl registriert. Die Intensität des Primärstrahls wird durch die in der gleichen geometr. Anordnung gemessene Streustrahlung an He bestimmt. Die gemessenen Daten lassen sich unter Einschluß der Werte für Elemente mit Z ≧ 30 am besten durch die semiempir. Formel $[\omega_K/(1-\omega_K)]^{1/3} = -0{,}1019 + 0{,}03377 \cdot Z + 1{,}178 \cdot 10^{-6} \cdot Z^3$ wiedergegeben. H.-U. Chun 94

0370 **Mit einer Gas-Ionenröntgenröhre erhaltene langwellige Röntgenspektren von Beryllium, Bor und Aluminium.** Takesi Hayasi und Yasuomi Hayasi. (Sci. Rep. Tôhoku Univ., Ser. I **50** (1967) 4, 228–35; Tôhoku Univ., Sendai; engl.) — Mit einem Hochvakuumkonkavgitterspektrographen u. einer neuartigen Gas-Ionenröntgenröhre wurden die K-Spektren von B in elementarem *B*, *B_4C*, *BN*, *B_2O_3* u. *ZrB_2*, von elementarem *Be* u. *BeO* sowie die $L_{II,\,III}$-Spektren von *Al* u. *Al_2O_3* photograph. registriert (Ilford Q 1-Platten, gebogen). Ein Einfl. der Füllgase *He*, *N_2*, *O_2* u. *Ar* in der Röntgenröhre auf die Spektren ist nicht festzustellen. H_2 hat teilweise red. Einfluß. Die bei Röntgenröhren mit Glühkathode auftretende Kohlenstoffbelegung der Antikathode wird vermieden, obwohl zur Evakuierung eine Öldiffusionspumpe ohne Kühlfalle diente. A. Meisel 94

0371 **Untersuchung der energetischen Struktur von Al_2O_3 und AlN durch Ultraweich-Röntgenspektroskopie.** V. A. Fomičev. (Fiz. tverdogo Tela **10** (1968) 3, 763 bis 768; Leningradskij gos. univ. im Ždanova; russ.) — Messungen der $L_{II,\,III}$-Al- u. K–N-Emissions- u. Absorptionsspektren von AlN u. Vgl. mit Literaturdaten der $L_{II,\,III}$-Al- u. K–O-Spektren von Al_2O_3. Die inneren Übergangswahrscheinlichkeiten werden bestimmt. Der Bandabstand ist in AlN ≲ 6,6 eV, die Valenzbandbreite ≳ 9,0 eV. K. Jaeger 94

0372 **Röntgenspektroskopische Untersuchungen des Systems Niob–Aluminium.** V. V. Nemoškalenko und V. P. Kryvyc'kyj. (Ukraïns'kyj fiz. Ž. **13** (1968) 8, 1273–80; Inst. metalofiz. AN URSR, Kyïv; ukrain., Auszug; engl.) — Mit Hilfe eines Johann-Röntgenspektrographen mit Primäranregung wurden die $K\beta$-Banden u. die $K\alpha_{3,4}$-Satelliten von Al u. die $L\beta_2$- u. $L\gamma_1$-Banden von Nb in den Elementen u. den Leg. mit 8% Al, 36% Al (σ-Phase, Nb_2Al), 25% Al (β-W-Struktur, Nb_3Al) u. 75% Al (hexagonaler $TiAl_3$-Typ, $NbAl_3$) untersucht. Die Werte für die relativen maximalen u. integralen Intensitäten, die Verschiebungen der Max. sowie die Basis- u. Halbwertsbreiten wurden tabelliert u. die Banden als Intensitätskurven abgebildet. Die Ergebnisse werden an Hand der Elektronenstruktur erläutert. A. Meisel 94

0373 **Röntgenspektroskopische Untersuchung der Elektronenstruktur von Legierungen des binären Systems Aluminium-Eisen.** V. V. Nemoškalenko und V. V. Gors'kyj. (Ukraïns'kyj fiz. Ž. **13** (1968) 9, 1430–37; ukrain., Auszug: engl.) — Vgl. vorst. Referat. — Von den Leg. *Fe_3Al*, *FeAl* u. *Fe_2Al_5* u. den reinen Metallen wurden die $K\beta_x$-Bande u. die $K\alpha_{3,4}$-Satelliten des Al u. die $K\beta_5$-Bande des Fe untersucht u. Form, Lage u. relative Maximal- u. Integralintensitäten wiedergegeben. Mit zunehmendem Eisengeh. verschiebt sich die $K\beta_x$-Bande nach längeren Wellen (um 2,32 eV bei 75 Atomprozent Fe), wobei die Bandenbreite von 11,7 auf 9,0 eV absinkt, während die Fe $K\beta_5$-Bande in reinem Fe um 1,2 eV kurzwelliger erscheint als im Fe_2Al_5 u. die Bandenbreite mit zunehmendem Al-Geh. von 9,6 auf 13,2 eV ansteigt. Der Vgl. der erhaltenen Daten mit den Ergebnissen der Unters. der Fe L_{III}-Bande u. mit anderen Experimenten spricht für einen Übergang eines Teiles der äußeren Elektronen des Al auf 4s-Zustände des Eisenatoms unterhalb 25 Atomprozent u. auf die 4p-Zustände oberhalb 26 Atomprozent Al. A. Meisel 94

0374 **Form der $K\beta_x$-Bande des metallischen Aluminiums.** V. F. Demëchin und I. Ja. Kudrjavcev. (Fiz. Metallov Metallovedenie **26** (1968) 1, 178–79; Rostovskij-na-Donu gos. univ.; russ.) — Zur Best. der wahren Form der Röntgen-$K\beta_x$-Emissionsbande von metall. *Aluminium* wurden die $K\alpha_{1,2}$-, $K\alpha_{3,4}$- u. $K\beta$-Übergänge in Al u. *Al_2O_3* bei verschieden starker Primäranregung u. bei Sekundäranregung photograph. registriert. Der verzerrende Einfl. einer dünnen Oxidschicht auf der Al-Anode bei Primäranregung unter 10 kV ist merklich, darüber gleicht die Bande der mit Sekundäranregung (Halbwertsbreite 5,8 eV). A. Meisel 94

0375 **Ausgedehnte Al–$K\beta_x$-Emissionsbande der Röntgenstrahlen der Legierung Al_2Cu.** Constantin Kurylenko. (Cahiers de Physique **21** (1967) 206, 407–11; franz.) Herbert Weber 94

0376 **Röntgenuntersuchung der σ-Phase in Vanadin–Kobalt- und Vanadin–Mangan-Legierungen.** V. V. Nemoškalenko und V. Ja. Nahornyj. (Ukraïns'kyj fiz. Ž. **13** (1968) 7, 1182–88; Inst. metalofiz. AN URSR, Kyïv; ukrain., Auszug.: engl.) – Röntgenspektroskop. Unters. der Elektronenenergieverteilung im äußeren Band in Co + V 56,6%- u. Mn + V 18,8%-Leg. mit σ-Phasenstruktur. Best. des Profils, der Breite, Energieverschiebung, des relativen Max. u. integralen Intensitäten der $K\beta_5$-Banden von Co, Mn u. V. Bei σ-Phasenbldg. tritt eine beträchtliche Rückverteilung der Elektronen in äußeren Energiebänder auf. I. Zoll 94

0377 **Röntgenspektroskopische Untersuchung von Titanmonoxiden im Homogenitätsbereich und von Titannitrid.** I. A. Brytov, M. A. Rumš und A. S. Parobec, (Fiz. tverdogo Tela **10** (1968) 3, 794–800; Leningradskij gos. univ. im. Ždanova; russ.) – Die mit einem Konkavgitterspektrographen (Auflsg. ca. 1,5 eV; Ionisationsregistrierung u. Reflektor zur Unterdrückung des Untergrundes) aufgenommenen O Kα-, N Kα- u. Ti $L\alpha_{1,2}$-Banden in TiO_n (n = 0,912; 1,026 u. 1,19) sowie *TiN* werden als Intensitätskurven u. die energet. Lage u. relativen Intensitäten der Maxima tabellar. wiedergegeben. Sie stimmen mit früher erhaltenen Ti $K\beta_5$-Banden u. Berechnungen der Zustandsdichte von Ern u. Switendick gut überein. Im einzelnen werden die Verteilung der 2s-, 2p-, 3d-, 4s- u. 4p-Elektronen über die Zustandsdichte, die Elektronenübergänge aus Teilbändern der Me–Me- u. Me–O-Bindungen u. die Abnahme der spd-Elektronendichte in der Nähe des Fermi-Niveaus bei Zunahme des Sauerstoffgeh. in Ti diskutiert. A. Meisel 94

0378 **K- und L_{III}-Emissionsspektren und die Bandstruktur von Ti, V und Cr.** S. A. Nemnonov und I. A. Brytov (Fiz. Metallov Metallovedenie **26** (1968) 1, 45–48; Inst. fiz. metallov AN SSSR; russ.) – Die durch Fluoreszenzanregung erzeugten Kβ-Banden u. die durch Elektronenanregung erhaltenen $L\alpha_{1,2}$-Banden von *Ti*, *V* u. *Cr* werden als Intensitätskurven über einer relativen Energieskala dargestellt, Die K- u. L_{III}-Banden (3d4sp → 1s bzw. 2p) sind sehr ähnlich u. bestehen im Falle des V u. Cr aus drei deutlich ausgeprägten Strukturen. Ihre gleiche relative energet. Lage spricht trotz unterschiedlicher Übergangswahrscheinlichkeiten für eine weitgehende dsp-Hybridisierung im Cr, V u. Ti. Die nach speziellen Korrekturen ermittelten Breiten der $K\beta_5$- u. $L\alpha_{1,2}$-Banden betragen etwa 7 eV, wobei ein Intensitätsabfall der L-Banden relativ zu den K-Banden auf der nierderenerget. Seite durch den Einfl. der Übergangswahrscheinlichkeiten erklärt wird. A. Meisel 94

0379 **Röntgenspektren und Elektronenstruktur von Nichtmetallverbindungen der Übergangselemente.** S. A. Nemnonov, É. Z. Kurmaev, K. M. Kolobova und A. Z. Men'šikov. (Fiz. Metallov Metallovedenie **25** (1968) 6, 1064–72; russ.) – Vgl. vorst. Referat. – Aus der gemeinsamen Betrachtung der bisherigen röntgenspektroskop. Unters. der K-Banden der Nichtmetallverb. von Ti, V u. Cr folgt, daß für Verb. eines Nichtmetalls mit verschiedenen Metallen der $K\beta_5{}^{II}$–$K\beta''$-Abstand derselbe bleibt, die Intensität von $K\beta^{I}$ gegenüber $K\beta_5{}^{II}$ aber mit steigender Ordnungszahl des Metalls zunimmt. Unter Hinzuziehung weiteren experimentellen Materials über die K- u. L-Spektren u. der Berechnungen von Ern et al. (Physics Rev. **137** (1965), 1297) wird die Entstehung der einzelnen Teile der Spektren unter Berücksichtigung der Auswahlregeln gedeutet. Für die Verb. der Metalle der IV., V. u. VI. Gruppe mit leichten Elementen (B, C, N, O) ergibt sich eine gleiche Bandstruktur (in energet. Reihenfolge): 2s-Band (2 Elektronen), 2p(3d4p)-Valenzband (6 Elektronen), d-ähnliches Leitfähigkeitsband (3 Elektronen), antibindendes 3d4p-Band, 4sp-Band des Metalls. A. Meisel 94

0380 **Röntgen-K- und L-Spektren und Elektronenstruktur metallähnlicher Vanadinverbindungen.** I. A. Brytov, É. Z. Kurmaev und S. A. Nemnonov. (Fiz. Metallov Metallovedenie **26** (1968) 2, 366–69; russ.) – Vgl. vorst. Referate. – Zur Deutung der Verteilung der Elektronenzustände im Valenzband wurden die $K\beta''K\beta_5$-Banden u. die Lα-Banden von Ti u. V sowie die Kα-Banden von C, N bzw. O in *TiC*, $VC_{0,88}$, *VN* u. *VO* untersucht. Die gute Übereinstimmung aller Banden für TiC bestätigt die starke Hybridisierung von 2p-, 3d- u. 4p-Zuständen. In den V-Verb. wird eine Aufspaltung aller Banden beobachtet. Die kurzwelligen Teile der Banden werden auf die Auffüllung eines vorwiegend aus d-Wellenfunktionen bestehenden neuen Energiebandes zurückgeführt. Aus der Veränderung des Intensitätsverhältnisses der Lα-Komponenten wird auf eine Verringerung des statist. Gew. der 3d-Zustände in VO u. VN gegenüber denen in $VC_{0,88}$ geschlossen. A. Meisel 94

0381 **Röntgen-Kα-Emissionsbande des Kohlenstoffs in Titancarbiden, Diamant und Graphit.** E. A. Žurakovskij. (Doklady Akad. Nauk SSSR **180** (1968) 5, 1088–91; russ.) – Mit Hilfe eines Hochvakuumspektrometers mit gekrümmtem 600-Strichgitter u. Ionisationsregistrierung wurden die K-Emissionsbanden von C in sechs *Ti-Carbiden* (TiC-Phase mit 12–24 Gew.-% C), in *Diamant* u. *Graphit* bei $5 \cdot 10^{-6}$ Torr u. Elektronenanregung (3 kV; 50 mA) aufgenommen u. über einer abs. Energieskala als Intensitätskurven mit einer Auflösung von ca. 0,01 Å dargestellt. Die geringere Breite der Diamantbande (15 eV) gegenüber dem Graphit (17,2 eV) wird auf die im letzteren Falle vorhandenen zusätzlichen π-Bindungen zurückgeführt. Die Banden der Carbide erscheinen bis auf eine schwache Verbreiterung mit steigendem C-Geh. nahezu gleichartig u. geringfügig (0,5 eV) gegenüber Diamant nach längeren Wellen verschoben; es wird hieraus auf ein Überwiegen der kovalenten Bindung über die metall. geschlossen. A. Meisel 94

0382 **Die Kβ-Gruppe der Röntgenlinien von Eisen und Mangan in Ferriten mit Spinellstruktur.** P. P. Kyryčok und S. M. Karal'nyk. (Ukrains'kyj fiz. Ž. **13** (1968) 1, 95–99; Kyïvs'kyj deržuniv. im. Ševčenka; ukrain., Auszug: engl.) – Aus der Unters. der Mn u. Fe $K\beta_5$-, $K\beta''$- u. $K\beta'''$-Linien (Prim.-Anregung, photograph. Registrierung, Johann-Verf.) von *FeO*, Fe_2O_3, Fe_3O_4, $MgFe_2O_4$, $MnFe_2O_4$, $NiFe_2O_4$, $ZnFe_2O_4$, $Zn_{0,7}Fe^{2+}_{0,3}\cdot Fe_2{}^{3+}O_4$, $Zn_{0,32}Fe^{2+}_{0,68}Fe_2{}^{3+}O_4$, $Zn_{0,1}Fe^{2+}_{0,9}Fe_2{}^{3+}O_4$; *MnO* u. MnO_2 u. dem Vgl. mit früheren Messungen der K-Kantenverschiebung ergeben sich Aussagen über die Ladung der Metallionen in den Ferriten. Die Abnahme der langwelligen Verschiebung der Kβ-Kinien mit steigender Wertigkeit wird auf Grund der Vorstellungen über die äußere Abschirmung erklärt. A. Meisel 94

0383 **Fe-Röntgen-Kβ-Spektrum der Eisenoxide.** K. M. Kolobova, S. A. Nemnonov und E. V. Agapova. (Fiz. tverdogo Tela **10** (1968) 3, 729–32; Inst. fiz. metallov AN SSSR, Sverdlovsk; russ.) – Vf. untersuchten Lage u. Form der sek. angeregten Fe $K\beta'$-, $K\beta_1$-, $K\beta''$-, $K\beta_5$- u. $K\beta'''$-Linien in *FeO*, Fe_3O_4, α-Fe_2O_3 u. $BaFeO_3$. Aus dem Vgl. mit den röntgenspektroskop. Daten u. den Berechnungen der Bandstruktur ergeben sich Aussagen über die Valenzbandstruktur in den Eisenoxiden, wobei allerdings die Doppelstruktur von $K\beta''$ in FeO ungeklärt bleibt. Die lineare Abhängigkeit der kurzwelligen Verschiebung des $K\beta_5$-Max. beim Übergang von FeO zu den höheren Oxiden eignet sich zur Wertigkeitsbestimmung. Die Intensitätsänderung des $K\beta'''$-Satelliten bei der Anregung mit Cu- bzw. Ni-Strahlung unterstützt die Vorstellung über seine Entstehung durch Mehrfachanregung. A. Meisel 94

0384 **Umverteilung der 3d-Elektronen in den äquiatomaren Legierungen TiFe, VFe, CrFe und FeCo entsprechend den röntgenspektroskopischen Aussagen.** K. M. Kolobova und S. A. Nemnonov. (Fiz. Metallov Metallovedenie **25** (1968) 2, 267–72; Inst. fiz. metallov AN SSSR; russ.) – Vf. untersuchten die sek. angeregten Fe u. Ti $K\beta_1\beta'$-Linien u. die Fe $K\beta_5$-Bande in den bin. Leg. *TiFe*, $TiFe_2$, *VFe*, *CrFe* u. *FeCo*. In der Reihe FeCo, FeCr, FeV, FeTi ergibt sich eine Korrelation zwischen der Abnahme des Asymmetrieindex der Fe $K\beta_1\beta'$-Linie (u. auch der Ti $K\beta_1\beta'$-Linie) einerseits u. der Verringerung des magnet. Moments bzw. der Zunahme der Gitterkontraktion der Leg. andererseits. Außerdem nimmt in den paramagnet. Leg. TiFe, VFe, $TiFe_2$ die Breite der $K\beta_5$-Bande deutlich ab. A. Meisel 94

0385 **Röntgenspektren des metallischen Mn und der Legierung VMn.** S. A. Nemnonov und L. D. Finkel'štejn. (Fiz. Metallov Metallovedenie **25** (1968) 3, 551 bis 553; russ.) — Vgl. vorst. Referat. — Die photograph. ermittelte Lage, Form u. Intensität der Mn $K\beta_5$-Bande u. Mn K-Kante in metall. *Mn* wurden mit den Mn u. V K-Spektren im *VMn* u. im Vanadinmetall verglichen. In Analogie zu den Verhältnissen bei TiFe (gleiche mittlere Elektronenkonfig.) weist die Abhängigkeit von Lage u. Form der $K\beta_5$-Banden u. K-Kanten von V u. Mn im VMn auf die Ausbldg. eines gemeinsamen energet. Bandes hin. Dagegen treten in den Intensitätsverhältnissen die individuellen Eig. hervor. A. Meisel 94

0386 **Röntgen-K-Absorptionsspektren von Fe in metallischem Eisen, der Legierung $FeNi_3$ und Eisenpyrit.** Hiroshi Watanabe und Takesi Hayasi. (Sci. Rep. Tôhoku Univ., Ser. I **50** (1967) 3, 157—67; Phys. Inst., Fac. of Sci., Tôhoku Univ.; engl.) — Messung der Feinstruktur der Röntgen-K-Absorption von Fe in *metall. Fe* (**I**), *$FeNi_3$* u. *FeS_2* mit Hilfe eines hochauflösenden Johansson-Spektrographen (Vakuumspektrograph mit gebogenem Quarzkrist.), Wiedergabe der Spektren in der Form von Photometerkurven u. tabellar. Angabe der Wellenlängen der Kantenfeinstrukturkomponenten (drei Komponenten der K-Absorptionskante) sowie die der Max. u. Minima auf der kurzwelligen Seite der K-Kante (Bereich 0—200 eV). Die Fe $K\beta_5$-Emissionslinie (1740,6 XE) von **I** wird von zwei Satellitenlinien $K\beta'''$ (1737,6 XE) u. $K_{\beta^{IV}}$ (1735,3 XE) begleitet, für deren Entstehung Zweielektronenübergänge angenommen werden. Die beobachteten Lagen der Max. in den Absorptionsspektren werden mit denen nach der Theorie von Hayasi (stationäre Zustände des emittierten Elektrons durch Reflexion der Elektronenwelle an den Netzebenen um das angeregte Atom im Krist.) verglichen. H.-U. Chun 94

0387 **Elektronenstruktur von Nickelatomen in festen Lösungen von verschiedenem Typ und Zustand.** V. D. Dobrovol'skyj und S. M. Karal'nyk. (Ukraïns'kyj fiz. Ž. **13** (1968) 7, 1124—30; Kyivs'kyj deržuniv. im. Ševčenka; ukrain., Auszug: engl.) — Feinstrukturunters. der K-Absorptionskante von Ni in seinen Leg. mit Al, Cr u. Mn in denen charakterist. Umwandlungen u. Zustände auftreten wie: K-Zustand, Lsg.-Defekte, ferromagnet. Übergänge. Die Elektronenstruktur der Ni-Atome zeigen eine beträchtliche Änderung der interatomaren Bindungen, wenn sich eine bemerkenswerte Änderung in der Feinstruktur der K-Absorptionskante des Ni vollzieht. I. Zoll 94

0388 **Röntgenspektroskopische Untersuchung der Struktur des Nickel-3d-Bandes in den Legierungen NiSi und $NiSi_2$.** V. F. Volkov und L. A. Rossocha. (Fiz. Metallov Metallovedenie **25** (1968) 6, 1134—37; Rostovskij gosuniv.; russ.) — Vf. verglichen die experimentell erhaltenen Ni L_{II}- u. L_{III}-Emissionsbanden u. -Absorptionskanten in *NiSi* u. *$NiSi_2$* mit denen des Metalls. Die Verringerung des Absorptionskoeff. zeigt sich sowohl in den Absorptions- als auch in den Emissionsspektren (vergrößerte Intensität auf der kurzwelligen Seite infolge Abnahme der Selbstabsorption); sie wird auf die Auffüllung von Vakanzen im 3d-Band des Ni zurückgeführt. A. Meisel 94

0389 **Struktur der Röntgen-L_{III}-Emissionsbande des Nickels in einigen Legierungen.** V. F. Volkov und M. A. Blochin. (Fiz. Metallov Metallovedenie **26** (1968) 2, 376—77; russ.) — Vgl. vorst. Referat. — Die Ni L_{III}-Banden in metall. *Ni, Ni_3Ti, NiTi* u. in einer Leg. mit 11% *V* wurden mit Primäranregung erzeugt, analysiert u. als Intensitätskurven über einer relativen Energieskala dargestellt. Der langwellige Teil der Bande ändert sich beim Übergang vom Metall zur Leg. nicht; im kurzwelligen Teil zeigt sich eine merkliche Verbreiterung, die auf eine Auffüllung des 3d-Bandes in den Leg. zurückgeführt wird. A. Meisel 94

0390 **Ni-K-Röntgenabsorptionsspektren einiger Nickelverbindungen.** Masayoshi Obashi. (Sci. Rep., Coll. gen. Educat., Osaka Univ. **16** (1967) 1, 1—6; Inst. of Phys., Coll. of Gen. Educat., Osaka Univ., Osaka; engl.) — Photograph. Registrierung der Feinstruktur an der Ni-K-Röntgenabsorptionskante von *NiO* (**I**), *$NiCl_2 \cdot 6H_2O$* (**II**), *$[Ni(NH_3)_6] \cdot Cl_2$* (**III**), *$NiSO_4 \cdot 6H_2O$* (**IV**), *$K_2[Ni(CN)_4] \cdot H_2O$* (**V**), *$Ni(CN)_2 \cdot 4H_2O$* (**VI**), *metall. Ni* u. einer Mischung von äquivalenten Mengen von **IV** u. **V** mit einem Cauchois-Spektrographen, Wiedergabe der Spektren in Diagrammen (Photometerkurven) u. tabellar. Angabe der Kantenwellenlängen sowie der Energieabstände der Max. u. Minima der Feinstruktur von der Hauptkante. Die Spektren der Verb. **I**—**IV** (oktaedr. Koordination) zeigen eine nahezu ident. Feinstruktur, die sich von der bei **V** (ebene Viererkoordination) unterscheidet. Die Feinstruktur von **VI** entspricht weitgehend der einer äquivalenten Mischung von **IV** u. **V**, womit die Vorstellung von Pauling, daß **VI** kovalent gebundene, ebene Komplexionen $[Ni(CN)_4]^{2-}$ u. ion. gebundene, oktaedr. Komplexionen $[Ni(H_2O)_6]^{2+}$ in gleicher Anzahl enthält, gestützt wird. Die Untersuchung zeigt, daß generell die Feinstruktur auf der kurzwelligen Seite der Absorptionskante bis zur Entfernung von etwa 100 eV durch die unmittelbare Umgebung der absorbierenden Atome bestimmt wird. H.-U. Chun 94

0391 **Einfluß der chemischen Bindung auf die Asymmetrie der K_α-Linien von Kobalt.** Chintamani Mande, A. S. Nigavekar und Pushpa Chivate. (Indian J. Physics Proc. Indian Assoc. Cultivat. Sci. **41/50** (1967) 12, 897—901; Dep. of Phys., Univ. of Poona, Poona, India; engl.) — Messung der Asymmetrieindizes der durch Sek.-Anregung emittierten Co-K_{α_1}- u. -K_{α_2}-Linien von *metall. Co, Co-Chlorid* (blau, KZ = 4; rosa, KZ = 6), *Dichinoliniumkobalt(II)-chlorid(4), Dichinoliniumkobaltchlorid* (rosa, fl., **I**) (A = *Chinolin*), *Co(II)-Oxinat* (wasserfrei), *Co(II)-Oxinat* (Hydrat), *Co_2O_3*, *$[Co(NH_3)_6] \cdot Cl_3$*, *$Na_3Co(NO_2)_6$*, *$[Co(NH_3)_5H_2O]_2$ $(C_2O_4)_3$* u. tabellar. Angabe der Daten. Die Asymmetrieindizes nehmen in der angegebenen Reihenfolge mit zunehmender Wertigkeit u. ungefähr proportional der Verringerung der 3d-Elektronenanzahl ab, während die KZ keinen Einfl. hat. Die asymm. Linienverbreiterung läßt sich durch Austauschpolarisation zwischen den 1s- u. den 3d-Elektronen erklären. Aus der Größe des Asymmetrieindex ergibt sich die Wertigkeit von Co in **I** zu III. H.-U. Chun 94

0392 **Einfluß der Wärmeschwingungen der Atome auf die Feinstruktur der Röntgenabsorptionsspektren des Silbers.** A. V. Anikin. (Izvest. Akad. Nauk Turkm. SSR, Ser. fiz.-techn., chim.-geol. Nauk **1968**, 1, 114—16; Fiz.-techn. inst. AN Turkm. SSR; russ.) — Unter Hinweis auf eine frühere Arbeit wurden durch Einführung eines temperaturabhängigen Faktors in eine Gleichung zur Berechnung des Absorptionskoeff. $\tau(k)$ die K-, L_I-, L_{II}- u. L_{III}-Absorptionsspektren von *Silber* für die 3., 7. u. 13. Koordinationssphäre über einen Bereich von 180—200 eV u. zusammen mit experimentellen Kurven dargestellt. Bes. im Anfangsgebiet stimmen experimentelle u. theoret. Kurven gut überein, eine Abweichung der Theorie vom Experiment bez. der Lage der C- u. D-Max. wird nicht näher erläutert. A. Meisel 94

0393 **Langlebige Phosphoreszenz-Komponenten in NaJ(Tl) und CsJ(Tl).** C. F. G. Delaney und A. M. Lamki. (Int. J. appl. Radiat. Isotopes **19** (1968) 2, 169—70; Phys. Dep., Trinity Coll., Univ. of Dublin; engl.) — Vf. finden in beiden Krist. mindestens je eine langlebige Phosphoreszenz mit einer mittleren Lebensdauer von ca. 45 Tagen. Daneben gibt es noch einige Komponenten, die schneller abklingen. P. Weiland 96

0394 **Triboluminesenz von Zinksulfidpulver.** Lubomír Sodomka. (Československ. Časopis Fysiku, Sekce A **18** (1968) 5, 497—502; Vysoká škola strojni a textilni, Liberec; tschech.) — Beschreibung einer Pulverstrahl-Meth. zur Messung der Triboluminenszenzstrahlung der ZnS-Teilchen als Funktion des Luftdrucks (Luft als Träger) in Verb. mit der Pulverteilchengeschwindigkeit. Das Verf. kann zur Messung des elektr. Stroms benutzt werden, der durch das Auftreffen der ZnS-Teilchen auf eine transparente leitende Elektrode entsteht. Die Erzeugung dieses Stroms wird durch Ladungsübergang von den Teilchen zur Elektrode u. elektrostat. Induktion der Elektrode erklärt. I. Zoll 96

0395 **Photolumineszenz von mit Samarium aktiviertem Strontiumborat.** M. E. Movsesjan und V. A. Gevorkjan. (Optika i Spektroskopija **25** (1968) 2, 294—95; russ.) — Die Photolumineszenz u. opt. Absorption von bei 850 u. 1050° bei 1 atm oder 1 Torr aus SrO + B_2O_3 + (0,1—1) Gew.-% Sm_2O_3 hergestellten Sr-Boratproben wird in Abhängigkeit von den Herst.-Bedingungen untersucht. In den bei 850° hergestellten Proben lumineszlert Sm^{2+}, in den bei 1050° geglühten Proben gleichzeitig Sm^{2+} u. Sm^{3+}. H. Roschkowski 96

0396 **Cadmiummolybdat-Einkristalle und ihre optischen Eigenschaften.** L. N. Alymova, V. E. Karapetjan, A. M. Morozov und G. A. Moskovkina. (Izvest. Akad. Nauk SSSR, Neorg. Mater. **4** (1968) 7, 1199—1200; russ.) — *$CdMoO_4$* **(I)** kann aus $CdCO_3$ + $(NH_4)_2MoO_4$ **(II)** bei 500—600° oder durch Fällung aus wss. Lsg. von $Cd(NO_3)_2$ u. **II** bei pH 6,5 durch NH_3-Zugabe u. nachfolgender Trocknung bei 100—150° dargestellt werden. Außer stöchiometr. zusammengesetzten Proben wurden auch solche mit Überschuß an CdO bzw. MoO_3 bis zu 10% synthetisiert. Die Einkrist. wurden aus der Schmelze nach dem Animpfen gewonnen. **I** schmilzt bei ≈ 1120°. Das Absorptionsspektrum zwischen 400 u. 700 sowie 4000 u. 9000 nm wurde aufgenommen. **I**-Einkrist. absorbieren zwischen 5,5 u. 7 μm stark. Die Lumineszenz wird bei Kühlung verstärkt. Sie wurde bei 77 °K zwischen 450 u. 800 nm gemessen. **I**-Einkrist. sind opt. positiv, die Doppelbrechung ist gering. U. Strobel 96

Elektrische Eigenschaften

0397 **Bromelektrode für Messungen der Thermokraft.** Jean Leonardi. (C. R. hebd. Séances Acad. Sci., Sér. C **265** (1967) 1, 13—15; Strasbourg, Fac. des Sci., Labor. d'Électrochim. et de Chim. phys. du Corps solide; franz.) — Vf. zeigen am Beispiel von Messungen der Thermokraft von fl. u. festem AgBr, daß mit Hilfe der Bromelektrode präzise Meßergebnisse erhalten werden können, ohne daß man dabei die Temp., die Eintauchtiefe, den Halogenstrom u. dgl. bes. berücksichtigen muß. Für die Temp.-Abhängigkeit der Thermokraft von fl. AgBr oberhalb 480° (untersucht bis 670°) gilt die Beziehung $\Theta = 0{,}344 \cdot 10^{-3}(t - 480) - 0{,}702$. Der Vgl. mit den Ergebnissen aus Messungen mit Metallelektroden zeigt die Zuverlässigkeit der Methode. F. Haenschke 112

0398 **Einige Besonderheiten der Sekundärionenemission aus einer W–Mo-Legierung unter der Einwirkung langsamer Ionen.** U. A. Arifov, D. D. Gruič und Ch. M. Chamidova. (Doklady Akad. Nauk SSSR **180** (1968) 5, 1075—77; Inst. ėlektron. AN Uzb. SSR; russ.) — Nach einem früher (vgl. C. **1965**, 51-0261) beschriebenen Verf. wird die Energieverteilung der Sekundärionen gemessen, die beim Beschuß mit K^+-Ionen mit Primärenergien von 170—490 eV aus einer 50%ig. W–Mo-Leg. sowie aus reinem W u. reinem Mo ausgelöst werden. Zweck der Unters. ist die Aufklärung des Mechanismus des Einfl. der Bindung der Targetatome im Gitter auf die Ionenstreuung. Die Energieverteilungen zeigen je drei Maxima. Ein Max. auf der niederenerget. Seite besteht aus abgedampften u. langsamen Sekundärionen, während die beiden Max. bei höheren Energien einfach elast. an W- und Mo-Atomen gestreuten Ionen entsprechen. Ihr Auftreten im genannten Primärenergiebereich spricht für Paar-Stöße. Je niedriger die Energie der Primärionen u. je höher die Targettemp. (1200—1700 °K) ist, desto schwächer wird das W-Max. relativ zum Mo-Max. in der Energieverteilung. Dies wird dadurch erklärt, daß sich eine dünne Mo-Schicht auf der Oberfläche der Leg. bildet. F. Lenz 114

0399 **Elektronenemission aus lumineszierendem Zinksulfid.** V. L. Rabotkin und M. B. Kotljarevskij. (Izvest. vysšich učebnych Zavedenij [Tomsk], Fiz. **11** (1968) 8 (75), 135—36; Tomskij inst. radioelektron. i ėlektron. techn.; russ.) — Die Elektronenemission bei der Elektrolumineszenz von ZnS im Feld von 600—1800 V u. bei $2 \cdot 10^{-6}$ Torr wird gemessen. H. Roschkowski 114

0400 **Isotopeneffekt in der Exoelektronenemission.** D. I. Baazov, Ju. A. Kolbanovskij und L. S. Polak. (Kinetika i Kataliz **9** (1968) 4, 949; russ.) — Die Exoelektronenemission von γ-Al_2O_3 vor u. nach der Adsorption bzw. nach Desorption von H_2 u. D_2 wird verglichen. Sie steigt in der Reihenfolge reines γ-Al_2O_3 — γ-Al_2O_3 + D_2 — γ-Al_2O_3 + H_2 an. H. Roschkowski 114

0401 **Bedeutung des adsorbierten Sauerstoffs bei der Exoelektronenemission von einer Zinkoxid-Oberfläche.** T. S. Ustinova und I. V. Krylova. (Ž. fiz. Chim. **42** (1968) 8, 2102—03; Mosk. gos. univ. im Lomonosova; russ.) — Der Einfl. von adsorbiertem O_2 bei 200 u. 300° auf die Exoelektronenemissionsintensität von ZnO-Oberflächen im Vakuum wird untersucht. Eine Vorbehandlung der Proben durch Erhitzen im Vakuum oder in O_2 ändert die Elektronenemission bei 20° nach Anregung mit Elektronen beträchtlich. H. Roschkowski 114

0402 **Einfluß von Quecksilberdampf auf die Wärmebehandlung metallischer Kathoden.** Ch. Ch. Chadžimuchamedov und U. A. Arifov. (Izvest. Akad. Nauk Uzb. SSR, Ser. fiz.-mat. Nauk **125** (1968) 4, 85—86; Inst. ėlektron. AN Uzb. SSR; russ.) — Fettdämpfe erhöhten die Austrittsarbeit von Kathoden aus *Ta*, *W*, *Mo* infolge Bldg. von C-Verb. mit dem Material mit hoher Schmelztemperatur. Durch Hg-Dampf wurden diese Carbide von der Oberfläche entfernt u. die Austrittsarbeit erreichte den Wert des reinen Metalls. M. Wiedemann 114

0403 **Partielle Berücksichtigung der Zwischenelektronenkorrelation in der Theorie der Bandstruktur von Kristallen mit Sphalerit- und Diamantgitter.** V. G. Lyapin und K. B. Tolpygo. (Physica Status solidi [Berlin] **23** (1967) 1, 429—37; Shevchenko State Univ., Kiev; engl.) H. Roschkowski 116

0404 **Neue Methode zur Bestimmung der Druckabhängigkeit der Ladungsträgerkonzentration in Halbmetallen.** N. B. Brandt, N. Ja. Minina und Ju. A. Pospelov. (Fiz. tverdogo Tela **10** (1968) 5, 1268—71; Mosk. gos. univ. im. Lomonosova; russ.) — Durch Messung der Druckabhängigkeit der integralen magnet. Leitfähigkeitsänderung $\int \sigma(H)dH$ kann die Druckabhängigkeit der Ladungsträgerkonz. bestimmt werden. Experimentelle Werte für *Bi* (≦ 16k Bar) stimmen mit anderen Daten gut überein. Vorläufige Daten für *Sb* zeigen jedoch im Gegensatz zu Literaturdaten einen positiven Druckkoeff. der Ladungsträgerkonzentration. K. Jaeger 116

0405 **Methode zur Messung des Rauschens von auf tiefe Temperaturen abgekühlten hochohmigen Photowiderständen.** K. M. Kulikov und N. P. Lichtman. (Pribory Techn. Ėksperimenta **1968**, 2, 219—21; russ.) — Beschreibung des Verf. u. Anwendung auf mit B dotierte *Ge*-Photowiderstände bei der Temp. des fl. He. H. Roschkowski 116

0406 **Möglichkeit der Steuerung der Photoempfindlichkeit einer Triode durch Licht.** I. V. Varlamov, I. A. Sondaevskaja und V. P. Sondaevskij. (Fiz. Techn. Poluprocovnikov **2** (1968) 3, 417—23; russ.) — Beschrieben wird ein neuer Phototriodentyp auf der Basis von Halbleitern mit tiefen Störstellenniveaus. Es wird gezeigt, daß die Photoempfindlichkeit dieser Trioden durch die Intensität u. durch die Wellenlänge des einfallenden Lichtes gesteuert werden kann. Messungen an *Au*-dotierten *Ge*-Trioden bestätigen die theoret. Ergebnisse. K. Jaeger 116

0407 **Einfluß thermischer Behandlung auf die Elektronenstruktur einer Siliciumoberfläche.** V. H. Lytovčenko und V. P. Kovbasjuk. (Ukraïns'kij fiz. Ž. **13** (1968) 5, 773—78; Inst. napivprovidnykiv AN URSR, Kyïv; ukrain., Auszug: engl.) — Unters. über den Einfl. einer Tieftemp.-Behandlung im Vakuum auf das Oberflächenpotential Y_s, die Rekombinationsgeschw. s u. das Elektronenspektrum des „festen" Zustandes der „realen" Oberfläche von Si mit hohem elektr. Widerstand. Erwärmung auf 80—100° bedingt eine Verschiebung von Y_s zur n-Si-Oberfläche; s u. das Elektronenspektrum ändern sich beträchtlich bei 150—300°. Demnach ändert sich bei Tieftemp.-Behandlung der ursprüngliche Oberflächenzustand. I. Zoll 116

0408 **Zeitcharakteristiken von Siliciumstrukturen des p-n-p-n-Typs.** G. A. Nakašidze, E. G. Džaparidze, R. N. Torošelidze, L. A. Gogava und A. G. Ter-Sarkisova. (Soobšč. Akad. Nauk Gruz. SSR **50** (1968) 1, 53—58; Inst. Kiber. AN Gruz. SSR; russ.) — Es wurde der Einschaltungs- u. Ausschaltungsprozeß dieser Photoschaltungsdioden durch Laserlichtimpulse untersucht. V. Burjan 116

0409 **Phononendrag in Antimon.** N. A. Red'ko und S. S. Šalyt. (Fiz. tverdogo Tela **10** (1968) 5, 1557—59; Inst. poluprov. AN SSSR; russ.) — Messung der spezif. elektr. Leitfähigkeit, des Nernst-Koeff. u. der Thermo-EMK als Funktion der Temp. (4,2—300 °K). Die Daten unterhalb ca. 80 °K werden durch einen starken Phononendrag gedeutet. K. Jaeger 116

0410 **Oberflächeneffekt der Strom-Spannung-Charakteristiken und des Funkelrauschens von Photowiderständen aus Gold-dotiertem Germanium.** M. N. Kolbin. (Fiz. Techn. Poluprovodnikov **2** (1968) 4, 472—76; russ.) — Strom-Spannungs- u. Rauschmessungen (1/f-Typ) an Ge-Photowiderständen ($1-2 \cdot 10^{15}$ cm^{-3} Au, $1 \cdot 10^{14}$cm^{-3} *Sb*; Cu-Kontakte; 77 °K). Die Messungen lassen sich unter Berücksichtigung der Oberflächeneinfl. beschreiben (Inversionsschicht, Doppelinjektion, Haftstellen- u. Rekombinationszentrenquerschnitte). K. Jaeger 116

0411 **Untersuchung der Photoleitfähigkeit von Alkalimetallhalogeniden.** V. Vít und M. Knittl. (Chem. Průmysl **18** (**43**) (1968) 3, 128—29; Monokrystaly, Turnow; slowak.) — Die Photoleitfähigkeit in Ionenkrist. wird theoret. erklärt. Für Photoströme sowie Lebensdauern freier Ladungsträger werden Gleichungen abgeleitet, die Abhängigkeit des Photostroms von der Intensität der ionisierenden Strahlung gemessen (*KCl, KCl:Al, KCl:Ca, KCl-H*) u. die Lebensdauer als Funktion des Absorptionskoeff. ermittelt. Ebenso wird im Falle nicht bestrahlter Proben die Abhängigkeit des Photostroms von der Zeit u. der Konz. der Beimengungen bestimmt. Die Messung der Photoleitfähigkeit kann die spektrometr. ermittelte Information über die Reinheit u. Qualität opt. Einkrist. ergänzen oder in einigen Fällen ersetzen. Die monotone Abhängigkeit des Photostroms von der absorbierten Menge der ionisierenden Strahlen zeigt die Möglichkeit einer dosimetr. Anwendung auf. O. Rösner 116

0412 **Einige physikalische Eigenschaften von Manganboriden.** E. T. Bezruk und L. Ja. Markovskij. (Izvest. Akad. Nauk SSSR, Neorg. Mater. **4** (1968) 3, 447—49; Gos. inst. prikl. chim., Leningrad; russ.) — Für Mn_4B, Mn_2B, MnB, Mn_3B_4 u. MnB_2 werden B-Konz., D., spezif. elektr. Widerstand, Temp.-Koeff. des elektr. Widerstandes, Koeff. der Thermo-EMK, Wärmeleitung u. Mikrohärte angegeben. H. Richter 116

0413 **Einige elektrophysikalische Eigenschaften von Cerhexaboridlegierungen mit Übergangsmetallen.** 1. Mitt. V. P. Bondarenko und B. A. Kovenskaja. (Izvest. vysšich učebnych Zavedenij [Tomsk], Fiz. **11** (1968) 6 (73), 66—70; Kievskij politechn. inst.; russ.) — Der Einfl. von Hf, Ta, W u. Re auf den elektr. Widerstand u. die Thermo-EMK von CeB_6 wird untersucht. 0,5 Atom-% Hf oder W führen zu einer starken Verminderung des Widerstands u. der Thermo-EMK durch Umverteilung der Elektronendichte u. Änderung der Elektronenbeweglichkeit. Größere Metallmengen (5—15 Atom-%) ändern Widerstand u. Thermo-EMK nicht mehr wesentlich. H. Roschkowski 116

0414 **Temperaturabhängigkeit der elektrophysikalischen Eigenschaften von Cerhexaboridlegierungen mit Übergangsmetallen.** 2. Mitt. V. P. Bondarenko und B. A. Kovenskaja. (Izvest. vysšich učebnych Zavedenij [Tomsk], Fiz. **11** (1968) 6 (73), 97—100; russ.) — 1. vgl. vorst. Referat. — Für CeB_6-Leg. mit 0,5—15 Atom-% Hf, Ta, W oder Re wird die Temp.-Abhängigkeit von elektr. Widerstand u. Thermo-EMK bei ca. 100—900° untersucht. H. Roschkowski 116

0415 **Einfluß der thermischen Behandlung auf die elektrischen Eigenschaften von dünnen Schichten aus Molybdäncarbid.** B. A. Višnjakov und K. A. Osipov. (Izvest. Akad. Nauk SSSR, Neorg. Mater. **4** (1968) 7, 1184—85; Inst. metallurg. im. Bajkova AN SSSR; russ.) — Durch Bestrahlen von auf einer polierten Glasunterlage adsorbiertem $Mo(CO)_6$ mit Elektronen wurden MoC-Filme erzeugt, ihr elektr. Widerstand R in Abhängigkeit von der Temp. beim Erhitzen an der Luft u. unter Vakuum u. in Abhängigkeit von der Verweilzeit an der Luft untersucht. Beim Verweilen an der Luft wächst die Widerstandsänderung eines MoC-Filmes mit sich verringernder Schichtdicke infolge Oxydation. Bei mehrfachem Erhitzen u. Abkühlen der MoC-Schicht stabilisieren sich ihre Eig. derart, daß R konst. bleibt. Beim Erhitzen des MoC-Filmes unter Vakuum ($5 \cdot 10^{-6}$ Torr) u. Abkühlen auf die Ausgangstemp. sinkt R, wobei der R-Abfall mit wachsender Temp.-Differenz ebenfalls ansteigt. B. Karos 116

0416 **Physikalisch-chemische Untersuchung von Chromdisilicid-Phasen.** B. K. Voronov, L. D. Dudkin, N. I. Kirjuchina und N. N. Trusova. (Izvest. Akad. Nauk SSSR, Neorg. Mater. 4 (1968) 3, 325—30; russ.) — Untersucht werden 16 Phasen im Bereich $CrSi_{1,93}$ bis $CrSi_{2,10}$. Der Homogenitätsbereich der Cr-Disilicidphase erstreckt sich bei ca. 1230° von $CrSi_{1,98-1,99}$ bis $CrSi_{2,02-2,030}$. Für die Proben werden die Mikrohärten, Leitfähigkeiten, Thermo-EMK u. Wärmeleitfähigkeiten angegeben. $CrSi_2$ hat eine maximale Breite der verbotenen Zone von ca. 0,7 eV, die sich zu den Homogenitätsgrenzen hin auf 0,4—0,5 eV verringert. H. Richter 116

0417 **Bandstruktur von Eisenmonosilicid.** V. I. Kajdanov, V. A. Celiščev, I. K. Ievalniek, L. D. Dudkin, B. K. Voronov und N. N. Trusova. (Fiz. Techn. Poluprovodnikov **2** (1968) 4, 463—71; Leningradskij politechn. inst. im. Kalinina; russ.) — Best. der spezif. elektr. Leitfähigkeit, der Thermo-EMK, des Nernst-Koeff. u. des Hall-Koeff. von FeSi, $Fe_{1,03}Si$ u. $FeSi_{1,03}$ (100—450 °K). Die effektive Masse beträgt 100 m_0, der Bandabstand (Fe-3d-Syst.) ca. 0,1 eV. K. Jaeger 116

0418 **Bestimmung der Rekombinationszentren-Parameter in mit Kupfer dotiertem Galliumarsenid.** A. V. Ljubčenko, M. K. Šejnkman, V. A. Brodovoj und N. M. Krolevec. (Fiz. Techn. Poluprovodnikov **2** (1968) 4, 492—500; Inst. poluprov. AN USSR, Hiev; russ.) — Thermo- u. photoelektr. Messungen an Cu-dotierten (ca. $2 \cdot 10^{16}$ cm^{-3}) p-GaAs-Einkrist. ergaben für die R-Zentren: $\Delta E_R = 0{,}30$ eV über der Valenzbandkante, Elektroneneinfangquerschnitt $S_n = 1 \cdot 10^{-19}$ cm^2, Defektelektroneneinfangquerschnitt $S_p = 1 \cdot 10^{-13}$ cm^2, Einfangquerschnitt für die den Elektronenübergang vom Valenzvand in das R-Zentrum begleitenden Photonen $\gamma = 1 \cdot 10^{-15}$ cm^2, Konz. der R-Zentren $N_R \geqq 10^{15}$ bis 10^{16} cm^{-3} u. für die S-Zentren der schnellen Rekombination: $\Delta E_S = 0{,}49-0{,}53$ eV, $S_n = 1 \cdot 10^{-17}$ cm^2 bei 92 °K u. S_p ca. 10^{-14} cm^2). Die S-Zentren werden mehrfach geladenen Akzeptoren, vermutlich Cu-Atomen, zugeordnet. K. Jaeger 116

0419 **Stark dotiertes n-Indiumantimonid.** M. Ja. Daševskij, L. S. Okun' und G. Z. Plotkina. (Izvest. Akad. Nauk SSSR, Neorg. Mater. **4** (1968) 5, 685—88; Mosk. inst. stali i splavov; russ.) — Bei Dotierung von InSb mit S, Se u. Te nimmt die maximale Elektronenkonz. in der Reihenfolge S, Se, Te von $5{,}5 \cdot 10^{18}$ cm^{-3} bis $1{,}2 \cdot 10^{19}$ cm^{-3} zu. In der gleichen Reihenfolge werden die Verteilungskoeff. dieser Dotierungselemente in InSb größer. Die höchste Elektronenkonz. wird bei Te-Dotierung in Form von In_4SbTe_3 mit $(1{,}5 \pm 0{,}1) \cdot 10^{19}$ cm^{-3} erreicht. H. Richter 116

0420 **Magnetische Widerstandsänderung und Hall-Effekt von n-InSb-Einkristallen mit hoher Versetzungsdichte.** P. I. Barans'kyj, M. M. Vyšnevs'kyj und O. P. Horodnyčyj. (Ukraïns'kyj fiz. Ž. **13** (1968) 7, 1099 bis

1103; Inst. napivprovidnykiv AN URSR, Kyïv; ukrain., Auszug: engl.) — Unters. der Anisotropie der Beweglichkeit u. der transversalen magnet. Widerstandsänderung bei 77° in n-InSb-Einkrist. ($n_e \approx 4 \cdot 10^{14}$ cm^{-3}) mit hoher Versetzungsdichte ($N_v > 10^5$ cm^{-2}) u. mit bevorzugter Orientierung in Richtung der Barrenwachstumsachse. I. Zoll 116

0421 **Maximale Empfindlichkeit von Detektoren auf der Grundlage der Elektronengaserwärmung in n-InSb.** A. N. Vystavkin, V. N. Gubankov, V. N. Listvin und V. V. Migulin. (Izvest. vysšich učebnych Zavedenij [Gor'kij], Radiofiz. **11** (1968) 4, 602—10; Inst. für Radiotechnik u. Elektronik, AN SSSR; russ., Auszug: engl.) — Unters. der Grenzempfindlichkeit u. des Konversionsfaktors von Detektoren für den Millimeter- u. Submillimeterbereich als Funktion der Materialparameter, Betriebsbedingungen (Stärke der magnet. u. elektr. Felder) u. Geometrie der Detektoren. Theoret. u. experimentelle Unters. eines n-InSb-Detektors bei 4,2°K. K. Jaeger 116

0422 **Hall-Sonden aus dotiertem Indiumantimonid.** S. Suchanov. (Izvest. Akad. Nauk Turkm. SSR, Ser. fiz.-techn., chim. geol. Nauk **1968,** 2, 114—15; Fiz. techn. inst. AN Turkmen. SSR; russ.) — Für die mit Te dotierten Sonden werden die Trägerkonz. u. Spannungsempfindlichkeit als Funktion der Stromträger sowie die Temp.-Abhängigkeit der Hall-Konst. angegeben. Sie arbeiten stabil von niedrigen Temp. herauf bis zu +80°. V. Burjan 116△

0423 **Thermische und elektrische Eigenschaften von Lanthanantimonid.** E. V. Gončarova, V. P. Žuze, V. V. Ždanova, T. B. Žukova, I. A. Smirnov und E. V. Šadričev. (Fiz. tverdogo Tela **10** (1968) 5, 1322 bis 1329; Inst. poluprov. AN SSSR, Leningrad; russ.) — Messung (80—1000°K) des Hall-Koeff., der Wärmeleitfähigkeit, des linearen Ausdehnungskoeff., der Gitterkonst., der spezif. elektr. Leitfähigkeit u. der Thermo-EMK von LaSb. Bei 630—720° tritt eine Phasenumwandlung ein (vermutlich NaCl-Typ → einfach-kubisch). Die experimentellen Daten zeigen, daß LaSb ein Halbmetall mit überlappenden Bändern ist. K. Jaeger 116

0424 **Elektronenenergiespektrum von $ZnGeAs_2$ und $ZnSiP_2$.** A. S. Poplavnoj und G. F. Karavaev. (Izvest. Akad. Nauk SSSR, Neorg. Mater. 4 (1968) 2, 196—200; Sibir. fiz.-techn. inst. im., Kuznecova; russ.) — Auf der Grundlage der Störungstheorie wurde die Berechnung der Grenzen der Zonen $ZnGeAs_2$ u. $ZnSiP_2$ in den Punkten G u. T der Brillouin-Zone durchgeführt. Die ber. Breite der verbotenen Zone beträgt für $ZnGeAs_2$ 1,3 eV u. für $ZnSiP_2$ 2,1 eV. H. Richter 116

0425 **Elektrische Eigenschaften von Diffusions-p-n-Übergängen in Indiumphosphid.** V. V. Galavanov, S. G. Metreveli, D. N. Nasledov und N. V. Siukaev. (Fiz. Techn. Poluprovodnikov **2** (1968) 4, 519—25; Fiz.-techn. inst. im. Ioffe AN SSSR, Leningrad; russ.) — Die Strom-Spannungkurven für Durchgangs- u. Sperrrichtung der *Cd*- oder *Zn*-dotierten Diffusionsdioden lassen sich im Bereich von 77—590°K u. $\lesssim$ 10 V durch die Shockley-Noyce-Sah-Theorie [Proc. IRE **45** (1957), 1228] beschreiben. K. Jaeger 116

0426 **Herstellung oxidischer Halbleiter mit starker Temperaturabhängigkeit der Elektronenleitung.** F. I. Kolomojcev, I. M. Černenko und P. P. Kupreev. (Izvest. Akad. Nauk SSSR, Neorg. Mater. 4 (1968) 2, 223—26; Dnepropetrovskij gos. univ., kaf. radioėlektron.; russ.) — Beschrieben wird eine Meth. zur Herst. polykrist. Proben des tern. Syst. V_2O_5–P_2O_5–SrO mit starkem Abfall der elektr. Leitung im Temp.-Bereich von 61—71°. Der Einfl. verschiedener Faktoren auf die elektr. Leitung wird untersucht. Die Zus. der Proben mit größtem Abfall des Widerstandes mit der Temp. wird angegeben. H. Richter 116

0427 **Elektrochemische Untersuchungen zur spektralen Sensibilisierung von ZnO-Einkristallen.** H. Gerischer und H. Tributsch. (Ber. Bunsenges. physik. Chem. **72** (1968) 3, 437—45; Phys.-Chem. Inst., TH München; dt.) — An einem ZnO-Krist. kann man sensibilisierte Photoströme beobachten, wenn man ihn in Kontakt mit einem Elektrolyten bringt, dem ein geeigneter Farbstoff zugesetzt ist, u. seine Oberfläche mit Licht einer Wellenlänge bestrahlt, das nur vom Farbstoff absorbiert wird. Der ZnO-Krist. muß als Anode einer galvan. Zelle dienen. Es wird über Messungen mit *Rhodamin B*, *Riboflavin* u. *Rose bengale* als Sensibilisatoren berichtet. Bei Rose bengale konnte auch der Effekt der Übersensibilisierung bei Zusatz von Red.-Mitteln wie Hydrochinon, Na_2SO_3 oder H_2O_2 beobachtet werden. Die angewandte Meth. ist zur Unters. des Mechanismus der Photosensibilisierung geeignet. Die mit den erhaltenen Ergebnissen übereinstimmenden Mechanismen werden diskutiert. D. Hoene 116

0428 **Ionentransport in amorphen Oxiden.** R. H. Doremus. (J. electrochem. Soc. **115** (1968) 2 Part 1, 181—86; Gen. Electr. Res. and Dev. Center, Schenectady, N.Y.; engl.) — Zur Deutung der elektr. Leitfähigkeit von amorphen Oxidfilmen wurden 51 Publikationen bez. Ionentransport in *Gläsern* ausgewertet. Am geeignetsten zur Klärung des Problems halten die Vf. die Ergebnisse über die Alkali- u. OH-Ionenbeweglichkeit in geschmolzenem *SiO_2*. Die Resultate an andern Gläsern (Na-Silicat, Aluminosilicat) gestatten Vf., ihre Theorie zu prüfen u. die Wrkg. von Zusätzen zum Glas u. der Hydratation des Glases aufzuzeigen. G. Schatz 116

0429 **Sauerstoffionenleitung im System ZrO_2–Gd_2O_3.** H. Peters und K. H. Radeke. (Mber. dtsch. Akad. Wiss. Berlin **10** (1968) 1, 53—59; Inst. für Phys. Chem.; dt.) — Im Gebiet der Überstruktur-(Pyrochlor-)Phase mit 28—38 Mol-% Gd_2O_3 (symm. zu $Zr_2Gd_2O_7$) wurden im Temp.-Bereich 600—1400° nach der Zweileitermeth. Leitfähigkeits($\varkappa$)-Messungen vorgenommen. Die Proben wurden mit 1,5 Mp/cm² zu Tabletten gepreßt u. bei 1900° gesintert. Die Messung erfolgte unter einem Druck von 6—8 kp/cm². $\varkappa$ ist stark abhängig vom Gd_2O_3-Anteil u. damit von der Zahl der O^{2-}-Leerstellen im Mischoxid. Dies äußert sich in Änderungen der Aktivierungsenergie (E) u. des präexponentiellen Faktors (A) in $\varkappa = A \exp \cdot (-E/RT)$. E u. A werden als Funktion des Gd_2O_3-Geh. dargestellt. Die Ergebnisse werden an Hand der auftretenden Strukturen (Fluorit-, Pyrochlorphase) u. der Raumerfüllung der Elementarzelle als Funktion des Gd_2O_3-Anteils diskutiert. G. Schatz 116

0430 **Ionen- und Elektronenleitung im Magnesiumorthosilicat.** W. Pluschkell und H. J. Engell. (Ber. dtsch. keram. Ges. **45** (1968) 8, 388—94; MPI für Metallforsch., Inst. für Metallkunde, Stuttgart; dt.) — Messungen der elektr. Leitfähigkeit von *Forsterit* (Mg_2SiO_4) in Abhängigkeit von Zus. u. dem O_2-Partialdruck bei 1100—1600° sowie der EMK an O_2-Konz.-Zellen mit Forsterit als Festelektrolyten. Forsterit weist bei O_2-Partialdrücken zwischen 0,21—10^{-4} atm eine überwiegende Ionenleitung auf, die hauptsächlich von Mg-Ionen bestimmt wird. Bei niedrigen O_2-Partialdrücken ändert sich die Leitfähigkeit von annähernd stöchiometr. Forsterit proportional $p_{O_2}^{-1/6}$. Der Anstieg ist mit auftretender Elektronenleitung verknüpft. Er nimmt mit steigendem SiO_2-Geh. ab. I. Zoll 116

0431 **Leerstellenüberführung und elektrische Prozesse in Cadmiumsulfidkristallen.** A. S. Geršun und B. L. Timan. (Fiz. tverdogo Tela **10** (1968) 5, 1583—85; VNII monokrist., Char'kov; russ.) — An Proben mit ohmschen Kontakten wurde d Zeit gemessen, in der im elektr. Gleichfeld die monopolare in die bipolare Injektion übergeht. Aus der Spannungsabhängigkeit dieser Zeit werden die Aktivierungsenergie der geladenen Leerstellen (0,6 bis 0,8 eV) u. deren Diffusionskoeff. bei Zimmertemp. (10^{-13} cm²/s) bestimmt. K. Jaeger 116

0432 **Messung der Driftbeweglichkeit in amorphen As_2Se_3-Schichten bei Beleuchtung.** V. I. Kruglov und L. P. Strachov. (Izvest. Akad. Nauk SSSR, Neorg. Mater. 4 (1968) 2, 289—90; Leningradskij gos. univ. im. Ždanova; russ.) — Die Messungen werden an 10—20 μm dicken amorphen As_2Se_3-Schichten durchgeführt. H. Richter 116

0433 **Parameter von langsamen Rekombinationszentren von wärmebehandelten CdSe-Einkristallen.** K. V. Koležuk, A. S. Majstrenko und H. A. Fedorus. (Ukraïns'kyj fiz. Ž. **13** (1968) 5, 848–51; Inst. napivprovidnykiv AN URSR, Kyïv; ukrain., Auszug: engl.) — Es wird eine Sensibilisationstechnik für schwarz photoempfindliche CdSe-Einkrist. durch Wärmebehandlung in H_2 angegeben, wobei eine 10^4–10^5fache Zunahme der Sensibilität erreicht wird. Diskussion über 2 mögliche Sensibilisierungsmechanismen von CdSe-Einkrist. durch Wärmebehandlung. I. Zoll 116

0434 **Temperaturabhängigkeit des Bandabstandes in festen Lösungen von $PbTe_xSe_{1-x}$.** E. D. Devjatkova und V. A. Saakjan. (Fiz. tverdogo Tela **10** (1968) 5, 1563 bis 1565; Inst. poluprov. AN SSSR, Leningrad; russ.) — Messungen (80–800 °K) des Hall-Effektes, der Thermo-EMK u. der spezif. elektr. Leitfähigkeit u. Berechnung der Temp.-Abhängigkeit des Bandabstandes für $0 \leqq X \leqq 1{,}0$. Der Temp.-Effekt ist nichtlinear, aber stetig. K. Jaeger 116

0435 **Galvanomagnetische Eigenschaften von p-HgTe.** L. K. Čubova, N. P. Gavaleško und V. V. Eremenko. (Izvest. Akad. Nauk SSSR, Neorg. Mater. **4** (1968) 2, 187–92; Fiz.-techn. inst. nizkich temp. AN SSSR; russ.) — Untersucht wird die Abhängigkeit der magnet. Widerstandsänderung u. des Hall-Feldes in p-HgTe-Einkrist. verschiedener Reinheit von der Stärke u. Orientierung des Magnetfeldes bei 293°, 77° u. 4,2° im magnet. Querfeld von $H \leqq 18$ kOe. Magnet. Widerstandsänderung u. Hall-Feld zeigen eine Anisotropie, die hauptsächlich von der Temp. u. der magnet. Feldstärke abhängt. Die Werte der Hall-Konst., der Beweglichkeit u. der Ladungsträgerkonz. werden bestimmt. H. Richter 116

0436 **Elektrische Leitfähigkeit eisen- und gallium-substituierter Orthoklase ($KFeSi_3O_8$ bzw. $KGaSi_3O_8$).** Pierre Vermeulin und Roger Maury. (C. R. hebd. Séances Acad. Sci., Sér. D **264** (1967) 24, 2709–12; Paris, C.N.R.S., Labor. de Minér. Cristallogr.; franz.) — Die Orthoklase $KFeSi_3O_8$ (**I**) u. $KGaSi_3O_8$ (**II**) werden unter hydrothermalen Bedingungen bei 600° u. 1 kbar H_2O-Dampfdruck aus stöchiometr. Gemischen der konstituierenden Oxide (bei **I** zuerst bei 1300° zu einem Glas verschmolzen) dargestellt. Die Leitfähigkeit der Orthoklase (400–800°, 10 kHz) zeigen deutliche Knickpunkte, die bei 600 (**I**) bzw. 550° (**II**) liegen. Bei $KAlSi_3O_8$ (**III**) ist der Knickpunkt (500°) nur wenig ausgeprägt. Die Hochtemp.-Leitfähigkeit der Orthoklase gehorcht dem Arrhenius-Gesetz $\sigma = \sigma_0 \cdot \exp(-E/kT)$, wobei $E = 0{,}87$ eV u. σ_0 für **I** bzw. **II** u. **III** die Werte $4{,}9 \cdot 10^{-3}$ bzw. $1{,}7 \cdot 10^{-2}$ u. $1{,}3 \cdot 10^{-2}\ \Omega^{-1}\,cm^{-1}$ annimmt; es wird angenommen, daß hier die K^+-Ionen die alleinigen Ladungsträger sind. Bei tieferen Temp., d. h. unterhalb des Knickpunktes ist die Leitfähigkeit der Orthoklase größer als bei hohen Temperaturen. Der Mechanismus der Tieftemp.-Leitfähigkeit dieser Verb. ist noch umstritten; wahrscheinlich dürften hier die vierfach koordinierten Ionen einen Einfl. ausüben. F. Haenschke 116

0437 **Anomaler elektrischer Widerstand von G.-P.-Zonen.** P. Wilkes. (Acta metallurg. [Long Island City, N.Y.] **16** (1968) 6, 863–66; Metallurgy Dep., Manchester Univ., Manchester; engl.) — Diskussion von Theorien zur Erklärung der Zunahme des elektr. Widerstandes in den Anfangsstadien der Bldg. von G.-P.-Zonen. Keine erklärt vollständig die experimentellen Ergebnisse. Es wird eine neue Theorie vorgeschlagen, die auf einer Analogie zu opt. Beugungsphänomenen beruht. Die Theorie gibt die beobachteten Anomalien für Al–Zn- u. Cu–Be-Leg. wieder. H. Liepack 118

0438 **Der anisotrope galvanomagnetische Effekt in Ferromagnetika.** L. N. Petrova. (Fiz. tverdogo Tela **10** (1968) 1, 12–21; Ural'skij politechn. inst. im. Kirova, Sverdlovsk; russ.) — Berechnung eines phänomenolog. Anisotropiekoeff. der magnet. Widerstandsänderung mit Hilfe einer parametr. Mikrotheorie (Streuung an Spindiskontinuitäten). K. Jaeger 118

0439 **Magnetische Widerstandsänderung eines phasenkohärenten Netzwerkes gekoppelter Bahnen.** R. C. Young. (Philos. Mag. [8] **18** (1968) 151, 201–04; Cavendish Labor., Cambridge; engl.) — Aus der Unters. der magnet. Widerstandsänderung von reinen *Sn*-Einkrist. bei 1,1 °K wird auf die Existenz schneller u. langsamer Quantenoszillationen großer Amplitude geschlossen. Die Ergebnisse lassen sich auf der Basis eines Modells von Ketten gekoppelter kreisförmiger Bahnen freier Elektronen unter der Bedingung, daß an allen Kettengliedern Phasenkohärenz gewahrt bleibt, deuten. W. Laqua 118

0440 **Größeneffekt bei der magnetischen Widerstandsänderung von Al- und In-Filmen.** W. F. Druyvesteyn. (Philos. Mag. [8] **18** (1968) 151, 11–26; Philips Res. Labor., N. V. Philips' Gloeilampenfabrieken, Eindhoven, Netherlands; engl.) — Der sog. „Größeneffekt" auf den spezif. elektr. Widerstand dünner Metallfilme in einem Magnetfeld H wird theoret. untersucht; es werden zwei Fälle behandelt, wobei H einmal senkrecht zum Film u. einmal parallel zum Film, aber senkrecht zur Stromrichtung verläuft. Auf der Basis eines Modells mit zwei Bändern werden Ergebnisse erhalten, die mit experimentellen Ergebnissen von Førsvoll et al. (ibid. **10** (1964), 921) für den Größeneffekt der magnet. Widerstandsänderung von Al gut u. von In weniger gut übereinstimmen. Der größenabhängige Widerstand in einem Magnetfeld läßt sich durch Aufspaltung der Tensorelemente (Widerstand u. Hall-Koeff.) des Widerstandes in die Tensorelemente des Widerstandes jedes Bandes beschreiben. Wenn die Ladungsträger des ersten Bandes lange mittlere freie Weglängen besitzen, ist der Widerstand des ersten Bandes größenabhängig. Es wird angenommen, daß sich dieser größenabhängige Widerstand mit einem Modell freier Elektronen beschreiben läßt, d. h., der räumliche elektr. Widerstand des ersten Bandes weist keine magnet. Widerstandsänderung auf. Der Gesamtwiderstand ist eine solche Kombination der Widerstands-Tensorelemente der beiden Bänder, daß eine räumliche magnet. Widerstandsänderung resultiert. W. Laqua 118

0441 **Hall-Effekt in flüssigen Alkalimetallamalgamen.** R. V. Aldridge. (Philos. Mag. [8] **18** (1968) 151, 1–10; Cavendish Labor., Cambridge; engl.) — Bei Raumtemp. wurde der Hall-Effekt in fl. Hg-Amalgamen, die bis zu 5 Atom-% *Na* bzw. 1,5 Atom-% *K* enthielten, gemessen. Im Gegensatz zu den Erwartungen, die aus dem Modell freier Elektronen folgen, rufen die Alkalimetalle eine beträchtliche Verringerung des Hall-Koeff. hervor. Ergebnisse von Messungen des spezif. elektr. Widerstandes u. der D. der Amalgame als Funktion des Alkalimetallgeh. stimmen mit vorhandenen Literaturdaten überein. W. Laqua 118

0442 **Supraleitfähigkeit in Yttriumdicarbid.** A. L. Giorgi, E. G. Szklarz, M. C. Krupka, T. C. Wallace und N. H. Krikorian. (J. less-common Metals [Lausanne] **14** (1968) 2, 247; Univ. of Calif., Los Alamos; engl.) — An im Lichtbogen erschmolzenen Proben von YC_2 wurde mit Hilfe von Messungen der magnet. Suszeptibilität eine Sprungtemp. von 3,88 °K mit einer Sprungbreite von 0,04° gefunden. Es ist dies die erste Feststellung von Supraleitfähigkeit in einer raumzentrierten tetragonalen C11a(CaC_2-Typ)-Struktur. LaC_2 u. die Seltenerdmetalldicarbide der Metalle der seltenen Erden zeigen bis 2 °K keine Supraleitfähigkeit. G. Zwingmann 120

0443 **Breite des Supraleitungsüberganges von reinen Gallium-Einkristallen.** William D. Gregory. (Physic. Rev. [2] **165** (1968) 2, 556–61; Dep. of Phys. and the Center for Mat. Sci. and Engng., MIT, Cambridge, Mass.; engl.) — Der Supraleitungsübergang von drei Ga-Einkrist. mit einer Reinheit von 99,9999% aber verschiedenen geometr. Abmessungen wurde untersucht. E. Otto 120

0444 **Messung der Ultraschalldämpfung im gemischten Zustand von supraleitendem Niob.** H. Kinder. (Acustica [Stuttgart] **19** (1967/68) 3, 160–69; III. Phys. Inst., Univ. Göttingen; dt.) — Ein Verf. zur quant. Messung der Dämpfung im transversalen Magnetfeld u. zur Messung der transversalen Magnetisierung unter Verw. eines dünnen langgestreckten Plättchens aus einkrist. Nb wird beschrieben. Ein aufgekitteter Quarzstab dient als Wandler u. Verzögerungsleitung. Bei 518 MHz u. 1,6 bis 10 °K wird die Dämpfung in Abhängigkeit vom Magnetfeld gemessen. Es ergibt sich ein monotoner Anstieg der Dämpfungskurve mit waagerechter Tangente bei H_{C_1} (unteres krit. Feld) u. senkrechter Tangente bei H_{C_2} (oberes krit. Feld). In der Nähe von H_{C_2} werden die Ergebnisse der Dämpfungs- u. Magnetisierungsmessungen mit einer neuen Theorie von Maki verglichen. Übereinstimmung besteht, wenn die Zustandsdichte zu $N(0) = (2{,}5 \pm 0{,}3) \cdot 10^{34}$ $cm^3 \cdot erg$ angepaßt wird. M. Frenzel 120

0445 **Supraleitungseigenschaften von Legierungen auf Niobbasis.** B. G. Lazarev, O. N. Ovčarenko, A. A. Macakova und V. G. Volockaja. (Ž. èksper. teoret. Fiz. **54** (1968) 4, 1031—36; Fiz.-techn. inst. AN Ukr. SSR; russ., Auszug: engl.) — Von Proben aus tern. *Nb–Zr–Ti*-Leg. u. bin. *Nb–Ti*-Leg. wurden die Supraleitungseig. (T_C, H_{C_2}) gemessen. Einige weitere Schlüsse auf die prakt. Bedeutung tern. Leg. als Zwei-Phasen-Syst. können auf Grund der Änderung der Supraleitungssprungtemp. T_C nach Tempern der Leg. gezogen werden. In der Mitte des Konz.-Dreiecks existiert für die tern. Leg. ein Konz.-Bereich, in dem sich die Größe des krit. magnet. Feldes $H_{C_2} \sim 80000$ Oe bei 4,2 °K nicht wesentlich ändert. E. Otto 120

0446 **Josephson-Tunneleffekt in anisotropen Supraleitern mit nicht magnetischen Störstellen.** A. A. Golub. (Fiz. tverdogo Tela **10** (1968) 1, 84—86; Inst. mat. i vyčislitel. centrom AN MSSR, Kišinev; russ.) — Ableitung einer Gleichung für den konst. Josephson-Strom für die Grenzfälle sehr hoher u. sehr kleiner Störstellenkonzentration. K. Jaeger 120

Dielektrische und magnetische Eigenschaften

0447 **Polarisierungseffekte in dünnen, aufgedampften dielektrischen Filmen bei niedrigen Frequenzen.** J. C. Macfarlane und C. Weaver. (Philos. Mag. [8] **18** (1968) 151, 27—39; Dep. of Nat. Phil., Univ. of Strathclyde, Glasgow; engl.) — Die dielektr. Eig. durch Vakuumverdampfung erzeugter *LiBr*-, *LiJ*-, *LiF*- u. *Kryolith*-Filme wurden bei Frequenzen zwischen 0,01 u. 1000 Hz untersucht. Ähnlich wie NaCl- u. NaBr-Filme (ibid. **13** (1966), 671) weisen auch Li-Halogenidfilme große Verlustpeaks u. hohe Kapazitätswerte (bis zu 40 $\mu F/cm^2$) auf. In Übereinstimmung mit der großen Kationenbeweglichkeit in LiBr u. LiJ wird jedoch eine wesentlich andere Frequenzabhängigkeit beobachtet. Die Inkrement-Kapazität von LiF-Filmen ist dem Quadrat der Filmdicke umgekehrt proportional. Die Verlustpeak-Frequenz von LiBr- u. LiJ-Filmen läßt sich qual. auf Überschuß-Leerstellen zurückführen. Kryolith-Filme besitzen hohe Kapazitäten; die dielektr. Verluste sind bei erhöhten Temp. (107°) gering. W. Laqua 132

0448 **Mit der plastischen Verformung von Ionenkristallen verbundene elektrische Effekte.** A. A. Urusovskaja. (Usp. fiz. Nauk **96** (1968) 1, 39—60; Inst. kristallogr. AN SSSR; russ.) — Übersicht. — 88 Literaturangaben. H. Roschkowski 134

0449 **Dimensionen von Känzig-Bereichen und Kristallgitterdynamik.** B. N. Rolov und T. B. Romanovskij. (Izvest. Akad. Nauk Latv. SSR, Ser. fiz. techn. Nauk **1968**, 4, 55—59; Latvijskij gosuniv. im. Stučki; russ., Auszug: engl.) — Es wird eine Meth. zur Best. der Größe von Känzig-Bereichen in Ferroelektrika mit oktaedr. Sauerstoffanordnung diskutiert. Vf. zeigen, daß die Dimensionen der Känzig-Bereiche sowohl von der Gitterdynamik als auch von Strukturänderungen durch Phasenübergänge abhängen. Anwendung der theoret. Überlegungen auf $BaTiO_3$. I. Zoll 134

0450 **Spontane Polarisation von antiferroelektrischem Ammoniumdihydrogenphosphat.** L. G. Lomova und A. S. Sonin. (Fiz. tverdogo Tela **10** (1968) 5, 1565—66; russ.) — Theoret. u. experimentelle Best. der spontanen Polarisation P im Bereich des Curie-Punktes (—115 bis —125°). Am Curie-Punkt ist P 2,6 μ Cb/cm^2. K. Jaeger 134

0451 **Möglichkeit kollektiver Bewegungen von Protonen in Ferroelektrika vom KH_2PO_4-Typ.** M. Tokunaga. (Japan atomic Energy Res. Inst., Res. Rep. **1968**, 1157, 64—66; Kyoto, Univ., Res. Reactor Inst.; jap., Auszug: engl.) — Es wurde ein Zusammenhang zwischen dem Tunnel-Modell des Protons in KH_2PO_4 u. der durch unterschiedliche Energie verursachten kollektiven Bewegung theoret. behandelt. Ferner wird der Mechanismus des Phasenüberganges in Ferroelektrika diskutiert. H.-S. Park 134

0452 **Dielektrische Eigenschaften von RbH_2PO_4 in der Nähe des Phasenüberganges bei ultrahohen Frequenzen.** C.-Ž. Ludupov, I. Fiala und I. S. Želudev. (Kristallografija **13** (1968) 4, 442—46; Inst. kristallogr. AN SSSR; russ.) — Die DK u. tg ϑ von RbH_2PO_4-Einkrist. in der Nähe des Phasenübergangs werden bei $8 \cdot 10^2 - 4 \cdot 10^{10}$ Hz gemessen. In der paraelektr. Phase folgt das Verh. des RbH_2PO_4-Einkrist. bis zu 10^{10} Hz dem Curie-Weiss-Gesetz. H. Roschkowski 134

0453 **Röntgendiffraktometrische Untersuchung von Phasenübergängen im System $BiFeO_3$–$Pb(Fe_{0,5}Nb_{0,5})O_3$.** I. G. Ismailzade. (Kristallografija **13** (1968) 3, 431 bis 435; Inst. teoret. problem chim. technol. AN Azerb. SSR; russ.) — Röntgenbeugungsunters. an 14 Mischkrist. des Syst. $x\,BiFeO_3$–$(1-x)Pb(Fe_{0,5}Nb_{0,5})O_3$ mit $x = 0{,}97$ bis 0,05 sowie an $Pb(Fe_{0,5}Nb_{0,5})O_3$ zeigen, daß alle Proben rhomboedr. kristallisieren. Bei $x = 0{,}97$—0,93 treten bei 25—750° 7 Phasenübergänge ohne Symmetrieänderung auf. Die Verb. dieses Gebiets sind wahrscheinlich antiferroelektr.-antiferromagnet., Proben mit $x = 0{,}93$—0,00 ferroelektr.-antiferromagnetisch. Bei 370—375° treten in $BiFeO_3$ zwei Übergänge auf: Positionsänderung der Ionen bei ca. 375° u. magnet. Ordnungseinstellung bei T_N ca. 370°. H. Roschkowski 134

0454 **Röntgendiffraktometrische Untersuchung von Phasenübergängen in den Mischkristallen $Bi_{1-x}La_x(Fe_{0,98} \cdot Mn_{0,02})O_3$.** I. G. Ismailzade. (Kristallografija **13** (1968) 3, 436—41; russ.) — Vgl. vorst. Referat. — Untersucht werden Mischkrist. des Syst. $(1-x)Bi(Fe_{0,98}Mn_{0,02})O_3$–$x\,LaFeO_3$ mit $x = 0{,}05$—0,40. Ein Zustandsdiagramm wird aufgestellt. In den untersuchten Proben ist der Einfl. der magnet. Ordnungseinstellung auf die Struktur sehr gering u. röntgenograph. sowie durch DK-Messung nicht nachweisbar. H. Roschkowski 134

0455 **Summenentwicklung des Modells des lokalisierten Elektrons für antiferromagnetische Isolatoren.** Tadashi Arai. (Physic. Rev. [2] **165** (1968) 2, 706—24; ANL, Argonne, Ill.; engl.) — Entw. einer Vielkörper-Störungstheorie zur Berechnung des antiferromagnet. Grundzustandes u. der unteren angeregten Zustände von Ein-Elektron-Atomen im isolierenden Zustand. H. Liepack 136

0456 **Bewegungsgleichung für die Magnetisierung und Gleichung für die Temperaturänderung eines Ferrodielektrikums.** E. G. Petrov und A. A. Jacenko. (Fiz. tverdogo Tela **9** (1967) 9, 2568—78; Fiz.-techn. inst. AN USSR, Char'kov; russ.) — Berechnung der Relaxationszeiten der longitudinalen u. transversalen Komponenten der Magnetisierung eines Ferrodielektrikums u. Ableitung einer Bewegungsgleichung für die Magnetisierung. Die Änderung der Temp. des Spinsyst. mit der Zeit bei der Relaxation wird untersucht. H. Roschkowski 136

0457 **Veränderung der magnetischen Eigenschaften dünner Nickelfilme bei Bestrahlung mit Protonen von 850 keV.** V. L. Arbuzov, A. E. Buzynov, B. L. Dvinjaninov, A. K. Kikoin, V. M. Staduchin und V. A. Panov. (Fiz. Metallov Metallovedenie **25** [1968) 4, 764 bis 767; Inst. fiz. metallov AN SSSR; russ.) — Unters. des Einfl. einer Protonenbestrahlung auf die magnet. Eig. dünner Ni-Filme, die durch Verdampfung im Vakuum bei $5 \cdot 10^{-6}$ Torr erhalten wurden. Die Dicke der Filme betrug 2000—5000 Å. Bei den Bestrahlungsvers. wird im Gegensatz zu früheren Unters.-Ergebnissen eine Verringerung der Koerzitivkraft u. eine Zunahme der Remanenz festgestellt; diese Veränderungen werden dem Abbau der inneren elast. Spannungen in den Filmen zugeschrieben. H. Hochstein 136

0458 **Einfluß der Dicke der Zwischenschicht auf die Néelsche Kopplungsenergie magnetischer Zweischichtfilme.** Ju. F. Golovnev, I. Ja. Ganža, M. K. Savčenko

und V. S. Čerkašin. (Izvest. vysšich učebnych Zavedenij [Tomsk], Fiz. **11** (1968) 4 (71), 18—22; Krasnojarskij gospedinst.; russ.) — Unters. der magnetostat. Néel-Kopplung an Co/SiO/FeNiCo-Schichten.
H. Roschkowski 156

0459 **Einfluß ferromagnetischer Verunreinigungen auf die Suszeptibilität von Gadolinium im Bereich der Curie-Temperatur.** L. A. Bojarskij und M. A. Starikov. (Fiz. tverdogo Tela **10** (1968) 5, 1442—47; russ.) — Vibrationsmagnetometermessungen bei 24 Oe von 285—310°K an *Fe-* u. *Co*-dotierten Gd-Proben. Die experimentellen Daten werden durch einen empir. Ausdruck beschrieben.
K. Jaeger 136

0460 **Magnetische Suszeptibilität hexagonal-dichtgepackter Legierungen von höheren Homologen der 4d- und 5d-Übergangsmetallreihe.** J. G. Booth. (Philos. Mag. [8] **17** (1968) 145, 205—09; Battelle Memor. Inst., Columbus, O.; engl.) — Zwischen 77 u. 300°K wurde die magnet. Suszeptibilität χ folgender Leg. gemessen: *Mo-Ru*, *Mo-Rh*, *Ru-Rh*, *Ru-Pd*, *Ru-Nb* sowie *Re-W*, *Re-Os*, *Re-Ir*, *Re-Pt*, *Os-Pt* u. *Os-Ir*. Es folgt, daß sich die Elektronenstruktur der untersuchten Leg. mit einem Modell starrer (oder plast.) Bänder beschreiben läßt. Für beide Leg.-Reihen existiert bei einer mittleren Gruppennummer von $\approx$ 8,1 ein Minimum der Zustandsdichte. Eine Ausnahme bildet das Syst. Re-Pt.
W. Laqua 136

0461 **Magnetische Suszeptibilität von glasförmigem Arsensulfid.** L. A. Bajdakov, N. A. Novoselova und L. P. Strachov. (Izvest. Akad. Nauk SSSR, Neorg. Mater. **4** (1968) 2, 193—95; Leningradskij gos. univ. im. Ždanova; russ.) — Vf. untersuchen die magnet. Eig. von As_2S_3. Bei einer Feldstärke von 6300—5600 Oe ergibt sich für $\varkappa = -(0{,}310 \pm 0{,}010) \cdot 10^{-6}$ cm³/g. Der Einfl. des Luftsauerstoffes auf die Proben ergibt eine Erhöhung der Suszeptibilität um etwa 15% ($\varkappa = -(0{,}286 \pm 0{,}004) \cdot 10^{-6}$ cm³/g), d. h., Sauerstoff wurde nur an der Oberfläche adsorbiert. Vf. ber. den paramagnet. Anteil der Suszeptibilität von As_2S_3 zu $\varkappa_p = 33{,}5 \cdot 10^{-6}$ cm³/Mol u. den Ionenbindungsanteil der As–S-Bindung zu 6%.
W. Müller-Litz 136

0462 **Magnetische Suszeptibilität von As-Se-Gläsern.** L. N. Blinov, L. A. Bajdakov und L. P. Strachov. (Izvest. Akad. Nauk SSSR, Neorg. Mater. **4** (1968) 1, 22—27; russ.) — Alle untersuchten Proben (0—60 Atom-% As) waren diamagnetisch. Ein Minimum der Suszeptibilität lag bei 8—10% As, das durch die Stabilität von $AsSe_{3/2}$-Nahordnungen bis nur zu dieser Konz. gedeutet wird.
K. Jaeger 136

0463 **Magnetische und elektrische Eigenschaften von niederen Molybdänchalkogeniden.** A. A. Opalovskij und V. E. Fedorov. (Izvest. Akad. Nauk SSSR, Neorg. Mater. **4** (1968) 2, 293—94; Inst. neorg. chim. SO AN SSSR, Novosibirsk; russ.) — Vf. untersuchen den elektr. Widerstand u. die magnet. Suszeptibilität von Mo_3Se_4 u. Mo_3Te_4 u. vergleichen diese mit denen von MoS_2, $MoSe_2$ u. $MoTe_2$, um Aussagen über die Art der metall. Bindungen zu machen. Der Vgl. weist eindeutig auf metall. Bindungen in Mo_3Se_4 u. Mo_3Te_4 hin. Die Dichalkogenide sind diamagnet. (MoS_2: $-0{,}48 \cdot 10^{-6}$, $MoSe_2$: $-0{,}37 \cdot 10^{-6}$, $MoTe_2$: $-0{,}35 \cdot 10^{-6}$ cgs-Einheiten), während Mo_3Se_4 u. Mo_3Te_4 sehr schwach paramagnet. sind ($+0{,}39 \cdot 10^{-6}$ bzw. $+0{,}16 \cdot 10^{-6}$ cgs Einheiten). Der elektr. Widerstand für Mo_3Se_4 u. Mo_3Te_4 (7 bzw. 9 Ωcm) liegt bedeutend niedriger als für die Dichalkogenide (MoS_2: $4 \cdot 10^{+3}$, $MoSe_2$: $5 \cdot 10^{+3}$, $MoTe_2$: $2 \cdot 10^{+2}$ Ωcm). Die Dichalkogenide zeigen Halbleitereig., während sich die elektr. Leitfähigkeit von Mo_3Se_4 u. Mo_3Te_4 beim Erwärmen verringert.
W. Müller-Litz 136

0464 **Magnetische Eigenschaften von Gadolinium- und Samariumseleniden und -telluriden.** A. V. Pečennikov, V. I. Čečernikov, M. E. Barykin und E. I. Jarembaš. (Izvest. Akad. Nauk SSSR, Neorg. Mater. **4** (1968) 5, 771—72; Mosk. gos. univ. im. Lomonosova; russ.) — Die magnet. Eig. von Gd_3Se_4 (paramagnet. Curie-Punkt, °K) +32, (effektives magnet. Moment, BM) 7,82; Gd_2Se_3 —10, 7,75; $GdSe_2$ —3, 7,76; Gd_3Te_4 —12, 7,86; Gd_2Te_3 —14, 7,9; $GdTe_2$ —10, 7,04; Sm_3Se_4 —285, 2,02; $SmSe_2$ —345, 2,15 u. Sm_2Te_3 —354, 2,56, wurden bei 77—900°K untersucht. Die Verb. wurden in einer Quarzampulle von den Elementen ausgehend synthetisiert. Die magnet. Suszeptibilität nimmt unterhalb von 400° mit wachsender Temp. ab, darüber zu. Bei Temp. $< 20°$ ist das magnet. Moment prakt. temperaturunabhängig, die Abhängigkeit von $1/\chi$ von T ist prakt. linear.
J. J. Pohl 136

0465 **Diamagnetische Suszeptibilität einiger Lanthanselenide.** G. V. Laškarev und A. V. Savickij. (Izvest. Akad. Nauk SSSR, Neorg. Mater. **4** (1968) 5, 769—70; Inst. problem. materialovedenija AN Ukr. SSR; russ.) — Die Summe der temperaturunabhängigen diamagnet. Suszeptibilität u. des Van Vleckschen Paramagnetismus beträgt für La_2Se_3 bzw. $LaSe_2$ $-135 \cdot 10^{-6}$ bzw. $-24 \cdot 10^{-6}$ cm³/Mol. Der Van Vlecksche Paramagnetismus beträgt für La_2Se_3 ca. $62 \cdot 10^{-6}$ cm³/Mol, für $LaSe_2$ ca. $100 \cdot 10^{-6}$. Die Elektronendichteverteilung in den Verb. wird diskutiert.
J. J. Pohl 136

0466 **Magnetische Eigenschaften eines Eu_3O_4-Einkristalls bei tiefen Temperaturen.** A. A. Samochvalov, N. V. Volkenštejn, T. D. Zotov, Ju. N. Morozov und A. Ja. Afanas'ev. (Ž. èksper. teoret. Fiz. **54** (1968) 5, 1341—46; Inst. fiz. metallov AN SSSR; russ., Auszug: engl.) — Die Temp.-Abhängigkeit der Magnetisierung von Eu_3O_4-Einkrist. wird zwischen 1,7 u. 300°K entlang drei verschiedener kristallograph. Richtungen gemessen. Die Eu_3O_4-Magnetisierungskurven bei 4,2°K sind typ. für eine stark anisotrope metamagnet. Substanz. Die antiferromagnet. Übergangstemp. wird auf Grund des Suszeptibilitätsmax. in einem Magnetfeld von 1,2 kOe zu 5,3°K bestimmt. Die paramagnet. Curie-Temp. wird aus der Temp.-Abhängigkeit der inversen Suszeptibilität χ^{-1}(T) abgeleitet. Bei Berücksichtigung der Suszeptibilität des Eu^{3+}-Ions ist die Curie-Temp. mit 7°K für alle drei Achsen gleich.
E. Otto 136

0467 **Magnetische und andere Untersuchungen des Rutheniumdioxids und seiner Hydrate.** J. M. Fletcher, W. E. Gardner, B. F. Greenfield, M. J. Holdoway und M. H. Rand. (J. chem. Soc. [London], Sect. A **1968**, 3, 653—57; Chem. and Solid State Phys. Div., A.E.R.E., Harwell, Berks.; engl.) — Das magnet. Verh. von RuO_2 bis zu 1000°K läßt sich in der Form von $J \approx -3000$ cm^{-1} in den Dioxobrücken-Ketten der Ru-Atome interpretieren. Sowohl die hohe elektr. Leitfähigkeit als auch gewisse Strukturmerkmale zeigen, daß der mittlere Ox.-Zustand der Ru-Atome im wesentlichen $> +4$ ist. Das Oxidhydrat besitzt eine große Oberfläche u. wird als $RuO_{2+x} \cdot YH_2O$ formuliert, da ein Überschuß (chemisorbiert) von Sauerstoff bes. nach dem teilweisen Entfernen des W. auf der Oberfläche vorliegen kann. Für x wurden Werte bis zu 0,12 u. für Y 1—1,3 gefunden. Die Suszeptibilität schwankte in Abhängigkeit von den Proben u. wird in Verb. mit adsorbierten Gruppen u. einigen endständigen Ru(V)-Atomen, die sich im d^3-Zustand mononuklear verhalten, diskutiert. Erwartete Spektralbanden im IR-Bereich auf Grund des Vorhandenseins elektron. Leitungsbänder konnten nicht festgestellt werden. Das Reflexionsspektrum zeigte eine breite Bande von ca. 430—700 mμ mit einem Zentrum bei 585 $\pm$ 10 mμ.
G. Malow 136

0468 **Magnetische Suszeptibilität von Bariummolybdat(IV) und Strontiummolybdat(IV) im Bereich 2—300°K.** George H. Bouchard jun. und M. J. Sienko. (Inorg. Chem. [Washington] **7** (1968) 3, 441—43; Baker Labor. of Chem., Cornell Univ., Ithaca, N.Y.; engl.) — $BaMoO_3$ u. $SrMoO_3$ wurden durch Red. mit H_2 aus den entsprechenden Molybdaten(VI) hergestellt. Die magnet. Suszeptibilitäten sind positiv, mäßig hoch u. im untersuchten Bereich temperaturunabhängig. Nach der Korrektur für diamagnet. Bestandteile ergaben sich die molaren magnet. Suszeptibilitäten zu $215 \cdot 10^{-6}$ (cgs-Einheit) bei 290°K für $BaMoO_3$ u. $201 \cdot 10^{-6}$ (cgs-Einheit) bei 291°K für $SrMoO_3$. Diese Werte sind beträchtlich höher als nach dem freien Elektronengasmodell zu erwarten ist, das mit der hohen metall. Leitfähigkeit u. dem beobachteten, niedrigen Seebeck-Effekt übereinstimmt. Es scheint ein schmales d-Band-Modell, das mit einer nichtparabol. Zustandsdichte aufgefüllt ist, mit einer am Minimum der Zustandsdichte liegenden Fermi-Energie vorzuliegen. G. Malow 136

0469 **Magnetische Umwandlung von Alpha-Haematit.** J. Lielmezs und A. C. D. Chaklader. (Science [Washington] **160** (1968) 3832, 1137; Dep. Chem. Engng. and Metallurg., Univ., Vancouver, Canada; engl.) — Dem Erklärungsvers. von R. W. Smith u. Fuller [vgl. ibid. **156** (1967) 1130] über einen Curie-Punkt von α-Fe_2O_3 bei 675° u. einen Néel-Punkt bei 725° wird die Tatsache entgegen gehalten, daß alle Unters.-Verf. bisher nur einen Umwandlungspunkt (Ordnung-Unordnung) 2. Ordnung bei 683° zeigten. Man wird den Effekt der stabilen magnet. Remanenz u. des Gedächtnisverh. möglicherweise mit einem Ti-Einfl. erklären müssen.
H. Fahlenbrach 136

0470 **Experimentelle Bestimmung der Austauschintegrale von Ferriten mit zwei Sorten magnetischer Ionen.** N. V. Volkova. (Vestnik Moskovskogo Univ. **23** (1968) 2, 114—16; Kaf. obščej fiz.; russ.) — Die Temp.-Abhängigkeiten der paramagnet. Suszeptibilität u. der spontanen Magnetisierung von $Li_{0,5}Fe_{0,5}Cr_2O_4$ werden gemessen. Die Konst. der Austauschintegrale werden ermittelt.
H. Roschkowski 136

0471 **Charakteristische, magnetische Eigenschaften von Strukturen auf der Basis von Barium- und Strontiumferrit. Die spezifischen magnetischen Sättigungsmomente als Funktion der Zusammensetzung.** 2. Mitt. **Messungen an den binären Systemen BaO–Fe_2O_3 und SrO–Fe_2O_3 und am ternären System BaO–SrO–Fe_2O_3.** Pietro Batti und Fulvio Di Tella. (Ann. Chimica **57** (1967) 1, 64—73; Trieste, Istit. di Chim. appl. „Domenico Costa"; ital.) — 1. vgl. C. **1967**, 30-0459. — An den bei 1200—1400° in 20—60 Std. hergestellten Proben wurde durch Suszeptibilitiätsbest. festgestellt, daß in den bin. Syst. in der Nähe der Hexaferrite keine Mischkrist. vorliegen.
J. F. Cordes 136△

0472 **Charakteristische magnetische Eigenschaften von Strukturen auf der Basis von Barium- und Strontiumferrit. Die spezifischen magnetischen Sättigungsmomente als Funktion der Zusammensetzung.** 3. Mitt. **Feste Lösungen aus Hexaferriten und Hexaaluminaten: Experimentelle Daten und zusammenfassende Darstellung der Literaturdaten.** Pietro Batti und Fulvio Di Tella. (Ann. Chimica **57** (1967) 1, 74—84; ital.) — 2. vgl. vorst. Ref.; 4. vgl. C. **1968**, 13-0496. — Die magnet. Suszeptibilitäten der festen Lsg. der bin. Hexaferrite–Hexaaluminate des Ba u. Sr wurden als Funktion der Zus. bestimmt.
J. F. Cordes 136△

0473 **Magnetisierung von Seltenerdmetallferritgranat-Einkristallen im Bereich des Curie-Punkts.** E. V. Talalaeva, L. A. Černikova und G. A. Jarcho. (Vestnik Moskovskogo Univ. **23** (1968) 2, 97—100; Kaf. obščej fiz. dlja biologov; russ.) — In Feldern bis zu 15 kOe werden die Magnetisierungskurven von $R_3Fe_5O_{12}$-Einkrist. (R = *Gd, Tb, Ho, Er, Y*) aufgenommen.
H. Roschkowski 136

0474 **Paraprozeß in Yttriumferritgranat in einem Hochfrequenzmagnetfeld im Gebiet des Curie-Punkts.** K. P. Belov und N. V. Šebaldin. (Ž. èksper. teoret. Fiz.-Pis'ma v Redakciju **7** (1968) 8, 268—71; Moskva, Mosk. gos. univ. im. Lomonosova; russ.) — Im Bereich des Curie-Punkts wurde die Temp.-Abhängigkeit der realen und der imaginären Komponente der Suszeptibilität im schwachen Magnetfeld der Frequenz von 3,174 · 10^6 Hz u. im direkten Magnetfeld H_0 von 0 bis 525 Oe. gemessen. Die Natur der Verluste beim Paraprozeß wird diskutiert.
V. Burjan 136△

0475 **Temperaturabhängigkeit der piezomagnetischen Koeffizienten von Ferriten.** Z. Kačkovski. (Akustičeskij Ž. **14** (1968) 2, 227—35; Inst. osnovnych problem techn. Pol'skoj AN, Varšava; russ.) — Für Ni-Ferrite mit Co- u. Mn-Zusätzen wird die Temp.-Abhängigkeit der piezomagnet., magnet. u. elast. Koeff., die in das Syst. der Magnetostriktionsgleichungen eingehen, bei —70 bis +150° in Feldern von 3—50 Oe gemessen.
H. Roschkowski 136

0476 **Messung der Anisotropie der magnetischen Zähigkeit von Magnesiummanganferriten im Temperaturbereich von —196° bis zum Curie-Punkt.** K. T. Makarov. (Vestnik Moskovskogo Univ., **23** (1968) 2, 26—32; russ.) — Die Temp.-Abhängigkeit der magnet. Zähigkeit von Mg–Mn-Ferriten mit 24 (Mol-%) MgO · 32 MnO u. 44 Fe_2O_3 bzw. 10 MgO, 46 MnO u. 50 Fe_2O_3 im Bereich von —196° bis zum Curie-Punkt wird gemessen. Die auftretende Anisotropie wird besprochen.
H. Roschkowski 136

0477 **Manganferriteinkristalle mit ZrO_2-Zusatz.** N. D. Ursuljak, N. I. Utkin und V. B.-Aleksandrov. (Izvest. Akad. Nauk SSSR, Neorg. Mater. **4** (1968) 3, 459 bis 460; russ.) — Der Einfl. von ZrO_2-Zusätzen auf die Eig. von Maganferriteinkrist. der Zus. $Mn_{0,61}Fe_{1,39-x}Zr_xO_4$ wird untersucht. Die Erhöhung des ZrO_2-Geh. führt zu einer Vergrößerung der elektr. Leitfähigkeit u. zu einer Erniedrigung der Curie-Temperatur. H. Korn 136

A-4. Thermodynamik, Mechanik der Gase und Flüssigkeiten, Gleichgewichte

0478 **Zur Theorie der Schwingungsrelaxation.** A. Bajdedaev und A. A. Senkevič. (Ž. fiz. Chim. **42** (1968) 7, 1592—96; Mosk. oblast. ped. inst. im. Krupskoj; russ.) — Aus einer allg. gaskinet. Gleichung werden spezielle Beziehungen abgeleitet. Einige spezielle Fälle der Schwingungsrelaxation werden unter Verw. der abgeleiteten Beziehungen theoret. analysiert. Gleichungen für die Relaxationszeiten, die mit den Übergangswahrscheinlichkeiten u. dem Energieaustausch zwischen Schwingungs- u. äußeren Freiheitsgraden zusammenhängen, werden erhalten. H. Roschkowski 142

0479 **Schwingungsrelaxation und Dissoziation anharmonischer Oszillatoren bei hohen Temperaturen. Vergleichende Untersuchung der Modelle der Einquanten- und Mehrquanten-Stufen-Schwingungsübergänge.** S. A. Denisik, S. N. Lebedev, Ju. G. Malama und L. S. Polak. (Chim. vysokich Énerg. **2** (1968) 4, 304—10; Inst. neftechim. sinteza im. Topčieva AN SSSR; russ.) — Die gegenseitige Beeinflussung von Schwingungsrelaxations- u. Dissoziationsprozessen zweiatomiger Mol. bei $T \gg \Theta$ (Θ = charakterist. Schwingungstemp.) wird theoret. untersucht. Mit Hilfe des Ein- u. Mehrquantenmodells erhaltene numer. Daten werden verglichen. Anwendung auf O_2. H. Roschkowski 142

0480 **Theoretische Berechnung des zweiten Kristallkoeffizienten für die Wechselwirkung freier Atome.** P. M. Kessel'man. (Teplofiz. vysokich Temperatur **6** (1968) 3, 427—31; Odesskij technol. inst.; russ.) — Berechnung des 2. Virialkoeff. für die Wechselwrkg. freier Atome mit Angabe numer. Daten für freie O-Atome bei 2000 bis 6000°K. H. Roschkowski 142

0481 **Abhängigkeit des „abgeleiteten thermodynamischen Potentials" von der Lage der Elemente im Periodensystem.** L. I. Ivanova. (Ž. fiz. Chim. **42** (1968) 7, 1789 bis 1793; Krasnojarskij inst. Cvetnych metallov; russ.) — Eine Abhängigkeit der Kurven des „abgeleiteten thermodynam. Potentials" $\Phi_T^* = S_T^0 - [(H_T^0 - H_0^0)/T]$ als Funktion von τ ($\tau = T/T_s$ mit T_s = Siedetemp.) u. von ϑ ($\vartheta = T/T_F$ mit T_F = Schmelztemp.) von der Lage der Elemente im Periodensyst. wird abgeleitet. Maximale Φ_T-Werte treten in den Untergruppen des Periodensyst. beim Element mit der höchsten Ordnungszahl auf.
H. Roschkowski 142

0482 **Chemische Thermodynamik irreversibler Prozesse.** 1. Mitt. **Exponentielle phänomenologische Beziehungen chemischer Reaktionen.** O. K. Davtjan. (Ž. fiz. Chim. **42** (1968) 7, 1622—30; Odesskij gos. univ. im. Mečnikova; russ.) — Für gemeinsam verlaufende chem. Rk. kann ein Syst. phänomenolog. Exponentialgleichungen mit allen verallgemeinerten Eig. u. gegenseitigen Beziehungen der Koeff. abgeleitet werden, wenn die chem. Rk. formal in 2 Stadien getrennt wird: von einem beliebigen Anfangszustand der Ausgangsstoffe zum End-Gleichgew.-Zustand u. vom Gleichgew.-Zustand zu einem beliebigen Zustand der Rk.-Produkte. H. Roschkowski 142

0483 **Struktur und thermodynamische Eigenschaften wäßriger Nichtelektrolytlösungen.** 2. Mitt. **Formeln für die thermodynamischen Funktionen und Vergleich des**

Modells mit dem Versuch. V. A. Michajlov. (Ž. strukturnoj Chim. **9** (1968) 3, 397–405; Inst. neorg. chim. So AN SSSR, Novosibirsk; russ.) — 1. vgl. C. **1969,** 1-0497. — Enthalpie- u. Entropiebeziehungen werden auf Grund des l. c. erhaltenen Strukturmodells abgeleitet u. auf Lsg. von Gasen, Alkoholen u. Ketonen in W. angewendet. Das l. c. erhaltene Modell für die Struktur der Lsg. stimmt mit den Eig. realer Syst. überein, wie Vgl. mit Literaturwerten zeigen. H. Roschkowski 142

0484 **Ableitung von chemischen Potentialen durch Analyse von Phasendiagrammen.** 1. Mitt. R. Hiskes und W. A. Tiller. (Mater. Sci. Engng. [Amsterdam] **2** (1968) 6, 320–30; Dep. of Mater. Sci., Stanford Univ., Calif.; engl.) — Thermodynam. Eig. von Leg. lassen sich aus Phasengleichgew.-Daten des Syst. sowie Schmelztemp., Entropien u. Wärmekapazitäten der reinen Komponenten bestimmen. Das Verf. beruht auf einer Reihenentw. einer Funktion des chem. Potentials bez. Zus. u. Temp. (Beispiel: Phasendiagramme *Ag–Au*). M. Frenzel 142

0485 **Paar- und nicht-Paar-Potentiale in Argon.** J. H. Dymond und B. J. Adler. (Chem. Physics Letters [Amsterdam] **2** (1968) 1, 54–56; Dep. of Elektr. Engng., Univ. of Glasgow, Glasgow, Scotland; engl.) — Quant. Unters. zur Bedeutung von Mehrkörperkräften in dichten Edelgassystemen. H. Liepack 146

0486 **Beitrag der Dreiatom-Wechselwirkung zur Zustandsgleichung eines nicht idealen, dissoziierenden Gases.** A. M. Semenov. (Teplofiz. vysokich Temperatur **6** (1968) 3, 421–26; Mosk. ėnerget. inst.; russ.) — Ableitung einer Beziehung für den 3. Virialkoeff. nicht gebundener Atome u. den 2. Atom-Molekül-Virialkoeff. in einem dissoziierenden Gas. Eine Quantenkorrektur für den 3. Virialkoeff. wird eingeführt. H. Roschkowski 146

0487 **Zweiter Virialkoeffizient von ^{4}He im Temperaturbereich von 2–20°K.** Marjorie E. Boyd, Sigurd Y. Larsen und Harmon Plumb. (J. Res. nat. Bur. Standards, Sect. A **72 A** (1968) 2, 155–56; Washington, D. C., NBS, Inst. for Basic Standards; engl.) — Unter Benutzung der aus Best. der Schallgeschw. erhaltenen experimentellen Meßwerte von Plumb u. Cataland (vgl. Meterologia **2** [1966], 127) wurden die 2. Virialkoeff. (VK) von ^{4}He für den Temp.-Bereich von 2–20°K ber.; die Temp.-Funktionen der VK sind tabellar. wiedergegeben. G. Gattow 146

0488 **Transportphänomene in Gasen und ihre Bestimmung aus zwischenmolekularen Potentialen.** Bernhard Schramm. (Ber. Bunsenges. physik. Chem. **72** (1968) 5, 609–15; Phys.-Chem. Inst., Univ. Heidelberg; dt.) — Die in der Theorie der Transportphänomene auftretenden Ω-Integrale werden für die zwischenmol. Potentiale $\varphi(r) = a/r^n - b/r^m - b/r^6$ mit n = 18, 24 u. 48 berechnet. Am Beispiel von Kr wird gezeigt, daß diese Potentiale den gleichen Verlauf der Temp.-Abhängigkeit der Wärmeleitfähigkeit ergeben wie das Lennard-Jones-Potential. Aus Messungen der Wärmeleitfähigkeit ist es allein nicht möglich, über die Gestalt des zwischenmol. Potentials Aussagen zu machen. Die Berechnungen gestatten aber, zur Beschreibung der Transportphänomene dasjenige Potential auszuwählen, das die beste Übereinstimmung mit Parametern aus unabhängigen Messungen hat. M. Frenzel 146

0489 **Theorie der Transporterscheinungen in mehratomigen Gasen unter Berücksichtigung der Rotation der Moleküle.** M. Nasriddinov. (Doklady Akad. Nauk Tadž. SSR **11** (1968) 3, 21–24; Tadžik. gos. univ. im. Lenina; russ.) — Ableitung von Beziehungen für die Viskosität u. Wärmeleitfähigkeit ausgehend von den kinet. Boltzmann-Gleichungen. H. Roschkowski 146

0490 **Berechnung der Viskosität nicht reagierender Gasgemische bei hohen Temperaturen.** S. A. Ulybin. (Teplofiz. vysokich Temperatur **6** (1968) 3, 442–46; Mosk. ėnerget. inst.; russ.) — Ableitung analyt. Beziehungen zur Viskositätsberechnung u. Anwendung auf H_2–N_2-, H_2–CO- u. H_2–N_2–CH_4-Gemische für Temp. von 15 bis 250°. H. Roschkowski 146

0491 **Untersuchung der Viskosität von Gasen mit Hilfe des Theorems der korrespondierenden Zustände.** M. A. Čusov. (Ž. techn. Fiz. **38** (1968) 7, 1157–68; Inst. fiz. atmosfery AN SSSR, Moskva; russ.) — Ausgehend vom Theorem korrespondierender Zustände wird die Temp.-Abhängigkeit der Viskosität nicht polarer verd. Gase untersucht. Eine empir. universelle Gleichung wird erhalten, die das Verh. der red. Viskosität $\eta = \mu/\mu_{SK}$ in Abhängigkeit vom Temp.-Parameter $\xi = T/T_{krit.}$ beschreibt. Dabei ist $T_{krit.}$ die krit. Temp. u. μ_{SK} die Viskosität für das Mol.-Modell starrer Kugeln. Die Gleichung gestattet die Viskositätsberechnung, wenn das Molgew., $T_{krit.}$ u. der krit. Druck des Gases bekannt sind. Die mit Hilfe der Gleichung ber. Daten stimmen auf ± ca 2% mit Vers.-Werten für folgende Gase überein. *He, Ne, Ar, Kr, Xe,* H_2, D_2, N_2, O_2, *CO, NO,* F_2, Cl_2, Br_2, J_2, n-C_nH_{2n+2} mit n = 1–8; *Isobutan, 2-Methylbutan, 2.2-Dimethylbutan, 2.2-Dimethylpropan, 2.4-Dimethylpentan, 2.2.3-Trimethylbutan, 2.2.4-Trimethylpentan, Äthylen, Propylen, Isobutylen, Buten-(1), Buten-(2), Penten-(2), Isoamylen, Hexen-(1), 1.3-Butadien, Acetylen, Methylacetylen, Cyclopropan, -pentan, -hexan, Methylcyclopentan, Bzl., Toluol,* CO_2, CCl_4 u. N_2O. H. Roschkowski 146

0492 **Zustandsgleichung für flüssigen Sauerstoff.** A. A. Vasserman und V. A. Rabinovič. (Ž. fiz. Chim. **42** (1968) 7, 1616–21; Odesskij inst. inženerov morskogo flota; russ.) — Bekannte Dichtedaten für fl. O_2 werden analysiert u. auf Drücke bis 500 bar extrapoliert. Eine Zustandsgleichung für fl. O_2 wird abgeleitet, die Vers.-Daten bei 75–170°K u. 0,73–1,26 kg/dm^3 gut wiedergibt. H. Roschkowski 146

0493 **Temperaturabhängigkeit der Viskosität einfacher Flüssigkeiten.** A. A. Adchamov und Š. Šokirov. (Doklady Akad. Nauk Tadž. SSR **11** (1968) 3, 17–20; Fiz.-techn. inst. im. Umarova AN Tadz. SSR; russ.) — Ableitung von Viskositätsbeziehungen auf der Basis einer molekularkinet. Theorie u. Anwendung zur Best. der Viskosität von fl. Ar entlang der Fl.-Dampf-Gleichgew.-Linie. H. Roschkowski 146

0494 **Viskosität der flüssigen Alkalimetalle Kalium, Natrium und Lithium bei hohen Temperaturen (bis 1500°).** N. A. Kalakuckaja. (Teplofiz. vysokich Temperatur **6** (1968) 3, 455–60; Ėnerget. inst. im. kržižanovskogo; russ.) — Tabellar. Angabe der experimentell erhaltenen Koeff. der kinemat. Viskosität von fl. K, Na u. Li für Temp. von 65–1500°. H. Roschkowski 146

0495 **Experimentelle Untersuchung der Wärmeleitfähigkeit von flüssigem Rubidium.** Ė. Ė. Špil'rajn und I. F. Krajnova. (Teplofiz. vysokich Temperatur **6** (1968) 3, 451–54; Inst. vysokich temp. AN SSSR; russ.) — Die Wärmeleitfähigkeit von fl. Rb bei 87–788° läßt sich durch λ 29,2–0,0161 t (°C) wiedergeben (λ in kcal/m · h · Grad). Die Lorentz-Zahl wird bestimmt. H. Roschkowski 146

0496 **Polythermen der Dichte und Oberflächenenergie von flüssigem Aluminium.** E. S. Levin, G. D. Ajušina und P. V. Gel'd. (Teplofiz. vysokich Temperatur **6** (1968) 3, 432–35; Ural'skij politechn. inst.; russ.) — Die Temp.-Abhängigkeit der D. u. Oberflächenenergie von fl. Al bei ca. 500–1500° können gut durch ϱ/(g/cm^3) = 2,369–3,11 · 10^{-4} (t-659) bzw. σ (mJoule/m^2) = 965 bis 0,15 t (t in °Celsius) wiedergegeben werden. H. Roschkowski 146

0497 **Dichten einiger flüssiger Blei–Antimon- und Blei–Antimon–Zinn-Legierungen.** A. F. Crawley. (Trans. metallurg. Soc. AIME **242** (1968) 5, 859–62; Ottawa, Canada, Non-Ferrous Metal Sect., Phys. Metallurg. Div., Mines Branch, Dep. of Energy, Mines and Res.; engl.) — Die Dichten einiger Pb–Sb-Leg. (bis zu 11 Gew.-% Sb) u. Pb–Sb–Sn-Leg. (bis zu 10% Sb u. 10% Sn) wurden pyknometr. in einem Temp.-Bereich ca. 130° über ihren F. bestimmt. Die mitgeteilten Daten haben eine Genauigkeit von ± 0,05%. Die Dichten ändern sich linear mit der Temp., für diese Abhängigkeit wurden Gleichungen aufgestellt. Die aus den Daten berechneten molaren Vol. zeigen, daß volumetr. Abweichungen von der Additivität innerhalb der experimentellen Fehlergrenzen nicht nachweisbar sind. E. Schulte 146△

0498 **Thermodynamische Eigenschaften von Ammoniak als ideales Gas.** Lester Haar. (J. Res. nat. Bur. Standards, Sect. A **72 A** (1968) 2, 207–16; Washington, D.C., NBS, Inst. for Bas. Standards; engl) – Für den Temp.-Bereich von 50–5000°K wurden die thermodynam. Daten von NH_3 (g) als ideales Gas bei 1 atm Druck ber.; die Werte sind tabelliert. Für 298,15°K werden angegeben (dimensionslos): $(E_0^0-G)/RT$ = 19,1204; $(H^0-E_0^0)/RT$ = 4,0520; C^0_p/R = 4,2882; S^0/R = 23,1724. G. Gattow 148

0499 **Temperaturabhängigkeit von ΔS und ΔCp einiger Ionenassoziationsreaktionen.** V. P. Vasil'ev. (Ž. fiz. Chim. **42** (1968) 7, 1830–32; Ivanovskij chim.-technol. inst.; russ.) – Es wird gezeigt, daß die Änderung der Entropie u. der spezif. Wärme bei der Bldg. von $FeCl^{2+}$, $BiCl^{2+}$ u. $BiBr^{2+}$ aus Fe^{3+}, Bi^{3+} u. Cl^- bzw. Br^- in wss. Lsg. linear von der Temp. abhängt. Die Summe aus ΔS u. ΔCp bleibt für konst. Ionenstärke der Lsg. unabhängig von der Temperatur. H. Roschkowski 150

0500 **Enthalpie und spezifische Wärme von Samarium- und Europiumsesquioxid bei hohen Temperaturen.** G. G. Gvelesiani, D. Š. Cagarejšvili und T. S. Jašvili. (Izvest. Akad. Nauk SSSR, Neorg. Mater. 4 (1968) 4, 553–56; Inst. metallurg. AN Gruz. SSR; russ.) – Im massiven Kalorimeter wird die Enthalpie der C-Form von Sm_2O_3 bei 298,15–1147°K u. der B-Form von Sm_2O_3 u. Eu_2O_3 bei 298,15–1600°K gemessen. Für die Enthalpie u. spezif. Wärme werden die Näherungsbeziehungen $H_T - H_{298,15} = aT + bT^2 + cT^{-1} + d$ bzw. $C_p = a + 2bT - cT^{-2}$ erhalten, die Konst. betragen dabei für C – Sm_2O_3 (298,15 – 1147,0°K) (a =) 118,49; (b · 10^3 =) 17,66; (c · 10^{-5} =) 14,73; (–d =) 41832; B–Sm_2O_3 (298,15–1617,1°K) 119,87; 14,77; 12,55; 41254; B–Eu_2O_3 (298,15–1589,3°K) 132,93; 9,29; 15,10; 45522. H. Roschkowski 150

0501 **Thermodynamische Eigenschaften von tetragonalem Germaniumdioxid.** Ju. D. Tret'jakov und V. A. Gejderich. (Ž. fiz. Chim. **42** (1968) 7, 1786–88; Mosk. gos. univ. im. Lomonosova, Chim. fak.; russ.) – Durch EMK-Messungen an der Kette Pt/Ge, GeO_2/ZrO_2 + CaO/ Luft (O_2, $p(O_2)$ = 0,21 atm) Pt bei 910–1043°K wurden folgende Werte für die thermodynam. Standard-Bldg.-Daten von tetragonalem GeO_2 erhalten: ΔG_{298} = –122,5; ΔH_{298} = –1,35,7 (kcal/Mol); ΔS_{298} = –44,2 cal/Mol · Grad. Die ΔG^0-Werte hängen nicht von der Zus. des Ge–GeO_2-Gemischs ab, was auf das Fehlen intermediärer Phasen im Syst. Ge–GeO_2 bei den genannten Temp. schließen läßt. H. Roschkowski 150

0502 **Spezifische Wärme von $NbFe_2$ bei höheren Temperaturen.** T. N. Rezuchina, V. N. Drobyšev und Lju Czin'-Sjan. (Izvest. Akad. Nauk SSSR, Metally, **1968**, 2, 215–18; Moskva; russ.) – Für $NbFe_2$ wird kalorimetr. die spezif. Wärme für 293–1173°K ermittelt. Danach folgt die mittlere mol. spezif. Wärme der Beziehung $\overline{Cp}$ = 12,90 + 8,11 · 10^{-3} (T – 293,5). Aus dem Verhältnis zwischen mittlerer u. wahrer spezif. Wärme wird für die wahre mol. spezif. Wärme von $NbFe_2$ im gleichen Temp.-Bereich gefunden: Cp = 8,15 + 16,22 · 10^{-3} T. C_p verhält sich nicht additiv. Ein Vgl. mit Literaturdaten zeigt, daß die wahre spezif. Wärme intermetall. Verb. mit vorherrschend metall. Bindung allg. durch C_p = 5,34 + 2 · 10^{-3} T (cal/Grad · g-Atom) wiedergegeben werden kann. W.-D. Heußner 150

0503 **Molare sepzifische Wärme bei konstantem Druck von Molybdänoxid, Lithiumjodat und Lithiumparaperjodat.** Jean Bousquet, Jean-Claude David, Michel Diot und Alain Guillon. (Bull. Soc. chim. France **1968**, 6, 2390–91; Labor. de Chim. Minérale de l'Inst. Nat. des Sci. Appl. de Lyon, Villeurbanne (Rhône); franz.) – Differentielle Enthalpiebest. bei 357–971°K ergeben für $MoO_{2,75}$ Cp = 15,40 + 1,04 · 10^{-2} T (cal · $Grad^{-1}$ · Mol^{-1}), für $MoO_{2,875}$ Cp = 29,10–1,56 · 10^6 T^{-1}, für $MoO_{2,89}$ Cp = 26,30–1,36 · 10^6 T^{-2}, für MoO_3 Cp = 10,94 + 2,303 · 10^{-2} T, für $LiJO_3$ Cp = 15,87 +2,826 · 10^{-2} T u. für Li_5JO_6 Cp = 60,36. J. J. Pohl 150

0504 **Hochtemperatur-Enthalpie und Schmelzwärme von UO_2.** R. A. Hein, P. N. Flagella und J. B. Conway. (J. Amer. ceram. Soc. **51** (1968) 5, 291–92; Gen. Electric Comp., Cincinnati, O.; engl.) – Als Funktion der Temp. (1200–3100°K) läßt sich die kalorimetr. bestimmte Enthalpie von UO_2 (O/U = 2,003 ± 0,003; Sinterkörper mit D. 10,18 g/cm³) durch folgende Beziehung wiedergeben: H_T–$H_{298°K}$ = –11,688 ± 31,937 T – 9,573 · 10^{-3} T^2 + 2,577 · 10^{-6} T^3 mit H in cal/Mol u. T in °K; die Standardabweichung beträgt 396 cal/Mol. Ein Sprung in der Enthalpie-Temp.-Kurve tritt bei 3115^{+25}_{-15}°K auf; die diesem Enthalpiesprung entsprechende Schmelzenthalpie beträgt 18,2 ± 0,5 kcal/Mol. W. Laqua 150

0505 **Spezifische Wärme von höheren Vanadin-, Kobalt- und Nickelsiliciden im Temperaturbereich 60–300°K.** G. I. Kališevič, P. V. Gel'd und R. P. Krencis. (Ž. fiz. Chim. **42** (1968) 5, 1288–89; Ural'skij politechn. inst. im. Kirova, Sverdlovsk; russ.) – Die Best. der spezif. Wärme einiger Silicide im Bereich 60–300° ergab folgende Standarddaten: VSi_2 ($C_p^{298,15}$, J/g-Atom · Grad) 21,15, ($H_0^{298,15}$, J/g-Atom) 3490 u. ($S_0^{298,15}$ J/g-Atom · Grad) 19,7; $CoSi_2$ 21,8, 3680, 21,4; $Ni_{1,04}Si_{1,93}$ 22,05, 3750, 22,0. J. J. Pohl 150

0506 **Berechnung des Dampfdruck-Isotopie-Effekts von CH_3OH/CH_3OD, CD_3OH/CD_3OD, HCl/DCl, HBr/DBr und H_2S/D_2S aus spektroskopischen Daten.** H. Wolff, E. Wolff und H.-E. Höppel. (Ber. Bunsenges. physik. Chem. **72** (1968) 5, 544–49; Phys.-Chem. Inst., Univ. Heidelberg; dt.) – Mit einer statist.-thermodynam. Beziehung, die die angenäherte Berechnung des Dampfdruck-Isotopie-Effekts von W. u. Eis erlaubt, werden die Dampfdruckquotienten der Paare CH_3OH/CH_3OD u. CD_3OH/CD_3OD für den fl. u. der Paare HCl/DCl, HBr/DBr u. H_2S/D_2S für den festen Zustand berechnet. Der Vgl. mit Literaturwerten ergibt Übereinstimmung innerhalb der Fehlergrenzen der Druckmessungen bzw. der zur Berechnung verwandten spektroskop. Daten. Die Ergebnisse beweisen, daß der beobachtete Dampfdruck-Isotopie-Effekt aus der Überlagerung eines normalen Effekts der zwischenmol. u. eines inversen Effekts der innermol. Schwingungen folgt u. dabei sein Vorzeichen (normal oder invers) vom Überwiegen eines der beiden Effekte abhängt. M. Frenzel 152

0507 **Emissionsspektroskopische Untersuchungen der Verdampfung von Gläsern.** Falkov. Unger und Walther Kessler. (Glastechn. Ber. **41** (1968) 4, 145–51; Phys. Chem. Inst. der TH München; dt.) – Mit Hilfe der Emissionsspektroskopie wird die Verdampfung von Natriumsilicatgläsern (Gew.-%: 70 SiO_2; 16,7 Na_2O; 11,2 CaO; 1,4 Al_2O_3; 0,7 Fe_2O_3, MgO u. BaO) untersucht. Es werden zwei Verdampfungsmeth. angewandt: 1. aus einem Tantalschiffchen im Vakuumgefäß, 2. von der Anode eines Kohlegleichstrombogens. Die quant. Auswertung ergibt, daß der Anteil von Si an der Gesamtverdampfung etwa 2,5% beträgt. Die Verdampfung wurde zwischen 900 u. 1700° gemessen. G. Malow 152

0508 **DTA-Untersuchung der Übergänge von NH_4NO_3.** Luis Alberto Garcia-Ramos und Miguel Montagut Buscás. (Afinidad **25** (1968) 257, 365–70; Inst. Quim. de Sarriá, Barcelona; span.) – Der Einfl. der Feuchtigkeit u. der Vorbehandlung der Probe auf das Auftreten oder Nichtauftreten der Übergänge IV–II bei 53°, IV–III bei 32° u. III–II bei 85° wurde untersucht. Die Vorbehandlung der Probe ist für das Verh. von NH_4NO_3 ausschlaggebend. Als normale Phasenumwandlungen können bei Normalbedingungen die Übergänge IV–II bei 53°, II–I bei 125° u. das Schmelzen bei 170° angesehen werden. Bei –70° wurde eine Änderung der spezif. Wärme beobachtet. J. J. Pohl 152

0509 **Polymorphie des Kaliumdisulfats.** Siegfried Hähle und Armin Meisel. (Z. Chem. 8 (1968) 7, 279; Leipzig, Univ., Phsy.-Chem. Inst.; dt.) – Mit Hilfe der DTA wurde nachgewiesen, daß sich $K_2S_2O_8$ bei Temp.

> 150° in stark exothermer Rk. unter O_2-Abgabe u. Bldg. von $K_2S_2O_7$ (I) zersetzt. I wandelt sich beim Erwärmen bei etwa 330° endotherm von der β- in die α-Modifikation um, die bei 395° schmilzt; I zersetzt sich erst bei Temp. > 400°. Beim schnellen Abkühlen der Fl. erstarrt I glasig; I (Glas) wandelt sich langsam, in Ggw. von Luftfeuchtigkeit sehr schnell in krist. I um. Aus der Größe der Peaks bei der DTA wird geschlossen, daß die Umwandlungswärme von I etwa doppelt so groß ist wie die Schmelzwärme. Die röntgenograph. d-Werte u. Intensitäten von β-I (bei 25°) u. α-I (bei 350°) sind tabelliert. Die von Cambi et al. (1923) gefundene Umwandlung von I bei 225° konnte nicht bestätigt werden.
G. Gattow 152

0510 **Apparatur zur Untersuchung der Unterkühlung von geschmolzenen Salzen.** Ju. G. Bušuev, Ja. I. D'jakonov, É. A. Balakir, und I. I. Rybakov. (Izvest. sibirskogo Otd. Akad. Nauk SSSR, Ser. chim. Nauk **1968**, 1, 138–40; CNII mašst., Moskva; russ.) — Die Kristallisation von Salzschmelzen bei großen Abkühlungsgeschw. wurde untersucht. Das Schema des verwendeten Gerätes ist angegeben, es wurden Schmelzen von *LiF*, *NaF*, *KF*, *LiCl*, *NaCl* u. *KCl* untersucht. Die Struktur der Schmelzen u. der Salzkrist. wurde auf Grund des Unterkühlungseffektes diskutiert.
J. J. Pohl 152

0511 **Experimentelle Bestimmung des Sättigungsdampfdrucks von Cäsium.** L. D. Voljak, Ju. K. Vinogradov und V. M. Anisimov. (Teplofiz. vysokich Temperatur **6** (1968) 3, 545–47; Mosk. aviacionnyj inst.; russ.) — Die tabellar. für Temp. von T = 563–946 °K angegebenen Dampfdruckdaten führen auf log P(atm) = 6,39895 – 3992,86/T – 0,727376 log T.
H. Roschkowski 152

0512 **Schmelzenthalpie von $PbO \cdot 2B_2O_3$.** J. M. Ricker, C. G. Bergeron und R. J. Eagan. (J. Amer. ceram. Soc. **51** (1968) 7, 410; Dep. of Ceramic Engng., Univ. of Ill., Urbana, Ill.; engl.) — Aus DTA-Messungen wird die Schmelzenthalpie zu 31,5 kcal/Mol berechnet. Hieraus u. aus Enthalpiebest. anderer Autoren werden folgende Werte für den Übergang vom glasartigen in den krist. Zust. des Syst. PbO-$2B_2O_3$ ber.: ΔH = 22,8 kcal/Mol, ΔS = 20,2 cal/Mol Grad, ΔG = 16,7 kcal/Mol.
H. Tulhoff 152

0513 **Bestimmung des Sättigungsdampfdruckes von festem Wismutselenid.** Z. Bončeva-Mladenova, A. S. Pašinkin und A. V. Novoselova. (Izvest. Akad. Nauk SSSR, Neorg. Mater. **4** (1968) 7, 1027–30; Mosk. gos. univ. im. Lomonosova, Chim. fak.; russ.) — Die Verdampfungsgeschw. von Bi-Selenid wurde bei offener Oberfläche bei Nichtgleichgew.-Bedingungen (Verdampfungskoeff < 1) u. in der Effusionskammer bestimmt. Der Dampfdruck bei vollständiger Zers. nach $Bi_2Se_{3\,fest} \rightleftharpoons 2BiSe_{Gas} + {}^1/_2Se_{2\,Gas}$ wurde berechnet. Für die dissoziative Verdampfung beträgt ΔH^0_{298} = 130,84 ± 0,82 kcal/Mol, die Standardbldg.-Enthalpie ist $\Delta H^0_{298} = -33,9 \pm 1,4$ kcal/Mol. J. J. Pohl 152

0514 **Darstellung des Flüssigkeit–Dampf-Gleichgewichts in einem System von vier Komponenten.** A. F. Frolov. (Ž. fiz. Chim. **42** (1968) 7, 1806–09; Jaroslavskij technol. inst.; russ.) — Angabe einer allg. Meth. zur graph. Konstruktion des Gleichgew.-Diagramms.
H. Roschkowski 154

0515 **Thermodynamische Eigenschaften von Gasen in Treibstoffen.** 3. Mitt. **Gleichgewichte in den Systemen N_2H_4-1.1-$N_2H_2(CH_3)_2$ und He(oder N_2)-N_2H_4-1.1-$N_2H_2 \cdot (CH_3)_2$.** E. T. Chang und N. A. Gokcen. (J. physic. Chem. **72** (1968) 7, 2556–62; El Segundo, Calif., Aerospace Corp., Chem. Thermodyn. Sect.; engl.) — 2. vgl. C. **1969**, 1-0546. — Vf. untersuchten die Gleichgew. zwischen der fl. u. gasf. Phase in den Syst. N_2H_4(I)-1.1-$N_2H_2(CH_3)_2$ (II), He-I-II u. N_2-I-II; die ermittelten Aktivitäten u. thermodynam. Daten (TD) im Syst. I-II sowie die TD der Lsg. von He u. N_2 in I-II sind graph. u. tabellar. wiedergegeben. Für die Verdampfungsenthalpien (VE) u. Freien VE von I bzw. II gelten die Temp.-Funktionen (ΔH^0 u. ΔG^0 in cal/Mol; T in °K): $\Delta H^0 = 13837 - 11,0 \cdot T$ u. $\Delta G^0 = 13837 + 25,328 \cdot T \cdot \log T - 101,226 \cdot T$ für I bzw. $\Delta H^0 = 12973 - 17,2 \cdot T$ u. $\Delta G^0 = 12973 + 39,604 \cdot T \cdot \log T - 138,539 \cdot T$ für II.
G. Gattow 154

0516 **Löslichkeit einiger gasförmiger Fluorverbindungen im Wasser.** J. T. Ashton, R. A. Dawe, K. W. Miller, E. B. Smith und B. J. Stickings. (J. chem. Soc. [London], Sect. A **1968**, 8, 1793–96; Phys. Chem. Labor., South Parks Rd., Oxford; engl.) — Best. der Löslichkeit von Ar, CF_4, SF_6 u. NF_3 in W. bei 0–50°. Die Parameter der Gleichung $\log x_2 = (a/T) + b \log T + c$ betragen für Ar (a) 3441,20; (b) 21,6703; (c) 69,5778; für SF_6 6648,32; 45,2067; 139,5793; CF_4 9116,79; 62,2675; 190,0132; NF_3 5785,95, 38,2556, 118,9122.
J. J. Pohl 154

0517 **Löslichkeit von Sauerstoff in der eutektischen Schmelze von Kalium und Natrium.** É. E. Konovalov, N. I. Seliverstov, I. B. Dmitrieva und P. A. Sedyškin. (Atom. Énerg. **24** (1968) 5, 478–79; russ.) — Eine App. zur Best. der Löslichkeit von Sauerstoff mit der Filtermeth. wird vorgeschlagen. Die Meßwerte sind im Bereich kleiner Sauerstoffbeimengungskonz. nicht genügend genau. Die Löslichkeit ist bei ca. 100° ≦ 3–6 · 10^{-4} Gew.-% O_2. Meßwerte für 0–400° sind angegeben.
J. J. Pohl 154

0518 **Gleichgewicht von Stickstoffoxiden in Salpetersäurelösungen.** L. Ja. Tereščenko, V. P. Panov und M. E. Pozin. (Ž. prikl. Chim. **41** (1968) 3, 487–92; russ.) — Das Gleichgew. von N-Oxiden in HNO_3-Lsg. wurde bei Partialdrücken der N-Oxide von 0,04 bis 0,96 atm, bei Ox.-Graden von 6–95%, Salpetersäurekonz. von 5–80% HNO_3 u. 20–70° untersucht. Bis ca. 60% HNO_3 ist die Abhängigkeit $\log K = \log (P_{NO}/P_{NO_2}^3)$ von der HNO_3-Konz. bei den untersuchten Temp. geradlinig. Bei größeren HNO_3-Geh. hängt $\log K_1$ etwas von der HNO_3-Konz. ab. Bei 62–80% HNO_3 kann $\log K_1$ nach $\log K_1 = 14,55 - 3,6 \cdot 10^{-2}T - (3,67 - 5,56 \cdot 10^{-3}T) \cdot \log C_{HNO_3}$ bestimmt werden. J. J. Pohl 154

0519 **Dampf/Flüssigkeits-Gleichgewicht CO_2/CH_4 im Bereich tiefer Temperaturen und kleiner CO_2-Molenbrüche.** A. Neumann und W. Walch. (Chemie-Ing.-Techn. **40** (1968) 5, 241–44; Messer Griesheim GmbH — Forsch. u. Entw. Tieftemp.-Technik, Frankfurt/M.; dt.) — Eine App. zur Best. von Dampf–Fl.-Phasengleichgew. bei tiefen Temp. wird beschrieben. Meßwerte für das Syst. CO_2/CH_4 bei Temp. zwischen –87,0 u. –99,8° u. CO_2-Geh. unter 2% sowie zum Prüfen der App. bei –53,3, –63,4 bzw. –64,7° werden angegeben.
K. Triems 154

0520 **Bestimmung der ternären Konstante im Margules-Ansatz für die Freie Zusatz-Enthalpie beim Dampf-Flüssigkeits-Phasengleichgewicht spezieller Dreistoffsysteme.** (Kurzmitteilung.) H. Schuberth. (Acta chim. Acad. Sci. hung. **53** (1967) 1, 83; Inst. für Verf.-Technik DAW Berlin, Wiss. Inst. Leipzig; dt.) — Vgl. C. **1966**, 49-0773. — Vf. entwickelt eine Meth., mit der die Phasengleichgew.-Eig. Dampf–Fl. genauer als bisher ber. werden, wie er am Syst. Methylacetat/Äthylacetat/Methanol (40°) nachweist. A. Jaeschke 154

0521 **Phasengleichgewichte in den Systemen Wasser–Äthanol–Hydrazinmonochlorid und Deuteriumoxid–Äthanol–Hydrazinmonochlorid.** Gordon R. Runtz und Ralph L. Bain. (J. chem. Engng. Data **13** (1968) 2, 178–79; Div. of Natural Sci., Univ. of Saskatchewan, Regina, Saskatchewan, Canada; engl.) — Die Gleichgew. des ersteren Syst. werden bei 45, 55 u. 65° untersucht, das 2. Syst. bei 15, 25, 45 u. 65°. Meßwerte auf den Binodalkurven u. Konoden werden tabellar. angegeben, für die krit. Mischungspunkte werden Näherungswerte gegeben. Es erfolgt in keinen Syst. Verb.-Bildung.
H. Tulhoff 154

0522 **Löslichkeitsisothermen des Systems $CO(NH_2)_2$–H_3PO_4–H_2O bei 0 und 10°.** B. A. Beremžanov und N. N. Nurachmetov. (Izvest. Akad. Nauk Kaz. SSR, Ser. chim. **18** (1968) 2, 43–47; russ.) — Die Löslichkeit von Harnstoff im Syst. $CO(NH_2)_2$–H_3PO_4–H_2O wächst bei 0° u. 10° bis zum tern. eutekt. Punkt. Bei den untersuchten Temp. bildet sich im Syst. die Verb. $CO(NH_2)_2 \cdot H_3PO_4$. Der euton. Punkt hat bei 0° die Zus. 18,64% H_3PO_4,

44,70% $CO(NH_2)_2$, bei 10° die Zus. 48,50% $CO(NH_2)_2$ u. 21,17% H_3PO_4. J. J. Pohl 154

0523 **Kinetik der Zersetzung von Harnstoff in Phosphorsäurelösungen.** N. N. Nurachmetov und B. A. Beremžanov. (Izvest. Akad. Nauk Kaz. SSR, Ser. chim. **18** (1968) 2, 82—84; russ.) — Vgl. vorst. Referat. — Der Zers.-Grad von Harnstoff zu CO_2 u. NH_3 ist in Phosphorsäurelsg. bei 50 u. 60° viel kleiner als in wss. Lösungen. Die Zers.-Geschw. ist bei 50° 3,5—4mal niedriger als bei 60°. Die Menge des zersetzten Harnstoffs ist bei diesen Temp. von der Zeit prakt. linear abhängig. J. J. Pohl 154

0524 **Löslichkeitsgleichgewichte der ternären Systeme von Wasser und Phosphorsäure mit Isoamylalkohol, Cyclohexanol und Methylisobutylketon bei 35°.** Parameswaran Ananthanarayanan und Paluri Bhimeswara Rao. (J. chem. Engng. Data **13** (1968) 2, 194—96; Dep. of Chem. Engng., Indian Inst. of Technol., Madras; engl.) — Binodalkurven, Konoden u. krit. Mischungspunkte in den obigen Syst. werden tabellar. u. in Dreieckskoordinaten angegeben. Die Selektivität von Methylisobutylketon für H_3PO_4 ist gering gegenüber der von Cyclohexanol (**I**) u. Isoamylalkohol (**II**). Sie ist bei **I** u. **II** etwa gleich. Da **II** 8fach geringere Viskosität als **I** hat, ist **II** am geeignetsten für die Extraktion von H_3PO_4 aus wss. Lösungen. H. Tulhoff 154

0525 **Physikalisch-chemische Untersuchung des Systems $(NH_4)_2CO_3$–Li_2CO_3–H_2O bei 15°.** I. N. Beljaev und E. A. Grigor'eva. (Ž. neorg. Chim. **13** (1968) 6, 1722—24; Rostovskij-na-Donu gos. univ.; russ.) — Löslichkeitsunters. des Syst. $(NH_4)_2CO_3$–Li_2CO_3–H_2O bei 15 ± 0,1° sowie Viskositäts-, D.- u. refraktometr. Unters. von gesätt. Lsg. zeigen, daß das Syst. vom einfachen euton. Charakter ist. J. J. Pohl 154

0526 **Phasenentropiediagramm des Zweistoffsystems Natriumchlorid–Wasser.** I. Ch. Chajbullin und N. M. Borisov. (Teplofiz. vysokich Temperatur **6** (1968) 2, 242—47; Energet. inst. im. Kržižanovskogo; russ.) — Ableitung einer Meth. zur Berechnung der Entropie fl. u. dampfförmiger Lsg. mit ungleich flüchtigen Komponenten unter den Bedingungen des Phasengleichgewichts. Für das Titelsyst. wird ein Phasenentropiediagramm im Konz.-Bereich bis nahe an gesätt. Lsg. konstruiert. Die Verdampfungswärmen wss. NaCl-Lsg. bei hohen Temp. werden bestimmt. H. Roschkowski 154

0527 **Untersuchungen des Dreikomponentensystems: $NaNO_3/NH_4NO_3/H_2O$.** Henryk Koneczny und Mieczysław Lango. (Przemysł chem. **46** (1967) 10, 585—87; Uniw. M. Kopernika, Toruń; pol.) — Isotherm wurde der Verlauf der Löslichkeit (5—75°) untersucht; dabei wurde festgestellt, daß im Temp.-Bereich von 32—34° die Löslichkeit von $NaNO_3$ u. NH_4NO_3 in wss. Lsg. der einzelnen Salze sowie in euton. Lsg. gleich ist. Unterhalb dieser Temp. ist ein Aussalzeffekt zu beobachten u. oberhalb ein Einsalzeffekt. In den festen Phasen treten nur einfache Salze auf. Darst. der Ergebnisse in einem Diagramm (Polytherme). Rolf Heyer 154

0528 **Löslichkeit im System NaH_2PO_2–Na_2CO_3–H_2O bei 25°.** L. N. Alymova, D. M. Korf und N. D. Lebedeva. (Z. prikl. Chim. **41** (1968) 6, 1322—23; russ.) — Die Zus. der festen Phasen im Syst. wurde mit der Meth. von Schreinemakers bestimmt, es treten bei 25° $Na_2CO_3 \cdot 10\,H_2O$, $Na_2CO_3 \cdot 7\,H_2O$, $Na_2CO_3 \cdot H_2O$ u. $Na_2HPO_2 \cdot H_2O$. Die Zus. der euton. Lsg. ist 51,0 Gew.-% NaH_2PO_2 u. 1,3% Na_2CO_3. J. J. Pohl 154

0529 **Phasendiagramme einiger kondensierter Phosphate in Wasser.** E. J. Griffith und R. L. Buxton. (J. chem. Engng. Data **13** (1968) 2, 145—48; Inorg. Chem. Div., Monsanto Comp., St. Louis, Mo.; engl.) — Obwohl sich die untersuchten kondensierten Phosphate in wss. Lsg. langsam zersetzen, ist ihre Stabilität ausreichend zur Best. ihrer Löslichkeit. Für 30° werden die Phasendiagramme folgender tern. Syst. aufgestellt: $Na_4P_4O_{12}$–$Na_3P_3O_9$–H_2O, $Na_4P_2O_7$–$Na_3P_3O_9$–H_2O, $Na_5P_3O_{10}$–$K_5P_3 \cdot O_{10}$–H_2O, $Na_5P_3O_{10}$–$Na_2B_4O_7$–H_2O, $Na_5P_3O_{10}$–Na_2SO_4–H_2O, $Na_5P_3O_{10}$–Na_2SiO_3–H_2O, $Na_5P_3O_{10}$–$(NH_2)_2CO$–H_2O. Im Syst. $Na_5P_3O_{10}$–$K_5P_3O_{10}$–H_2O werden feste Lsg. einer Doppelsalzreihe entdeckt mit der Zus. $a\,Na_5P_3O_{10} \cdot b\,K_5P_3O_{10} \cdot 2(a+b)\,H_2O$. H. Tulhoff 154

0530 **Systeme LiOH–NaOH–H_2O und LiOH–KOH–H_2O bei 150°.** L. S. Itkina, S. M. Portnova und N. M. Čaplygina. (Z. neorg. Chim. **13** (1968) 5, 1412—17; Inst. obšč. i neorg. chim. im. Kurnakova AN SSSR; russ.) — Die Löslichkeitsisotherme des Syst. LiOH–NaOH–H_2O bei 150° besteht aus 3 Zweigen entsprechend der Kristallisation von LiOH, NaOH u. von Mischkrist. auf Basis von LiOH · NaOH. Im Syst. LiOH–KOH–H_2O entsteht bei 150° die kongruent lösl. Verb. 2 LiOH · KOH. IR-Spektren der Hydroxide u. ihrer Verb. wurden bei 3200–4000 cm^{-1} aufgenommen. J. J. Pohl 154

0531 **System Jod–Jodid.** M. S. Sytilin. (Ž. fiz. Chim. **42** (1968) 5, 1138—43; Mosk. inst. narodnogo choz. im. Plechanova; russ.) — Die Löslichkeit von Jod in $9 \cdot 10^{-4}$ bis 1,0 m KJ wurde bei 10—40° bestimmt. Die Gleichgew.-Konst. der Prozesse bei 10, 20, 25, 30 u. 40° wurden ber., die Wärmeeffekte der ablaufenden Prozesse betragen für $J_{2\,krist} \rightleftharpoons J_{2\,Lsg}$ —5800, für $J_{2\,Lsg}{}^{+} + J_{Lsg}{}^{-} \rightleftharpoons J_{3\,Lsg}{}^{-}$ +2800 u. für $J_{2\,krist} + J_{Lsg}{}^{-} \rightleftharpoons J_{3\,Lsg}{}^{-}$ 3000 cal/Mol. Die Abhängigkeit des Elektrodenpotentials von der Jod- u. Jodidkonz. bei gleichem Wert des Standardelektrodenpotentials wurde bestimmt, eine Gleichung für beliebige Konz. bis zur Sättigung wird vorgeschlagen. Das Elektrodenpotential der Ag-Jodidelektrode ändert sich beim Zufügen von J_2 zur Jodidlösung. J. J. Pohl 154

0532 **Phasengleichgewicht im System Kaliumsulfat–Wasser bei erhöhten Temperaturen und Drücken.** M. I. Ravič und F. E. Borovaja. (Ž. neorg. Chim. **13** (1968) 5, 1418—25; Inst. obšč. i neorg. chim. im. Kurnakova AN SSSR; russ.) — Die Löslichkeit von K_2SO_4 in W. nimmt bei wachsender Temp. ab. Bei konst. Temp. wächst die Löslichkeit von K_2SO_4 in W. mit steigendem Druck beträchtlich. Die Form der Gleichgew.-Kurve im höheren Phasenbereich deutet auf die Wahrscheinlichkeit eines Druckmax. der Löslichkeit von ca. 1100 kg/cm^2 bei > 600°. Der krit. Punkt liegt bei ca. 430°, 670 kg/cm^2 u. 30 Gew.-% K_2SO_4. Das Phasengleichgew. hat in den Syst. K_2SO_4–W., Na_2SO_4–W. u. Li_2SO_4–W. bei erhöhten Parametern ähnlichen Charakter. J. J. Pohl 154

0533 **Phasengleichgewicht im System $K_2SO_4 \cdot Li_2SO_4$–H_2O bei erhöhten Temperaturen und Drücken.** V. M. Valjaško und M. I. Ravič. (Ž. neorg. Chim. **13** (1968) 5, 1426—31; russ.) — Vgl. vorst. Referat. — $K_2SO_4 \cdot Li_2SO_4$ (**I**) löst sich in W. bei Temp. über 100° kongruent Bei wachsender Temp. von 150—370° sinkt die Löslichkeit des bin. Salzes in Ggw. der Dampfphase u. beträgt bei 370° 1 Gew.-% **I**, **I** zeigt also in gesätt. wss. Lsg. ein krit. Verhalten. Die Parameter des krit. Punktes ca. 386°, ca. 605 kg/cm^2 u. ca. 30 Gew.-% **I**. Der Charakter des Phasengleichgew. bei erhöhten Temp. u. Drücken ist im Syst. **I**–W. ähnlich wie in wss. Syst. der Komponentensalze. J. J. Pohl 154

0534 **System Kaliummetaborat–Harnstoff–Wasser.** I. G. Družinin und V. G. Skvorcov. (Ž. neorg. Chim. **13** (1968) 5, 1437—39; Mosk. oblastnoj ped. inst. im. Krupskoj; russ.) — Die Löslichkeitsisotherme des Syst. KBO_2–W. wurde bei —13,5 bis 80° untersucht. Die Löslichkeitsisotherme des tern. Syst. KBO_2–Harnstoff–W. wurde bei 15, 25 u. 40° konstruiert. Die Umsetzung einer KBO_2-Lsg. mit Harnstoff führt zur begrenzten Mischkristallbldg., die beim Entstehen der bin. Verb. $KBO_2 \cdot (NH_2)_2CO$ endet. Die Verb. hat D. 1,735 g/cm^3, ein Molvol. von 81,83 cm^3/Mol u. ein spezif. Vol. von 0,5764 cm^3/g. Das Eutektikum der Löslichkeitspolytherme des bin. Syst. KBO_2–W. liegt bei —13,5°, 62,5% W., der Übergangspunkt des Monohydrats in wasserfreies KBO_2 bei 30,0° u. 58,45%. Der euton. Punkt zwischen $KBO_2 \cdot H_2O$ u. $KBO_2 \cdot (NH_2)_2CO$ liegt bei 11,70% Harnstoff u. 36,47% KBO_2 bei 15°, bei 12,80 bzw. 37,54% bei 25°. Bei 40° wächst die Löslichkeit von Harnstoff bis 62,31% u. die von KBO_2 bis 47,86%. J. J. Pohl 154

0535 **Physikalisch-chemische Eigenschaften von Kaliumbenzoat.** I. G. Družinin und S. I. Suchova. (Izvest.

vyšsich učebnych Zavedenij [Ivanovo], Chim. i chim. Technol. **11** (1968) 2, 135—37; russ.) — Vgl. vorst. Referat. — Die Löslichkeitspolytherme des Kaliumbenzoats in W. hat vier Kurvenzweige. Zunächst krist. Eis, bis zum eutekt. Punkt bei $-9,3°$ u. 27,27 Gew.-% K-Benzoat. Im zweiten Kristallisationszweig fällt das Tetrahydrat des Salzes zwischen $-9,3$ u. $+9,2°$ bzw. 27,27 u. 38,67% des Salzes aus. Im dritten Zweig krist. das Dihydrat, das bis 38° beständig ist. Über dieser Temp. fällt wasserfreies K-Benzoat aus. C_6H_5COOK hat $D.^{20}$ 1,558, Ng = 1,678, Np = 1,606 u. Nm = 1,492. Die Salze wurden röntgenograph. charakterisiert.
J. J. Pohl 154

0536 **System K_2O–P_2O_5–D_2O bei 25°.** L. V. Barkova und I. N. Lepeškov. (Ž. neorg. Chim. **13** (1968) 5, 1432—36; Inst. obšč. i neorg. chim. im. Kurnakova AN SSSR; russ.) — Die Löslichkeitsisotherme des tern. Syst. K_2O–P_2O_5–D_2O hat bei 25° die Kristallisationsbereiche folgender fester Phasen: *KOD · 2 D_2O, K_3PO_4 · 3 D_2O, K_3PO_4 · 7 D_2O, K_2DPO_4 · 3 D_2O, K_2DPO_4*, K_2 · *DPO_4 · 2 K_2DPO_4 · D_2O, KD_2PO_4* u. *$KD_5(PO_4)_2$*. Die Löslichkeit aller festen Phasen des Syst. mit Ausnahme von der des KOD · 2 D_2O ist höher als die der analogen Phasen im Syst. K_2O–P_2O_5–H_2O. Möglicherweise ist die Bindung zwischen PO_4^{3-}-Ionen u. D_2O stärker als die zwischen PO_4^{3-} u. H_2O.
J. J. Pohl 154

0537 **Löslichkeit von Perchloraten in wasserfreier Perchlorsäure.** V. Ja. Rosolovskij, N. V. Krivcov und D. G. Lemeševa. (Ž. neorg. Chim. **13** (1968) 4, 1115—18; Inst. obšč. i neorg. chim. im. Kurnakova AN SSSR; russ.) — Die Löslichkeit von Alkalimetallperchloraten in wasserfreiem $HClO_4$ beträgt bei 0° für *$LiClO_4$* 0,106 (g/100 g $HClO_4$), *$NaClO_4$*, 0,628, *$KClO_4$* 4,256, *$RbClO_4$* 22,56, *$CsClO_4$* 68,40. Der Logarithmus der Löslichkeit in Molenbrüchen hängt linear von der Gitterenergie des Salzes u. vom Kationenradius ab. $CsClO_4$ bildet mit Perchlorsäure ein Solvat der Zus. *$CsClO_4$ · $HClO_4$*, das bei 0° beständig ist.
J. J. Pohl 154

0538 **Löslichkeitsprodukt von Cäsiummetaperjodat und kernmagnetische Resonanzuntersuchung des Orthoperjodat–Metaperjodat–Dehydratations-Gleichgewichtes.** R. M. Kren, H. W. Dodgen und C. J. Nyman. (Inorg. Chem. [Washington] **7** (1968) 3, 446—51; Dep. of Chem., Wash. State Univ., Pullman, Wash.; engl.) — Die Löslichkeit des Cs-Metaperjodates in wss. Lsg. mit einem pH-Wert von 1,3 — 5,8 wurde bei 5,0; 25,0 u. 40,0° gemessen. Die K_{sp}^0-Werte bei diesen Temp. wurden zu $(3,96 \pm 0,17) \cdot 10^{-4}$, $(2,24 \pm 0,07) \cdot 10^{-3}$ u. $(6,53 \pm 0,04) \cdot 10^{-3}$ berechnet. Bei 25° betragen $\Delta G^0_{soln} = 1,91 \pm 0,05$ kcal/mol, $\Delta H^0_{soln} = 13,1$ cal/mol u. $\Delta S^0_{soln} = 37,6$ eu. Die Existenz einer neuen Perjodat-Phase im Syst. H_2O–$CsJO_4$–$CsJO_4$–CsOH konnte nachgewiesen werden. Zwei neue Cs-Perjodatsalze wurden hergestellt. Die Gleichgew.-Konst. K_d^0 u. die thermodynam. Größen der Rk. $H_4JO_6^-$ · (aq) $\rightleftharpoons$ JO_4^-(aq) + 2 H_2O (l) wurden mit Hilfe der NMR im Bereich von 2 — 18° bestimmt. Die Extrapolation auf 25° ergab $K_d^0 = 29$, $\Delta G_d^0 = -2,0 \pm 0,1$ kcal/mol, $\Delta H_d^0 = 14,8 \pm 1,1$ kcal/mol u. $\Delta S_d^0 = 56 \pm 4$ eu.
G. Malow 154

0539 **System Li_2Cl_2 + $MgSO_4$ $\rightleftharpoons$ Li_2SO_4 + $MgCl_2$–H_2O bei 75°.** M. I. Vajsfel'd und V. G. Ševčuk. (Ž. neorg. Chim. **13** (1968) 2, 600—03; Poltavskij inz.-stroit. inst., kaf. chim.; russ.) — Das Löslichkeitsdiagramm des Syst. Li_2Cl_2 + $MgSO_4$ $\rightleftharpoons$ Li_2SO_4 + $MgCl_2$–H_2O bei 75° enthält fünf Kristallisationsfelder von festen Phasen der Größe: Li_2SO_4 · H_2O 55,92 (Gew.-%), $MgSO_4$ · H_2O 43,87, $MgCl_2$ · 6 H_2O 0,15, LiCl · $MgCl_2$ · 7 H_2O 0,05 u. LiCl · H_2O 0,01.
J. J. Pohl 154

0540 **Löslichkeit von Salzen in den ternären Systemen $MgSO_4$–Rb_2SO_4–H_2O, $MgCl_2$–RbCl–H_2O und Rb_2SO_4–RbCl–H_2O bei 50°.** G. S. Sedel'nikov und R. Bajmuradov. (Izvest. Akad. Nauk Turkm. SSR, Ser. fiz.-techn., chim. geol. Nauk **1968**, 3, 50—53; Inst. chim. AN TurkmenSSR; russ.) — Im Syst. $MgSO_4$–Rb_2SO_4–H_2O entsteht das kongruent lösl. bin. Salz. *Rb_2SO_4 · $MgSO_4$ · 4 H_2O*, Rb-Astrachanit, das neben Rb_2SO_4 u. $MgSO_4$ einen Kristallisationszweig bei 50° aufweist. Die beiden Punkte der bin. Sättigung liegen bei 38,10 (% Rb_2SO_4) + 1,44 (%$MgSO_4$) bzw. 5,14 u. 32,44. Im Syst. $MgCl_2$–RbCl–H_2O entsteht bei 50° die kongruent lösl. Verb. *RbCl · $MgCl_2$ · 6 H_2O* (**I**). Der euton. Punkt zwischen **I** u. $MgCl_2$ · 6 H_2O liegt bei 0,17% RbCl, 36,66% $MgCl_2$. Im Syst. Rb_2SO_4–RbCl–H_2O liegt schließlich ein einfaches Eutektikum bei 49,52% RbCl u. 4,00 Rb_2SO_4 vor.
J. J. Pohl 154

0541 **Bestimmung der Löslichkeitspolytherme des ternären Systems Wasser–Harnstoff–Calciumnitrat.** A. G. Bergman und M. V. Markina. (Ukrainskij chim. Ž. **34** (1968) 6, 582—86; Rostovskij inst. sel'choz. maš. stroenija; russ.) — Das Syst. H_2O–$CO(NH_2)_2$–$Ca(NO_3)_2$ wurde bei $-29,3$ bis 91° visuell-polytherm untersucht. Im bin. Syst. H_2O–$Ca(NO_3)_2$ entstehen bei < 77,5% $Ca(NO_3)_2$ zwei stabile Hydrate, $Ca(NO_3)_2$ · 4 H_2O u. $Ca(NO_3)_2$ · 3 H_2O. Die Verb. des bin. Syst. $Ca(NO_3)_2$–$CO(NH_2)_2$ *$Ca(NO_3)_2$ · 4 $CO(NH_2)_2$* (**I**) schmilzt kongruent bei 152°, $Ca(NO_3)_2$ · $CO(NH_2)_2$ hat einen Schmelzpunkt, der stark über der Zers.-Temp. des Harnstoffs liegt. **I** bildet mit Harnstoff ein Eutektikum bei 22% $Ca(NO_3)_2$, F. 92°, der zweite eutekt. Punkt hat F. 157° bei 52,5% $Ca(NO_3)_2$. Die nonvarianten Punkte des tern. Syst.: F. $-29,3°$, 1,0 (Gew.-% $CO(NH_2)_2$), 42,0 % $Ca(NO_3)_2$), 57,0 (% H_2O), (Gleichgew. Phasen) Eis | $Ca(NO_3)_2$ · 4 H_2O | $Ca(NO_3)_2$ · $CO(NH_2)_2$; F. $-18,5°$, 20,0, 30,0, 50,0, Eis + $Ca(NO_3)_2$ · 4 $CO(NH_2)_2$ + $Ca(NO_3)_2$ · $CO(NH_2)_2$; F. $-17,0°$, 32,0, 21,0, 47,0, Eis + $Ca(NO_3)_2$ · 4 $CO(NH_2)_2$ + $CO(NH_2)_2$.
J. J. Pohl 154

0542 **System $(NH_4)_2SO_4$–$CaSO_4$–H_2O bei 60°.** B. A. Valužene, T. B. Vesene und L. N. Laškova. (Ž. neorg. Chim. **13** (1968) 4, 1198—1200; russ.) — Die Löslichkeitsisotherme des Syst. $(NH_4)_2SO_4$–$CaSO_4$–H_2O bei 60° zeigt die Kristallisation von *$CaSO_4$ · 2 H_2O, $CaSO_4$ · $(NH_4)_2$ · SO_4 · H_2O* (**I**), *5 $CaSO_4$ · $(NH_4)_2SO_4$ · H_2O* (**II**), *$(NH_4)_2SO_4$* u. *$CaSO_4$*. Die festen Phasen wurden kristallop., röntgenograph. u. mikrophotograph. untersucht. **I** hat opt. zweiachsig negative Krist. mit Ng = 1,534, Nm = 1,530, Np = 1,518, **II** opt. zweiachsig positive Krist. n = 1,580.
J. J. Pohl 154

0543 **Bildungsreaktion von Syngenit in wäßrigen Salzlösungen.** G. A. Rykova und E. B. Sternina. (Ž. neorg. Chim. **13** (1968) 4, 1014—22; Inst. obšč. i neorg. chim. im. Kurnakova AN SSSR; russ.) — Die Vol.-Konz. K_z von W. in Na- u. K-Chlorid u. Sulfatlsg. u. in der fl. Phase des wss. Syst. $CaHCO_3$–$CaSO_4$ wurde bei 25° u. P_{CO_2} ca. 1 atm untersucht. Die K_z-Werte sind im ganzen Konz.-Bereich in KCl-Lsg. am höchsten, die in NaCl- u. K_2SO_4-Lsg. sind etwa gleich groß. Salzlsg. mit der kleinsten Vol.-Konz. des W. haben eine relativ niedrige Viskosität u. hohe elektr. Leitfähigkeit. Die Löslichkeits-, Viskositäts- u. elektr. Leitfähigkeitsisothermen sind abgebildet. Die größte Konz. komplexer Ionen in Lsg. wurde im Bereich der Kristallisation von Gips u. nicht in dem von Syngenit K_2SO_4 · $CaSO_4$ · H_2O festgestellt.
J. J. Pohl 154

0544 **Übersättigung im System CaO–P_2O_5–NH_3–H_2O.** M. E. Pozin, B. A. Kopylev und I. D. Sokolov. (Ž. prikl. Chim. **41** (1968) 6, 1215—20; Leningradskij technol. inst. im. Lensoveta; russ.) — Die Zus. von Lsg. des Syst. CaO–P_2O_5–NH_3–H_2O wurde bei Übersättigung mit Monocalciumphosphat bei 25 ± 0,1° im Bereich 42,12 bis 50,25% P_2O_5, 0—5,82% NH_3 u. 1,41—4,29% CaO bestimmt. Aus diesen Lsg. krist. *$Ca(H_2PO_4)_2$ · H_2O* u. *Ca · $(H_2PO_4)_2$ · H_2O + $NH_4H_2PO_4$* aus. Eine Zunahme der Phosphorsäurekonz. von 42,85 bis 47,70% P_2O_5 ermöglicht eine Zunahme des Übersättigungsgrades der Lsg. von 24,5—90,2%. Ein zunehmender NH_3-Geh. von 0 bis 4,67% erhöht den Übersättigungsgrad der Lsg. (bis 33%) im Vgl. mit dem analoger Lsg. des tern. Syst. CaO–P_2O_5–H_2O. Die Aussalzwrkg. von NH_3 gegenüber Ca · $(H_2PO_4)_2$ wächst mit steigender NH_3-Konz. in der Lsg. u. beträgt bei 4,75% NH_3 0,26% CaO, $Ca(H_2PO_4)_2$ wird in Ggw. von 4,67% NH_3 zu 31% ausgesalzen.
J. J. Pohl 154

0545 **Binodalkurve des Systems Zinksulfat-Isopropylalkohol-Wasser.** Stanisław Poczopko, Antoni Basiński und Anna Łukszo. (Roczniki Chem. [Ann. Soc. chim. Polonorum] **42** (1968) 3, 549—50; Dep. of Phys. Chem.; N. Copernicus Univ., Torun; pol.) — Für obiges Syst. werden für 20° Wertetabellen angegeben für Punkte auf der Binodalkurve u. einigen Konoden. Der krit. Mischungspunkt wird bestimmt. H. Tulhoff 154

0546 **Löslichkeit von Indiumfluorid in wäßrigen Kaliumfluoridlösungen.** É. N. Dejčman, R. D. Jarceva und Ž. A. Ežova. (Z. neorg. Chim. **13** (1968) 5, 1404–07; Inst. obsc. i neorg. chim. im. Kurnakova AN SSR; russ.) — Das Syst. InF_3–KF–H_2O wurde bei 25° mit der Löslichkeitsmeth. untersucht. Die Umsetzung der Salzkomponenten führt zur Bldg. von $3KF \cdot 2InF_3 \cdot H_2O$ (**I**) u. K_3InF_6. In scheidet sich in Ggw. von ca. 20% KF quant. aus der Lsg. aus. Die Löslichkeit von InF_3 in W, beträgt 5,8%, in Ggw. von ca. 2,0% KF 11,9%. K_3InF_6 stellt eine weiße mikrokrist. Substanz dar, die inkongruent lösl., hygroskop. u. opt. isotrop ist, N < 1,408. **I** ist opt. anisotrop. K_3InF_6 zeigt endotherme Effekte bei 240 u. 990° unter Abgabe von hygroskop. W. bzw. zweier Atome Fluor. Die endothermen Effekte von **I** liegen bei 593–830° entsprechend der Abgabe von ein Mol. W. u. zwei Atomen Fluor bzw. vier Fluoratomen. J. J. Pohl 154

0547 **Umsetzung von Scandiumchlorid mit TBP.** P. G. Berežko, S. S. Korovin, K. I. Petrov und A. M. Reznik. (Ž. neorg. Chim. **13** (1968) 4, 1058–60; Mosk. inst. tonkoj chim. technol. im. Lomonosova, Kaf. chim. i technol. redkich i rassejannych èlementov; russ.) — Die Umsetzungsprod. von $ScCl_3$ mit TBP wurden bei 700–1700 cm^{-1} IR-spektroskop. untersucht. Beim Lösen von $ScCl_3$ in wasserfreiem TBP wurde eine Sättigung nach 4 Std. erreicht, die Löslichkeit beträgt bei 19 ± 1° 1,188 m $ScCl_3$, die Dichte der Lsg. beträgt 1,100 g/cm³. Beim Lösen von $ScCl_3$ in wasserhaltigem TBP bildet sich möglicherweise der Komplex $ScCl_3 \cdot 3TBP$, in der organ. Phase ist W. enthalten. Die Wassermol. sind mit dem Solvat nur schwach verbunden, bei 5–10 Torr u. ca. 20° wird während 30 Min. ca. 70% des W.-Geh. abgegeben. Die Koordinationszahl von Sc erreicht in Ggw. von W. 8. J. J. Pohl 154

0548 **Selektive Auflösung von Seltenerdmetalloxiden in Salzen anorganischer und organischer Säuren.** D. I. Rjabčikov und N. S. Vagina. (Ž. neorg. Chim. **13** (1968) 3, 892–93; Inst. geochim. i analit. chim. im. Vernadskogo AN SSSR; russ.) — Die Löslichkeit von La_2O_3, Pr_2O_3, Nd_2O_3, Eu_2O_3, Gd_2O_3, Tb_2O_3 u. Y_2O_3 in 0,25–10,0 m NH_4Cl-Lsg. bei 97° wurde nach 3std. Gleichgew.-Einstellungszeit bestimmt. Mit steigender Salzkonz. nimmt die Löslichkeit der Seltenerdmetalloxide stark zu. Die Löslichkeit von La_2O_3 übersteigt die der analogen Verb. beträchtlich. Die Löslichkeitsdaten für La_2O_3, Pr_2O_3, Nd_2O_3, Sm_2O_3, Y_2O_3, Dy_2O_3, Er_2O_3 u. Lu_2O_3 in 0,3 g/ml $(NH_4)_2CO_3$, NH_4Cl, Ammoniumsuccinat, $(NH_4)_2 \cdot SO_4$ u. Ammoniumphthalat wurden graph. ausgewertet. Die Löslichkeit ist in Sulfat am größten u. im Carbonat u. Chlorid am kleinsten. In den Phthalat- u. Succinatlsg. sind die Oxide der ersten Glieder der Cergruppe besser lösl. als die der letzten. Die Löslichkeit der Oxide der Y-Gruppe ist wesentlich kleiner als die der Oxide der Cergruppe. J. J. Pohl 154

0549 **Löslichkeit von Seltenerdmetall- und Yttriumchloriden in salzsauren Lösungen bei 25°.** Z. N. Ševcova, L. S. Nam und B. G. Koršunov. (Ž. neorg. Chim. **13** (1968) 6, 1682–84; Mosk. inst. tonkoj chim. technol. im. Lomonosova; russ.) — Die Löslichkeit in den tern. Syst. $MeCl_3$–HCl–H_2O, Me = La, Ce, Pr, Nd, Sm, Y wurde bei 25° untersucht. Mit wachsender HCl-Konz. sinkt die Löslichkeit der Seltenerdmetallchloride, in den Syst. liegen die Phasen $LaCl_3 \cdot 7H_2O$, $CeCl_3 \cdot 7H_2O$, $PrCl_3 \cdot 7H_2O$, $NdCl_3 \cdot 6H_2O$, $SmCl_3 \cdot 6H_2O$ u. $YCl_3 \cdot 6H_2O$ vor, andere Hydrate entstehen nicht. D. u. Viskosität von Lsg. der Syst. $SmCl_3$–HCl–H_2O u. YCl_3–HCl–H_2O wurden bei 25° bestimmt. Die Größe der D. u. Viskosität der gesätt. HCl-Lsg. von $SmCl_3$ u. YCl_3 sinkt mit wachsendem Säuregrad der Lösung. J. J. Pohl 154

0550 **Zusammensetzung und Eigenschaften von basischem Praseodymchlorid und von Pr-Hydroxid.** N. V. Mzareulisvili, E. G. Davitašvili und V. P. Natidze. (Soobšč. Akad. Nauk Gruz. SSR **50** (1968) 2, 357–60; AN Gruzin. SSR, Inst. fiz. i org. chim. im. Melikisvili, Tbilisi; russ.) — Die Eig. der im Syst. $PrCl_3$–NaOH–H_2O auftretenden Nd. von $Pr(OH)_{2,5}Cl_{0,5} \cdot 1,5H_2O$ (**I**) u. $Pr(OH)_3 \cdot 1.5H_2O$ (**II**) wurden chem., thermograph., röntgenograph. u. IR-spektroskop. im Bereich 100 bis 3600 cm^{-1} untersucht. **I** gibt bei 60–310° endotherm. 1,5 Mol. W. ab, bei 310–490° treten 0,75 Mol. chem. gebundenes W., bei 490–750° schließlich 0,5 Mol. W. aus. **II** gibt W. bei 80–390° bzw. 390–700° ab. J. J. Pohl 154

0551 **Bildungsreaktion von basischen Yb-Salzen und Yb-Hydroxid.** N. V. Mzareulišvili, E. G. Davitašvili und V. P. Natidze. (Soobšč. Akad. Nauk Gruz. SSR **50** (1968) 3, 619–24; russ.) — Vgl. vorst. Referat. — Die Syst. YbX_3–NaOH–H_2O, X = $^1/_2\ SO_4^{2-}$, Cl^-, NO_3^- oder CH_3COO^-, wurden durch Best. des pH-Werts, der spezif. elektr. Leitfähigkeit u. der Löslichkeit untersucht. Die Umsetzung von Yb^{3+}-Ionen mit NaOH führt in Abhängigkeit vom Anion des Ausgangssalzes zu den unlösl. bas. Salzen: $Yb(OH)_{2,2} \cdot (SO_4)_{0,4} \cdot 2,5H_2O$, $Yb \cdot (OH)_{2,5}Cl_{0,5} \cdot 2H_2O$, $Yb(OH)_{2,5}(NO_3)_{0,5} \cdot 1,5H_2O$, $Yb \cdot (OH)_{2,75}(CH_3COO)_{0.25} \cdot 2,5H_2O$, die chem.-analyt. u. thermogravimetr. charakterisiert wurden. J. J. Pohl 154

0552 **Bildungsreaktion von Samariumhydroxid.** N. N. Mironov und L. M. Poljašov. (Z. neorg. Chim. **13** (1968) 4, 922–26; NII pri Gor'kovskom gos. univ.; russ.) — Die Bldg.-Rk. von Sm-Hydroxid wurde in den Syst. $Sm_2(SO_4)_3$–NaOH–H_2O, $SmCl_3$–NaOH–H_2O u. $Sm(NO_3)_3$–NaOH–H_2O mit der Löslichkeitsmeth. u. durch Best. des pH-Werts, sowie der elektr. Leitfähigkeit von Gleichgew.-Lsg. bei 25°, mit der Nd.-Vol.-Meth., potentiometr. u. konduktometr. bestimmt. Die Bldg. bas. Salze geht in allen untersuchten Syst. der Bldg. des Sm-Hydroxids vor. Sm-Sulfat bildet stabilere bas. Salze als das Chlorid oder das Nitrat. Bei der Umsetzung von Sm-Salzen mit NaOH entstehen bas. Salze der Zus. $Sm(OH)_2(SO_4)_{0,5}$, $Sm(OH)_{2,5}Cl_{0,5}$ u. $Sm(OH)_{2,5}(NO_3)_{0,5}$. J. J. Pohl 154

0553 **Löslichkeit in wäßrigen Salzsystemen von Hafniumoxidchlorid und Alkali- oder Erdalkalimetallchloriden. Isothermen bei 25°.** I. B. Barskaja und I. S. Morozov. (Z. neorg. Chim. **13** (1968) 5, 1408–11; Inst. obšč. i neorg. chim. im. Kurnakova AN SSSR; russ.) — Löslichkeitsdaten bei 25 ± 0,1° ergaben folgende Zus. der euton. Punkte in den untersuchten tern. Syst.: $HfOCl_2$–LiCl–H_2O 43,80 (Gew.-% Alkali- bzw. Erdalkalimetallchlorid), 0,705 (% $HfOCl_2$); $HfOCl_2$–CsCl–H_2O 50,20; 19,00; $HfOCl_2$–NaCl–H_2O 11,55, 32,00; $HfOCl_2$–NH_4Cl–H_2O 7,50, 37,50; $HfOCl_2$–RbCl–H_2O 20,80, 38,00; $HfOCl_2$–KCl–H_2O 5,05, 41,50; $HfOCl_2$–$CaCl_2$–H_2O 43,45, 0,093; $HfOCl_2$–$MgCl_2$–H_2O 34,20, 1,13; $HfOCl_2$–$SrCl_2$–H_2O 27,55, 12,50; $HfOCl_2$–$BaCl_2$–H_2O 3,97, 44,10. Alle untersuchten Syst. sind vom einfachen euton. Typ. Die Löslichkeit von $HfOCl_2$ sinkt mit wachsender Konz. der beiden Komponenten. Die Aussalzwrkg. der Chloride hängt vom Verhältnis der Löslichkeit der Salze des Syst., sowie von der Art des Kations ab. J. J. Pohl 154

0554 **System HfO_2–SO_3–H_2O.** D. L. Motov und M. P. Ritter. (Ž. neorg. Chim. **13** (1968) 6, 1686–92; russ.) — Die Unters. des Syst. HfO_2–SO_3–H_2O mit der Löslichkeitsmeth. bei 100–200° zeigt die Anwesenheit der Gleichgew.-Phasen $Hf_4O_5(SO_4)_3 \cdot 9H_2O$, $HfOSO_4 \cdot 2H_2O$, $Hf_2O \cdot (SO_4)_3 \cdot 5H_2O$, $Hf(SO_4)_2 \cdot 4H_2O$, $2Hf(SO_4)_2 \cdot 3H_2O$ u. $2Hf(SO_4)_2 \cdot H_2O$. Nicht alle Hafniumverb. haben Zirkoniumanaloge. Die röntgenograph. Charakteristika der krist. Phasen sind angegeben, sie wurden mikrophotograph. untersucht. J. J. Pohl 154

0555 **Lösungen mit hoher Dielektrizitätskonstante.** 11. Mitt. **Löslichkeit einiger Elektrolyte in N-Methylacetamid bei verschiedenen Temperaturen.** Dinesh Chandra und Ram Gopal. (J. Indian chem. Soc. **45** (1968) 4, 351–53; Dep. of Chem., Lucknow Univ.; engl.) — 10. vgl. C. **1968,** 49/50-0397. — Die Löslichkeit bei 32, 35, 40, 45 u. 50° wird in g/100 g Lsgm. tabellar. für folgende Elektrolyte angegeben: *NaCl*, *NaBr*, *NaJ*, *Na·NO₃*, *KCl*, *KBr*, *KJ*, KNO_3, K_2SO_4, NH_4Cl, NH_4Br, $(NH_4)_2SO_4$, $BaCl_2$, $BaBr_2$, $Ba(NO_3)_2$, $SrCl_2$, $SrBr_2$, $Sr(NO_3)_2$, $MnSO_4$, $PbCl_2$, $PbBr_2$, $Pb(NO_3)_2$. H. Tulhoff 154

0556 **Einfluß der Ionenstärke und der Temperatur auf die Löslichkeit von Wismutoxidchlorid.** V. P. Vasil'ev und N. K. Grečina. (Izvest. vysšich učebnych Zavedenij [Ivanovo], Chim. i chim. Technol. **11** (1968) 2, 142 bis 144; Ivanovskij chim. technol. inst., kaf. anal. chim.; russ.) — Die Löslichkeit von BiOCl in $HClO_4$–$NaClO_4$-Lsg. wurde bei der Ionenstärke μ = 1,0, 2,0 u. 3,0 bei 15, 25 u. 50° bestimmt. Die Gleichgew.-Konst. der Lsg.-Rk. $BiOCl_{fest} + 2H^+ \rightleftharpoons Bi^{3+} + Cl^- + H_2O$ beträgt bei 15° 7,82 (± 0,04) bei 25° 7,80 u. bei 50° 7,76. $\Delta H^0_{298,15}$ der Rk. beträgt bei μ = 0 0,8 ± 1,6 kcal/Mol, die Rk. ist endotherm. J. J. Pohl 154

0557 **Heterogene Gleichgewichte in den Systemen MeX–BiX_3–HX–H_2O, Me = K, Rb, Cs, X = Cl, Br.** V. E. Pljuščev, S. B. Stepina und I. V. Vlasova. (Doklady Akad. Nauk SSSR **180** (1968) 1, 126–29; Mosk. inst. tonkoj chim. technol. im. Lomonosova; russ.) — Das Gleichgew. im Syst. MeX–BiX_3–HX–H_2O wurde bei 25° u. 0, 5, 10 u. 15 Gew.-% HX untersucht. Die Löslichkeitsisothermen enthalten Kristallisationszweige von *KCl*, $K_2[BiCl_5]$ (Zers. bei 435°, farblose anisotrope Krist.) *RbCl*, $Rb_3[BiCl_6]$ (polymorphe Umwandlung bei 395°, schmilzt kongruent bei 010°, farblos), $Rb_7[Bi_3Cl_{16}]$ (Zers. bei 160°, farblos), $Cs_4[BiCl_7]$ (Zers. bei 240°, farblos), $Cs_3[BiCl_6]$ (polymorphe Umwandlung bei 400°, schmilzt kongruent bei 670°, farblos), $Cs_3[Bi_2Cl_9]$ (schmilzt inkongruent bei 580°, farblos), K_2BiBr_5 (schmilzt inkongruent bei 450°, gelb), *KBr*, *RbBr*, $Rb_3[BiBr_6]$ (Zers. bei 320°, hellgelb), $Rb_7[Bi_3Br_{16}]$, (Zers. bei 200°, gelb), $Rb_3[Bi_2Br_9]$ (schmilzt inkongruent bei 520°, hellgelb), $Cs_3[BiBr_6]$ (polymorphe Umwandlung bei 460°, schmilzt kongruent bei 620°, hellgelb), u. $Cs_3[Bi_2Br_9]$ (schmilzt kongruent bei 640°, hellgelb). Dio Anzahl der stabilen Komplexhalogenide wächst beim Übergang von K zu Cs, die Löslichkeit der Verb. nimmt ab. J. J. Pohl 154

0558 **System $2KClO_4 + (NH_4)_2CrO_4 \rightleftharpoons K_2CrO_4 + 2NH_4 \cdot ClO_4$–$H_2O$ bei 25°.** I. N. Leneskov und L. P. Cernova. (Z. neorg. Chim. **13** (1968) 3, 883–87; russ.) — Die Unters. der Löslichkeit im wss. reversiblen Syst. $2KClO_4 + (NH_4)_2CrO_4 \rightleftharpoons K_2CrO_4 + 2NH_4ClO_4$–$H_2O$ bei 25° zeigt die Bldg. folgender Verb.: $KClO_4$, $(NH_4)_2CrO_4$, K_2CrO_4, $NH_4ClO_4 \cdot (NH_4)_2CrO_4$ u. der Mischkrist. $nKClO_4 \cdot mNH_4ClO_4$, $nK_2CrO_4 \cdot m(NH_4)_2CrO_4$ u. $n(NH_4)_2CrO_4 \cdot mK_2CrO_4$. Ein Vgl. der Löslichkeitsdiagramme bei 25 u. 50° zeigt, daß das Kristallisationsfeld des bin. Salzes u. der Mischkrist. mit wachsender Temp. größer wird. Dio thermograph. Unters. zeigt, daß sich alle festen Phasen des Syst. beim Erwärmen explosionsartig zersetzen. $NH_4ClO_4 \cdot (NH_4)_2CrO_4$ u. $nKClO_4 \cdot mNH_4ClO_4$ können als Ox.-Mittel verwendet werden. NH_4ClO_4 hat (Ng) 1,488, (Nm) 1,484, (Np) 1,479, NH_4ClO_4, $(NH_4)_2CrO_4$ 1,668, 1,658, 1,642 u. $(NH_4)_2CrO_4$ 1,787, 1,756, 1,716. J. J. Pohl 154

0559 **System CsF–WO_3–H_2O bei 25°.** A. A. Opalovskij und V. P. Šaburova. (Ž. neorg. Chim. **13** (1968) 6, 1677 bis 1681; Inst. neorg. chim. SO AN SSSR; russ.) — Die Löslichkeitsisotherme des Syst. CsF–WO_3–H_2O bei 25° zeigt die Bldg. der Verb. $Cs_{11}(WO_3)_5F_{11} \cdot 5H_2O$ **(I)** neben einem breiten Bereich von Mischkristallen. **I** wurde chem., röntgenograph., IR-spektroskop. bei 400 bis 4000 cm^{-1} u. kristallopt. untersucht. Es krist. kub. mit a = 12,648 Å, ist opt. isotrop, $\bar{n}$ = 1,601, $D._4^{25}$ = 4,970. Thermograph. Daten zeigen, daß **I** ohne Zers. bei 134, 190 u. 430° endotherm. W. abgibt, endotherme Zers.- u. Schmelzeffekte liegen bei 572, 772 u. 802°. J. J. Pohl 154

0560 **Löslichkeit von Uranylsalzen in Äthern.** V. M. Vdovenko, I. G. Suglobova und D. N. Suglobov. (Radiochimija **10** (1968) 2, 182–95; russ.) — Vf. untersuchten an Hand von Literaturangaben die Löslichkeit (u. Extraktion) von anorgan. Uranylsalzen in organ. Lsgm., bes. in verschiedenen Äthern. Dazu wurden die Phasendiagramme (25°) der tern. Syst. $UO_2(NO_3)_2$–H_2O–Ae. u. $UO_2(NO_3)_2$–H_2O–Dibutyläther sowie tabellar. die Löslichkeiten von $UO_2(NO_3)_2$ in charakterist. Festpunkten der Syst. angegeben. Für die tern. Syst. $UO_2 \cdot (NO_3)_2$–H_2O–Diisopropyläther (25°), UO_2Cl_2–H_2O–Ae., $UO_2(ClO_4)_2$–H_2O–Ae. u. $UO_2(ClO_4)_2$–H_2O-Dibutyläther wurden nur die Phasendiagramme angegeben. Ein Vgl. der Löslichkeit u. der Extrahierbarkeit von Uranyl durch diese Syst. ergab, daß viele Anionen (mit Ausnahme der Nitrationen) mit dem Uranylion zwar neutrale Komplexe bilden (Voraussetzung für die Extraktion durch Äther), jedoch sind diese Komplexverb. zu „polar", um in ein organ. Medium mit einer kleineren DK überzugehen. Lediglich beim Nitratkomplex fallen folgende, die Extraktion begünstigende Faktoren zusammen: Neigung des Nitrations zur Komplexbldg., geringe Ladungsdichte auf dem Anion im Komplex, ausreichend starke Polarisation des Hydratwassers im neutralen Komplex. Diese Komplexverb. unterscheidet sich durch einen relativ hohen kovalenten Anteil an der Bindung zwischen Uranylion u. Liganden (Nitration). Vf. untersuchten außerdem die erhöhte Löslichkeit von Ae. in wss. Lsg. von $UO_2 \cdot (ClO_4)_2$, die auf einer stärkeren Wechselwrkg. des Hydratwassers (keine Abschirmung durch ClO_4^-) mit dem Ae. beruht. — 39 Literaturangaben. G. Ewald 154

0561 **Umsetzung von Re_2O_7 mit Alkoholen.** D. E. Emel'janov, Ju. Ja. Gukova, Ju. V. Karjakin und M. I. Ermolaev. (Ž. neorg. Chim. **13** (1968) 2, 589–90; Voronežskij technol. inst.; russ.) — Die Löslichkeit von Re_2O_7 in abs. Methanol, A. u. n-Propanol wurde bestimmt. Nach 6–8std. Stehen gesätt. Lsg. entstehen Nd., deren therm. Verh. untersucht wurde. Nach Trocknen der Nd. bei 90–100° dürfte, unabhängig von der Art des verwendeten Alkanols, $ReO_3 \cdot H_2O$ in Form eines schwarzen, amorphen Pulvers vorliegen, nach weiterem Entwässern rotes krist. ReO_3. Ein möglicher Mechanismus der Rk., der die intermediäre Bldg. von Acetalen einschließt, ist angegeben. Die Rk. wird durch anorgan. Säuren katalysiert, die alkohol. Re_2O_7-Lsg. haben pH von 4–5. J. J. Pohl 154

0562 **Systeme $FeCl_2$–$MgCl_2$–H_2O und $FeCl_2$–$ZnCl_2$–H_2O.** A. P. Ščedrina und M. I. Ozerova. (Ž. neorg. Chim. **13** (1968) 6, 1713–16; Orechovo-Zuevskij ped. inst., Kaf. chim.; russ.) — Die D. u. der Brechungsindex gesätt. Lsg., sowie die Viskositat nicht gesätt. isomol. Lsg. (1,248 m) der beiden Syst. wurden bei 15° bestimmt. Der nonvariante Punkt des Syst. $FeCl_2$–$MgCl_2$–H_2O liegt bei **4,7** Mol.-% $FeCl_2$ u. 31,6% $MgCl_2$. Die Isothermen der Eig. zeigen im Bereich großer $MgCl_2$-Konz. ein Minimum. Die Änderung des Vol. beim Vermischen von Lsg. des Syst. wurde ermittelt. Im Syst. $FeCl_2$–$ZnCl_2$–H_2O zeigt die Änderung der untersuchten Eig. das Auftreten einer chem. Umsetzung. J. J. Pohl 154

0563 **Untersuchung der Löslichkeit im System H_3PO_3–$CoHPO_3$–H_2O bei 25°.** Miroslav Ebert und Jitka Eysseltová. (Z. Chem. 8 (1968) 2, 69; Inst. für Anorg. Chem., Karls-Univ., Prag.; dt.) — Für obiges Syst. wird nach Gibbs-Roozeboom das Löslichkeitsdiagramm konstruiert, in dem folgende feste Bodenkörper auftreten: $Co(H_2PO_3)_2 \cdot H_3PO_3 \cdot 3H_2O$, $2CoHPO_3 \cdot Co \cdot (H_2PO_3)_2 \cdot 11H_2O$ u. $CoHPO_3 \cdot 7H_2O$. Die zwei ersten, bisher nicht beschriebenen Verb. konnten isoliert werden. Es sind rotviolette pulverige Substanzen, deren W.-Geh. sich aber bei der Reindarst. verändert. H. Tulhoff 154

0564 **Basische Chloride, Hydroxide und Hydroxokomplexe von Cu(II). Neue Variante der Methode der drei Veränderlichen.** V. B. Spivakovskij und G. V. Makovskaja. (Ž. neorg. Chim. **13** (1968) 6, 1555–61; Inst. metallofiz. AN Ukr. SSR; russ.) — Die Fällungsbedingungen, die Zus. u. die Aktivitätsprod. der schwerlösl. Cu-Nd., die im heterogenen Syst. Cu^{2+}–Li^+–OH^-–Cl^-–H_2O entstehen, wurden mit der Löslichkeitsmeth. u. mit der Meth. der drei Veränderlichen untersucht. Eine neue Variante der zweiten Meth. wird vorgeschlagen, die eine radikale Kürzung des Vers.-Aufwandes u. eine eingehendere Unters. der Fällungsbedingungen der schwer lösl. Nd. erlaubt sowie die Best. der Zus. u. der Aktivitätsprod. erleichtert. Die mit der Löslichkeitsmeth. bestimmte Zus. der entstehenden Komplexe ist $[CuOH]^+$ (Instabilitätskonst.) $1 \cdot 10^{-6}$, ($\Delta G_{298}°$, kcal/Mol) −30,26, $[Cu(OH)_2]$ $6,6 \cdot 10^{-8}$, −77,64, $[Cu(OH)_3]^-$ $5,3 \cdot 10^{-2}$ u. −116,99, $[Cu(OH)_4]^{2-}$ $7,2 \cdot 10^{-1}$, −154,77, $Cu(OH)_{1,4}Cl_{0,6}$ (Aktivitätsprod.) $7,9 \cdot 10^{-17}$ ($\Delta G_{298}°$) −77,88 ± 0,07 $Cu(OH)_{1,5}Cl_{0,5}$ $3,0 \cdot 10^{-18}$ −80,44 ± 0,10. J. J. Pohl 154

0565 **Lösungen von Kupfer(I)-perchlorat, -trifluoracetat und -tetrafluoroborat in organischen Lösungsmitteln.** M. J. Baillie, D. H. Brown, K. C. Moss und D. W. Sharp. (J. chem. Soc. [London], Sect. A **1968**, 1, 104—07; Dep. of Pure and Appl. Chem., Univ. of Strathclyde, Glasgow; engl.) — Die Umsetzung von $AgClO_4$, $AgCO_2 \cdot CF_3$ u. $AgBF_4$ in Ae., Bzl. u. Nitromethan mit $CuCl_2$ u. $CuBr_2$ führt zu Cu-haltigen Lsg. in den drei Lösungsmitteln. Die Art der Lsg. ist von der relativen Konz. der Rk.-Partner abhängig. In Ggw. eines $CuCl_2$-Überschusses enthält die Lsg. 1:1:1-Komplexe von Cu^{2+}, Cl^- u. dem Anion der starken Säure, die Löslichkeit wächst in der Reihenfolge Fluoroborat < Perchlorat < Trifluoroacetat. Die Rk. wurde konduktometr. sowie spektroskop. im sichtbaren u. UV-Bereich verfolgt.
J. J. Pohl 154

0566 **Löslichkeit in den Systemen $CuO-NH_3-(NH_4)_2SO_4-H_2O$, $ZnO-NH_3-(NH_4)_2SO_4-H_2O$ und $CuO-ZnO-NH_3-(NH_4)_2SO_4-H_2O$ bei 25°.** A. V. Kononov, und S. I. Sobol'. (Ž. neorg. Chim. **13** (1968) 6, 1693—96; Gos. inst. cvetnych metallov; russ.) — Ein zunehmender Ammoniumsulfatgeh. im Syst. $CuO-NH_3-(NH_4)_2SO_4-H_2O$ führt zunächst zu wachsender Löslichkeit von Cu. Die Form der Löslichkeitsisotherme ändert sich dabei. In einem breiten Temp.-Bereich fällt eine feste Phase der Zus. $CuSO_4 \cdot aCu(OH)_2 \cdot bNH_3 \cdot cH_2O$ aus. Die Phase nach dem Max. stellt nach röntgenograph. Daten $[Cu \cdot (NH_3)_4]SO_4 \cdot H_2O$ dar. Die Löslichkeit von ZnO im Syst. $ZnO-NH_3-(NH_4)_2SO_4-H_2O$ wurde bei verschiedenen Ammoniumsulfatgeh. bestimmt. Im Syst. tritt Bldg. von $[Zn(NH_3)_n](OH)_2$ an. Bei vollständiger Auflsg. des Ammoniumsulfats liegt in der Lsg. ein Tetramminzinksulfat vor. Hydrolyt. Prozesse finden bei allen Lsg.-Zus. statt u. führen zur Bldg. von $ZnSO_4 \cdot aZn(OH)_2 \cdot bNH_3 \cdot cH_2O$. Bei der gemeinsamen Auflsg. von CuO mit ZnO wird nach röntgenograph. Daten Tetramminkupfersulfatmonohydrat ausgesalzen. J. J. Pohl 154

0567 **Radiochemische Bestimmung der Zusammensetzung und der Löslichkeit von Zink-, Kupfer-, Cadmium- und Kobalthexacyanoferrat(II).** V. I. Šamaev. (Radiochimija **10** (1968) 2, 261—65; russ.) — Die Abhängigkeit der Zus. von Co-, Zn-, Cu- u. Cd-Hexacyanoferrat(II) von den Fällungsbedingungen wurde bei Markierung mit ^{60}Co, ^{65}Zn, ^{64}Cu u. ^{115m}Cd untersucht. Vergleichende Unters. der Löslichkeit der Nd. bei 20° wurden durch radioakt. Markierung u. durch Best. der Löslichkeit mit der radiochem. Variante der Tananaevschen Meth. durchgeführt. Der Einfl. der Konz. der Lsg., Temp. u. der Reihenfolge bei der Vermischung der Lsg. auf die Zus. des Nd. wurde ermittelt. Die Zunahme der Na^+-Konz. von 0 — 0,1 m bei der Fällung von Zn^{2+} mit $Na_4 \cdot [Fe(CN)_6]$ in Ggw. von K^+-Ionen bewirkt eine Änderung der Zus. des Nd. von $Zn_2[Fe(CN)_6]$ *bis* $K_2Zn_3[Fe(CN)_6]_2$. Im Falle von Co entsteht unter analogen Bedingungen in Ggw. eines $[Fe(CN)_6]^{4-}$-Überschusses $K_4Co_2[Fe(CN)_6]_2$, bei einem Kation: Anion-Verhältnis von 2,5—3,3 $3Co_2[Fe(CN)_6] \cdot K_4[Fe(CN)_6]$, bei 4,5—8 $5\,Co_2[Fe(CN)_6] \cdot K_4[Fe(CN)_6]$. Im Falle von Cd entsteht beim Kationenüberschuß $Cd_2[Fe(CN)_6]$ u. bei Cu $5Cu_2[Fe(CN)_6] \cdot K_4[Fe(CN)_6]$. Im Falle von Zn entsteht bei $[Fe(CN)_6]^{4-}$-Überschuß $K_4Zn_2[Fe(CN)_6]_2$, sonst $K_2Zn_3[Fe(CN)_6]_2$ u. $Zn_2[Fe(CN)_6]$. J. J. Pohl 154

0568 **Löslichkeit von Metalloxiden und Carbonaten in Komplexon III-Lösungen.** K. P. Stoljarov und N. I. Vinogradova. (Vestnik Leningradskogo Univ., Ser. fiz. Chim. **23** (1968) 4 Ser. Nr. 1, 115—19; russ., Auszug: engl.) — Die Löslichkeit von $MgCO_3$, $CaCO_3$, $BaCO_3$, $CuCO_3$ in 0,246 m Komplexon III-Lsg. u. die Löslichkeit von *CuO*, *MgO*, *CaO*, *SrO*, *BaO*, *ZnO*, *CdO*, *HgO*, Ga_2O_3, $In(OH)_3$, In_2O_3, Tl_2O_3, GeO_2, *PbO*, PbO_2, V_2O_5, Sb_2O_3, Bi_2O_3, MnO_2, $MnO(OH)_2$, Mn_3O_4 in 0,05—0,25 m Komplexon III-Lsg. wurden bei 25—90° untersucht u. in Abhängigkeit von der Komplexon III-Konz. graph. dargestellt. Die Abhängigkeit zwischen Metallkonz. in der Lsg. u. der Konz. der Komplexon III-Lsg. ist linear. Mit der Erhöhung der Ladung des Kations, welches das Oxid bildet, sinkt die Löslichkeit u. steigt die Konz. des in der Gleichgew.-Lsg. nicht als Komplex gebundenen Komplexon III. K. Karos 154

0569 **Löslichkeit von Silber(II)-oxid in alkalischen Lösungen.** Arthur Fleischer. (J. electrochem. Soc. **115** (1968) 8, 816; Orange, N.J.; engl.) — Vf. diskutiert die von Dirkse u. Wiers, **1959**, Hills **1961** u. von Amlie u. Ruetschi, **1961**, untersuchte Löslichkeit von *AgO* u. Ag_2O in *KOH* u. weist mit Hilfe der Phasenregel nach, daß das Syst. univariant ist u. die Löslichkeit u. jede andere Eig. fixiert ist. E. Schulte 154△

0570 **Löslichkeit von Silberchlorid in Deuteriumoxid-Lösungen.** R. W. C. Broadbank, S. Dhabanandana und K. W. Morcom. (J. chem. Soc. [London], Sect. A **1968**, 2, 213—15; Leicester, Leicester Coll. of Technol., School of Chem.; engl.) — Radiochem. Best. der Löslichkeit von AgCl in verd. NaCl-Lsg. in D_2O bei 25 u. 45°. Die Löslichkeitsprod. u. andere thermodynam. Daten sind tabellar. zusammengestellt. Auf Molenbruchbasis ist die AgCl-Löslichkeit in D_2O ca. 5% geringer als in H_2O.
D. Ertel 154

0571 **Löslichkeit von $CuCl_2$ und $PdCl_2$ in Äthanol und Acetal.** V. R. Gurevič, G. S. Prudnikova und V. F. Tret'jakov. (Chim. Prom. **44** (1968) 5, 69—70; russ.) — Die Löslichkeit von $CuCl_2$, $PdCl_2$ u. $CuCl_2 + PdCl_2$ in A., Acetal u. ihren Gemischen wurde nach 5std. Behandlung der Proben bei 200—250° u. 100—200std. Gleichgew.-Einst. bei 40° untersucht. Die Löslichkeit der beiden Salze in A.—Acetal-Gemischen verhält sich additiv. Die Ggw. von $PdCl_2$ in der Lsg. setzt die Löslichkeit von $CuCl_2$ herab. J. J. Pohl 154

0572 **Solventextraktion von Hafnium(IV).** 6. Mitt. **Extraktion mit Dialkylphosphorsäuren aus Chlorid- und Nitratlösungen.** O. Navrátil. (J. inorg. nuclear Chem. **30** (1968) 6, 1605—16; Brno/Czech., Fac. of Natural Sci., Dep. of Radiochem.; engl.) — 5. vgl. C. **1968**, 44-0423. — Unters. der Verteilung von $^{175+181}Hf(IV)$ zwischen wss. HCl oder HNO_3 u. 1. Dibutylphosphorsäure in Bzl. u. $CHCl_3$, 2. Bis-[n-amyl]-phosphorsäure in Toluol u. 3. Bis-[äthylhexyl]- u. Bis-[n-octyl]-phosphorsäure in n-Octan. Im untersuchten Konz.-Gebiet (bis $2 \cdot 10^{-6}$ Mol/l) wird Hf aus HCl (bis 3,5 Mol/l) vorzugsweise in Form von $HfClA_3(HA)_2$ extrahiert (HA = Dialkylphosphorsäure). Bei HCl-Konz. > 4,5 mol. bzw. HNO_3-Konz. > 1,5 mol wird der ursprünglicheIonenaustausch-Mech. durch eine Additionsrk. unter Bldg. von $HfX_4(HA)_y$ abgelöst (X = NO_3, Cl). Bei hohen HNO_3-Konz. bildet sich der extrahierbare Komplex $HNO_3 \cdot HA$, wodurch eine Abnahme des Hf-Verteilungsverhältnisses bewirkt wird. D. Ertel 154

0573 **Solventextraktion von Hafnium(IV).** 7. Mitt. **Extraktion mit Dinonylnaphthalinsulfonsäure aus stark sauren Lösungen.** J. Hála. (J. inorg. nuclear Chem. **30** 1968) 5, 1334—37; Brno, Univ., Dep. of Phys. Chem., Radiochem. Labor; engl.) — 6. vgl. vorst. Referat. — Unters. zur Best. des Ladungszustandes der extrahierten Hf-Species. Im log D_{Hf}/log$[H^+]$-Diagramm ergab sich bei $HClO_4$-Lsg. statt der erwarteten linearen Abhängigkeit eine Kurve mit Minimum. Die Kurvensteigung änderte sich von —4 graduell bis Minimum u. erreichte schließlich bei hoher $HClO_4$-Konz. beträchtlich hohe D_{Hf}-Werte.
D. Ertel 154

0574 **Einfluß der Grenzflächenspannung auf den Verteilungskoeffizienten von Uranylnitrat im System: Verdünnungsmittel + Tetrabutyldiphosphat—1 m HNO_3.** J. Mikulski und Z. Szeglowski. (Z. physik. Chem. [Leipzig] **237** (1968) 1/2, 66—70; Kraków, Inst. of Nucl. Phys.; engl.) — Messung der Grenzflächenspannung im Syst. Verd.-Mittel-Tetrabutyldiphosphat-$UO_2(NO_3)_2$ mit $4{,}9 \cdot 10^{-4}$ m Uranylnitrat (angereichert mit ^{235}U). Der U-Verteilungskoeff. erreicht bei Verw. der Verd.-Mittel o-Kresol, Amyl-, Benzylalkohol, Nitrobenzol, Cyclohexan, o-Dichlorbenzol, Heptan, CCl_4, Toluol, Bzl. u. $CHCl_3$ bei ca. 20 dyn/cm einen Maximalwert. D. Ertel 154

0575 **Formale Theorie der Umkristallisation von Zweistoffsystemen.** A. N. Kirgincev und V. I. Kosjakov. (Ž. fiz. Chim. **42** (1968) 7, 1638—45; Inst. neorg. chim. SO AN SSSR, Novosibirsk; russ.) — Theoret. Unters. der Verteilung der Komponenten bei der gerichteten Kristallisation, der Zonenreinigung u. dem Zonenausgleichsschmelzen für einfache bin. Systeme.
H. Roschkowski 154

0576 **Bestimmung des Verteilungskoeffizienten beim Zonenschmelzen.** A. N. Kirgincev. (Fiz. Metallov Metallovedenie **26** (1968) 1, 101—05; russ.) — Vgl. vorst. Referat. — Angabe eines Berechnungsverfahrens. H. Roschkowski 154

0577 **Umverteilung der Beimengungen in der festen Phase beim Zonenschmelzen mit Temperaturgradienten.** V. N. Lozovskij und E. A. Nikolaeva. (Izvest. Akad. Nauk SSSR, Neorg. Mater. **4** (1968) 7, 1021—26; Novočerkasskij politechn. inst. im. Ordžonikidze; russ.) — Allg. Berechnung der Beimengungsverteilung u. Anwendung auf die Best. der Umverteilung des *Al-*, *Ga-*, *As-*, *Sb-*, *Cu-* u. *Zn*-Geh. in *Si* oder *Ge* beim Zonensschmelzen mit Temp.-Gradienten. H. Roschkowski 154

0578 **Konzentrationsabhängigkeit der durch die absoluten und relativen Konzentrationen der Komponenten ausgedrückten Verteilungskoeffizienten.** V. N. Vigdorovič und A. E. Vol'pjan. (Ž. fiz. Chim. **42** (1968) 7, 1631—34; russ.) — Theoret. Unters. an Hand der Syst. Ge–Si u. Bi–Sb. Anwendung auf Zonenschmelzprozesse. H. Roschkowski 154

0579 **Abhängigkeit des Gleichgewichtskoeffizienten der Verteilung der Verunreinigung von der Lage des Elementes im Periodensystem.** Š. I. Pejzulaev. (Ž. fiz. Chim. **42** (1968) 4, 878—82; russ.) — Gleichungen zur Best. des Verteilungskoeff. von Elementen in Ge u. Si sind angegeben. Als Größenfaktor wird (Z-z-v), Z = Ordnungszahl des Elementes, z u. v = Anzahl von f-Elektronen bzw. Bindungselektronen, verwendet. Im Falle von Elementen der dritten Periode ist der Valenzfaktor ausschlaggebend, während im Falle der sechsten Periode der Größenfaktor wichtig ist. J. J. Pohl 154

0580 **Löslichkeit und Ausscheidungskinetik von Bor in polykristallinem Silicium.** Joachim Hesse. (Z. Metallkunde **59** (1968) 6, 499—502; AEG-Telefunken-Forsch.-Inst., Frankfurt am Main; dt.) — Die maximale Löslichkeit von B in polykrist. Si wird bei 900—1200° bestimmt (nach Wärmebehandlung beobachtete Änderung der elektr. Leitfähigkeit, die mit der Bldg. von B-Ausscheidungen erklärt wird, in Verb. mit Hall-Messungen). Der aus dem exponentiellen Zeitgesetz der Ausscheidung ermittelte Zeitexponent wird im Zusammenhang mit der elektronenmkr. bestimmten geometr. Form der B-Ausscheidungen diskutiert. M. Frenzel 154

0581 **Löslichkeit von Aluminium in Siliciumeinkristallen.** V. N. Lozovskij und A. I. Udjanskaja. (Izvest. Akad. Nauk SSSR, Neorg. Mater. **4** (1968) 7, 1174—75; Novočerkasskij politechn. inst. im. Ordžonikidze; russ.) — Si-Einkrist. wurden durch Zonenschmelzen mit Temp.-Gradienten mit Al gesätt. u. die Temp.-Abhängigkeit der Löslichkeit bei ca. 700—1500° bestimmt. Aus den Daten wird der Verteilungskoeff. von Al in Si zu $k = A \exp(R\Delta H/RT)$ mit $A = 2{,}2$; $\Delta H = 24{,}3$ kcal/Mol ermittelt. H. Roschkowski 154

0582 **Phasengleichgewichte in den Systemen Thorium–Praseodym und Thorium–Neodym und magnetische Eigenschaften ihrer festen Lösungen.** Włodzimierz Trzebiatowski und Jan Niemiec. (Roczniki Chem. [Ann. Soc. chim. Polonorum] **42** (1968) 3, 413—19; Inst. of Inorg. Chem. and Metallurg. of Rare Elements, TU, Wrocław; pol.) — Durch DTA u. Röntgenanalyse werden die Phasendiagramme der Syst. Th–Pr u. Th–Nd aufgestellt. In weiten Bereichen bilden Pr u. Nd feste Lsg. mit α-Th, Verb.-Bldg. konnte nirgends festgestellt werden. Pr u. Nd erhöhen die Umwandlungstemp. von α- zu β-Th. Ebenso erhöht auf der Th-armen Seite der Syst. Th die Umwandlungstemp. von α- zu β-Pr u. von α- zu β-Nd. Von 85—300°K gilt für die festen Lsg. das Curie-Weiss-Gesetz. Die magnet. Momente von Pr u. Nd liegen je nach Konz. in den festen Lsg. zwischen 3,0 u. 3,4 BM. H. Tulhoff 154

0583 **Konstitution ternärer Ta–Mo–C-Legierungen.** Erwin Rudy, C. E. Brukl und Stephan Windisch. (J. Amer. ceram. Soc. **51** (1968) 5, 239—50; Mater. Res. Labor., Aerojet-Gen. Corp., Sacramento, Calif.; engl.) — Das Ta–Mo–C-Phasendiagramm wird röntgenograph., opt., durch F.-Analyse u. mit DTA untersucht. Oberhalb 1960° bilden die kub. (B1) Monocarbide TaC_{1-x} u. α-MoC_{1-x} eine kontinuierliche Mischkristallreihe. Unterhalb 1960° ist der Austausch von Ta durch Mo im Monocarbid temperaturabhängig; er sinkt auf 70—73 Atom-% bei 1500° ab. Die Gitterparameter zeigen eine schwache positive Abweichung vom linearen Verlauf (a = 4,456 Å für $TaC_{\approx 1,0}$ u. a = 4,268 Å für $Mo_{(0,70)}$. Oberhalb 2230° bilden Ta_2C u. Mo_2C eine kontinuierliche Mischkristallreihe; bei 2230° disproportionieren die festen Lsg. in einer pseudobin. eutektoiden Rk. in Metall u. Monocarbidphasen. Die krit. Konz. liegt bei 40 Mol-% Mo_2C. Bei tieferen Temp. ist der gegenseitige Austausch von Ta u. Mo in den beiden Carbiden temperaturabhängig; er beträgt 8 Mol-% Mo_2C in Ta_2C bzw. 34 Mol-% Ta_2C in Mo_2C bei 1500°. Beide festen Lsg. sind durch Dreiphasengleichgew. gegen das tern. Phasenfeld abgegrenzt. Der tern. Existenzbereich der n-MoC_{1-x}-Phase ist schmal; die ξ-Phase, die im bin. Ta–C-Syst. metastabil ist, wird durch geringe Mo-Geh. stabilisiert u. bildet Gleichgew. mit dem Monocarbid, dem Subcarbid u. dem Metall. Zwischen dem F. u. 1500° konnten 7 isotherme Rk. beobachtet werden; zwei weitere finden als Folge des Ordnungs-Unordnungsübergangs in Mo_2C zwischen 1400 u. 1500° statt. Unter Verw. von Literaturdaten für die bin. Carbide werden die Phasenbeziehungen des Syst. Ta–Mo–C thermodynam. analysiert, wobei die ber. Gleichgew. in guter Übereinstimmung mit dem Experiment stehen. W. Laqua 154

0584 **Ternäre Phasen im System Lithium–Mangan–Arsen.** R. Juza, W. Dethlefsen, H. Seidel und K. v. Benda. (Z. anorg. allg. Chem. **356** (1968) 5/6, 253—72; Kiel, Inst. für anorg. Chem. der Univ.; dt.) — Im Syst. Li–Mn–As wurden auf dem quasibin. Schnitt Li_3As–$Mn_3As_{1,85}$ folgende fünf Phasen festgestellt: Eine tetragonale Phase mit c/a > 1, in der sich die Mn-Atome in jeder zweiten Tetraederlückenschicht senkrecht zur c-Achse befinden. Eine pseudokub. Phase, in der die Mn-Atome in der gleichen Weise angeordnet sind. Eine kub. Phase mit statist. Verteilung der Mn-Atome. Eine tetragonale Phase mit c/a < 1, in der die Mn-Atome bevorzugt in Richtung der c-Achse angeordnet sind. Eine rhomb. Phase, in der die Mn-Atome bevorzugt in Richtung der a-Achse angeordnet sind. Die Mn-Atome befinden sich also in Tetraederlücken einer annähernd kub. dichten Packung von As-Atomen, die Li-Atome in dem Rest der Tetraederlücken u. in Oktaederlücken. Die Existenzgebiete der Phasen wurden in Abhängigkeit der Temp. u. der Zus. im Bereich 20—530° festgestellt. J. J. Pohl 154

0585 **Metastabile kubisch-raumzentrierte Phasen in den Systemen V–Ni und Ni–In.** Robert C. Ruhl, Bill C. Giessen, Morris Cohen und Nicholas J. Grant. (Mater. Sci. engng. [Amsterdam] **2** (1968) 6, 314—19; Dep. of Metallurg. and Mater. Sci., Mass. Inst. of Technol., Cambridge, Mass.; engl.) — V–Ni-Leg. mit 33—53 (Atom-%) Ni sowie Ni–In-Leg. mit 15—50 In werden nach schnellem Abschrecken aus dem fl. Zustand untersucht. Im Syst. V–Ni wird eine metastabile kub.-raumzentrierte (W-A2)-Phase an Stelle der σ-Gleichgew.-Phase gefunden. Eine ähnliche metastabile Phase findet man im Syst. Ni–In mit 16—25 In. Die mittleren Atomvol., Strukturbeziehungen u. mögliche Beziehungen der Freien Energien der metastabilen u. der Gleichgew.-Phase werden mitgeteilt. M. Frenzel 154

0586 **Entmischung im Metallsystem Au–Ni.** N. B. Chanh und J. P. Bastide. (Bull. Soc. chim. France **1968**, 5, 1911—13; Brivazac, Inst. de Magnéto-chim.; franz.) — Mit Hilfe der von Chanh (vgl. J. chim. phys. **63** (1969) 1181.) beschriebenen röntgenograph. Meth. untersuchten Vf. die krit. Eig. der Entmischung des Syst. An–Ni. Als krit. maximale Temp. wurde 820 ± 5° u. als krit. Konz. des Maximums 0,80 ± 0,02 Atom-Ni gefunden. Aus dem Verlauf der Entmischungstemp. konnte bei tiefer Temp. das Auftreten der Verb. Au_3Ni bestätigt werden. Berechnet wurden die Aktivitätskurven der Rk.-Teilnehmer in den festen Lösungen. C. Gottfried 154△

0587 **Phasengleichgewicht und Supraleitfähigkeit im System Molybdän–Platin.** H. Ocken und J. H. N. Van

Vucht. (J. less-common Metals [Lausanne] **15** (1968) 2, 193—99; Philips Res. Labor., N.V. Gloeilampenfabrieken, Eindhoven, Netherlands; engl.) — Das Phasendiagramm des Syst. Mo–Pt wurde auf Grund von röntgenograph., metallograph. u. visuell-polytherm. Daten konstruiert. Das Diagramm enthält sieben Einphasenbereiche: Mo-Mischkrist., Mo_6Pt vom β-W-Typ, Mo_3Pt_2 vom Mg- u. Mg_3Cd-Typ, orthorhomb. MoPt vom MgCd-Typ, orthorhomb. MoPt u. Pt-Mischkristalle. Die maximale Löslichkeit von Pt in Mo ist bei 2000° ca. 12 Atom-% Pt, bei 1000° sind nur 2 Atom-% Pt löslich. Die Mischkrist. zeigen < 1 °K Supraleitfähigkeit. Die Mo_6Pt-Phase tritt bei 5—37,5% Pt u. 1300—1800° auf. Die ungeordnete hexagonale Mo_3Pt_2-Phase hat an der Mo-reichen Seite a = 12,808 u. c = 4,500 Å, an der Pt-reichen Seite nach Erhitzen bis 1800° a = 2,786 u. c = 4,486 Å, unterhalb von 1600° bildet sich die geordnete hexagonale Phase mit a = 5,615 u. c = 4,489 Å, die im Gegensatz zur Hochtemp.-Phase keine Supraleitfähigkeit unterhalb von 1 °K zeigt. Orthorhomb. MoPt ist bei 1000° im Bereich 45—53% Pt beständig (a = 5,484; b = 4,903; c = 4,480 Å). Orthorhomb. $MoPt_2$ hat bei < 1800° a = 2,758; b = 8,27 u. c = 3,94 Å; Mischkrist. treten über 1800° bis ca. 45% Pt auf, sie zeigen ebenso wie die orthorhomb. Phasen keine Supraleitfähigkeit < 1 °K. J. J. Pohl 154

0588 **Graphische Darstellung von Ionengleichgewichten in Lösung.** Ladislav Šůcha. (Chem. Listy **62** (1968) 4, 369—407; Kat. anal. chem. Vys. skola chem.-technolog., Praha; tschech.) — Überblick über Verteilungsgleichgew. u. logarithm. Diagramme von protolyt., komplexbildenden Fällungs- u. Ox.-Red.Gleichgew. von Ionen in Lsg. — 29 Literaturangaben. J. Schindler 156△

0589 **Stabilität einiger Seltenerdmetallkomplexe mit Hydrogenmalonat und Hydrogensuccinat.** C. H. Ke, P. C. Kong, H. S. Cheng und N. C. Li. (J. inorg. nuclear Chem. **30** (1968) 4, 961—65; Dep. of Chem., Duquesne Univ., Pittsburgh, Pa.; engl.) — Durch Ionenaustauschunters. an Dowex-50W werden die Stabilitätskonst. der Komplexe $LnHA^{2+}$ u. $Ln(HA)_2^+$ (HA = Hydrogenmalonat bzw. -succinat von Ln^{3+} (Ln = *La, Pr, Sm, Eu, Gd, Tb, Dy, Er, Yb* u. *Lu*) bei 25 ± 0,5° u. μ = 0,15 m ([Ligand] = 0,005—0,12; [Ln] = 10^{-4}) bestimmt (Tabelle) u. diskutiert. Hydrogenmalonat reagiert als zweizähniger u. Hydrogensuccinat als einzähniger Ligand. K. J. Zwietasch 156

0590 **Thermodynamik der Komplexbildung zwischen Diäthylentriaminpentaessigsäure und Seltenerdmetallionen.** A. S. Carson, P. G. Laye und P. N. Smith. (J. chem. Soc. [London], Sect. A **1968**, 6, 1384—86; Dep. of Phys. Chem., Univ., Leeds; engl.) — Die Enthalpieänderungen bei der Komplexbldg. zwischen Ln^{3+} (Ln = *Ce, Pr, Nd, Sm, Eu, Gd, Tb, Dy, Ho, Er, Tm, Yb* u. *Lu*) u. Diäthylentriaminpentaessigsäure (DPTA) werden bei 27° u. μ = 0,1 bestimmt. Aus den Komplexbldg.-Enthalpien u. den Änderungen der Freien Energie werden die Entropieänderungen ermittelt. Die DPTA-Komplexe sind stabiler als die entsprechenden EDTA-Komplexe. Die Faktoren, die die Komplexstabilität beeinflussen, werden diskutiert. K. J. Zwietasch 156

0591 **Chelatbildung von Niob und Tantal mit Alizarinrot S.** Badri Vishal Agarwala und Arun K. Dey. (Chim. analytique **50** (1968) 5, 233—36; Labor. de Chim., Univ., Allahabad; franz.) — Nb(V) u. Ta(V) bilden mit Alizarinrot S zwischen pH 3,5—5,5 bzw. 4,5—5,5 je einen 1:2-Komplex (λ_{max} = 470 bzw. 460 mm) mit den Stabilitätskonst. log K = 8,33 ± 0,3 bzw. 8,27 ± 0,3. W. Grimmich 156

0592 **Metallchelate von Uran(VI) und Thorium(IV) mit Dinatrium-1.8-dihydroxynaphthalin-3.6-disulfonat. Eine potentiometrische Untersuchung.** Amitav Banerjee und Arun K. Dey. (J. inorg. nuclear Chem. **30** (1968) 4, 995—1003; engl.) — Vgl. vorst. Referat. — Vf. bestimmen die Protonierungskonst. des Liganden (log k_1 = 13,30; 12,99; log k_{12} = 5,50; 5,56) sowie die stufenweisen Bldg.-Konst. der U(VI)-Chelate (log k_1 = 13,82; 13,58; log k_2 = 8,50; 8,54) u. der Th(IV)-Chelate (log k_1 = 16,46; 16,30; log k_2 = 12,68; 12,90) bei 25° u. μ = 0,1 m. Die pH-abhängigen Farbänderungen weisen auf die Bldg. verschiedener Komplexspezies in Lsg. hin. K. J. Zwietasch 156

0593 **Wismutjodid-Komplexe in wäßriger Lösung von großer Jodid-Konzentration.** G. P. Haight jun. und L. Johansson. (Inorg. Chem. [Washington] **7** (1968) 6, 1255—57; Dep. of Chem. and Chem. Engng., Univ. of Ill., Urbana, Ill.; engl.) — Untersucht wurde die Dissoziation von $[Co(NH_3)_6]\cdot[BiJ_6]$ in wss. Lsg. hoher J^--Konz. in Ggw. von $[Co(NH_3)_6]J_3$. Hierbei stellt sich folgendes Gleichgew. ein: $[Co(NH_3)_6][BiJ_6] + n\,J^- \leftrightharpoons [Co(NH_3)_6]J_3 + BiJ_{3+n}^{n-}$. In dem gebildeten Komplex BiJ_n^{3-n} ist n > 6. Es ist aber weder möglich zwischen einem BiJ_7^{4-}- oder BiJ_8^{5-}-Komplex zu unterscheiden, noch einen Wert für die Bldg.-Konst. des Komplexes anzugeben. K. Berg 156

0594 **Americium- und Curiumkomplexe mit Oxin, Cupferron und N-Benzoylphenylhydroxylamin.** Eiko Akatsu, Michio Hoshi, Reiko Ono und Kaoru Ueno. (J. nuclear Sci. Technol. [Tokyo] **5** (1968) 5, 252 bis 255; Radiochem. Labor., JAERI, Tokai-mura, Ibaraki-ken; engl.) — Am u. Cm bilden als *Am(III)* u. *Cm(III)* mit Cupferron, Oxin u. N-Benzoylphenylhydroxylamin (I) in wss. Lsg. 1:3-Komplexe, wie bei der Extraktion mit $CHCl_3$ festgestellt wurde. *Eu(III)* bildet ebenfalls jeweils 1:3-Komplexe, *Th(IV)* bildet mit I einen 1:4- u. Pm(III) mit I einen 1:3-Komplex. D. Ertel 156

0595 **Stabilitätskonstanten einiger Metallchelate in gemischten Lösungsmittelsystemen.** P. S. Gentile und Ahmad Dadgar. (J. chem. Engng. Data **13** (1968) 2, 236—38; Fordham Univ., Bronx, N.Y.; engl.) — Die Stabilitätskonst. K für *Ni(II)-Acetylacetonat* werden in *Methanol–W., A.–W., 1-Propanol–W., 2-Propanol–W.* u. *Dioxan–W.*, die für *Co(II)–Acetylacetonat* in Methanol–W. u. 1-Propanol–W. bei 25° bestimmt. Es besteht eine lineare Abhängigkeit zwischen log K u. der reziproken DK des Lsgm. 1/D. Die Einfl. des Lsgm. auf die Dissoziation u. die Chelatbldg. werden diskutiert. K. J. Zwietasch 156

0596 **Metall-diäthyldithiocarbamate.** A. M. Trivedi, K. P. Soni und I. M. Bhatt. (J. Indian chem. Soc. **45** (1968) 3, 246—49; Chem. Dep., Univ. School of Sci., Gujarat Univ. Ahmedabad-9; engl.) — Absorptionsspektren von Lsg., die einerseits entweder Cu^{2+} (Lsgm. 80%ig. A.), Ni^{2+} (Lsgm. 75%ig. Dioxan) oder UO_2^{2+} (Lsgm. W.) u. andererseits Na-Diäthyldithiocarbamat (NaDDC) in unterschiedlichen Mengenverhältnissen enthalten, zeigen die Existenz der 3 Komplexe $Cu(DDC)_2$, $Ni(DDC)_2$ u. $[UO_2(DDC)_3]^-$. Unter den verwendeten experimentellen Bedingungen bilden die beiden Rk.-Partner jeweils nur 1 Komplex. Graph. Darst. der Absorption in Abhängigkeit der zugefügten Menge Cu^{2+}, Ni^{2+} oder UO_2^{2+} bzw. der zugefügten Menge NaDDC vgl. Original. H. J. Schönherr 156

0597 **Neuer mehrzähniger Pyridylligand. Koordination von Bis-[2-pyridylmethyl]-amin mit Ionen der Übergangsmetalle.** J. Kirk Romary, J. D. Barger und Jim E. Bunds. (Inorg. Chem. [Washington] **7** (1968) 6, 1142 bis 1145; Dep. of Chem., Washburn Univ., Topeka, Ka.; engl.) — Von *Bis-[2-pyridylmethyl]-amin* (I) u. *Bis-[3-(pyridylmethyl]-amin* (II) wurden die Protonendissoziationskonst. bei 25° in 0,1 m KNO_3 ermittelt. Sie betragen für I (pk_1 =) 1,12; (pk_2 =) 2,60; (pk_3 =) 7,30; für II 2,95; 3,90 u. 7,15. In Ggw. von Cu-, Co-, Ni-, Zn-, Cd-, Mn- u. Ag-Ionen ergaben sich, wie die potentiometr. ermittelten Bldg.-Konst. zeigen, Chelate geringerer Stabilität. Mn(II)- u. Ag(I)-Ionen bilden bei äquimolarem Verhältnis von Ligand:Metallion keine dreizähnigen Chelate. Nur für Cu(II) wurde eine ausgeprägte stufenförmige Kurve der Chelatbldg. gefunden.

Versuche: *Bis-[2-pyridylmethyl]-amin*: 0,16 Mol 2-Chlormethylpyridin (aus dem Hydrochlorid mit K_2CO_3) werden bei 5° mit 0,75 Mol 2-Aminomethylpyridin umgesetzt, das Rk.-Gemisch mit Weinsäure angesäuert, mit Ae. extrahiert u. mit wss. KOH neutralisiert. Ausb. 73%, F. 148—149°. I. Daneke 156

0598 **Stabilitätskonstanten von o-Phenylendioxydiessigsäurechelaten zweiwertiger Metalle.** Keinosuke Suzuki,

Tatsuaki Hattori und Kazuo Yamasaki. (J. inorg. nuclear Chem. **30** (1968) 1, 161–66; Inorg. Chem. Labor., Fac. of Sci., Nagoya Univ., Nagoya, Japan; engl.) — Vf. bestimmen die Stabilitätskonst. von Chelaten zweiwertiger Metalle mit o-$C_6H_4(OCH_2COOH)_2$ der pH-Titrationsmeth. bei 25° u. 0,1 Ionenstärke u. vergleichen die Resultate mit denen der Phenoxyessigsäure- u. der α-Carboxyphenoxyessigsäurechelate. Die Stabilitätskonst. (log K_1) der 1:1-Chelate ergaben sich zu: 3,8 bei *Cd*; 3,3 *Cu*; 3,1 *Ca*; 2,8 *Mn*; 2,3 *Sr*; 2,0 *Zn*; 2,0 *Ba*; 1,6 *Ni*; < 1,5 *Mg* u. 1,1 bei *Co*. *Pb* bildete mit den Liganden Niederschläge. H. J. Schönherr 156

0599 **Stabilitätskonstanten einiger Chelate aus zweiwertigen Metallen und Dithiodiessigsäure oder 3.3′-Thiodipropionsäure.** Keinosuke Suzuki, Chieko Karaki, Shigeru Mori und Kazuo Yamasaki. (J. inorg. nuclear Chem. **30** (1968) 1, 167–70; engl.) — Vgl. vorst. Referat. — Stabilitätskonst. (log K_1) der 1:1-Chelate aus Dithiodiessigsäure (**I**) oder 3.3′-Thiodipropionsäure (**II**) u. zweiwertigen Metallen werden mit der pH-Titrationsmeth. bei 25° u. 0,1 Ionenstärke bestimmt: *Cd* 1,9; *Co* 1,5; Mn 1,7; Ni 1,8; Pb 2,4 u. Zn 1,6 für **I**-Chelate, sowie Cd 2,0; Co 1,6; Cu 3,0; Mn 0,5; Ni 1,6; Pb 2,7 u. Zn 1,6 für **II**-Chelate. **I** bildet mit Cu(II) nicht identifizierte Niederschläge. **II** wurde aus β-Brompropionsäure u. Na_2S hergestellt. H. J. Schönherr 156

0600 **Stabilitätskonstanten von N-Acetyl-N-p-chlorphenylhydroxylamin-Chelaten zweiwertiger Metallionen.** J. P. C. Jaimni und N. C. Sogani. (J. Indian chem. Soc. **45** (1968) 1, 59–62; Univ. Rajasthan, Jaipur, India; engl.) — N-Acetyl-N-p-chlorphenylhydroxylamin ist ein analyt. brauchbarer Chelatbildner. In 70 Vol.-% Dioxan–W.-Gemisch ergeben sich nach der Meth. von Bjerrum u. Calvin bei 25° u. konst. Ionenstärke (0,1 m KCl) folgende Stabilitätskonst.: *Pd* (log k_1 =) 9,63; (log k_2 =) 7,74; Cu 9,57; 7,57; Ni 6,16; 4,92; Zn 5,16; 4,37; Mn 4,89; 3,97.

Versuche: *N-Acetyl-N-p-Chlorphenylhydroxylamin*, $C_8H_8NO_2Cl$, F. 114°, aus p-Chlorphenylhydroxylamin u. Acetylchlorid nach der Vorschrift von Gupta et al. [ibid. **37** (1960) 769]. Hanspeter Schulz 156

A–5. Elektrochemie

0601 **Reaktionen in Sulfolan.** 2. Mitt. **Elektrochemische Untersuchungen an den Redoxsystemen der Halogene.** R. L. Benoit, M. Guay und J. Desbarres. (Canad. J. Chem. **46** (1968) 8, 1261–66; Dép. de Chim., Univ. de Montréal, Montréal, Québec; franz.) — In dem aprot. Lsgm. Sulfolan wurde die elektrochem. Ox. der Halogenide sowie Red. der Halogene untersucht, wobei stabile Trihalogenidionen gebildet werden. Die Bldg.-Konst. wurden potentiometr. in 0,1 m $LiClO_4$-Lsg. bestimmt. Sie betragen $10^{7,4}$ (für J_3^-), $10^{6,8}$ (Br_3^-) u. $10^{3,1}$ (Cl_3^-). In CH_3OH wurden die Bldg.-Konst. zu $10^{4,2}$ (J_3^-) u. $10^{2,3}$ (Br_3^-) bestimmt. Für J_3^- wurde die Bldg.-Konst. auch als Funktion des Molenbruches von CH_3OH in Mischungen mit Sulfolan ermittelt. Durch Anwendung einer Ferrocen-Elektrode konnte ungefähr bestimmt werden, wie sich die Solvatationsenergie der Ionen X_3^- u. X^- in Abhängigkeit vom Lsgm. ändert. D. Gerlatzek 162

0602 **Ultraschallverhalten in einfachen und komplexen ternären Elektrolytsystemen.** A. V. Satyavati. (Acustica [Stuttgart] **19** (1967/68) 6, 350–54; Dep. of Phys. Shivaji Univ., Kalhapur, India; engl.) — Die Änderung der Schallgeschw. u. der adiabat. Kompressibilität sind in Abhängigkeit vom Molenbruch des jeweils zuerst genannten Salzes in folgenden tern. Elektrolyten untersucht worden: KCl–$BaCl_2$–W., KCl–$FeCl_3$–W., KJ–NaJ–W., KNO_3–$NaNO_3$–W., KNO_3–$LiNO_3$–W., K_2SO_4–Na_2SO_4–W., LiBr–$MgBr_2 \cdot 6\,H_2O$–W., $MgSO_4 \cdot 7\,H_2O$–$CoSO_4 \cdot 7\,H_2O$–W. sowie für verschiedene Syst. BX_2–AX–W. (B = Zn oder Cd; A = Li oder K; X = Cl, Br oder J). Die ersten acht Syst. aus einfachen Elektrolyten zeigten bei Zimmertemp. lineare Veränderungen mit der Konzentration. An den Lsg. von K-Halogenid mit Zn- oder Cd-Halogenid wird die Bldg. von Komplex-Ionen am Kompressibilitätsverh. untersucht. Letzteres wird durch die Bldg. von Ionen des Typs ZnX_4^{2-} u. CdX_4^{2-} erklärt. Herbert Weber 162

0603 **Stärke aprotonischer Säuren — einiger Halogenide der Elemente der IV. und V. Gruppe — in Carbonsäureestern.** N. G. Murygina und V. I. Dulova. (Izvest. vysšich učebnych Zavedenij [Ivanovo], Chim. i chim. Technol. **11** (1968) 5, 511–15; Taskentskij gos. univ.; russ.) — Die Säurestärke von $SbCl_5$, $TaCl_5$, $NbCl_5$, $SnBr_4$, $SnCl_4$, $TiCl_4$, $GeCl_4$, $AsCl_3$, $SbBr_3$, $SbCl_3$ in *Butyl-* u. *Benzylacetat* wurde mit Hilfe von Naphthylrot u. Methylgelb sowie in Äthylbenzoat unter Verw. von Naphthylrot spektroskop. bei 400–640 nm bestimmt. In allen untersuchten Estern ist $AlCl_3$ stärker als $SbBr_3$ u. $SbCl_3$. J. J. Pohl 162

0604 **Ionenleitung in Gemischen von ein- und mehrwertigen Alkoholen mit Wasser.** T. Erdey-Grúz, E. Kugler und L. Majthényi. (Electrochim. Acta [London] **13** (1968) 4, 947–67; Lehrstuhl für Phys. Chem. u. Radiol., Roland Eötvös Univ., Budapest; dt.) — Äquivalentleitfähigkeiten, Überführungszahlen u. Viskositäten von *KF*- u. *KCl*-Lsg., sowie von *HCl* u. KCl in Gemischen von W. mit *Methanol*, *Ä.*, *Propanol*, *Äthylenglykol* u. *Glycerin* bei 25 u. 5° werden gemessen. Die Leitungsmechanismen werden erörtert. M. Frenzel 164

0605 **Elektrische Leitfähigkeit und Dissoziation von HCl in Äthanol–Hexan-Gemischen.** A. M. Škodin und E. F. Kvjatkovskaja. (Élektrochimija **4** (1968) 6, 723–26; Char'kovskij gos. univ. im. Gor'kogo; russ.) — Die Isothermen der elektr. Leitfähigkeit von 14 Gemischen bei DK-Werten von 24,3 bis 2,9 wurden in einem breiten Konz.-Bereich des HCl aufgenommen. Die Abhängigkeit des Logarithmus der Konz. bei minimaler elektr. Leitfähigkeit, sowie vom pK u. log $\lambda_0\eta_0$ von der reversiblen DK wurde graph. ausgewertet. J. J. Pohl 164

0606 **Leitfähigkeit von alkoholischen Extrakten der Halogenwasserstoffsäuren.** V. M. Geršov und B. A. Purin. (Izvest. Akad. Nauk Latv. SSR, Ser. chim. **1968**, 3, 372–73; Inst. neorgan. chimii AN Latv. SSR; russ.) — Es wurde die Leitfähigkeit von normalen aliphat. Alkoholen (n-Butanol, n-Pentanol, n-Hexanol u. n-Heptanol) nach Extraktion von Halogenwasserstoffsäuren aus schwefelsauren Lsg. von KCl, KBr u. KJ bestimmt. Die Leitfähigkeit der Extrakte fällt in der Reihenfolge HJ > HBr > HCl. Eine quant. Auswertung erfolgte nach der Beziehung $\lg \lambda \approx a - bn$, wobei n die Zahl der Gruppen im Molekül, u. a u. b Konstanten sind, die von der Acidität der Ausgangslsg. u. des Halogens abhängen. J. Tutschku 164

0607 **Zwei Grenzwerte der elektrischen Leitfähigkeit von Wasser und wäßrigen Elektrolytlösungen sowie Übergänge zwischen ihnen.** L. A. Bljumenfel'd und M. G. Gol'dfel'd. (Ž. strukturnoj Chim. **9** (1968) 3, 379–84; Inst. chim. fiz. AN SSSR; russ.) — Vf. zeigen, daß bei gleichzeitiger Einw. eines elektr. Stroms u. eines Magnetfelds Veränderungen der elektr. Leitfähigkeit von W. u. *KCl*-Lsg. erfolgen, die nach Abschalten von Strom u. Feld erhalten bleiben. H. Roschkowski 164

0608 **Elektrische Leitfähigkeit der Systeme $BiCl_3$–Sn, $BiCl_3$–In und $BiCl_3$–Cd im Schmelzfluß.** 1. Mitt. **Untersuchungsmethode und Meßergebnisse.** P. Lambrecht und R. Bertram. (J. electroanalyt. Chem. Interfacial Electrochem. [Lausanne] **18** (1968) 1/2, 143–49; Inst. für Phys. Chem., TH Braunschweig; dt.) — Mit Hilfe einer oszillometr. Meth. werden die Temp.- u. Konz.-Verläufe der elektr. Leitfähigkeit im Bereich 260–360° bestimmt. Bei allen untersuchten Mischungen nimmt die elektr. Leitfähigkeit mit der Temp. zu, der Temp.-Koeff. nimmt ab. Bei Fremdmetallzugabe nimmt die Leitfähigkeit im Syst. $BiCl_3$–Sn u. $BiCl_3$–Cd zu u. im Syst. $BiCl_3$–In ab. Unter 310° treten in $BiCl_3$–Sn-Schmelzen Max. der Leitfähigkeitsisothermen auf. J. Bardeleben 164

0609 **Einfluß der Zuführungsparameter auf die Arbeitsweise poröser Elektroden für flüssige Reaktionskomponenten bei zwangsweiser Zuführung ihrer Reagenzien.** Ju. F. Budeka, I. G. Gurevič und V. S. Bagockij.

(Élektrochimija 4 (1968) 7, 874–76; Inst. teplo- i massoobmena AN BSSR, Minsk; russ.) — Vf. untersuchten an porösen Raney-Ni-Elektroden die Parameter der zwangsweisen Zuführung des Brennstoffes für den Fall von C_2H_5OH in konz. KOH-Lsg. durch Aufnahme von galvanostat. Potentialzeitkurven. Die Stromdichte betrug 50 mA/cm^2. Es wurde gefunden, daß die Arbeitsweise der Elektroden wesentlich von der Zuführungsgeschw. u. der C_2H_5OH-Konz. abhängt. Mit einem Anstieg der Geschw. u. einer Verringerung der Konz. verschlechtert sich die Elektrodenkennlinie. Im Bereich niedriger Geschw. u. niedriger Ausnutzungskoeff. ist diese Abhängigkeit nicht so ausgeprägt u. tritt erst nach einer bestimmten Betriebszeit der Elektrode auf. Die Verschlechterung der Elektrodenkennlinie bei Erhöhung des Ausnutzungsgrades des C_2H_5OH bei konst. Belastung beruht in erster Linie auf einer starken Erhöhung des Konz.-Anteils der Polarisation. E. Winkler 166

0610 **Nulladungspotential von Gallium in wäßrigen Lösungen und Ursprung der hohen Kapazität an der Grenzfläche Gallium–Lösung.** I. A. Bagotskaya, A. M. Morozov und N. B. Grigoryev. (Electrochim. Acta [London] **13** (1968) 4, 873–79; Inst. of Electrochem., Acad. of Sci., Moscow; engl.) — Kapazitätsmessungen in verd. Lsg. u. Messungen der Elektrokapillarkurven in Abwesenheit von Anionenadsorption; das Nulladungspotential ψ_0 beträgt −0,97 bis −0,98 V (NCE). Die erhaltenen Ergebnisse stützen die Annahme, daß die hohen Kapazitätswerte für Ga in Nähe des Ladungsnullpunktes durch eine Umorientierung der W.-Dipole bei Potentialverschiebungen bedingt sind. Bei Potentialwerten in Nähe von ψ_0 werden die W.-Mol. von Ga stärker adsorbiert als von Hg. M. Frenzel 166

0611 **Elektrodenpotential von Zinn in Lösungen von Diphosphatkomplexen.** B. A. Purin und I. A. Vitinja. (Izvest. Akad. Nauk Latv. SSR, Ser. chim. **1968**, 3, 277–81; Inst. neorgan. chim. AN Latv. SSR; russ., Auszug: engl.) — In einem großen Konz.-Bereich von $K_4P_2O_7$–$SnCl_2$-Lsg. wurde das Elektrodenpotential des Sn bei unterschiedlichem Überschuß an Liganden u. bei Ox. zum Sn^{4+} untersucht. Das Elektrodenpotential verhält sich in Lsg. von Sn^{2+}–Diphosphatkomplexen reversibel gegenüber den freien Sn^{2+}-Ionen. Durch potentiometr. Titration wurde bei pH 8,5 u. Überschuß von Diphosphat der Komplex $[Sn(P_2O_7)_2]^{6-}$ festgestellt, dessen Komplexzerfallskonst. $K = 3,8 \cdot 10^{-17}$ ist. J. Tutschku 166

0612 **Konzentrationsketten mit Quarz-Membranen in Salzschmelzen: Systeme $PbCl_2$–NaCl, $PbBr_2$–NaBr, PbJ_2–NaJ.** S. Sternberg und C. Herdlicka. (Electrochim. Acta [London] **13** (1968) 4, 863–71; Rumanian Acad., Inst. of Phys. Chem., Bucharest; engl.) — Die EMK vorst. Konz.-Ketten mit Pb-Elektroden werden gemessen, mit Hilfe von aus Bldg.-Ketten gewonnenen thermodynam. Aktivitäten werden die Membranpotentiale u. außerdem die Transportzahlen von Na^+ berechnet. Die Transportzahlen sind vom Anion abhängig u. nehmen von Cl^- nach J^- ab. Pb^{2+} soll am Stromtransport durch die Quarzmembrane teilnehmen. An Alkalimetallhalogenidsyst. NaX–NaX[1] wird gezeigt, daß die Membranpotentiale vernachlässigbar sind (Na^+ einziger Stromträger). M. Frenzel 166

0613 **Bestimmung des Standardelektrodenpotentials des Paares Hexacyanoferrat(II)–Hexacyanoferrat(III) bei 25° in Ketten ohne Überführung unter Verwendung kationenempfindlicher Glaselektroden.** R. C. Murray jun. und P. A. Rock. (Electrochim. Acta [London] **13** (1968) 4, 969–75; Dep. of Chem., Univ. of Calif., Davis, Calif.; engl.) — Eine Meth. zur Best. der E^0 wird beschrieben (Doppelzellen). E^0 des Paares beträgt $+361,0 \pm 0,5$ mV bei 25°. M. Frenzel 166

0614 **Einfluß der Elektrolytzusammensetzung und -konzentration auf die Kennlinien von Nickeloxid-Elektroden aus aufgearbeiteter Masse.** A. M. Kozlovskij, T. F. Judina und L. L. Kuz'min. (Izvest. vysšich učebnych Zavedenij [Ivanovo], Chim. i chim. Technol. **11** (1968) 4. 451–54; Ivanovskij chim.-technol. inst.; russ.) — Vf. stellten Elektroden aus der Masse aufgearbeiteter Akkumulatoren mit 48–52% Ni her u. untersuchten durch Lade–Entlademessungen den Einfl. der Elektrolytzus. u. -konz. auf die Kennlinien dieser Elektroden. Es wurde gefunden, daß die Zuführung einer erhöhten Elektrizitätsmenge (1,6 Ah gegenüber 0,32 Ah unter Standardbedingungen) bei der ersten Ladung nach der Formierung zu einer erhöhten Kapazität u. Ausnutzung des Nickels führt. Dieser Effekt verschwindet allerdings bei weiterer Zyklisierung. An der aufgearbeiteten Masse erfolgt der Ladevorgang unter Hemmungen. Die Verw. höher konz. KOH-Lsg. bei der Ladung führt zu einer niedrigeren Kapazität bei der Entladung, wenn auch diese in 10 n KOH durchgeführt wird, zu einer höheren Kapazität aber, wenn die Elektrode in 4,7 n KOH entladen wird. Der gleiche Effekt tritt auf, wenn die Elektroden nach Ladung u. Entladung in 10 n KOH in 4,7 n KOH cyclisiert werden. In beiden Fällen sinkt die Kapazität der Elektroden mit der Zeit ab. Die Ladung in 10 n KOH bewirkt einen höheren Ox.-Grad der Masse, der schließlich der Zus. β-NiOOH entspricht. Die Entladung in 4,7 n KOH führt zu einer geringeren Elektrodenpolarisation u. einem höheren Masse-Ausnutzungs-Grad. Wird die erste Ladung der Elektroden in LiOH-Lsg. durchgeführt, tritt eine Erhöhung der Kapazität ein, die sich auf 10 Cyclen erstreckt, wobei der Ausnutzungsgrad des Ni sich auf 63–64% erhöht. Eine über die erste Ladung hinausgehende Behandlung der Elektroden in 2,5 n LiOH-Lsg. bringt keine weitere Verbesserung. In verdünnten LiOH-Lsg. tritt dieser Effekt nicht auf. Der Einfl. des Li wird auf das Eindringen der Li-Ionen in das Ni-Oxidgitter u. einer Veränderung der elektrochem. Eig. zurückgeführt. Aus den Messungen wird geschlossen, daß die Elektrodenmasse im Dauerbetrieb irreversiblen Änderungen in der Zus. unterworfen ist. E. Winkler 166

0615 **Cu/CuF_2-Kette in wasserfreiem Fluorwasserstoff.** Brain Burrows und Raymond Jasinski. (J. electrochem. Soc. **115** (1968) 4, 348–54; Waltham, Mass., Tyco Labor. Inc.; engl.) — Vf. untersuchten durch Aufnahme stationärer u. potentiodynam. Strompotentialkurven, Potentialzeitkurven sowie durch Kapazitätsmessungen u. durch Röntgenunters. das elektrochem. Verh. von Elektrolyt-Cu-Draht-Elektroden (⌀ 1 mm) bei 0–25° in 1 m KF-Lsg. in H_2O-freiem HF. Die anod. Polarisation des Cu in der angegebenen Lsg. führt zur $Cu/CuF_{2(s)}$-Elektrode. Es wurde gefunden, daß die Elektrode reversibel arbeitet, ihr Potential gegen die H_2-Elektrode im gleichen Elektrolyten beträgt bei 25° $+276 \pm 5$ mV, es stimmt mit den aus thermodynam. Werten ber. gut überein. Die Unters. ergaben, daß sich bei 0° ein unlösl. anod. Film auf der Cu-Elektrode in einer Stärke von $4 \cdot 10^{-6}$ cm bildet. Wechselnde anod. kathod. Polarisation der Cu-Elektrode führt zu einer Aufrauhung der Metalloberfläche. Die anod. CuF_2-Bldg. erfolgt über lösl. Zwischenstufen entsprechend dem Schema $Cu \leftrightharpoons Cu^{2+} + 2e$; $Cu^{2+} + 2HF_2^- \rightarrow CuF_{2(s)} + 2HF(l)$. Die Filmbldg. gehorcht einer Tafel-Gleichung mit der scheinbaren Austauschstromdichte $3,0 \cdot 10^{-6}$ A/cm^2 u. einer Tafel-Neigung von 20 mV. Die Eig. des CuF_2-Films sind ähnlich den Eig. der anod. Filme, die nichtkontinuierlich in wss. Lsg. gebildet werden. E. Winkler 166

0616 **Chemisches und elektrochemisches Verhalten von Lösungen in geschmolzenen Alkalimetallhydroxiden. 5. Mitt. Diagramm Potential-Kupfer-Azidität.** A. Eluard und B. Trémillon. (J. electroanalyt. Chem. Interfacial Electrochem. [Lausanne] **18** (1968) 3, 277–87; Fac. de Sci. de Paris, Labor. de Rech. de Chim. Analyt.; franz.) — 2. vgl. C. **1967,** 12-0612. — Es wurde das Verh. von Cu im Eutektikum NaOH + KOH bei 227° voltammetr. untersucht. Die Ergebnisse werden im Potential-Azidität-Diagramm dargestellt. Die Oxide Cu_2O u. CuO, die im neutralen Medium unlösl. sind, werden in stark saurem Medium gelöst, d. h. hydratisiert. Sie werden auch in bas. Medium (in Ggw. von O^{2-}-Ionen) gelöst, Cu_2O als Cuprit (CuO_2^{3-}-Ion) u. CuO in der gleichen Form, durch Ox. des Lösungsmittels. J. Bardeleben 166

0617 **Standardpotential der Silber–Silberchlorid-Elektrode in N.N-Dimethylacetamid bei 25°.** Bruno Scrosati,

Gianfranco Pecci und Gianfranco Pistoia. (J. electrochem. Soc. **115** (1968) 5, 506—07; Ist. di Chim. Fis. ed Eletrochim., Univ. di Roma, Roma; engl.) — Mit der Kette Pt, H_2/HCl (molal) in DMA/AgCl, Ag wurde aus den gemessenen EMK für verschiedene molale HCl-Lsg. (0,0052—0,0584) das Normalpotential (E^0) u. der Aktivitätskoeff. (γ_{HCL}) für den angeführten Konz.-Bereich ermittelt. Die EMK u. γ_{HCL} sind tabelliert. $E^0_{Ag/AgCl}$ beträgt 0,1500 ± 0,0006 V gegen die Normalwasserstoffelektrode. Die Debye-Hückel-Konst. α für DMA beträgt 1,526. G. Schatz 166

0618 **Standardelektrodenpotentiale in Chloridschmelzen.** H. C. Gaur und H. L. Jindal. (Electrochim. Acta [London] **13** (1968) 4, 835—42; Dep. of Chem., Univ. of Delhi; engl.) — Das scheinbare Standardelektrodenpotential E^0 des Syst. *Pt(II)–Pt(O)* wird in einer $MgCl_2$–NaCl–KCl-Schmelze (50:30:20 Mol-%) bei 475° zu —0,0760 ± 0,0008 V (Standard-Cl_2-Bezugselektrode) bestimmt. Die scheinbaren E^0 anderer Syst. gegen Pt(II)–Pt(O) werden auf die Standard-Cl_2-Bezugselektrode umgerechnet. Weiterhin werden die E^0 der Paare *Ag(I)–Ag(0)*, *Pb(II)–Pb(0)*, *Ni(II)–Ni(0)* u. *Co(II)–Co(0)* gegen die Cl_2-Elektrode gemessen; die ermittelten Werte stimmen mit den umgerechneten Daten innerhalb von 2—10 mV überein. Die Elektrodenpotentiale werden mit Daten für LiCl–KCl- u. NaCl–KCl-Schmelzen verglichen. M. Frenzel 166

0619 **Wert des stationären Potentials der platinierten Platinelektrode in alkalischen Hydrazinlösungen verschiedener Konzentration.** G. V. Vitvickaja. (Ėlektrochimija **4** (1968) 6, 732—33; Leningradskij technol. inst. im. Lensoveta; russ.) — Vf. untersuchte bei 20° die Abhängigkeit des Potentials platinierter Pt-Elektroden in 6 (m) KOH-Lsg., die 0,1—10 N_2H_4 enthielten (A) bzw. in 3 N_2H_4-Lsg., die 10^{-2}—1 KOH enthielten (B). In A besteht ein linearer Zusammenhang zwischen Elektrodenpotential φ u. log $c_{N_2H_4}$, wobei die Konz.-Erhöhung eine Potentialverschiebung nach negativeren Werten bewirkt. Die Steigung der Geraden $(\delta\varphi_{st}/\lg c_{N_2H_4})_{aOH^-}$ beträgt 50—51 mV. Aus den Messungen wird geschlossen, daß an den Elektroden nur die Vorgänge $N_2H_4 + 4OH^- \rightarrow N_2 + 4H_2O + 4e^-$ u. $H_2O + e^- \rightarrow {}^1/_2H_2 + OH^-$ ablaufen. In B wurde für die Abhängigkeit φ von log a_{OH^-} gleichfalls ein linearer Zusammenhang gefunden. Die Steigung der Geraden beträgt **35** mV. Die Messungen deuten darauf hin, daß unter den gewählten Temp.-Bedingungen im untersuchten Syst. nur elektrochem. Rk. ablaufen. E. Winkler 166

0620 **Abklingen der natürlichen Konvektion bei der Elektrolyse in engen Räumen (System Elektrode–Elektrode).** Ursula Böhm und N. Ibl. (Electrochim. Acta [London] **13** (1968) 4, 891—99; Fac. de Ci. Exactas y Natureles, Buenos Aires; dt.) — In Fortsetzung einer früheren Arbeit wird der Stofftransport bei der Elektrolyse mit senkrechten, nahe beieinanderliegenden Elektroden untersucht: Syst. $[Fe(CN)_6]^{3-}$–$[Fe(CN)_6]^{4-}$ (Messung des stationären Grenzstroms). Bei einem Elektrodenabstand a < ca. 0,4—0,6 mm ist im untersuchten Bereich die Grenzstromdichte i_g in erster Näherung umgekehrt proportional a (Stofftransport ohne Konvektion). Bei größeren Abständen wird die natürliche Konvektion wirksam u. i_g bald im wesentlichen unabhängig von a. M. Frenzel 168

0621 **Morphologie von aus zinkgesättigter wäßriger alkalischer Lösung elektrolytisch abgeschiedenem Zink.** R. D. Naybour. (Electrochim. Acta [London] **13** (1968) 4, 763—69, 4 Tafeln; Electr. Council Res. Centre, Capenhurst, Chester; engl.) — Tast- u. durchstrahlungselektronenmkr. Unters.; bei 100 (mA/cm²) sind die Abscheidungen dendrit., bei 20 überwiegt das Schichtwachstum, neben dem Kornwachstum festzustellen ist; bei 4 dominiert moosartiges Wachstum (kleine Zn-Krist. in großer Anzahl; Korndichte 10^3/cm²). Der hauptsächlichste Effekt der Substratorientierung besteht in einer Erniedrigung der Keimdichte auf der Grundfläche während der ersten Phasen des dendrit. Wachstums. Die Dendriten sind Einkrist. mit Wachstum von Stamm u. Seitenästen nach [$\bar{1}2\bar{1}0$] (keine Zwillingsbldg.). M. Frenzel 168

0622 **Radiochemische Untersuchung von Schwefeleinschlüssen in galvanischen Cadmium- und Zinkniederschlägen aus thioharnstoffhaltigen Elektrolyten.** V. S. Galinker und A. I. Saprykin. (Ukrainskij chim. Ž. **34** (1968) 7, 741—42; Kievskij politechn. inst.; russ.) — Elektrolyte der Zus. 0,25 n $CdSO_4$, 0,3 n Trilon B, 2,0 n NaOH u. 0,25 n $ZnSO_4$, 0,3 n Trilon B u. 2,0 n NaOH mit verschiedenen Zusätzen (0,003—0,5 g/l) von Thioharnstoff wurden bei kathod. Stromdichten von 0,5—1,0 A/dm² bei 20° untersucht. Der S-Geh. wächst im Cd-Nd. mit steigender Thioharnstoffkonz. bei gleicher Stromdichte schneller als im Zn-Niederschlag. Die Menge des mitgefällten S wächst mit steigender Elektrolyttemperatur. J. J. Pohl 168

0623 **Kathodenprozeß bei der elektrolytischen Abscheidung von Titan aus seinen Oxidverbindungen.** L. N. Antipin, P. A. Pogrebnoj und V. V. Volynskij. (Ukrainskij chim. Ž. **34** (1968) 7, 744—47; Vses. proektnyj i NII titana; russ.) — Es wird der Einfl. von TiO_2 in Ti-Fluorid-Chloridschmelzen auf die anod. Abscheidung von metall. Ti untersucht. Durch TiO_2 werden Oxokationen gebildet, die bei hinreichender Konz. an der Elektrodenrk. teilnehmen u. somit oxidhaltige Abscheidungen erhalten werden. Deshalb müssen die Schmelzen für die Ti-Elektrolyse möglichst sauerstofffrei sein. J. Tutschku 168

0624 **Elektrolytische Abscheidung von Zinn aus Diphosphatelektrolyten.** B. A. Purin und I. A. Vitinja. (Izvest. Akad. Nauk Latv. SSR, Ser. chim. **1968, 3, 371**; Inst. neorgan. chim. AN Latv. SSR; russ.) — Es wird der Einfl. der Konz. des Sn^{2+} u. des pH auf die Abscheidung des Sn bei stationären u. nichtstationären Elektrolysevorgängen betrachtet. Das Sn^{2+} wird nicht unmittelbar aus dem Komplex $K_2[Sn(P_2O_7)]$ red., sondern aus den hydratisierten zweiwertigen Ionen oder dem Hydroxykomplex $Sn(OH)^+$. Der Einfl. von höheren Komplexen ($K_6[Sn(P_2O_4)_2]$) sowie von Sn^{4+} erschwert die Abscheidung feinkrist., gleichmäßiger u. dichter Überzüge. J. Tutschku 168

0625 **Diphosphatkomplex von Zinn(II) und elektrochemisches Verhalten der verzinnten Elektrode.** B. A. Purin und I. A. Vitinja. (Izvest. Akad. Nauk Latv. SSR, Ser. chim. **1968, 3,** 372; russ.) — Vgl. vorst. Referat. — Es wird auf den hemmenden Einfl. des Sn^{4+} bei der elektrolyt. Abscheidung des Sn hingewiesen. Die Konz.-Abhängigkeit des Elektrodenpotentials bei Abwesenheit von Sn^{4+} ist in dem Diphosphatkomplex in gegenläufiger Richtung als bei den freien Sn^{2+}-Ionen. J. Tutschku 168

0626 **Elektrolytische Abscheidung von Chrom aus Chromsäure in Gegenwart einiger organischer Zusätze.** N. D. Ivanova, I. A. Stepanova und D. P. Zosimovič. (Ukrainskij chim. Ž. **34** (1968) 7, 750—52; Inst. obščej i neorg. chim. AN USSR; russ.) — Der Einfl. von *Sulfanilsäure*, *Sulfanilamid*, *Sulfathiazol*, *Paratoluolsulfamid*, u. *2-Paraaminobenzolsulfamidopyridin* zu einem Standardelektrolyten von Chromsäure (300 g/l) wird bei konst. Stromdichte untersucht. Der Zusatz variiert dabei von 5—10 g/l. Die Versuchstemp. lag zwischen 10 u. 80° u. die Stromdichte bei 10—160 A/dm². Die äußere Beschaffenheit u. Eig. der Überzüge lassen sich durch die Variation der Zusätze u. der anderen Parameter optimieren. J. Tutschku 168

0627 **Einfluß der Modifikationszusammensetzung des Chromsulfats auf den Vorgang der elektrolytischen Chromabscheidung.** A. I. Faličeva. (Ėlektrochimija **4** (1968) 7, 854—58; Novomosk. filial MChTJ im. Mendeleeva; russ.) — Vf. untersuchte bei 22° die Lichtabsorption grüner 0,47 m $Cr_2(SO_4)_3$-Lsg., frisch, sowie nach einem Monat u. einem Jahr Lagerung u. außerdem die von grünen $Cr_2(SO_4)_3$-Lsg. die 70% der violetten Modifikation enthielten. Ermittelt wurde weiter die für die elektrolyt. Abscheidung notwendige Minimalstromdichte u. die Stromausb. der Cr-Abscheidung. Es wurde gefunden, daß eine einmonatige Alterung der Lsg. zu einer Verschiebung des Absorptionsmax. nach dem kurzwelligen Bereich führt. Alle Absorptionskurven sind durch zwei Absorptionszonen im sichtbaren Spektralbereich gekennzeichnet. Die frische $Cr_2(SO_4)_3$-Lsg. weist die Max. (pH =

7,0) bei den Wellenlängen 424 u. 590 nm auf. Nach einmonatiger Alterung liegen die Maxima bei 414 u. 581 nm. Es wird angenommen, daß bei der Alterung komplexe Cr^{3+}-Ionen mit höherer Anregungsenergie der d-Elektronen, mit weniger beweglichen Elektronenwolken entstehen. Eine Erhöhung des pH-Wertes von 1,4 auf 2,5 beeinflußt die Lage der Max. nicht. Bei Erhöhung von pH = 3,5 erfolgt eine erhebliche Verschiebung des 1. Max., während das 2. fast unverändert bleibt. Am niedrigsten liegt die Stromdichte bei violetten $Cr_2(SO_4)_3$-Lsg. Mit steigender Alterung der grünen $Cr_2(SO_4)_3$-Lsg. erfolgt eine Erniedrigung der Kathodenpolarisation. Aus den Messungen kann geschlossen werden, daß die Acidität der Elektrolyte einen erheblichen Einfl. auf die elektrolyt. Abscheidung haben muß, weil sich mit ihr der Elektronenzustand der zu reduzierenden Cr^{3+}-Ionen ändert.
E. Winkler 168

0628 **Geschichtete Eisenniederschläge bei ihrer Fällung aus wäßrigen Lösungen ohne Zusätze.** V. M. Nagirnyj. (Ukrainskij chim. Ž. **34** (1968) 7, 734–36; Dnepropetrovskij chim.-technol. inst.; russ.) — Die Bldg. kathod. Fe-Nd. wurde durch Beobachtung der Kathode unter dem Mikroskop bei der Elektrolyse von Eisensulfat in Abwesenheit von Zusätzen bei pH 2,2–2,4 u. 20° bei verschiedenen Stromdichten u. Fällungszeiten untersucht. Bei diesen Bedingungen weisen die entstandenen kathod. Nd. eine Schichtstruktur bei bevorzugtem Wachstum in tangentialer Richtung zur Kathodenoberfläche auf. J. J. Pohl 168

0629 **Einfluß von Elektrolytzusätzen auf die elektrolytische Fällung von Ni aus Diphosphatlösungen.** L. S. Belinskaja, V. S. Galinker und T. I. Jarichovič. (Ukrainskij chim. Ž. **34** (1968) 6, 587–91; Kievskij politechn. inst.; russ.) — Der Einfl. von Citronensäure, Kaliumnitrat, Ammoniumacetat, -sulfat, -citrat, -chlorid, -bromid, sowie des pH-Werts auf die kathod. u. anod. Polarisation, u. auf die Stromausb. wurde untersucht. NH_4Cl übt einen positiven Einfl. aus. Bei wachsender Komplexkonz. sinkt die kathod. Polarisation bei gleichzeitiger Zunahme des Grenzstromes u. der anod. Polarisation. J. J. Pohl 168

0630 **Mechanische Eigenschaften glänzender Kupferüberzüge.** G. P. Gudzjuk und V. L. Kiseleva. (Izvest. vysšich učebnych Zavedenij [Ivanovo], Chim. i chim. Technol. **11** (1968) 5, 577–81; Ivanovskij chim. technol. inst., Kaf. technol. elektrochim. proizvodstv; russ.) — Der Einfl. von Zusätzen verschiedener Kondensationsprod. von Dicyandiamid mit Formaldehyd bei der Darst. von glänzenden Cu-Überzügen aus schwefelsauren Elektrolyten auf die mechan. Eig. u. Struktur der Überzüge wurde untersucht. Die Abhängigkeit der inneren Spannungen u. der Mikrohärte der Nd. von der Art u. Konz. der Zusätze, sowie von der Stromdichte wurde bestimmt. Der Kontakt des glänzenden Cu-Überzugs mit der Unterlage ist bei allen Zusätzen zufriedenstellend.
J. J. Pohl 168

0631 **Aktivierungsenergie und Aktivierungsvolumen in der Elektrodenkinetik.** S. Barnartt. (Electrochim. Acta [London] **13** (1968) 4, 901–18; Edgar C. Bain Labor. for Fundamental Res., US Steel Corp., Monroeville, Pa.; engl.) — Entw. einer vereinheitlichten Behandlung auf der Grundlage der Theorie der abs. Rk.-Geschw. u. Verallgemeinerung zur Erfassung komplexer Ladungsaustauschmechanismen höherer Ordnung. Für die Standardenthalpie u. das Standardvol. werden exakte Gleichungen abgeleitet. M. Frenzel 170

0632 **Einstellung des stationären Stromes an der rotierenden Scheibenelektrode für den Fall irreversibler elektrochemischer Reaktionen.** V. Ju. Filinovskij und Ė. M. Podgaeckij. (Ėlektrochimija **4** (1968) 6, 671 bis 674; Inst. ėlektrochim. AN SSSR, Moskva; russ.) — Vf. untersucht theoret. die Verhältnisse bei der Einstellung des stationären Stromes an der rotierenden Scheibenelektrode beim Ablauf der irreversiblen elektrochem. Rk. $O + ne^- \xrightarrow{k_1} R$. E. Winkler 170

0633 **Reaktionsfolge Elektronendurchtritt — chemische Reaktion — Elektronendurchtritt und Zwei-Elektronenübergang in der Voltammetrie mit stationärer Elektrode.** Robert F. Nelson. (J. electroanalyt. Chem. Interfacial Electrochem. [Lausanne] **18** (1968) 3, 329–32; Dep. of Chem., Sacramento State Coll., Sacramento, Calif.; engl.) — An Hand der von Nicholson u. Shain (C. **1966**, 17-0517) angegebenen Ausdrücke für die Stromdichte wird gezeigt, daß mit Hilfe der zykl. Voltammetrie mit stationärer Elektrode die beiden genannten Mechanismen bei organ. Rk. unterschieden werden können, wenn die Rk.-Folge schnell u. erster oder zweiter Ordnung mit $n_1 = n_2$ u. $\Delta E^0 = 0$ oder positiv ist. Das Verf. wurde am Beispiel von *Tris-[p-nitrophenyl]-amin* überprüft.
C. Herold 170

0634 **Modell dreier paralleler Kondensatoren und linearer Abhängigkeit der Attraktionskonstanten vom Potential.** B. B. Damaskin. (Ėlektrochimija **4** (1968) 6, 675 bis 678; Mosk. gos. univ. im Lomonosova; russ.) — Vf. untersucht theoret. die Struktur der elektr. Doppelschicht an der Phasengrenze Elektrode/Lösung in Ggw. organ. Stoffe, die in zwei verschiedenen Lagen adsorbiert sind.
E. Winkler 170

0635 **Einige Eigenschaften der elektrischen Doppelschicht an der Grenze Dielektrikum/Lösung.** V. S. Andreev. (Ėlektrochimija **4** (1968) 6, 751–54; Leningrad; russ.) — Vf. untersucht mit einer Wechselstrommeßbrücke bei 18° die elektr. Doppelschicht der keram. Massen SM-1, T-160 u. T-4000, die aus Epoxidharz ED-6 u. Tantaloxid hergestellt wurden, in KCl-, NaCl-, KF- u. $FeCl_3$-Lsg., verschiedener Konz. mit Zusätzen von Essigsäure, Citronensäure, Fructose-1.6-diphosphat, C_3H_7·OH, C_4H_9OH, i-$C_5H_{11}OH$ u. $C_8H_{17}OH$. Es wurde gefunden, daß die Doppelschichtkapazität steigt u. der Widerstand sinkt, wenn die DK erhöht wird oder die Elektrolytkonz. steigt. Die elektr. Parameter der Doppelschicht hängen im Falle starker 1.1-Elektrolyte nicht von der Art des Elektrolyten ab. Eine höhere Wertigkeit der in der Lsg. anwesenden Ionen bewirkt eine Verringerung des Widerstandes. Der Zusatz organ. Stoffe zum Elektrolyten verändert die Parameter der Doppelschicht nicht, wenn es sich um starke Elektrolyte handelt. Ein Anstieg der effektiven Oberfläche des Dielektrikums erhöht die Doppelschichtkapazität u. vermindert den Widerstand. An den untersuchten Dielektrika liegen die gemessenen Größen bei $1 \cdot 10^{-10} - 2 \cdot 10^{-7}$ F/cm² bzw. $2 \cdot 10^7 - 1 \cdot 10^3\,\Omega \cdot cm^2$. Das Material SM-1 weist Photoaktivität auf.
E. Winkler 170

0636 **Anodische Auflösung von Tellur in sauren Lösungen.** S. A. Awad. (Electrochim. Acta [London] **13** (1968) 4, 925–36; Univ. College for Girls, Aiin Shams Univ., Cairo; engl.) — Das Potential von Te-Anoden in $HClO_4$, H_2SO_4 u. HNO_3 wird in Abhängigkeit von der Stromdichte u. der Säurekonz. gemessen. Im pH-Bereich 0 bis 0,8 bildet sich TeO_2H^+, bei pH > 1,8 H_2TeO_3, dazwischen entstehen beide nebeneinander. Die Geschw. der Gesamtrk. wird durch die anfängliche Entladung von W. bestimmt. In nichtoxydierenden Lsg. von pH < 0 löst sich Te unter Bldg. von *Te(IV)* auf. Bei ca. > 0,76 V löst sich Te reversibel auf („Umwandlungspotential“). H_2O_2 erniedrigt dieses Potential. Langsame Diffusion von TeO_2H^+ u. Te(IV) sowie die Akkumulierung von H_2TeO_3 auf der Elektrodenoberfläche führen bei starker anod. Polarisation zu einem raschen Potentialanstieg.
M. Frenzel 170

0637 **Elektrochemische Eigenschaften von Tellur in alkalischen Lösungen.** F. F. Fajzullin und S. V. Kuzovenko. (Ėlektrochimija **4** (1968) 6, 736–39; Kazan. gos. univ. im. Ul'janova-Lenina; russ.) — Te wurde in 0,1–1,0 n KOH untersucht. Das Ruhepotential wurde in Abhängigkeit von der vorhergehenden kathod. Polarisation gemessen u. hängt von der Konz. der in der Lsg. enthaltenen Te_2^{2-}-Ionen ab. Die Stromdichte/Potential-Kurven sind sehr stark von der Geschw. der Potentialänderung bei der potentiostat. Meth. abhängig. Im kathod. Teil der Polarisation verläuft die Rk. $2\,Te + 2e = Te_2^{2-}$, im anod. Bereich umgekehrt, oder bei höheren Potentialen nach der Formel $Te_2^{2-} + 12\,OH^- = 2\,Te(OH)_6^{2-} + 10e$. J. Tutschku 170

0638 **Aufbau der elektrischen Doppelschicht an Cadmium in verdünnten Lösungen.** V. Ja. Bartenev, Ė. S. Sevast'janov und D. I. Lejkis. (Ėlektrochimija **4** (1968)

6, 745–48; Inst. èlektrochim. AN SSSR, Moskva; russ.) – Es wurde die Differentialkapazität von Cd in NaF-Lsg. unterschiedlicher Konz. (0,1–0,001 n) als Funktion des Potentials gemessen. Mit steigender Verd. fällt das Minimum der Kapazität. Das Nulladungspotential wurde zu $-0,72 \pm 0,02$ V bestimmt. Bei Lsg. von $Na_2 \cdot SO_4$ war das Nulladungspotential unabhängig vom pH der Lösung. Die Differentialkapazität wurde theoret. nach der Modellvorstellung der elektr. Doppelschicht von Grahame (1951) ber. u. zeigt bei Cd qual. Übereinstimmung. Der Einfl. verschiedener Anionen auf die Funktion C/φ wurde an 0,01 n Lsg. von NaF, Na_2SO_4, NaCl, NaBr u. NaJ bestimmt u. gleicht der Abhängigkeit, die bei Hg gefunden worden ist. Mit steigender Adsorption wird das Minimum der Kapazität zu negativeren Potentialen verschoben. J. Tutschku 170

0639 **Anodische Auflösung von In-Amalgam in citronensauren Elektrolyten.** E. E. Kobrand, I. A. Šeka und L. F. Kozin. (Ukrainskij chim. Ž. **34** (1968) 7, 720–23; Inst. chim. nauk AN Kazach. SSR; russ.) – Die anod. Auflösung von In-Amalgam mit 20 Atom-% In in 0,1; 1,0 u. 2,0 m Citronensäure u. in einem Gemisch von 1,0 m $HClO_4$ u. 1,0 m Citronensäure wurde untersucht u. die Stromanteile zur Gesamtauflösung bestimmt. In Citronensäure beträgt der Stromanteil der Auflösung 100%, während bei Zusatz von Perchlorsäure die chem. Auflösung stärker wird. Aus den Polarisationskurven $\Delta\varphi$/log i wurde die Austauschstromdichte des In bestimmt. Von der In-Konz. im Amalgam werden die Polarisationskurven kaum beeinflußt u. die Austauschstromdichte steigt von 2–20 At.-% In von $0,23-1,3 \cdot 10^{-4}$ A/cm² in 0,02 m In-citrat. Es werden die Durchtrittsfaktoren der kathod. u. anod. Prozesse angegeben. J. Tutschku 170

0640 **Elektrochemische und Korrosionseigenschaften von Indium–Antimon-Legierungen.** I. D. Vdovenko. (Ukrainskij chim. Ž. **34** (1968) 7, 736–40; Inst. obščej i neorg. chim. AN USSR, Kiev; russ.) – In–Sb-Leg. werden in sauren, alkal. u. gepufferten Lsg. untersucht. Ihre Eig. wurden in Abhängigkeit von Phasenzus. u. Struktur bestimmt. Die Korrosionsstabilität u. der starke Sprung des Ruhepotentials als Funktion der Zus. entspricht der Bldg. der intermetall. Verb. InSb. In 2n H_2SO_4 u. 3n HCl liegt der Sprung bei ca. 45% Sb u. geht über ein Intervall von $-0,4$ bis $+0,15$ V gegen die gesätt. Kalomelelektrode. Die Messung in den gepufferten Syst. zeigte eine lineare Abhängigkeit des Ruhepotentials vom pH-Wert. Die Korrosionseig. wurden durch den Gew.-Verlust der Proben in Puffergemischen von 0,04 m H_3PO_4, Ameisen- u. Borsäure u. 0,2 m NaOH im Gebiet von pH 2–12 gemessen. Einen wesentlichen Einfl. auf die Korrosion hat der in der Lsg. enthaltene Sauerstoff. J. Tutschku 170

0641 **Anodisches Verhalten von Titan in HCl–Methanol-Lösungen.** I. A. Menzies und A. F. Averill. (Electrochim. Acta [London] **13** (1968) 4, 807–24, 3 Tafeln; Corros. Labor., Univ. of Manchester, Manchester; engl.) – Unters. in 0,1–11,0 n HCl ergeben Auflsg. bei Stromdichten bis zu 1 A/cm² mit 100% Stromausb. bezogen auf die Rk. $Ti \rightarrow Ti^{3+} + 3e$, unter Zerstörung des Anodengefüges. Zerfallsprod. ist α-Ti gleicher Korngröße wie im Metall der Anode. Die Menge des gebildeten Zerfallsprod. nimmt, bezogen auf eine konst. Ladungsmenge, umgekehrt proportional zur Stromdichte zu; diese Beziehung kann theoret. abgeleitet werden. Die Ggw. von Hydridschichten ($TiH_{1,9}$) auf dem sich auflösenden Ti wird durch Röntgenbeugungsunters. bestätigt. Der Anodenzerfall ist von Lochfraß begleitet. Bei einem W.-Geh. von $>1\%$ nimmt der Anodenzerfall ab, $>10\%$ H_2O treten keine Zerfallserscheinungen auf (Verh. wie in wss. HCl). M. Frenzel 170

0642 **Bestimmung der Dielektrizitätskonstante und des Wachstumskoeffizienten dünner Schichten von Tantalpentoxid bei der elektrochemischen Anodierung.** V. K. Rec' und E. D. Pisarenko. (Ukrainskij chim. Ž. **34** (1968) 6, 591–94; russ.) – Ta-Filme aus Glassubstraten wurden durch Kathodenzerstäubung hergestellt u. in einem wss. Äthylenglykol-Oxalsäure-Elektrolyten anodiert. Die DK. u. der Wachstumskoeff. der gebildeten Ta_2O_5 wurden elektrochem., durch kapazitive Messungen bzw. Messung des elektr. Widerstands bei gleichzeitiger opt. Schichtdickenmessung ermittelt. Die Ergebnisse der einzelnen Verf. stimmen gut überein, der Wachstumskoeff. von Ta_2O_5 wird zu 12–15 Å/V, die DK zu 19,7 bis 20,5 ermittelt. J. J. Pohl 170

0643 **Verhalten der Bleianode in galvanischen Chrombädern.** T. M. H. Saber und A. M. Shams El Din. (Electrochim. Acta [London] **13** (1968) 4, 937–45; Labor. of Electrochem. and Corrosion; Nat. Res. Centre, Dokki, Cairo; engl.) – Mögliche Rk. für die anod. Ox. von Pb in CrO_3-Lsg. werden formuliert u. deren theoret. Potentiale aus zugänglichen Werten der Freien Enthalpie berechnet. Die Passivierung von Pb in CrO_3-Lsg. verschiedener Konz. wird mit Hilfe von cycl.-galvanostat. u. -potentiostat. Meth. untersucht. Die Ox. bei konst. Strom entspricht der aufeinanderfolgenden Bldg. von PbO, $Pb(OH)_2$, $PbCrO_4$ u. PbO_2 vor der O_2-Entw., ebenso bei potentiostat. Unters. beim Gang des Potentials gegen positive Werte. Umkehrung der potentiostat. Vers. ergeben eine fünfte Ox.-Stufe, die der Ox. von PbO u. $Pb(OH)_2$ zu PbO_n ($1 < n < 2$) zugeschrieben wird. Das Potential-zeitverh. weist auf die Syst. PbO_n/PbO_2 u. $Pb/PbCrO_4$ sowie auf das Syst. $Pb/Pb(OH)_2$ hin. Röntgenbeugungsdiagramme an den bei der Ox. von Pb in CrO_3-Lsg. gebildeten Prod. ergeben ausgeprägte d-Linien für PbO, $PbCrO_4$ u. PbO_2. M. Frenzel 170

0644 **Anodische Polarisation von reinem Blei und Werkblei in Silicat-Chlorid-Schmelzen.** Ju. K. Delimarskij, Ju. E. Kosmatyj und A. V. Gorodyskij. (Ukrainskij chim. Ž. **34** (1968) 7, 673–77; Inst. obščej i neorg. chim. AN USSR; russ.) – Es wurde die Polarisation der Pb-Anode in einer Silicat–Chlorid-Schmelze der Zus. $PbSiO_3$ – 1,27 PbO – 2 $PbCl_2$ nach der Kommutatormethode untersucht. Die Polarisation wurde erst begonnen, wenn sich das Gleichgew.-Potential in der Schmelze eingestellt hatte. Die beobachtete Polarisation wird durch die Bldg. passivierender Filme auf der Elektrode gedeutet. Es wird zwischen zwei Typen der Passivierung unterschieden, 1. Es kann ein Passivfilm gebildet werden ohne angelegtes Feld, der bei Anlegen des Feldes wieder verschwindet, u. zum anderen wird die Passivierung bei merklichen Stromdichten beobachtet, die proportional der Stromdichte ist u. bei Abschalten des Stroms wieder verschwindet. J. Tutschku 170

0645 **Anodische Eigenschaften von Bleilegierungen mit Thallium und Silber.** V. I. Brynceva, Ju. D. Dunaev und G. Z. Kir'jakov. (Izvest. Akad. Nauk Kaz. SSR, Ser. chim. Nauk **18** (1968) 3, 43–51; russ.) – Das anod. Verh. bin. Pb–Tl- bzw. Pb–Ag-Leg. in schwefelsauren Lsg. wurde im ganzen Konz.-Bereich der Komponenten untersucht. Die elektrochem. Eig. von Pb–Tl-Leg. werden durch Strukturänderungen beim Zusammenschmelzen der Komponenten, die von Pb–Ag-Leg. infolge Beteiligung des Ag bei Elektrodenprozessen unter Sauerstoffabgabe bedingt. Die Abhängigkeit der anod. Eig. wie Korrosionsgeschw., Übertragung des Metalles zur Kathode u. das Potential von der Zus. ist in beiden Syst. verschieden. J. J. Pohl 170

0646 **Mechanismus der anodischen Auflösung von Eisen in Elektrolyten, die Oxydationsmittel enthalten. Photoelektrochemische Untersuchung.** A. Š. Valeev und M. A. Čvala. (Èlektrochimija 4 (1968) 6, 682–85; Inst. org. i fiz. chim. AN SSSR, Kazan'; russ.) – Vf. untersuchten den Mechanismus der anod. Auflsg. an Armco-Fe in wss. Lsg., die 70 (%) H_3PO_4 u. 14 CrO_3 enthielten, durch photoelektrochem. Messungen unter galvanostat. Bedingungen. Für die Unters. wurden Lichtimpulse verwendet. Es wurde gefunden, daß der photoelektrochem. Effekt bei niedrigen Stromdichten aus einer schnell anwachsenden u. schnell verlöschenden sowie einer langsam anwachsenden u. auch langsam verlöschenden Komponente besteht. Bei der zuletzt genannten Komponente ändert sich mit der Polarisationszeit nicht nur die Größe, sondern auch die Zeitdauer des Anwachsen u. Verlöschens. Die bei gleicher Polarisationsdauer für j = 0,6 (A/dm²) erhaltenen Effekte sind um den Faktor zwei kleiner als die für j =

0,1 beobachteten. Aus der spektralen Empfindlichkeit wird geschlossen, daß mit der Änderung des Potentials Änderungen in der Zus. u. den Eig. der Schichten verbunden sind. Bes. stark sind die Veränderungen bei der. Entw. von O_2. Aus den Unters. wird geschlossen, daß Zus. u. Eig. der Schichten, die durch chem. Einwrk des Elektrolyten entstehen, verschieden sind von denen anod. erzeugter Passivschichten. E. Winkler 170

0647 **Temperaturkoeffizient der Wasserstoffüberspannung an der Eisenkathode.** G. N. Kochanov und E. M. Kučinskij. (Élektrochimija 4 (1968) 6, 685–88; Moskva; russ.) — Vf. untersuchten die Temp.-Abhängigkeit der H_2-Überspannung (η) an Fe-Kathoden in Lsg., die 120 (g/Liter) NaOH u. 190 NaCl enthielten, im Bereich 27–80°. Die Elektroden wurden bei 25° oder 80° vorpolarisiert bzw. an der Luft oder therm. an der Oberfläche oxydiert. Es wurde gefunden, daß der Temp.-Koeff. eine Funktion der Elektrodenvorbehandlung ist. Unter der Voraussetzung, daß sich der Zustand der Oberfläche nicht ändert, gilt für die Temp.-Abhängigkeit von η die Beziehung $\eta_\vartheta = \eta_{25°} - 3{,}7\ (\vartheta - 25)$. Bei einer Stromdichte $j = 200\ mA/cm^2$ u. 80° sollte η für eine therm. ox. Elektrode 0,137 V betragen. In Wirklichkeit liegt sie bei 0,49 V. Der Effekt wird auf eine Wechselwrkg. des H mit der Elektrodenoberfläche zurückgeführt. $\eta_{25°}$ wird für eine Elektrode größer, wenn diese bei 80° vorpolarisiert wurde. Aus den Messungen wird geschlossen, daß die Änderungen im Temp.-Koeff. von η auf einer Wechselwrkg. des H mit der Elektrode beruhen. E. Winkler 170

0648 **„Time Domain Reflectometry", eine neue Methode zur Bestimmung der elektrischen Doppelschichtkapazität. 1. Mitt. Kapazität der Elektrode aus rostfreiem Stahl in starken NaOH-Lösungen.** R. N. O'Brien und P. Seto. (J. electroanalyt. Chem. Interfacial Electrochem. [Lausanne] **18** (1968) 3, 219–30; Dep. of Chem., Univ. of Victoria, Victoria, B. C., Canada; engl.) — Bei der beschriebenen Meth. wird ein steiler Spannungsimpuls ($\approx$ 90 ps Anstiegszeit) bekannter Amplitude längs einer Übertragungsleitung zur zu untersuchenden Elektrode geführt. Nach der Theorie der Fortpflanzung elektr. Signale in Übertragungsleitungen muß Reflexion eintreten. Eingangs- u. reflektiertes Signal werden oszillograph. registriert u. aus der Registrierung die Doppelschichtkapazität, der Lsg.- u. der Polarisationswiderstand ermittelt. Das Verf. ermöglicht die Aufnahme der vollständigen Ladekurve ohne Beeinflussung durch Faradaysche Prozesse. Somit kann eine eindeutige Halbladungszeit u. eine reproduzierbare u. genaue Doppelschichtkapazität erhalten werden. Theorie u. experimentelle Realisierung des Verf. werden dargelegt. Als Anwendungsbeispiel wird die Best. der Doppelschichtkapazität bei der H_2-Entw. an der rostfreien Stahlelektrode beschrieben; ein Vgl. mit den Ergebnissen anderer Meth. wird angegeben. C. Herold 170

0649 **Einfluß von Halogenen auf die Passivität von Nickel. 1. Mitt. Chloridionen.** I. A. Ammar und S. Darwish. (Electrochim. Acta [London] **13** (1968) 4, 781–96; Dep. of Chem., Univ. of Cairo; engl.) — Potentiostat. Unters. ergeben eine Abhängigkeit der Stromdichte von Potential, Zeit, Cl^--Konz., pH-Wert u. Rührintensität, Korrosion unter Lochfraß; nach einer Induktionsperiode, welche vom Potential u. von der Cl^--Konz. abhängt, tritt Aktivierung ein. Der Lochfraß ist durch den Einfl. von Cl^- u. von Cl_2 bedingt. Die Abscheidung von Cl_2 erklärt das Auftreten eines zweiten Max. in der Potentialstromdichtebeziehung. M. Frenzel 170

0650 **Sauerstoffüberspannung an blankem Iridium.** James P. Hoare. (J. electroanalyt. Chem. Interfacial Elcetrochem. [Lausanne] **18** (1968) 3, 251–59; Gen. Motors Corp., Warren, Mich.; engl.) — Es wurden galvanostat. u. potentiostat. Messungen der Sauerstoffüberspannung im stationären Zustand an Ir-Kugelelektroden in O_2-gesätt. H_2SO_4 ausgeführt. Der O_2-Red.-Mechanismus ist wahrscheinlich der gleiche wie an Pt-Kathoden. Die O_2-Entw. verläuft ebenfalls wie am Pt über eine H_2O-Entladung u. nicht über einen Oxidmechanismus, obwohl auf den Ir-Anoden eine IrO_2-Schicht festgestellt wurde. Nach den erhaltenen Ergebnissen ist die O-Adsorptionsschicht auf Ir ein guter elektron. Leiter. Weiterhin wurde festgestellt, daß das adsorbierte O die kathod. Red. von O_2 zu H_2O_2 behindert, dagegen die H_2O_2-Red. fördert. Im Verlauf der O_2-Red. wurde H_2O_2 als stabile Zwischenverb. beobachtet. C. Herold 170

0651 **Anodisches Verhalten von Platin im geschmolzenen LiCl–KCl-Eutektikum.** S. Asakura und T. Mukaibo. (Electrochim. Acta [London] **13** (1968) 4, 881–90; Dep. of Ind. Chem., Univ. of Tokyo; engl.) — Der Mechanismus der anod. Passivierung von Pt wird potentiodynam., galvanostat., potentiostat. u. mit Hilfe der Abschaltkurven untersucht. Bei potentiodynam. Messungen tritt ein scharfes Strommax. in der Stromdichtepotentialkurve auf, welches proportional der Quadratwurzel der Potentialanstiegsgeschw. ist. Die Passivierungszeit unter galvanostat. Bedingungen ist umgekehrt proportional dem Quadrat der angelegten Stromdichte. Bei potentiostat. Polarisation folgt einem langsamen Abfallen des Stromes ein plötzlicher Zusammenbruch. Die Stromdichte kurz vor Beginn des Stromzusammenbruchs ist eine lineare Funktion des angelegten Potentials. M. Frenzel 170

0652 **Einfluß der Halogenidionen auf die Kinetik des Wasserstoffzerfalls an der Indiumkathode.** V. M. Geršov und B. A. Purin. (Izvest. Akad. Nauk Latv. SSR, Ser. chim. **1968**, 3, 282–86; Inst. neorgan. chim. AN Latv. SSR; russ., Auszug: engl.) — Das elektrochem. Verh. des H_2 wurde an der In-Kathode mit oszillograph. Potential-Zeit-Kurven unter galvanostat. Bedingungen u. durch Messungen der Doppelschichtkapazität in K_2SO_4, *KCl*, *KBr* u. *KJ* untersucht. Die Ergebnisse aus den Potential-Zeit-Kurven bei sinusförmigen Impulsen, der Abhängigkeit des Elektrodenpotentials des In vom pH, der inneren Überspannung u. den Oszillogrammen unterstützen die Vorstellung, daß bei dem Elektrodenprozeß an der Kathodenoberfläche ein In-Hydridfilm entsteht. J. Tutschku 170

0653 **Elektrochemische Reduktion des Sauerstoffs an Cu-Einkristallen.** V. N. Nikulin. (Élektrochimija 4 (1968) 6, 733–36; Kazan. chim.-technol. inst. im. Kirova; russ.) — Zur Unters. gelangen Cu-Einkrist. unterschiedlicher Orientierung. Die mechan. deformierte Schicht wird durch Elektropolieren in H_3PO_4 entfernt. Weiter wurden polykrist. Proben bestimmter, durch Elektroabscheidung oder durch mechan. Verformung erhaltener Struktur, verwendet. Stromstärke/Zeit-Kurven bei bestimmtem Potential u. Stromdichte/Potential-Kurven wurden aufgenommen. Die Stromdichtemax. bei den i/E-Kurven liegen bei den Proben bei verschiedenen Potentialen. Die Unterschiede werden durch verschiedene Elektronenübergänge diskutiert. J. Tutschku 170

0654 **Elektrochemische Untersuchung von rauchenden Schwefelsäuren. 1. Mitt. Kinetische Größen der anodischen und kathodischen Reaktion an Platinelektroden.** H. A. Garrera, J. S. W. Carrozza und A. J. Arvía. (Electrochim. Acta [London] **13** (1968) 4, 771–80; Ist. Super. de Invest., Univ. Nac. de La Plata, La Plata; engl.) — Unters. an Pt u. platiniertem Pt im ruhenden Elektrolyten (25–70°, SO_3-Geh. 5–28%; Ausb.-Best. der anod. u. kathod. Prod., Stromspannungskurven). Anod. werden O_2 u. *Peroxoschwefelsäuren*, bes. H_2SO_5, gebildet. Kathod. erfolgt bei kleinen Potentialen Red. von SO_3 zu SO_2, bei höheren Bldg. von H_2 u. S_2O_3 unter Blaufärbung der Lösung. M. Frenzel 170

0655 **Elektrochemische Reduktion von Phosphor an der Quecksilbertropfelektrode in aprotonischen Lösungsmitteln.** I. N. Brago und A. P. Tomilov. (Élektrochimija 4 (1968) 6, 697–700; Moskva; russ.) — Vf. untersuchten durch Aufnahme polarograph. Stom-Spannungskurven die kathod. Red. von gelbem P an der Hg-Tropfelektrode in Acetonitril (A) bzw. Dimethylformamid (B). Es wurde gefunden, daß die Red.-Stufen der P-Konz. im Bereich $2 \cdot 10^{-4}$–$2 \cdot 10^{-3}$ (g-Atom/Liter) proportional sind u. daß die Stufenhöhe diffusionsbestimmt ist. Das Halbstufenpotential (bezogen auf

Boden-Hg) liegt in A bei 1,73 (V), in B bei −1,55. Die Diffusionskoeff. betragen in A (B) 21 (8,6) · 10^{-6} cm²/s. Die Zahl der pro P_4 an der Elektrodenrk. teilnehmenden Elektronen ändert sich von 2 auf 1,2, wenn sich die P-Konz. in A von 2 · 10^{-4} auf 5 · 10^{-4} erhöht, in B beträgt sie 2 im Konz.-Bereich 1 · 10^{-4} − 6 · 10^{-4} u. verringert sich von 2 auf 1,5 im Konz.-Bereich 6 · 10^{-4} − 2 · 10^{-3}. Sie ist in A im Temp.-Bereich −25° bis 78°, in B bei −25° bis 90° unabhängig von der Temperatur. Zusätze von Phenol, Benzoe- u. Essigsäure führen zu einer Erhöhung der Red.-Stufen u. der Zahl der an der Elektrodenrk. teilnehmenden Elektronen. Bei Verw. von W. als Protonendonator erhöht sich die Red.-Stufe maximal um das 2fache, wahrscheinlich verringert sich dabei die Löslichkeit des P u. damit seine Konz. in der Lösung.
E. Winkler 170

0656 **Kinetik der Cer(III)-Cer(IV)-Redoxreaktion an der Platinelektrode.** R. Greef und H. Aulich. (J. electroanalyt. Chem. Interfacial Elctrochem. [Lausanne] **18** (1968) 3, 295−307; Cyanamid European Res. Inst., Cologny, Geneva; engl.) — Die Kinetik des Ce^{3+}/Ce^{4+}-Paares wurde in saurer Lsg. mit einer rotierenden Scheibenelektrode aus glattem Pt untersucht. Polarisationskurven in H_2SO_4 wiesen die hemmende Wrkg. der auf der Elektrode gebildeten Oxidschicht auf die Ce^{4+}-Red. aus. In $HClO_4$ u. in geringerem Maße in HNO_3 besaßen die Polarisationskurven die Form von Hystereseschleifen. Dieser Effekt konnte nicht allein der Oxidschicht zugeschrieben werden, sondern wurde als Auswrkg. einer Umbldg. der elektr. Doppelschicht infolge Bedeckung der Elektrode mit Ce^{3+} erklärt. Weiterhin wurde der Diffusionskoeff. von Ce^{4+}-Spezies in H_2SO_4 gemessen, wobei die Ergebnisse mit früher an der Anthracenelektrode erhaltenen übereinstimmten.
C. Herold 170

0657 **Elektrochemische Reduktion von U(IV) in geschmolzenem LiF–BeF$_2$–ZrF$_4$ (65,6–29,4–5,0 Mol-%). Nachweis für die Adsorption von U(IV).** Glob Mamantov und D. L. Manning. (J. electroanalyt. Chem. Interfacial Electrochem. [Lausanne] **18** (1968) 3, 309−14; Dep. of Chem., Univ. of Tenn., Knoxville, Tenn.; engl.) — Frühere voltammetr. u. chronopotentiometr. Unters. der Vf. am genannten Syst. wurden auf hohe Spannungsdurchlaufgeschw. (bis 500 V/s) u. kurze Übergangszeiten erweitert. Dabei wurde dem Schmelzelektrolyten UF_4 oder LiF–UF_4 (27 Mol-%) zugesetzt u. eine Arbeitselektrode aus Pt, Pt–10% Rh oder pyrolyt. Graphit verwendet. Die erhaltene Abhängigkeit der Spitzenstromstärke von der Durchlaufgeschw. bewies bei 500° eine schwache Adsorption von U(IV) an der Pt- u. der Pt–Rh-Elektrode. Auf eine Abhängigkeit der Gestalt der Voltammogramme von der Temp. wird hingewiesen. Der Einfl. der U(IV)-Konz. wurde ebenfalls untersucht.
C. Herold 170

0658 **Kinetik von Redoxreaktionen am passiven Titan.** E. N. Paleolog, A. Z. Fedotova und V. D. Fitjulina. (Élektrochimija **4** (1968) 6, 700−03; Inst. fiz. chim. AN SSSR, Moskva; russ.) — Vf. untersuchten durch Aufnahme anod. u. kathod. Polarisationskurven bei 25° an rotierenden Elektroden in $K_3[Fe(CN)_6]/K_4[Fe(CN)_6]$ + 1 m Na_2SO_4-Lsg. die Kinetik von Redoxvorgängen am passiven Ti. Es wurde gefunden, daß die Red. von $Fe(CN)_6^{3-}$-Ionen am Ti mit erheblicher Überspannung abläuft u. daß die Strom-Spannungscharakteristik im Stromdichte-Bereich j = 10^{-3} − 10 mA/cm² der Tafel-Gleichung gehorcht. Die Neigung der Kurve beträgt 0,12 V. Vgl.-Messungen am Pt zeigen, daß die gesamte Ti-Oberfläche an der Elektrodenrk. teilnimmt. Die anod. Ox. von $[Fe(CN_6)]^{4-}$-Ionen ist erheblich gehemmt u. verläuft prakt. erst bei stark positiven Elektrodenpotentialen. Der Ox.-Grad der Ti-Oberfläche beeinflußt die kathod. Red. von $[Fe(CN)_6]^{3-}$-Ionen nicht. Die Austauschstromdichte des untersuchten Syst. liegt bei j_0 = 0,91 · 10^{-7} A/cm². Aus den Messungen wird geschlossen, daß die Halbleitereig. der auf der Elektrodenoberfl. gebildeten Oxidschichten den Verlauf der Elektrodenrk. beeinflussen.
E. Winkler 170

0659 **Elektrodenprozesse unter Beteiligung von Schwefeldioxid in schwefelsaurem Medium.** A. G. Vološin. (Élektrochimija **4** (1968) 6, 741−45; NII vysokich temp., Moskva; russ.) — Es wurden die anod. u. kathod. Oszillopolarogramme von SO_2 u. H_2S in H_2SO_4 bzw. HCl bei pH-Werten von 3−0,3 aufgenommen. Im Intervall 1,4 ≦ pH ≦ 3 enthalten die anod. wie auch kathod. Polarogramme nur eine Welle, die der Bldg. von SO_2 (H_2SO_3) entspricht. Bei niedrigeren pH-Werten wird der SO_2-Peak kleiner u. erreicht bei pH = 0,3 den Wert Null. Dabei entstehen gleichzeitig neue Peaks, die der Bldg. von H_2S u. elementarem S entsprechen. Als Grundelektrolyt wurde bei diesen Unters. H_2SO_4 benutzt. Wird als Grundelektrolyt für das SO_2 0,1 n HCl benutzt, entstehen im anod. Bereich zwei zusätzliche Peaks.
J. Tutschku 172

0660 **Einfluß von Äthanol auf das oszillopolarographische Verhalten von Aluminiumionen.** I. Ja. Putnin', L. K. Lepin' und L. Ja. Ozolin'. (Izvest. Akad. Nauk Latv. SSR, Ser. chim. **1968**, 3, 270−76; Rižskij politechn. inst.; russ., Auszug: engl.) — In wss. Lsg. mit 10, 25 u. 50% A. wurde der Peak der Al^{3+}-Ionen in Abhängigkeit von der Al^{3+}-Konz., dem pH, der Geschw. der Folge der Spannungsimpulse u. der Temp. gemessen. Die Ergebnisse werden mit denen in reinen wss. Lsg. verglichen. Der Stromstärkepeak wird durch den Alkoholzusatz verringert. Quant. Abweichungen der Kurve werden durch die Änderung der Viskosität u. der DK, sowie durch eine teilweise Solvatation der Al-Ionen erklärt.
J. Tutschku 172

0661 **Polarographie des Systems Kupfer(II)-1.2-Diaminocyclohexan-N.N.N'.N''-tetraessigsäure.** A. M. Giuliani, D. Gattegno und A. Furlani. (J. electroanalyt. Chem. Interfacial Electrochem. [Lausanne] **18** (1968) 1/2, 151 bis 158; Ist. di Chim. gen. e inorg., Univ. di Roma, Italien; engl.) — Die Unters. wurden in Acetatpuffer durchgeführt. Der Einfl. der Ligandenkonz. wurde in Ggw. u. in Abwesenheit von Überschußmetall gemessen. Außerdem wurden der Einfl. des pH-Wertes u. der Höhe des Hg-Reservoirs untersucht. Die kinet. Parameter der irreversiblen Red. des Komplexes wurden ber. u. eine Stufengleichung wurde für die experimentellen Ergebnisse abgeleitet.
J. Bardeleben 172

A-6. Kolloidchemie, Grenzflächen

0662 **Auflösungsmechanismus von Aluminiumchlorid in Vanadinoxidchlorid bei 90−120°.** E. A. Kopylova, N. N. Ruban und V. D. Ponomarev. (Izvest. Akad. Nauk Kaz. SSR, Ser. chim. Nauk **18** (1968) 3, 18−23; russ.) — Die koll. $AlCl_3$-Lsg. in $VOCl_3$ wurden bei Zimmertemp. IR-spektroskop. charakterisiert. Bei der Lsg.-Bldg. spielen geringfügige Verunreinigungen von Hydrolyseprod. eine wichtige Rolle. Diese Beimengungen erlauben die Bldg. ionogen stabilisierter Komplexe von koll. $AlCl_3$ Teilchen in den Lösungen.
J. J. Pohl 182

0663 **Flockungsstabilität von dispersen Systemen.** H. Sonntag. (Tenside [München] **5** (1968) 7/8, 188−93; DAW zu Berlin, Inst. für phys. Chem., Berlin; dt.) — Der Flockungsprozeß wird an Modellemulsionströpfchen durch Messungen der Annäherungsgeschw. u. des Gleichgew.-Abstands (O/W-Emulsionen interferometr., W/O-Emulsionen kapazitiv) charakterisiert [Gleichgew.-Abstände der Syst. *Cyclohexan* mit NPQ, NP30, Na-3-Hydroxy-dodecansulfonat-(1), *Polystyrol* in wss. Lsg. u. *AgJ* (Dispersionswechselwrkg.), Gleichgew.-Filmdicken (0,5 m KCl) für *NP12*, *NP20*, *NP30*, *Na-Dodecansulfonat-(1)*, *Na-3-Hydroxydecansulfonat-(1)*, *Na-Dodecylsulfat*, *Na-2-Dodecensulfonat-(1)*]. Beide Größen gestatten in gewissen Grenzen Aussagen über die Wechselwrkg.-Kräfte zwischen den Tröpfchen. Die Dispersionskräfte werden durch Adsorptionsschichten sehr stark beeinflußt. Es wird gezeigt, daß für die Modifizierung dieser Kräfte die Struktur der polaren Gruppe grenzflächenakt. Stoffe von großer Bedeutung ist.
M. Frenzel 188

0664 **Wert von turbidimetrischen und Lichtstreuungsmessungen bei der Untersuchung der Größe und des Wachstumsverlaufs von Silberhalogenidteilchen.** B. E. Tabor und D. R. Nellist. (Kolloid-Z., Z. Polymere **224** (1968) 2, 134−50; Res. Labor., Kodak Ltd., Wealdstone,

Harrow, Middlesex; engl.) — Ag-Halogeniddispersionen werden mit Hilfe von Trübungs- u. Lichtstreuungsmessungen untersucht. Sie werden aus Gelatinelsg. in Ggw. bzw. Abwesenheit von *Adenin* als Hemmstoff u. von *Thiosulfat* als Sensibilisator hergestellt. Adenin hemmt das Krist.-Wachstum gleichmäßig, während die Sensibilisatorwrkg. des Thiosulfats in einer vorübergehenden Hemmung besteht. Infolge der gemeinsamen Wrkg. von Adenin u. Thiosulfat während der Reifeprozesse, die zu stark polydispersen Syst. führt, kann man aus Trübungsmessungen völlig irreführende Ergebnisse erhalten. Folgerungen aus Trübungsmessungen im Hinblick auf die photograph. Aktivität der Gelatine können zu Fehlschlüssen führen. M. Frenzel 188

0665 **Teilchengrößenverteilung von sehr kleinen supraleitenden Teilchen.** R. T. Lewis. (J. Colloid Interface Sci. **26** (1968) 3, 361—63; Chevron Res. Comp., Richmond, Calif.; engl.) — Es werden die magnet. Eig. sehr kleiner supraleitender Teilchen diskutiert u. Möglichkeiten zur Messung der Magnetisierung in Dispersionen im Hinblick auf die Teilchengrößenverteilung aufgezeigt. Die Technik wird an auf feinpulverigem Al_2O_3 dispergiertem Sn demonstriert u. die Ergebnisse mit denen aus Röntgenstrahlenbeugungsmessungen verglichen. G. Malow 200

0666 **Oberflächenbestimmung von Silicatmineralien nach der BET-Methode aus der Adsorption von Xenon bei —78°.** K. A. Kini, R. M. Manser und A. S. Joy. (J. physic. Chem. **72** (1968) 6, 2127—29; Warren Spring Labor., Stevenage, Herts., Großbritannien; engl.) — Best. der Oberflächen von *Graphon* (nichtporöser, graphitisierter Kohlenstoffruß), *Graphit, Beryll, Chrysotil, Muskovit* u. *Talk* aus der Adsorption von Xe bei —78° u. Ar u. N_2 bei —196°. Für nichtporöse oder dichtgepackte Schichtstrukturen geben Ar u. Xe ähnliche Werte, die sehr viel kleiner als aus der N_2-Adsorption sind. H. Liepack 200

0667 **Beobachtungen zur Bildung von Säulen anomalen Wassers bei der Kondensation von Dampf in Quarzkapillaren.** B. V. Derjagin, I. G. Eršova, V. Ch. Simonova und N. V. Čuraev. (Teoret. ėksper. Chim. 4 (1968) 4, 527—32; Inst. fiz. chim. AN SSSR, Moskva; russ.) — Das Wachstum von Säulen anomalen W. in ungesätt. W.-Dampfatmosphäre in Quarzkapillaren verläuft unter kinet. Bedingungen. Der Kondens.-Koeff. von W. in den Kapillaren ist viel niedriger als bei gewöhnlichem Wasser. Die Art der Mol.-Assoziation in dem anomalen Kapillarwasser wird besprochen. H. Roschkowski 200

0668 **Viskosität von Flüssigkeiten in einem System dünner Kapillaren.** B. A. Cholodnickij. (Vestnik Leningradskogo Univ., Fiz., Chim. **23** (1968) 10 Ser. Nr. 2, 153—54; russ., Auszug: engl.) — Die Viskosität von W. u. KCl-Lsg. verschiedener Konz. wurde auf Grund der Filtriergeschw. in einem Kapillarsyst. aus Glas bestimmt. Bei Kapillarradien von 0,07 u. 0,025 μ nimmt die Viskosität von reinem W. u. sehr verd. KCl-Lsg. $(5 \cdot 10^{-4} - 1 \cdot 10^{-3}$ n) stark zu, die Viskosität sinkt mit steigender Elektrolytkonzentration. J. J. Pohl 200

0669 **Einfluß der elektrokinetischen Eigenschaften im Kapillarsystem auf die elektroosmotische Verdrängung des nichtpolaren Kerosins durch Wasser.** K. P. Tichomolova und V. S. Kuz'mina. (Vestnik Leningradskogo Univ., Fiz., Chim. **23** (1968) 10 Ser. Nr. 2, 87—93; russ., Auszug: engl.) — Der Zusammenhang zwischen der effektiven elektroosmot. Verdrängung von nichtpolarem Kerosin durch W. aus Quarzpulverdiaphragmen u. dem Charakter des elektr. Feldes im Syst. wird diskutiert. Die Geschw. der Verdrängung ändert ihren Charakter zeitlich in Abhängigkeit von $|\zeta E_z|$ (E_z = Tangentialkomponente des elektr. Felds im akt. Teil des Diaphragmas, ζ = elektrokinet. Potential) u. dem Wirksamkeitskoeff. α. Bei Gleichheit dieser beiden Größen tritt stets die gleiche Verdrängungsgeschw. auf, auch der Prozentsatz des aus dem Quarzdiaphragma verdrängten Kerosins ist identisch. J. J. Pohl 200

0670 **Wasserdiffusion in ionenausgetauschten Formen einiger natürlicher Zeolithe.** I. A. Belitskii und S. P. Gabuda. (Chem. d. Erde **27** (1968) 1, 79—90; Inst. of Geol. and Geophys. of Sibirian, Branch of the USSR Acad. Sci., Novosibirsk; engl.) — Die natürlichen Zeolithe *Natrolith, Analcim* u. *Mordenit* wurden ausgetauscht mit *Li-, Ag-, K-,* NH_4*-, Rb-, Tl* -u. *Cs*-Ionen, u. zwar in der Schmelze, in Lsg. oder in Gasform. An den NMR-Spektren dieser Zeolithe wurde die H_2O-Diffusion studiert. In natürlichem Natrolith erfolgt sie parallel zur c-Achse u., in etwas geringerem Maße, senkrecht dazu. Bei Austausch mit den großen K- u. Tl-Ionen erhöht sich die W.-Beweglichkeit, wahrscheinlich infolge einer Aufweitung der Kanalquerschnitte. In den Zeolithen mit starrem, isometr. Gerüst wird die W.-Diffusion bestimmt durch das Verhältnis von Kanalquerschnitt u. Ionenradius. In Analcim mit seinen engen Kanälen ändert das Eindringen großer Ionen nicht die W.-Beweglichkeit, oder es entstehen W.-freie Formen. In den weiten Kanälen von Mordenit bewirkt ein Ionenaustausch keine Änderung der W.-Diffusion. Die NMR-Ergebnisse wurden durch DTA u. IR-Spektroskopie bestätigt. A. Becker 200

0671 **Begrenzte, anisotrope Diffusion und anisotrope Kernspin-Relaxation der Protonen in Vermiculit-Kristallen.** B. D. Boss und E. O. Stejskal. (J. Colloid Interface Sci. **26** (1968) 3, 271—78; Central Res. Dep., Monsanto Co., St. Louis, Mo.; engl.) — Die Diffusion der Protonen des W. in hydratisiertem Vermiculit wurde mit Hilfe der Spin-Echo-Technik untersucht. Die mit Li^+- u. n-Butylammonium-Ionen beladenen Vermiculite wurden in W. gequollen unter Aufweitung der Schichten auf 100 bis 1030 Å. In diesem Zustand wurde die Selbstdiffusion als Funktion der Probenorientierung u. der Diffusionszeit (3—11 ms) gemessen. Die Diffusion verläuft anisotrop mit unterschiedlichem Verh. senkrecht u. parallel zu den Schichten. Parallel zu den Schichten bewegen sich die Protonen frei wie im fl. Wasser. Senkrecht zu den Schichten verhält sich etwa die Hälfte der Protonen wie im fl. W., die zurückbleibenden Protonen werden in „Poren" der mittleren Größe von 200—1800 Å eingeschlossen. Die ermittelte „Poren"größe stimmt mit der aus elektronenmkr. Unters. überein. Das Quellen ist mit morpholog. Veränderungen verbunden. Der westaustral. Vermiculit enthält das wenigste W. in den „Poren", während der Libby-Hydrobrotit die meisten Brüche enthält. Die anisotrope Relaxation wird dem anisotropen Paramagnetismus der mit Fe besetzten Vermiculit-Schichten zugeschrieben. G. Malow 200

0672 **Bestätigung der Szyszkowski-Gleichung durch thermodynamische Grenzflächengrößen.** J. F. Baret. (Kolloid-Z., Z. Polymere **225** (1968) 2, 132—39; Fac. des Sci., Labor. de Phys. Ind., Marseille; franz.) — Mit Hilfe der Eyringschen Theorie werden die Koeff. der Szyszkowski-Gleichung u. die Adsorptionsenthalpie bei 0°K sowie die Freien Adsorptionsenthalpien ΔG u. $\Delta G'$ ermittelt (n-Alkanol-Adsorption an Octan/W.-Grenzflächen). M. Frenzel 202

0673 **Elektrokapillarphänomene an Öl—Wasser-Grenzflächen. 3. Mitt. Gegenionenbindung an Öl—Wasser-Grenzflächen.** Akira Watanabe, Mutsuo Matsumoto, Hisako Tamai und Rempei Gotoh. (J. chem. Soc. Japan, pure Chem. Sect. [Nippon Kagaku Zasshi] **89** (1968) 5, 454—58; Fac. of Textile Fibres, Kyoto Univ. of Ind. Arts and Textile Fibres, Taishogun, Kitaku, Kyoto-shi, Japan; jap., Auszug: engl. S. A 26.) — 2. vgl. C. **1968,** 25-0665. — Die Öl—W.-Grenzflächenspannung wurde in Ggw. einer ion. oberflächenakt. Substanz in der Ölphase u. eines anorgan. Elektrolyts in der wss. Phase in Abhängigkeit vom Potentialwert bestimmt. Die Struktur der elektr. Doppelschicht u. die spezif. Adsorption von Lecithin u. seine Wechselwrkg. mit Gegenionen wurden untersucht. Die Dissoziation von Lecithin wird durch den pH-Wert der wss. Phase bestimmt. Auf der sauren Seite des isoelektr. Punktes zeigt Lecithin das Verh. einer kation., auf der bas. Seite das einer anion. oberflächenakt. Substanz. In der Nähe des pH des isoelektr. Punktes ist die Oberflächenspannung unabhängig vom Potential. Anorgan. Elektrolyte üben eine extrem spezif., jedoch prakt. konz.-unabhängige Wrkg. auf den isoelektr. Punkt aus. Als Elektrolytsalze wurden KCl, $Cd(NO_3)_2$, $La(NO_3)_3$, $Th(NO_3)_4$, $MgSO_4$ verwendet. J. J. Pohl 202

0674 **Elektrokapillarkurven für die Grenzfläche von Quecksilber und zehntelnormalem Lithiumchlorid in Aceton–Wasser-Gemischen.** E. Fischerová und S. Standara. (Collect. czechoslov. chem. Commun. **33** (1968) 8, 2381–87; Inst. für theoret. u. phys. Chem., Purkyně-Univ., Brno; dt.) — Unters. an 0–99,97 Vol.-% Aceton–W.; Berechnung der Oberflächenüberschüsse u. -konz. von Aceton u. Elektrodenpotentiale, Ladungsdichten u. Potentiale der Helmholtzschen Außenebene. M. Frenzel 202

0675 **Oberflächenspannung von $NaF–ZrF_4–ZrO_2$-Schmelzen.** C. Decroly, A. Fontana und R. Winand. (J. nuclear Mater. [Amsterdam] **27** (1968) 1, 36–47; Serv. de Métallurg. et d'Electrochim., Univ. Libre de Bruxelles; franz.) — Messungen nach der Abreißmeth. (Ar) an NaF–ZrF_4–ZrO_2 in *3 NaF–*AlF_3*–*Al_2O_3. ZrO_2 bzw. Al_2O_3 haben offensichtlich keinen großen Einfl. auf die Oberflächenspannung γ der bin. Grundschmelzen. CO_2 ändert das Oberflächenverh. der tern. Syst., hat jedoch keinen Einfl. auf γ von NaF. CO hat keinen Einfl. auf γ der tern. Schmelzen. M. Frenzel 202

0676 **Berechnung der Trennungskoeffizienten für Wasserstoffisotope bei der Tieftemperaturadsorption.** V. E. Kocurichin und Ja. D. Zel'venskij. (Ž. fiz. Chim. **42** (1968) 6, 1490–96; Mosk. chim.-technol. inst. im. Mendeleeva; russ.) — Vf. ber. die Trennungskoeff. für das Gemisch H_2–D_2 bei der Adsorption auf einer glatten Oberfläche unter Berücksichtigung der o-p-Zus. für das Temp.-Intervall 77–100 °K. Ein Vgl. der ber. Temp.-Abhängigkeit für die Trennungskoeff. $\alpha_{D_2-H_2}$ mit den für verschiedene Adsorbenten (Aktivkohle, Silicagel, Linde-Molekularsiebe, Zeolithe NaX u. NaA) experimentell bestimmten Werten zeigt in allen Fällen eine gute Übereinstimmung. H. Will 204

0677 **Photosensibilisierte Dissoziation von Wasserstoff an Silicagel.** G. B. Parijskij, I. D. Michejkin, A. I. Rez und V. B. Kazanskij. (Doklady Akad. Nauk SSSR **180** (1968) 1, 123–25; Inst. chim. fiz. AN SSSR; russ.) — D-Atome, die sich durch Photodissoziation vom physikal. an Silicageloberflächen adsorbierten D_2-Mol. bilden, wurden EPR-spektroskop. bei −196° untersucht. Eine direkte Hydrolyse von OH-Gruppen der Silicagel-Oberfläche wirkt dabei nicht störend. Die Silicagelproben mit der spezif. Oberfläche 340 m^2/g, dem mittleren Durchmesser 140 Å wurden 10 Std. bei 300–850° gehalten. Die Intensität der D-Signale wächst mit steigender Vorerhitzungstemperatur. Die D-Atome bilden sich nicht durch Dissoziation der chemisorbierten D_2-Mol., sondern durch Dissoziation physikal. adsorbierter D_2-Moleküle. Die Größe der Energiequanten, die eine Dissoziation von D_2 auf der Silicageloberfläche bewirken, liegt zwischen 4 u. 4,75 eV. Der untersuchte Prozeß stellt einen einfachen Fall der Energieübergabe von Festkörpern zum adsorbierten Mol. dar. J. J. Pohl 204

0678 **Paramagnetische Defekte in Verbindung mit auf Magnesium- und Calciumoxid-Oberflächen adsorbiertem Wasserstoff.** A. J. Tench und R. L. Nelson. (J. Colloid Interface Sci. **26** (1968) 3, 364–73; Chem. Div., AERE, Harwell, Berks.; engl.) — Die Bestrahlung von MgO u. CaO in Form kleiner Teilchen (100–300 Å) führt zur Bldg. von paramagnet. Oberflächenzentren (S-Zentren), die mit Sauerstoff reagieren. S-Zentren u. neue Oberflächenzentren (S_H-Zentren) mit g = 1,9998 werden unter γ-Bestrahlung der Oxide in Ggw. von Wasserstoff oder Deuterium gebildet. Die S_H-Zentren zeigen Hyperfeinkopplung von einem Wasserstoffkern u. beide Zentren zeigen Hyperfeinwechselwrkg. mit dem ^{25}Mg-Kern des Gitters mit Aufspaltungskonst. von 25,5 u. 10,2 Gauß. Diese Oberflächenzentren werden als aus einem getrappten Elektron an einer Oberflächenanionenleerstelle bestehend aufgefaßt. Aus der Nähe des Protons im S_H-Zentrum folgt, daß der Wasserstoff mit Oberflächensauerstoffionen während der Bestrahlung reagieren muß. G. Malow 204

0679 **Energetik der Adsorption von Wasserdampf an „reinem" Silberjodid.** M. L. Corrin und John A. Nelson. (J. physic. Chem. **72** (1968) 2, 643–45; Dep. of Chem., Univ. of Ariz., Tucson, Ariz.; engl.) — Das AgJ wurde durch direkte Rk. zwischen Ag u. J_2 dargestellt. Die Adsorptionsisothermen wurden gravimetr. bei −3,24, −9,19 u. −16,07 aufgenommen. Sie sind vom Typ II nach der Brunauer-Klassifizierung mit einer Bedeckung wesentlich kleiner als eine statist. Monoschicht bei relativen Drücken bis 0,8. Im Gegensatz zu Ergebnissen für AgJ, das bei der Darst. mit hygroskop. Material kontaminiert war, sind die isosteren Adsorptionswärmen bei allen Bedeckungsgraden größer als die Verflüssigungswärmen mit einem Max. der Größenordnung 22 kcal/Mol bei einer Oberflächenbedeckung von $1{,}5 \cdot 10^{14}$ Mol./cm^2. Zwischen den adsorbierten Mol. erfolgt eine starke laterale Wechselwirkung. Die Bldg. dreidimensionaler Cluster konnte nicht nachgewiesen werden. Der hydrophile Teil der reinen AgJ-Oberfläche kann nicht als Fläche niedriger Energie betrachtet werden. Die Ergebnisse weichen wesentlich von denen für kontaminiertes AgJ ab. H. Liepack 204

0680 **Untersuchung der Oberflächendiffusion mittels NMR: An synthetischem Faujasit adsorbiertes Schwefelhexafluorid.** J. K. Thompson und H. A. Resing. (J. Colloid Interface Sci. **26** (1968) 3, 279–86; Naval Res. Labor., Wash.; engl.) — Die Spin-Gitter-Relaxationszeiten der Fluor-Kerne im an synthet. Faujasit (Linde Molekularsieb 13X) adsorbiertem SF_6 im Zus.-Bereich von 0,83–6,62 Mol pro „Käfig" wurden als Funktion der Temp. gemessen. Die Ergebnisse werden entsprechend der Theorie von Bloembergen et al. (1948) interpretiert. Für die Verschiebungsdiffusion liegt die Aktivierungsenthalpie ΔH zwischen 2,45 kcal/mol bei 0,83 Mol pro Käfig u. 4,00 kcal/mol bei 6,62 Mol pro Käfig. Bei ~ 4 Mol pro Käfig tritt ein starker Sprung für ΔH auf. G. Malow 204

0681 **CO-Adsorption an der (110)-Ebene von Wolfram.** C. Kohrt und R. Gomer. (J. chem. Physics **48** (1968) 7, 3337–38; Dep. of Chem. and James Franck Inst., Univ. of Chicago, Chicago, Ill.; engl.) — Die Messungen schrittweiser Desorption im Temp.-Bereich 20–1300 °K von CO an der (110)-Ebene von W deuten Vf. wie folgt: zwischen 20 u. 100 °K findet nichtaktivierte Adsorption über brückengebundenem C mit CO/W $\simeq$ 1 statt. Danach tritt Desorption u. Umgruppierung ein, wobei C u. O mit drei W-Atomen in Wechselwrkg. treten, was eine Schwächung der CO-Bindung zur Folge hat u. eine Aktivierung erfordert (CO/W $\leqq$ 0,5 für diese Konfiguration). Sauerstoff-Messungen an der (110)-Ebene weisen im Gegensatz zu CO auf Dissoziationsadsorption hin. R. Blank 204

0682 **Hill-Gleichung für die Adsorption an homogenen Oberflächen.** Conway Pierce. (J. physic. Chem. **72** (1968) 6, 1955–59; Dep. of Chem., Univ. of Calif., Riverside, Calif.; engl.) — Ermittlung der Isothermen für die Adsorption von CCl_4 an einer homogenen *Graphit*-Oberfläche von 0 bis −41,5°. Unterhalb des Gefrierpunktes wird die Adsorption einer zweiten Schicht durch Temp.-Abnahme verhindert. Die Hill-Gleichung ist anwendbar für $\Theta < 0{,}5$, eine Berechnung von V_m ist nicht möglich. H. Liepack 204

0683 **Durch Sauerstoff gesteigerte Chemisorption von Propan an Platin.** G. Walter, G. Wurzbacher und B. Krafczyk. (J. Catalysis **10** (1968) 4, 336–41; Interfaces Res. Div., Phys. Dep., Batelle-Inst. e.V., Frankfurt (Main); engl.) — Es wurde der Einfl. von chemisorbiertem Sauerstoff an Raney-Platinoberflächen auf die nachfolgende Chemisorption des Propans bei 100° bes. in Ggw. von präadsorbiertem W. untersucht. Mit steigendem Bedeckungsgrad des chemisorbierten Sauerstoffes wird der Betrag der nachfolgenden Chemisorption von Propan erhöht. Die Chemisorption von ~ 0,65 Atome Sauerstoff pro Pt-Oberflächenatom erhöht den Betrag des chemisorbierten Propans bei einem Druck von 1 Torr u. 100° um einen Faktor ~ 3. G. Malow 204

0684 **Kationenaustausch-Kapazität von Mineralien mit Schichtstruktur.** 1. Mitt. **Unterschiede zwischen zwei Bestimmungsmethoden an Montmorillonit.** K. G. Sansom, R. G. Smith und D. White. (Trans. Brit. ceram. Soc.

67 (1968) 3, 83—91; Dep. of Ceramics, Houldsworth School of Appl. Sci., Univ., Leeds; engl.) — Die Best. der Kationenaustausch-Kapazität der Fuller-Erde durch Kjeldahl-Dest. von Ammonium-Montmorillonit ergab stets um 13—15 mVal/100 g geringere Werte als die photometr. Best. an Na-Fuller-Erde. Dieser Unterschied läßt sich durch Bldg. von Ecken-zu-Flächen-Bindung an den überschüssigen Austauschplätzen im NH_4-Montmorillonit erklären. D. Ertel 206

0685 **Kationenaustausch-Kapazität von Mineralien mit Schichtstruktur. 2. Mitt. Zwei Typen von Kationenaustauschplätzen bei Montmorillonit und deren Bestimmung.** K. G. Sansom, R. G. Smith und D. White. (Trans. Brit. ceram. Soc. 67 (1968) 3, 93—103; engl.) — 1. vgl. vorst. Referat. — Die Best. der Kationenaustausch-Kapazität mittels organ. Austauschharze (Amberlite IR-120) ergab höhere Werte als die Standard-Ammoniumacetatmethode. Diese Unterschiede sind real u. liegen außerhalb der experimentellen Fehler. Durch Ammoniumacetat-Zusatz zum Waschalkohol der Standardmeth. wird die mit dem Waschvorgang verbundene Hydrolyse unterdrückt; die Meth. liefert dann mit der Harzmeth. vergleichbare Ergebnisse. Vf. stellen fest, daß im Montmorillonit zwei definierte Typen von Austauschplätzen vorhanden sein können. Ein isomorpher Ersatz betrifft ca. 90% aller ausgetauschten Kationen, die an diese Plätze relativ fest gebunden sind. Weiterhin austauschbare u. leicht hydrolysierbare Kationen werden festgehalten, wenn es die Bedingungen des Massenwirkungsgesetzes erlauben. D. Ertel 206

0686 **Austauschbare Kationen und Hochtemperaturreaktionen von Kaolinit.** P. Prabhakaram. (Trans. Brit. ceram. Soc. 67 (1968) 3, 105—24; Jamshedpur/India, Nat. Metallurg. Labor.; engl.) — Röntgenograph. u. DTA-Unters. des Einfl. austauschbarer Kationen auf die therm. Rk. von Kaolinit (*H^+-, Ca^{2+}-, Na^+-* u. *Li*-Form des Rajmahal-Tons) zwischen 950 u. 1000° u. bei $> 1000°$. Der bei 950—1000° erscheinende exotherme Peak wird auf die rasche Bldg. eines Spinells zurückgeführt. Die Intensität dieses Peaks hängt von der Menge des bereits unterhalb der Peaktemp. entstandenen Spinells ab. Ein oberhalb 1000° auftretender exothermer Peak wird der Mullitbldg. zugeordnet. Kationen beeinflussen die Mullitbldg. nicht, die Cristobalit-Phase jedoch stark; die Röntgenreflexe dieser Phase hängen stark vom vorhandenen Kation ab. Es scheint dabei eine Ordnung nach Ladung u. Radius des Ions zu existieren. D. Ertel 206

0687 **Spektroskopischer Beweis für Brönsted-Säuren in teilweise dehydratisierten X- und Y-Zeolithen mit Kationen der Gruppe Ia.** Yoshihiro Watanabe und Henry W. Habgood. (J. physic. Chem. 72 (1968) 8, 3066—69; Res. Council of Alberta, Edmonton, Alberta, Canada; engl.) — Die *Li*-, *Na*- u. *K*-Formen von *X*- u. *Y*-Zeolithen wurden in verschiedener Art mit H_2O behandelt u. teilweise oder vollständig dehydratisiert. Nach Behandlung mit Py. wurden dessen für Lewis- u. Brönsted-Säuren charakterist. Absorptionsbanden aufgenommen. Übereinstimmend mit anderen Autoren wurden an allen dehydratisierten Alkalimetallformen von X u. Y keine Banden von Pyridinium-Ionen gefunden, auch nicht an teilweise dehydratisiertem NaX des ursprünglichen Materials. Dagegen zeigten X-Zeolithe, die einer W.-Behandlung unterworfen worden waren u. alle teilweise dehydratisierten Y-Zeolithe Pyridiniumbanden bei 1545 cm^{-1}, deren maximale Intensität von den Dehydratisierungsbedingungen abhing. Beobachtungen der OH-Banden dieser Substanzen zeigten, daß W. u. Pyridin an verschiedenen Plätzen adsorbiert werden. Es wird die Möglichkeit diskutiert, daß die Brönsted-Säuren ein Maß für den Kationenunterschuß bilden. A. Becker 206

0688 **Kationenzusammensetzung und Eigenschaften des Zeoliths NaY nach Behandlung mit Eisen(II)-Salzen.** S. A. Levina, N. F. Ermolenko, A. D. Borisevič und A. A. Prokopovič. (Izvest. Akad. Nauk Beloruss. SSR, Ser. chim. Nauk 1968, 2, 19—24; Inst. obšč. i neorg. chim. AN Beloruss. SSR; russ.) — Bei der Behandlung von Zeolith NaY mit $FeSO_4$-Lsg. wächst der Substitutionsgrad u. der relative Fe(III)-Geh. mit wachsender Lsg.-Konzentration. Nach Behandlung mit Mohrschem Salz u. Erhitzen bis 450° enthält der Ionit Fe(II)-, Fe(III)-, Na- u. H-Ionen. Die Fe-substituierten Formen von NaY haben eine niedrigere Sorptionskapazität als die Ausgangszeolithe. Die Behandlung mit Fe(II)-Salzlsg. führt zur teilweisen Zerstörung der Krist.-Struktur des Zeoliths. J. J. Pohl 206

0689 **Abhängigkeit der Spezifität des Ionenaustausches von der Dielektrizitätskonstante.** A. V. Čiževskaja, G. L. Starobinec und G. N. Bulackaja. (Izvest. Akad. Nauk Beloruss. SSR, Ser. chim. Nauk 1968, 2, 15—18; Beloruss. gos. univ. im. Lenina; russ.) — Die Gleichung von Debye-Mac Aulay wurde zur Berechnung der DK beim Austausch von n-Alkylammoniumionen (C_1 bis C_8) gegen H^+-Ionen an Dowex 50 × 2 bzw. von J^--, Br^-- u. Cl^--Ionen gegen OH^--Ionen an Dowex 1 × 4 in wss.-methanol. Gemischen verwendet. Eine Gleichung zur Berechnung der Sättigung der Ionitphasen wird vorgeschlagen, die sowohl in wss., als auch in gemischten wss.-methanol. Lsg. verwendbar ist. J. J. Pohl 206

0690 **Selektivitätseigenschaften polykondensierter Kationite. 1. Mitt. Physikalisch-chemische Eigenschaften polykondensierter Sulfokationite.** V. S. Soldatov und N. I. Sudarikova. (Izvest. Akad. Nauk Beloruss. SSR, Ser. chim. Nauk 1968, 2, 30—33; Inst. obšč. i neorg. chim. AN Beloruss. SSR; russ.) — Die Dichte der Körnchen der Kationite KU-1, KU-5 u. KU-6 zeigt eine Streuung bei $> 1{,}2235$, $> 1{,}1368$ u. $> 1{,}4132$ g/ml. Die Vol.-Kapazität u. die Austauschspezifität Na–H der verschiedenen Dichtefraktionen der Ionite sind prakt. ident., während das Quellverh. dieser Fraktionen verschieden ist. J. J. Pohl 206

0691 **Thermodynamik des Ionentausches zwischen einem Glas und einem geschmolzenen Salz.** J. L. Barton. (Verres et Réfractaires 22 (1968) 3, 268—71; Direct. des rech., Compagnie de Saint-Gobain; franz.) — Gläser können in geschmolzenen Salzen nach A-Glas + B-Salz → B-Glas + A-Salz (I) das Kation tauschen. Die Rk. ist ähnlich der zwischen einem Ionentauscher u. einer wss. Lösung. Durch Messung des Austauschkoeff. in Abhängigkeit von der Konz. von A kann die Rk.-Enthalpie von I berechnet werden. W. Gauster 206

A-7. Kinetik, Katalyse

0692 **Kinetische Analyse durch chemische Relaxationsmethoden.** Gerhard Schwarz. (Rev. mod. Physics 40 (1968) 1, 206—18; MPI für physikal. Chem., Göttingen; engl.) — Unters. der Bedeutung von Experimenten mit chem. Relaxation (z. B. Temp.-Sprung-Messungen) für kinet. Unters. von Rk.-Systemen. Auf der Basis einer allg. Lsg. des Relaxationsproblems werden die Eig. von experimentell meßbaren Relaxationskurven, die durch ein Relaxationsspektrum charakterisiert sind, diskutiert. Gewöhnlich sind theoret. u. experimentelle Best. von vollständigen Relaxationsspektren u. ihre Benutzung für die kinet. Analyse nur für ziemlich einfache Rk.-Syst. ausführbar. Im Fall komplexer Syst. wird eine Auswertung von Relaxationsexperimenten in Termen der mittleren Relaxationszeit vorgeschlagen. Die mittlere reziproke Relaxationszeit ist von bes. Bedeutung. Diese Größe ist experimentell zugänglich. Andererseits kann sie ohne eine vollständige Lsg. des Relaxationsproblems berechnet werden. Beispiele zur Demonstrierung des Verf. u. seiner Möglichkeiten bez. der Unters. komplizierter Rk.-Prozesse (kooperative intramol. Umwandlungen von Biopolymeren; alloster. Syst.) werden angegeben. Herbert Weber 211

0693 **Nichtgleichgewichts-Effekte in der Rekombinations-Dissoziations-Kinetik.** 2. Mitt. H. J. Kolker. (Z. Naturforsch. 23a (1968) 8, 1102—15; Unit. Aircraft Corp. Res. Labor., East Hartford, Conn.; engl.) — 1. vgl. C. 1967, 5-0707. — Die früher entwickelte selbstkonsistente Theorie der Rekombination–Dissoziation-Kinetik wird in einer strengeren Weise abgeleitet. Eine nichtiterative Lsg. wird für die resultierenden Gleichungen erhalten, die die Nichtgleichgewichtsverteilung der internen mol. Energieniveaus beschreiben. Diese Meth. der Lsg. dieser Gleichungen führt auch zu Schlußfolgerungen über die Bedeutung von Nichtgleichgewichtseffekten bei der Rekombination–Dissoziation-Kinetik. Implizit in diesen Gleichungen ist eine Meth. für die Berechnung der Vibrationsrelaxationszeiten für Rekombinations- u. Dissoziationsrk. erhalten. Dieselben Gleichungen treten auch bei Berechnung der Geschw.-Konst. für ein nichttriviales Modell eines dissoziierenden zweiatomigen Mol. auf. Das zur Ableitung dieser Information benutzte math. Verf. erlaubt zu zeigen, daß die selbstkonsistente Theorie eine Verallgemeinerung der konventionellen Approximation der stationären Zustände u. ein Spezialfall eines Projektionsoperatorformalismus für die Lsg. von Problemen in der statist. Mechanik für Nichtgleichgewicht ist. Herbert Weber 211

0694 **Kinetik chemischer Reaktionen in offenen Systemen.** I. F. Bachareva und A. F. Krylov. (Ž. fiz. Chim. **42** (1968) 7, 1655–59; Saratovskij gos. univ. im. Černyševskogo; russ.) — Theoret. Unters. einiger Probleme der optimalen Führung chem. Rk. u. im Zusammenhang damit der analyt. Form der Lsg. der kinet. Gleichungen für offene Systeme. H. Roschkowski 211

0695 **Neue Variante der Methode konkurrierender Reaktionen.** M. V. Bazilevskij und É. A. Trosman. (Kinetika i Kataliz **9** (1968) 3, 516–20; Fiz.-chim. inst. im. Karpova, Moskva; russ.) — Es wird eine neue Variante der Meth. konkurrierender Rk. vorgeschlagen, die es gestattet, Radikal-Rk. verschiedener Ordnung in der fl. Phase auf Grund der Radikal-Konz. zu vergleichen. Als Beispiel wird die Konkurrenz der Rk. des Radikals R mit Wasserstoff aus einer Verb. AH (k_1) u. der Rekombination der Radikale (k_2) betrachtet. Es wird eine Meth. zur Berechnung des Verhältnisses $k_1/k_2^{1/2}$ aus den experimentell bestimmbaren Parametern: Verhältnis der Ausb. an Rk.-Prod., Anfangskonz. der Radikalquelle u. Konz. des Wasserstoffdonators angeführt. H. Will 211

0696 **Methode zur Bestimmung der Aktivierungsenergie für Reaktionen, die bei sich monoton verändernder Temperatur verlaufen.** V. S. Livšic. (Kinetika i Kataliz **9** (1968 3, 712–16; CNII švejnoj. prom., Moskva; russ.) — Zur Best. der Aktivierungsenergie für Rk., die bei sich monoton verändernder Temp. verlaufen, wird eine Meth. vorgeschlagen, die auf der Benutzung der Wendepunktparameter der thermokinet. Kurve beruht. Im Falle bekannter kinet. Gleichung fordert diese Meth. keine vorherige Berechnung der Rk.-Konstanten. Sie gestattet die Best. der effektiven Aktivierungsenergie aus der experimentell gefundenen Abhängigkeit der abs. Temp. von der Zeit. H. Will 211

0697 **Assoziative Ionisation von Stickstoff bei hohen Temperaturen.** S. A. Losev, V. A. Poljanskij und G. D. Smechov. (Chim. vysokich Ėnerg. **2** (1968) 4, 311–16; NII mechan. pri Mosk. gos. univ. im. Lomonosova; russ.) — Die Kinetik der Dissoziations- u. Ionisationsprozesse in einem N_2-Ar-Gemisch mit O_2-Zusatz hinter der Front einer starken Stoßwelle wird untersucht. Die Geschw.-Konst. der assoziativen Ionisation von N_2bei 9000° (Rk. $N + O \rightleftharpoons NO^+ + e^-$; $N + N \rightleftharpoons N_2^+ + e^-$ u. $O + O \rightleftharpoons O_2^+ + e^-$) werden mit Hilfe elektron. Berechnungen erhalten. H. Roschkowski 212

0698 **Dissoziationsmechanismus von Kohlendioxid in der stillen elektrischen Entladung. Stationäre Dissoziationsgrade.** I. A. Semiochin, V. A. Sirotkina und Ju. V. Filippov. (Ž. fiz. Chim. **42** (1968) 6, 1536–39; Mosk. gos. univ. im. Lomonosova, Chim. fak.; russ.) — Vf. untersuchen die Dissoziation von CO_2 in der stillen Entladung im Druckintervall 20–700 Torr. Auf Grund der gefundenen experimentellen Abhängigkeit des stationären Dissoziationsgrades vom Druck wird ein Mechanismus vorgeschlagen, welcher auch durch die Ergebnisse der mit Argonzusätzen durchgeführten Vers. bestätigt wird. H. Will 212

0699 **Automatische Messung der Leistung der elektrischen Gasentladung.** Ju. G. Basov und I. A. Semiochin (Ž. fiz. Chim. **42** (1968) 6, 1549–50; russ.) — Vgl. vorst. Referat. — Es wird eine Meth. zur automat. Messung der Leistung elektr. Gasentladungen vorgeschlagen. Die relative Abweichung für die nach beschriebener Meth. automat. gemessenen von den mit Hilfe der stat. Strom-Spannungs-Charakteristiken des Ozonisators errechneten Leistungsangaben erreicht bis zu 6%. H. Will 212

0700 **Geschwindigkeitskonstanten der Dissoziation zweiatomiger Moleküle bei hohen Temperaturen.** S. A. Losev und O. P. Šatalov. (Chim. vysokich Ėnerg. **2** (1968) 4, 377–79; NII mechan. pri Mosk. gos. univ. im. Lomonosova; russ.) — Aus dem Vgl. der Wirksamkeit von Ar mit derjenigen verschiedener Teilchen M bei der Dissoziation von O_2 u. N_2 werden Ausdrücke der folgenden Form für die Geschw.-Konst. der Dissoziation abgeleitet (Θ = Temp. in 10^3 Grad; A, B, C, D = Konst.): $K_{Diss}(O_2-O) = A(\Theta) \cdot K_{Diss}(O_2-Ar)$ $K_{Diss}(O_2-O_2) = B(\Theta) \cdot K_{Diss}(O_2-Ar)$ $K_{Diss}(N_2-N) = C(\Theta) \cdot K_{Diss}(N_2-Ar)$ $K_{Diss}(N_2-N_2) = D(\Theta) \cdot K_{Diss}(N_2-Ar)$. A. Pinkowski 212

0701 **Experimentelle Untersuchung der Stabilität von Wasserstoff-Luft-Diffusionsflammen.** A. Vranos, E. D. Taback und C. W. Shipman. (Combust. and Flame **12** (1968) 3, 253–60; Pratt & Whitney Aircraft, Div. of United Aircraft Corp., East Hartford, Conn.; engl.) — Die Stabilität von *H_2-Luft*-Diffusionsflammen bei Umgebungstemp. u. -druck wird experimentell untersucht. W. Pusch 214

0702 **Elektronenerzeugung aus Erdalkalimetallen in Flammen: Gleichgewichts- und kinetische Betrachtungen.** D. E. Jensen. (Combust. and Flame **12** (1968) 3, 261 bis 268; Aerochem. Res. Labor., Princeton, N.J.; engl.) — Die Elektronenkonz., die von *Ca*, *Sr* u. *Ba* in H_2–N_2–O_2-Flammen bei Atmosphärendruck erzeugt werden, werden mit Mikrowellen-Hohlraumresonanzmeth. gemessen. Es ergeben sich folgende Enthalpieänderungen u. Gleichgew.-Konst. K: für $Ca + OH \rightarrow CaOH^+ + e^-$: $\Delta H_0^0 = 35 \pm 10$ kcal/Mol, $K = 1{,}8 \cdot 10^{-3} \exp(-35000/RT)$; für $Sr + OH \rightarrow SrOH^+ + e^-$: $\Delta H_0^0 = 25 \pm 8$ kcal/Mol; $K = 2{,}0 \cdot 10^{-3} \exp(-25000/RT)$ u. für $Ba + OH \rightarrow BaOH^+ + e^-$ $\Delta H_0^0 = 6 \pm 10$ kcal/Mol; $K = 1{,}7 \cdot 10^{-3} \exp(-6000/RT)$. W. Pusch 214

0703 **Größe kritischer Erhitzungsstellen.** M. H. Friedman. (Combust. and Flame **12** (1968) 3, 281–84; Johns Hopkins Univ., Appl. Phys. Labor.; engl.) — Das früher veröffentlichte allg. therm. Explosionskriterium zusammen mit der exponentiellen Näherung von Frank-Kamenetsky wird zur Ableitung eines Ausdrucks für die krit. Größe von stabförmigen Erhitzungsstellen als Funktion eines einzelnen dimensionslosen Parameters herangezogen. W. Pusch 214

0704 **Explosionseigenschaften einiger instabiler Salze. Ammoniumnitrit und -bromat.** A. A. Šidlovskij, L. F. Šmagin, A. S. Popovič und M. V. Rogožnikov. (Doklady Akad. Nauk SSSR **181** (1968) 2, 415–17; Mosk. inst. chim. maš. stroenija; russ.) — Festes NH_4NO_2 wurde durch Eindampfen der wss. Lsg. mit einer Ausb. von ca. 50% u. einer Reinheit von 98,5–99,5% erhalten. Bei einer D. von $1{,}04 \pm 0{,}02$ betrug die Detonationsgeschw. D = 5,25 u. 5,30 km/sec, bei $1{,}45 \pm 0{,}01$ D = 7,64 u. 7,84 km/sec. Der krit. Detonationsdurchmesser wurde untersucht, die Explosionswärme beträgt 54 kcal/Mol. NH_4NO_2 stellt einen Explosivstoff mittlerer Stärke dar (in der Größenordnung des Tetryls). Die prakt. Verwendbarkeit der Verb. ist durch kleine chem. Stabilität u. große mechan. u. therm. Empfindlichkeit begrenzt. NH_4BrO_3 hat eine Explosionswärme von 61 ± 2 kcal/Mol. Die Aktivierungsenergie der Rk. beträgt 31–34 kcal/Mol, die gasförmigen Rk.-Prod. sind N_2, O_2, NO u. Br_2-Dämpfe. NH_4BrO_3 ist therm. u. chem. noch weniger beständig als NH_4NO_2, die Standardlsg.-Wärme in W. beträgt $7{,}03 \pm 0{,}03$ kcal/Mol, die Standard-Bldg.-Wärme aus den Elementen $-49{,}0 \pm 0{,}2$ kcal/Mol, $D._4^{20}$ in Heptan $2{,}70 \pm 0{,}01$, Löslichkeit in W. bei 20° 11,7 g, D. der gesätt. Lsg. $D._4^{20}$ 1,073, die Explosionstemp. ist ca. 2500°. J. J. Pohl 214

0705 **Homogene Elektronenübertragung.** X. de Hemptinne. (Ann. Soc. sci. Bruxelles, Sér. I **82** (1968) 2, 113 bis 126; Univ. of Louvain; engl.) – Die Geschw. der Elektronenübertragung in homogenen Rk. wird quantentheoret. ber. u. bez. der Kinetik der Gesamtrk. diskutiert. W. Sobieski 216

0706 **Stabilität von Xenondifluorid in wäßrigen HF-Lösungen.** A. V. Nikolaev, A. A. Opalovskij und A. S. Nazarov. (Doklady Akad. Nauk SSSR **181** (1968) 2, 361 bis 363; Inst. neorg. chim. SO AN SSSR; russ.) – Die Umsetzungsgeschw. von XeF_2 mit W. in 0–84%ig. HF-Lsg. wurde bei 0° u. bei XeF_2-Konz. in der Ausgangslsg. von 0,145–0,151 m untersucht. Sie wächst mit steigender HF-Konz. in der Ausgangslsg. (m). Die Halbzerfallszeit $\tau_{1/2}$ beträgt bei 0° bei HF^--Konz. von 0, 9,82, 29,5 u. 84,26% 6,16, 5,53, 3,56 u. 1,63 Std., die Geschw.-Konst. der Rk. erster Ordnung ist dabei 0,313, 0,451, 0,702 u. 1,53 · 10^{-4} s^{-1}. Die Konst. beträgt bei 0° K = (0,313 + 1,48 m) · 10^{-4} s^{-1}. Die beschleunigende Wrkg. von HF auf die Rk. von XeF_2 mit W. ist durch die Bldg. von Difluoridanionen u. den dadurch verstärkten elektrophilen Angriff auf das Fluor des XeF_2 bedingt. J. J. Pohl 216

0707 **Wechselwirkung von $HON(SO_3K)_2$ mit e_{aq}^-.** N. S. Fel', V. I. Zolotarevskij, N. V. Zakatova und V. A. Šarpatyj. (Chim. vysokich Energ. **2** (1968) 4, 376 bis bis 377; russ.) – Die Rk. von e_{aq}^- mit $HON(SO_3K_2$ ist erster Ordnung. Die RGK wurde zu k = (4 ± 0,8) · 10^8 Liter/Mol · s bestimmt. A. Pinkowski 216

0708 **Kinetik einiger Substitutionsreaktionen von Carbonylhalogeniden der Metalle der VI. Gruppe.** A. D. Allen und P. F. Barrett. (Cand. J. Chem. **46** (1968) 10, 1655 bis 1661; engl.) – Vgl. C. **1969, 19-0793.** – Kinet. Unters. folgender Rk. im Lsgm. Diglyme: $[(C_2H_5)_4N][M(CO)_5X] + PR_3 \xrightarrow{k_1} cis[(C_2H_5)_4N][PR_3M(CO)_4X] + CO$; $[(C_2H_5)_4 \cdot N][M(CO)_5X] + PR_3 \xrightarrow{k_2} PR_3M(CO)_5 + (C_2H_5)_4NX$ u. cis-$[(C_2H_5)_4N][PR_3M(CO)_4X] + PR_3 \xrightarrow{k_3} (PR_3)_2M(CO)_4 + (C_2H_5)_4NX$ ergeben folgende Werte für $k_1 \cdot 10^4 (s^{-1})$, $k_2 \cdot 10^4$ ($l \cdot Mol^{-1} \cdot s^{-1}$) u. $k_3 \cdot 10^4$ ($l \cdot Mol^{-1} \cdot s^{-1}$) bei (M = Mo, X =)Cl, R = C_6H_5: schnell, nicht zu bestimmen u. ca. 1,7 (29,9°); (Br, R=)p-FC_6H_4: –, – u. 3,4; p-ClC_6H_4: –, – u. 3,0; C_6H_5: 1,34, 4,1 u. 9,2 (19,6°); (J, R=) p-FC_6H_4: 1,13; 2,76 u. – (29,8°; p-ClC_6H_4: 1,13, 3,59 u. 11,1; C_6H_5: 1,13, 1,81 u. schnell; (Cr, X = Cl, R=) p-FC_6H_4: 1,56, vernachlässigbar (19,6°) u. 4,3 (29,8°); p-ClC_6H_4: 1,56, vernachlässigbar u. – (19,6°), C_6H_5: 1,56, vernachlässigbar u. –; (Br, R=) p-FC_6H_4: 0,7, 1,72 u. – (29,8°), p-ClC_6H_4: 0,7, 1,72 u. –; C_6H_5: 0,7, 1,37 u. –; J, R = C_6H_5: langsam, langsam u. –; W, X = Cl, R = C_6H_5: 1,73; 1,39 u. langsam. Die Konst. k_1 ist unabhängig von Art u. Konz. des PR_3; der geschwindigkeitsbestimmende Schritt sit die unimol. Dissoziation der CO-Gruppe, gefolgt von einem schnellen Angriff des PR_3 auf das fünffach koordinierte Zwischenprodukt. Dagegen hängen sowohl k_2 als auch k_3 von Art u. Konz. des PR_3 ab; die Reihenfolge der Rk.-Geschw. der Phosphine spricht bei k_2 für einen S_N2-, bei k_3 für einen S_N1-Mechanismus, wobei im letzteren Falle die Spaltung der M–X-Bindung der geschwindigkeitsbestimmende Schritt ist. G. Heller 216

0709 **Einfluß organischer Reagenzien auf die Abscheidung von Wolfram im Niederschlag in Form von Wolframsäure.** Z. G. Golubcova, L. I. Lebedeva und T. P. Lichareva. (Vestnik Leningradskogo Univ., Fiz., Chim. **23** (1968) 10 Ser. Nr. 12, 129–32; russ., Auszug: engl.) – Die Hydrolyse von W(VI) unter Bldg. von Wolframsäure wurde bei der Einw. von Propanol, Äthylenglykol, Glycerin u. Propionsäure unter Rückfluß in Ggw. von Mo(VI) untersucht. Die Vollständigkeit der Abscheidung von W(VI) hängt vom Anteil des organ. Lsgm., sowie von der W-Gesamtmenge ab. Glycerin hat die stärkste Wirkung. Bei der Bldg. sowohl von Isopoly- als auch von Heteropolyverb. in den Lsg. spielen die Elektrodonatoreig. des H_2O eine wesentliche Rolle. J. J. Pohl 216

0710 **Einfluß von Alkalimetallkationen und schwerem Wasser auf die Geschwindigkeit der Reaktion von p-Benzochinon mit $FeCl_2$.** R. M. Davydov und G. V. Fomin. (Ž. fiz. Chim. **42** (1968) 6, 1528–30; Inst. chim. fiz. AN SSSR, Moskva; russ.) – Die Geschw. der Rk. von Fe^{2+} mit p-$C_6H_4O_2$ vergrößert sich beim Übergang von wss. KCl-Lsg. zu wss. CsCl- u. NaCl-Lösungen. Die Geschw.-Änderung kann nicht allein durch den Einfl. der Ionen auf die Struktur des Wassers erklärt werden. Vf. nehmen an, daß die spezif. Wrkg. der Kationen entweder durch ihre Rk. mit den Semichinonradikalen oder aber durch die Beeinflussung der Aktivität der Fe^{2+}-Ionen bedingt ist. In D_2O ist die Rk.-Geschw. etwas größer als in H_2O. Diese Tatsache schließt die Möglichkeit einer Elektronenübertragung vom Fe^{2+}-Ion zum Chinon durch das Wasserstoffatom aus. Es werden weitere Mechanismen der Elektronenübertragung diskutiert. H. Will 216

0711 **Kinetische Untersuchung der Zersetzung des Pentacyanocobaltat(II)-Ions in Perchlorsäurelösung.** James H. Espenson und J. Robert Pipal. (Inorg. Chem. [Washington] **7** (1968) 7, 1463–65; Inst. for Atom. Res. and the Dep. of Chem., Ia. State Univ., Ames, Ia.; engl.) – Kinet. Unters. der Rk. $Co(CN)_5^{3-}$ + 5 H^+ = Co_{aq}^{2+} + 5 HCN in Perchlorsäure durch spektroskop. Meth. zwischen 2800 u. 3500 Å. Diese Rk. ist von pseudoerster Ordnung, wobei k' im Bereich 0,01 ≦ $[H^+]$ ≦ 0,80 M von der H^+-Konz. abhängt. Danach ist die Ablsg. des ersten Cyanid-Ions im Gleichgew. $Co(CN)_5^{3-}$ + $H^+ \rightleftharpoons Co(CN)_4(CNH)^{2-}$ der geschwindigkeitsbestimmend Schritt. R. Blank 216

0712 **Kinetik der chemischen Reduktion von Nickel(II).** T. N. Choperija, T. V. Panculaja, M. M. Čchaidze und M. L. Kadagidze. (Soobšč. Akad. Nauk Gruz. SSR **50** (1968) 3, 637–42; russ.) – Die Red.-Geschw. von Ni(II) mit NaH_2PO_4 bei der chem. Vernickelung von Metall(Stahl)-Oberflächen ist in Ggw. von Na-Acetat, Malonsäure oder Glutarsäure herabgesetzt. Der Einfl. der organ. Zusätze auf den Prozeß $NiCl_2 + NaH_2PO_2 + H_2O \rightarrow Ni + NaH_2PO_3 + 2\,HCl$ wächst nach der gleichen Reihenfolge. J. J. Pohl 216

0713 **Oxydation von Kupfer(II) mit Perjodat bis zum dreiwertigen Zustand.** G. I. Rozovskij, A. Ju. Prokopčik und R. P. Jankauskas. (Trudy Akad. Nauk Lit. SSR, Ser. B **1968,** 1 (52) 25–34; Inst. chim. i chim. technol. AN Lit. SSR; russ., Auszug: engl.) – JO_4^--Ionen wirken nicht nur stabilisierend für Cu(III)-Komplexe, sondern ox. auch Cu(II) in Ggw. eines JO_4^--Überschusses u. einer relativ hohen Perjodatkonz. zu Cu(III) mit 100%ig. Ausbeute. Die Kinetik der Ox. wurde in Ggw. von 1–7,5 · 10^{-4} $CuSO_4$, 10^{-2}–10^{-1} m KJO_4 u. 0,2 m KOH bei 60–80° untersucht. Im Bereich ≧ 3,75 · 10^{-2} m KJO_4 verläuft die Rk. nach erster Ordnung, bei niedrigen JO_4^--Konz. findet parallel zur Ox. eine Zers. von Cu(III) statt. Die Geschw.-Konst. ist dem Verhältnis $([JO_4^-]/Cu(II)])^{2/3}$ proportional. Perjodationen dürften nur Cu(II)-Ionen ox., die mit JO_4^- keine Komplexe gebildet haben. Die Aktivierungsenergie der Ox. beträgt **33 kcal/Mol.** J. J. Pohl 216

0714 **Mechanismus der Austauschreaktionen von Halogenoplatin(IV)-Komplexen. Reaktion trans-$[Pt(CN)_4X_2]^{2-}$–J^-.** A. J. Poë und D. H. Vaughan. (Inorg. chim. Acta [Padova] **2** (1968) 2, 159–65; Inorg. Chem., Res. Labor., Imp. Coll. of Sci. and Technol., London; engl.) – Die Rk. von trans-$[Pt(CN)_4X_2]^{2-}$ (X = Cl, Br) mit J^- ist von erster Ordnung bez. der Konz. der beiden Partner. Die Red. zu $[Pt(CN)_4]^{2-}$ ist geschwindigkeitsbestimmend, die Reox. zum trans-Dijodo-Komplex erfolgt schnell, wenn die J^--Konz. nicht zu hoch ist. Die Rk. verläuft viel schneller als die von $[PtCl_6]^{2-}$ u. $(PtBr_6]^{2-}$ mit J^-. Die Aktivierungsparameter der Rk. bei X = Cl u. μ = 1,0 m sind ΔH^* = 6,0 ± 0,3 kcal/Mol u. ΔS^* = –25 cal · Mol^{-1} · $Grad^{-1}$. Der Jodo-Komplex wird durch J^- rasch red., auch OH^- scheint unter Red. direkt anzugreifen. Die Spektren der Lsg. mit X = Cl oder Br ändern sich in Ggw. eines großen Überschusses des entsprechenden Halogenids infolge Ladungsübertragung bei Zusammenstößen zwischen Komplex- u. Halogenidionen. J. J. Pohl 216

0715 **Kinetik der oxydativen Zerstörung von Phthalocyaninen in der Reaktion mit Wasserstoffperoxid.** B. D. Berezin und G. V. Sennikova. (Kinetika i Kataliz **9** (1968) 3, 528–34; Chim.-technol. inst., Ivanovo; russ.) – Die Geschw. für die Ox. von Phthalocyanin (H_2Pc) u.

seinen Komplexverb. *MgPc, PdPc, CaPc, CdPc, Ag_2Pc, HgPc, $(HSO_4)_2SnPc$, CuPc, $CuPcCl_{15}$, ZnPc, $(HSO_4)\cdot GaPc$, $(HSO_4)AlPc)$, $(HSO_4)CrPc$, $(HSO_4)_2OsPc$, $(HSO_4)_2\cdot MnPc$, CoPc, NiPc, PtPc, $(HSO_4)MPc$ (M = Ir, Ru, Rh, V)* durch H_2O_2 in 17 m H_2SO_4 wurde photometr. bestimmt. Die effektiven Geschw.-Konst. wurden berechnet. Vf. teilen die Phthalocyaninderiv. nach der Größe dieser Konst. in drei Gruppen ein: 1. labile Phthalocyaninderiv., 2. stabile Phthalocyaninderiv., mit einem zur weiteren Ox. nicht fähigen Zentralatom; 3. stabile Phthalocyaninderiv. mit einem zur weiteren Ox. fähigen Zentralatom. Es wurde die Rk.-Ordnung der Ox.-Rk. bestimmt u. ihr möglicher Mechanismus diskutiert. H. Will 216

0716 **Umsetzung von Kohlenstoff mit Sauerstoff bei 1100—1900°K.** G. P. Chaustovič. (Ž. fiz. Chim. **42** (1968) 7, 1684—89; Ènerget. inst. im. Kržižanovskogo, Moskva; russ.) — Die Umsetzungsgeschw. von C mit Sauerstoff ändert sich bei 1300—1900°K sowohl bei Atmosphärendruck als auch bei niedrigen Drücken infolge der starken Änderung der spezif. Oberfläche u. der Porosität des Kohlenstoffes in der Rk.-Zone. Die Kinetik der Rk. der Elektrodenkohlesorte ÈG-14 wurde verfolgt. — 18 Literaturangaben. J. J. Pohl 218

0717 **Einfluß von Cu^{2+}-Ionen-Beimengungen auf die thermische Zersetzung von Ammoniumperchlorat.** Ju. P. Savincev, G. E. Makarova und V. V. Boldyrev. (Kinetika i Kataliz **9** (1968) C, 542—47; Inst. chim. kinetiki i gorenija SO AN SSSR, Novosibirsk; russ.) — Durch direkte Beobachtung wurden die Bldg. u. das Wachstum von Keimen bei der therm. Zers. von reinen u. mit Kupferzusätzen versehenen NH_4ClO_4-Einkrist. untersucht. Die kinet. Kurven für die Gew.-Abnahme wurden aufgenommen. Es wurde gezeigt, daß Cu^{2+}-Ionen-Beimengungen (0,0150 + 0,0014 Mol-%) die Bldg. von Keimen beschleunigen. Die Beimengungen haben auf das Wachstum der Keime in beliebige Richtung keinen Einfluß. Die Beschleunigung der Keimbldg. korreliert mit der Vergrößerung der Zerfallsgeschw. im Anfangsstadium. Die beschleunigende Wrkg. der Kupferionen wird mit der Möglichkeit der Erleichterung der bei der NH_4ClO_4-Zers. vor sich gehenden Prozesse in Zusammenhang gebracht. H. Will 218

0718 **Verwendung eines Impuls-Massenspektrometers zur Untersuchung der Kinetik rasch verlaufender Prozesse beim Zerfall von Ammoniumperchlorat bei hohen Temperaturen.** O. P. Korobejničev, V. V. Boldyrev und Ju. Ja. Karpenko. (Fiz. Gorenija Vzryva **4** (1968) 1, 33—38; russ.) — Vgl. vorst. Referat. — Die Verw. des Impuls-Massenspektrometers erlaubt die getrennte Unters. der Kinetik des Primäraktes des Zerfalls in den festen Phasen u. die der sek. Gasreaktionen. Die Geschw.-Konst. des Primäraktes des Zerfalls von NH_4ClO_4 ändert sich nach $k_0 = 10^{9,09} \cdot e^{-24000/RT}$ s^{-1} mit der Temp., die Aktivierungsenergie beträgt bei 260—340° 24,0 ± 0,6 kcal/Mol. Der Primärakt erfolgt bei 260—500° nach einem Protonenmechanismus. Bei diesen Temp. u. 10^{-6} bis $5 \cdot 10^{-5}$ Torr entsteht u. a. auch NH_3. Das kinet. Schema des Prozesses wird diskutiert. J. J. Pohl 218

0719 **Kinetik der Oxydation von Antimon in Blei–Antimon-Schmelzen.** T. Tanaka und T. Midorikawa. (J. less-common Metals [Lausanne] **15** (1968) 2, 201—08; Dep. of Metallurgy, Fac. of Engng., Hokkaido Univ., Sapporo, Japan; engl.) — Mit der Thermowaage wird die Ox.-Geschw. des Sb in den geschmolzenen Syst. Pb–Sb, Pb–Sb–Ag u. Pb–Sb–Bi zwischen 670 u. 720° bei O_2-Drücken unter 1 atm gemessen. Die Rk.-Geschw. ist proportional der Wurzel aus dem O_2-Druck, der geschwindigkeitsbestimmende Schritt ist die Bldg. von $SbO_{(g)}$. Die Aktivierungsenergie, auf Sb_4O_6 bezogen, beträgt 25 ± 2 kcal/Mol. Bei Ggw. von Bi wird die Rk.-Geschw. erhöht, durch Ag verlangsamt. Es wird eine Beziehung zur Berechnung der Rk.-Geschw. aufgestellt. Die Kinetik der Ox. u. des Einfl. von Bi u. Ag auf die Ox. werden diskutiert. H. Tulhoff 218

0720 **Isotherme Pyrolyse von Calciumcarbonat in einer Kohlendioxid-Atmosphäre.** Jean-Paul Auffredic und Pierre Vallet. (C. R. hebd. Séances Acad. Sci., Sér. C **267** (1968) 3, 192—95; Labor. de Chim. gén., Fac. des Sci., Rennes, Ille-et-Vilaine; franz.) — Es wird gezeigt, daß die zwei die Pyrolyse beschreibenden bekannten empir. Gleichungen auf einfache Weise miteinander verbunden sind. — An Marmorwürfeln (Anfangsgew. 15,4 g) wurden bei verschiedenen Temp. zwischen 900 u. 1000° jeweils isotherme Pyrolyserk. durchgeführt. Aus den erhaltenen Thermogrammen wurden mit Hilfe der Formel $v = kx^{2/3}(p - p_0)$ (A), deren Gültigkeit nachgewiesen wird, die Zers.-Geschw. v bestimmt (p = Dissoziationsdruck, p_0 = CO_2-Druck, k = Konst; x = unzersetzte Fraktion). Die Aktivierungsenergie für die Pyrolyse beträgt 18800 ± 2500 cal. Aus A wird für v als Funktion von t unter Verw. der Gleichung von Baker folgender Ausdruck hergeleitet: $v = x^{2/3}[\alpha_1 + \beta_1(t - t_1) + \gamma_1(t - t_1)^2]$ (B). Die nach B ber. v stimmen mit den experimentell ermittelten Werten vollständig überein. Die Integration von B liefert einen einer der oben erwähnten bekannten Gleichungen analogen Ausdruck. K. Preuß 218

0721 **Überführung von $ZnSiP_2$ bei chemischen Transportreaktionen im Jodidsystem.** Ju. A. Valov und T. N. Ušakova. (Izvest. Akad. Nauk SSSR, Neorg. Mater. **4** (1968) 7, 1054—59; Fiz.-techn. inst. im. Ioffe AN SSSR; russ.) — Überführungsvers. zeigen, daß $ZnSiP_2$ therm. beträchtlich stabil ist u. eine Dissoziation mit merklicher Geschw. erst bei 800° eintritt. Dabei tritt nach $ZnSiP_2$ (fest) → Si(fest) + Zn(Gas) + $^1/_2$ P_4(Gas) nicht flüchtiges Si auf. Die Überführung der Verb. verläuft durch Rk. des als SiJ_4 im Gleichgew. mit ZnJ_2 übertragenen Si mit den flüchtigen Prod. vorst. Rk. im kalten Teil der Überführungsapparatur. H. Roschkowski 218

0722 **Thermische Zersetzung von Cadmiumoxalat.** V. P. Kornienko, M. N. Dubrovskaja und T. I. Grican. (Kinetika i Kataliz **9** (1968) 3, 535—41; Char'kovskij gos. univ. im. Gor'kogo; russ.) — Die chem. Vorgänge, die bei der therm. Zers. von $CdC_2O_4 \cdot 3\,H_2O$ ablaufen, als auch die Kinetik dieser Rk. wurden untersucht. Dabei wurde gefunden, daß die Rk. über die Bldg. von CdO u. eine stufenförmige Red. des letzteren bis zum Metall verläuft. Die Rk.-Geschw. in der zweiten Hälfte der Zers. wird durch die Diffusion der gasförmigen Rk.-Prod. durch die Festkörperschicht limitiert. Es wird die Schlußfolgerung gezogen, daß der erste Schritt bei der therm. Zers. der Oxalate der meisten Metalle in einer Sprengung der C–C-Bindung in der Oxalatgruppe besteht. Es wurde gezeigt, daß Zusätze $[Nd_2(C_2O_4)_3]$, die die Konz. der Kationenleerstellen erhöhen, die Geschw. der therm. Zers. von $CdC_2O_4 \cdot 3\,H_2O$ verringern, während Zusätze, welche die Konz.- von Anionenleerstellen erhöhen $(Ag_2C_2O_4)$, die Geschw. vergrößern. Zusätze von HgC_2O_4, die nur zu einer Gitterverformung führen, haben einen sehr geringen Einfl. auf die Zers.-Geschwindigkeit. H. Will 218

0723 **Umsetzung von Thalliumbeimengungen mit Sauerstoff in Selen.** A. È. Bachyšov, A. S. Abdinov und G. M. Aliev. (Ž. fiz. Chim. **42** (1968) 7, 1680—83; Azerb. gos. univ. im. Kirova, Baku; russ.) — Die elektr. Leitfähigkeit von sauerstoffhaltigem Selen nimmt bei der Zugabe von Tl infolge der Bldg. der elektroneutralen Verb. Tl_2O oder TlO ab. Die Kinetik der Sauerstoffaufnahme von Se-Proben mit Tl-Beimengungen kann mit Hilfe der Avram'-Kolmogorov-Gleichung beschrieben werden. J. J. Pohl 218

0724 **Elektrische Leitfähigkeit während der Reduktion von Bariumtitanat-Einkristallen mit Wasserstoff.** D. L. Ridpath und D. A. Wright. (J. Mater. Sci. **3** (1968) 3, 335—37; Dep. of appl. Phys., Univ. of Durham, UK; engl.) — Messungen des elektr. Widerstands von $BaTiO_3$-Einkrist. bei der Red. mit H_2 bestätigen den von Arend et al. (J. Amer. Ceram. Soc. **50** (1967) 22) aufgestellten Red.-Mechanismus. H. Roschkowski 218

0725 **Sauerstoffverteilung in einer dreiphasigen β-Zirkonium-Sauerstofflegierung.** C. J. Rosa. (J. less-common Metals [Lausanne] **15** (1968) 2, 183—91; Metallurgy Div., Denver Res. Inst., Univ. of Denver, Denver, Col.; engl.) — Auf der Grundlage eines eindimensionalen Vol.-

Diffusionsmodells wird eine phänomenolog. Theorie zur Best. der O_2-Verteilung während der Ox. von β-Zr entwickelt. Die ber. totalen O_2-Aufnahmen für Zr, das bei 875°, 1000° u. 1050° ox. wurde, stimmen gut mit den experimentellen Ergebnissen überein. Die Ergebnisse entsprechen einem parabol. Geschw.-Gesetz: $\Delta m/A = k_p\sqrt{t}$ ($\Delta m/A$ O_2-Menge jeder Phase pro Oberflächeneinheit; t Zeit). Die parabol. Geschw.-Konst. k_p wird durch die Diffusionsparameter des Oxids u. der α- u. β-Phase ausgedrückt. P. Scharner 218

0726 **Thermische Stabilität der Salze von Chlorsauerstoffsäuren in fester Phase. 2. Mitt. Kinetische und derivatographische Untersuchung der thermischen Zersetzung einiger Metallchlorate.** F. Solymosi und T. Bánsági. (Acta chim. Acad. Sci. hung. **56** (1968) 4, 337–55; Reaction kinetical Res. Group. of the Hungarian Acad. of Sci., Szeged; engl.) — 1. vgl. C. **1968**, 32-0821. — Vf. untersuchten die Kinetik u. den Mechanismus der therm. Zers. von *Na-*, *Ba-* u. *Pb-Chlorat* durch Messung des Druckes des bei den Rk. entstehenden O_2, analyt. u. durch DTA. — Die therm. Eig. dieser Chlorate hängen sehr stark von der Natur des Kations ab, u. ihre Stabilität nimmt in der Reihenfolge Na-, Ba-, Pb-Chlorat ab. Neben der Zers. u. in geringem Maße auch schon vor der Zers. erfolgt auch Disproportionierung von $NaClO_3$ u. $Ba(ClO_3)_2$. Dagegen konnte keine Disproportionierung von $Pb \cdot (ClO_3)_2$ beobachtet werden; die Verb. explodiert bei höheren Temperaturen. Die Mechanismen der therm. Zers. u. der Disproportionierung werden diskutiert. K. Preuß 218

0727 **Oxydation von UO_2 bei 66° und 80° mit Sauerstoff.** D. A. Dominey. (J. inorg. nuclear Chem. **30** (1968) 7, 1757–60; Harwell, Didcot, Berks., A.E.R.E., Chem. Div.; engl.) — Vf. untersucht die UO_2-Gew.-Zunahme bei Ggw. von 6–7 Torr O_2 bei 66° u. 80° als Zeitfunktion. Nach 2650 Std. bei 80° besitzt das U-Oxid die Zus. $UO_{2,33}$; bei 66° u. 7400 Std. entstand $UO_{2,28}$. Die Kinetik der Ox. läßt sich näherungsweise durch eine Diffusionsgleichung (Diffusion von O-Atomen in UO_2-Kugeln) mit einem Diffusionskoeff. von $4 \cdot 10^{-19}$ cm²/sec bei 66° bzw. $1{,}5 \cdot 10^{-18}$ cm²/sec bei 80° darstellen. Diese Diffusionskoeff. entsprechen näherungsweise extrapolierten Literaturdaten. D. Ertel 218

0728 **Kinetische Untersuchung der Fluorierung von Urancarbiden mit Fluor. 2. Mitt. Fluorierung von Urandicarbid.** Matae Iwasaki, Tsutomu Sakurai und Nirō Ishikawa. (J. nuclear Technol. [Tokyo] 4 (1967) 5, 249–53; J.A.E.R.I., Tokai-mura, Ibaraki-ken; engl.) — 1. vgl. C. **1967**, 4-0663. — Thermogravimetr. Unters. der Rk. von UC_2 mit F_2 zu UF_6 bei 220–300°. Der Gesamtmechanismus ähnelt dem der Fluorierung von UC. UC_2 wird zunächst rasch zu UF_4, polymeren u. gasf. Fluorkohlenstoffverb. umgesetzt. Danach erfolgt wesentlich langsamer die Umwandlung von UF_4 u. polymeren Fluorkohlenstoffverb. zu UF_6 u. gasf. Fluorkohlenstoffen. Die Menge des entstehenden Polymers ist wesentlich größer als im Falle der UC-Fluorierung; im Anfangsstadium der Rk. bilden sich 20–25% Polymere (bezogen auf UF_4). Die Fluorierung $UF_4 \rightarrow UF_6$ erfolgt nach dem aus dem „diminishing sphere model" abgeleiteten linearen Gesetz. Die scheinbare Aktivierungsenergie ist 19,5 kcal/Mol. Vf. diskutieren Unterschiede zwischen der Fluorierung von UC u. UC_2. D. Ertel 218

0729 **Entwässerung und Pyrolyse von Uransulfaten.** E. Ja. Rode und Z. S. Golovleva. (Doklady Akad. Nauk SSSR **181** (1968) 2, 364–67; Inst. obščej neorg. chim. im. Kurnakova, AN SSR; russ.) — Das therm. Verh. von $UO_2SO_4 \cdot 3H_2O$ (**I**), $U(SO_4)_2 \cdot 4H_2O$ (**II**) u. $U(SO_4)_2 \cdot 8H_2O$ (**III**) wurde thermogravimetr., opt., röntgenograph. u. mit der DTA-Meth. untersucht. **I** wird in drei Stufen unter intermediärer Bldg. des Di- u. Monohydrats bis 300° entwässert, das wasserfreie Sulfat erleidet bei 700° eine Phasenumwandlung u. zersetzt sich über 750° zu U_3O_8. **II** bildet rhomb. Krist. mit mehrkerniger Schichtstruktur, Ng = 1,668, Np = 1,582. **III** krist. über H_2SO_3 aus Lsg. der elektrolyt. Red. von Uranylsulfat, monokline Prismen mit Ng = 1,584, Np = 1,532. **II** gibt bei 125–136°, 165–185° u. 200 bis 245° 1, 2,5 u. 0,5 Mol. W., **III** bei 50–55, 65–75, 82–95, 110–175 u. 225° 1, 3, 1, 2,5 u. 0,5 Mol. W. ab. J. J. Pohl 218

0730 **Mössbauer-Untersuchung der Reduktion von dreiwertigem dispersem Eisen auf Aerosil.** Dietrich Arnold und Hartmut Hobert. (Z. Chem. 8 (1968) 5, 197–98; Inst. für phys. Chem., Univ., Jena; dt.) — Unters. der ^{57}Fe-Mössbauer-Spektren von *Aerosil*, auf das durch Imprägnieren mit einer $Fe(NO_3)_3$-Lsg. (85% ^{57}Fe) u. anschließende Zers. 5 Gew.-% feindisperses Fe_2O_3 aufgebracht wurden, das im H_2-Strom bei 400° red. wurde (^{57}Co/Pt-Strahlungsquelle, Meßtemp. der Proben: 298, 378, 438, 483, 539, 683°K). Aus der Analyse der Temp.-Abhängigkeit der Spektren schließen Vf. auf das Vorliegen von ferromagnet. α-Fe unterschiedlicher Teilchengrößen, nichtferromagnet. Fe-Partikeln u. Fe^{2+}-Ionen in den reduzierten Proben. H.-U. Chun 218

0731 **Reaktionen von Nickeloxid-Einkristallen mit Chlor und Chlorwasserstoff und ihre Beeinflussung durch Dotierung.** H.-G. Jerschkewitz und M. Irgang. (Z. anorg. allg. Chem. **359** (1968) 5/6, 284–95; Inst. für Physikal. Chem. der Dtsch. Akad. der Wiss. Berlin-Adlershof; dt.) — Die Rk. von Nickeloxid-Einkrist. mit Chlor u. Chlorwasserstoff wurden unter Bedingungen, bei denen das gebildete Nickelchlorid gasförmig vorliegt (10–20 Torr, 500–900°), untersucht. Bei beiden Rk. tritt eine Erhöhung der Aktivierungsenergie (38,5 kcal/mol) durch Dotierung (0–0,5 Atom-%) des Nickeloxids mit Chrom um **4,5 kcal/mol** u. eine Erniedrigung um 2,5 kcal/mol durch Lithium-Dotierung ein, während Magnesium-Dotierung ohne Einfl. ist. Die Umsetzung mit Chlor verläuft nach nullter Ordnung mit geschwindigkeitsbestimmender Sauerstoffdesorption. Die Chlorierung durch Chlorwasserstoff erfolgt nach der Rk.-Ordnung 1/2, wobei vermutlich die Bldg. von OH-Gruppen an der Nickeloxid-Oberfläche der langsamste Schritt ist. Alle untersuchten Nickeloxidproben besitzen p-Leitfähigkeit, die bei konst. Temp. vom höchsten Li-Geh. über undotierte Proben bis zum höchsten Cr-Geh. monoton abnimmt. In umgekehrter Richtung ändert sich die Lage des Fermi-Niveaus. Die Änderungen der Aktivierungsenergie gehen also mit denen des Fermi-Potentials symbat. G. Malow 218

0732 **Gleichgewicht-Phasenverhältnis bei der Reduktion von $NiV_xFe_{2-x}O_4$-Mischkristallen.** M. T. Kuško, V. F. Balakirev, G. P. Popov, V. I. Dvinin und G. I. Čufarov. (Izvest. vysšich učebnych Zavedenij [Moskva], černaja Metallurg. **11** (1968) 6, 16–21; russ.) — $NiV_x \cdot Fe_{2-x}O_4$-Mischkrist. wurden aus NiO, Fe_2O_3 u. V_2O_3 (erhalten durch die Red. von V_2O_5 mit Wasserstoff während 15 Std. bei 550 u. 1000°) durch 20std. Erhitzen in einer CO-Atmosphäre bei 1100° dargestellt. Der Gleichgew.-Sauerstoffdruck bei der Red. von $NiV_{0,2} \cdot Fe_{18}O_4$ wurde bestimmt. Bei 0–6,7%ig. Red. wächst der Gitterparameter der Spinellphase, NiO scheidet sich aus. Bei 6,7–26,8%ig. Red. häuft sich neben beiden obigen Phasen metall. Ni an. Bei 26,8–48,3%ig. Red. entsteht metall. Fe, das mit Ni Mischkrist. bildet. Ni^{2+} wird durch Fe^{2+} verdrängt. Bei 48,3–90,3%ig. Red. nimmt der Gitterparameter der metall. u. Spinellphasen weiter zu, eine Wüstit-Phase tritt auf. Bei 90,3–100%ig. Red. schließlich wachsen die Gitterparameter der Phasen weiter, Gleichungen zur Best. der Menge der Gleichgew.-Phasen in den einzelnen Bereichen werden vorgeschlagen. J. J. Pohl 218

0733 **Zweiphasige Zunderbildung auf Cu-Ni-Legierungen.** D. P. Whittle und G. C. Wood. (Corrosion Sci. 8 (1968) 5, 295–308; Univ. of Manchester, Inst. of Sci. and Technol.; engl.) — Drei Grundtypen des Zunderverh. von Cu-Ni-Leg. in O_2 bei 800° werden mit Hilfe des Verh. von Leg. mit 80,55 u. 10% Ni beschrieben. Zeitgesetze werden angegeben, die Verteilung von NiO, Cu_2O u. CuO durch metallograph. Schliffbilder u. Unters. mit der Mikrosonde beschrieben. Der Wachstumsmechanismus der Oxidschichten wird unter der Annahme eines konkurrierenden Stromes von Ni-Atomen durch die Oxidschicht zu O_2 u. von O-Atomen zur Grenzfläche Metall/Oxid dargestellt. M. Frenzel 218

0734 **Übergang von innerer zu äußerer Oxydation in Indium–Silber-Legierungen.** L. D. Pethe, H. B. Mathur und A. B. Biswas. (Canad. J. Chem. **46** (1968) 8, 1187 bis 1196; Nation. Chem. Labor. Poona, Indien; engl.) — Die Kinetik der Ox. wird an Leg. mit 5, 10 u. 15 Atom-% In bei 76 Torr O_2-Druck zwischen 400 u. 650° untersucht. Die Aktivierungsenergie E beträgt bei der 5%ig. Leg. 23 kcal/Mol, die Ox. schreitet von außen nach innen fort durch Diffusion der O_2-Mol. in das Metallgitter. Für die 15%ig. Leg. ist E = 40 kcal/Mol, die Ox. schreitet nach außen fort durch Diffusion der In-Atome aus der Leg. an die Phasengrenzfläche. Bei der 10%ig. Leg. tritt ein Wechsel des Rk.-Mechanismus bei 600° ein. Unterhalb dieser Temp. beträgt E = 23 u. oberhalb 39,6 kcal/Mol. H. Tulhoff 218

0735 **Chemie der elektrischen Explosion von Drähten in Kohlenwasserstoffen.** Richard L. Johnson und Bernard Siegel. (J. electrochem. Soc. **115** (1968) 1, 24—28; Aerospace Corp., El Segundo, Calif.; engl.) — Es werden die Art u. das Ausmaß der Hochtemp.-Rk. beschrieben, die ablaufen können, wenn Metalldrähte (*Pt, Al, Fe*) elektr. in KW-Stoffatmosphäre gezündet werden. Die Vers. sind tabelliert; es werden angeführt: Rk.-Partner = KW-Stoff (CH_4, C_2H_6, *n* C_4H_{10}, *iso* C_4H_{10}, C_2H_4, C_4H_6, *Cyclo*-C_5H_6, C_2H_2, Allen, Propin) + Metallart + -menge; mit dem Metall zugeführte Energie (148 bis 2188 Joule), Pyrolyseanteil (%), die mittels Gaschromatographie bestimmten Rk.-Produkte. Der Anteil von mit der Rk. im Gleichgew. befindlichen Prod. ist eine Funktion der Rk.-Energie u. -Kinetik des an der Rk. beteiligten KW-Stoffes. Das pyrolyt. Hauptprod. ist stets C_2H_2 oder CH_4. Bei unges. KW-Stoffen bilden sich die Metallcarbide. G. Schatz 218

0736 **Isotopenaustausch zwischen gasförmigem Deuterium und wäßriger alkalischer Lösung.** Chao-Feang Lin. (J. Res. Inst. Catalysis, Hokkaido Univ. **15** (1967, herausg. 1968) 3, 218—27; engl.) — Die Isotopenaustauschrk. zwischen gasf. Deuterium u. wss. KOH-Lsg. wurde bei verschiedenen OH-Ionenkonz. von 0,01 bis 1 g-Ion/l bei 100° untersucht. Die Rk. verläuft homogen. Die Geschw. ist dem Partialdruck des gasf. Deuteriums u. der Konz. an OH-Ionen proportional. Die Austauschrk. wird durch das OH-Ion katalysiert, die Abnahme der katalyt. Aktivität der Lsg. wird durch die Abnahme der OH-Ionenkonz. durch die Rk. des Alkalis mit dem Glas des Rk.-Gefäßes verursacht. G. Malow 218

0737 **Isotopenaustausch zwischen der Oberfläche von $Na_2SiO_3 \cdot 9\,H_2O$-Kristallen und Natriummetasilicatlösungen.** 1. Mitt. S. G. Babajan, A. M. Arutjunjan und M. G. Manveljan. (Armjanskij chim. Ž. **21** (1968) 2, 81—88; Erevanskij NII chim.; russ.) — Eine Meth. zur Unters. heterogener Oberflächen-Isotopenaustauschrk. in Silicatsyst. unter Verw. von ^{22}Na wurde ausgearbeitet. Die Rk. verläuft im kinet. Bereich u. ist von erster Ordnung. Infolge der Beteiligung von Na-Ionen aus tieferen Schichten der festen Phase im Austausch wurde ein verstärkter Isotopenaustausch beobachtet. J. J. Pohl 218

0738 **Reaktion von H-Zeolith Y mit Ammoniak bei erhöhten Temperaturen.** George T. Kerr und George F. Shipman. (J. physic. Chem. **72** (1968) 8, 3071—72; Mobil Res. and Dev. Corp., Princeton, N.J.; engl.) — Mit thermogravimetr. Meth. wurde festgestellt, daß das Konstit.-H_2O von *HY* bei 760 Torr u. 500° durch die Elemente von NH_3 ersetzt wird. Das Prod. wurde *Amidozeolith* genannt. Es hat Faujasitstruktur, u. sein NH_3-Geh. ist gleich dem Geh. an chem. H_2O im originalen HY. Sein NH_3 wird bei höheren Temp. (600—800°) desorbiert als dasjenige von NH_4-Zeolith. IR-Unters. zeigten, daß bei Entstehung des Amidozeoliths die OH-Valenzbanden verschwinden u. neue Banden im Gebiet der NH-Valenzschwingungen auftreten. Banden von physikal. adsorbiertem NH_3 traten nicht auf. Es wird ein Bldg.-Mechanismus angegeben, bei dem aus der sauren OH-Gruppe des Zeoliths u. NH_3 zuerst NH_4^+ gebildet wird, das dann die OH-Gruppe unter H_2O-Abspaltung ersetzt. A. Becker 218

0739 **Einfluß von Metallkationen auf die Kinetik der Lösung von Borsäureanhydrid und Boraten.** N. A. Karažanov und I. V. Bočkareva. (Ž. fiz. Chim. **42** (1968) 6, 1504—08; Kazach. gos. univ. im. Kirova, Alma-Ata; russ.) — Vf. untersuchen die Lösungskinetik für B_2O_3 u. Naturborate: Ingoit, Hydroborazit u. Pinnoit in wss. Lsg. von Metallchloriden (LiCl, NaCl, KCl, $MgCl_2$, $CaCl_2$, $CuCl_2$, $FeCl_3$) in Abhängigkeit von Konz. u. Temperatur. Die Metallchloride verringern die Lösungsgeschw. für B_2O_3, dagegen beschleunigen sie die Auflsg. von Boraten. H. Will 218

0740 **Auflösung von anodischen Oxidschichten auf Aluminium in schwefelsaurer Lösung.** J. W. Diggle, T. C. Downie und C. W. Goulding. (J. electroanalyt. Chem. Interfacial Electrochem. [Lausanne] **18** (1968) 1/2, 192—93; Electrochem. Labor., Univ. of Pa., Philadelphia, Pa.; engl.) — Die Ergebnisse von Nagayama et al. (Electrochim. Acta **12** (1967), 1097) können durch Annahme eines Porenvol. von 15% u. einem Al-Geh. in Lsg. auf Grund von 20—30%ig. Auflsg. der äußeren Oberfläche interpretiert werden, wodurch sich dünnere Oxidschichten ergeben als theoret. erwartet. J. Bardeleben 218

0741 **Kinetik der Auflösung von Urandioxid in Salpetersäure.** 1. Mitt. Muhammed Shabbir und B. G. Robins. (J. appl. Chem. **18** (1968) 5, 129—34; School of Chem. Engng., Univ. of New South Wales, Kensington, Australia; engl.) — Die Kinetik der Auflsg. von UO_2 in HNO_3 wird bei 95° u. Säurekonz. von 0,3—37,0 molal untersucht. Ermittelt werden die Abhängigkeit der Gleichgew.-Konz. vom pH-Wert der Lsg., die Auflsg.-Geschw. von UO_2-Pulver in HNO_3 u. Uranylnitratlsg., der Einfl. der Temp. auf die Auflsg.-Geschw. u. die Abhängigkeit der thermodynam. Stabilität. Eine Änderung des Red.-Mechanismus tritt bei HNO_3-Konz. > 16 molal auf. — Ein vorgeschlagener Mechanismus für die Anfangsgeschw. der Auflsg. stimmt mit den experimentellen Ergebnissen überein. W. Pusch 218

0742 **Kinetik der Bildung von Korrosionsfiguren auf Eisen durch die Einwirkung von Jod in verschiedenen organischen Lösungsmitteln.** Jean Bardolle und Jean-Pierre Kauffmann. (C. R. hebd. Séances Acad. Sci., Sér. C **266** (1968) 23, 1598—1601; Fac. des Sci. d'Orléans, Orléans-La-Source, Loirat.; franz.) — Die Unters. erfolgte durch direkte Beobachtung unter dem Mikroskop zwischen —15 u. 450°. Die Wachstumsgeschw. der Figuren verläuft linear. Die Aktivierungsenergie entspricht der Verdampfungsenthalpie des Lösungsmittels. Vf. erklären das Resultat mit der Abdiffusion der Rk.-Produkte. Die RGK befolgt das Arrheniussche Gesetz. G. Schatz 218

0743 **Umsetzung von Metallen mit geschmolzenen Chloriden.** 3. Mitt. **Reduktion von Eisenchlorid mit metallischem Aluminium.** V. M. Kogan und B. G. Rabovskij. (Ž. fiz. Chim. **42** (1968) 7, 1650—54; russ.) — 2. vgl. C. **1969,** 15-0782. — Die Kinetik der Rk. wurde bei stufenweiser Abschirmung der Rk.-Oberfläche durch metall. Fe untersucht. Nach einer Induktionsperiode verläuft die Rk. beschleunigt. Die Induktionsperiode kann beim Zusatz von $AlCl_3$ zur Schmelze aufgehoben werden. $AlCl_3$ dürfte an einer Auflsg. des Fe-Filmes auf der Al-Oberfläche beteiligt sein. Der sprungweise Prozeß ist durch abwechselnde Filmbldg. u. Wiederauflsg. mit Hilfe von $AlCl_3$ bedingt. J. J. Pohl 218

0744 **Oxydationsvorgänge an Metallen und Metalllegierungen.** J. Holland. (Gas Wärme int. **17** (1968) 5, 190—93; Gaswärme-Inst. e.V., Essen; dt.) — Überblick über die Teilvorgänge bei einer Metallox. u. Erörterung der verschiedenen Formen der Ox.-Gesetze. Bei der Besprechung der Bedingungen eines Eintretens der Verzunderung in Verbrennungsgasen wird die Bedeutung der Verbrennung des Brennstoffes mit Luftüberschuß oder Luftunterschuß herausgestellt. H. Hochstein 218

0745 **Einfluß der Dosisleistung auf die stationäre Konzentration bei der Radiolyse.** B. V. Ėršler. (Chim. vysokich Ėnerg. **2** (1968) 3, 244—48; Inst. teoret. i ėksper. fiz.; russ.) — Das sog. $I^{1/2}$-Gesetz, das den Zusammenhang zwischen der stationären Konz. u. der Dosisleistung I wiedergibt, ist, wie eine theoret. Unters.

zeigt, nicht von der Natur des Lsgm. oder dem Mechanismus der Radiolyse abhängig. A. Pinkowski 222

0746 **Reaktion zwischen Sauerstoffdifluorid und Schwefeltrioxid. Übertragung des OF-Radikals.** I. J. Solomon, A. J. Kacmarek und J. Raney. (J. physic. Chem. **72** (1968) 6, 2262—63; IIT Res. Inst., Chicago, Ill.; engl.) — Durch Verw. von ^{17}O-markiertem OF_2 u. SO_3 wurde auf ^{17}O- u. ^{19}F-NMR-spektroskop. Weg gezeigt, daß die photochem. Rk. von OF_2 u. SO_3 nach folgendem Mechanismus abläuft: $OF_2 + h\nu \rightarrow F + OF$; $F + SO_3 \rightarrow FSO_3$; $FSO_3 + OF \rightarrow FSO_2OOF$. Die außerdem mögliche Bldg. von $F_2S_2O_6$ aus FSO_3-Radikalen konnte nicht beobachtet werden. P. Sartori 222

0747 **Einfluß photochemischer Prozesse auf die Lumineszenzeigenschaften von Uran(VI) in $NaClO_4$-Lösungen.** T. S. Dobroljubskaja und L. I. Anikina. (Ž. neorg. Chim. **13** (1968) 4, 1208—10; Inst. geochim. i analit. chim. im. Vernadskogo AN SSSR; russ.) — Die Lumineszenzintensität von $4{,}2 \cdot 10^{-5}$—$8{,}4 \cdot 10^{-4}$ m U(VI) unter der Einw. von UV-Bestrahlung wird bei niedrigen Temp. in $NaClO_4$-Lsg. stark herabgesetzt. Die Lumineszenzspektren gefrorener Lsg. wurden bei $-190°$ aufgenommen, die Konz.-Abhängigkeit des Effektes wird analysiert. Die Intensitätsabnahme wird einer photochem. Zers. des Uranylperchlorats bis UO_3 zugeschrieben. Eine Hydrolyse von U(VI) in Lsg. gleicher Konz. u. mit gleichem pH, jedoch ohne $NaClO_4$-Zusätze findet nicht statt. J. J. Pohl 222

0748 **Bestimmung der Quantenausbeute der Photoreduktion des Wassers mit $Fe(ClO_4)_2$.** G. A. Korsunovskij und Ju. S. Lebedev. (Ž. fiz. Chim. **42** (1968) 4, 915—19; russ.) — Die Belichtung von $Fe(ClO_4)_2$-Lsg. in $HClO_4$ mit UV-Licht führt zur Photored. des W. unter Bldg. von H_2 u. $Fe(ClO_4)_3$. Die Quantenausb. ist im Anfangsstadium niedriger als bei der Photoox. von $FeSO_4$. Mit wachsender Belichtungszeit sinkt die Quantenausbeute. Die reine Quantenausb. von H_2 u. Fe^{3+} relativ zur Anzahl der von Fe^{2+} absorbierten Quanten bleibt auch bei längerer Bestrahlung konstant. J. J. Pohl 222

0749 **Photozersetzung fester Metallazide.** V. R. Pai Verneker. (J. physic. Chem. **72** (1968) 5, 1733—36; Explosiv Labor., Feltman Res. Labor., Picatinny Arsenal, Dover, N.Y.; engl.) — Die allg. Gesetzmäßigkeiten der Photozers. der Metallazide (NaN_3, KN_3, BaN_6, AgN_3, PbN_6) werden untersucht. Die Geschw. der Gasentw. der mit Licht verschiedener Wellenlänge bestrahlten Azide wurde in Abhängigkeit von der Bestrahlungszeit bestimmt. Bei der Photolyse von NaN_3, BaN_6 u. AgN_3 bilden sich die entsprechenden Nitride. Bei diesen Aziden sinkt die Zers.-Geschw. zunächst, um später wieder anzusteigen. Dieses Verh. wird der Photozers. des Metallnitrides u. der Photoionisation der Metallatome, wenn Licht genügender Energie vorhanden ist, zugeschrieben. Aus der Photoemission von Elektronen aus den Metallen erklärt der Vf., warum die anfängliche photolyt. Zers.-Geschw. nicht Null wird, sondern einen bestimmten Minimalwert erreicht. W. Gauster 222

0750 **Mechanismus der photostimulierten Bildung von Silberkeimen in AgBr-Mikrokristallen.** E. A. Galašin. (Ž. fiz. Chim. **42** (1968) 5, 1161—66; Mosk. gos. univ. im. Lomonosova chim. fak.; russ.) — Es wird angenommen, daß die Photolyse von AgBr über einen photostimulierten Zerfall der an Ag übersättigten Emulsionskrist. verläuft. Die Ag-Keime entstehen in Form von Zentren des latenten photograph. Bildes. Die Energie der krit. Lichtquantenanzahl erlaubt die Überwindung der Gibbsschen Energiebarriere. Die Größe der Zentren wurde bestimmt. Eine ähnliche Umwandlung der Bestrahlungsenergie findet auch bei anderen photostimulierten Phasenumwandlungen, wie z. B. bei der Bldg. von Nebeltropfen in der Wilson-Kammer statt. J. J. Pohl 222

0751 **Untersuchung der heterogenen Radiolyse von Wasser mit der Methode der Exoelektronen-Emission.** I. V. Krylova und Z. L. Krylova. (Chim. vysokich Ėnerg. 2 (1968) 3, 268—70; Mosk. gos. univ. im. Lomonosova; russ.) — Bei γ-Bestrahlung von Silicagel bilden sich Zentren verzögerter Elektronenemission, die bei Elektronenbeschuß wieder aufgefüllt werden u. bei Erwärmung auf 400° zerstört werden. Bei Anwesenheit von adsorbiertem W. bilden sich die Zentren nicht. A. Pinkowski 222

0752 **Strahlungschemische Umwandlungen des Nitrosylperchlorates.** V. N. Belevskij, E. S. Rumjancev und V. Ja. Rosolovskij. (Ž. neorg. Chim. **13** (1968) 3, 897 bis 899; Inst. obšč. i neorg. chim. im. Kurnakova AN SSSR; russ.) — Eine γ-Bestrahlung von $NOClO_4$-Krist. bei $-196°$ führt zur Bldg. der Radikale NO_2, ClO_3 u. ClO_2. Bei Zunahme der Temp. bis $-50°$ ändert sich die Konz. von NO_2 u. ClO_2 kaum, während die von ClO_3 wächst. Über $-50°$ wächst die Ausb. von ClO_2, so daß bei Zimmertemp. bei der Bestrahlung von $NOClO_4$ nur noch ClO_2-Radikale bestehen bleiben. Ein möglicher Mechanismus der Entstehung u. des Verschwindens der Radikale ist angegeben. J. J. Pohl 222

0753 **EPR-Untersuchung radikalischer Produkte der Radiolyse gefrorener wäßriger $HClO_3$-, $NaClO_3$- und $NaClO_2$-Lösungen.** V. N. Belevskij und L. T. Bugaenko. (Ž. neorg. Chim. **13** (1968) 4, 948—51; russ.) — Vgl. vorst. Referat. — Bei der γ-Bestrahlung (^{60}Co) konz. $NaClO_2$-, $NaClO_3$- u. $HClO_3$-Lsg. sowie von reinem $NaClO_2$ bei $-196°$ entstehen Radikale, deren Zus. mit der EPR-Meth. untersucht wurde. In $NaClO_3$ u. $HClO_3$ bilden sich ClO_3- u. ClO_2-, in $NaClO_2$ ClO_2-Radikale. Der Bldg.-Mechanismus der Radikale wird diskutiert. J. J. Pohl 222

0754 **Halbleiterkatalysatoren bei der Radiolyse von festen anorganischen Verbindungen.** Ju. A. Zacharov und V. A. Nevostruev. (Izvest. vysšich učebnych Zavedenij [Ivanovo], Chim. i chim. Technol. **11** (1968) 2, 153—57; Permskij politechn. inst. im. Kirova, Kaf. radiacionnoj chim.; russ.) — Der Einfl. mechan. Halbleiterzusätze auf die Radiolyse von KNO_3, $NaNO_3$ u. NH_4NO_3 wurde untersucht, die katalyt. Wrkg. mit der bei der Thermolyse u. Photolyse verglichen. Als Katalysatoren wurden ThO_2-, NiO-, CoO- u. ZnO-Pulver verwendet. Die Abgabegeschw. des Sauerstoffes aus reinen KNO_3-Krist. sinkt bei einer Röntgenstrahlendosis von $5 \cdot 10^{19}$ eV/g in der Reihenfolge der Zus. $KNO_3 + ThO_2 > KNO_3 + ZnO > KNO_3 + NiO > KNO_3 + ZnO(Li) > KNO_3 > KNO_3 + ZnO(Al)$. Die Daten sind im Falle von $NaNO_3$ analog. Beim Übergang von der Thermolyse zur Radiolyse ändert sich der Charakter des Einfl. von Halbleiterzugaben auf die Prozeßgeschw. qual. u. wird gegenläufig. Infolge der Abhängigkeit der katalyt. Aktivität von Halbleitern von ihrer Elektronenaustrittsarbeit üben sie bei der Thermolyse u. Radiolyse einen gegensätzlichen Einfl. aus. J. J. Pohl 222

0755 **Einfluß von Metalloxiden auf die Radiolyse von Kalium- und Natriumnitrat.** Ju. A. Zacharov und V. A. Nevostruev. (Ž. fiz. Chim. **42** (1968) 5, 1156—60; russ.) — Vgl. vorst. Referat. — Durch Beimischung von Metalloxiden (ThO_2, *NiO*, *CoO*, *ZnO*) zu KNO_3 u. $NaNO_3$ konnte die Geschw. der Radiolyse dieser Salze bei Röntgenbestrahlung gesteuert werden. Es wurde ferner festgestellt, daß die Krist.-Abmessungen des bestrahlten Salzes die Ausb. an gasförmigen u. festen Radiolyseprod. beeinflussen. A. Pinkowski 222

0756 **Thermische Zersetzung und Szilard-Chalmers-Ausheilung im festen Zustand.** Joseph Jach. (J. inorg. nuclear Chem. **30** (1968) 4, 919—30; Stony Brook, N.Y., State Univ., Dep. of Mater. Sci.; engl.) — An krist. $NaBrO_3$ wurde die therm. Zers. u. Szilard-Chalmers-Ausheilung über einen Temp.-Bereich untersucht, der relativ hoch bez. der Ausheilung, aber noch niedrig in bezug auf die Zers. ist. Die Best. des $Br^*O_3^-/Br^{*-}$-Verhältnisses in den reaktorbestrahlten $NaBrO_3$-Proben erfolgte papierelektrophoretisch. Aus den Ergebnissen der Unters. der Szilard-Chalmers-Ausheilrk. u. der therm. Zers. wird geschlossen, daß die beiden Prozesse bei dem vorliegenden Syst. in enger Beziehung zueinander stehen u. damit gegenseitig den Rk.-Mechanismus erhellen. Die Existenz von Austauschrk. im Festkörper konnte bestätigt werden. W. Wiechmann 222

0757 **Auflösung bestrahlter Strontiumsulfat-Kristalle in Wasser.** V. V. Gromov und T. N. Bespalova. (Chim. vysokich Ėnerg. **2** (1968) 3, 263–67; Inst. fiz. chim. AN SSSR; russ.) — Es wurde ein empir. Zusammenhang zwischen der Konz. der elektron. Defekte (SO_4^-- u. SO_3^--Radikale) u. der Geschw.-Konst. der Auflsg. gefunden. Während die Auflsg.-Geschw. (AG) β-radioakt. u. γ-bestrahlter Krist. sich mit Erhöhung der Defektkonz. verringert, erhöht sich AG bei n-Bestrahlung. Eine therm. Ausheilung der Defekte von akt. u. γ-bestrahlten Krist. erhöht AG wieder. A. Pinkowski 222

0758 **Einfluß der ^{60}Co-γ-Bestrahlung auf den Isotopenaustausch im System molekularer Sauerstoff-Neodymoxid.** Ch. M. Minačev, G. V. Antošin, A. Ja. Maškevič, M. Ė. Lochuaru und R. V. Dmitriev. (Doklady Akad. Nauk SSSR **180** (1968) 2, 364–66; Inst. org. chim. im. Zelinskogo, AN SSSR; russ.) — Isotopenaustauschvers. wurden bei einem Sauerstoffdruck von 20 Torr bei 330 bis 400° durchgeführt. Die γ-Bestrahlung bewirkt das Auftreten neuer katalyt. akt. Zentren an der Oberfläche von Nd-Oxid. Die scheinbare Aktivierungsenergie der Rk. $^{16}O_2 + {}^{18}O_2 \rightleftharpoons 2\,{}^{16}O^{18}O$ u. des Isotopenaustausches zwischen dem Oxid u. der Gasphase ist bei 300–400° gleich groß u. beträgt 20 kcal/Mol. Bei 100–220° beträgt die Aktivierungsenergie von $^{16}O_2 + {}^{18}O_2 \rightleftharpoons 2\,{}^{16}O^{18}O$ – 6,5 kcal/Mol. Bei Zimmertemp. ist die Lebensdauer der bei der Bestrahlung entstehenden Zentren genügend groß, die Aktivität der Proben wächst mit steigender Bestrahlungsdosis. J. J. Pohl 222

0759 **Strahlungsbeständigkeit von Boriden.** G. V. Samsonov, M. S. Koval'čenko, V. V. Ogorodnikov und A. G. Krajnij. (Atom. Energ. **24** (1968) 2, 191–92; russ.) — Langsame Neutronen reagieren mit B-Atomen nach $^{10}_{5}B + {}^{1}_{0}n \rightarrow {}^{7}_{3}Li + {}^{4}_{2}He + \gamma + 2{,}78$ MeV. Der Rk.-Durchmesser der ^{10}B-Atome ist mit 4010 barn groß, die ^{10}B-Atomkonz. im Isotopengemisch mit 19% recht hoch. Das Vol. der gebildeten Li- u. He-Atome ist etwa 10mal größer als das des B-Mutteratoms. Im Falle von TiB_2 u. TiB_2 + 20 Mol-% CrB_2 treten Spalten bei der Bestrahlung von Proben auf. ZrB_2-, CrB_2- u. LaB_6-Proben werden zerstört. Es wird ein Zusammenhang zwischen der Bestrahlungsbeständigkeit von Boriden u. ihrer Elastizität aufgezeigt. Die Stabilität der Me–B-Bindung nimmt in der Reihenfolge der Diboride TiB_2–(Ti, Cr)B_2–ZrB_2–CrB_2 ab. Li u. He dürften sich zwischen den Metallschichten befinden. Die Bestrahlungsstabilität ist auch von den Radiolysebedingungen abhängig. Für jedes Borid kann eine krit. Temp. festgestellt werden, über der keine radiolyt. Zers. mehr stattfindet. J. J. Pohl 222

0760 **Auftreten von Redoxprozessen in Lösungen von Kaliumtrioxalatoferrat(III) im Ultraschallfeld.** A. N. Mal'cev und M. A. Margulis. (Akustičeskij Ž. **14** (1968) 2, 295–97; Mosk. gos. univ.; russ.) — Unter der Einw. von Ultraschallwellen wird in wss. $K_3[Fe[C_2O_4)_3]$-Lsg. der Oxalatligand zu CO_2 ox. u. gleichzeitig Fe(III) red., die summar. Rk. ist $2\,K_3[Fe(C_2O_4)_3] \rightarrow 3\,K_2C_2O_4 + 2\,FeC_2O_4 + 2\,CO_2$. Die Rk. verläuft gut unter Ar, He, N_2, bes. O_2, u. sehr langsam unter H_2 u. bes. CO_2. H. Roschkowski 222

A–8. Darstellung und Reaktionen von Elementen und anorganischen Verbindungen

Nichtmetalle

0761 **Hexasulfurylfluorid.** K. Stopperka und V. Grove. (Z. anorg. allg. Chem. **359** (1968) 1/2, 30–35; VEB Filmfabrik Wolfen; dt.) — Durch Hydrolyse des aus BF_3 u. fl. SO_3 entstehenden Komplexes mit 70%ig. H_2SO_4 bei –5° u. nachfolgende Vakuumdest. gelang es, die Verb. $S_nO_{3n-1}F_2$ mit $n < 6$ abzutrennen u. $S_6O_{17}F_2$ (I) zu isolieren. Bei Einsatz von ca. 2 kg SO_3 wurden ca. 3 g I erhalten. Ein brauner Dest.-Rückstand wird als Heptasulfurylfluorid gedeutet. I ist eine farblose Fl., die mit CCl_4 u. C_6H_6 mischbar ist, mit A. heftig reagiert u. von W. zu HSO_3F u. H_2SO_4 hydrolysiert wird. ^{19}F-NMR-Messungen ergeben $\delta = 0{,}77$ ppm (gegen Trisulfurylfluorid). Das IR-Spektrum ist den Spektren der Homologen sehr ähnlich. D. Gerlatzek 253

0762 **Addition an die Kohlenstoff–Stickstoff-Doppelbindung des Fluorsulfurylisocyanats, FSO_2NCO.** Ronald E. Noftle und Jean'ne M. Shreeve. (Inorg. Chem. [Washington] **7** (1968) 4, 687–90; Dep. of Chem., Univ. of Id., Moscow, Id.; engl.) — Es werden dargestellt: *Sulfuryl-diisocyanat* [$SO_2(NCO)_2$; I] aus BrCN u. fl. SO_3, Dest. bei normalem u. red. Druck (→ *Gemisch* aus I u. $S_2O_5(NCO)_2$]. — *Fluorsulfuryl-isocyanat* (II), durch Erhitzen vorst. Gemisches auf 170° unter Rückfluß [$S_2O_5 \cdot (NCO)_2$ zers. sich bei 130° zu I u. SO_3], Zugabe von $HOSO_2F$ im Verlaufe einiger Std., Dest. des gebildeten II in einen bei 0° gehaltenen Kolben, Reinigung des Rohprod. von SO_3, Br_2, SO_2 u. CO_2 mit H_2SO_4/Glaswolle, durch Gefriertrocknung u. schließlich durch Schütteln mit Hg-Metall; 29% (Ausb.). — *$FOSO_2F$* (III), als Nebenprod. der $S_2O_6F_2$-Darst. nach Shreeve et al. (Inorg. Synth. **7** (1963) 124]. — *Trifluormethylhypofluorit* (V), aus CO u. F_2 bei 350° nach Cady (Inorg. Synth. 8 (1966), 165). — *$FSO_2N(OSO_2F)C(O)F$* (IV), $CF_3NO_6S_2$, aus II u. III durch Photolyse durch ein Pyrexglasfilter mit Licht aus einer 450-W-UV-Lampe bei 25°, Ausb.-Best. mit ^{19}F-NMR- u. IR-Spektren (Material besteht nur aus II, IIV u. II); 49,5–72,5% (Ausb.). Ohne Pyrexfilter entsteht *O_2, SO_2F_2, SiF_4* u. ein *polymeres Material* neben II. — *$FSO_2N(OCF_3)C(O)F$* (V-), durch 7std. Photolysieren von I- u. V in der Gasphase durch ein Corex-Filter, Fraktionierung des Prod.-Gemisches bei –110 bis –183° (Fraktion bei –185° besteht aus V, *COF_2*, *SiF_4*, *CO_2* u. Spuren *SO_2F_2*), Gaschromatographie der Fraktion bei –110° (→ *$S_2O_5F_2$*, II u. 28% VI). — *$(FSO_2NC(O)F)_2$* (VII), durch 20 Min. Photolyse von I- u. F_2 mit 70-Watt-UV-Lampe ohne Filter, Fraktionierung bei –78° bis –183° (Fraktion bei –183° besteht aus *COF_2*, SiF_4 u. *SO_2F_2*); 69%. Hydrolyse in feuchter Luft → *CO_2*. — II u. $S_2O_6F_2$ liefern nach Photolyse nicht das erwartete $FSO_2N \cdot (OSO_2F)C(O)OSO_2F$, sondern IV. IR- u. ^{19}F-NMR-Daten von II, VI u. VII vgl. Original. H.-J. Schönherr 253

0763 **Brommonofluorosulfat.** F. Aubke und R. J. Gillespie. (Inorg. Chem. [Washington] **7** (1968) 3, 599–603; McMaster Univ., Hamilton, Ont., Canada; engl.) — Darst. (aus Br_2 u. $S_2O_6F_2$) u. Eig. von $BrOSO_2F$ (I) wurden untersucht. Die elektr. Leitfähigkeit (in $\Omega^{-1} \cdot cm^{-1}$) wurde zu $\varkappa = 7{,}21 \cdot 10^{-4}$ bei 25° bestimmt u. mit der von $JOSO_2F$, $J(OSO_2F)_3$ u. BF_3 verglichen. Desgl. wurde der Temp.-Koeff. von $\varkappa$ ermittelt u. dem von Halogenfluoriden u. Halogenfluorosulfaten gegenübergestellt. $\varkappa$ von I + $HOSO_2F$ u. I + KSO_3F bei 25° u. verschiedene Konz. wurde gemessen. Der Dampfdruck von I, über ein großes Temp.-Intervall, die Verdampfungsenthalpie (9,940 kcal/Mol), die Troutonsche Konst. (25,5) u. die Viskosität ($7{,}21 \cdot 10^{-3}$ cP), F. –31,5°, Kp. 117,3°, $D._4^{25}$ 2,238, gleichen sehr denen der Verb. BrF_3. Die Ergebnisse geben keinen Hinweis auf die Existenz von Br^+ oder Br^{3+} in Lsg. von I in HSO_3F. Die Adsorptionsmax. von I in $S_3O_8F_2$ bzw. von gasf. I liegen bei 408 bzw. 378 nm. Die mögliche Struktur der Verb. wird diskutiert. G. Schatz 253

0764 **Neue mehratomige Kationen von Elementen der Gruppe VIB. 1. Mitt. Lösungen von Selen in stark sauren Solventien.** J. Barr, R. J. Gillespie, R. Kapoor und K. C. Malhotra. (Canad. J. Chem. **46** (1968) 2, 149 bis 159; engl.) — Vgl. vorst. Referat. — Selen bildet mit $H_2S_2O_7$ bei 20°, mit 100%ig. H_2SO_4 bei 50–60° bzw. mit HSO_3F unter SO_2-Entw. grüne Lsg., die im Fall von $H_2S_2O_7$ spontan, sonst bei Zusatz von Ox.-Mitteln wie SeO_2, $K_2S_2O_8$ oder $S_2O_6F_2$ in gelbe Lsg übergehen. Mit 95%ig. H_2SO_4 reagiert Se bei 20° nur in Ggw. von $Ce(SO_4)_2$ oder $K_2S_2O_8$. Es wird geschlossen, daß die farbigen Spezies sich von positiven Ox.-Stufen des Selens ableiten, die kleiner als +4 sind; in den gelben Lsg. liegt eine höhere Ox.-Stufe als in den grünen vor. Aus konduktometr., kryoskop., spektrophotometr. u. magnet. Messungen wird die grüne Spezies als *Se_8^{2+}*, die gelbe als *Se_4^{2+}* identifiziert. Durch weitere Ox. von Se_4^{2+} entsteht Se(IV). Die Ergebnisse lassen sich nicht durch das Vorliegen von $SeSO_3$ oder ungeladener Radikale erklären.

Für die isolierbare Verb., die als „$SeSO_3$" beschrieben wurde u. aus Selen u. SO_3 in Ggw. von etwas W. entsteht, wird die Formulierung $Se_4^{2+}S_4O_{13}^{2-}$ vorgeschlagen.
A. Blaschette 254

0765 **Photochemie von Borazin. Darstellung und Charakterisierung von isotopisch substituierten B-Monoaminoborazinen.** Richard F. Porter und Edward S. Yeung. (Inorg. Chem. [Washington] **7** (1968) 7, 1306–09; Cornell Univ., Ithaca, N.Y.; engl.) — Ein photochem. Verf. (vgl. Lee et al., ibid. **6** (1967), 648) zur Darst. von B-Monoaminoborazin, $H_3N_3B_3H_2NH_2$ (**I**), wurde auf eine Reihe von D- u. ^{15}N-isotop markierte Spezies ausgeweitet. Die für **I**, $H_3N_3B_3H_2{}^{15}NH_2$ (**II**) u. $H_3N_3B_3D_2ND_2$ (**III**) erhaltenen IR-Frequenzen wurde zugeordnet u. die PMR-Spektren von **I**, **II** u. $H_3{}^{15}N_3B_3H_2{}^{15}NH_2$ (**IV**) in Beziehung zu den analogen Anilinderiv. diskutiert.

Versuche: **IV**, 20 Min. langes Bestrahlen eines Gemisches aus 95%ig. $^{15}NH_3$ u. $H_3{}^{15}N_3B_3H_3$ (aus $LiBH_4$ u. 95%ig. $^{15}NH_4Cl$) bei 10 Torr u. Kondens. bei −65°; *95%ig.* $H_3N_3B_3D_3$, 10 Min. langes Bestrahlen von 75 Torr D_2-Gas u. 15 Torr $H_3N_3B_3H_3$, Kondens. mit fl. N_2, Abpumpen, Zugabe von reinem D_2-Gas, erneutes Bestrahlen u. dreimaliges Wiederholen, 60%ig. Ausb.; *95%ig.* **III**, aus vorst. Verb. u. 99%ig. ND_3.
G. Heller 258

0766 **Herstellung dünner Siliciummonoxidfilme ohne Poren.** V. F. Kuznecov, V. V. Nikitin, T. A. Rusanova, N. F. Fedorov und B. N. Formozov. (Pribory Techn. Ėksperimenta **1968**, **3**, 207–08; OKB pri Leningr. politechn. inst.; russ.) — Beschreibung einer Verdampfungsapp. zur Herst. von SiO-Filmen.
H. Roschkowski 261

0767 **Chemismus der Sinterreaktionen von Siliciumcarborund-Zusammensetzungen in CO-N_2-Atmosphäre.** E. P. Sadkovskij, I. Ja. Guzman, V. F. Kutukov und E. I. Tumakova. (Izvest. Akad. Nauk SSSR, Neorg. Mater. **4** (1968) 7, 1186–88; Mosk. chim.-techn. inst.; russ.) — Röntgenograph. u. dilatometr. Analysen ergaben, daß in CO- + N_2-Atmosphäre *SiC* mit CO reagiert u. *Cristobalit* gebildet wird. Bei tiefen Temp. liegt SiO_2 in amorpher Form vor, die bei höheren Temp. zu Cristobalit kristallisiert. Bei 1350° konnte *SiO* nachgewiesen werden. Oberhalb 1450° reagiert SiC auch mit N_2 u. CO, was zur Bldg. von *β-SiC* z. Si_2ON_2 führt.
H. Korn 261

0768 **Bildung von Hexafluordisiloxan durch Hydrolyse von Tetrafluorsilan.** Marcel Chaigneau. (C. R. hebd. Séances Acad. Sci., Sér. C **266** (1968) 14, 1053–55; Labor. des Gaz, CNRS, Paris; franz.) — SiF_4 wurde aus wasserfreiem Na_2SiF_6 bei 380–400° im Vakuum ausgetrieben, während 9–10 Tagen zusammen mit einer kleinen Menge $MgSO_4 \cdot 7\,H_2O$ aufbewahrt u. zu verschiedenen Zeitpunkten massenspektrometr. untersucht. Dabei nimmt das Verhältnis der Massenpeaks (m/e = 167)/(m/e = 104), die den Ionen $F_3SiOSiF_2^+$ u. SiF_4^+ entsprechen, kontinuierlich zu. Zum gleichen Ergebnis gelangt man bei der kontrollierten Hydrolyse von SiF_4 mit Metaborsäure. Für die Rk. von SiF_4 mit einem Unterschuß an W. wird nachst. Rk.-Folge diskutiert: $2\,SiF_4 + H_2O \rightarrow F_3SiOSiF_3$ (**I**) + 2 HF, SiF_4 + 2 HF → H_2SiF_6, **I** + (x + 1) $H_2O \rightarrow H_2SiF_6 + SiO_2 \cdot x\,H_2O$ (in Ggw. von mehr W.); Gesamtgleichung: $3\,SiF_4 + (x + 2)\,H_2O \rightarrow SiO_2 \cdot x\,H_2O + 2H_2SiF_6$. Auf diese Weise erklärt sich auch die bekannte Tatsache, daß SiF_4 unabhänig von der Darst.-Meth. immer Spuren **I** enthält. A. Blaschette 261

0769 **Chemie des Phosphorpentachlorids.** Margot Becke-Goehring. (Fortschr. chem. Forsch. **10** (1968 2, 207–37; Anorg.-chem. Inst., Univ., Heidelberg; dt.) — Übersicht (Struktur, Rk., bes. mit Ammoniak- u. Hydrazinderiv. sowie P-Verb.) an Hand von 60 Literaturangaben. H. Roschkowski 264

0770 **Darstellung von Phosphinodifluorphosphin. Synthese mit hoher Ausbeute von Difluorphosphin.** R. W. Rudolph und Harvey W. Schiller. (J. Amer. chem. Soc. **90** (1968) 13, 3581–82; Dep. of Chem., U.S. Air Force Acad., Colo; engl.) — Erste Unters. der Rk. von PH_3 (**I**) mit Fluorphosphinen zeigten, daß mit F_2PJ (**II**) in Anwesenheit von Hg in hoher Ausb. (90%) F_2PH (**III**) u. mit einem F_2PJ–P_2F_4-Gemisch H_2PPF_2 (**IV**) neben **III** gebildet werden. Bei der Rk. von **I** mit reinem P_2F_4 (**V**) entsteht nur wenig **IV**, die Hauptprod. sind **III** u. PF_3 (**VI**). Ein Überschuß von **I** gibt mit **II** kein **IV** sondern nur **VI** u. wenig **III**. Danach wird wenig **IV** nach (1) gebildet, wogegen (2) die Rk. mit **II** u. **V** wiedergibt: (1) $PH_3 + P_2F_4 \rightarrow F_2PPH_2 + F_2PH$, (2) $PH_3 + F_2PJ \rightarrow H_2PPF_2 + HJ$ u. $HJ + P_2F_4 \rightarrow F_2PJ + F_2PH$. **IV** wurde massenspektroskop. u. durch die NMR-Spektren von ^1H (60 MHz), ^{19}F (94,1 MHz) u. ^{31}P (40,5 MHz) nachgewiesen. Von gasförmigem **IV** sind die IR-Absorptionen zwischen 4000 u. 650 cm^{-1} angegeben.

Versuche: Darst. von **IV**: Gemische von 2,17 mMol **II** u. 2,0 mMol **V** werden mit 8,36 mMol **I** im 500 ml-Kolben 1 Woche bei −78° behandelt. Fraktionierte Kondens. bei −130° gibt ein Gemisch von **II** u. **IV**, bei −196° **III**, **VI** u. **I**. Eine Fraktion bei −112° gibt 87% **IV**. Darst. von **III**: 2,36 mMol **II** u. 3,4 mMol **I** werden im 500 ml-Kolben mit 2 cm^3 dreifach dest. Hg 15 Std. lang geschüttelt. Kondensierte Fraktion bei −160° enthält 2,11 mMol **III**. R. Blank 264

0771 **Chlorierung von Sb_2O_3 durch Cl_2 und HCl.** Ja. I. Ivašencev, L. I. Kutakova und A. N. Ketov. (Izvest. vysšich učebnych Zavedenij [Ivanovo], Chim. i chim. Technol. **11** (1968) 4, 388–91; Krasnojarskij inst. cvetnych metallov im. Kalinina; russ.) — Die Chlorierung von Sb_2O_3 durch Cl_2, durch ein Cl_2–CO-Gemisch u. durch HCl wurde bei 300–450 bzw. 150–350° thermograph., röntgenograph. u. chem. untersucht. Der Prozeß endet jeweils mit der Bldg. von $SbCl_3$. Bestes Chlorierungsmittel für Sb_2O_3 ist HCl, unter dessen Einw. Sb_2O_3 schon bei 150° quant. zu $SbCl_3$ umgesetzt wird. Bei Einw. von Cl_2 auf Sb_2O_3 bilden sich $SbCl_3$ u. Sb_2O_4.
B. Karos 266

0772 **Darstellung von Triphenylarsin- und Triphenylstibindichlorid.** A. J. Banister und L. F. Moore. (J. chem. Soc. [London], Sect. A **1968**, 5, 1137–38; Durham, Univ., Dep. of Chem.; engl.) — Umsetzung von Triphenylphosphin mit SO_2Cl_2 führt zum Addukt $(C_6H_5)_3P \cdot SO_2Cl_2$. Triphenylarsin bzw. -stibin liefern dagegen durch Rk. mit SO_2Cl_2 in Toluol bei 0° die entsprechenden Dichloride in 95- bzw. 90%ig. Ausbeute.
H. Gleinig 266△

0773 **Über Chloro- und Fluoroalkoxoantimonate.** L. Kolditz und W. Schmidt. (Z. anorg. allg. Chem. **359** (1968) 3/4, 185–93; Berlin, 1. Chem. Inst. der Humboldt-Univ.; dt.) — Vf. berichten über Darst. u. Eig. verschiedener Chloro- u. Fluoroalkoxoantimonate. Der Rk.-Mechanismus wird diskutiert, wobei die Rolle der Kationen in Zusammenwrkg. mit dem Lsgm. berücksichtigt wird.

Versuche: Pentachloro-methoxo-antimonate(V): *Pyridinium-* (**I**), F. 188–189° (Zers.), aus CH_3OH, $SbCl_5$ in CCl_4 u. Py. bei −50° unter Rühren, 72% (Ausb.); *Tetraäthylammonium-*, F. 260°, aus **I** in CH_3OH u. $[N(C_2H_5)_4]Cl$ in CH_3OH bei 0°, 83,5%; — *Pyridinium-tetrachloro-dimethoxo-antimonat(V)*, Krist., aus $SbCl_4(OCH_3)$ durch Zugabe von CH_3CN, CH_3OH u. Py. bei −10°; 62%. — Tetrachloro-diäthoxo-antimonate(V): *Pyridinium-* (**II**), Krist., aus $SbCl_4 \cdot (OC_2H_5)$ durch Zutropfen von Py. u. A., 66%; *Tetraäthylammonium-*, Kristallplatten, aus gesätt. äthanol. Lsg. von **II** u. $[N(C_2H_5)_4]Cl$ in A., 49%; — Pentafluoro-methoxoantimonate(V): *Tetraäthylammonium-* (**III**), F. 221° (A.), aus $[N(C_2H_5)_4][SbF_6]$ in CH_3OH u. Na in CH_3OH, 70%; *Nitron-*, F. 160° (A. u. CH_3OH), aus **III** u. Nitronacetat in 50%ig. A. bei 0°; — Pentafluoro-äthoxo-antimonate(V): *Tetraäthylammonium-* (**IV**), F. 155°, aus $[N(C_2H_5)_4][SbF_6]$ in A. u. Na in A., 67%; Nitron-, F. 148° (A. u. CH_3OH), aus **IV** u. Nitronacetat in 50%ig. A. bei 0°; — Tetrafluoro-dimethoxo-antimonate (**V**): *Natrium-* (**V**), F. 221°, aus $NaSbF_6$ in CH_3OH u. Na in CH_3OH, 64,5%; *Kalium-*, F. 170 bis 180°, darst. analog, 85%; *Nitron-*, F. 170° (A. u. CH_3OH), aus **V** u. Nitronacetat in 50%ig. A. bei 0°; — Tetrafluorodiäthoxo-antimonate (**V**): *Natrium-* (**VI**), F. 227°, aus $NaSbF_6$ in A. u. Na in A., 78%; *Kalium-*, F. 160° (unscharf), Darst. analog, 70%; *Nitron-*, F. 126° (A. u. CH_3OH), aus **VI** u. Nitronacetat in 50%ig. A. bei

0°; *Nitron-hexafluoroantimonat* (*V*), F. 205° (A. u. $CH_3 \cdot OH$), aus $[N(C_2H_5)_4][SbF_6]$ u. Nitronacetat in 50%ig. A. bei 0°. H.-J. Schönherr 266

Metalle

0774 **Verhalten von Natriumdioxoberyllat gegenüber Methanol.** Hermann Scheler. (Z. Chem. 8 (1968) 5, 190; Inst. für Anorg. u. Anorg.-techn. Chem. der TU Dresden; dt.) — Durch Umsetzung von Na_2O u. BeO im entsprechenden Molverhältnis bei 500° entsteht Na_2BeO_2, das sowohl mit reinem CH_3OH als auch mit methanol. $NaOCH_3$-Lsg. unter Wärmeabgabe reagiert, wobei es bis auf eine geringe Menge an unumgesetztem BeO in Lsg. geht. Aus den filtrierten Lsg. werden mit Äther Prod. gefällt, die bei Rk. mit reinem CH_3OH in der Siedehitze aus Na_2O, $Be(OCH_3)_2$, $Be(OH)_2$ u. H_2O im Molverhältnis 1:1:0,1:1 bzw. bei Rk. mit 3%ig. methanol. $NaOCH_3$-Lsg. — ebenfalls in Siedehitze — aus $Na_2O \cdot Be(OCH_3)_2 \cdot H_2O$ (**I**) bestehen. Bei der Handhabung des Na_2BeO_2 u. der Darst. des Beryllats **I** ist Luftfeuchtigkeit u. CO_2 auszuschließen. In **I** liegt, wie aus dem IR-Spektrum folgt, das vorhandene W. z. T. in mol. Form, z. T. auch konstitutiv gebunden vor. Debyeogramm von **I** ist im Orig. angegeben. H.-J. Schönherr 281

0775 **Alkylberylliumalkoholate und einige ihrer Reaktionen mit Basen.** G. E. Coates und A. E. Fishwick. (J. chem. Soc. [London], Sect. A **1968**, 2, 477—83; Chem. Dep., Univ., Durham; engl.) — Durch Alkoholyse von Berylliumdialkylen bei einem Molverhältnis von Alkohol:Be-Verb. = 1:1 wurden nachst. Alkylberylliumalkoholate erhalten: *Methylberylliummethanolat* (**I**), $C_8 \cdot H_{24}Be_4O_4$, F. 23—25° (nach Subl. bei 70°/10^{-3} Torr), aus $Be(CH_3)_2$ u. CH_3OH in Ae. bei —100°; *Methylberylliumäthanolat* (**II**), $C_{12}H_{32}Be_4O_4$, F. 28—30°, analog **I** aus $Be(CH_3)_2$ u. C_2H_5OH in Ae.; *Methylberyllium-n-propanolat* (**III**), $C_{16}H_{40}Be_4O_4$, F. 38—40° (Platten aus Hexan), aus $Be(CH_3)_2$ u. Propanol-(1); *Methylberylliumisopropanolat* (**IV**), $C_{16}H_{40}Be_4O_4$, F. 134—136° (aus Hexan bei —30° oder nach Subl. bei 100°/10^{-3} Torr), aus $Be(CH_3)_2$ u. Propanol-(2) in Ae. bei —80°; *Methylberyllium-tert.-butanolat* (**V**), $C_{20}H_{48}Be_4O_4$, F. 93° (Ae.), aus $Be(CH_3)_2$ u. tert.-Butanol; *Methylberylliumdiphenylmethanolat* (**VI**), $C_{28}H_{28}Be_2O_2$, F. 97—108° (sternförmige Cluster aus Hexan), aus $Be(CH_3)_2$ u. Diphenylmethanol in Bzl.; *Methylberylliumtriphenylmethanolat* (**VII**), $C_{40}H_{36}Be_2O_2$, F. 183—184° (Hexan), analog **VI** aus $Be(CH_3)_2$ u. Triphenylcarbinol; *Äthylberylliumtriäthylmethanolat* (**VIII**), $C_{27}H_{60}Be_3O_3$, Fl., aus $Be(C_2H_5)_2$ u. 3-Äthylpentanol-(3) in Ae. bei —60°; *Isopropylberylliummethanolat* (**IX**), $C_{16} \cdot H_{40}Be_4O_4$, F. 133—135° (Platten aus Hexan), aus $Be(iso\text{-}C_3H_7)_2$ u. CH_3OH in Ae. bei —80°; *tert.-Butylberylliummethanolat* (**X**), $C_{20}H_{48}Be_4O_4$, F. 199° (Erweichung ab 155°), durch Zufügen von CH_3OH zur äquimol. Menge von $Be(tert.\text{-}C_4H_9)_2 \cdot O(C_2H_5)_2$ in Hexan bei —60°, Erwärmen auf Zimmertemp., dann 10 Min. zum Sieden; *tert.-Butylberyllium-tert.-butanolat* (**XI**), $C_{16}H_{36}Be_2O_2$, F. 177—189° (→ braune Fl.; Erweichung ab 53°, Zers. ab 108°), aus $Be(tert.\text{-}C_4H_9)_2 \cdot O(C_2H_5)_2$ u. tert.-Butanol in Hexan bei 50°. Einige dieser Verb. wurden auch auf anderen Wegen erhalten: **I**, durch Rk. von $Be(CH_3)_2$ mit überschüssigem $Be(OCH_3)_2$ in sd. Ae.; **III**, durch Addition von $Be(CH_3)_2$ an Äthylenoxid in Ae. (Einkondensieren bei —196°, Erwärmen auf Zimmertemp.; exotherme Rk.); **IV**, durch Addition von $Be(CH_3)_2$ an Acetaldehyd in Ae.; **V**, a) durch Addition von $Be(CH_3)_2$ an Aceton in Ae.; b) aus $Be(CH_3)_2$ u. einer Lsg. von $Be(O\text{-}tert.\text{-}C_4H_9)_2$ in Toluol; c) aus $Be(CH_3)_2$ u. Di-tert.-butylperoxid in Toluol (daneben Methyl-tert.-butyläther); **VIII**, durch Addition von $Be(CH_3)_2$ an Diäthylketon in Ae. (Erwärmen von —80° auf —30°). Die meisten der dargestellten Verb. sind in Bzl. tetramer (**I—V**, **IX**, **X**), doch treten bei Mol. mit größeren organ. Gruppen auch niedrigere Kondens.-Grade auf (**VIII** trimer; **VI**, **VII** u. **XI** dimer). **V** krist. aus Ae. lösungsmittelfrei u. ist bei höheren Konz. in diesem Solvens (0,220 m; isopiest.) ebenso wie in Bzl. (kryoskop.) tetramer. In verd. Lsg. in Ae. (0,002—0,007 m) liegt **V** nach ebullioskop. Messungen jedoch dimer vor; gleiches gilt für **I**, **II**, **III** u. **IV**. **I** liefert mit überschüssigem Py. in Hexan $(CH_3)(CH_3O) \cdot Bepy_2$, $C_{12}H_{16}Be \cdot N_2O$, F. 112—114° (Bzl./Hexan), monomer in Benzol. Bei Einw. von Py. in äquimol. Menge auf **I** in Ae. erfolgt Dismutation zu unlösl. $Be(OCH_3)_2$ u. lösl. gelbem $(CH_3)_2Bepy_2$ (F. 90—92°). Aus Phenol u. $Be(CH_3)_2$ in Ae. wird schwer lösl. $(CH_3)(C_6H_5O) \cdot Be \cdot O(C_2H_5)_2$ erhalten ($C_{11}H_{18}BeO_2$; Nadeln aus Ae./Bzl.; Zers. 160°; in Bzl. Zerfall in die Komponenten). Bei der Darst. von **VII** aus $Be(CH_3)_2$ u. Triphenylcarbinol in Ae. als Lsgm. entsteht weißes, schwer lösl. $(CH_3)[(C_6H_5)_3 \cdot CO]Be \cdot O(C_2H_5)_2$ ($C_{24}H_{28}BeO_2$; Umkristallisation aus Bzl.; monomer in Bzl.; Zers. ab 82°). $(C_6H_5) \cdot (CH_3O)Be \cdot O(C_2H_5)_2$ ($C_{11}H_{18}BeO_2$; momomer in Bzl.) wird durch Versetzen von $Be(C_6H_5)_2$ in Toluol/Ae. mit CH_3OH in Toluol erhalten. Zusatz von Py. in Ae. zu **V** in Ae. bei 20° u. langsames Eindampfen liefert $(CH_3)(tert.\text{-}C_4H_9O) \cdot Bepy$ [$C_{10}H_{17}BeNO$, F. 135—136° (aus warmem Ae. durch Zutropfen von Hexan); in Bzl. Zerfall]. Ferner wurden die nachst. Verb. vom Typ $Be(OR)_2$ dargestellt: *Berylliummethanolat*, $C_2H_6BeO_2$, F. > 360°, aus überschüssigem CH_3OH u. $Be(iso\text{-}C_3H_7)_2$ in Ae. bei —50°; *Beryllium-tert.-butanolat* (**XII**), $C_{24}H_{54}Be_3O_6$, F. 112° (nach Subl. bei 100°/10^{-3} Torr), trimer in Bzl., a) aus überschüssigem tert.-Butanol u. $Be(CH_3)_2$ in exothermer Rk.; b) durch Addition von **V** an Aceton in Ae. bei —190° bis 20°; *Berylliumtriäthylmethanolat*, $C_{28}H_{60}Be_2O_4$, F. 36 bis 37° (nach Subl. bei 50—60°/10^{-3} Torr), dimer in Bzl., aus $Be(CH_3)_2$ u. 3-Äthylpentanol-(3) (1:2) in Ae. bei —30°. **XII** liefert mit 2.2′-Bipyridyl in Ae. eine gelbe Lsg., aus der jedoch nur die Ausgangsprod. isoliert werden konnten. Die ^1H-NMR-Spektren werden diskutiert (Lsgm.-Effekte). A. Blaschette 281

0776 **Darstellung und Eigenschaften von Aluminium- und Zink-Halogenalkanolaten.** Takashi Ueshima, Shimpei Tomita und Takeo Saegusa. (Bull. chem. Soc. Japan **41** (1968) 5, 1194—200; Dept. of Synth. Chem., Kyoto Univ., Sakyo-ku, Kyoto; engl.) — $Al(OCH_2CF_3)_3$, $Al(OCH_2CCl_3)_3$, $Al(OCH_2CBr_3)_3$, $Al \cdot [OCH(CH_2Cl)_2]_3$, $Al(OCH_2CHCl_2)_3$, $Al(OCH_2CH_2Cl)_3$, $Al(OC_3H_7^i)_3$, $Al(OC_4H_9^t)_3$, $Zn(OCH_2CCl_3)_2$, $C_2H_5ZnOCH_2 \cdot CCl_3$, $C_2H_5ZnOC_2H_5$, $Zn(OC_2H_5)_2$ wurden durch Zutropfen von Metallalkylen in Ae. zu einem Gemisch der Halogenalkohole in Ae. bei —78° erhalten. Die Metall-Halogenalkanolate zersetzen sich bei 90—220°. Mit Ausnahme von $Al(OCH_2CH_3)_3$ können sie im Vakuum weder dest. noch sublimiert werden. Die Halogen-alkanolate stellen stärkere Lewis-Säuren dar als die nicht substituierten Alkanolate. Die Halogenalkanolate induzieren die kation. Polymerisation von Vinylmonomeren u. cycl. Äthern wie Styrol, α-Methylstyrol, Isobutylvinyläther, 3.3-Bis-(chlormethyl)-oxacyclobutan u. THF. Die Metallalkanolate bewirken als schwache Säuren keine Polymerisation dieser Monomere. Die Polymerisation von Äthylenoxid wird von beiden Verb.-Gruppen nach verschiedenen Mechanismen katalysiert. J. J. Pohl 294

0777 **Chlorborierung und verbundene Reaktionen ungesättigter Verbindungen. 8. Mitt. Einschub von Isocyanaten und Isothiocyanaten in Al–Äthyl- und Al–Br-Bindungen.** J. R. Horder und M. F. Lappert. (J. chem. Soc. [London], Sect. A **1968**, 8, 2004—08; Brighton, Univ. of Sussex, Chem. Labor.; engl.) — 6. vgl. C. **1968**, 46-0670. — Umsetzung von Triäthylaluminium (**I**), Diäthylaluminiumchlorid (**II**) bzw. Äthylaluminiumdichlorid (**III**) mit Iso- bzw. Isothiocyanaten unter milden Bedingungen im Verhältnis 1:1 bzw. 1:2, führt, in einer diskutierten Einschub-Rk. in die Al–Alkyl- oder Al–Halogenid-Bindung zu entsprechenden *Alanen*. Den in Lsg. dimeren Einschub-Verb. wird auf Grund angeführter physikal. Unters. die Struktur eines achtgliedrigen Ringes zugeschrieben, mit Ausnahme der Verb. $Br_2AlN(C_6H_5) \cdot C(X)Br$ (X = O oder S), die monomer sind. Die Umsetzung von Al-Tribromid (**IV**) mit Alkyl(Aryl)-isocyanaten bzw. -isothiocyanaten führt zu metastabilen Koordinationsverb. als erste gebildeten Produkte. Die IR- u. NMR-Spektren der Verb., sowie ein Rk.-Mechanismus werden diskutiert.

Versuche: Alane: $C_2H_5(Cl)AlN(C_6H_5)\text{—}COC_2H_5$ (**V**), $C_{11}H_{15}AlClNO$, (F.) 102° (Zers.); 100% (Ausb.); durch 0,5std. Rk. von **II** mit Isocyanatobenzol (**VI**) im

Verhältnis 1:1 u. Eindampfen im Vakuum. — *ClAl* · $[N(C_6H_5)COC_2H_5]_2$ (**VII**), $C_{18}H_{20}AlClN_2O_2$, 98° (Zers.); 100%; wie vorst. jedoch im Verhältnis 1:2. — $C_2H_5(Cl)$ · $AlN(C_6H_5)CSC_2H_5$ (**VIII**), $C_{11}H_{15}AlClNS$, 126° (Zers.); 87%; wie 2. vorst., jedoch mit **II** u. Isothiocyanatobenzol (**IX**) in Pentan u. Zugabe von **IX**. — $(C_2H_5)_2AlN(C_6H_5)$ · COC_2H_5 (**X**), $C_{13}H_{20}AlNO$, 100—135°; 100%; durch Rk. von **I** mit **VI** im Verhältnis 1:1 in Bzl. — $(C_2H_5)_2AlN$ · $(C_6H_5)CSC_2H_5$ (**XI**), $C_{13}H_{20}AlNS$, 117° (Zers.); 100%; durch Rk. von **I** mit **IX** im Verhältnis 1:1 in Bzl. — $Cl_2AlN(C_6H_5)COC_2H_5$ (**XII**), $C_9H_{10}AlCl_2NO$; 97%; durch Rk. von **III** mit **VI** im Verhältnis 1:1 in n-Hexan. *Propionanilid*, 104° (Hexan); 66%; durch 0,5std. Lufthydrolyse von **V**, Zugabe von W. u. Kochen, sowie Ausäthern, bzw. 106°; 84%; mit **VII**, bzw. 82%; mit **XII**. — *N.N-Diphenylharnstoff*, 237—239°, durch Kochen von **VII** mit CH_3OH. — *Thiopropionanilid*, 63—64% (Pentan), durch Lufthydrolyse von **VIII** bzw. **XI**. — Aluminiumbromide: *Isocyanatobenzol*- (**XIII**), $C_7H_5AlBr_3$ · NO, 85° (Zers.); 100%; durch Rk. von **IV** mit **VI** im Verhältnis 1:1 in Hexan. — *Isothiocyanatobenzol*-, $C_7H_5AlBr_3$ · NS; 96%; durch Rk. von **IV** mit **IX** im Verhältnis 1:1 in Hexan. — *Isocyanatomethan*-, $C_2H_3AlBr_3NO$; 95% durch Rk. von **IV** mit Isocyanatomethan im Verhältnis 1:1 in Hexan. — *Isothiocyanatomethan*-; 1,7 g; durch Rk. von 9,46 g **IV** mit 2,58 g Isothiocyanatomethan in Hexan. — *O-Methylphenylcarbamat*, 46° (A.); 64%; durch Rk. von **XII** mit CH_3OH, Eindampfen im Vakuum u. Ausäthern. — *Diäthylammoniumbromid*, $C_4H_{12}BrN$, 209° (Hexan; 2,58 g; durch Rk. von 4,21 g **XIII** mit Diäthylamin in Dichlormethan, Eindampfen u. Zugeben von Benzol.

H. Gleinig 294△

0778 **Röntgenographische Identifizierung der kristallisierten Phasen bei der Dehydratation von Indiumsulfat. Isotypiebeziehung in der Reihe dreiwertiger wasserfreier Sulfate.** Aline Thrierr-Sorel und André Roux. (C. R. hebd. Séances Acad. Sci., Sér. C **266** (1968) 7, 457—59; Labor. de Rech. sur la Réactivité des Solides, Fac. des Sci., Dijon; franz.) — Bei der Dehydratation des Indiumsulfats mit (11 + x) H_2O wird jede Phase isoliert, röntgenograph. identifiziert u. festgestellt, daß nur die Hydrate mit 11 u. 5 H_2O kristallisieren. Ein Vgl. mit den Sulfaten des Al, Cr u. Ga zeigt, daß nur das wasserfreie Indiumsulfat mit den angeführten Sulfaten isotyp ist. O. Rösner 296

0779 **Automatische volumetrische Methode mit linearer Aufheizung oder Abkühlung. Untersuchung der Hydratationsstufen des Indiumsulfats.** Pierre Barret. (C. R. hebd. Séances Acad. Sci., Sér. C **266** (1968) 9, 580—83; Labor. de Rech. sur la Réactivité des Solides Fac. des Sci., Dijon; franz.) — Vgl. vorst. Referat. — Vf. beschreiben eine Kombination einer Thermowaage mit einem Gerät zur Messung des Dampfdrucks des bei einer Rk. freiwerdenden Wassers. Unters. mit Hilfe dieser App. an $In_2(SO_4)_3$ bewiesen die Existenz von Hydraten mit 5 u. 11 H_2O. J. Pickardt 296

0780 **Darstellung, magnetische und optische Eigenschaften von Hexakis-[imidazolidinon]- und Hexakis-[antipyrin]-Komplexen des dreiwertigen Titans.** M. Blažeková und H. L. Schläfer. (Z. anorg. allg. Chem. **360** (1968) 3/4, 169—81; Frankfurt/Main, Univ., Inst. für phys. Chem.; dt.) — Ti(III)-Komplexe mit L = Imidazolidinon (Äthylenharnstoff) bzw. L' = Antipyrin (2.3-Dimethyl-1-phenyl-5-pyrazolon) wurden dargestellt, die Reflexionsspektren (220—750 nm) der Kristallpulver aufgenommen sowie die paramagnet. Suszeptibilitäten zwischen 80 u. 300 °K gemessen. Aus den magnet. Unters. wurden für diese Komplexe nach der Meth. von Figgis die axialsymm. Komponente des Ligandenfeldes (Aufspaltung des Grundzustandes) δ_1 zu 300—380 cm^{-1}, der Stevenssche Elektronendelokalisierungsparameter k zu 0,6 bis 0,9 sowie die Spinbahnkopplungskonst. λ' zu ca. 100 cm^{-1}, u. aus den Remissionsspektren die Aufspaltung des angeregten Zustandes δ_2 zu 1410—1640 cm^{-1} berechnet. Die Ligandenfeldparameter für D_{4h}-Symmetrie werden zu D_q = 1504—1563, $-D_s$ = 255—270 u. $-D_t$ = 80—110 cm^{-1} geschätzt.

Versuche (unter trockenem N_2): $[TiL_6]Cl_3$ · 2 C_2H_5OH, Erwärmen von $TiCl_3$ mit einer Lsg. von L (1:6) in abs. A. auf 50—60°, dunkelblaue, würfelförmige, relativ luftbeständige u. nur schwach hygroskop. Krist.; (μ_{eff} bei 35° =) 1,81 (BM); 60% (Ausb.); $[TiL_6]J_3$, 1std. Erwärmen einer kalt gesätt. wss. Lsg. von L mit $TiCl_3$ in Ggw. von KJ (6:1:3) auf 50°, dunkelblaue, wenig beständige Würfel; 1,76; 45%; $[Ti(L')_6]Br_3$ · 2 C_2H_5OH, 2std. Erwärmen von $TiCl_3$, L' u. NH_4Br (1:6:3) in A. auf 60°, Zugabe von n-Hexan, 10—14 Tage langes Stehen im Kühlschrank, Trennen von NH_4Cl durch Filtrieren, an der Luft unbeständige dunkelgrüne Nadeln; 1,89; 30—35%; $[Ti(L')_6]J_3$, aus wss. Lsg., an der Luft beständige hellgrüne Krist., 1,83; 70—80%.

G. Heller 321

0781 **Durch Bis-[π-cyclopentadienyl]-titan-Derivate katalysierte Isomerisierung von Olefinen.** Haruo Masai, Kenkichi Sonogashira und Nobue Hagihara. (Mem. Inst. sci. ind. Res., Osaka Univ. **25** (1968) 117—20; engl.) — Cyclooctadien-(1.5) (**IV**) wird durch Bis-[π-cyclopentadienyl]-dimethyl-(**II**) bzw. -diphenyltitan (**I**) zu *Cyclooctadien-(1.3)* isomerisiert. Dabei wird ein π-allyl. Zwischenprod. angenommen. **I** reagiert außerdem mit Diphenylacetylen (**V**) zu *Ti-Di-π-cyclopentadienyl-1-titana-2.3-diphenylbenzocyclopentadien*. Mit CO liefert **I** *Benzophenon*. Der Isomerisierungsmechanismus wird beschrieben.

Versuche: *Bis-[π-cyclopentadienyl]-dimethyltitan* (**II**), nach Clauss et al. (C. **1963**, 7293). — *Bis-[π-cyclopentadienyldiphenyltitan* (**I**), nach L. Summers et al. [1955]. — *Di-π-cyclopentadienyl-titan* (**III**), durch Hydrierung von **II** in C_6H_6. — *Di-π-cyclopentadienyl-π-1.3-dimethylallyltitan*, nach Martin et al. (J. organometall. Chem. **8** (1967), 115). — *Cyclooctadien-(1.3)*, a) aus **IV** u. **II**, gaschromatograph. Reinigung; b) aus **IV** u. **I**; c) aus **IV** u. **III**. — *Ti-Di-π-cyclopentadienyl-1-titana-2.3-diphenylbenzocyclopentadien*, aus **I** u. **V**. — *Benzophenon*, aus **I** u. CO. H.-J. Schönherr 321

0782 **Reinigung des Zirkonium von Sauerstoff durch Destillation.** Pierre Ailloud, Louis Renucci und Jean-Paul Langeron. (C. R. hebd. Séances Acad. Sci. Sér. C **266** (1968) 6, 366—68; Centre d'Etudes de Chim. métallurg., CNRS, Vitry-sur-Seine; franz.) — Durch Behandlung von Zr im Hochvakuum bei Temp. etwas über dem F. wird der Sauerstoff als ZrO durch Dest. weitgehend entfernt. Die App. u. das Verf. sind beschrieben; der Zr-Verlust beträgt bei einer Entfernung von 70% des Sauerstoffs nur 3,8%. O. Rösner 322

0783 **Zirkonium(IV)-Komplexe mit Schiffschen Basen, abgeleitet von Salicylaldehyd und Hydroxyalkylaminen.** Pramila Prashar und J. P. Tandon. (J. less-common Metals [Lausanne] **15** (1968) 2, 219—26; Dep. of Chem., Univ. of Rajasthan, Jaipur, India; engl.) — Einw. von *Salicyliden-(2-hydroxyäthyl)-amin* (**I**) bzw. *-(2-hydroxy-n-propyl-amin* (**II**) auf Zr-Isopropanolat (**III**) in sd. Bzl. ergibt je nach den angewandten molaren Verhältnissen (**I** bzw. **II**:**III** = 1:1; 2:1 bzw. 3:2) $Zr(OC_3H_7)_2R$ (**IV**), ZrR_2 (**V**) bzw. $Zr_2(OC_3H_7)_2$ · R_3 (**VI**; H_2R = **I**, **II**). Die Verb. **IV** tauschen ihre C_3H_7O-Gruppen mit Phenol bzw. tert.-Butanol unter Bldg. von $Zr(OC_4H_9)_2R$ (**VII**) bzw. $Zr(OC_6H_5)_2R$ (**VIII**; H_2R = **I**, **II**) nahezu quant. aus. **VI** kann als Gemisch aus **IV** u. **V** angesehen werden, das bei Rk. mit Äthandiol-(1.2) lösl. **V** u. unlösl. $Zr(C_2H_4O_2)R$ (H_2R = **I**) liefert. Die Verb. **IV** sind polymer, während **VII** u. **VIII** monomer sind. Die Absorptionsmaxima von **I**, **II**, **IV**, **V** u. **VI** im UV werden tabellar. angegeben, die IR-Spektren (100—400 cm^{-1}) werden beschrieben.

P. Scharner 322

0784 **Zwei mit dem Krypton-Hydrat isotype Kaliumverbindungen.** Christian Cros, Michel Pouchard, Paul Hagenmuller und John S. Kasper. (Bull. Soc. chim. France **1968**, 7, 2737—42; Service de Chim. minér. struct. de la Fac. des Sci. de Bordeaux assoc. au CNRS; franz.) — Werden *KSi* bzw. *KGe* einer 80std. isothermen Pyrolyse unterworfen, so wird Zers. ab 320 bzw. 330° beobachtet. Zwischen 340 u. 480° bzw. 340 u. 380° werden KSi bzw. KGe durch eine neue u. allein anwesende Phase ersetzt, neben der erst oberhalb 480 bzw. 380° reines Si bzw. Ge auftreten. Bei den neuen Phasen $K_{6,8}Si_{45,3}$, kub., a = 10,26 ± 0,02 Å; O_h^3-Pm3n bzw. $K_{7,4}Ge_{45}$, kub., a = 10,66 ± 0,01 Å, O_h^3-Pm3n) handelt es sich um graue, mikrokrist. Pulver, die mit dem durch Pyrolyse von NaSi erhaltenen Na_8Si_{46} sowie dem $Kr_8 \cdot (H_2O)_{46}$ isotyp sind. Im Gegensatz zu den Ausgangsverb. sind sie chem. äußerst inert u. werden nur durch Chemikalien angegriffen, die auch mit elementarem Si bzw. Ge reagieren. Bez. analyt. u. kristallograph. Daten vgl. Original. D. Gerlatzek 326

0785 **Strontium-Seltenerdmetall-Hydrogranate und Strontium-Seltenerdmetall-Germanat-Granate.** Jun Ito. (Mater. Res. Bull. **3** (1968) 6, 495—500; NBS, Washington, D.C.; engl.) — Durch Fällung konnten aus 1 m NaOH in Luft bei 100—115° Granate der Zus. $Sr_3(Yb, Lu)_2(OH)_{12}$ u. $Sr_3Yb_2Ge_3O_{12}$ erhalten werden. Aus Gitterkonst.-Messungen in Abhängigkeit von der Zus. folgt, daß die Granate zu beiden Seiten einer großen Mischungslücke feste Lsg. bilden; die Mischungslücke reicht von $Sr_3Yb_2Ge(OH)_8O_4$ bis $Sr_3Yb_2Ge_{0,2}(OH)_{11,2}O_{0,8}$. W. Laqua 326

0786 **N-Organometall-substituierte tert.-Butylamine.** I. Schumann-Ruidisch, W. Kalk und R. Brüning. (Z. Naturforsch. **23b** (1968) 3, 307—12; Anorg.-chem. Inst., Univ., Würzburg; dt.) — Synth. u. Eig. metallorgan. Deriv. des *N-Trimethylsilyl-tert.-butylamins* (**I**) werden beschrieben u. die IR- u. ^{1}H-NMR-Spektren der neuen Verb. zugeordnet u. diskutiert. Alle Verb. sind in inerten organ. Lsgm. gut lösl. u. werden durch protonenakt. Solventien sofort unter Bldg. von tert.-Butylamin zersetzt.

Versuche: **I**, Kp.$_{760}$ 118°, durch Metallierung von tert.-Butylamin mit $LiCH_3$ in Ae. bei 0°, Rk. mit $(CH_3)_3 \cdot SiCl$ bei 0° u. 2std. Kochen; 76,8% (Ausb.); farblose, hydrolyseempfindliche Flüssigkeit. — *Lithium-N-trimethylsilyl-tert.-butylamid* (**II**), aus **I** u. $LiCH_3$ in Ae. unter trockenem N_2 (2 Std. am Rückfluß); gut lösl. in Ae.; nicht in Substanz isolierbar u. in der Lsg. nur begrenzt haltbar; Geh. der Lsg. acidimetr. nach Hydrolyse zu $(CH_3)_3SiOSi(CH_3)_3$, LiOH u. tert.-Butylamin bestimmbar. — *Bis-[N-trimethylsilyl]-tert.-butylamin*, $C_{10}H_{27}NSi_2$, Kp.$_3$ 37—38°, aus **II** u. $(CH_3)_3SiCl$ in sd. Ae./Bzl. (18 Std.); 52,9%; farblose, wasserklare Flüssigkeit. — *N-Trimethylsilyl-N-trimethylgermyl-tert.-butylamin*, $C_{10}H_{27}GeNSi$, Kp.$_1$ 47°, a) aus **II** u. $(CH_3)_3GeCl$ in Ae. bei 0°, dann 2 Std. am Rückfluß; 3,8%; daneben große Mengen eines bei 85°/1 Torr sd. Öls unbekannter Natur; b) aus nachst. Verb. u. $LiCH_3$ bei —50 bis —25° in Ae., anschließend 3 Std. am Rückfluß; 24,4%. — *N-Trimethylsilyl-N-dimethylchlorgermyl-tert.-butylamin*, $C_9H_{24}ClGeNSi$, Kp.$_{0,5}$ 72°, durch Zutropfen einer äther. **II**-Lsg. zu $(CH_3)_2GeCl_2$ in Ae. bei 0° (Molverhältnis 1:1) u. 2std. Rückflußkochen; 21,2%. — *N-Trimethylsilyl-N-trimethylstannyl-tert.-butylamin*, $C_{10}H_{27}NSiSn$, Kp.$_{2,5}$ 50°, aus **II** u. $(CH_3)_3SnCl$ in Ae. bei 0°, dann 2std. Kochen; 66,9%; farblose Flüssigkeit. — *N-Trimethylsilyl-N-trimethylplumbyl-tert.-butylamin*, $C_{10}H_{27}NPbSi$, Kp.$_{2,5}$ 63—65°, aus **II** u. $(CH_3)_3PbCl$ in sd. Ae. (24 Std., Lichtausschluß); 46%; hellgelbe Flüssigkeit. — *N-Trimethylsilyl-N-dimethylchlorstannyl-tert.-butylamin*, $C_9H_{24}ClNSiSn$, Kp.$_1$ 74°, aus **II** u. $(CH_3)_2SnCl_2$ (1:1) in sd. Ae. in 7 Std.; 66,1%. — *Bis-[N-trimethylsilyl-tert.-butylamino]-dimethylstannan*, $C_{16}H_{42}N_2Si_2Sn$, Kp.$_{1,5}$ 133°, aus **II** u. $(CH_3)_2SnCl_2$ (2:1) in 2 Std. in sd. Bzl./Pentan; 36,2%. A. Blaschette 328

0787 **Darstellung von Organoheterometalloxanen.** Alwyn G. Davies, P. G. Harrison und T. A. G. Silk. (Chem. and Ind. **1968**, 28, 949—50; Univ. Coll., London; engl.) — Folgende, in den meisten organ. Lsgm. lösl. Organoheterometalloxane wurden durch 10—15 Min. langes Rückflußkochen in Bzl., Toluol oder Ligroin unter Auffangen des gebildeten W. in einer Dean-Stark-Falle in Form von Krist. oder destillierbaren Ölen in nahezu quant. Ausb. dargestellt: $(CH_3)_3SiOSn(C_6H_5)_3$, Kp.$_{0,1}$ 140°, aus $(CH_3)_3SiOH$ u. $[(C_6H_5)_3Sn]_2O$ (**I**); $(C_6H_5)_3SiOSn(C_6H_5)_3$, F. 138—140°, aus **I** u. $(C_6H_5)_3SiOH$ (**II**); $[(C_6H_5)_3SiO]_2Sn(CH_3)_2$, F. 153—154°, aus **II** u. $[(CH_3)_2SnO]_n$; $[(C_6H_5)_3SiO]_2Sn(C_4H_9)_2$, F. 71°, aus **II** u. $[(C_4H_9)_2SnO]_n$ (**III**); $[(C_6H_5)_3SiO]_2Sn(C_6H_5)_2$, F. 146—148°, aus **II** u. $[(C_6H_5)_2SnO]_n$; $(C_6H_5)_2Si[OSn(C_4H_9)_3]_2$, Öl, aus $(C_6H_5)_2Si(OH)_2$ (**IV**) u. $[(C_4H_9)_3Sn]_2O$; $(C_6H_5)_2Si[OSn \cdot (C_6H_5)_3]_2$, F. 94—95°, aus **IV** u. **I**; $(C_6H_5)_2SiOSi(C_6H_5)_2O \cdot Sn(C_4H_9)_2$, F. 190—200°, aus **IV** u. **III**; $C_4H_9Sn[OSi \cdot (C_6H_5)_3]_3$, F. 144—146°, aus **II** u. $[C_4H_9Sn(OH)O]_n$; $(C_6H_5)_3SiOPb(C_6H_5)_3$, F. 124—125°, aus **II** u. $(C_6H_5)_3Pb \cdot (OH)$ (**V**); $(C_6H_5)_3SiOHgC_6H_5$, F. 141—141,5°, aus **II** u. C_6H_5HgOH; $(C_6H_5)_3GeOSn(C_2H_5)_3$, Kp.$_{0,04}$ 167—169°, aus $(C_6H_5)_3GeOH$ (**VI**) u. $(C_2H_5)_3SnOH$; $(C_6H_5)_3GeOPb(C_6H_5)_3$, F. 127,5—128,5°, aus **VI** u. **V**. Die Valenzschwingungsfrequenzen der Metall-O-Metallgruppe liegen bei 996 bis 775 cm^{-1} u. sind um ca. 50 cm^{-1} niedriger als die der entsprechenden Chlorheterometalloxane. G. Heller 328

0788 **Darstellung von kristallinem $Ba(VO_3)_2 \cdot H_2O$ und einige seiner physikalisch-chemischen Eigenschaften.** L'. Žúrková, J. Čorba und V. Suchá. (Chem. Zvesti **22** (1968) 1, 73—76; Kat. neorg. chim. Prirod. fak. Univ. komenského, Bratislava; slowak.) — Die Titelverb. wurde durch langsames kontinuierliches Vermischen 0,05 n wss. Lsg. von $Ba(NO_3)_2$ u. NH_4VO_3 dargestellt. Die Verb. ist weiß, krist., ihr Löslichkeitsprod. beträgt 9,72 · 10^{-14} g-Äquiv./Liter. Die Verb. krist. rhomb., $P2_12_12_1$; a = 7,43 ± 0,01, b = 9,06 ± 0,02 A, c = 9,70 ± 0,01 A, Z = 4. J. Milka 330△

0789 **Elektrolytische Reduktion höherer Metallchloride in nichtwäßrigen Medien. 1. Mitt. Alkoholaddukte der Vanadin(II)-halogenide.** H. J. Seifert und T. Auel. (Z. anorg. allg. Chem. **360** (1968) 1/2, 50—61; Gießen Univ., Inst. für Anorg. u. Analyt. Chem.; dt.) — Durch elektrolyt. Red. halogenwasserstoffhaltiger alkohol. Lsg. des VCl_3 u. VBr_3 werden metastabile Lsg. der V(II)-Halogenide erhalten, durch Rk. von $VCl_2 \cdot 2\,CH_3OH$ (**I**) mit KJ in Methanol (**II**) auch VJ_2-Lösungen. Aus diesen Lsg. ließen sich krist. Alkoholaddukte der allg. Zus. $VX_2 \cdot nCH_3OH$ (X = Cl:n = 2,4; X = Br:n = 2, 4, 6; X = J:n = 4,6) isolieren, die in Alkohol u. Aceton lösl., in Ae. unlösl. sind u. an Luft unter gleichzeitiger Hydrolyse rasch ox. werden. Die Vierer- u. Sechseraddukte besitzen normalen Paramagnetismus mit μ_{eff}-Werten um 3,80 BM; die Momente der Zweieraddukte sind stark temp.-abhängig u. kleiner als die spin-only-Werte für 3 ungepaarte Elektronen. Absorptionsspektren der Lsg. zeigten im Bereich von 220—1000 nm 3 Max., die d-d-Übergängen zugeordnet werden.

Versuche: Alkohol. Lsg. von VCl_2 bzw. VBr_2, durch 25std. elektrolyt. Red. gesätt. wasserfreier Lsg. von VCl_3 bzw. VBr_3 in 10% HCl enthaltendem **II** bzw. A. bei 12—15 V u. 1 A unter Luftausschluß. — $VCl_3 \cdot 4\,CH_3 \cdot OH$, durch Einleiten von HCl in einer gesätt. Lsg. von VCl_3 in **II** unter Eiskühlung; grüne Kristalle. — $VCl_2 \cdot n\,CH_3OH$, $n = 4$ (**III**): durch Einengen methanol. Lsg. von VCl_2 bei 65° im Vakuum; blaue Kristalle. $n = 2$ (**I**): analog **III** nach vollständigem Einengen oder aus **III** im Vakuum bei 60°; D.$_4^{25}$ 1,75 (g/cm^3); grün. — $VBr_2 \cdot n\,CH_3 \cdot OH$, n = 6: durch Zugabe eiskalter methanol. VBr_2-Lsg. zu mit A./CO_2 gekühltem, mit HBr gesätt. Ae.; violett, $n = 4$: analog **III**; violett. $n = 2$: analog **I**; D.$_4^{25}$ 2,43; grün. — $VJ_2 \cdot nCH_3OH$, $n = 6$: aus **I** u. KJ in **II** nach Zugabe von Ae.; D.$_4^{25}$ 1,97; rotviolette Kristalle. $n = 4$: durch 5std. Erhitzen vorst. im Vakuum auf 75°; D.$_4^{25}$ 4,28; pyrophor, rosafarben. — $VJ_2 \cdot 6\,H_2O$, durch 15 Min. langes Kochen von V_2O_5 in HJ u. 1/2std. Schütteln mit Hg; rotviolette Nadeln. P. Scharner 330

0790 **Darstellung wasserfreier Fluorverbindungen des zweiwertigen Vanadins.** H. J. Seifert, H. W. Loh und K. Jungnickel. (Z. anorg. allg. Chem. **360** (1968) 1/2, 62—69; dt.) — Vgl. vorst. Referat. — Bei elektrolyt. Red. von in HF gelöstem V_2O_5 fällt aus genügend konz. Lsg. beim Erreichen der Ox.-Stufe +2,5 des V in W. unlösl. $V_2F_5 \cdot 7\,H_2O$ (**I**), das sich zu V_2F_5 entwässern läßt. Nach seinem Debyeogramm ist **I** isotyp dem $Fe_2F_5 \cdot 7\,H_2O$. Aus wss. Lsg. von $VCl_2 \cdot 4\,H_2O$ (**II**) lassen sich $(NH_4)_2VF_4 \cdot 2\,H_2O$ u. KVF_3 darstellen, das nicht frei von KF zu erhalten ist. Rk. von $VCl_2 \cdot 2\,CH_3OH$ (**III**) mit kondensiertem HF führt zu pyrophorem VF_2, das noch mindestens 0,2 HF gebunden hält. Die magnet. Suszeptibilitäten aller dargestellten Verb. wurden gemessen.

Versuche: $V_2F_5 \cdot 7\,H_2O$ (**I**) durch 15std. elektrolyt. Red. von in wss. HF gelöstem V_2O_5 bei 2 A; D.$_4^{25}$ 2,11 (g/cm^3); grauer Niederschlag. — V_2F_5, durch Erhitzen von **I** auf 200° im Hochvakuum; braun. — $(NH_4)_2VF_4 \cdot 2\,H_2O$, durch Zugabe HCl-saurer **II**-Lsg.

zu kaltgesätt. Lsg. von NH_4F bei 80°; blau. — $KVF_3 + KF$, analog vorst. Verb.; blau. — $VF_2 \cdot xHF$ (x ca. 0,2), durch Abrauchen von **III** mit HF.

P. Scharner 330

0791 **Homopolyatomige Ionen der schweren Elemente nach den Übergangselementen. Darstellung, Eigenschaften und Bindung von $Bi_5(AlCl_4)_3$ und $Bi_4(AlCl_4)$.** John D. Corbett. (Inorg. Chem. [Washington] 7 (1968) 2, 198—208; Inst. for Atomic Res. and Dep. of Chem., Iowa State Univ., Ames, Ia.; engl.) — Im pseudobin. Syst. $BiCl_3 \cdot 3\,AlCl_3$–Bi treten zwei feste Phasen der Zus. $Bi_5(AlCl_4)_3$ (**I**) u. $Bi_4(AlCl_4)$ (**II**) auf, die durch Red. mit Bi von $BiCl_3 \cdot 3\,AlCl_3$ (stöchiometr. Mengen) in einer $NaAlCl_4$-Lsg. als Krist.-Prod. dargestellt werden können. **I** schmilzt bei 326° u. **II** mit irreversibler Zers. bei 398°. Die Intrusion eines Intermediärprod., hauptsächlich eine amorphe Phase oberhalb 249°, ist die Ursache dieses Verh. u. verhindert die direkte Red. zu **II**, wenn $AlCl_3$ nicht im Überschuß verwendet wird. Mull- u. Reflexionsspektren ($8-44 \times 10^{-3}$ cm^{-1}) der beiden diamagnet. Verb. **I** u. **II** weisen große Ähnlichkeit zu denen aus der Literatur bekannten von Bi_5^{3+} (**III**) u. Bi_8^{2+} (**IV**) in verd. Schmelzen auf. Danach scheinen diese Ionen zusammen mit den relativ inerten $AlCl_4^-$-Anionen in den Verb. vorhanden zu sein. LCAO–MO-Rechnungen weisen eindeutig auf trigonal-bipyramidale(D_{3h})-Symmetrie von **III** u. quadrat. antiprismat. (D_{4d})-Symmetrie von **IV** hin. In diesem Zusammenhang wird auch das in der Literatur bekannte Bi_9^{5+} diskutiert. Die Bindungen in diesen Kationen sind denen der Polyboran-Käfigen vergleichbar, bes. von $B_3C_2H_5$, $B_8H_8^{2-}$ u. $B_9H_9^{2-}$.

R. Blank 334

0792 **Etardreaktionen.** 1. Mitt. **Art der Komplexe und ihre Reaktionen mit einigen Sauerstoff- und Stickstoffdonormolekülen.** R. C. Makhija und R. A. Stairs. (Canad. J. Chem. **46** (1968) 8, 1255—60; Trent Univ., Peterborough, Ontario; engl.) — Mit CCl_4 verd. Toluol reagiert mit Chromylchlorid zu einem Prod. der empir. Zus. $C_6H_5CH_3 \cdot 2\,CrO_2Cl_2$ (**I**). Beim Rückflußkochen von **I** mit Donatormol. (D) werden Addukte **I** · *2 D* erhalten, deren IR-Banden zugeordnet wurden. Auf Grund dieser Zuordnung, vorl. Röntgenunters. u. magnet. Messungen werden für **I** eine polymere Struktur A mit Cl- u. OH-Brücken u. für **I** · 2 D die Struktur B vorgeschlagen.

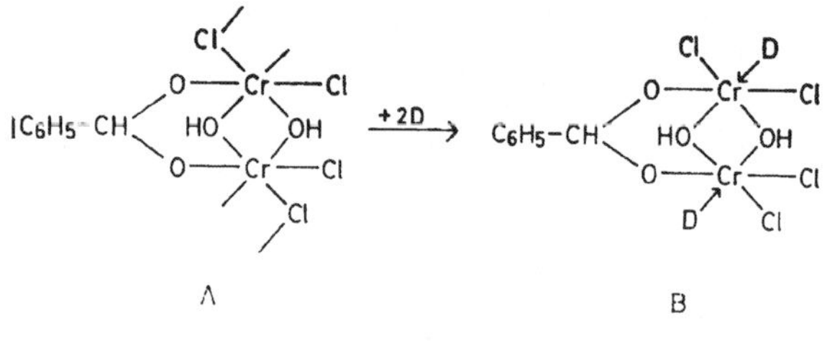

A B

Versuche (unter trockenem N_2): **I**, 1std. Zutropfen von CrO_2Cl_2 in CCl_4 zu Toluol (Molverhältnis ca. 1:4) in CCl_4, 6std. Rühren, 12std. Stehen, Filtrieren, Waschen mit CCl_4 u. Vakuumtrocknen, amorphes Pulver, (μ_{eff} =) 3,21 (BM); **I** · 2 D, (D =) *Pyridin*, 20std. Rückflußkochen von **I** mit D(1:4) in CCl_4, grünlichschwarzes Kristallisat, 3,28; *Acetonitril*, analog in 24 Std.; *Triäthylamin*, 24std. Erhitzen von **I** mit einer 5%ig Lsg. von D(1:4) in PAe. auf 50°, aschfarben; *4-Picolin*, analog in 36Std. mit einer 10%ig. Lsg. von D, hygroskop., rosagelb; *Dioxan*, Lösen von **I** in trockenem D u. Eindampfen im Vakuum sowie 2 Tage langes Trocknen, luftzersetzlich, schokoladenfarben; *Tetrahydrofuran*, analog, hygroskop., luftzersetzliches, schwarzes glänzendes Kristallisat.

G. Heller 335

0793 **Phosphinsubstituierte Carbonylhalogenokomplexe von Chrom und Molybdän.** A. D. Allen und P. F. Barrett. (Canad. J. Chem. **46** (1968) 10, 1649—53; Univ. of Toronto, Toronto, Ontario; engl.) — Vgl. C. **1969**, 19-0708. — Durch 1std. Rühren von $[(C_2H_5)_4N][M(CO)_5X]$ (**I**) mit $(p\text{-}X'C_6H_4)_3P$ (**II**) im Molverhältnis 1:1,1 in Diglyme unter N_2 bei Raumtemp., Filtrieren, Fällen im Filtrat mit PAe. (Kp. 40—60°), Abdekantieren, mehrmaliges Waschen mit PAe. u. Trocknen im Vakuum werden leuchtendorangegelbe, an der Luft nur mäßig stabile Komplexe des Typs *cis*-$[(C_2H_5)_4N][(p\text{-}X'C_6H_4)_3 \cdot PM(CO)_4X]$ (**III**; M = *Cr*, *X* = *Cl*, X' = *F* u. *Cl*; M = *Mo*, *X* = *Cl*, X' = *F* u. *Cl*; X = *Br*, X' = *F* u. *Cl*) erhalten. Komplexe mit M = Cr u. X = Br oder J sowie mit Arylphosphinen, die elektronenanziehende Gruppen enthalten, oder mit Triphenylphosphin selbst konnten nach dieser Meth. nicht rein dargestellt werden. Beim ½std. Rühren von **I** mit **II** im Molverhältnis 0,8:1,1 in THF unter N_2, Zugabe von weiteren 1,1 Val **II**, 1½std. Rühren bei 40°, Abfiltrieren des $(C_2H_5)_4NBr$, Eindampfen unter red. Druck, Extrahieren mit $CHCl_3$ u. Umkrist. aus $CHCl_3$/Methanol wurde eine neue Meth. zur Darst. von *cis*-$[(p\text{-}X' \cdot C_6H_4)_3P]_2Mo(CO)_4$[X' = *H*, F. 148—150° (Zers.); *F*, F. 158 bis 160° (Zers.); *Cl*, F. 142—145° (Zers.)], die in Form hellgelber Nadeln in ca. 70% Ausb. isoliert werden, entdeckt. Mit den entsprechenden Cr-Verb. wurden die trans-$(PR_3)_2Cr(CO)_4$-Komplexe erhalten, wie die IR-Spektren zeigen. Gemischte Phosphinkomplexe des Typs $(PR_3)(PR'_3)$ *M* (CO_4) lassen sich rein nicht herstellen. Auf Grund der Zuordnung der IR-Banden im C = O-Valenzschwingungsgebiet für alle Komplexe werden deren Strukturen diskutiert.

G. Heller 336

0794 **Neue Derivate des sechswertigen Wolframs: Oxoperoxochlorowolframate $M_2[W(O{-}O)OCl_4]$ mit M = K, NH_4, Rb und Cs. Röntgenographische Ergebnisse.** Marie-Thérèse Youinou und Jacques E. Guerchais. (Bull. Soc. chim. France **1968**, 1, 40—44; Brest, Fac. des Sci., Labor. de Chim. Min.; franz.) — Durch Erhitzen von WO_3 mit Alkalimetallcarbonat, Auslaugen mit H_2O, Zugabe von H_2O_2 u. Zugabe von konz. HCl wurden folgende kub. kristallisierenden Wolframate dargestellt (Gitterkonst. a in Klammern): $K_2[W(OO)OCl_4]$ (9,60 ± 0,01 Å), $(NH_4)_2[W(OO)OCl_4]$ (9,78 ± 0,01), $Rb_2[W \cdot (OO)OCl_4]$ (9,81 ± 0,01) u. $Cs_2[W(OO)OCl_4]$ (10.17 ± 0,01). Charakterist. Schwingungen der W(OO)O-Gruppe liegen bei ca. 950, 900, 600 u. 540 cm^{-1}. Die Verb. sind gelb u. nur von geringer Stabilität.

Hans Bürger 337

0795 **Strontiumisotope aus Spontanspaltung in Uranmineralien und Uransalzen.** H. Arino und P. K. Kuroda. (J. inorg. nuclear Chem. **30** (1968) 3, 677—83; Fayetteville, Ark., Univ. of Ark., Dep. of Chem.; engl.) — ^{89}Sr u. ^{90}Sr wurden aus Kilogrammengen abgereicherten Urans (17 Jahre alt, 99,989% ^{238}U), Uranylnitrat (14—15 Jahre alt) u. aus Katanga - Pechblende (ca. 600 Millionen Jahre alt) abgetrennt. Die Ausb. für die Massenkette 90 ergab sich aus der Spontanspaltung in abgereichertem ^{238}U zu (5,9 ± 0,6)%, für ^{89}Sr beträgt die Ausb. (3,3 ± 0,3)%. Etwa 20% aller Spaltung in Pechblende werden auf neutroneninduzierte Spaltung von ^{238}U u. 80% auf ^{238}U-Spontanspaltung zurückgeführt. Das Verhältnis von induzierter Spaltung zu Spontanspaltung in nichtbestrahltem Uranylnitrathexahydrat beträgt 0,3 bis 0,4.

Heinrich J. Schroeder 339

0796 **Lagerungsverhalten von UO_2-Pulvern.** M. J. Bannister. (J. nuclear Mater. [Amsterdam] **26** (1968) 2, 174—84; Austral. Atom. Energy Comm., Res. Establ., Lucas Heights, N.S.W.; engl.) — Der Bericht über das Verh. von UO_2-Pulvern beim Lagern schließt die Sauerstoffaufnahme unter Lagerbedingungen, die Einfl. von zusätzlichem Sauerstoff auf die Fabrikation u. das Bestrahlungsverh., die grundlegenden Ox.-Prozesse, die pyrophore Rk. des UO_2-Pulvers in Luft u. den Schutz des UO_2 gegen Ox. ein. Es wird gezeigt, daß der pyrophore Prozeß in Luft bei Raumtemp. das Ergebnis einer schnellen Chemisorption von Sauerstoff ist. Eine Theorie für diesen Effekt wird entwickelt. — 38 Literaturangaben.

Herbert Weber 339

0797 **Urandioxid aus Uranylnitrat/Tri-n-butylphosphat-Lösung.** Tomitaro Ishimori, Eiko Akatsu, Michiko Kawasaki und Kaoru Ueno. (J. nuclear Sci. Technol. [Tokyo] **5** (1968) 3, 111—16; J.A.E.R.I., Tokaimura, Ibaraki-ken; engl.) — Beschreibung der Darst. von UO_2 aus $UO_2(NO_3)_2$-TBP-Lsg. durch Vakuumdest. u. therm. Zersetzung. Durch Vakuumdest. wird TBP (u. das Verd.-Mittel) im N_2-Strom abgetrieben (1—5 Torr, 40—150°). Der Dest.-Rückstand wird im N_2-Strom (0,1—1 Torr) durch Erhitzen auf 1300° therm. zersetzt. Es entsteht schwarzes pulverförmiges UO_2, dessen Identität durch Röntgenunters., D.-Messung u. chem. Analyse sichergestellt wurde. D. Ertel 339

0798 **Anwendung des Plasmaofens zur Herstellung von Eisen hoher Reinheit.** Bernard Rondot, Pierluigi Antoniucci, Jean Montuelle und Georges Chaudron. (C. R. hebd. Séances Acad. Sci., Sér. C **266** (1968) 6, **363**—65; Centre d'Etudes de Chim. métallurg., CNRS, Vitry-sur-Seine; franz.) — In einem Hochfrequenzplasmaofen, der kurz beschrieben wird, wird im Ar-5% H_2-Strom bei 2600° eine rasche u. weitgehende Reinigung eines techn. reinen Eisens erzielt. Der C- u. O-Geh. beträgt nach 4—5 Min. $2 \cdot 10^{-6}$; er liegt somit niedriger als beim Zonenschmelzen unter H_2 erzielt werden kann. O. Rösner 354

0799 **Neuer Monocyanokobalt(III)-Komplex.** Nobufumi Maki, Takahiro Itoh und Shukichi Sakuraba. (Bull. chem. Soc. Japan **41** (1968) 2, 529; Dep. of Chem., Fac. of Engng., Shizuoka Univ., Johoku, Hamamatou; engl.) — Durch Zugabe von Dimethylglyoxim zu einer wss. Lsg. von $[Co(CN)(OH_2)(NH_3)_4]Cl_2$, 3std. Erhitzen auf 85° (NH_3-Entw.), Zufügen von NH_4-Acetat werden 82% (Ausb.) *trans-Monocyano-bis-[dimethylglyoximato]-ammin-kobalt(III)-semihydrat* (**I**) erhalten, das aus verd. Essigsäure bei 85° umkrist. wird. Die stufenweise Red. von **I** an einer Hg-Tropfelektrode verläuft über die Stufen $[Co^{II}(CN)(dg)_2(NH_3)]^-$ (**II**) → $[Co^{I}(CN) \cdot (dg)_2(NH_3)]^{2-}$ → $[Co^{0}(dg)_2]^{2-}$ (**III**) → *Co*, sowie **II** → $[Co^{II}(CN)dg_2(OH_2)]^-$ → **III** → Co (dgH = Dimethylglyoxim). H. J. Schönherr 355

0800 **Strukturzuordnungen, Reaktionsfähigkeit und Stabilität der Isomeren von trans-trans-Dinitro-bis-[N-methyläthylendiamin]-kobalt(III)-Ionen.** D. A. Buckingham, L. G. Marzilli und A. M. Sargeson. (Inorg. Chem. [Washington] **7** (1968) 5, 915—22; Australian Nat. Univ. Canberra, A.C.T.; engl.) — Meso-, (±)- u. (—)-D-Formen von trans-trans-$[Co(L)_2(X_2)]^+$ mit L = N-Methyläthylendiamin, $X_2 = (NO_2)_2$ (**I**), $X_2 = (NO_2)Cl$ (**II**) oder $X_2 = Cl_2$ (**III**) wurden isoliert. Der Protonenaustausch am N-Methylzentrum übertrifft die Isomerisierungsgeschw. der meso-Form zum Racemat um ein Vielfaches; die Gleichgew.-Konst. für: meso-Form ⇌ Racemat beträgt 7,1 bei 34,3°. Der Stabilitätsunterschied wird in Beziehung zu den atomaren Wechselwrkg. beider Ionen diskutiert. Die Strukturen werden auf Grund der Spektren im nahen UV, von PMR-Spektren, der Zirkulardichroismuskurven sowie der Rk. der Komplexe u. ihrer Deriv. zugeordnet.

Versuche: meso-trans-trans-$[Co(L)_2 \cdot (NO_2)_2]^+$-Salze: *Chlorid*, Umkrist. aus heißer wss. Lsg.; Fällen mit Na-Salzen: *-Bromid* · H_2O, *-Perchlorat* u. *-Jodid*; (±)-*trans-trans*-$[Co(L)_2(NO_2)_2]NO_2 \cdot 0{,}5\ H_2O$, 3std. Rückflußkochen von 7,7 g L, 6 g LiCl u. 20,1 g $Na_3[Co(NO_2)_6]$ in Methanol, Abfiltrieren von NaCl, Stehenlassen u. weiteres Einengen, insgesamt 14,5 g (Ausb.); analoges *Bromid*, weiteres Einengen u. Fällen mit LiBr, 1,5 g; (±)-*trans-trans*-$[Co(L)_2(NO_2)Cl]ClO_4 \cdot 0{,}5\ H_2O$, 5 Min. langes Erwärmen einer Lsg. von 1,9 g (±)-*trans-trans*-$[Co(L)_2(NO_2)_2]$-*chlorid* in 10 n HCl auf 40°, Zugabe von überschüssigem $NaClO_4$ u. Kühlen, insgesamt 1,5 g; (—)-D-*trans-trans*-$[Co(L)_2(NO_2)Cl]ClO_4 \cdot 0{,}5\ H_2O$, wie vorst. aus 0,5 g (—)-D-*trans-trans*-$[Co(L)_2(NO_2)_2] \cdot Cl$, 0,35 g; analog: *meso-trans-trans*-$[Co(L)_2(NO_2)Cl]ClO_4 \cdot 0{,}5\ H_2O$; (—)-D-*trans-trans*-$[Co(L)_2Cl_2] \cdot ClO_4$, 1std. Stehenlassen einer Lsg. von 0,3 g (+)-D-*trans-trans*-$[Co(L)_2(NO_2)_2]ClO_4$ in 11 n HCl, ¼std. Erwärmen auf 70°, Eindampfen bis nahe zur Trockne unter red. Druck, Zugabe von HCl, Eindampfen, Filtrieren, Zugabe von 11 n $HClO_4$, Kühlen u. Waschen mit 5 n $HClO_4$ u. Aceton, dunkelsmaragdgrüne Krist.; 0,15 g; $[\alpha]_{500}$ —0,480° für 0,1%ig. Lsg. in 0,01 n $HClO_4$; (±)-*trans-trans*-$[Co(L)_2Cl_2] \cdot Cl \cdot HCl \cdot 2\ H_2O$, 20 Min. langes Erwärmen einer Lsg. von (±)-trans-trans-$[Co(L)_2(NO_2)_2]Cl$ in 11 n HCl auf 70°, Kühlen, Isolieren u. Umkristallisieren aus verd. HCl durch Fällen mit konz. HCl u. Kühlen, dunkelgrüne Nadeln; (±)-*trans-trans*-$[Co(L)_2Cl_2] \cdot SCN$, aus vorst. Verb. u. LiSCN; *meso-trans-trans*-$[Co(L)_2Cl_2] \cdot ClO_4$, Erwärmen von meso-trans-trans-$[Co(L)_2(NO_2)_2]ClO_4$ u. 11 n HCl, Zugabe von $NaClO_4$ u. Kühlen, grüne Krist.; *meso-trans-trans*-$[Co(L)_2Cl_2]Cl \cdot HCl \cdot 2\ H_2O$, 1std. Erhitzen von 1,1 g meso-trans-trans-$[Co(L_2)(NO_2)_2]Cl$ mit 11 n HCl auf 70°, Trocknen unter Vakuum bei Raumtemp., dunkelgrüne Krist., 0,4 g; (—)-D-*trans-trans*-$[Co(L)_2(NO_2)_2] \cdot ClO_4$, Erwärmen vom isomeren Gemisch von (—)-D-trans-trans-$[Co(L)_2(NO_2)Cl]ClO_4 \cdot 0{,}5\ H_2O$ u. $NaNO_2$ auf 34,3°; (+)-D-*trans-trans*-$[Co(L)_2(NO_2)_2]ClO_4$, Stehenlassen einer Lsg. von trans-trans-$[Co(L)_2Cl_2]ClO_4$ u. $NaNO_2$ in 0,01 n $HClO_4$ bei 25°. G. Heller 355

0801 **Struktur der $Ni_{1/3}Fe_{2/3}$-Mischfällung.** S. Okamoto. (Z. anorg. allg. Chem. **360** (1968) 1/2, 104—05; Tokyo, Inst. of Phys. and Chem. Res.; engl.) — Röntgenograph. Unters. zeigen, daß die bei 20° aus Ni(II)- u. Fe(III)-Nitratlsg. mit NaOH erhaltene $Ni_{1/3}Fe_{2/3}$-Mischfällung nicht aus sehr feinkörnigem Ni-Ferrit besteht, sondern ein Oxidhydroxid der angenäherten Zus. $Ni_{1/3}Fe_{2/3}O_{4(1-x)/3} \cdot (OH)_{8x/3}$ mit x = 1—0 u. $CdCl_2$-Struktur ist (a_{hex} = 3,04 (Å), c_{hex} 23,04).
Ernst Schulte 356△

0802 **Festes Nickelgluconat.** G. A. Melson und W. F. Pickering. (Austral. J. Chem. **21** (1968) 5, 1205—12; Dep. of Chem., Univ. of Strathclyde, Glasgow, Gl., engl.) — Die Struktur von $Ni(C_6H_{11}O_7)_2 \cdot 2\ H_2O$ (aus bas. Ni-Carbonat u. Glucono-γ-lacton, grünes Prod.) u. $Ni_2(OH)_2(C_6H_{10}O_7) \cdot 2\ H_2O$ (aus Ni-Nitrat in NaOH u. Na-Gluconat, bei einem End-pH von 8,9, grüne Krist.) wird auf Grund von IR-spektroskop. Daten (400 bis 3600 cm^{-1}), Reflexionsspektren im sichtbaren Bereich, magnet. Eig. u. des Verh. bei der therm. Zers. diskutiert. Das Ni(II)-Ion befindet sich in beiden Fällen in einer verzerrt oktaedr. Umgebung u. weist hohe Spinwerte auf. Die Hydroxyverb. dürfte polymere Struktur mit Hydroxy- u. Aquobrücken haben. J. J. Pohl 356

0803 **Darstellung und Eigenschaften von Metall(II)-Komplexen des N-Methylformamids.** Raymond A. Mackay und Edward J. Poziomek. (Inorg. Chem. [Washington] **7** (1968) 7, 1454—57; Physic. Res. Labor., Edgewood Arsenal, Md.; engl.) — Vf. beschreiben Darst., chem. u. physikal. Eig. einer Reihe von N-Methylformamid(**I**)-Komplexen. Die Komplexe werden von W. hydrolysiert, sie sind lösl. in stark polaren Lsgm. u. unlösl. in schwach polaren Lösungsmitteln. Magnet. Momente, molare Leitfähigkeiten sowie Einzelheiten über Elementaranalyse, Elektronen- u. IR-Spektren der angegebenen Verb. vgl. Original.

Versuche: Hexakis-[N-methylformamid]-metall-nitrate: (Metall = *Mg(II)*, · $2H_2O$, F. 74—77°, weiß, durch Auflösen von hydratisiertem $Mg(NO_3)_2$ in erwärmten Äthylorthoformiat, Hinzufügen von **I**, Rühren, Hinzufügen von Ae. u. Aufarbeiten des Nd.; *Co(II)*, $2H_2O$, F. 78 80°, blaßrot; *Ni(II)*, F. 104 108°, leuchtend grün; — Hexakis-[N-methylformamid]-metallperchlorate: *Mn(II)*, F. 82—84°, weiß; *Zn(II)*, F. 101—105°, weiß; *Co(II)*, F. 125—127°, blaßrot; *Ni(II)*, F. 148—149°, leuchtend grün; *Mg(II)*, F. 103—107°, weiß; — *Tetrakis-[N-methylformamid]-kupfer(II)-perchlorat*, F. 210—211°, leuchtend blau.
H. J. Schönherr 358

0804 **Kupfer(II)-acetat-Komplexe von Pyridin und α-Picolin.** S. F. A. Kettle und A. J. P. Pioli. (J. chem. Soc, [London], Sect. A **1968**, 6, 1243—47; Dep. of Chem., Univ., Sheffield; engl.) — Komplexe von Cu(II)-Halogenacetaten mit den Liganden Py. u. α-Picolin (α-Pic) wurden dargestellt u. untersucht. α-Pic bildet 1:1- u. 2:1-Komplexe. Mit Ausnahme des Trifluoracetat-Komplexes sind alle 1:1-Komplexe dimer. Die 2:1-Komplexe sind purpurfarbene Stoffe, die sich in organ. Lsgm. mit blauer Farbe lösen. α-Pic ist auf Grund der ster. Abstoßung zwischen den H-Atomen der Methylgruppe u. den benachbarten Liganden ster. behindert u. bildet Komplexe niedriger Koordinationszahlen. Nur das blaue Isomere $Cu(Cl_2HCCOO)_2 \cdot 2\alpha$-*Pic* weist eine oktaedr. Struktur auf. Die Komplexe des nicht ster. behinderten Py. weisen alle oktaedr. Struktur auf. Die Bis-[pyridin]-Komplexe sind entweder Monomere mit chelatisierender Acetatgruppe oder Polymere mit Brücken-Acetationen. In $CHCl_3$ oder Dichlormethan liegen sie monomer vor.

Versuche: Die nachst. Komplexe werden dargestellt durch Zugabe der entsprechenden Menge Py. oder α-Pic zu einer 0,1 m Lsg. des hydratisierten Cu-Halogenacetats in 2.2-Dimethoxypropan oder in einem Gemisch von 2.2-Dimethoxypropan u. Äthanol. Sie fallen sofort aus oder werden durch Kühlen auf 0° ausgefällt. Erhaltene Verb.: *$Cu(CF_3COO)_2 \cdot nPy$* (n = 4 oder 2), *$Cu(CCl_3COO)_2 \cdot nPy$* (n = 4 oder 2), *$Cu(CHF_2COO)_2 \cdot 2Py$*, *$Cu(CHCl_2COO)_2 \cdot 2Py$*, *$Cu(CF_3COO)_2 \cdot 2\alpha$-Pic*, *$Cu \cdot (CF_3COO)_2 \cdot \alpha$-Pic*, *$Cu(CCl_3COO)_2 \cdot 2\alpha$-Pic*, *$[Cu(CCl_3 \cdot COO)_2(\alpha$-Pic$)]_2$*, *$Cu(CHF_2COO)_2 \cdot 2\alpha$-Pic* (**I**), *$[Cu(CHF_2 \cdot COO)_2(\alpha$-Pic$)]_2$*, *$Cu(CHCl_2COO)_2 \cdot 2\alpha$-Pic*, *$Cu(CH_2F \cdot COO)_2 \cdot 2\alpha$-Pic*, *$[Cu(CH_2FCOO)_2(\alpha$-Pic$)]_2$*, *$Cu(CH_2Cl \cdot COO)_2 \cdot 2\alpha$-Pic*, *$[Cu(CH_2ClCOO)_2(\alpha$-Pic$)]_2$*. — Purpurfarbenes *Isomeres* von **I**, durch Umkristallisieren von **I** aus 2.2-Dimethoxypropan. H. Markert 358

0805 **Koordinationschemie von 4.4'-Bipyridyl.** T. R. Musgrave und C. E. Mattson. (Inorg. Chem. [Washington] 7 (1968) 7, 1433—36; Dep. of Chem., Colo. State Univ., Fort Collins, Colo.; engl.) — Vf. beschreiben die Darst. der 4.4'-Bipyridylkomplexe mit Ag(I), Hg(II), Co(II), Cu(II) u. Ni(II). Die Basizität des Liganden wird als Funktion der Ionenstärke bestimmt. Die Säuredissoziationskonst. des quaternierten 4.4'-Bipyridyls betragen: K_1 = 6,5 · 10^{-4}, 4,9 · 10^{-4} u. 3,5 · 10^{-4}; K_2 = 1,4 · 10^{-5}, 1,4 · 10^{-5} u. 1,2 · 10^{-5} bei molaren Ionenstärken von 0,05, 0,10 u. 0,20. Physikal. Eig., Stöchiometrie, Reflexions- u. IR-Spektren zeigen, daß die dargestellten Verb. als Koordinationspolymere zu verstehen sind, in denen die Liganden Brückenglieder darstellen.

Versuche: *$[Ag(bipy)]NO_3$*, Zers.-Punkt (ZP.) 290°, weiß, durch Auflösen von $AgNO_3$ in W., Einstellen auf pH 5—6 u. Hinzufügen von 4.4'-Bipyridyl (bipy) in W./A. (50:50) im Überschuß (Meth. **A**); *$[Hg(bipy)] \cdot (NO_3)_2$*, ZP. 320°, weiß, Darst. analog **A**; *$[Co(bipy)](NO_3)_2$*, ZP. 300°, blaßrot, durch Auflösen von hydratisiertem $Co(NO_3)_2$ in 95%ig. Alkohol u. Hinzufügen eines 4.4'-Bipyridylüberschusses in 95%ig. A. (Meth. **B**); *$[Cu(bipy)] \cdot (NO_3)_2$*, ZP. 285°, blau, Darst. analog **B**; *$[Ni(bipy)]Cl_2$*, ZP. > 300°, gelbgrün, Darst. analog **B**; — *$[Ni(bipy)_2] \cdot (NO_3)_2$*, ZP. > 300°, blaugrün, aus trockenem $Ni(NO_3)_2$ u. 4.4'-Bipyridyl im Überschuß in wasserfreiem Methanol (Meth. **C**); *$[Co(bipy)_2](NO_3)_2$*, ZP. 300°, blaßrot-orange, Darst. analog **C**; *$[(Cu(bipy)_2](NO_3)_2$*, ZP. 285°, lavendelfarben, Darst. analog **C**. H. J. Schönherr 358

0806 **Pyridon-(2)-Komplexe mit $MnCl_2$, $CoCl_2$, $NiCl_2$ und $CuCl_2$.** C. C. Houk und K. Emerson. (J. inorg. nuclear Chem. **30** (1968) 6, 1493—502; Chem. Dep., Mont. State Univ., Bozeman, Mont.; engl.) — *$MnCl_2 \cdot C_5H_5NO$*, weißes Pulver, *$CoCl_2 \cdot C_5H_5NO$*, hellblaues Pulver, *$NiCl_2 \cdot C_5H_5NO$*, orangerotes Pulver, *$CuCl_2 \cdot C_5H_5NO$*, orangerote Krist., *$CoCl_2 \cdot 3C_5H_5NO$*, blau u. *$CuCl_2 \cdot 2C_5H_5NO$*, braunes Pulver, wurden durch Mischen von stöchiometr. Mengen des Metallchlorids u. von Pyridon-(2) in A. erhalten. Die IR-Spektren im Bereich der C–O- u. N–H-Schwingungen wurden aufgenommen, die Lage der charakterist. Banden im UV- u. im sichtbaren Bereich, das magnet. Moment bei 80—298 °K, sowie die röntgenograph. Charakteristiken der genannten Komplexverb. sind angegeben. Die Ni- u. Co-Verb. dürften oktaedr. koordiniert sein, die 1:1-Addukte bilden in der festen Phase durch Chlorobrücken verbundene Dimere. $CuCl_2 \cdot C_5H_5NO$ hat (a =, Å) 9,93, (b =) 9,94, (c =) 3,95, α = 90,9°, β = 92,9°, γ = 113,2°, Raumgruppe $P\bar{1}$; $CoCl_2 \cdot C_5H_5NO$ hat 16,78, 8,65, 24,80, β = 94,2°, Cc oder C2/c. J. J. Pohl 358

0807 **Kupfer(II)-Komplexe eines vierzähnigen Liganden, gebildet durch Reaktion von Kupfer(II)-2-Hydroxyäthylamin-Komplexen mit einigen Ketonen.** V. C. Patel und N. F. Curtis. (J. chem. Soc. [London], Sect. A **1968**, 6, 1265—66; Chem. Dep., Univ., Sierra Leone, Freetown; engl.) — Die Kupfer(II)-Komplexe des 2-Hydroxyäthylamins vom Typ $[Cu(NH_2CH_2CH_2OH)(NH_2CH_2CH_2O)]X$ [X = ClO_4 (**I**) oder NO_3] reagieren mit Aceton, Pentanon-(2) u. Butanon-(2) bei Raumtemp. nach einigen Tagen u. bei Sieden im Rückfluß nach wenigen Min. unter Bldg. von Kupferkomplexen mit einem vierzähnigen Liganden. Diese Komplexe enthalten im Mol. zwei Hydroxyäthylaminreste, die über Amin–Imin-Brücken mit zwei Ketonresten verbunden sind. Es sind dunkelblaue krist. Stoffe, die in W. sehr gut lösl. sind, ohne zu hydrolysieren. Mit Mineralsäuren tritt Hydrolyse ein. Pentanon-(3) reagiert unter den gleichen Bedingungen nicht.

Versuche: *[1.9-Dihydroxy-4.6.6-trimethyl-3.7-diazanonen-(3)-ato]-kupfer(II)-perchlorat*, $[CuL]ClO_4$, a) aus $Cu(ClO_4)_2 \cdot H_2O$ in Aceton durch Zugabe von 2-Hydroxyäthylamin u. Ausfällen mit Propanol-(2); b) aus **I** mit Aceton durch Rückflußkochen. — *$[CuL]NO_3$*, analog vorst. Verb. nach a); *[1.9-Dihydroxy-4.6-diäthyl-6-methyl-3.7-diazanonen-(3)-ato]-kupfer(II)-perchlorat*, analog vorst. Verb. mit Butanon-(2); *[1.9-Dihydroxy-6-methyl-4.6-di-n-propyl-3.7-diazanonen-(3)-ato]-kupfer(II)-perchlorat*, analog vorst. Verb. mit Pentanon-(2). H. Markert 358

0808 **Komplexe der p- und der m-Phenylendiamin-N.N.N'.N'-tetraessigsäure mit Ionen der 3d-Elemente.** E. Uhlig und D. Herrmann. (Z. anorg. allg. Chem. **360** (1968) 3/4, 158—68; Jena, Friedrich-Schiller-Univ., Inst. für Anorg. Chem.; dt.) — Komplexe zwischen der p- u. m-Phenylendiamin-N.N.N'.N'-tetraessigsäure (H_4B u. H_4C) mit Cu^{2+}, Ni^{2+}, Co^{2+}, Zn^{2+} u. Cd^{2+} wurden dargestellt, von einzelnen die magnet. Momente bestimmt u. für den W.-Abbau die Temp. angegeben, bei denen die Bldg. der wasserärmeren Verb. präparativ gerade möglich ist. Auf Grund von Reflexions-, UV- u. IR-Spektren werden die Strukturen diskutiert, die durch beträchtliche Spannungen in den Chelatringen bestimmt werden.

Versuche: *$Cu_2B \cdot 6H_2O$*, (Zers.) 115°, durch Auflösen von Cu(II)-Acetat u. H_4B (2:1) in sd. W. u. Trocknen bei Raumtemp., olivgrün, (μ_{eff} =) 1,84 (BM), (Abbau bei) 55°: *$Cu_2B \cdot 4H_2O$*, 105°: *$Cu_2B \cdot 2H_2O$*; analog: *$[Cu_2C \cdot H_2O]_n$*, 160°, dunkelgrün, 1,64; *$Ni_2B \cdot 6H_2O$*, 135°, aus $Ni(OH)_2$ u. H_4B, hellgrün, 50°: *$Ni_2B \cdot 2H_2O$*, 125°: *Ni_2B*; analog: *$Ni_2C \cdot 10H_2O$*, 190°, grasgrün, 55°: *$Ni_2C \cdot 4H_2O$* gelbgrün, 90°: *$Ni_2C \cdot 2H_2O$* hygroskop., 180°: *Ni_2C*; *$Co_2B \cdot 6H_2O$*, 190°, hellviolett, 4,94; 110°: *Co_2B*, dunkelblauviolett, 4,31; *$Co_2C \cdot 6H_2O$*, 220°, violett, 4,91, 125°: *$Co_2C \cdot 2H_2O$*, violettblau, hygroskop., 4,68; *$Zn_2B \cdot 8H_2O$*, 205°, 60°: *$Zn_2B \cdot 7H_2O$*, 90°: *$Zn_2B \cdot 3H_2O$*, 100°: *$Zn_2B \cdot 2H_2O$*, hellrosafarben; *$Zn_2C \cdot 6H_2O$*, 230°, hellrosafarben, 115°: *$Zn_2C \cdot 2H_2O$*; *$Cd_2B \cdot 6H_2O$*, 190°, 100°: *Cd_2B*; *$Cd_2C \cdot 2H_2O$*, 130°, 65°: *Cd_2C*; *$Na_2CuB \cdot 6H_2O$*, 130°, genaues Neutralisieren von H_4B in möglichst wenig W. mit NaOH, Zugabe von etwas weniger als der äquivalenten Menge Cu(II)-Acetat in konz. wss. Lsg. u. vorsichtiges Fällen mit A., lindgrün, 50°: *$Na_2CuB \cdot H_2O$*, bis 125°: *Na_2CuB*, hygroskop.; analog: *$K_2CuB \cdot 6H_2O$*, 120°, hellgrün, 45°: *$K_2CuB \cdot 3H_2O$*, 70°: *$K_2CuB \cdot H_2O$*; *$(NH_4)_2CuB \cdot 6H_2O$*, 90°, gelbgrün, 40°: *$(NH_4)_2CuB \cdot 2H_2O$*, 55°: *$(NH_4)_2CuB \cdot H_2O$*; *$Na_2CuC \cdot 8H_2O$*, 170°, grün, 50°: *$Na_2CuC \cdot 2H_2O$*, 85°: *$Na_2CuC \cdot H_2O$*; *$Na_2NiB \cdot 8H_2O$*, 240°, hellgrün, 50°: *$Na_2NiB \cdot 4H_2O$*, 85°: *$Na_2NiB \cdot 3H_2O$*, 115°: *$Na_2NiB \cdot 2H_2O$*, 210°: *$Na_2NiB \cdot H_2O$*; *$Na_2NiC \cdot 5H_2O$*, 250°, hellgrün, 50°: *$Na_2NiC \cdot 2H_2O$*, 170°: *$Na_2NiC \cdot H_2O$*; *$Na_2 \cdot CoB \cdot 4H_2O$*, 180°, violett, 4,71, 50°: *$Na_2CoB \cdot 3H_2O$*, 60°: *$Na_2CoB \cdot 2H_2O$*; *$Na_2CoC \cdot 3H_2O$*, 190°, unter Luftausschluß, violett, 4,76; *$Na_2ZnC \cdot 5H_2O$*, 240°, 40°: *$Na_2ZnC \cdot 2H_2O$*, 140°: *$Na_2ZnC \cdot H_2O$*; *$[Ni(H_2O)_6(H_2B)] \cdot H_2O$*, 105°, Umsetzen von H_4B mit $NiCO_3$ (1:1) in sd. W., blau bis türkis, 50°: *$[Ni(H_2O)_6(H_2B)]$*; analog: *$[Ni \cdot (H_2O)_6(H_2C)] \cdot H_2O$*, 120°, gelb bis gelbgrün, 50°: *$[Ni \cdot (H_2O)_6(H_2C)]$*; *$[Co(H_2O)_6(H_2B)]$*, 95°, blau; *$[Co(H_2O)_6 \cdot (H_2C)]$*, 120°, gelblich. G. Heller 358

0809 **Neutralkomplexe mit vierzehngliedrigen, makrocyclischen Liganden.** Ernst-G. Jäger. (Z. Chem. 8 (1968) 1, 30; Inst. für Anorg. Chem., Friedrich-Schiller-Univ., Jena; dt.) — Metallchelate verschiedener β-Ketoaldimine (A) kondensieren mit überschüssigem wasserfreien Äthylendiamin bei $^1/_4$—2std. Rückflußkochen, Erkaltenlassen, Waschen u. Trocknen bei 105° zu tetracycl. neutralen Chelaten (B, s. Abb. mit R = $-CH_2-CH_2-R_1$ = CH_3; R_2 = CH_3, C_6H_5, OC_2H_5; M = Cu, Ni; R_1 = C_6H_5; R_2 = OC_2H_5; M = Ni; (R = o-C_6H_4; R_1 = CH_3); R_2 = CH_3; M = Cu, Ni; R_2 = C_6H_5; M = Cu). Aus p-Xylol oder Dioxan, in einigen Fällen auch Pyridin oder A. krist. die diamagnet., rot bis orangerot gefärbten Ni-Chelate oder die violetten bzw. braunen (R = o-C_6H_4) Cu-

Chelate aus. Die IR-Spektren von B zeigen gegenüber denen von A bathochrome Verschiebungen. Die UV-Spektren der Ni-Chelate lassen auf ebene Struktur

A 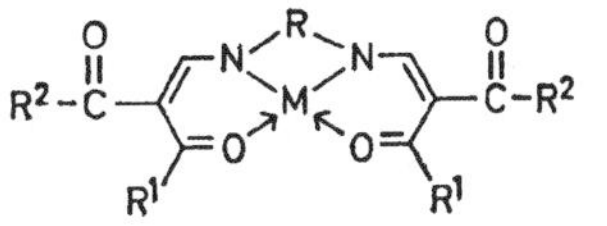

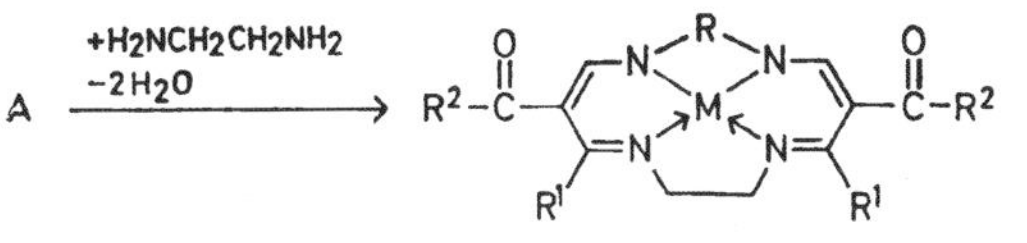

B

schließen. Die Chelate B werden durch konz. Mineralsäuren allmählich unter gleichzeitiger Hydrolyse der Liganden zersetzt. Leitet man in die heißen Lsg. von B in Xylol oder Dioxan HCl-Gas ein, so lassen sich gelbe diamagnet. Ni- u. rotbraune Cu-Chelathydrochloride isolieren. Das Halogen ist darin vermutlich ionogen gebunden, wie die Löslichkeit in verd. HCl zeigt. Mit W. bilden einige Chelate B Dihydrate, die, auch gelb bzw. rotbraun gefärbt, als Hydroxide der protonierten Komplexe aufzufassen sind. G. Heller 358

0810 **Metallkomplexe von o-Aminothiophenol.** L. F. Larkworthy, J. M. Murphy und D. J. Phillips. (Inorg. Chem. [Washington] 7 (1968) 7, 1436—43; Univ. of Surrey, London; engl.) — o-Aminothiophenol (H_2L) bildet unter anaeroben Bedingungen die Komplexe $M(HL)_2$ (M = *Zn, Ni, Co, Fe, Mn, Cr* u. *VO*) sowie *Cu(HL)*. Diese Komplexe lösen sich leicht in DMF u. sind darin Nichtelektrolyte. Sie werden durch Lsg.-, Reflexions- u. IR-Spektren, Röntgenpulveraufnahmen u. magnet. Unters. charakterisiert. $Co(HL)_2$ ist ein orangebrauner, sechsfach koordinierter high-spin-Komplex mit Schwefelbrücken, während der dunkelblaue Komplex, der früher als planarer low-spin-Co(II)-Komplex angesehen wurde, ein Ox.-Prod., nämlich ein Gemisch aus dem diamagnet. $Co(HL)_3$ u. dem aus sd. Aceton isolierbaren „$Co(HL)_2OH$" ist, das seinerseits wieder ein Gemisch aus 2 $Co(HL)_3$ u. $Co(OH)_3$ zu sein scheint. Bei der alkal. Ox. des gelben diamagnet. $Ni(HL)_2$ bildet sich der tiefblaue diamagnet. Iminokomplex NiL_2, der früher als Ni(IV)-Komplex mit O-Brücken formuliert wurde. Während die Ox.-Prod. $Co(HL)_3$ u. NiL_2 bekannt sind, können $Cu(HL)_2$ u. $Fe(HL)_3$ nicht isoliert werden. Als Folge ihrer Strukture mit S-Brücken zeigen verschiedene Komplexe magnet Wechselwrkg., bes. $Fe(HL)_2$, das einen Néel-Punkt von 138 °K hat.

Versuche (unter N_2 in O_2-freien Lsgm.; alle Verb. werden im Vakuum bei 40—45° getrocknet): $Mn(HL)_2$, aus H_2L u. Mn-Acetat in 75%ig. A. bei 45°, Waschen mit 75%ig. A. u. abs. A., cremefarben, (μ_{eff} =) 5,55 (BM); analog: $Zn(HL)_2$, aus $ZnSO_4$, diamagnet.; $Co(HL)_2$, aus Co-Acetat, orangebraun, 4,22; $VO(HL)_2$, aus V(IV)-Sulfat, hellgrün, 1,77; $Fe(HL)_2$, Zugabe einer Lsg. von H_2L, NaOH u. Na-Acetat in 33%ig. A. zu einer Lsg. von $FeSO_4$ in 33%ig. A. bei 35°, 40 Min. langes Schütteln der Suspension, Abfiltrieren, Waschen mit W., abs. A. u. Aceton, hellgelb, 3,95; $Cr(HL)_2 \cdot 0{,}25 H_2L$, aus H_2L u. $CrCl_2$ in 50%ig. A., 40 Min. langes Schütteln u. 12std. Stehenlassen; grüner Komplex, der sich nach 1 Std. hellblau färbt, 4,71; *Cu(HL)*, langsame Zugabe von H_2L in 96%ig. A. zu einer Lsg. von $CuCl_2$ in konz. Ammoniaklsg., ½std. Schütteln, weiß, diamagnet.; „$Co(HL)_2(OH)$", durch Zugabe von Aceton zu $Co(HL)_2$ unter N_2 u. 2std. Kochen in einer Abdampfschale an der Luft, dunkelblau, 2,58; $Co(HL)_3$, Zugabe einer Lsg. von $CoCl_2$ u. NH_4Cl in Ammoniaklsg. zu einer Lsg. von H_2L in 96%ig. A., ½std. Rühren an der Luft, dunkelgrün, 0,51.
G. Heller 358

0811 **Thermische und spektroskopische Untersuchung einiger Chelate der Chloranil- und Rhodizonsäure, sowie des Tetrahydroxychinons.** R. S. Bottei und D. L. Greene. (J. inorg. nuclear Chem. 30 (1968) 6, 1469—79; Dep. of Chem., Univ. of Notre Dame, Notre Dame, Ind.; engl.) — Die IR-Spektren im Bereich 600—4000 cm^{-1}, sowie das therm. Verh. bei 0—500° wurden für folgende Verb. untersucht: *Chloranilsäure* (H_2A) (Zers. bei) 266°, *CuA* 388°, graugrün, $CoA \cdot 2H_2O$ 384°, braun, $ZnA \cdot 2H_2O$ 382°, olivgrün, $PbA \cdot 2H_2O$ 313°, hellbraun, $NiA \cdot 2H_2O$, 367°, hellbraun; *Rhodizonsäuredihydrat*, ($H_4B \cdot 2H_2O$), 253°, Cu_2B, 183°, braun, $Co_2B \cdot 6H_2O$, 345°, grauschwarz, $Zn_2B \cdot 6H_2O$, 355°, rotbraun, $Pb_2B \cdot 6H_2O$, 263°, schwarz, $Ni_2B \cdot 6H_2O$, 386°, braun, *Tetrahydroxychinondihydrat* ($H_4C \cdot 2H_2O$) 277°, Cu_2C, 181°, braun, $Co_2C \cdot 6H_2O$, 346°, braunschwarz, $Zn_2C \cdot 6H_2O$, 306°, braun, $PbC \cdot 6H_2O$, 230°, schwarz u. $Ni_2C \cdot 6H_2O$, 252°, rotbraun. Die Eig. der Chelate werden mit denen der analogen Naphthazarin- u. 2.5-Dihydroxy-p-benzochinon-Verb. verglichen. Die Be-Chelate der Liganden konnten nicht isoliert werden. Die therm. Beständigkeit der Chelate von H_2A sinkt nach Cu $\gtrsim$ Co $\approx$ Zn > Ni > Pb, die der Chelate von H_4B nach Ni > Zn > Co > Pb > Cu u. die der Chelate von H_4B nach Co > Zn > Ni > Pb > Cu. J. J. Pohl 358

0812 **Metallchelate von 1.2.3.4-Tetrahydro-8-hydroxychinolin.** R. S. Bottei und J. E. O'Reilly. (J. inorg. nuclear Chem. 30 (1968) 6, 1481—91; engl.) — Vgl. vorst. Referat. — 2:1-Chelate von 1.2.3.4-Tetrahydro-8-hydroxychinolin (**I**, HA) mit Metallen wurden durch die Rk. von Cu-Sulfat, Weinsäure u. NH_3 in wss.-alkohol. Lsg. bzw. von Co-, Ni- oder Zn-Acetat in heißer wss. Lsg. mit dem Liganden erhalten. In krist. Form wurden CuA_2, $ZnA_2 \cdot 2H_2O$, $NiA_2 \cdot 2H_2O$ u. $CoA_2 \cdot 2H_2O$ gewonnen. Darst.-Vers. von Al-, Pb-, Be- u. Mn-Chelaten ergaben nur Hydrolyseprod., bei der Umsetzung mit Ag-Salzen fällt elementares Ag aus. Die therm. Beständigkeit der Chelate sinkt nach Co > Ni > Cu > Zn. Die IR-Spektren von **I** u. der Co-, Ni-, Zn- u. Cu-Chelate im Bereich 600—4000 cm^{-1} sind angegeben. J. J. Pohl 358

0813 **Ammoniumwolframatoarsenat und analoge Salze.** Sarju Prasad und Rajendra Swarup. (J. inorg. nuclear Chem. 30 (1968) 5, 1337—41; Varanasi, Banaras Hindu Univ., Dep. of Chem.; engl.) — Vf. beschreiben thermoanalyt., IR- u. Raman-Unters. an $3(NH_4)_2O \cdot As_2O_5 \cdot 5WO_3 \cdot 8H_2O$ (**I**). Die Darst. von **I**-Deriv. mit ein-, zwei- u. dreiwertigen Kationen u. konduktometr. Unters. über deren Bldg. werden mitgeteilt.

Versuche: *Ammoniumwolframatoarsenat(V)*, $3(NH_4)_2O \cdot As_2O_5 \cdot 5WO_3 \cdot 8H_2O$, weiße Substanz, aus As_2O_5, WO_3-Hydrat u. wss. NH_3 durch 6—8std. Rückflußkochen, Einengen u. Ausfrieren; Umkrist. aus H_2O. — $3Ag_2O \cdot As_2O_5 \cdot 5WO_3 \cdot 5H_2O$ (**II**), rosa krist. Pulver, durch Fällung wss. **I**-Lsg. mit Ag^+. — $3BaO \cdot As_2O_5 \cdot 5WO_3 \cdot 7H_2O$, weißes Pulver, analog **II**. — $3PbO \cdot As_2O_5 \cdot 5WO_3 \cdot 6H_2O$, weißes Pulver, analog **II**. — $3CuO \cdot As_2O_5 \cdot 5WO_3 \cdot 7H_2O$, blaues krist. Pulver, analog **II**. — $3HgO \cdot As_2O_5 \cdot 5WO_3 \cdot 6H_2O$, weiße Substanz, analog **II**. — $Fe_2O_3 \cdot As_2O_5 \cdot 5WO_3 \cdot 5H_2O$, gelbe Substanz, analog **II**. — $3(CN_3H_6)_2O \cdot As_2O_5 \cdot 5WO_3 \cdot 12H_2O$, weiße Verb., analog **II**. D. Ertel 359

0814 **Trifluormethylsubstituierte Fluorophosphate und Fluoroarsenate.** S. S. Chan und C. J. Willis. (Canad. J. Chem. 46 (1968) 8, 1237—48; Univ. of Western Ontario, London, Ontario; engl.) — Stabile Cs^+- oder Ag^+-Salze mit den Anionen $[CF_3PF_5]^-$, $[(CF_3)_2PF_4]^-$, $[(CF_3)_3PF_3]^-$, $[(CF_3)_2AsF_4]^-$ u. $[(CF_3)_3AsF_3]^-$ wurden dargestellt, nicht aber mit $[CF_3AsF_5]^-$, weil die Fluorierung von $Cs_2 \cdot [CF_3AsO_3]$ mit SF_4 zur Zers. führte. Die IR-Banden der Cs-Salze in einer Lsg. von Acetonitril (**I**) sind tabelliert u. zugeordnet. Auf Grund der Diskussion der ^{19}F-NMR-Spektren in **I** wird bei $[(CF_3)_2PF_4]^-$ u. $[(CF_3)_3PF_3]^-$ trans-Konfig. vermutet. $(CH_3)_3SnCF_3$ (**II**) bildet 1:1-Komplexe mit PF_5, $(CF_3)_2PF_3$ u. $(CF_3)_3PF_2$, die in organ. Lsgm. unlösl. u. mit W. hydrolysierbar sind. Dabei soll nach Hydrolysevers. u. den IR-Spektren im festen Zustand eine Spaltung der $Sn-CF_3$-Bindung in den Komplexen u. ein Übergang als CF_3^- zur Bldg. von Trimethylzinnderiv. von trifluorosubstituierten Fluormethylphosphaten, z. B. $[(CH_3)_3Sn]^+[(CF_3)_3PF_3]^-$, führen.

Versuche: *Cs[CF₃PF₅]* (III), Zers. > 200°, durch Kondens. von CF_3PF_4 (aus CF_3PCl_2 mit Cl_2 zu CF_3PCl_4 u. dann Fluorieren mit SbF_3) auf überschüssiges CsF in I, 15std. Rk. bei 25°, Filtrieren, Eindampfen des Filtrats im Vakuum, Extrahieren mit W. u. Gefriertrocknen der klaren Lsg.; *$Ag[(CF_3)_2PF_4]$*, Zers. (Vakuum) 120°, durch langsames Erwärmenlassen von $Ag[(CF_3)_2PO_2]$ (IV) mit überschüssigem SF_4 von −196°, 1std. Rk. bei 25° u. Abdest.; *$Cs[(CF_3)_2PF_4]$*, Zers. > 200°, a) langsame Zugabe von wss. CsOH-Lsg. zu einer wss. Lsg. von IV (1:1), 12std. Rk. bei 25°, Abfiltrieren von Ag_2O, Eindampfen u. Fluorieren mit SF_4; b) Rk. von SF_4 mit $(CF_3)_2PJ$ u. 15std. Rk. mit einer Suspension von überschüssigem CsF in I bei 25° analog III; *$Cs[(CF_3)_3PF_3]$*, Zers. > 200°, durch Rk. von $(CF_3)_3P$ mit SF_4 u. 15std. Rk. des gebildeten $(CF_3)_3PF_2$ mit CsF analog III; *$Cs[(CF_3)_2AsF_4]$*, Rk. von $(CF_3)_3As$ mit Cl_2, 18std. Rk. des gebildeten $(CF_3)_2AsCl_3$ mit überschüssigem trockenem AgF bei 25°, Kondens. des gebildeten $(CF_3)_2AsF_3$ auf eine Suspension von CsF in I analog III; *$Ag[(CF_3)_2AsF_4]$*, 12std. Fluorieren von $Ag[(CF_3)_2AsO_2]$ mit überschüssigem SF_4 bei 25° u. Eindampfen; lichtempfindliches, im Vakuum bei 140° sublimierendes Pulver; *$Cs[(CF_3)_3AsF_3]$*, Rk. von $(CF_3)_3 \cdot AsCl_2$ mit AgF u. 15std. Rk. von $(CF_3)_3AsF_2$ mit CsF in I analog III; *$(CH_3)_3SnCF_3 \cdot PF_5$*, 1std. Rk. von überschüssigem PF_5 mit II [durch Bestrahlung von $(CH_3)_6Sn_2$ u. CF_3J] im Einschlußrohr bei 25° u. Eindampfen; langsam bei 25° im Vakuum oder bei 120° zersetzliche Substanz; *$(CH_3)_3SnCF_3 \cdot (CF_3)_2PF_3$*, 6std. Rk. von überschüssigem II mit $(CF_3)_2PF_3$ im Einschlußrohr bei 25°; sublimiert bei 135—140° im Vakuum; *$(CH_3)_3SnCF_3 \cdot (CF_3)PF_2$*, analog, 16% Ausbeute. G. Heller 359

0815 **Koordinatives Verhalten des 2-Diphenylarsinomethylpyridins und das Isomerieproblem beim Bis-[2-diphenylarsinomethylpyridin]-kobalt(II)-thiocyanat.** E. Uhlig und M. Schäfer. (Z. anorg. allg. Chem. **359** (1968) 3/4, 178—84; Jena, Inst. für Anorg. Chem. der Friedrich-Schiller-Univ.; dt.) — 2-Diphenylarsinomethylpyridin (I; AMP) bildet mit Ag(I)- u. Cu(I)-Salzen Komplexe vom 1:1-Typ; es besitzt dagegen wenig Neigung zur Anlagerung an Verb. der zweiwertigen Ionen der 3d-Elemente. Vf. konnten nur Ni- u. Co-Komplexe isolieren. Der Co-Komplex existiert in Form eines oktaedr. u. eines tetraedr. Isomeren. Im tetraedr. Isomeren wirkt I als einzähniger Ligand. Einzelheiten über physikal. u. chem. Eig., Elementaranalyse, magnet. Messungen sowie IR- u. Reflektionsspektren vgl. Original.

Versuche: I, $C_{18}H_{16}AsN$, F. 73—74° (A./W.), aus $KAs(C_6H_5)_2 \cdot 2$ Dioxan in ketyliertem Äther suspendiert u. α-Chlorpicolin in ketyliertem Äther unter Rühren u. Kühlen mit Eiswasser, 25% (Ausb.); 2-[*(Diphenylmethylarsonium)-methyl*]-*1-methyl-pyridinium-dijodid*, $C_{20} \cdot H_{22}AsJ_2N$, F. 155°, aus I u. CH_3J in A.; *$[Ni(AMP)_2] \cdot (SCN)_2$*, F. 253°, blauviolette Krist., aus I u. $Ni(SCN)_2$ in äthanol. Lsg., 93%; *$[Co(AMP)_2](SCN)_2$* (II), F. 183° (A.), braunviolette Krist., aus I u. $Co(SCN)_2$ in äthanol. Lsg., 68%; Verb. der Summenformel $C_{38}H_{32}As_2CoN_4S_2$, F. 69—70°, blaugrünes Pulver, aus II durch 10—12std. Erwärmen auf 130°; *$[Cu^I(AMP)_2][Cu^I(AMP)Cl_2]$*, F. 178—180°, elfenbeinfarbene Krist., aus I u. CuCl durch Kochen am Rückfluß in Bzl. unter Ar, 60%; *$[Ag(AMP)] \cdot (NO_3)$*, F. 226°, farblose lichtempfindliche Krist., aus I u. $AgNO_3$ in warmer äthanol. Lsg., 84%.
H. J. Schönherr 359

0816 **Chlorvinylierung von Palladium.** Toshihide Yukawa und Shigeru Tsutsumi. (Inorg. Chem. [Washington] 7 (1968) 7, 1458—60; Fac. of Engng., Osaka Univ., Miyakojima-ku, Osaka; engl.) — $PdCl_2$ reagiert in mit LiCl gesätt. Methanol mit 3-Dimethylamino-1-phenylpropin-(1) (I) sofort unter Bldg. von gelbem dimeren *Di-μ-chloro-bis-[2-chlor-3-dimethylamino-1-phenylpropenyl]-dipalladium(II)* (II); ähnlich reagiert 3-Dimethylamino-3-methylbutin-(1) (III) zu *Di-μ-chloro-bis-[2-chlor-3-dimethylamino-3-methylbutenyl]-dipalladium(II)* (IV). Bei Einw. von Hg-Acetat (V) auf II bzw. IV in Bzl. wird jeweils nur die Hälfte des Cl durch Acetatogruppen ersetzt; durch py werden II u. IV in die entsprechenden Monomeren überführt. Die IR-Banden u. NMR-Spektren der im Vers.-Teil angegebenen Verb. werden beschrieben.

Versuche: II, $C_{22}H_{26}Cl_4N_2Pd_2$, F. 187—200° (Zers.), aus $PdCl_2$ u. LiCl in Methanol u. I; gelber Nd. 95% (Ausb.). — *Di-μ-acetato-bis-[2-chlor-3-dimethylamino-1-phenylpropenyl]-dipalladium(II)* (VI), $C_{26}H_{32}Cl_2 \cdot N_2O_4Pd_2$, F. 157—158° (Bzl.–Heptan), aus II u. V in Bzl. nach 1std. Rühren; 73%. — *Chloro-[2-chlor-3-dimethylamino-1-phenylpropenyl]-[pyridin]-palladium(II)*, $C_{16}H_{18}Cl_2N_2Pd_2$, Zers. bei 170°, aus II in Bzl.–Heptan u. py; hellgelbe Krist.; 87%. — IV, $C_{14}H_{26}Cl_4N_2Pd_2$, F. 172 bis 175° (Zers.), analog II mit III; gelbe Krist.; 27%. — *Di-μ-chloro-bis-[2-chlor-3-dimethylamino-3-methyl-1-deuterobutenyl]-dipalladium(II)*, F. 171—175° (Zers.), analog IV aus [1-D]-3-Dimethylamino-3-methylbutin-(1); 20%. — *Di-μ-acetato-bis-[2-chlor-3-dimethylamino-3-methylbutenyl]-dipalladium(II)*, $C_{18}H_{32}Cl_2N_2O_4Pd_2$, F. 139—140° (Zers.), analog VI aus IV; gelbe Krist.; 47%. — *Chloro-[2-chlor-3-dimethylamino-3-methylbutenyl]-[pyridin]-palladium(II)*, $C_{12}H_{18}Cl_2N_2Pd$, F. 189—190° (Zers.), aus IV u. py; Krist.; 95%. P. Scharner 365

0817 **Eine Diazotierung, die zur Bildung eines Distickstoffkomplexes führt.** Hans A. Scheidegger, John N. Armor und Henry Taube. (J. Amer. chem. Soc. **90** (1968) 12, 3263—64; Dep. of Chem., Stanford Univ., Stanford, Calif.; engl.) — Unter Ar reagieren wss. Lsg. von $NaNO_2$ u. $[(NH_3)_5OsN_2Cl_2]$ nach Zugabe von 1 m HCl innerhalb 1 Min. unter Gasentw. zu gelbem *$[(NH_3)_4 \cdot Os(N_2)_2Cl_2]$* (I), das durch Versetzen mit Alkalimetallhalogenid ausgefällt wird; analoges Bromid u. Jodid werden ebenfalls hergestellt. Auf Grund der Aufspaltung der N≡N-Banden wird angenommen, daß die N_2-Gruppen zu einander in cis-Stellung stehen. Während die untere Grenze der spezif. Rk.-Geschw. der Rk. von HONO (II) mit H_3NOs^{II} bei 1 ($Mol^{-1}\,s^{-1}$) liegt, dürfte diese für die Rk. von II mit NH_3 in $[Ru(NH_3)_5NO]^{3+}$, dem Hauptprod. der N_2-Eliminierungsrk. von $Ru(NH_3)_5N_2^{2+}$, $< 2 \cdot 10^{-3}$ sein. Das IR-Spektrum von I ist angegeben.
P. Scharner 366

0818 **Wechselwirkung zwischen flüssigem Platin und einigen Übergangsmetallcarbiden.** R. Warren. (J. nuclear Mater. [Amsterdam] **25** (1968) 1, 117—19; Labor. for Hard Metal Res., STORA, Söderfors, Sweden; engl.) — Es wurden kleine Pt-Proben auf *VC*, *TiC*, *WC*, 70 WC/30 TiC, 50 WC/50 TiC, 58 TiC/42 *Mo_2C* u. 56 WC/23 TiC/21 *Cr_3C_2* aufgebracht, die durch Drucksinterung der Carbidpulver zu hoher D. hergestellt worden waren. Die Carbid/Metall-Paare wurden ca. 15 Min. bei 1800° in 10^{-5} Torr geheizt. Nach Verfestigung wurden metallograph. Unters. vorgenommen sowie Mikrohärte im Tropfen u. Kontaktwinkel gemessen. In allen Syst. wurde eine merkliche Rk. zwischen Carbid u. Pt mit Graphitbldg. gefunden. H. Liepack 368

0819 **Kationische Carbonyle von Platin, Palladium und Nickel.** H. C. Clark, K. R. Dixon und W. J. Jacobs. (Chem. Commun. **1968**, 2, 93—94; Univ. Western Ontario, London, Canada; engl.) — BF_3 reagiert in $CHCl_3$ mit Bis-[phosphin]-metall(II)-halogeniden von Pt u. Pd unter Bldg. dimerer, halogenbrückenhaltiger kation. Komplexe: $2\,(PR_3)_2MX_2 + 4\,BF_3 = [(PR_3)_2M(\mu\text{-}X)_2M \cdot (PR_3)_2]^{2+} + 2\,BF_4^- + 2\,BF_2X$. (M = Pt: R = C_2H_5, C_6H_5, X = Cl, Br, J; M = Pd: R = C_2H_5, C_6H_5, X = Cl.) Statt der 4 PR_3-Gruppen können auch zwei 1.2-Bis-[diphenylphosphino]-äthan-Liganden eingeführt werden. Die Komplexe mit M = Pt: R = C_2H_5, C_6H_5 u. M = Pd: R = C_2H_5 reagieren sehr leicht mit CO unter Öffnung der Halogenbrücke u. Bldg. der monomeren trans-$[(PR_3)_2 \cdot MX(CO)]^+$-Kationen, die als Tetrafluoroborate isoliert werden. Die analogen Nickel-Verb. konnten noch nicht isoliert werden, jedoch reagieren BF_3 u. CO mit $(PR_3)_2 \cdot NiX_2$ (Farbwechsel von rot nach gelb, kurzfristige CO-Frequenz bei 2100 cm^{-1}). Hanspeter Schulz 368

0820 **Diäthylentriaminkomplexe von Platin(II)-halogeniden.** George W. Watt und Willis A. Cude. (Inorg. Chem. [Washington] 7 (1968) 2, 335—38; Univ. of Tex., Austin, Tex.; engl.) — Das Hauptprod. der von Mann (1934) beschriebenen Synth. von [Pt(dien)X]X mit dien = Diäthylentriamin ist für den Fall X = Cl nach genauen Unters. $Pt_3C_8H_{30}ON_6Cl_8$ (**I**). Für **I** wurde auf Grund verschiedener chem. Rk. u. des Vgl. der IR-Spektren von **I**, [Pt(dien)Cl]Cl (**II**), [Pt(dien)NH_3]$PtCl_4$

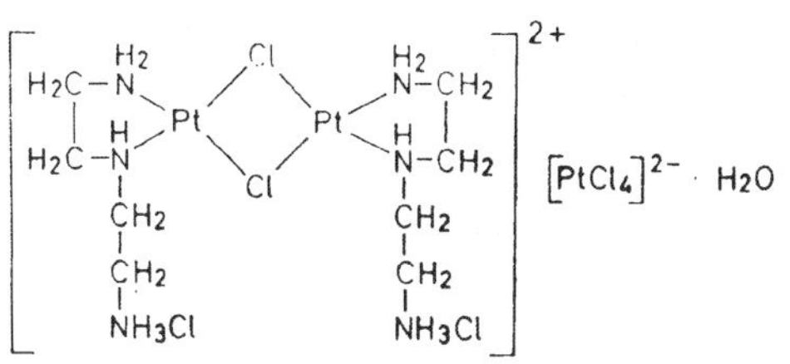

I

(**III**), [Pt$(NH_3)_4$]$PtCl_4$ (**IV**) u. K_2PtCl_4 die obige Struktur vorgeschlagen. Für die Synth. von **II** wird ein anderes Verf. mit hoher Ausb. beschrieben. Für einige Verb. werden die aus Röntgenbeugungsaufnahmen ermittelten d-Abstände mit ihren relativen Intensitäten gegeben.

Versuche: $PtJ_2 \cdot H_2O$, durch Zugabe von überschüssigem KJ zu einer Lsg. von K_2PtCl_4 bei 90°, Filtrieren, Waschen mit W. u. Trocknen an der Luft, schwarzes, schwer zu trocknendes Prod., 98,5% (Ausb.); *[Pt(dien)J]J*, Zutropfen von Dien zu einer wss. Paste vorst. Verb. (0,9:1) unter Rühren, 12std. Verdampfen auf dem W.-Bad, Extrahieren mit W. bei 90°, Abfiltrieren, Eindampfen des gelben Filtrats bis zur Krist.-Bldg., Kühlen auf 5°, Filtrieren, Waschen mit W., 2std. Trocknen (im Vakuum über KOH) u. Umkristallisieren aus W., 85%; **II**, 48std. Rühren einer Suspension vorst. Verb. in W. mit $AgNO_3$ (1:3) u. 6m HCl-Lsg., Abfiltrieren, Eindampfen des gelben Filtrats auf dem W.-Bad, Kühlen auf 5°, Filtrieren, Waschen mit Aceton u. Trocknen sowie Fällen im Filtrat mit Aceton, insgesamt 94%; **I**, 1std. Rühren einer Suspension von K_2PtCl_6 in W. mit $N_2H_4 \cdot 2\,HCl$ (2:1), langsames Erhitzen auf 90°, Kühlen der Lsg. auf 5°, Zugabe von 20%ig. KOH-Lsg. zum Filtrat bis pH 7, Zugabe eines zweifachen Überschusses an dien · 3 HCl, Zugabe von W., 8std. Rückflußkochen, Kühlen auf 5°, Waschen mit kaltem W. u. Trocknen, orangefarbene Krist., 46%; aus 1 m HCl-Lsg. dunkelrote Krist. gleichen Spektrums; **III**, a) 5 Min. langes Rühren von **I** mit wss. 6 m Ammoniaklsg., Filtrieren, Waschen des rosafarbenen Nd. mit W. u. Trocknen, 87%; b) Fällen im Filtrat mit K_2PtCl_4; **IV**, 12std. Rühren vorst. Verb. mit 6 m Ammoniaklsg., Filtrieren, Waschen des grünen Nd. mit W. u. Trocknen an der Luft, 41,3%.
G. Heller 368

0821 **Visuell im Autoklaven beobachtetes hydrothermales Verhalten von Lösungen einiger Metallkomplexe.** Tominosuke Katsurai und Kôzô Sone. (Bull. chem. Soc. Japan **41** (1968) 2, 519–20; Pilot Labor., Hiratsuka-Kanagawa, Dep. of Chem., Fac. of Science, Shizuoka Univ., Shizuoka; engl.) — Es wird das hydrothermale Verh. der Äthylendiamintetraacetat(EDTA)-Komplexe [Na_2Me^{II}(EDTA) · 3–4 H_2O] mit Me^{II} = Mn, Co, Ni, Cu, Zn, Pb, Hg u. von [$NaFe^{III}$(EDTA) · 2–3 H_2O] beim 1std. Druckerhitzen bei 200° verfolgt. Mit Ausnahme des Hg(II)-Komplexes (I) zeigen die Komplexe keine nennenswerten Veränderungen. Eine 0,1 m Lsg. v. I geht bei 130° in eine weiße Suspension über, die sich bei Temp.-Steigerung in Hg-Tröpfchen u. eine braune Lsg. trennt ($HgCl_2$ ist in Lsg. bei 200° stabil). 0,01 u. 0,1 m Lsg. von $H_2[PtCl_6]$, $K_2[PtCl_6]$, $H[AuCl_4]$ u. $K[AuCl_4]$ zeigen beim Druckerhitzen bis zu 200° reversible Thermochromie (gelb $\rightleftharpoons$ rot), während $K_2[PtCl_4]$ u. $K_2[PdCl_4]$ über 100° instabil sind u. bei ca. 150° braune Nd. bilden. Der Farbwechsel wird auf eine reversible Hydrolyse der Chloro-Komplexe zurückgeführt. H. J. Schönherr 368

A-9. Geochemie

0822 **Experimentelle Untersuchung von Oldhamit, CaS; und die petrologische Bedeutung des Oldhamits in Meteoriten.** John W. Larimer. (Geochim. cosmochim. Acta [London] **32** (1968) 9, 965–82; Enrico-Fermi-Inst., Univ. of Chicago, Chicago, Ill.; engl.) — Oldhamit aus enstatitreichen Steinmeteoriten wurde unter definierten atmosphär. Bedingungen (p O_2 = 10^{-15}–10^{-10} atm) bei Temp. zwischen 800 u. 1000° untersucht. Die obere Stabilitätsgrenze wurde durch Verfolgung der Rk.: 1/CaS + O_2 = 1/$CaSO_4$ ermittelt: log p_{O_2} = 8,58 bis 25,250/T. Aus diesen Werten ergab sich, daß sich der Jajh deh Kot Lalu Enstatit-Chondrit bei Temp. von 720 ± 140° unter Gleichgew.-Bedingungen befand. Die Ggw. von CaS, Graphit, metall. Si u. Fe-armem Pyroxen zeigt, daß die koexistente Gasphase während der Enstatit–Chondrit-Bldg. kosm. Zus. sehr nahe kam.
M. Hähnert 374

0823 **Hydrothermalsynthese von Aegirin.** M. M. Gol'dman, L. V. Bunčuk und L. P. Ni. (Zap. vses. mineralog. Obšč. [2] **97** (1968) 4, 497–500; Inst. metallurgii i obogaščenija, AN Kaz. SSR, Alma-Ata; russ.) — In stark alkal. Milieu kann Aegirin unter hydrothermalen Bedingungen bei 280° u. Na_2O-Konz. von 100 g/Liter sowie SiO_2:FeO-Verhältnissen von 4:1 erhalten werden (Vers.-Zeit 3 Std.). Die chem. Analyse der Synth.-Prod. ergab $Na_{1,08}Fe^{3+}_{1,08}Si_{1,92}O_6$; n_z = 1,82 ± 0,002, n_x = 1,791 ± 0,002; D = 3,43–3,52 g/cm³. Thermogramme zeigen einen starken endothermen Effekt bei 980–995°. Angabe von d-Werten u. IR-Absorptionsbanden.
M. Hähnert 380

0824 **Apophyllit aus der Norilsk II-Intrusion.** Ju. R. Vasil'ev. (Zap. vses. mineralog. Obšč. [2] **97** (1968) 4, 486–89; Inst. geol. i geofiz. SO AN SSSR, Novosibirsk; russ.) — Innerhalb der differenzierten Trapp-Intrusion Norilsk II tritt Apophyllit gemeinsam mit Calcit u. Fe-armem Prehnit in Olivin-Gabbro-Doleriten auf. Die mit guten (111)-Flächen ausgebildeten Krist. zeigen folgende Eig.: $-2V$ = 20–24°, n_z = 1,542, n_x = 1,540 (je ± 0,001); D = 3,42 g/cm³. Die chem. Analyse ergab: $K_{0,72}Ca_{4,70}Mg_{0,03}Al_{0,07}Fe^{3+}_{0,02}$ [OH/$(Si_{3,90}Al_{0,10}O_{10})_2$] · 8,2 H_2O. Angabe von d-Werten, Thermogrammen u. IR-Spektren. M. Hähnert 380

0825 **Einfluß negativer Temperaturen auf den physikalischen Zustand und die Eigenschaften des Asbests.** N. I. Toker und E. P. Krajneva. (Zap. vses. mineralog. Obšč. **97** (1968) 3, 373–75; russ.) — Die Einw. von Temp. bis −45° auf verschiedene Eig.-Werte des Asbests werden mit folgenden Verf. verfolgt: röntgenograph., chem., mkr., durch Porositätsmessungen u. Festigkeitsprüfungen. Dabei werden bes. Festigkeitserniedrigungen an den Einzelfasern beobachtet. Die Porositätsvergrößerung war sehr uneinheitlich. Strukturell findet vermutlich eine Deformation der Schichtpakete statt.
M. Hähnert 380

0826 **Barsanowit in der isomorphen Eudialyt–Eukolit-Serie.** B. E. Boruckij, N. I. Organova und E. S. Rudnickaja. (Zap. vses. mineralog. Obšč. [2] **97** (1968) 4, 451–60; Inst. geol. rudnych mestoroždenij, petrografii., miner. i geochim. AN SSSR, Moskva; russ.) — An Hand chem. Analysen, physikal. Eig. (D. 2 V, n_z, n_x), Röntgendaten sowie der IR-Spektren wird die Stellung des Barsanowits festgelegt. Hiernach unterscheidet er sich nicht von den Gliedern der Eudialyt–Eukolit-Reihe, wobei er eine größere Verwandtschaft zum Eukolit zeigt. Als spezif. Eig. ist die Ggw. eines Piezoeffektes infolge des Fehlens eines Symmetriezentrums anzusehen.
M. Hähnert 380

0827 **Rosafärbung des Calcits.** L. V. Beršov, M. I. Samojlovič, V. G. Lusnikov und N. I. Andrusenko. (Zap. vses. mineralog. Obšč. **97** (1968) 3, 357–60; VNII sinteza mineral'nogo syr'ja Aleksandrov; russ.) — Zuletzt abgeschiedene Calcite aus Breccienzonen innerhalb marmorisierter Kalke des Ugam-Flusses (Kasach. SSR) weisen eine bevorzugte Rosafärbung auf, deren Natur durch opt. u. EPR-Unters. geprüft wird. Die Färbung wird hier nicht wie bei synthet. Krist. nur durch die Ggw. von Mn^{2+} verursacht, sondern durch eine metastabile CO_3-Konfig., die durch Pb^{2+} (gemeinsam mit Ca^{2+}) begünstigt wird. M. Hähnert 380

0828 **Kinetik der Calcit-Keimbildung: Hemmung durch Magnesiumionen und Ionenstärke-Katalyse.** James L. Bischoff. (J. geochem. Res. **73** (1968) 10, 3315–22; Woods Hole, Mass., Woods Hole Oceanographic Instn.;

engl.) — Die Kinetik der Calcit-Kristallisation aus verd. $MgCl_2$-Lsg. im Gleichgew. mit Aragonit u. atmosphär. CO_2 wurde untersucht. Diagramme Prozent Calcit gegen die Zeit u. Mg^{2+}-Konz. gegen die Zeit zeigen, daß Mg^{2+}-Ionen die Calcit-Keimbldg. hemmen. Die Keimbldg.-Geschw. sind der Quadratwurzel aus der Ionenstärke proportional. Eine Analogie zwischen Keimbldg.-Katalyse durch Ionenstärke u. Koll.-Ausflockung durch Salze in wss. Lsg. wird vermutet. E. Schulte 380△

0829 **Ultraschall-Untersuchung der Phasenumwandlung in Calcit bis 20 Kilobar und 180°.** Chi-yuen Wang. (J. geophys. Res. **73** (1968) 12, 3937—44; Berkeley, Calif., Univ. of Calif., Dep. of Geol. and Geophys. and Cambridge, Mass., Harvard Univ., Hoffman Labor.; engl.) — Die Geschw. von Kompressionswellen mit Ultraschallfrequenzen wurde unter äußerem hydrostat. Druck bis zu 20 kb u. bei ausgewählten Temp. bis zu 180° in Danby-Marmor gemessen. Dabei zeigen die aufgenommenen Kurven Geschw. gegen Druck ähnliche Merkmale wie die bei Raumtemp. ermittelten. Die Geschw. nehmen mit dem Druck zu, fallen in einem kleinen Druckbereich auf ein Minimum u. nehmen dann wieder mit steigendem Druck zu. Die der plötzlichen Geschw.-Änderung entsprechenden Temp.-Druck-Paare definieren die Phasengrenze der strukturellen Umwandlung; die Neigung dieser Phasengrenze wurde zu —76,7°/kb bestimmt. Der Vgl. mit Bridgmans Phasendiagramm für Calcit I-II-III u. dem für Calcit → Aragonit, zeigt, daß die Geschw.-Änderung der Umwandlung Calcit I in Calcit II entspricht. Weder die Umwandlung II - III noch die Calcit - Aragonit wurden bei den durchgeführten Vers. nachgewiesen. Für diesen Befund spricht auch eine volumetr. Diskontinuität von **0,0031** $cm^3 \cdot g^{-1}$ bei **15,8—16 kb**. Bei höheren Drücken bis 20 kb wurde keine weitere Phasenumwandlung festgestellt. Das anomale Verh. der Ultraschallgeschw. bei der Phasenumwandlung wird wahrscheinlich durch kleine Schwingungen der Domänengrenzen zwischen den beiden Phasen in der Mischung als Rk. auf kleine Druckimpulse bewirkt. E. Schulte 380△

0830 **Synthese und röntgenographische Untersuchung von Columbit ($FeNb_2O_6$).** A. I. Komkov und M. P. Belopol'skij. (Zap. vses. mineralog. Obšč. [2] **97** (1968) 4, 495—97; Vses. naučno-issl. geol. inst. (VSEGEI), Leningrad; russ.) — Festkörperrk. von Nb_2O_5 u. Fe-Oxiden (bisweilen ausgehend von Fe-Oxalat) bei Nb:Fe-Verhältnissen von 2:1 führen bei 650—900° zu Columbiten, mit den Gitterparametern a = 14,275 ± 0,005, b = 5,730 ± 0,003, c = 5,050 ± 0,003 Å. Wird Fe_2O_3 als Ausgangsoxid eingesetzt, muß reduzierend gearbeitet werden. M. Hähnert 380

0831 **Ermittlung der Al-Si-Ordnungszustände im Kalifeldspat.** I. E. Kamencev. (Geochimija **1968**, 5, 637 bis 640; Leningradskij gos. univ., kafedra kristallografii; russ.) — Röntgenograph. Best. der Al-Verteilung auf den möglichen Tetraederpositionen. Bereits durch Vergleiche der 1/c*-Werte sind Ermittlungen der Ordnungszustände mit ± 1% (bei einer Best.-Genauigkeit der Reflexmax. von 0,08 ± 0,01° Θ) möglich. M. Hähnert 380

0832 **Neue allotrope Form des Kohlenstoffs vom Ries-Krater.** A. El Goresy und G. Donnay. (Science [Washington] **161** (1968) 3839, 363—64; Washington, D.C., Carnegie Inst. of Washington, Geophys. Labor.; engl.) — Eine neue allotrope Form von C kommt in Graphit-Gneisen des Nördlinger Rieskraters vor. Die Vergesellschaftung des Vork. besteht aus hexagonalem Graphit, Rutil, Pseudobrookit, Ni, Fe-haltigem Pyrrhotin u. Baddeleyit. Mikrosondenanalysen zeigen, daß die neue Phase aus reinem C besteht. Die Phase ist opak u. stärker reflektierend als hexagonaler Graphit. Gitterkonst. aus Pulveraufnahmen: a = 8,948 (Å), c = 14,078. E. Schulte 380△

0833 **Diadochie von Ti^{3+} im Kyanit.** L. V. Beršov und I. A. Zotov. (Geochimija **1968**, 7, 881—82; Inst. geol. rudnych mestoroždenij petrografii, miner. i geochim. AN SSSR; russ.) — EPR-Spektren (9,3 GHz, 77°K) zeigen im Kyanit die Ggw. von Ti^{3+} (daneben auch von Fe^{3+}, das diadoch Al^{3+} ersetzt). Diese Ti^{3+}-Geh. sind in grünen Varietäten am höchsten. Auch hier wird ein partieller Ersatz des Al^{3+} angenommen. M. Hähnert 380

0834 **Untersuchung eines Limonits mit Hilfe des Mössbauer-Effekts.** C. Janot, M. Chabanel und E. Herzog. (Bull. Soc. franc. Minéralog. Cristallogr. **91** (1968) 2, 166—71; Labor. de Phys. du solide, E.N.S.M.I.M., Nancy; franz.) — Die Unters. einer Limonit-Probe ergab, daß das Fe überwiegt in Goethitform (α-FeOOH), teilweise durch Al^{3+} substituiert, jedoch auch als Haematit u. $Fe_3(PO_4)_2$ vorhanden ist. J. Pickardt 380

0835 **Kristallchemische Untersuchung synthetischer, wasserhaltiger Powellite.** A. D. Dara und G. A. Sidorenko. (Geochimija **1968**, 5, 572—78; russ., Auszug: engl.) — Synthet. radioakt. Powellite enthalten U nicht diadoch eingebaut, sondern als mechan. Beimengungen. Erhöht sich der U-Einbau, treten Abscheidungen selbständiger U-Minerale auf. Diadoche Ersetzungen der Art $[MoO_4]^{2-}$—$[UO_2]^{2-}$ können mit Sicherheit ausgeschlossen werden. Der W.-Geh. wirkt sich bes. in den Gitterparametern der Powellite aus: bei 1000° getemperte Proben besitzen geringe Gitterkonstanten (a = **5,225**, c = 11,432 Å). Den aus den Lsg. gezüchteten (mit a = 5,235, c = 11,454 Å) kommt die Formel $Ca_{1-x}(MoO_4)_{1-x} \cdot 4xH_2O$ oder $CaMoO_4 \cdot xH_2O$ zu. M. Hähnert 380

0836 **Formabhängigkeit synthetischer Quarzkristalle von den Wachstumsbedingungen.** V. T. Ušakovskij, K. F. Kaškurov und A. V. Simonov. (Zap. vses. mineralog. Obšč. [2] **97** (1968) 4, 492—95; russ.) — Auf die Endmorphologie sowie den Kristallhabitus der hydrothermal gezüchteten Quarze haben neben dem Züchtungsgefäß die Übersättigung der Züchtungslsg. u. die Lage des wachsenden Krist. hinsichtlich Gravitationsfeld einen größeren Einfluß. Mit Erhöhung der Übersättigungsgrade nähern sich die Wachstumsgeschw. der Pinakoide u. beider Rhomboeder an, wodurch die Krist. ausgeprägte prismat. Formen erhalten. M. Hähnert 380

0837 **Wachstumsprobleme von Quarzkristallen.** V. T. Ušakovskij. (Zap. vses. mineralog Obšč. [2] **97** (1968) 5, 571—81; russ.) — Vgl. vorst. Referate. — Unters. synthet. Quarzkrist. mit bes. Berücksichtigung der Akzessorienbldg., der Ausbldg. einspringender Winkel, von Aufwachsvorgängen u. selektiven Anätzvorgängen durch hydrothermale Züchtungslösungen. M. Hähnert 380

0838 **Einfluß von Zwillingsgrenzen auf das Wachstum von Quarz-Kristallen.** T. A. Karjakina. (Zap. vses. mineralog. Obšč. [2] **97** (1968) 5, 630—36; russ.) — Unters. des Einfl. von Zwillingsgrenzen auf das Wachstum von α-Quarz-Krist. bei niedrigen Temp. (speziell Brasilianer- u. Dauphine-Gesetz). Wachstumserscheinungen auf den Rhomboeder- u. Prismenflächen werden mkr. verfolgt (Vicinalbldg., Einschlußerscheinungen, Stufenbldg., Wachstumshügel u. a.). Zwillingsgrenzen an Brasilianer-Krist. haben keine prakt. Auswrkg. auf das Wachstum von Rhomboederflächen, beschleunigen aber geringfügig das Wachstum der Prismenflächen. Dauphine-Zwillinge stimulieren das Wachstum der positiven Rhomboeder. M. Hähnert 380

0839 **Heranziehung der Morphologie von Razval-Quarzen zur Ermittlung der Lagerungsbedingungen von Kristalldrusen.** A. A. Korago. (Zap. vses. mineralog. Obšč. [2] **97** (1968) 5, 637—40; russ.) — Bes. aus den morpholog. Asymmetrieerscheinungen von Bergkristallen wird auf horizontale, vertikale oder schräge Lagerung der Drusen während ihrer Mineralisierung geschlossen. M. Hähnert 380

0840 **Geokronit und Schulzit in Erzen der Silber-Blei-Zink-Lagerstätten von Ust-Teremki (Ost-Transbaikal).** D. A. Timofeevskij. (Zap. vses. mineralog. Obšč. [2] **97** (1968) 4, 431—39; russ.) — Geokronit tritt innerhalb des Unters.-Gebietes in Quarz-Sulfid-Adern in Assoziationen mit Galenit, Sulfoantimoniten des Pb u. Ag sowie (seltener) Pyrit, Sphalerit u. Arsenopyrit auf. Seine Bldg. ging auf die Wechselwrkg. hydrothermaler Sb-haltiger Lsg. mit Galenit zurück. Die meist körnigen Aggregate (selten tafelförmige Krist.) weisen einen hohen Sb-Geh. u. einen relativ niedrigen As-Geh. auf (Sb:As = 2,2 bis 2,9). Opt. wird eine Unterscheidung zu Schulzit gefunden, der sich ebenfalls im Ergebnis der Einwrkg. Sb-reicher hydrothermaler Lsg. auf Galenit bildete. M. Hähnert 380

0841 **Straschimirit — ein neues wasserhaltiges Kupferarsenat.** J. Minčeva-Stefanova. (Zap. vses. mineralog. Obšč. [2] 97 (1968) 4, 470—77; russ.) — Innerhalb der Ox.-Zone einer Kupferlagerstätte Bulgariens, deren Primärerze Bornit, Tennantit u. Chalkopyrit (± Galenit, Sphalerit) darstellen, tritt neben anderen Ox.-Mineralen das neue Mineral mit nachfolgenden Eig. auf: feinschuppige Aggregate (oft faserförmig); n_Z = 1,747 ± 0,002, n_x = 1,726 ± 0,001; 2 V = −70°; theoret. Formel: $Cu_4[AsO_4]_2(OH)_2 \cdot 2{,}5\,H_2O$; a = 9,71, b = 18,85, c = 8,94 Å, β = 97°12′; Z = 6; Raumgruppe entweder: P 2/m, P 2 oder P m; Ähnlichkeiten zu Olivenit werden festgestellt. M. Hähnert 380

0842 **Vergleich experimenteller und thermochemischer Stabilitätsdaten des Talks unter Bedingungen der Metamorphose.** Ju. P. Mel'nyk und V. L. Onoprijenko. (Dopovidi Akad. Nauk Ukr. SSR, Ser. B-Geologija, Geofiz., Chim. Biol. **1968**, 5, 303—07; Inst. geol. nauk AN USSR; ukrain., Auszug: engl.) — Berechnete Stabilitätskurven des Talks unterscheiden sich von experimentell ermittelten (wahrscheinlich infolge von unzuverlässigen therm. Daten). Die freie Bldg.-Energie (ΔZ_T^0) u. Bldg. -Wärme (ΔH_T^0) wurden auf Grund der vorher ermittelten Entropiewerte (S^0_{298}) sowie neuer Gleichgew.-Daten (Greenwood 1963) errechnet zu: $\Delta Z_T^0 = -1417{,}320 + 0{,}308\,T$ (± 0,500) cal/Mol (aus den Elementen für 1100—923 °K); $\Delta H_{298}^0 = -42{,}930 \pm 0{,}500$ cal/Mol (aus Oxiden, extrapoliert aus 923—298 °K). Aus diesen Werten wurde das Talk-Stabilitätsfeld abgeleitet. M. Hähnert 380

0843 **Röntgendaten von einem fraktionierten, regulär geschichteten Ton.** Rodney Tettenhorst, A. A. Levinson und Robert C. McGuire. (Amer. Mineralogist **53** (1968) 3/4, 472—77; Columbus, O., O. State Univ., Dep. of Miner.; engl.) — Röntgenunters. eines 1:1 regulär geschichteten Tones zeigen, daß eine Mischung Chlorit/quellfähiger Ton vorliegt. Das Ausdehnungsvermögen steht nicht zur Teilchengröße in Beziehung. Ernst Schulte 380△

0844 **Vesuvian aus Skarngesteinen Mittelasiens und seine chemische Konstitution.** D. P. Serdjučenko, F. G. Gubajdulin, V. A. Pavlov und I. Ja. Sundakova. (Doklady Akad. Nauk SSSR **180** (1968) 2, 452—55; Inst. miner., geochim. i kristallochim. redkich ėlementov; russ.) — Vesuvian verschiedener mittelasiat. Skarnlagerstätten zeigt an Stelle Al_2O_3 erhöhte Fe_2O_3-, Mn-, B-, Be- u. Li-Gehalte. Zu beobachten ist ein Ersatz 0—2 (OH, F) sowie $Be_8 \rightarrow (Mg, Fe^{2+})$ oder $Be_0 \rightarrow Al_8$. H. Kelch 380

0845 **Zunyit aus sekundären Quarziten des Fernen Ostens.** R. I. Romanova und E. D. Petračenko. (Zap. vses mineralog. Obšč. [2] **97** (1968) 4, 489—92; Dal'nevostočnyj geol. inst. DVF SO AN SSSR, Vladivostok; russ.) — Die Zunyit führenden Quarzite stellen feinkörnige dichte Gesteine dar. Die Zunyite sind oktaedr. ausgebildet u. zeigen unter dem Mikroskop einen deutlichen Zonarbau; n = 1,590—1,592. Eine zweite Fundstelle wies bis zu 1,5 mm große Einzelkrist. auf: n = 1,592; D. = 2,935 g/cm³. In beiden Fällen sind die Zunyite Hochtemp.-Bldg.-Prod. sek. Quarzite während Epochen bes. Halogenaktivität. M. Hähnert 380

0846 **Platin- und Palladium-Minerale in Erzen einer Gold-Pyrit-Lagerstätte.** T. S. Timofeeva. (Zap. vses. mineralog Obšč. [2] **97** (1968) 4, 461—69; Sredneaziatskij NII geol. i mineral'nogo syr'ja, Taškent; russ.) — Skarnlagerstätten granat-pyroxenartiger Zus., zeigen bisweilen Pt-Mineralisationen. Beschrieben werden *Sperrylith, Polyxen, Cooperit, gediegen Pt, Porpezit, Allopalladium, Potarit.* Die Fundstätte zeigt, daß derartige Pt–Pd-reiche Mineralisationen durchaus nicht nur an ultrabas. u. bas. Gesteinstypen gebunden sein müssen. M. Hähnert 380

0847 **Thermodynamik wässeriger Lösungen von Elektrolyten bei erhöhten Temperaturen (thermodynamische Berechnungen der Mineralgleichgewichte bei Beteiligung einer wässerigen Phase in einer Wasserstoff-Skala).** G. B. Naumov, B. N. Ryženko und I. L. Chodakovskij. (Geochimija **1968**, 7, 795—805; Inst. geochim. i anal. chim. im. Vernadskogo AN SSSR, Moskva; russ., Auszug: engl.) — Die neue vorgeschlagene Meth. ist nicht an willkürliche Annahmen gebunden u. erlaubt eine relativ genaue Berechnungsweise. Die Hauptfehlerquellen werden analysiert. M. Hähnert 382

0848 **pH- und Eh-Bestimmungsmethode für Suspensionen von Gangquarz.** V. A. Burjak und T. V. Kaščeeva. (Zap. vses. mineralog. Obšč. **97** (1968) 3, 370 bis 373; Inst. zemnoj kory SO AN SSSR, Irkutsk; russ.) — Vorschlag eines Best.-Verf. nach krit. Sichtung der Literatur. M. Hähnert 382

0849 **Mögliche Berechnungsmethode der Ausscheidungsfolge silicatischer Minerale in der Natur.** V. A. Timeskov. (Zap. vses. mineralog. Obšč. **97** (1968) 3, 377—81; Kafedra miner. kazanskogo gos. univ.; russ.) — Berechnungsweise einer Abscheidungsfolge, wobei die SiO_2-Modifikationen als $Si^1[Si^2O_4]$-Orthosilicate aufgefasst werden. Ersetzungen des Si^1 durch andere Kationen führen zu den übrigen Silicaten, für die die Ionisationspotentiale errechnet werden. Neben den Kristallisationsfolgen können auch Aussagen über zu erwartende Paragenesen gemacht werden. M. Hähnert 382

0850 **Untersuchung der Phasenumwandlungen nichtradioaktiver Minerale mit der thermischen Emanations-Methode.** Ju. Z. Močalova und K. B. Zaborenko. (Geochimija **1968**, 6, 701—08; Mosk. gos. univ.; russ., Auszug: engl.) — Feldspate, Spodumen, Pollucit u. Nephelin werden zwischen Zimmertemp. u. 1200° nach der Emanations-Meth. untersucht. Die Anwendung des Oberflächenaktivierungsverf. zur Unters. der volumenmäßigen Phasentransformation wird demonstriert. So können Perthit-Rk. der Feldspate (300—700°) u. polymorphe Umwandlungen des Spodumens bei 900—1070° nachgewiesen werden. Die Ggw. von Beimengungen (NaF, CaF_2) kann derartige Transformationspunkte beträchtlich verschieben. M. Hähnert 382

0851 **Auswertung irreversibler Reaktionen in geochemischen Prozessen, die Mineralien und wäßrige Lösungen einschließen. 1. Mitt. Thermodynamische Beziehungen.** Harold C. Helgeson. (Geochim. cosmochim. Acta [London] **32** (1968) 8, 853—77; Dep. of Geol., Northwestern Univ., Evanston, Ill.; engl.) — Die Anwendung der thermodynam. Prinzipien der chem. Petrologie u. der Lsg.-Chem. auf die Unters. von geochem. Prozessen erlaubt Voraussagen über die Konsequenzen von Rk. zwischen wss. Lsg. von Elektrolyten u. typ. magmat., metamorphen u. sedimentären Mineralvergesellschaftungen. Ein gegebener chem. Prozeß kann durch einen Satz von reversiblen u. irreversiblen chem. Rk., entsprechend einer Gruppe von linearen Differentialgleichungen, die in thermodynam. Syst. Partialgleichgew. u. Ungleichgew. in Beziehung setzen. repräsentiert werden. Die Simultanauswertung dieser Gleichungen definiert die Natur u. das Ausmaß von Zus.-Änderungen u. der Rückverteilung der Spezies in der wss. Phase, das größenordnungsmäßige Auftreten von stabilen u. metastabilen Phasen sowie den Massentransport, der durch irreversible Rk. zwischen den Mineralien u. der wss. Lsg. bewirkt wird. E. Schulte 382△

0852 **Säure-Basen-Gleichgewichte in wässerigen und silicatischen Systemen.** B. N. Ryženko. (Geochimija **1968** 7, 876—78; Inst. geochim. i anal. chim. im. Vernadskogo AN SSSR, Moskva; russ.) — Das Verhältnis zwischen bas. u. sauren Formen der Silicate in wss.-silicat. Syst. ist dem Fe^{2+}/Fe^{3+}-Verhältnis, der H_2O- u. H_2-Aktivität proportional. M. Hähnert 382

0853 **Wasserlöslichkeit in einer Schmelze des Systems Diopsid–Forsterit–Anorthit bei 1400° und hohen Drücken.** A. A. Kadik, N. I. Chitarov und E. B. Lebedev. (Geochimija **1968**, 5, 625—26; Inst. geochim. i anal. chim. im Vernadskogo AN SSSR, Moskva; russ.) — Die W.-Löslichkeit wurde an zwei Zus. [50(%) Diopsid + 30

Forsterit + 20 Anorthit u. 80 Diopsid + 20 Anorthit] bei Drücken von 1000, 3000 u. 5000 atm. (Vers.-Dauer 1 Std.) untersucht. M. Hähnert 382

0854 **Wasserlöslichkeit in einer Basaltschmelze.** N. I. Chitarov, A. A. Kadik und E. B. Lebedev. (Geochimija **1968,** 7, 763–72; russ., Auszug: engl.) – Vgl. vorst. Referat. – Bestimmung der Löslichkeit von W. in Basaltschmelzen bei 1000–1200° u. 1000–9000 atm. Die Basaltzus. (Gew.-%): 52,05 SiO_2, 0,82 TiO_2, 15,16 Al_2O_3, 4,48 Fe_2O_3, 5,16 FeO, 0,10 MnO, 9,49 MgO, 9,29 CaO, 2,46 Na_2O, 0,89 K_2O, 0,13 P_2O_5, 0,03 H_2O^-, 0,06 H_2O^+. Die W.-Konz. steigt bei Erhöhung von p u. T an. Bei 5000 atm u. 1200° beträgt die W.-Löslichkeit 8,5% u. bei 1000° 7,3%. Diskussion petrolog. Schlußfolgerungen. M. Hähnert 382

0855 **Synthese kristalliner Alkali-Alumosilicate.** V. D. Gluchovs'kyj, I. Ju. Petrenko und Ž. V. Skurčyns'ka. (Dopovidi Akad. Nauk Ukr. SSR, Ser. B-Geologija, Geofiz., Chim. Biol. **1968,** 5, 454–56; Kievskij inž. budivel'nij inst.; ukrain., Auszug: engl.) – Alkali-Alumosilicate können durch Festkörper-Rk. bei 1000° u. normaler Atmosphäre aus NaOH, $Al(OH)_3$ u. SiO_2 sowie NaOH oder Na_2CO_3 u. Kaolin erhalten werden. Vorwiegend handelt es sich dabei um W. freie Verb. bzw. Hydrate der Oxidformeln $Na_2O \cdot Al_2O_3 \cdot 2SiO_2$ u. $Na_2O \cdot Al_2O_3 \cdot 6SiO_2$ (thermograph., röntgenograph. u. mkr. Nachweis). M. Hähnert 382

0856 **System K_2O–Al_2O_3–SiO_2–H_2O bei T = 340–760° und p = p_{H_2O} = 1000 kg/cm³.** V. A. Žarikov, I. P. Ivanov, V. I. Fonarev, T. N. Djužikova und V. M. Šmonov. (Doklady Akad. Nauk SSSR **180** (1968) 4, 955–97; Inst. geol. rudnych mestoroždenij, petrografii, miner. i geochim. AN SSSR, Moskva; russ.) – Ermittlung der Gleichgew.-Phasenzus. in Abhängigkeit vom Chemismus u. den Temp.-Bedingungen. Das Stabilitätsgebiet von x-Andalusit liegt zwischen **370** u. **710** bis 730°. Die obere Stabilitätsgrenze für Kaolinit u. Pyrophyllit beträgt **340** bzw. **490°**. Erhöhungen der Temp. bringen allmähliche Verringerungen der Basisnetzebenenabstände des Pyrophyllits mit sich. Untere Temp.-Grenze des Mullits ist 675°; die Dehydratationstemp. des Muskovits liegt in Ggw. von Quarz bei 660°, in Ggw. von Korund bei 675°. Ein im Syst. auftretender Al-Chlorit ist (in Ggw. von Muskovit) bei 600° stabil. M. Hähnert 382

0857 **Computerberechnung der isobar-isothermen Standardpotentiale von Silicaten mit der Methode der multiplen Regression auf der Grundlage einer kristallchemischen Klassifikation.** I. K. Karpov und S. A. Katik. (Geochimija **1968,** 7, 806–14; Inst. geochim. i inst. zemnojkory SO AN SSSR, Irkutsk; russ., Auszug: engl.) – Darlegung eines Berechnungsverf., das eine Genauigkeit von ± 1,6–2,4 kcal/Mol zuläßt. Neue Werte der isobaren Standardpotentiale $\Delta Z^0 f_{298}$ wurden errechnet für Pyrop (1438,35), Almandin (1190,5), Spessartin (1280,2) Grossular (1484,9), Staurolith (1282,1), Zoisit (1542,4), Pyrophyllit (1258,3), Phlogopit (1393,85), Carnegiet (474,3) u. Kaliophilit (477,4). M. Hähnert 382

0858 **Lösungsmechanismus und Migrationsformen von Siliciumdioxid in alkalischen hydrothermalen Lösungen.** I. G. Ganeev. (Geochimija **1968,** 6, 727–29; russ.) – Der von den Kristalloberflächen beginnende Lsg.-Vorgang wird beim Quarz durch Hydrolyse der Si–O-Bindung bestimmt. Die Rk. $SiO_2 + 2NaOH + H_2O = Na_2[Si(OH)_6]$ oder $SiO_2 + NaOH + H_2O = Na[Si(OH)_5]$ bewirken den Lsg.-Prozeß. Die Stabilität u. die Übersättigungsgrade werden bes. durch die pH-Werte bestimmt. Erhöhungen der SiO_2-Konz. ziehen erhöhte Viskositäten, D. u. Verringerungen der elektr. Leitfähigkeiten nach sich (erhöhte Aggregationen der Anionenkomplexe). M. Hähnert 382

0859 **Unterschiedlicher Einfluß des Kaliums und Natriums auf die Migrationsfähigkeit der Seltenerdmetalle.** L. A. Sin'kova und N. V. Turanskaja. (Geochimija **1968,** 5, 564–71; Inst. geochim. i anal. chim. im. Vernadskogo AN SSSR Moskva; russ., Auszug: engl.) – Auslaugvers. der SE aus Carbonaten u. Hydroxylapatiten durch Alkalicarbonatlsg. bei Temp. zwischen 150 u. 450°. Oberhalb 350° werden (im Gegensatz zu K_2CO_3) durch Na_2CO_3-Lsg. vorwiegend nur Elemente der Y-Gruppe ausgelaugt. Geochem. bedeutet dies, daß die Beweglichkeit der SE in hydrothermalen Wässern sowohl von der Temp. als auch von der Art u. Konz. der anwesenden Alkalimetalle bestimmt wird. Diese Schlußfolgerungen werden an SE-Verteilungskoeff. in Metasomatiten sowie aus Lit.-Daten nachgewiesen. M. Hähnert 382

0860 **pT-Abhängigkeit der Migrationseigenschaften des Bleis unter hydrothermalen Bedingungen.** S. B. Brandt und A. V. Perminov. (Geochimija **1968,** 730–32; Inst. geochim. SO AN SSSR, Irkutsk; russ.) – Vers. zur rechner. Erfassung des Einfl. von Druck, Temp. u. Konz. auf die Diffusionskoeffizienten. Die unter bestimmten Bedingungen beträchtlichen Beweglichkeiten des Pb können zu diskordanten Alterswerten führen. M. Hähnert 382

0861 **Lösung von Galenit bei Gegenwart von Fulvosäuren (experimentelle Untersuchung).** G. P. Bondarenko. (Geochimija **1968,** 5, 631–36; Labor. osadočnych poleznych iskopaemych, Moskva; russ.) – Bei der Anlösung u. dem Transport verschiedener Metalle in Zonen der Hypergenese spielen komplexe Verb. mit Humussäuren u. Fulvosäuren eine entscheidende Rolle. Vf. verwenden für ihre Modellvers. Galenite der Zus. 84,4% Pb, 13,0% S; die Fulvosäuren werden aus Humushorizonten von Podsol-Rasen-Böden gewonnen. M. Hähnert 382

0862 **Verteilung des Eisens in Zinksulfid und wässerigen chloridhaltigen Lösungen bei höheren Temperaturen und Drücken.** V. N. Anfilogov, L. V. Černyšev, V. A. Abramov und T. M. Pastuškova. (Geochimija **1968,** 6, 666–74; Inst. geochim. SO AN SSSR, Irkutsk; russ., Auszug: engl.) – Unters. der Fe-Verteilung in krist. (Zn, Fe)S u. wss. NH_4Cl- u. NaCl-Lsg. bei 350–500° u. 1000 atm. In den festen Lsg. (Zn, Fe)S tritt eine „ideale" Abhängigkeit des Aktivitätskoeff. von Fe von dessen Konz. bis 10 Gew.-% auf. Die wss. NH_4Cl- u. NaCl-Lsg. besitzen in den untersuchten Temp.- u. Konz.-Intervallen idealen Charakter. M. Hähnert 382

0863 **Temperaturleitfähigkeitsmessungen an gesteinsbildenden Mineralien von 300°K bis 1100°K.** Hiroo Kanamori, Naoyuki Fujii und Hitoshi Mizutani. (J. geophys. Res. **73** (1968) 2, 595–605; Geophys. Inst., Univ. of Tokyo, Tokyo, Japan; engl.) – Die Temp.-Leitfähigkeit K von *Quarzglas, Quarz, Olivin, Periklas, Jadeit, Granat, Spinell, Korund* u. *Alkalifeldspat* wurde bei 1 atm Druck über einen Temp.-Bereich von 300°K bis 1100°K gemessen. Außer bei Feldspat nahm 1/K bei allen Mineralen bis 700°K linear mit der Temp. zu, > 700°K nimmt 1/K für einige Minerale mit der Temp. ab, was mit dem Wärmeübergang durch Strahlung innerhalb der Krist. erklärt wird. G. Malow 382

0864 **Geochemie der Porphyrine, Chlorine und polycyclischen aromatischen Verbindungen in Böden, Sedimenten und Sedimentgesteinen.** G. W. Hodgson, Brian Hitchon, Kazuo Taguchi, B. L. Baker und Eric Peake. (Geochim. cosmochim. Acta [London] **32** (1968) 7, 737–72; Res. Council of Alberta, Edmonton, Alberta, Canada; engl.) – Die Geochemie u. Verteilung von Porphyrinen (P.), Chlorinen (Ch.) u. polycycl. Aromaten sowie n-Alkanen u. Isoprenoiden wurde in ca. 250 Böden, Sedimenten u. Sedimentgesteinen verschiedener Alter (Präkambrium bis Neuzeit) u. verschiedener Umgebungen untersucht. Ni-P. wurde in Konz. bis zu 9,8 (ppm) hauptsächlich in feinkörnigen, marinen, klast. Gesteinen gefunden. Eine breitere Verteilung haben die Vanadyl-P., die bis zu Konz. von 39 vorliegen u. eine Tendenz zeigen, sich in marinen Schichten zu konzentrieren. In 3% der Proben wurden Fe-P. mit Konz. bis zu 12,5 gefunden. Co-P., Cu-P. u. Zn-P. wurden nicht nachgewiesen. Ch. kommen in 90% der analysierten jungen Böden u. Sedimente vor, es wird angenommen, daß sie in einigen alten Sedimenten prim. vorliegen. Sie sind etwa in gleicher Menge in jungen marinen u. nichtmarinen Sedimentgesteinen verteilt. Auf Grund ihrer Spektral-Charakteristik konnten 6 Typen von polycycl. aromat. Verb. unterschieden werden. Es handelt sich um Coronen- u. Perylen-Deriv.; sie kommen in Konz. bis zu 5,6 vor, sie sind in nichtmarinen Gesteinen etwas angereichert. In 42 ausgewählten Gesteinen u. Böden wurden n-Alkane u. Isoprenoide mit Konz. bis zu 216 bzw. 12,9 nachgewiesen. Bei diesen Verb. herrschen solche mit einer ungeraden Anzahl von C-Atomen vor. Nur in 14 der 42 Proben lagen n-Alkane in Konz. über 1 ppm vor. Isoprenoide wurden nur in 11 der untersuchten Proben nachgewiesen. Es konnten identifiziert werden: *2.6.10-Trimethyldodecan*; *2.6.10-Trimethyltridecan*; *2.6.10-Trimethylpentadecan*; *2.6.10.14-Tetramethylpentadecan* u. *2.6.10.14-Tetramethylhexadecan*. E. Schulte 382△

B. Physikalische organische Chemie

0865 **Physikalische Eigenschaften von Triglyceriden. 1. Mitt. Dichte und Brechungsindex.** T. H. Gouw und J. C. Vlugter. (Fette, Seifen, Anstrichmittel **68** (1966) 544—49; Dep. of Chem. Engng., Technol. Univ., Delft, Netherlands; engl.) — Die D., molaren Vol., Molrefraktionen u. Brechungsindices der H_α-, H_β-, H_γ- u. Na_D-Linien werden von *Triacetin*, *Tributyrin*, *Tricaprin*, *Trilaurin*, *Tricaproin*, *Tricaprylin*, *Triolein*, *Trilinolein*, *Trielaidin*, *1-Oleodipalmitin*, *2-Oleodipalmitin*, *1-Palmito-2-oleostearin*, *1-Palmito-2-stearoolein* u. *1-Oleo-2-palmitostearin* bei 20 u. 40° bestimmt. G. O. Jäger 400△

B-1. Optische, elektrische und magnetische Eigenschaften, Spektren

0866 **Streuung langsamer Neutronen an Aktivkohle adsorbierten Äthylens.** S. Todireanu. (Physica Letters [Amsterdam] **24 A** (1967) 10, 544—45; Inst. for Atomic Phys., Bucharest, Romania; engl.) — Die Streuung von 4-Å-Neutronen wird bei Raumtemp. u. bei 80°K untersucht. K.-H. Bielicki 402

0867 **Rubinlaserinduzierte optische Abschwächung in CS_2.** E. Panizza und P. J. Regensburger. (Physics Letters [Amsterdam] **24 A** (1967) 6, 321—22; Rochester, N.Y., Univ. of Rochester, Inst. of Optico; engl.) — Es wird Abschwächung der Lichtdurchlässigkeit (Xe-Blitzlampe) von CS_2 bei Einw. von Laser-Strahlung beobachtet u. diskutiert. B. I. 402△

0868 **Elektrooptische Doppelbrechung von Lösungen von N-Octyl- und N-Heptylalkohol in Benzol und Tetrachlorkohlenstoff.** R. Konopka und S. Surma. (Acta physica polon. **31** (1967) 6, 1075—78; Inst. of Mol. Phys., A. Mickiewicz Univ., Poznań; engl.) — Angegeben sind ber. u. gemessene Kerr-Konst., Brechungsindices, DK u. D. in Abhängigkeit von der Konzentration. D. Schmitt 402

0869 **Beziehung zwischen optischer Aktivität und nichtlinearer Polarisierbarkeit.** J. A. Giordmaine und P. M. Rentzepis. (J. Chim. physique Physico-Chim. biol. **64** (1967) 1, 215—21; Phys.-Dep. der TH München; engl.) — Am Beispiel einer wss. *Arabinose*-Lsg. wird die Technik der Messung der nichtlinearen opt. Polarisierbarkeit in Fl. aus Summenfrequenz-Experimenten beschrieben. K.-H. Bielicki 404

0870 **Dichroismusanalyse. 1. Mitt. Schwingungsübergänge einiger Naphthole.** Yoshié Tanizaki und Séichi Kubodera. (J. molecular Spectroscopy **24** (1967) 1, 1—18; Tokyo, Japan, Tokyo Inst. of Technol., Dep. of Chem., Meguro-ku; engl.) — Es werden die Dichroismus- u. Absorptionsspektren von α- u. *β-Naphthol*, *R-Säure*, *Chromotropsäure*, *1.5-*, *1.7-*, *2.3-* u. *2.7-Dihydroxynaphthalin* in nicht gestreckten u. gestreckten Polyvinylalkoholfolien oberhalb 220 nm gemessen u. analysiert. G. O. Jäger 404△

0871 **Spezifische Einflüsse von Harnstoff und Anionen auf das optische Drehvermögen von wäßrigen Aminosäure-Lösungen.** Leonard I. Katzin und Gordon C. Kresheck. (Arch. Biochem. Biophysics **126** (1968) 2, 418—25; Chem. Div., Argonne Nat. Labor. Argonne, Ill.; engl.) — Die Änderung der molaren Drehung bes. für die Cotton-Effekt-Extrema bei Zusatz von Harnstoff, *NaCl* u. *NaF* in Abhängigkeit vom pH sowie der Verlauf von CD-Kurven werden bestimmt. Vf. untersuchen *L-Histidin*, *L-Serin*, *L-Cystein · HCl*, *L-Leucin*, *L-Prolin*, *L-Glutaminsäure*, *L-Lysin*, *L-Asparaginsäure*, *L-Methionin*, *L-Tyrosin*, *L-Diglutaminsäure* u. *L-Milchsäure*. H.-J. Kuhn 404

0872 **Wirkung der partiellen Deuterierung und der Temperatur auf die Lebensdauer von Triplettzuständen.** S. H. Lin und R. Bersohn. (J. chem. Physics **48** (1968) 6, 2732—36; Dep. of Chem., Ariz. State Univ., Tempe, Ariz.; engl.) — Die Vers. werden an *Naphthalin* durchgeführt u. nach der Lin-Theorie des strahlungslosen Zerfalls angeregter Zustände diskutiert. D. Schmitt 408

0873 **Radiolumineszenz organischer Medien. 1. Mitt. Kinetik.** R. Voltz und G. Laustriat. (J. Physique **29** (1968) 2—3, 159—66; Centre de Rech. Nucl., Strasbourg-Cronenbourg; franz.) — Theoret. Abhandlung über Bldg., Entwicklung u. die räumliche Anordnung aktivierter Mol. in organ. Szintillatoren, die durch hochenerget. Partikel angeregt wurden. J. Richter 408

0874 **Übertragung der Elektronenenergie in dotierten Durol-Einkristallen. 1. Mitt. Untersuchung in Abhängigkeit der vorhergehenden Belichtung und der Temperatur.** J. Seite. (Spectrochim. Acta [Oxford], Part A **24** (1968) 1, 41—55; Inst. d'Ét. Nucl. d'Alger; franz.) — Die grüne Emission eines Durol(I)-Einkrist. kann durch Bldg. freier Radikale erklärt werden, deren Anzahl von Temp. u. Bestrahlungsdauer abhängt. Die Phosphoreszenzemission von mit Naphthalin, Chrysen, Pyren u. Anthracen dotierten **I**-Krist. bei 2800-Å-Anregung wird im Temp.-Bereich 80—293°K untersucht. J. Richter 408

0875 **Lösungsmittelabhängigkeit der Quantenausbeute der Bildung von Triplett-Zuständen bei 9-Phenylanthracen.** A. R. Horrocks, T. Medinger und F. Wilkinson. (Photochem. and Photobiol. **6** (1967) 1, 21—28; School of Chem. Sci., Univ. of East Anglia, Norwich; engl.) — Gemessen werden Fluoreszenzintensitäten u. die Triplett-Triplett-Absorption in verschiedenen Lsgm. u. in Ggw. u. Abwesenheit von Löschern. W. Sobieski 408

0876 **Ladungsübergang in flüssigen binären organischen Mischungen von Cyclohexan und methylsubstituierten Benzolen.** Shozo Horikiri, Toshifumi Saigusa und Kazutoshi Morita. (Bull. Inst. chem. Res., Kyoto Univ. **45** (1967) 1, 69—76; Takarazuka Rad. Labor., Sumitomo Atomic Energy Ind., Ltd., Takarazuka; engl.) — Die durch γ-Bestrahlung induzierte Lichtemission von fl. bin. Mischungen von *Cyclohexan* (**I**) mit *Bzl.*, *Toluol*, *m-*, *p-* u. *o-Xylol* u. *Mesitylen* wird untersucht u. die Möglichkeit des Energieübergangs zwischen **I** u. den methylsubstituierten Benzolen durch einen Ladungsübergangsmechanismus abgeleitet. K.-H. Bielicki 408

0877 **Anregung von Violanthron durch Singulett-O_2. Chemilumineszenz-Mechanismus.** E. A. Ogryzlo und A. E. Pearson. (J. physic. Chem. **72** (1968) 8, 2913—16; Dep. of Chem., Univ. of B.C. Vancouver, B.C., Canada; engl.) — Die durch einen O_2(Singulett)-Strom in einem Entladung-Fließ-Syst. induzierte Emission einer Violanthron-Lsg. erweist sich als unabhängig von der $O_2(^1\Sigma_g^+)$-Konz., aber in 2. Ordnung abhängig von der Konz. an $O_2(^1\Delta_g)$. Lumineszenzmechanismen werden diskutiert. W. Sobieski 408

0878 **Q-Rubin-Laser mit Phäophytin a und seinen Derivaten.** Katsumi Yoshino, Shinich Iguchi, Kazuo Kawabe und Yoshio Inuishi. (J. physic. Soc. Japan **25** (1968) 1, 294; Fac. of Engng., Osaka Univ.,

Miyakojima, Osaka; engl.) — Die Absorptionsspektren von *Chlorophyll a*, *Phäophytin a* u. *Cu-Chlorophyllin-Na* sind angegeben. D. Schmitt 408

0879 **Wirkung der Polarisation auf die Dipolmomente von Ladungsübertragungskomplexen.** Marie-José Mantione. (Theoret. chim. Acta [Berlin] **11** (1968) 2, 119—27; Inst. de Biol. Physico-Chim., Paris; franz.) — Vf. zeigt, daß sich mit Hilfe der gegenseitigen Polarisation die Existenz eines Dipolmomentes in einem Komplex aus nichtpolaren Komponenten bzw. die Änderung des Momentes einer Komponente bei Assoziation mit einem nichtpolaren Partner erklären lassen. Die Unters. wurden an den Komplexen *Naphthalin*(**I**)/*Tetracyanäthylen* (**II**), *Pyren*/**II** u. **I**/*Nitrobenzol* durchgeführt. J. Richter 410

0880 **Zur Nichtlinearität der Dielektrizitätskonstante in Flüssigkeiten.** F. Aussenegg und T. Horwath. (Z. Naturforsch. **22a** (1967) 1, 142—43; Phys. Inst., Univ. Graz; dt.) — Die Erhöhung der DK von *n*-C_6H_{14}, CCl_4 u. CS_2 im Feldstärkebereich $3 \cdot 10^4 - 3 \cdot 10^5$ V/cm wird untersucht. K.-H. Bielicki 410

0881 **Dipolmomente substituierter Aromaten.** E. Gey. (Z. physik. Chem. [Leipzig] **235** (1967) 1/2, 127—32; Inst. für Phys. Chem. der Dt. Akad. der Wiss., Berlin; dt.) — Es werden Schemata zur Berechnung der Dipolmomente substituierter Benzole u. Naphthaline beschrieben, die auf der Klassifizierung der Bindungen nach Tatewski [1953] unter Berücksichtigung ihrer ersten Umgebung beruhen. Die unter Berücksichtigung der ersten u. zweiten Umgebung sowie die nach dem Thomsonschen Vektormodell berechneten Dipolmomente werden tabellar. mit experimentellen Werten für folgende Verb. verglichen: *m-*, *p-* u. *o-Dichlorbenzol, 1.2.3-, 1.2.4-* u. *1.3.5-Trichlorbenzol, 1.2.3.4-* u. *1.2.4.6-Tetrachlorbenzol, Pentachlorbenzol* u. *Chlorbenzol*; *m-*, *p-* u. *o-Chlortoluol, 4.5-Dichlor-o-, 3.4.5-Trichlor-o-* u. *Tetrachlor-o-xylol, 3.5-Dichlortoluol*; *Toluol, Äthyl-, Isopropyl-, tert.-Butyl-, 1.3.5-Trimethyl-, Hexamethyl-, Propyl-, Butyl-* u. *sek.-Butylbenzol, m-, p-* u. *o-Xylol, m-, p-* u. *o-Äthyltoluol, 1.2-, 1.3-* u. *1.4-Diäthylbenzol, p-Äthylcumol, p-tert.-Butyltoluol, 5-tert.-Butyl-m-xylol, 1.3.5-Triäthylbenzol*; *1-* u. *2-Chlornaphthalin, 1.2-, 1.3-, 1.4-, 1.5-, 1.6-, 1.7-, 1.8-, 2.3-, 2.6-* u. *2.7-Dichlornaphthalin*; *1-* u. *2-Methylnaphthalin, 1.2-, 1.3-, 1.5-, 1.6-, 1.7-, 1.8-, 2.3-* u. *2.7-Dimethylnaphthalin.* K.-H. Bielicki 410

0882 **Dielektrische Untersuchung der Hydratation von Cyclohexylamin in Benzol.** M. Duane Gregory, Harold E. Affspring und Sherril D. Christian. (J. physic. Chem. **72** (1968) 5, 1748—51; Dep. of Chem., Univ. of Okla., Norman, Okla.; engl.) — DK-Messungen werden im bin. Syst. Bzl.-W. u. Cyclohexylamin(**I**)-Bzl. sowie im tern. Syst. **I**-Bzl.-W. durchgeführt. Hydrate von **I**-Dimeren oder höheren **I**-Polymeren konnten nicht beobachtet werden. D. Schmitt 410

0883 **Dielektrische Relaxation: Einige Phenole, Anisole und Acetylbenzole als gelöste Stoffe.** R. J. W. LeFèvre, D. V. Radford und E. P. A. Sullivan. (Austral. J. Chem. **20** (1967) 4, 623—27; School of Chem., Univ. of Sydney; engl.) — Es werden dielektr. Relaxationsmessungen an *Phenol, 2.4.6-Tribrom-* u. *2.4.6-Tri-tert.-butylphenol, Anisol, 2.4.6-Trichlor-* u. *2.4.6-Tribromanisol* in Bzl. sowie an *Acetophenon, 2.4.6-Trimethylacetophenon, 1.3-Diacetyl-2.4.6-trimethylbenzol* u. *1.4-Diacetylduren* in CCl_4 durchgeführt. Die Ergebnisse stimmen mit Konform. überein, die aus Messungen der Dipolmomente u. der molaren Kerr-Konst. abgeleitet wurden. K. H. Bielicki 410

0884 **Temperaturabhängigkeit des Dipolmomentes von o-Dimethoxybenzol.** Louis M. DiBello, Helen M. McDevitt und Dominic M. Roberti. (J. physic. Chem. **72** (1968) 3, 1405—07; Chem. Dep., Univ., Villanova, Pa.; engl.) — Das Dipolmoment wird im Temp.-Bereich von 25—160° für die Fl. u. von —20 bis +165° für die Lsg. in Bzl., Dekalin u. Paraffinöl gemessen. D. Schmitt 410

0885 **Papierchromatographische Bestimmung des Beitrags der Polarität Hydroxyl- und anderer Gruppen am $C_{(17)}$, $C_{(20)}$ und $C_{(21)}$ der Pregnanseitenkette.** John J. Schneider und Marvin L. Lewbart. (J. Chromatogr. [Amsterdam] **35** (1968) 2, 287—92; Dep. of Med., Jefferson Medical Coll., Philadelphia, Pa.; engl.) — Untersucht wurden *5β-Pregnan-3α-ol, -3α.21-diol, -3α.17α-diol* u. *-3α.17α.21-triol*; *21-Acetoxy-5β-pregnan-3α-ol, 21-Acetoxy-5β-pregnan-3α.17α-diol* u. *21-Tosyloxy-5β-pregnan-3α.17α-diol* u. *-3α-ol.* D. Schmitt 410

0886 **Mittlere Schwingungsamplituden von vergleichbar großen Molekülen.** 1. Mitt. **Isotope Naphthaline.** G. Hagen und S. J. Cyvin. (J. physic. Chem. **72** (1968) 5, 1446—51; Inst. of Phys. Chem., TU of Norway, Trondheim, Norway; engl.) — Eine vollständige Analyse harmon. Schwingungen wird zur Berechnung der mittleren Schwingungsamplituden von Naphthalin u. deuterierten Naphthalinen durchgeführt. D. Schmitt 415

0887 **Spektroskopische Größen aus einem Überlagerungsvalenzkraftfeld: Trimethylamin.** G. Dellepiane und G. Zerbi. (Spectrochim. Acta [Oxford], Part A **24** (1968) 12, 1251—55; Ist. di Chim. Ind., Univ. di Genova; engl.) — Coriolis-Koppl.-Koeff., kartes. u. innere mittlere Amplituden wurden für $(CH_3)_3N$ u. $(CD_3)_3N$ berechnet. G. Pötzscher 415

0888 **Oszillatorstärke für Elektronenspektren von konjugierten Molekülen aus den Übergangsgradienten.** 1. Mitt. D. P. Chong. (Molecular Physics **14** (1968) 3, 275—80; Dep. of Chem., Univ. of British Columbia; Vancouver, B.C., Canada; engl.) — Die Berechnungen werden an *Äthylen* u. *Bzl.* durchgeführt. D. Schmitt 418

0889 **Emissionsspektrum des Duryl-Radikals in fester Phase.** Sydney Leach und Éva Migirdicyan. (C. R. hebd. Séances Acad. Sci., Sér. A et B **264** (1967) 2, B 156 bis 159; Labor. de Chim. Phys., Fac. des Sci., Orsay, Essonne; franz.) U. Radlbeck 418

0890 **Emissionsspektren von angeregtem Benzol.** Wm. Hayden Smith. (Spectroscopy Letters **1** (1968) 4, 181 bis 184; Princeton, Univ. Observatory, Princeton, N.J.; engl.) — Das Spektrum von durch Elektronenbestrahlung angeregtem Bzl. im Bereich um 2600 Å wird untersucht u. bez. des ^1B zu $\rightarrow {}^1A_{1g}$-Übergangs diskutiert. W. Sobieski 418

0891 **UV-Spektren von Phenyl-oxadiazolen.** 3. Mitt. R. E. Baillard und C. H. Park. (Spectrochim. Acta [Oxford], Part A **24** (1968) 12, 1975—80; School of Chem. Sci., Univ. of East Anglia, Norwich; engl.) — 2. vgl. ibid. **23** (1967) 1889. — Untersuchte Verb.: *Bis-[3-phenyl-1.2.4-oxadiazolyl-(5)]-methan* ($C_{17}H_{12}N_4O_2$, F. 123°, aus Benzamidoxim u. Malonamid), *-difluormethan, 1.2-Bis-[3-phenyl-1.2.4-oxadiazolyl-(5)]-äthan* ($C_{18}H_{14}N_4O_2$, F. 162°, aus Benzamidoxim u. Succinamid), *Bis-[5-phenyl-1.2.4-oxadiazolyl-(3)]-methan, 1.2-Bis-[5-phenyl-1.2.4-oxadiazolyl-(3)]-äthan, Bis-[5-phenylisoxazolyl-(3)]-* u. *-[3-phenyl-isoxazolyl-(5)]-methan, 2.5-Bis-[o-tolyl]-1.3.4-oxadiazol, 2.5-Diphenyl-oxazol, 3.5-Diphenyl-, 3.4.5-Triphenyl-isoxazol, Isoxazol* u. *Fluoren* (?). G. Pötzscher 418

0892 **Nahes Ultraviolett-Absorptionsspektrum von o-Difluorbenzol in der Dampfphase.** Suhas Chandra Talukdar. (Current Sci. [Bangalore] **36** (1967) 9, 230 bis 231; Dep. of Phys., Univ. of Gorakhpur, Gorakhpur, India; engl.) G. Buttgereit 418

0893 **Additives Verhalten der C-Banden-Maxima mehrfach substituierter Phenole und Anisole bei der Absorption im UV-Bereich.** H. Kämmerer und W. Lewenz. (Spectrochim. Acta [Oxford], Part A **24** (1968) 12, 2059 bis 2069; Inst. für Org. Chem., Johannes-Gutenberg-Univ., Mainz; dt.) — Untersuchte Verb.: *Phenol* u. sein *o-, m-, p-Methyl-, -tert.-Butyl, -Hydroxymethyl-, -Chlor-, -Brom-, -Methoxy-, -Carboxy-, -Formylderiv., p-[1.1.3.3-Tetramethylbutyl]-deriv., Hydrochinon, Resorcin, Brenzcatechin, Anisol,* sein *o-, m-, p-Methyl-, o-Hydroxymethyl-, o-Methoxymethyl-, o-Brom-, m-Methoxyderiv.*, ferner Phenole: *2.4-Dimethyl-, 2-Methyl-4-chlor-, 2.4-Di-tert.-butyl-, 2-tert.-Butyl-4-methyl-, 2.4-Dichlor-, 2-Chlor-4-methyl-, 2.4-Dibrom-, 2-Brom-4-methyl-, 2-Methyl-4-tert.-butyl-, 2-Methoxy-4-methyl-, 2-Hydroxymethyl-4-tert.-butyl-, 2-Hy-*

droxymethyl-4-methyl-, 2.4-Bis-[hydroxymethyl]-, 2-Carboxy-4-chlor-, 2-Formyl-4-chlor-, 2.3-Dimethyl-, 2.5-Dimethyl-, 2-tert.-Butyl-5-methyl-, 2-Chlor-5-methyl-, 2-Chlor-6-methyl-, 2.6-Dichlor-, 2.6-Dibrom-, 2.6-Dimethyl-, 3.4-Dichlor-, 3.5-Dimethyl-, 3.5-Dichlor-, 2.3.5-Trimethyl-, 2.4.5-Trichlor-, 2.4-Dichlor-5-methyl-, 2.5-Dichlor-4-brom-, 2-Hydroxymethyl-4-chlor-5-methyl-, 2.6-Dichlor-4-formyl-, 2.4.6-Trimethyl-, 2.6-Dichlor-4-methyl-, 2.6-Dibrom-4-methyl-, 2.6-Di-tert.-butyl-4-methyl-, 2.4.6-Tri-tert.-butyl-, 2.6-Dichlor-4-hydroxymethyl-, 2.6-Dibrom-4-hydroxymethyl-, 2.4-Dichlor-6-methyl-, 2.4-Dibrom-6-methyl-, 2.4.6-Tribrom-, 2.4.6-Trichlor-, 2.6-Bis-[hydroxymethyl]-4-tert.-butyl-, 2.6-Bis-[hydroxymethyl]-4-[1.1.3.3-tetramethylbutyl]-, 2.4.6-Tris-[hydroxymethyl]-, 2.6-Bis-[hydroxymethyl]-4-chlor-, 2.6-Bis-[hydroxymethyl]-4-brom-, 2.4-Dimethyl-6-hydroxymethyl-, 2.4-Dibrom-6-hydroxymethyl-, 2-Chlor-4.6-bis-[hydroxymethyl]-, 2-Chlor-4-methyl-6-hydroxymethyl-, 3.4.5-Trichlor-, 2-Hydroxymethyl-3.5-dimethyl-4-chlor-, 2.4.6-Tris-[hydroxymethyl]-3-methyl-, 2.6-Bis-[hydroxymethyl]-3-methyl-4-chlor-, 2.4-Bis-[hydroxymethyl]-3-methyl-6-chlor-, 2.6-Bis-[hydroxymethyl]-3.5-dimethyl-, 2.3.5.6-Tetrachlor-, 2.6-Bis-[hydroxymethyl]-3.5-dimethyl-4-chlor-, 2.4.6-Tris-[hydroxymethyl]-3.5-dimethyl-, 2.4-Dichlor-3.5-dimethyl-6-hydroxymethyl-, Pentachlor-, 2-Methyltetrabrom-, 2.4-Dichlor-6-chlormethyl-, 2-Chlor-4-methyl-6-chlormethyl-, 2.6-Bis-[chlormethyl]-4-methyl-, 2.4.6-Tris-[chlormethyl]-, 2.4-Dichlor-6-brommethyl-, 2.4-Bis-[brommethyl]-4-chlor-, 2.6-Dibrom-4-brommethyl-, 2.4-Bis-[brommethyl]-6-chlor-, 2.4.6-Tris-[brommethyl]-; Anisole: *2.4-Dimethyl-, 2-Chlor-4-methyl-, 2-Brom-4-methyl-, 2-Hydroxymethyl-4-methyl-, 2-Methoxymethyl-4-methyl-.*
G. Pötzscher 418

0894 **Natürliche Phosphoreszenzlebensdauer von Biacetyl und Benzil in fluider Lösung.** Mats Almgren. (Photochem. and Photobiol. **6** (1967) 11, 829–40; Gothenburg, Sweden, Dep. of Phys. Chem., Chalmers Inst. of Technol.; engl.) — Die Quantenausb. der Phosphoreszenz u. Fluoreszenz u. die Phosphoreszenzlebensdauer werden bei 22° für Biacetyl in Bzl., p-Xylol, n-Heptan u. W. u. für Benzil in n-Heptan bestimmt.
G. O. Jäger 418△

0895 **Emissionsspektrum von 1.4-Naphthochinon im sichtbaren Spektralbereich.** S. N. Singh und R. S. Singh. (Indian J. pure appl. Physics **5** (1967) 9, 394–96; Dep. of Spectrosc., Banaras Hindu Univ., Varanasi; engl.) — Das Emissionsspektrum der Verb. wird in der Dampfphase in Ggw. von strömendem Bzl.-Dampf bei 4500–6900 Å aufgenommen u. analysiert.
K.-H. Bielicki 418

0896 **Chemilumineszenz-, Fluoreszenz- und Absorptionsspektren und Elektronenspinresonanz von Lucigenin.** Koko Maeda und Taro Hayashi. (Bull. chem. Soc. Japan **40** (1967) 1, 169–73; Dep. of Chem., Fac. of Sci., Ochanomizu Univ., Bunkyo-ku, Tokyo; engl.)
K. H. Bielicki 418

0897 **Extinktionskoeffizienten einiger Triphenylmethylsalze in Methylenchlorid.** B. A. Timimi. (Chem. and Ind. 1967, **51**, 2148–49; B.I.P. Chem. Limited, Oldbury, Birmingham; engl.) — Bestimmt wurden die Extinktionskoeff. in CH_2Cl_2 bzw. H_2SO_4 bei Zimmertemp. u. 430 nm u. die Gleichgew.-Konst. in W. von: *Triphenylmethylhexachlorantimonat* (**I**), *-hexafluorantimonat, -hexafluorarsenat* u. *-pentafluorhydroxyarsenat.* Der Einfl. von Triphenylcarbinol auf die Absorption u. die opt. D. wird untersucht.
I. Jaehn 418

0898 **Untersuchung der spektralen Sensibilisierung.** 5. Mitt. **Untersuchung des sichtbaren und des Infrarot-Spektrums einiger sehr reiner 2-Bis-[benzoxazolyl-, 2-Bis-[indolinyl- und 2-Bis-[chinolylcyaninjodide].** A. Leifer, D. Bonis, M. Boedner, P. Dougherty, A. J. Fusco, M. Koral und J. E. Lu Valle. (Appl. Spectroscopy **21** (1967) 2, 71–80; Space and Defense Syst., Div. of Fairchild Camera and Instrum. Corp., Soysset, N.Y.; engl.) — 4. vgl. ibid. **20** (1966) 5, 289. — Von folgenden, sehr rein hergestellten Cyaninen werden die sichtbaren Spektren in Lsg. u. die IR-Spektren im festen Zustand untersucht u. analysiert: *[2-Bis-(3-äthylbenzoxazolyl)]-monomethin-, -trimethin-, -9-methyltrimethin-, -pentamethin-* u. *-heptamethincyaninjodid, [2-Bis-(1-äthyl-3.3-dimethylindolinyl)]-monomethin-, -trimethin-, -pentamethin-* u. *-heptamethincyaninjodid, [2-Bis-(1-äthylchinolyl)]-monomethin-, -trimethin-, -pentamethin-, -11-brompentamethin-* u. *-heptamethincyaninjodid.*
K.-H. Bielicki 418

0899 **Elektronen-Absorptionsspektren von Thioharnstoffderivaten.** R. K. Gosavi und C. N. R. Rao. (Canad. J. Chem. **45** (1967) 16, 1897–1900; Dep. of Chem., Indian Inst. of Technol., Kanpur; engl.) — Angegeben sind die Banden des $n \to \pi^*$- u. $\pi \to \pi^*$-Überganges nachst. Thioharnstoffe in Ae., A. u. Acetonitril: *unsubstituiert, N-Methyl-, N.N'-Dimethyl-, N-Isopropyl-N'-methyl-, N.N'-Diäthyl-, N.N'-Diisopropyl-, N-tert.-Butyl-N'-methyl-, N.N'-Di-tert.-butyl-, N-Benzyl-N'-methyl* u. *Tetramethyl-.*
D. Schmitt 418

0900 **Metallkomplexe der N-Carboxymethyl-anthranylsäure (Phenylglycin-orthocarbonsäure).** 1. Mitt. **Über das Ligandenspektrum.** C. Drăgulescu, R. Pomoje, I. Menessy und Cornelia Mihăescu. (Rev. roum. Chim. **12** (1967) 5, 553–58; Timisoara, TH, Fak. für Chem.; dt.) — Der Einfl. des pH-Wertes u. einiger komplexbildender Kationen (Fe^{3+}, Cu^{2+}) auf das UV-Spektrum von N-Carboxymethylanthranylsäure (**I**) wird untersucht. In saurer Lsg. liegen die Kationen $I\text{-}H^+$ u. $I\text{-}H^{2+}$ vor. Die Dissoziationskonst. der protonierten Spezies werden bestimmt. Die Ergebnisse werden mit entsprechenden Daten für *Anthranylsäure* u. *Anthranyldiessigsäure* verglichen.
G. O. Jäger 418△

0901 **Angeregte Zustände von Nucleotiden und Singulettenenergieübertragung in Polynucleotiden.** M. Guéron, J. Eisinger und R. G. Shulman. (J. chem. Physics **47** (1967) 10, 4077–91; Bell Telephone Labor., Murray Hill, N.J.; engl.) — Die Absorptions-, Fluoreszenz- u. Phosphoreszenzspektren von Nucleotiden wurden bei 77 °K aufgenommen. Die Reihenfolge abnehmender Energie wurde daraus zu A, U, T, G, C für den Singulett- u. U^-, C, G, T^-, A, T für den Triplettzustand bestimmt. Untersucht wurden die Nucleotide dTMP, rAMP, rGMP, rCMP u. rUMP, alle 5'.
A. Jochum 418

0902 **Metachromasie von Acridinorange in Gegenwart von synthetischen Polyelektrolyten.** A. N. Dey und S. R. Palit. (Indian J. Chem. **6** (1968) 5, 260–62; Dep. of Phys. Chem., Indian Assoc. for the Cultivation of Sci., Calcutta; engl.) — Angegeben sind die UV-Spektren von Acridinorange in Ggw. bzw. Abwesenheit von Polyacrylsäure u. eines Polyampholyten vom Typ einer γ-Aminocarbonsäure.
D. Schmitt 418

0903 **Veränderung der Intensität von IR-Absorptionsbanden durch zwischenmolekulare Wechselwirkungen in Lösungen.** R. Heess und H. Kriegsmann. (Spectrochim. Acta [Oxford]. Part. A **24** (1968) 12, 2121–55; Dt. Akad. Wiss. Bln., Arbeitsbereich phys. Meth. analyt. Chem. and Inst. für phys. Chem.; dt.) — Unters. der CO-Bande von *Aceton, tert.-Butylmethylketon, Methylacetat, N.N-Di-methylacetamid, Acetylchlorid, Phenylacetat, Äthylformiat, DMF, Diäthylketon* in Abhängigkeit vom Lösungsmittel.
G. Pötzscher 420

0904 **Beziehungen in den Schwingungsspektren von Kohlenwasserstoffen und ihre Anwendung auf makromolekulare Systeme.** F. Ciampelli und C. Tosi. (Spectrochim. Acta [Oxford], Part. A **24** (1968) 12, 5157–63; Montecatini Edison S. p. A., Centro Rico di Milano, Milano; engl.) — Die IR-Spektren von *2.2.4.4.-Tetramethyl-, 2.3.3.-, 2.2.4-, 2.2.3-Trimethyl-, 2.4-, 3.3-, 2.3-, 2.2-Dimethyl-, 3-Methyl-3-äthyl-, 3-Methyl-, 2-Methyl-3-äthyl-, 2.2-Dimethyl-3-äthyl-, 3-Äthyl-, 2-Methylpentan, 2.2.4.5-, 2.2.3.3-, 2.2.5.5-Tetramethyl-, 2.3.5-, 2.2.5-, 2.3.3.-, 2.2.3-, 2.4.4-, 2.2.4-, 3.3.4-Trimethyl-, 3.4-, 2.5-, 2.3-, 2.2-, 2.4-, 3.3-Dimethyl-, 3-Äthyl-, 3-, 2-Methylhexan, 2.2.3.3.5.6.6-Heptamethyl-, 2.2.4.6.6-Pentamethyl-, 4-Methyl-, 4-Propyl-, 2.2.6-Trimethyl-, 2-Methyl-3-isopropyl-, 3.3.5-Trimethyl-, 3-Methylheptan, 2.2-Dimethyl-, 2-Methylbutan, 2.2.6.6-Tetramethyl-, 4-Methyl-, 4-Propyloctan* u. *2.6.10.14-Tetramethylpentadecan* sowie *Polypropen, -isobutylen,* -α-buten, *-3-methyl-α-buten, -α-penten-, -4-methyl-α-penten, -2-methyl-3-äthyl-α-penten, -α-hexen, -4-methyl-hexen, -5-methyl-*

α-hexen, Äthylen-Propylen-, Äthylen-cis-β-Butencopolymeren u. *hydriertem Poly-2.3-dimethylbutadien* wurden untersucht. G. Pötzscher 420

0905 **Einfluß der elektrischen Felder an der Oberfläche auf die IR-Absorptionsspektren von dünnen Schichten polarer Moleküle.** André Mellier, Michel Léard und Élie Gray. (C. R. hebd. Séances Acad. Sci., Sér. A et B **264** (1967) 10, B 786–89; Labor de Phys. mol., Fac. des Sci., Poitiers, Vienne; franz.) — Die IR-Banden der charakterist. polaren Gruppen von *Aceton, Butanon-(2), Pentanon-(2)* u. *-(3), Heptanon-(4), Acetophenon* u. *Benzophenon, Anilin, Pyrrol, Diphenylamin* u. *Nitrobenzol* in dünnen Schichtdicken ($< 10\,\mu$) sind von der Art der Küvettenfenster (LiF, NaCl, KBr, Teflon, Polyäthylen als Film) abhängig. U. Radlbeck 420

0906 **Polarisierte IR-Spektren und Konformation der Methylgruppen von polysubstituierten Benzolderivaten.** A. Tramer und Z. Tomczak. (Spectrochim. Acta [Oxford], Part A **24** (1968) 12, 2051–57; Inst. of Phys., Techn. Univ., Warsaw; engl.) — Untersuchte Verb.: *2.5-Dichlor-, Tetrachlor-p-xylol, 4.5-Dichlor-o-xylol, 1.2.4.5-Tetramethylbenzol, 2.3-Dimethylnaphthalin, Pentachlor-* u. *2.3.5.6-Tetrachlor-toluol.* G. Pötzscher 420

0907 **IR- und Raman-Spektren von Äthylbenzol, n-Propylbenzol und den am Ende mit Halogen substituierten Analogen, 800–50 cm^{-1}.** J. E. Saunders, J. J. Lucier und J. N. Willis jun. (Spectrochim. Acta [Oxford], Part A **24** (1968) 12, 2023–43; Dep. of Chem., Univ. of Dayton, Dayton, O.; engl.) — Untersuchte Verb.: Äthylbenzole: *unsubstituiert, β-Chlor-, β-Brom-, β-Jod-*; Propylbenzole: *unsubstituiert, γ-Chlor-* u. *γ-Brom-.* G. Pötzscher 420

0908 **Messung des Depolarisationsverhältnisses der A_1-Raman-Linie von Kohlenstofftetrachlorid in binären Mischungen.** William F. Murphy, Monroe V. Evans und Paul Bender. (J. chem. Physics **47** (1967) 5, 1836–39; Dep. of Chem., Univ. of Wis., Madison, Wis.; engl.) — Untersucht wurden unter Verw. eines He–Ne-Lasers reines CCl_4 u. seine Mischung mit *CS_2, Bzl., p-Dibrombenzol, Cyclohexan, n-Heptan, Acetonitril* u. *Methanol.* D. Schmitt 420

0909 **Lösungsmitteleinfluß auf die IR-Absorptionsintensitäten von Methyljodid und D_3-Methyljodid.** S. Higuchi, S. Tanaka und H. Kamada. (Spectrochim. Acta [Oxford], Part A **24** (1968) 12, 1929–56; Univ. of Tokyo, Tokyo, Japan; engl.) G. Pötzscher 420

0910 **IR-Spektren von fluorierten aromatischen Verbindungen.** 2. Mitt. **Pentafluorbenzyl- und Pentafluorbenzylidenhalogenide.** E. F. Mooney. (Spectrochim. Acta [Oxford], Part A **24** (1968) 12, 1999–2002; Dep. of Chem., Univ., Birmingham; engl.) — 1. vgl. C. **1969,** 6-0861. — Untersuchte Verb.: *Fluoride, Chloride, Bromide* bei den *Benzyl-* u. *Fluoride* u. *Chloride* bei den *Benzylidenderivaten.* G. Pötzscher 420

0911 **Schwingungsspektren von Perfluortoluol.** R. T. Bailey und S. G. Hasson. (Spectrochim. Acta [Oxford], Part A **24** (1968) 12, 1891–98; Dep. of Pure and Appl. Chem., Univ. of Strathclyde, Glasgow; engl.) — Die IR- u. Raman-Spektren wurden aufgenommen u. zugeordnet. G. Pötzscher 420

0912 **Lage, Intensität und Halbwertsbreite der ν_5-Bande von Chloroform und der ν_3-Bande von Schwefelkohlenstoff für verschiedene Zustände.** Janine Jacob und Joseph Philippe Benaich. (J. Chim. physique Physico-Chim. biol. **64** (1967) 9, 1282–88; Labor. de Rech. Phys., Dép. IR, Fac. des Sci., Paris; franz.) — Die genannten Daten wurden für die gasf., fl. u. gelösten Verb. bestimmt. U. Radlbeck 420

0913 **IR-spektroskopische Untersuchungen an NH- und ND-Formazanen.** W. Otting und F. A. Neugebauer. (Z. Naturforsch., **23b** (1968) 8, 1064-71; MPI für Med. Forsch., Inst. für Chem., Heidelberg; dt.) — Die Spektren im Bereich von 4000 bis 200 cm^{-1} sind abgebildet von den Formazanen: *1.5-Diphenyl-3-(2.6-dimethoxyphenyl)-*, dem *5-D-Deriv.* (F. 165–166°, Zers.), *1.5-Diphenyl-3-methyl-*, dem *5-D-Deriv.* (F. 118–120°, Zers.); *1.3.5-Triphenyl-*, dem *5-D-Deriv.* (F. 172–173°, Zers.) *1.5-Diphenyl-3-äthoxycarbonyl-* u. dem *5-D-Derivat* (F. 108–109°, Zers.). Außerdem sind die IR-Daten angegeben für *1.5-Diphenyl-3-p-methoxyphenyl-, 5-D-Deriv.* (F. 154–155° Zers.); *-3-p-nitrophenyl-, 5-D-Deriv.* (F. 220 bis 221° Zers.); *-3-tert.-butylformazan, 5-D-Derivat* (F. 66 bis 67°, Zers.). Die Banden werden bez. Rotationsisomerie u. H-Brückenbldg. diskutiert. D. Schmitt 420

0914 **Schwingungsspektren und Kraftkonstanten von Silyl- und Trimethylsilyl-Verbindungen von Elementen der 6. Gruppe.** H. Bürger, U. Goetze und W. Sawodny. (Spectrochim. Acta [Oxford], Part A **24** (1968) 12, 2003–13; Inst. für Anorg. Chem., TH, Braunschweig; dt.) — Die Raman- u. IR-Spektren von $(CH_3)_3Si–X–Si\cdot(CH_3)_3$ (X = O, S, Se u. Te) u. von $H_3Si–Te–SiH_3$ wurden aufgenommen. G. Pötzscher 420

0915 **Spektren der Trimethylsilylhalogenide im Fernen IR.** H. Bürger. (Spectrochim. Acta [Oxford], Part A **24** (1968) 12, 2015–22; dt.) — Vgl. vorst. Referat. — Alle 4 Halogenide wurden untersucht. G. Pötzscher 420

0916 **Spektren von Ringverbindungen im fernen IR.** 3. Mitt. **Spektrum, Struktur und Potential der Ringfaltschwingung bei Silacyclobutan.** Jaan Laane und R. C. Lord. (J. chem. Physics **48** (1968) 4, 1508–13; Spectroscopy Labor., Mass. Inst. of Technol., Cambridge Mass.; engl.) — 2. vgl. C. **1968,** 39-0792. — Die Spektren der Titelverb. u. deren $(1.1\text{-}D_2)$-Deriv. werden detailliert analysiert, untersucht wurden außerdem *1.1-Difluor-* u. *1.1-Dichlor-1-silacyclobutan.* D. Schmitt 420

0917 **Schwingungsspektrum von D_9-Trimethylphosphin.** P. J. D. Park und P. J. Hendra. (Spectrochim. Acta [Oxford], Part A **24** (1968) 12, 2081–87; Dep. of Chem., Sir John Cass Coll., London; engl.) — Die Raman- u. IR-Spektren der Titelverb. u. IR-Spektren von *Trimethylphosphin* u. *-arsin* wurden analysiert. G. Pötzscher 420

0918 **Valenzkraftfeld- und Normalkoordinatenberechnungen von Dimethyläther aus den Schwingungsfrequenzen der Moleküle $(CH_3)_2O$, $(CD_3)_2O$ und CH_3OCD_3.** P. Labarbe M. T. Forel und G. Bessis. (Spectrochim. Acta [Oxford], Part A **24** (1968) 12, 2165–73; Labor. de Spectroscopie IR, Dép. de Chim. Phys., Fac. des Sci., Bordeaux; franz.) G. Pötzscher 420

0919 **IR-spektroskopische Untersuchungen über die Assoziation von Pyridinderivaten mit Alkoholen in Tetrachlorkohlenstoff.** H.-H. Perkampus und Fawzy Miligy Abdel Kerim. (Spectrochim. Acta [Oxford], Part A **24** (1968) 12, 2071–79; Abt. für Mol.-Spektroskopie, Inst. für Org. Chem., TH, Braunschweig; dt.) — Die Assoziationsgleichgew.-Konst. von *Methanol* u. *Isopropanol* mit *Pyridin, 2-, 3-, 4-Methyl-, 2-, 3-Brom-, 2-, 3-Chlor-, 2-Fluor-, 2.4-, 2.5-, 2.6-, 3.4-, 3.5-Dimethyl-* u. *2.4.6-Trimethylpyridin* wurden bestimmt. G. Pötzscher 420

0920 **NH-Valenzbanden und Isomerie bei 1-Aryl-3-alkyltriazenen.** D. Hadži und J. Jan. (Spectroscopy Letters **1** (1968) 3, 139–43; Dep. of Chem., Univ., Ljubljana Yugoslavia; engl.) — Die Frequenzen u. die integrierten Intensitäten der NH-Bande sind tabelliert für die tautomeren u. rotationsisomeren Formen der 3-Methyltriazene: *1-Mesityl-, 1-p-Chlorphenyl-, 1-p-Tolyl-, 1-Phenyl-* u. *1-p-Nitrophenyl-*; sowie für die Triazene: *1-Phenyl-3-furfuryl-, 1-Phenyl-3-benzyl-, 1.3-Diphenyl-*; u. *1-p-Carbäthoxyphenyl-3-äthyl-.* D. Schmitt 420

0921 **Asymmetrie der Banden der gebundenen OH-Gruppe.** Surjit Singh. (Indian J. Chem. **6** (1968) 5, 254–56; Dep. of Chem., Indian Inst. of Technol, Kanpur; engl.) — Die OH-Bandenform der H-Bindungskomplexe von *2.2.4.4-Tetramethyl-3-isopropylpentanol-(3), A., Tetrafluorpropanol* u. *n-Propanol* mit *Benzophenon,* sowie von *Phenol* mit *Triäthylamin, Triphenylphosphin, Py., Bzl., Aceton, Thiocampher, Tetra-n-heptylammoniumjodid* u. *Acetonitril* sind angegeben. D. Schmitt 420

0922 **Valenzschwingung der Carbonylgruppe in einigen 2-Hydroxybenzophenonen.** 3. Mitt. H. Offenberg, F.

Harnagea, S. Bădilescu und B. Arventiev. (An. stiinţ. Univ. „Al. I. Cuza“ Iaşi, Sect. I, c **12,** 67—72, 1966; Univ. „Al. I. Cuza“, Labor. de synth.; franz.) — 2. vgl. C. **1967,** 42-0818. — Die ν(CO)-Bande von *4-Brom-* (F. 83°), *4-Brom-5-methyl-* (F. 122°), *4-Brom-3-methyl-* (F. 96°) *5-Brom-3-methyl-*, (F. 88°), *3-Brom-5-methyl-* (F. 82°), *4-Brom-3.6-dimethyl-* (F. 117°), *4-Brom-6-methyl-3-isopropyl-* (F. 91°), *5-Brom-3.6-dimethyl-* (F. 133°), *5-Brom-6-methyl-3-isopropyl-* (F. 129°) u. *6-Methyl-3-isopropyl-2-hydroxybenzophenon* (F. 97°) in Nujol, CCl_4, Chlf., A. u. CH_3CN wurde gemessen u. mit der folgender 2-Methoxybenzophenone verglichen: *4-Brom-* (F. 109°), *4-Brom-5-methyl-* (F. 110°), *4-Brom-3-methyl-* (F. 63°), *5-Brom-3-methyl-* (F. 74°), *3-Brom-5-methyl-* (F. 54°), *4-Brom-3.6-dimethyl-* (F. 118°), *4-Brom-6-methyl-3-isopropyl-* (F. 69—70°), *5-Brom-3.6-dimethyl-* (F. 70°), *5-Brom-6-methyl-3-isopropyl-* (F. 68—69°), *6-Methyl-3-isopropyl-* (F. 85°). (Tabelle). Die Differenz zwischen den ν(CO)-Banden des 2-Hydroxy- u. des entsprechenden 2-Methoxybenzophenons als Maß der Stärke der intramol. H-Bindungen der 2-Hydroxy-Verb. wird diskutiert.
U. Radlbeck 420

0923 **IR-Spektrum von [¹⁸O]Tropon.** H. Junge. (Spectrochim. Acta [Oxford], Part A 24 (1968) 12, 1951—56; Inst. für Org. Chem., Univ., Marburg/Lahn; dt.)
G. Pötzscher 420

0924 **IR-Spektren von [$^{18}O_2$]-Tropolon und Kupfer (II)-[$^{18}O_2$]-tropolonat.** H. Junge. (Spectrochim. Acta [Oxford], Part A **24** (1968) 12, 1957—63; dt.) — Vgl. vorst. Referat. G. Pötzscher 420

0925 **Einfluß des Lösungsmittels und der ^{18}O-Substitution auf die IR-Spektren S-cis- und S-trans-α.β-ungesättigter Ketone.** H. Junge. (Spectrochim. Acta [Oxford], Part A **24** (1968) 12, 1965—70; dt.) — Vgl. vorst. Referate. — Untersuchte Ketone: *2-Cyclopentylidencyclopentanon*, *2.3-Dimethyl-cyclohexen-(2)-on* u. *Cyclopenten-(2)-on.*
G. Pötzscher 420

0926 **Die Schwingungsspektren von Propionitril, 2-Chlor- und 2-Brompropionitril.** P. Klaboe und J. Grundnes. (Spectrochim. Acta [Oxford], Part A **24** (1968) 12, 1905—16; Dep. of Chem., Univ. of Oslo, Oslo; engl.) — Die IR- u. Raman-Spektren wurden analysiert.
G. Pötzscher 420

0927 **Schwingungsspektren und Normalkoordinatenanalyse von N.N-Dimethylformamid.** Gérard Kaufmann und Maurice J. F. Leroy. (Bull. Soc. chim. France **1967,** 2, 402—06; Labor. de Chim. Minérale, Fac. des Sci. de Strasbourg; franz.) — Die IR- u. Ramanspektren (4000—200 cm^{-1}) der fl. Verb. wurden aufgenommen u. zugeordnet. Mit Hilfe der Normalkoordinatenanalyse wurden die Kraft-Konst. der verschiedenen interatom. Bindungen berechnet. U. Radlbeck 420

0928 **IR-Spektren von Kohlehydrat-Sulfaten.** J. R. Turvey, D. M. Bowker und M. J. Harris. (Chem. and Ind. **1967,** 49, 2081—82; Dep. of Chem., Univ. Coll. of North Wales, Bangor; engl.) — Die charakterist. IR-Absorptionsbanden von *D-Galaktose-2-sulfat*, *-3-sulfat*, *-4-sulfat*, *-2.3-disulfat*, *Methyl-α-D-galaktopyranosid-4-sulfat*, *-2.3-disulfat*, *Methyl-2.3.6-tri-O-benzoyl-α-D-galaktopyranosid-4-sulfat* u. *Methyl-β-D-galaktopyranosid-2.3-disulfat* werden bestimmt. W. Sobieski 420

0929 **Mikrowellenspektrum von Propylen. Direkte Beobachtung der inneren Rotationsaufspaltung der $CH_2DCH=CH_2$-Spezies.** Eizi Hirota, Tomohiko Hirooka und Yonezo Morino. (J. molecular Spectroscopy **26** (1968) 3, 351—67; Dep. of Chem., Fac. of Sci., Univ. of Tokyo, Hongo, Tokyo; engl.) — Die 2←1-Übergänge des ersten angeregten Torsionszustandes der asymm. Form zeigten ungewöhnlich große Aufspaltung u. einen anomalen Stark-Effekt. D. Schmitt 422

0930 **Halbempirische Methode zur Berechnung einiger Parameter für hochaufgelöste NMR-Spektren.** P. G. Maslov. (J. physic. Chem. **72** (1968) 5, 1414—24; A. I. Gerzen State Pedag. Inst., Leningrad, U.S.S.R.; engl.) — Für eine große Anzahl von Verb. u. Verb.-Klassen werden magnet. Abschirmkonst., die chem. Verschiebung, die Polarisierbarkeit, der Langevinsche Magnetismus u. der Van Vleck-Paramagnetismus sowie weitere Parameter angegeben. D. Schmitt 424

0931 **Relaxation und dynamische Kernpolarisation von Protonen in freien Radikalen.** D. Stehlik und K. H. Hausser. (Z. Naturforsch. **22a** (1967) 6, 914—28; MPI für Med. Forschg., Heidelberg; dt.) — Es werden Modelle für die Zeitabhängigkeit der intramol. Wechselwrkg. zur Berechnung der Kopplungsparameter der dynam. Kernpolarisation (DNP) nach dem Abragam-Solomon-Formalismus zusammengestellt u. DNP-Messungen an den Radikalen *2.4.6-Tri-tert.-butylphenoxyl-*, *Galvinoxyl* u. *Di-tert.-butylnitroxyl* vorgenommen.
W. Sobieski 424

0932 **Protonenresonanzspektren aromatischer Systeme.** 1. Mitt. **Diskussion der p-disubstituierten Benzole und 1-substituierten 3.4-Dimethoxy- und 3.4-Methylendioxybenzole.** Yoshio Sasaki, Miyoko Suzuki, Toshihiko Hibino und Kazuko Karai. (Chem. pharmac. Bull. [Tokyo] **15** (1967) 5, 599—607; Fac. of Pharm. Sci., Osaka Univ., Toneyama, Toyonaka, Osaka; engl.) — Die NMR-Spektren folgender Verb. in $CDCl_3$ oder CH_2Cl_2 werden analysiert: *4-Methoxy-*, *4-Jod-*, *4-Chlor-*, *4-Brom-*, *4-Nitro-* u. *4-Methylanilin*, *4-Chlor-*, *4-Brom-*, *4-Jod-* u. *4-Nitrotoluol*, *1-Chlor-4-brom-*, *1.4-Dibrom-*, *1-Brom-4-jod-*, *1-Brom-4-nitro-*, *1.4-Dichlor-*, *1-Chlor-4-jod-*, *1-Chlor-4-nitro-*, *1-Chlor-4-cyan-*, *1-Chlor-4-formyl-*, *1.4-Dinitro-*, *1-Methyl-4-methoxy-*, *1-Chlor-4-methoxy-*, *1-Brom-4-methoxy-* u. *1-Nitro-4-methoxybenzol*, *Xylol*, *4-Chloracetophenon* u. *4-Chlorbenzoylchlorid*, *3.4-Methylendioxybenzol* u. dessen *1-Nitro-*, *1-Carbomethoxy-*, *1-Formyl-*, *1-Brom-*, *1-Methyl-* u. *1-Amino-Deriv.*, *3.4-Dimethoxybenzol* u. dessen *1-Nitro-*, *1-Carbomethoxy-*, *1-Formyl-*, *1-Brom-*, *1-Methyl-* u. *1-Amino-Derivate.*
W. Damerau 424△

0933 **Protonenresonanzspektren aromatischer Systeme.** 2. Mitt. **Diskussion polysubstituierter Benzolderivate.** Yoshio Sasaki, Miyoko Suzuki, Akiko Shimazu geb. Hoshi und Atsuko Misaki. (Chem. pharmac. Bull. [Tokyo] **15** (1967) 8, 1083—87; engl.) — 1. vgl. vorst. Referat. — Die NMR-Spektren folgender Verb. werden analysiert: *4-Amino-*, *4-Methoxy-*, *4-Chlor-*, *4-Brom-*, *4-Jod-*, *4-Nitro-*, *4-Formyl-*, *4-Cyano-* u. *4-Methylanisol*, *4-Methoxyacetophenon*, *4-Methoxybenzoylchlorid*, *1.6-Dinitro-*, *1-Methyl-6-chlor-*, *1-Formyl-6-nitro-*, *1-Formyl-6-brom-*, *1-Formyl-6-chlor-* u. *1-Formyl-6-amino-3.4-methylendioxybenzol*, *1-Brom-6-formyl-*, *1-Acetyl-6-methyl-*, *1-Methyl-5-brom-*, *1-Formyl-5-brom-*, *5-Brom-6-formyl-* u. *5-Brom-6-methylguajacol*, *3.4-Dimethoxybenzol-Deriv.*: *1-Carbomethoxy-5-methoxy-*, *1-Methyl-6-acetyl-* u. *1-Formyl-5-brom-3.4-dimethoxybenzol* u. *1.2.3-Trimethoxybenzol.* Die chem. Verschiebungen werden mit Werten verglichen, die nach einfachen Additivitätsregeln für Abschirmungsparameter berechnet werden. Mit Hilfe dieser Additivitätsregeln kann die Analyse von NMR-Spektren komplizierterer Mol. erleichtert werden, was am Beispiel von *1-[4'-Methoxybenzyl]-2-methyl-6.7-dimethoxy-1.2.3.4-tetrahydroisochinolin* u. *Narcotin* gezeigt wird.
W. Damerau 424△

0934 **Chemische ^{13}C-Verschiebung bei substituierten n-Alkanen.** E. Lippmaa und T. Penk. (Izvest. Akad. Nauk Est. SSR, Chim., Geol. **17** (1968) 3, 210—16; Acad. of Sci. of the Estonian SSR, Inst. of Cybernetics; engl.) — Tabelliert sind die Werte für nachst. Verb.; *Pentin*, *Hexin*, *Heptin*, *Octin*, *n-Butyl-*, *n-Pentylbenzol*, *Methyl-*, *Äthyl-*, *n-Butylcyclohexan*, *1-Äthyl-*, *1-n-Propyl-*, *1-n-Butylcyclopenten*; *1-Methyl-*, *1-Äthyl-*, *1-n-Propyl-*, *1-n-Butylcyclohexen*, *Propion-*, *n-Butter-*, *n-Valerian-*, *n-Capron-*, *n-Önanth-*, *Malon-*, *Bernstein-*, *Glutar-*, *Adipin-*, *Pimelin-*, *Kork-*, *Azelain-*, *Sebacinsäure*, *Na-Acetat*, *Na-Butyrat*, *Methylacetat*, *-propionat*, *-capronat*, *Äthyl-*, *n-Propyl-*, *n-Butyl-*, *n-Amylacetat*, *Diamyl-*, *Di-n-hexyl-*, *Methyläthyl-*, *Methyl-n-butyl-*, *Methyl-n-hexylketon*, *Propion-*, *n-Butyr-*, *n-Önanthaldehyd*, *Methanol*, *n-Propanol*, *Isopropanol*, *n-Butanol*, *tert.-Butanol*, *n-Pentanol*, *n-Hexanol*, *n-Heptanol*, *Glycerin*, *Di-n-propyl-*, *Di-n-butyläther*, *n-Propyl-*, *n-Butyl-*, *n-Pentyl-*, *n-Hexyl-*, *n-Heptylchlorid*, *n-Butyljodid*, *n-Butylbromid*, *Tri-n-propyl-*, *Di-n-amyl-*, *Di-n-hexylamin*, *Hexamethylendiamin*, *Glutarsäure-*, *Adipinsäuredinitril* u. *Dekamethy-*

lendicyan sowie Literaturdaten einer Reihe von Verb. aus den untersuchten Verb.-Klassen.
D. Schmitt 424

0935 **Kernmagnetische Resonanzspektren einiger substituierter Benzotriptycene. Einfluß der sterischen Kompression.** T. H. Regan und J. B. Miller. (J. org. Chemistry **32** (1967) 9, 2789—94; Rochester, N.Y., Eastman Kodak Co., Res. Labor.; engl.) — Die ^1H-NMR-Spektren von *5.12-[o-Phenylen]-5.12-dihydronaphthacen, 6-Phenyl-, 6-Methyl-, 6.11-* u. *5.12-Dimethyl-, 5.12-Dimethyl-6-phenyl-, 5.6.12-Trimethyl-* u. *5.6.11-Trimethyl-5.12-[o-phenylen]-5.12-dihydronaphthacen* werden untersucht.

Versuche: *11.12-Dibenzoyl-9.10-dihydro-9.10-äthenoanthracen* (**I**), $C_{30}H_{20}O_2$, F. 209,5—212,5°, durch Schmelzen von Anthracen u. Dibenzoylacetylen bei 200°; 83% (Ausb.). — *11.12-Dibenzoyl-9.10-dihydro-9.10-dimethyl-9.10-äthenoanthracen* (**II**), $C_{32}H_{24}O_2$, F 263,5—265,6°, analog aus 9.10-Dimethylanthracen; 87%. — 5.12-[o-Phenylen]-5.12-dihydronaphthacene: *6-Phenyl-*, F. 271—272,5° aus **I** u. $NaBH_4$ sowie 30%ig. HBr in Essigsäure; 19%. *5.12-Dimethyl-6-phenyl-*, F. 262,5—265°, analog aus **II**; 80%. *6-Methyl-*, F. 258,5—260°; 51%. *6.11-Dimethyl-*, F. 283,5—285,5°; 28%. *5.12-Dimethyl-*, F. 229—234,5°; 25%. *5.6.12-Trimethyl-* (**III**), F. 290—292°; 48%. *5.6.11-Trimethyl-*, F. 288,5—290,5°; 28%. *6-Brommethyl-5.12-dimethyl-*, $C_{27}H_{21}Br$, F. 280°, durch Kochen von **III** u. N-Bromsuccinimid in CCl_4; 73%. *$D_{(1)}$-6-Methyl-5.12-dimethyl-*, F. 284—286°, aus vorst. Verb. u. $LiAlD_4$. — *2.5-Dimethyltriptycen*, $C_{22}H_{18}$, F. 253—255,5°, durch Kochen von 1.4-Dimethylanthracen, Anthranilsäure u. Isoamylnitrat in 1.2-Dimethoxyäthan.
B. I. 424△

0936 **NMR-Spektren von orientierten 4-Spin-Systemen mit einer C_{2v}-Symmetrie (AA'BB'). Das Spektrum von Thiophen.** P. Diehl, C. L. Khetrapal und U. Lienhard. (Canad. J. Chem. **46** (1968) 16, 2645—48; Dep. of Phys., Univ., Basel; engl.) — Das ^1H-NMR-Spektrum von Thiophen wurde in der nemat. Phase von p.p'-Di-n-hexyloxyazoxybenzol aufgenommen u. analysiert.
D. Schmitt 424

0937 **Substituenteneffekt auf die Ringprotonenkopplungskonstanten in 3-substituierten Pyridinen.** D. G. de Kowalewski und E. C. Ferrá. (Molecular Physics **13** (1967) 6, 547—51; Dep. of Phys., Fac. of Exact Sci., Buenos Aires, Argentina; engl.) — Die NMR-Spektren von *3-Cyan-, 3-Formyl-, 3-Brom-* u. *3-Chlorpyridin* in 50%ig. Lsg. in Aceton werden bei Einstrahlung mit der $^1H_{(\alpha)}$-Resonanzfrequenz (Indor-Technik) analysiert.
W. Damerau 424△

0938 **NMR-Spektren von n-Alkylfluoriden.** D. L. Hooper, N. Sheppard und C. M. Woodman. (J. molecular Spectroscopy **24** (1967) 3, 277—83; Norwich, England, Univ. of East Anglia, School of Chem. Sci.; engl.) — Die ^1H- u. ^{19}F-NMR-Spektren von *Methyl-, Äthyl-, n-Proply-, n-Butyl-, n-Pentyl-, n-Hexyl-* u. *n-Heptylfluorid* werden untersucht u. analysiert.
B. I. 424△

0939 **Chemische Verschiebung von Protonen von Polyhalogenbenzolen in Cyclohexan und Tetrachlorkohlenstoff. Ein Additivitätsschema auf der Grundlage von Parameter-Paaren.** B. Richardson und T. Schaefer. (Canad. J. Chem. **46** (1968) 13, 2195—99; Dep. of Chem., Univ. of Manitoba, Winnipeg, Manitoba; engl.) — Die Werte sind tabelliert für die Benzole: *1.3.5-Tribrom-, 1.3.5-Trichlor-; 1.2.4.5-Tetrabrom-, -tetrachlor-* u. *-tetrafluor-; 1.3.4.5-Tetrafluor-, 1.4-Dibrom-2.5-difluor-, 1.3.5-Tribrom-2-jod-, 1.2.3-Trichlor-, 1.3-Difluor-5-jod-, 1.2.4-Trichlor-, 1-Brom-2.5-dichlor-, 1-Brom-3.4-dichlor-, 1.2-Dichlor-4-fluor-, 1.2.4-Tribrom-, 2.4-Dibrom-1-fluor-, 1.2-Dichlor-4-jod-, 1-Brom-3.5-dichlor-, 1.2.3.4-Tetrafluor-1.2.3.4-Tetrachlor-, Pentafluor-* u. *Pentachlor-*.
D. Schmitt 424

0940 **Anwendung von multiplen NMR-Techniken bei der Messung von relativen Vorzeichen und der Größe der C—C—H- und C—H-Kopplungskonstanten in Allylbromid.** J. Feeney und P. J. S. Pauwels. (Molecular Physics **14** (1968) 3, 209—15; Res. Labor., Varian Ass. Ltd., Walton-on-Thames, Surrey; engl.) D. Schmitt 424

0941 **NMR-Spektrum von 3.4.4-Trifluor-4-brom-2.3-dichlorbuten-(1).** D. J. Blears, S. S. Danyluk und C. L. Bell. (Canad. J. Chem. **45** (1967) 23, 3004—09; ANL, Argonne, Ill.; engl.) — Von der Verb. (als reine Fl. oder in Bzl., D_6-Aceton, CD_3CN oder CCl_4) werden die ^{19}F- u. ^1H-NMR-Spektren analysiert. W. Damerau 424△

0942 **NMR-Spektren von Molekülen mit CF_2-Gruppen. 1. Mitt. Zusammengesetzte Teilchen-Näherung für die chemische Äquivalenz — das Spektrum von Perfluorcyclobuten.** R. K. Harris und R. Ditchfield. (Spectrochim. Acta [Oxford], Part A **24** (1968) 12, 2089—2105; School of Chem. Sci., Univ. of East Anglia, Norwich; engl.) G. Pötzscher 424

0943 **Analyse der ^1H-, ^{19}F- und ^{13}C-NMR-Spektren von Fluorbenzol.** Thomas F. Page jun. (Molecular Physics **13** (1967) 6, 523—32; Batelle Memorial Inst., Columbus, O.; engl.) — Die Verb. wird als reine Fl. oder als 5%ig. Lsg. in Cyclohexan untersucht. W. Damerau 424△

0944 **Obere Grenze für den elektrischen Feldeinfluß auf das NMR-Spektrum von Nitromethan.** James D. Macomber, Norman S. Ham und J. S. Waugh. (J. chem. Physics **46** (1967) 7, 2855—56; Dep. of Chem., MIT, Cambridge, Mass.; engl.) — Der Einfl. eines elektr. Feldes auf die ^1H-NMR-Linienform von CH_3NO_2 wird untersucht. B. I. 424△

0945 **Kernmagnetische Resonanzspektren von einigen protonierten Benzophenonen.** R. van der Linde, J. W. Dornseiffen, J. U. Veenland und Th. J. de Boer. (Spectrochim. Acta [London], Part A **24** (1968) 12, 2115—19; Labor. of Org. Chem., Univ. of Amsterdam, Amsterdam, Netherlands; engl.) — Untersuchte Verb.: *2.2'-Dimethyl-, 2.2'.6.6'-Tetramethyl-, 2.4'-, 2.4-Dimethyl-, 4-Methoxy-, 2-Methylbenzophenon.*
G. Pötzscher 424

0946 **Kernmagnetische Resonanzspektren einiger polynuklearer Thiapyryliumkationen.** Thomas E. Young und Cyrus J. Ohnmacht. (J. org. Chemistry **32** (1967) 5, 1558—62; Bethlehem, Pa., Lehigh Univ., William H. Chandler Chem. Labor.; engl.) — Die ^1H-NMR-Spektren von *2-* u. *4-Methyl-, 1-Thianaphthaliniumperchlorat, 6.7.8.9-Tetrahydrobenzo-[g]-1-thianaphthaliniumperchlorat, 1-, 2-, 3-* u. *4-Thiaphenanthreniumperchlorat, 9-Thiaanthracenium-, 7-Thiabenz-[a]-* u. *12-Thiabenz-[a]-anthraceniumperchlorat* in CF_3COOD werden analysiert. Die α- u. γ-H- in bezug auf das Thioniumzentrum zeigen die stärksten Abschirmungen. D-Austausch der 2- u. 4-Stellung von **I** in CF_3COOD—D_2O findet bei 20° nicht statt.

Versuche: *2-Methylthiochromanol-(4)*, $C_{10}H_{12}OS$, F. 74—75,5° (PAe.), aus 2-Methylthiochromanon-(4) u. $LiAlH_4$; 83% (Ausb.). — *2-Methyl-1-thianaphthaliniumperchlorat*, $C_{10}H_9ClO_4S$, F. 123—126° (Essigsäure), durch Einw. von Dicyandichlorchinon auf vorst. Verb. u. Zugabe von $HClO_4$ bei 0°; 32%. — *4-Methyl-1-thianaphthaliniumperchlorat*, $C_{10}H_9ClO_4S$, F. 119—123° (Essigsäure), analog aus 4-Methylthiochromanol-(4) u. o-Chloranil; 78%. — *6.7.8.9-Tetrahydrobenzo-[g]-thiochromanol-(4)*, $C_{13}H_{16}OS$, F. 117—118° (Bzl./PAe.), aus 6.7.8.9-Tetrahydrobenzo-[g]-thiochromanon-(4) u. $LiAlH_4$; 92%. — *6.7.8.9-Tetrahydrobenzo-[g]-1-thianaphthaliniumperchlorat*, $C_{13}H_{13}ClO_4S$, F. 204—206° (Essigsäure), durch Kochen vorst. Verb. mit Tritylperchlorat in Nitromethan/Essigsäure; 33%. — *Benzo-[g]-thiochromanon-(4)*, $C_{13}H_{10}OS$, F. 121—123° (PAe.), durch Kochen der Tetrahydroverb. mit Dicyandichlorchinon in Bzl.; 36%. — *Benzo-[g]-thiochromanol-(4)*, $C_{13}H_{12}OS$, F. 120—122° (PAe.), aus vorst. Verb. u. $LiAlH_4$; 87%. B. I. 424△

0947 **Magnetische Anisotropie der Oximidogruppe. Zusätzlicher Beweis einer größeren Entschirmung durch die Nachbarschaft einer Hydroxylgruppe.** Alain C. Huitric, David B. Roll und John R. DeBoer. (J. org. Chemistry **32** (1967) 5, 1661—62; Coll. of Pharm., Univ. of Wash., Seattle, Wash.; engl.) — In *syn-Benzylmethylketoxim* (**I**) ist durch die größere Nähe der OH-Gruppe zu den CH_2-Protonen eine Entschirmung dieser Protonen zu beobachten, die im 60-MHz-NMR-Spektrum (in CCl_4 oder Py.) bez. *anti-Benzylmethylketoxim* (**II**; F. 69—71°)

0,24 ppm beträgt. Die Zuordnung dieser Verschiebungen zu **I** u. **II** wird durch die NMR-Unters. der durch Beckmann-Umlagerung aus **I** u. **II** erhaltenen Verb. *N-Benzylacetamid* (F. 62,5—63,3°) u. *N-Methyl-2-phenylacetamid* bestätigt. W. Damerau 424△

0948 **Nichtäquivalenz der chemischen Verschiebung diastereotoper Protonen durch eingeschränkte Rotation um Aryl-Stickstoff-Bindungen in substituierten Amiden.** Youval Shvo, Edward C. Taylor, Kurt Mislow und Morton Raban. (J. Amer. chem. Soc. **89** (1967) 19, 4910 bis 4917; Princeton, N.J., Princeton Univ., Dep. of Chem.; engl.) — Die chem. Nichtäquivalenz der Methylenprotonen der Benzylgruppe in N-Benzyl-N-[o-tolyl]-amiden (**A**) wird bestimmt. Durch Analyse der ^{1}H-NMR-Spektren dieser Verb. sowie der N-Aryl-1.2.3.4-tetrahydroisochinolinone-(3) (**B**) wird gezeigt, daß die Nichtäquivalenz nicht durch langsame Inversion des pyramidalen Amid-N interpretiert werden kann, sondern daß die eingeschränkte Rotation um die Aryl-N-Bindung entscheidend ist. Die freien Aktivierungsenthalpien dieses Prozesses werden für die acycl. Amide **A** u. die cycl. Amide **B** ermittelt. — Folgende Verb. werden untersucht. **A**. *-formamid*, ($C_{15}H_{15}NO$, F. 58—59°, Kp.$_1$ 138°), *-acetamid* ($C_{16}H_{17}NO$, Kp.$_{0,1}$ 130°), *-propionamid* ($C_{17}H_{19}$·NO, Kp.$_{0,17}$ 130°), *-isobutyrylamin* ($C_{18}H_{21}NO$, Kp.$_{0,2}$ 126°]), *-trimethylacetamid* ($C_{19}H_{23}NO$, F. 67—69°, Kp.$_{0,1}$ 130°), *-benzamid* ($C_{21}H_{19}NO$, F. 59—61°, Kp.$_{0,2}$ 178°), *-p-methoxybenzamid* ($C_{22}H_{21}NO_2$, Kp.$_{0,2}$ 170°), *-p-nitrobenzamid* ($C_{21}H_{18}N_2O_3$, F. 127—129°), *-trifluoracetamid* ($C_{16}H_{14}F_3NO$, F. 66,5—67,5°) u. *-phenylacetamid*, ($C_{22}H_{21}$·NO, Kp.$_{0,25}$ 175°). — **B**, (aus 2-Isocumaranon u. dem entsprechenden aromat. Amin im Bombenrohr bei 220 bis 250°): *N-Phenyl-* ($C_{15}H_{13}NO$, F. 96,5—98,5°; 90% Ausb.), *N-o-Tolyl-* ($C_{16}H_{15}NO$, F. 103—105°; 88%), *N-2.6-Dimethylphenyl-* ($C_{17}H_{17}NO$, F. 126—128°; 75%), *N-2-Methyl-3-chlorphenyl-* ($C_{16}H_{14}ClNO$, F. 147—149°; 48%), *N-α-Naphthyl-* ($C_{19}H_{15}NO$, F. 131—132,5°; 57%), *N-Benzyl-* ($C_{16}H_{15}NO$, F. 91—92°; 94%) u. *N-1-Phenäthyl-* ($C_{17}H_{17}NO$, F. 108—109,5°; 74%). — *1-Benzyl-8-methyl-1.2.3.4-tetrahydrochinolinon-(2)* ($C_{17}H_{17}NO$, Kp.$_{0,1}$ 150°, aus 8-Methyl-1.2.3.4-tetrahydrochinolinon-(2), NaH u. Benzylchlorid). — *2-[o-Tolyl]-isoindolinon-(1)* ($C_{15}H_{13}NO$, F. 99—100°, aus Phthalid u. o-Toluidin bei 250°). B. I. 424△

0949 **Chemische ^{14}N-Verschiebungen in Thioamiden.** P. Hampson und A. Mathias. (Molecular Physics **13** (1967) 4, 361—64; Imperial Chem. Ind. Ltd., Dyestuffs Div., Blackley, Manchester; engl.) — Die ^{14}N-Verschiebungen von *Thioacetamid* u. dessen *N-Phenylderiv.*, *Thiobenzamid* u. dessen *N-Phenylderiv.* u. *Phenylthioacetamid* sowie *Selenobenzamid* werden bestimmt u. mit den Werten der entsprechenden Amide verglichen. W. Damerau 424△

0950 **Magnetische Resonanzen der Protonen und Deuteronen in Glycinverbindungen.** V. Saraswati und R. Vijayaraghavan. (J. physic. Soc. Japan **23** (1967) 3, 590 bis 597; Tata Inst. of Fund. Res., Bombay; engl.) — Die ^{1}H-NMR bei 8 MHz u. die ^{2}H-NMR bei 7,5 MHz von polykrist. Proben von *Glycin* (**I**), den deuterierten Formen u. den Additionsverb. $I_2 \cdot BaCl_2 \cdot H_2O$, $I_2 \cdot MnCl_2 \cdot 2\,H_2O$, $I_2 \cdot HCl$, $I_2 \cdot HNO_3$, $I \cdot AgNO_3$ u. $I_3 \cdot H_2SO_4$ wurden zwischen 77 °K u. 350 °K gemessen. B. Stender 424

0951 **Kernmagnetische Resonanzuntersuchungen an acetylierten 1-Thioaldopyranose-Derivaten.** Charles V. Holland, Derek Horton, Martha J. Miller und Norman S. Bhacca. (J. org. Chemistry **32** (1967) 10, 3077—86; Columbus, O., O. State Univ., Dep. of Chem.; engl.) — Die ^{1}H-NMR-Spektren von *1-Thio-β-D-xylo-*, *-α-L-arabino-*, *-α-D-arabino-* u. *-β-D-ribopyranosetetraacetat* u. *1-Thio-β-D-gluco-* u. *-β-D-galaktopyranosepentaacetat* werden in $CDCl_3$, $(CD_3)_2CO$ u. C_6D_6 untersucht. Die relativen chem. Verschiebungen der verschiedenen Ringprotonen sind in den 3 Lsgm. verschieden u. geben wertvolle Informationen über Konfig. u. Konformationen. Die Spektren werden mit denen von *2.3.4.6-tetra-O-acetyliertem Benzyl-1-thio-β-D-glucopyranosid*, *1-S-Benzoyl-1-thio-β-D-glucopyranose*, *β-D-Glucopyranosyläthylxanthat* u. *tert.-Butyl-1-thio-β-D-glucopyranosid* verglichen. Die H(1)-Konform. von *4.6-Di-O-acetyl-1-S-acetyl-2.3-didesoxy-1-thio-α-D-erythro-hexeno-(2)-pyranose* kann festgelegt werden.

Versuche: *1-Thio-β-D-galaktopyranosepentaacetat*, $C_{16}H_{22}O_{10}S$, F. 115—116° (A.), aus Tetra-O-acetyl-α-D-galaktopyranosylbromid (F. 84—86°), Kaliumthioacetat (KTA) in Aceton; 88% (Ausb.). — *1-Thio-β-D-xylopyranosetetraacetat*, $C_{13}H_{18}O_8S$, F. 103°, aus Tri-O-acetyl-xylopyranosylbromid (F. 100—103°) u. KTA in Aceton; 82%. — *2-[2.3.4-Tri-O-acetyl-β-D-ribopyranosyl]-2-thiopseudoharnstoffhydrobromid* (**I**), $C_{12}H_{19}BrN_2O_7S$, F. 173 bis 174° (Aceton), durch Kochen von Tri-O-acetyl-β-D-ribopyranosylbromid (**II**) u. Thioharnstoff in Aceton; 33%. — *1-Thio-β-D-ribopyranosetetraacetat*, $C_{13}H_{18}O_8S$, F. 88—89° (A.), a) durch Einw. von $Na_2S_2O_5 \cdot 7\,H_2O$ auf **I** bei 85°; 38%. b) Aus **II** u. KTA in Aceton; 27%. — *2-[2.3.4-Tri-O-acetyl-α-L-arabinopyranosyl]-2-thiopseudoharnstoffhydrobromid* (**III**), $C_{12}H_{19}BrN_2O_7S$, F. 169—171°, durch Kochen von Tri-O-acetyl-β-L-arabinopyranosylbromid (**IV**) u. Thioharnstoff in Aceton; 81%. — *1-Thio-α-L-arabinopyranosetetraacetat*, $C_{13}H_{18}O_8S$, F. 39° (A.), a) aus **III** u. $Na_2S_2O_5 \cdot 7\,H_2O$ bei 85°; b) aus **IV** u. KTA; 72%. *α-D-Verb.*, F. 39°, analog aus den entsprechenden α-D-Ausgangsprodukten. *Benzyl-2.3.4.6-tetra-O-acetyl-1-thio-β-D-glucopyranosid*, $C_{21}H_{26}O_9S$, F. 100—101° (CH_3OH), aus α-Mercaptotoluol u. Tetra-O-acetyl-α-D-glucopyranosylbromid (**VI**) in äthanol. KOH; 88%. — *2.3.4.6-Tetra-O-acetyl-1-S-benzoyl-1-thio-β-D-glucopyranose*, $C_{21}H_{24}O_{10}S$, F. 130—131° (CH_3OH), aus Thiobenzoesäure u. **VI** in äthanol. KOH; 94%. — *tert.-Butyl-2.3.4.6-tetra-O-acetyl-1-thio-β-D-glucopyranosid.* F. 142°, aus Penta-O-acetyl-β-D-glucopyranose, tert.-Butylmercaptan u. $ZnCl_2$; 65%. — *4.6-Di-O-acetyl-1-S-acetyl-2.3-didesoxy-1-thio-α-D-erythrohexeno-(2)-pyranose*, F. 102—105°, aus D-Glucaltriacetat, Thioessigsäure u. H_2SO_4. B. I. 424△

0952 **Einfluß von Kernspinstatistiken auf die ESR- und ENDOR-Spektren der Methylgruppen-Hyperfeinstruktur.** S. Clough und F. Poldy. (Physica Letters [Amsterdam] **24 A** (1967) 10, 545—46; Dep. of Phys., Univ. of Nottingham, Großbritannien; engl.) — Die ESR- u. ENDOR-Spektren des *4-Methyl-2.6-di-tert.-butylphenoxyl*-Radikals werden bei 4 °K untersucht. K. H. Bielicki 426

0953 **ESR-Spektren von erhitzten polycyclischen KW-Stoffen.** W. F. Forbes und J. C. Robinson. (Nature [London] **214** (1967) 5083, 80—81; Dep. of Chem., Univ. of Waterloo, Waterloo, Ontario; engl.) — Die ESR-Spektren von über den F. erhitztem *Triphenylmethan*, *Azulen* u. *3.4-Benzopyren* werden untersucht. W. Sobieski 426

0954 **ESR-Untersuchungen γ-bestrahlter Einkristalle von aromatischen Verbindungen. 3. Mitt. 2.6- und 2.4-Di-tert.-Butylphenol.** N. M. Atherton und R. S. F. Harding. (J. chem. Soc. [London], Sect. A **1968, 10,** 2352—53; Dep. of Chem., Univ., Sheffield; engl.) — 2. vgl. C. **1969,** 13-1059. — Die Protonenkopplungstensoren sind angegeben. D. Schmitt 426

0955 **ESR-Untersuchungen.** 11. Mitt. **Heterolytische Fragmentierung von Hydroxycyclohexadienyl-Radikalen.** R. O. C. Norman und R. J. Pritchett. (J. chem. Soc. [London], Sect. B **1967, 9,** 926—30; Dep. of Chem., Univ., York; engl.) — 10. vgl. C. **1969,** 4-0907. — Die Rk. nachst. Verb. mit $Ti^{3+} + H_2O_2$ führen in Abhängigkeit des pH entweder zur Addition von OH an den aromat. Ring oder zu Radikalen, die durch Abspaltung von H, COOH oder CH_2OH aus der aliphat. Kette entstehen. Bei höherem pH ist eine OH-Addition wahrscheinlicher (elektrophile Radikal-Rk.). Ein Mechanismus wird vorgeschlagen, bei dem sich immer zuerst die Hydroxycyclohexadienyl-Radikale bilden, die durch heterolyt. Bindungsspaltung weiter fragmentieren. Untersucht wurden o. a. Rk. von *Phenyl-hydroxy-*, *Benzyl-*, *Phenoxy-*, *Benzyl-methyl-*, *[α-Methylbenzyl]-essigsäure* u. *2-Phenyläthanol.* Die ESR-Daten sind von folgenden Radikalen angegeben: *α-Hydroxybenzyl-*, *2-Phenyläthyl-*, *1-Phenylpropyl-(2)-*, *2-Phenylpropyl-*, *Phenoxymethyl-* u. *Benzyl-*. K. Vaček 426

0956 **ESR-Spektren einiger fluorierter Semichinone.** P. H. H. Fischer und H. Zimmermann. (Z. Natur-

forsch. **23a** (1968) 9, 1399–1400; MPI für med. Forsch., Heidelberg; engl.) — Es wurden die Anionen von *2.3-Difluornaphthochinon-(1.4)*, *2.5-Difluor-* u. *2-Fluorbenzochinon-(1.4)*, die bei der polarograph. Red. aus den Ketonen entstehen, ESR-spektroskop. untersucht. Die Kopplungskonst. u. Spindichten sind angegeben.
D. Schmitt 426

0957 **ESR der Komplexe aus 4-Cyanpyridin und Alkalimetallen.** R. F. Adams, N. M. Atherton, A. E. Goggins und Carol M. Goold. (Chem. Physics Letters [Amsterdam] **1** (1967) 2, 48–50; Sheffield, Univ., Dep. of Chem.; engl.) — Die Temp.-Abhängigkeit des ESR-Spektrums von *4-Cyanpyridinkalium* (**I**) in 1.2-Dimethoxyäthan wird untersucht. Die Analyse der Spektren läßt zwei I-Formen erkennen, die miteinander im thermodynam. Gleichgew. stehen. B. I. 426△

0958 **Zuordnung der Kopplungskonstanten im EPR-Spektrum von Thioxanthon-5.5-dioxid.** J. P. Keller, C. S. J. Keller und Robert G. Hayes. (J. chem. Physics **46** (1967) 2, 816–17; Dep. of Chem., Univ. of Notre Dame, Ind.; engl.) — Untersucht wurden außerdem *4-Methyl-*, *2-Methyl-* u. *1.4-Dimethylthioxanthon-5.5-dioxid.* D. Schmitt 426

0959 **ESR-Untersuchung von γ-bestrahltem Tetraäthylammoniumjodid.** L. Fabes und J. K. S. Wan. (Canad. J. Chem. **46** (1968) 16, 2749–52; Dep. of Chem., Queen's Univ., Kingston, Ontario; engl.) — Die Unters. wurden bei 77–373°K durchgeführt. Als Radikale wurden CH_3, $(C_2H_5)_3\overset{+}{N}\dot{C}H_2$ u. $(C_2H_5)_3\overset{+}{N}\dot{C}HCH_3$ gefunden.
D. Schmitt 426

0960 **ESR von Radikalanionen von alkylsubstituierten Thienyl-phenyl-ketonen und verwandten Verbindungen.** L. Kaper, J. U. Veenland und Th. J. de Boer. (Spectrochim. Acta [Oxford], Part A **24** (1968) 12, 1971 bis 1974; Labor. for Org. Chem., Univ., Amsterdam; engl.) — Die durch Elektrolyse erhaltenen Radikalanionen wurden untersucht von *2-Acetyl-*, *2-Acetyl-5-tert.-butyl-*, *-4-tert.-butyl-*, *-3.5-di-tert.-butyl-*, *3-Acetyl-2.5-di-tert.-butyl-*, *2-Pivaloyl-*, *2-Benzoyl-*, *2-p-Methoxybenzoyl-*, *2-p-tert.-Butyl-benzoyl-*, *2-Benzoyl-3.5-di-tert.-butyl-*, *2-Mesitoyl-*, *2-Mesitoyl-5-methyl-*, *-5-äthyl-*, *-5-methoxy-thiophen.* G. Pötzscher 426

0961 **ESR-Untersuchung der Ionenpaare des Terephthalonitrilanions mit Alkalimetallkationen.** Kazuo Nakamura. (Bull. chem. Soc. Japan **40** (1967) 5, 1019–26; Sakyo-ku, Kyoto, Kyoto Univ., Fac. of Sci., Dep. of Chem.; engl.) — Das Verh. von Li^+, Na^+ u. K^+ in Lsg. von Terephthalonitril in Dimethoxyäthan, THF, 2-Methyltetrahydrofuran, Tetrahydropyran u. Ae. wurde mit Hilfe der ESR des Anion-Radikals zwischen 20° u. –80° untersucht. J. M. Spaeth 426

0962 **Die Gruppierung des radikalischen Maleinsäureanhydridanions. Eine brauchbare Spin-Markierung.** Stephen F. Nelsen und Errol D. Seppanen. (J. Amer. chem. Soc. **89** (1967) 22, 5740–42; Dep. of Chem., Univ. of Wis., Madison, Wis.; engl.) — Untersucht wurden mit Hilfe der ESR-Spektroskopie sog. Semifurachinone. Red.-Prod. von Diels-Alder-Addukten aus *Butadien. Cyclopentadien* bzw. *Cyclohexadien* u. *Dichlormaleinsäureanhydrid.* L. Strauß 426

0963 **Massenspektrometrische Untersuchungen.** 9. Mitt. **Massenspektren von β-Diketonen.** J. H. Bowie, D. H. Williams, S.-O. Lawesson und G. Schroll. (J. org. Chemistry **31** (1966) 1384–90; Cambridge, Univ. Chem. Labor.; engl.) — 8. vgl. C. **1968,** 19-0983. — Wanderungs- u. Eliminierungseffekte an folgenden Verb. werden untersucht u. diskutiert: *Pentandion-(2.4)*, *3-Äthyl-*, *3-n-Butyl-*, *3-Isoamyl-*, *3-Allyl-*, *3-Benzyl-*, *3-Benzoyloxy-*, *3-Benzoyloxy-3-äthyl-* u. *3-Benzoyloxy-3-n-butylpentadion-(2.4)*, *Benzoylaceton*, *1-Methyl-*, *1-Allyl-*, *1-n-Butyl-* u. *1-sek.-Butyl-1-benzoylaceton*, *Dibenzoylmethan* sowie *[α.α-D_2]-3-Benzylpentadien-(2.4)-on*, *[3.3-D_2]-Benzoylaceton* u. *D_2-Dibenzoylmethan.* G. O. Jäger 428

0964 **Massenspektrometrische Untersuchungen.** 10. Mitt. **Hochaufgelöste Massenspektren von Cyanessigestern. Alkylwanderungen beim Elektronenbeschuß.** J. H. Bowie, R. Grigg, S.-O. Lawesson, P. Madsen, G. Schroll und D. H. Williams. (J. Amer. chem. Soc. **88** (1966) 1699–1703; engl.) — 9. vgl. vorst. Referat. — Untersucht wurden: *Cyanessigsäuremethyl-* u. *-äthylester*, *α-Cyan-β-methyl-buttersäureäthylester*, *α-Cyan-β-methyl-* u. *α-Cyan-γ-methyl-valeriansäureäthylester*, *α-Cyan-capronsäureäthylester* u. *-methylester* ($Kp._{11}$ 111°), *α-Phenyl-α-cyanessigsäureäthylester* sowie *α-Cyan-β-[trideuteromethyl]-buttersäureäthylester* ($Kp._{12}$ 95,5–96,5°).
G. O. Jäger 428

0965 **Massenspektroskopische Untersuchungen.** 11. Mitt. **Massenspektren von 1.4-Dicarbonylverbindungen.** S.-O. Lawesson, J. Madsen, G. Schroll, J. H. Bowie, R. Grigg und D. H. Williams. (Acta chem. scand. **20,** 1129–28, 1966; engl.) — 10. vgl. vorst. Referat. — Von folgenden Verb. werden die Massenspektren bestimmt u. interpretiert: *Acetonylaceton*, *3.3-Dimethyl-* u. *3.4-Diacetylhexandion-(2.5)*, *4.4-Dimethylheptandion-(2.5)*, *γ-Oxovaleriansäureäthylester*, *α-Methyl-*, *α-n-Hexyl-*, *α-Phenyl-*, *β-Äthyl-*, *β-Allyl-*, *β-Benzyl-* u. *α-Methyl-β-benzyl-γ-oxovaleriansäureäthylester*, *β-Acetylglutarsäurediäthylester*. Die Spektren sind angegeben, die Daten tabelliert.
G. O. Jäger 428

0966 **Massenspektren von 1.2.4-Triazin und einigen seiner Derivate.** William W. Paudler und R. E. Herbener. (J. heterocyclic Chem. **4** (1967) **2,** 224–29; Dep. of Chem., O. Univ., Athens, O.; engl.) — Die Massenspektren von *1.2.4-Triazin* u. von *1.2.4-Triazincarbonsäure-(3)-methyl-* ($C_5H_5N_3O_2$, F. 91,5–92,5°), *-äthyl-* u. *-tert.-butylester* werden untersucht. Das Fragmentierungsverh. der Ester wird mit dem der entsprechenden Benzoesäureester verglichen.

Versuche: *Monothiooxamidsäure-tert.-butylester*, F. 115–115,5°, aus Cyanameisensäure-tert.-butylester u. H_2S im Überschuß; 62,0% (Ausb.). — *Oxalamidrazon-tert.-butylester*, F. 123–125°, aus vorst. Verb. u. Hydrazinhydrat in abs. A.; 23,6%. — *1.2.4-Triazincarbonsäure-(3)-tert.-butylester*, $C_8H_{11}N_3O_2$, F. 52,5–53,5°, aus vorst. Verb. u. Glyoxal in tert.-Butanol; 9%.
K.-H. Bielicki 428

0967 **Massenspektren von Kleinring-Heterocyclen.** 1. Mitt. **Einige 1-Alkyl-2-phenyl-3-aroylazetidine.** J.-L. Imbach, Earl Doomes, Norman H. Cromwell, Henry E. Baumgarten und Richard G. Parker. (J. org. Chemistry **32** (1967) 10, 3123–29; Avery Labor. of Chem., Univ. of Nebr., Lincoln, Nebr.; engl.) — Die Massenspektren folgender Verb. werden analysiert: ***trans-1-tert.-Butyl-2-phenyl-3-benzoylazetidin*** (trans-**I**), ***$D_{(3)}$-trans-I***, ***cis-I***, ***trans-1-tert.-Butyl-2-phenyl-3-p-phenylbenzoylazetidin*** (trans-**II**), ***$D_{(3)}$-trans-II***, ***cis-II***, ***trans-1-Cyclohexyl-2-phenyl-3-p-phenylbenzoylazetidin*** (trans-**III**), ***$D_{(3)}$-trans-III*** u. ***cis-III***.

Versuche: *2-[α-Cyclohexylaminobenzyl]-4'-phenylacrylphenon* (**IV**), $C_{28}H_{29}NO$, F. 90–91° (n-Hexan), aus 1 Val α-Bromäthyl-4'-phenylchalcon u. 2 Val Cyclohexylamin. — ***cis-III***, $C_{28}H_{29}NO$, F. 172–173° (CH_3OH), aus **IV**. — ***trans-III***, $C_{28}H_{29}NO$, F. 142–143° (CH_3OH), aus cis-**III** in CH_3ONa/CH_3OH. — ***$D_{(3)}$-trans-III***, F. 142 bis 143° (CH_3OH), aus cis-**III** in CH_3ONa/CH_3OD.
J. Büttner 428

0968 **Massenspektrometrische Untersuchungen.** 1. Mitt. **Benzo-[b]-thiophen, einige Alkyl- und Arylderivate, das 1.1-Dioxid und 2.3-Dihydro-1.1-dioxid.** Q. N. Porter. (Austral. J. Chem. **20** (1967) 1, 103–16; Dep. of Organ. Chem., Univ. of Melbourne; engl.) — Es werden die hochaufgelösten Massenspektren von *Benzo-[b]-thiophen*, *$D_{(3)}$-Benzo-[b]-thiophen*, *2-Äthylbenzo-[b]-thiophen*, *2-*, *3-*, *4-*, *5-* u. *7-Methylbenzo-[b]-thiophen*, *2-* u. *3-Phenylbenzo-[b]-thiophen*, *3-Methyl-2-phenylbenzo-[b]-thiophen*, *Benzo-[b]-thiophen-1.1-dioxid* u. *2.3-Dihydrobenzo-[b]-thiophen-1.1-dioxid* untersucht. Die Fragmentierungsmechanismen werden diskutiert. K.-H. Bielicki 428

0969 **Massenspektrometrie von Aralkylverbindungen mit einer funktionellen Gruppe.** 6. Mitt. **Massenspektren von 1- und 2-Phenyläthanol und von 1-Phenylpropanol-(2).** N. M. M. Nibbering und Th. J. de Boer. (Org. Mass. Spectrometry **1** (1968) 3, 365–90; Labor. for Organ. Chem., Univ. of Amsterdam; engl.) — 5. vgl.

C. **1969,** 58-0126. — Außer den Titelverb. werden verschiedene D-Deriv. untersucht. D. Schmitt 428

0970 **Ungeladene Bruchstücke aus einfachen aromatischen Molekülen bei Elektronenstoß.** H. Genzel und O. Osberghaus. (Z. Naturforsch. **22a** (1967) 3, 331—34; Phys. Inst. der Univ. Bonn; dt.) — Die durch Elektronenstoß mit einem gepulsten Elektronenstrahl von 200 eV erzeugten prim. neutralen Bruchstücke von *Bzl.*, *Fluorbenzol* u. *Toluol* werden massenspektrometr. bei Drücken von 10^{-5} Torr untersucht u. die Ionisierungspotentiale der Bruchstücke bestimmt. K.-H. Bielicki 428

0971 **Elektronenstoßspektrum von Äthan.** Edwin N. Lassettre, Ausma Skerbele und Michael A. Dillon. (J. chem. Physics **46** (1967) 11, 4536—37; Mellon Inst., Pittsburgh, Pa.; engl.) K.-H. Bielicki 428

0972 **Untersuchung der Toluidine durch Massenspektrometrie.** V. E. Sahini, V. Constantin und C. Podină. (Rev. roum. Chim. **12** (1967) 12, 1405—10; Labor. de Chim. Phys. de l'Univ. de Bucarest; franz.) — Der Einfl. der Stellung der Substitutenten auf die Massenspektren von *o-*, *m-* u. *p-Toluidin* wurde untersucht, u. ein Mechanismus für die Fragmentierung wird vorgeschlagen. P. W. Kittner 428

0973 **Thermische Instabilität von Norbornyl-(1) und -(2) und Bicyclo-[2.2.2]-octyl-(1)-Radikalen im Massenspektrometer.** T. McAllister, Z. Dolešek, F. P. Lossing, Rolf Gleiter und Paul von Ragué Schleyer. (J. Amer. chem. Soc. **89** (1967) 23, 5982—83; Div. of Pure Chem., Nat. Res. Council, Ottawa, Canada; engl.) — Die Ionisationspotentiale der freien Radikale (durch Pyrolyse der entsprechenden Methylnitrite) werden gemessen. J. Büttner 428

0974 **Massenspektrometrie von Steroidsystemen.** 4. Mitt. **Cis-trans-Isomerie von di- und tricyclischen Modellverbindungen.** N. S. Wulfson, V. I. Zaretskii, V. L. Sadovskaya, A. V. Semenovsky, W. A. Smit und V. F. Kucherov. (Tetrahedron [London] **22,** 603—14, 1966; Moscov, U.S.S.R Acad. of Sci., Inst. for Chem. of Natural Prod.; engl.) — 3. vgl. C. **1968,** 35-0887. — Das Fragmentierungsverh. von *cis-* u. *trans-A/B-Sclareoxid* (I), *cis-D_1*-I, *α-Monocyclofarnesylaceton* sowie von *cis-* u. *trans-2.5.5.1a-Tetramethyl-1a.4a.5.6.7.8-hexahydro-γ-chromen* (II), *trans-6-D_1*-II u. *trans-2-Trideuteromethyl-3-D_1-2.5.5.1a-tetramethyl-1a.4a.5.6.7.8-hexahydro-γ-chromen* bei Elektronenbeschuß wird untersucht. G. O. Jäger 428

0975 **Massenspektren von Phosphorigsäureestern.** 1. Mitt. **Bicyclische Phosphite.** David G. Hendricker. (J. heterocyclic Chem. **4** (1967) 3, 385—88; Dep. of Chem., O. Univ., Athens, O.; engl.) — Es werden die Massenspektren von *1-Methyl-*, *1-Äthyl-*, *4-Propyl-*[$C_7H_{13}O_3P$, F. 78—79°, nach Huttemann [1965] unter Verw. von 2-Hydroxymethyl-2-propylpropandiol-(1.2); 91% (Ausb.)] u. *4-Nitro-2.6.7-trioxa-1-phosphabicyclo-[2.2.2]-octan* ($C_4H_6NO_5P$, F. 81—82°, aus PCl_3 u. 2-Hydroxymethyl-2-nitropropandiol-(1.3); 1,8%) untersucht u. die Fragmentierungsschemata analysiert. K.-H. Bielicki 428

B-2. Strukturforschung

0976 **Messung von Winkeln und Abständen in Molekülmodellen.** 2. Mitt. **Eine Meßvorrichtung für den Benzolring.** J. W. ApSimon. (Canad. J. Chem. **46** (1968) 5, 808 bis 809; Dep. of Chem., Carleton Univ., Ottawa, Canada; engl.) — 1. vgl. Chem. and Ind. **1966, 43**-1792. — Es wird eine Meßvorrichtung für Dreiding-Modelle angegeben. D. Schmitt 431

0977 **Messung von Winkeln und Abständen in Molekülmodellen.** 3. Mitt. **Eine allgemeine Meßvorrichtung.** J. W. ApSimon, W. G. Craig, A. Demayo und A. A. Raffler. (Canad. J. Chem. **46** (1968) 5, 809—10; engl.) — 2. vgl. vorst. Referat. — Es wird eine Meßvorrichtung für Dreiding-Modelle angegeben. D. Schmitt 431

0978 **Benutzung der CNDO-Methode in der Spektroskopie.** 1. Mitt. **Benzol, Pyridin und die Diazine.** Janet Del Bene und H. H. Jaffé. (J. chem. Physics **48** (1968) 4, 1807—13; Dep. of Chem., Univ., Cincinnati, O.; engl.) — 2. vgl. C. **1969,** 8-1049. — Angegeben sind die Elektronendichten der Valenzorbitale sowie die Energien der Übergänge n → π* u. π → π* von Bzl., Py., *1.2-*, *1.3-* u. *1.4 Diazin.* D. Schmitt 432

0979 **Index der freien Valenz.** Cary Finder. (J. org. Chemistry **32** (1967) 5, 1672—73; Dep. of Chem., Univ. of Fla., Gainesville, Fla.; engl.) — Der Begriff wird diskutiert. — 19 Literaturangaben. D. Schmitt 432

0980 **Vergleich von Ergebnissen nach der Valenzbindung- und MO-Methode für einige Ionenradikale.** Thomas H. Brown und Martin Karplus. (J. chem. Physics **46** (1967) 3, 870—75; Dep. of Chem., Columbia Univ., New York, N.Y.; engl.) — Spin- u. Ladungsdichten u. z. T. Hyperfeinaufspaltungen werden ber. von den Ionen von *Naphthalin, Azulen, Methylcyclooctatetraen, Toluol, o-*, *m-* u. *p-Xylol.* W. Sobieski 432

0981 **Thermochemische Prüfung interatomarer Potentialfunktionen für KW-Stoffe.** J. E. Mark. (J. physic. Chem. **72** (1968) 8, 2941—46; Dep. of Chem., Univ. of Mich., Ann Arbor, Mich.; engl.) — Aus den bestimmten ΔH der Hydrierung von *trans-* (I) u. *cis-Buten-(2)* (II) wird die ΔH der Isomerisierung ermittelt u. diese mit den angegebenen Energien in Abhängigkeit vom Rotationswinkel der Konform. von **I** u. **II** im niedrigsten Energiezustand aus den Potentialfunktionen verglichen. D. Schmitt 432

0982 **Geometrie einiger nichtalternierender Kohlenwasserstoffe: Moleküle mit mehreren möglichen Strukturen (Pentalen, Heptalen, Azulen).** Philippe François und André Julg. (Theoret. chim. Acta [Berlin] **11** (1968) 2, 128—34; Labor. de Chim. Théor., Fac. des Sci., Marseille; franz.) — Die verschiedenen Strukturen der genannten Mol. wurden mit Hilfe der verbesserten LCAO-Meth. untersucht. Es zeigt sich, daß für die beiden ersten die C_{2h}-Struktur in besserer Übereinstimmung mit dem Experiment ist als die D_{2h}-Struktur, im Fall von Azulen dagegen die C_{2v}-Struktur anstatt der C_s-Struktur. J. Richter 432

0983 **Hybridisierung in Adamantan und Diamantan durch die Methode der maximalen Überlappung.** Z. B. Maksić und L. Klasinc. (Croat. chem. Acta **40** (1968) 2, 101—05; Inst. „Ruder Bosković", Zagreb, Croatia, Yugoslavia; engl.) — Zur Ber. wurden „doppelt Zeta"-Atomfunktionen nach Clementi benutzt. Die Ergebnisse werden mit NMR u. Röntgenbeugungsmessungen verglichen. D. Schmitt 432

0984 **Vergleich der Elektronenstruktur der konjugierten Isomeren von Benzol.** Lionel Praud, Philippe Millie und Gaston Berthier. (Theoret. chim. Acta [Berlin] **11** (1968) 2, 169—73; Labor. de Chim. de l'École Norm. Supér., Paris; franz.) — Vf. berechneten die MO u. Energieniveaus der σ- u. π-Elektronen in *Bzl.*, *Fulven* u. *3.4-Dimethylencyclobuten* nach der LCAO-SCF-Meth. mit einem Satz von Gauß-Orbitalen. J. Richter 432

0985 **Eindimensionales Modell für die heterocyclischen π-Systeme.** Giorgio Taddei. (Ricerca sci. **38** (1968) 4, 347—55; Ist. di Chim.-Fis., Univ. di Pisa, CNR, Pisa; engl.) — Die π-Elektronenspektren werden ber. für: *Py.*, *Pyrazin, Pyrimidin, Pyridazin*; *1.3.5-* u. *1.2.3-Triazin*; *1.2.4.5-*, *1.2.3.4-* u. *1.2.3.5-Tetrazin, Pyrrol, Furan, Thiophen, Imidazol, Pyrazol*; *1.3.4-* u. *1.2.3-Triazol, Tetrazol, Pentazol*; *1.3.4-* u. *1.2.5-Oxadiazol*; *1.3.4-* u. *1.2.5-Thiadiazol*; *Oxazol, Isoxazol, Thiazol* u. *Isothiazol.* Angegeben sind die Energien u. Oszillatorstärken der ersten π → π*-Übergänge. D. Schmitt 432

0986 **Benzoderivate von 5-Ring-Heterocyclen. Theoretische Behandlung und UV-Spektren.** Fabio Momicchioli und Augusto Rastelli. (J. molecular Spectroscopy **22** (1967) 3, 310—24; Ist. di Chim. fis., Univ. di Modena, Italia; engl.) — Ber. werden π-Elektronendichte, π-Bindungsordnung u. Bindungsabstände von *Styrol, Benzofuran, Thionaphten, Indol* u. *Naphthalin* sowie Konfig.-Wechselwrkg.-Diagramme, Singulett-Singulett-Übergänge u. LCAO-SCF-MO-Daten dieser Verb. u. von *Bzl.*, *Phenol, Anilin* u. *Thiophenol.* W. Sobieski 432

0987 **Theoretische Deutung der Protonierungs- und Hydratationsreaktionen von Chinazolinen.** A. R. Lepley, M. R. Chakrabarty und E. S. Hanrahan. (J. chem. Soc. [London], Sect. A **1967**, 10, 1626—31; Dep. of Chem., Marshall Univ., Huntington, W.Va.; engl.) — Ber. werden Elektronendichte, Bindungsordnung, Superdelokalisierbarkeit an reaktiven Plätzen, pK-Wert u. π-Energiedifferenz der Chinazoline: *unsubstituiert, 2-Äthyl-, 4-Methyl-, 5-Methyl-, 6-Methyl-, 7-Methyl-, 8-Methyl-, 4-Methoxy-, 5-Methoxy-, 6-Methoxy-, 7-Methoxy-, 8-Methoxy-, 5-Aza-* u. *7-Aza-*. W. Sobieski 432

0988 **Elektronenstruktur von Isomerengruppen heteroaromatischer Systeme. 1. Mitt. Derivate von 1.2.4-Oxadiazol.** M. Cignitti und L. Paoloni. (Theoret. chim. Acta [Berlin] **7** (1967) 5, 383—401; Labor. of Chem. Ist. Super. di Sanitá, Roma, Italia; engl.) — Die Elektronenstruktur der Konfig.-Isomeren von *3.3'-*, *3.5'-5.5'-Bis-[oxadiazol]*, *trans-α.β-Bis-[1.2.4-oxadiazolyl-(3)]-*, *trans-α.β-Bis-[1.2.4-oxadiazolyl-(5)]-äthylen* u. *trans-α-[1.2.4-Oxadiazolyl-(3)]-β-[1.2.4-oxadiazolyl-(5)]-äthylen* wird nach der ASMO-SCF-CI-Meth. berechnet. W. Sobieski 432

0989 **Elektronenbeugungsuntersuchungen an gasförmigem Dimethylamin und Trimethylamin.** B. Beagley und T. G. Hewitt. (Trans. Faraday Soc. **64** (1968) 550, 2561—70; Dep. of Chem., Univ. of Glasgow, Glasgow; engl.) — Die Molekülstruktur der Titelverb. wird bestimmt. Strukturdaten, einschließlich der intramolekularen Abstände u. Bindungswinkel sind tabelliert. W. Sobieski 432

0990 **Konformationsbevorzugungen bei Diastereomeren.** 1. Mitt. Charles A. Kingsbury und William B. Thornton. (J. org. Chemistry **31** (1966), 1000—04; Ames, Ia., Ia. State Univ., Dep. of Chem.; engl.) — Die NMR-Spektren (Kopplungskonst. in Abhängigkeit von der Konform.) folgender Verb. wurden ermittelt: *erythro-* u. *threo-3-Phenylbutanol-(2)*, *erythro-* u. *threo-3-Phenylpentanol-(2)*, *erythro-4-Phenylhexanol-(3)*, *erythro-* u. *threo-2.5-Dimethyl-4-phenylhexanol-(3)*, *erythro-* u. *threo-3-Cyclohexylbutanol-(2)*, sowie *erythro-* u. *threo-1.2-Diphenyl-2-deuteroäthanol*. G. O. Jäger 434

0991 **[3.2]-Metacyclophane. Konformationsuntersuchungen.** Rodger W. Griffin jun. und Robert A. Coburn. (J. Amer. chem. Soc. **89** (1967) 18, 4638—41; Dep. of Chem., Harvard Univ., Cambridge, Mass.; engl.) — Aus der Temp.-Abhängigkeit der $H_{(9)}$- u. $H_{(17)}$-NMR-Signale von in 2-Stellung monosubstituierten [3.2]-Metacyclophanen werden die Geschw. u. die Aktivierungsparameter der Ringinversion bestimmt. Die Energieschwelle der Ringinversion von *[2.2]-Metacyclophan* wird abgeschätzt.

Versuche (FF. korr.): [3.2]-Metacyclophane: *2-Carboxy-* (**I**), $C_{18}H_{18}O_2$, F. 163—164,5° (Ae./PAe.), durch Kochen von 600 mg [3.2]-Metacyclophandicarbonsäure-(2.2)-diäthylester mit 50%ig. wss. KOH → {*[3.2]-Metacyclophandicarbonsäure-(2.2)*, F. 163—164° (Zers.); 397 mg (Ausb.)} u. Erhitzen auf 180°; 74%. — *2-Methoxycarbonyl-* (**II**), aus **I** u. CH_2N_2 in THF/Ae.; fl.; 100%. — *2-Chlorcarbonyl-* (**III**), durch Kochen von 100 mg **I** mit $SOCl_2$ in Bzl.; 110 mg. — *2-Aminocarbonyl-* (**IV**), $C_{18}H_{19}\cdot NO$, F. 214,5—215,5° (CH_3OH), aus 110 mg **III** mit konz. wss. NH_4OH in Aceton; 50 mg. — Analog: *2-[N.N-Diäthylaminocarbonyl]-*, $C_{22}H_{27}NO$; fl.; 81%. — *2-[N.N-Diisopropylaminocarbonyl]-*, $C_{24}H_{31}NO$, F. 82—83,5°; 76%. — *2-Cyan-*, $C_{18}H_{17}N$, F. 88—89° (PAe.), durch Kochen von **IV** mit $SOCl_2$ in Bzl.; 68%. — *2-[1-Hydroxy-1-methyläthyl]-*, $C_{20}H_{24}O$, F. 142—143,5° (CH_3OH), aus **II** u. CH_3Li in Ae.; 98%. — Analog: *2-[1.1-Diphenyl-1-hydroxymethyl]-* (**V**), $C_{30}H_{28}O$, F. 146—147,5°; 75%. — *2-Benzhydryliden-*, $C_{30}H_{26}$, F. 172—173° (Ae./PAe.) durch Kochen von **V** mit Eisessig/Acetanhydrid; 50%. G. O. Jäger 434△

0992 **Beweis für die Stabilisierung von Kation-Oxidligandkomplexen durch C–H als Protonendonator.** W. R. Gilkerson und A. Lee Mixon. (J. Amer. chem. Soc. **89** (1967) 25, 6415—17; Dep. of Chem., Univ. of S.C., Columbia, S.C.; engl.) — Die Kation–Ligand-Anlagerungskonst. in Chlorbenzol bei 25° wurden von folgenden Verb. mit Hilfe einer konduktometr. Meth. ermittelt: *Piperidinium-*, *1-Methylpiperidium-* u. *1-Äthylpiperidiniumpikrat* mit *THF* bzw. Triphenylphosphin. L. Strauß 434

0993 **Erinnerungseffekte und Stereochemie bei Carboniumionen-Reaktionen.** J. A. Berson. (Angew. Chem. **80** (1968) 19, 765—77; dt.; int Edit. **7** (1968) 10, 779—91; engl.; Dep. of Chem., Univ. of Wis., Madison, Wis.) — Übersicht. — 41 Literaturangaben. D. Schmitt 434

0994 **Berechnung der Rotationsfrequenz von organischen Moderatormolekülen.** 2. Mitt. **Intermolekulare Rotation in festem und flüssigem Benzol.** Tamotsu Sekiya, Kaoru Sakamoto, Chikamasa Nishida und Yoshio Watari. (Technol. Rep. Osaka Univ. **17** (1967) 769—800, 229—36; Dep. of Nucl. Engng.; engl.) — 1. vgl. C. **1969**, 16-0971. — Die Höhe der Rotationsschwelle wird aus NMR-Daten der Spin-Gitter-Relaxationszeit ber., daraus werden die Rotationsfrequenzen bestimmt u. mit Raman- u. Neutronenbeugungsdaten (Literatur) verglichen. D. Schmitt 434

0995 **Lösungsmitteleffekt auf die Konformation von aromatischen Nitrogruppen.** I. D. Rae. (Austral. J. Chem. **20** (1967) 11, 2381—85; Dep. of Chem., Univ. of Toronto, Toronto, Canada; engl.) — Mit Hilfe der NMR-Spektroskopie werden durch Lsgm. ($CDCl_3$ bzw. DMSO) bedingte Veränderungen der Konform. von Nitrogruppen folgender trisubstituierter Bzl.-Deriv. untersucht: *2.4-Dinitro-*, *2-Nitro-4-isopropyl-* u. *2-Nitro-4-chlortoluol*, *1-Fluor-*, *1-Chlor-* u. *1-Brom-2.4-dinitrobenzol*, *1.4-Dichlor-* u. *1.4-Dibrom-2-nitrobenzol*, *2.4-Dinitro-* u. *2-Nitro-5-methylphenol*, *2.4-Dinitro-* u. *2-Nitro-5-chloranisol*, *2.4-Dinitroanilin*, *-N-methylanilin*, *-N-dimethylanilin*, *-N-diäthylanilin*, *-acetanilid* u. *-methylacetanilid*. I. Jaehn 434

0996 **Beitrag der Raman-Spektrographie zur Untersuchung der cis-trans-Isomerie der Malein- und Fumarsäure.** Monique Harrand und Chantal Fégly. (J. Chim. physique Physico-Chim. biol. **64** (1967) 6, 991—96; Labor. de Rech. Phys., Fac. des Sci., Paris; franz.) U. Radlbeck 434

0997 **Konformationsuntersuchungen.** 1. Mitt. **Kernmagnetische Resonanzanalyse der Konformation von 10β- und 10α-Oxy-enantio-desoxypodocarpinsäure-Isomeren.** Akira Tahara und Ken-ichi Hirao. (Chem. pharmac. Bull. [Tokyo] **15** (1967) 8, 1145—52; Rikagaku Kenkyusho, Inst. of Phys. and Chem. Res.; engl.) — Die Konfig. u. Konform. der Verb. sowie deren *Lactone* werden durch ^{1}H-NMR-Analyse bestimmt. B. I. 434△

0998 **Effekt der Stabilität von Konformationen auf die Kation–Ligand-Anlagerung.** A. Lee Mixon und W. R. Gilkerson. (J. Amer. chem. Soc. **89** (1967) 25, 6410—14; Dep. of Chem., Univ. of S.C., Columbia, S.C.; engl.) — Kation–Ligand-Anlagerungskonst. wurden mit Hilfe einer konduktometr. Meth. für *Piperidinium-*, *1-Methylpiperidinium-* u. *1-Äthylpiperidiniumkationen* mit freiem Amin, *Triphenylphosphinoxid* u. *2.6-Dimethylpyridin* als Liganden in Chlor- bzw. Nitrobenzol bei 25° ermittelt. L. Strauß 434

0999 **Konformationsbeziehungen zwischen dem O–C–C–N⁺-System von Phosphorlipiden und Substraten des Muscarin- und Cholinsystems.** M. Sundaralingam. (Nature [London] **217** (1968) 5123, 35—37; Dep. of Chem., Case Western Res. Univ., Cleveland, O.; engl.) — Vf. untersuchten folgende Verb.: *L-α-Glycerophosphorylcholin · $CdCl_2$ · $3H_2O$*, *L-α-Glycerophosphorylcholin* (2 Mol. als asymm. Einheit), *Muscarinjodid*, *Acetylcholinbromid*, *Palmitylcholinbromid* u. *-jodid*, *Stearylcholinbromid* u. *-jodid*, *Cholinchlorid*, *2-Aminoäthanolphosphat*, *DL-Serin*, *L-Serinphosphat*, *L_s-Threonin*, *dl-2-Aminobutylthioschwefelsäure*, *2-Aminoäthylsulfonsäure*, *Acetylthiocholinbromid* u. *Acetylselenocholinjodid*. L. Strauß 434

1000 **Stereochemie des Alkaloids Gitingensin.** Gertrudes Aguilar-Santos, Elvira Santos und Pierre Crabbé. (J. org. Chemistry **32** (1967) 8, 2642—44; Dep. of Agricult. Chem., Univ. of the Philippines, Manila;

engl.) — Zur Ermittlung der abs. Konfig. der prim. Aminogruppe in *Gitingensin* (**I**) wird das ORD- u. CD-Verh. des *Kondens.-Prod.* (**II**) von **I** mit Dimedon (**III**) untersucht u. mit dem der Dimedon-Deriv. von 3β- (**IV**) u. 3α-Amino-5α-pregnan (**V**) bzw. *3β-Amino-20β-hydroxypregnen-(5)* verglichen. Auf Grund des gleichen Vorzeichens des Cotton-Effektes (CE) von **II** u. dem Dimedonderiv. von **V** im 280 mμ-Bereich wird der Aminogruppe in **I** 3α-Konfig. (3R) zugeschrieben. In analoger Weise kann durch Vgl. der Vorzeichen des CE von **I**, **II**, N-Methyldihydro-5α-paravallarin u. N-Methyldihydro-5α.20-isoparavallarin im 220 mμ-Bereich der Methylgruppe in **I** die 20β-Konfig. (20 S) zugeordnet werden.

Versuche (FF. korr.): *N-[5.5-Dimethylcyclohexen-(1)-on-(3)-yl]-gitingensin* (**II**), $C_{29}H_{41}NO_3$, F. 252 bis 253°, durch Kochen von **I** (aus 250 mg **I**-Hydrochlorid) mit **III** in Bzl.; 185 mg (Ausb.). *Hydrochlorid*, F. 245 bis 260° (CH_2Cl_2/Aceton). — N-[5.5-Dimethylcyclohexen-(1)-on-(3)-yl]-amino-5α-pregnane: *3β-Amino-*, $C_{29}H_{47}NO$, F. 291—292° (CH_2Cl_2/Hexan), aus 200 mg **IV** in Ggw. von p-Toluolsulfonsäure (**VI**); 130 mg. — *3α-Amino-*, $C_{29}H_{47}NO$, F. 227—228° (CH_3OH/W.), aus 400 mg **V** in Ggw. von **VI**; 450 mg; daneben vorst. Verb.; 40 mg. — *N-[5.5-Dimethylcyclohexen-(1)-on-(3)-yl]-3β-amino-20β-hydroxypregnen-(5)*, $C_{29}H_{45}NO_2$, F. 294—296° (Aceton/Hexan), durch $NaBH_4$-Red. von 300 mg Holafillaminhydrochlorid in CH_3OH u. Kondens. des Red.-Prod. mit **III** analog vorst. Verb.; 280 mg.

G. O. Jäger 434△

1001 **Röntgenographische Untersuchung des Phasenüberganges im Phenanthren-Kristall.** Shoichi Matsumoto und Tsuguo Fukuda. (Bull. chem. Soc. Japan **40** (1967) 4, 743—46; Central Res. Labor., Tokyo Shibaura Electric Co., Ltd., Komukai, Kawasaki, Kanagawa; engl.)

D. Schmitt 438

1002 **Kristallographische Untersuchungen über das trans-Isomere von Perhydrotriphenylen.** 1. Mitt. **Die Kristallstruktur von Einschlußverbindungen mit linearen Molekülen.** Arturo Colombo und Giuseppe Allegra. (Atti Accad. naz. Lincei, Rend., Cl. Sci. fisiche, mat. natur. [8] **43** (1967) 1/2, 41—56; Ist. di Chim. Ind. del Politec. di Milano; ital.) — Vf. untersuchen die Einschlußverb. von *n-Heptan* mit der Titelverb. u. außerdem die Periodizität in den Kanälen für die n-KW-Stoffe C_5—C_{32}.

C. Gottfried 438△

1003 **Kristallographische Untersuchungen über das trans-Isomere von Perhydrotriphenylen.** 2. Mitt. **Kristallstruktur der Chloroform enthaltenden Einschlußverbindung.** Attilio Immirzi und Giuseppe Allegra. (Atti Accad. naz. Lincei, Rend., Cl. Sci. fisiche, mat. natur. [8] **43** (1067) 1/2, 57 71; ital.) 1. vgl. vorst. Ref.; 3. vgl. C. **1968**, 49/50-0821. — Es wird die Einschlußverb. Perhydrotriphenylen–$CHCl_3$ untersucht.

C. Gottfried 438△

1004 **Phasen für die Struktur von o-Aminobenzoesäure.** M. Y. Khan und P. Srivastava. (Indian J. pure appl. Physics **6** (1968) 4, 166—70; Dep. of Phys., Univ. of Gorakhpur, Gorakhpur; engl.) — Krist.-Strukturdaten werden ermittelt, das Vorliegen von Dimeren der Titelverb. (intermol. H···O-Bindung) festgestellt u. mittels einer direkten Meth. die Phasen bestimmt.

W. Sobieski 438

1005 **Kristallstruktur und Phasenübergang von (Glycin)$_2$·HNO_3.** 1. Mitt. **Bestimmung der Kristallstruktur der ferro- und der paraelektrischen Phase.** Shoichi Sato. (J. physic. Soc. Japan **25** (1968) 1, 185—201; Inst. of Solid State Phys., Univ. of Tokyo, Tokyo; engl.) — Eine Röntgenstrukturanalyse von *Diglycinnitrat* wird durchgeführt. Die kristallograph. Daten werden mit denen von Triglycinsulfat (Literatur) verglichen.

D. Schmitt 438

1006 **Das entartete Homocubyl-(9)-Kation.** Paul von R. Schleyer, Jon J. Harper, George L. Dunn, Vincent J. DiPasquo und J. R. E. Hoover. (J. Amer. chem. Soc. **89** (1967) 3, 698—99; Dep. of Chem., Princeton Univ., N.J.; engl.) — Vf. beschreiben Darst., thermodynam. Daten u. NMR-Banden, auch der deuterierten Titelverbindung. Untersucht wurden *Homocubanol-(9)*, *Homocubyl-(9)-acetat*, *-formiat* u. *-tosylat*.

L. Strauß 439

1007 **Chemisch erzeugte Aminosäureradikale in wäßrigen Lösungen. ESR-Spektren und deren Beziehung zu Radiolyseprodukten.** W. A. Armstrong und W. G. Humphreys. (Canad. J. Chem. **45** (1967) 21, 2589—97; Ottawa, Canada, Defence Res. Board, Biol. and Rad. Labor.; engl.) — Die Radikale folgender Aminosäuren werden durch Rk. von $TiCl_3$ mit H_2O_2 in Ggw. der Säure erzeugt u. ESR-spektroskop. identifiziert: *l-Cystein*. *l-Cystin*, *dl-Homocystin*, *dl-Penicillamin*, *Taurin*, *dl-α-Alanin*, *β-Alanin*, *dl-Asparaginsäure*, *α-Aminoisobuttersäure*, *Glycin*, *dl-Serin*, *dl-Threonin* u. *dl-Valin*.

H. Pehlmann 439

B-4. Phasengleichgewichte, chemische Gleichgewichte und ihre Energetik

1008 **Thermodynamische Eigenschaften von organischen O-Verbindungen.** 18. Mitt. **Molwärmen des Dampfes und Verdampfungswärmen von Diäthylketon, Äthyl-n-propylketon, Methylisopropylketon und Methylphenyläther.** J. L. Hales, E. B. Lees und D. J. Ruxton. (Trans. Faraday Soc. **63** (1967) 536, 1876—79; Div. of Chem. Stand., Nat. Phys. Labor., Teddington, Middlesex; engl.) — 16. vgl. C. **1967**, 37-0907; 19. vgl. C. **1969**, 7-0956. — Die C_p-Werte werden bei 190, 380 u. 760 Torr im Bereich von 360—500 °K, die ΔH_v-Werte u. 2. Virialkoeff. für die gleichen Drücke bestimmt.

W. Sobieski 452

1009 **Erythro- und threo-2.3-Dihydroxydokosansäure und -Dokosantriol-(1.2.3).** M. W. Roomi, M. R. Subbaram und K. T. Achaya. (Fette, Seifen, Anstrichmittel **70** (1968) 5, 340—42; Regional Res. Labor., Hyderabad, India; engl.) — Die F.-Änderung ist bei erythro- [F. 96—98° (Methanol), IR-Spektrum] u. threo-Dokosantriol-(1.2.3) [F. 90—92° (Methanol), IR-Spektrum] normal, bei threo-2.3-Dihydroxydokosansäure [threo-**I**, F. 120—122° (Ae.), IR-Spektrum] liegt er dagegen höher als bei erythro-**I** [F. 100—102° (Ae.), IR-Spektrum], was auf innere H-Brücken zurückgeführt wird. Außerdem wird das F.-Verh. von *threo-* (F. 87—89°) u. *erythro-Dokosantriol-(1.13.14)* (F. 126—128°), *threo-* (F. 98—100°) u. *erythro-13.14-Dihydroxydokosansäure* (F. 128—130°) diskutiert.

D. Schmitt 452

1010 **Thermodynamische Eigenschaften von Cyclohexan, Benzol, Pyridin, Piperidin und deren Methylderivate enthaltenden binären Systemen.** 1. Mitt. **Mischungswärme und -volumen von Pyridin oder α-Picolin mit Cyclohexan oder Methylcyclohexan.** W. Wóycicki und K. W. Sadowska. (Bull. Acad. polon. Sci., Sér. Sci. chim. **16** (1968) 3, 147 53; Inst. of Phys. Chem., Polish Acad. of Sci.; engl.) — Untersucht wurden außerdem die Syst. Cyclohexan–Bzl. u. Methylcyclohexan–Toluol.

D. Schmitt 454

1011 **Thermodynamik binärer Mischungen von Nichtelektrolyten mit 2.2.4-Trimethylpentan.** 2. Mitt. **Untersuchung des Phasengleichgewichts mit Cyclohexan und eine neue Apparatur zur Aufnahme von Abkühlungskurven.** Rubin Battino und George W. Allison. (J. physic. Chem. **70**, 3417—19; 1966; Oak Park, Ill., Oak Park High School; engl.) — 1. vgl. ibid. **70** (1966) 11, 3408. — Mit einer neuen App. zur Aufnahme von Abkühlungskurven wird das Phasengleichgew. des Syst. Cyclohexan-2.2.4-Trimethylpentan über den gesamten Konz.-Bereich untersucht. Die Phasenumwandlungstemp. u. die Löslichkeitskurve wurden ermittelt.

H. D. Jacobi 454

1012 **Gas-flüssig-Gleichgewichte im ternären System Benzol–Cyclohexan–tert.-Butanol bei 760 mm Hg.** M. S. Reddy und C. Venkata Rao. (Indian J. Technol. **5** (1967) 2, 66—68; Waltair, Andhra Univ., Dep. of Technol.; engl.) — Die gas-fl.-Gleichgew.-Zus. des Syst. werden bestimmt u. die Aktivitätskoeff. berechnet.

B. I. 454△

1013 **Physicochemische Untersuchungen an Komponenten des Kohlenteers.** 4. Mitt. **Das ternäre Sattelazeotrop n-Undecan–Phenol–2.4-Lutidin.** A. F. M. Fahmy und

F. A. Assal. (Bull. Acad. polon. Sci., Sér. Sci. chim. **14,** 773—75, 1966; Fac. of Engng., Univ. Cairo, UAR; engl.) — 3. vgl. ibid. 14 (1966) 9, 667.
J. Eliassaf 454

1014 **Mikrothermoanalyse einiger binärer Systeme von aromatischen Nitroderivaten.** Maria Ionescu, Marcelle Fărcăşan und J. Panea. (Rev. roum. Chim. **13** (1968) 7, 963—70; Univ. de Cluj; franz.) — Für die bin. Syst. *p-Nitrochlorbenzol*(**I**)/*p-Nitroanisol*(**II**), **I**/*p-Nitrophenetol* (**III**), **I**/*p-Nitrophenol* (**IV**), **IV**/**II**, **IV**/**III** u. **II**/**III** wurden Phasendiagramme aufgestellt. J. Pickardt 454

1015 **Versuche zur Deutung des Einflusses der erzwungenen Konvektion auf die Grenzflächendynamik beim Stoffübergang.** H. Linde. (Abh. dtsch. Akad. Wiss. Berlin, Kl. Chem., Geol. Biol. **1966** (1967) 6b, 710—19; DAW zu Berlin, Forsch.-Gemeinschaft, Inst. für phys. Chem., Berlin; dt.) — Mit Hilfe eines senkrecht auf die Phasengrenze gerichteten Strahles wird eine ständige Grenzflächenerneuerung auf einer Seite der Phasengrenze erzwungen u. deren Einfl. auf die Erscheinungsformen der Marangoni-Instabilität untersucht. Beschrieben werden die Syst. *Luft/Tetrachloräthan*, Luft/*Nonan*, Luft/*Pentan* u. Luft/*Hexan*. K. Strenge 456

1016 **Oberflächenspannung und elektrisches Oberflächenpotential wäßriger Lösungen organischer Verbindungen.** B. Kamieński, E. Krauss, T. Młodnicka und M. Paluch. (Abd. dtsch. Akad. Wiss. Berlin, Kl. Chem., Geol. Biol. **1966** (1967) 6b, 705—09; Dep. of Phys. Chem. of Surface Phenomena, Inst. of Phys. Chem., Polish Acad. of Sci.; Kraków; engl.) — Die Veränderung des Potentials u. der Oberflächenspannung der reinen W.-Oberfläche durch *2-Hydroxy-4-methylbenzoesäure, 2-Nitrophenylarsinsäure, 4-Nitrophenylarsinsäure, Na-4-Chlorbenzolsulfonat* u. *4-Methyl-2-hydroxybenzoesäure* wurde in Abhängigkeit von der Temp. u. vom pH untersucht.
K. Strenge 456

1017 **Bestimmung der Änderung der Oberflächen-Viskosität in Lösungen nichtionogener grenzflächenaktiver Verbindungen als Funktion der Zeit.** L. Erdélyi, M. Gara und A. Lörinc. (Abh. dtsch. Akad. Wiss. Berlin, Kl. Chem., Geol. Biol. **1966** (1967) 6b, 829—40; Zentrallabor. für colorist. Forsch., Budapest; dt.) — Die Oberflächenspannung u. die Oberflächenviskosität wss. Lsg. der folgenden nichtionogenen Tenside werden gemessen u. diskutiert: *Laurylpolyglykoläther* (6ÄO), *PrämozellW-ON 100, Leuna RI 51, Jabusol J. konz., Remol OK, Ipafor LN, Ipamin SG, Oleyl(Cetyl)polyglykoläther* (17 ÄO).
K. Strenge 456

1018 **Kritische Oberflächenspannung für das Spreiten auf einer flüssigen Unterlage.** Elaine G. Shafrin und W. A. Zisman. (J. physic. Chem. **71** (1967) 5, 1309—16; US Naval Res. Labor., Washington, D.C.; engl.) — Aus einer Darst. des Anfangsspreitdrucks als Funktion der Oberflächenspannung kann die krit. Oberflächenspannung für das Spreiten ermittelt werden. Es wurden folgende Substanzen untersucht: *n-Nonan, n-Decan, n-Dodecan, n-Tetradecan, n-Hexadecan, tert.-Butylbenzol, Isopropylbenzol, sek.-Butylbenzol, 1.2.3.4-Tetrahydronaphthalin, Ucon Fluid DLB 44 E* (doppelt endblockiertes Propropylenoxid), *Squalen, Bis-(2-äthylhexyl)-sebacat, Nitromethan, α.β-Dibromäthylbenzol, 1-Methylnaphthalin, Tricresylphosphat, Propylencarbonat, Phenoxy-bis-(o-chlorphenoxy)-phosphat, Trichlorbiphenyl, β-Difluor-γ-trifluorpropanol* u. *β-γ-Tetrafluorpropanol.*
K. Strenge 456

1019 **Monoschichten einiger natürlich vorkommender polycyclischer Verbindungen.** D. A. Cadenhead und M. C. Phillips. (J. Colloid Interface Sci. **24** (1967) 4, 491—99; Dep. of Chem., State Univ. of N.Y., Buffalo, N.Y.; engl.) — Der Oberflächendruck u. das Oberflächenpotential von Monoschichten folgender Substanzen bzw. ihrer Mischungen werden als Funktion der Oberflächenbedeckung gemessen: *Cholesterin* (**I**), *Cholesterylbutyrat* u. *-caproat, Lanosterin, α-Amyrin, β-Östradioldiacetat* (**II**), *Abietinsäure* (**III**), **I** + **II** u. **I** + **III**.
K. Strenge 456

1020 **Spreiten von wäßrigen Tensidlösungen an Oberflächen niedriger Energie.** E. Wolfram. (Abh. dtsch. Akad. Wiss. Berlin, Kl. Chem., Geol. Biol. **1966** (1967), 6b, 802—08; Inst. für Kolloidchem. u. Kolloidtechnol., Eötvös Loránd Univ., Budapest; dt.) — Die Randwinkel wss. Tensidlsg. (*Dodecyl-* u. *Tetradecylsulfat*) auf Polymeroberflächen werden als Funktion der Tensidkonz. c_T gemessen. Untersucht wurden *Polyäthylen* u. *Polyäthylenterephthalat.* Als dritte Phase wurden Luft, *n-Hexan* u. *Bzl.* verwandt. K. Strenge 456

1021 **Über die Elastizität der Adsorptionsschichten bei Lösungen von grenzflächenaktiven Stoffen.** D. Platikanow, I. Panajatow und A. Scheludko. (Abh. dtsch. Akad. Wiss. Berlin, Kl. Chem., Geol. Biol. **1966** (1967) 6b, 773—82; Inst. für physik. Chem., Univ. Sofia; dt.) — Es wird eine App. beschrieben, mit der die Flächenänderung ΔA gemessen werden kann, die erforderlich ist, um einen vorgegebenen Wert der Änderung des Oberflächendrucks $\Delta\pi$ zu kompensieren. Die Größe $-\Delta\pi \cdot A/\Delta A$ ist bei genügend kleinen $\Delta\pi$ gleich der Oberflächenelastizität E. Für Monoschichten aus *Myristinsäure* u. *Caprinsäure* wird E als Funktion der Deformationsgeschw. u. der Oberflächenkonz. bestimmt.
K. Strenge 456

1022 **Ultra-Hochvakuum-Techniken bei der Messung von Kontaktwinkeln. Methylenjodid an Glas.** Malcolm E. Schrader. (J. Colloid Interface Sci. **27** (1968) 4, 743—50; U.S. Naval Appl. Sci. Labor., Brooklyn, N.Y.; engl.) D. Schmitt 456

1023 **Molekül-Sorption an Ionenaustauscherharzen: Untersuchungen mit Cumarin.** R. S. Hegde, M. J. Mehta, R. A. Bhatt, D. J. Patel und S. L. Bafna. (J. pharmac. Sci. **57** (1968) 4, 598—601; Chem. Dep., M. S. Univ. of Baroda, India; engl.) — Das Sorptionsgleichgew. von Cumarin an verschiedenen Ionenaustauschern wird in W. u. wss. Methanol bestimmt. D. Schmitt 456

1024 **Enzymatische Hydrolyse verschiedener Lecithinmonoschichten. Oberflächendruck- und Potentialmessungen.** Dinesh O. Shah und Jack H. Schulman. (J. Colloid. Interface Sci. **25** (1967) 1, 107—19; Stanley-Thompson Labor., School of Engng., Columbia Univ., New York, N.Y.; engl.) — *Dipalmitoyl-, Dioleoyl-, Ei-* u. *Sojabohnenlecithinmonoschichten* werden durch in die Unterphase injiziertes Schlangengift (Naja Naja) zu Lysolecithin u. freien Fettsäuren hydrolysiert. Der Einfl. der Zus. der Unterphase sowie der des Einbaus von Veronal oder Collidin in den Film auf die Hydrolyse wird überprüft. Sog. Spacermol., d. h. Mol., die den Abstand der Lecithinmol. im Film vergrößern, wirken entweder erhöhend (Eikosanyltrimethylammoniumchlorid), erniedrigend (Dicetylphosphat, Dipalmitin) oder zeigen keinen Einfl. auf die Hydrolyse (Cholesterin).
K. Strenge 456

1025 **Oberflächenscherviskosität gemischter Monoschichten. Wechselwirkung zwischen Cholesterin und Digitonin.** P. Joos, R. Vochten und R. Ruyssen. (Bull. Soc. chim. belges **76** (1967) 11/12, 601—16; Labor. of Phys. Biochem., Rijksuniv. Gent, Belgium; engl.) — Es wird auf der Grundlage des Modells von Eyring eine Theorie entwickelt, die es gestattet, die Oberflächenscherviskosität μ gemischter Filme zu ber., wenn die Strömungsparameter der beiden Komponenten bekannt sind. Zur Überprüfung der Theorie wird μ für Mischfilme aus Digitonin (**I**) u. *Senegin* sowie aus **I** u. Cholesterin gemessen. K. Strenge 456

1026 **NMR- und IR-Untersuchung von 1.1.1-Trifluoraceton in Protonendonator-Lösungsmitteln.** C. L. Khetrapal, M. M. Dhingra und V. B. Kartha. (Proc. Indian Acad. Sci., Sect. A **66** (1967) 4, 196—200; Tata Inst. of Fundamental Res., Bombay; engl.) — Aus den chem. Verschiebungen in den ^{19}F-NMR-Spektren der Titelverb. (**I**) in W., CH_3SH, Butylmercaptan, CH_3OH, Dimethyl- u. Triäthylamin wird geschlossen, daß **I** mit den Lsgm. (RH) 1:1-Addukte der Konstit. $CF_3C(OH)RCH_3$ bildet. Das Ergebnis wird durch IR-Daten bestätigt.
W. Damerau 458△

1027 **Untersuchung der Wasserstoffbrückenbindungen Phenol–Halogenalkan durch IR-Spektrophotometrie. Deutung der Umkehrung der Regel von Badger.** Guy Sellier und Bruno Wojtkowiak. (C. R. hebd. Séances Acad.

Sci., Sér. C **265** (1967) 2, 75–77; Labor. de Spectrochim., Fac. des Sci., Nantes, Loire-Atlantique; franz.) — Die Umkehrung der Badger-Regel für Assoziate von *Phenol* mit *n-Chlor-*, *n-Brom-* u. *n-Jodbutan, Fluor-, Chlor-, Brom-* u. *Jodcyclohexan* wird auf der Grundlage der Polaritätsänderung der O–H-Bindung u. der Dehybridisierung des O-Atoms bei Bldg. der H-Brücke erklärt. U. Radlbeck 458

1028 **Die Selbstassoziationsenthalpie von Purinderivaten in Wasser.** S. J. Gill, M. Downing und G. F. Sheats. (Biochemistry [Washington] **6** (1967) 1, 272–76; Dep. of Chem., Univ. of Colo., Boulder, Colo.; engl.) — Aus kalorimetr. Messungen der Verdünnungswärme in W. bei 25° werden Werte für die Selbstazssoiationsenthalpie ΔH^0 ermittelt für: *Purin, Desoxyadenosin, Purinribosid* u. *Coffein.* R. Junge 458

1029 **Selbstassoziation und Hydratation von Ketonen in CCl_4.** T. F. Lin, S. D. Christian und H. E. Affsprung. (J. physic. Chem. **71** (1967) 4, 968–73; Dep. of Chem., Univ. of Okla., Norman, Okla.; engl.) — Mit Hilfe der Verteilung, der Löslichkeit u. der isopiest. Technik werden Selbstassoziation u. Hydratation von *Aceton* (**I**), *Acetylaceton* u. *Butandion-(2.3)* untersucht. Die Gleichgew.-Konst. des Syst. Keton–W.–CCl_4 sind angegeben u. für **I** die Konst. nach Henry. D. Schmitt 458

1030 **Spektrometrische und EPR-Untersuchung von TCNE-Ladungsübertragungskomplexen.** Frank E. Stewart und Melvin Eisner. (Molecular Physics **12** (1967) 2, 173–83; Dep. of Phys., Tex. A & M Univ., College Stat., Tex.; engl.) — Es werden die Ladungsübertragungskomplexe in fl. Zustand aus dem starken Akzeptor *Tetracyanäthylen* (TCNE) u. den Donatoren *Dimethylsulfoxid, N.N-Dimethylacetamid, Aceton* u. *Tetrahydrofuran* spektrometr. u. mittels EPR untersucht. K.-H. Bielicki 458

1031 **Modifikation des Tetracyanäthylen-1-Methylnaphthalin-Ladungsübertragungskomplexes bei niedriger Temperatur.** M. Płużański und A. Tramer. (Bull. Acad. polon. Sci., Sér. Sci. math., atronom. physiques **15** (1967) 8, 589–93; Polish Acad. of Sci., Inst. of Phys.; engl.) — Es werden die Absorptionsspektren zweier Modifikationen des Komplexes untersucht, dessen Umwandlungspunkt bei ca. 170°K liegt. Oberhalb dieser Temp. wird eine rosa, unterhalb eine blaue Form beobachtet. G. O. Jäger 458△

1032 **Tetraaminoäthylene als starke Elektronendonatoren.** N. Wiberg. (Angew. Chem. **80** (1968) 20, 809–22; dt.; int. Edit. **7** (1968) 10, 766–79; engl.; Inst. für anorgan. Chem., Univ. München.) — Übersicht. — 105 Literaturangaben. D. Schmitt 458

1033 **Cyanidionen-Komplexe einiger aromatischer Nitroverbindungen.** E. Buncel, A. R. Norris und W. Proudlock. (Canad. J. Chem. **46** (1968) 16, 2759–60; Dep. of Chem., Queen's Univ., Kingston, Ontario; engl.) — Die Struktur der Meisenheimer-(σ)-Komplexe von *1.3.5-Trinitrobenzol, 2.4.6-Trinitrotoluol* u. *2.4.6-Trinitrobenzaldehyd* mit *Cyanid*-Ionen wird durch NMR untersucht. D. Schmitt 458

1034 **Quantitative Untersuchung der Autoassoziation und der Protonendonatorstärke von einigen Oximen in Lösung durch IR-Spektroskopie.** Alice Ossart, Henry Sauvaitre und Paul Pineau. (J. Chim. physique Physico-Chim. biol. **64** (1967) 6, 953–56; Labor. de Spectrosc. IR, Dép. de Chim., Fac. des Sci. de l'Univ. Mohammed V, Rabat; franz.) — Die Unters. der ν(OH)-Banden von *Acetaldoxim, Acetonoxim, Butanon-(2)-, Cyclohexanon-, Acetophenon-* u. *Benzophenonoxim* in verd. CCl_4-Lsg. ergab, daß die Selbstassoziation der Oxime auf die Bldg. cycl. Dimerer beschränkt zu sein scheint. Die Werte der Bldg.-Konst. der Oximkomplexe mit *THF* gestattet eine Klassifizierung der Oxime nach ihrer Protonendonatorstärke. U. Radlbeck 458

1035 **NMR-Untersuchungen der Solvens–Solvent-Wechselwirkungen von OH-, SH- und CH-Protonen in Dimethylformamid und Dimethylacetamid.** C. R. Kanekar, C. L. Khetrapal, K. Venkata Ramiah und C. A. Indirachary. (Proc. Indian Acad. Sci., Sect. A **66** (1967) 4, 189–95; Tata Inst. of Fundamental Res., Bombay; engl.) — Es wird die H-Brückenbldg. zwischen CH_3OH, C_6H_5SH bzw. $CHCl_3$ u. *Dimethylformamid* (**I**) bzw. *Dimethylacetamid* (**II**) untersucht. Die Gleichgew.-Konst. für den **I**/$CHCl_3$- u. **II**/$CHCl_3$(1:1)-Komplex sind angegeben. W. Damerau 458△

1036 **Wasserstoffbrückenbindung von N-Palmitoyl-L-serin. Untersuchungen im Hinblick auf Reaktionen in Membranen.** Ann E. Kaplan. (J. Colloid Interface Sci. **25** (1967) 1, 63–70; Doctoral Program for Biochem., Hunter Coll. of the City Univ. of New York, N.Y.; engl.) — Die Darst. u. Reinigung sowie der Nachw. des N-Palmitoyl-L-serins werden beschrieben. Das Löslichkeitsverh. sowie die IR-Absorptionsfrequenzen der Hydroxyl-, Carboxyl- u. Amidogruppe sind angegeben. K. Strenge 458

1037 **Beziehungen der Dimerisierungskonstanten von Trialkylphosphaten.** Djordje M. Petkovic. (J. inorg. nuclear Chem. **30** (1968) 3, 603–09; Hot Labor. Dep., Boris Kidrich Inst. of Nucl. Sci., Belgrad; engl.) — Die Dimerisierungskonst. von *Tri-n-butylphosphat* in n-Dodecan u. Cyclohexan u. von *Triäthylphosphat* in n-Hexan werden durch IR-Spektroskopie bestimmt u. zusammen mit Literaturdaten über die Hammett-Beziehung korreliert. D. Ertel 458

1038 **Mizell-Eigenschaften einer Reihe von Natrium-dodecylpolyoxyäthylensulfaten aus hydrodynamischen Werten.** Fumikatsu Tikiwa und Kenji Ohki. (J. physic. Chem. **71** (1967) 5, 1343–48; Wakayama-shi, Japan, Kao Soap Comp., Res. Labor.; engl.) — Mit einer Reihe von Na-Dodecylpolyoxyäthylensulfaten $C_{12}H_{25} \cdot (OCH_2CH_2)_nOSO_3Na$ (n = 1–10) werden Sedimentations-, Diffusions-, Viskositäts- u. D.-Messungen durchgeführt. Aus diesen hydrodynam. Werten wird geschlossen, daß die Mizellen klein u. sphär. sowie unabhängig von der Kettenlänge sind. K. Dorfner 458

1039 **Spinübergang in molekularen Komplexen von Biomolekülen mit Radiosensibilisatoren.** Claude Nicolau, Octavian Körner und Alexandru Cristea. (Rev. roum. Physique **12** (1967) 1, 95–98; Centre for Radiobiol. and Mol. Biol., Bucharest, Romania; engl.) — ESR-Messungen an mit ^{60}Co-γ-Strahlung bestrahlten mol. Komplexen von Kalbthymus-DNA, Hefe-RNA, Cytosin, Guanin u. Adenin-Uracyl mit *Monadion* u. *Riboflavin* zeigen, daß die letzteren radiosensibilisierend auf die Biomol. wirken. Die Komplexe sind Ladungsübertragungskomplexe. K.-H. Bielicki 458

1040 **Beweis für die hyperkonjugative Stabilisierung der Olefine durch tautomere Gleichgewichte.** Lloyd J. Dolby und Gary N. Riddle. (J. org. Chemistry **32** (1967) 11, 3481–85; Eugene, Oreg., Univ. of Oreg., Dep. of Chem.; engl.) — Es werden die Gleichgew.-Konst. für die alkylatkatalysierte Isomerisierung von *4-[p-Methylphenyl]-*, *4-[p-Äthylphenyl]-*, *3-[p-Isopropylphenyl-]* u. *4-[tert.-Butylphenyl]-2-methylbuten-(2)-* u. *-(3)-säureäthylester* bestimmt. Der Anteil des β.γ-ungesätt. Isomeren nimmt mit wachsender Verzweigung in der p-Alkylgruppe ab.

Versuche: *β-[p-Methylphenyl]-äthanol*, Kp.$_{22}$ 128°, aus N-[p-Methylphenylthioacetyl]-morpholin ($C_{13} \cdot H_{17}NOS$, F. 103,5–104,5°) über *p-Methylphenylessigsäure* (F. 89,5–91°; 70% Ausb.) u. *p-Methylphenylessigsäureäthylester* (Kp.$_{12}$ 107–110°; 90%); 80%. — *β-[p-Äthylpheny,]-äthanol*, Kp.$_{21}$ 120–122°, aus N-[p-Äthylphenylthioacetyl]-morpholin ($C_{14}H_{19}NOS$, F. 84,5–85°) über *p-Äthylphenylessigsäure* (F. 90–91°) u. *p-Äthylphenylessigsäureäthylester* (Kp.$_{19}$ 141°); 52%. — *β-[p-Isopropylphenyl]-äthanol*, Kp.$_{17}$ 140–141°, aus N-[p-Isopropylphenylthioacetyl]-morpholin ($C_{15}H_{21}NOS$, F. 61–62°) über *p-Isopropylphenylessigsäure* (F. 42–44°) u. *p-Isopropylphenylessigsäureäthylester* (Kp.$_{15}$ 138–142°); 40%. — *β-[p-tert.-Butylphenyl]-äthanol*, Kp.$_{23}$ 157–159°, aus N-[p-tert.-Butylphenylthioacetyl]-morpholin ($C_{16}H_{23} \cdot NOS$, F. 114–115°) über *p-tert.-Butylphenylessigsäure* (F. 76–79°) u. *p-tert.-Butylphenylessigsäureäthylester* (Kp.$_{20}$ 147–149°). — *α-Diäthylphosphonopropionsäureäthylester*, Kp.$_{0,35}$ 93–95°, aus α-Brompropionsäureäthylester u.

Triäthylphosphit; 59,4%. — *4-Phenyl-2-methylbuten-(2)-* u. *-(3)-säureäthylester*, $C_{13}H_{16}O_2$, Kp.$_{0,55}$ 88—92°, aus vorst. Verb. u. Natriumhydrid sowie Phenylacetaldehyd in 1.2-Dimethoxyäthan; 67% eines 1:1-Gemisches.
H. Pohlmann 460

1041 **Säure–Base-Reaktionen in konzentrierten, wäßrigen, quaternären Ammoniumsalzlösungen.** 1. Mitt. **Starke Säuren und Basen, Carbonsäuren, Amine und Phenol.** Joseph Steigman und Donald Sussman. (J. Amer. chem. Soc. **89** (1967) 25, 6400—06; Dep. of Chem., Polytechn. Inst. of Brooklyn, Brooklyn, N.Y.; engl.) — Titrationskurven von 0,02 *n-HCl* u. 1,0 n-*KOH*, 0,02 m-*Tris-[hydroxymethyl]-methylamin* u. 1,0 m-HCl, 0,02 m-Tris-[hydroxymethyl]-methylamin-hydrochlorid u. 1,0 m-KOH, 0,02 m-*Benzoesäure* u. 1,0 m-KOH, 0,02 m-*dl-α-Alanin* u. 1,0 m-KOH sowie 1,0 m-HCl, 0,02 m-*Kaliumbenzoat* u. 1,0 m-HCl in verschiedenen wss. Tetraalkylammoniumsalzlsg. wurden potentiometr. ermittelt. Ferner sind pK_A-Werte von *Ammoniak, Methyl-, Äthyl-, n-Propyl-, Isopropyl-, Allyl-, n-Butyl-, Isobutyl-, tert.-Butyl-, n-Octyl-, n-Dodecyl-, Cyclohexyl-, Dimethyl-, Diäthyl-, Di-n-propyl-, Diisopropyl-, Diallyl-, Di-n-butyl-, Di-isobutyl-, Di-n-amyl-, Di-n-hexyl-, Trimethyl-, Triäthyl-, Tri-n-propyl-, Äthanol-, Diäthanol-* u. *Triäthanolamin* sowie von *Tris-[hydroxymethyl]-methylamin, Anilin, N.N-Dimethyl-, N.N$^+$-Diäthylanilin* u. *p.p-Dimethylaminoazobenzol* in W. u. Tetra-n-butylammoniumbromid tabelliert. Außerdem sind pK_A-Werte von *Ameisen-, Essig-, n-Propion-, n-Butter-, n-Valerian-, n-Hexan-, n-Octan-, n-Dodecan-, Triäthylessig-* u. *Benzoesäure* sowie von *Phenol* in W. bzw. Tetra-n-butylammoniumbromid ermittelt worden.
L. Strauß 462

1042 **Säure–Base-Reaktionen in konzentrierten, wäßrigen, quaternären Ammoniumsalzlösungen.** 2. Mitt. **Sterische Effekte.** Joseph Steigman und Donald Sussman. (J. Amer. chem. Soc. **89** (1967) 25, 6406—10; engl.) — 1. vgl. vorst. Referat; 3. vgl. C. **1969**, 5-1002. — Tabelliert sind die pK_A-Werte für folgende Benzoesäuren (aus Titrationen mit KOH in wss. Tetra-n-butylammoniumbromid-Lsg.): *unsubstituiert, o-, m-* u. *p-Hydroxy-, o-, m-* u. *p-Fluor-, o-, m-* u. *p-Chlor-, o-, m-* u. *p-Brom-, o-, m-* u. *p-Jod-, o-, m-* u. *p-Nitro-, o-, m-* u. *p-Methoxy-, o-, m-* u. *p-Methyl-* u. *o-, m-* u. *p-Phenyl-*; ferner die Konz.-Abhängigkeit der pK_A-Werte von *o-, m-* u. p-Brombenzoesäure, Entropie- u. Molwärmeänderungen für *Methan, Äthan, Butan, Bzl.* u. *Toluol* in W. bei 25°; sowie pK_A-Werte für folgende Phenole in W. u. Tetra-n-butylammoniumbromid-Lsg. bei 25°: *unsubstituiert, o-, m-* u. *p-Nitro-, 2.4-* u. *2.5-Dinitro-*. Außerdem wurde die ster. Hinderung im Fall von *2.6-Di-tert.-butyl-p-kresol* untersucht (UV- u. sichtbare Spektren).
L. Strauß 462

1043 **Chinazoline.** 9. Mitt. **Kovalente Hydratisierung der neutralen Species substituierter Chinazoline.** W. L. F. Armarego und J. I. C. Smith. (J. chem. Soc. [London], Sect. B **1967**, 5, 449—54; Dep. of Med. Chem., John Curtin School of Med. Res., Australian Nat. Univ., Canberra; engl.) — 8. vgl. ibid. **1966**, 2, 234; 7. vgl. C. **1966**, 50-1080. — Vf. bestimmten die pK_a-Werte folgender, vermutlich in 3.4-Stellung hydratisierter Chinazoline u. daraus das Verhältnis von hydratisierter zu wasserfreier Form sowie die UV-Spektren der wasserfreien Form u. des hydratisierten Kations der mit $^+$ gek. Verb.: *2-Methyl-, 2-Äthyl-, 2-Isopropyl-, 2-tert.-Butyl-, 2.4.6-Trimethyl-, 4-Carboxy-$^+$* [*NH_4-Salz*, F. 205—207°, Zers., aus N-Formylisatin (**I**); 85% Ausb.], *4-Carbamoyl-$^+$* (F. 171,5—172°, aus **I**; 70%), *4-Carbamoyl-6-fluor-2-methyl-$^+$* [F. 194°, aus N-Acetyl-5-fluorisatin (**III**); 80%], *4-Carbamoyl-2-methyl-$^+$, 4-Carbamoyl-2.6-dimethyl-$^+$, 5-, 7-, 8-Methyl-, 2.6-Dimethyl-$^+$, 5-, 6-, 7-, 8-Methoxy-, 7-Methoxy-2-methyl-$^+$* (**II**, F. 99°, aus dem 4-Chlorderiv. über das 4-p-Toluolsulfonylhydrazinoderiv.; 70%), *5-$^+$* (F. 74°, analog **II**; 48%), *6-$^+$* (F. 140°, analog **II**; 60%), *7-Fluor-$^+$* (**IV**, F. 191°, analog **II**; 22%), *5-$^+$* (Kp.$_{0,5}$ 64°, wie vorst.; 40%), *6-$^+$* (F. 75°, wie vorst.; 50%), *7-$^+$* (F. 52°, wie vorst.; 62%), *8-Trifluormethyl-$^+$* (F. 130°; wie vorst.; 33%), *7-Äthylmercapto-$^+$* (F. 76°, aus **IV**; 90%), *6-Fluor-2-methyl-* (F. 137°, aus **III**; 70%), *5-, 6-, 7-, 8-Chlor-*. Dargestellt wurden außerdem die 3.4-Dihydro-4-oxochinazoline (aus der entsprechenden Anthranilsäure bzw. dem Amid): *6-* (F. 252°; 85%), *7-Fluor-* (F. 230—233°; 80%), *6-* (F. 210°; 85%), *7-* (F. 227°; 79%), *8-Trifluormethyl-* (F. 239°; 62%); 4-Chlorchinazoline (aus vorst. Verb. u. PCl_5): *5-* (F. 141°; 40%), *6-* (F. 130°; 80%), *7-Fluor-* (F. 92°; 61%), *5-* (F. 67°; 60%), *6-* (F. 69°; 30%), *7-* (F. 62°; 63%), *8-Trifluormethyl-* (F. 148°; 38%).
J. Richter 462

1044 **Thermodynamische Betrachtungen in Koordination.** 2. Mitt. **Protonierungen von 1.2-Diaminoäthan, 1.3-Diaminopropan, 4(5)-Aminomethylimidazol, 4(5)-[2′-Aminoäthyl]-imidazol, 2-Aminomethylpyridin und 2-[2′-Aminoäthyl]-pyridin.** F. Holmes und David R. Williams. (J. chem. Soc. [London], Sect. A **1967**, 8, 1256 bis 1259; Bangor, Univ. Coll., Dep. of Chem.; engl.) — 1. vgl. C. **1969**, 7-0576. — Ein nichtisothermes Dewar-Mikrocalorimeter für Titrationen wird beschrieben u. damit die thermodynam. Funktionen (pK-, ΔH-, ΔG- u. ΔS-Werte bei 25°) der oben genannten Basen durch Kombination mit pH-potentiometr. Daten bestimmt u. diskutiert.
B. I. 462△

1045 **Sterische Inhibition der Resonanz in den beiden diastereoisomeren 4-tert.-Butyl-N-methyl-N-phenylcyclohexylaminen.** Giuseppe Bellucci und Giancarlo Berti. (J. org. Chemistry **32** (1967) 2, 268—72; Pisa, Italy, Univ., Inst. of Organ. Chem.; engl.) — Potentiometr. Best. der pK-Werte beider Amine in wss. 80%ig. Methylcellosolve zeigen, daß das cis-Amin stärker bas. als die trans-Form ist. Dieses Ergebnis steht im Gegensatz zur Basizität anderer Konform.-Isomeren (bes. der 4-tert. Butyl-N-cyclohexyl-N-methylcyclohexylamine) u. wird der ster. Inhibition der Resonanz des cis-Amins zugeschrieben. NMR- u. UV-Daten stützen diese Annahme.

Versuche: *4-tert.-Butylcyclohexanon* (**I**), F. 48 bis 50°, durch Ox. von 4-tert. Butylcyclohexanol mit CrO_3 bei 0°. — ***cis-*** u. ***trans-4-tert.-Butyl-N-methyl-N-phenylcyclohexylamin*** (**II**), $C_{17}H_{27}N$, F. 35—36° (cis-), F. 50—51° (trans-), aus **I** u. Äthylorthoformiat, Einw. von N-Methylanilin auf das gebildete Diäthylketal (Kp.$_{1,5}$ 88—93°) bei 240°, Isolierung des Enamins (Kp.$_{1,5}$ 137—140°) u. katalyt. Hydrierung. *cis-Hydrochlorid*, $C_{17}H_{27}N \cdot HCl$, F. 166—168°; daneben ***trans-***, F. 155—158°. — ***4-tert.-Butyl-N-[2.4-Dinitrophenyl]-N-methylcyclohexylamin*** (**III**), ***trans*-III**, $C_{17}H_{25}N_3O_4$, F. 146—148° (A.), aus trans-**II** u. HNO_3 bei —10°. ***cis*-III**, F. 112—114°, aus cis-tert.-Butylcyclohexylamin · HCl, Na-Fromiat u. Ameisensäure unter Bldg. von cis-4-tert.-Butyl-N-formylcyclohexylamin ($C_{11}H_{21}NO$, F. 100,5—101,5°), Einw. von $LiAlH_4$ u. 2.4-Dinitrochlorbenzol. — ***4-tert.-Butyl-N-methyldicyclohexylaminhydrochlorid***, (**IV**), ***trans*-IV**, $C_{17}H_{33}N \cdot HCl$, F. 235—237,5°, durch Hydrierung von trans-**II**-Hydrochlorid. ***cis*-IV**, F. 171—172,5°, analog. — *N-Methyl-N-phenylcyclohexylaminhydrochlorid* $C_{13}H_{19}N \cdot HCl$, durch Methylierung von N-Phenylcyclohexylamin. — *N-Methyldicyclohexylaminhydrochlorid*, F. 195—196°, durch Methylierung von Dicyclohexylamin mit Formaldehyd.
B. I. 462△

1046 **Protonierung von konjugierten Carbonylgruppen in H_2SO_4-Lösung.** 1. Mitt. **Anwendung der Amid-Säurefunktion H_A auf die Protonierung der Carbonylgruppe in Nicht-Hammett-Basen.** R. I. Zalewski und G. E. Dunn. (Canad. J. Chem. **46** (1968) 14, 2469—70; Dep. of Chem., Univ. of Manitoba, Winnipeg, Manitoba; engl.) — UV-Absorptionsdaten u. die pK_{BH^+}-Werte sind tabelliert für: *Benzaldehyd, p-Methylbenzaldehyd, Benzoesäure, Anthranilsäure, Acetophenon, Benzophenon, 4-Methylacetophenon, Crotonaldehyd, Acrylsäure, Crotonsäure, 3-Methyl-penten-(3)-on-(2), Cyclohexenon-(2), 1-Methyl-$\Delta^{1,9}$-octalon* u. *2-Cyclopentylidenocyclopentanon.*
D. Schmitt 462

1047 **Acidität von Sulfonen.** F. G. Bordwell, Robert H. Imes und E. O. Steiner. (J. Amer. chem. Soc. **89** (1967) 15, 3905—06; Evanston, Ill., Northwestern Univ.; engl.) — Die pK_a-Werte folgender Sulfone werden in Dimethylsulfoxid als Lsgm. bei 25° bestimmt; die Werte werden mit denen entsprechender Nitroalkane verglichen: *Dimethyl-, Methylphenyl-, Äthylphenyl-, Di-*

benzyl- u. *Di-[α-methylbenzyl]-sulfon, Thietan-, Thiolan-* u. *Thiandioxid-(1.1).* M. Knaack 462

1048 **Untersuchung von Thiazinfarbstoffen in wäßriger Lösung durch Blitz-Spektroskopie.** Jean Faure, Roland Bonneau und Jacques Joussot-Dubien. (Photochem. and Photobiol. **6** (1967) 5, 331—39; Dep. de Chim.-Phys., Fac. des Sci. de Bordeaux, Talence; franz.) — Vf. untersuchten durch Blitz-Spektroskopie die pH-Werte von *Thionin, Azur A, B* u. *C* sowie *Methylenblau* in den Triplettzuständen bei pH-Werten von 4,5—9. Die Triplett–Triplett-Absorptionsbanden im roten Teil des Spektrums werden angegeben. Die pK-Werte entsprechen im angegebenen pH-Bereich einer 2. Protonierung. U. Radlbeck 462

B-6. Kinetik, Katalyse

1049 **Bindungsindices und Valenzisomerisierung.** G. Feler. (Theoret. chim. Acta [Berlin] **10** (1968) 1, 33—42; Centre de Mécan. Ondulatoire Appl., Paris; franz.) — Vf. diskutiert die Anwendung stat. Indices für Grund- u. Anregungszustand zu Aussagen über die Cyclisierung konjugierter Moleküle. Dadurch können Eig. von Syst. mit Heteroatomen auf jene von KW-Stoffen zurückgeführt werden. Regeln für den Einfl. der Anregung auf Bindungsordnung u. freie Valenzen in alternierenden Syst. werden angegeben. Die Reaktivität von *α-, β-* u. *γ-Tropolon* wird durch Einführung des Donatorgruppeneffektes, der die Cyclisierung begünstigt, erklärt. J. Richter 481

1050 **Lineare Freie-Energie-Beziehungen bei der heterogenen Katalyse. 7. Mitt. Reaktivität der Ring-H bei der katalytischen Dehydrierung von Cyclohexanen.** Tadashi Hishida, Toshio Uchijima und Yukio Yoneda. (J. Catalysis **11** (1968) 1, 71—78; Dep. of Synthet. Chem., Fac. of Engng., Univ. of Tokyo, Bunkyo-ku, Tokyo; engl.) — 6. vgl. C. **1969,** 9-1065. — Die Kinetik der von Cr_2O_3-γ-Al_2O_3 u. MoO_3-γ-Al_2O_3 katalysierten Dehydrierung sowie Delokalisierbarkeit u. Reaktivität der Ring-H von *Cyclohexan, Methyl-, cis-1.2-Dimethyl-, trans-1.2-Dimethyl-, 1.3-Dimethyl-, 1.4-Dimethyl-* u. *1.3.5-Trimethylcyclohexan* werden untersucht. Die Unters. schließt die Best. von Arrhenius-Parametern der Rk. u. die Berechnung der Elektronenverteilung bei den *1-Methyl-* u. *3-Methylcyclohexyl-Radikalen* mit ein. W. Sobieski 481

1051 **Resonanzfluoreszenzmethode für die Kinetik von Atomreaktionen. Reaktionen von atomarem Wasserstoff mit Olefinen.** W. Braun und M. Lenzi. (Discuss. Faraday Soc. 1967, **44,** 252—62; Nat. Bur. of Stand., Washington, D.C.; engl.) — Die Kinetik der Additionsrk. von H-Atomen mit *C_2H_4, C_2D_4, trans Buten-(2)* u. *Isobuten* wird bei Zimmertemp. in Ggw. von N_2 oder He bei Gesamtdrücken von 5—75 Torr gemessen. W. Pusch 482△

1052 **Reaktion von KW-Stoffen mit Mischungen von aktivem N_2 und H-Atomen. 1. Mitt. „Normale" Reaktionen von Alkenen und Alkanen.** David R. Safrany und Walter Jaster. (J. physic. Chem. **72** (1968) 2, 518—25; Atomic Energy of Canada Ltd., Whitshell Nucl. Res. Establ., Pinawa, Manitoba; engl.) — Prod.-Analyse u. Rk.-Mechanismen sind angegeben für die Rk. mit *Methan, Äthan, Äthylen, Propylen* u. *Isobutylen.* D. Schmitt 482

1053 **Reaktionen von aktivem N_2 mit organischen Verbindungen. 7. Mitt. Molekulare Herkunft der Produkte der Reaktion mit Propen.** 2. Mitt. Yoiti Titani und Norman N. Lichtin. (J. physic. Chem. **72** (1968) 2, 526—31; Dep. of Chem., Boston Univ., Boston, Mass.; engl.) — 5. vgl. C. **1969,** 10-1044 bzw. 1. vgl. vorst. Referat. — Die Herkunft von HCN, C_2H_6, C_2H_4, C_2H_2, CH_3CN u. C_3H_8 bei der Rk. von N mit der Titelverb. (I) wird durch Verw. von ^{14}C-I untersucht. D. Schmitt 482

1054 **Aktivierungsenergien der reversiblen Reaktion zwischen H-Atomen und Methan zu H_2 und Methylradikalen.** R. W. Walker. (J. chem. Soc. [London], Sect. A **1968,** 10, 2391—98; Dep. of Chem., Univ., Hull; engl.) — Eigene kinet. Daten werden mit denen anderer Autoren verglichen. — 53 Literaturangaben. D. Schmitt 482

1055 **Reaktionen von Monofluorcarben mit Olefinen in der Gasphase.** Yi-Noo Tang und F. S. Rowland. (J. Amer. chem. Soc. **89** (1967) 25, 6420—27; Dep. of Chem., Univ. of California, Irving, Calif.; engl.) — Untersucht wurde die Bldg. von Fluorcyclopropanen durch Rk. von *CTF* mit folgenden Verb.: *Äthylen, Propen, Buten-(1), 2-Methylpropen, cis-* u. *trans-Buten-(2),* Tri- u. Tetramethyläthylen. Die Rk.-Prod. wurden mit Hilfe der Radiogaschromatographie identifiziert. Daten für relative Reaktivitäten, relative Ausb., Isotopeneffekte u. stereospezif. Einfl. sind tabelliert. L. Strauß 482

1056 **H-Atom-Entzug aus substituierten Toluolen durch das tert.-Butoxy-Radikal.** R. D. Gilliom und J. R. Howles. (Canad. J. Chem. **46** (1968) 16, 2752—54; Dep. of Chem., Southwestern of Memphis, Memphis, Tenn.; engl.) — Die relative Geschw. des benzyl. H-Atom-Entzugs durch tert.-Butylhypochlorit wurde bestimmt von *Toluol, Anisol, p-Phenoxy-, p-Fluortoluol* u. *p-Methylanisol.* D. Schmitt 482

1057 **Hydrierung von Äthylen auf platiniertem Silicagel.** I. Nicolau. (Rev. roum. Chim. **13** (1968) 1, 71—75; Bucarest, Centre de Chim. Phys. de l'Acad.; franz.) — Die Kinetik dieser katalyt. Hydrierung wird im Bereich von 30—90° an H_2-C_2H_4-Gemischen 40:60, 50:50 u. 70:30 untersucht. Es wird festgestellt, daß die Ordnung der Rk. 1 für H_2 u. 0 für C_2H_4 u. C_2H_6 u. die Aktivierungsenergie 4,2 kcal/Mol beträgt. A. Babczyński 483△

1058 **Chemisches Gleichgewicht. 2. Mitt. Dehydrierung von Propanol und Butanol.** E. Buckley und J. D. Cox. (Trans. Faraday Soc. **63** (1967) 532, 895—901; Nat. Phys. Labor., Teddington, Middlesex; engl.) — 1. vgl. C. **1967,** 38-0919. K. Jasche 483△

1059 **Reversible Hydrierung von 2- und 4-Pyridincarbaldehyd. 2. Mitt. Allgemeine Säure–Base- und Metallionen-Katalyse.** Y. Pocker und J. E. Meany. (J. physic. Chem. **72** (1968) 2, 655—59; Dep. of Chem., Univ. of Wash., Seattle, Wash.; engl.) — 1. vgl. C. **1968,** 47-1092. — Die reversible Hydrierung von *2-* u. *4-Pyridincarbaldehyd* in Ggw. von Säure- bzw. Basekatalysatoren wird spektrophotometr. untersucht. pH-Abhängigkeit, pK_A-Werte u. RGK sind angegeben. Weiterhin wird die Kinetik der durch Cu^{2+}, Co^{2+}, Ni^{2+}, Zn^{2+}, Cd^{2+}, Mn^{2+}, Mg^{2+} u. Ca^{2+} katalysierten Hydrierung untersucht. M. Steidinger 483

1060 **Neue Reduktionsmethode mit Wasser als Wasserstoffdonator.** Koji Sakai und Ken-ichi Watanabe. (Bull. chem. Soc. Japan **40** (1967) 6, 1548; Dep. of Chem. Fac. of Sci., Tokyo Metropolitan Univ., Setagaya-ku, Tokyo; engl.) — Die Red. von C=C-, NO_2-, C≡N- u. C=O-Gruppen kann durch Erhitzen der entsprechenden organ. Verb. (*Styrol, Nitrobenzol, Benzonitril, Methyläthylketon, Cyclohexanon, Benzaldehyd, Mesityloxid*) mit einer wss. Aufschlämmung von frisch gefälltem Ni am Rückfluß erreicht werden. M. Steidinger 484

1061 **Mechanismus der Oxydation und Phosphorylierung von Naphthochinondiphosphaten.** R. Duncan Dallam und Linda H. Chen. (Arch. Biochem. Biophysics **123** (1968) 3, 565—71; Dep. of Biochem., Univ. of Louisville School of Med., Louisville, Ky.; engl.) — Der Mechanismus der Titelrk. von *Menadiol-* (**I**), *1.4-Dihydroxynaphthalin-* u. *2-Methyl-3-phytyl-1.4-dihydroxynaphthalindiphosphat* sowie die Br_2-Ox. von *4-Acetoxy-3-methylnaphthyl-(1)-phosphat* u. *p.p'-Dihydroxydiphenyldiphosphat* wird untersucht. Die Ergebnisse zeigen, daß bei der Br_2-Ox. von **I** das Pyrophosphat gebildet wird. Der Einfl. von Substituenten in 2- u./oder 3-Stellung am Ring auf die Ox. u. Phosphorylierung wird diskutiert. K. Jasche 484△

1062 **Beobachtungen in bezug auf Substituenteneffekte bei der Halogenierung. 2. Mitt. Die Reaktion von m- und p-Chloracetanilid mit Chlor in Essigsäure.** O. M. H. el Dusouqui und M. Hassan. (J. chem. Soc. [London], Sect. B **1966,** 374—76; Khartoum, Sudan, Univ., Dep. of Chem.; engl.) — 1. vgl. ibid. **1965,** 2194. — Es wird die

Kinetik der Chlorierung bei 25° ermittelt u. die Zus. der Chlorierungsprod. nach der Isotopenverd.-Meth. bestimmt. G. O. Jäger 487

1063 **Halogenacyloxylierung.** 1. Mitt. **Reaktion von Propylen mit einem Gemisch aus Jod und Peressigsäure.** Yoshiro Ogata und Keizo Aoki. (J. org. Chemistry **31**, 1625—29, 1966; Dep. of Appl. Chem., Fac. of Engng., Nagoya Univ., Chisusa-ku, Nagoya; engl.) — Kinetik u. Mechanismus der Titelrk. in Ae.-Essigsäure bei 15 bis 40° unter Bldg. von *1-Jod-2-acetoxypropan* werden untersucht. U. Feist 487

1064 **Substitution in Polymethylbenzolen.** 22. Mitt. **Kinetische H-Isotopeneffekte bei der Bromierung einiger Polyalkylbenzol-Systeme.** Enrico Baciocchi, Gabriello Illuminati, Giancarlo Sleiter und Franco Stegel. (J. Amer. chem. Soc. **89** (1967) 1, 125—29; Dep. of Chem., Univ., Roma; engl.) — 21. vgl. C. **1967**, 28-0965. — Die k_H/k_D-Werte der Bromierung nachst. Verb. u. D-Deriv. bei 30° werden bestimmt: *Mesitylen, Pentamethylbenzol, 3-Methoxydurol, 5-tert.-Butylhemimellitol, 3-Bromdurol* u. *1.3.5-Tri-tert.-butylbenzol.* D. Schmitt 487

1065 **Solvolyse von Alkyldiazotaten.** 1. Mitt. **Verteilung zwischen Carboniumionen und Diazoalkanen in wäßrigen Base.** Robert A. Moss. (J. org. Chemistry **31** (1966), 1082—87; New Brunswick, N.J., State Univ., School of Chem., Wright Labor., Rutgers; engl.) — 3. vgl. C. **1968**, 61-0435. — Mit Hilfe der präparativen Gaschromatographie u. der NMR-Spektroskopie wurde die Spaltung folgender N-Nitroso-N-alkyl-urethane mit K-tert.-Butylat untersucht: *n-Butyl-, n-Octyl-, Cyclohexyl-, Allyl-, exo-Tricyclo-[3.2.1.0^{2,4}]-octyl-(3)-anti-* u. *2.3-Dipropylcyclopropenylcarbinyl-*. Es entstehen die entsprechenden Alkyldiazotate u. aus diesen durch alkal. Hydrolyse Carboniumionenprod. neben Diazoalkanen. Prod.-Angaben sind tabelliert. G. O. Jäger 488

1066 **Makroringe.** 35. Mitt. **Stereochemie des [2.2]-Paracyclophanylkerns als Nachbargruppe bei Solvolysereaktionen.** Donald J. Cram und Francis L. Harris jun. (J. Amer. chem. Soc. **89** (1967) 18, 4642—51; Dep. of Chem., Univ. of Calif., Los Angeles, Calif.; engl.) — 34. vgl. ibid. 88 (1966) 15, 3515; 31. vgl. C. **1968**, 5-1005. — Zur Ermittlung des Einfl. des [2.2]-Paracyclophanyl-Syst. auf die Kinetik u. Stereochemie von Carboniumionenrk. wird die Solvolyse von α- u. *β-4-[1-Trichloracetoxyäthyl]-* (**I**) bzw. α- u. *β-4-[$D_{(2)}$-2-Tosyloxypropyl]-[2.2]-paracyclophan* (**II**) untersucht. Bei Hydrolyse von α- bzw. *β*-**I** in wss. Dioxan entstehen jeweils 1:1-Gemische der diastereomeren *Alkohole* (α- u. *β*-**III**), bei Methanolyse von α- bzw. *β*-**I** entsprechend Gemische der diastereomeren *Äther* (**IV**). Die Acetolyse u. die Formolyse von α- bzw. *β*-**II** dagegen verläuft stereoselektiv unter Konfig.-Erhaltung. Die RGK u. Aktivierungsparameter der Solvolyserk. sind angegeben.

Versuche: [2.2]-Paracyclophane: *4-Acetyl-* (**V**), F. 108,5—109,5°, aus [2.2]-Paracyclophan u. Acetylchlorid in CH_2Cl_2 in Ggw. von $AlCl_3$ bei —15 bis —20°; 69,5% (Ausb.). — *4-[1-Hydroxyäthyl]-* (**III**), α-, $C_{18}H_{20}O$, F. 107—107,5°, durch $LiAlH_4$-Red. von 126,6 g **V** in Ae./THF bei 25° u. Chromatographieren an Al_2O_3; 32,9 g; daneben *β*-**III**, $C_{18}H_{20}O$, F. 117—118° (Hexan/$CHCl_3$); 16,2 g. — *4-[1-Trichloracetoxyäthyl]-* (**I**), α-, $C_{20}H_{19}Cl_3O_2$, F. 82—82,5° (Zers.; Pentan/Ae.), aus α-**III** u. Trichloracetylchlorid in Py. bei 0°; 99% (roh). — *β*-**I**, $C_{20}H_{19}Cl_3O_2$, F. 92,4—92,8° (Zers.; Ae./$CHCl_3$), aus *β*-**III**; 98%. — *4-[1-Methoxyäthyl]-* (**IV**), *β*-, $C_{19}H_{22}O$, F. 64,8—65,5° (Ae./Pentan), durch Kochen von α- bzw. *β*-**I** in CH_3OH → [Gemisch aus α- u. *β*-**IV**; 89 bzw. 81%] u. Chromatographieren von 650 mg Gemisch an SiO_2; 298 mg; daneben α-**IV**, $C_{19}H_{22}O$, F. 63,5—64,1° (Pentan/Ae.); 338 mg. — *4-Vinyl-*, $C_{18}H_{18}$, F. 80—81° (Pentan), durch Erwärmen von α- bzw. *β*-**I** in wss. Dioxan auf 50° u. Chromatographieren an SiO_2; 12 bzw. 7%; daneben 1:1-Gemisch aus α- u. *β*-**III**; 81 bzw. 75%. — *4-[Morpholinothiocarbonylmethyl]-* (**VI**), $C_{22}H_{25}NOS$, F. 244—245° (Zers.; A./$CHCl_3$), durch Kochen von **V** mit S in Morpholin; 78% (roh). — *4-Carboxymethyl-* (**VII**), F. 212—214° (Ae./Pentan) durch Kochen von **VI** mit Eisessig/konz. HCl; 93%. — *4-Acetonyl-* (**VIII**), $C_{19}H_{20}O$, F. 97,8—98,8°, durch Rk. von $SOCl_2$ mit **VII** → *[4-Chlorcarbonylmethyl-[2.2]-paracyclophan]* u. Rühren mit Dimethyl-Cd in Bzl. bei 25° u. Chromatographieren an SiO_2; 83%. — *4-[$D_{(2)}$-2-Hydroxypropyl]-* (**IX**), α-, $C_{19}H_{21}DO$, F. 120—121° (Ae./Pentan), durch $LiAlH_4$-Red. von α-**X** in Ae.; 94%. — Analog: *β*-**IX**, $C_{19}H_{21}DO$, F. 88,7—89,3° (Ae./Pentan); 95%. — *4-[$D_{(2)}$-2-Acetoxypropyl]-* (**X**), α-, $C_{21}H_{23}DO_2$, F. 58,7—60,0° (Ae./Pentan), durch $LiAlD_4$-Red. von 44,4 g **VIII** in Ae. unter N_2 → [**IX**, Diastereomerengemisch F. 75—78°; 44,6 g], Kochen mit Acetanhydrid in Py. → [**X**, Diastereomerengemisch, F. 54—59°; 98%] u. Chromatographieren von 5 g des Gemisches an SiO_2; 2,31 g; daneben *β*-**X**; 1,52 g. Analog: *β*-**X**, $C_{21}H_{23}DO_2$, F. 89 bis 89,8° (Ae./Pentan) 90,5% (roh). — *4-[$D_{(2)}$-2-Tosyloxypropyl]-* (**II**), α-, $C_{26}H_{27}DO_3S$, F. 100—101° (Ae./Pentan), aus α-**IX** u. p-Toluolsulfochlorid in Py. bei 0°; 78%. — Analog: *β*-**II**, $C_{26}H_{27}DO_3S$, F. 95,8—96,5° (Pentan/Ae.); 63%. — *1-[2.5-Dimethylphenyl]-äthanol*, $C_{10}H_{14}O$, Kp.$_{0,1}$ 123°, durch $LiAlH_4$-Red. von 5 g 2.5-Dimethylacetophenon in Ae.; 4,89 g. G. O. Jäger 488△

1067 **Nachbargruppenbeteiligung in Substitutionsreaktionen.** 27. Mitt. **5-Methoxybeteiligung bei einigen Solvolysereaktionen.** Evan L. Allred und S. Winstein. (J. Amer. chem. Soc. **89** (1967) 16, 3991—97; Los Angeles, Calif., Univ. of Calif., Dep. of Chem.; engl.) — 26. vgl. C. **1967**, 32-1085. — Aus der Solvolyse von δ-Methoxy-alkyl-p-brombenzolsulfonaten wurde die Beteiligung der 5-Methoxygruppe ermittelt, um die Reaktivität der entstehenden Zwischenstufen u. Faktoren, die den Ringschluß bewirken, zu untersuchen.

Versuche: *[4-Methoxy-pentyl-(1)]-p-brombenzolsulfonat* (**I**), $C_{12}H_{17}O_4SBr$, F. 20,5—21,0°, aus 4-Methoxypentanol-(1) (**III**) mit p-Brombenzolsulfochlorid (**V**). — *4-Methoxy-pentyl-(1)-acetat* (**X**), $C_8H_{16}O_3$, Kp.$_{19}$ 90,5°, a) aus Acetylchlorid (**XIV**) in Ae. u. **III** in Py. bei 0—10°; 73%, b) im Gemisch mit **XI** (s. u.) bei der Acetolyse von **I**; 85%, c) im Gemisch mit **XI** (s. u.) bei der Acetolyse von **II** (s. u.); 86%. — *2-Methoxy-5-äthoxypentan* (**XII**), $C_8H_{18}O_2$, Kp.$_{19,7}$ 63°, a) aus **III** mit NaH in Ae. u. C_2H_5J; 51,5%, b) im Gemisch mit **XIII** (s. u.) bei der Äthanolyse von **I**; 86% (daneben *2-Methyltetrahydrofuran*; 1,4%), c) im Gemisch mit **XIII** (s. u.) bei der Äthanolyse von **II** (s. u.); 85%. — *5-Methoxy-pentanol-(2)* (**VI**), $C_6H_{14}O_2$, Kp.$_{15}$ 77,0—77,2°, aus 1-Chlor-3-methoxypropan mit Mg in Ae. u. Acetaldehyd (**VII**); 66,5%. — *[5-Methoxypentyl-(2)]-p-brombenzolsulfonat* (**II**), $C_{12}H_{17}O_4SBr$, F. 31,5—32,0°, analog **I** aus **V** u. **VI**. — *5-Methoxy-pentyl-(2)-acetat* (**XI**), $C_8H_{16}O_3$, Kp.$_{19}$ 85,0°, analog **X** aus **VI** u. **XIV**; 70%. — *1-Methoxy-4-äthoxypentan* (**XIII**), $C_8H_{18}O_2$, Kp.$_{20}$ 61,5 bis 62,2°; analog **XII** aus **VI**, NaH u. C_2H_5J; 48%. — *5-Methoxyhexanol-(2)* (*erythro* : *threo* 0,8) (**VIII**), durch Umsetzen von 1-Chlor-3-methoxybutan mit Mg in Ae. u. Zugeben von **VII**, Kp.$_9$ 77,5°; 63%. — *[5-Methoxyhexyl-(2)]-p-brombenzolsulfonat* (*erythro, threo*), analog **I** aus **VIII** u. **V**. — *meso-Hexandiol-(2.5)* (**IX** + *dl*), Kp.$_{12}$ 119,5—120,5°, F. 37—39°, durch Red. von Hexandion-(2.5) mit $LiAlH_4$ in Ae.; 81%. — *dl-erythro-5-Methoxyhexanol-(2)*, Kp.$_9$ 77,5; aus Na u. **IX** in p-Xylol, Zugeben von C_2H_5J. — *[dl-erythro-5-Methoxyhexyl-(2)]-p-brombenzolsulfonat*, $C_{13}H_{19}BrO_4S$, F. 33,0—33,8°; analog **I** aus vorst. Verb. u. **V**. Axel Jochum 488

1068 **Kinetik der Esterhydrolyse.** 1. Mitt. Mohammad Zaheeruddin und H. A. Kazmi. (Pakistan J. sci. ind. Res. **9**, 206—09, 1966; Dep. of Chem., Univ., Peshawar; engl.) — Die Kinetik der Hydrolyse von *Methyl-* u. *Äthylformiat* in neutralem Medium wird untersucht. J. Eliassaf 488

1069 **Instabilität von Cyclamat in wäßriger alkoholischer Lösung.** Joseph M. Talmage, Lester Chafetz und Milton Elefant. (J. pharmac. Sci. **57** (1968) 6, 1073 bis 1074; Pharm. Res. and Dev. Labor., Warner-Lambert Res. Inst., Morris Plains, N.J.; engl.) — Die Hydrolyse des Cyclamats wird bez. der Alkoholkonz. u. des pH-Wertes untersucht. D. Schmitt 488

1070 **Lösungsmitteleffekte.** 3. Mitt. **Einfluß von wäßrigem Dimethylsulfoxid auf die Verseifungsreaktionen von Benzoesäurealkylestern.** Donald D. Roberts. (J. org.

Chemistry **31** (1966) **4037–41**; Ruston, La., La. Polytechnic Inst., Dep. of Chem.; engl.) — 2. vgl. C. **1968,** 8-0920. — Die RGK der alkal. Hydrolyse der Benzoesäureester: *-methyl* (Kp.$_{0,4}$ 48°), *-äthyl, -n-propyl* (Kp.$_{0,4}$ 63—64°), *-isopropyl* (Kp.$_{0,2}$ 48°), *-tert.-butyl* (Kp.$_{0,2}$ 61—62°), *-neopentyl* (Kp.$_{0,4}$ 70°), *-isobutylester* (Kp.$_{0,4}$ 69—70°) u. *-2-äthylbutyl* ($C_{13}H_{18}O_2$, Kp.$_{0,5}$ 34°) wurden zwischen 10 u. 45° in wss. DMSO bei verschiedenen DMS-Konz. bestimmt u. die Aktivierungsparameter (ΔH*, ΔS*) ermittelt. Die Beziehungen zwischen RGK einerseits u. DK bzw. Molenbruch von DMSO andererseits wurden untersucht. G. O. Jäger 488△

1071 **„Ladungs"-Effekt in nukleophilen Substitutionsreaktionen.** J. Epstein, P. L. Cannon jun., H. O. Michel, B. E. Hackley jun. und W. A. Mosher. (J. Amer. chem. Soc. **89** (1967) 12, **2937–43**; Res. Labor., Edgewood Arsenal, Md.; engl.) — Untersucht wurde der Einfl. kation. Substituenten auf die Reaktivität von Hydroxamsäureanionen, Ketoximen u. Aldehydhydraten bei der Substitution von Fluor in *Methanphosphonsäureisopropylesterfluorid.* Angegeben sind pK-Werte u. RGK von folgenden Methojodiden: *Pyridyl-(2)-, Pyridyl-(3)-, Pyridyl-(4)-* u. *3-[Dimethylaminoäthoxy]-pyridyl-(2)-hydroxamsäure*; ferner von *1-Diäthylmethylammonium-oximinobutanon-(3), 1-Dimethylamonium-2-oximino-butanon-(3), 1-Piperidonium-2-oximino-butanon-(3), α-Oximino-β-oxo-buttersäureäthylester, 3-Oximino-pentandion-(2.4), 1.3-Dioximino-propanon-(2), Methyl-, Phenyl-* u. *Thiophenylhydroxamsäure, 1-Diäthylmethylamonium-3-oximino-pentanon-(4), 1-Oximino-2-oxo-4-methyl-penten-(3), Ninhydrin, Chloralhydrat, Methylglyoxalhydrat, 2-Formyl-, 4-Formyl-, 3-Formylpyridin-methojodid* u. *3-Trimethylammonium-2-dimethyl-propanol-(1)-jodid.* J. Eliassaf 489

1072 **Mechanismus der Widman-Reaktion.** G. E. Risinger und Gary E. Timm. (Chem. and Ind. **1967,** 4, 158—59; La. State Univ., Baton Rouge, La.; engl.) — Bei der Alkylierung von 3-Acylcumarinen mit Phenacylhalogeniden in Ggw. von Alkoxiden wird ein cis-Cumarinlacton (**I**) gebildet, wie die Unters. am Beispiel des 3-Acetyl-3.4-phenacylidencumarins zeigen. **I** wird mit Zn in Säuren bei 0° in *3-Acetyl-4-phenacyldihydrocumarin* umgewandelt, dessen Struktur durch Synth. u. Abbaurk. bewiesen wird. K. Jasche 489△

1073 **Acidität von Kohlenwasserstoffen.** 25. Mitt. **Sekundäre Isotopieeffekte bei dem durch Lithiumcyclohexylamid katalysierten α-Deuterium-Austausch von ringdeuterierten Toluolen.** A. Streitwieser jun. und J. S. Humphrey jun. (J. Amer. chem. Soc. **89** (1967) 15, **3767–70**; Berkeley, Calif., Univ. of Calif., Dep. of Chem.; engl.) — 24. vgl. C. **1968, 47-1071.** — Die Geschw. des $D_{(\alpha)}$-Austausches von $D_{(\alpha)}$-, $D_{2(\alpha.4)}$-, $D_{4(\alpha.2.4.6.)}$- und $D_{6(\alpha.2.3.4.5.6.)}$ *Toluol* in Li-Cyclohexylamid/Cyclohexylamin werden bei 50° gemessen. Die kinet. Isotopieeffekte für o-, m- u. p-D-Substitution werden abgeleitet. M. Knaack 489

1074 **Acidität von Kohlenwasserstoffen.** 26. Mitt. **Austauschgeschwindigkeiten von $D_{(\alpha)}$- und $T_{(\alpha)}$-m- und -p-Trimethylsilyltoluol mit Lithiumcyclohexylamid in Cyclohexylamin.** F. Mares und A. Streitwieser jun. (J. Amer. chem. Soc. **89** (1967) 15, 3770—71; engl.) — 25. vgl. vorst. Ref.; 27. vgl. C. **1968,** 58-0260. — Die Austauschgeschw. werden bei 25° gemessen u. auf die von $T_{(\alpha)}$-Toluol bezogen. M. Knaack 489

1075 **Elektrophile Substitution am gesättigten Kohlenstoff.** 33. Mitt. **Stereochemisches Verhalten des α-Sulfonylcarbanions, bei dem sowohl das Anion als auch die Sulfongruppen in fünfgliedrige Ringsysteme eingebaut sind.** Donald J. Cram und Thomas A. Whitney. (J. Amer. chem. Soc. **89** (1967) 18, **4651–61**; Dep. of Chem., Univ. of Calif., Los Angeles, Calif.; engl.) — 37. vgl. C. **1968,** 61-0258. — Es wird der stereochem. Verlauf der basenkatalysierten Decarboxylierung von (—)-*2-Methyl-2-carboxy-2.3-dihydrobenzothiophen-1.1-dioxid* [(—)-**I**] zu *2-Methyl-2.3-dihydrobenzothiophen-1.1-dioxid* (**II**) u. von (+)-*2-Methyl-2-carboxytetrahydrothiophen-1.1-dioxid* [(+)-**III**] zu *2-Methyltetrahydrothiophen-1.1-dioxid* (**IV**) in verschiedenen Medien untersucht. Aus dem bei der Decarboxylierung von (—)- bzw. (+)-**I** in mit NH_4- bzw. ND_4-Acetat gepuffertem W. bzw. D_2O gewonnenem Material wird durch fraktionierte Kristallisation opt. reines (+)-**II** bzw. (—)-$D_{(2)}$-**II** dargestellt. Opt. reines (+)-**IV** wird bei der Decarboxylierung eines der 4 opt. reinen Stereoisomeren von 5-Methyl-2-carboxytetrahydrothiophen-1.1-dioxid (**V**) erhalten. Für die basenkatalysierte Rk. von opt. akt. **II** werden die RGK für den Isotopenaustausch u. die Racemisierung in verschiedenen Medien bestimmt.

Versuche: 2.3-Dihydrobenzothiophen-1.1-dioxide: *Unsubstituiert* (**VI**), F. 90—91°, durch Red. von 15 g Benzothiophen-1.1-dioxid; 15 g (Ausb.). — *2-Äthoxycarbonyl-* (**VII**), durch Kochen von 50 g **VI**, C_2H_5MgBr u. Chlorameisensäureäthylester; 77 g (roh). — *2-Methyl-2-carboxy-* (**I**), *racem.*, $C_{10}H_{10}O_4S$, F. 181—183° ($CHCl_3$/CH_3OH), aus **VII**, C_2H_5ONa u. CH_3J in A.; 24,8%. — (—)-**I**, $C_{10}H_{10}O_4S$, F. 169—171° (A.), durch Kochen von 169,7 g racem.-**I** mit Brucin in wss. Aceton → [*Brucinsalz*; 26,6%] u. Überführen in die freie Säure; $[\alpha]^{546}_{29}$ —83,9° (c = 2,9; A.); 15,8%. *NH_4-Salz* (**VIII**), aus (—)-**I** u. NH_3 in Ae.; 95%; daneben (+)-**I**, F. 168 bis 170,5°; $[\alpha]^{546}_{20}$ +80,5° (c = 2,0; A.), 28,1 g. *ND_4-Salz* (**IX**), aus (+)-$D_{(COOH)}$-**I** u. ND_3 in Ae.; $[\alpha]^{546}_{25}$ +58,4° (c = 3,0; D_2O); 99%. — *2-Methyl-* (**II**), *racem.*-, F. 115,5 bis 116,5°. — (+)-**II**, $C_9H_{10}O_2S$, F. 74—75° (Ae.), durch Erhitzen von 32,3 g **VIII** mit wss. CH_3COOH auf 155°; $[\alpha]^{546}_{28}$ +24,1° (c = 4; $CHCl_3$); 9,95 g. — (—)-$D_{(2)}$-**II**, $C_9H_9DO_2S$, F. 73—74° (Ae.), analog aus 34,33 g **IX** in CH_3COOD/D_2O; $[\alpha]^{546}_{25}$ —24,1° (c = 4; $CHCl_3$); 11,2 g; daneben *racem.-$D_{(2)}$*-**II**, F. 115—116°; 16 g. — Tetrahydrothiophene: *2-Äthoxycarbonyl-* (**X**), $C_7H_{12}O_2S$, Kp.$_{11}$ 102,5—104°, durch Kochen von 2-Carboxytetrahydrothiophen mit A. in Ggw. von HCl; 92,5%. *5-Methyl-2-äthoxycarbonyl-* (**XI**), $C_8H_{14}O_2S$, Kp.$_{12}$ 103—105°, durch Red. von 5-Methyl-2-carboxythiophen mit Na/Hg u. wss. NaOH u. Verestern des Red.-Prod. mit A. in Ggw. von HCl; 67,5%. — Tetrahydrothiophen-1.1-dioxide: *2-Äthoxycarbonyl-* (**XII**), $C_7H_{12}O_4S$, Kp.$_{0,35}$ 117 bis 119°, aus **X** u. 30%ig. H_2O_2 in Eisessig; 59%. — *2-Methyl-2-äthoxycarbonyl-* (**XIII**), $C_8H_{13}O_4S$, Kp.$_{0,35}$ 107 bis 108°, aus **XII**; C_2H_5ONa u. CH_3J in A.; 88%. — *2-Methyl-2-carboxy-* (**III**), *racem-.*, $C_6H_{10}O_4S$, F. 158—159,5°, aus **XIII** u. wss. NaOH; 92,5%. — (+)-**III**, F. 161,5—162,5° (Ae.), aus 75,3 g racem.-**III** u. Brucin in heißem W. → [*Brucinsalz*; 36%] u. Überführen in die freie Säure; $[\alpha]^{546}_{28}$ +20,4° (c = 4,7; W.); 16,6 g; daneben (—)-**III**, F. 159—160°; $[\alpha]^{546}_{28}$ —20,2° (c = 4,7; W.); 14,04 g. *NH_4-Salz*, F. 170° (Zers.), aus (+)-**III**; $[\alpha]^{546}_{27}$ +13,95° (c = 4,3; W.); 98%. — *5-Methyl-3-äthoxycarbonyl-* (**XIV**), $C_8H_{14}O_4S$, Kp.$_{0,25}$ 114—117°, aus **XI**; 55,4%. — *5-Methyl-2-carboxy-* (**V**), *Racemat A*, F. 121—124° ($CHCl_3$), aus 80,7 g **XIV** → [Gemisch aus Racemat A u. B; 68%], Aufnehmen in sd. $CHCl_3$ u. Zugeben von Hexan; 26 g; *Racemat B*, $C_6H_{10}O_3S$, F. 79,5—81° (Ae./Pentan), aus dem Gemisch von Racemat A u. B u. Brucin → [*Brucinsalz*; 26,2%] u. Darst. der freien Säure aus 7,35 g des Brucinsalzes; $[\alpha]^{546}_{26}$ +35,1° (c = 4,9; $CHCl_3$); 1,21 g. G. O. Jäger 489△

1076 **Elektrophile Substitution am gesättigten Kohlenstoff.** 34. Mitt. **Isoinversion als mechanistische Komponente beim basenkatalysierten Wasserstoff–Deuterium-Austausch zwischen Kohlenstoffsäuren und dem Medium.** Warren T. Ford, Edward W. Graham und Donald J. Cram. (J. Amer. chem Soc. **89** (1967) 18, 4661—69; engl.) — 33. vgl. vorst. Referat. — Der stereochem. Verlauf des basenkatalysierten H-D-Austauschs von (+)-*2-[N.N-Dimethylaminocarbonyl]-9-methylfluoren* [(+)-**I**; F. 126,5—127°] u. (+)-$D_{(9)}$-**I** (F. 127—127,5°) wird mittels eines kinet. Modells analysiert. Für die Rk. von (+)-**I** mit CH_3OD/CH_3OK bei 25° werden die RGK des Austausches mit Retention u. Inversion u. die RGK der Isoinversion (Inversion ohne Austausch) angegeben. G. O. Jäger 489△

1077 **Abhängigkeit der Vernetzungswirksamkeit von den Reaktionsbedingungen bei der Peroxidvernetzung von ungesättigten Polyolefinen.** Nobuyuki Ashikari, Izumi Kawashima und Takehisa Kawashima. (Bull.

chem. Soc. Japan **40** (1967) 11, 2597—2603; The Electr. Commun. Labor., Nippon Telegraph and Telephone Public Corp., Musashino-shi; engl.) — Untersucht wurden Rk.-Bedingungen (Rk.-Temp., Peroxid-Konz.) der Vernetzung von *Styrol-Butadien-Gummi, Polybutadien* u. *terpolymerem Äthylen–Propylen* mit *Dicumylperoxid, Dibenzoylperoxid, Di-tert.-butylperoxid* u. *Dibutylperbenzoat.* L. Strauß 490

1078 **Rolle der Allylumkehr in Additionen von Thiolen an Allylhalogenide über freie Radikale.** D. N. Hall. (J. org. Chemistry **32** (1967) 7, 2082—87; Esso Res. and Engng., Comp., Linden, N.J.; engl.) — Die radikal. initiierte Addition von Alkylmercaptanen an *3-Chlorpropen* (**I**) u. *2-Methyl-3-chlorpropen* (**II**) ergibt nebeneinander *2-Chlor-* u. die erwarteten *3-Chlorpropylalkylsulfide,* welche NMR-spektroskop. untersucht wurden. Die Abhängigkeit des Verhältnisses von 2- zu 3-Chlorpropyl-Addukt vom Verhältnis der Reaktanten wird nachgewiesen. Es wird angenommen, daß die Bldg. des 2-Halogenpropyl-Isomeren bei diesen Additionen über eine β'-Eliminierung des anfänglich gebildeten Adduktradikals (Allylumkehr der Thioladdition) u. nachfolgende erneute Addition von HCl an das Allylsyst. erfolgt.

Versuche: *3-Chlor-2-methylpropylmethylsulfid,* $C_5H_{11}ClS$, Kp.$_9$ 54°; durch Rk. von 2-Methyl-3-chlorpropen (**II**) mit Methylmercaptan (**III**); 34% (Ausb.). Daneben 24% *2-Chlor-2-methylpropylmethylsulfid.* — *3-Chlorpropylmethylsulfid,* Kp.$_{760}$ 158—164°; durch Rk. von **III** mit 3-Chlorpropen (**I**); 63%. Daneben 10% *2-Chlorverbindung.* — *3-Chlor-2-methylpropyläthylsulfid,* $C_6H_{13}ClS$, aus Äthylmercaptan u. **II**. — *3-Chlorpropylthiolacetat,* Kp.$_{27}$ 101—102°; durch Rk. von Thiolessigsäure mit **I**; 65%. — *2-Chlor-2-methylpropylmethylsulfid,* $C_5H_{11}\cdot ClS$, Kp.$_{15}$ 46—47°, aus Methallylmethylsulfid beim Durchleiten von gasf. HCl in Ggw. von BF_3; 92%. — *2-Chlor-2-methylpropyläthylsulfid,* $C_6H_{13}ClS$, Kp.$_{25}$ 71—74°, analog vorst. Verbindung. — *3-Chlor-2-methylpropylphenylsulfid,* $C_{10}H_{13}ClS$, Kp.$_{0,35}$ 84—89°; durch Bestrahlen eines Gemisches von **II** u. **IV**. — *2-Brompropylphenylsulfid,* $C_9H_{11}BrS$, Kp.$_{0,35}$ 84—90°, durch Einleiten von gasf. HBr in Allylphenylsulfid; 33%. — *2-Brom-2-methylpropylmethylsulfid,* $C_5H_{11}BrS$, Kp.$_{11}$ 56—58°, a) durch Rk. von **IV** mit **I** in Ggw. von β-Methallylsulfid; 67%. Daneben *Allylphenylsulfid,* Kp.$_{11}$ 86—88°; 50%. b) Durch Einleiten von gasf. HBr in β-Methallylsulfid; 76%. — *2-Chlorpropylsulfid,* durch Hydrochlorierung von **II** u. β-Methallylsulfid; > 90%. K. Jasche 490△

1079 **Dehydratisierung von Alkoholen an Aluminiumoxid.** H. Knözinger. (Angew. Chem. **80** (1968) 19, 778 bis 792; dt.; int. Edit. **7** (1968) 10, 791—805; engl.; Phys. Chem. Inst., Univ. München.) — Übersicht. — 115 Literaturangaben. D. Schmitt 490

1080 **Zum Verhalten einiger Modifikationen des Gallium(III)-oxids und -oxidhydroxids als Katalysatoren des Isopropanolzerfalles.** Heinrich Bremer und Bernhard Bogatzki. (Z. Chem. **7** (1967) 12, 470—71; Leuna-Merseburg, TH. für Chem. „Carl Schorlemmer", Inst. für Anorgan. Chem.; dt.) — Es wird der katalyt. Einfl. von α-, β-, δ- u. ε-Ga_2O_3 auf die Dehydratisierung von Isopropanol untersucht. B. I. 490△

1081 **Kinetische Untersuchung der Reaktion von 1.1-Diphenylallen in Äthanol in Gegenwart von Na-Äthylat.** P. Beltrame, D. Pitea, A. Marzo und M. Simonetta. (J. chem. Soc. [London], Sect. B **1967,** 1, 71—75; Ist. di Chim. fis., Univ. di Milano; engl.) — Die Kinetik der Dimerisierung u. der Äthylat-Addition an 1.1-Diphenylallen im Temp.-Bereich 70—100° wird untersucht. D. Schmitt 490

1082 **NMR-Untersuchung der reversiblen Hydratation von aliphatischen Aldehyden und Ketonen. 3. Mitt. ^{17}O-Isotopenaustausch bei Aceton.** P. Greenzaid, Z. Luz und D. Samuel. (Trans. Faraday Soc. **64** (1968) 550, 2780—86; Isotope Dep., Weizmann Inst. of Sci., Rehovoth, Israel; engl.) — 2. vgl. C. **1968,** 46-0861. — Die Kinetik des säure- u. basekatalysierten ^{17}O-Austausches von Aceton in gepufferten wss. Lsg. u. zur Best. des Einfl. von Methylsubstituenten in α-Stellung z. T. von *Isopropylmethylketon* u. *Pinakolon* wird zur Best. der Hydratation-Dehydratation der CO-Gruppe untersucht. W. Sobieski 490

1083 **NMR-Untersuchung der reversiblen Hydratation von aliphatischen Aldehyden und Ketonen.** 4. Mitt. **^{17}O-Isotopenaustausch bei Cycloalkanonen.** P. Greenzaid, Z. Luz und D. Samuel. (Trans. Faraday Soc. **64** (1968) 550, 2787—93; engl.) — 3. vgl. vorst. Referat. — Die Kinetik des säure- u. basekatalysierten ^{17}O-Austausches von *Cyclobutanon, -pentanon, -hexanon* u. *-heptanon* in gepufferter wss. Lsg. sowie in verd. HCl-Lsg. wird untersucht. W. Sobieski 490

1084 **Säure-Basen-katalysierte Hydratisierung von Acetaldehyd. Puffer- und Metallionenkatalyse.** Y. Pocker und J. E. Meany. (J. physic. Chem. **71** (1967) 10, 3113—20; Dep. of Chem., Univ. of Wash., Seattle, Wash.; engl.) — Die Katalyse der reversiblen Hydratisierung von Acetaldehyd bei 0° in Ggw. von Diäthylmalonat-, Phosphat- u. Imidazolpuffern wurde spektrophotometr. untersucht u. die RG bestimmt. Der Rk.-Mechanismus wird diskutiert. A. Jochum 490

1085 **Organische Reaktionen von Metallcarbonylen.** 12. Mitt. **Oxo-Reaktion von Äthylacrylat mit Rhodiumcarbonyl.** Yoshinobu Takegami, Yoshihisa Watanabe und Hiromitsu Masada. (Bull. chem. Soc. Japan **40** (1967) 6, 1459—62; Dep. of Hydrocarbon Chem., Fac. of Engng., Kyoto Univ., Sakyo-ku, Kyoto; engl.) — 11. vgl. C. **1968,** 47-0671. — Die Hydroformylierung von Äthylacrylat in Ggw. von $HRh(CO)_n$ ($n = 3,4$) als Katalysator führt je nach Rk.-Bedingungen zu α- u. *β-Carbäthoxypropionaldehyd.* Der Einfl. der Konz. des $HRh(CO)_n$, der Rk.-Temp. u. der Partialdrucke von CO u. H_2 auf die Verteilung der beiden Aldehyde wird untersucht. M. Steidinger 490

1086 **Reaktion von Butylmagniumbromid mit Ketonen.** Yoshiro Yasuda, Nariyoshi Kawabata und Teiji Tsuruta. (J. org. Chemistry **32** (1967) 6, 1720—23; Dep. of synthetic Chem., Fac. of Engng., Univ. of Tokyo, Bunkyo-ku, Tokyo, Japan; engl.) — Durch Zugabe von n-Butyl-MgBr (**IV**) in Ae. zu Aceton (**V**) in Ae. werden *n-Butan* (**I**), *n-Butyldimethylcarbinol* (**II**) u. geringe Mengen an *n-Octan* gebildet. Aus den angegebenen Verhältnissen für **I** u. **II** bzw. **I** u. *n-Butylmethyläthylcarbinol* (**III**) aus der Rk. von **IV** u. **V** bzw. Methyläthylketon (**VI**) bei 20° bzw. —30° erkennt man, daß die Ausb. an Carbinolen mit abnehmender **IV**-Konz. abfällt u. daß niedrige Temp. die Bldg. von **I** begünstigen. — Wird umgekehrt **V** zu **IV** gegeben, so entstehen neben **I** u. **II** größere Mengen an n-Octan. Zugabe von Methanol oder Essigsäure zu **IV** in Ae. liefert 57 bzw. 45% n-Octan. Das Verhältnis der Carbinole (Grignard-Reagens zu **V**/**VI** in Ae.) ist proportional dem Verhältnis der Mengen an Ketonen. Es besteht eine lineare Abhängigkeit zwischen der relativen Reaktivität der Methylalkylketone (**V, VI,** Alkyl = n-C_3H_7, iso-C_3H_7) in Ae. bzw. THF u. der Geschw.-Konst. der Michael-Rk. von Laurylmercaptan u. Methyl-α-alkylacrylat (in A.). Der ster. Effekt der Alkylgruppe der Ketone ist ein Faktor, welcher die relative Reaktivität der Ketone mit Grignard-Reagens bestimmt. I. Jaehn 490

1087 **Reaktion von Vinylmagnesiumchlorid mit sterisch gehinderten Ketonen.** S. Watanabe, K. Suga, Y. Suematsu und T. Suzuki. (Austral. J. Chem. **21** (1968) 2, 531—36; Yayoicho, Chiba, Japan, Chiba Univ., Dep. of Appl. Chem., Fac. of Engng.; engl.) — Es werden die Rk. von *Campher* (**I**), *(—)-Menthon* (**II**) u. *3.3.5-Trimethylcyclohexanon* (**III**) mit Vinylmagnesiumchlorid (**IV**) untersucht. Die Zus. der Rk.-Gemische wird gaschromatograph., die Konstit. u. Konfig. der gebildeten Alkohole IR- u. NMR-spektroskop. bestimmt. Die Bldg. der Hauptprod. (s. Vers.-Teil) spricht für eine stereoselektive Addition von **IV** an die ster. gehinderten Ketone.

Versuche: *2-exo-Hydroxy-2-vinylbornan,* $C_{12}H_{20}\cdot O$, Kp.$_6$ 90—91°, durch Rk. von 83 g **I** mit **IV** in THF bei 5—10°; 2 g (Ausb.); daneben *2-endo-Hydroxy-2-vinylbornan* [$C_{12}H_{20}O$; 0,2 g. (80%ig. rein)], *Isoborneol* u.

Borneol. — Analog *trans-3-Hydroxy-cis-3-vinyl-p-menthan* (**V**), $C_{12}H_{22}O$, Kp.$_8$ 92°, aus 38,5 g **II** u. **IV**; 25 g; daneben *cis-3-Hydroxy-trans-3-vinyl-p-menthan*, $C_{12}H_{22}O$. — *3.3-trans-5-Trimethyl-1-vinylcyclohexanol*, $C_{11}H_{20}O$, F. 66° (Bzl.), aus 25 g **III** u. **IV**; 5 g. — *cis-3-Äthyl-trans-3-hydroxy-p-menthan*, Kp.$_4$ 89°, durch Hydrieren von **V** in CH_3OH bei 50° in Ggw. von Pd/Kohle. G. O. Jäger 490△

1088 **Nachweis einiger Formiminoester und Messung ihrer Bildungsgeschwindigkeiten mit Hilfe der NMR.** Jay Nematollahi und L. Dallas Tuck. (J. pharmac. Sci. **56** (1967) 6, 684—87; San Francisco, Calif., Univ. of Calif., San Francisco Medical Center; engl.) — Formiminoester werden als Zwischenprod. bei Synth. von Formamidinen u. verschiedener heterocycl. Verb. vermutet. *Methyl-, Äthyl-* u. *Isopropylformiminoester* können durch Einw. von HCN auf die entsprechenden Alkohole in Ggw. von HCl dargestellt werden. Der Ablauf der Rk. wird bei Temp. von —25 bis 0° NMR-spektroskop. verfolgt. B. I. 491△

1089 **Sekundärer Deuteriumisotopeneffekt bei einer cyclischen Allylumlagerung.** Kirk D. Mc. Michael. (J. Amer. chem. Soc. **89** (1967) 12, 2943—47; Dep. of Chem., Washington State Univ., Pullman, Wash.; engl.) — Kinet. Daten u. Deuterium-Isotopeneffekte wurden für die Allylumlagerung von *Thionbenzoesäureallylester* in *Thiobenzoesäureallylester* ermittelt. J. Eliassaf 492

1090 **Heterocyclische Umlagerungen.** 8. Mitt. **Intramolekulare Sauerstoffwanderung in Chlorfurazanobenzofuroxanen.** A. J. Boulton, A. C. Gripper Gray und A. R. Katritzky. (J. chem. Soc. [London], Sect. B **1967**, 9, 909—11; School of Chem. Sci., Univ. of East Anglia, Norwich; engl.) — 6. vgl. ibid. **1966**, 10, 1011; 5. vgl. C. **1968**, 8-1029. — *6-* (**I**) u. *7-Chlor-4.5-furazanobenzofuroxan* (**II**) existieren bei Raumtemp. als Gemisch zweier tautomerer Formen, wie aus NMR-spektroskop. Unters. hervorgeht. Vers., durch therm. Behandlung die beiden Isomeren ineinander umzuwandeln, blieben ergebnislos.

Versuche: *5.6-Dichlorbenzofuroxan* (**III**), F. 130 bis 131° (Methanol), aus 4.5-Dichlor-2-nitroanilin. Nitrosylschwefelsäure u. NaN_3, über das Azid 91% (Ausb.)], u. Kochen des Azids in Essigsäure; 64%. → *5.6-Dichlorbenzofurazan* (**IV**), $C_6H_2Cl_2N_2O$, F. 86—87° (A.), aus **III** in Methanol/Trimethylphosphit; 69%. — *5.6-Dichlor-4-nitrobenzofurazan* (**V**), $C_6HCl_2N_3O_3$, F. 77—78° (A.), durch Nitrierung von **IV**; 60%. — *5-Azido-6-chlor-4-nitrobenzofurazan* (**VI**), $C_6HClN_6O_3$, F. 97—98° (Zers., CH_2Cl_2), aus vorst. Verb. u. NaN_3; 68%. — *7-Chlor-4.5-furazanobenzofuroxan* (**II**), $C_6HClN_4O_3$, F. 92—93° (A., Subl.), Erhitzen von **V** in wss. Diglyme mit NaN_3 auf 80°; 78%. — *3.6-Dichlor-2-nitroanilin*, F. 66—67° (A./W.), durch Nitrierung von 2.5-Dichloracetanilid u. Hydrolyse; 11%. — *1-Azido-3.6-dichlor-2-nitrobenzol*, $C_6H_2Cl_2N_4O_2$, F. 51—52° (A.), aus vorst. Verb. analog **VI**. — *4.7-Dichlorbenzofuroxan* (**VII**), F. 97—98° (A.). a) Erhitzen von vorst. Verb. in Dekalin; b) Ox. von **III** mit Phenyljodosodiacetat in Bzl.; 7%. Daneben: *2.2'-Dinitro-3.3'.6.6'-tetrachlorazobenzol* (?), $C_{12}H_4Cl_4N_4O_4$, F. 224—225° (Methylacetat), 13%. — *4.7-Dichlorbenzofurazan*, $C_6H_2Cl_2N_2O$, F. 62—63° (Cyclohexan), durch Red. von **VII** mit Trimethylphosphit/CH_3OH, Nadeln; 85%. — *4.6-Dichlorbenzofuroxan*, $C_6H_2Cl_2N_2O_2$, F. 107 bis 108° (A.), Diazotieren des 2.4-Dichlor-6-nitroanilins u. Umsetzung mit NaN_3, Zers. des Azids durch sd. Essigsäure; 84%. — *4.6-Dichlorbenzofurazan*, $C_6H_2Cl_2N_2O_2$, F. 52—53°, Abtrennen mit PAe. nach der Phosphit-Red. von vorst. Verb.; 55%. — *4.6-Dichlor-7-nitrobenzofurazan*, $C_6HCl_2N_3O_3$, F. 88—89° (PAe.), durch Nitrierung vorst. Verb. **XIII**; 76%. — *6-Chlor-4.5-furazano-benzofuran* (**I**), $C_6HClN_4O_3$, F. 87—88° (Subl., A.), durch Rk. vorst. Verb. mit NaN_3; 51%. K. Jasche 492△

1091 **Heterocyclische Umlagerung.** 9. Mitt. **Alkylierung von Benzofuroxanen unter Bildung von 1-Hydroxybenzimidazol-3-oxiden.** A. J. Boulton, A. C. Gripper Gray und A. R. Katritzky. (J. chem. Soc. [London], Sect. B **1967**, 9, 911—14; engl.) — 8. vgl. vorst. Referat. — Die Alkylierung von Benzofuroxan (**I**), 4-Methyl- (**II**) u. 5.6-Dichlorbenzofuroxan (**III**) durch Methyl- (**IV**) u. Benzyltrifluormethansulfonat (**V**) unter Bldg. von entsprechenden Salzen der 1-Hydroxybenzimidazol-3-oxide (**A**) wird untersucht. **V** wird dabei in situ aus dem **I**-Ag-Salz u. Benzylchlorid erzeugt. Die gebildeten salzartigen 1:1-Addukte werden mit W. zu den **A** zersetzt. Die Struktur der dargestellten Verb. wird ^1H-NMR- u. UV-spektroskop. bewiesen.

Versuche: *1.3-Dihydroxybenzimidazoliumtrifluormethansulfonat* (**VI**), $C_8H_7F_3N_2O_5S$, F. 73—74° ($CHCl_3$), aus **I** u. **IV** 35% (Ausb.). — *1-Hydroxybenzimidazol-3-oxid*, $C_7H_6N_2O_2$, F. 206° (W.), durch Umkrist. von **VI** aus W.; ~100%. — *1-Hydroxy-4-methylbenzimidazol-3-oxid*, $C_8H_8N_2O_2$, F. 110—112° (W.), durch Rk. von **II** mit **IV**; 27%. — *5.6-Dichlor-1.3-dihydroxybenzimidazoliumtrifluormethansulfonat*, $C_8H_5Cl_2F_3N_2O_5S$, F. 179—180° ($CHCl_3$), aus **III** u. **IV**; 17%. — *1-Hydroxy-2-phenylbenzimidazol-3-oxid*, $C_{13}H_{10}N_2O_2$, F. 211—212°, aus dem Ag-Salz von **IV**, **I** u. Benzylbromid; 9% (Rohprod.). — *1-Hydroxy-2-methylbenzimidazol-3-oxid*, $C_8H_8N_2O_2 \cdot {}^1/_2 H_2O$, F. 199—200° (Zers.), aus o-Benzochinondioxim in A./Acetaldehyd mit HCl (Hydrochlorid, F. 216—220°). K. Jasche 492△

1092 **1.3-Acylwanderung in ungesättigten Triadensystem (allylähnlich) Umlagerungen von N-(2.4-Dinitrophenyl)-benzimidoylbenzoaten.** David Y. Curtin und Larry L. Miller. (J. Amer. chem. Soc. **89** (1967) 3, 637—45; Dep. of Chem., Univ. of Ill., Urbana, Ill.; engl.) — Untersucht wurden die Kinetik, die Aktivierungsparameter u. der Substituenteneinfl. auf die Acylumlagerung der Isoimide *N-(2.4-Dinitrophenyl)-benzimidoylbenzoat* (F. 90°), *-4-methoxybenzoat* (F. 142—143,5°), *-4-brombenzoat* (F. 128—132°) u. *4-nitrobenzoat* (F. 198 bis 199,5°) in die Imide *N-[2.4-Dinitrophenyl)-dibenzoylimid* (F. 173,5—174,5°), *-benzoyl-4-methoxybenzoylimid* (F. 171,5—173°), *-benzoyl-4-brombenzoylimid* (F. 166—167°) u. *-benzoyl-4-nitrobenzoylimid* (F. 198—199,5°). Für ster. Betrachtungen wurden *N-(2.4-Dinitrophenyl)-4-methoxybenzimidoylchlorid* (F. 109—116°), -di-(4-methoxybenzoyl)-imid (F. 158—160°) u. *-4-methoxybenzimidoyl-4-methoxybenzoat* (F. 102—105°) dargestellt. Für analoge Syst. sind Literaturstellen angegeben. L. Strauß 492

1093 **Basenkatalysierte Isomerisierung von bicyclischen Olefinen.** Shelton Bank, Charles A. Rowe jun., A. Schriesheim und L. A. Naslund. (J. Amer. chem. Soc. **89** (1967) 26, 6897—6904; Dep. of Chem., State Univ. of N.Y., Albany, N.Y.; engl.) — Bestimmt werden RGK (bei 55°), Aktivierungsenthalpien u. -entropien für die Isomerisierung von *2-Methylenbicyclo-[2.2.1]-heptan* (**I**; Kp.$_{755}$ 123—125°, *-[2.2.2]-octan* (**II**) u. *β-Pinen* (*β*-**III**) unter Verw. von K-tert.-Butylat in DMSO sowie die RGK für die endo-exo- u. exo-endo-Rk. nachst. Isomerer: **I** ⇌ *2-Methylbicyclo-[2.2.1]-hepten-(2)* (Kp.$_{760}$ 118°), **II** ⇌ *3 Methylbicyclo-[2.2.2]-octen-(2)*, *β*-**III** ⇌ *α*-**III**, *Methylencyclobutan* ⇌ *1-Methylcyclobuten*, *Methylencyclopentan* ⇌ *1-Methylcyclopenten*, *Methylencyclohexan* ⇌ *1-Methylcyclohexen*, *Methylencycloheptan* ⇌ *1-Methylcyclohepten* u. *Methylencyclooctan* ⇌ *1-Methylcyclooctem*. Ferner sind angegeben für alle genannten Verb. die Spannungsmittel, -energien u. Torsionswinkel u. -energien. I. Jaehn 492

1094 **Thermische Isomerisierung von polykristallinem exo- und endo-Δ^5-Norbornendicarbonsäure-(2.3)-anhydrid.** Richard E. Pincock, Keith R. Wilson und Thomas E. Kiovsky. (J. Amer. chem. Soc. **89** (1967) 26, 6890 bis 6897; Dep. of Chem., Univ. of Brit. Columbia, Vancouver, B.C., Canada; engl.) — Bestimmt werden die RGK für die Isomerisierung der Titelverb. (**I**, endo-**I**, F. 164°, exo-**I**, F. 143°) in geschmolzenem bzw. unterkühltem fl. bzw. festem Zustand. Angegeben sind u. a. das Phasendiagramm u. Entropie u. Enthalpie der Phasenumwandlungen. Die unterhalb der eutekt. Temp. (109°) stattfindenden Umwandlungen beweisen, daß Festphasen-Rk. stattfinden. I. Jaehn 492

1095 **Isomerisationsveresterung von Crotonylchlorid zu Vinylessigsäureester.** 2. Mitt. **Einflüsse des Amins, Alkohols, Lösungsmittels und der Reaktionstemperatur.** Toshitsugu Ozeki und Masakatsu Kusaka. (Bull. chem. Soc. Japan **40** (1967) 5, 1232—39; Daikyo-cho,

Yokkaichi, Mie, Daikyowa Petrochem. Co., Yokkaichi Labor.; engl.) — Crotonylchlorid reagiert mit Alkoholen in Ggw. von Aminen unter Doppelbindungsverschiebung zu Vinylessigsäureestern. Der Einfl. folgender Amine wird untersucht: Tributyl-, Triäthyl-, Dimethylcyclohexyl-, Dimethylbenzyl-, Triallyl-, Tribenzylamin, N-Methylpyrrolidin, N-Methyl-, N-Äthylpiperidin, 2.4.6-Collidin, N-Methyl-, N-Äthylmorpholin, N.N-Dimethyl-, N.N-Diäthyl-o- u. -p-toluidin, 2.6-Lutidin, Py., Dimethylanilin u. Chinolin. In Ggw. von Aminen mit $p_K \sim 10$ beträgt die Ausb. an *Äthylvinylacetat* ca. 90%. Bei $p_K < 7{,}2$ entsteht als Hauptprod. *Äthyl-trans-crotonat*. In Ggw. von Aminen mit kleinem p_K-Wert entstehen Gemische beider Verbindungen. *Äthyl-cis-crotonat* wird nur wenig gebildet. Die Bldg. der Vinylacetate bei Rk. mit Alkoholen nimmt in der Reihe $CH_3OH < C_2H_5OH <$ iso-$C_4H_9OH <$ iso-$C_3H_7OH <$ tert.-C_4H_9OH zu. Mit steigender Rk.-Temp. wird die Bldg. von Crotonaten begünstigt. B. I. 492△

1096 **Start der Kettenreaktion bei der Pyrolyse von Isobutan.** R. S. Konar, J. H. Purnell und C. P. Quinn. (J. chem. Soc. [London], Sect. A **1967**, 10, 1543—45; Dep. of Phys. Chem., Cambridge; engl.) — Die Kinetik wird untersucht. D. Schmitt 493

1097 **Thermische Zersetzung von Di-tert.-butylperoxid bei hohem Druck.** D. H. Shaw und H. O. Pritchard. (Canad. J. Chem. **46** (1968) 16, 2721—24; Centre for Res. in Exper. Space Sci., York Univ., Toronto, Ontario; engl.) — Die Kinetik der Rk. in Ggw. von CO_2 im Druckbereich 0,05—15 atm u. Temp.-Bereich 90—130° wird untersucht, die Arrhenius-Parameter sind angegeben. D. Schmitt 493

1098 **Siliciumorganische Verbindungen.** 45. Mitt. **Pyrolyse von Trialkylsilanen.** F. Mareš und V. Chalovský. (J. organometallic Chem. [Amsterdam] **6** (1966) 327—35; Prague, Czechoslovak Acad. of Sci., Inst. for Chem. Process Fundamentals; engl.) — 44. vgl. C. **1968,** 4-0575. — Es wird die Kinetik der Gasphasenpyrolyse von *Tripropyl-, Triisobutyl-, Triäthyl-* u. *Methyldiäthylsilan* im Strömungsrohr untersucht. Prod.-Ausb. sind tabelliert. G. O. Jäger 493△

1099 **ω-Diazofettsäureester.** 2. Mitt. **Eigenzerfall, katalytischer und photolytischer Zerfall der ω-Diazofettsäureester.** S. Hauptmann und K. Hirschberg. (J. prakt. Chem. [4] **34,** 55—63, 1966; Leipzig, Karl-Marx-Univ., Inst. für Organ. Chem.; dt.) — 1. vgl. C. **1965,** 10-0909; 3. vgl. C. **1969,** 6-1197. — Untersucht wurde die Kinetik des Zerfalls von *ω-Diazo-propionsäure, -buttersäure, -valeriansäure* u. *-capronsäure*. Dabei entstehen je nach Zerfall hauptsächlich Polyester, ω-Hydroxyfettsäureester, ω-Methoxyfettsäureester, ungesätt. Carbonsäureester mit endständiger Doppelbindung, Azine von ω-Formylfettsäureestern u. Dicarbonsäureester mit mittelständiger Doppelbindung. Prod.-Analysen sind tabelliert. G. O. Jäger 493△

1100 **Veränderung des Induktionsfaktors bei der mit der Oxydation gekoppelten Decarboxylierung von Dicarbonsäuren der Fettreihe.** N. I. Mickevič und V. E. Agabekov. (Doklady Akad. Nauk Beloruss. SSR **12** (1968) 1, 58—60; Inst. fiz.-organ. chimii AN Beloruss. SSR; russ.) — Vf. untersuchen zwischen 140 u. 170° die Änderung des Induktionsfaktors (der das Verhältnis von ausgeschiedenem CO_2 zum aufgenommenen O_2 wiedergibt) in Abhängigkeit von der Länge der C-Kette an nachst. Säuren: *Adipin-, Pimelin-, Azelain-* u. *Sebacinsäure*. C. Kozák 493△

1101 **Bleitetraacetat-Reaktion an starren Glykolsystemen.** 1. Mitt. **Über glykolspaltende Reagenzien.** H. Möhrle. (Arch. Pharmaz. **299** (1966) **3,** 225—30; Pharmazeutisch-chem. Inst., Univ. Tübingen; dt.) — Vgl. C. **1963,** 8563; 2. vgl. C. **1967,** 58-0238. — Die Pb(IV)-Acetat- u. Perjodatox. der Sabadillaalkamine *Cevin* u. *Veracevin* wurde durch titrimetr. u. UV-spektroskop. Verfolgung des Rk.-Ablaufs untersucht. G. O. Jäger 493△

1102 **Mercaptan-Disulfid-Austauschreaktionen.** 6. Mitt. **Gleichgewichtskonstanten für die Reaktion von Glutathion mit Cystin und deren relative Redox-Potentiale.** George Gorin und Gavin Doughty. (Arch. Biochem. Biophysics **126** (1968) 2, 547—51; Chem. Dep., Okla. State Univ. Stillwater, Okla; engl.) — 5. vgl. J. chem. Soc. [London] Sect. B. **1967,** 7, 729; 4. vgl. C. **1967,** 26-0995. — Zur Best. der Gleichgew.-Konst. u. der sog. Mercaptan-Disulfid-Redox-Potentiale von Glutathion (**I**) bez. *Cystein* (**II**)/Cystin (**III**) werden Gleichgew.-Mischungen mit den Komponenten **II, III, I** u. dessen *Disulfid* chromatograph. getrennt. Dabei wird das Disulfid aus **II** u. **I** zusätzlich identifiziert. H.-J. Kuhn 494

1103 **Produkte aus der Verbrennung von Sprengstoffen. Einfrieren der Wassergasreaktion.** Richard R. Bernecker und Louis C. Smith. (J. physic. Chem. **71** (1967) 8, 2381—90; Univ. of Calif., LASL., Los Alamos, N.Mex.; engl.) — Es wurden die Verbrennungsprod. von *Cyclotrimethylentrinitramin* (**I**), *β-Cyclotetramethylentetranitramin, Pentaerythrittetranitrat, 2.4.6-Trinitrotoluol* (**II**) u. der Mischung aus 60% **I** + 40% **II** bei der Verbrennung der Sprengstoffe unter He im Anfangsdruckbereich 1—120 atm untersucht u. die Kinetik u. der Mechanismus der Rk. bestimmt u. diskutiert. D. Schmitt 494

1104 **Reaktionen von Nucleinsäuren und ihren Komponenten.** 6. Mitt. **Reaktionen von Formaldehyd mit Cytosin, Cytidin und Desoxycytidin.** S. Lewin und D. A. Humphreys. (J. chem. Soc. [London], Sect. B **1967,** 6, 562—65; Phys.-Biochem. Labor., South-West Essex Techn. Coll., London; engl.) — 5. vgl. ibid. **1966,** 6, 478; 3. vgl. C. **1967,** 38-1005. — Für die Rk. werden freie Energie, Rk.-Wärmen u. Entropie-Werte sowie die Gleichgew.-Konst. bestimmt. R. Junge 494

1105 **Strahlungspolymerisation in fester Phase.** 19. Mitt. **Polymerisation von Zweikomponentensystemen.** Gyula Hardy, József Varga, Gábor Nagy, Eszter Varga und László Sára. (Magyar kém. Folyóirat [Ung. Z. Chem.] **73** (1967) 1, 43—47; Budapest, Műszaki Egyetem Műanyagés Gumiipari Tanszéke; ung.) — 18. vgl. C. **1967,** 57-0427. — Die Wrkg. von *Benzochinon* auf die Polymerisation von *Acrylamid* u. *3.3-Bis-[chlormethyl]-oxetan* in fester Phase sowie die Polymerisation von *Trioxan* in fester Phase in Ggw. von *Succinimid* u. *Naphthalin* wurden untersucht. T. Wein 498△

1106 **γ-Radiolyse von an γ-Aluminiumoxid adsorbiertem Methan bei 77 °K.** T. Swan. (Nature [London] **218** (1968) 5144, 868—69; Res. and Dev. Dep., Entral Electr. Generating Board, Berkeley Nucl. Labor., Berkeley, Gloucestershire; engl.) D. Schmitt 498

1107 **Rolle des O^- bei der Gasphasenradiolyse von Alkan-N_2O-Gemischen.** J. M. Warman. (Nature [London] **213** (1967) 5074, 381—82; Rad. Res. Labor., Mellon Inst., Pittsburgh, Pa., USA; engl.) — Alkan = Propan. K. Jasche 498△

1108 **Messung der Geschwindigkeitsparameter der Reaktion von $O(2^3P)$ mit CS_2 und Olefinen durch Blitzspektroskopie.** A. B. Callear und I. W. M. Smith. (Nature [London] **213** (1967) 5074, 382—83; Dep. of Phys.-Chem., Univ. of Cambridge; engl.) — Isobuten u. Buten-(1). K. Jasche 498△

1109 **Radiolyse von binären Mischungen.** 2. Mitt. **Wirkung der Temperatur auf die Radiolysenausbeute von Methanol in Benzol.** A. Ekstrom und J. L. Garnett. (J. chem. Soc. [London], Sect. A **1968,** 10, 2408—12; School of Chem., Univ. of New South Wales, Kensington, N.S.W.; engl.) — 1. vgl. C. **1968,** 29-1067. D. Schmitt 498

1110 **Radiolyse von binären Mischungen.** 3. Mitt. **Isotopeneffekte in methanolischen Lösungen von deuteriertem Benzol und deuteriertem Naphthalin.** A. Ekstrom und J. L. Garnett. (J. chem. Soc. [London], Sect. A **1968,** 10, 2412—15; engl.) — 2. vgl. vorst. Referat. — Neben dem Titeleffekt werden die Ausb. an D_2, HD u. CH_3D bez. der deuterierten Aromaten bestimmt u. bez. der H-Atom-Abzugrk. diskutiert. D. Schmitt 498

1111 **Radiolyse von binären Mischungen.** 4. Mitt. **Wirkung von polycyclischen aromatischen Zusätzen zu Methanol.** A. Ekstrom und J. L. Garnett. (J. chem. Soc. [London], Sect. A **1968,** 10, 2416—18; engl.) — 3. vgl. vorst. Referat. — Der Einfl. von zugesetztem *o-Terphenyl, Naphthalin, Pyren, Biphenyl, Azulen, Bzl.* u. *Phenanthren* auf die Radiolyseausb. von Methanol wird untersucht u. bez. des Einfangs von Elektronen u. freien Radikalen in den Lsg. u. der Zers. der Zusätze diskutiert. D. Schmitt 498

1112 **Kinetik von Abfangreaktionen bei der Radiolyse von Cyclohexan-Lösungen.** 1. Mitt. **Reines Cyclohexan.** Inder Mani und Robert J. Hanrahan. (J. Physic. Chem. **70,** 2233–40, 1966; Dep. of Chem., Univ. of Fla., Gainesville, Fla.; engl.) — Die Kinetik der konkurrierenden Rk. von HJ u. J_2 mit freien Radikalen aus γ-bestrahltem fl. Cyclohexan wird untersucht. J. Eliassaf 498

1113 **Durch γ-Strahlung induzierte cis-trans-Isomerisierung von Stilbenen in flüssigem Naphthalin.** O. G. Malan, H. Güsten und D. Schulte-Frohlinde. (J. physic. Chem. **72** (1968) 5, 1457–61; Inst. für Strahlenchem., Kernforsch. Zentrum Karlsruhe; engl.) — Untersucht wurde die Kinetik der ^{60}Co-γ-induzierten Isomerisierung von *4-Nitro-4'-methoxystilben* in geschmolzenem Naphthalin in Abhängigkeit von Dosis, Konz. u. Zusätzen. D. Schmitt 498

1114 **Photochemie aromatischer Halogenderivate.** 7. Mitt. **Photolyse einiger Dihalogenderivate des Benzols.** Antoni Basiński und Elżbieta Latowska. (Roczniki Chem. [Ann. Soc. chim. Polonorum] **40,** 1747–51, 1966; Copernicus Univ., Toruń; engl.) — 6. vgl. C. **1966,** 20-0825. — Vf. untersuchen die Photolyse von *o-Dichlor-, m-Dichlor-, p-Dichlor-, Chlor-* (**I**), *Brom-, o-Chlorbrom-, m-Chlorbrom-* u. *p-Chlorbrombenzol* in A. oder Methanol. Die Quantenausb. bez. der Bldg. von Halogenidionen u. d. Bldg. von I sind angegeben. U. Feist 498

1115 **Photochemie von Nitrosoverbindungen in Lösung.** 5. Mitt. **Photolyse von N-Nitrosodialkylaminen.** Y. L. Chow. (Canad. J. Chem. **45** (1967) 1, 53–62; Burnaby, British Columbia, Simon Fraser Univ., Dep. of Chem.; engl.) — 4. vgl. J. Amer. chim. Soc. **87** (1965) 4642; 6. vgl. C. **1969,** 3-1238. — Die photolyt. Zers.-Prod. von *N-Nitrosodi-n-butylamin, -dicyclohexylamin, -N-methylcyclohexylamin, -piperidin, -pyrrolidin, -3-azabicyclo-[3.2.2]-nonan, -2-äthylpiperidin* u. *-N-methylanilin* in Ggw. von Säuren werden untersucht. Als prim. Photolyseprod. entsteht NOH u. das entsprechende Alkylideniinin, das unter Rekombination zu Amidoximen führt. Ein Rk.-Mechanismus für die verschiedenen Rk. wird vorgeschlagen. Die Rk.-Prod. werden IR- u. NMR-spektroskop. identifiziert.

Versuche: N-Nitrosodialkylamine, durch Nitrosierung der Amine mit $NaNO_2$/HCl: *-dibutylamin,* $Kp._{13}$ 112–114°. — *N-methylcyclohexylamin,* $Kp._{15}$ 123°. *-piperidin,* $Kp._{24}$ 109°. *-pyrrolidin,* $Kp._{15}$ 99–100°. *-N-methylanilin,* $Kp._{14}$ 114°. *-2-äthylpiperidin,* $Kp._{16}$ 117°. *-dicyclohexylamin,* F. 102–104°. *-trans-decahydrochinolin,* F. 32–33°. *-3-azabicyclo-[3.2.2]-nonan,* $C_8H_{14}\cdot N_2O$. — *N-n-Butylbutyramidoxim,* $C_8H_{18}N_2O$, $Kp._{12}$ 158–162°, durch Photolyse des Nitrosamins; daneben *Di-n-butylamin,* $Kp._{12}$ 155–165°. *Thiophenylharnstoff,* F. 84–85°. — *Cyclohexanon-2.4-dintrophenylhydrazon.* F. 160–161°, durch Photolyse des Nitrosamins u. Einw. von 2.4-Dinitrophenylhydrazin; daneben *Cyclohexylamin* u. *Dicyclohexylamin,* $Kp._{13}$ 155–165°. *Toluolsulfonamid,* F. 116–118°. — *2-Piperidonoxim,* $C_5H_{10}N_2O$, F. 121 bis 123°, durch Photolyse von N-Nitrosopiperidin. *Hydrochlorid,* $C_5H_{11}ClN_2O$, F. 222–225°; daneben *Isotripiperidein,* F. 95–96°. — *2-Pyrrolidonoxim,* $C_4H_8N_2O$, F. 154 bis 155°, durch Photolyse von N-Nitrosopyrrolidin. *Hydrochlorid,* F. 201–203°. — *2-Oximino-3-azabicyclo-[3.2.2]-nonan,* $C_8H_{14}N_2O$, F. 156–157°, durch Photolyse der Nitrosoverbindung. *Hydrochlorid,* F. 230–240°. B. I. 398△

1116 **Untersuchung der Photooxydation einfacher N-Alkylaniline durch Blitzphotolyse.** J. F. Mc Kellar. (Photochem. and Photobiol. **6** (1967) 4, 287–99; Blackley, Manchester, Imperial Chem. Ind. Ltd.; engl.) — Die Blitzlicht-initiierte Photoox. von *Anilin, N.N-Dimethyl-, N-Äthyl-N-methyl-, N.N-Diäthyl-, N-Methyl-* u. *N-Äthylanilin* in wss. Lsg. werden mittels kinet. Spektroskopie untersucht. Bei der Ox. der tert. bzw. sek. Amine werden zwei bzw. eine Zwischenstufe spektroskop. nachgewiesen. Die Kinetik der Bldg. u. des Zerfalls dieser Zwischenstufen werden detailliert untersucht. Beim Belichten der Aniline in Luft-gesätt. Lsg. wird die Bldg. stark gefärbter Prod. beobachtet. G. O. Jäger 498△

1117 **Strahlungsinduzierte ionische Polymerisierung von Cyclohexen-1.2-oxid.** Dante Cordischi, Aldo Mele und Roberto Rufo. (Trans. Faraday Soc. **64** (1968) 550, 2794–2801; Labor. di Chim. delle Radiar. e Chim. Nucl. del C.N.E.N., Ist. di Chim. Gen. e Inorgan., Univ. di Roma; engl.) — Die Polymerisierung wurde in Ggw. u. Abwesenheit von W., NH_3, u. bei verschiedenen Dosisleistungen einer ^{60}Co-γ-Strahlenquelle untersucht u. der Mechanismus diskutiert. W. Sobieski 498

1118 **Primärprozesse bei der Hg-sensibilisierten Zersetzung von Dimethyläther bei 2537 Å.** R. Payette, M. Bertrand und Y. Rousseau. (Canad. J. Chem. **46** (1968) 16, 2693–97; Dep. de Chim., Univ. de Montréal, Quebec; engl.) — Druck- u. Lichtintensitätseffekte auf die Prod.-Ausb. bei der Photolyse bei Raumtemp. im Druckbereich 10–200 Torr werden untersucht. D. Schmitt 498

1119 **Tautomerie und geometrische Isomerie in Arylazophenolen und -naphtholen.** 3. Mitt. **Orthohydroxy-Derivate und ihre reversiblen photochemischen Reaktionen.** Gavriella Gabor, Yael Frei, Dina Gegiou, M. Kaganowitch und E. Fischer. (Israel J. Chem. **5** (1967) 5, 193–211; Dep. of Chem. Weizmann Inst. of Sci., Rehovoth; engl.) — 2. vgl. C. **1964,** 14-0741. — Untersucht werden Absorptions- (250–600 nm) u. NMR-Spektren u. photochem. Rk. von Lsg. folgender Verb. bei verschiedenen Temp. u. in verschiedenen Lsgm.: *o-Hydroxy-* (**III**) bzw. *o-Methoxyazobenzol, m-Hydroxy-* bzw. *m-Methoxyazobenzol, 2-Hydroxy-* (**I**) bzw. *2-Methoxy-1-phenylazonaphthalin, 1-Hydroxy-* bzw. *1-Methoxy-2-phenylazonaphthalin, 3-Hydroxy-* bzw. *3-Methoxy-2-phenylazonaphthalin, 2-Hydroxy-* bzw. *2-Methoxy-3-phenylazonaphthalin, 4-Hydroxy-* (**II**) bzw. *4-Methoxy-1-phenylazonaphthalin, o-Hydroxy-o'-Methoxy-* (bzw. *Hydroxy*)*-azobenzol, N-Phenylnaphthochinon-[(1.4)-monoimin, N.N'-Diphenylnaphthochinon-(1.4)-diimin, Naphthochinon-(1.2)-2-monodiphenylhydrazon.* I. Jachn 408

1120 **γ-Radiolyse von Cystin in wäßriger Lösung. Wirkung der Dosisleistung und ein vorgeschlagener Mechanismus.** John W. Purdie. (J. Amer. chem. Soc. **89** (1967) 2, 226–30; Defence Chem., Biol. and Radiation Labor., Defence Res. Board, Ottawa, Canada; engl.) — Die ^{60}Co-γ-Radiolyse (10000 rads) von wss. $3\cdot10^{-4}$ m L-Cystin-Lsg. wird untersucht. D. Schmitt 498

1121 **Kalorimetrische Bestimmung der Quantenausbeute für die Ionisation von Malachitgrüncyanid durch Ultraviolettbestrahlung.** G. J. Fisher, J. C. LeBlanc und H. E. Johns. (Photochem. and Photobiol. **6** (1967) 10, 757–67; Toronto, Canada, Univ., Dep. of Med. Biophys.; engl.) G. O. Jäger 498△

C. Präparative organische Chemie, Naturstoffe

1122 **Phosphorylierung.** Teruaki Mukaiyama und Oyo Mitsunobu. (J. synth. org. Chem., Japan **25** (1967) 4, 289–97; Tokyo Inst. of Technol., Labor. of Organic Chem., Japan; jap.) — Übersicht. — Vf. berichten über Rk. u. Bedeutung (u. a. für Nucleinsäuresynth.) von Mono- u. Diestern der Ortho- u. Pyrophosphorsäure sowie der Morpholinodichlorphosphinsäure. — 44 Literaturangaben. G. Westphal 510△

1123 **Asymmetrische Synthesen.** H. Pracejus. (Fortschr. chem. Forsch. 8 (1967) 4, 493–553; Dt. Akad. d. Wiss. zu Berlin, Inst. für Organ. Katalyseforsch.,

Rostock; dt.) — Übersicht über nichtkatalyt. externe asymm. Synth., katalyt. asymm. Synth., Asymmetrie-Transfer-Prozesse u. abs. asymm. Synthesen. — 345 Literaturangaben. W. Hampel 510△

1124 **Umlagerungen von Homoallyl-, Cyclopropylmethyl- und Cyclobutyl-Verbindungen.** M. Hanack und H.-J. Schneider. (Fortschr. chem. Forsch. 8 (1967) 4, 554—607; Chem. Inst., Univ., Tübingen; dt.) — Übersicht. — 235 Literaturangaben. W. Hampel 510△

1125 **Massenspektrometrisches Verhalten quartärer Stickstoffverbindungen.** M. Hesse. (Fortschr. chem. Forsch. 8 (1967) 4, 608—51; Organ.-Chem. Inst., Univ., Zürich; dt.) — Übersicht über den Einfl. des Anions auf die Art der Dequartärisierungsrk., über quartäre Verb., die beim Erhitzen im Massenspektrometer bevorzugt desalkyliert werden, über die therm. Hofmann-Abbau-Rk., über therm. Substitutionsrk. als Spezialfall der Desalkylierungsrk. u. über therm. Transmethylierungs- u. Cyclisierungs-Rk. quartärer Stickstoffverbindungen. — 48 Literaturangaben. W. Hampel 510△

1126 **Ritter-Reaktion.** Keiiti Sisido und Tyûzô Isida. (J. synth. org. Chem., Japan **25** (1967) 4, 298 bis 310; Dep. of Indust. Chem., Faculty of Engineering, Kyoto Univ., Japan; jap.) — Übersicht. — Vf. berichten über die Rk. von Nitrilen mit acycl. u. cycl. Alkenen, mit Alkoholen, Hydroxyalkylphthalimiden, α-Hydroxy- u. β-Hydroxymercaptanen, 1.3-Diolen, CH_2O, CH_2O u. Aromaten, aromat. Aldehyden u. Malonester, Epoxide, Thioepoxide u. Carbonsäuren in Ggw. von H_2SO_4 u. H_3PO_4 sowie $AlCl_3$. Daneben wird die Rk. von Rhodaniden mit Cyclohexanol, von Alkoholen mit Isoxazolen u. von acycl. sowie cycl. Alkenen mit ClCN in Ggw. von H_2SO_4 gekennzeichnet. — **96** Literaturangaben.
G. Westphal 520△

1127 **Epoxyamine. Eine neue funktionelle Gruppe in der organischen Chemie.** Calvin L. Stevens und P. Madhavan Pillai. (J. Amer. chem. Soc. **89** (1967) 12, 3084—85; Dep. of Chem., Wayne State Univ., Detroit, Mich.; engl.) — Einw. des Li-Salzes von Äthylenimin auf [α-Bromcyclohexyl]-phenylketon in Ae. bei Raumtemp. gab *2-[Aziridinyl-(1)]-2-phenyl-1-oxaspiro-[2.5]-octan* [(**I**), $Kp._{0,001}$ 90—95°, F. 20—22° (Pentan); 70—75% (Ausb.)]. Hydrolyse von **I** mit 2 n HCl lieferte 90% *[α-Hydroxycyclohexyl]-phenylketon* (**II**). Red. von **I** mit $NaBH_4$ in CH_3OH gab *1-{α-[Aziridinyl-(1)]-benzyl}-cyclohexanol* (F. 113—114°; 60%), das an Pd–C in A. zu *1-[α-N-Äthylaminobenzyl]-cyclohexanol* [**III**; *Hydrochlorid*, F. 223 bis 224° (Zers.); 85%] hydriert wurde. — **III** wurde ferner erhalten durch Hydrierung von **I** an Pd–C in CH_3OH oder durch Rk. von **II** mit Äthylamin u. Red. des N-Äthylimins mit $NaBH_4$. — Kochen von **I** in o-Dichlorbenzol (15 Std. unter N_2) führte zu *2-[Aziridinyl-(1)]-2-phenylcycloheptanon*, (**IV**, 35—38%). — Dabei war *{1-[Aziridinyl-(1)]-cyclohexyl}-phenylketon* kein Zwischenprodukt. Hydrierung von **IV** an Pd–C in Äthylacetat lieferte *2-Äthylamino-2-phenylcycloheptanon* [*Hydrochlorid*, F. 233—235° (Zers.); 85%. *Oxim* (**V**), F. 105—106°]. **V** wurde auch erhalten durch Einw. von Äthylamin auf 2-Chlor-2-phenylcycloheptanonoxim. Beckmann-Umlagerung von **V** mit Polyphosphorsäure gab 60% *6-Benzoylhexansäureamid* (F. 107—108°), das zu *6-Benzoylhexansäure* (F. 82—83°; 90%) hydrolysiert wurde.
J. Rothe 520△

C-1. Acyclische Verbindungen

1128 **Chlorierung und Bromierung von Isobutyl- und tert.-Butylchloriden und -bromiden.** Prem S. Juneja und Ernest M. Hodnett. (J. Amer. chem. Soc. **89** (1967) 22, 5685—87; Okla. State Univ., Stillwater, Okla. engl.) — Photochlorierung von tert.-Butylbromid (**V**) bei Raumtemp. liefert nur *1-Brom-2-chlor-2-methyl-propan* (**VI**), wahrscheinlich über ein verbrücktes Bromradikal. Chlorierung von Isobutylbromid (**VII**) gibt ein Gemisch aus **VI**, *1-Brom-3-chlor-* (**III**) u. *1-Chlor-2-brom-2-methylpropan* (**II**). Photobromierung von tert.-Butylchlorid (**VIII**) führt ausschließlich zu *1.2-Dibrom-2-methylpropan* (**IV**); Isobutylchlorid (**IX**) gibt nur **II**. Rk.-Mechanismen werden diskutiert.

Versuche: *1-Chlor-2-brom-2-methylpropan* (**II**). a) durch 7,5std. Rühren von Methallylchlorid (**I**) in 48%ig. HBr unter Lichtausschluß; b) aus **IX** u. Br_2/CCl_4. — *Gemisch* (15,5:81,5:3) aus **II**, *1-Brom-3-chlor-2-methylpropan* (**III**) u. *unbekannter Verb.*, durch Einleiten von trockenem HBr/N_2 in **I** in Ggw. von Dibenzoylperoxid unter Eiskühlung. — *Gemisch* (85:15) aus *1.2-Dibrom-2-methylpropan* (**IV**) u. *Methallylbromid*, durch Zutropfen von Br_2 zu Isobutylen in CCl_4 unter Lichtausschluß. — *1-Brom-2-chlor-2-methylpropan* (**VI**), durch Bestrahlen von **V** u. Cl_2 in CCl_4 bei Raumtemp. bis zum Verschwinden der Cl_2-Färbung. — *Gemisch* (33:59:8) aus **III**, **VI** u. **II**, durch Chlorieren von **VII**. — **IV**, durch 36std. Bestrahlen von **VIII** u. Br_2 in CCl_4 mit UV-Licht. H. Miele 560△

1129 **Synthese terminaler Perfluormethylenolefine.** Martin H. Kaufman, John D. Braun und José G. Shdo. (J. org. Chemistry **32** (1967) 9, 2749—51; Naval Weapons Center, China Lake, Calif.; engl.) — Rk. von $LiAlH_4$ mit hochhalogenierten Olefinen der Zus. R–HC = C $(CF_2X)_2$ (R = H, Alkyl; X = Cl oder F) liefert *1.1-Difluor-2-[di- u. trihalogenmethyl]-alkene-(1)*, deren Ausb. vom Molverhältnis $LiAlH_4$:Olefin, der Reihenfolge der Zugabe u. der Rk.-Temp. abhängig sind. Ein S_N2-Mechanismus ist wahrscheinlich.

Versuche: 1.1-Difluorpropene-(1): *2-[Trifluormethyl]-*, $C_4H_3F_5$, Kp. 11—12,5°, durch 1,5std. Zugabe von $LiAlH_4$ in Ae. zu 3-Chlor-3.3-difluor-2-[trifluormethyl]-propen-(1) in abs. Ae. bei —5 bis 5° unter N_2, 1std. Rühren bei Raumtemp., Kühlen auf —70°, Dest. in eine Kühlfalle bei 10 Torr u. Tieftemp.-Dest.; 83,5% (Ausb.). — *2-[Chlordifluormethyl]-*, $C_4H_3ClF_4$, Kp. 44—46°, a) durch 20 Min. lange Zugabe von 1.1-Bis-[chlordifluormethyl]-äthylen (**I**) in abs. THF zu $LiAlH_4$ in THF bei —70°; n_D^{25} 1,3338; 56%; b) analog a) bei —10°; 75%. — *2-[Difluormethyl]-*, $C_4H_4F_4$, Kp. 19—20°, durch 2std. Behandeln von $LiAlH_4$ in abs. Ae. mit **I** in abs. Ae. bei 0—10°; 65%. — *1.1-Difluor-2-[trifluormethyl]-buten-(1)*, $C_5H_5F_5$, Kp. 31,5—32°, durch Behandeln von 1-Trifluormethyl-1-[chlordifluormethyl]-propen-(1) in abs. THF bei 5° mit $LiAlH_4$ in abs. THF; n_D^{25} 1,2990; 43%. — *1.1-Difluor-2-[trifluormethyl]-octen-(1)*, $C_9H_{13}F_5$, $Kp._{32}$ 47 bis 48°, durch $^1/_4$std. Zugabe von $LiAlH_4$ in Ae. zu 1-Trifluormethyl-1-[chlordifluormethyl]-hepten-(1) in abs. Ae. bei 0°, 20 Min. langes Rühren bei Raumtemp., Kühlen auf —180° u. Dest. in eine Kühlfalle bei 0,5 bis 1 Torr.; n_D^{25} 1,3568; 61,5%. H. Miele 570△

1130 **Ozonolyse.** 9. Mitt. **Alkenozonisierung zu Oligomeren.** Fred L. Greenwood und Harry Rubinstein. (J. org. Chemistry **32** (1967) 11, 3369—74; Medford, Mass., Tufts Univ., Dep. of Chem.; engl.) — Die Ozonisierungsprod. der geometr. Isomeren von 2-Buten, 2-Penten u. 3-Hexen wurden bestimmt. Die cis-Alkene ergaben gute Ausb. an *Ozonid* u. kleinere Mengen an *Aldehyd* u. *Oligomer*. Bei trans-Alkenen war das *Oligomere* Hauptprod., es wurden in n-Pentan als Lsgm. geringe *Aldehyd*-Mengen u. wenig *Ozonid* gefunden. In CH_2Cl_2 als Lsgm. zeigte trans-3-Hexen ein merkliches Anwachsen der Aldehydmenge aber die gleiche Ozonidmenge wie in Pentan. Jedoch ergab dieses Alken in Ae. als Lsgm. über 2mal soviel Ozonid wie in Pentan oder CH_2Cl_2.

Versuche: *Δ²-Butenozonid*, $C_4H_8O_3$, $Kp._{145}$ 43,8 bis 44°, durch Ozonolyse von cis-2-Buten; 72% (Ausb.). — *Δ³-Hexenozonid*, $C_6H_{12}O_3$, $Kp._{20}$ 43,5—44°, durch Ozonolyse von cis-3-Hexen; 88%. D. Schmidt 570△

1131 **Synthese von 2.4-Dimethyl-3-äthyl-pentadien-(1.3).** F. Walls, E. Diaz und M. Salmón. (Bol. Inst. Quím. Univ. nac. autonoma México **19** (1967) 49—57; Inst. de Quím.; span.) — Folgende Verb. werden dargestellt: *2-Äthyl-3-methyl-3-hydroxy-buttersäure-äthylester*, $Kp._7$ 77°, aus Aceton, Zn u. 107 g α-Brom-buttersäure-äthylester; 62 g (Ausb.). — *2-Isopropyliden-buttersäure-äthylester*, $Kp._{15}$ 50°, aus vorst. Verb. durch Erhitzen mit P_2O_5 in Bzl.; 77%; daneben *2-Äthyl-3-methylen-buttersäure-äthylester* (**I**), $Kp._{12}$ 60°; 23%. — *2.4-Dimethyl-3-äthyl-4-hydroxy-penten*, $Kp._{12}$ 56—58°, aus 15,2 g **I** mit Methyl-

MgJ; 10,2 g. — *2.4-Dimethyl-3-äthyl-pentadien-(1.3)*, Kp.$_{40}$ 48—50°, aus 15,2 g vorvorst. Verb. durch Erhitzen mit P_2O_5; 2,5 g. — Die IR- u. NMR-Spektren der dargestellten Verb. sind angegeben. P. Golinske 570△

1132 **Oxydation von dimethyl- und trimethylsubstituierten Paraffinkohlenwasserstoffen in flüssiger Phase in Gegenwart von Borsäure.** A. N. Baškirov und K. S. Kvasnevskaja. (Doklady Akad. Nauk SSSR **173** (1967) 4, 829—31; Inst. neftechim. sint. im. Topčieva AN SSSR; russ.) — Die Ox. von 2.3-Dimethyldodecan (Kp.$_{12}$ 118—119°, E. —50,8°, durch Grignard-Synth.; D.$_4^{20}$ 0,7690, n$_D^{20}$ 1,4311) u. 2.6.10-Trimethylundecan (Kp.$_{10}$ 100—102°; D.$_4^{20}$ 0,7580, n$_D^{20}$ 1,4256) mit einem N_2/O_2-Gemisch in Ggw. von H_3BO_3 (165—170°, 4 Std.) wird untersucht. Die Ox. führt hauptsächlich zu sek. u. tert. Alkoholen mit zur Ausgangsverb. ident. C-Skelett u. C-Zahl. H. Berger 600△

1133 **Pentafluoraceton.** John B. Hynes, Roscoe C. Price, Wallace S. Brey jun., Michael J. Perona und Glyn O. Pritchard. (Canad. J. Chem. **45** (1967) 19, 2278—79; Hynes Chem. Res. Corp., Durham, N.C.; engl.) — Red. von Chlorpentafluoraceton (**I**) mit Triäthylphosphit (**II**) liefert *Pentafluoraceton* (**III**) in 85%ig. Ausbeute. Photolyse von **III** bei 140° gibt *CO*, *CH_2F_2*, *CHF_3*, *$C_2H_2F_4$*, *C_2HF_5*, *C_2F_6* u. *C_3F_8*. Das Massenspektrum von **III** ist tabelliert.

Versuche: *Pentafluoraceton* (**III**), Kp. 12,5—13,5°, durch Zugabe von 1662 g **II** zu 1825 g **I** bei —10°, Zugabe von 1 l 10%ig. H_2SO_4, 16std. Rühren bei Raumtemp., 5std. Kochen u. Eintropfen in 6 l konz. H_2SO_4/2600 g P_2O_5 bei 110°; 1260 g (Ausb.). H. Miele 710△

1134 **Darstellung optisch aktiver Ketoäther durch Cyanäthylierung.** A. A. Shaikh und K. A. Thaker. (Indian J. Chem. **5** (1967) 11, 585—86; Dep. of Chem., Univ. School of Sci., Gujarat Univ., Ahmedabad; engl.) — *Opt.-akt. Ketoäther* vom Typ $CH_3CH_2CH(CH_3)CH_2OCH_2CH_2 \cdot COR$ werden dargestellt durch Cyanäthylierung von (—)-2-Methylbutanol-(1) (**I**) mit Acrylsäurenitril u. Umsetzen des resultierenden Prod. mit Grignard-Komplexen.

Versuche: *(+)-3-Methyl-4-äthoxy-1-cyanbutan*, $C_8H_{15}NO$, Kp. 212—214°, durch Stehen von **I** mit Acrylsäurenitril bei 35—45° in Ggw. von KOH u. 1std. Erwärmen auf 80°; n$_D^{32}$ 1,4185, D$_4^{32}$ 1,004; $[\alpha]_D^{32}$ +2,32°; 64,5% (Ausb.). — *1-[2-Methylbutoxy]-butanon-(3)*, $C_9H_{18} \cdot O_2$, Kp. 130—132°; $[\alpha]_D^{35}$ +1,98°. — *1-[2-Methylbutoxy]-pentanon-(3)*, $C_{10}H_{20}O_2$, Kp. 143—145°; $[\alpha]_D^{35}$ +1,85°. — *1-[2-Methylbutoxy]-hexanon-(3)*, $C_{11}H_{22}O_2$, Kp. 139—140°; $[\alpha]_D^{35}$ +1,56°. — *1-[2-Methylbutoxy]-4-methyl-pentanon-(3)*, $C_{11}H_{22}O_2$, Kp. 159—161°; $[\alpha]_D^{35}$ +1,56°. — *1-[2-Methylbutoxy]-heptanon-(3)*, $C_{12}H_{24}O_2$, Kp. 138—140°; $[\alpha]_D^{35}$ +1,5°. — *1-[2-Methylbutoxy]-5-methyl-hexanon-(3)*, $C_{12}H_{24}O_2$, Kp. 163—164°; $[\alpha]_D^{35}$ +1,51°. — *1-[2-Methylbutoxy]-oktanon-(3)*, $C_{13}H_{26}O_2$, Kp. 168—169°; $[\alpha]_D^{35}$ +1,23°. — *1-[2-Methylbutoxy]-7-methyl-heptanon-(3)*, $C_{13} \cdot H_{26}O_2$, Kp. 172—173°; $[\alpha]_D^{35}$ +1,22.

G. Westphal 740△

1135 **Darstellung von 2.2-Dialkoxypropionsäurealkylestern.** Norman E. Hoffman und Thomas V. Kandathil. (J. org. Chemistry **32** (1967) 5, 1615—17; Marquette Univ.; Milwaukee, Wis.; engl.) — *2.2-Dialkoxypropionsäurealkylester* (**A**) werden aus Brenztraubensäure (**I**) u. Dialkoxypropanen in Alkoholen dargestellt. Der Syntheseverlauf wird gaschromatograph. untersucht. NMR- u. IR-Daten der **A** s. Original.

Versuche: *2.2-Diisobutoxypropan* (**II**), $C_{11}H_{24}O_2$ Kp.$_4$ 56—57°, nach Lorette u. Howard, J. org. Chemistry **25** (1960) 521. — *2.2-Di-n-pentoxypropan*, $C_{13}H_{28}O_2$, Kp.$_4$ 79—80°, analog **II**. — *2.2-Diisopentoxypropan*, $C_{13}H_{28}O_2$, Kp.$_4$ 71—72°, analog **II**. — *2.2-Diisobutoxypropionsäureisobutylester*, $C_{15}H_{30}O_4$, Kp.$_3$ 105—106°, aus **I** u. **II**; 62% (Ausb.). — Analog: *2.2-Dimethoxypropionsäuremethylester*, $C_6H_{12}O_4$, Kp.$_{12}$ 62—63°; 68%. — *2.2-Diäthoxypropionsäureäthylester*, $C_9H_{18}O_4$, Kp.$_{10}$ 70 bis 71°; 64%. — *2.2-Di-n-propoxypropionsäure-n-propylester*, $C_{12}H_{24}O_4$, Kp.$_4$ 88—89°; 67%. — *2.2-Diallyloxypropionsäureallylester*, $C_{12}H_{18}O_4$, Kp.$_4$ 102—103°; 72%. — *2.2-Di-n-butoxypropionsäure-n-butylester*, $C_{15}H_{30}O_4$, Kp.$_{10}$ 110—111°; 66%. — *2.2-Di-n-pentoxypropionsäure-n-pentylester*, $C_{18}H_{36}O_4$, Kp.$_3$ 133—134°; 65%. — *2.2-Diisopentoxypropionsäureisopentylester*, $C_{18}H_{36}O_4$, Kp.$_4$ 138 bis 139°; 61%. Uta Knappe 810

1136 **Bildung von cis.cis-1.4-Dicyanbutadienen-(1.3) durch thermische Zersetzung von 1.2-Diazidobenzolen.** J. Herbert Hall und Eric Patterson. (J. Amer. chem. Soc. **89** (1967) 23, 5856—61; Chem. Dep., Southern Ill. Univ., Carbondale, Ill.; engl.) — 2-Phthalimidonitrobenzole werden mit Fe u. CH_3COOH in wss. Aceton zu *2-Phthalimidoanilinen* red., die durch Diazotierung u. Rk. mit NaN_3 *2-Phthalimidophenylazide* (**A**) geben. Aus den **A** werden mit N_2H_4 in CH_3OH *2-Azidoaniline* (**B**) erhalten, die durch Diazotierung u. Rk. mit NaN_3 in *1.2-Diazidobenzole* umgewandelt werden. Die **B** zersetzen sich oberhalb von 80°. 1-Azidonaphthyl-(2)-amin wird schon bei Raumtemp. zersetzt. Bei der therm. Zers. von 1.2-Diazidobenzol (**IV**) in Hexadecan in Ggw. von Anthracen werden *cis.cis-1.4-Dicyanbutadien-(1.3)* (**V**) u. das Diels-Alder-Addukt von *Anthracen* u. **V** (F. 187°) erhalten. **V** wird zum Strukturbeweis in sd. konz. HCl zu *trans.trans-Muconsäure* verseift. **V**, *trans.trans-* u. *cis.trans-1.4-Dicyanbutadien-(1.3)* werden aus 2.3-Dibrom-1.4-dicyanbuten (**VI**) u. Na-Acetat in sd. A. dargestellt. Analog **IV** werden substituierte 1.2-Diazidobenzole in Dekalin therm. zersetzt. 1.4-Dicyanbutadiene-(1.3) polymerisieren sich leicht. Eine teilweise polymerisierte Probe von cis.cis-1.4-Dicyan-2-methylbutadien-(1.3) gibt beim Umkristallisieren aus CCl_4 ein Stereoisomeres vom F. 92—93°. 1.2-Diazidonaphthalin bildet in sd. Dekalin *cis-2-Cyanzimtsäurenitril*. Chem. Verschiebungen u. Kopplungskonst. der 1.4-Dicyanbutadiene-(1.3) sind angegeben.

Versuche: *2-Phthalimido-5-chlornitrobenzol*, $C_{14} \cdot H_7ClN_2O_4$, F. 202° (Bzl./A.), aus Phthalsäureanhydrid (**I**) u. 2-Nitro-4-chloranilin bei 230—240°; 57% (Ausb.). — *2-Phthalimido-1-nitronaphthalin*, F. 200—202°, aus **I** u. 1-Nitronaphthyl-(2)-amin in sd. Eisessig; 85%. — *2-Phthalimido-5-chloranilin*, $C_{14}H_9ClN_2O_2$, F. 183° (A.), aus vorvorst. Verb., Fe-Pulver u. verd. CH_3COOH in sd. Aceton; 68%. — Analog: *2-Phthalimido-3-methylanilin*, $C_{15}H_{12}N_2O_2$, F. 199° (A.); 92%. — 2-Phthalimidophenylazide (**A**): *5-Methoxy-*, $C_{15}H_{10}N_4O_3$, F. 180° (Bzl.), aus 5-Methoxy-2-phthalimidoanilin u. $NaNO_2$ in verd. HCl bei 0° u. Rk. mit NaN_3; 89%. — Analog: *3-Methyl-*, $C_{15}H_{10}N_4O_2$, F. 139° (Verfestigung u. F. 148 bis 150°; A.); 100%. — *5-Methyl-*, $C_{15}H_{10}N_4O_2$, F. 170° (Bzl.); 94%. — *5-Chlor-*, $C_{14}H_7ClN_4O_2$, F. 195° (Zers.; Bzl.); 97%. — 2-Azidoaniline (**B**): *4-Methyl-* (**II**), $C_7H_8N_4$, F. 38° (PAe.), aus vorvorst. Verb. u. 85%ig. $N_2H_4 \cdot H_2O$ in CH_3OH; 76%. — Analog: *6-Methyl-*, $C_7H_8N_4$, F. 44° (A.); 75%. — *4-Methoxy-*, $C_7H_8N_4O$, F. 60° (PAe.); 68%. — *4-Chlor-*, $C_6H_5ClN_4$, F. 70° (PAe.); 70%. — 1.2-Diazidobenzole: *4-Methyl-*, $C_7H_6N_6$, explosive Fl., aus **II** u. $NaNO_2$ in verd. HCl bei 0° u. Rk. mit NaN_3; 83%. — Analog: *Unsubstituiert* (**IV**), $C_6H_4N_6$, F. 22—23°; 89%. — *3-Methyl-*, $C_7H_6N_6$, explosive Fl.; 38%. — *4-Methoxy-* (**III**), $C_7H_6N_6O$, F. 27—28°; 55%. — *4-Chlor-*, $C_6H_3ClN_6$, F. 42—43° (PAe.); 90%. — *1-Azido-2-phthalimidonaphthalin*, $C_{18}H_{10}N_4O_2$, F. 158° (Zers.; A.), analog den **A**; 88%. — *1.2-Diazidonaphthalin*, $C_{10}H_6N_6$, F. 108° (PAe.), aus vorst. Verb. u. 85%ig. $N_2H_4 \cdot H_2O$ in CH_3OH, Rk. mit $NaNO_2$ in verd. HCl bei 0° u. mit NaN_3; 16%. — *cis.cis-2-Methoxy-1.4-dicyanbutadien-(1.3)*, $C_7H_6 \cdot N_2O$, F. 116° (CCl_4), aus **III** in sd. Dekalin; 85%. — Analog: *cis.cis-1-Methyl-1.4-dicyanbutadien-(1.3)*, $C_7H_6 \cdot N_2$, F. 63—65° (CCl_4); 57%. — *cis.cis-2-Methyl-1.4-dicyanbutadien-(1.3)*, F. 55° (CCl_4); 74%. — *cis.cis-2-Chlor-1.4-dicyanbutadien-(1.3)*, $C_6H_3ClN_2$, F. 90° (CCl_4); 83%. — *cis-2-Cyanzimtsäurenitril*, $C_{10}H_6N_2$, F. 68° (Hexan/CCl_4); 69%. — *1.4-Dicyanbutadien-(1.3), cis.cis-Form* (**V**), $C_6H_4N_2$, F. 129° (CCl_4), a) analog vorst. Verb.; b) aus **VI** u. wasserfreiem Na-Acetat in sd. 95%ig. A.; 2%; daneben 29% *trans.trans-Form* (F. 160°) u. 33% *cis.trans-Form* [F. 69 bis 70° (Bzl./CCl_4)]. Hans Köhne/Berlin 820

1137 **Optisch aktives sek.-Butylamin durch Hydroborierung.** Lawrence Verbit und Peter J. Heffron. (J. org. Chemistry **32** (1967) 10, 3199—3200; State Univ. of N.Y. at Binghamton; engl.) — Hydroborierung von cis-Buten-(2) (**I**) u. Behandeln des opt. aktiven *Organoborans* mit alkal. H_2O_2 bzw. mit Hydroxylamin-O-sulfonsäure (**II**) liefert *(R)-sek.-Butanol* bzw. *(R)-(—)-sek.-Butylamin* (**III**) in 76 bzw. ca. 75%ig. opt. Reinheit.

Versuche: *(R)-(—)-sek.-Butylamin* (**III**), Kp.$_{755}$ 62—63°, a) durch Zugabe (10 Min.) von **I** in Diglyme zu Diisopinocampherylboran [aus α-Pinen, $[\alpha]_D^{27}$ +34,62°], 4std. Stehen bei 0°, langsame Zugabe von **II** < 20°, 4std. Rühren bei 90°, 4std. Kochen, Kühlen u. Ansäuern mit 20%ig. HCl, Aufarbeiten; $[\alpha]_D^{27}$ —3,90°; 13% (Ausb.); b) aus Amid. — *(R)-(—)-N-[sek.-Butyl]-benzamid*, F. 88,4 bis 89,6°, aus **III**; $[\alpha]_D^{27}$ —15,6° (95%ig. A.); aus wss. A. Nadeln. H. Miele 910△

1138 **Struktur, Isomerisierung und Spaltung von 1.2-Bis-[dichlorboryl]-äthylen.** T. D. Coyle und J. J. Ritter. (J. Amer. chem. Soc. **89** (1967) 22, 5739—40; Nat. Bureau of Standards, Washington, D.C.; engl.) — Das aus B_2Cl_4 u. überschüssigem C_2H_2 bei Raumtemp. u. 2 at Anfangsdruck in 88%ig. Ausb. erhältliche *cis-1.2-Bis-[dichlorboryl]-äthylen* (cis-**I**) liefert beim 17std. Bestrahlen mit einer Hg-Mitteldrucklampe neben anderen Prod. 50% *trans*-**I**. Spaltung von deuteriertem cis-**I** (aus B_2Cl_4 u. C_2D_2) mit Ag_2O in NH_4OH gibt ausschließlich *cis*-$C_2H_2D_2$, nach vorhergehender UV-Bestrahlung *cis*- u. *trans*-$C_2H_2D_2$. Behandeln von cis-**I** mit CH_3COOD (80°, 24 Std.) gibt ca. 50% *cis*- u. *trans*-$C_2H_2D_2$. IR- u. PMR-Spektren werden diskutiert. H. Miele 980△

1139 **Heterocyclische 3-Oxa-, Aza- und Thioorganophosphonium-Verbindungen aus tertiären α-Alkoxy-, α-Dialkylamino- und α-Thioalkoxyphosphinen.** Adam M. Aguiar, Keith C. Hansen und Joel T. Mague. (J. org. Chemistry **32** (1967) 8, 2383—87; Dep. of Chem., Tulane Univ., New Orleans, La.; engl.) — Die Rk. von α-Chlor-äthern, -tert.-aminen u. -thioäthern mit Li-Diphenylphosphid (**I**) führt zu *α-substituierten tert. Phosphinen*. Die Darst. von *Bis-[diphenylphosphinomethyl]-äther* (**II**) u. seine Rk. mit CH_2Br_2 (**III**) u. 1.2-Dibromäthan (**IV**) zu *6-* u. *7gliedrigen cycl. 3-Oxa-1.5-diphosphoniumsalzen* beschrieben. Die Struktur der Prod. u. ihr Assoziationsgrad wird aus Leitfähigkeitsmessungen, NMR-Spektren u. Molgew.-Best. ermittelt.

Versuche: *Methoxymethyldiphenylphosphin*, Kp.$_{0,65}$ 126—136°, aus **I** u. Chlormethylmethyläther; 63% (Ausb.). *Methojodid*, F. 153—155° [Zers.; $CHCl_3$/Äthylacetat (EE)]. — *Benzyl-methoxymethyldiphenylphosphoniumbromid*, F. 171—175° (Methanol/EE), aus vorst. Verb. u. Benzylbromid (**V**). — *Methoxymethyldiphenylphosphinoxid*, F. 114—116° (Cyclohexan), neben vorvorst. Verb.; 21%. — *Methylmercaptomethyldiphenylphosphin* (**VI**), Kp.$_1$ 152—160°, aus **I** u. Chlormethylmethylsulfid; 62,5%. *Oxid*, $C_{14}H_{15}OPS$, F. 134—135° (Cyclohexan), durch Luftox. von **VI**. *Methojodid*, F. 157 bis 160° (Zers.; EE/Methanol). — *Bis-[diphenylphosphinomethyl]-äther* (**II**), $C_{26}H_{24}OP_2$, F. 86—88° (Methanol), aus **I** u. Bis-[chlormethyl]-äther (**VII**); 80,5%. — *Bis-[benzyldiphenylphosphoniamethyl]-ätherdibromid*, $C_{40}H_{38}\cdot Br_2OP_2$, F. 286—288° (Zers.; EE/Methanol), aus **II** u. **V**. — *3.3.6.6-Tetraphenyl-3.6-diphosphonia-1-oxacycloheptandibromid*, $C_{28}H_{28}Br_2OP_2$, F. 292—293° (Zers.; Acetonitril/Methanol), aus **II** u. **IV**; 52,5%. *Dipikrat*, $C_{40}H_{32}N_6O_{15}P_2$, F. 223—225° (Zers.), aus Acetonitril orangefarbene Kristalle. — *3.3.5.5-Tetraphenyl-3.5-diphosphonia-1-oxacyclohexandichlorid*, aus Methylen-bis-[diphenylphosphin] u. **VII**; aus Acetonitril/Methanol hygroskop. Kristalle; 61%. *Tetraphenylboranat*, F. 137—140°; aus dem Dichlorid oder Dibromid mit $Na[B(C_6H_5)_4]$. *Dibromid*, $C_{27}\cdot H_{26}Br_2OP_2$, F. 235—241° (EE/Methanol), aus **II** u. **III**; 91%. — *Äthylen-bis-[methylmercaptomethyldiphenylphosphonium]-dibromid*, $C_{30}H_{34}Br_2P_2S_2$, F. 310—320° (Zers.; Methanol), aus **VI** u. **IV**; 40%. *Dichlorid*, aus Äthylen-bis-[diphenylphosphin] u. Chlormethylmethylsulfid; 88%. — *Dimethylaminomethyldiphenylphosphin*, Kp.$_{0,2}$ 130°, aus **I** u. nachst. Verb.; 66,2%. *Oxid*, $C_{15}H_{18}NOP$, F. 185—187° (Aceton), durch Luftoxydation. — *Chlormethyl-dimethylamin*; aus Methylen-bis-[dimethylamin] u. Benzoylchlorid. P. Boroffka 980

1140 **Selektive Phosphylierung von Äthanolamin.** R. Greenhalgh und M. A. Weinberger. (Canad. J. Chem. **45** (1967) 5, 495—500; Defence Chem., Biol. and Radiation Labor., Defence Res. Board, Ottawa, Canada; engl.) — Untersucht wird die Rk. von nachst. stark tox. phosphonylierenden bzw. phosphorylierenden (= phosphylierenden)Verb.: *Methylphosphonsäuremonoisopropylesterfluorid* (**I**, *Sarin*) u. *-chlorid* (**II**, *Chlorsarin*), *Chlor-* (**III**) u. *Fluorphosphorsäurediisopropylester* (**IV**), Tetraäthylpyrophosphat (**V**) u. *N.N-Dimethylamidophosphorsäure monoäthylestercyanid* (**VI**, *Tabun*) mit *Äthanolamin* (**VII**) in nichtwss. Lösungsmitteln. **I** u. **IV** reagieren ausschließlich mit der OH-Gruppe von **VII**, während **II**, **III**, **V** u. **VI** überwiegend mit der NH_2-Gruppe reagieren. Die Prod. wurden meist durch ihre IR- u. NMR-Spektren identifiziert. Vgl. Original.

Versuche: *Methylphosphonsäureisopropyl-[2-aminoäthyl]-ester*, $C_6H_{16}NO_3P$, Kp.$_{0,2}$ 78°, aus **I** u. **VII**; 71% (Ausb.). — *Diisopropyl-[2-aminoäthyl]-phosphat*, Kp.$_{0,06}$ 75°, aus **IV** u. **VII**; 26%. — *Methylphosphonsäureisopropylester-N-[2-hydroxyäthyl]-amid*, $C_6H_{16}NO_3P$, aus **II** u. **VII**; Öl; 70%; daneben *Methylphosphonsäureisopropyl-[2-aminoäthyl]-ester*, $C_6H_{16}NO_3P$, Kp.$_{0,07}$ 80°. — *N-[2-Hydroxyäthyl]-amidophosphorsäurediisopropylester*, Kp.$_{0,2}$ 156—157°, aus **III** u. **VII**; 65%. — *N-[2-Hydroxyäthyl]-amidophosphorsäurediäthylester*, Kp.$_{0,008}$ 110—112°, aus **V** u. **VII**; Öl; 65%; daneben *Triäthylphosphat*, Kp.$_3$ 69°) u. *Phosphorsäurediäthylester*. — *Phosphorsäureäthylester-N.N-dimethyl-N'-[2-hydroxyäthyl]-diamid*, $C_6H_{17}N_2O_3P$, Kp.$_{0,05}$ 110—120°, aus **VI** u. **VII**; 70%; daneben 15% *N.N-Dimethylamidophosphorsäureäthyl-[2-aminoäthyl]-ester*, $C_6\cdot H_{17}N_2O_3P$, Kp.$_{0,05}$ 75°. P. Boroffka 980

C-2. Isocyclische Verbindungen

1141 **Synthese von 1.2.4.5-Tetraalkylbenzolen durch Alkylierung von Pseudocumol in flüssiger Phase.** V. V. Vetrova, G. S. Mironov, M. I. Farberov und A. F. Kuznicyna. (Neftechimija **7** (1967) 1, 37—43; Jaroslavskij technol. Inst.; russ.) — Die Rk. von Pseudocumol (**I**) mit Propylen (1:1) in Ggw. von $AlCl_3$ liefert bei 15° eine optimale Ausb. (86%) eines 85,5:14,5-*Gemisches* ($C_{12}H_{18}$, Kp. 219,5—221°), aus *1.2.5-Trimethyl-4-* u. *-3-isopropylbenzol*. Daneben fällt vor allem unter schärferen Bedingungen ein 57:37:6-*Gemisch* ($C_{15}H_{24}$, Kp.$_5$ 104 bis 105°) aus *1.2.4-Trimethyl-3.5-*, *-3.6-* u. *-5.6-diisopropylbenzol* an, das in Ggw. von $AlCl_3$ bei 60° z. T. wieder desalkyliert wird. Die Alkylierung von **I** mit CH_3Cl in Ggw. von $AlCl_3$ bei 120° gibt nur 52,7% einer Tetramethylbenzol-Fraktion (davon 48% *Durol*-Anteil). $AlCl_3$—H_3PO_4 (bei 15°) u. Kationit KU-2 (bei 130—140°) sind als Katalysatoren der **I**-Alkylierung deutlich weniger akt. als $AlCl_3$. H.-E. Toussaint 1010

1142 **Umlagerung von 2.6-Dibromcyclohexanonketalen.** Mark Graff und William H. Gilligan. (J. org. Chemistry **32** (1967) 10, 3203—04; Naval Ordnance Stat., Indian Head, Md.; engl.) — Alkal. Dehydrobromierung von 2.6-Dibromcyclohexanondimethylketal (**I**), -diäthylketal (**II**) u. -äthylenketal (**III**) führt nach Art einer Dienon-Phenol-Umlagerung zu *Anisol*, *Phenetol* bzw. *[2-Hydroxyäthyl]-phenyläther*. Abfangen der mutmaßlichen Cyclodienonketalzwischenstufe als Diels-Alder-Addukt gelang nicht.

Versuche: *[2-Hydroxyäthyl]-phenyläther*, Kp.$_{760}$ 232°, a) durch langsames Erwärmen von **III** u. K-tert.-Butoxid (Molverhältnis 1:2 bzw. 1:4) in DMS auf 75°, 2std. Rühren u. Gießen in gesätt. NaCl-Lsg.; n_D^{23} 1,5318; 36 bzw. 39% (Ausb.); b) analog a) aus 4-Bromcyclohexen-(2)-onäthylenketal (**IV**) u. $NaOCH_3$ (1:4); 20%. c) aus **IV** u. Triäthylamin (1:6) in Ae. in 20 Std. bei 36°; 17%. — *Anisol*, analog a) aus **I** u. $NaOCH_3$ (1:4); 49%. — *Phenetol*, analog a) aus **II** u. $NaOCH_3$ (1:4); 10%. H. Miele 1050△

1143 **Phenolyse von geminalen Dichlorcyclopropanen.** G. C. Robinson. (J. org. Chemistry **32** (1967) 10, 3218—22; Ethyl Corp., Baton Rouge, La.; engl.) — Erhitzen von 2.3-Dichlorpropen (**I**) in Phenol/Na-Phenolat (**A**) liefert *β-Chlorallylphenyläther* sowie *o-* u. *p-[β-Chlorallyl]-phenol*. Analog entstehen aus 1.1-Dichlor-2-n-butylcyclopropan (**II**) *[2-Chlorhepten-(2)-yl-(1)]-phenyläther*, *o-* u. *p-[2-Chlorhepten-(2)-yl-(1)]-phenol*, aus cis/trans-1.1-Dichlor-2-äthyl-3-methylcyclopropan (**III**) *o-* u. *p-[4-Chlorhexen-(3)-yl-(5)]-phenol* u. *o-* u. *p-[3-Chlor-*

hexen-(2)-yl-(4)]-phenol. Phenolyse von 6.6-Dichlorbicyclo-[3.1.0]-hexan (**IV**) gibt *o-* (**VII**) u. *p-[2-Chlorcyclohexen-(2)-yl-(1)]-phenol* (**VIII**), Phenolyse von 7.7-Dichlorbicyclo-[4.1.0]-heptan (**V**) *2.3-Pentamethylenbenzofuran* (**VI**), *o-* u. *p-[2-Chlorcyclohepten-(2)-yl-(1)]-phenol.*

Versuche: *β-Chlorallyl-phenyläther,* Kp.$_{10}$ 94–96°, durch Zugabe von **I** zu **A** bei 165–170° unter N_2, 1std. Erhitzen, Kühlen, Extrahieren mit wss. NaOH u. Aufarbeiten der neutralen Phase; n_D^{21} 1,5350; 52% (Ausb.); daneben durch Ansäuern der alkal. Extrakte u. Ausäthern *o-[β-Chlorallyl]-phenol,* Kp.$_4$ 101–103°; n_D^{20} 1,5614; 24% [Red. → *2-n-Propylphenol*]; daneben durch Extraktion des Dest.-Rückstandes mit sd. n-Heptan *p-[β-Chlorallyl]-phenol,* C_9H_9ClO, F. 55,5–57°. — Durch Zugabe von **II** zu **A** unter N_2 bei 135°, langsames Erhitzen auf 158° u. 80 Min. langes Erhitzen auf 176° werden erhalten: a) *Gemisch von 2 Benzofuranen,* $C_{13}H_{16}O$, Kp.$_{0,13}$ 75–78°; 3%; b) *[2-Chlorhepten-(2)-yl-(1)]-phenyläther,* Kp.$_{0,17}$ 94–97°; 17%; c) *o-[2-Chlorhepten-(2)-yl-(1)]-phenol,* Kp.$_{0,23}$ 110–112°; 17% [*Acetat,* $C_{15}H_{19}ClO_2$, F. 129–130° (50%ig. A.)]; d) *p-[2-Chlorhepten-(2)-yl-(1)]-phenol,* Kp.$_{0,2}$ 113°; 4%. — Durch Zugabe von **V** zu **A** bei 188° u. 55 Min. langes Erhitzen auf 170–188° werden erhalten: a) *2.3-Pentamethylenbenzofuran* (**VI**), $C_{13}H_{14}O$, F. 14°, Kp.$_{0,25}$ 104–106°; 29%; b) *o-[2-Chlorcyclohepten-(2)-yl-(1)]-phenol* (?); instabil (bildet unter HCl-Entw. **VI**); c) *p-[2-Chlorcyclohepten-(2)-yl-(1)]-phenol,* $C_{13}H_{15}ClO$, F. 86–87° (n-Heptan), Kp.$_{0,1}$ 150–170°; 17%. — *o-[2-Chlorcyclohexen-(2)-yl-(1)]-phenol* (**VII**), Kp.$_{0,12}$ 113 bis 114°, durch Zutropfen (20 Min.) von **IV** zu **A** bei 152° u. 1std. Erhitzen auf 175°; 56% [*Acetat,* $C_{14}H_{15}Cl \cdot O_2$, F. 196–200° (A./W.)]; daneben durch Extrahieren des Dest.-Rückstandes mit n-Hexan *p-[2-Chlorcyclohexen-(2)-yl-(1)]-phenol* (**VIII**), $C_{12}H_{13}ClO$, F. 108–110° (n-Hexan); 14%. — *Gemisch* (62:38) aus *o-[4-Chlorhexen-(3)-yl-(5)]-* u. *o-[3-Chlorhexen-(2)-yl-(4)]-phenol,* Kp.$_{0,08-0,14}$ 98–101°, durch langsame Zugabe von **III** zu **A** unter N_2 bei 152° u. 1std. Erhitzen auf 175–169°; 64%; daneben *Gemisch* (44:56) aus *p-[4-Chlorhexen-(3)-yl-(5)]-* u. *p-[3-Chlorhexen-(2)-yl-(4)]-phenol,* Kp.$_{0,17}$ 114–115°; 25%. — *o-Cyclohexylphenol,* F. 55–56°, aus dem Gemisch von **VII** u. **VIII** durch Red.; daneben *p-Cyclohexylphenol,* F. 128,5–131,5°. H. Miele 1050△

1144 **4-Hydroxybenzophenon und sein Methyläther.** R. A. Balani und Suresh Sethna. (J. Indian chem. Soc. **44** (1967) 1, 52–56; Baroda, M. S. Univ., Fac. of Sci., Chem. Dep.; engl.) — Chlormethylierung von 4-Hydroxybenzophenon (**I**) liefert *3-Chlormethyl-4-hydroxybenzophenon* (**II**), das durch Sommelet-Rk. in *3-Formyl-4-hydroxybenzophenon* (**III**) bzw. durch Dakin-Ox. in *3.4-Dihydroxybenzophenon* übergeführt wird. Rk. von *2.2'-Dihydroxy-5-benzoylchalkon* mit SeO_2 gibt *2'-Hydroxy-5'-benzoylflavon.* Durch Perkin-Acetylierung u. Knoevenagel-Rk. liefert **III** *6-Benzoylcumarin.* Analog **I** wird auch 4-Methoxybenzophenon zur Darst. von *Flavonen* eingesetzt.

Versuche: Benzophenone: *3-Chlormethyl-4-hydroxy-* (**II**), $C_{14}H_{11}ClO_2$, F. 156° (Zers., Bzl.), aus 4 g **I**, CH_2O u. HCl; 3,2 g (Ausb.). — *3-Acetoxymethyl-4-hydroxy-,* $C_{16}H_{14}O_4$, F. 117° (verd. A.), aus 0,5 g **II** u. Na-Acetat. — *3-Formyl-4-hydroxy-* (**III**), $C_{14}H_{10}O_3$, F. 92°, aus 2 g **II** u. Hexamethylentetramin; aus verd. Essigsäure feine Nadeln; 0,5 g. *2.4-Dinitrophenylhydrazon* (**DNP**), $C_{20}H_{14}N_4O_6$, F. 253° (Essigsäure). — *3-Chlormethyl-4-methoxy-* (**IV**), $C_{15}H_{13}ClO_2$, F. 99–100° (Bzl.–PAe.), aus 4 g 4-Methoxybenzophenon, CH_2O u. HCl; 3,5 g. — *3-Acetoxymethyl-4-methoxy-,* $C_{17}H_{16}O_4$, F. 94 bis 95° (verd. A.). — *3-Formyl-4-methoxy-,* $C_{15}H_{12}O_3$, F. 132 bis 133°, a) aus 2 g **IV** analog **III**; 0,6 g; b) aus **III** u. Dimethylsulfat; aus verd. A. gelbe Nadeln. **DNP**, $C_{21}H_{16} \cdot N_4O_6$, F. 250° (Essigsäure). — *3.4-Dihydroxy-,* F. 133 bis 134° (W.), aus 0,5 g **III** u. H_2O_2; 0,2 g. — 5-Benzoylchalkone: *2.2'-Dihydroxy-* (**V**), $C_{22}H_{16}O_4$, F. 192 bis 194°, aus 1 g **III** u. 2-Hydroxyacetophenon; 0,6 g. — *2.2'-Dimethoxy-,* $C_{24}H_{20}O_4$, F. 100° (A.), a) aus vorst. Verb. u. Dimethylsulfat; b) aus **VI** wie a). — *2-Methoxy-2'-hydroxy-* (**VI**), $C_{23}H_{18}O_4$, F. 134–135°, aus 1 g 3-Formyl-4-methoxybenzophenon analog **V**; aus A. gelbe Nadeln; 0,6 g. — *2.4'-Dimethoxy-2'-hydroxy-* (**VII**), $C_{24} \cdot H_{20}O_5$, F. 143–144° (A.), aus 1 g 3-Formyl-4-methoxybenzophenon analog **V**; 0,6 g. — *2.2'.4-Trimethoxy-,* $C_{25}H_{22}O_5$, F. 151–152°, aus vorst. Verb. u. Dimethylsulfat. — *6-Benzoylcumarinsäure-(3),* $C_{17}H_{10}O_5$, F. 202° aus dem Äthylester u. NaOH; aus Bzl. Nadeln. *Äthylester,* $C_{19}H_{14}O_5$, F. 173° (verd. A.), aus 2 g **III** u. Malonsäurediäthylester; 1,3 g. — *6-Benzoylcumarin,* $C_{16}H_{10}O_3$, F. 140–141°, a) aus 0,5 g vorst. Säure, Chinolin u. Cu; 0,2 g; aus 2 g **III**, Acetanhydrid u. Na-Acetat; aus verd. A. gelbe Nadeln. **DNP**, $C_{22}H_{14}N_4O_6$, F. 253° (Essigsäure). — 5'-Benzoylflavone: *2'-Hydroxy-,* $C_{22}H_{14}O_4$, F. 263 bis 265° (A.), aus 1 g **V** u. SeO_2; 0,3 g. — *2'-Methoxy-,* $C_{23}H_{16}O_4$, F. 163–164° (A.), aus 1 g **VI** u. SeO_2; 0,4 g. **DNP**, $C_{29}H_{20}N_4O_7$, F. 265° (Essigsäure). — *7.2'-Dimethoxy-,* $C_{24}H_{18}O_5$, F. 173° (A.), aus **VII** u. SeO_2. H. Gleinig 1160△

1145 **Spaltungs-Reaktionen von 4'-Dimethylamino-2.2.2-tris-[p-dimethylaminophenyl]-acetophenon und einer verwandten Verbindung.** R. B. Sandin, R. M. Elofson und K. F. Schulz. (Canad. J. Chem. **45** (1967) 3, 203–06; Edmonton, Alberta, Univ., Dep. of Chem.; engl.) — UV-Bestrahlung von 4'-Dimethylamino-2.2.2-tris-[p-dimethylaminophenyl]-acetophenon (**I**) bzw. *2.2-Bis-[p-dimethylaminophenyl]-2-phenylacetophenon* in Ggw. von Jod liefert die *Trijodide* von *Kristallviolett* (**III**) bzw. *Malachitgrün* (**IV**). Bestrahlen von **I** in Ggw. von Luft gibt ein **I**-*Tetraoxid* (**II**).

Versuche: *4-Dimethylamino-2.2.2-tris-[p-dimethylaminophenyl]-acetophenon* (**I**), nach R. M. Elofson (J. org. Chemistry **25** (1960) 305). — **III**-*Trijodid,* $C_{25}H_{30} \cdot J_3N_3$, aus 0,5 g **I**; violett; 0,25 g (Ausb.). — *2.2-Bis-[p-dimethylaminophenyl]-2-phenylacetophenon,* F. 218° (A.), aus **I**. — **IV**-*Trijodid,* $C_{23}H_{25}J_3N_2$, aus 0,5 g vorst. Verb.; bronzefarben; 0,25 g. — **I**-*Tetraoxid* (**II**), aus **I**; brillantblau.

$$(CH_3)_2N{-}C_6H_4{-}\overset{\displaystyle O}{\overset{\|}{C}}{-}O_2{-}O_2{-}C[C_6H_4N(CH_3)_2]_3 \qquad \textbf{II}$$

H. Gleinig 1160△

1146 **Stabilität von Bis-[triorganosilyl]-Derivaten einiger Dicarbonsäuren.** G. Schott und G. Henneberg. (Z. Chem. **7** (1967) 1, 21–22; Inst. für Anorgan. Chemie, Univ. Rostock; dt.) — Durch Rk. der entsprechenden Trialkylchlorsilane mit Dicarbonsäuren wurden *Bis-[trimethylsilyl]-fumarat, -maleinat, -phthalat, -isophthalat, -terephthalat, Bis-[triäthylsilyl]-fumarat, -phthalat, -isophthalat, -terephthalat, Bis-[triphenylsilyl]-fumarat, -maleinat, -phthalat, -isophthalat, -terephthalat, Bis-[tris-(p-fluorphenyl)-silyl]-isophthalat, -terephthalat, Bis-[tris-(p-chlorphenyl)-silyl]-isophthalat, -terephthalat, Bis-[tris-(p-bromphenyl)-silyl]-fumarat, -phthalat, -isophthalat, -terephthalat, Bis-[tris-(p-tolyl)-silyl]-fumarat, -maleinat, -phthalat, -isophthalat* u. *-terephthalat* dargestellt. D. Strauch 1220

1147 **Trifluormethylmalodinitril. Reaktion von 1.1-Dichlor-2.2-dicyanäthylen mit Silberfluorid.** A. D. Josey, C. L. Dickinson, K. C. Dewhirst und B. C. McKusick. (J. org. Chemistry **32** (1967) 6, 1941–44; E. I. du Pont de Nemours and Co., Wilmington, Del.; engl.) — Rk. von *1.1-Dichlor-2.2-dicyanäthylen* (**I**) mit 4 Val AgF liefert das *Ag-Salz* des *Trifluormethylmalodinitrils* (**IV**), das mit HCl in das stark saure **IV** übergeführt wird. Behandeln von **I** mit 2 Val AgF liefert Lsg., aus denen mit N.N-Dimethylanilin (**V**) *1-Fluor-1-[4-dimethylaminophenyl]-2.2-dicyanäthylen* erhalten wird; Isolierung der wahrscheinlichen Zwischenstufe, 1.1-Difluor-2.2-dicyanäthylen, gelang nicht. Das Cl-Atom von *1-Chlor-1-[4-dimethylaminophenyl]-2.2-dicyanäthylen* (**VI**) ist leicht durch nucleophile Gruppen austauschbar.

Versuche: *1-Chlor-2.2-dicyanäthylen,* Kp.$_{10}$ 73°, durch Zugabe von Malodinitril, Äthylformiat u. abs. A. zu K in warmem abs. A., 1,5std. Kochen, Kühlen, Waschen des *K-Salzes* des *Hydroxymethylenmalodinitrils* (76%) mit Ae., Trocknen, Aufschlämmen in CH_2Cl_2 u. 4std. Kochen mit PCl_5; n_D^{25} 1,4930; 62% (Ausb.). — *1.1.2-Trichlor-2.2-dicyanäthan* (**II**), F. 46–47°, Kp.$_{15}$ 76–76,5°, durch Sättigen vorst. Verb. in CH_2Cl_2 mit Cl_2, Zugabe von wenig Triäthylamin (**III**) u. 8std. Einleiten von Cl_2; aus Pentan Nadeln; 92%. — *1.1-Dichlor-2.2-dicyanäthylen* (**I**), F. 61,5–62°, durch Zutropfen von **III** in abs. Ae. zu **II** in abs. Ae. unter Eiskühlung, 10 Min. langes Rühren, Filtrieren, Eindampfen u. Subl. bei

70°/10 Torr; aus Hexan Prismen; 84%. — *1.1.1-Trifluor-2.2-dicyanäthan* (*Trifluormethylmalodinitril*, **IV**), $C_4HF_3N_2$, Kp.$_{100}$ 77–78°, durch Zutropfen (15–20 Min.) von **I** in Acetonitril zu trockenem AgF in abs. Acetonitril unter Kühlen, 2std. Rühren bei Raumtemp., Suspendieren des rohen *Ag-Salzes* in abs. Ae. u. Einleiten von HCl; n_D^{25} 1,3347; 67%. *Ag-Salz*, $C_4AgF_3N_2$, durch Behandeln von **IV** in kaltem A. mit überschüssiger 5%ig. alkohol. $AgNO_3$-Lsg. u. Waschen des Nd. mit A. u. Ae. — *3.3.3-Trifluorpropionsäure*, durch 6std. Erhitzen von 0,7 ml **IV** in 12 n HCl auf 100–120°; strohfarbene Fl.; 0,78 g. *Anilid*, F. 121–122°. — *1.1.1-Trifluor-2.2-dicyan-3-phenylpropan*, $C_{11}H_7F_3N_2$, F. 72–73° (Pentan), durch Zugabe von Benzylbromid in Ae. zum **IV**-Ag-Salz in abs. Ae., Rühren über Nacht bei Raumtemp., 1std. Kochen u. Subl. bei 60°/93 Torr; 42%. — 1-[4-Dimethylaminophenyl]-2.2-dicyanäthylene: *1-Fluor-*, $C_{12}H_{10}FN_3$, F. 161–164°, a) durch 1/2std. Zugabe von AgF zu **I** in abs. Acetonitril unter Kühlen, 1/4std. Rühren, Filtrieren, Behandeln des Filtrats mit **V** u. 5std. Stehen bei Raumtemp.; aus $CHCl_3$/Methylcyclohexan (Kohle) orangefarbene Nadeln; b) durch 1/2std. Zugabe von AgF zu **VI** in abs. Acetonitril unter Kühlen u. 65std. Rühren; 77%; liefert durch Kochen in abs. A. **VII**. — *1-Chlor-* (**VI**), $C_{12}H_{10}ClN_3$, F. 132–134°, durch Zutropfen von **V** in abs. Ae. zu **I** in abs. Ae. u. Eindampfen nach 2 Std.; orangefarben; 76%. — *1-Äthoxy-* (**VII**), $C_{14}H_{15}N_3O$, F. 90° (Methanol/W.), durch Zugabe von **VI** in warmem abs. A. zu Na in abs. A.; orangegelb. — *1-[p-Toluolsulfonyl]-*, $C_{19}H_{17}N_3O_2S$, F. 155–157° (CH_2Cl_2/Ae.), durch portionsweise Zugabe von Na-p-Toluolsulfinat zu **VI** in DMF u. 5 Min. langes Rühren; 70%. — *N-[1-(4-Dimethylaminophenyl)-2.2-dicyanvinyl]-pyridiniumchlorid*, $C_{17}H_{15}ClN_4$, F. 147–148° (A./2% Py.), durch Zugabe von Py. zu **VI** in A. u. 4std. Stehen; orangefarben; 76%. — *1.1-Difluor-2-chlor-2.2-dicyanäthan*, $C_4HClF_2N_2$, Kp.$_{200}$ 77 bis 79°, durch langsame Zugabe von AgF zu **II** in abs. Acetonitril u. 1/4std. Rühren bei Raumtemp.; $D.^{27}$ 1,34; 48%.

H. Miele 1220△

1148 **Trimesinsäureester durch Formylierung mit Kohlenmonoxid.** James W. Patton und Marion O. Son. (J. org. Chemistry **32** (1967) 6, 2017–19; Marathon Oil Co., Denver Res. Center, Littleton, Colo.; engl.) — Umsetzung von Methylacetat (**I**) u. $NaOCH_3$ mit CO unter Druck bei Raumtemp. liefert neben *Methylformiat* das *Na-Salz* (**II**) des *Formylessigsäuremethylesters*, das beim Ansäuern unter Selbstkondens. in *Trimesinsäuretrimethylester* übergeht. Ein Rk.-Mechanismus wird diskutiert. Eine NMR-spektroskop. Analysenmeth. für **II** ist angegeben.

Versuche: *Trimesinsäuretrimethylester*, F. 142 bis 144° (Methanol), durch 16std. Rk. von $NaOCH_3$ u. **I** mit CO bei 890 p.s.i.g. u. 25°, Ansäuern mit 10 m Essigsäure u. 3std. Erhitzen auf 50°; 51,7% (Ausb.).

H. Miele 1230△

1149 **Synthese und Vergleich der lokalanästhetischen Wirkung einiger neuer O- und S-Dialkylaminoalkylthioester.** 2. Mitt. P. Reynaud, P. Bourrinet und B. Mazière. (Chim. thérapeut. **2** (1967) 3, 213–20; Paris, Fac. de Pharmac.; franz.) — 1. vgl. ibid. **2** (1967) 1, 25. — Durch Umesterung von p-Äthoxy- u. p-Propoxythiobenzoesäure-O-äthylestern mit den entsprechenden Aminoalkoholen werden zahlreiche *p-Äthoxy-* u. *p-Propoxythiobenzoesäure-O-dialkylaminoalkylester* (**A**) dargestellt, die teilweise in die entsprechenden *p-Alkoxythiobenzoesäure-S-dialkylaminoalkylester* (**B**) umgelagert werden. Die *p-Alkoxythiobenzoesäure-O-[β-dimethylaminoäthylester]* u. *-O-[γ-dimethylaminopropylester]* können ohne Umlagerung dest. werden. Die lokalanästhet. Wrkg. der **A** u. **B** wird mit der von Cocainhydrochlorid (**I**) nach der Meth. von Regnier [1929] verglichen. Einige **A** sind 3–7mal akt. als **I**, zeigen jedoch Reizwirkung.

Versuche: p-Äthoxythiobenzoesäureester: *O-[1-Äthylpiperidyl-(3)]-ester*, F. 38–39°; 91% (Ausb.). *Hydrochlorid*, $C_{16}H_{23}NO_2S \cdot HCl$, F. 181° (A./Ae.). — *O-[β-Piperidinoäthyl]-ester*, *Hydrochlorid*, $C_{16}H_{23}NO_2S \cdot HCl$, F. 166° (A./Ae.); 96%. *Pikrat*, $C_{22}H_{26}N_4O_9S$, F. 140° (A./CH_2Cl_2). *Hydrogenmaleat*, $C_{20}H_{27}NO_6S$, F. 144° (A./Ae.). — *O-[β-Morpholinoäthyl]-ester*, F. 54°. *Hydrochlorid*, $C_{15}H_{21}NO_3S \cdot HCl$, F. 165° (A./Ae. oder W.); 80%. *Pikrat*, $C_{21}H_{24}N_4O_{10}S$, F. 171° (CH_2Cl_2/A.). *Hydrogenmaleat*, $C_{19}H_{25}NO_7S$, F. 154° (A./Ae.). — *O-[β-Pyrrolidinoäthyl]-ester*, *Hydrochlorid*, $C_{15}H_{21}NO_2S \cdot HCl$, F. 155° (A./Ae.); 47%. *Pikrat*, $C_{21}H_{24}N_4O_9S$, F. 132° (CH_2Cl_2/A.). *Hydrogenmaleat*, $C_{19}H_{25}NO_6S$, F. 157° (A./Ae.). — *O-[β-Dimethylaminoäthyl]-ester*, *Hydrochlorid*, $C_{13}H_{19}NO_2S \cdot HCl$, F. 156° (A./Ae.); 88%. *Pikrat*, $C_{19}H_{22}N_4O_9S$, F. 138° (CH_2Cl_2/A.). *Hydrogenmaleat*, $C_{17}H_{23}NO_6S$, F. 155° (A./Ae.). — *O-[β-Diisopropylaminoäthyl]-ester*, *Hydrochlorid*, $C_{17}H_{27}NO_2S \cdot HCl$, F. 146° (A./Ae.); 88%. *Pikrat*, $C_{23}H_{30}N_4O_9S$, F. 141° (CH_2Cl_2/A.). *Hydrogenmaleat*, $C_{21}H_{31}NO_6S$, F. 119° (A./Ae.). — *O-[β-Di-n-butylaminoäthyl]-ester*, *Hydrochlorid*, $C_{19}H_{31}NO_2S \cdot HCl$, F. 136° (A./Ae.); 86%. *Pikrat*, $C_{25}H_{34}N_4O_9S$, F. 100° (CH_2Cl_2/A.). — *O-[γ-Dimethylaminopropyl]-ester*, *Hydrochlorid*, $C_{14}H_{21}NO_2S \cdot HCl$, F. 135° u. F. 143–144° (A./Ae.); 73%. *Pikrat*, $C_{20}H_{24}N_4O_9S$, F. 146° (A./CH_2Cl_2). *Hydrogenmaleat*, $C_{18}H_{25}NO_6S$, F. 148° (A./Ae.). — *S-[1-Äthylpiperidyl-(3)]-ester*, Kp.$_{0,05}$ 157°; 80%. *Hydrochlorid*, $C_{16}H_{23}NO_2S \cdot HCl$, F. 129° (A./Ae.). — *S-[β-Piperidinoäthyl]-ester*, Kp.$_{0,02}$ 163°; 71%. *Hydrochlorid*, $C_{16}H_{23}NO_2S$, F. 188° (A./Ae.). — *S-[β-Morpholinoäthyl]-ester*, F. 71°; 78%. *Hydrochlorid*, $C_{15}H_{21}NO_3S \cdot HCl$, F. 163° (A./Ae.). — *S-[β-Diisopropylaminoäthyl]-ester*, Kp.$_{0,03}$ 150°; 88%. *Hydrochlorid*, $C_{17}H_{27}NO_2S \cdot HCl$, F. 139° (A./Ae.). *Pikrat*, $C_{23}H_{30}N_4O_9S$, F. 128° (CH_2Cl_2/A.). — *S-[β-Di-n-butylaminoäthyl]-ester*, Kp.$_{0,02}$ 161°; 88%. *Hydrochlorid*, $C_{19}H_{31}NO_2S \cdot HCl$, F. 135° (A./Ae.). *Pikrat*, $C_{25}H_{34}N_4O_9S$, F. 100° (CH_2Cl_2/A.). — p-Propoxythiobenzoesäureester: *O-[1-Äthylpiperidyl-(3)]-ester*, *Hydrochlorid*, $C_{17}H_{25}NO_2S \cdot HCl$, F. 155° (A./Ae.); 86%. *Pikrat*, $C_{23}H_{28}N_4O_9S$, F. 147° (CH_2Cl_2/A.). — *O-[β-Piperidinoäthyl]-ester*, *Hydrochlorid*, $C_{17}H_{25}NO_2S \cdot HCl$, F. 173° (A./Ae.); 94%. *Pikrat*, $C_{23}H_{28}N_4O_9S$, F. 116° (CH_2Cl_2/A.). *Hydrogenmaleat*, $C_{21}H_{29}NO_6S$, F. 135,5° (A./Ae.). — *O-[β-Morpholinoäthyl]-ester*, *Hydrochlorid*, $C_{16}H_{23}NO_3S \cdot HCl$, F. 163° (A./Ae.); 78%. *Pikrat*, $C_{22}H_{26}N_4O_{10}S$, F. 155° (CH_2Cl_2/A.). *Hydrogenmaleat*, $C_{20}H_{27}NO_7S$, F. 154° (A./Ae.). — *O-[β-Pyrrolidinoäthyl]-ester*, *Hydrochlorid*, $C_{16}H_{23}NO_2S \cdot HCl$, F. 139° (A./Ae.); 55%. *Pikrat*, $C_{22}H_{26}N_4O_9S$, F. 145° (CH_2Cl_2/A.). *Hydrogenmaleat*, $C_{20}H_{27}NO_6S$, F. 169° (A./Ae.). — *O-[β-Dimethylaminoäthyl]-ester*, Kp.$_{0,05}$ 147–148°; 86,5%. *Hydrochlorid*, $C_{14}H_{21}NO_2S \cdot HCl$, F. 138–139° (A./Ae.). *Pikrat*, $C_{20}H_{24}N_4O_9S$, F. 133° (CH_2Cl_2/A.). *Hydrogenmaleat*, $C_{18}H_{25}NO_6S$, F. 175° (A./Ae.). — *O-[β-Diisopropylaminoäthyl]-ester*, *Hydrochlorid*, $C_{18}H_{29}NO_2S \cdot HCl$, F. 139° (A./Ae.); 86%. *Pikrat*, $C_{24}H_{32}N_4O_9S$, F. 129°. *Hydrogenmaleat*, $C_{22}H_{33}NO_6S$, F. 98° (A./Ae.). — *O-[β-Di-n-butylaminoäthyl]-ester*, *Hydrochlorid*, $C_{20}H_{33}NO_2S \cdot HCl$, F. 122° (A./Ae.); 92,5%. *Pikrat*, $C_{26}H_{36}N_4O_9S$, F. 90° (A.). — *O-[γ-Dimethylaminopropyl]-ester*, Kp.$_{0,03}$ 149°; 78%. *Hydrochlorid*, $C_{15}H_{23}NO_2S \cdot HCl$, F. 137° ($CH_2Cl_2$/PAe.), hygroskopisch. *Pikrat*, $C_{21}H_{26}N_4O_9S$, F. 119° (CH_2Cl_2/A.). *Hydrogenmaleat*, $C_{19}H_{27}NO_6S$, F. 153° (A./Ae.). — *S-[β-Piperidinoäthyl]-ester*, Kp.$_{0,05}$ 169°; 80%. *Hydrochlorid*, $C_{17}H_{25}NO_2S \cdot HCl$, F. 182° (A./Ae.). — *S-[β-Morpholinoäthyl]-ester*, F. 54°; 83%. *Hydrochlorid*, $C_{16}H_{23}NO_3S \cdot HCl$, F. 174° (A./Ae.). *Pikrat*, $C_{22}H_{26}N_4O_{10}S$, F. 147° (A./CH_2Cl_2). — *S-[β-Pyrrolidinoäthyl]-ester*, Kp.$_{0,04}$ 157–159°; 72%. *Hydrochlorid*, $C_{16}H_{23}NO_2S \cdot HCl$, F. 156° (A./Ae.). — *S-[β-Diisopropylaminoäthyl]-ester*, Kp.$_{0,01}$ 153°; 80%. *Pikrat*, $C_{24}H_{32}N_4O_9S$, F. 118° (A.). — *S-[β-Di-n-butylaminoäthyl]-ester*, Kp.$_{0,1}$ 183°; 82%. *Hydrochlorid*, $C_{20}H_{33}NO_2S \cdot HCl$, F. 130° (A./Ae.). *Pikrat*, $C_{26}H_{36}N_4O_9S$, F. 94° (A.).

Gottfried Schreiber 1250△

1150 **Synthese neuer substituierter p-Phenylendiamine.** A. E. Oberster, Kelly Farhat, R. W. Kibler, W. S. Cook, S. Y. Sctoodeh und G. E. P. Smith jun. (Canad. J. Chem. **45** (1967) 3, 195–201; Akron, O., The Firestone Tine and Rubber Co.; engl.) — Zahlreiche *N.N'-substituierte p-Phenylendiamine* (**A**) werden dargestellt. In einigen der **A** ist eines der N-Atome Teil eines heterocycl. Ringes. Alle, bes. die heterocycl. 6-Ringe enthaltenden **A** zeigen Schutzwrkg. gegenüber O_3. Alle **A** außer den Pyrrolidinderiv. sind gegenüber Haut nicht toxisch. Von bes. Interesse sind die untox. **A** mit gleichzeitig hoher Schutzwrkg. gegenüber O_3: **III**, **IV**, **V**, **VII**, **B** (s. S.). IR- u. KMR-Spektren vgl. Original.

Versuche: N'-Phenyl-p-phenylendiamine: *N.N'-Dimethyl-N-isopropyl-* (**I**), $C_{17}H_{22}N_2$, F. 59–60°

(PAe.), a) aus N-Isopropyl-N'-phenyl-p-phenylendiamin (**II**) u. Trimethylphosphat; 55% (Ausb.); b) aus **I**-*Dihydrochlorid* (F. 177–180°) u. CH_3OH, 55%; daneben nach a) u. b) 15% *N-Methyl-N-isopropyl-N'-phenyl-p-phenylendiamin* [$C_{16}H_{20}N_2$, F. 68–70° (PAe.)] sowie nach a) 7,8% **II**-*Isomeres* [$C_{15}H_{18}N_2$, F. 130° (Ae.–PAe.)]. — *N-Isopropyl-N'-methyl-*, $C_{16}H_{20}N_2$, aus p-Nitroso-N-methyldiphenylamin, Aceton u. H_2; 75%. — *N.N'-Diäthyl-N-isopropyl-*, analog **I** nach a), 47%; analog **I** nach b); Öl. — *N.N'-Di-n-propyl-N-isopropyl-*, analog **I** nach a); Öl; 46%. — *N.N'-Di-n-butyl-N-isopropyl-*, analog **I** nach a); Öl; 48%. — *N-Äthyl-N-isopropyl-*, F. 81–82°, analog **I** nach a); 52%; analog **I** nach b). — N'-Cyclohexyl-p-phenylendiamine: *N.N.N'-Trimethyl-*, analog **I** nach a); Öl; 33%. — *N.N.N'-Triäthyl-* (**III**), analog **I** nach a); Öl; 34%. — *N.N'-Dimethyl-N-isopropyl-* (**IV**), analog **I** nach a); Öl; 37%. — *N.N'-Diäthyl-N-isopropyl-* (**V**), analog **I** nach a); Öl; 31%. — *N.N'-Dimethyl-N-phenyl-*, analog **I** nach a); 24%; analog **I** nach b); Öl. — *N-Methyl-N-phenyl-*, F. 88–90°, analog **I** nach a); 40%; analog **I** nach b). — *N-Cyclohexyl-p-nitroanilin* (**VI**), $C_{12}H_{16}N_2O_2$, F. 99–101°, aus 1-Chlor-4-nitrobenzol (CNB) u. Cyclohexylamin; 44,4%. — p-Phenylendiamine: *N-Cyclohexyl-N'-isopropyl-*, aus 22 g **VI**, Aceton u. H_2 (Meth. **A**); 21,5 g. — *N-Cyclohexyl-*, $C_{12}H_{18}N_2$, F. 95° (Ae.), aus **VI** u. H_2. — *N.N'-Bis-[4-hydroxy-4-methylpentyl-(2)]-*, $C_{18}H_{32}N_2O_2$, F. 155–156° (Bzl.), nach Meth. **A**; daneben *Isomeres*, $C_{18}H_{32}N_2O_2$ mit F. 127 bis 129°. — *N-[4-Hydroxy-4-methylpentyl-2)]-N'-phenyl-* (**VII**), $C_{18}H_{24}N_2O$, nach Meth. **A**; Öl; 83%. — *2.3-Bis-[4-anilinoanilino]-pentan*, $C_{29}H_{32}N_4$, nach Meth. **A**; strohfarbenes Öl. — *2.4-Bis-[4-anilinoanilino]-pentan*, F. 135–137° (Ae./PAe.), nach Meth. **A**. — *2.5-Dimethyl-N-[4-anilinophenyl]-pyrrol*, $C_{18}H_{18}N_2$, F. 136 bis 137° (wss. A.), nach Meth. **A**. — Pyrrolidine, nach Meth. **A**: *N-[4-Isopropylaminophenyl]-*, Öl; 50%. — *N-[4-Cyclohexylaminophenyl]-*, F. 83°; 65%. — Piperidine, nach Meth. **A**: *N-[4-Isopropylaminophenyl]-*, Öl; 90%. — *N-{p-[4-Methylpentyl-(2)-amino]-phenyl}-*; Öl; 91%. — *N-[4-Cyclohexylaminophenyl]-*, F. 40–41,5°; 60%. — Hexamethylenimine, nach Meth. **A**: *N-[4-Isopropylaminophenyl]-*; Öl; 94%. — *N-[4-Cyclohexylaminophenyl]-*, F. 50–51°; 66%. — *N-{p-[4-Methylpentyl-(2)-amino]-phenyl}-*; Öl; 65%. — *N-{p-[4-Hydroxy-4-methylpentyl-(2)-amino]-phenyl}-*; Öl; 52%. — *N-{p-[Octyl-(2)-amino]-phenyl}-*, Öl; 80%. — Morpholine (**B**), nach Meth. **A**: *N-[4-Isopropylaminophenyl]-*, F. 101–102°; 66%. — *N-{p-[Octyl-(2)-amino]-phenyl}-*, F. 60–61°; 48%. — *N-[4-Cyclohexylaminophenyl]-*, F. 126–127°; 69%. — *N-{p-[Butyl-(2)-amino]-phenyl}-*, F. 85–87°; 70%. — *N-{p-[4-Methylpentyl-(2)-amino]-phenyl}-*, F. 64–66°; 61%. — 2.6-Dimethylmorpholine, nach Meth. **A**: *N-[4-Isopropylaminophenyl]-*; Öl; 70%. — *N-[4-Cyclohexylaminophenyl]-*; Öl; 80%. *N-[4-Nitrophenyl]-pyrrolidin* (**VIII**), F. 169–171°, aus CNB u. 256 g Pyrrolidin; orangegelb; 184,3 g. — *N-[4-Nitrophenyl]-piperidin*, F. 102–104° analog **VIII**; orangefarben. — *N-[4-Nitrophenyl]-morpholin*, F. 150–151° (W.), analog **VIII**; gelb. — *N-[p-Nitrophenyl]-2.6-dimethylmorpholin*, analog **VIII**; orangefarben. — *N-[p-Nitrophenyl]-hexamethylenimin*, F. 76,2 bis 77°, analog **VIII**; aus Methanol hellgelbe Kristalle.
H. Gleinig 1310△

1151 **Darstellung neuer aliphatoaromatischer Aminoamide.** E. M. Čerkasova und E. Ja. Borisova. (Doklady Akad. Nauk SSSR **172** (1967) 6, 1350–52; Moskovskij inst. tonkoj chim. technologii im. M. V. Lomonosova; russ.) — Aus β-Aminoketonen entstehen durch Red. mit Natriumboranat in Methanol *Aminoalkohole* (**A**), wobei die charakterist. Desaminierung ausbleibt. Die **A** reagieren mit Acetonitril in H_2SO_4 zu den entsprechenden *Aminoamiden* (**B**). Als Nebenprod. wurde *Acetamid* isoliert. Von den **B** wurden die *Chlorhydrate* bzw. *Jodmethylate* dargestellt. Der Nachw. der **B** erfolgte durch Dünnschichtchromatographie u. IR-Spektroskopie. IR-Spektren der **B** s. Original.

Versuche: *1-Phenyl-2-methyl-3-[4-morpholino]-propanol-(1)*, $C_{14}H_{21}NO_2$, Kp.$_{0,3}$ 142–143°, nach 24std. Rk. von β-[4-Morpholino]-α-methyl-propiophenon mit wss. $NaBH_4$-Lsg. in Methanol mit 18%ig. HCl versetzen u. mit Ae. extrahieren; 54,7% (Ausb.). — 1-Phenyl-1-[N-acetamino]-3-aminopropane, 0,1 Mol der **A** in 0,35 Mol Acetonitril werden tropfenweise mit 0,6 Mol 98%ig. H_2SO_4 versetzt, 1 Std. wird gerührt, nach 24std. Stehen bei Zimmertemp. in Eiswasser gegossen u. anschließend mit Ae. extrahiert: *-3-dimethylaminopropan*, $C_{13}H_{20}N_2O$, F. 55–56°, Kp.$_{0,08}$ 164–166°; 67,0%. *Chlorhydrat*, F. 99–100° (Aceton/A.). *Jodmethylat*, $C_{14}H_{23}JN_2O$, F. 186–187° (abs. A.). — *-3-diäthylaminopropan*, $C_{15}H_{24}N_2O$, Kp.$_{0,1}$ 150–151°; 62,8%. *Jodmethylat*, $C_{16}H_{27}JN_2O$, F. 126–127° (abs. A.). — *-3-[4-morpholino]-propan*, $C_{15}H_{22}N_2O_2$, Kp.$_{0,15}$ 180–181°; 52,0%. *Jodmethylat*, $C_{16}H_{25}JN_2O_2$, F. 180–182° (abs. A.). — *-2-methyl-3-[4-morpholino]-propan*, $C_{16}H_{24}N_2O_2$, F. 87 bis 89°, Kp.$_{0,28}$ 181–182°; 66,0%. *Chlorhydrat*, F. 142 bis 143° (Aceton/A.).
Ch. Maniewski 1320

1152 **Trialkalisalze des N-Acetyl-α-benzoylacetamids. Kondensationen mit elektrophilen Reagenzien.** James F. Wolfe und Chung-ling Mao. (J. org. Chemistry **32** (1967) 6, 1977–81; Dep. of Chem., Va. Polytechnic Inst., Blacksburg, Va.; engl.) — Umsetzung von N-Acetyl-α-benzoylacetamid (**I**) mit 3 Val Alkaliamid in fl. NH_3 gibt das *1.3.5-Trikalium-* (**IIa**) bzw. *1.3.5-Trinatriumsalz* (**IIb**). **IIa** liefert mit Benzylchlorid (**III**) bzw. CH_3J *N-[β-Phenylpropionyl]-* (**IV**) bzw. *N-Propionyl-α-benzoylacetamid* (**V**), deren Struktur durch saure Hydrolyse zu *Acetophenon*, Cyclisierung mit N_2H_4 zu *3-Phenylpyrazolon-(5)* u., im Falle von **V**, durch unabhängige Synth. gesichert wird. Rk. von **IIa** mit Benzhydrylchlorid (**VI**) gibt *Tetraphenyläthylen*. **IIb**, das zur Alkylierung weniger geeignet ist, reagiert mit aromat. Ketonen zu *N-[β-Hydroxy-β-arylhydrocinnamoyl]-*, u. mit p-substituierten Aldehyden zu *N-[β-Hydroxy-p-substituierten-hydrocinnamoyl]-α-benzoylacetamiden*, die leicht zu den entsprechenden *ungesätt. β-Ketimiden* dehydratisiert werden. Ähnliche Kondens. an der CH_3-Gruppe des N-Acetyl-α-benzoylphenylacetamids mittels 3 Val Alkaliamid gelangen nicht. NMR-Daten sind tabelliert.

Versuche: *N-[β-Phenylpropionyl]-α-benzoylacetamid* (**IV**), $C_{18}H_{17}NO_3$, F. 122–123°, a) durch Zugabe von **I** zu KNH_2 in fl. NH_3, $^1/_2$std. Rühren [→ *Trikaliumsalz* (**IIa**)], Zugabe von **III** in abs. Ae., 1std. Rühren u. Neutralisieren mit überschüssigem NH_4Cl; aus A. Nadeln; 69% (Ausb.); b) analog a) aus dem *Trinatriumsalz* (**IIb**) von **I**; 8%. — *N-Propionyl-α-benzoylacetamid* (**V**), $C_{12}H_{13}NO_3$, F. 117–118°, a) analog **IV** aus **IIa** in fl. NH_3 u. CH_3J in Ae. in 40 Min.; aus A. Nadeln; 48%; b) durch 48std. Rühren von Benzoylacetonitril, $BF_3 \cdot 2CH_3COOH$ u. Propionsäureanhydrid bei Raumtemp.; Zugabe zu Na-Acetat-Trihydrat in W., 24std. Rühren bei Raumtemp. u. Neutralisieren mit $NaHCO_3$; 53%. — *Tetraphenyläthylen*, F. 222–224°, analog **IV** aus **IIa** in fl. NH_3 u. **VI** in abs. Ae. in 30 Min.; 69%. — *Acetophenon*, Kp.$_{740}$ 198–200°, a) durch 13std. Kochen von **IV** in 6 n HCl; 58% [daneben 76% *Hydrozimtsäure*, F. 48 bis 49° (PAe.)]; b) analog aus **V**; 58%; c) durch 15std. Kochen von **IX** in 3 n KOH; 50% [daneben *β-Phenylzimtsäure*, F. 145–155 u. 159–161° (A.); 98%]; d) durch 28std. Kochen von **X** in 6 n HCl; 66% [daneben *β-Styrylzimtsäure*, F. 140–142° (wss. A.); 88%]; e) analog c) aus **XIV**; 60% (daneben *p-Methoxyzimtsäure*, F. 171 bis 173°; 59%); f) analog e) aus 0,4 g **XVI** mit 20%ig. NaOH; 68% (daneben *p-Chlorzimtsäure*, F. 248 bis 250°; 0,19 g); g) analog d) aus **XV** in 36 Std.; 77% (daneben *p-Methylzimtsäure*, F. 197–199°; 83%). *2.4-Dinitrophenylhydrazon*, F. 240–242° (Zers.). — *3-Phenylpyrazolon-(5)*, F. 242–244°, durch 1std. Kochen von **IV** bzw. **V** mit 95%ig. N_2H_4 in A.; 60 bzw. 55%. — α-Benzoylacetamide, durch Zugabe des betreffenden Ketons in abs. Ae. zu **IIb** in fl. NH_3, 1–5 Min. langes Rühren, Abdampfen des NH_3 (Meth. **A**) bzw. Gießen in überschüss. NH_4Cl in fl. NH_3 u. Abdampfen des NH_3 (Meth. **B**) bzw. Zugabe von NH_4Cl u. Abdampfen des NH_3 (Meth. **C**), Zugabe des gleichen Vol. Ae., Gießen in 12 n HCl/Eis, u. Ausäthern der wss. Phase: *N-[β-Hydroxy-β-phenylhydrocinnamoyl]-* (**VIII**), $C_{24}H_{21}NO_4$, F. 147 bis 148° (A.), nach **A** aus Benzophenon; 40%. — *N-[β-Phenyl-p-methoxycinnamoyl]-*, $C_{25}H_{21}NO_4$, F. 173–174° (abs. A.), nach **B** aus p-Methoxybenzophenon; 47%. —

N-[β-Hydroxy-β-styrylhydrocinnamoyl]-, $C_{26}H_{23}NO_4$, F. 147—149° (Zers., abs. A.), nach **C** aus Chalkon; 58%. — *N-[β-Phenylcinnamoyl]-* (**IX**), $C_{24}H_{19}NO_3$, F. 138—139° (A.), durch 3std. Kochen von **VIII** in Bzl. in Ggw. von p-Toluolsulfonsäure u. Kühlen; 94%. — *N-[β-Styrylcinnamoyl]-* (**X**), $C_{26}H_{21}NO_3$, F. 171—173° (Äthylacetat), analog **IX** aus vorvorst. Verb.; 85%. — *N-[β-Hydroxy-p-methoxyhydrocinnamoyl]-* (**XI**), $C_{19}H_{19}NO_5$, F. 119—120° (Isopropanol/PAe.), nach **C** aus Anisaldehyd; 70%. — *N-[β-Hydroxy-p-methylhydrocinnamoyl]-* (**XII**), $C_{19}H_{19} \cdot NO_4$, F. 128,5—129,5° (abs. A.), nach **B** aus p-Methylbenzaldehyd; 56%. — *N-[β-Hydroxy-p-chlorhydrocinnamoyl]-* (**XIII**), $C_{18}H_{16}ClNO_4$, F. 125,5—127° (A.), nach **B** aus p-Chlorbenzaldehyd; 41%. — *N-[p-Methoxycinnamoyl]-* (**XIV**), $C_{19}H_{17}NO_4$, F. 171—172° (Methanol), analog **IX** aus **XI**; 60%. — *N-[p-Methylcinnamoyl]-* (**XV**), $C_{19}H_{17}NO_3$, F. 173—175° (A.), durch 1/2std. Stehen von **XII** in konz. H_2SO_4 bei Raumtemp. u. Gießen auf Eis; 79%. — *N-[p-Chlorcinnamoyl]-* (**XVI**), $C_{18}H_{14}ClNO_3$, F. 179—181° (A.), analog **XV** aus **XIII**; 67%.

H. Miele 1610△

1153 **Weitere Reaktionen von sekundären Aminen und Arsinen mit Fluorcycloolefinen.** W. R. Cullen und P. S. Dhaliwal. (Canad. J. Chem. **45** (1967) 7, 719—24; Chem. Dep., Univ. of British Columbia, Vancouver, British Columbia; engl.) — Die Rk. von sek. Aminen u. Arsinen mit Fluorcycloolefinen wird auf ihre allg. Natur hin untersucht. IR- u. NMR-Spektren vgl. Original.

Versuche: Cyclobutene: *1-Dimethylarsino-2H-tetrafluor-*, $C_6H_7AsF_4$, Kp. 153°, aus 1H-2-Chlortetrafluorcyclobuten (**I**) u. Dimethylarsin (**II**); daneben 50% *Chlordimethylarsin* (**IV**). — *1-Diäthylamino-2H-tetrafluor-*, $C_8H_{11}F_4N$, Kp.$_{59}$ 112°, aus **I** u. Diäthylamin (**III**); 50% (Ausb.). — *1-Dimethylarsino-2-äthyltetrafluor-*, $C_8H_{11}As \cdot F_4$, Kp.$_{59}$ 102°, aus 1-Äthyl-2-chlortetrafluorcyclobuten (**VI**) u. **II**; 83%. — *1-Dimethylaminopentafluor-*, $C_6H_6F_5N$, Kp.$_{117,5}$ 88°, aus Hexafluorcyclobuten (**VII**) u. Dimethylamin; 92%. — *1-Dimethylarsino-2-diäthylamino-tetrafluor-*, $C_{10}H_{16}AsF_4N$, Kp.$_{0,01}$ 68°, aus 1-Dimethylarsinopentafluorcyclobuten u. **III**; 59%. — *1-Diäthylaminopentafluor-*, $C_8H_{10}F_5N$, Kp.$_{55}$ 80°, aus **VII** u. **III**; 86%. — *1-Diäthylamino-2-chlortetrafluor-*, $C_8H_{10}ClF_4N$, Kp.$_{46}$ 112°, aus 1.2-Dichlortetrafluorcyclobuten u. **III**; 90%. — *1-Dimethylarsino-2H-hexafluorcyclopenten*, $C_7H_7AsF_6$, Kp.$_{100}$ 95°, aus 1H-2-Chlorhexafluorcyclopenten (**V**) u. **II**; daneben **IV**. — *1-Diäthylamino-2H-hexafluorcyclopenten*, $C_9H_{11}F_6N$, Kp.$_{35}$ 108—110°, aus **V** u. **III**; 83%. — *Prod. vom F. 118—123°*, fluorfrei, aus 1-Methoxy-2-chlortetrafluorcyclobuten u. Tetramethyldiarsin. — *1-Diäthylamino-2-chloroktafluorcyclohexen*, $C_{10}H_{10}ClF_8N$, Kp.$_9$ 64—66°, aus 12,7 g 1.2-Dichloroktafluorcyclohexen u. **III**; 6,8 g. — *1-Diäthylamino-2-chlorhexafluorcyclopenten*, $C_9H_{10}ClF_6N$, Kp.$_{28}$ 104°, aus 1.2-Dichlorhexafluorcyclopenten u. **III**; 86%. — *Prod. vom Kp.*$_{45}$ 100°, aus **VI** u. **III**.

P. Boroffka 1810

1154 **Cyclobutenyl-Derivate des Phosphors und Schwefels.** W. R. Cullen, D. S. Dawson und P. S. Dhaliwal. (Canad. J. Chem. **45** (1967) 7, 683—90; engl.) — Vgl. vorst. Referat. — Die Rk. von *Diäthylphosphin* (**I**) u. weiteren Phosphinen bzw. Diphosphinen bzw. *Methanthiol* (**II**) mit Perhalogencyclobutenen der Struktur $XC{=}CY{-}CF_2{-}CF_2$ (X, Y = Cl, F) wird untersucht. IR- u. NMR-Spektren vgl. Original.

Versuche: *Bis-[trifluormethyl]-phosphin* (**III**), aus Jod-bis-[trifluormethyl]-phosphin u. Hg/HJ. — Cyclobutene: *1-Diäthylphosphinopentafluor-*, $C_8H_{10}F_5P$, F. 101—103°, aus Perfluorcyclobuten (**IV**) u. **I**; 11% (Ausb.) — *2-Chlor-1-diäthylphosphinotetrafluor-*, $C_8H_{10}ClF_4P$, aus 1.2-Dichlortetrafluorcyclobuten (**V**) u. **I**; 36%. — *1.2-Bis-[diphenylphosphino]-tetrafluor-*, $C_{28}H_{20}F_4P_2$, F. 129,5 bis 130,5° (Aceton), aus **IV** u. Diphenylphosphin (**VI**); 11%. — *1.2-Bis-[dimethylphosphino]-tetrafluor-*, F. 137 bis 139° (CCl_4), aus Tetramethyldiphosphin u. **V**; 8%. *Monoxid*, $C_8H_{12}F_4OP_2$. — *Bis-[trifluormethyl]-phosphinopentafluor-*, aus Tetrakis-[trifluormethyl]-diphosphin u. **IV**. — *1-Methylmercaptopentafluor-*, $C_5H_3F_5S$, Kp. 104°, aus 10,9 g **IV** u. **II**; 2 g; daneben 3 g *1.2-Bis-[methylmercapto]-tetrafluorcyclobuten*, $C_6H_6F_4S_2$, Kp.$_{14}$ 85°. — *2-Chlor-1-methylmercaptotetrafluor-*, $C_5H_3ClF_4S$, Kp. 134 bis 135°, aus **II** u. **V**; 85%. — *1-Äthyl-2-methylmercaptotetrafluor-*, $C_7H_8F_4S$, Kp. 158°, aus 1-Äthyl-2-chlortetrafluorcyclobuten u. **II**. — *Diphenylphosphinotrifluorcyclobutenon*, $C_{16}H_{10}F_3OP$, F. 120—124°, aus **IV** u. Tetraphenyldiphosphin (**VII**). — *Verb.*, $C_{27}H_{21}F_5PO_3$, aus **V** u. **VII**. — *1-Chlor-1.2-H-2-methylmercaptotetrafluorcyclobutan*, $C_5H_5ClF_4S$, Kp. 138—139°, aus 1-H-2-Chlortetrafluorcyclobuten u. **II**; daneben 66% *Dimethyldisulfid*. — *1-Chlor-5-methylmercapto-2.3.3.4.4.-pentafluorcyclopenten*, $C_6H_4ClF_5S$, Kp. 155°, aus 1-H-2-Chlorhexafluorcyclopenten u. **II** in Ggw. von **VIII**. — *Trifluordiphenylphosphoran*, aus **V** u. **VI**; daneben *Diphenylphosphinsäurefluorid*. — *1-Methylmercapto-2-chlor-4.4-difluorcyclobutenon-(3)*, $C_5H_3ClF_2OS$, Kp.$_{10}$ 107°, aus 1-Methoxy-2-chlortetrafluorcyclobuten u. **II**; 30%; daneben *Gemisch aus 1-Methylmercaptobutenon* u. (evtl.) dem *disubstituierten Analogon* mit Kp.$_{10}$ 146—150°.

P. Boroffka 1810

1155 **Einfache Synthese von cis.cis-Cyclononadien-(1.5).** R. Vaidyanathaswamy und D. Devaprabhakara. (J. org. Chemistry **32** (1967) 12, 4143; Inst. of Techn., Kanpur, India; engl.) — Ausgehend von cis.cis-Cyclooctadien-(1.5) (**I**) wird über *Cyclononatrien-(1.2.6) cis.cis-Cyclononadien-(1.5)* dargestellt.

Versuche: *Cyclononatrien-(1.2.6)*, Kp.$_{13}$ 61°, aus **I**, Tetrabrommethan u. Methyl-Li in Ae.; 62% (Ausb.). — *cis.cis-Cyclononadien-(1.5)*, C_9H_{14}, Kp.$_{17}$ 56°, durch Umsetzen vorst. Verb. mit Na/fl. NH_3.

U. Knappe 1810

1156 **Ein stabiles Cyclopropanon (trans.-2.3-Bis-[tert.-butyl]-cyclopropanon).** José F. Pazos und Frederick D. Greene. (J. Amer. chem. Soc. **89** (1967) 4, 1030; Dep. of Chem., Mass. Inst. of Technol., Cambridge, Mass.; engl.) — Rk. von α-Bromdineopentylketon mit dem K-Salz von p-Chlorphenyldimethylcarbinol gab 20—40% (Ausb.) *trans-2.3-Bis-[tert.-butyl]-cyclopropanon* [(**I**), $C_{11} \cdot H_{20}O$, F. 24—26°]. Hydrierung von **I** an Pt gab 45% *Dineopentylketon*. — Rk. von **I** mit Benzylalkohol gab 65% *1-Benzyloxy-trans-2.3-bis-[tert.-butyl]-cyclopropanol* ($C_{18} \cdot H_{28}O_2$, F. 102—103°). IR-, UV-, NMR- u. Massenspektren vgl. Original.

J. Rothe 1960△

1157 **Carbonylierung der Organoborane aus der cyclischen Hydroborierung von Dienen mit Thexylboran. Einfaches Verfahren zur Umwandlung von Dienen in cyclische Ketone.** Herbert C. Brown und Eiichi Negishi. (J. Amer. chem. Soc. **89** (1967) 21, 5477—78; Purdue Univ., Lafayette, Ind.; engl.) — Cyclisierende Hydroborierung von Dienen mit Thexylboran [**I**, Thexyl = 2.3-Dimethylbutyl-(2)] liefert *1-Thexylboracyclane*, die durch Carbonylierung-Ox. in die betreffenden Ketone übergeführt werden. Die stereospezif. Synth. von *trans-Hydrindanon-(1)* wird beschrieben.

Versuche: Durch Hydroborierung–Carbonylierung-Ox. werden dargestellt: *3-Methylcyclopentanon*, a) aus 1-Thexyl-3-methylboracyclopentan [Kp.$_4$ 55°; n_D^{20} 1,4429; 54% (Ausb.)]; 86%; b) aus Isopren; 46%. — *3.4-Dimethylcyclopentanon* (cis:trans = 69:31), aus 2.3-Dimethylbutadien; 69%. — *Gemisch* (81:19) aus *2-Methylcyclopentanon* u. *Cyclohexanon*, aus Pentadien-(1.4); 75%. — *Gemisch* (78:1:21) aus *Cycloheptanon*, *2-Methylcyclohexanon* u. *2.5-Dimethylcyclopentanon*, aus Hexadien-(1.5); 80%. — *trans-Hydrindanon-(1)*, Kp.$_{0,5}$ 40—43°, durch gleichzeitige 3std. Zugabe von 1,77 m **I**-Lsg. in THF u. 1-Vinylcyclohexen in THF zu abs. THF bei 20—25°, 5std. Rühren bei Raumtemp., Zusatz von W., 3std. Carbonylierung bei 1000 p.s.i. u. 50° unter N_2 im Autoklaven, Ox. mit 3 m Na-Acetat-Lsg. u. 30%ig. H_2O_2 bei 30—50°, 1std. Erwärmen auf 50°, Kühlen, Sättigen mit K_2CO_3 u. Aufarbeiten; n_D^{20} 1,4782; 60%. *Oxim*, F. 145—146°.

H. Miele 1960△

1158 **Synthese von 2.2-disubstituierten 6-Cyancyclohexanonen.** Stuart S. Kulp. (Canad. J. Chem. **45** (1967) 17, 1981—86; Dep. of Chem., Moravian Coll., Bethlehem, Pa.; engl.) — Vgl. ibid. **43** (1965) 2512. — Synth. von *2.2-disubstituierten 6-Cyancyclohexanonen* (**A**) aus disubstituierten Acetonitrilen (**B**) wird beschrieben. Die als Zwischenprod. erhaltenen *3.3-disubstituierten 2-Amino-1-cyancyclohexene* (**C**) können, je nach den Rk.-Bedingungen, zu den **A**, den entsprechenden *Ketoamiden* oder *Ketonen* hydrolysiert werden. IR- u. UV-Spektren s. Original.

Versuche: 6-Chlorhexansäurenitrile (**D**), aus den **B** u. 1-Brom-4-chlorbutan nach l. c.: *2.2-Dimethyl-*, $Kp._3$ 110°; 60% (Ausb.). — *2.2-Diäthyl-*, $Kp._1$ 95—97°; 70%. — *2-Äthyl-2-phenyl-*, $Kp._{2-3}$ 148—155°; 68%. — *2.2-Phenyl-*, $Kp._1$ 195—198°; 56%. — Korksäuredinitrile neben **D**: *2.2.7.7-Tetramethyl-*, F. 91 bis 92,5°. — *2.7-Diäthyl-2.7-diphenyl-*, F. 183—185°. — *2.2.7.7-Tetraphenyl-*, F. 225—230° (roh). — Pimelinsäuredinitrile, aus den **D** u. NaCN in $(CH_3)_2SO$: *2.2-Dimethyl-*, $Kp._3$ 136—139°; 77%. — *2.2-Diäthyl-*, $Kp._2$ 132—135°; 57%. — *2-Äthyl-2-phenyl-*, F. 45,5—47°, $Kp._2$ 177—181°; 64%. — *2.2-Diphenyl-*, F. 74,5—75,5°; 70%. — 2-Amino-1-cyancyclohexene (**C**): *3-Äthyl-3-phenyl-* (**I**), $C_{15}H_{18}N_2$, F. 136—137° (Methanol), durch Zutropfen vorvorst. Verb. zu Li-Diäthylamid in sd. Ae., 4std. Kochen u. 12std. Stehen; 96%. — Analog: *Unsubstituiert* (**II**), $C_7H_{10}N_2$, F. 93—94,5°; 92%. — *3.3-Dimethyl-* (**III**), $C_9H_{14}N_2$, F. 54—55,5°, $Kp._3$ 125—130°; 87%. — *3.3-Diäthyl-* (**IV**), $C_{11}H_{18}N_2$, F. 93—94°; 51%. — *3.3-Diphenyl-* (**V**), $C_{19}H_{18}N_2$, F. 171,5—172,5°; 91%. — *2-Cyancyclohexanon*, $Kp._9$ 128—133°, durch Schütteln von **II** mit 2 n HCl; 60%. *2.4-Dinitrophenylhydrazon*, F. 187°. — 6-Cyancyclohexanone: *2.2-Dimethyl-*, $C_9H_{13}\cdot NO$, F. 108,5—110° (wss. Methanol), aus **III** u. konz. HCl bei Raumtemp.; 80%. — *2.2-Diäthyl-*, $C_{11}H_{17}NO$, F. 43,5 bis 44°, $Kp._1$ 135—138°, durch 2std. Kochen von **IV** in methanol. HCl; 84%. — *2-Äthyl-2-phenyl-* (**VI**), $C_{15}H_{17}\cdot NO$, F. 49—50,5° (Methanol), $Kp._1$ 192—194°, analog vorst. Verb. aus **I**; 95%. — *2.2-Diphenyl-* (**VII**), $C_{19}H_{17}\cdot NO$, F. 133,5—134° (Äthylacetat), aus **V**; 90%. — 6-Carbamoylcyclohexanone: *2.2-Diäthyl-*, $C_{11}H_{19}NO_2$, F. 88—90°, aus **IV** u. konz, HCl oder Polyphosphorsäure. — *2-Äthyl-2-phenyl-*, $C_{15}H_{19}NO_2$, F. 126,5—128° Methanol, aus **I** u. konz. HCl; liefert mit $POCl_3$ in sd. Äthylenchlorid **VI**. — *2.2-Diphenyl-*, $C_{19}H_{19}NO_2$, F. 171,5—172° (Methanol), aus **V** mit konz. H_2SO_4 oder Polyphosphorsäure; liefert mit $POCl_3$ in Äthylenchlorid **VII**. — Cyclohexanone: *2.2-Dimethyl-*, Kp. 170—172°, aus **III** u. sd. 20%ig. H_2SO_4. — *2-Äthyl-2-phenyl-*, aus **I** u. sd. konz. HCl. *2.4-Dinitrophenylhydrazon*, $C_{20}H_{22}N_4O_4$, F. 130 bis 131°. — *2.2-Diphenyl-*, F. 101—102° (Methanol), durch $^1/_2$std. Behandeln von **V** mit 80%ig. H_2SO_4, Verdünnen u. 18std. Erhitzen auf 100°. J. Rothe 1960△

1159 **Synthese und Struktur einiger Zerumbonhydrazone.** L. Yankov. (Doklady bolgarskoj Akad. Nauk **20** (1967) 8, 813—16; Inst. for Chem. Techn., Sofia; engl.) — *Zerumbonhydrazone* werden dargestellt u. mit Hilfe der NMR- u. IR-Spektroskopie in ihrer Struktur aufgeklärt. NMR-Spektren u. Max. der IR-Spektren vgl. Original.

Versuche: *Zerumbon, Cyanacethydrazon*, $C_{18}H_{25}\cdot N_3O$, F. 183—184,5°, aus Zerumbon durch $^3/_4$std. Kochen mit Cyanacethydrazid in A.; aus A. Nadeln; 85% (Ausb.). *Isonicotinoylhydrazon*, $C_{21}H_{27}N_3O$, F. 199—201°, analog vorst. Deriv. mit Isonicotinoylhydrazid; aus A. hellgelbe Krist.; 72%. G. Westphal 1960△

1160 **Acylcyclopentanone.** 7. Mitt. **Synthese von 2.5-Diacetylcyclopentanon-(1) und 2.5-Dibenzoylcyclopentanon-(1).** M. Vandewalle und S. Dewaele. (Bull. Soc. chim. belges **76** (1967) 7/8, 468—74; Labor. for Organ. Chem., State Univ., Ghent, Belgium; engl.) — *2.5-Diacetylcyclopentanon-(1)* (**II**) u. *2.5-Dibenzoylcyclopentanon-(1)* werden erhalten durch baseninduzierte Cyclisierung von 2-Acetyl-6-oxo-heptansäureäthylester bzw. 2.5-Dibenzoylpentansäureäthylester. Die Abtrennung der Verb. erfolgt durch präparative Gaschromatographie, die Strukturen werden durch PMR-Spektren gesichert. Max. der IR-Spektren vgl. Original.

Versuche: *2-Acetyl-6-oxo-heptansäureäthylester. 6-Äthylenacetal*, $C_{13}H_{22}O_5$, $Kp._{0,01}$ 114—115°, a) durch 10std. Kochen von 5-Brompentanon-(2)-äthylenacetal (**I**) mit Acetessigsäureäthylester in tert.-Butanol in Ggw. von K-tert.-Butylat; 71% (Ausb.); b) durch Zugabe von Acetessigsäureäthylester zu NaH in DMF/Bzl. unter N_2, Erwärmen auf 80°, Zugabe von KJ u. **I** u. 24std. Kochen; 71%; c) durch 0,5std. Erwärmen von K-Acetessigsäureäthylester in DMS mit **I** in Ggw. von KOH auf 80°; 36%. — *2-Acetyl-6-oxo-heptansäureäthylester*, durch 10 Min. langes Stehen von 10 g vorst. Verb. mit verd. HCl; 8,3 g. — *2.5-Diacetylcyclopentanon-(1)* (**II**), $C_9H_{12}O_3$, F. 67,5 bis 69° (Zers.; A.), $Kp._{0,05}$ 80—84°, durch 1std. Kochen vorst. Verb. mit K-tert.-Butylat in Toluol; 51%. — *2-Acetylcyclopentanon-(1)*, $Kp._{18}$ 90—108°, durch 1tägig. Stehen vorvorst. Verb. mit K-tert.-Butylat in Toluol bei Raumtemperatur. — *3-Methylcyclohepten-(2)-on-(1)*, $Kp._{15}$ 105—110°, neben vorst. Verb.; 7%. *Semicarbazon*, F. 213 bis 215°; daneben 5% **II**. — *2-Benzoyl-6-oxo-6-phenylhexansäureäthylester. 6-Äthylenacetal*, $C_{23}H_{26}O_5$, F. 44 bis 46° (Bzl./Hexan), $Kp._{0,02}$ 220—226°, durch 10std. Kochen von Benzoylessigsäureäthylester mit 1-Phenyl-4-brom-butanon-(1)-äthylenacetal in tert.-Butanol in Ggw. von K-tert.-Butylat; 75%. — *2.5-Dibenzoylcyclopentanon-(1)*, $C_{19}H_{16}O_3$, F. 122—124° (Bzl./Isooctan), durch 1std. Zugabe von K-tert.-Butylatlsg. zu vorst. Verb. in sd. Toluol; 53%. — *2-Acetyl-2-butyl-6-oxo-heptansäureäthylester. 6-Äthylenacetal*, $C_{17}H_{30}O_5$, $Kp._{0,03}$ 126—128°, durch Zugabe von K-tert.-Butylatlsg. zu 2-Butylacetessigsäureäthylester, Versetzen mit **I** u. 7std. Erhitzen auf 80 bis 90°; 60,5%. — *3-Methyl-7-butyl-cyclohepten-(2)-on-(1)*, $Kp._{0,02}$ 69—73°, durch 16std. Stehen vorst. Verb. mit K-tert.-Butylat in Toluol unter N_2 bei Raumtemp.; 61% (im Gemisch mit *3-Methyl-7-butylcyclohepten-(3)-on*). G. Westphal 1970△

1161 **Aminocyclite.** 14. Mitt. **Synthese von Streptamin und Actinamin.** Seiichiro Ogawa, Tadashi Abe, Hiroshi Sano, Keiji Kotera und Tetsuo Suami. (Bull. chem. Soc. Japan **40** (1967) 10, 2405—09; Dep. of Appl. Chem., Fac. of Eng., Keio Univ., Koganei-shi, Tokyo; engl.) — Vf. synthetisieren *Streptamin, Actinamin* u. *scyllo-Inosatriamin-(1.3.5)* ausgehend von 1.2.3.5-Tetra-O-acetyl-4.6-diazido-4.6-didesoxy-myo-inosit (**I**).

Versuche: Inosite: *5-O-Acetyl-4.6-diazido-4.6-didesoxy-myo-*, $C_8H_{12}N_6O_5$, F. 195—197° (A.), aus **I** u. methanol. NH_3 bei 0—5°; 65% (Ausb.). — *5-O-Acetyl-4.6-diazido-1.3-di-O-benzoyl-4.6-didesoxy-myo-* (**III**), $C_{22}\cdot H_{20}N_6O_7$, F. 211—213° (A.), aus Benzoylchlorid (**II**) u. vorst. Verb. in Py. bei —3 bis 0°; 84,2%. — *5-O-Acetyl-1.2.3-tri-O-benzoyl-4.6-diazido-4.6-didesoxy-myo-*, $C_{29}H_{24}\cdot N_6O_8$, F. 156—159° (A.), analog vorst. Meth. mit **II** im Überschuß. — *5-O-Acetyl-4.6-diazido-1.2.3-tri-O-methyl-myo-*, $C_{11}H_{18}N_6O_5$, F. 119—120° (A.), aus **I**, Methyljodid u. Ag_2O; 54,6%. — *5-O-Acetyl-4.6-diazido-1.3-di-O-benzoyl-4.6-didesoxy-2-methansulfonyl-myo-*, $C_{23}H_{22}N_6O_9S$, F. 235—237°, aus Methansulfonylchlorid u. **III**; aus 2-Methoxyäthanol Nadeln; 83,2%. — *2.4.5.6-Tetra-O-acetyl-1.3-diazido-1.3-didesoxy-scyllo-* (**IV**), $C_{14}H_{18}N_6O_8$, F. 170—171°, aus vorst. Verb., wasserfreiem Na-Acetat u. 2-Methoxyäthanol (Meth. **A**); 37,4%. — *4.6-Diazido-1.3-di-O-benzoyl-4.6-didesoxy-2.5-bis-[O-methansulfonyl]-myo-*, $C_{22}H_{22}N_6O_{10}S_2$, F. 251—253° (Zers.; Methoxyäthanol), aus **I** mit 6 n HCl, Lösen des erhaltenen *4.6-Diazido-4.6-didesoxy-myo-inosits* in Py., Zutropfen von Benzoylchlorid bei —5 bis 0°, 2tägiges Stehen bei Raumtemp., Gießen in Eiswasser, Extrahieren mit $CHCl_3$, Einengen, Lösen des erhaltenen *4.6-Diazido-1.3-di-O-benzoyl-4.6-didesoxy-myo-inosits* in Py. u. Rk. mit Methansulfonylchlorid; 40%. — *2.4.5.6-Tetra-O-acetyl-1.3-diazido-1.3-didesoxy-myo-* (**V**), $C_{14}H_{18}N_6O_8$, F. 168 bis 170° (A.), aus vorst. Verb. analog **A** u. Rk. mit Acetanhydrid/Py.; 17%. — *Hexaacetylstreptamin*, F. 238—242°, durch Hydrieren von **IV** in A. an Adams-Katalysator u. Rk. mit Acetanhydrid/Py.; 80%. — *Hexaacetyl-scyllo-inosatriamin-(1.3.5)*, $C_{18}H_{27}N_3O_9$, F. 310—315° (A.), aus **IV**, NaN_3 u. 2-Methoxyäthanol, Einengen im Vakuum, Extrahieren mit sd. Aceton, Einengen, 1std. Kochen mit 6 n HCl, Filtrieren, Einengen im Vakuum, Rk. mit Acetanhydrid/Py. u. Hydrieren des erhaltenen *2.4.6-Tri-O-acetyl-1.3.5-triazido-1.3.5-tridesoxy-scyllo-inosits* in A. in Ggw. von PtO_2 u. Rk. mit Acetanhydrid/Py.; 35%. — *Hexaacetyl-myo-inosadiamin-(1.3)*, F. 277,5 bis 280°, durch Hydrieren von **V** u. Acetylierung; 72%. — *myo-Inosadiamin-(1.3), Dihydrochlorid* (**VI**), *Hemihydrat*, $C_6H_{16}Cl_2N_2O_4\cdot {}^1/_2H_2O$, F. 214—234° (Zers.), aus vorst. Verb. in 6 n HCl; aus W./A. Nadeln; 98,7%. — *2.4.5.6-Tetra-O-acetyl-N.N'-bis-[äthoxycarbonyl]-myo-inosadiamin-(1.3)*, $C_{20}H_{30}N_2O_{12}$, F. 189,5—190° (A.), aus Chlorameisensäureäthylester u. vorst. Verb. u. Acetylieren;

83,9%. — *Hexaacetylactinamin*, F. 202,5—203° (Methanol), aus $LiAlH_4$ u. vorst. Verb. u. Rk. mit Acetanhydrid/Py.; 44,5%. — *Hexaacetyl-N-methyl-myo-inosadiamin-(1.3)*, $C_{19}H_{28}N_2O_{10}$, F. 204—208°, durch Rk. von 325 mg **VI** mit Amberlite, Zugabe der freien Base zu Paraformaldehyd/W. bei pH 9, 1std. Erwärmen auf 50°, mehrstd. Kühlen, Zugabe von Aceton, Filtrieren, 3std. Rk. der erhaltenen Schiffschen-Base mit $NaBH_4$ in W. bei 0—5°, Kühlen, Neutralisieren mit Essigsäure, Einengen im Vakuum u. Acetylieren; 67 mg; daneben 15 mg *vorst. Verbindung.* K.-P. Hilgetag 2180△

1162 **Metallorganische Verbindungen der III. Gruppe. 8. Mitt. Boraromatische Systeme. 1. Mitt. Konkurrenz zwischen Haloborierung und Phenylborierung beim Versuch einer Synthese von Triphenylborcyclopropen.** John J. Eisch und Leonhard J. Gonsior. (J. organometallic Chem. [Amsterdam] 8 (1967) 1, 53—64; Washington, D.C., The Catholic Univ. of America, Dep. of Chem.; engl.) — 7. vgl. J. Org. Chim. **31** (1966) 3419. — Ein möglicher Zugang zur Synth. der Titelverb. (**I**) wird über die Addition von Phenylbordibromid an die Dreifachbindung von Diphenylacetylen beschrieben. Das entstehende [*cis-2-Bromo-1.2-diphenylvinyl*]*-phenylborbromid* (75% Ausb.) sollte mit Li in THF bei —77° zu **I** reagieren. Die Einfl., die die Konkurrenz zwischen der B—Br-Addition u. der langsamer verlaufenden B—C_6H_5-Addition an die Dreifachbldg. von Diphenylacetylen bestimmen, werden untersucht. Durch Behandeln aliquoter Teile der beiden möglichen Additionsprod. mit Alkylhalogeniden, CO_2 u. O-Deuterioessigsäure wird geschlossen, daß bei der Addition ein Stilbenderiv. mit vic. cis-B—C-Bindung gebildet wird. Die Natur des bororgan. Vorprod. des cis-Stilbens wird in Form verschiedener struktureller Alternativen diskutiert, die **I**, Hexaphenyl-1.4-diboracyclohexadien u. ein polymeres Prod. umschließen. P. Haußmann 2180

1163 **Darstellung von Tetraphenylbutatrien und Reaktionen des entsprechenden Dianions.** Samuel F. Sisenwine und Allan R. Day. (J. org. Chemistry **32** (1967) 6, 1770—73; Univ. of Pa., Philadelphia, Pa.; engl.) — Veräthern von *1.1.4.4-Tetraphenylbutin-(2)-diol-(1.4)* (**I**) zum *1.1.4.4-Tetraphenyl-1.4-dimethoxybutin-(2)* (**IV**) u. Behandeln mit K gibt das *Dianion* von *1.1.4.4-Tetraphenylbutatrien* (**V**), das mit Elektronenacceptoren (Br_2, J_2, O_2) zu **V** reagiert. Protonisierung des Dianions bei tiefen Temp. liefert neben wenig *1.1.4.4-Tetraphenylbutadien-(1.3)* fast ausschließlich *1.1.4.4-Tetraphenylbutadien-(1.2)* (**VI**), das bei mäßigen Temp. zu *1-Diphenylmethylen-2-[β.β-diphenyläthyliden]-3.3-diphenyl-4-benzhydrylcyclobutan* (**VII**) dimerisiert. Bei höheren Temp. lagert sich **VII** zu dem stabileren *1.2-Bis-[diphenylmethylen]-3.4-bis-[benzhydryl]-cyclobutan* (**VIII**) um. Ozonolyse von **VII** liefert *Benzophenon* (**II**) u. *Diphenylacetaldehyd*, während aus **VIII** nur **II** entsteht. Rk. von K mit **VIII** u. Protonisierung der Dianion-Lsg. liefert *1.2.3.4-Tetrakis-[benzhydryl]-cyclobuten-(1)*; analog entsteht aus **VII** unter Ringspaltung *1.1.6.6-Tetraphenyl-3.4-bis-[benzhydryl]-hexadien-(2.4)*. **I** u. *1.4-Diphenyl-1.4-bis-[pyridyl-(2)]-butin-(2)-diol-(1.4)* (**III**) werden durch Säuren zu *1.1.4.4-Tetraphenylbuten-(1)-on-(3)-ol-(4)* bzw. *1.4-Diphenyl-1.4-bis-[pyridyl-(2)]-buten-(1)-ol-(4)-on-(3)* umgelagert.

Versuche: *1.1.4.4-Tetraphenylbutin-(2)-diol-(1.4)* (**I**), F. 192—193° (Toluol), durch 2std. Kochen von Li-Acetylid—Äthylendiamin-Komplex mit THF u. **II** unter N_2, Kühlen u. Gießen in W./konz. HCl; 76% (Ausb.). — *1.4-Diphenyl-1.4-bis-[pyridyl-(2)]-butin-(2)-diol-(1.4)* (**III**), $C_{26}H_{20}N_2O_2$, F. 179° (THF/W.), durch 16std. Rühren von Na u. Biphenyl in abs. 1.2-Dimethoxyäthan unter N_2, Einleiten von reinem C_2H_2 bis zur Entfärbung, Zugabe von 2-Benzoylpyridin, 2std. Kochen, Kühlen, Gießen in konz. HCl/W. u. sofortiges Neutralisieren mit NaOH; 87%. — *1.1.4.4-Tetraphenylbuten-(1)-ol-(4)-on-(3)*, $C_{28}H_{22}O_2$, F. 121° (Hexan), durch Zugabe von **I** zu konz. H_2SO_4 in THF u. $^1/_2$std. Kochen; 82%. — *1.4-Diphenyl-1.4-bis-[pyridyl-(2)]-buten-(1)-ol-(4)-on-(3)*, $C_{26}H_{20}N_2O_2$, F. 181°, durch 2std. Kochen von **III** in A.; gelb; 83%. — *1.1.4.4-Tetraphenyl-1.4-dimethoxybutin-(2)* (**IV**), F. 111 bis 112° (A.), durch Zugabe von konz. H_2SO_4 in Methanol zu 10 g **I** in warmem Methanol, $^1/_2$std. Schütteln u. 24std. Stehen; 10,4 g. — *1.1.4.4-Tetraphenylbutatrien* (**V**), F. 235 bis 236° (Xylol), a) aus **I** mit $SnCl_2$ u. HCl in Ae.; b) durch Zutropfen von konz. H_2SO_4 in A. zu KJ u. **IV** in sd. A. u. 4std. Kochen; 70—75%; c) durch Zugabe von K zu **IV** in abs. THF, 16std. Rühren unter N_2 [→ *Dianion von* **V**; rötlichbraun] u. Zutropfen von Br_2; 78%. — *1.1.4.4-Tetraphenylbutadien-(1.2)* (**VI**), F. 99°, a) durch Schmelzen von K u. Na unter N_2, Zugabe von abs. THF, Zugabe von **IV** unter Eiskühlung, 16std. Rühren bei Raumtemp., Zugabe von abs. Methanol, Dekantieren unter N_2, sofortige Zugabe von konz. HCl in Methanol, Gießen in W., Ausäthern, Waschen mit 10%ig. $NaHCO_3$-Lsg. u. W., Trocknen, Eindampfen u. Digerieren mit A. [→ *1.1.4.4-Tetraphenylbutadien-(1.3)*, F. 200°; 5%]; 78%; b) analog mit Essigsäure statt HCl/Methanol; 82%. — *1-Diphenylmethylen-2-[β.β-diphenyläthyliden]-3.3-diphenyl-4-benzhydrylcyclobutan* (**VII**), $C_{56}H_{44}$, F. 198—199° ($CHCl_3$/Methanol), a) durch 4std. Erhitzen von **VI** auf 110°, Lösen in Aceton u. Fällen mit A.; 80%; b) durch 20std. Kochen von **VI** in A.; 82%. — *1.2-Bis-[diphenylmethylen]-3.4-bis-[benzhydryl]-cyclobutan* (**VIII**), F. 273° ($CHCl_3$/Methanol), a) durch 24std. Kochen von **VI** in Dibutyläther; 82%; b) durch 3std. Erhitzen von **VII** auf 200°; 60—70%. — Durch 1std. Ozonisieren von 7,16 g **VIII** in $CHCl_3$, $^1/_4$std. Kochen mit W. u. Zn-Staub, Waschen mit W. u. Chromatographieren der trockenen organ. Phase an Al_2O_3 werden erhalten: a) mit Cyclohexan/CCl_4 (4:1) 2,7 g *Diepoxid vom F. 181°* (Methanol); b) mit Bzl. *Benzophenon* (**II**) [*2.4-Dinitrophenylhydrazon (DNP)*, F. 239°]; c) mit $CHCl_3$ *2-Diphenylmethylen-3.4-bis-[benzhydryl]-butyrolacton* (?), F. 131° (Cyclohexan). — Analoge Ozonolyse von **VII** liefert: a) mit Cyclohexan *Diepoxid vom F. 214°* ($CHCl_3$/Methanol); b) mit Bzl. **II** u. *Diphenylacetaldehyd* [*DNP*, F. 159° (A./W.; 7:3)], c) mit $CHCl_3$ *Lacton vom F. 191°*. — *1.2.3.4-Tetrakis-[benzhydryl]-cyclobuten-(1)*, $C_{56}H_{46}$, F. 162° (Bzl./Methanol), durch 48std. Rühren von **VIII** u. K in THF unter N_2, Zutropfen von Essigsäure bei —55° u. Gießen in W.; 72%. — *1.1.6.6-Tetraphenyl-3.4-bis-[benzhydryl]-hexadien-(2.4)*, $C_{56}H_{46}$, F. 160°, analog vorst. Verb. aus **VII** in 20 Std.; 76%. H. Miele 2210△

1164 **Oxydation von α-Hydroxyketonen mit Dimethylsulfoxid.** Martin Van Dyke und Norman D. Pritchard. (J. org. Chemistry **32** (1967) 10, 3204—05; Univ. of Colo., Boulder, Colo.; engl.) — Acyloine (**A**) werden durch DMS in Essigsäureanhydrid (EA) glatt zu *Diketonen* oxydiert. Ein Rk.-Mechanismus wird diskutiert.

Versuche: Durch 16std. Rühren des betreffenden **A** mit EA u. DMS bei Raumtemp., Gießen in Eis—W. u. Aufarbeiten mit Ae., Bzl. oder $CHCl_3$ werden erhalten: *Benzil*, F. 93,5—94,5°, aus Benzoin; 77% (Ausb.). *2.4-Dinitrophenylhydrazon* (DNP), F. 187—189°. — *Anisil*, F. 131—133°, aus Anisoin; 88%. *DNP*, F. 188°. — *Furil*, F. 162—164°, aus Furoin; 31%. *DNP*, F. 212,5 bis 213°. H. Miele 2370△

1165 **Bequeme und praktische Darstellung von Dibenzoylmethan.** J.-P. Anselme. (J. org. Chemistry **32** (1967) 11, 3716; Chem. Dep., Univ., Boston, Mass.; engl.) — *Dibenzoylmethan*, F. 76—77° (95%ig. A.), wurde dargestellt durch Zugabe von Dimethylsulfoxid zu Na-Hydrid (60% in Mineralöl) unter Eis—NaCl-Kühlung, $^1/_2$std. Rühren bei Raumtemp., Zugabe von Methylbenzoat, dann von Acetophenon bei < 15°, Rühren bis zum Ende des Temp.-Anstiegs u. Gießen auf Eis/H_3PO_4; 77% (Ausb.). — Analog: *Bis-[p-anisoyl]-methan*, 87%. — *1-Phenyl-3-[p-anisoyl]-propandion-(1.3)*, 76%. J. Rothe 2370△

1166 **Photolytische Alkylierung von aromatischen Kohlenwasserstoffen mit Alkyllithium-Verbindungen.** Hans J. S. Winkler, R. Bollinger und H. Winkler. (J. org. Chemistry **32** (1967) 6, 1700—06; Zürich, Monsanto Res. S. A.; engl.) — Die Photolyse von n-Alkyl-Li-Verb. mit 2—10 C-Atomen mit Anthracen (**I**) führt zu *9-Alkyl-9.10-dihydroanthracen*. Methyl-, Vinyl- u. Phenyl-Li-Verb. führen demgegenüber nur zur teilweisen Red. des KW-Stoffs, während mit sek.-Butyl-Li spontan Alkylierung erfolgt. Analog werden Naphthalin u. Phenanthren photolyt. alkyliert. Mit Biphenyl bleibt die Rk. aus. Aus den Vers. wird auf eine Reaktivität der Alkyl-Li-Verb.

in der Ordnung: tert. > sek. > prim., geschlossen. Die Strukturen werden auf Grund physikal. Daten, der Einfl. der Bestrahlungsfilter auf den Rk.-Verlauf u. ein voraussichtlicher Mechanismus werden diskutiert.

Versuche: *Anthracen-9.10-Dihydroanthracengemisch*, a) durch Bestrahlen von 66 mMol CH_3Li u. 33 m Mol Anthracen (**I**) in Ae. mit Heraeus Q 700 u. Hydrolyse; 2,1 g (Ausb.); daneben 1,7 g **I**, 1,3 g *Bianthryl* (F. 260 bis 270°); b) analog a) in THF; 43% **I** u. 37% *9.10-Dihydroanthracen*. — *9-Äthylanthracen*, $C_{16}H_{14}$, $Kp._{0,05}$ 170°, durch Bestrahlen von **I** u. C_2H_5Li in Ae., Hydrolyse → *9-Äthyl-9.10-dihydroanthracen* ($C_{16}H_{16}$, $Kp._{0,08}$ 110°) u. Dehydrieren über Pd/C in Mesitylen; 74%; daneben 11% **I**. — *9-Butyl-9.10-dihydroanthracen*, (**IV**) $Kp._{0,1}$ 120 bis 125°, a) durch Bestrahlen von **I** u. Butyl-Li (**II**) in Ae.; 60%, daneben 6% **III**; b) durch Red. von **III** mit Na-Amalgam in A.; c) durch Photolyse des Li-Salzes vom Anthracen Radikalanion (aus dem Di-Li-Salz u. **I**) mit **II**; 27%, daneben 20% **I**, 23% *9.10-Dihydroanthracen* u. *9.9'-Dianthryl* (?, F. 238–240°). — *9-Butylanthracen* (**III**), F. 49–50° (A.), a) aus Anthron u. Butyl-MgBr; b) durch Dehydrieren von **IV** an Pd/C in Mesitylen; c) durch Photolyse von **I** u. Li in Hexan u. Zugabe von **II**; 65%; d) durch Bestrahlen von **I** u. **II** in Bzl.; 4% neben 4% **IV**. *Pikrat*, F. 76–78°. — *9-sek.-Butyl-9.10-dihydroanthracen*, $C_{18}H_{20}$, $Kp._{0,05}$ 120°, durch Rk. von **I** u. **II** in Ae. bei 0° bzw. Raumtemperatur. — *9-Decylanthracen*, $Kp._{0,001}$ 170°, durch Bestrahlen von **I** u. n-Decyl-Li u. Dehydrierung des *Gemisches* aus *9-Decylanthracen* u. *9-Decyl-9.10-dihydroanthracen*; daneben *Decan* u. *Decen-(1)*. — *1-n-Butyl-1.2-dihydronaphthalin*, $C_{14}H_{18}$, durch Bestrahlen von Naphthalin u. **II** in Ae. u. Hydrolyse; ca. 20%; daneben 10% *2-Butylnaphthalin* ($C_{14}H_{16}$) u. *1-Butylnaphthalin*. — *1-Butylnaphthalin*, $Kp._{0,1}$ 96–98°, n_D^{20} 1,5809, aus α-Tetralon u. n-Butyl-MgBr u. Dehydrieren mit S. — *2-Butylnaphthalin*, $Kp._{0,1}$ 120–122°, n_D^{20} 1,5678, aus 2-Bromnaphthalin mit **II** u. Rk. mit Butyraldehyd sowie Red. über PtO_2 in Essigsäure. — *9-Butyl-9.10-dihydrophenanthren*, $C_{18}H_{20}$, durch Photolyse von Phenanthren u. **II** in Ae.; 27%, daneben 13,5% *9-Butylphenanthren* ($C_{18}H_{18}$) u. 10% *Butylphenanthren* mit der Butylgruppe im A-Ring. H. Gleinig 2600△

1167 **1-Methyltetralon-(2).** Ernest Wenkert und Stanley A. Greenfield. (Chem. and Ind. **1967**, 29, 1252; Dep. of Chem., Ind. Univ., Bloomington, Ind.; engl.) — *1-Methyl-3.4-dihydronaphthoesäure-(2)* [durch 4std. Rk. von α-(β-Phenyläthyl)-acetessigsäureester mit H_2SO_4 bei −20°; 74% (Ausb.)] wurde mit Methanol verestert u. 5,02 g des *Esters* mit m-Chlorperbenzoesäure in Methylenchlorid 14 Std. gekocht. 1,6 g des gebildeten *1.2-Epoxy-1-methyl-3.4-dihydronaphthoesäure-(2)-methylesters* [Öl; 5,25 g (Ausb.)] geben durch 6std. Kochen in 1 n wss. HCl 870 mg der *Titelverb.* (*Semicarbazon*, F. 198–202°). R. Becker 2700△

1168 **Hydrierung durch cis-9.10-Dihydronaphthalin.** W. von E. Doering und J. W. Rosenthal. (J. Amer. chem. Soc. **89** (1967) 17, 4534–35; Kline Chem. Labor., Yale Univ., New Haven, Conn.; engl.) — Erhitzen von 1 g cis-9.10-Dihydronaphthalin (**I**) in Cyclohexan (20 Std. bei 95° im Rohr) gab 710 mg eines Gemischs aus *Naphthalin* (**II**), *cis-1.2.9.10-Tetrahydronaphthalin* (**III**), *cis-1.2.5.6.9.10-Hexahydronaphthalin* (**IV**) u. *cis-5.6.7.8.9.10-Hexahydronaphthalin* (**V**) im Verhältnis 1:0,56:0,23:0,067. — Katalyt. Hydrierung von **III**, **IV** u. **V** gab nur *cis-Dekahydronaphthalin*. — Analoges Erhitzen von **I** mit Cyclohexen liefert 57% *Cyclohexan*, daneben **II**–**V**. — Rk. von **I** mit 1.2-Dimethylcyclohexen (48 Std. bei 150°) lieferte 6,6% *cis-1.2-Dimethylcyclohexan*, aber kein trans-Isomeres. J. Rothe 2700△

1169 **Polycyclische Verbindungen. 4. Mitt. Michael-Reaktion von Zimtsäureester mit einigen aktiven Methylenverbindungen.** P. C. Bhattacharyya. (J. Indian chem. Soc. **44** (1967) 7, 641–43; Chem. Dep., Vidyasagar Coll., Calcutta; engl.) — 3. vgl. ibid. **1965**, 470. — Kondens. von Zimtsäureäthylester (**I**) mit 1-Äthoxycarbonylmethyl- (**II**), 1-Cyanmethyl- (**III**) bzw. 2-Cyanmethylnaphthalin (**IV**) oder Homophthalsäuredäthylester (**V**) sind beschrieben, ferner die Dieckmann-Cyclisierung des aus **I** u. **V** erhaltenen *Triesters* (**VI**).

Versuche: *β-Phenyl-α-[naphthyl-(1)]-glutarsäurediäthylester*, $C_{25}H_{26}O_4$, F. 110° (A.), durch Zugabe von 16,1 g **II** zu Na-Äthylat in abs. A., Zugabe von **I** u. 6std. Kochen; 17,1 g (Ausb.). *Freie Säure*, $C_{21}H_{18}O_4$, F. 205°. — *β-Phenyl-γ-cyan-γ-[naphthyl-(1)]-buttersäureäthylester*, $C_{23}H_{21}NO_2$, F. 108° (A.), durch Zugabe eines Gemisches aus **I** u. 16,7 g **III** zu Na-Äthylat in eiskaltem abs. Ae. u. 5std. Rühren unter Kühlung; 8,1 g. — Analog: *β-Phenyl-α-[2-äthoxycarbonylphenyl]-glutarsäurediäthylester* (**VI**), $C_{24}H_{28}O_6$, F. 100°, $Kp._4$ 210–215°, aus **I** u. **V**. *β-Phenyl-α-[2-carboxyphenyl]-glutarsäure*, $C_{18}H_{16}O_6$, F. 159°; aus vorst. Verbindung. — *β-Phenyl-γ-cyan-γ-[naphthyl-(2)]-buttersäureäthylester* $C_{23}H_{21}NO_2$, F. 107°, aus **I** u. **IV**. — *2-Phenyl-4-oxo-1.2.3.4-tetrahydronaphthoesäure-(1)*, $C_{17}H_{14}O_3$, F. 115° (Äthylacetat/PAe.), durch Kochen von **VI** mit Na-Staub in Bzl. u. nachfolgende Hydrolyse mit konz. HCl/Eisessig. — *2-Phenyl-1.2.3.4-tetrahydronaphthoesäure-(1)*, $C_{17}H_{16}O_2$, F. 140–141°, aus vorst. Verb. nach Clemmensen. *Äthylester*, $C_{19}H_{20}O_2$, $Kp._4$ 160°. — *2-Phenylnaphthoesäure-(1)-äthylester*, $C_{19}H_{16}O_2$, $Kp._4$ 185°, durch Dehydrierung vorst. Esters mit Schwefel. J. Rothe 2700△

1170 **Photochemische Entwicklung von Radikalanionen über Organolithium-Verbindungen.** Hans J. S. Winkler und H. Winkler. (J. org. Chemistry **32** (1967) 6, 1695 bis 1699; Zürich, Monsanto Res. S. A.; engl.) — Durch Photolyse in Ggw. von Organo-Li-Verb. als Red.-Mittel werden *Li-Salze* der *Radikalanionen polycycl. aromat. KW-Stoffe* dargestellt. Entsprechende *Photodimere* sowie Neben- u. Charakterisierungsprod. werden nach Hydrolyse isoliert u. nach physikal. Verf. identifiziert. Übersicht u. Anwendbarkeit sowie ein vermutlicher Mechanismus der Rk. werden diskutiert.

Versuche: *Li-Anthracen-Radikalanion* (**I**), a) durch Rk. von Anthracen (**II**) in Ae. mit Phenyl-Li (**III**) in Ae. im Vakuum nach Kühlen mit fl. N_2, Erwärmen auf Raumtemp., 1–5 Min. langes Bestrahlen mit HQL bei 20°; b) durch Rk. von **II** mit Li in Ae. analog a); c) durch 72std. Rk. von **II** u. Li in Ae. im Dunkeln. — *9.10-Dihydroanthracen*, a) durch Bestrahlen von **III** u. **II** in Ae., mit Quartz- bzw. Vykar- oder Pyrexfilter u. Hydrolyse. b) durch 5std. Bestrahlen von **II** u. **III** in Ae. mit einer Hanovia-Lampe, Hydrolyse u. Gaschromatographie; 17% (Ausb.), daneben 80% **II** u. 27% *Biphenyl*; c) durch 4std. Schütteln von Li u. **II** in Ae. im Schlenkrohr u. Hydrolyse; 81%, daneben 15% **II**; d) durch Zugabe von **II** zur Rk.-Lsg. von c), 2½std. Schütteln u. Hydrolyse; 36%, daneben 56% **II** u. *9.9'.10.10'-Tetrahydro-9.9'-dianthryl* (F. 260–261°). — *9.9'.10.10'-Tetrahydro-9.9'-dianthryl*, $C_{28}H_{22}$, F. 157° (Xylol), aus 25 g Anthron, Zn u. Eisessig → 8 g *9.9'-Dianthryl* (F. 298–299°), Lösen von 3,5 g in sd. Amylalkohol unter Zusetzen von Na u. Hydrolyse; 2,5 g. — *9.10-Dideuterioanthracen*, $C_{14}H_{10}D_2$, F. 110°, a) durch Bestrahlen von **III** u. **II** in Toluol, Deuterolyse mit D_2O; 7%; daneben 85% **II**, 26% *Biphenyl* (F. 69–70°), b) durch Bestrahlen von **II** u. p-Tolyl-Li unter N_2 u. Hydrolyse mit D_2O; 14%, daneben 67% **II**, u. durch Chromatographie an Al_2O_3 28,2% *Di-p-tolyl*, 20% *p-Dideuteriotoluol* u. 14% photodimeres Anthracen. H. Gleinig 2800△

1171 **Carbonylierung von Perhydro-9b-boraphenalen zu Perhydrophenalenol-(9b). Neue allgemeine Synthese von polycyclischen Derivaten.** Herbert C. Brown und Eiichi Negishi. (J. Amer. chem. Soc. **89** (1967) 21, 5478–80; Purdue Univ., Lafayette, Ind.; engl.) — Carbonylierung von Perhydro-9b-boraphenalen bei 50° u. 1000 p.s.i., 1std. Erhitzen auf 150° [→ *2-[Perhydrophenalenyl-(9b)]-dihydro-1.3.2-dioxaborol*, F. 100–101° (Pentan); 90% (Ausb.)] u. Ox. mit alkal. H_2O_2 liefert in 70%ig. Ausb. *Perhydrophenalenol-(9b)* [$C_{13}H_{22}O$, F. 78–78,5° (Pentan). *p-Nitrobenzoat*, F. 149–151°]. Spektroskop. Daten machen eine cis-cis-trans-Struktur wahrscheinlich. H. Miele 2910△

1172 **Synthese und Reaktionen von 6-Phenyl-2.3-benzobicyclo-[3.1.0]-hexen-(2)-on-(4).** Margareta Popovici, Viorica Ioan, M. Elian und C. D. Nenitzescu. (Rev. roum. Chim. **12** (1967) 5, 583–88; Inst. of Organ. Chem., Acad. of the Socialist Republic of Romania,

Bucharest; engl.) — Bei der katalyt. Zers. von trans-Styryl-(2)-diazomethylketon mit CuCl entsteht *6-Phenyl-2.3-benzo-bicyclo-[3.1.0]-hexen-(2)-on-(4)*, aus dem durch katalyt. Hydrierung der entsprechende *Alkohol* (I) gebildet wird. Durch NMR-Spektroskopie konnte nachgewiesen werden, daß die OH-Gruppe in I exo-Konfig. aufweist. Spektral-Max. vgl. Original.

Versuche: *trans-Stilben-2-carbonsäurechlorid*, F. 55—56° (Cyclohexan). — *trans-2-Styrylphenyldiazomethylketon*, F. 77—79° (Zers.), aus 13,5 g vorst. Verb. mit äther. Diazomethan-Lsg. bei —5°; 13,2 g (Ausb.). — *6-Phenyl-2.3-benzo-bicyclo-[3.1.0]-hexen-(2)-on-(4)*, $C_{16}H_{12}O$, F. 127—127,5° (A.), a) durch Zugabe vorst. Verb. zu CuCl in sd. Cyclohexan u. 5std. Kochen; 74%; b) durch Ox. von I mit CrO_3 in Py.; 77%. *Semicarbazon*, $C_{17}H_{15}\cdot N_3O$, F. 223—224° (A.). *Oxim*, $C_{16}H_{13}NO$, F. 230—231° (A.). — *6-Phenyl-2.3-benzo-bicyclo-[3.1.0]-hexen-(2)-ol-(4)* (I), $C_{16}H_{14}O$, F. 149—149,5° (80%ig. Methanol), a) aus vorst. Verb. mit $NaBH_4$ in verd. Methanol in Ggw. von NaOH; 84%; b) aus dem Acetylderiv. mit 5%ig. alkohol. KOH bei Raumtemp.; 88%. *Acetylderiv.*, $C_{18}H_{16}O_2$, F. 96,5° (Methanol), aus I mit Essigsäureanhydrid/Py. bei 50—55°; 100%. *Formylderiv.*, a) aus I mit wasserfreier Ameisensäure bei Raumtemp.; 76%; b) analog a) aus dem Acetylderivat. — *6-Phenyl-2.3-benzo-bicyclo-[3.1.0]-hexen-(2)*, $C_{16}H_{14}$, F. 73,5—74° (Methanol), aus vorvorst. Verb. mit Hydrazinhydrat in Diäthylenglykol in Ggw. von KOH bei 170—220°; 72,6%. — *2-Benzylindan*, a) durch Clemmensen-Red. von 2-Benzylindanon; b) durch Hydrierung von 1 g vorst. Verb.; 0,92 g. — *1-Benzylindan*, a) durch Hydrierung nachst. Verb; b) neben vorst. Verbindung. — *Benzylideninden*, F. 88—88,5° (Methanol), a) durch 24std. Stehen von I-Formylderiv. mit 5%ig. alkohol. KOH; 37%; b) durch 3std. Erwärmen von I-Formylderiv. mit Py. auf 40°; 91%. G. Westphal 2950△

1173 **Addition von „Bromfluorid" an Norbornen.** F. H. Dean, D. R. Marshall, E. W. Warnhoff und F. L. M. Pattison. (Canad. J. Chem. **45** (1967) 19, 2279—83; Univ. of Western Ontario, London, Ontario; engl.) — Einw. von BrF auf Norbornen (I) führt zu *3-Bromnortricyclen* u. *7-syn-Brom-* u. *7-anti-Brom-2-exo-fluorbicyclo-[2.2.1]-heptan* (NMR-Spektren sind abgebildet) sowie gelegentlich zu *7-syn-Brom-2-exo-acetamidobicyclo-[2.2.1]-heptan* (II), dessen Struktur durch Überführen in *7-syn-Brombicyclo-[2.2.1]-heptanon* gesichert wird.

Versuche: *7-syn-Brom-2-exo-fluorbicyclo-[2.2.1]-heptan*, $C_7H_{10}BrF$, F. 27—31°, $Kp._{28}$ 105°, durch 10 Min. lange Zugabe von I u. N-Bromacetamid zu abs. H_2F_2 in Ae. bei —80°, 1std. Rühren u. 13std. Stehen bei —80°; n_D^{25} 1,5097; daneben *Zweikomponentengemisch* (A), $Kp._{28}$ 80—105°. — *3-Bromnortricyclen*, C_7H_9Br, aus A durch präparative Gaschromatographie; n_D^{25} 1,5268. — *7-anti-Brom-2-exo-fluorbicyclo-[2.2.1]-heptan*, $C_7H_{10}BrF$, $Kp._{33}$ 93°, durch Mischen von 8,38 g A mit 6,6 g $AgNO_3$ in Acetonitril bei Raumtemp.; $D._4^{20}$ 1,481; n_D^{25} 1,4981; 1,69 g (Ausb.). — *7-syn-Brom-2-exo-acetamidobicyclo-[2.2.1]-heptan* (II), $C_9H_{14}BrNO$, F. 125—127° (PAe.), durch Filtrieren des teilweise verfestigten Rk.-Prod. aus I u. BrF; 11%. — *2-exo-Aminobicyclo-[2.2.1]-heptan*, durch 10 Min. langes Behandeln von II in sek.-Butanol mit Na bei Raumtemp. u. 6std. Kochen; fl.; 66%. *N-Acetylderiv.*, F. 137—138° (Subl. bei 95°/40 Torr). *N-Chloracetylderiv.*, F. 122—124°, durch Behandeln des Amincarbonats mit Chloracetylchlorid. — *7-syn-Brombicyclo-[2.2.1]-heptanon, 2.4-Dinitrophenylhydrazon*, F. 203 bis 205° ($CHCl_3$/PAe.), durch 30std. Hydrolyse von II mit 10%ig. HCl bei 170° im Bombenrohr, Zugabe von Pb(IV)-Acetat zu der Lsg. des „*Bromamins*" in $CHCl_3$, 1,5std. Kochen, Zugabe von 10%ig. H_2SO_4 u. Behandeln des Rohprod. mit 2.4-Dinitrophenylhydrazin u. HCl in Methanol; 9%. H. Miele 2950△

1174 **Gespannte Ringsysteme.** 5. Mitt. **Synthese von Bicyclo-[2.2.0]-hexanon-(2) und endo-Bicyclo-[2.2.0]-hexanol-(2).** Richard N. McDonald und Charles E. Reineke. (J. org. Chemistry **32** (1967) 6, 1888—93; Kans. State Univ., Manhattan, Kans.; engl.) — 4. vgl. ibid. **32** (1967), 1878. — Oppenauer-Ox. von exo-Bicyclo-[2.2.0]-hexanol-(1) (I) liefert hauptsächlich *Bicyclo-[2.1.1]-hexanon-(5)* sowie wenig *Cyclohexen-(2)-on* u. *endo-Bicyclo-[2.1.1]-hexanol-(5)* (III). Ox. von I mit tert.-Butylhypochlorit (IV) bei Raumtemp. gibt *Hexen-(5)-säure* (V) u. *Hexen-(5)-säure-[exo-bicyclo-[2.2.0]-hexyl-(2)-ester]*. Bei 0° entsteht ein komplexes Gemisch, in dem *Bicyclo-[2.2.0]-hexanon-(2)* (VI) IR-spektroskop. nachgewiesen u. mit $NaBH_4$ zu *endo-Bicyclo-[2.2.0]-hexanol-(2)* red. wird. Andere Ox.-Mittel (Na_2CrO_4, CrO_3, O_2/Pt, Pb(IV)-Acetat) führten nicht zu VI. Addition von NOCl an Bicyclo-[2.2.0]-hexen-(2), Hydrolyse des festen Addukts mit Lävulinsäure, Dechlorierung mit Zn/Essigsäure u. $LiAlH_4$-Red. liefert eine Verb., der die Struktur eines *endo-6-Chlor-exo-bicyclo-[2.1.1]-hexanols-(5)* zugesprochen wird. IR-Spektren u. Umlagerungsmechanismen werden diskutiert.

Versuche: *Bicyclo-[2.1.1]-hexanon-(5)*, durch 34std. Rühren von I, Benzochinon u. Al-tert.-Butoxid (II) in Ae. bei Raumtemp., Filtrieren, Dest. u. Gaschromatographie; 20% (Ausb.); daneben < 1% *Cyclohexen-(2)-on*. — *endo-Bicyclo-[2.1.1]-hexanol-(5)* (III), a) durch 34std. Kochen von I u. II in Ae., Filtrieren, mehrstd. Rühren der Salze mit verd. Base, Eindampfen der vereinigten äther. Phasen u. Gaschromatographie; 4—7%; b) neben vorst. Verb.; < 1%. — *Hexen-(5)-säure-[exo-bicyclo-[2.2.0]-hexyl-(2)-ester]*, durch Zutropfen von IV in CCl_4 zu I u. Py. in CCl_4 bei Raumtemp., Eindampfen im Vakuum u. Gaschromatographie; 23% [$LiAlH_4$-Red. → *Hexen-(5)-ol-(1)* u. I (1:1)]; daneben 30% *Hexen-(5)-säure* (V). — *endo-Bicyclo-[2.2.0]-hexanol-(2)*, durch Zugabe von wenig IV in CCl_4 zu I u. Py. in CCl_4 bei 0°, schnelles Erwärmen auf 12°, Zugabe (12 Min.) des restlichen IV bei < 10°, 35 Min. langes Rühren bei 0°, Waschen mit kalter $NaHCO_3$-Lsg., sofortige Zugabe (5 Min.) zu $NaBH_4$ in 5%ig. abs. A. unter Eiskühlung, $^1/_2$std. Rühren bei 0°, 2,5std. Rühren bei Raumtemp., Hydrolyse mit 10%ig. NH_4Cl-Lsg., Aufarbeiten mit CH_2Cl_2, Hydrolyse des Eindampfrückstandes mit 3 n NaOH, Ansäuern mit 10%ig. HCl u. Aufarbeiten mit Pentan; ~10%. — *exo-Bicyclo-[2.2.0]-hexyl-(2)-acetat*, durch Rühren von I u. Pb(IV)-Acetat in Py. über Nacht. Zugabe von I, Eindampfen im Vakuum nach 6 Tagen, Behandeln mit W., Aufarbeiten mit Ae., Kurzwegdest. bei 0,03 Torr u. Gaschromatographie; 8,3%; daneben 7,7% V. — *Norcampher*, durch Zugabe (5 Min.) von Zn-Pulver zu Di-Na-Äthylendiamintetraacetatdihydrat, Na-Acetat u. exo-3-Chlornorcampher in Eisessig unter Eiskühlung, 2std. Rühren bei Raumtemp., Filtrieren, Waschen mit Ae., Behandeln der äther. Phase mit gesätt. $NaHCO_3$-Lsg., Alkalisieren mit $NaHCO_3$ u. 16std. Ae.-Extraktion; 86%. H. Miele 2950△

1175 **Hydrierungsprodukte von Hexahydrodioxotetrabenzoanthrylentriptycen und anderen bisbicyclischen Diketonen.** A. A. Balandin, E. I. Klabunovskij, L. V. Antik und R. Ju. Alieva. (Doklady Akad. Nauk SSSR **173** (1967) 4, 825—28; Inst. org. chim. im. Zelinskogo Akad. nauk SSSR; russ.) — Durch Hydrieren der angegebenen Verb. in DMF an Raney-Ni u. Fällen mit W. werden folgende *Triptycenderiv.* erhalten: *14.15-[9.10-Dihydroanthrylen-(9.10)]-13.16-dioxo-11.12.13.14.15.16-hexahydrotriptycen*, $C_{34}H_{24}O_2\cdot{}^4/_3\,H_2O$, F. 247—250° (Kapillare), aus 14.15-[9.10-Dihydroanthrylen-(9.10)]-13.16-dioxo-13.14.15.16-tetrahydrotriptycen. — *Gemisch aus 14.15-[6.13-Dihydropentacenylen-(6.13)]-13.16-dioxo-11.12.13.14.15.16-hexahydrotriptycen* u. *14.15-[6.13-Dihydropentacenylen-(6.13)]-13-oxo-16-hydroxy-11.12.13.16-tetrahydrotriptycen*, $C_{42}H_{28}O_2\cdot{}^1/_2H_2O$, aus 14.15-[6.13-Dihydropentacenylen-(6.13)]-13.16-dioxo-11.12.13.16-tetrahydrotriptycen. — *2.3;5.6-Bis-[6.13-dihydropentacenylen-(6.13)]-cyclohexadien-(2.4)-ol-(4)-on-(1)*, $C_{50}H_{30}O_2\cdot 3^1/_3\,H_2O\cdot{}^2/_3\,CH_3OH$, aus 2.3;5.6-Bis-[6.13-dihydropentacenylen-(6.13)]-cyclohexen-(2)-dion-(1.4) bei Aufarbeitung unter N_2 u. Waschen mit CH_3OH. — IR-Daten vgl. Original. H. Berger 2950△

1176 **Erzeugung angularer Methylgruppen in kondensierten Ringsystemen.** James J. Sims. (J. org. Chemistry **32** (1967) 6, 1751—54; Univ. of Calif. at Riverside, Riverside, Calif.; engl.) — Simmons-Smith-Rk. von *1.2.3.4.5.8-Hexahydronaphthol-(2)* gibt fast quant. *cis-Tricyclo-[4.4.1.0^{1,6}]-undecen-(8)-ol-(3)*, das mit Jones-Reagenz zu *Tricyclo-[4.4.1.0^{1,6}]-undecen-(8)-on-(3)* (I) ox.

wird. Basekatalysierte Ringöffnung von **I** führt zu Selbstkondens., während bei der Isomerisierung mit Säuren ein Gemisch aus *2.3.4.4a.5.6-Hexahydro-4a-methyl-* u. *1.2.6.7.8.8a-Hexahydro-8a-methyl-2-oxonaphthalin* entsteht, dessen Mengenverhältnis von der Art der Säure abhängig ist. Säurekatalysierte Ringöffnung von Tricyclo-[4.3.1.$0^{1.6}$]-decen-(3)-on-(8) (**II**) gibt *2.3.4.5-Tetrahydro-3aH-3a-methylindenon-(2)*.

Versuche: *1.2.3.4.5.8-Hexahydronaphthol-(2)*, $C_{10}H_{14}O$, F. 45–47°, Kp.$_{0,1}$ 85–87°, durch Einkondensieren von 1 l NH_3 in 34,46 g 1.2.3.4-Tetrahydronaphthol-(2) in A./Ae. (Trockeneiskühler), $^3/_4$std. Zugabe von 21,4 g Na-Stückchen u. langsames Abdampfen des NH_3 bei Raumtemp. nach Verschwinden der Blaufärbung; 31,2 g (Ausb.). *p-Nitrobenzoat*, $C_{17}H_{17}NO_4$, F. 107–109° (A.). — *cis-Tricyclo-[4.4.1.$0^{1.6}$]-undecen-(8)-ol-(3)*, durch Zugabe von 6 ml CH_2J_2 zu 39 g Zn/Cu in abs. Ae., Erwärmen bis zum Anspringen der Rk., Zutropfen eines Gemisches aus 41 g vorst. Verb. u. des Restes von 142,2 g CH_2J_2 unter Rückfluß, 4std. Kochen u. Zugabe von gesätt. NH_4Cl-Lsg. bei Raumtemp.; 44,8 g. — *Tricyclo-[4.4.1.$0^{1.6}$]-undecen-(8)-on-(3)* (**I**), Kp.$_{0,5}$ 71–74°, durch langsame Zugabe von Jones-Reagenz zu vorst. Verb. in Aceton bei 0°, Dekantieren u. Eindampfen bei Raumtemp. im Rotationsverdampfer; 89–91%. *2.4-Dinitrophenylhydrazon* (*DNP*), F. 154–156°; gelb. — *Tricyclo-[4.4.1.$0^{1.6}$]-undecanon-(3)*, durch Hydrieren (40 Min.) von **I** an vorred. PtO_2 in Ae.; 100%. *DNP*, F. 154–155°; gelb. — *Gemisch* (23:77) aus *2.3.4.4a.5.6-Hexahydro-4a-methyl-2-oxonaphthalin* [*DNP*, F. 188–190°] u. *1.2.6.7.8.8a-Hexahydro-8a-methyl-2-oxonaphthalin* [*DNP*, F. 125 bis 126°], Kp.$_{0,1}$ 80°, durch 3std. Kochen von 1,62 g **I** in konz. HCl/Essigsäure (1:3) unter N_2, Kühlen auf Raumtemp. u. Gießen in W.; 686 mg. — *2.3.4.5-Tetrahydro-3aH-3a-methylindenon-(2)*, Kp.$_{0,1}$ 85°, a) analog vorst. Verb. aus **II**; hellgelbes Öl; 78%; b) mit BF_3 · Ätherat; 81%. *DNP*, $C_{16}H_{16}N_4O_4$, F. 162–163°; braun.

H. Miele 2950△

C-3. Heterocyclische Verbindungen

1177 **Synthese von α-Azetidino- und α-[2-Methylazetidino]-alkylphosphonsäureestern.** R. N. Chamitov und N. P. Grečkin. (Doklady Akad. Nauk SSSR **172** (1967) 5, 1099–1101; russ.) — Die Darst. der entsprechenden Phosphonsäureester erfolgte in Bzl. u. in Propanol aus äquimol. Mengen von Azetidin bzw. 2-Methylazetidin, Dipropylphosphit u. Aldehyden oder Ketonen.

Versuche: α-Azetidino-alkylphosphonsäureester (**A**), zu Dipropylphosphit u. Aldehyd bzw. Keton in Bzl. wird langsam eine Lsg. von Azetidin in Bzl. hinzugefügt u. 1 Std. auf dem W.-Bad erwärmt: *-äthylphosphonsäure-dipropylester*, $C_{11}H_{24}NO_3P$, Kp.$_{1,5}$ 97 bis 98°, aus Acetaldehyd; 28,2% (Ausb.). — *-sek.-butylphosphonsäure-dipropylester*, $C_{13}H_{28}NO_3P$, Kp.$_{1,5}$ 104,5 bis 105,5°, aus Methyläthylketon; 67,2%. — *-α-äthyl-propylphosphonsäuredipropylester*, $C_{14}H_{30}NO_3P$, Kp.$_{1,5}$ 111 bis 112°, aus Diäthylketon; 65,0%. — *-cyclopentylphosphonsäure-dipropylester*, $C_{14}H_{28}NO_3P$, Kp.$_{1,5}$ 127,5°, aus Cyclopentanon; 69,1%. — *-cyclohexylphosphonsäure-dipropylester*, $C_{15}H_{30}NO_3P$, Kp.$_{1,5}$ 125–126°, aus Cyclohexanon; 70,0%. — α-[2-Methylazetidinyl]-alkylphosphonsäureester, analog den **A**: *-methylphosphonsäure-dipropylester*, $C_{11}H_{24}NO_3P$, Kp.$_3$ 122–125°, aus Formaldehyd; 72%. — *-isopropylphosphonsäure-dipropylester*, $C_{13}H_{28}NO_3P$, Kp.$_5$ 119–120°, aus Aceton; 78%. — *-benzylphosphonsäure-dipropylester*, $C_{17}H_{28}NO_3P$, Kp.$_2$ 161°, aus Benzaldehyd; 79,4%.

Ch. Maniewski 3040

1178 **Reaktion einiger Indole mit Selendioxid.** J. F. K. Wilshire. (Austral. J. Chem. **20** (1967) 2, 359–64; Parkville, Vic., Div. of Protein Chem., CSIRO Wool Res. Labor.; engl.) — SeO_2 reagiert mit Indolen zu *3.3'-Diindolylseleniden*.

Versuche: *3.3'-Diindolylselenid*, $C_{16}H_{12}N_2Se$, F. 196–198° (Hexan/CH_2Cl_2), aus Indol u. SeO_2; 23% (Ausb.). — *3.3'-Di-[2-methylindolyl]-triselenid*, $C_{18}H_{16}$ · N_2Se_3, F. 194–197°, aus 2-Methylindol u. SeO_2; aus Hexan/CH_2Cl_2 orangerote Plättchen; 16%. — *3.3'-Di-[2-methylindolyl]-diselenid*, $C_{18}H_{16}N_2Se_2$, F. 180–182° (Aceton/W.), aus 2-Methylindol u. SeO_2; aus Hexan/Bzl. rotgelbe Plättchen; 22%; daneben nicht identifizierte gelbe *Verbindungen*. — *3.3'-Di-[1.2-dimethylindolyl]-triselenid*, $C_{20}H_{20}N_2Se_3$, F. 174–176°, aus 1.2-Dimethylindol u. SeO_2; aus Bzl./Hexan orangefarbene Plättchen; 22%.

G. Vogt 3081

1179 **Pyrazolsulfanilamide. 9. Mitt. Chlor-, Methyl- und Methoxy-Derivate von 1-Phenyl-5-sulfanilamido-pyrazol.** C. Alberti und C. Tironi. (Farmaco [Pavia], Ediz. sci. **22** (1967) 1, 58–75; Ist. di Chim. farmaceut. e tossicol. dell'Univ., Pavia; ital.) — 8. vgl. C. **1969**, 6-1200. — Folgende Verb., von denen einige eine geringe bakteriostat. Wrkg. gegenüber *S. aureus* u. *E. coli* haben, werden dargestellt: Cyanessigsäure-äthylester: *[β-(2-Chlor-phenyl)-hydrazino-methylen]-*, $C_{12}H_{12}ClN_3O_2$, F. 147–148° (A.), durch 12std. Stehen von 2-Chlor-phenylhydrazin u. Äthoxymethylen-cyanessigsäure-äthylester in abs. A. bei Raumtemp.; 65% (Ausb.). — *[β-(o-Tolyl)-hydrazino-methylen]-*, $C_{13}H_{15}N_3O_2$, F. 147–148° (Bzl.), analog vorst. Verb. aus o-Tolyl-hydrazin u. Äthoxymethylen-cyan-essigsäure-äthylester; 90%. — *[β-(2-Methoxy-phenyl)-hydrazino-methylen]-*, $C_{13}H_{15}N_3O_3$, F. 118–119° (Bzl.), analog vorvorst. Verb. aus 2-Methoxy-phenylhydrazin u. Äthoxymethylen-cyan-essigsäure-äthylester; 61%. — 5-Amino-pyrazol-4-carbonsäure-äthylester: *1-[2-Chlor-phenyl]-*, $C_{12}H_{12}ClN_3O_2$, F. 83–84° (Bzn.), durch 3std. Kochen von [β-(2-Chlorphenyl)-hydrazino-methylen]-cyan-essigsäureäthylester in Eisessig; 80%. — *1-[2-Methoxyphenyl]-*, $C_{13}H_{15}N_3O_3$, F. 78–79° (PAe.), analog vorst. Verbindung. — *1-[o-Tolyl]-*, $C_{13}H_{15}N_3O_2$, F. 58–59° (wss. A.), durch 3std. Kochen von [β-(o-Tolyl)-hydrazino-methylen]-cyanessigsäure-äthylester in abs. A. mit einigen Tropfen HCl; 60%. — *1-[3-Chlor-phenyl]-*, $C_{12}H_{12}ClN_3O_2$, F. 117–118° (A.)-durch 3std. Kochen von 3-Chlor-phenylhydrazin u. Äthoxy-methylen-cyanessigsäure-äthylester in abs. A.; 96%. — *1-[4-Chlor-phenyl]-*, $C_{12}H_{12}ClN_3O_2$, F. 148–149° (A.), analog vorst. Verbindung. — *1-[m-Tolyl]-*, $C_{13}H_{15}$ · N_3O_2, F. 65–66° (Bzn.), analog vorvorst. Verbindung. — *1-[p-Tolyl]-*, $C_{13}H_{15}N_3O_2$, F. 114–115° (Bzn.). — *1-[3-Methoxy-phenyl]-*, $C_{13}H_{15}N_3O_3$, F. 71–72° (Ligroin). — *1-[4-Methoxy-phenyl]-*, $C_{13}H_{15}N_3O_3$, F. 110–111° (Ligroin). — 5-Amino-pyrazol-4-carbonsäuren: *1-[2-Chlor-phenyl]-*, $C_{10}H_8ClN_3O_2$, F. 170–171° (A.), durch 2std. Kochen des Äthylesters mit 2 n NaOH; 90%. — *1-[3-Chlor-phenyl]-*, $C_{10}H_8ClN_3O_2$, F. 192–193° (A.), analog vorst. Verbindung. — *1-[4-Chlor-phenyl]-*, $C_{10}H_8$ · ClN_3O_2, F. 192–193° (A.), analog vorvorst. Verbindung. — *1-[o-Tolyl]-*, $C_{11}H_{11}N_3O_2$, F. 167–168° (A.). — *1-[m-Tolyl]-*, $C_{11}H_{11}N_3O_2$, F. 169–170° (A.). — *1-[p-Tolyl]-*, $C_{11}H_{11}N_3O_2$, F. 178–179° (A.). — *1-[2-Methoxy-phenyl]-*, $C_{11}H_{11}N_3O_3$, F. 154–155° (A.). — *1-[3-Methoxy-phenyl]-*, $C_{11}H_{11}N_3O_3$, F. 166–167° (A.). — *1-[4-Methoxy-phenyl]-*, $C_{11}H_{11}N_3O_3$, F. 184–185° (A.). — 5-Amino-pyrazole: *1-[p-Tolyl]-*, $C_{10}H_{11}N_3$, F. 53–54° (PAe.), durch Erhitzen der 4-Carbonsäure im Ölbad auf 170–180° bis zum Ende der CO_2-Entwicklung. — *1-[o-Tolyl]-*, $C_{10}H_{11}N_3$, F. 57–58° (Bzn.), analog vorst. Verb.; 95%. — *1-[2-Methoxy-phenyl]-, Hydrochlorid*, $C_{10}H_{12}ClN_3O$, F. 216 bis 217° (A./Ae.), analog vorvorst. Verbindung. — *1-[3-Methoxy-phenyl]-*, $C_{10}H_{11}N_3O$, F. 65–66° (Bzn./Bzl.). — *1-[4-Methoxy-phenyl]-*, $C_{10}H_{11}N_3O$, F. 87–88° (Bzl./Bzn.). — *1-[2-Chlor-phenyl]-*, $C_9H_8ClN_3$, F. 56–57° (Ligroin), durch Erhitzen der 4-Carbonsäure in 75%ig. H_2SO_4 auf 150–160° bzw. in Eisessig bei 100–110°; 78%. — *1-[3-Chlor-phenyl]-*, $C_9H_8ClN_3$, F. 91–92° (Bzn.), analog vorst. Verbindung. — *1-[4-Chlor-phenyl]-*, C_9H_8 · ClN_3, F. 82–83° (PAe.), analog vorvorst. Verbindung. — *1-[m-Tolyl]-, Hydrochlorid*, $C_{10}H_{12}ClN_3$, F. 217–218° (A./Ae.). — 5-[N^4-Acetyl-sulfanilamido]-pyrazole. *1-[2-Chlor-phenyl]-, Hemihydrat*, $C_{17}H_{15}ClN_4O_3S$ · $^1/_2H_2O$, F. 238–239° (verd. A.), durch $^1/_4$std. Erhitzen des Amins mit p-Acetylamino-benzolsulfochlorid in Py. auf 40–50° u. 12std. Stehen bei Raumtemp.; 90%. — *1-[4-Chlor-phenyl]-*, $C_{17}H_{15}ClN_4O_3S$, F. 244–245° (verd. A.), analog vorst. Verbindung. — *1-[o-Tolyl]-*, $C_{18}H_{18}N_4$ · O_3S, F. 237–238° (verd. A.), analog vorvorst. Verbindung. — *1-[m-Tolyl]-*, $C_{18}H_{18}N_4O_3S$, F. 209–210°

(verd. A.). — *1-[p-Tolyl]-*, $C_{18}H_{15}N_4O_3S$, F. 257—258° (verd. A.). — *1-[2-Methoxy-phenyl]-*, $C_{18}H_{18}N_4O_4S$, F. 210—211° (verd. A.). — *1-[3-Methoxy-phenyl]-*, $C_{18}H_{18}\cdot N_4O_4S$, F. 181—182° (verd. A.). — *1-[4-Methoxy-phenyl]-*, $C_{18}H_{18}N_4O_4S$, F. 230—231° (verd. A.). — 5-Sulfanilamido-pyrazole: *1-[2-Chlor-phenyl]-*, $C_{15}H_{13}ClN_4O_2S$, F. 145—146° (verd. A.), durch 2std. Kochen der N^4-Acetyl-Deriv. mit 5%ig. NaOH; 87%. — *1-[3-Chlor-phenyl]-*, $C_{15}H_{13}ClN_4O_2S$, F. 139—140° (verd. A.), analog vorst. Verbindung. — *1-[4-Chlor-phenyl]-*, $C_{15}H_{13}ClN_4O_2S$, F. 164—165° (verd. A.), analog vorvorst. Verbindung. — *1-[o-Tolyl]-*, $C_{16}H_{16}N_4O_2S$, F. 166—167° (verd A.). — *1-[m-Tolyl]-*, $C_{16}H_{16}N_4O_2S$, F. 123—124° (verd. A.). — *1-[p-Tolyl]-*, $C_{16}H_{16}N_4O_2S$, F. 161—162° (verd. A.). — *1-[2-Methoxy-phenyl]-*, $C_{16}H_{16}N_4O_3S$, F. 161—162° (verd. A.). — *1-[3-Methoxy-phenyl]-*, $C_{16}H_{16}N_4O_3S$, F. 178—179° (verd. A.). — *1-[4-Methoxy-phenyl]-*, $C_{16}H_{16}N_4O_3S$, F. 162—163° (verd. A.). — *N^1-Acetyl-N^2-[2-chlor-phenyl]-hydrazin*, $C_8H_9ClN_2O$, F. 119—120° (Ligroin), durch 2std. Erhitzen von 14,25 g 2-Chlor-phenylhydrazin u. Eisessig/W./Acetonitril (100 ml:100 ml:5,2 g) auf dem W.-Bad; 58%. — *N^1-Acetyl-N^2-[3-chlor-phenyl]-hydrazin*, $C_8H_9ClN_2O$, F. 133—134° (Bzl.), analog vorst. Verbindung. — *N^1-Acetyl-N^2-[4-chlor-phenyl]-hydrazin*, $C_8\cdot H_9ClN_2O$, F. 156—157° (Bzl.), a) analog vorvorst. Verb.; b) aus 4-Chlor-phenylhydrazin u. Acetanhydrid.

P. Golinske 3122△

1180 **Untersuchungen in der Serie der Azole. Synthese von nicht N-substituierten Chlorimidazolen.** 1. Mitt. J. L. Imbach, R. Jacquier und A. Romane. (J. heterocyclic Chem. 4 (1967) 3, 451—52; Fac. des Sci. de Montpellier; franz.) — Einw. von N-Chlorsuccinimid oder besser N-Chlorphthalimid (**I**) auf (methylsubstituierte) Imidazole (**A**) führt zur Chlorierung in 4- u./oder 5-Stellung. *2-Chlorimidazol* wird aus Imidazolon-(2) (**II**) u. $POCl_3$ erhalten. IR- u. NMR-Daten von chlorierten u. bromierten (methylsubstituierten) **A** sind tabelliert.

Versuche: Imidazole, durch Lösen des betreffenden **A** u. **I** im Minimum an heißem $CHCl_3$, 2std. Kochen u. präparative Dünnschichtchromatographie oder Säulenchromatographie an SiO_2: *4 (5)-Chlor-*, F. 115 bis 117°, aus Imidazol; 13% (Ausb.); daneben *4.5-Dichlor-*, F. 180—181°; 25%. — *2-Methyl-4(5)-chlor-*, F. 152—154°, aus 2-Methylimidazol; 19%; daneben *2-Methyl-4.5-dichlor-*, F. 247—248°; 16%. — *2.4(5)-Dimethyl-5(4)-chlor-*, F. 209—210°, aus 2.4(5)-Dimethylimidazol; 60%. — *2-Chlor-*, F. 165—166°, durch 24std. Kochen von **II** in $POCl_3$, Eindampfen u. Einstellen auf pH 6,5.

H. Miele 3122△

1181 **Synthesen heterocyclischer Verbindungen.** 2. Mitt. **Synthese von 1.2-Ureylencyclopentan-Derivaten.** Takao Takaya, Hataaki Yoshimoto und Eiji Imoto. (Bull. chem. Soc. Japan **40** (1967) 12, 2844—49; Dep. of Appl. Chem., Coll. of Engng., Univ. of Osaka Prefect., Sakai, Osaka; engl.) — Synth. von *cis-1.2-Ureylencyclopentan* u. *cis.cis-3-Methyl-1.2-ureylencyclopentan* aus 2-Äthoxycarbonyl- (**I**) bzw. 5-Methyl-2-äthoxycarbonylcyclopentanon wird beschrieben. Der Curtius-Abbau von cis-2-Aminocyclopentancarbonsäure-Deriv. verläuft unter cis-trans-Isomerisierung. Hydrierung von 3-Methyl-2-ureido-Δ^1-cyclopenten-1-carbonsäureäthylester bei 70° liefert ein Gemisch aus *cis.cis-* u. *cis.trans-3-Methyl-2-ureidocyclopentan-1-carbonsäureäthylester*.

Versuche: *1-Äthoxycarbonyl-2-ureidocyclopenten-(1)*, $C_9H_{14}N_2O_3$, F. 197—198° (95%ig. A.), a) aus 2 g Harnstoff, 4,7 g **I**, A. u. konz. HCl unter Evakuieren des Rk.-Gefäßes (Meth. **C**); 3,5 g (Ausb.); b) aus **I**, Harnstoff u. p-Toluolsulfonsäure in abs. A.; 82%. — Cyclopentane: *cis-1-Äthoxycarbonyl-2-ureido-*, $C_9H_{16}N_2O_3$, F. 137—138° ($CHCl_3/CCl_4$), durch Hydrieren von 0,4 vorst. Verb. in abs. A. an Raney-Ni; 0,4 g. — *cis-1-[Hydrazinocarbonyl]-2-ureido-*, $C_7H_{14}N_4O_2$, F. 172—173° (A./Bzl.), aus vorst. Verb. mit Hydrazinhydrat in abs. A. (Meth. **A**); 100%. — *N-Carbamoyl-1.2-ureylen-*, $C_7H_{11}N_3O_2$, F. 162 bis 163° (Essigester), aus wss. $NaNO_2$ u. vorst. Verb. (Meth. **B**); 89%. — *1.2-Ureylen-*, $C_6H_{10}N_2O$, F. 201—203° (A./Ae.), a) aus vorst. Verb. u. $Ba(OH)_2$ in 50%ig. wss. Methanol; 88%. b) aus $NaNO_2$ u. vorst. Verb. in 40%ig. wss. H_2SO_4; 67%; c) analog a) aus N-Benzoyl-1.2-ureylencyclopentan; 75%. — *N-Nitroso-1.2-ureylen-*, $C_6H_9N_3O_2$, F. 126—127° (Zers.), aus $NaNO_2$ u. 63 mg vorst. Verb. in 2 n HCl; 40 mg. — *1-Äthoxycarbonyl-2-benzamido-*, $C_{15}H_{19}NO_3$, F. 88—89° (PAe.), a) durch Hydrieren von 5 g 1-Äthoxycarbonyl-2-benzamidocyclopenten-(1) (**II**) bei 50° an Raney-Ni; 5 g; b) aus cis-2-[Benzolsulfonamido]-cyclopentancarbonsäure mit p-Toluolsulfonsäure u. Benzoylchlorid. — *1-Äthoxycarbonyl-2-[cyclohexylcarbonylamino]-*, $C_{15}H_{25}NO_3$, F. 107—108° (CCl_4/PAe.), aus **II** bei 60° analog vorst. nach a). — *1-[Hydrazinocarbonyl]-2-benzamido-*, $C_{13}H_{17}N_3O_2$, F. 180,5 bis 181,5° ($CHCl_3$), aus 2,7 g vorvorst. Verb. analog **A**; 2,6 g. — *N-Benzoyl-1.2-ureylen-*, $C_{13}H_{14}N_2O_2$, F. 172 bis 173° (Bzl.), aus $NaNO_2$ u. 141 mg vorst. Verb. in 2 n HCl; 101 mg. — *cis-1.2-Dicarboxy-*, F. 139—140° (konz. HCl), durch Hydrieren von 15 g 2-Cyan-2-hydroxycyclopentancarbonsäureäthylester in abs. A. an Raney-Ni; 15 g. *Anhydrid* (**III**), F. 73,5—74° (Ae.), aus 25 g der Säure mit Acetanhydrid; 15,5 g. — *N-Hydroxy-cis-1.2-iminodicarbonyl-*(**IV**), $C_7H_9NO_3$. F. 110—111° ($CHCl_3$/PAe.), aus **III**, Hydroxylaminhydrochlorid u. Na_2CO_3; 75%. *O-Benzolsulfonyl-Deriv.*, $C_{13}H_{13}NO_5S$, F. 110 bis 111° (Methanol), aus **IV**, Benzolsulfonylchlorid u. 10%ig. Na_2CO_3; 97%. — *cis-1-Carboxy-2-amino-*, *Hydrochlorid*, $C_6H_{12}ClNO_2$, F. 200—201° (A./Ae.), aus **III** u. Triäthylamin; 67%. *N-Benzolsulfonyl-Deriv.*, F. 152—154° (A./Ae.), aus 2 g **III**; 1,7 g. — *1-Oxo-2-äthoxycarbonyl-5-methyl-*, Kp.$_{11}$ 106—108°, aus 2-Methyladipinsäureäthylester u. Na. — *cis.cis-1-Äthoxycarbonyl-2-ureido-3-methyl-*, $C_{10}H_{18}\cdot N_2O_3$, F. 146—148° ($CCl_4/CHCl_3$), durch Hydrieren von 590 mg 2-Ureido-3-methyl-Δ^1-cyclopenten-1-carbonsäureäthylester an Raney-Ni; 350 mg; daneben 90 mg *cis.trans-Verb.* [$C_{10}H_{18}N_2O_3$, F. 100—102° ($CHCl_3$/PAe.)] — *1-[Hydrazinocarbonyl]-2-ureido-3-methyl-*, $C_8H_{16}N_4O_2$, F. 172—174° (A./CCl_4), aus 80 mg vorst. Verb. analog **A**; 65 mg. — *N-Carbamoyl-1.2-ureylen-3-methyl-*, $C_8H_{13}N_3O_2$, F. 190—192° (CCl_3/PAe.), aus vorst. Verb. analog **B**; 57%. — *1.2-Ureylen-3-methyl-*, $C_7H_{12}N_2O$, F. 212—213° ($CHCl_3$/PAe.), aus 160 mg vorst. Verb. mit 10%ig. methanol. $Ba(OH)_2$; 60 mg. — *1-Äthoxycarbonyl-2-benzamido-cyclopenten-(1)* (**II**), $C_{15}H_{17}NO_3$, F. 107—108° (wss. A.), aus 5,5 g 1-Äthoxycarbonyl-2-aminocyclopenten-(1) u. Benzoylchlorid; 4 g. — *1-Äthoxycarbonyl-2-ureido-3-methyl-cyclopenten-(1)*, $C_{10}H_{16}N_2O_3$, F. 170,5—172,5° (A.), aus 3 g 2-Äthoxycarbonyl-5-methylcyclopentanon u. Harnstoff analog **C**; 1,8 g.

K.-P. Hilgetag 3122△

1182 **3-[4-Chlorbutyl]-oxazolidinon-(2).** James R. Piper, Carl R. Stringfellow jun. und Thomas P. Johnston. (J. heterocyclic Chem. 4 (1967) 2, 298—300; Southern Res. Inst., Birmingham, Ala.; engl.) — Alkylierung von K-Phthalimid (**I**) mit 4-Chlorbutylacetat (**II**) gibt *N-[4-Acetoxybutyl]-phthalimid*, das alkal. zu *4-Aminobutanol-(1)* verseift wird, dessen Rk. mit Äthylenoxid (**III**) *4-[2-Hydroxyäthylamino]-butanol-(1)* (**IV**) liefert. Behandeln von **IV** mit $SOCl_2$ u. Cyclisierung des gebildeten *N-[2-Chloräthyl]-4-chlorbutylamins* mit Na_2CO_3 führt zu *3-[4-Chlorbutyl]-oxazolidinon-(2)* (**V**). Einfacher wird **IV** durch Rk. des Na-Deriv. von *Oxazolidinon-(2)* (**VI**) mit **II** zu *3-[4-Acetoxybutyl]-oxazolidinon-(2)* (**VII**) u. Hydrolyse mit sd. HCl dargestellt. **V** wird am besten durch Zugabe von **VI** u. überschüssigem 1.4-Dichlorbutan (**VIII**) in DMF zu NaH in DMF erhalten. Cyclisierung von *N-[2-Bromäthyl]-4-brombutylamin* zum Bromanalogen von **V** gelang nicht.

Versuche: *N-[4-Acetoxybutyl]-phthalimid*, $C_{14}H_{15}\cdot NO_4$, F. 60—61°, durch Zutropfen von **II** in DMF zu **I** in DMF bei 90—100° u. 3std. Erhitzen auf 90—100°; 79% (Ausb.). — *4-Aminobutanol-(1)*, Kp. 197—200°, durch 1std. Kochen vorst. Verb. in 20%ig. KOH, Einengen an einer Kolonne, wiederholtes Eindampfen mit W. u. Fraktionieren der wss. Destillate; 56%. — *4-[2-Hydroxyäthylamino]-butanol-(1)* (**IV**), $C_6H_{15}NO_2$, Kp.$_{.6}$ 160—163°, durch Zugabe von fl. **III** zu vorst. Verb. in A. bei 0—5°, 1std. Erhitzen im Druckgefäß auf 100° u. Fraktionieren; n_D^{23} 1,4768; 40%; daneben *4-[Bis-(2-hydroxyäthyl)-amino]-butanol-(1)*, $C_8H_{19}NO_3$, Kp.$_{.1,5}$ 182 bis 194°; n_D^{24} 1,4867; 24%. — *N-[2-Chloräthyl]-4-chlorbutylamin, Hydrochlorid*, $C_6H_{13}Cl_2N\cdot HCl$, F. 164—167°, a) durch Behandeln von **IV** in A. mit äthanol. HCl, Eindampfen im Vakuum u. 4std. Kochen mit $SOCl_2$; 86%;

b) durch 3std. Kochen von **VII** in konz. HCl, Eindampfen u. Behandeln mit $SOCl_2$ analog a); 59%. — *3-[4-Chlor-butyl]-oxazolidinon-(2)* (**V**), $C_7H_{12}ClNO_2$, Kp.$_{0,2}$ 137 bis 142°, a) durch schnelle Zugabe vorst. Verb. zu $NaHCO_3$ u. NaOH in W. bei 0–5°, Erwärmen auf Raumtemp., 20 Min. langes Erwärmen auf 35–40° u. Aufarbeiten mit CH_2Cl_2; 12%; b) durch Zutropfen von **VI** in DMF zu NaH (50% in Mineralöl) u. 1-Brom-4-chlorbutan in DMF u. Rühren über Nacht bei Raumtemp.; n_D^{20} 1,4876; 38%; c) analog b) in Bzl. mit trockenem NaH durch 64std. Kochen; 27%; d) durch 2,5std. Zutropfen von **VI** u. **VIII** in DMF zu ölfreiem NaH in DMF bei 25–30°, $^1/_2$std. Rühren u. Eindampfen im Vakuum, zuletzt bei 75° (Bad)/< 1 Torr; 90% roh. — *N-Methyl-N-{4-[2-oxooxazolidinyl-(3)]-butyl}-p-toluolsulfonamid*, $C_{15} \cdot H_{22}N_2O_4S$, F. 64–66° (A.), durch 3std. Erhitzen von rohem **V**, N-Methyl-p-toluolsulfonamid u. K_2CO_3 in DMF auf 110–120°; 77–90%. — *3-[4-Acetoxybutyl]-oxazolidinon-(2)* (**VII**), $C_9H_{15}NO_4$, Kp.$_{0,07}$ 150–160°, durch Zutropfen von **VI** in DMF zu trockenem, ölfreiem NaH in DMF < 60°, Erwärmen auf 70° nach 30 Min., 1std. Zutropfen von **II** in DMF u. 64std. Rühren bei 85–90°; 36%. — *N-[2-Bromäthyl]-4-brombutylamin, Hydrobromid*, $C_6H_{13}Br_2N \cdot HBr$, F. 164–166° ($CHCl_3$), durch Rühren von **VII** in 30% HBr/Eisessig über Nacht bei Raumtemp. u. 72std. Kochen; 83%.

H. Miele 3132△

1183 **Darstellung und Antifungi-Aktivität von chlorierten Bis-[2-aminocarbonylphenyl]-disulfiden und 1.2-Benzoisothiazolinonen-(3).** R. Ponci, T. Vitali, F. Mossini und L. Amoretti. (Farmaco [Pavia], Ediz. sci. **22** (1967) 12, 989–98; Parma, Univ., Ist. di Chim. farmaceut. e tossicolog.; ital.) — Zahlreiche *chlorierte S.S'-Bis-[2-aminocarbonylphenyl]-disulfide* (**A**) u. *1.2-Benzoisothiazolinone-(3)* (**B**) werden dargestellt. Ihre invitro-Wrkg. gegenüber *Candida albicans, Candida tropicalis, Trichophyton mentagrophytes* u. *Saccharomyces cerevisiae* wird untersucht. In 3.3'-, 4.4'- u. 5.5'-Stellung chlorierte **A** sowie in 4-, 5- u. 6-Stellung chlorierte **B** zeigen hohe Aktivität, während die Einführung eines Cl-Atoms in o-Stellung zum S-Atom die Wrkg. aufhebt oder stark reduziert. Strukturunters. bes. der **B** scheinen diese Tatsache zu bestätigen.

Versuche: Disulfide: *S.S'-Bis-[2-carboxy-3-chlorphenyl]-*, (**I**), $C_{14}H_8Cl_2O_4S_2$, F. 198–199° (Essigsäure), durch Diazotieren von 6-Chloranthranilsäure bei pH 5–6, Rühren mit wss. K-Äthylxanthogenatlsg. bei 70–80°, Ansäuern mit HCl, 3$^1/_2$std. Kochen des Nd. mit 10%ig. NaOH, Ansäuern mit HCl u. Ox. mit 5%ig. äthanol. J_2-Lsg.; 80% (Ausb.). — *S.S'-Bis-[2-chlorcarbonyl-3-chlorphenyl]-* (**II**), aus **I** u. $SOCl_2$. — *S.S'-Bis-[2-carboxy-4-chlorphenyl]-*, F. 316–320°, analog **I**. — *S.S'-Bis-[2-chlorcarbonyl-4-chlorphenyl]-*, F. 176–179° (Bzl./PAe.), analog **II**. — *S.S'-Bis-[2-carboxy-5-chlorphenyl]-*, $C_{14}H_8Cl_2O_4S_2$, F. 330–331° (A. oder Dioxan), analog **I**; 70%. — *S.S'-Bis-[2-chlorcarbonyl-5-chlorphenyl]-*, F. 153 bis 158°, analog **II**. — *S.S'-Bis-[2-carboxy-6-chlorphenyl]-*, $C_{14}H_8Cl_2S_2O_4$, F. 251–253° (Essigsäure), durch 1std. Stehen von **V** (s. unten) mit J_2 in A. bei Raumtemp. u. Zugabe von W.; 95%. — *S.S'-Bis-[2-chlorcarbonyl-6-chlorphenyl]-*, $C_{14}H_6Cl_4O_2S_2$, F. 101–102° (Ligroin), analog **II**. — *S.S'-Bis-[2-aminocarbonyl-3-chlorphenyl]-* (**III**), $C_{14}H_{10}Cl_2N_2O_2S_2$, F. 227–229° (wss. A.), durch Einleiten von NH_3 in die Lsg. von **II** in Dioxan, Gießen in W. u. Ansäuern mit Essigsäure oder HCl. — *S.S'-Bis-[2-aminocarbonyl-4-chlorphenyl]-*, $C_{14}H_{10}Cl_2N_2O_2S_2$ F. 285–287° (Dioxan/Bzl.), analog **III**. — *S.S'-Bis-[2-aminocarbonyl-5-chlorphenyl]-*, $C_{14}H_{10}Cl_2N_2O_2S_2$, F. 283 bis 285° (Essigsäure), analog **III**. — *S.S'-Bis-[2-n-butylaminocarbonyl-3-chlorphenyl]-* (**IV**), $C_{22}H_{26}Cl_2N_2O_2S_2$, F. 163–165° (wss. A.), durch $^1/_4$std. Erhitzen von **II** mit n-Butylamin in Dioxan auf 50–60° analog **III**. — *S.S'-Bis-[2-n-butylaminocarbonyl-4-chlorphenyl]-*, $C_{22}H_{26}Cl_2N_2 \cdot O_2S_2$, F. 224–226° (A.), analog **IV**. — *S.S'-Bis-[2-n-butylaminocarbonyl-5-chlorphenyl]-*, $C_{22}H_{26}Cl_2N_2O_2S_2$, F. 228 bis 229° (A.), analog **IV**. — *S.S'-Bis-[2-n-butylaminocarbonyl-6-chlorphenyl]-*, $C_{22}H_{26}Cl_2N_2O_2S_2$, F. 134–135° (wss. A.), analog **IV**. — *2-Mercapto-3-chlorbenzoesäure* (**V**), $C_7H_5ClO_2S$, F. 196–197°, durch Diazotieren von 3-Chloranthranilsäure, Gießen in Na_2S_2-Lsg. unter Rühren bei 0–5°, Ansäuern mit HCl u. Extraktion mit Ae.; aus Essigsäure Nadeln; 76%. — 1.2-Benzoisothiazolinone-(3): *4-Chlor-* (**VI**), C_7H_4ClNOS, F. 256–258° (wss. A.), durch Einleiten von NH_3 in die Lsg. von **II** u. Cl_2 in CCl_4, 1std. Stehen, Dest. des CCl_4, Zugabe von W. u. Ansäuern mit HCl. — *5-Chlor-*, C_7H_4ClNOS, F. 265 bis 266° (A.), analog **VI**. — *6-Chlor-*, C_7H_4ClNOS, F. 271 bis 273° (A.), analog **VI**. — *7-Chlor-*, C_7H_4ClNOS, F. 223 bis 224° (A.), analog **VI**. — *2-n-Butyl-4-chlor-* (**VII**), $C_{11}H_{12}ClNOS$, F. 82–83° (wss. A.), durch $^1/_4$std. Erhitzen mit n-Butylamin auf 40–50° analog **VI**. *1.1-Dioxid*, $C_{11}H_{12}ClNO_3S$, F. 108–109° (wss. A.), aus **VII** u. H_2O_2 in Essigsäure. — *2-n-Butyl-5-chlor-*, $C_{11}H_{12}ClNOS$, F. 76° (wss. A.), analog **VII**. — *2-n-Butyl-6-chlor-*, $C_{11}H_{12} \cdot ClNOS$, F. 102–103° (wss. A./PAe.), analog **VII**. — *2-n-Butyl-7-chlor-*, Kp.$_{0,2}$ 142–144°, analog **VII**.

Gottfried Schreiber 3142△

1184 **1.2.5-Oxadiazole und Δ^2-1.2.5-Oxadiazoline.** S. B. Patel, M. R. Patel und B. N. Mankad. (Indian J. Chem. **5** (1967) 11, 545–47; Chem. Dep., Sadar Patel Univ., Vallabh Vidyanagar; engl.) — Sechs α.β-Bis-[hydroxyimino]- u. 35 β-Imino-α-hydroxyiminoderiv. von Butyrarylamiden werden zu den im Titel genannten Verb. cyclisiert. Die Strukturen werden durch UV- u. IR-Spektren bewiesen. Max. vgl. Original.

Versuche: 4-Methyl-1.2.5-oxadiazole: *3-[Phenylaminocarbonyl]-*, $C_{10}H_9N_3O_2$, F. 120° (A.), durch Erhitzen von α.β-Bis-[hydroxyimino]-butyranilid mit Bernsteinsäureanhydrid auf 140°; 65–75%. (Ausb.). — *3-[o-Methylphenylaminocarbonyl]-*, $C_{11}H_{11}N_3O_2$, F. 88° (A.), analog vorst. Verbindung. — *3-[o-Methoxyphenylaminocarbonyl]-*, $C_{11}H_{11}N_3O_3$, F. 90°; aus A. hellgelbe Kristalle. — *3-[p-Methoxyphenylaminocarbonyl]-*, $C_{11}H_{11} \cdot N_3O_3$, F. 117°; aus A. hellgelbe Kristalle. — *3-[o-Chlorphenylaminocarbonyl]-*, $C_{10}H_8ClN_3O_2$, F. 144° (A.). — *3-[p-Chlorphenylaminocarbonyl]-*, $C_{10}H_8ClN_3O_2$, F. 105° (A.). — 4-Methyl-Δ^2-1.2.5-oxadiazoline: *3-[Phenylaminocarbonyl]-*, $C_{10}H_{11}N_3O_2$, F. 151° (verd. A.), durch Kochen von β-Imino-α-hydroxyiminobutyranilid in H_2O; 35–60%. — *3-[o-Methylphenylaminocarbonyl]-*, $C_{11}H_{13} \cdot N_3O_2$, F. 195° (verd. A.). — *3-[p-Methylphenylaminocarbonyl]-*, $C_{11}H_{13}N_3O_2$, F. 180° (verd. A.). — *3-[o-Chlorphenylaminocarbonyl]-*, $C_{10}H_{10}ClN_3O_2$, F. 186° (verd. A.). — *3-[p-Chlorphenylaminocarbonyl]-*, $C_{10}H_{10}ClN_3O_2$, F. 175° (verd. A.). — *3-[o-Methoxyphenylaminocarbonyl]-*, $C_{11}H_{13} \cdot N_3O_3$, F. 142° (verd. A.). — *3-[2.4-Dimethylphenylaminocarbonyl]-*, $C_{12}H_{15}N_3O_2$, F. 163° (verd. A.). — 4.5-Dimethyl-Δ^2-1.2.5-oxadiazoline: *3-[Phenylaminocarbonyl]-*, $C_{11}H_{13}N_3O_2$, F. 154° (verd. A.). — *3-[o-Methylphenylaminocarbonyl]-*, $C_{12}H_{15}N_3O_2$, F. 168° (verd. A.). — *3-[p-Methylphenylaminocarbonyl]-*, $C_{12}H_{15}N_3O_2$, F. 176° (verd. A.). — *3-[o-Chlorphenylaminocarbonyl]-*, $C_{11}H_{12} \cdot ClN_3O_2$, F. 205° (verd. A.). — *3-[p-Chlorphenylaminocarbonyl]-*, $C_{11}H_{12}ClN_3O_2$, F. 123° (verd. A.). — *3-[o-Methoxyphenylaminocarbonyl]-*, $C_{12}H_{15}N_3O_3$, F. 167° (verd. A.). — *3-[2.4-Dimethylphenylaminocarbonyl]-*, $C_{13}H_{17}N_3O_2$, F. 171° (verd. A.). — 4-Methyl-5-äthyl-Δ^2-1.2.5-oxadiazoline: *3-[Phenylaminocarbonyl]-*, $C_{12}H_{15}N_3O_2$, F. 105° (verd. A.). — *3-[o-Methylphenylaminocarbonyl]-*, $C_{13}H_{17}N_3O_2$, F. 169° (verd. A.). — *3-[p-Methylphenylaminocarbonyl]-*, $C_{13}H_{17}N_3O_2$, F. 145° (verd. A.). — *3-[o-Chlorphenylaminocarbonyl]-*, $C_{12}H_{14}ClN_3O_2$, F. 138° (verd. A.). — *3-[p-Chlorphenylaminocarbonyl]-*, $C_{12}H_{14}ClN_3O_2$, F. 204° (verd. A.). — *3-[o-Methoxyphenylaminocarbonyl]-*, $C_{13}H_{17}N_3O_3$, F. 142° (verd. A.). — *3-[2.4-Dimethylphenylaminocarbonyl]-*, $C_{14}H_{19}N_3O_2$, F. 191° (verd. A.). — 4-Methyl-5-butyl-Δ^2-1.2.5-oxadiazoline: *3-[Phenylaminocarbonyl]-*, $C_{14}H_{19}N_3O_2$, F. 133° (verd. A.). — *3-[o-Methylphenylaminocarbonyl]-*, $C_{15}H_{21}N_3O_2$, F. 116° (verd. A.). — *3-[p-Methylphenylaminocarbonyl]-*, $C_{15}H_{21} \cdot N_3O_2$, F. 122° (verd. A.). — *3-[o-Chlorphenylaminocarbonyl]-*, $C_{14}H_{18}ClN_3O_2$, F. 123° (verd. A.). — *3-[p-Chlorphenylaminocarbonyl]-*, $C_{14}H_{18}ClN_3O_2$, F. 177° (verd. A.). — *3-[o-Methoxyphenylaminocarbonyl]-*, $C_{15}H_{21}N_3O_3$, F. 116° (verd. A.). — *3-[2.4-Dimethylphenylaminocarbonyl]-*, $C_{16}H_{23}N_3O_2$, F. 152° (verd. A.). — 4-Methyl-5-benzyl-Δ^2-1.2.5-oxadiazoline: *3-[Phenylaminocarbonyl]-*, $C_{17} \cdot H_{17}N_3O_2$, F. 176° (verd. A.). — *3-[o-Methylphenylaminocarbonyl]-*, $C_{18}H_{19}N_3O_2$, F. 189° (verd. A.). — *3-[p-Methylphenylaminocarbonyl]-*, $C_{18}H_{19}N_3O_2$, F. 187° (verd. A.). —

3-[o-Chlorphenylaminocarbonyl]-, $C_{17}H_{16}ClN_3O_2$, F. 174° (verd. A.). — *3-[p-Chlorphenylaminocarbonyl]-*, $C_{17}H_{16}\cdot ClN_3O_2$, F. 197° (verd. A.). — *3-[o-Methoxyphenylaminocarbonyl]-*, $C_{18}H_{19}N_3O_3$, F. 161° (verd. A.). — *3-[2.4-Dimethylphenylaminocarbonyl]-*, $C_{19}H_{21}N_3O_2$, F. 201° (verd. A.). G. Westphal 3163△

1185 **Eliminierung bei der Reduktion von Pyridiniumsalzen.** F. E. Ziegler und James G. Sweeny. (J. org. Chemistry **32** (1967) 10, 3216—17; Yale Univ., New Haven, Conn.; engl.) — Rk. von *N-{2-[Indolyl-(3)]-äthyl}-3-hydroxymethylpyridiniumbromid* (**II**) mit Li-Al-Tri-[tert.-butoxy]-hydrid (**VI**) in THF liefert ein Gemisch aus *N-{2-[Indolyl-(3)]-äthyl}-3-methylen-1.2.3.6-tetrahydropyridin* (**IV**) u. *N-{2-[Indolyl-(3)]-äthyl}-3-hydroxymethyl-1.2.5.6-tetrahydropyridin* (**V**), das chromatograph. getrennt wird. Die katalyt. Hydrierung von **IV** gibt *3-[2-(3-Methylpiperidino)-äthyl]-indol*, das unabhängig aus Tryptophylbromid (**I**) u. 3-Methylpiperidin (**VII**) darstellbar ist. Red. von **II** mit $LiAlH_4$ liefert nur **IV**, während mit $NaBH_4$ ausschließlich **V** entsteht. Red. von *N-{2-[Indolyl-(3)]-äthyl}-3-acetoxymethylpyridiniumbromid* (**III**) mit $NaBH_4$, **VI** oder $LiAlH_4$ gibt in allen Fällen nur **IV**.

Versuche: *N-{2-[Indolyl-(3)]-äthyl}-3-hydroxymethylpyridiniumbromid* (**II**), $C_{16}H_{17}BrN_2O$, F. 191—193° (Aceton/Methanol), durch 8std. Erhitzen von **I** u. Pyridyl-(3)-carbinol unter N_2 auf 80°; 57% (Ausb.). — *N-{2-[Indolyl-(3)]-äthyl}-3-acetoxymethylpyridiniumbromid* (**III**), $C_{18}H_{19}BrN_2O_2$, F. 160,5—161,5° (Aceton/Methanol), analog **II** aus **I** u. 3-Acetoxymethylpyridin; 81,3%. — *N-{-2-[Indolyl-(3)]-äthyl-}-3-methylen-1.2.3.6-tetrahydropyridin* (**IV**), $C_{16}H_{18}N_2$, F. 109,5—110,5° (Ae./PAe.), a) durch Zugabe von **II** zu **VI** in abs. THF, 2std. Kochen, Kühlen auf Raumtemp., Zers. mit gesätt. Na_2SO_4-Lsg., Zugabe von 5%ig. HCl, 2std. Stehen, $^3/_4$std. Kochen, Kühlen, Neutralisieren mit 10%ig. NaOH u. Chromatographie des $CHCl_3$-Extrakts an Al_2O_3 mit 10% Ae./Bzl.; 17,6%; b) durch Red. von **III** mit **VI**; 30,6%; c) aus **III** u. $NaBH_4$; 29,3%; d) aus **II** bzw. **III** u. $LiAlH_4$ in abs. THF, 1std. Rühren bei Raumtemp., Zers. mit gesätt. Na_2SO_4-Lsg. u. chromatograph. Aufarbeitung; 49,8 bzw. 45,2%. — *N-{2-[Indolyl-(3)]-äthyl}-3-hydroxymethyl-1.2.5.6-tetrahydropyridin* (**V**), $C_{16}H_{20}N_2O$, F. 135,5—137,5° ($CHCl_3$), a) neben **IV** nach a) durch Eluieren mit 5% $CH_3OH/CHCl_3$; 27,9%; b) durch Zugabe von $NaBH_4$ zu **II** in abs. A. bei 0°, 2std. Rühren, Verdünnen mit W. u. Aufarbeiten mit $CHCl_3$; 73%. — *3-[2-(3-Methylpiperidino)-äthyl]-indol*, $C_{16}H_{22}N_2$, F. 136,5 bis 137,5° (Ae./PAe.), a) durch Stehen von **I** u. **VII** bei Raumtemp. über Nacht; 27%; b) durch Hydrieren von **IV** in abs. A. an 10%ig. Pd/Kohle; 81,5%. H. Miele 3231△

1186 **Stevens-Umlagerung von 1-[p-Methoxybenzyl]-1.2.5.6-tetrahydropyridiniumsalzen.** Arthur E. Jacobson und Robert T. Parfitt. (J. org. Chemistry **32** (1967) 6, 1894—96; Nat. Inst. of Arthritis and Metabol. Diseases, Nat. Inst. of Health, Bethesda, Md.; engl.) — Die durch C_6H_5Li induzierte Umlagerung von 1-[p-Methoxybenzyl-1-methyl-3.4-diäthyl-1.2.5.6-tetrahydropyridiniumchlorid (**I**) liefert die erwarteten Prod.: *1-Methyl-3.4-diäthyl-2-[p-methoxybenzyl]-1.2.5.6-tetrahydropyridin*, *-4-[p-methoxybenzyl]-1.4.5.6-tetrahydropyridin* u. *-2-[2-methyl-5-methoxyphenyl]-1.2.5.6-tetrahydropyridin* sowie eine Verb. unbekannter Konstitution. Ähnlich führt die Stevens-Umlagerung von 1.3-Dimethyl-1-[p-methoxybenzyl]-1.2.5.6-tetrahydropyridiniumchlorid (**II**) zu *1.3-Dimethyl-4-[p-methoxybenzyl]-1.4.5.6-tetrahydropyridin* u. *1.3-Dimethyl-2-[p-methoxybenzyl]-1.2.5.6-tetrahydropyridin*. Verhältnis u. Art der Prod. werden durch den p-benzyl. Substituenten u. die Größe der Substituenten am Heteroring beeinflußt. Die Position der Doppelbindung im Tetrahydropyridinring wird auf Grund der in saurem Medium erfolgenden Verschiebung von 2.3- in 1.2-Stellung PMR-spektroskop. festgelegt.

Versuche: Durch Stevens-Umlagerung von **I** nach Fry u. May [vgl. ibid. **26** (1961) 2592] u. Fraktionieren werden folgende 1-Methyl-3.4-diäthylpyridine erhalten: *2-[p-Methoxybenzyl]-1.2.5.6-tetrahydro-*, Kp.$_{0,15}$ 129—135°. — *4-[p-Methoxybenzyl]-1.4.5.6-tetrahydro-*, $C_{18}H_{27}NO$, Kp.$_{0,15}$ 135—140°, gereinigt über das *Hydrochlorid* (aus Aceton/Methanol) u. das *Methojodid* [$C_{19}H_{30}JNO$, F. 163—164° (Methanol/Ae.)]. — *2-[2-Methyl-5-methoxyphenyl]-1.2.5.6-tetrahydro-*, Kp.$_{0,05}$ 86 bis 89°; gereinigt durch Überführen in Ae./Aceton in das *Hydrochlorid* [$C_{18}H_{28}ClNO$, F. 210—212° (Aceton/Methanol/Ae.)]. *Methojodid*, $C_{19}H_{30}JNO$, F. 202—203° (Zers., Aceton/Ae.). — Analog aus **II**, Überführen in das gemischte *Pikrat* in Aceton u. Fällen mit W.: *1.3-Dimethyl-4-[p-methoxybenzyl]-1.4.5.6-tetrahydropyridin, Pikrat*, $C_{21}\cdot H_{24}N_4O_8$, F. 89—90°, aus Aceton/W. gelbe Nadeln. — *1.3-Dimethyl-2-p-methoxybenzyl-1.2.5.6-tetrahydropyridin*, neben vorst. Verb., isoliert als *Hydrochlorid*, $C_{15}H_{22}ClNO$, F. 208—210°, aus Aceton Nadeln. H. Miele 3231△

1187 **Synthese von heterocyclischen Verbindungen. 203. Mitt. Tschitschibabin-Reaktion. 2. Mitt. Tschitschibabin-Reaktion von 8-Methylchinolin und Wanderung der Methylgruppe bei der Synthese von 3.4-Dihydro-8-methylcarbostyril durch Friedel-Crafts-Reaktion.** Tetsuji Kametani und Hideo Nemoto. (Chem. pharmac. Bull. [Tokyo] **15** (1967) 12, 1910—15; Pharmaceut. Inst., Tohoku Univ. of Med., Kita-4-bancho, Sendai; engl.) — 1. vgl. J. heterocyclic. Chem. **2** (1965) 330; 202. vgl. J. pharmac. Soc. Japan [Yakugakuzasshi] **87** (1967) 1411. — Tschitschibabin-Rk. von 8-Methylchinolin (**II**) in Dimethylanilin mit Na-Amid liefert ein *Gemisch aus 2-Amino-8-methyl-* u. *2-Amino-3.4-dihydro-8-methylchinolin*. Friedel-Crafts-Rk. von N-o-Tolyl-β-chlorpropionamid (**III**) gibt ein *Gemisch aus 5-Methyl-* u. *8-Methyl-3.4-dihydrocarbostyril* (**I**). Katalyt. Hydrierung von 8-Methylcarbostyril liefert gleichfalls **I**, das auch durch Tschitschibabin-Rk. von **II** u. Hydrolyse sowie durch Friedel-Crafts-Rk. von **III** zugänglich ist.

Versuche: *8-Methylchinolin* (**II**), Kp.$_9$ 100—104°, aus o-Toluidin, Glycerin, m-Nitrobenzolsulfonsäure-Na-Salz u. 65%ig. H_2SO_4; 63% (Ausb.). *Pikrat*, $C_{16}H_{12}N_4O_7$, F. 201—202° (Aceton). — *N-o-Tolyl-β-chlorpropionamid* (**III**), F. 79—80°, aus 3-Chlorpropionylchlorid u. o-Toluidin; 82,14%. — *5-Methylcarbostyril* (**IV**), $C_{10}H_9NO$, F. 228,5—229,5° (Methanol), aus 5-Methylchinolin u. 29%ig. H_2O_2; 18,1%. — *8-Methyl-3.4-dihydrocarbostyryl* (**I**), $C_{10}H_{11}NO$, F. 131—132° (Ae.), a) durch Hydrieren von 8-Methylcarbostyril an 40%ig. Pd-Kohle; 91%; b) aus Na-Amid u. **II** in Dimethylanilin; 1,04%; daneben 33,5% *2-Amino-8-methylchinolin* [$C_{10}H_{10}N_2$, F. 89—89,5°; Nadeln]; c) aus **III** mit $AlCl_3$; 12,4%; daneben 14,9% *nachst. Verbindung*. — *5-Methyl-3.4-dihydrocarbostyril*, $C_{10}H_{11}NO$, F. 162—163°, durch Hydrieren von **IV** an 40%ig. Pd-Kohle; aus Ae. Nadeln; 98%. K.-P. Hilgetag 3231△

1188 **Reaktion von Anthranil mit N-Phenylmaleinimid.** Edward C. Taylor, D. R. Eckroth und Juan Bartulin. (J. org. Chemistry **32** (1967) 6, 1899—1900; Princeton Univ., N.J.; engl.) — Im Gegensatz zu Angaben von C. D. Nenitzescu et al. [vgl. Comun. Acad. Republ. Populare romîne [Bucureşti], **8** (1958) 775] führt die Rk. von Anthranil (**I**) mit N-Phenylmaleinimid (**II**) ohne Lsgm. zu *exo-1.4-Epoxy-1.2.3.4-tetrahydrochinolindicarbonsäure-(2.3)-N-phenylimid* (**III**), während in sd. Xylol *[2-Formylanilino]-N-phenylmaleinimid* (**IV**) entsteht. Kurzes Erhitzen von **III** in Xylol gibt **IV**; bei langem Erhitzen wird *N-Phenylacridinimid* gebildet, das auch aus **III** oder **IV** in Ggw. von Piperidin (**V**) entsteht. Die Strukturen werden durch NMR-Spektren bestätigt.

Versuche: *exo-1.4-Epoxy-1.2.3.4-tetrahydrochinolindicarbonsäure-(2.3)-N-phenylimid* (**III**), $C_{17}H_{12}\cdot N_2O_3$, F. 190° (DMF/abs. A.), durch 1std. Erhitzen von **I** u. **II** auf 125—130° (Bad); 17% (Ausb.). — *[2-Formylanilino]-N-phenylmaleinimid* (**IV**), $C_{17}H_{12}N_2O_3$, F. 231°, a) durch 1std. Kochen von **I** u. **II** in abs. Xylol; 79%; b) durch $^1/_2$std. Kochen von 1,8 g **III** in abs. Xylol; aus DMF/abs. A. gelbe Nadeln; 0,8 g. *2.4-Dinitrophenylhydrazon*, $C_{23}H_{16}N_6O_6$, F. 279° (Dioxan). — *N-Phenylacridinimid*, $C_{17}H_{10}N_2O_2$, F. 322—323°, a) durch 5 Min. langes Kochen von **IV** in abs. A. in Ggw. von **V**; 50%; b) analog a) aus **III**. — *2-[N.N-Pentamethylencarbamoyl]-3-[N-phenylcarbamoyl]-chinolin*, $C_{22}H_{21}N_3O_2$, F. 171 bis 172° (wss. A.), a) analog vorst. Verb. mit mehr **V**; 61%; b) analog a) aus vorst. Verb. in 15 Min.; 95%. — *3-[N-Phenylcarbamoyl]-chinolincarbonsäure-(2)*, $C_{17}H_{12}N_2O_3$, F.

212° (Entfärbung bei 170°), a) durch 2 Min. langes Kochen von **IV** in 10%ig. methanol. KOH; aus wss. Methanol gelbe Krist.; 68%; b) analog a) aus vorst. Verb. bzw. **III**. — *3-[N-Phenylcarbamoyl]-chinolin*, F. 212° (wss. A.), durch 2std. Erhitzen vorst. Verb. auf 130—140° (Bad); 59%. H. Miele 3231△

1189 **Aldehydcollidinderivate. 11. Mitt. Synthesen von Isocinchomeronsäuremonoestern.** Kakuzo Isagawa, Masamichi Kawai und Yasaburo Fushizaki. (J. chem. Soc. Japan, pure Chem. Sect. [Nippon Kagaku Zasshi] **88** (1967) 5, 553—56; Dep. of Appl. Chem., College of Engin., Univ. of Osaka Prefecture, Sakai-shi, Osaka, Japan; jap.) — 10. vgl. ibid. **88** (1967) 5, 550. — Isocinchomeronsäure(**IV**) läßt sich in Ggw. von H_2SO_4 in Methanol bzw. A. in die *Isocinchomeronsäuremonomethylester-(2)* (**I**) bzw. *-monäthylester-(2)* (**V**) überführen. Durch Verseifung der entsprechenden Isocinchomeronsäurediester entstehen *Isocinchomeronsäuremonomethylester-(5)* (**II**) bzw. *-monoäthylester-(5)* (**VIII**). **I** u. **II** geben bei der Veresterung mit Methanol den *Isocinchomeronsäuredimethylester*. Durch SeO_2-Ox. entsteht aus 6-Methylnicotinsäuremethylester die *6-Formylverb.* (**III**), die sich mit H_2O_2 zu **II** oxydieren läßt. In Ggw. von KCN kondensiert **III** zu *5.5'-Dimethoxycarbonyl-α-pyridoin*.

Versuche: *Isocinchomeronsäure* (**IV**), F. 251° aus 2-Methyl-5-äthylpyridin (**IX**) mit $KMnO_4$ bei 90—95°; 75,3% (Ausb.). *Monomethylester-(2)* (**I**), $C_8H_7NO_4$, F. 235°, aus **IV** mit Methanol in Ggw. von H_2SO_4; 95,6%. *Monäthylester-(2)* (**V**), $C_9H_9NO_4$, F. 250—251°, aus **IV** mit A. in Ggw. von H_2SO_4; 59%. *Monohydrazid-(2)*, $C_7H_7N_3O_3$, F. 220—222°, aus **I** bzw. **V**. *Diäthylester* (**VI**), F. 46,5—48°, aus **IV**; 72,5%. *Dimethylester* (**VII**), $C_9H_9NO_4$, F. 164°, a) aus **IV**; 62,8%; b) aus 1 g **I**; 0,7 g (Ausb.); c) aus 1 g nachst. Verb.; 0,9 g. *Monomethylester-(5)* (**II**), $C_8H_7NO_4$, F. 186°, a) aus **VII** durch Verseifung ;82,9%; daneben 11% **I**; b) aus 6-Formylnicotinsäuremethylester (**III**) durch Ox. mit H_2O_2. *Monoäthylester-(5)* (**VIII**), $C_9H_9NO_4$, F. 185—186,5°, aus **VI** durch Verseifung; 70,5%. *Monohydrazid-(5)*, $C_7H_7N_3O_3$, F. 286—287°, aus **II** bzw. **VIII**. *Dihydrazid*, F. 267—268°, aus **VII**. — *6-Methylnicotinsäure*, aus **IX** mit $KMnO_4$ bei 20°. *Methylester*, F. 32°. — *6-Formylnicotinsäuremethylester* (**III**), $C_8H_7NO_3$, F. 122 bis 122,5°, aus vorst. Methylester durch Ox. mit SeO_2; 36,6%. *2.4-Dinitrophenylhydrazon*, $C_{14}H_{11}N_5O_6$, F. 223 bis 224°. — *5.5'-Dimethoxycarbonyl-α-pyridoin*, $C_{16}H_{14}N_2O_6$, F. 227—228°, aus **III** durch Kondens. in A. in Ggw. von KCN; 40%. R. Becker 3231△

1190 **Reaktion von salpetriger Säure mit einigen Glyoxylsäuren.** Lowell D. Hatfield und William D. Huntsman. (J. org. Chemistry **32** (1967) 6, 1800—05; Dep. of Chem., Ohio Univ., Athens, O.; engl.) — Im Gegensatz zu Angaben von Chorley u. Lapworth (1920) führt Nitrosierung von *Campheryl-(3)-glyoxylsäure* (**I**) zur Bldg. von *1.8.8-Trimethyl-3-hydroxy-3-azabicyclo-[3.2.1]-octanon-(2)-carbonsäure-(exo-4)* (exo-**V**), die mit alkal. $Fe(OH)_2$ zu *1.8.8-Trimethyl-3-azabicyclo-[3.2.1]-octanon-(2)-carbonsäure-(exo-4)* (exo-**VI**) red. wird, deren Struktur durch unabhängige Synth. aus α-Aminohomocamphersäure (**VII**) gesichert wird. Methylierung mit Dimethylsulfat (**IX**) gibt das *3-Methoxyderiv.* (exo-**VIII**) von exo-**V**. Durch Verestern mit CH_2N_2 werden *exo-***V**-*Methylester* u. *exo-***VIII**-*Methylester* dargestellt. Durch Kochen mit konz. KOH wird *exo*-**V** zu *endo*-**V** isomerisiert, das zu *endo*-**VI** red. wird. *β-Santenonyl-(3)-glyoxylsäure* (**III**) wird, im Gegensatz zu dem α-Isomeren, bei der Nitrosierung zu *syn-1.8-Dimethyl-3-hydroxy-3-azabicyclo-[3.2.1]-octanon-(2)-carbonsäure-(exo-4)* umgelagert. *Norcampheryl-(3)-glyoxylsäure* gibt bei der Nitrosierung ein komplexes Gemisch; *1-Oxoindanyl-(2)-glyoxylsäure* reagiert nicht; aus *1-Oxoacenaphthenyl-(2)-glyoxylsäure* (**IV**) entsteht *1-Oxo-2-oximinoacenaphthen*. Ein Rk.-Mechanismus wird diskutiert.

Versuche: Glyoxylsäuren: *Campheryl-(3)-* (**I**), F. 87—88° (Ligroin), aus Campher, Diäthyloxalat (**II**) u. Na in Ligroin; 45% (Ausb.). — *β-Santenonyl-(3)-* (**III**), $C_{11}H_{14}O_4$, F. 131—132° (Ligroin), analog **I** aus β-Santenon; 25%. — *α-Santenonyl-(3)-*, $C_{11}H_{14}O_4$, F. 86—87° (Ligroin, Sublimation bei 65—70°/2 Torr), durch Zugabe von α-Santenon u. **II** in abs. A. zu Na in abs. A., 2std. Erhitzen auf 55—60°, Gießen auf Eis/konz. HCl, Aufarbeiten mit Ae. u. 1std. Erwärmen des Eindampfrückstandes mit wss. KOH auf 55—60°; 54%. — *Norcampheryl-(3)-*, $C_9H_{10}O_4$, F. 112—113° (CCl_4), durch Zutropfen (20 Min.) von Na in abs. A. zu Norcampher u. **II** in abs. A. bei 50°. 3std. Rühren, Gießen auf Eis/konz. HCl, Aufarbeiten mit Ae., Lösen des *Norcampheryl-(3)-glyoxylsäureäthylesters* [$C_{11}H_{14}O_4$, Kp.$_2$ 118—120°; n_D^{25} 1,5062; 63%] in kalter 10%ig. NaOH u. je $^1/_2$std. Rühren bei 10—15° u. 25—30°; 65%. — *1-Oxoacenaphthenyl-(2)-* (**IV**), $C_{14}H_8O_4$, F. 239—240° (Aceton/Bzl.), durch 1std. Erwärmen von **IV**-Äthylester in 1n NaOH auf 40—50°, u. Zutropfen zu heißer 10%ig. HCl; 82%. — *1-Oxoindanyl-(2)-*, F. 219—220°. — 1.8.8-Trimethyl-3-azabicyclo-[3.2.1]-octanon-(2)-carbonsäuren-(exo-4): *3-Hydroxy-* (exo-**V**), $C_{11}H_{17}NO_4$, F. 160° (Zers.), durch Behandeln von **I** in 10%ig. NaOH mit 10%ig. $NaNO_2$-Lsg. u. 10%ig. HCl; 55%. *Methylester*, $C_{12}H_{19}$·NO_4, F. 131,5—132° (PAe.), aus 0,23 g exo-**V** in CH_2Cl_2/Ae. (1:1) u. 0,037 m CH_2N_2-Lsg. in Ae.; 0,1 g. — *Unsubstituiert* (exo-**VI**), $C_{11}H_{17}NO_3$, F. 201—203° (Aceton), a) durch Behandeln von 5 g exo-**V** in 20%ig. KOH mit 28 g $(NH_4)_2Fe(SO_4)_2$ in W.; 1,1 g; b) durch Sublimation von 0,1 g **VII** bei 225° (Bad)/2 Torr; 75 mg. — *3-Methoxy-* (exo-**VIII**), $C_{12}H_{19}NO_4$, F. 128—130° (Äthylacetat) u. F. 173—174° (Äthylacetat), aus 4,7 g exo-**V**, 6 g **IX** u. KOH in Methanol u. fraktionierte Kristallisation der 2 Modifikationen aus Äthylacetat; 1,4 g bzw. 1,87 g; daneben 25 mg neutrale *Verb. vom F.* 115—118°; braun. *Methylester*, $C_{13}H_{21}NO_4$, F. 102—103,5° (Äthylacetat/PAe.), a) analog dem exo-**V**-Methylester aus 0,26 g exo-**VIII** in 1 Std.; 0,21 g; b) analog a) aus 0,5 g exo-**V** durch Stehen über Nacht; 0,1 g. — *1.8.8-Trimethyl-3-hydroxy-3-azabicyclo-[3.2.1]-octanon-(2)-carbonsäure-(endo-4)* (*endo*-**V**), $C_{11}H_{17}$·NO_4, F. 203—205°, durch 24std. Kochen von 2 g exo-**V** in 50%ig. KOH; 1,1 g. — *1.8.8-Trimethyl-3-azabicyclo-[3.2.1]-octanon-(2)-carbonsäure-(endo-4)* (endo-**VI**), $C_{11}H_{17}$·NO_3, F. 231° (Aceton/Ligroin), a) analog exo-**VI** aus 0,2 g endo-**V**; 0,15 g; b) durch $^1/_2$std. Erhitzen von 0,5 g exo-**VI** auf 240—250° (Bad) unter N_2; 0,22 g. — *syn-1.8-Dimethyl-3-hydroxy-3-azabicyclo-[3.2.1]-octanon-(2)-carbonsäure-(exo-4)*, $C_{10}H_{15}NO_4$, F. 162—163° (Zers., Äthylacetat), durch $^1/_4$std. Zutropfen von 10%ig. HCl zu **III** u. $NaNO_2$ in 1n NaOH, 1std. Rühren, Eindampfen im Rotationsverdampfer bei 50—60° im Vakuum u. Extrahieren mit sd. Äthylacetat; 39%. — *1-Oxo-2-oximinoacenaphthen*, F. 219° (Bzl.), durch 1std. Zutropfen von 10%ig. HCl zu 1,31 g **IV** u. 0,4 g $NaNO_2$ in 1n NaOH; 0,56 g. H. Miele 3231△

1191 **Ringsubstituierte α-Aminosäuren.** 1. Mitt. **Michael-Addition von Maleinhydrazid und verwandten Verbindungen zur Synthese von α-Aminosäuren.** Shozo Kamiya und Akitada Nakamura. (Chem. pharmac. Bull. [Tokyo] **15** (1967) 7, 949—58; National Inst. of Hygienic Sci., Tamagawayoga, Setagaya, Tokyo; engl.) — Die Michael-Addition von Maleinsäure- (**I**) u. Phthalsäurehydrazid (**V**) an ungesätt. Carbonylverb., wie Acrolein (**III**) bzw. Methylvinylketon (**II**) führt zu N-Additionsprodukten. Durch Bucherer-Synth. werden die erhaltenen Verb. in die entsprechenden *Hydantoine* übergeführt, aus denen durch Hydrolyse mit $Ba(OH)_2$ neue *α-Aminosäuren* erhalten werden. Einige der Hydantoine werden durch unabhängige Synth. aus 2-Amino-2-methyl-4-hydroxybuttersäure über *4-[2-Jodäthyl]-4-methylimidazolidindion-(2.5)* dargestellt.

Versuche: *2-[3-Oxobutyl]-4-hydroxy-2H-phthalazinon*, $C_{12}H_{12}N_2O_3$, F. 155—156° (A.),' aus **II**, **V**, A. u. 20%ig. NaOH; 52% (Ausb.). *2.4-Dinitrophenylhydrazon*, $C_{18}H_{16}N_6O_6$, F. 237° (Zers.; A.). — 2H-Pyridazinone-(3): *2-[3-Oxobutyl]-6-hydroxy-* (**IV**), F. 144 bis 146°, aus **I**, **II**, A. u. 20%ig. NaOH, Filtrieren u. Kühlen; aus Aceton Nadeln; 67%. *2.4-Dinitrophenylhydrazon*, $C_{14}H_{14}N_6O_6$, F. 223—224° (A.). — *2-[3-Oxopropyl]-6-hydroxy-*, $C_7H_8N_2O_3$, F. 178—180° (A.), aus **I**, **III**, A. u. 20%ig. NaOH; 49%. *2.4-Dinitrophenylhydrazon*, $C_{13}H_{12}$·N_6O_6, F. 225—226° (Zers.; Methanol). — *2-[3-Oxobutyl]-4.5-dichlor-*, $C_8H_8Cl_2N_2O_2$, F. 85—87° (A./W.), aus 4.5-Dichlor-2H-pyridazinon-(3), **II**, A. u. 20%ig. NaOH;

85%. *2.4-Dinitrophenylhydrazon*, $C_{14}H_{12}Cl_2N_6O_5$, F. 191 bis 192° (Methanol). — *2-[3-Oxobutyl]-6-chlor-*, $C_8H_9Cl \cdot N_2O_2$, F. 42—43° (A./Isopropyläther), aus 6-Chlor-2H-pyridazinon-(3) u. **II** analog vorst. Meth.; 52%. *2.4-Dinitrophenylhydrazon*, $C_{14}H_{13}ClN_6O_5$, F. 155—156° (A.). — *2-{2-[2.5-Dioxo-4-methylimidazolidinyl-(4)]-äthyl}-6-hydroxy-* (**VI**), $C_{10}H_{12}N_4O_4$, F. 192—195° (Zers.; A.), a) aus NaCN, **IV** u. $(NH_4)_2CO_3$ in wss. A., 2,5std. Erhitzen auf 75—80°, Einengen u. Ansäuern mit 10%ig. HCl (Meth. **A**); 65%; b) aus 4-[2-Jodäthyl]-4-methylimidazolidindion-(2.5), 80%ig. Hydrazinhydrat u. A., Einengen im Vakuum, Zugabe von 10%ig. HCl, Einengen u. 3std. Kochen mit Maleinsäureanhydrid; 20%. — *2-{2-[2.5-Dioxoimidazolidinyl-(4)]-äthyl}-6-hydroxy-, Hemihydrat*, $C_9H_{10}N_4O_4 \cdot {}^1/_2H_2O$, F. 161° (A./W.), analog **A**; 78%. — *2-{2-[2.5-Dioxo-4-methylimidazolidinyl-(4)]-äthyl}-4.5-dichlor-*, $C_{10}H_{10}Cl_2N_4O_3$, F. 223—225° (A.), analog **A**; 45%. — *2-{2-[2.5-Dioxo-4-methylimidazolidinyl-(4)]-äthyl}-6-chlor-*, $C_{10}H_{11}ClN_4O_3$, F. 154—156° (A.), analog **A**; 78%. — *DL-2-[3-Amino-3-carboxybutyl]-6-hydroxy-*, $C_9H_{13}N_3O_4$, F. 272—276° (Zers.), a) aus **VI** u. $Ba(OH)_2 \cdot 8H_2O$ in W., Zugabe von W., Durchleiten von N_2, Filtrieren, Ansäuern mit 20%ig. H_2SO_4, Filtrieren, Adsorbieren an Amberlite IR-120 (H^+-Form), Eluieren mit verd. NH_4OH, Einengen u. Zugabe von A. (Meth. **B**); Nadeln; 32%; b) durch Zugabe von NH_4OH zu einem Gemisch aus KCN u. NH_4Cl in W. u. Zutropfen von **IV** in Methanol/W. unter Eiskühlung. — *N-[2.4-Dinitrophenyl]-Deriv.*, $C_{15}H_{15}N_5O_8$, F. 186—187° (A./W.); 34%. — *DL-2-[3-Amino-3-carboxypropyl]-6-hydroxy-*, $C_8H_{11}N_3O_4$, F. 272° (W.), a) analog **B**; 50%; b) analog vorst. Meth. nach b); 63%. — *2-{2-[2.5-Dioxo-4-methylimidazolidinyl-(4)]-äthyl}-4-hydroxy-2H-phthalazinon-(1), Monohydrat*, $C_{14}H_{14}N_4O_4 \cdot H_2O$, F. 167—168° (Zers.; A./W.), analog **A**; 82%. — *1-{2-[2.5-Dioxo-4-methylimidazolidinyl-(4)]-äthyl}-piperidin*, $C_{11}H_{19}N_3O_2$, F. 205—207° (A.), analog **A**; 34%. — *DL-2-[3-Amino-3-carboxybutyl]-4-hydroxy-2H-phthalazinon-(1)*, $C_{13}H_{15}N_3O_4$, F. 263° (W.), aus vorvorst. Verb. analog **B**; 21%. — *DL-1-[3-Amino-3-carboxybutyl]-piperidin, Hemihydrat*, $C_{10}H_{20}N_2O_2 \cdot {}^1/_2H_2O$, F. 267° (A.), aus vorvorst. Verb. analog **B**; 67%. — *4-[2-Jodäthyl]-4-methylimidazolidindion-(2.5)*, $C_6H_9JN_2O_2$, F. 177—178° (W.), aus KCN u. 2-Methyl-2-amino-4-hydroxybuttersäure in W.; 27%.

K.-P. Hilgetag 3272△

1192 **Darstellung von Pyrimidinen aus Benzo-γ-pyronen.** M. Hubert-Habart, K. Takagi und R. Royer. (Chim. thérapeut. **2** (1967) 3, 197—201; Paris, Fondation Curie, Inst. du Radium; franz.) — Durch 1—24std. Kochen von Benzo-γ-pyronen (**A**) mit Guanidin-Hydrochlorid u. $NaOC_2H_5$ in A., Gießen in W., Ansäuern mit HCl, Zugabe von W., Neutralisieren mit $NaHCO_3$ u. Umkristallisieren aus Methanol oder A. werden die entsprechenden *2-Aminopyrimidine* als glänzende gelbe oder orangefarbene Blättchen oder Nadeln erhalten. 24—48std. Kochen der **A** mit den Hydrochloriden von Acetamidin, Thioharnstoff oder Harnstoff liefert analog nach Umkrstalilisieren aus W., Methanol, wss. A., A., Cyclohexan oder Bzl./PAe. die entsprechenden *Pyrimidine, Thiopyrimidone-(2)* oder *Pyrimidone-(2)* als hellgelbe bis rotorangefarbene Nadeln oder Blättchen.

Versuche: *3-Phenyl-6-methylchromon*, $C_{16}H_{12}O_2$, F. 109°, durch Rühren von 2-Hydroxy-5-methyldesoxybenzoin (F. 65°), mit $POCl_3$ in DMF, Gießen in W., $^1/_2$std. Kochen, Behandeln mit NaOH u. Extraktion mit Bzl., aus Cyclohexan/PAe. Nadeln; 64,5% (Ausb.). — Pyrimidine: *2-Amino-4-[o-hydroxyphenyl]-5-methyl-* (**I**), F. 221°, aus 3-Methylchromon u. Guanidin; 96%. — *2-Methyl-4-[o-hydroxyphenyl]-5-methyl-*, F. 106—107°, aus Acetamidin analog **I**; 70%. — *2-Amino-4-[o-hydroxyphenyl]-6-phenyl-* (**II**), F. 174—175°, aus 2-Phenylchromon analog **I**; 95%. — *2-Methyl-4-[o-hydroxyphenyl]-6-phenyl-*, F. 137—138°, aus Acetamidin analog **II**; 76%. — *2-Amino-4-[2'-hydroxy-5'-methylphenyl]-5-phenyl-* (**III**), F. 220°, aus 3-Phenyl-6-methylchromon analog **I**; 40%. — *2-Amino-4-[4'-methoxy-6'-hydroxybenzofuryl-(5')]-6-methyl-* (**IV**), F. 222°, aus Visnagin analog **I**; 59%. — *2.6-Dimethyl-4-[4'-methoxy-6'-hydroxybenzofuryl-(5')]-*, F. 129—130°, aus Acetamidin analog **IV**; 37%. — *2-Amino-4-[4'.7'-dimethoxy-6'-hydroxybenzofuryl-(5')]-5-methyl-* (**V**), F. 197—198°, aus 4.9-Dimethoxy-5-oxo-6-methyl-5H-furo-[3.2:g][1]-benzopyran analog **I**; 70%. — *2.5-Dimethyl-4-[4'.7'-dimethoxy-6'-hydroxybenzofuryl-(5')]-*, F. 122—123°, aus Acetamidin analog **V**; 50%. — 2.3-Dihydrothiopyrimidone-(2): *4-[o-Hydroxyphenyl]-5-methyl-*, F. 200 bis 203°, aus Thioharnstoff analog **I**; 66%. — *4-[o-Hydroxyphenyl]-6-phenyl-*, F. 204—205°, aus Thioharnstoff analog **II**; 83%. — *4-[2'-Hydroxy-5'-methylphenyl]-5-phenyl-*, F. 234°, aus Thioharnstoff analog **III**; 41%. — *4-[4'-Methoxy-6'-hydroxybenzofuryl-(5')]-6-methyl-*, F. 244 bis 245°, aus Thioharnstoff analog **IV**; 62,5%. — *4-[4'-Methoxy-6'-hydroxybenzofuryl-(5')]-5-methyl-*, F. 201°, aus Thioharnstoff analog **V**; 50%. — 2.3-Dihydropyrimidone-(2): *4-[o-Hydroxyphenyl]-5-methyl-*, F. 231°, aus Harnstoff analog **I**; 35%. — *4-[o-Hydroxyphenyl]-6-phenyl-*, F. 259°, aus Harnstoff analog **II**; 34%. — *4-[2'-Hydroxy-5'-methylphenyl]-5-phenyl-*, F. 268—269°, aus Harnstoff analog **III**; 14%. — *4-[4'-Methoxy-6'-hydroxybenzofuryl-(5')]-6-methylpyrimidon-(2)*, F. 270—271°, aus Harnstoff analog **IV**; 25%. — *4-[4'-Methoxy-6'-hydroxybenzofuryl-(5')]-5-methylpyrimidon-(2)*, F. 298°, aus Harnstoff analog **V**; 10%. Gottfried Schreiber 3272△

1193 **N-Aminomethylderivate von 5.5-Diäthyl-barbitursäure.** P. Mazzeo. (Boll. chim. farmac. **106** (1967) 2, 85 bis 87; Ist. di Chim. Farmaceut. e Tossicol dell' Univ., Roma; ital.) — Folgende Verb. werden dargestellt: *1-[Pyrrolidinomethyl]-5.5-diäthylbarbitursäure*, $C_{13}H_{21}N_3 \cdot O_3$, F. 117—118° (DMF/W.), durch 24std. Stehen von 5.5-Diäthyl-barbitursäure in wenig DMF mit Formalin u. dem entsprechenden Amin bei Raumtemperatur. — *1-[Morpholinomethyl]-5.5-diäthyl-barbitursäure*, $C_{13}H_{21}N_3 \cdot O_4$, F. 118—119° (DMF/W.), analog vorst. Verbindung. — *1-[4-Methylpiperazinomethyl]-5.5-diäthyl-barbitursäure*, $C_{14} \cdot H_{24}N_4O_3$, F. 157—158° (A./W.). — *1-{N-Methyl-N-[1-phenyl-2.3-dimethyl-5-oxo-Δ³-pyrazolinyl-(4)]-aminomethyl}-5.5-diäthyl-barbitursäure*, $C_{21}H_{27}N_5O_4$, F. 179—181° (DMF/W.).

P. Golinske 3272△

1194 **Synthese neuer Fluorderivate von Orotsäure.** M. Ridi, S. Mangiavacchi und G. Franchi. (Boll. chim. farmac. **106** (1967) 10, 664—70; Ist. di Chim. Farmaceut. e Tossicol., Univ. di Siena; ital.) — Folgende Verb. werden dargestellt: *N-[2-Fluor-phenyl]-harnstoff*, $C_7H_7FN_2O$, F. 187° (W. oder A.), aus 2-Fluor-anilin u. KCNO in verd. HCl bei 0°; 80% (Ausb.). — *N-[3-Fluor-phenyl]-harnstoff*, $C_7H_7FN_2O$, F. 154° (W.), analog vorst. Verb.; 78%. — Hydantoine: *3-[4-Fluor-phenyl]-5-carbäthoxymethylen-*, $C_{13}H_{11}FN_2O_4$, F. 192—194° (A.), aus N-[4-Fluor-phenyl]-harnstoff (3 g) u. 3,7 g Oxalessigsäure-diäthylester in Ggw. von Eisessig bei 100° unter Einleiten von HCl; 2 g. — *3-[2-Fluor-phenyl]-5-carbäthoxymethylen-*, $C_{13}H_{11}FN_2O_4$, F. 161° (A.), analog vorst. Verbindung. — *3-[3-Fluor-phenyl]-5-carbäthoxymethylen-*, $C_{13}H_{11}FN_2O_4$, F. 178—179° (A.), analog vorvorst. Verbindung. — *3-[4-Fluor-phenyl]-5-[1-carbäthoxy-äthyliden]-* (**I**), $C_{14}H_{13}FN_2O_4$, F. 160 bis 161° (A.), a) aus N-[4-Fluor-phenyl]-harnstoff u. α-Oxalopropionsäure-diäthylester analog vorst. Verb.; 72%; b) durch $^1/_2$std. Erhitzen von N-[4-Fluor-phenyl]-harnstoff u. α-Oxalopropionsäure-diäthylester auf 160°; daneben *N.N'-Bis-[4-fluor-phenyl]-harnstoff*. — *3-Phenyl-5-[1-carbäthoxy-äthyliden]-*, $C_{14}H_{14}N_2O_4$, F. 168° (A.), analog **I** nach a). — *3-[2-Fluor-phenyl]-5-[1-carbäthoxy-äthyliden]-*, $C_{14}H_{13}FN_2O_4$, F. 135—136° (A.), analog **I** nach a). — *3-[3-Fluor-phenyl]-5-[1-carbäthoxyäthylen]-*, $C_{14}H_{13}FN_2O_4$, F. 176—178° (A.), analog **I** nach a). — *3-[4-Fluor-phenyl]-5-[1-carbäthoxy-propyliden]-*, $C_{15}H_{15}FN_2O_4$, F. 156—157° (A.), analog **I** nach a). — *3-[4-Fluor-phenyl]-5-[1-carbäthoxy-pentyliden]-*, $C_{17}H_{19}FN_2O_4$, F. 132° (A.), analog **I** nach a). — *3-[4-Fluor-phenyl]-5-carboxymethylen-*, $C_{11}H_7 \cdot FN_2O_4$, F. 245° (A.), durch $^3/_4$std. Erhitzen von N-[4-Fluor-phenyl]-harnstoff u. Oxalessigsäure auf 90° unter Durchleiten von HCl. — *3-Phenyl-5-carboxymethylen-*, $C_{11}H_8N_2O_4$, F. 232—234° (A.), analog vorst. Verbindung. — *3-[3-Trifluormethyl-phenyl]-5-carbäthoxymethylen-*, $C_{14} \cdot H_{11}F_3N_2O_4$, F. 166° (A.). — *3-[3-Trifluormethyl-phenyl]-5-[1-carbäthoxy-äthyliden]-*, $C_{15}H_{13}F_3N_2O_4$, F. 132° (A.). — *α-[Äthoxycarbonylamino]-N-[4-fluor-phenyl]-maleinimid*, $C_{13}H_{11}FN_2O_4$, F. 160° (A.), durch $^1/_2$std. Kochen von α-[Äthoxycarbonylamino]-maleinsäureanhydrid u. 4-Fluor-anilin in Äthanol. — *α-[Äthoxycarbonylamino]-N-[3-fluor-phenyl]-maleinsäureimid*, $C_{13}H_{11}FN_2O_4$, F. 147°, analog vorst. Verbindung. — Orotsäuren (2.6-Dioxo-

1.2.3.6-tetrahydro-pyrimidin-4-carbonsäuren): *1-[4-Fluor-phenyl]-* (**II**), *Hydrat*, $C_{11}H_7FN_2O_4 \cdot H_2O$, F. 272° (A.), a) durch 10 Min. langes Rühren vorvorst. Verb. mit verd. NaOH; 60%; b) aus 3-[4-Fluor-phenyl]-5-carbäthoxymethylenhydantoin in A. durch Kochen mit wss. KOH; 85%. — *1-Phenyl-5-methyl-*, $C_{12}H_{10}N_2O_4$, F. 302° (A.), analog **II** nach b). — *1-[2-Fluorphenyl]-5-methyl-*, $C_{12}H_9FN_2O_4$, F. 280° (A.), analog **II** nach b). — *1-[3-Fluor-phenyl]-5-methyl-*, $C_{12}H_9FN_2O_4$, F. 285° (A.), analog **II** nach b). — *1-[4-Fluor-phenyl]-5-methyl-*, *Hydrat*, $C_{12}H_9FN_2O_4 \cdot H_2O$, F. 269° (A.), analog **II** nach b). — *1-[4-Fluor-phenyl]-5-äthyl-*, *Hydrat*, $C_{13}H_{11}FN_2O_4 \cdot H_2O$, F. 292—294° (A.), analog **II** nach b). — *1-[4-Fluor-phenyl]-5-butyl-*, *Hydrat*, $C_{15}H_{15}FN_2O_4 \cdot H_2O$, F. 254° (A.), analog **II** nach b). — *1-[3-Trifluormethyl-phenyl]-*, $C_{12}H_7F_3N_2O_4$, F. 255° (A.), analog **II** nach b). — *1-[3-Trifluormethyl-phenyl]-5-methyl-*, $C_{13}H_9F_3N_2O_4$, F. 286° (A.), analog **II** nach b). — *1-[4-Fluor-phenyl]-5-methyluracil*, $C_{11}H_9FN_2O_2$, F. 232° (W.), durch Subl. von 1-[4-Fluor-phenyl]-5-methyl-orotsäure im Gemisch mit Cu-Pulver. — *1-[3-Trifluormethyl-phenyl]-5-methyl-uracil*, $C_{12}H_9F_3N_2O_2$, F. 200° (W.), analog vorst. Verbindung. — Einige der dargestellten Verb. zeigen Wrkg. gegenüber dem Grippevirus u. dem Rhino-Virus. P. Golinske 3272△

1195 **Einige neue Derivate von Thiaminthiazolon.** W. Chiti und G. Allodi. (Farmaco [Pavia], Ediz. prat. **22** (1967) 10, 572—82; Labor. di Ric. della „Ibis“, Firenze; ital.) — Folgende Ester von Thiaminthiazolon werden dargestellt: 2-Oxo-3-[2-methyl-4-amino-pyrimidyl-(5)-methyl]-4-methyl-Δ^4-thiazoline: *5-[2-(2-Carboxy-propionyloxy)-äthyl]-*, $C_{16}H_{20}N_4O_5S$, F. 170° (Zers., abs. A.), durch 10std. Kochen von Thiaminthiazolon mit dem entsprechenden Dicarbonsäureanhydrid in Dioxan in Ggw. von Py. u. Eindampfen im Vakuum. — *5-[2-(2-Carboxy-acryloyloxy)-äthyl]-*, $C_{16}H_{18}N_4 \cdot O_5S$, F. 182° (Methanol), analog vorst. Verbindung. — *5-[2-(o-Carboxy-benzoyloxy)-äthyl]-*, $C_{20}H_{20}N_4O_5S$, F. 229° (abs. A./Py.), analog vorst. Verbindung. — *5-[2-(2-Carboxy-Δ^4-cyclohexenylcarbonyloxy)-äthyl]-*, $C_{20}H_{24}N_4O_5S$, F. 160° (Methanol/Essigester). — *5-[2-Propionyloxy-äthyl]-*, $C_{15}H_{20}N_4O_3S$, F. 149° (A.), durch 5—10 Min. langes Erhitzen des Säurechlorids mit Thiaminthiazolon auf 160 bis 170° u. Lösen in Wasser. — *5-[2-Trimethylacetoxy-äthyl]-*, $C_{17}H_{24}N_4O_3S$, F. 135° (Bzl.), analog vorst. Verbindung. — *5-[2-Heptanoyloxy-äthyl]-*, $C_{19}H_{28}N_4O_3S$, F. 114° (abs. A.), analog vorvorst. Verbindung. — *5-[2-Palmitinoyloxy-äthyl]-*, $C_{28}H_{46}N_4O_3S$, F. 101° (A.). *Hydrochlorid*, $C_{28}H_{47}ClN_4O_3S$, F. 208° (A.). — *5-[2-Benzoyloxy-äthyl]-*, $C_{19}H_{20}N_4O_3S$, F. 179° (A.). — *5-[2-(β-Phenyl-propionyl-oxy)-äthyl]-*, $C_{21}H_{24}N_4O_3S$, F. 100° (Ligroin). *Hydrochlorid*, $C_{21}H_{25}ClN_4O_3S$, F. 203° (abs. A.). — *5-[2-(o-Chlor-benzoyloxy)-äthyl]-*, $C_{19}H_{19}ClN_4O_3S$, F. 182° (abs. A.). — *5-[2-(m-Chlor-benzoyloxy)-äthyl]-*, $C_{19}H_{19}ClN_4O_3S$, F. 163° (abs. A.). — *5-[2-(p-Chlorbenzoyloxy)-äthyl]-*, $C_{19}H_{19}ClN_4O_3S$, F. 170° (abs. A.). — *5-[2-(o-Hydroxy-benzoyloxy)-äthyl]-*, $C_{19}H_{20}N_4O_4S$, F. 188° (Methanol). *Hydrochlorid*, $C_{19}H_{21}ClN_4O_4S$, F. 230° (abs. A.). — *5-[2-(2-Hydroxy-4-methyl-benzoyloxy)-äthyl]-*, $C_{20}H_{22}N_4O_4S$, F. 220° (Dioxan). *Hydrochlorid*, $C_{20}H_{23}ClN_4O_4S$, F. 230° (abs. A.). — *5-[2-(O-Acetyl-salicyloyloxy)-äthyl]-*, $C_{21}H_{22}N_4O_5S$, F. 173° (Dioxan), aus dem Hydrochlorid. *Hydrochlorid*, $C_{21}H_{23}ClN_4O_5S$, F. 200—202° (abs. A.), durch 5 Min. langes Erhitzen von Thiamin-thiazolon u. O-Acetylsalicylsäurechlorid auf 110—115°. *Salicylsäurederiv.*, $H_{18}H_{28}N_4O_8S$, F. 168° (A.), a) durch 1/2std. Rühren des Hydrochlorids in W. bei Raumtemp.; b) durch Versetzen des Hydrochlorids mit Salicylsäure in 0,1 n NaOH. — *O-Acetyl-thiamin-thiazolon*, $C_{14}H_{19}N_4O_3S$, F. 172—174° (A. oder Bzl.), a) durch 10 Min. langes Erhitzen von Thiamin-thiazolon u. O-Acetyl-salicylsäurechlorid auf 160—170°; b) neben vorst. Salicylat nach a). — *O-Benzoyl-thiochrom*, $C_{19}H_{18} \cdot N_4O_2S$, F. 202—203° (Methanol), a) durch 7std. Kochen von O-Benzoyl-thiothiamin mit HgO in abs. A.; b) durch 10 Min. langes Erhitzen von Benzoylchlorid u. Thiochrom auf 180°; c) durch 2std. Kochen von Bis-[O-benzoyl-thiamin]-disulfid u. Benzoylchlorid in abs. Äthanol. — *Thiochrom*, F. 226—228° ($CHCl_3$), durch mehrstd. Kochen von Thiothiamin mit HgO in abs. Äthanol. P. Golinske 3272△

1196 **Synthese von Purin- und Pyrimidin-Derivaten der Arsonsäure.** Hidetaka Yuki, Torahiko Kishikawa, Yasuo Tohira und Kazuhiro Watanabe. (Chem. pharmac. Bull. [Tokyo] **15** (1967) 7, 1052—55; Res. Labor., Chugai Pharm. Co., Ltd., Takadaminami-cho, Toshima-ku; engl.) — Es werden dargestellt: Arsanilsäuren: *N-[2-Amino-6-butoxypyrimidinyl-(4)]-*, *Dihydrat*, $C_{14}H_{19}AsN_4O_4 \cdot 2\,H_2O$, F. 175° (Zers.; wss. A.), aus 1 g N-[2-Amino-4-chlorpyrimi dinyl-(6)]-arsanilsäure (**I**) u. Na-Butylat im geschlossenen Gefäß; 0,8 g (Ausb.). — *N-[2-Amino-6-(2-hydroxyäthoxy)-pyrimidinyl-(4)]-*, *Monohydrat*, $C_{12}H_{15}AsN_4O_5 \cdot H_2O$, F. > 250° (W.); aus 1 g **I**-Äthylenglykol u. NaOH; 0,8 g. — *N.N'-[5-Nitropyrimidinyl-(4.6)]-di-*, $C_{16}H_{15}As_2N_5O_8$, F. > 250°, aus 2,2 g Arsanilsäure (**II**), 1,5 g 5-Nitro-4.6-dichlorpyrimidin, Aceton-W. u. konz. HCl; 2,5 g. — *N.N'-[2-Chlor-5-nitropyrimidinyl-(4.6)]-di-*, $C_{16}H_{14}As_2ClN_5O_8$, F. > 250°, aus 0,25 g 2.4.6.Trichlor-5-nitropyrimidin, 1,6 g **II**, Aceton, W. u. konz, HCl, 0,5 g. — *N-[5-Amino-6-chlorpyrimidinyl-(4)]-* (**III**)-$C_{10}H_{10}AsClN_4O_3$, F. 253—255° (Zers.), aus 1 g 5-Amino; 4.6-dichlorpyrimidin, 1,6 g **II**, Aceton, W. u. konz. HCl, 1,7 g. — *N-[Purinyl-(6)]-*, $C_{11}H_{10}AsN_5O_3$, F. > 250°, aus 0,7 g **II**, 0,5 g 6-Chlorpurin u. verd. HCl; 0,2 g. — p-[9H-Purinyl-(6)]-benzolarsonsäuren: *6-Chlor-* (**IV**), $C_{11}H_8AsClN_4O_3$, F. > 250°, aus 18 g **III**, 90 ml Orthoameisensäuretriäthylester u. Acetanhydrid, Einengen im Vakuum u. Zugabe von W.; 17 g. — *6-Amino-*, $C_{11}H_{10}AsN_5O_3$, F. > 250°, aus **IV** u. äthanol. NH_3 im geschlossenen Gefäß. — *6-N-Methylamino-*, $C_{12}H_{12}AsN_5O_3$, F. > 250°, aus **IV** u. Methylamin analog vorst. Methode. — *6-N-Cyclohexylamino-*, $C_{17}H_{20}AsN_5O_3$, F. > 250°, aus **IV**, Cyclohexylamin u. Methylcellosolve (Meth. **A**). — *6-N-Morpholino-*, $C_{15}H_{16}AsN_5O_4$, F. > 250°, aus Morpholin analog **A**. — *6-N-Benzylamino-*, $C_{18}H_{16}AsN_5O_3$, F. > 250°, aus Benzylamin analog **A**. — *6-[N-Furyl-(2)-methylamino]-*, $C_{16}H_{14}AsN_5O_4$, F. > 250°, aus Furfurylamin analog **A**. — *6-Piperidino-*, $C_{16}H_{18}AsN_5O_3$, F. > 250°, aus 1 g **IV** u. 5 ml Piperidin, Einengen im Vakuum, Lösen in W. u. Zugabe von verd. HCl; 0,6 g. — *6-Pyrrolidino-*, $C_{15}H_{16}AsN_5O_3$, F. > 250°, mit 5 ml Pyrrolidin analog vorst.; 0,6 g. — *6-N-Phenylamino-*, $C_{17}H_{14} \cdot AsN_5O_3$, F. > 250°, aus 1 g **IV**, 0,7 g Phenylamin u. verd. HCl; 0,7—1,3 g (Meth. **B**). — *6-[p-Methoxyphenylamino]-*, $C_{18}H_{16}AsN_5O_4$, F. > 250°, aus p-Methoxyphenylamin analog **B**. — *6-[p-Chlorphenylamino]-*, *Monohydrat*, $C_{17}H_{13}AsClN_5O_3 \cdot H_2O$, F. > 250°, aus p-Chlorphenylamin analog **B**. — *6-[p-Arsonylphenylamino]-*, *Dihydrat*, $C_{17}H_{15}As_2N_5O_6 \cdot 2\,H_2O$, F. > 250°, aus **II** analog **B**. — *6-Hydroxy-*, $C_{11}H_9AsN_4O_4$, F. > 250° (W.), aus 0,5 g **IV** u. 90%ig. Ameisensäure; 0,3 g. — *6-Methoxy-*, $C_{12}H_{11} \cdot AsN_4O_4$, F. 250° (Methanol/W.), aus 1 g **IV** u. methanol. NaOH; 0,6 g. — *6-[p-Phenoxy]-*, $C_{17}H_{13}AsN_4O_4$, F. 250°, aus 0,8 g **IV** u. 0,4 g Phenol in verd. NaOH; 0,5 g. K.-P. Hilgetag 3272△

1197 **3H-Chinazolinon-(4)-derivate mit entzündungshemmenden Eigenschaften.** 1. Mitt. **In 3- und 1-Stellung substituierte Derivate.** J. Maillard, M. Bénard, M. Vincent, Vo-Van-Tri, R. Jolly, R. Morin, C. Menillet und Benharkate. (Chim. thérapeut. **2** (1967) 3, 202—12; Issy-les-Moulineaux, Labor. Jacques Logeais; franz.) — Zahlreiche in *3-Stellung substituierte 3H-Chinazolinone-(4)* u. *1H-Chinazolinone-(4)* sowie *4-Alkoxy-chinazoline*, *kondensierte Chinazolinone*, *substituierte 3.4-Dihydropyrimidone-(4)* u. *substituierte Anthranilamide* werden dargestellt. Die entzündungshemmenden Eig. der dargestellten Verb. werden an Ratten getestet u. dem Vorhandensein des Pyrimidinringes zugeschrieben. Die aktivste Verb. ist *3-Methyl-3H-chinazolinon-(4)*.

Versuche: 3H-Chinazolinone-(4): *Unsubstituiert* (**I**), F. 213—214°, analog **II** (s. unten). — *3-Methyl-*, F. 104—106°, analog **II**. *Acetat*. *Salicylat*, F. 126—131° (Zers.). *Methojodid*, F. 277°. *Äthojodid*, F. 229,5°. — *3-Isopropyl-* (**II**), $C_{11}H_{12}N_2O$, F. 87—89° (Ae.), durch 5std. Erhitzen von Anthranilsäure mit N-Isopropylformamid in Methylcellosolve auf 125° unter Rühren, Eindampfen im Vakuum, Zugabe von sd. W., Alkalisieren mit 10%ig. NaOH u. Extraktion mit Ae.; 15% (Ausb.). — *3-n-Pentyl-* (**III**), $C_{13}H_{16}N_2O$, F. 60—61° (Bzn.), durch 24std. Kochen von **I** mit 1-Brompentan u. Na in A., Eindampfen u. Zugabe von Ae.; 51%. — *3-Äthyl-*, F.

99–101°, analog **III**. — *3-n-Propyl-*, F. 95–96°, analog **III**. — *3-n-Butyl-*, F. 72–73°, analog **III**. — *3-n-Octyl-*, $C_{16}H_{22}N_2O$, F. 55–60°, aus 1-Bromoctan analog **III**; 83%. — *3-[Octyl-(2)]-* (**IV**), $C_{16}H_{22}N_2O$, Kp.$_{0,7}$ 166–167°, durch 8std. Erhitzen von Benzo-3.1-oxazinon-(4) mit 2-Aminooctan auf 130°, Zugabe von konz. HCl u. W., Erhitzen auf 100°, Zugabe von 10%ig. Na_2CO_3-Lsg. u. Extraktion des gebildeten Öles mit Benzol. — *3-Allyl-*, F. 65–68°, analog **III**. — *3-Propin-(1)-yl-(3)-*, F. 115 bis 116°, analog **III**. — *3-Cyclohexyl-*, $C_{14}H_{16}N_2O$, F. 115 bis 115,5°, aus Cyclohexylamin analog **IV**. — *3-Benzyl-*, F. 116–116,5°, analog **III** — *3-Phenylisopropyl-*, $C_{17}H_{16}N_2O$, Kp.$_{0,4}$ 192–195°, aus Phenylisopropylamin analog **IV**; 22%. — *3-Phenyl-*, F. 135–136°, nach Grimmel et al. [1946]. — *3-Hydroxymethyl-*, $C_9H_8N_2O_2$, F. 175–180° (Zers.), durch 8std. Kochen von **I** mit 30%ig. Formalin u. K_2CO_3; 94%. — *3-[β-Chloräthyl]-*, F. 120–123°. — *3-[β-Hydroxyäthyl]-*, F. 152–153°, analog **IV**. — *3-[β-Acetoxyäthyl]-* (**V**), $C_{12}H_{12}N_2O_3$, F. 81,5° (Bzl.), durch 4std. Kochen vorst. Verb. mit Acetylchlorid u. Pyridin in Bzl.; 51%. — *3-[β-(3'.4'.5'-Trimethoxybenzoyloxy)-äthyl]-*, $C_{20}H_{20}N_2O_6$, F. 187–188° (Bzl.), mit 3.4.5-Trimethoxybenzoylchlorid in Xylol bei 100° analog **V**; 73%. — *3-[β.γ-Dihydroxypropyl]-*, F. 153–154°, analog **III**. *Diacetat*, $C_{15}H_{16}N_2O_5$, F. 125–127°, analog **V**; 61%. — *3-Acetonyl-*, F. 166–167°, analog **III**. — *3-Carboxymethyl-*, F. 240 bis 241°. *Äthylester*, F. 76–77°, aus **I**, Na u. Bromessigsäureäthylester analog **III**. *Amid*, $C_{10}H_9N_3O_2$, F. 241–243° (A.), durch 2½std. Rk. des Äthylesters mit NH_3 in A. bei 0°. *N-[β-Hydroxyäthyl]-amid*, $C_{12}H_{13}N_3O_3$, F. 223–224°, durch Kochen des Äthylesters mit Äthanolamin in A.; 73%. — *3-[α-Aminocarbonylpropyl]-*, (**VI**), $C_{12}H_{13}N_3O_2$, F. 173–175° (Ae.), durch 40std. Erhitzen des K-Salzes von **I** mit α-Brombuttersäureäthylester in Xylol auf 90°, 48std. Rk. des erhaltenen *Äthylesters* mit NH_3 in A., Eindampfen u. Zugabe von Äther. — *3-[Äthoxycarbonyl-phenyl-methyl]-*, $C_{18}H_{16}N_2O_3$, F. 78–81° (Leichtbenzin), durch 40std. Erhitzen des K-Salzes von **I** mit α-Bromphenylessigsäureäthylester u. KJ in Toluol/A.; 31%. — *3-[Aminocarbonyl-phenyl-methyl]-*, $C_{16}H_{13}$ · N_3O_2, F. 211–213°, aus vorst. Verb. analog **VI**. — *3-[β-Diäthylaminoäthyl]-*, *Dihydrochlorid*, F. 202–205° (Zers.), analog **III**. — *3-Acetyl-* (**VII**), $C_{10}H_8N_2O_2$, F. 84–85° (Cyclohexan), a) durch Rk. von **I** mit Acetylchlorid in Pyridin/Bzl. bei Raumtemp., 73%; b) analog **III**; 41%. — *3-Benzoyl-*, $C_{15}H_{10}N_2O_2$, F. 130–133°, analog **VII** nach a). — *3-[o-Acetoxybenzoyl]-*, *Hemiacetat*, $C_{18}H_{14}N_2O_5$, F. 99–101° u. F. 129–130° (Bzl.), analog **VII** nach a) bei 50°. — *3-Methoxycarbonyl-*, $C_{10}H_8N_2O_3$, F. 90–94° (Isopropanol), aus Chlorameisensäuremethylester analog **VII** nach a); 26%. — *3-Äthoxycarbonyl-*, $C_{11}H_{10}N_2O_3$, F. 61 bis 62° (Xylol), a) aus Chlorameisensäureäthylester bei 60° analog **VII** nach a), 85%; b) analog **III**, 10%. — *3-Phenoxycarbonyl-*, $C_{15}H_{10}N_2O_3$, F. 121–123° (Cyclohexan), analog **VII** nach a); 5%. — *3-Methylsulfonyl-*, $C_9H_8N_2O_3S$, F. 145–150° (Isopropanol), analog **VII** nach a); 16%. — *3-Phenylsulfonyl-*, $C_{14}H_{10}N_2O_3S$, F. 195–197° (Methylcellosolve), analog **VII** nach a); 7%. — *3-Amino-*, F. 204–208°. — *3-Äthoxymethylenamino-*, F. 110°. — *3-Acetylamino-*, F. 205–206°. — *3-Diacetylamino-*, F. 111°. — *3-Benzoylamino-*, F. 185–186°. — *3-Chinazolinyl-(4')-*, F. 230°, analog **III**. — 1H-Chinazolinone-(4): *1-Methyl-*, F. 138–140°, analog **VIII** (s. unten). — *1-Äthyl-* (**VIII**), $C_{10}H_{10}N_2O$, F. 127–129°, durch Kochen von o-Äthylaminobenzamid mit Orthoameisensäuretriäthylester bei 160–180° unter Dest. des A.; 87%. — *1-n-Propyl-*, $C_{11}H_{12}N_2O$, F. 94–96°, analog **VIII**; 80%. — *1-n-Butyl-*, $C_{12}H_{14}N_2O$, F. 64–66°, analog **VIII**. *Trihydrat*, $C_{12}H_{14}N_2O \cdot 3H_2O$, F. 95° (Zers.). — Chinazoline: *4-Methoxy-* (**IX**), F. 34–35°, nach Bogert u. May [1909]. — *4-Äthoxy-*, F. 46–48°, analog **IX**. — *4-Phenoxy-*, F. 71–73°, analog **IX**. — *4-Amino-*, F. 264–266°. — *4-Mercapto-*, F. 280°, aus **I** u. P_5S_{10} nach Leonard u. Curtin [1946]. — 1.2-Dihydro-3H-chinazolinone-(4): *Unsubstituiert*, $C_8H_8N_2O$, F. 150° u. F. 168–170° (W.), durch 5tägige Red. von **I** mit KBH_4 in wss. NaOH bei Raumtemp. u. Ansäuern auf pH 6. — *3-Methyl-* (**X**), $C_9H_{10}N_2O$, F. 111–113° (Cyclohexan), durch Red. in Methanol/W. (4:1) analog vorst. Verb.; 42%. — *1.3-Dimethyl-*, Kp.$_{0,2}$ 144–145°, nach Vincent et al. (vgl. Bull. Soc. Chim. France **1963**, 119). — *1-[p-Chlorbenzoyl]-3-methyl-*, $C_{16}H_{13}ClN_2O_2$, F. 116–119° (Ae./A.), durch 1std. Erhitzen von **X** mit p-Chlorbenzoylchlorid in Bzl. auf 50° u. Eindampfen zur Trockne; 47%. — *1-[3'-Aminosulfonyl-4'-chlorbenzoyl]-3-methyl-*, $C_{16}H_{14}ClN_3$ · O_4S, F. 215–217°, analog vorst. Verb. in Bzl./THF (8:1); 58%. — *6.7.8.9-Tetrahydro-11H-pyrido-[2.1:b]-chinazolinon-(11)*, F. 98–100°. — *2-Methyl-2.3-dihydro-5H-thiazolo-[2.3:b]-chinazolinon-(5)*, F. 110–112,5°. — *5.6-Dihydro-8H-chinazolino-[4.3:b]-chinazolinon-(8)*, F. 187°. — 3.4-Dihydropyrimidone-(4), nach Williams [1937]: *6-Methyl-*, F. 147°. — *6-n-Propyl-*, F. 110–112°. — *6-Benzyl-*, F. 180°. — *6-Phenyl-*, F. 270°. — *3-Methyl-6-phenyl-*, F. 201°. — *Anthranilsäureamid*. — *o-Methylaminocarbonylanilin*, F. 78–80°. — *1-Formylamino-2-methylaminocarbonylbenzol*, F. 110–112°. — *2-Amino-3-aminocarbonylphenol*. Gottfried Schreiber 3272△

1198 **Einige in 2-Stellung alkylmercapto-substituierte Derivate von Chinazolon-(4) mit antispastischer Wirkung.** M. Ghelardoni und F. Russo. (Boll. chim. farmac. **106** (1967) 10, 688–93; Labor. Ric. Stab. Farmaceut. A. Menarini, Firenze; ital.) — Folgende Verb. werden dargestellt: 3-Phenyl-chinazolone-(4): *2-[β-Dimethylaminoäthylmercapto]-6-chlor-* (**I**), $C_{18}H_{18}ClN_3OS$, F. 120 bis 122° (Ac./PAe.), durch 1½std. Erhitzen des entsprechenden 2-Mercapto-3-aryl-chinazolons-(4) mit ω-Dialkylaminoalkylchlorid-hydrochloriden in A. in Ggw. von NaOH auf dem W.-Bad. — *2-[β-Dimethylamino-äthylmercapto]-7-chlor-*, $C_{18}H_{18}ClN_3OS$, F. 144–145° (Ac./PAe.) analog **I**. — *2-[1-Dimethylamino-propyl-(2)-mercapto]-*, $C_{19}H_{21}N_3OS$, F. 157–159° (Ae./PAe.). — *2-[1-Dimethylamino-propyl-(2)-mercapto]-6-chlor-*, $C_{19}H_{20}ClN_3OS$, F. 175 bis 177° (Ae./PAe.). — *2-[1-Dimethylamino-propyl-(2)-mercapto]-7-chlor-*, $C_{19}H_{20}ClN_3OS$, F. 170–172° (Ae./PAe.). — *2-[β-Piperidino-äthylmercapto]-*, $C_{21}H_{23}N_3OS$, F. 104–106° (Ae./PAe.). — *2-[β-Trimethylammonio-äthylmercapto]-*, *Jodid*, $C_{19}H_{22}JN_3OS$, F. 235–237° (Zers.), durch 2std. Erhitzen der entsprechenden tert. Base mit Methyljodid in abs. Bzl. auf dem W.-Bad u. Waschen des erhaltenen Prod. mit Benzol. — *2-[β-Trimethylammonio-äthylmercapto]-6-chlor-*, *Jodid*, $C_{19}H_{21}Cl$ · JN_3OS, F. 230° (Zers.), analog vorst. Verbindung. — *2-[β-Trimethylammonio-äthylmercapto]-7-chlor-*, *Jodid*, C_{19}· $H_{21}ClJN_3OS$, F. 240° (Zers.), analog vorvorst. Verbindung. — *2-[1-Trimethylammonio-propyl-(2)-mercapto]-*, *Jodid*, $C_{20}H_{24}JN_3OS$, F. 235° (Zers.). — *2-[1-Trimethylammonio-propyl-(2)-mercapto]-6-chlor-*, *Jodid*, $C_{20}H_{23}Cl$ · JN_3OS, F. 230° (Zers.). — *2-[1-Trimethylammonio-propyl-(2)-mercapto]-7-chlor-*, *Jodid*, $C_{20}H_{23}ClJN_3OS$, F. 215° (Zers.). — *2-[β-(Diäthylmethylammonio)-äthylmercapto]-*, *Jodid*, $C_{21}H_{26}JN_3OS$, F. 205° (Zers.). — *2-[β-(Diäthylmethylammonio)-äthylmercapto]-6-chlor-*, *Jodid*, $C_{21}H_{25}$ · $ClJN_3OS$, F. 202–205° (Zers.). — *2-[β-(Diäthylmethylammonio)-äthylmercapto]-7-chlor-*, *Jodid*, *Hydrat*, $C_{21}H_{25}$ · $ClJN_3OS$, F. 150–153° (Zers., W.). — *2-[β-(N-Methylpiperidinio)-äthylmercapto]-*, *Jodid*, $C_{22}H_{26}JN_3OS$, F. 218–220° (Zers.). — *2-[β-(N-Methylpiperidinio)-äthylmercapto]-6-chlor-*, *Jodid*, $C_{22}H_{25}ClJN_3OS$, F. 225° (Zers.). — *2-[β-(N-Methyl-piperidinio)-äthylmercapto]-7-chlor-*, *Jodid*, $C_{22}H_{25}ClJN_3OS$, F. 246–247° (Zers.). — *2-[β-Piperidino-äthylmercapto]-3-[p-tolyl]-7-chlor-chinazolon-(4)*, $C_{22}H_{24}ClN_3OS$, F. 139–141° (Ae./PAe.). — *2-[β-(N-Methyl-piperidinio)-äthylmercapto]-3-[p-tolyl]-7-chlor-chinazolon-(4)*, $C_{23}H_{27}ClN_3OS$, F. 255° (Zers.). — *3-Phenyl-6-chlor-2.4-dioxo-1.2.3.4-tetrahydro-chinazolin*, F. 303 bis 305° (A.), durch 6std. Kochen von **I** mit 6 n HCl. — *β-Dimethylamino-äthylmercaptan-hydrochlorid*, F. 157–158° (abs. A./abs. Ae.), neben vorst. Verbindung. — *4-[β-Dimethylamino-äthylmercapto]-1.3-dinitrobenzol*, $C_{10}H_{13}$ · N_3O_4S, F. 227–229° (Zers., A.), aus vorst. Verb. u. 2.4-Dinitro-chlorbenzol. P. Golinske 3272△

1199 **Synthese von 3-Isopropylidenpiperazindionen-(2.5).** Chung-gi Shin, Mitsuo Masaki und Masaki Ohta. (J. org. Chemistry **32** (1967) 6, 1860–63; Tokyo Inst. of Technol., Oa-kayama, Meguro-ku, Tokyo; engl.) — Red. von 3-Methyl-2-nitrobuten-(2)-säuremethylester (**I**) mit Al-Amalgan liefert *2-Amino-3-methylbuten-(2)-säuremethylester* (**II**); bei Abwesenheit von 3-ständigen Alkylgruppen entstehen *2-Oximinocarbonsäureester*. Rk. von **II** mit Phthaloylglycylchlorid (**III**) liefert *3-Methyl-2-phthaloylglycylaminobuten-(2)-säuremethylester* (**IV**), der nach Abspaltung der Phthaloylgruppe mit N_2H_4 alkal. zu *3-Isopropylidenpiperazindion-(2.5)* (**V**) cyclisiert wird. Kondens. von **V** mit aromat. Aldehyden (**A**) führt zu *6-Aryliden-3-isopropylidenpiperazindionen-(2.5)*, die auch aus *1.4-Diacetyl-3-isopropylidenpiperazindion-(2.5)* u. **A** entstehen; mit aliphat. Aldehyden tritt keine Kondens. ein. **II** geht beim Erhitzen auf 180–190° in *3.6-Diisopropylidenpiperazindion-(2.5)* über.

Versuche: *2-Amino-3-methylbuten-(2)-säuremethylester* (**II**), $C_6H_{11}NO_2$, Kp.$_9$ 61–67°, durch Zutropfen von **I** in Ae. zu Al-Amalgam in Ae. unter Rückfluß u. unter Zugabe von einigen Tropfen W. u. 1std. Rühren; hellgelbes Öl; 62% (Ausb.). — *2-Oximino-4-methylovaleriansäuremethylester*, $C_7H_{13}NO_3$, F. 68–69° (Hexan), Kp.$_{20}$ 120–125°, analog **II** aus 4-Methyl-2-nitropenten-(2)-säuremethylester; 44%. — *2-Benzolsulfonylamino-3-methylbuten-(2)-säuremethylester*, $C_{12}H_{15}NO_4S$, F. 113–114°, durch portionsweise Zugabe von Benzolsulfonylchlorid zu **II** in wss. $NaHCO_3$-Lsg. bei Raumtemp. u. 1wöchiges Stehen; aus Aceton/PAe. prismat. Nadeln; 67,4%. — *3-Methyl-2-phthaloylglycylaminobuten-(2)-säuremethylester* (**IV**), $C_{16}H_{16}N_2O_5$, F. 234–235°, analog vorst. Verb. aus **II** u. **III** u. 1std. Stehen; aus wss. A. Nadeln; 83%. — *3-Methyl-2-phthaloylglycylaminobuten-(2)-säure*, $C_{15}H_{14}N_2O_5$, F. 258 bis 259° (Zers.), durch 3std. Kochen von **IV** in 1 n NaOH/Methanol; aus Methanol Nadeln; 31,8%. — *2-Glycylamino-3-methylbuten-(2)-säure*, $C_7H_{12}N_2O_3$, F. 232–233° (Zers.), durch 1std. Kochen vorst. Verb. in Methanol mit 80%ig. Hydrazinhydrat, Filtrieren, Eindampfen im Vakuum, Lösen in W., Ansäuern (pH 6) mit Eisessig u. 1/2std. Erhitzen auf dem Wasserbad; aus A./W. Prismen; 74%. — *2-Glycylamino-3-methylbuten-(2)-säuremethylester, Hydrochlorid*, $C_8H_{14}N_2O_3 \cdot HCl$, F. 130–132°, a) durch 3std. Kochen vorst. Verb. in Methanol unter Einleiten von trockenem HCl; aus n-Butanol Prismen; 58%; b) durch 2std. Kochen von **IV** u. 80%ig. Hydrazinhydrat in Methanol, Eindampfen im Vakuum, Zugabe von konz. HCl u. 20 Min. langes Erhitzen auf dem Wasserbad; 72%. — *3-Isopropylidenpiperazindion-(2.5)* (**V**), F. 260 bis 261° (Zers.), a) durch 1/2std. Erhitzen vorst. Verb. u. $NaHCO_3$ in W. auf dem Wasserbad, Eindampfen im Vakuum, 10 Min. langes Kochen mit Methanol, Eindampfen im Vakuum, Zusatz von wenig W. u. 1/2std. Kochen; aus W. Prismen; 72%; b) durch 2std. Kochen von **IV** in Methanol mit 80%ig. Hydrazinhydrat, Filtrieren, Eindampfen im Vakuum, Lösen in W., Ansäuern auf pH 6 mit Eisessig, 1/2std. Erhitzen, Eindampfen im Vakuum, Behandeln mit W., Filtrieren, Eindampfen u. 1/2std. Erhitzen auf dem Wasserbad; 70%. — *3-Methyl-2-[phthaloyl-DL-alanylamino]-buten-(2)-säuremethylester*, $C_{17}H_{18}N_2O_5$, F. 160–161°, analog **IV** aus **II** u. Phthaloyl-DL-alanylchlorid; aus 50%ig. A. Nadeln; 86%. — *3-Isopropyliden-6-methylpiperazindion-(2.5)*, $C_8H_{12}N_2O_2$, F. 231 bis 232° (Zers.), analog **V** nach b) aus vorst. Verb.; aus W. Nadeln; 67%. — *3-Isopropyliden-6-isobutylpiperazindion-(2.5)*, $C_{11}H_{18}N_2O_2$, F. 246–248° (Zers.), aus **II** u. Phthaloyl-L-leucylchlorid u. Cyclisierung des rohen *3-Methyl-2-phthaloyl-L-leucylaminobuten-(2)-säuremethylesters* analog **V**; aus W. Prismen; 53%. — *1.4-Diacetyl-3-isopropylidenpiperazindion-(2.5)*, $C_{11}H_{14}N_2O_4$, F. 131–132°, durch 1/2std. Erhitzen von **V** in Acetanhydrid (EA) auf 130° u. Stehen bei Raumtemp. über Nacht; aus A. Prismen; 90,7%. — Analog: *1.4-Diacetyl-3-isopropyliden-6-methylpiperazindion-(2.5)*, $C_{12}H_{16}N_2O_4$, F. 162–163°; aus A. Nadeln; 67%. — 3-Isopropylidenpiperazindione-(2.5) [F. (teilweise Sublimation u. Zers.) aus Eisessig], a) durch Erhitzen von **V**, **A** u. Na-Acetat in EA auf 120 bis 130° u. Stehen über Nacht bei Raumtemp. (Meth. **a**); b) durch Erhitzen von vorvorst. Verb. u. **A** in Ggw. von Triäthylamin auf 120–130° (Meth. **b**): *6-Benzyliden-*, $C_{14}H_{14}N_2O_2$, F. 283–284°, a) nach Meth. **a** in 8 Std.; Nadeln; 77%; b) nach Meth. **b** in 6 Std.; 68%; c) nach Meth. **b** in 3 Std. aus **VII** u. Benzaldehyd; 74%. — *6-Furfuryliden-*, $C_{12}H_{12}N_2O_3$, F. 274–275°, nach Meth. **a** in 8 Std.; gelbe Nadeln; 67%. — *6-Cinnamyliden-*, $C_{16}H_{16}N_2O_2$, F. 322–324°, nach Meth. **a** in 5 Std.; gelbes Pulver; 89%. — *6-[o-Hydroxybenzyliden]-*, $C_{14}H_{14}N_2O_3$, F. 279 bis 282°, nach Meth. **b** in 4 Std.; gelbe Prismen; 66%. — *1.4-Bis-[trifluoracetyl]-*, (**VII**), durch 1std. Erhitzen von 0,2 g **V** in 2 ml Trifluoracetanhydrid auf 100° u. mehrstd. Stehen bei Raumtemp.; braun, instabil; 0,48 g. — *3.6-Diisopropyliden-*, $C_{10}H_{14}N_2O_2$, F. 264–265° (Zers.), durch 48std. Erhitzen von **II** auf 180–190° im Bombenrohr u. Behandeln mit wenig A.; aus A. Nadeln; 27%.

H. Miele 3272△

1200 **Derivate von 2H-1.3-Benzoxazin von pharmazeutischem Interesse.** G. Orzalesi, R. Selleri, O. Caldini und E. Mura. [Boll. chim. farmac. **106** (1967) 2, 88–93; Rep. Ric. della Soc. Italo-Britannica L. Manetti, H. Roberts C., Firenze; ital.) — Folgende Verb. werden dargestellt: 3-Aryl-6-carbalkoxy-3.4-dihydro-2H-1.3-benzoxazindione-(2.4), a) durch Zugabe von Chlorameisensäureäthylester u. Acetonitril zu dem entsprechenden Anilid in frisch dest. Py. in Ggw. von KOH bei 2–5° u. 2–3std. Kochen; b) durch aufeinanderfolgende Zugabe von Triäthylamin u. Chlorameisensäureäthylester zu dem 4-Hydroxyisophthalsäure-monoalkylester-(1) in THF bei $< 0°$, Versetzen mit dem entsprechenden Anilin (oder 4-Aminophenazon) in THF bei 0°, 2std. Stehen u. 3–4std. Kochen auf dem W.-Bad: *3-Phenyl-6-carbomethoxy-*, $C_{16}H_{11}NO_5$, F. 198° (Methanol). — *3-Phenyl-6-carbäthoxy-*, $C_{17}H_{13}NO_5$, F. 227° (A.). — *3-Phenyl-6-propoxycarbonyl-*, $C_{18}H_{15}NO_5$, F. 188° (Propanol). — *3-Phenyl-6-isopropoxycarbonyl-*, $C_{18}H_{15}NO_5$, F. 191° (Isopropanol). — *3-[o-Tolyl]-6-carbomethoxy-*, $C_{17}H_{13}NO_5$, F. 166° (Methanol). — *3-[o-Tolyl]-6-carbäthoxy-*, $C_{18}H_{15}NO_5$, F. 144° (A.). — *3-[o-Tolyl]-6-propoxycarbonyl-*, $C_{19}H_{17}NO_5$, F. 148° (Propanol). — *3-[o-Tolyl]-6-isopropoxycarbonyl-*, $C_{19}H_{17}NO_5$, F. 178° (Isopropanol). — *3-[m-Tolyl]-6-carbomethoxy-*, $C_{17}H_{13}NO_5$, F. 158° (Methanol). — *3-[m-Tolyl]-6-carbäthoxy-*, $C_{18}H_{15}NO_5$, F. 170° (A.). — *3-[m-Tolyl]-6-propoxycarbonyl-*, $C_{19}H_{17}NO_5$, F. 145° (Propanol). — *3-[m-Tolyl]-6-isopropoxycarbonyl-*, $C_{19}H_{17}NO_5$, F. 150° (Isopropanol). — *3-[p-Tolyl]-6-carbomethoxy-*, $C_{17}H_{13}NO_5$, F. 172° (Methanol). — *3-[p-Tolyl]-6-carbäthoxy-*, $C_{18}H_{15}NO_5$, F. 156° (A.). — *3-[p-Tolyl]-6-propoxycarbonyl-*, $C_{19}H_{17}NO_5$, F. 176° (Propanol). — *3-[p-Tolyl]-6-isopropoxycarbonyl-*, $C_{19}H_{17}NO_5$, F. 200° (Isopropanol). — *3-[m-Trifluormethyl-phenyl]-6-carbomethoxy-*, $C_{17}H_{10}F_3NO_5$, F. 202° (Methanol). — *3-[m-Trifluormethyl-phenyl]-6-carbäthoxy-*, $C_{18}H_{12}F_3NO_5$, F. 141° (A.). — *3-[m-Trifluormethyl-phenyl]-6-propoxycarbonyl-*, $C_{19}H_{14}F_3NO_5$, F. 159° (Propanol). — *3-[m-Trifluormethyl-phenyl]-6-isopropoxycarbonyl-*, $C_{19}H_{14}F_3NO_5$, F. 160° (Isopropanol). — *3-[p-Äthoxy-phenyl]-6-carbomethoxy-*, $C_{18}H_{15}NO_6$, F. 179° (Methanol), nur nach b). — *3-[p-Äthoxy-phenyl]-6-carbäthoxy-*, $C_{19}H_{17}NO_6$, F. 158° (A.), nur nach b). — *3-[p-Äthoxy-phenyl]-6-propoxycarbonyl-*, $C_{20}H_{19}NO_6$, F. 141° (Propanol), nur nach b). — *3-[p-Äthoxy-phenyl]-6-isopropoxycarbonyl-*, $C_{20}H_{19}NO_6$, F. 188° (Isopropanol), nur nach b). — *3-[p-Carbäthoxy-phenyl]-6-carbomethoxy-*, $C_{19}H_{15}NO_7$, F. 212° (Methanol), nur nach b). — *3-[p-Carbäthoxy-phenyl]-6-carbäthoxy-*, $C_{20}H_{17}NO_7$, F. 132° (A.), nur nach b). — *3-[p-Carbäthoxy-phenyl]-6-propoxycarbonyl-*, $C_{21}H_{19}NO_7$, F. 127° (Propanol), nur nach b). — *3-[p-Carbäthoxy-phenyl]-6-isopropoxycarbonyl-*, $C_{21}H_{19}NO_7$, F. 162° [Isopropanol), nur nach b). — *3-[Phenazonyl-(4)]-6-carbomethoxy-*, $C_{21}H_{17}N_3O_6$, F. 216 (Methanol). — *3-[Phenazonyl-(4)]-6-carbäthoxy-*, $C_{22}H_{19}N_3O_6$, F. 238° (A.). — *3-[Phenazonyl-(4)]-6-propoxycarbonyl-*, $C_{23}H_{21}N_3O_6$, F. 192° (Propanol). — Phenole: *2-Phenylcarbamoyl-4-carbomethoxy-*, $C_{15}H_{13}NO_4$, F. 192° (Methanol). — *2-Phenylcarbamoyl-4-carbäthoxy-*, $C_{16}H_{15}NO_4$, F. 145° (A.). — *2-Phenylcarbamoyl-4-isopropoxycarbonyl-*, $C_{17}H_{17}NO_4$, F. 154° (Isopropanol). — *2-Phenylcarbamoyl-4-propoxycarbonyl-*, $C_{17}H_{17}NO_4$, F. 123° (Propanol). — *2-[o-Tolyl-carbamoyl]-4-carbomethoxy-*, $C_{16}H_{15}NO_4$, F. 172° (Methanol). — *2-[o-Tolyl-carbamoyl]-4-carbäthoxy-*, $C_{17}H_{17}NO_4$, F. 132° (A.). — *2-[o-Tolyl-carbamoyl]-4-isopropoxycarbonyl-*, $C_{18}H_{19}NO_4$, F. 130° (Isopropanol). — *2-[o-Tolyl-carbamoyl]-4-propoxycarbonyl-*, $C_{18}H_{19}NO_4$, F. 145° (Propanol). — *2-[m-Tolyl-carbamoyl]-4-carbomethoxy-*, $C_{16}H_{15}NO_4$, F. 180° (Methanol). — *2-[m-Tolyl-carbamoyl]-4-carbäthoxy-*, $C_{17}H_{17}NO_4$, F. 144° (A.). — *2-[m-Tolyl-carbamoyl]-4-isopropoxycarbonyl-*, $C_{18}H_{19}NO_4$, F. 140° (Isopropanol). — *2-[m-Tolyl-carbamoyl]-4-propoxycarbonyl-*, $C_{18}H_{19}NO_4$, F. 145° (Propanol). — *2-[p-Tolyl-*

carbamoyl]-4-carbomethoxy-, $C_{16}H_{15}NO_4$, F. 154° (Methanol). — *2-[p-Tolyl-carbamoyl]-4-carbäthoxy-*, $C_{17}H_{17}NO_4$, F. 146° (A.). — *2-[p-Tolyl-carbamoyl]-4-isopropoxycarbonyl-*, $C_{18}H_{19}NO_4$, F. 155° (Isopropanol). — *2-[p-Tolyl-carbamoyl]-4-propoxycarbonyl-*, $C_{18}H_{19}NO_4$, F. 191° (Propanol). — *2-[m-Trifluormethyl-phenylcarbamoyl]-4-carbomethoxy-*, $C_{16}H_{12}F_3NO_4$, F. 183° (Methanol). — *2-[m-Trifluormethylphenylcarbamoyl]-4-carbäthoxy-*, $C_{17} \cdot H_{14}F_3NO_4$, F. 199° (A.). — *2-[m-Trifluormethyl-phenylcarbamoyl]-4-isopropoxycarbonyl-*, $C_{18}H_{16}F_3NO_4$, F. 175° (Isopropanol). — *2-[m-Trifluormethyl-phenylcarbamoyl]-4-propoxycarbonyl-*, $C_{18}H_{16}F_3NO_4$, F. 170° (Propanol). — *2-[p-Äthoxy-phenylcarbamoyl]-4-carbomethoxy-*, $C_{17}H_{17} \cdot NO_5$, F. 200° (Methanol). — *2-[p-Äthoxy-phenylcarbamoyl]-4-carbäthoxy-*, $C_{18}H_{19}NO_5$, F. 155° (A.). — *2-[p-Äthoxy-phenylcarbamoyl]-4-isopropoxycarbonyl-*, $C_{19}H_{21} \cdot NO_5$, F. 133° (Isopropanol). — *2-[p-Äthoxy-phenylcarbamoyl]-4-propoxycarbonyl-*, $C_{19}H_{21}NO_5$, F. 153° (Propanol). — *2-[p-Carbäthoxy-phenylcarbamoyl]-4-carbomethoxy-*, $C_{18}H_{17}NO_6$, F. 215° (Methanol). — *2-[p-Carbäthoxy-phenylcarbamoyl]-4-carbäthoxy-*, $C_{19}H_{19}NO_6$, F. 198° (A.). — *2-[p-Carbäthoxy-phenylcarbamoyl]-4-isopropoxycarbonyl-*, $C_{20}H_{21}NO_6$, F. 189° (Isopropanol). — *2-[p-Carbäthoxy-phenylcarbamoyl]-4-propoxycarbonyl-*, $C_{20}H_{21} \cdot NO_6$, F. 150° (Propanol). P. Golinske 3282△

1201 **Zwei Synthesen des 4-π-Elektronensystems 1.4-Diphosphoniacyclohexadien-(2.5).** Adam M. Aguiar und Keith C. Hansen. (J. Amer. chem. Soc. 89 (1967) 16, 4235—36; engl.) — *1.1.4.4-Tetraphenyl-1.4-diphosphoniacyclohexadien-(2.5)-dichlorid-Monohydrat* [$C_{28}H_{24} \cdot Cl_2P_2 \cdot H_2O$, F. 251—253° (Äthylacetat/Methanol)] wurde sowohl durch Rk. von cis-Vinylen-bis-[diphenylphosphin] mit Bis-[chlormethyl]-äther als auch in besserer Ausb. als *Dibromid* [$C_{28}H_{24}Br_2P_2$, F. 306—308° (Zers.; Acetonitril/Methanol)] durch Dimerisierung von Diphenyläthinylphosphin erhalten. Beide Dihalogenide geben das gleiche *Dipikrat* [$C_{40}H_{28}N_6O_{14}P_2$, F. 235—237° (Acetonitril)]. — Die Rk.-Mechanismen werden diskutiert. IR- u. NMR-Spektren vgl. Original. P. Boroffka 3292

1202 **Triglycidylisocyanurat-Synthese unter Verwendung von dispergiertem Natriumhydroxid.** H. P. Price und G. E. Schroll. (J. org. Chemistry 32 (1967) 6, 2005—06; Celanese Coatings Co., Louisville, Ky.; engl.) — *Krist. Triglycidylisocyanurat* (Gemisch aus 2 rac. Modifikationen) wird aus Cyanursäure (I) u. Epichlorhydrin (II) bei Verw. von dispergiertem NaOH als Dehydrohalogenierungsmittel erhalten.

Versuche: *krist. Triglycidylisocyanurat*, F. 100 bis 104°, durch Erhitzen von 129 g **I**, 1388 g **II** u. 7 ml 60%ig. wss. Benzyltrimethylammoniumchlorid-Lsg. bis zum Einsetzen der exothermen Rk. (113°), 1std. Kochen, 1,5std. Zugabe von dispergiertem NaOH (Xylol) bei 31—51°, Azeotrop-Dest. bis 120°, Filtrieren, Dest. bis 122°/35 Torr, Aufnehmen in Äthylmethylketon, Zugabe von 41 ml NaOH-Dispersion in 7 Min. bei 45°, 20 Min. langes Rühren, $^1/_2$std. Erhitzen auf 86° unter Azeotrop-Dest., sofortige Heißfiltration, Eindampfen bei 108°/35 Torr (→ 85%) u. dreimaliges Umkristallisieren aus Methanol bei 5, 25 u. 25°; 77 g (Ausb.). Durch Behandeln mit heißem Methanol Trennung in *Form A* [$C_{12}H_{15}N_3O_6$, F. 103—104,5° (Methanol)] u. *Form B* [F. 156—157,5° (Methyl Cellosolve)]. H. Miele 3313△

1203 **Untersuchungen auf dem Gebiet des 1.2.4-Benzothiadiazins. 38. Mitt. Reaktionen zwischen 3-[2-Chloräthyl]-7-nitro-1.2.4-benzothiadiazin-1.1-dioxid und Dipeptiden.** R. Cameroni, M. T. Bernabei, M. Facchini und V. Ferioli. (Farmaco [Pavia], Ediz. sci. 22 (1967) 1, 37—49; Ist. di Chim. farmaceut. dell' Univ., Modena; ital.) — Dipeptide reagieren mit 3-[2-Chloräthyl]-7-nitro-4H-1.2.4-benzothiadiazin-1.1-dioxid (I) unter Bldg. des an der N-terminalen Aminosäure geschützten Dipeptids. In einigen Fällen werden auch disubstituierte Deriv. erhalten. Durch Hydrolyse mit 5,7 n HCl bei 105° erfolgt eine quant. Spaltung der Bindung zwischen den Aminosäuren. Die Bindung der Schutzgruppe an die N-terminale Aminosäure ist gegenüber saurer Hydrolyse dagegen bemerkenswert stabil.

Versuche: *Glycylglycin-methylester, Hydrochlorid*, $C_5H_{11}ClN_2O_3$, F. 134—135° (Methanol/Ae.), nach Curtius u. Goebel (1888); Nadeln; 90% (Ausb.). — *N.N-Bis-[β-{1.1-dioxo-7-nitro-4H-1.2.4-benzothiadiazinyl-(3)}-äthyl]-glycylglycin*, (**II**), $C_{22}H_{22}N_8O_{11}S_2$, F. 183° (Zers., A.), neben nachst. Verb.; 36%. *Methylester*, $C_{23}H_{24}N_8O_{11}S_2$, F. 226° (Zers., DMF/W.), a) aus **II** mit HCl in abs. Methanol bei 19—21°; 85%; b) aus vorst. Verb. u. **I** durch $^1/_4$std. Kochen mit $NaHCO_3$ in wss. Methanol; 70%. *Mono-Ag-Salz*, $C_{22}H_{21}AgN_8O_{11}S_2$, durch Eindunsten einer wss. Lsg. von **II** mit verd. NH_4OH über konz. H_2SO_4 u. Versetzen mit $AgNO_3$. — *N-[β-{1.1-Dioxo-7-nitro-4H-1.2.4-benzothiadiazinyl-(3)}-äthyl]-glycylglycin*, $C_{13}H_{15}N_5O_7S$, F. 188° (Zers., A.), durch $^1/_4$std. Kochen äquimol. Mengen **I** u. Dipeptid in 80%ig. wss. Methanol; 48%. — *N-[β-{1.1-Dioxo-7-nitro-4H-1.2.4-benzothiadiazinyl-(3)}-äthyl]-glycylleucin*, $C_{17}H_{23}N_5O_7S$, F. 189° (Zers., A.), analog vorst. Verb.; 56%. — *N.N-Bis-[β-{1.1-dioxo-7-nitro-4H-1.2.4-benzothiadiazinyl-(3)}-äthyl]-glycyl-leucin*, $C_{26}H_{30}N_8O_{11}S_2$, F. 193° (Zers., wss. A.), neben vorst. Verb.; 26%. — *N-[β-1.1-Dioxo-7-nitro-4H-1.2.4-benzothiadiazinyl-(3)}-äthyl]-leucylglycin*, $C_{17}H_{23}N_5O_7S$, F. 174° (Zers., Methanol), analog vorvorst. Verb.; 75%. — *N-[β-{1.1-Dioxo-7-nitro-4H-1.2.4-benzothiadiazinyl-(3)}-äthyl]-alanyl-glycin*, $C_{14}H_{17}N_5O_7S$, F. 186° (Zers., A.); 73%. — *N-[β-{1.1-Dioxo-7-nitro-4H-1.2.4-benzothiadiazinyl-(3)}-äthyl]-alanyl-norvalin*, $C_{17}H_{23} \cdot N_5O_7S$, F. 236° (Zers., DMF/Methanol); 78%. P. Golinske 3333△

1204 **Untersuchungen auf dem Gebiet des 1.2.4-Benzothiadiazins. 39. Mitt. Reaktionen zwischen 3-Halogenalkyl-oder 3-Vinyl-Derivaten von 1.2.4-Benzothiadiazin-1.1-dioxiden und Aminosäuren.** L. Raffa, R. Cameroni und M. T. Bernabei. (Farmaco [Pavia], Ediz sci. 22 (1967) 1, 50—57; ital.) — 38. vgl. vorst. Referat. — Folgende Verb. werden dargestellt: N-{β-[1.1-Dioxo-5-nitro-7-chlor-4H-1.2.4-benzothiadiazinyl-(3)]-äthyl}-aminosäuren, a) aus 3-[2-Chlor-äthyl]-7-chlor-5-nitro-1.2.4-benzothiadiazin-1.1-dioxid u. dem Na-Salz der entsprechenden Aminosäure im Verhältnis 1:1 bzw. 2:1 in 80%ig. wss. Methanol (Meth. **A**); b) analog **A** aus 3-Vinyl-5-nitro-7-chlor-4H-1.2.4-benzothiadiazin-1.1-dioxid u. dem Na-Salz der Aminosäure (Meth. **B**): *-DL-alanin*, $C_{12}H_{13}ClN_4O_6S$, F. 235° (Zers., wss. Methanol), nach **A**; 68 bzw. 55%; b) nach **B**; 80 bzw. 78%. — *-β-alanin*, $C_{12}H_{13}ClN_4O_6S$, F. 199° (Zers., wss. Methanol), nach **A**; 60 bzw. 57%. — *-DL-valin*, $C_{14}H_{17}ClN_4O_6S$, F. 222° (Zers., N.N-Dimethyl-acetamid/Methanol), nach **A**; 62 bzw. 55%. — *-DL-norvalin*, $C_{14}H_{17}ClN_4O_6S$, F. 234° (Zers., N.N-Dimethyl-acetamid/Aceton), a) nach **A**; 75 bzw. 72%; b) nach **B**; 88 bzw. 87%. — *-L-leucin*, $C_{15}H_{19} \cdot ClN_4O_6S$, F. 224° (Zers., DMF/Methanol), a) nach **A**; 52 bzw. 49%; b) nach **B**; 81 bzw. 80%. — *-DL-serin*, $C_{12} \cdot H_{13}ClN_4O_7S$, F. 221° (Zers., W.), a) nach **A**; 57 bzw. 55%; b) nach **B**; 85 bzw. 82%. — *-L-threonin*, $C_{13}H_{15}ClN_4O_7S$, F. 149° (Zers., wss. Methanol), a) nach **A**; 50 bzw. 47%; b) nach **B**; 86 bzw. 83%. — *-DL-methionin*, $C_{14}H_{17}ClN_4O_6 \cdot S_2$, F. 231° (Zers., N.N-Dimethylacetamid/Methanol), a) nach **A**; 75 bzw. 71%; b) nach **B**; 80 bzw. 77%. — *-L-prolin*, $C_{14}H_{15}ClN_4O_6S$, F. 207° (Zers., N.N-Dimethylacetamid/Aceton), a) nach **A**; 55 bzw. 53%; b) nach **B**; 78 bzw. 73%. — *7-Chlor-5-nitro-3-vinyl-4H-1.2.4-benzothiadiazin-1.1-dioxid*, $C_9H_6ClN_3O_4S$, F. 217° (Zers., wss. Methanol), aus der 3-[2-Chlor-äthyl]-Verb. durch 24std. Stehen mit 8%ig. NaOH bei 20—22° u. Ansäuern; gelbe Nadeln; 80%. — N-{β-[7-Nitro-1.1-dioxo-4H-1.2.4-benzothiadiazinyl-(3)]-äthyl}-aminosäuren, a) analog **A** aus 3-[2-Chlor-äthyl]-7-nitro-4H-1.2.4-benzothiadiazin-1.1-dioxid u. dem Na-Salz der entsprechenden Aminosäure (Meth. **C**); b) analog **B** aus 3-Vinyl-7-nitro-4H-1.2.4-benzothiadiazin-1.1-dioxid u. dem Na-Salz der Aminosäure im Verhältnis 1:1 bzw. 2:1 bzw. 2:1 in Ggw. von 4 Mol $NaHCO_3$ (Meth. **D**); c) analog **C** aus 3-[2-Chloräthyl]-7-nitro-4H-1.2.4-benzothiadiazin-1.1-dioxid u. dem Na-Salz der Aminosäure (Meth. **E**): *-DL-alanin*, a) nach **C**; 77 bzw. 70%; b) nach **D**; 92, 90 bzw. 94%; c) nach **E**; 60 bzw. 51%. — *-β-alanin*, a) nach **C**; 89 bzw. 83%; b) nach **D**; 88, 86 bzw. 92%; c) nach **E**; 78 bzw. 73%. — *-DL-valin*, a) nach **C**; 80 bzw. 70%; b) nach **D**; 83, 80 bzw. 84%. — *-DL-norvalin*, a) nach **C**; 84 bzw. 73%; b) nach **D**; 91, 88 bzw. 93%; c) nach **E**;

65 bzw. 45%. — *-L-leucin*, a) nach **C**; 84 bzw. 80%; b) nach **D**; 89, 88 bzw. 95%; c) nach **E**; 75 bzw. 50%. — *-DL-serin*, a) nach **C**; 59 bzw. 51%; b) nach **D**; 90, 89 bzw. 95%. — *-L-threonin*, a) nach **C**; 53 bzw. 50%; b) nach **D**; 88, 83 bzw. 87%. — *-DL-methionin*, a) nach **C**; 83 bzw. 74%; b) nach **D**; 88, 87 bzw. 90%. — *-L-tyrosin*, a) nach **C**; 35 bzw. 29%; b) nach **D**; 41, 31 bzw. 92%. — *-L-prolin*, a) nach **C**; 82 bzw. 80%; b) nach **D**; 89, 83 bzw. 90%.

P. Golinske 3333△

1205 **Isolierung, Struktur und Synthese von Lenthionin und dessen Analoga.** Katsura Morita und Shigeru Kobayashi. (Chem. pharmac. Bull. [Tokyo] **15** (1967) 7, 988—93; Res. and Develop. Divis., Takeda Chem. Ind., Ltd., Juso-nishinocho, Higashiyodogawa-ku, Osaka; engl.) — Vf. isolieren Lenthionin aus *Lentinus edodes* (Berk.) Sing u. bestimmen die Struktur des Prod. als *1.2.3.5.6-Pentathiepan*. Daneben erfolgt die Isolierung geringer Mengen von *1.2.4.6-Tetra-* u. *1.2.3.4.5.6-Hexathiepan*. Die Synth. dieser cycl. Methylenpolysulfide wird beschrieben.

Versuche: *Lenthionin*, $C_2H_4S_5$, F. 60—61° (Dioxan), a) durch mehrstd. Einweichen von 5 kg getrockneter Pilze in W., Zentrifugieren, Extrahieren mit $CHCl_3$, Einengen im Vakuum, Adsorbieren an SiO_2, Eluieren mit $CHCl_3$, Adsorbieren der ersten Fraktion an SiO_2 u. Eluieren mit n-Hexan; 560 mg (Ausb.); daneben 300 mg *nachst. Verb.*, 7 mg *1.2.3.4.5.6-Hexathiepan* [**I**; CH_2S_6, F. 79°; aus Dioxan Prismen] u. 20 mg einer *Verb. vom F. 80—82°*; aus Aceton Nadeln; b) durch Einleiten von H_2S in eine Lsg. aus $Na_2S \cdot 9H_2O$ u. 60 g S in W. bei pH 8, Zugabe von CH_2Cl_2, mehrstd. Rühren u. Einengen der organ. Phase; 6,1 g; daneben 0,14 g **I**. — *1.2.4.6-Tetrathiepan*, $C_3H_6S_4$, F. 79°, analog vorst. bei pH 11,9; aus Dioxan Prismen; 7,6 g; daneben 13,3 g *1.2.4-Trithiolan* [**II**; $C_2H_4S_3$, Kp. 78—79°]. — *N-Thioformylmorpholin*, C_5H_9NOS, F. 67° (Methanol), aus 0,87 g Morpholin mit **II** bei 60—70°; 0,94 g. — *N-Thioformylpiperidin*, $C_6H_{11}NS$, aus 0,85 g Piperidin analog vorst.; 0,28 g.

K.-P. Hilgetag 3370△

1206 **Neue Synthese von 7-Chlor-1.3-dihydro-5-phenyl-2H-1.4-benzodiazepinon-(2)-4-oxid.** Stanley C. Bell, Ronald J. McCaully und Scott J. Childress. (J. heterocyclic Chem. **4** (1967) 4, 647—49; Wyeth Labor., Inc., Radnor, Pa.; engl.) — *2-Jodacetylamino-5-chlorbenzophenon* (**II**), erhältlich durch Halogenaustausch aus 2-Chloracetylamino-5-chlorbenzophenon (**I**), reagiert mit überschüssiger NH_2OH zu *2-[2-Hydroxyaminoacetylamino]-5-chlorbenzophenon* (**IV**), während **I** je nach den Rk.-Bedingungen das *Oxim* von **IV** bzw. ein *Gemisch* aus *6-Chlor-3-hydroxy-* u. *3.6-Dichlor-4-phenylcarbostyril* liefert. In bzw. von Säure wird **IV** leicht zu *7-Chlor-1.3-dihydro-5-phenyl-2H-1.4-benzodiazepinon-(2)-4-oxid* cyclisiert, das auch durch Umsetzung von *N-Acetoxyacetylaminoessigsäurechlorid* mit 2-Amino-5-chlorbenzophenon (**III**) zu *2-[2-(N-Acetoxyacetylamino)-acetylamino]-5-chlorbenzophenon* u. anschließende saure Hydrolyse entsteht.

Versuche: 5-Chlorbenzophenone: *2-Jodacetylamino-*(**II**), $C_{15}H_{11}ClJNO_2$, F. 125—127°, durch 2std. Kochen von 7 g **I** u. NaJ in Aceton; 8,5 g (Ausb.). — *2-Acetoxyacetylamino-*, $C_{17}H_{14}ClNO_4$, F. 121—123° (A.), durch Zugabe von Acetoxyacetylchlorid in $CHCl_3$ zu **III** in $CHCl_3$ bei 100°; 87%. — *2-Hydroxyacetylamino-*, $C_{15}H_{12}ClNO_3$, F. 151—153° (A.), durch Zugabe von NaOH in W. zu vorst. Verb. in A.; 94%. — *2-p-Bromphenylsulfonyloxyacetylamino-*, $C_{21}H_{15}BrClNO_5S$, F. 153—155° (Acetonitril), durch Zugabe von p-Brombenzolsulfonylchlorid zu vorst. Verb. in Triäthylamin bei 100°; 60%. — *2-[2-Hydroxyaminoacetylamino]-* (**IV**), $C_{15}H_{13}ClN_2O_3$, F. 129—131° (Bzl.), a) durch Zugabe von 32 g **II** zu 75%ig. Hydroxylaminsulfat u. NaOH in A./W. bei 75°; 22 g (roh); b) durch Zugabe von $NH_2OH \cdot HCl$ u. NaOH in W. zu 5,1 g vorst. Verb. in Methoxyäthanol bei 85°; 1,2 g. *Oxim*, $C_{15}H_{14}ClN_3O_3$, F. 224—226° (Acetonitril), aus 24,8 g **I** mit $NH_2OH \cdot HCl$ in verd. NaOH; 9,6 g. — *2-[2-(N-Acetoxyacetylamino)-acetylamino]-*, $C_{19}H_{17}ClN_2O_5$, F. 153,5—155° (A.), a) durch ¼std. Rühren von Acetanhydrid (**EA**) u. Hydroxyaminoessigsäure bei 65°, Zugabe von $SOCl_2$, Kochen, u. Zugabe zu **III** in Bzl.; 22 g; b) durch Erhitzen von **IV** in EA auf 100°; 74%. — *7-Chlor-1.3-dihydro-5-phenyl-2H-1.4-benzodiazepinon-(2)-4-oxid*, F. 232—233°, a) durch Zugabe von 6 n HCl zu **IV** in A./W. bei 100°; 95%; b) durch 10 Min. langes Kochen vorst. Verb. in A./6 n HCl; 79%. — *6-Chlor-3-hydroxy-4-phenylcarbostyril*, $C_{15}H_{10}ClNO_2$, F. 253—255° (A.), durch Zugabe von 12,4 g **I** zu $NH_2OH \cdot HCl$ in 2 n NaOH/A.; 2,5 g; daneben 0,5 g nachst. Verbindung. — *3.6-Dichlor-4-phenylcarbostyril*, $C_{15}H_9Cl_2NO$, F. 299—301° (A.), durch 10 Min. langes Kochen von 30 g **I** in W./A./2 n NaOH; 5,6 g. — *2.2'-Hydroxyimino-bis-[4'-methoxyacetanilid]*, $C_{18}H_{21}N_3O_5$, F. 196—197° (wss. DMF), durch Zugabe von 8 g 2-Chlor-4'-methoxyacetanilid zu $NH_2OH \cdot HCl$ in A./2 n NaOH; 1,7 g; daneben *2-Hydroxyamino-4'-methoxyacetanilid*, $C_9H_{12}N_2O_3$, F. 137—138° (A.); 0,1 g.

H. Miele 3370△

C-4. Naturstoffe

1207 **Mono-O-(methylsulfonyläthyl)-D-glucosen.** A. L. Bullock, V. O. Cirino und S. P. Rowland. (Canad. J. Chem. **45** (1967) 3, 255—60; New Orleans, La., US Dep. of Agriculture, Agric. Res. Service; Southern Utiliz. Res. and Developm. Div.; engl.) — Die Synth. von *2-O-* (**I**), *3-O* (**II**) u. *6-O-(Methylsulfonyläthyl)-D-glucose* (**III**), die zur Identifizierung der Abbauprod. von methylvinylsulfon-modifizierter Baumwollcellulose dienen, wird beschrieben. Zwecks gaschromatograph. Unters. werden die erhaltenen Verb. in die *Trimethylsilyl-deriv.* überführt. Rk. von 1.2;5.6-Di-O-isopropyliden-α-D-glucofuranose (**IV**) mit Methyl-vinylsulfon (**V**) liefert **II** neben *D-Glucose* im α- u. β-Anomerenverhältnis von 0,5:0,5. Analog wird aus 1.2;3.5-Di-O-benzyliden-α-D-glucofuranose (**VI**) u. **V** **III** im Anomerenverhältnis von 0,43:0,57 gebildet. Kondens. von 1.2-O-Isopropyliden-α-D-glucofuranose (**VII**) mit Allylbromid zum *3.5.6-Tri-O-allyläther* u. anschließende Methanolyse gibt *Methyl-3.5.6-tri-O-allyl-α.β-D-glucofuranosid* (**VIII**), das zur *3.5.6-Tri-O-[propen-(1)-yl]-verb.* (**IX**) isomerisiert wird. Durch Kondens. von **IX** mit **V** wird **I** als Anomerengemisch (0,49:0,51) erhalten.

Versuche: *1.2;5.6-Di-O-isopropyliden-3-O-(methylsulfonyläthyl)-α-D-glucofuranose*, $C_{15}H_{26}O_8S$, F. 97° (Methanol u. Hexan), aus **IV** [F. 108—110° (A./n-Hexan)], **V** u. Na-Phenolat; $[\alpha]_D^{22}$ —43,6° (c = 5; A.). — *3-O-(Methyl-sulfonyläthyl)-D-glucose* (**II**), $C_9H_{18}O_8S$, aus vorst. Verb. u. 1 n H_2SO_4; $[\alpha]_D^{22}$ +37,5° (c = 2,1; W.); 67,5% (Ausb.). *Phenylosazon*, $C_{21}H_{28}N_4O_6S$, F. 160° (wss. A.); $[\alpha]_D^{22}$ —34,4° [c = 2; Py./Äe. (2:3)]. — *1.2;3.5-Di-O-benzyliden-6-O-(methylsulfonyläthyl)-α-D-glucofuranose*, $C_{23}H_{26}O_8S$, aus **VI**, **V** u. Na-Phenolat; aus A. hexagonale Prismen; $[\alpha]_D^{22}$ +27,8° (c = 5; A.); 37%. — *6-O-(Methyl-sulfonyläthyl)-D-glucose* (**III**), $C_9H_{18}O_8S$, aus vorst. Verb. analog **II**; $[\alpha]_D^{22}$ +32,1° (c = 2,1; W.); 99%. *Phenylosazon*, $C_{21}H_{28}N_4O_6S$, F. 142° (wss. A.); $[\alpha]_D^{22}$ —57,2° [c = 1,9; Py./A. (2:3)]. — *3.5.6-Tri-O-allyl-1.2-O-isopropyliden-α-D-glucofuranose*, $C_{18}H_{28}O_6$, Kp.$_{40}$ 117 bis 123°, aus Allylbromid, **VII** u. NaOH; 40%. — *Methyl-3.5.6-tri-O-allyl-α.β-D-glucofuranosid* (**VIII**), $C_{16}H_{26}O_6$, aus vorst. Verb. u. Dowex 50-8x. — *3.5.6-Tri-O-[propen-(1)-yl]-α.β-D-glucofuranosid* (**IX**), aus **VIII**, Erhitzen u. K-t-Butylat; hellgelbe Fl.; 70%. — *Methyl-2-O-(methylsulfonyläthyl)-3.5.6-tri-O-[propen-(1)-yl]-α.β-D-glucofuranosid*, aus 0,54 g **IX**, **V** u. Na-Phenolat; viskose Fl.; 0,27 g. — *2-O-(Methylsulfonyläthyl)-D-glucose* (**I**), $C_9H_{18}O_8S$, a) aus 0,27 g vorst. Verb. u. 2 n H_2SO_4; 0,13 g; b) aus Methyl-4.6-O-benzyliden-α-D-glucopyranosid mit **V** u. Na-Phenolat; daneben nach b) *Glucose* u. **II**.

D. Burmeister 3400

1208 **Synthese von Mono-[2-diäthylaminoäthyl]-D-glucosen und die Verteilung der Substitutionsgruppen in O-[2-Diäthylaminoäthyl]-cellulose.** E. J. Roberts und S. P. Rowland. (Canad. J. Chem. **45** (1967) **3**, 261—65; New Orleans, La., US Dep. of Agriculture, Agric. Res. Service; Southern Utiliz. Res. and Developm. Div.; engl.) — *O-(2-Diäthylaminoäthyl)-cellulose* (**I**; Substitutionsgrad: 0,048) wird durch Rk. von Baumwollcellulose mit 2-Diäthylaminoäthylchlorid (**II**) hergestellt. Die bei Hydrolyse von **I** nach Rowland et al. (vgl. Canad. J. Chem. **44** [1966] 1051) erhaltenen *Glucosederiv.* werden gaschromatograph. durch Vgl. mit authent. *2-O-*(**III**),

3-O-(IV) u. *6-O-(2-Diäthylaminoäthyl)-D-glucose* (V) in Form ihrer *Trimethylsilyläther* identifiziert. Die Synth. von III, IV u. V wird beschrieben. Die relative Verteilung der 2-Diäthylaminoäthylgruppen zwischen der 2-O-, 3-O- u. 6-O-Position der D-Glucopyranosylreste in der Cellulose beträgt 1,27:0,35:1,00. III, IV u. V fallen als Anomerengemische an, deren Zusammensetzung bei III 0,48:0,52, bei IV 0,34:0,66 u. bei V 0,43:0,57 beträgt.

Versuche: *O-(2-Diäthylaminoäthyl)-cellulose* (I), aus Baumwollcellulose, II · HCl u. $NaOH/Na_2SO_4$. — *Methyl-3-O-benzyl-4.6-O-benzyliden-α-D-glucopyranosid*, F. 178 bis 180°; $[\alpha]_D^{20}$ +47° (c = 1; $CHCl_3$) nach Finan u. Warren (vgl. J. chem. Soc. [London] 1962, 3089). — *Methyl-3-O-benzyl-4.6-O-benzyliden-2-O-(2-diäthylaminoäthyl)-α-D-glucopyranosid* (VI), $C_{27}H_{37}NO_6$, F. 54—55°, aus vorst. Verb., II:HCl, KOH u. Drierite; $[\alpha]_D^{20}$ +8,5 (c = 1; A.); 94% (Ausb.). — *2-O-(2-Diäthylaminoäthyl)-D-glucopyranose* (III), $C_{12}H_{25}NO_6$, aus vorst. Verb. u. H_2; $[\alpha]_D^{20}$ +37,8° (c = 1; W.); 99%. — *3-O-(2-Diäthylaminoäthyl)-1.2;5.6-di-O-isopropyliden-α-D-glucofuranose*, $C_{18}H_{33}NO_6$, $Kp._{0,02}$ 120°, aus 1.2;5.6-Di-O-isopropyliden-α-D-glucofuranose [F. 108—110° (Hexan/$CHCl_3$)] analog VI; $[\alpha]_D^{20}$ —28° (c = 5; A.); 80%. — *3-O-(2-Diäthylaminoäthyl)-D-glucopyranose* (IV), $C_{12}H_{25}NO_6$, aus vorst. Verb. u. 2 n H_2SO_4; $[\alpha]_D^{20}$ + 26,6° (c = 2; W.); 92%. — *6-O-(2-Diäthylaminoäthyl)-1.2;3.5-di-O-methylen-α-D-glucofuranose*, $C_{14}H_{25}NO_6$, $Kp._{0,02}$ 134°, aus 6-O-Acetyl-1.2; 3.5-di-O-methylen-D-glucofuranose u. Ba-Methylat u. Rk. der erhaltenen *1.2;3.5-Di-O-methylen-α-D-glucofuranose* analog VI; $[\alpha]_D^{20}$ +33,5° (c = 1; A.); 84,4%. — *6-O-(2-Diäthylaminoäthyl)-D-glucopyranose* (V), $C_{12}H_{25}$·NO_6, aus vorst. Verb. analog IV; $[\alpha]_D^{20}$ +35,6° (c = 1; W.); 92,4%. D. Burmeister 3400

1209 **Säurehydrolyse von Glykosiden. 5. Mitt. Einfluß der Natur des Aglykons auf die Hydrolyse von Glykosiduronsäuren (Glykuroniden).** M. D. Saunders und T. E. Timell. (Carbohydrate Res. [Amsterdam] 5 (1967) 4, 453—60; Cellulose Res. Inst., Syrakuse, N.Y.; engl.) — Für die durch säurekatalysierte Hydrolyse von 14 β-D-Glucopyranosiduronsäuren erhaltenen Aglykone verschiedener Elektronenaffinität wurden kinet. Daten u. Aktivierungsenergien u. -entropien bestimmt. Letztere waren niedriger als die der entsprechenden β-D-Glucopyranoside. Die Ergebnisse u. ihre Ursachen wurden diskutiert.

Versuche (Alle F. korr.): Alkyl(Aryl)-2.3.4-tri-O-acetyl-β-D-glucopyranosiduronsäuremethylester: *β-Chloräthyl-* (I), F. 141—142° (Isopropanol), durch 1std. Rk. von 2-Chloräthanol mit Jod/$AgNO_3$/Drierite bei Raumtemp., Zugabe von Methyl-1-brom-1-desoxy-2.3.4-tri-O-acetyl-α-D-glucopyranosiduronat (F. 105—106°) u. 36std. Rk. bei Raumtemp.; $[\alpha]_D^{25}$ —23,9° (c = 2,0; $CHCl_3$); 58% (Ausb.). — *Äthyl-* (II), F. 102—103°, analog I mit A.; $[\alpha]_D$ —21,0°; 82%. — *Propyl-* (III), F. 108—109°, analog I mit Propanol; $[\alpha]_D$ —30°; 82%. — *Isopropyl-* (IV), F. 141—143°, analog I mit Isopropanol; $[\alpha]_D$ —36,7°; 77%. — *Butyl-* (V), F. 89 bis 90°, analog I mit Butanol; $[\alpha]_D$ —27,6°; 77%. — *Hexyl-* (VI), F. 84—85°, analog I mit Hexanol; $[\alpha]_D$ —31,1°; 71%. — *β-Hydroxyäthyl-* (VII), F. 162,5—163,5°, analog I mit Glykol; $[\alpha]_D$ —22,3°; 86%. — *β-Methoxyäthyl-* (VIII), F. 105,5—106,5°, analog I mit 2-Methoxyäthanol; $[\alpha]_D$ —29,2°; 81%. — *γ-Chlorpropyl-* (IX), F. 128—129°, analog I mit 3-Chlorpropanol; $[\alpha]_D$ —11,0°; 54%. — *Methoxycarbonylmethyl-* (X), F. 100—102°, analog I; $[\alpha]_D$ —49,3°; 25%. — *β-Methoxycarbonyläthyl-* (XI), F. 86,5—87,5°, analog I; $[\alpha]_D$ —22,1°; 61%. — *Cyclopentyl-* (XII), F. 132—132,5°, analog I aus Cyclopentanol; $[\alpha]_D$ —46,5°; 80%. — *Cyclohexyl-* (XIII), F. 140 bis 141°, analog I mit Cyclohexanol; $[\alpha]_D$ —36,2°; 83%. — *Phenyl-* (XIV), F. 125—126,5°, analog I mit Phenol; $[\alpha]_D$ —29,6°; 12%. — Alkyl(Aryl)-β-D-glucopyranosid-uronsäuren: *β-Chloräthyl-* (XV), F. 153—154° (Methanol/Äthylacetat), durch 2std. Rk. von I in Methanol u. Na-Methylat bei Raumtemp., Entfernen des Methanols, Zugabe von wss. NaOH, 15std. Rk. bei 4° u. Behandeln mit Kationenaustauscher; $[\alpha]_D^{25}$ —47,5° (c = 2,0; W.). — *Äthyl-*, F. 160—161°, analog XV aus II; $[\alpha]_D$ —64,4°. — *Propyl-*, F. 125—127°, analog XV aus III; $[\alpha]_D$ —64,9°. — *Isopropyl-*, F. 134—135°, analog XV aus IV; $[\alpha]_D$ —66,6°. — *Butyl-*, F. 102—104°, analog XV aus V; $[\alpha]_D$ —60,3°. — *Hexyl-*, F. 110—111°, analog XV aus VI; $[\alpha]_D$ —55,3°. — *β-Hydroxyäthyl-*, F. 87—89°, analog XV aus VII; $[\alpha]_D$ —50,5°. — *β-Methoxyäthyl-*, analog XV aus VIII; $[\alpha]_D$ —50,4°. — *γ-Chlorpropyl-*, F. 108—109°, analog XV aus IX; $[\alpha]_D$ —54,1°. — *Carboxymethyl-*, analog XV aus X; $[\alpha]_D$ —65,9°. — *β-Carboxyäthyl-*, analog XV aus XI; $[\alpha]_D$ 31,0°. — *Cyclopentyl-*, F. 124—126°, analog XV aus XII; $[\alpha]_D$ —68,2°. — *Cyclohexyl-*, F. 164—165°, analog XV aus XIII; $[\alpha]_D$ —62,2°. — *Phenyl-*, F. 162—163°, analog XV aus XIV; $[\alpha]_D$ —88,1°. — Alkyl-β-D-glucopyranoside, nach Timmel et al., Canad. J. Chem., 43 (1965) 2296. — *β-Chloräthyl-*, $[\alpha]_D$ —26,3°. *Peracetat*, F. 116—117°; $[\alpha]_D$ —10,6°; 68%. — *Carboxymethyl-*, $[\alpha]_D$ —33,6°. *Peracetat, Methylester*, F. 74—76°; $[\alpha]_D$ —29,4°; 42%. — *β-Carboxyäthyl-*, $[\alpha]_D$ —29,0°. *Peracetat, Methylester*, F. 90—95°; $[\alpha]_D$ —10,1°; 61%. Heidrun Kühn 3450

1210 **Allgemeine Methode zur Synthese von Indolalkaloiden. 6. Mitt. Synthese von DL-Corynantheidin und einem Camptothecin-Modell.** Ernest Wenkert, K. G. Dave, R. G. Lewis und Peter W. Sprague. (J. Amer. chem. Soc. 89 (1967) 25, 6741—45; Dep. of Chem., Ind. Univ., Bloomington, Ind.; engl.) — Das Alkaloid *Corynantheidin* wurde durch Hydrierung von N-Alkylnicotinestersalzen u. säurekatalysierte, hydrolyt. u. decarboxylative Cyclisierung der resultierenden Tetrahydropyridinderiv. dargestellt. Aus 4-Methyl-5-äthylnicotinsäurenitril wurde in 4 Schritten eine pentacycl. Verb. erhalten, deren Struktur dem Camptothecin ähnelt. UV-, IR- u. PMR-spektroskop. Daten s. Original.

Versuche: *1-{β-[Indolyl-(3)]-äthyl}-3-carbomethoxy-4-carbomethoxymethyl-5-äthyl-pyridiniumperchlorat* (I), $C_{22}H_{25}ClN_2O_8$, F. 162,5—165° (Methanol), durch 17std. Rk. von 500 mg 4-Carbomethoxymethyl-5-äthylnicotinsäuremethylester u. 690 mg Tryptophylbromid in Ae. bei Raumtemp., Entfernen des Lsgm. $^1/_4$std. Erhitzen unter N_2, Extrahieren mit heißem W., Kühlen u. Sättigen mit $NaClO_4$; 982 mg (Ausb.). — *2β-Methoxycarbonylmethyl-3β-äthyl-1.2.3.4.6.7.12.12bβ-octahydro-pyrido-[2.1-a]-β-carbolin, Hydrochlorid* (II), $C_{20}H_{27}ClN_2O_2$, F. 261—262° (Methanol/Aceton), durch 36std. Rk. von 400 mg III u. KOH in Methanol/W. unter N_2 bei Rückfluß, Lösen in Methanol u. 2std. Sättigung mit HCl; 267 mg. — *1-{β-[Indolyl-(3)]-äthyl}-3-carbomethoxy-4β-carbomethoxymethyl-5β-äthyl-1.2.3.4-tetrahydro-pyridin* (III), durch Zugabe von 2,4 g I in Methanol zu einer H_2-gesätt. Lsg. von Pd/Kohle u. Triäthylamin in Methanol u. Hydrieren; Öl; 1,85 g. — *1ξ-Methoxycarbonyl-2β-methoxycarbonylmethyl-3β-äthyl-1.2.3.4.6.7.12.12b-octahydro-pyrido-[2.1-a]-β-carbolin* (IV), $C_{22}H_{28}N_2O_4$, F. 118 bis 120° (Hexan), durch 2std. Sättigung von 500 mg III in Methanol mit HCl u. 12std. Stehen bei Raumtemp.; 415 mg. *Hydrochlorid*, F. 176—178° (Methanol/Aceton). — *DL-3-Isocorynantheidol* (V), F. 191—192° (Bzl./Äthylacetat), durch Rk. von 200 mg II-Hydrochlorid u. $LiAlH_4$ in THF unter Rückfluß; 120 mg. — *2β-Hydroxyäthyl-3β-äthyl-12H-1.2.3.4-tetrahydro-5-azonia-benzo-[a]-carbazolperchlorat* (VI), $C_{19}H_{23}ClN_2O_5$, F. 158—160° (Methanol), durch 18std. Rk. von 100 mg V, Maleinsäure u. Pd in W. unter N_2 im Rückfluß, Filtrieren, Dest. u. Sättigen mit $NaClO_4$; 60 mg. — *2β-Methoxycarbonylmethyl-3β-äthyl-12H-1.2.3.4-tetrahydro-5-azonia-benzo-[a]-carbazolperchlorat* (VII), $C_{20}H_{23}ClN_2O_6$, F. 201—203° (Methanol), a) analog VI aus 180 mg II-Hydrochlorid, 127 mg Ausb., b) durch 2std. Rk. von 400 mg IV in 10%ig. HCl unter Rückfluß, Dest., Zugabe von Maleinsäure u. Pd in W. u. 48std. Rk. analog VI; 127 mg. — *DL-Corynantheidol*, F. 158—160° (Bzl./Hexan), a) durch 2std. Rk. von 55 mg VI mit $NaBH_4$ in Methanol bei Raumtemp.; 32 mg, b) analog V aus 100 mg VIII-Hydrochlorid; 67 mg. *Hydrochlorid*, F. 235—237° (Methanol/Aceton). — *2β-Methoxycarbonylmethyl-3β-äthyl-1.2.3.4.6.7.12.12b-octahydro-pyrido-[2.1-a]-β-carbolin* (VIII), *Hydrochlorid*, $C_{20}H_{27}ClN_2O_2$, F. 256—258° (Zers.; Methanol/Aceton), durch 2std. Rk. von VII u. $NaBH_4$ in Methanol bei Raumtemp.; Dest., Lösen in Methanol, 2std. Sättigen mit HCl u. 36std. Stehen bei Raumtemperatur. — *3-Carbomethoxy-5-äthyl-7-aza-isocarbostyril* (**IX**), $C_{12}H_{12} \cdot N_2O_3$, F. 200—202° (Methanol), a) durch 6std. Rk. von 365 mg 4-Methyl-5-äthyl-nicotinsäurenitril, Dimethyloxalat u. gepulvertem K-tert.-Butylat in Bzl. unter N_2 bei Raumtemp. u. 18std. Stehen bei pH 6; 178 mg; b) durch $^1/_2$std. Erhitzen von **XV** mit HCl bei 160° u. 48std. Sättigen in Methanol mit HCl bei Raumtemp.; 27 mg. — *2-Methoxycarbonyl-1-oxo-9-äthyl-7-aza-1H-2.3-dihydropyrrolo-[1.2-b]-isocarbostyril, Enolform* (**X**), $C_{15} \cdot H_{14}N_2O_4$, F. 215° (Zers.; A.), durch 6std. Rk. von 3,89 g **IX**, Methylacrylat, Na_2CO_3 u. DMF bei 100° unter N_2 u. 18std. Stehen bei Raumtemp.; 3,58 g. — *1-Oxo-9-äthyl-7-aza-1H-2.3-dihydropyrrolo-[1.2-b]-isocarbostyril* (**XI**), $C_{13}H_{12}N_2O_2$, F. 165° (Zers.; Bzl.), durch 1std. Rk. von 50 mg **X** in HCl unter N_2 bei Rückfluß; 30 mg. — *4-Äthyl-14-oxo-12.14-dihydro-chinolino-[2'.3':3.4]-pyrrolo-[1.2-b]-[2.7]-naphthyridin*, $C_{20}H_{15}N_3O$, F. 303—305° (A.), durch 24std. Rk. von 1,4 g **XI**, Anthranilaldehyd u. NaOH in W./A. bei Raumtemp.; 903 mg. — *3-Methoxycarbonyl-1-imino-1H-5-äthylpyrano-[3.4-c]-pyridin* (**XII**), $C_{12} \cdot H_{12}N_2O_3$, F. 94—95° (Ae.), durch $^1/_4$std. Rk. von 500 mg 3-Äthyl-4-methoxalylmethyl-5-cyan-pyridin (Enolat-Salz) (**XIII**) in W. bei pH 7; 281 mg. — *3-Methoxycarbonyl-1-oxo-1H-5-äthylpyrano-[3.4-c]-pyridin*, F. 124—125°, durch 5 Min. lange Rk. von 523 mg **XIII** in 50%ig. eiskalter H_2SO_4 u. Zugabe von 15%ig. NaOH u. NH_2OH; 290 mg. — *1-Methoxy-3-hydroxy-3-methoxycarbonyl-5-äthyl-3.4-dihydro-2.7-naphtyridin* (**XIV**), F. 117—118°, durch Erhitzen von 131 mg **XII** in Methanol u. 24std. Stehen des Restöls bei 0°; 117 mg. — *1-Methoxy-3-methoxycarbonyl-5-äthyl-2.7-naphtyridin* (**XV**), $C_{13}H_{14}N_2O_3$, F. 130—132°, durch 18std. Rk. von 117 mg **XIV** in 6%ig. Essigsäure bei Raumtemp.; 72 mg. Heidrun Kühn 3500

1211 **Struktur von Phycocyanobilin.** W. J. Cole, D. J. Chapman und H. W. Siegelman. (J. Amer. chem. Soc. **89** (1967) 14, 3643—45; Biol. Dep., Brookhaven Nat. Labor., Upton, N.Y.; engl.) — Auf Grund des NMR- u. massenspektroskop. Vgl. zwischen dem *Dimethylester*, $C_{35}H_{44}N_4O_8$, F. 205—206°, des aus *Plectonema boryanum* isolierten *Phycocyanobilins* (**I**) u. dem isomeren Dimethylester des durch $FeCl_3$-Ox. von Mesobilirubin erhältlichen *Mesobiliverdins* (**II**) wird für **I** die Struktur eines *3.3'-Bis-[β-carboxyäthyl]-4.4'-dimethyl-5-[3-äthyliden-4-methyl-5-oxopyrrolidinyliden-(2)-methyl]-5'-[4-äthyl-3-methyl-5-hydroxypyrryl-(2)-methylen]-dihydrodipyrromethens* vorgeschlagen. Diese Struktur wird gestützt durch die glatte Isomerisierung von **I** in **II** durch Kochen in methanol. n KOH. A. Jungblut 3550△

1212 **Reaktionen von exo- und endo-5-Chlormethylnorbornen mit Natrium.** Peter K. Freeman, V. N. Mallikarjuna Rao, Daniel E. George und Gary L. Fenwick. (J. org. Chemistry **32** (1967) 12, 3958—63; Dep. of Physical Sci., Univ. of Id., Moscow, Id.; engl.) — endo- (**I**) bzw. exo-5-Chlormethylnorbornen (**II**) reagieren mit Na in n-Decan bei 85—90° zu *cis-Bicyclo-[3.3.0]-octen-(2)* (**III**), *Bicyclo-[3.2.1]-octen-(2)* (**IV**), *3-* (**V**) u. *4-Allylcyclopenten* (**VI**) u. einer nicht identifizierten Verbindung. **III** bzw. **IV** werden zum Strukturbeweis katalyt. zu *Bicyclo-[3.3.0]-octan* bzw. *Bicyclo-[3.2.1]-octan* hydriert. Das Gemisch von **V** u. **VI** gibt bei der Hydrierung *n-Propylcyclopentan*. **II** wird unter den Rk.-Bedingungen zu **I** isomerisiert. Beim Erhitzen eines Gemisches von **V** u. **VI** mit n-Butyl-Na in n-Decan bei 85—90° werden weder **III** noch **IV** gebildet. Aus endo-2-Chlormethylnorbornan u. Na in n-Decan bei 85—90° entstehen *endo-2-Methylnorbornan*, *endo-Tricyclo-[3.2.1.0^{2,4}]-octan* u. **VI** im Verhältnis 65:11:24. exo-2-Chlormethylnorbornan gibt analog *exo-2-Methylnorbornan* u. *exo-Tricyclo-[3.2.1.-0^{2,4}]-octan* im Verhältnis 68:32.

Versuche: *endo-5-Chlormethylnorbornen* (**I**), $C_8 \cdot H_{11}Cl$, $Kp._{12}$ 60—61°, a) aus endo-5-Hydroxymethylnorbornen u. $SOCl_2$ in Ggw. von Piperidin bei 85—90°; 56,3% (Ausb.); b) aus **II** u. Na in n-Decan bei 85—90° in 90 Min.; 63%. — *cis-Bicyclo-[3.3.0]-octen-(2)* (**III**), C_8H_{12}, aus **I** bzw. **II** u. Na in n-Decan bei 85—90° unter N_2; daneben **III**, **V**, **VI** u. eine nicht identifizierte Verbindung. — *exo-5-Chlormethylnorbornen* (**II**), $Kp._{20}$ 67 bis 68°, analog **I** aus exo-5-Hydroxymethylnorbornen; 52,3%. Hans Köhne/Berlin 3600△

1213 **Thexylboran als bequemes Reagens für die cyclische Hydroborierung von Dienen. Stereospezifische Synthesen durch cyclische Hydroborierung.** Herbert C. Brown und Carl D. Pfaffenberger. (J. Amer. chem. Soc. **89** (1967) 21, 5475—77; Purdue Univ., Lafayette, Ind.; engl.) — Die Rk. von Thexylboran [**I**, 2.3-Dimethylbutyl-(2)-boran] mit aliphat. bzw. cycl. Dienen (**A**) in THF führt vorwiegend zu cycl. u. bicycl. Organoboranen definierter Struktur. D-(+)-Limonen (**II**) kann stereospezif. in reines *D-(—)-(1S.2R.4R)-Limonendiol-(2.9)* oder *D-(—)-Carvomenthol* übergeführt werden. Durch gleichzeitige Zugabe des betreffenden **A** in THF u. von **I** in THF (Molverhältnis 2:1) in 2,5 Std. zu THF bei 0° u. 4std. Rk. werden *Mono-* (**M**) u. *Dihydroborierungsprod.* (**D**) in folgenden Ausb. erhalten: aus Pentadien-(1.4) 9% **M** u. 46% **D**; aus Hexadien-(1.5) 9% **M** u. 46% **D**; aus Octadien-(1.7) 38% **M** u. 31% **D**; aus Cyclohexadien-(1.4) in 24 Std. 81% **M** u. 9% **D**; aus Cyclooctadien-(1.5) 3% **M** u. 49% **D**; aus 4-Vinylcyclohexen 20% **M** u. 40% **D**; aus **II** 50% **D**.

Versuche: *D-(—)-(1S.2R.4R)-Tetrahydrolimonen-diol-(2.9)*, $Kp._{4,8}$ 152—155°, durch gleichzeitige Zugabe (1 Std.) von **II** [$Kp._{743}$ 171—173°; n_D^{20} 1,4724; $[\alpha]_D$ +99°] u. **I** in THF zu THF bei 0° u. Ox. mit alkal. H_2O_2; 92%. *Diacetat*, $Kp._5$ 143—145°. — *D-(—)-Carvomenthol*, $Kp._{0,4}$ 85—88°, analog vorst. Verb. aus **II** u. **I**, Zugabe von Eisessig, Dest. des THF bis 110°, 12std. Erhitzen auf 110° u. Ox.; n_D^{20} 1,4609; $[\alpha]_D$ —23,0° (c = 16, CCl_4); 75%. H. Miele 3600△

1214 **Struktur von Curcolon.** Hiroshi Hikino, Yojiro Sakurai und Tsunematsu Takemoto. (Chem. pharmac. Bull. [Tokyo] **15** (1967) 7, 1065—66; Pharm. Inst., School of Med., Tohoku Univ., Kita-4-bancho, Sendai; engl.) — *Curcolon* (**I**, *3.5.8aα-Trimethyl-4-oxo-8α-hydroxy-4.6.7.8.8a.9-hexahydronaphtho-[2.3:b]-furan*, $C_{15}H_{18}O_3$, F. 139—139,5°; $[\alpha]_D$ +13,7°) ergibt bei der Red. mit $LiAlH_4$ ein *Dihydroderiv.* ($C_{15}H_{20}O_3$, F. 152 bis 152,5°; $[\alpha]_D$ —32,8°), während mit CrO_3/Py. die Ox. der 1-Hydroxy-Gruppe zur Keto-Gruppe unter Bldg. eines *Diketones* ($C_{15}H_{16}O_3$, F. 105,5—106°; $[\alpha]_D$ —13,1°) erfolgt. Die Struktur von **I** befindet sich in Übereinstimmung mit den Max. der IR- u. NMR-Spektren. G. Westphal 3600△

1215 **Synthese des 11β-Hydroxyöstrons und verwandter 16- und 17-Hydroxyöstratriene.** John S. Baran. (J. med. Chem. **10** (1967) 6, 1188—90; G. D. Searle & Co., Chicago, Ill.; engl.) — Eine 4-Stufen-Synth. von 11β-Hydroxyöstron (**I**) aus $\Delta^{1.4}$-Androstadien-3.11.17-trion (**II**) u. Folge-Rk. werden beschrieben. UV-, IR- u. NMR-Spektren s. Original.

Versuche (F. korr., $[\alpha] = [\alpha]_D^{25}$ in $CHCl_3$, c = 1%): *17.17-Äthylendioxy-$\Delta^{1.4}$-androstadien-3.11-dion*, $C_{21}H_{26}O_4$, F. 212—214° (CH_2Cl_2/CH_3OH), aus 2,3 g **II** u. Äthylenglykol in sd. Bzl. in Ggw. von p-Toluolsulfonsäure (TsOH); $[\alpha]$ +144°; 1,75 g (Ausb.). — *17.17-Äthylendioxy-11α-hydroxy-$\Delta^{1.4}$-androstadien-3-on*, $C_{21}H_{28}O_4$, F. 238—240° (Aceton/Hexan), aus 41 g 11α-Hydroxy-$\Delta^{1.4}$-androstadien-3.17-dion wie vorst.; $[\alpha]$ —8,5°; 45 g (roh). — *17.17-Äthylendioxy-11β-hydroxy-$\Delta^{1.4}$-androstadien-3-on*, $C_{21}H_{28} \cdot O_4$, F. 203—204° (Aceton/Hexan), aus 500 mg vorvorst. Verb. u. $LiAl(C_4H_9O)_3H$ in THF; $[\alpha]$ +43°; 300 mg (roh). — *17.17-Äthylendioxy-$\Delta^{1.3.5,10}$-östratrien-3.11β-diol*, $C_{20} \cdot H_{26}O_4$, F. 192—193° (Aceton/Hexan), durch Zutropfen von vorst. Verb. in THF zu Li in Wachs/Diphenyl/Diphenylmethan/THF unter Rühren u. Kochen; 39—72%. — *3.11β-Dihydroxy-$\Delta^{1.3.5,10}$-östratrien-17-on* (*11β-Hydroxyöstron*; **I**), F. 253—256°, aus 10 g vorst. Verb. in Methanol u. HCl; 9,0 g. — *11β-Hydroxy-3-methoxy-$\Delta^{1.3.5,10}$-östratrien-17-on* (**III**), F. 168—169°, aus **I** u. CH_3J in sd. $CH_3 \cdot OH$ in Ggw. von K_2CO_3; 90%. — *3.11β-Diacetoxy-$\Delta^{1.3.5,10}$-östratrien-17-on*, $C_{22}H_{26}O_5$, F. 162—163° (CH_3OH/CH_2Cl_2), aus 10 g **I** u. Acetanhydrid/Py.; $[\alpha]$ —18°; 10 g. — *3.11β.17-Triacetoxy-$\Delta^{1.3.5,10.16}$-östratetraen*, $C_{24}H_{28}O_6$, F. 180 bis 181° (Ae./Hexan) aus 10 g vorst. Verb. u. sd. Isopropenylacetat in Ggw. von TsOH; 6,4 g. — *3.11β.16β-Triacetoxy-$\Delta^{1.3.5,10}$-östratrien-17-on*, $C_{24}H_{28}O_7$, F. 203—207° (Ae./Hexan), aus 3,5 g vorst. Verb. u. Pb-Tetraacetat in Essigsäure; 2,0 g. — *3.11β.16β-Triacetoxy-Δ$^{1.3.5,10}$-östratrien-17β-ol*, F. 113—114° (Ae.), aus 1 g vorst. Verb. u. LiAl·$(C_4H_9O)_3H$ in THF. — *3.11β.16β.17β-Tetrahydroxy-Δ$^{1.3.5,10}$-östratrien*, $C_{18}H_{24}O_4$, F. 279—280° (CH_3OH), aus vorst. Verb. u. methanol. KOH bei 100° unter N_2; [α] +19°; 640 mg. — *3-Methoxy-Δ$^{1.3.5,10}$-östratrien-11β.16β-17β-triol*, $C_{19}H_{26}O_4$, F. 172° (Aceton/Hexan), aus 2,25 g vorst. Verb. u. CH_3J; 2,25 g. *16.17-Acetonid*, $C_{22}H_{30}O_4$, F. 184—186° (Ae./Hexan). — *17α-Äthinyl-Δ$^{1.3.5,10}$-östratrien-3.11β.17β-triol*, $C_{20}H_{24}O_3$, F. 279—281° (CH_3·OH/CH_2Cl_2), durch Zugabe von 8 g **II** zu Li-Acetylid/Äthylendiamin in Dimethylsulfoxid bei 25° u. 2std. Rühren; [α] +111,5°; 6,3 g. — *3-Methoxy-17α-äthinyl-Δ$^{1.3.5,10}$-östratrien-11β.17-diol*, $C_{21}H_{26}O_3$, F. 176—177° (Aceton/Hexan), aus 3 g **III** analog vorst. Verb.; [α] +79°; 2,75 g. J. Rothe 3700△

1216 **Synthese von 3β-Hydroxy-Δ⁴-östren-17-on und 3β-Hydroxy-Δ⁴-androsten-17-on.** P. D. Klimstra und F. B. Colton. (Steroids **10** (1967) 4, 411—24; Div. of Chem. Res., Searle & Co., Chicago, Ill.; engl.) — *3β-Hydroxy-Δ⁴-östren-17-on* (**I**) u. *3β-Hydroxy-Δ⁴-androsten-17-on* werden ausgehend von Δ⁴-Östren-3.17-dion (**II**) bzw. Δ⁴-Androsten-3.17-dion (**III**) synthetisiert. **I** erweist sich als wichtiges Intermediäres für die Darst. von *17α-Äthinyl-Δ⁴-östren-3β.17β-diol-diacetat*, einem potentiellen Progestin. Ergebnisse der biolog. Testung vgl. Original. Max. der UV-Spektren werden angegeben.

Versuche: *17ξ-Cyan-17ξ-hydroxy-Δ⁴-östren-3-on* (**IV**), $C_{19}H_{25}NO_2$, F. 195—196° (Zers.; Essigsäureäthylester), durch Zugabe von Acetoncyanhydrin zu **II** in Methanol in Ggw. von Triäthylamin u. 2std. Stehen; [α]D —5°; 82% (Ausb.). — *17ξ-Cyan-17ξ-hydroxy-Δ⁴-androsten-3-on* (**V**), $C_{20}H_{27}NO_2$, F. 187—188° (Zers.), aus **III** analog **IV** durch 18std. Stehen; 82%. — *17ξ-Cyan-Δ⁴-östren-3β.17ξ-diol-17-tetrahydropyranyläther* (**IX**), $C_{24}H_{35}$·NO_3, durch 24std. Stehen von 14 g **IV** mit Dihydropyran in Bzl. in Ggw. von p-Toluolsulfonsäure bei Raumtemp., Eindampfen des **IV**-*Tetrahydropyranyläthers* (2,1 g) u. 2std. Rühren von 9 g mit Li-Tri-tert.-butoxy-AlH in THF; [α]D —18°; 8,7 g. — *17ξ-Cyan-Δ⁴-androsten-3β.17ξ-diol-17-tetrahydropyranyläther*, aus **V** analog **IX**. — *17ξ-Cyan-17ξ-hydroxy-Δ⁴-östren-3-on-acetat*, $C_{21}H_{27}NO_3$, F. 159—161° (verd. Aceton), a) durch 40std. Stehen von **IV** mit Essigsäureanhydrid in Py. bei Raumtemp.; [α]D —6°; 82%; b) durch 24std. Stehen von **VI** mit Essigsäure in Ggw. von 20%ig. HCl bei Raumtemp.; 83%; c) analog b) aus **VII**. — *17ξ-Cyan-17ξ-hydroxy-Δ⁴-androsten-3-on-acetat* (**VIII**), $C_{22}H_{29}NO_3$, F. 157—159° (Methanol), durch Stehen von **V** mit Essigsäureanhydrid/Py.; [α]D +44°; 85%. — *17ξ-Cyan-Δ⁴-östren-3β.17ξ-dihydroxy-17-acetat*, durch 2,75std. Rühren von vorvorst. Verb. mit Li-Tri-tert.-butoxy-AlH in THF; 96%. — *3β-Hydroxy-Δ⁴-östren-17-on* (**I**), $C_{18}H_{26}O_2$, F. 129—132° (verd. Methanol), durch 5 Min. langes Kochen vorst. Verb. mit wss. Na_2·CO_3-Lsg.; [α]D +120°; 87%. — *17ξ-Cyan-Δ⁴-androsten-3β.17ξ-diol-17-acetat*, $C_{22}H_{31}NO_3$, aus **VIII** analog vorvorst. Verb.; 90%. — *3β-Hydroxy-Δ⁴-androsten-17-on*, $C_{19}H_{28}O_2$, F. 135—137° (verd. Methanol), durch 5 Min. langes Stehen vorst. Verb. mit KOH in wss. Methanol u. Verdünnen mit H_2O; [α]D +143°; 84%. — *17ξ-Cyan-Δ$^{3.5}$-östradien-17ξ-ol*, a) durch 1½std. Kochen von **IX** mit p-Toluolsulfonsäure in A.; b) analog a) bei Raumtemperatur. — *17ξ-Cyan-Δ$^{2.5(10)}$-östradien-3β.17ξ-diol-3-methyläther*, $C_{20}H_{27}NO_2$, F. 174—177° (Zers.; Essigsäureäthylester), durch Erwärmen von 3-Hydroxy-Δ$^{2.5(10)}$-östradien-17-on-3-methyläther mit Acetoncyanhydrin auf 80°, Zugabe von Triäthylamin u. 2std. Stehen; 66%. — *17ξ-Cyan-Δ$^{2.5(10)}$-östradien-3.17ξ-diol-3-methyläther-17-acetat* (**VI**), $C_{22}H_{29}NO_3$, F. 160—162,5° (Essigsäureäthylester), durch 48std. Stehen vorst. Verb. mit Essigsäureanhydrid/Py. bei Raumtemp.; [α]D +44°; 86%. — *17ξ-Cyan-17ξ-hydroxy-Δ$^{5(10)}$-östren-3-on-acetat* (**VII**), $C_{21}H_{27}NO_3$, F. 129 bis 132° (verd. Methanol), durch 1½std. Stehen von **VI** mit Essigsäure in Ggw. von H_2O bei Raumtemp.; [α]D +105°; 92%. — *3α-Hydroxy-Δ$^{5(10)}$-östren-17-on*, F. 190—193° (verd. Aceton), durch 1½std. Rühren von **VII** mit Li-Tri-tert.-butoxy-AlH in THF bei Raumtemp.; 72%. — *17α-Äthinyl-Δ⁴-östren-3β.17β-diol*, $C_{20}H_{28}O_2$, F. 144—145° (Aceton/Hexan), a) durch Zugabe von 17α-Äthinyl-17β-hydroxy-Δ⁴-östren-3-on in THF zu Li-Tri-tert.-butoxy-AlH in THF unter N_2 u. 2std. Stehen; [α]D —30°; 58%; b) durch ½std. Zugabe von **I** in THF zu Li-Acetylid-Äthylendiamin-Komplex in THF unter N_2, 4std. Stehen, Zugabe von Methanol u. gesätt. NH_4Cl-Lsg.; 73%; c) durch ¾std. Zugabe von KOH zu einem Gemisch aus Diäthylenglykoldimethyläther u. Diäthylenglykolmonomethyläther bei 135°, ½std. Rühren, Kühlen auf —78°, 1½std. Einleiten von trockenem Acetylen, ½std. Zugabe von **I** in Diäthylenglykoldimethyläther, 1std. Einleiten von Acetylen, langsames Erwärmen auf Raumtemp. u. Zugabe von H_2O u. 10%ig. HCl; 47%. — *17α-Äthinyl-Δ⁴-östren-3β.17β-diol-diacetat*, $C_{24}H_{32}O_4$, F. 131 bis 133° (Ae.), durch 4,25std. Kochen von 2 g vorst. Verb. mit Essigsäureanhydrid/Py. unter N_2; [α]D —72°; 2,1 g. G. Westphal 3700△

1217 **Darstellung und Desaminierung von 6β-Amino-17β.19-dihydroxy-3α.5α-cycloandrostan.** Jack Tadanier. (J. org. Chemistry **32** (1967) 5, 1617—20; Organ. Chem. Dep., Res. Div., Abbott Labor., North Chicago, Ill.; engl.) — 6β.19-Oxido-3α.5α-cycloandrostane werden mit p-Toluolsulfonsäure (**II**) in abs. Bzl. in *3β-p-Tosyloxy-19-hydroxy-Δ⁵-androstene* übergeführt, deren Ammonolyse *6β-Amino-17β.19-dihydroxy-3α.5α-cycloandrostane* (**A**) gibt. Die **A** bilden analog den entsprechenden 6β-Hydroxyverb. (**B**) intramol. H-Brücken zwischen der 6β-NH_2- u. der 19-OH-Gruppe aus. Desaminierung der **A** mit HNO_2 führt unter Erhaltung der Konfig. am $C_{(6)}$ zu den **B**. NMR-Signale (Tabelle) s. Original.

Versuche: 3β-p-Tosyloxy-19-hydroxy-Δ⁵-androstene: *17β-Hydroxy-* (**I**), $C_{26}H_{36}O_5S$, F. 125—126° (Zers., PAe.), aus 2,01 g **IV** u. **II**-Hydrat in sd. Bzl.; 3,2 g (Ausb.). — *17-Oxo-* (**III**), $C_{26}H_{34}O_5S$, F. 135—138° (Zers., PAe.), analog aus 1,02 g 6β.19-Oxido-3α.5α-cycloandrostan-17-on (**V**); 1,55 g. — 3α.5α-Cycloandrostane: *6β.19-Oxido-17β-hydroxy-* (**IV**), $C_{19}H_{28}O_2$, F. 182 bis 184° (Bzl.-PAe.), durch $NaBH_4$-Red. von 1 g **V**; [α]D²⁴ +68° (c = 1; $CHCl_3$); 1 g. — *6β-Amino-17β.19-dihydroxy-* (**VI**), $C_{19}H_{31}NO_2$, F. 192—193° (W.-CH_3OH), aus 3,2 g **I** in fl. NH_3 bei 100° u. Reinigen über das *Hydrochlorid*; [α]D²⁴ +52° (c = 1; $CHCl_3$); 802 mg. — *6β-Acetamido-17β.19-diacetoxy-*, $C_{25}H_{37}NO_5$, F. 170—171° (Aceton-PAe.), aus 206 mg vorst. Verb. mit Acetanhydrid in Py.; [α]D²⁴ +35° (c = 1; $CHCl_3$); 280 mg. — *6β-Acetamido-17β.19-dihydroxy-*, $C_{21}H_{33}NO_3$, F. 263—264° (A.-W.), aus 306 mg vorst. Verb. in sd. methanol. KOH; [α]D²⁴ +2° (c = 1; Py.); 221 mg. — *6β.19-Dihydroxy-17-oxo-*, F. 169—171° (Ae.-Bzl.), aus 1,54 g **III** u. K-Acetat in sd. wss. Aceton, danach in sd. methanol. KOH; 790 mg. — *6β.17β.19-Trihydroxy-*, $C_{19}H_{30}O_3$, F. 121—128°, a) aus 757 mg vorst. Verb. analog **IV**; [α]D²⁵ +44° (c = 1; Py.); 485 mg; b) aus **VI** u. HNO_2 in essigsaurer Lsg. u. Rk. mit sd. methanol. KOH; 46%, daneben 45% **VI**. *Triacetat*, $C_{25}H_{36}O_6$, mit Acetanhydrid-Py.; Öl; [α]D²⁶ +37° (c = 1; $CHCl_3$). W. Senf 3700△

1218 **Vom Ring „D" abgeleitete „Brücken-Steroidanaloga". 3. Mitt. Hunsdiecker-Reaktion von endo-Δ⁵-Norbornen-2-carbonsäure.** A. J. Solo und Baldev Singh. (J. org. Chemistry **32** (1967) 3, 567—69; Dep. of Medicinal Chem., School of Pharmacy, State Univ. of New York at Buffalo, N.Y.; engl.) — 2. vgl. J. med. Chem. **9** (1966), 179. — Das Acetat des 14α.17α-Vinylen-16α-carboxy-Δ⁵-pregnen-3β-ol-20-ons läßt sich durch modifizierte Hunsdiecker-Rk. in *3β-Acetoxy-14.17α-[1-jod-2-hydroxyäthylen]-16-carboxy-Δ⁵-pregnen-20-on-γ-lacton* überführen. Endo-Δ⁵-Norbornen-2-carbonsäure läßt sich analog in *2-Hydroxy-3-jodbicyclo-[2.2.1]-heptan-6-carbonsäurelacton* umwandeln. Signale der NMR-Spektren vgl. Original.

Versuche: *14α.17α-Vinylen-16α-carboxy-Δ⁵-pregnen-3β-ol-20-on*, F. 233—234° (Aceton), aus dem Methylester-Acetat mit wss.-äthanol. KOH bei Raumtemp.; 93% (Ausb.). — *14α.17α-Vinylen-16α-carboxy-Δ⁵-pregnen-3β-ol-20-on. Acetat*, $C_{26}H_{34}O_5$, F. 202—205° (A.), aus vorst. Verb. mit Essigsäureanhydrid/Py.; 93%. — *3β-Acetoxy-14.17α-[1-jod-2-hydroxyäthylen]-16-carboxy-Δ⁵-pregnen-20-on-γ-lacton* F. 227—228° (Aceton/Hexan), aus vorst. Verb. mit HgO in sd. CCl_4 unter Zugabe von J_2; 54,5%; daneben *Anhydrid vorst. Verbindung.* — *2-Hydroxy-3-jod-*

bicyclo-[2.2.1]-heptan-6-carbonsäurelacton, F. 56–58° Ae./Hexan), aus endo-Δ^5-Norbornen-2-carbonsäure u. HgO in sd. CCl_4 in Ggw. von J_2; 64%. G. Westphal 3700△

1219 **Eine ionische Aromatisierung von Steroid-Dienonen.** Milton Heller, Robert H. Lenhard und Seymour Bernstein. (J. Amer. chem. Soc. **89** (1967) 8, 1911–18; American Cyanamid Co., Pearl River, N.Y.; engl.) – Rk. eines 3-Oxo-$\Delta^{1.4}$-9α.11β-dichlor- oder 9α-halogen-11β-hydroxysteroids mit sd. Dimethylformamid (DMF) oder sd. Py. liefert Verb. mit aromat. Ringen A u. B; die $C_{(19)}$-Methylgruppe wird dabei als Methylhalogenid abgespalten. Der Rk.-Mechanismus wird diskutiert.

Versuche ([α] = $[\alpha]_D^{25}$ in $CHCl_3$): *21-Acetoxy-17α-hydroxy-*$\Delta^{1.4.7.9,11}$*-pregnatetraen-3.20-dion*, $C_{23}H_{28}O_5$, F. 221–226° (Aceton/Hexan), aus 1 g 21-Acetoxy-11β.-17α-dihydroxy-$\Delta^{1.4.8}$-pregnatrien-3.20-dion (**I**) u. konz. HCl in Aceton; [α] +136°; 0,157 g (Ausb.). – *21-Acetoxy-3.17α.dihydroxy-19-nor-*$\Delta^{1.3.5,10.6.8}$*-pregnapentaen-20-on* (**II**), $C_{22}H_{24}O_5$, F. 197,5–199,5° (Methanol), a) aus 1,01 g 21-Acetoxy-9α.11β-dichlor-17α-hydroxy-$\Delta^{1.4}$-pregnadien-3.20-dion (**III**) u. LiCl in sd. DMF; 0,207 g; b) aus 1 g **III** in sd. Py. 0,24 g; c) aus 0,3 g **I** u. LiCl in sd. DMF in Ggw. von konz. HCl; 46 mg; d) aus 1 g **I** u. konz. HCl in Aceton; 0,559 g; e) aus 0,033 g vorst. Verb. u. konz. HCl in Aceton; [α] +116° (Aceton). 0,013 g. – *21-Acetoxy-17α-hydroxy-*$\Delta^{1.4.8,14.9,11}$*-pregnatetraen-3.20-dion* (**IV**), $C_{23}H_{26}O_5$, F. 249 bis 252° (Aceton), neben **II**; nach a) 0,292 g; nach b) 0,38 g, nach c) 105 mg; nach d) nach Acetylierung; 0,145 g; [α] +220°. – *3.21-Diacetoxy-17α-hydroxy-19-nor-*$\Delta^{1.3.5,10.6.8}$*-pregnapentaen-20-on*, $C_{24}H_{26}O_6$, F. 184–186° (Aceton/Hexan), a) neben **IV** nach d); 0,17 g, b) aus 2 g **III** u. LiCl in sd. DMF u. Acetylierung des erhaltenen Rohprod. 0,34 g; daneben 0,293 2 g **IV**; c) durch 1/2std. Kochen von 1 g 9α-Bromprednisolonacetat mit DMF u. Acetylierung; 200 mg; daneben 102 mg **IV**; $[\alpha]_D$ +95°. – *3.17α.21-Trihydroxy-19-nor-*$\Delta^{1.3.5,10.6.8}$*-pregnapentaen-20-on* (**V**), $C_{20}H_{22}O_4$, F. 245–249° (Aceton/Hexan), durch Behandeln von 0,15 g **II** in Methanol mit K_2CO_3 unter Ar bei Raumtemp.; [α] +24° (Py.); 0,10 g. – *3-Hydroxy-*$\Delta^{1.3.5,10.6.8}$*-östrapentaen-17-on*, F. 249,5–252° (verd. A.), a) aus 100 mg **V** u. $(CH_3)_2NH$ in sd. Methanol; 25 mg b) aus 0,2 g 9α.11β-Dichlor-$\Delta^{1.4}$-androstadien-3.17-dion u. LiCl in sd. DMF; 0,037 g; [α] +89° (Dioxan). – *19-Nor-*$\Delta^{1.3.5,10.6.8}$*-pregnapentaen-3.17α.20ξ.21-tetraol* (**VI**), F. 208 bis 214°, aus 0,024 g **V** u. $NaBH_4$ in A.; 0,019 g. – *3.20ξ-21-Triacetoxy-19-nor-*$\Delta^{1.3.5,10.6.8}$*-pregnapentaen-17α-ol*, $C_{26}H_{30}O_7$, F. 198,5–203° (Aceton/Hexan), aus 230 mg **VI** u. Acetanhydrid/Py.; [α] +61°; 294 mg. – *7-Jod-*$\Delta^{1.5,10.6.9}$*-östratetraen-3.4.17-trion*, $C_{18}H_{15}JO_3$, F. 189 bis 193° (Aceton/Hexan/Ac.), aus 0,23 g **VI** u. HJO_4; 22 mg. – *21-Acetoxy-11α.14α-[1.2-dicarboxyäthano]-17α-hydroxy-*$\Delta^{1.4.8}$*-pregnatrien-3.20-dionanhydrid*, $C_{27}H_{28}O_8$, F. 230–237° (Zers.; CH_2Cl_2/Ae.), aus 0,2 g **IV** u. Maleinsäureanhydrid in sd. Xylol; [α] +209°; 0,12 g. – *1.21-Diacetoxy-17α-hydroxy-4-methyl-19-nor-*$\Delta^{1.3.5,10.8.14}$*-pregnapentaen-20-on*, $C_{25}H_{28}O_6$, F. 184–186° (Aceton/Hexan), durch Umsetzen von 0,5 g **IV** mit HCl-Gas in CH_2Cl_2 bei 0° u. Acetylieren; [α] –43°; 0,399 g. – *21-Acetoxy-9α-chlor-11β-hydroxy-16α.17α-isopropylidendioxy-*$\Delta^{1.4}$*-pregnadien-3.20-dion*, $C_{26}H_{33}ClO_7$, F. 255,5–257°, aus 9α-Chlor-11β.16α.17α. 21-tetrahydroxy-$\Delta^{1.4}$-pregnadien-3.20-dion; [α] +119°. – *3.21-Diacetoxy-16α.17α-isopropylidendioxy-19-nor-*$\Delta^{1.3.5,10.6.8}$*-pregnapentaen-20-on*, $C_{27}H_{30}O_7$, F. 222,5–225,5° (Aceton/Hexan), durch 22,5std. Kochen von 0,5 g vorst. Verb. in DMF u. Acetylieren; [α] +107°; 190 mg. – *9α.11β-Dichlor-16α.17α-isopropylidendioxy-21-methansulfonyloxy-*$\Delta^{1.4}$*-pregnadien-3.20-dion*, $C_{25}H_{32}Cl_2 \cdot O_7S$, F. 234–236° (Zers.), aus 9α.11β-Dichlor-21-hydroxy-16α.17α-isopropylidendioxy-$\Delta^{1.4}$-pregnadien-3.20-dion u. CH_3SO_2Cl/Py. bei –5°; [α] +159°. – *3-Acetoxy-21-chlor-16α.17α-isopropylidendioxy-19-nor-*$\Delta^{1.3.5,10.6.8}$*-pregnapentaen-20-on*, $C_{25}H_{27}ClO_5$, F. 205–207° (Aceton/Hexan), a) durch 1/2std. Kochen von 0,5 g vorst. Verb. mit LiCl in DMF u. Acetylieren; 0,127 g; b) durch 1/2std. Kochen von 0,14 g 21-Chlor-16α.17α-isopropylidendioxy-$\Delta^{1.4.6.9,11}$-pregnatetraen-3.20-dion mit LiCl in DMF in Ggw. von konz. HCl u. Acetylieren; [α] +99°; 0,052 g; – *21-Acetoxy-9α.11β-dichlor-17α-hydroxy-*Δ^4*-pregnen-3.20-dion*, $C_{23}H_{30}Cl_2O_5$, F. 235–236° (Zers.; CH_2Cl_2/Ae.), durch Zugabe von N-Chlorsuccinimid/HCl in THF zu 3 g 21-Acetoxy-17α-hydroxy-$\Delta^{4.9,11}$-pregnadien-3.20-dion u. LiCl in CH_3COOH u. 20 Min. langes Stehen im Dunkeln; [α] +155°; 0,267 g. – *21-Acetoxy-17α-hydroxy-*$\Delta^{4.8.14}$*-pregnatrien-3.20-dion*, F. 193,5–196,5° (Aceton/Hexan), aus 0,1 g. vorst. Verb. in sd. DMF; 0,019 g; daneben *21-Acetoxy-17α-hydroxy-*$\Delta^{4.6.8}$*-pregnatrien-3.20-dion*, F. 175 bis 215° (Aceton/Hexan); 0,017 g. – *21-Acetoxy-9α-fluor-11β-hydroxy-16α.17α-isopropylidendioxy-*$\Delta^{1.4}$*-pregnadien-3.20-dion*, $C_{26}H_{33}FO_7$, F. 257–262,5°, durch Acetylierung von 9α-Fluor-11β.21-dihydroxy-16α.17α-isopropylidendioxy-$\Delta^{1.4}$-pregnadien-3.20-dion; [α] +98°. – *21-Acetoxy-6β-brom-7α.17α-dihydroxy-*$\Delta^{1.4}$*-pregnadien-3.20-dion*, $C_{23}H_{29}BrO_6$, F. 216–218°, aus 21-Acetoxy-17α-hydroxy-$\Delta^{1.4.6}$-pregnatrien-3.20-dion u. N-Bromacetamid/$HClO_4$; [α] +20° (Py.). – *21-Acetoxy-17α-hydroxy-*$\Delta^{1.4.9,11}$*-pregnatrien-3.20-dion*, aus 21-Acetoxy-9α.11β-dibrom-17α-hydroxy-$\Delta^{1.4}$-pregnadien-3.20-dion durch a) 2-monatiges Stehen, b) 45std. Stehen mit Py., c) 1/2std. Erhitzen mit DMF. J. Rothe 3700△

1220 **Substituierte Steroide mit aromatischen A- und B-Ringen.** Milton Heller, Robert H. Lenhard und Seymour Bernstein. (J. Amer. chem. Soc. **89** (1967) 8, 1919–25; engl.) – Vgl. vorst. Referat. – Vf. beschreiben die Synth. von *6-Methyl-*, *6-Fluor-*, *11β-Hydroxy-*, Δ^{11}- u. Δ^{14}-*Steroiden* mit aromat. Ringen A u. B. Aus 21-Acetoxy-9α.11β-dichlor-6α-fluor-17α-hydroxy-$\Delta^{1.4}$-pregnadien-3.20-dion (**I**) wird leicht HF abgespalten. UV- u. IR-Spektren s. Original.

Versuche ([α] = $[\alpha]_D^{25}$ in $CHCl_3$; A/H = Aceton/Hexan): *21-Acetoxy-9α.11β-dichlor-17α-hydroxy-6α-methyl-*$\Delta^{1.4}$*-pregnadien-3.20-dion*, $C_{24}H_{30}Cl_2O_5$, F. 227 bis 231° (Zers.; CH_2Cl_2/Ae.), durch Zugabe von N-Chlorsuccinimid u. HCl in THF zu 3 g 21-Acetoxy-17α-hydroxy-6α-methyl-$\Delta^{1.4.9,11}$-pregnatrien-3.20-dion u. LiCl in Eisessig unter Rühren u. 3std. Stehen bei Raumtemp.; [α] +154°; 2,53 g (Ausb.). – *3.17α.21-Trihydroxy-6-methyl-19-nor-*$\Delta^{1.3.5,10.6.8}$*-pregnapentaen-20-on, Hemihydrat*, $C_{21} \cdot H_{24}O_4 \cdot 0,5\ H_2O$, F. 216,5–219,5° (verd. Methanol), aus 1 g vorst. Verb. in sd. DMF; Acetylieren, Chromatographie u. Verseifen des erhaltenen *3.21-Diacetats* (235 mg); [α] +35° (Aceton); 118 mg; daneben *21-Acetoxy-17α-hydroxy-6α-methyl-*$\Delta^{1.4.8,14.9,11}$*-pregnatetraen-3.20-dion*, F. 171–180° (roh). – *21-Acetoxy-9α.11β-dichlor-6α-fluor-17α-hydroxy-*$\Delta^{1.4}$*-pregnadien-3.20-dion* (**I**), $C_{23}H_{27}Cl_2FO_5$, F. 248–250° (Zers.; CH_2Cl_2/CH_3OH), aus 1 g 21-Acetoxy-6α-fluor-17α-hydroxy-$\Delta^{1.4.9,11}$-pregnatrien-3.20-dion u. N-Chlorsuccinimid/LiCl/HCl wie oben; [α] +121° (Py.); 163 mg. – *21-Acetoxy-6-fluor-3.17α-dihydroxy-19-nor-*$\Delta^{1.3.5,10.6.8}$*-pregnapentaen-20-on* (**II**), aus 1 g **I** in sd. DMF; 107 mg; daneben *21-Acetoxy-6α-fluor-17α-hydroxy-*$\Delta^{1.4.8,14.9,11}$*-pregnatetraen-3.20-dion*, $C_{23}H_{25}FO_5$, F. 229° (Zers.; CH_2Cl_2/Ae.), [α] +206°; 0,28 g. – *3.21-Diacetoxy-6-fluor-17α-hydroxy-19-nor-*$\Delta^{1.3.5,10.6.8}$*-pregnapentaen-20-on* (**III**), $C_{24}H_{25}FO_6$, F. 203–205,5° (A/H), durch Acetylieren von **II**; [α] +92°; 77 mg. – *21-Acetoxy-17α-hydroxy-*$\Delta^{1.4.6.8.14}$*-pregnapentaen-3.20-dion*, $C_{23}H_{24}O_5$, F. 259–261° (Zers.; A/H), durch 17,5std. Kochen von 0,949 g **I** in Py.; [α] +321° ($CHCl_3$/CH_3OH); 0,088 g, daneben 0,014 g vorvorst. Verb. u. (nach Acetylieren) 0,027 g **III**. – *3.21-Diacetoxy-17α-hydroxy-19-nor-*$\Delta^{1.3.5,10.6.8,14}$*-pregnahexaen-20-on*, F. 138,5–141,5° (A/H), durch 1/2std. Kochen von 0,075 g vorst. Verb. u. LiCl in sd. DMF in Ggw. von konz. HCl u. Acetylieren; 0,028 g. – *6α-Fluor-11β-hydroxy-*$\Delta^{1.4}$*-androstadien-3.17-dion*, $C_{19}H_{23} \cdot FO_3$, F. 210,5–212,5° (A/H), durch 24std. Rühren von 20 g 6α-Fluor-11β.17α.21-trihydroxy-$\Delta^{1.4}$-pregnadien-3.20-dion u. Na_3BiO_3 in Essigsäure bei Raumtemp.; [α] +107°; 12,33 g. – *6α-Fluor*$\Delta^{1.4.9,11}$*-androstatrien-3.17-dion*, $C_{19}H_{21}FO_2$, F. 201–204° (A/H), durch Zugabe von CH_3SO_2Cl zu 12 g vorst. Verb. in DMF/symm. Kollidin bei 10–30°; [α] +94°; 8,28 g. – *9α-Brom-6α-fluor-11β-hydroxy-*$\Delta^{1.4}$*-androstadien-3.17-dion*, $C_{19}H_{22}BrFO_3$, F. 197,5 bis 198,5° (Zers.; A/H), aus 0,5 g vorst. Verb. u. N-Bromacetamid/72%ig. $HClO_4$ in CH_2Cl_2/tert.-Butanol; [α] +130°; 631 mg. – *6α-Fluor-11β-hydroxy-*$\Delta^{1.4.8}$*-androstatrien-3.17-dion*, $C_{19}H_{21}FO_3$, F. 237° (Zers.; A/H), aus 2,53 g vorst. Verb. u. sd. symm.-Kollidin; [α] +55° (Py.); 1,52 g. – *6-Fluor-3-hydroxy-*$\Delta^{1.3.5,10.6.8}$*-östrapentaen-17-*

on (*6-Fluorequilenin*; **IV**), $C_{18}H_{17}FO_2$, F. 242–246° (CH_2Cl_2), aus 4,38 g vorst. Verb. u. konz. HCl in sd. Aceton u. Behandeln mit CH_2Cl_2; [α] +80° (Aceton); 1,76 g. — *6α-Fluor-*$\Delta^{1.4.8,14.9,11}$*-androstatetraen-3.17-dion*, $C_{19}H_{19}FO_2$, F. 193,5–196° (Zers. bei 202°; A/H), analog **IV** u. Rk. mit Acetanhydrid/Py.; [α] +437°; 0,43 g, daneben *3-Acetoxy-6-fluor-*$\Delta^{1.3.5,10.6.8}$*-östrapentaen-17-on*, $C_{20}H_{19}FO_3$, F. 145–148° (CH_3OH/W.); [α] +63°. — *6-Fluor-*$\Delta^{1.3.5,10.6.8}$*-östrapentaen-3.17β-diol*, $C_{18}H_{19}FO_2$, F. 226–230° (CH_3OH/w), aus 439 mg **IV** u. $NaBH_4$ in wss. [α] +41° (Aceton); 0,40 g. *Diacetat*, $C_{22}H_{23}FO_4$, F. 113,5–115° [CH_3OH/W.), aus 125 mg Diol; [α] –140°; 151 mg. — *3-Acetoxy-21-chlor-16α.17α-isopropylidendioxy-19-nor-*$\Delta^{1.3.5,10.6.8.14}$*-pregnahexaen-20-on*, $C_{25}H_{25}$ · ClO_5, F. 238,5–240° (Aceton), aus 1 g 9α.11β.21-Trichlor-16α.17α-isopropylidendioxy-$\Delta^{1.4.6}$-pregnatrien-3.20-dion, in sd. DMF u. Acetylieren; 232 mg; daneben *3-Acetoxy-21-chlor-16α.17α-isopropylidendioxy-19-nor-*$\Delta^{1.3.5,10.6.8.11}$*-pregnahexaen-20-on*, *Hemi–Hexan-Solvat*, [$C_{25}H_{25}ClO_5$ · 0,5 C_6H_{14}, F. 157–161° (A/H), [α] +142°; 73 mg] u. wenig *21-Chlor-16α.17α-isopropylidendioxy-*$\Delta^{1.4.6.8.14}$*-pregnapentaen-3.20-dion*. — *21-Acetoxy-3.11β.17α-trihydroxy-19-nor-*$\Delta^{1.3.5,10.6.8}$*-pregnapentaen-20-on*, aus 4,89 g 21-Acetoxy-9α-brom-11β.17α-dihydroxy-$\Delta^{1.4.6}$-pregnatrien-3.20-dion (**V**) in sd. Py.; 2,97 g roh. — *3.11β.21-Triacetoxy-17α-hydroxy-19-nor-*$\Delta^{1.3.5,10.6.8}$*-pregnapentaen-20-on*, $C_{26}H_{28}O_8$, F. ca. 90–130°, aus 2,87 g vorst. Verb.; amorph; [α] +94°8 2,35 g. — *3.11β.21-Triacetoxy-19-nor-*$\Delta^{1.3.5,10.6.8}$*-pregnapentaen-17α.20ξ-diol*, C_{26} · $H_{30}O_8$, F. 153–168° (CH_3OH), aus 1,51 g vorst. Verb. u. $NaBH_4$ in THF; [α] +18°; 0,44 g. — *3.11β-Diacetoxy-*$\Delta^{1.3.5,10.6.8}$*-östrapentaen-17-on*, $C_{22}H_{22}O_5$, F. 186–189,5° (A/H), aus 0,3 g vorst. Verb. u. Na_5JO_6 in wss. CH_3OH; [α] +25°; 118 mg. — *3.11β-Dihydroxy-*$\Delta^{1.3.5,10.6.8}$*-östrapentaen-17-on*, $C_{18}H_{18}O_3$, F. 253–255° (A/H), aus 278 mg vorst. Verb. u. 5%ig. methanol. KOH unter Ar; [α] +55° (Py.); 197 mg. — $\Delta^{1.3.5,10.6.8}$*-Östrapentaen-3.11β.17β-triol*, *Hemi-Aceton-Solvat*, $C_{18}H_{20}O_3$ · 0,5 C_3H_6O, F. 179,5–180° u. 207,5–212° (A/H), aus 133 mg vorst. Verb. u. $NaBH_4$ in wss. A.; [α] +88° (Py.); 107 mg. — *3.21-Diacetoxy-17α-hydroxy-19-nor-*$\Delta^{1.3.5,10.6,8.11}$*-pregnahexaen-20-on*, $C_{24}H_{24}O_6$, F. 170–172,5° (Ae./Hexan), durch 18std. Kochen von 1,53 g **V** in Py. u. nachfolgende Acetylierung; [α] +147°. — *3.21-Diacetoxy-*$\Delta^{1.3.5,10.6.8.11}$*-pregnahexaen-17α.20ξ-diol*, F. 120–130°, aus 0,5 g vorst. Verb. u. $NaBH_4$ in THF; 546 mg. — *3-Acetoxy-*$\Delta^{1.3.5,10.6.8.11}$*-östrahexaen-17-on*, $C_{20}H_{18}O_3$, F. 167,5 bis 170° (CH_3OH), aus vorst. Verb. u. Na_5JO_6 in wss. CH_3OH; [α] +183°; 201 mg. — *3-Hydroxy-*$\Delta^{1.3.5,10.6.8.11}$*-östrahexaen-17-on*, $C_{18}H_{16}O_2$, F. 233,5–238° (CH_3OH/W.), aus 0,13 g vorst. Verb. u. methanol. K_2CO_3; [α] +229° (Aceton); 80 mg. J. Rothe 3700△

1221 **Synthese von 17-disubstituierten Steroiden durch Claisenumlagerung.** Duane F. Morrow, Townley P. Culbertson und Ruthann M. Hofer. (J. org. Chemistry **32** (1967) 2, 361–69; Res. Labors., Parke, Davis, and Co., Ann Arbor, Mich.; engl.) — Eine Synth. von $\Delta^{5.17,20}$*-Pregnadien-3β.21-diol* (**I**) aus Dehydroisoandrosteron (**II**) in 5 Stufen (50% Gesamt-Ausb.) wird beschrieben. Beim Erhitzen von **I** mit 1.1-Diäthoxy-1-dimethylaminoäthan (**D**) erfolgt Claisen-Umlagerung unter Bldg. von *N.N-Dimethyl-3β-hydroxy-*$\Delta^{5.20}$*-pregnadien-17α-acetamid*. Die Stereochemie an $C_{(17)}$ dieser Verb. wurde durch Abbau-Rk. gesichert. Faworski-Umlagerung von 3β-Acetoxy-17α-brom-Δ^5-pregnen-20-on (**III**) in Dimethoxyäthan liefert stereospezif. *3β-Hydroxy-17β-methyl-*Δ^5*-androsten-17α-carbonsäuremethylester* (**IV**). Die Ggw. einer N.N-Dimethylcarbamoylgruppe am 17α-Substituenten eines Δ^5-Steroids führt dazu, daß bei der katalyt. Hydrierung vorzugsweise das entsprechende 5β-Dihydrosteroid entstand.

Versuche (F. korr.; [α] = $[\alpha]_D^{25}$ in $CHCl_3$, c = ca. 1%): *17α-Vinyl-5α-androstan-3β.17β-diol* (**V**), F. 205 bis 207,5° (CH_3OH), durch Zugabe von Vinyl-Li zu 3β-Hydroxy-5α-androstan-17-on in THF; 60% (Ausb.). *3-Acetat*, F. 153–155° (CH_3OH); 86%. — *17α-Vinyl-*Δ^5*-androsten-3β.17β-diol* (**VI**), F. 183–186°, analog **V** aus **II**; 87%. *3-Acetat*, F. 158–160°; 84%. — *21-Chlor-5α-*$\Delta^{17,20}$*-pregnen-3β-ol. Acetat*, $C_{23}H_{35}ClO_2$, F. 155–156,5° (Ae.), aus **V**-3-Acetat u. $SOCl_2$/Py. in Ae.; $[\alpha]_D^{24}$ +26°; 70%. — *21-Chlor-*$\Delta^{5.17,20}$*-pregnadien-3β-ol. Acetat*, (**VII**) $C_{23}H_{33}ClO_2$, F. 153–154° (Ae.), analog vorst. Verb.; $[\alpha]_D^{27}$ –55°; 76%. — *5α-*$\Delta^{17,20}$*-Pregnen-3β.21-diol. Diacetat*, F. 150–152° (Hexan), aus vorvorst. Verb. u. KOOC · CH_3 in sd. DMF; 77%. — $\Delta^{5.17,20}$*-Pregnadien-3β.21-diol. Diacetat*, F. 131–133° (Hexan), analog aus **VII**; 75%. — *5α-*$\Delta^{17,20}$*-Pregnen-3β.21-diol* (**VIII**), F. 207–209,5° (CH_3OH), a) aus vorvorst. Verb. u. sd. methanol. KOH unter N_2; 89%, b) durch 1std. Erhitzen von **V** mit Acetanhydrid auf 100°, Umsetzen mit CCl_3COOH u. methanol. KOH. — *17β-Methyl-17α-vinyl-18-nor-5α-*Δ^{13}*-androsten-3β-ol*, $C_{21}H_{32}O$, F. 132–133° (Aceton), neben **VIII** nach b); [α] +22°; 16%. — $\Delta^{5.17,20}$*-Pregnadien-3β.21-diol* (**I**), F. 197–201° (CH_3OH), a) aus drittvorst. Verb. u. KOH (86%, bezogen auf **VII**), b) aus **VI** analog vorvorst. Verb. nach b); 2–30%. — *17β-Methyl-17α-vinyl-18-nor-*$\Delta^{5.13}$*-androstadien-3β-ol*, F. 123–125° (Aceton), neben **I** nach b); 10%. *Acetat*, $C_{23}H_{32}O_2$, F. 93 bis 94,5° (CH_3OH). — *17α-Äthyl-17β-methyl-18-nor-*$\Delta^{5.13}$*-androstadien-3β-ol*, F. 133–135° (PAe.), durch Hydrieren vorst. Verb. in Ggw. von Pd–C; [α] –184° (c = 0,6; A.); 25%. — *21-Thiocyan-*$\Delta^{5.17,20}$*-pregnadien-3β-ol. Acetat*, $C_{24}H_{33}NO_2S$, F. 162–164° (Ae.), aus **VII** u. KSCN in Dimethylsulfoxid; $[\alpha]_D^{26}$ –61°; 93%. — *N.N-Dimethyl-3β-hydroxy-5α-*Δ^{20}*-pregnen-17α-acetamid*, $C_{25}H_{41}NO_2$, F. 175–177° (wss. CH_3OH), durch Kochen von **VIII** in **D** unter N_2; [α] –40° (c = 1,0, CH_3OH); 81%. — *N.N-Dimethyl-3β-hydroxy-*$\Delta^{5.20}$*-pregnadien-17α-acetamid*, *Hemimethanolat*, $C_{25}H_{39}NO_2$ · 0,5 CH_3OH, F. 186–188° (CH_3OH), aus **I** u. **D** wie vorst.; $[\alpha]_D^{24}$ –60°; 91%. — *3β-Hydroxy-5α-*Δ^{20}*-pregnen-17α-essigsäure*, $C_{23}H_{36}O_3$, F. 208–210° (CH_2Cl_2/PAe.), durch 12std. Kochen vorvorst. Verb. mit KOH u. Äthylenglykol unter N_2; [α] –22° (c = 1,0, CH_3OH); 98%. — *3β-Hydroxy-*$\Delta^{5.20}$*-pregnadien-17α-essigsäure*, $C_{23}H_{34}O_3$, F. 212–214° (CH_2Cl_2/PAe.), analog aus vorvorst. Verb.; $[\alpha]_D^{26}$ –97°; 99%. *Acetat*, $C_{25}H_{36}O_4$, F. 222–224° (wss. A.); $[\alpha]_D^{26}$ –96°; 91%. — *3β.20.20-Trihydroxy-21-nor-5α-pregnan-17α-essigsäurelacton*, C_{22} · $H_{34}O_4$, F. 228–232°, durch Ozonisieren von vorvorst. Säure; [α] –22° (c = 1,0, CH_3OH); 63%. *Diacetat*, $C_{26}H_{38}O_6$; F. 249–251° (CH_3OH); 44%. — *3β-Hydroxy-17β-methyl-5α.17α-pregnan-21-säure*, $C_{22}H_{36}O_3$, F. 226 bis 227,5° (CH_3OH/CH_3CN), aus vorst. Lacton u. KOH/N_2H_4 in sd. Äthylenglykol; [α] –18° (c = 0,8, CH_3OH); 74%. *Acetat*, $C_{24}H_{38}O_4$, F. 193–195° (CH_3CN); [α] –30°; 88%. — *N-Methyl-3β-hydroxy-17β-methyl-21-nor-5α.17α-pregnan-20-ylamin*, *Hydrochlorid*, $C_{22}H_{40}ClNO$, F. > 300° (A.), durch Rk. vorst. Acetats mit $SOCl_2$, Lösen des erhaltenen *3β-Acetoxy-17β-methyl-5α.17α-pregnan-21-säurechlorids* (**IX**) in Aceton, Zugabe von wss. NaN_3 bei 0°, Aufnehmen des gebildeten *Azids* in Bzl., 4std. Kochen, Lösen des erhaltenen *3β-Acetoxy-17β-methyl-21-nor-5α.17α-pregnan-20-ylisocyanats* in THF, Rk. mit $LiAlH_4$, Lösen der Base in Ae. u. Einleiten von HCl; $[\alpha]_D^{24}$ –7° (c = 1,0, CH_3OH); 63%. — *N.N.N-Trimethyl-3β-hydroxy-17β-methyl-21-nor-5α.17α-pregnan-20-ylammoniumjodid*, $C_{24}H_{44}JNO$, F. 262–265° (CH_3OH/Ae.), aus vorst. Verb. u. CH_3J in sd. CH_3CN in Ggw. von K_2CO_3; [α] ± 0° (c = 0,9, CH_3OH); 79%. — *N.N-Dimethyl-3β-hydroxy-17β-methyl-21-nor-5α.17α-pregnan-20-ylamin* (**X**), $C_{23}H_{41}NO$, F. 139–140 u. 159–160° (CH_3CN), aus vorst. Salz u. $LiAlH_4$ in sd. THF; [α] +11°; 77%. — *N.N-Dimethyl-3β-acetoxy-17β-methyl-5α.17α-pregnan-21-säureamid*, $C_{26}H_{43}NO_3$, F. 133,5–135° (Äthylacetat/Hexan), aus **IX** u. $(CH_3)_2NH$ in Ae.; $[\alpha]_D^{24}$ –21°; 53%. — *N.N-Dimethyl-3β-hydroxy-17β-methyl-5α.17α-pregnan-21-ylamin*, $C_{24}H_{43}NO$, F. 153–155° (CH_3OH), aus vorst. Verb. u. $LiAlH_4$ in sd. THF; [α] –8°; 78%. *N-Oxid. Hydrat*, F. 161–163° (Zers.), mit H_2O_2 in wss. CH_3OH; 99%. — *17β-Methyl-5α.17α-*Δ^{20}*-pregnen-3β-ol*, $C_{22}H_{36}O$, F. 165 bis 167° (wss. CH_3OH), durch Sublimieren vorst. Oxidhydrats; [α] –6°; 40% (bezogen auf das Amin). — *3β-Acetoxy-17β-methyl-5α-androstan-17α-carbonsäure* (**XI**), $C_{23}H_{36}O_4$, F. 213–214,5° (CH_3CN), durch Ozonspaltung vorst. Verb., 1,5std. Kochen des erhaltenen öligen *3β-Hydroxy-17α-formyl-17β-methyl-5α-androstans* mit Acetanhydrid u. Ox. mit CrO_3; [α] +13° (c = 0,8, CH_3OH); 21%. — *3β-Acetoxy-17β-methyl-*Δ^5*-androsten-17α-carbonsäuremethylester*, F. 143–145° (CH_3CN), durch

Zugabe von $NaOCH_3$ zu **III** in 1.2-Dimethoxyäthan u. 1std. Kochen des erhaltenen *3β-Hydroxy-17β-methyl-Δ⁵-androsten-17α-carbonsäuremethylesters* [**IV**; F. 174—176° (CH_3CN) (daneben wenig *3β-Hydroxy-17α-methyl-Δ⁵-androsten-17β-carbonsäuremethylester*)] mit Acetanhydrid; 58%. — *3β-Hydroxy-17β-methyl-5α-androstan-17α-carbonsäuremethylester*, $C_{22}H_{36}O_3$, F. 165—167° (wss. CH_3OH), durch Hydrieren von **IV** in Ggw. von Pt/C; $[\alpha]_D^{24}$ —41°; 55%. — *3β-Hydroxy-17β-methyl-5α-androstan-17α-carbonsäure*, $C_{21}H_{34}O_3$, F. 284—285,5° (wss. CH_3OH), aus 3β-Hydroxy-17β-methyl-Δ⁵-androsten-17α-carbonsäure wie vorst.; [α] +4° (c = 0,8, Dioxan); 60%. Acetylierung gab 58% **XI**, daneben *3β-Acetoxy-17β-methyl-5β-androstan-17α-carbonsäure*. — *N.N-Dimethyl-3β-acetoxy-17β-methyl-Δ⁵-androsten-17α-carbonsäureamid*, $C_{25}H_{39}NO_3$, F. 159 bis 161° (CH_3OH), aus 3β-Acetoxy-17β-methyl-Δ⁵-androsten-17α-carbonsäure mit $SOCl_2$ u. $(CH_3)_2NH$; 48%. — *N.N-Dimethyl-3β-acetoxy-17β-methyl-5α-androstan-17α-carbonsäureamid*, $C_{25}H_{41}NO_3$, F. 162—164° (CH_3OH/W.), analog aus **XI**; $[\alpha]_D^{24}$ +32°; 62%. Gab mit $LiAlH_4$/$AlCl_3$ in THF/Toulol; 89% **X**. — *N.N-Dimethyl-3β-acetoxy-17β-methyl-5β-androstan-17α-carbonsäureamid*, $C_{25}H_{41}NO_3$, F. 164,5—166° (CH_3CN), aus vorvorst. Amid; [α] +44°; 36%. — *3β-Acetoxy-17α-methyl-Δ⁵-androsten-17β-carbonsäuremethylester*, F. 155—158° (CH_3OH), aus **III** u. $KHCO_3$ in sd. wss. CH_3OH u. Acetylieren; 66%. — *3β-Hydroxy-17α-methyl-5α-androstan-17β-carbonsäure*, $C_{21}H_{34}O_3$, F. 234—236° (CH_3OH), aus 3β-Hydroxy-17α-methyl-Δ⁵-androsten-17β-carbonsäure; [α] +8° (c = 0,6, CH_3OH); 62%. — *N.N-Dimethyl-3β-acetoxy-17α-methyl-Δ⁵-androsten-17β-carbonsäureamid*, $C_{25}H_{39}NO_3$, F. 195—196° (CH_3OH), aus 3β-Acetoxy-17α-methyl-Δ⁵-androsten-17β-carbonsäure (**XII**) mit $SOCl_2$ u. $(CH_3)_2NH$; [α] —120°; 80%. — *N.N-Dimethyl-3β-acetoxy-16α-methyl-5α-androstan-17β-carbonsäureamid*, $C_{25}H_{41}NO_3$, F. 165—166° (Äthylacetat/PAe.), durch Hydrieren vorst. Verb. in Ggw. von Pt/C; $[\alpha]_D^{24}$ —56°; 82%. — *N.N-Dimethyl-3β-hydroxy-17α-methyl-21-nor-5α-pregnan-20-ylamin*, $C_{23}H_{41}NO$, F. 143—144° (CH_3CN), aus vorst. Verb. u. $LiAlH_4$/$AlCl_3$; [α] —35°; 79%. — *17α-Methyl-21-nor-Δ⁵-pregnen-3β.20-diol*, $C_{21}H_{34}O_2$, F. 186—187° (CH_3OH), aus drittvorst. Verb. bzw. **XII** u. $LiAlH_4$ in sd. THF; [α] —87°; 73 bzw. 76%. F. Rothe 3700△

1222 **Steroide. 7. Mitt. 2α.4α-Dimethyl- und 2.2.4α-Trimethyl-Δ⁷·²²-ergostadien-3-on.** P. J. Flanagan und J. B. Thomson. (Steroids **9** (1967) 6, 601—05; Dep. of Chem., Univ. College, Dublin, Irland; engl.) — 6. vgl. Chem. Commun. **294** (1967). — Durch Umsetzung des Δ⁷·²²-Ergostadien-3-ons mit CH_3J in Ggw. von K-tert.-Butylat werden *4α-Methyl-*, *4.4-Dimethyl-*, *2α.4α-Dimethyl-* u. *2.2.4α-Trimethyl-Δ⁷·²²-ergostadien-3-on* erhalten. Die Struktur der Methylierungsprod. wird durch Massenspektren u. O.R.D. der Ergostanole u. im Vgl. der Cholestanole geklärt. G. Westphal 3700△

1223 **Ersatz von Hydroxyl über das Chlorformiat. Eine bequeme Synthese von Cholesteryljodid.** Dennis N. Kevill und Frederick L. Weitl. (J. org. Chemistry **32** (1967) 8, 2633—34; Dep. of Chem., Northern Ill. Univ., DeKalb, Ill.; engl.) — Rk. von Chlorameisensäure-3β-cholesterylester (**I**) mit NaJ bzw. NaCl gab *Cholesteryljodid* (*3β-Jod-Δ⁵-cholesten*) bzw. *-chlorid* (**II**), während mit NaBr ein Gemisch aus *Cholesterylbromid* u. **II**, mit NaN_3 *Azidoameisensäure-3β-cholesterylester* entstanden.

Versuche ([α] = $[\alpha]_D^{25}$ in $CHCl_3$): *Cholesteryljodid*, $C_{27}H_{45}J$, F. 107—108° (Aceton), aus **I** u. NaJ bei 35°; [α] —12,0°; 49% (Ausb.). — *Cholesterylchlorid* (**II**), $C_{27}H_{45}Cl$, F. 93—94° (Aceton), durch 250std. Kochen von **I** mit NaCl in Aceton; [α] —27,5°; 67%. — Analoge Rk. von 5,0 g **I** mit NaBr gab 4,0 g eines Gemisches aus 59% *Cholesterylbromid* u. 41% **II**. — *Azidoameisensäure-3β-cholesterylester*, $C_{28}H_{45}N_3O_2$, F. 94,5—95,5° (Bzl./Hexan), aus **I** u. NaN_3; [α] —34,0°; 93% (roh). J. Rothe 3700△

1224 **Verdrängungs- und Eliminierungsreaktionen von 5α.6α-Epoxy-3β-cholestanyl-p-toluolsulfonat in Dimethylformamid.** Gerald A. Selter und Kirk D. McMichael. (J. org. Chemistry **32** (1967) 8, 2546—51; Pullman, Wash., State Univ., Dep. of Chem.; engl.) — Vf. untersuchen die Solvolyse von mit Pyridin · HCl verunreinigtem 5α.6α-Epoxy-3β-cholestanyl-p-toluolsulfonat (**I**) in Dimethylformamid (DMF) in Ggw. von Li_2CO_3 u./oder LiCl. Die Rk.-Prod. scheinen durch aufeinanderfolgende Verdrängungs- u. Eliminierungs-Rk. gebildet zu werden. Bequeme Darst. von *Δ²·⁴·⁶-Cholestatrien* (**II**) u. *5α.6α-Epoxy-3α-carboxycholestan* (**III**) werden angegeben. Einzelheiten der Solvolyse s. Original.

Versuche (F. korr.; [α] in $CHCl_3$, c = 2%): *3β-Hydroxy-5α.6α-epoxycholestan*, F. 141,9—142,9°, (5%ig. wss. Aceton), durch Zutropfen von m-Chlorperbenzoesäure (**IV**) in $CHCl_3$ zu Cholesterin in $CHCl_3$ u. 1std. Rühren; $[\alpha]_D^{21}$ —46,4°; 93,5% (Ausb.). — *5α.6α-Epoxy-3β-cholestanyl-p-toluolsulfonat* (**I**), F. 123,5—124° (Methanol), a) aus 19,3 g Cholesteryl-p-toluolsulfonat u. **IV**, b) aus vorst. Verb. u. p-Toluolsulfonylchlorid/Py.; $[\alpha]_D^{22}$ —46°. — *5α.6α-Epoxy-3α-formyloxycholestan* (**III**), $C_{28}H_{46}O_3$, F. 132—135° (Methanol), aus **I** in sd. DMF in Ggw. von Li_2CO_3; 57%; daneben 28% *5α.6α-Epoxy-Δ²-cholesten* (**V**). — *3α-Hydroxy-5α.6α-epoxycholestan*, F. 118—119° (wss. Aceton), durch Kochen von **III** in methanol. KOH 62%; — *Cholestan-3α.5α-diol*, F. 201,5—203,5° (Methanol), durch Zutropfen von **III** in Ae. zu $LiAlH_4$ in Ae. u. 1std. Rühren; $[\alpha]_D^{22}$ 21° (c = 1,5); 26%. — Kochen von **I** mit DMF in Ggw. von Li_2CO_3 gab 0,6% **II**, 12% *3β-Chlor-5α.6α-epoxycholestan* {**VI**; $C_{27}H_{45}ClO$, F. 90,6—91,2° (A.); $[\alpha]_D^{22}$ —54°}, 16% **V**, 11% *3α-Chlor-5α.6α-epoxycholestan* {**VII**; $C_{27}H_{45}ClO$, F. 166—167° (A.); $[\alpha]_D^{22}$ —65°}, 5% *Δ⁴-Cholesten-6-on* {**VIII**; F. 105,2—106,2°; Nadeln (Methanol); $[\alpha]_{589}$ 41° (c = 0,2, Dioxan)} u. 43% **III**. — *3β-Chlorcholestan-5α.6β-diol*, F. 127,0—127,6°, Nadeln (Hexan), aus **VI** u. H_5JO_6; $[\alpha]_D^{22}$ 6°; 96%. *6-Monoacetat*, F. 147,5—149° (wss. Aceton). — *3α-Chlor-5α-hydroxycholestan*, F. 118—119,5° (Methanol), aus **VII** u. $LiAlH_4$; 54%. — *3α.6β-Dichlor-5α-hydroxycholestan*, $C_{27}H_{46}Cl_2O$, F. 121—122°, (wss. Aceton), aus **VII** u. HCl in $CHCl_3$; $[\alpha]_D^{22}$ 16°. — Kochen von **I** mit LiCl in DMF gab 62% *Δ²·⁴·⁶-Cholestatrien* {**II**; F. 71,5—72,5° (wss. Aceton); $[\alpha]_D^{22}$ 7°, nach mehrtägigem Stehen —90°}, 14% **VIII** u. 8% **III**. — *Δ²·⁴-Cholestadien-6α-ol*, aus 96 mg Δ²·⁴-Cholestadien-6-on u. $LiAlH_4$ in Ae. unter N_2 bei 0°; 96 mg. J. Rothe 3700△

1225 **Einfache, zu einem Enthiolat führende C–S-Spaltung. Bildung eines Dehydrocystein und -valin enthaltenden Dipeptids.** Nelson J. Leonard und Robert Y. Ning. (J. org. Chemistry **32** (1967) 3, 677—81; Urbana, Ill. Univ., Noyes chem. Labor.; engl.) — Vgl. J. org. Chemistry **31** [1966] 3928. — Rk. von *3-D-Carbomethoxy-2.2-dimethyl-5-oxo-6-phenylacetamido-2.3.4.5-tetrahydro-1.4-thiazepin* (**I**) mit NaOH bzw. $NaOCH_3$ führt unter Eliminierung bzw. Ringspaltung zu einem Enthiol, dem *Na-Salz* von *N-Phenylacetyl-α.β-dehydrocysteinyl-α.β-dehydrovalinmethylester* (**II**). Ansäuern der wss. Lsg. von **II** führt zu einem *Polythioaldehyd*. *3-D-Carbomethoxy-2.2-dimethyl-5-oxo-6-D-phenylacetamidoperhydro-1.4-thiazepin* (**III**) unterliegt viel langsamer der entsprechenden Eliminierung. IR-, UV- u. KMR-Spektren vgl. Original.

Versuche (F. korr.): *3-D-Carbomethoxy-2.2-dimethyl-5-oxo-6-D-phenylacetamidoperhydro-1.4-thiazepin* (**III**), nach N. I. Leonard et al. (J. Amer. chem. Soc. **86** (1964) 5307 u. J. org. Chemistry **31** (1966) 3928. — *3-D-Carbomethoxy-2.2-dimethyl-5-oxo-6-phenylacetamido-2.3.4.5-tetrahydro-1.4-thiazepin* (**I**), F. 139—140°. aus vorst. Verb. u. Cl_2; 38% (Ausb.). — *N-Phenylacetyl-α.β-dehydrocysteinyl-α.β-dehydrovalinmethylester, Na-Salz* (**II**), $C_{17}H_{19}$·NaN_2O_4S, F. 168—170° (Zers.), aus **I** u. methanol. $NaOCH_3$-Lsg.; 84%. *S-[2.4-Dinitrophenyl]-deriv.*, $C_{23}H_{22}$·N_4O_8S, F. 192—194°, aus **I**, $NaOCH_3$ u. 1-Chlor-2.4-dinitrobenzol; aus Bzl./Cyclohexan Nadeln; 81%. *S-Benzylderiv.*, $C_{24}H_{26}N_2O_4S$, F. 154—155°, aus **I**, methanol-$NaOCH_3$-Lsg. u. Benzylbromid; 92%. — *Polythioaldehyd*, F. 135—163° (Bzl./Cyclohexan), aus 1,05 g **I** u. HCl; 240 mg. — *N-Phenylacetyl-D-cysteinyl-α.β-dehydrovalinmethylester*, $C_{17}H_{22}N_2O_4S$, F. 198—200°, aus **III** u. wss. Methanol. NaOH; aus Methanol/W. Nadeln; 20%; daneben 36% *3-D-Carboxy-2.2-dimethyl-5-oxo-6-D-phenylacetamidoperhydro-1.4-thiazepin*. H. Gleinig 3800△

D. Makromolekulare Chemie

1226 **Polymerisationskatalysator des Triäthylaluminium-Chloralhydrat-Systems.** 1. Mitt. **Triäthylaluminium-Chloralhydrat-Reaktion und katalytische Aktivität bei der kationischen Polymerisation.** Takeo Saegusa, Hiroyasu Fujii, Takashi Ueshima und Katsumi Tanaka. (Bull. chem. Soc. Japan **41** (1968) 5, 1188–91; Dep. of Synthetic Chem., Kyoto Univ., Sakyo-ku, Kyoto; engl.) — Zu der verd. Lsg. von $Al(C_2H_5)_3$ (**I**) in Toluol (**II**) wurde bei ca. —50° eine verd. Lsg. von Chloralhydrat-(**III**) in **II** gegeben; die Temp. der Mischung wurde dann langsam auf 40° erhöht. Die dabei stattfindende Rk. wurde an Hand der IR- u. KMR-Spektren untersucht; ferner wurden die bei der Rk. entstandenen Gase sowie die bei der Acidolyse des Rk.-Syst. entstandenen Prod. gaschromatograph. analysiert. Daraus folgt das Vorliegen folgender Bindungen in dem **I/III**-Syst.: $>AlOCH_2CCl_3$, $>AlOCH(CCl_3)OAl<$, $>AlOAl<$, $>AlOCH(C_2H_5)CCl_3$, $>AlC_2H_5$ u. $>AlCl$. Die Säurestärke β des **I/III**-Syst. wurde sowohl nach der früher von Imai et al. (vgl. C. **1965, 44**-1055) angegebenen Indikatormeth. als auch nach der von Cook (vgl. C. **1966**, 31-0134) beschriebenen Xanthon-Meth. bestimmt; hiernach ist β ebenso groß wie β von **I** + W. 1:0,8 (mol.) oder von $(C_2H_5)_2AlCl$. Die Struktur des **I/III**-Syst. wird im Zusammenhang mit dessen Säurecharakter diskutiert. In der Lsg. von **I** + **III** in **II** erfolgt eine rasche kation. Polymerisation von *Isobutylvinyläther* (Temp. nicht genannt) unter Bldg. eines nichtkrist. Polymeren. O. Fuchs 4001△

1227 **UV-Abbau von Terpolymer-Spaltungs-Systemen.** L. D. Maxim, C. H. Kuist und M. E. Meyer. (Macromolecules Washington **1** (1968) 1, 86–93; Nat. Starch and Chem. Co., Plainfield, N.J.; engl.) — Theoret. Arbeit, die sich mit der Spaltung eines Terpolymeren unter der Einw. von UV-Strahlung befaßt. Vf. erhalten so Gleichungen, die den Zusammenhang zwischen der Anzahl der verschiedenen Bindungen, dem Bruchteil jeder Komponente im Polymeren u. den Reaktivitätsverhältnissen beschreiben. Zur Berechnung der individuellen Spaltungskonst. aus experimentellen Daten wird eine Meth. entwickelt. O. Fuchs 4002△

1228 **Polymer-Dynamik: Boson-Darstellung des Knäuelradius.** Howard D. Stidham und Marshall Fixman. (J. chem. Physics **48** (1968) 7, 3092–95; Dep. of Chem., Univ. of Mass., Amherst, Mass.; engl.) — Theoret. Arbeit, in der der Expansionsfaktor a_R^2 des Knäuelradius R von Makromol. in einem Θ-Lsgm. unter Berücksichtigung des Einfl. des ausgeschlossenen Vol. nach der Boson-Operator-Technik berechnet wird. Eine Näherungsgleichung für die Abhängigkeit von a_R^2 von dem Ausdehnungsparameter z wird abgeleitet, jedoch besteht nur mangelhafte Übereinstimmung mit der exakten Theorie der Erscheinungen. Der Vgl. mit experimentellen Daten (Lichtstreuungsmessungen an den Lsg. von *Polystyrol* in Decalin u. Toluol, Literatur-Daten) zeigt, daß qual. das charakterist. Verh. durch die Näherungstheorie für alle z-Werte beschrieben werden kann. O. Fuchs 4003△

1229 **Helix-Knäuel-Umwandlung in heterogenen Ketten.** 1. Mitt. **Protein-Modell.** M. Fixman und D. Zeroka. (J. chem. Physics 48 (1968) 11, 5223–30; Dep. of Chem., Yale Univ., New Haven, Conn.; engl.) — Theoret. Arbeit, in der die Helix-Knäuel-Umwandlung von heterogenen Kettenmol. mit statist. Verteilung der Sequenzen, die miteinander in Wechselbeziehung stehen, nach einer Näherungsmeth. berechnet wird. Vf. unterscheiden zwischen einer Wahrscheinlichkeit a priori einer Restsequenz u. einer Effektiv-Wahrscheinlichkeit; von letzterer wird Gebrauch gemacht, wenn die Sequenzen mathemat. so behandelt werden, als ob sie in einem chem. Gleichgew. mit einem Reservoir ständen. Diese Rechenmeth. wird auf Modelle des *DNA* angewendet. Die so in 1. Näherung für die Verteilungsfunktion der heterogenen Ketten erhaltene Form ist die gleiche wie für die homogene Kette, nur kommt ein effektiver Energie-Parameter im 1. Falle hinzu. In 2. Näherung wird die Wechselwrkg. zwischen benachbarten Teilen der Kette berücksichtigt; die Form der Verteilungsfunktion bleibt die gleiche, doch tritt nun ein effektiver Wechselwrkg.-Parameter auf. Eine weitere Näherung war auf der Basis des angewandten Rechenschemas im einzelnen nicht möglich. O. Fuchs 4003△

1230 **Eine Theorie über den Effekt von niedermolekularen Salzen auf die Konformation von linearen Polyionen.** Fumio Oosawa. (Biopolymers **6** (1968) 1, 145 bis 158; Inst. of Mol. Biol., Nagoya Univ., Nagoya, Japan; engl.) — Zur Deutung des Einfl. von niedermol. Salzen auf die Konform. von linearen Polyelektrolyten (PE) geht Vf. von dem Additivitätsgesetz für die thermodynam. Eig. der Mischungen aus PE u. Salzen aus. Es wird gezeigt, daß sich bei Vorliegen von biegsamen PE ln L (L = Konform.-Parameter, der z. B. den Kettenendenabstand, den Knäuelradius, das Vol. u. a. bestimmt) proportional mit $F = A \cdot \ln (1 + \gamma_{s0}c_s/\gamma_p c_p)$ ändert (c_s = Salzkonz., c_p = Konz. der Gegenionen des PE, γ_{s0} = Aktivitätskoeff. der Salze bei Fehlen des PE, γ_p = Aktivitätskoeff. der Gegenionen des PE bei Abwesenheit der Salze). Im Falle einer diskontinuierlichen Umwandlung der PE-Konform. ändert sich der Umwandlungspunkt bei Zusatz der Salze ebenfalls proportional mit F. Die Konst. A ist proportional der Empfindlichkeit des Aktivitätskoeff. auf die Konform. der PE bei Ggw. der Salze. Eine ähnliche Betrachtung wird für die Konform.-Änderung bei Zusatz eines Lsgm. durchgeführt. Diese theoret. Ergebnisse stimmen gut mit den experimentellen Daten über die Viskosität von biegsamen PE u. für die Helix-Knäuel-Umwandlung von Biopolymeren überein (speziell von DNA, Literaturdaten). Der Zusammenhang zwischen den Konform.-Änderungen u. den verschiedenen thermodynam. Eig. der PE in Ggw. der Salze wird diskutiert. O. Fuchs 4003△

1231 **Anwendung der Informationstheorie zum Studium der Copolymer-Statistik.** Paolo Corradini und Camillo Tosi. (Europ. Polymer J. **4** (1968) 2, 227–36; Ist. Ric. „G. Donegani", Montecatini Edison S. p. A., Milano; engl.) — Rein theoret. Arbeit. — Zur mathemat. Definition der rein statist. Struktur eines Copolymeren (CP) führen Vf. eine Größe s ein, die sie „informator. Entropie" nennen; dabei ist $s = (\ln N_1)/(\ln N_2)$ (N_1 = Zahl der Möglichkeiten, die Homosequenzen in einem CP zuzuordnen, N_2 = Zahl der Monomeren im CP). s läßt sich nach den Meth. der Informationstheorie berechnen. Aus s kann die Abweichung der Zusammensetzung eines CP von der völlig regellosen statist. Verteilung abgeschätzt werden. Die numer. Auswertung ergibt, daß bei beliebiger Zusammensetzung der Maximalwert von s bei $r_1r_2 = 1$ erhalten wird u. daß s bei fallendem r_1r_2 sehr wenig abnimmt; deshalb sind diese Betrachtungen auf einen großen Variationsbereich von r_1r_2 anwendbar. O. Fuchs 4003△

1232 **Bemerkung zur Verwendung der Avrami-Gleichung für die Deutung der primären Kristallisation von Polymeren.** J. Tomka. (Europ. Polymer J. **4** (1968) 2, 237–40; Inst. of Macromol. Chem., Czechoslovak Acad. of Sci., Prag; engl.) — Vf. diskutiert den Einfl. der Vol.-Änderung u. des Beginns der Phasenumwandlung bei der isothermen Kristallisation von Polymeren auf die Größe der Geschw.-Konst. K u. des Exponenten n der Avrami-Gleichung $F = \exp(-Kt^n)$ (F = Gew.-Bruch der nichtkrist. Phase, t = Zeit). Daraus folgt, daß eine Verschiebung des Beginns der Phasenumwandlung (ausgedrückt in % der Kristallisations-Halbwertszeit) etwa dem prozentualen Fehler in n entspricht. Ferner ergibt sich daraus, daß K u. n viel stärker von dem Fehler bei der Best. des Anfangs der Phasenumwandlung abhängen als von einer Vernachlässigung der Vol.-Änderung. O. Fuchs 4004△

1233 **Trübungsmessung zur Charakterisierung von Molekulargewichtsverteilungen.** C. F. Cornet. (Polymer [London] **9** (1968) 1, 7–14; Koninklijke/Shell-Labor.,

Amsterdam; engl.) — Vf. befaßt sich mit der Trübungsmeth. als Hilfsmittel zur schnellen Best. der Molgew.-Verteilung von Polymeren. Theoret. wird gezeigt, daß so nur der höchstmol. Teil der Verteilungskurve in einfacher Weise bestimmt werden kann. Der niedermol. Teil dagegen kann durch Trübungsmessungen nur in speziellen Fällen durch sehr umständliche Berechnungen ermittelt werden. Die Meth. eignet sich somit nur zu einer groben Charakterisierung der Verteilung; sie kann ferner zur Best. von Θ-Bedingungen verwendet werden. Diese theoret. Ergebnisse werden an Hand von Trübungsmessungen an den Lsg. von *Poly-α-methylstyrol* (Molgew. $2 \cdot 10^5$ u. 10^6 nach Entfernung des niedermol. Anteiles) in Methylcyclohexan bei verschiedenen Temp. gestützt. O. Fuchs 4005△

1234 **Entropie-Abstoßungs-Theorie für die Wirkung von statistischen Copolymeren als Dispersionsmittel.** E. J. Clayfield und E. C. Lumb. (Macromolecules Washington 1 (1968) 2, 133—38; „Shell" Res. Ltd., Chester; engl.) — Theoret. Arbeit, in der in Fortführung früher von den Vf. angestellter Betrachtungen eine Entropie-Abstoßungs-Theorie für die Wrkg. von statist. Copolymeren als Dispersionsmittel aufgestellt wird; es wird dabei in Betracht gezogen, daß die Makromol. in einer abgeplatteten Konform. adsorbiert werden. Die Brownsche Bewegung der adsorbierten Makromol. innerhalb der Adsorptionsschicht wird mit Hilfe eines Computers berechnet. O. Fuchs 4006△

1235 **Verallgemeinerte Theorie der Suszeptibilität.** 2. Mitt. **Eigenschaften der optischen Absorption von helixförmigen Polypeptiden.** D. G. Barnes und William Rhodes. (J. chem. Physics **48** (1968) 2, 817—24; Inst. of Mol. Biophys., Fla. State Univ., Tallahassee, Fla.; engl.) — Die früher angestellten Betrachtungen über die Suszeptibilität von helixförmigen Polypeptiden werden nun auf die Absorptionsspektren solcher Makromol. ausgedehnt. Die entsprechenden Gleichungen werden abgeleitet. Zur experimentellen Prüfung der theoret. Ergebnisse wurden die Absorptionsspektren der Dämpfe von *N-Methylformamid, DMF, N-Methylacetamid* u. *N.N-Dimethylacetamid* (**I**) im λ-Bereich 1925—2500 Å aufgenommen; diese Amide dienen als Modellverb. für die Monomeren in Polypeptiden. In **I** tritt eine Bande („mystery band") bei 2125 Å auf, die in den anderen Amiden nicht enthalten ist; die Zuordnung der Bande wird diskutiert. Es wird angenommen, daß diese Bande auch in der α-Helix vorkommt; die so für die Bandenlagen, die Polarisationen u. die relativen Intensitäten des α-Helix-Spektrums von *Poly-L-lysin* berechneten Ergebnisse stehen in Einklang mit den gemessenen (Literaturdaten); Aussagen über die Größe des beobachteten Hypochroismus lassen sich so jedoch nicht machen. O. Fuchs 4006△

1236 **Gradientensäulen-Methode zur Messung von Dichten.** J. R. A. Pearson. (Polymer [London] **6** (1968) 5, 283 bis 284; Dep. of Chem. Engng., Cambridge; engl.) — Krit. Bemerkungen zu den von Kawai u. Keller (vgl. C. **1964**, 28-1742) angestellten Betrachtungen über die bei der D.-Best. nach der Gradientensäulenmeth. auftretenden Fehlerquellen. Vf. kommt zu dem Ergebnis, daß die Meth. durchaus brauchbar ist. Abweichende Ergebnisse in der Literatur sind auf andere Fehlerquellen zurückzuführen. O. Fuchs 4008△

1237 **Bestimmung der wahren Fließkurven aus Kapillarrheometer-Daten.** S. Negami und R. V. Wargin. (J. appl. Polymer Sci. **12** (1968) 1, 123—29; Rohm and Haas Co., Bristol, Pa.; engl.) — Auf Grund einer mathemat. Analyse wird gezeigt, daß der Zusammenhang zwischen den Fließdaten einerseits u. den Fließbedingungen (Druck u. Schergeschw.) andererseits nach einer semigraph. Meth. erhalten werden kann; die wahre Fließkurve ergibt sich daraus unter Verw. eines Computers. Die nach dieser Meth. erhaltenen Ergebnisse stimmen sehr gut mit den nach der bisherigen sehr zeitraubenden graph. gewonnenen überein. In manchen Fällen ist es auch möglich, die Daten gänzlich für eine Computer-Berechnung zu programmieren. Die Meth. wird an Hand der Fließkurven von *Plexiglas V-100*, erhalten für 3 Kapillaren bei 400 °F, erläutert. O. Fuchs 4008△

1238 **Ursache der nicht-Newtonschen Viskosität von Kettenmolekülen in Lösung.** R. Cerf und C. Wolff. (Europ. Polymer J. **4** (1968) 2, 317—30; Centre de Rech. sur les Macromol., Strasbourg; franz.) — Vf. diskutieren zunächst den Einfl. von Potentialschranken, die die freie Rotation behindern, auf das Fließverhalten von gelösten Polymeren in einer Strömung mit konst. Geschw.-Gradienten G. In dem Gaußschen Modell mit Unterketten kommt diese Rotationsbehinderung in der inneren Viskosität η_i zum Ausdruck. Es wird gezeigt, daß die Rotationsbehinderung zu einem nicht-Newtonschen Fließen führt; da die Rotationsbehinderung von der Natur des Lsgm. abhängt, sollte auch die Abweichung vom Newtonschen Fließen eine Funktion des Lsgm. sein. Messungen wurden für die Lsg. von *Polystyrol* (**I**, $M_w = 10^7$) in 16 verschiedenen Lsgm. ausgeführt. Die bei der Auftragung von $1 - [\eta]/[\eta]_0$ gegen $[\eta]_0\eta_0$ ($[\eta]$ bzw. $[\eta]_0$ = Intrinsicviskositäten für endliches G bzw. für G = 0, η_0 = Viskosität des Lsgm.) erhaltenen Kurven gehen mit wachsendem $[\eta]_0\eta_0$ durch ein Max., das allerdings nicht deutlich ausgeprägt ist. Daraus folgt, daß die Abweichung vom Newtonschen Fließen zwar, wie angenommen, von der Natur des Lsgm. abhängt, daß der Effekt im allg. aber kleiner ist, als nach der Theorie zu erwarten ist; nur bei den gut solvatisierenden Lsgm. für **I** (Bzl., Toluol, Bromoform) besteht Übereinstimmung mit der Theorie. Ferner ist im Gegensatz zur Theorie der Grenzwert von $1 - [\eta]/[\eta]_0$ für sehr großes η_0 größer als 0. Hierin kommen die Grenzen der Gültigkeit des Modells zum Ausdruck. Ähnliche Ergebnisse wie für **I** wurden für *Polymethylmethacrylat* ($M_w = 1{,}1 \cdot 10^7$) in 8 verschiedenen Lsgm. erhalten. O. Fuchs 4008△

1239 **Anlaufkorrektur und Elastizität bei der Kapillarströmung von Lösungen.** J. Schurz, F. Saßhofer, K. Müller und E. Bayer. (Rheol. Acta (Ergänzungsh. z. Kolloid-Z.) **7** (1968) 1, 57—64; Inst. Phys. Chem., Univ., Graz; dt.) — An Hand von Viskositätsmessungen an den Lsg. von *Cellulosetrinitrat* (**I**) in Butylacetat, *Polystyrol* (**II**) in Toluol, *Polyacrylamid* (**III**) in W., *Polyvinylacetat* (**IV**) in Dioxan u. *Viskose* (**V**) in wss. NaOH wird gezeigt, daß aus der Anlaufkorrektor (bestimmt durch Verw. von Kapillaren verschiedener Länge) auf der Basis des Maxwellschen Fließmodells eine Relaxationszeit Θ u. eine korrigierte Viskosität η_c ermittelt werden können; η_c/Θ stellt einen Schermodul dar. η_c/Θ wird für die genannten Lsg. in Abhängigkeit von der Polymerkonz. c u. vom Schergefälle D bestimmt; c betrug dabei 0,4—1,9% bei **I**, 10% bei **II**, 3,6—7,2% bei **III**, 10—35% bei **IV** u. 5,4—6% bei **V**; D wurde über 2 Zehnerpotenzen variiert. η_c/Θ zeigt im Wendepunkt der Fließkurven eine Art Plateau oder ein flaches Max.; in diesem Bereich liegt eine lineare Abhängigkeit von c vor. Die absolute Größe von η_c/Θ ist um Größenordnungen kleiner als nach den Theorien von Rouse bzw. von Bueche zu erwarten ist. Der Effekt wird darauf zurückgeführt, daß bei $D = 10^4 s^{-1}$ ein Teil der physikal. Vernetzungen (des „Verhängungsnetzwerkes") zerstört wird, wodurch Θ zu- u. der Schermodul abnehmen. So ber. sich aus den η_c/Θ-Werten das Molgew. der Netzbogenlänge bei $D = 10^4$ im Mittel zu $4{,}75 \cdot 10^8$ (**I**) bzw. $1{,}92 \cdot 10^7$ (**III**) bzw. $1{,}5 \cdot 10^7$ (**IV** mit $[\eta] = 208\ cm^3\ g^{-1}$) u. $2{,}5 \cdot 10^7$ (**IV** mit $[\eta] = 390$) gegen ca. $2 \cdot 10^5$ bei **I** u. beiden **IV**-Proben aus dem Knick der ($\log \eta_0$, $\log M$)-Kurve. O. Fuchs 4009△

E. Biologische, physiologische und medizinische Chemie

1240 **Methylierung von Guanylyl-(3' → 5')-uridin.** C. B. Reese und J. E. Sulston. (Biochim. biophysica Acta [Amsterdam] **149** (1967) 1, 293—95; Cambridge, Great Britain, Univ., Chem. Labor.; engl.) — Bei Einw. eines großen Überschusses von $(CH_3)_2SO_4$ auf *Guanylyl-[3' → 5']-uridin* (**I**) in wss. Lsg. (pH 5,5; 20°, 8 Std.) tritt selektive Alkylierung am $N_{(7)}$ des Guaninrestes unter fast quant. Bldg. von *7-Methylguanylyl-[3' → 5']-uridin* (**II**) ein. **II** ist bei pH 2—6 ein neutrales Zwitterion, das von **I** durch Dowex 1-X2 (Cl^--Form)-Passage abtrennbar ist. **II** wird von *Crotalus adamanteus*-Phosphodiesterase zu *7-Methylguanosin* u. *Uridin-5'-phosphat* gespalten, ist aber gegen Ribonuclease T_1 unter Bedingungen, bei denen **I** völlig gespalten wird, völlig resistent.

K. Maier 4150

1241 **Synthese des seltenen Nucleotids N⁶-(γ.γ-Dimethylallyl)-adenosin-5'-phosphat und relative Umlagerungsgeschwindigkeiten der 1- nach N⁶-Dimethylallylderivaten von Base, Nucleosid und Nucleotid.** Wolfgang A. H. Grimm und Nelson J. Leonard. (Biochemistry [Washington] **6** (1967) 12, 3625—31; Dep. of Chem. and Chem. Engineering, Univ. of Ill., Urbana, Ill.; engl.) — *N⁶-(γ.γ-Dimethylallyl)-adenosin-5'-phosphat* wird dargestellt 1. aus Adenosin (**I**) durch Alkylierung mit Dimethylallylbromid (**II**) zu *1-γ.γ-Dimethylallyladenosin* (**III**), Umlagerung in *N⁶-(γ.γ-Dimethylallyl)-adenosin* (**IV**), Überführung in das *2'.3'-O-Isopropyliden*(**V**)-Deriv. u. Phosphorylierung; 2. aus AMP durch Überführung in *Adenosin-5'-β-cyanäthylphosphat*, Alkylierung zum *1-γ.γ-Dimethylallyl*(**VI**)-Deriv. u. Umlagerung unter gleichzeitiger Abspaltung der Cyanoäthylgruppe; 3. aus NaHAMP durch direkte Alkylierung u. anschließende Umlagerung. Die Umlagerungsgeschw. der 1-γ.γ-Dimethylallylderiv. in die N⁶-Deriv. bei 60° mit NH_3 nimmt in der Reihe **III** > *1-γ.γ-Dimethylallyladenosin-5'-phosphat* > *1-γ.γ-Dimethylallyladenin* ab. Unter den Bedingungen der enzymat. Hydrolyse von *Transfer-RNS* (tRNS) findet teilweise, aber keine quant. Umlagerung statt. Da im Rk.-Gemisch der Spaltung von tRNS kein **III** nachgewiesen wird, ist **III** wahrscheinlich auch nicht in der tRNS enthalten. — UV-Spektren vgl. Original.

Versuche (F. korr.): *N⁶-[γ.γ-Dimethylallyl]-adenosin* (**IV**), F. 146—147° (A./Acetonitril), aus **I** in Dimethylformamid (DMF) durch Zugabe von **II**, 24 Std. Stehen bei Raumtemp., Eindampfen, Lösen in W., 1,5std. Erhitzen auf 100° bei pH 7,5 u. Extrahieren mit Äthylacetat; 38% (Ausb.). — *1-[γ.γ-Dimethylallyl]-adenosin*(**III**)*-sulfat*, $C_{15}H_{22}N_5O_4 \cdot 0,5SO_4$, F. 150° (Zers.), analog vorst. Verb. aus **I** durch Rk. mit **II**, Lösen des Rk.-Prod. in W., Behandeln mit Dowex 1×8 (HCO_3^-), Chromatographieren an Dowex 50W×8 mit Na_2SO_4, Entfernen des Na_2SO_4 durch Fällen mit A. u. Umkrist. aus CH_3OH; 51%. — *N⁶-[γ.γ-Dimethylallyl]-2'.3'-O-isopropylidenadenosin* (**V**), $C_{18}H_{25}N_5O_4$, F. 93° (Chlf./Cyclohexan), aus **IV**, 2.2-Dimethoxypropan u. Di-p-nitrophenylhydrogenphosphat in Aceton durch 5std. Stehen in der Dunkelheit; 77%. — *Adenosin-5'-β-cyanoäthylphosphat*, aus AMP durch Suspendieren in Pyridin, Zugabe von 3-Hydroxypropionitril u. Dicyclohexylcarbodiimid (DCC), 3 Tage langes Stehen, Fällen des Dicyclohexylharnstoffs (**VII**) durch W., Einengen, Extrahieren mit Cyclohexan u. Chromatographieren der wss. Phase an Kieselgel; 82%. — *1-[γ.γ-Dimethylallyl]-adenosin-5'-β-cyanäthylphosphat* (**VI**), $C_{18}H_{25}N_6O_7P$, aus vorst. Verb. u. **II** in DMF durch 3std. Stehen bei Raumtemp., Eindampfen, Lösen in W. u. Chromatographieren an Dowex 1×8; 32%. — *N⁶-[γ.γ-Dimethylallyl]-adenosin-5'-phosphat, Di-Li*-Salz, $C_{15}H_{20}Li_2N_5O_7P \cdot H_2O$, a) aus **V** in Pyridin durch Zugabe von β-Cyanäthylphosphat u. DCC, 3 Tage langes Stehen in der Dunkelheit bei Raumtemp., Zugabe von W., Entfernen von **VII**, Abspalten der Isopropylidengruppe mit 70% Essigsäure bei 100° u. der β-Cyanoäthylgruppe mit 0,3 n NaOH bei Raumtemp., Chromatographieren an einer Zellulosesäule u. Überführen in das Di-Li-Salz; b) aus **VI** durch 3std. Erhitzen auf 60° in konz. NH_4OH; c) aus 27,3 mMol NaHAMP u. **II** in DMF durch 32std. Rühren bei 25°, Eindampfen im Vakuum, Chromatographieren an DEAE-Zellulose mit 0—0,1 m LiCl [→ *1-[γ.γ-Dimethylallyl]-adenosin-5'-phosphat*], 2,5std. Erhitzen auf 100° bei pH 7,5 u. Chromatographieren an Zellulose mit Isopropanol/NH_4OH/W. (7:1:2) u. Überführen in das Di-Li-Salz; 19%.

Helmut Schulze 4150

1242 **Umwandlung nichtcarcinogener aromatischer Amide in carcinogene Arylhydroxamsäuren durch synthetische N-Hydroxylierung.** H. R. Gutmann, S. B. Galitski und W. A. Foley. (Cancer Res. **27** (1967) 8, Part I, 1443—55; Minneapolis, Veterans Administration Hospital, and Univ. of Minn., Dep. of Biochem.; engl.) — Die prakt. nichtcarcinogenen aromat. Amide *N-Fluorenyl-(2)-benzamid* (**II**) u. *N-[7-Hydroxyfluorenyl-(2)]-acetamid* wurden zu den stark carcinogenen Arylhydroxamsäuren *N-Hydroxyfluorenyl-(2)-benzamid* (**I**) u. *N-Hydroxy-[7-hydroxyfluorenyl-(2)]-acetamid* N-hydroxyliert. **I** bewirkte i.p. bei jungen Rattenweibchen mit 100%, bei Männchen mit 75% Häufigkeit Tumore, meist rasch wachsende intraperitoneale Sarcome, bei Weibchen ferner Mammacarcinome. *N-Benzoylphenylhydroxylamin* war nicht carcinogen. N-Hydroxylierung im Stoffwechsel ist vermutlich eine notwendige aber nicht ausreichende Bedingung für die Carcinogenese durch aromat. Amide. Stoffwechselunters. mit **I** u. [α-¹⁴C]-**I** bei Rattenweibchen zeigten, daß die I-Benzoylgruppe in vivo von der Arylhydroxamsäure abgespalten wurde, wie die Isolierung von *N-Benzoyl-[α-¹⁴C]-glycin* u. von *[α¹⁴C]-Benzoesäure* aus Harn zeigte. Wahrscheinlich ist *N-Fluorenyl-(2)-hydroxylamin* (**III**) ein Prod. des I-Stoffwechsels. Urin oder Galle enthielten nach i.p. Zufuhr von [α-¹⁴C]-**II** nur unbedeutende I-Mengen.

Versuche: *N-[1-Hydroxy-fluorenyl-(2)]-benzamid* (**I**), $C_{20}H_{15}NO_2$, F. 227—230°. — *N-Hydroxy-N-fluorenyl-(2)-benzamid*, $C_{20}H_{15}NO_2$, F. 173—175° (A.–W.), a) aus 2-Nitrofluoren in Äthylacetat durch Zusatz von Benzoylchlorid, 10%ig. Pd–Kohle u. $(C_2H_5)_3N$ u. Hydrierung, Zusatz von NH_4OH (1 Std. Rückfluß), alkal. Extraktion der organ. Phase, Ansäuern des Extrakts, Lösen des Nd. (36% Ausb.) in CH_3OH, Fällen mit methanol. Cu(II)-Acetatmonohydrat u. Behandeln mit H_2S; b) aus **III** in Pyridin–Bzl. (1:2) durch Zusatz von Benzoylchlorid + etwas Hydrochinon, nach 1std. Rühren W.-Zusatz, alkal. Extraktion u. Ansäuern; 50%. — *N-Benzoyloxy-fluorenyl-(2)-benzamid*, $C_{27}H_{19}NO_3$, F. 181—182,5° (A.), aus vorst. Verb. in Pyridin durch einstd. Erhitzen mit Benzoylchlorid auf dem Dampfbad, Stehenlassen über Nacht, Eingießen in Eiswasser u. Äthylacetatextraktion; 52%. — *N-[3-Hydroxyfluorenyl-(2)]-benzamid*, $C_{20}H_{15} \cdot NO_2$, F. 255—258°, aus 2-Aminofluorenol-(3) in Pyridin mit Benzoylchlorid bei Raumtemp. (30 Min.), Zers. mit W., Äthylacetatextrakt, Erhitzen mit NH_4OH unter Rückfluß (1 Std.), alkal. Extraktion der organ. Phase u. Ansäuern; 73%. — *N-Hydroxy-N-[7-hydroxyfluorenyl-(2)]-acetamid*, $C_{15}H_{13}NO_3$, F. 213—215° (Zers.) (A.–W.), aus 0,91 g 2-Hydroxy-7-nitrofluoren in Äthylacetat, Acetanhydrid u. Triäthylamin durch Hydrieren mit Pd/Kohle, NH_4OH-Zusatz, 1 Std. Rühren bei Raumtemp. u. Ansäuern der NH_4OH-Lsg.; 25—33%. *Cu-Chelat*, $C_{30}H_{24}CuN_2O_6$, F. > 300°, aus methanol. Lsg. u. methanol. Cu(II)-Acetat; 78%. — *N-Benzoylglycinäthylester*, F. 59°, aus N-Benzoylglycin in A. durch 10 Std. Rückfluß in Ggw. konz. H_2SO_4; 35%. — [α-¹⁴C]-**I** nach Meth. b (s. oben); [α-¹⁴C]-**II**, F. 225° (A.), aus N-Fluorenyl-(2)-amin u. [α-¹⁴C]-Benzoylchlorid in Pyridin (15 Min., W.-Bad); 63%. — UV- u. IR-Spektren im Original.

K. Maier 4160

1243 **Mit 2.2'-Biaziridin verwandte Alkylierungsmittel. 2. Mitt. N.N'-Dicarbäthoxy-2.2'-biaziridin.** Peter W. Feit und Ole Tvaermose Nielsen. (J. med. Chem. **10** (1967) 5, 927—32; Leo Pharm. Prod., Ballerup, Denmark; engl.) — 1. vgl. ibid. **10** (1967) 697. — *(2S:3S)-N.N'-dicarbäthoxy-2.3-(1.4)-diamino-1.4-(2.3)-butandiolbis-*

methansulfonat (**I** u. **II**) sowie DL- (**III**) u. *(2R:2'R)-N.N'-dicarbäthoxy-2.2'-biaziridin* werden dargestellt. Während **III** direkt als Alkylierungsmittel dienen kann, ist bei **I** u. **II** nach Verseifung Ringschluß zum Biaziridin erforderlich. **I** u. **II** sowie das Zwischenprod. **IV** sind unwirksam, **III** zeigt Antitumorwrkg. bei hoher Toxizität.

Versuche: (S:S)-1.4-Dibenzyloxybutane: *2.3-Dihydroxy-*, F. 53,5—55°, durch Zutropfen von 43,1 g 1.2;3.4-Dioxidobutan zu 13 g Na-Benzylat in Benzylalkohol bei 55—85°, $[\alpha]_D^{20}$ —3,4°; 130—140 g (Ausb.). — *2.3-Bismethylsulfonyloxy-* (**VIII**), F. 76,5—77,5° (A.), durch Zutropfen von Methansulfonylchlorid zu 134 g vorst. Verb. in Py. bei 6—13°, $[\alpha]_D^{20}$ —11,7°; 180—200 g. — *2.3-Diamino-, Dihydrochlorid (Di-HCl)* (**V**), F. 198,5 bis 199,5° (A.), durch 17std. Rühren von 114 g vorst. Verb. mit NaN_3 in Formamid bei 110—112°, Gießen in W. Ausäthern, Eindampfen u. Hydrieren über Pd/$CaCO_3$ in A., $[\alpha]_D^{20}$ +14,5°; 24—30 g. — *2.3-Diacetylamino-*, F. 137—137,5° (Essigester), a) durch Zutropfen von Essigsäureanhydrid (**VI**) zu einer Suspension von 3,7 g **V** in 2 n NaOH bei 20—25°; 3,3 g. b) durch 40 Min. langes Erwärmen von 18,7 g **V** in Py. mit **VI** auf dem W.-Bad, $[\alpha]_D^{20}$ —33,1°; 15 g. — (S:S)-1.4-Butandiole: *2.3-Diamino-* (**VII**), *Di HBr*, F. 158,5—159° (A.), durch Hydrierung von 1,9 g vorst. Verb. in 48%ig. HBr, $[\alpha]_D^{20}$ +6,2°; 0,9 g. *Di-HCl*, F. 135—135,5° (Methanol). — *2.3-Dicarbäthoxyamino-*, F. 118—119° (A./Ae.), durch Zutropfen von Chlorameisensäureäthylester zu 45 g **V** u. NaOH in W. bei 0—5°, Zugabe von konz. HCl, Ausäthern u. Hydrieren in Ggw. von HCl über Pd–Kohle, $[\alpha]_D^{20}$ +29,5°; 25—30 g. *Bismethansulfonat* (**I**), F. 112 bis 112,5° (A.), analog **VIII** aus 20 g vorst. Verb., $[\alpha]_D^{20}$ +23,2°; 20—24 g. — *2.3-Bis-(dimethylamino)-, Di-HCl*, $C_8H_{20}N_2O_2 \cdot 2HCl \cdot H_2O$, F. 206—208° (A.), durch Hydrieren von 5,8 g **VII** in 35%ig. CH_2O über Pd–Kohle, $[\alpha]_D^{20}$ +21°; 5 g. *Cycl. Sulfit, Di-HCl*, $C_8H_{18}N_2O_3S \cdot 2HCl$, F. 150—154° (Zers.; W./A.), durch 20std. Kochen von 0,5 g vorst. Verb. in $SOCl_2$; 0,5 g. — DL-1.4-Dibenzyloxybutane: *2.3-Dihydroxy-*, F. 61,5—62,5°. — *2.3-Bismethylsulfonyloxy-*, F. 84,5—85° (A.). — *2.3-Diamino-, Di-HCl*, F. 204,5—206° (A.). — *2.3-Diacetylamino-*, F. 142,5—143° (Essigester). — DL-1.4-Butandiole: *2.3-Diamino-, Di-HCl*, F. 143,5—144,5° (Ae./Methanol). — *2.3-Dicarbäthoxyamino-*, $C_{10}H_{20}N_2O_6$, F. 102,5—103,5° (A./Ae.). *Bismethylsulfonat*, $C_{12}H_{24}N_2O_{10}S_2$, F. 123,5—124° (Aceton/W.). — *2.3-Bis-[dimethylamino]-, Di-HCl*, F. 66,5—68° (A.). — Meso-1.4-Dibenzyloxybutane: *2.3-Dihydroxy-*, $C_{18}H_{22}O_4$, F. 56—57°. — *2.3-Bis-methansulfonyloxy-*, $C_{20}H_{26}O_8S_2$, F. 101,5—103° (A.). — *2.3-Diamino-, Di-HCl*, $C_{18}H_{24}N_2O_2 \cdot 2HCl$, F. 231,5 bis 232° (A.). — *2.3-Diacetylamino-*, $C_{22}H_{28}N_2O_4$, F. 178,5 bis 179° (A.). — Meso-1.4-Butandiole: *2.3-Diamino-, Di-HBr*, $C_4H_{12}N_2O_2 \cdot 2HBr$, F. 214—215° (A.). *Bis-salicylidenverb.*, F. 185—185,5° (Methanol). *Di-HCl*, $C_4H_{12}N_2O_2 \cdot 2HCl$, F. 241,5—242,5° (W./Aceton). — *2.3-Bis-[dimethylamino]-, Di-HCl*, $C_8H_{20}N_2O_2 \cdot 2HCl \cdot 2H_2O$, F. 228,5—229° (A.). — *D-2.3-Diaminobutandiol-(1.4), Di-HBr*, F. 183—184° (A.). *Bis-salicylidenverb.*, F. 178—178,5° (Methanol). — *Meso-2.3-Dibenzylaminobernsteinsäurediäthylester, Di-HCl*, $C_{22}H_{28}N_2O_4 \cdot 2HCl$, F. 170,5—171,5° (Zers.; A.), aus 125 g Säure mit HCl in A.; 90 g. *Base*, F. 73—76°. — Meso-2.3-Dibenzylaminobutane: *1.4-Dihydroxy-*, F. 81—82,5°, durch Red. von 75 g vorst. Verb. mit $LiAlH_4$; 43 g. *Di-HBr*, $C_{18}H_{24}N_2O_2 \cdot 2HBr$, F. 183,5—184,5° (A.). — *1.4-Dichlor-* (**IV**), *Di-HCl*, $C_{18}H_{22}Cl_2N_2 \cdot 2HCl$, F. 168—176° (Zers.), durch Eindampfen von 6 g vorst. Verb. mit alkohol. HCl u. Rk. mit $SOCl_2$; 3,3 g. — *(2S:3S)-1.4-N-2.3-O-Tetracarbäthoxy-1.4-diaminobutandiol-(2.3)*, $C_{16}H_{28} \cdot N_2O_{10}$, F. 82,5—84° (Ae./PAe.), durch Zutropfen von Chlorameisensäureäthylester zu einer Suspension von 28,2 g (2S:3S)-1.4-Diaminobutandiol-(2.3) in Py. bei 0—5°, $[\alpha]_D^{20}$ 43,2°; 28,7 g. — *(2S:3S)-1.4-Dicarbäthoxyaminobutandiol-(2.3)* (**IX**), $C_{10}H_{20}N_2O_6$, F. 112 bis 113,5°, durch Rühren von 10,2 g vorst. Verb. mit KOH in A. bei Raumtemp., $[\alpha]_D^{20}$ +21,2°; 0,6 g. *Bismethansulfonat* (**II**), F. 162,5—163,5° (Tetrachloräthan), a) aus 9,4 g der Aminoverb.; 7,3 g. b) aus 0,3 g **IX** in Py. mit Methansulfonylchlorid, $[\alpha]_D^{20}$ —13,7°; 0,45 g. — *(5S:αS)-5-[β-Carbäthoxyamino-α-hydroxyäthyl]-oxazolidon-(2)*, $C_8 \cdot H_{14}N_2O_5$, F. 141—142° (Aceton), neben **IX**, $[\alpha]_D^{20}$ +39,3°; 1,4 g. — 3.4-Diaminotetrahydrofurandihydrobromide: *(S:S)*-, Zers. 270°, durch 20std. Kochen von 2 g **VII** mit 48%ig. HBr; 2,5 g. b) durch Kochen von 1 g **I** in Methansulfonsäure u. Fällen mit Ae. des Salzes $C_4H_{10}N_2O \cdot 2CH_3SO_3H$ u. Krist. aus 48%ig. HBr; 0,18 g. — DL-, $C_4H_{10}N_2O \cdot 2HBr$, Zers. 250° (48%ig. HBr). — N.N'-Dicarbäthoxy-2.2'-biaziridine: *(R:R)*-, F. 54—55°, durch 17std. Rühren von 10,5 g **I** mit KOH in CH_2Cl_2 bei Raumtemp., $[\alpha]_D^{20}$ +206°; 3,5 g. — DL- (**III**), $C_{10}H_{16}N_2O_4$, F. 35,5—37°. W. Holland 4160

1244 **Flavin–Pyridinium–Bis-Coenzym-Analoge. Synthese und Reaktionsfähigkeit.** Socrates P. Pappas, Betty C. Pappas und Kerford A. Marchant jun. (Biochemistry [Washington] **6** (1967) 10, 3264—69; Atlanta, Ga., Emory Univ., Dep. of Chem.; engl.) — Wegen der Bedeutung von Flavin(**I**)–Pyridinium(**II**)-Wechselwrkg. bei Flavoprotein-katalysierten Enzymrk. wurden Substanzen mit einer **I**- u. einer **II**-Gruppe, getrennt durch eine unterschiedliche Zahl von Atomen als Modellenzyme, z. B. Flavin-3-Ureidopyridinium-Modelle mit 14, 9 u. 7 Zwischengliedern sowie **I–II**-Analoge, synthetisiert. Die Kinetik der nichtenzymat. Ox. von NADH u. Dihydroliposäure (**III**) durch diese Verb. wurde untersucht u. in allen Fällen 2—7fache Geschw.-Steigerungen gegenüber Riboflavin beobachtet. Anscheinend nehmen die **II**-Ringe der Modellverb. nach verschiedenen Mechanismen an der NADH- u. **III**-Ox. teil.

Versuche: Die [β-(7.8-Dimethylisoalloxazinyl-(10)-äthyl)]-ester von folgenden Säuren wurden dargestellt: *6-Bromhexansäure* (**IV**), $C_{20}H_{23}BrN_4O_4$, F. 214—215° (CH_3OH–Ae.), aus 7.8-Dimethyl-10-[β-hydroxyäthyl]-isoalloxazin u. 6-Bromhexanoylchlorid in sd. Acetonitril (N_2-Strom, 48 Std., über Nacht bei Raumtemp.); 83% (Ausb.). — *11-Bromundecansäure* (**V**), $C_{25}H_{33}BrN_4O_4$, F. 202—203° (Zers.), aus 11-Bromundecanoylchlorid wie vorstehend. — *4-Brombuttersäure* (**VI**), $C_{18}H_{19}BrN_4O_4$, F. 206—207° (Zers.), aus 4-Brombutyrylchlorid wie vorstehend. — *4-[1-(3-Ureido)-pyridiniumbromid]-buttersäure*, $C_{24}H_{26}BrN_7O_5$, F. 189—190° (Zers.) (W.–Aceton), aus 322 mg **VI** u. Nicotinamid durch 10 bis 15 Min. Erhitzen auf 125—130° (N_2); 242 mg. — *11-[1-(3-Ureido)-pyridiniumbromid]-undecansäure*, $C_{31}H_{40} \cdot BrN_7O_5$, F. 216—219° (Zers.), analog wie vorstehend. — *6-[1-(3-Ureido)-pyridiniumbromid]-hexansäure*, $C_{26}H_{30}Br \cdot N_7O_5$, F. 224—226° (Zers.), analog wie vorstehend. — *11-[1-Pyridiniumbromid]-undecansäure*, $C_{30}H_{38}BrN_5O_4$, F. 147—148° (Zers.), aus 245 mg **V** in sd. Py. (2 Std., 2 Tage Raumtemp.); 249 mg. — *6-[1-Pyridiniumbromid]-hexansäure*, $C_{25}H_{28}BrN_5O_4$, F. 165—166° (Zers.), analog wie vorst. aus **IV**. K. Maier 4210

1245 **Zur Kenntnis des Süßmandel-Emulsins.** Burkhardt Helferich und Traute Kleinschmidt. (Hoppe-Seyler's Z. physiol. Chem. **349** (1968) 1, 25—28; Chem. Inst., Univ. Bonn; dt.) — Die Komponenten A u. B der *β-D-Glucosid–Glucohydrolase* (*EC 3.2.1.21*; **I**) aus Süßmandeln wurden gegenüber den Substraten *Salicin*, *Phenol-β-D-glucosid* (**II**), *o-Kresol-β-D-glucosid* (**III**), *p-Kresol-β-D-glucosid*, *Protocatechualdehyd-β-D-glucosid*, *Phenol-β-D-isorhamnosid* (**IV**) u. *o-Kresol-β-D-isorhamnosid* (**V**) untersucht u. ihre relative Wirksamkeit bestimmt. **I**-*A* u. **I**-*B* spalten **IV** rascher als **II** u. **I**-*B* spaltet **V** schneller als **IV**, während **I**-*A*, **IV** u. **V** etwa gleich schnell hydrolysiert. — **I**-*A* bzw. **I**-*B* besitzen die Molgew. 135000 bzw. 90000 u. unterscheiden sich in ihrer Aminosäure-Zus. (Angabe des %-Geh.). — **IV** wurde aus **II** durch Acetylierung in Py. zu *2.3.4-Triacetyl-6-mesylphenol-β-D-glucopyranosid* (**VI**), Umsetzung von **VI** mit NaJ in Aceton (Rückfluß, 60 Std.) zu dessen *6-Jodhydrin* (**VII**), Umwandlung von **VII** mit Zn-Staub in Eisessig in *2.3.4-Triacetylphenol-β-D-isorhamnosid* (**VIII**) u. Entacetylierung (mit CH_3OH/CH_3ONa, 15 Min. Rückfluß) von **VIII** hergestellt, **V** wurde entsprechend aus **III** erhalten.

Versuche: *Phenol-β-D-isorhamnosid* (**IV**), F. 160 bis 162°, feine Nadeln aus Essigester, $[\alpha]_D^{21}$ —80,7° (W., c = 3), aus **VIII**; 60,5% (Ausb.). — *2.3.4-Triacetyl-6-mesylphenol-β-D-glucopyranosid* (**VI**), $C_{19}H_{24}O_{11}S$, F. 127

bis 128° aus 99%ig. A., $[\alpha]_D^{20}$ −22,8° (Chlf., c = 3); 73%. — *2.3.4-Triacetylphenol-β-D-glucopyranosid-6-jodhydrin* (**VII**), F. 132—133°, breite Nadeln aus 99%ig. A., $[\alpha]_D^{22}$ −37,9° (Chlf., c = 3); 96,5%. — *2.3.4-Triacetylphenol-β-D-isorhamnosid*, F. 135—136,5°, Nadeln aus 99%ig. A., $[\alpha]_D^{20}$ −7,1° (Chlf., c = 2,5); 69%. — *2.3.4-Triacetyl-6-mesyl-o-kresol-β-D-glucopyranosid*, $C_{20} \cdot H_{26}O_{11}S$, F. 151—152° aus 99%ig. A., $[\alpha]_D^{23}$ −28,8° (Chlf., c = 3), aus **III**; 85,5%. — *2.3.4-Triacetyl-o-kresol-β-D-glucopyranosid-6-jodhydrin*, $C_{19}H_{23}O_8J$, F. 163 bis 165°, aus der Schmelze, $[\alpha]_D^{21}$ −40,6° (Chlf., c = 3); 98,2%. — *2.3.4-Triacetyl-o-kresol-β-D-isorhamnosid*, $C_{19} \cdot H_{24}O_8$, F. 154—155°, rechteckige Täfelchen aus 99%ig. A., $[\alpha]_D^{21}$ −15,2° (Chlf., c = 4); 68,9%. — *o-Kresol-β-D-isorhamnosid*, $C_{13}H_{18}O_5$, F. 145—146° aus W., $[\alpha]_D^{21}$ −78,8° (W., c = 1,3); 83,7%. W. Damerau 4230△

1246 **Spezifität des Pepsins.** Ken Inouye und Joseph S. Fruton. (Biochemistry [Washington] **6** (1967) 6, 1765—77; Dep. of Biochem., Yale Univ., New Haven, Conn.; engl.) — Es wird die Synth. einer Reihe neuer *Pepsin*(**I**)-Substrate der allgemeinen Formel *Benzyloxycarbonyl*(**Z**)-*L-His-X-Y-OR* beschrieben, wobei X für L-Phe-p-Nitro-L-Phe- (**II**), L-Tyr-, L-Try-, u. L-Leu- u. Y für L-Phe- stehen. Die scheinbaren K_m-Werte der Spaltungsrk. von **I** auf die X-Y-Bindung bei pH 4,0 zeigt eine relativ geringe Variationsbreite (0,2—0,8 mm), dagegen unterscheiden sich die K_{kat}-Werte zwischen 0,0025 u. 2,4 sek.$^{-1}$. **I** bevorzugt zur Spaltung hydrophobe Aminosäuren (AS) auf beiden Seiten der X-Y-Bindung. Es wird gezeigt, daß die weitere AS-Folge die Empfindlichkeit der X-Y-Bindung beeinflußt. Die Spaltungsgeschw. von **I**-Substraten mit X = **II** wird spektrophotometr. bei 310 nm verfolgt. **I** spaltet als Esterase *Z-L-His-***II**-*β-Phenyl-L-milchsäuremethylester* an der -**II**-*β*-Phenyllactylbindung. Falls die L-Phenylalanylreste des Substrates Z-L-His-L-Phe-L-Phe-Äthylester durch ein D-Isomer ersetzt wird, erweist sich das Peptid als resistent gegenüber Spaltung durch **I**. Die beiden Diastereomeren L-L-D- u. L-D-L-Peptide sind kompetetive Inhibitoren für **I** mit K_i-Werten, die etwa dem kinet. bestimmten scheinbaren K_m-Wert für das entsprechende L-L-L-Substrat entsprechen (Tab.). Daraus u. aus der Invarianz der K_m-Werte für verschiedene Substrate dieses Typs wird geschlossen, daß der scheinbare K_m-Wert für diese Substrate etwa der Dissoziations-Konst. des Enzym-Substrat-Komplexes entspricht. Die basenkatalysierte Razemisierung der Z-L-His-L-Phe-L-Phe-O-Äthylester u. a. Verb. findet hauptsächlich an dem veresterten Phe-Rest statt.

Versuche: *Z-Phe-Phe-Methylester*, $C_{27}H_{28}N_2O_5$, F. 147—149° (Essigester–Ae.), Darst. analog des Äthylesters nach Inouye et al., Biochemistry **5** (1966) 2473; 95% (Ausb.). — *Phe-Phe-Methylester · HBr*, $C_{19}H_{23}Br \cdot N_2O_3$, F. 198—200°; 98%. — *Z-His-Phe-Phe-Methylester*, $C_{33}H_{35}N_5O_6$, F. 194—196°; aus Z-His-NHNH$_2$ u. Phe-Phe-Methylester HBr; $[\alpha]_D^{23}$ −26,3° (50%ig. Essigsäure), R_f 0,54 in Methanol/Bzl. 15:85 v/v (**A**); 89%. — *Z-Phe-D-Phe-Äthylester*, $C_{28}H_{30}N_2O_5$, F. 118—119°, analog L-L-Isomer aus *Z-Phe* u. *D-Phe-Äthylester*. — *Z-His-Phe-D-Phe-Äthylester*, $C_{34}H_{37}N_5O_6$, F. 187—188° (Essigester), aus vorst. freier Base u. Z-His-N$_3$ (**IV**); $[\alpha]_D^{24}$ −13,4° (50%ig. wss. Essigsäure); R_f 0,59 in **A**; 85%. — *Z-D-Phe-Phe-Äthylester*, $C_{28}H_{30}N_2O_5$, F. 118—119°, analog L-L-Isomer aus Z-D-Phe u. Phe-Äthylester, katalyt. Hydrogenolyse mit Palladiumschwarz gibt das Dipeptidesterhydrochlorid. — *Z-His-D-Phe-Phe-Äthylester*, $C_{34} \cdot H_{37}N_5O_6$, F. 137—139° (Essigester), aus vorst. freier Base durch Kupplung mit **IV**; $[\alpha]_D^{24}$ −8,5° (50%ig. wss. Essigsäure), R_f 0,59 in **B**; 80%. — *Z-Phe-Phe-NH$_2$*, $C_{26}H_{27}N_3O_4$, F. 231° (A.), Kupplung von Z-Phe u. Phe-NH$_2$ in Dimethylformamid in Ggw. von *Dicyclohexylcarbodiimid* (**III**), Entfernung des Dicyclohexylharnstoffs u. Präzipitation mit W.; 100%. — *Phe-Phe-NH$_2$ · HBr*, $C_{18}H_{22}BrN_3O_2$, F. 236—237°, aus vorst. Verb. durch Zugabe von ges. HBr-Lsg. in Essigsäure u. Zugabe von Ae. nach 30 Min.; 83%. — *Z-His-Phe-Phe-NH$_2$*, $C_{32}H_{34}N_6O_5$, F. 213—214° (Zers.) (A.–W.), aus Phe-Phe-NH$_2$ (aus vorst. Verb. durch Neutralisation mit K_2CO_3 u. Extraktion mit CH_2Cl_2, F. 136—138°, 81%) u. **IV** (aus dem Hydrazid) in Tetrahydrofuran, Stehenlassen für 2 Tage bei 0° u. Repräzipitation aus A.–W.; $[\alpha]_D^{23}$ −27,8°, R_f 0,47 in **B**; 89%. — *Z-Gly-His-Phe-Phe-Äthylester*, $C_{36}H_{40}N_6O_7$, F. 210—211° (A.–W.), aus His-Phe-Phe-Äthylester (Hydrogenolyse der Benzyloxycarbonylverb.) in Dioxan–W. (9:1) u. Z-Gly-N$_3$ (F. 62—63°), Stehenlassen für 40 Std. bei 0°, $[\alpha]_D^{23}$ −17,5° (wss. 50%ig. Essigsäure), R_f 0,73 in 1-Butanol–Essigsäure–W., 4:1:1, v/v (**B**); 66%. — *Z-His-Gly-Phe-Phe-Äthylester*, $C_{36}H_{40} \cdot N_6O_7$, F. 164—166° (A.–W.), aus **IV** in Äthylessigester u. Gly-Phe-Phe-Äthylester (aus dem HBr- oder Acetatderiv.), Stehenlassen für 40 Std. bei 0°, gelatinöses Prod., rekrist. aus A.–W., $[\alpha]_D^{23}$ −15,0°; 72%. — *Z$_2$-Tyr-Phe-Methylester*, $C_{35}H_{34}N_2O_8$, F. 186—188° (Dioxan–Ae.), aus Z$_2$-Tyr (F. 117°) u. Phe-Methylester durch Kupplung in Ggw. von **III** in CH_2Cl_2, Entfernung des Dicyclohexylharnstoffs durch Dioxan, u. Einengung des Filtrats im Vakuum; 82%. — *Z-His-Tyr-Phe-Methylester*, $C_{33}H_{35}N_5O_7$, F. 174—176°, Darst. des freien Dipeptidesters durch katalyt. Hydrogenolyse mit Palladiumschwarz in Methanol in Ggw. von 2 Äquivalenten HCl ergibt nach Einengung im Vakuum ein Öl, welches nicht krist.; R_f 0,52 in **B**, Umsetzung mit **IV** in Essigester, Stehenlassen für 2 Tage bei 0°, $[\alpha]_D^{23}$ −22,4° (50% wss. Essigsäure), R_f 0,42 in Phenol; 75%. — *Z-His-Tyr*, $C_{23}H_{24}N_4O_6$, F. 230—231° (A.), aus $N^{\alpha}.N^{Im}$-Z$_2$-His-Tyr-Äthylester u. n NaOH in A., Neutralisation mit n HCl nach 2 Std. bei 0° u. Konz. im Vakuum; 92%. — *Z-Try-Phe-Methylester*, $C_{29}H_{29}N_3O_5$, F. 132—133° (Essigester–Ae.), aus Z-Try u. Phe-Methylester durch Kupplung mit **III** in CH_2Cl_2, Entfernung des Dicyclohexylharnstoffs, Konz. im Vakuum, sukzessives Waschen mit n HCl, W. u. 5%ig. $NaHCO_3$, Trocknen u. Einengen; 96%. — *Z-His-Try-Phe-Methylester*, $C_{35}H_{36}N_6O_6$, F. 156 bis 158° (A.–W.), katalyt. Hydrogenolyse vorst. Verb. in Ggw. von Methanol u. Eisessig mit Palladiumschwarz u. Umsetzung zur freien Base mit kalter 50%ig. K_2CO_3 in CH_2Cl_2, nach Abdampfen des organ. Lsgm. wird öliges Prod. mit **IV** (aus dem Hydrazid) in Essigester umgesetzt, Stehenlassen für 20 Std. bei 0°; $[\alpha]_D^{23}$ −20,4° (50%ig. wss. Essigsäure), R_f 0,53 in Methanol–Essigester 1:3, v/v (**C**); 80%. — *Z-Phe-Leu-Methylester*, $C_{24} \cdot H_{30}N_2O_5$, F. 108—110° (Essigester–Äther–PAe.), aus Z-Phe u. Leu-Methylester durch Kupplung mit **III** in $CH_2 \cdot Cl_2$; 95%. — *Z-His-Phe-Leu-Methylester*, $C_{30}H_{37}N_5O_6$, F. 180—181° (A.–W.), aus **IV** u. Phe-Leu-Methylester (aus vorst. Verb.); $[\alpha]_D^{23}$ −39,9° (50%ig. wss. Essigsäure), R_f 0,48 in **A**; 80%. — *Z-Leu-Phe-Methylester*, $C_{24} \cdot H_{30}N_2O_5$, F. 90—91° (Essigester–Ae.–PAe.), aus Z-Leu (aus dem Dicyclohexylammoniumsalz, F. 153—155°, durch Behandlung mit Dowex-50W in der H$^+$-Form) u. Phe-Methylester durch Kupplung mit **III** in CH_2Cl_2; 89%. — *Leu-Phe-Methylesterhydrochlorid*, $C_{16}H_{25}ClN_2O_3$, F. 200—201°, katalyt. Hydrogenolyse vorst. Verb.; 100%. — *Z-His-Leu-Phe-Methylester*, $C_{30}H_{37}N_5O_6$, F. 185 bis 187° (A.–W.), aus **IV** u. Leu-Phe-Methylester in Essigester, Stehenlassen für 40 Std. bei 0° u. Krist. des gelatinösen Prod. aus A.–W.; $[\alpha]_D^{23}$ −33,4° (50%ig. wss. Essigsäure), R_f 0,48 in **A**; 91%. — *Z-Phe-L-2-amino-3-phenylpropanol-1*, $C_{26}H_{28}N_2O_4$, F. 166—167°, aus *L-2-Amino-3-phenylpropanol-1* (**V**) (dargestellt aus Phe-Methylester durch Red. mit Li-Al-Hydrid in Tetrahydrofuran, F. 91—92°) u. Z-Phe durch Kupplung in Ggw. von Chlorkohlensäureäthylester u. Tri-n-butylamin in Tetrahydrofuran als Lsgm., nach 1std. Rühren bei 0° u. Stehenlassen über Nacht bei 0° wird Rk.-Gemisch im Vakuum konz. u. der Rückstand in Essigester gelöst, Waschen mit n HCl, W. u. 5%ig. $NaHCO_3$, Trocknen über $MgSO_4$ u. Abdampfen; 77%. — *Z-His-Phe-L-2-Amino-3-phenylpropanol-1*, $C_{32}H_{35}N_5O_5$, F. 177 bis 179° (A.–W.), aus **IV** u. Phe-**V** (aus vorst. Verb. durch katalyt. Hydrogenolyse, F. 61—63°, 73%), Stehenlassen für 20 Std. bei 0°, Konzentrieren auf kleines Vol. u. Zugabe von Ae.; $[\alpha]_D^{23}$ −41,0° (50%ig. wss. Essigsäure), R_f 0,46 in **A**; 80%. — *Z-p-Nitro-L-Phe*, $C_{17}H_{16}N_2O_6$, F. 135—136° (Essigester–PAe.), aus *p-Nitro-L-Phe · H$_2$O* u. Na_2CO_3 in n NaOH wird tropfenweise Benzyloxycarbonylchlorid unter Rühren bei 0° zugefügt, Waschen mit Ae., Ansäuern mit 6 n HCl u. Lösen des Präzipitates in Essigester; 96%. — *Z-p-Nitro-L-Phe-Phe-Methylester*,

$C_{27}H_{27}N_3O_7$, F. 167–168° (Essigester–Ae.–PAe.), aus Phe-Methylester durch Kupplung in Ggw. von **III** in CH_2Cl_2; 96%. — *p-Nitro-L-Phe-Phe-Methylester* · HBr, $C_{19}H_{22}BrN_3O_5$, F. 207–208°, aus vorst. Verb. durch Zufügen von ges. Lsg. von HBr in Essigsäure u. Stehenlassen für 1 Std. bei Raumtemp.; 86%. — *Z-His-p-Nitro-L-Phe-Phe-Methylester*, $C_{33}H_{34}N_6O_8$, F. 217–218° (A.–W.), aus **IV** u. vorst. Verb.; $[\alpha]_D^{23}$ –33,0° (50%ig. wss. Essigsäure), R_f 0,56 in **A**; 85%. — *Z-p-Nitro-L-Phe-D-Phe-Methylester*, $C_{27}H_{27}N_3O_7$, F. 160–161° (Essigester–Ae.), analog L-L-Isomer aus Z-p-Nitro-L-Phe u. D-Phe-Methylester in Ggw. von **III**; 94%. — *Z-His-p-Nitro-L-Phe-D-Phe-Methylester*, $C_{33}H_{34}N_6O_8$, F. 198 bis 199°, analog dem L-L-L-Isomeren durch Kupplung von **IV** mit *p-Nitro-L-Phe-D-Phe-Methylester* (aus dem Hydrobromid der freien vorst. Verb.); $[\alpha]_D^{23}$ –17,5° (wss. 50%ig. Essigsäure), R_f 0,56 in **A**; 85%. — *Z-Phe-β-Phenyl-L-milchsäuremethylester*, $C_{27}H_{27}NO_6$, F. 79–80° (Ae.–PAe.), Z-Phe in trockenem Pyridin tropfenweise mit Benzolsulfonylchlorid versetzt, β-Phenyl-L-milchsäuremethylester in Pyridin zugetropft u. mit Ae. extrahiert; R_f 0,78 in **A**; 83%. — *Z-Phe-β-Phenyl-L milchsäureäthylester*, $C_{28}H_{29}NO_6$, F. 82–83° analog vorst. Verb.; — *Z-p-Nitro-L-Phe-β-phenyl-L-milchsäuremethylester*, $C_{27}H_{26}N_2O_8$, F. 135–136° (Essigester–Ae.–PAe.), aus Z-p-Nitro-L-Phe u. β-Phenyl-L-milchsäuremethylester mit Benzolsulfonylchlorid in Pyridin; R_f 0,75 in **A**; 67%. — *p-Nitro-L-phenyl-Phe-β-phenyl-L-milchsäuremethylester · HBr*, $C_{19}H_{21}BrN_2O_6$, F. 136–137°, R_f 0,67 in A.; 96%. — *Z-His-p-Nitro-L-Phe-β-phenyl-L-milchsäuremethylester*, $C_{33}H_{33}N_5O_9$, F. 134–136° (Essigester), aus **IV** u. vorst. Verb. $[\alpha]_D^{23}$ –32,5° (50%ig. wss. Essigsäure), R_f 0,54 in A.; 64%. — *β-Phenyl-D-milchsäuremethylester*, F. 48–50° (Ae.–PAe.), aus D-Phe u. $NaNO_2$ u. Veresterung des Rk.-Prod. (*β-Phenyl-D-milchsäure*, F. 120–123°, $[\alpha]_D^{20}$ +19,7 (W.); 51%) mit Thionylchlorid in Methanol; $[\alpha]_D^{25}$ +12,8 (Bzl.); 81%. *Z-p-Nitro-L-Phe-β-phenyl-D-milchsäuremethylester*, $C_{27}H_{26}N_2O_8$, F. 81–83° (Essigester–Ae.), analog L-L-Isomer; 63%. — *Z-His-p-Nitro-L-Phe-β-phenyl-D-milchsäuremethylester*, $C_{33}H_{33}N_5O_9$, F. 176–177° (A.–W.), aus **IV** u. vorst. Verb., $[\alpha]_D^{23}$ –13,8° (50%ig. wss. Essigsäure), R_f 0,54 in **A**; 50%. P. Teichgräber 4230

1247 **Heterocyclische Tetrazole, eine neue Klasse von Lipolyse-Inhibitoren.** Gerald F. Holland und Joseph N. Pereira. (J. med. Chem. **10** (1967) 2, 149–54; Med. Res. Labor., Chas. Pfizer u. Co., Inc., Groton, Conn.; engl.) — Es werden eine Reihe von *5-[Pyridyl-(3)]-tetrazolen* u. *5-heterocycl. substituierten Tetrazolen* synthetisiert u. auf ihre lipolyseinhibitor. Wrkg. untersucht. Die Darst. erfolgt in den meisten Fällen durch Umsetzung von heterocycl. Nitrilen mit NaN_3 in DMF. *5-[Pyridyl-(3)]-tetrazol* weist die stärkste inhibitor. Aktivität auf, wirkt jedoch wesentlich schwächer als Nicotinsäure.

Versuche: 3-Cyanpyridine: *4-Methyl-*, nach Bobbitt u. Scola, J. org. Chemistry **25** (1960) 560. — *2-Methoxy-*, nach Taylor u. Crovetti, J. Amer. chem. Soc. **78** (1956) 214. — *6-Methoxy-*, nach Forrest u. Walker (1948). — *6-Methylmercapto-*, nach vorst. Zitat. — *6-Methylsulfonyl-*, analog vorvorst. Zitat. — *6-Amino-*, nach Caldwell et al., J. Amer. chem. Soc. **81** (1946) 704. — *6-Acetamido-*, nach Lipp et al., Mh. Chem. **91** (1960) 595. — *4.6-Dimethyl-*, nach Sperber et al., J. Amer. chem. Soc. **81** (1959) 704. — *6-Methyl-*, F. 80 bis 81°, durch Hydrieren von 2-Chlor-3-cyan-6-methylpyridin in Methanol/Triäthylamin in Ggw. von 5%ig. Pd–Kohle, Filtrieren u. Einengen im Vakuum; 65% (Ausb.). — *4-[Trifluormethyl]-*, $C_7H_3F_3N_2$, $Kp._{0,07}$ 70°, durch Zugabe von 4.4.4-Trifluoracetoessigsäureäthylester zu einem Gemisch aus Cyanacetamid u. Piperidin in abs. A. bei 70°, 12std. Kochen, Filtrieren, Lösen in W., Ansäuern mit verd. HCl, Umsetzung des erhaltenen *3-Cyan-4-[trifluormethyl]-6-hydroxy-(1H)-pyridon-(2)* [F. 192–195,5° (W.); 83%] mit $POCl_3$ u. Dehalogenierung des erhaltenen *3-Cyan-2.6-dichlor-4-trifluormethylpyridins* [$C_7HCl_2F_3N_2$, F. 39–40°, $Kp._{0,5}$ 68–71°; 63%]; 50%. — *3-Cyan-5-fluorpyridin*, $C_6H_3FN_2$, F. 54–55,5°, durch Erhitzen eines Gemisches aus 5-Fluornicotinamid u. P_2O_5 bei $Kp._{0,01}$ 230°; 64%. — *2-Methylmercapto-*, $C_7H_6N_2S$, F. 87,5–89,5°, aus 2-Chlor-3-cyanopyridin. — *5-Amino-*, $C_6H_5N_3$, F. 125–127,5° ($CHCl_3$/Hexan), durch Zugabe von $SnCl_2 \cdot 2H_2O$ in konz. HCl zu 2-Chlor-3-cyan-5-nitropyridin in Ae. unter Rühren, Alkalisieren mit 40%ig. NaOH, Kühlen, Filtrieren u. Dehalogenieren des erhaltenen *2-Chlor-3-cyan-5-aminopyridins* [$C_6H_4ClN_3$, F. 193,5–194° (Methanol); 93%]; 55%. — *4-Trifluormethyl-6-methyl-*, $C_8H_5F_3N_2$, $Kp._{0,02}$ 50–52°, durch Zutropfen von 1.1.1-Trifluorpentandion-(2.4) zu einem Gemisch aus Cyanacetamid u. Piperidin in abs. A. bei 75°, 3std. Kochen, Zugabe von W., Kühlen, Filtrieren, 18std. Kochen des erhaltenen *3-Cyan-4-[trifluormethyl]-6-methyl-(1H)-pyridons-(2)* [F. 231–233°; 85%] mit $POCl_3$ u. PCl_5, Kühlen, Zugabe von Toluol, Einengen im Vakuum, Zugabe von A./W., Extrahieren mit Ae. u. Dehalogenierung des erhaltenen *2-Chlor-4-[trifluormethyl]-6-methylpyridins* [$C_8H_4ClF_3N_2$, $Kp._{0,05}$ 85°; 80%]; 52%. — *4-[Methoxymethyl]-6-methyl-*, $C_9H_{10}N_2O$, F. 44–45°, $Kp._{0,06-0,08}$ 150–155°, durch Dehalogenierung von 2-Chlor-3-cyan-4-[methoxymethyl]-6-methylpyridin; 66%. — *3-Cyan-6-methyl-(1H)-pyridon-(2)*, nach Perez-Medina, J. Amer. chem. Soc. **69** (1947) 2571. — *3-Cyanchinolin*, nach Gilman u. Spatz, J. Amer. chem. Soc., **63** (1941) 1553. — *3-Cyan-5-methylisoxazol*, nach Quilico et al., Gazz. Chim. Ital. **68**, 625 (1938). — *3-Methyl-5-cyanisoxazol*, nach vorst. Zitat. — 5-[Pyridyl-(3)]-tetrazole: *Unsubstituiert* (**I**), $C_6H_5N_5$, F. 238° (Zers.; W.), durch 12std. Erhitzen eines Gemisches aus 3-Cyanpyridin, NaN_3, NH_4Cl u. LiCl in DMF bei 125°, Kühlen, Filtrieren, Einengen im Vakuum, Lösen in W. u. Einstellen auf pH 2 mit HCl; 49%. — *4-Methyl-*, $C_7H_7N_5$, F. 225–227° (Zers.). — *5-Methyl-*, $C_7H_7N_5$, F. 223°. — *6-Methyl-*, $C_7H_7N_5$, F. 228–230° (Zers.). — *4-[Trifluormethyl]-*, $C_7H_4F_3N_5$, F. 183–186,5°. — *5-Fluor-*, $C_6H_4FN_5$, F. 204° (Zers.). — *2-Methoxy-*, $C_7H_7N_5O$, F. 158–160° (Zers.). — *6-Methoxy-*, $C_7H_7N_5O$, F. 204° (Zers.). — *2-[Methylmercapto]-*, $C_7H_7N_5S$, F. 213–214° (Zers.). — *6-[Methylmercapto]-*, $C_7H_7N_5S$, F. 214–215° (Zers.). — *6-[Methylsulfonyl]-*, $C_7H_7N_5O_2S$, F. 199–200° (Zers.). — *5-Amino-*, $C_6H_6N_6$, F. 322° (Zers.). — *6-Amino-*, $C_6H_6N_6$, F. 309° (Zers.). — *6-[Acetamido]-*, $C_8H_8N_6O$, F. 281° (Zers.). — *5-Carboxy-*, $C_7H_5N_5O_2$, F. 284–285° (Zers.); b) durch Zutropfen von warmer wss. 1 m $KMnO_4$-Lsg. zu 5-[5-Methylpyridyl-(3)]-tetrazol in W. bei 90–100°, 16std. Kochen, Kühlen, Filtrieren, Einengen im Vakuum u. Ansäuern auf pH 3–4; 24%. — *2-Hydroxy-6-methyl-*, $C_7H_7N_5O$, F. 310–312° (Zers.). — *4.6-Dimethyl-, Hydrochlorid*, $C_8H_9N_5 \cdot HCl$, F. 231–233° (Zers.) — *4-[Trifluormethyl]-6-methyl-, Hydrochlorid*, $C_8H_6F_3N_5 \cdot HCl$, F. 204° (Zers.). — *4-[Methoxymethyl]-6-methyl-, Hydrochlorid*, $C_9H_{11}N_5O \cdot HCl$, F. 204–205° (Zers.). — *1-Methyl-*, F. 78–80° (Toluol), durch 6,5std. Rühren eines Gemisches aus N-Methylnicotinamid u. PCl_5 in Bzl. bei 25°, Zugabe von 4 n Hydrazonsäure in Bzl., 12std. Rühren bei 25°, Dekantieren, Zugabe von verd. wss. NaOH u. Extrahieren mit Methylenchlorid; 36%. — *2-Methyl-*, F. 127,5–129°, durch Zugabe von verd. NaOH zu einem Gemisch aus **I** u. Methyljodid in Aceton, 3std. Kochen unter Rühren, Zugabe von W. u. Extrahieren mit Bzl.; 30%. — *3-[Tetrazolyl-(5)]-pyridin-N-oxid*, F. 248° (Zers.; W.), durch 24std. Erwärmen eines Gemisches aus **I**, Essigsäure u. 30%ig. H_2O_2 bei 90°, Kühlen u. Zugabe von Ae.; 37%. — *5-[Pyridyl-(3)-methyl]-tetrazol, Hydrochlorid*, $C_7H_8ClN_5$, F. 192–193° (Zers.; Methanol/Ae.), durch 6täg. Kochen eines Gemisches aus Pyridyl-(3)-acetonitril, Essigsäure, n-Butanol u. NaN_3, Kühlen, Zugabe von W., Abdest. des Butanols, Zugabe von Cu-Acetat in W., Filtrieren, Suspendieren in W., Einleiten von H_2S, Filtrieren u. Einengen im Vakuum; 40%. — Tetrazole: *5-[Pyridyl-(2)]-*, F. 215–216° (Zers.). — *5-[Pyridyl-(4)]-*, F. 263° (Zers.). — *5-[Pyrazinyl-(2)]-*, F. 180–182°. K.-P. Hilgetag 4230△

1248 **Vernetzungsreagens für Protein. 2. Mitt. Reaktion von N.N'-Polymethylen-bis-[jodacetamid] mit Cystein und Kaninchenmuskelaldolase.** Hitoshi Ozawa. (J. Biochemistry [Tokyo] **62** (1967) 5, 531–36; Kamakura, Kanagawa, Toyo Rayon Co., Ltd.; engl.) — 1. vgl. Biochim. biophysica Acta [Amsterdam] **133** (1967) 195. — Mehrere *N.N'-Polymethylen-bis-[jodacetamide]* (**I**) wurden synthetisiert u. deren Rk. mit Cystein untersucht. I reagieren unter milden Bedingungen rasch spezif. mit SH-Gruppen zu einem Dimeren, in welchem diese Gruppen durch ein Brückenglied verknüpft sind. Kaninchenmuskel-*Aldolase* (**II**) lieferte bei hoher Konz. u. genügend **I** ein unlösl. Protein mit erheblicher Enzymaktivität in 50% Ausbeute. In verd. **II**-Lsg. u. begrenzter **I**-Menge blieb alles **II** löslich. Der Sedimentationskoeff. des Haupt-Max. war der gleiche wie der nativer **II** bei pH 7,5 (intermol. Vernetzungsrk. unbedeutend). Der S-Carboxymethylcystein-Geh. des Präp. betrug ca. 6 Mol/Mol **II**. Der Sedimentationskoeff. von säurebehandelter **II** u. vernetzter **II** war 1,6 S u. 2,3–2,5 S, so daß bei der Vernetzung Brückenbldg. zwischen Untereinheiten eingetreten sein muß. Das vernetzte **II**-Präp. neigte nicht zur Stabilisierung gegen Säure-, Alkali- u. Harnstoffdenaturierung. Säuredenaturierte vernetzte **II** erlangt bei Neutralisation weniger enzymat. Aktivität zurück als **II**.

Versuche: N.N′-Polymethylen-bis-[jodacetamide], aus α.ω-Diaminoalkan (0,05 Mol) in 0,05 m NaOH (2 Liter) durch Einrühren von Jodacetylchlorid (0,11 Mol) in Äthylenchlorid (500 ml); Umkrist. aus A.; 90% (Ausb.). — *N.N′-Dimethylen-*, F. 214°. — *N.N′-Hexamethylen-*(**III**), F. 173°. — *N.N′-Undecamethylen-*, F. 163°. — *Dijodacetamid*, F. 218°, aus Acetessigester u. NJ_3. — *S.S′-[N.N′-Hexamethylen-bis-(carbamoylurethylen)]-dicystein*, $C_{16}H_{30}N_4O_6S_2$, aus L-Cysteinhydrochlorid, **III** u. $NaHCO_3$ in DMF (24 Std., Raumtemp.), Chromatographie der Lsg. des Nd. in 0,2 n HCl an Amberlite IR-120 (0,5 n → 6 n HCl). K. Maier 4240

1249 **Konstitution der von Leuconostoc mesenteroides Stamm C gebildeten Fructans.** B. A. Lewis, M. J. St. Cyr und F. Smith. (Carbohydrate Res. [Amsterdam] **5** (1967) 2, 194–201; St. Paul, Univ. of Minn., Dep. of Biochem.; engl.) — Das von *L. mesenteroides* in Saccharose-halt. Nährlsg. gebildete extrazelluläre Lävan (**I**) besteht nach Methylierungsvers. aus β-D-Fructofuranosylresten, die durch (2→6)-glykosid. Bindungen verknüpft sind u. an $C_{(1)}$ Verzweigungen aufweisen. **I**-Methylierung u. Hydrolyse liefern 3.4-Di-, 1.3.4-Tri- u. 1.3.4.6-Tetra-O-methyl-D-fructose (Molverhältnis ca. 1:3,5:1), was einer durchschnittlichen Kettenlänge von 5–6 entspricht. **I** gibt mit Concanavalin A eine Präzipitinrk., die etwas stärker als die der Glykogene ist.

Versuche: *Fructan* (**I**), aus extrazellularen Polysacchariden (**III**) aus Kulturfl. durch Fällen des Dextran mit 45%ig. A., Einengen, fraktionierte A.-Fällung des Roh-**I** aus W.; $[\alpha]_D^{25}$ −40,5° (c = 0,8, W.), Glykogenwert (GW) 2,2, 19% (Ausb. bez. auf **III**). — **I**-*Acetat*, **a)** aus **I** mit Acetanhydrid–Pyridin (18 Std. Raumtemp.; 5 Std. 45 bis 60°). Fraktionieren aus Chlf. durch PAe.-Fällung; Acetat **1 A**, $[\alpha]_D^{25}$ 8,1° (c = 1, Chlf.), 38%; Acetat **1 B**, $[\alpha]_D^{25}$ + 16,1° (c = 1,6, Chlf.), 28%; b) analog; Acetat **2 A**, $[\alpha]_D^{25}$ +25,1° (c = 1,3, Chlf.), 19%, Acetat **2 B**, $[\alpha]_D^{25}$ +10,2° (c = 1,3, Chlf.), 47%; Acetat **2 C**, $[\alpha]_D^{26}$ +12,2° (c = 1,5, Chlf.), 4%. — *Entacetylierung* der Acetate **1 A** u. **1 B** in Aceton mit 20%ig. wss. NaOH (1 Std., Raumtemp.): 1. $[\alpha]_D^{25}$ −37,5° (c = 2,2, W.), GW 1,39; 2. $[\alpha]_D^{25}$ −29,5° (c = 2,9, W.), GW 1,74. — Hydrolyse von gereinigtem **I**: a) 0,05 n Oxalsäure, 12 Std., b) 0,01 n H_2SO_4, 22 Std., 70–78°; c) 0,05 n H_2SO_4, 5 Std. 77–80°, d) 0,05 n H_2SO_4, 1 Std., 95–98°, e) n H_2SO_4, 3 Std. Rückfluß. — *Methylierung von **I**-Acetat*: $(CH_3)_2SO_4$, Aceton, 30%ig. NaOH, dann CH_3J–Ag_2O unter Rückfl. (26 Std.), dann CH_3J–Ag_2O in DMF (65 Std.); 96%. — *Fraktionierung von O-Methyl-**I*** aus Aceton: $[\alpha]_D^{25}$ 1. −61°, 2. −32°, 3. −39°, 4. −27°, 5. −8° (aus Mutterlauge von Fraktion 4). — *O-Entmethylierung* von Fraktion 1 u. 5 mit BCl_3 in CH_2Cl_2 unter Kühlung (Trockeneis–Aceton). — *Hydrolyse von Fraktion 1*, in CH_3OH mit 0,94 n wss. Oxalsäure (18 Std. Rückfl.). Entfernen von CH_3OH unter Zugabe von W., 3 Std. Rückfl., Neutralisation mit $CaCO_3$ (Papierchromatographie des Filtratkonzentrats: *Di-*, *Tri-* u. *Tetra-O-methyl-D-fructose*). Trennung der Zucker an Zellulose-Hydrozellulose mit Butanon–W.–Azeotrop. — *3.4-Di-O-methyl-D-fructose*, $[\alpha]_D^{23}$ −56,5° (c = 3,4, W.), aus vorst. Trennung. — *2.3-Di-O-methyl-D-arabinoamid*, F. 145 bis 147° (Aceton–A.), aus vorst. Verb. mit Perjodsäure (3 Std., 5°). — *1.3.4-Tri-O-methyl-D-fructose*, F. 75,5–76° (Kapillare), 68,5–69° (Block) (Ae.), aus obiger Chromatographie; $[\alpha]_D^{22}$ −10,7° (15 Min.) → −55° (c = 2, W.). — *1.3.4.6-Tetra-O-methyl-D-fructose*, $C_{10}H_{20}O_6$, wie vorst.; $[\alpha]_D^{19}$ +30,6° (c = 4,8, W.). K. Maier 4320

1250 **Konstitution von Fusigen und dessen Abbau zu Δ^2-Anhydromevalonsäurelacton.** H. Diekmann und H. Zähner. (Europ. J. Biochem. [Berlin] **3** (1967) 2, 213–18; Inst. für Mikrobiol. der Univ. Tübingen; dt.) — Der alkal. Abbau von *Fusigen* (**I**), einem Sideramin aus Pilzen, führt zu der bekannten Monohydroxamsäure *Fusarinin* (**II**). *L-Ornithin* als einzige Aminosäure u. *cis-5-Hydroxy-3-methylpenten-(2)-säure* kommen in gleichen Mengen in **II** vor. Während **I** keine freien Carboxylgruppen enthielt, konnten Aminogruppen mit einem pK-Wert von 7,1 nachgewiesen werden. Mittels chem. u. physikal. Meth. zeigten Vf., daß **I** ein trimeres **II** ist, bei dem vermutlich drei **II**-Mol. ringförmig durch Estergruppen miteinander verknüpft sind. Die quant. Best. aller Hydroxamsäuren im Kulturmedium (Km.) von *Fusarium cubense* vom 2. bis zum 9. Tag der Fermentation, verbunden mit Best. der Struktur zeigten den raschen Abbau von **I** durch Ringöffnung u. Spaltung zu monomeren **II**-Einheiten. Ein ähnlicher Abbauweg nimmt seinen Ausgang von N-Acetyl-**I**. Δ^2-Anhydromevalonsäurelacton (**III**), welches im Km. mehrere Pilze gefunden wurde, scheint ein Abbauprod. von **II** zu sein. Die Gesamtausb. an **III** kann durch Behandlung des Km. vor der Extraktion mit HCl erheblich gesteigert werden. H. Kubin 4320

1251 **Lincomycin.** 6. Mitt. **4′-Alkylanaloge von Lincomycin. Beziehungen zwischen Struktur und antibakterieller Aktivität.** Barney J. Magerlein, Robert D. Birkenmeyer und Fred Kagan. (J. med. Chem. **10** (1967) 3, 355–59; Kalamazoo, Mich., Upjohn Co., Res. Labor.; engl.) — Aus 1-Benzyloxycarbonyl-4-oxo-L-prolin wird durch Umsetzen mit Butylidentriphenylphosphoran in DMSO *1-Benzyloxycarbonyl-4-butyliden-L-prolin* (**I**) erhalten u. als *Dicyclohexylaminsalz* (**Ia**) isoliert. Hydrieren von **I** an Pt gibt die *4-n-Butylverb.* (**II**) als Gemisch der cis- u. trans-Isomeren, das über das Isobutylkohlensäuremischanhydrid mit Methylthiolincosaminid zu *N-[1′-Benzyloxycarbonyl-4′-n-butyl-L-prolyl]-methylthiolincosaminid* (**III**) kondens. wird. Hydrogenolyse gibt **IV**, das mit CH_2O u. H_2 an Pd–Kohle ein Gemisch von *1′-Methyl-trans-4′-n-butyl*(**V**)- u. *1′-Methyl-cis-4′-n-butylderiv.* (**VI**) u. analog mit Acetaldehyd die entsprechenden *1′-Äthylverb.* **VII** bzw. **VIII** liefert. Die Trennung von **V** u. **VI** bzw. von **VII** u. **VIII** erfolgt durch Chromatographie (Chr.) an SiO_2. **V** u. **VI** werden durch Kochen mit $SOCl_2$ in die entsprechenden *7-Desoxy-7(S)-chlorderiv.* (**IX**) übergeführt. Nach den gleichen Meth. werden Homologe der Verb. vom Typ **V**, **VII** u. **IX** dargestellt, die z. T., bes. die Verb. vom Typ **IX** sehr gute antibakterielle Aktivität gegen *S. lutea* zeigen (Tabelle).

Versuche: 4-Alkyliden-1-benzyloxycarbonyl-L-prolin, Dicyclohexylaminsalze: *4-n-Butyliden-* (**Ia**), $C_{29}H_{44}N_2O_4$, F. 142–144° (Acetonitril), durch Zugeben von NaH zu DMSO, Erhitzen auf 70°, Zugeben von n-Butyltriphenylphosphoniumbromid bei 32°, 1std. Rühren, Zutropfen von 1-Benzyloxycarbonyl-4-oxo-L-prolin in DMSO, 4std. Erhitzen auf 70° u. Rk. des öligen **I** mit Dicyclohexylamin in Acetonitril; $[\alpha]_D$ −4° (Chlf.); 46,8% (Ausb.). Analog: *4-n-Pentyliden-*, $C_{30}H_{46}\cdot N_2O_4$, F. 124–128°; $[\alpha]_D$ −6° (Chlf.); 49,5%. — *4-n-Hexyliden-*, $C_{31}H_{48}N_2O_4$, F. 109–111°; $[\alpha]_D$ −7° (Chlf.); 38,0%. — *4-n-Octyliden-*, $C_{33}H_{52}N_2O_4$, F. 113–118°; $[\alpha]_D$ −11° (Chlf.); 43,4%. — *4-n-Octadecyliden-*, $C_{43}H_{72}\cdot N_2O_4$, F. 106–110°; $[\alpha]_D$ −7° (Chlf.); 51,0%. — N-[1′-Benzyloxycarbonyl-4′-n-alkyl-L-prolyl]-methylthiolincosaminide (cis-trans-Gemische): *-4′-n-butyl-* (**III**), $C_{26}H_{40}N_2O_8S$, F. 197,5–200° (Acetonitril), durch Hydrieren von **I** an Pt-Dowex-1-Katalysator bei Raumtemp. u. 2,8 kg/cm² H_2 in CH_3OH, Eindampfen des Filtrats im Vakuum, Rk. des öligen **II** mit Triäthylamin u. Chlorameisensäureisobutylester in Acetonitril bei 0°, Zugeben von Methylthiolincosaminid in W., Rühren bei 0° (1/2 Std.), dann bei 25° (1 Std.) u. Eindampfen des Filtrats im Vakuum; $[\alpha]_D$ +110° (CH_3OH); 72,9%. Analog: *-4′-n-pentyl-*, $C_{27}H_{42}N_2O_8S$, F. 191–193°; $[\alpha]_D$

+108° (CH_3OH); 81,1%. — *-4'-n-hexyl-*, $C_{28}H_{44}N_2O_8S$, F. 176–180°; $[\alpha]_D$ +103° (CH_3OH); 91,0%. — *-4'-n-octyl-*, $C_{30}H_{48}N_2O_8S$, F. 181–202°; $[\alpha]_D$ +99° (CH_3OH); 89,2%. — *-4'-n-octadecyl-*, $C_{40}H_{68}N_2O_8S$, F. 137–148°; $[\alpha]_D$ +72° (CH_3OH); 49,9%. — N-[4'-n-Alkyl-L-prolyl]-methylthiolincosaminidhydrochloride: *4'-Unsubstituiert*, $C_{14}H_{26}N_2O_6S \cdot HCl$, F. 273–280°, analog **IV**; 70,6%. — *4'-n-Butyl-*(**IV**), $C_{18}H_{34}N_2O_6S \cdot HCl$, F. 197–199° (Zers.; W./Aceton), als cis-trans-Gemisch durch Hydrieren von **III** an Pd–Kohle in CH_3OH, Eindampfen des Filtrats im Vakuum u. Rk. mit HCl in W./Aceton; $[\alpha]_D$ +150° (W.); 73,0%. Analog: *4'-n-Pentyl-*, $C_{19}H_{36}N_2O_6S \cdot HCl$, F. 212–214° (Zers.); $[\alpha]_D$ +141° (W.); 69,7%. — *4'-n-Hexyl-*, $C_{20}H_{38}N_2O_6S \cdot HCl$, F. 210–212° (Zers.); $[\alpha]_D$ +134° (W.); 98,0%. — *4'-n-Octyl-*, $C_{22}H_{42}N_2O_6S \cdot HCl$, F. 181–200° (Zers.); $[\alpha]_D$ +128° (W.); 93,1%. — *4'-n-Octadecyl-*, $C_{32}H_{62}N_2O_6S \cdot HCl$, F. 165–175° (Zers.); $[\alpha]_D$ +127° (W.); 54,0%. — N-[1'-Methyl-4'-n-alkyl-L-prolyl]-methylthiolincosaminidhydrochloride: *4'-Unsubstituiert*, $C_{15} \cdot H_{28}N_2O_6S \cdot HCl$, F. 262–264°, analog **V**; 77%. — *-4'-n-Butyl-, trans-Form* (**V**), $C_{19}H_{36}N_2O_6S \cdot HCl$, F. 161–168° (Zers.), durch Hydrieren von **IV** u. CH_2O in CH_3OH an Pd–Kohle bei Raumtemp. u. 2,45 kg/cm² H_2, Eindampfen des Filtrats im Vakuum, Lösen in CH_3OH/CH_2Cl_2/Triäthylamin, Eindampfen mit Kieselgel im Vakuum, Aufgeben des Adsorbats auf den Kopf einer Kieselgelsäule, Eluieren mit Äthylacetat/Aceton/W. (8:5:1) u. Rk. der Eluatfraktionen mit HCl; $[\alpha]_D$ +138° (W.); 30%. *cis-Form* (**VI**), F. 194–198° (Zers.), neben **V**; $[\alpha]_D$ +132° (W.); 30%. Analog **V** bzw. **VI**: *-4'-n-pentyl-, trans-Form*, $C_{20}H_{38}N_2O_6S \cdot HCl$, F. 188–191° (Zers.); $[\alpha]_D$ +133° (W.); 21%. *cis-Form*, 44%. — *-4'-n-hexyl-, trans-Form*, $C_{21}H_{40}N_2O_6S \cdot HCl$, F. 115–117° (Zers.); $[\alpha]_D$ +125° (W.); 17%. *cis-Form*, F. 141–144° (Zers.); $[\alpha]_D$ +121° (W.); 13%. — *-4'-n-Octyl-, trans-Form*, $C_{23}H_{44}N_2O_6S \cdot HCl$, F. 110–114° (Zers.). *cis-Form*, F. 118–122° (Zers.); $[\alpha]_D$ +123° (W.). — N-[1'-Äthyl-4'-n-alkyl-L-prolyl]-methylthiolincosaminidhydrochloride: *4'-Unsubstituiert*, $C_{16}H_{30}N_2O_6S \cdot HCl$, F. 210–213°, analog **VII**; $[\alpha]_D$ +161° (W.); 24%. — *-4'-n-butyl-, trans-Form* (**VII**), $C_{20}H_{38}N_2O_6S \cdot HCl$, F. 148–151° (W./Aceton), wie **V** u. **VI** mit Acetaldehyd statt CH_2O; $[\alpha]_D$ +134° (W.); 16%. *cis-Form* (**VIII**), F. 134–138°, neben **VII**; $[\alpha]_D$ +130° (W.); 14%. Analog **VII** bzw. **VIII**: *-4'-n-pentyl-, trans-Form*, $C_{21}H_{40}N_2O_6S \cdot HCl$, F. 130–138°; $[\alpha]_D$ +128° (W.); 7%. *cis-Form*, F. 150–157°; $[\alpha]_D$ +121° (W.); 13%. — *-4'-n-hexyl-, trans-Form*, $C_{22}H_{42}N_2O_6S \cdot HCl$, F. 125–128°; $[\alpha]_D$ +128° (W.); 8%. *cis-Form*, F. 93–106°; 4%. — *-4'-n-octyl-, trans-Form* {*freie Base*, $C_{24}H_{46}N_2O_6S$, F. 78–90°; $[\alpha]_D$ +118° (W.); 11%}. *cis-Form*, $C_{24}H_{46}N_2O_6S \cdot HCl$, nichtkristallin; $[\alpha]_D$ +91°. — *-4'-n-octadecyl-, trans-Form*, $C_{34}H_{66}N_2O_6S \cdot HCl$, F. 135–153°. — N-[1',4'-Dialkyl-L-prolyl]-7-desoxy-7(S)-chlor-methylthiolincosaminidhydrochloride: durch Zutropfen von $SOCl_2$ zu **V** u. dessen Analogen in CCl_4, 2std. Kochen, Eindampfen im Vakuum, Alkalisieren, Extrahieren mit Chlf., Chr. an SiO_2 u. Rk. mit HCl als Hydrate vom F. 125–155° (Zers.). — *trans-1'-Methyl-4'-n-butyl-* (**IX**), $C_{19}H_{36}Cl_2N_2O_5S$; 39%. — *cis-1'-Methyl-4'-n-butyl-*, $C_{19}H_{36}Cl_2N_2O_5S$; 45%. — *trans-1'-Methyl-2'-äthyl-*, $C_{17}H_{32}Cl_2N_2O_5S$; 21%. — *trans-1'-Methyl-4'-n-pentyl-*, $C_{20}H_{38}Cl_2N_2O_5S$; 22%. — *cis-1'-Methyl-4'-n-pentyl-*, $C_{20}H_{38}Cl_2N_2O_5S$; 12%. — *trans-1'-Äthyl-4'-n-propyl-*, $C_{19}H_{36}Cl_2N_2O_5S$; 22%. — *trans-1'-Äthyl-4'-n-butyl-*, $C_{20}H_{38}Cl_2N_2O_5S$; 19%. — *cis-1'-Äthyl-4'-n-butyl-*, $C_{20}H_{38}Cl_2N_2O_5S$; 11%. — *trans-1'-Äthyl-4'-n-pentyl-*, $C_{21}H_{40}Cl_2N_2O_5S$; 28%. — *cis-1'-Äthyl-4'-n-pentyl-*, $C_{21}H_{40}Cl_2N_2O_5S$; 5%. — *trans-1'-Äthyl-4'-n-hexyl-*, $C_{22}H_{42}Cl_2N_2O_5S$; 24%. F. Heller 4340

1252 **Uronsäure. 26. Mitt. Die Aldobiuronsäuren in Gummi von Acacia Spezies.** D. M. W. Anderson und G. M. Cree. (Carbohydrate Res. [Amsterdam] **6** (1968) 2, 214–19; Dep. of Chem., The Univ., Edinburgh; engl.) — Gummi von *Acacia seyal* wird mit 1 n Schwefelsäure bei 100° hydrolysiert u. die entstandenen Abbauprod. papierchromatograph. analysiert. Es werden 4 Verb. nachgewiesen u. als 6-O-(β-D-Glucopyranosyluronsäure)-D-galaktose, $[\alpha]_D$ −3° (c = 2,5) (**I**), 4-O-(α-D-Glucopyranosyluronsäure)-D-galaktose, $[\alpha]_D$ +101° (c = 0,2) (**II**), 6-O-(4-O-Methyl-β-D-glucopyranoslyuronsäure)-D-galaktose $[\alpha]_D$ +4° (c = 0,2) (**III**) u. 4-O-Methyl-α-D-glucopyranosyluronsäure)-D-galaktose, $[\alpha]_D$ +95° (c = 0,1) charakterisiert. Aus der spez. Drehung der Aldobiuronsäuren weiterer Acacia Spezies wie *A. adansouiana, A. arabica, A. drepanolobium, A. fistula, A. multijuga, A. nilotica* werden die 4 Komponenten nachgewiesen, während *A. campylacantha, A. dealbuta, A. laeta, A. mearusii* abgesehen von Spuren an **III** nur **I** u. **II** enthalten. A. Täufel 4420

1253 **Chemische Untersuchung von Adiantum venustum Don.** S. Rangaswami und R. Thanu Iyer. (Current Sci. [Bangalore] **36** (1967) 4, 88–89; Delhi-7, Delhi, Univ.; engl.) — Im PAe.-Extrakt von *Adiantum venustum* ließen sich säulen-, dünnschicht- u. papierchromatograph. sowie spektralanalyt. *3-Filicen, Isoadianton, Adianton*, ein neuer *triterpenoider Ketoalkohol, Leukopelargonidin, Kämpferol-* u. *Quercetinglucosid* sowie wahrscheinlich *α-Carotinmonoepoxid* feststellen. Dem neuen Triterpen dürfte folgende Struktur zukommen:

I 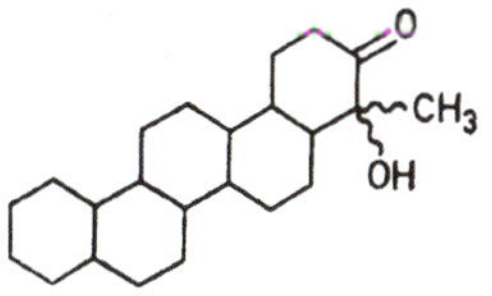

W. Kreipe 4420

1254 **Neue Inhaltsstoffe von Chamaecyparis formosensis Matsum.** Takashi Toda, Y. S. Cheng und Tetsuo Nozoe. (Chem. pharmac. Bull. [Tokyo] **15** (1967) 6, 903–06; Sendai, Tohoku Univ., Dep. of Sci.; engl.) — Aus dem äther. Öl werden als neue Komponenten *$\Delta^{4,11}$-Selinadien* {= *$\Delta^{4,11}$-7αH-Eudesmadien*, **I**, $[\alpha]_D^{14}$ +32,05° (CH_3OH)}, *$\Delta^{4,14,11}$-7αH-Eudesmadienal-(13)* (**II**, $C_{15}H_{22}O$ *2.4-Dinitrophenylhydrazon*, $C_{21}H_{26}N_4O_4$, F. 182°) u. *Δ^9-Cadinenol-(1)* {**III**, $C_{15}H_{26}O$, F. 75°; $[\alpha]_D^7$ +5,02° ($CH_3 \cdot OH$)} isoliert. Die Konstit. von **I** wird durch Spektren u. direkten Vgl. mit der synthet. Verb. bewiesen; **II** entsteht auch durch Ox. von Sesquibeheniol (= Costol) mit akt. MnO_2. Die Konstit. von **III** wird durch Spektren, Dehydrierung zu *Cadalin*, Bldg. von *Acetaldehyd* bei der Ozonolyse, Dehydratisierung zu einem konjugierten *Dien $C_{15}H_{24}$* u. die Beständigkeit gegen CrO_3/Py. wahrscheinlich gemacht. F. Heller 4420

1255 **Inhaltsstoffe von Gaillardia-Arten. 5. Mitt. Isolierung und Struktur von Spathulin.** Werner Herz, S. Rajappa, M. V. Lakshmikantham, D. Raulais und J. J. Schmid. (J. org. Chemistry **32** (1967) 4, 1042–46; Tallahassee, Fla., Florida State Univ., Dep. of Chem.; engl.) — 4. vgl. Tetrahedron [London] **22** (1966) 1907. — Aus *Gaillardia spathulata* Gray wird ein neues Pseudoguajanolid, *Spathulin* (**I**) isoliert u. sein Vork. auch in *G. Grandiflora, G. arisatta* Pursk., *G. mexikana* Gray u. *G. pulchella* Foug nachgewiesen, während *G. suavis* (Gray et Engelm.) Britton et Rusby kein Sesquiterpenlacton enthält. Die untersuchte *G. pulchella* enthielt weder Pulchellin noch Pulchellin C, aus *G. aristata* u. *G. grandiflora* wird neben **I** ein weiteres, nicht identifiziertes Lacton, *Aristalin*, aus *G. mexicana* ein *Lacton vom F. 203–206°* erhalten. Die Struktur von **I** u. die cis-Stellung der OH-Gruppen an $C_{(2)}$ u. $C_{(4)}$ wird durch Rk., UV-, IR- u. KMR-Spektren wahrscheinlich gemacht.

Versuche: *Spathulin* (**I**), $C_{19}H_{26}O_8$, F. 261–262° (Aceton/PAe.), durch Extrahieren getrockneter oberird. Teile von *G. spathulata* mit $CHCl_3$, Eindampfen im Vakuum, Lösen in A., Fällen mit Pb-Acetat, Eindampfen des Filtrats im Vakuum, Extrahieren mit Chlf. u. Chromatographie (Chr.) an Al_2O_3; $[\alpha]_D^{25}$ +17° (c = 1,0; A.); 0,15–0,2% (Ausb.). *Diacetat* (**Ia**), $C_{23}H_{30}O_{10}$, F. 252 bis 254° (Aceton/PAe.), aus 0,2 g **I** u. Acetanhydrid/Py.; $[\alpha]_D^{25}$ −26,8° (c = 2,5; Chlf.); 0,2 g. — *Dihydrospathulin* (**II**), $C_{19}H_{28}O_8$, F. ca. 223–225° (Aceton/PAe.), durch Hydrieren von 0,2 g **I** an PtO_2 in A. bei 30 psi; $[\alpha]_D \approx 0°$ (c = 1,0; A.); 0,15 g. *Diacetat*, $C_{23}H_{32}O_{10}$, F. 290–291°

(Aceton/PAe.), analog **Ia**; 0,11 g. *Cycl. Sulfit*, $C_{19}H_{24}O_9S$, F. 175—178° (Zers.; Bzl./PAe.), aus 50 mg **II** u. $SOCl_2$ in Py.; 15 mg. — *2-Dehydrodihydrospathulin* (**III**), $C_{19}H_{26}O_8$,

I 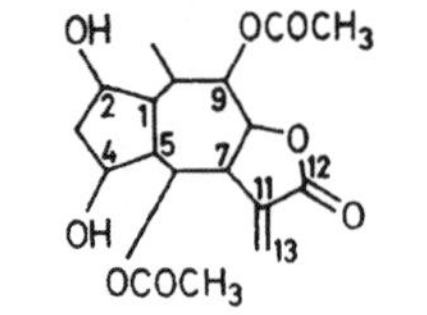

F. 186—188° (Bzl./PAe.), durch 3std. Rühren von 0,4 g **II** u. CrO_3 in Py. u. 17std. Stehen bei Raumtemp.; 0,13 g. — *2-Dehydro-Δ^3-anhydrodihydrospathulin*, $C_{19}H_{24} \cdot O_7$, F. 220—222° (CH_3OH), durch Hydrieren von 4,5 g **I**, Ox. mit CrO_3/Py., Rk. des rohen **III** mit Mesylchlorid/Py. bei 5°, Gießen in W., Trocknen des Nd., $3^1/_2$std. Kochen des Mesylats mit Na-Acetat in A. u. Chr. an saurem Al_2O_3; $[\alpha]_D^{25}$ +50° (c = 1,1; Chlf.); 0,3 g. Daneben ein *Epimeres vom F. 182—184°*, $[\alpha]_D$ 0° (c = 1; Chlf.); 0,15 g. — *2-Dihydro-4-desoxyspathulin*, $C_{19}H_{26}O_7$, F. 173 bis 174° (Äthylacetat/PAe.), durch Hydrieren von 0,1 g vorst. Verb. an Pd-Kohle in A. bei Normaldruck; 50 mg. — *Δ^1-Anhydrodihydrospathulinmesylat*, $C_{20}H_{28}O_9S$, F. 170—172° (Zers.; Bzl./PAe.), durch Rk. von 0,2 g **II** mit Mesylchlorid/Py., 4std. Kochen des rohen Dimesylats mit Lutidin u. Chr. an Al_2O_3; 20 mg. — *Aristalin*, $C_{20}H_{28}O_7$, F. 204—206° (Aceton/Bzl./PAe.). — *Sesquiterpenlacton vom F. 203—206°*, $C_{17}H_{24}O_6$. — *Flexuosin A*, F. 225°, analog **I** aus *G. parryi* Greene.

F. Heller 4420

1256 **Bufadienolide aus Moraea polystachya Ker und M. graminicola Oberm.** A. J. Van Wyk und P. R. Enslin. (J. South African chem. Inst. **21** (1968) 1, 33—38; Pretoria, Soil Res. Inst., Dep. of Agric. Techn. Serv.; engl.) — Aus *Moraea polystachya* Ker u. *M. graminicola* Oberm. werden 2 tox. Inhaltsstoffe isoliert u. als *16β-Formyloxy-* (**Ia**) bzw. *16-Hydroxybovogenin A* (**I**; *3β.14β.16β-Trihydroxy-19-oxo-$\Delta^{20,21.22}$-5α-bufadienolid*) erkannt. Die Konstit. wird durch Darst. von Deriv. u. Unters. der UV-, IR-, NMR- u. Massenspektren ermittelt.

Versuche: *16β-Hydroxybovogenin-A* (**I**), $C_{24}H_{32} \cdot O_6$, F. 244—245° (CH_3OH), a) durch Befeuchten getrockneter Blätter mit 0,2 n Essigsäure, Extrahieren mit Chlf. u. Chromatographie an SiO_2; $[\alpha]_D$ +51° (c = 1,1; CH_3OH); 0,015—0,025% (Ausb.); b) durch 1std. Rühren von 250 mg **Ia** u. K_2CO_3 in CH_3OH/W. bei Raumtemp.; 70 mg. *3-Acetylderiv.* (**Ib**), $C_{26}H_{34}O_7$, F. 249—251° (CH_3OH), analog **I** nach b) aus 108 mg **Ic**; 67 mg. *3.16-Diacetylderiv.*, $C_{28}H_{36}O_8$, F. 300—301° (CH_3OH), aus **I** u. Acetanhydrid/Py. bei Raumtemp.; $[\alpha]_D$ +7° (c = 1,1; Chlf.). *16-Formylderiv.* (**Ia**), $C_{25}H_{32}O_7$, F. 224—225° (CH_3OH/Ae.), neben **I** nach a); $[\alpha]_D$ +17° (c = 1,1; CH_3OH); 0,015—0,025%. *3-Acetyl-16-formylderiv.* (**Ic**), $C_{27}H_{34}O_8$, F. 253—254° (CH_3OH), aus **Ia** u. Acetanhydrid/Py. bei Raumtemp.; $[\alpha]_D$ +4° (c = 1,1; Chlf.). **Ib**-*14.16-Sulfit*, $C_{26}H_{32}O_8S$, F. 186—187° (CH_3OH), durch Zugeben von $SOCl_2$ zu 50 mg **Ib** in Py. bei —15° u. 16std. Stehen bei 0°; $[\alpha]_D$ +91° (c = 1,1; Chlf.); 34 mg. — *3β.16β.19-Triacetoxy-14β-hydroxy-5α-bufadienolid*, $C_{30}H_{40}O_9$, F. 283 bis 284° (CH_3OH), durch Red. von 58 mg **I** mit $NaBH_4$ in Dioxan/W. u. Acetylieren des rohen Tetrols mit Acetanhydrid/Py. bei Raumtemp.; $[\alpha]_D$ +1,2° (c = 1,1; Chlf.); 33 mg. — *14β.16β-Dihydroxy-19-methoxy-3β.19-epoxy-$\Delta^{20,21.22}$-5α-bufadienolid*, $C_{25}H_{34}O_6$, F. 227—228° (Aceton), durch $2^1/_2$std. Rühren von **I** u. 0,6%ig. abs. methanol. HCl bei Raumtemp.; $[\alpha]_D$ +67° (c = 1,1; Chlf.). — *3.16-Dioxo-$\Delta^{14.20,21.22}$-5α-bufatrienolid-19-säure*, $C_{24}H_{26}O_6$, F. 243—244° (CH_3OH), aus 170 mg **I** u. Jones-Reagens; $[\alpha]_D$ +118° (c = 1,1; Chlf.); 46 mg.

F. Heller 4520

1257 **Die Totalsynthese des Pankreas-Hormons Glukagon.** E. Wünsch. (Z. Naturforsch. **22b** (1967) 12, 1269 bis 1276; München, Max-Planck-Inst. für Eiweiß- u. Lederforsch., Abt. für Peptidchem.; dt.) — Ein *Nonicosapeptid* mit der von Bromer et al. (J. Amer. chem. Soc. **79** [1957] 2807 u. a.) für *Glukagon* angegebenen Sequenz wurde aus den geschützten 5 Teilsequenzen 1—6 (**I**), 7—15 (**II**), 16—21 (**III**), 22—26 (**IV**) u. 27—29 (**V**) nach dem Carbodiimid-Hydroxysuccinimid-Verf. aufgebaut. Es war bei der biol. u. analyt. Prüfung weitgehend mit dem natürlichen Hormon identisch.

K. Maier 4564

1258 **20.26-Dihydroxyecdyson, ein neues Steroid mit Häutungshormon-Wirkung aus Manduca sexta (Johannson).** M. J. Thompson, J. N. Kaplanis, W. E. Robbins und R. T. Yamamoto. (Chem. Commun. **1967**, **13**, 650—53; Insect. Physiol. Labor., Entomol. Res. Div., Agric. Res. Serv., US Dep. of Agric., Beltsville,* Md.; engl.) — Neben den bereits identifizierten Verb. *α-Ecdyson* (**I**) u. *20-Hydroxyecdyson* (**II**) isolierten Vf. aus 7 Tage alten Puppen von *M. sexta* ein weiteres Ecdyson, das auf Grund des chromatograph. Verh., des NMR-, des IR- u. des Massenspektrums ident. mit 2β.3β.14α.20ξ.22ξ.25.26-Heptahydroxy-5β-Δ^7-cholesten-6-on (**III**) ist. **III** weist eine geringere biolog. Aktivität als **I** u. **II** auf. Neben **III** tritt noch ein weiteres Ecdyson auf, wobei es sich wahrscheinlich um das 5α-Isomer von **III** handelt.

P. Schwerdtfeger 4569

1259 **Trennung von Cu(II)-Aminosäure-Komplexen und Beweis für die Existenz von Histidin-Cu(II)-Glutamin- und Histidin-Cu(II)-Serin-Komplexen bei physiologischem pH.** Bibudhendra Sarkar und Theo. P. A. Kruck. (Canad. J. Biochem. **45** (1967) 12, 2046—49; Toronto, Ontario, Hosp. f. Sick Children; engl.) — Cu(II)-Komplexe aus menschlichem Serum mit einer u. mit 2 verschiedenen *Aminosäuren* (**I**) (Molverhältnis 1:2) wurden nach den Vf. (Biochem. of sopper, Acad. Press, Inc., New York **1966**, 183) hergestellt, zum autoradiograph. Nachw. mit ^{64}Cu u. ^{14}C-I markiert u. auf Silicagelplatten in 20—80%ig. Aceton chromatographiert. Die Komplexe von Cystein, Ornithin, Lysin, Arginin, Glutaminsäure u. Asparaginsäure wandern nicht, wohl aber **I** selbst. Die Komplexe von Glutamin (**II**), Citrullin, Asparagin u. Prolin u. entsprechenden **I** haben sehr ähnliche R_F-Werte. Mischkomplexe von Cu(II) mit Histidin (**III**) u. Serin sowie mit **III** u. **II** waren chromatograph. nachweisbar.

K. Maier 4574

1260 **Darstellung und Eigenschaften von kristallisierter 5-Methyltetrahydrofolsäure und verwandten Verbindungen. 16. Mitt. Über Folsäure-Coenzyme und den Stoffwechsel von C_1-Einheiten.** V. S. Gupta und F. M. Huennekens. (Arch. Biochem. Biophysics **120** (1967) 3, 712—18; Dep. of Biochem., Scripps Clin. and Res. Found., La Jolla, Calif.; engl.) — Vf. stellten 5-Methyltetrahydrofolsäure nach Sakami u. Ukstins (J. biol. Chemistry **236** [1961] PC 50) bzw. nach Keresztesy u. Donaldson (Biochem. Biophys. Res. Comm. **5** [1961] 286) dar.

Versuche: *5-Methyltetrahydrofolsäure*(**I**)*-dihydrat*, $C_{20}H_{25}N_7O_6 \cdot 2H_2O$, F. 240—246° aus Tetrahydrofolsäurediacetat u. HCHO u. Red. mit KBH_4. Reinigung durch Chromatographie an DEAE-Cellulose u. Cellulose. Ba-Salz, $C_{20}H_{23}N_7O_6 \cdot Ba \cdot 4H_2O$, F. > 300°. — *5-Methyl-5.6-dihydrofolsäure*, $C_{20}H_{23}N_7O_6 \cdot {}^1/_2H_2O$, F. 125—140° (Zers.) aus **I** durch Ox. mit H_2O_2 in Ggw. von Peroxydase; Reinigung wie vorstehend. Red. mit KBH_4 oder Mercaptoäthanol liefert **I**. — *10-Methylfolsäuremonohydrat*, $C_{20}H_{21}N_7O_6 \cdot H_2O$, F. 245—270° aus 4-Amino-10-methylfolsäure (Methotrexate) durch alkal. Hydrolyse. Red. mit HSO_3^- liefert 10-Methyl-7.8-dihydrofolsäure $C_{20}H_{21}N_7O_6 \cdot 1^1/_2 H_2O$, F. 195—210° (Zers.) neben 2-Amino-4-hydroxy-6-methyl-7.8-dihydropteridin. Katalyt. Hydrierung in Eisessig führt zu amopher 10-Methyl-5.6.7.8-tetrahydrofolsäure $C_{20}H_{25}N_7O_6 \cdot 2CH_3COOH$.

P. Schwerdtfeger 4587

1261 **Identifizierung des acyclischen Zwischenproduktes der Nicotinsäure-Biosynthese.** 3. Mitt. **Synthese der Diastereomeren des β-Carboxy-lysins.** Erich Kuss. (Hoppe-Seyler's Z. physiol. Chem. **348** (1967) 12, 1596—1601; München, Max-Planck-Inst. f. Biochem.; dt.) — 2. ibid. **348** [1967] 1589. — Zur Identifizierung des acycl. Zwischenprod. der Nicotinsäure-Biosynth. wurde *β-Carboxylysin* (**I**) durch Oxalester- u. durch Acylaminomalonester-Kondensation synthetisiert. Die Diastereomeren wurden chromatograph. getrennt.

Versuche: *δ-Phthalimido-valeriansäuremethylester* (**II**), F. 43° (CH_3OH), aus δ-Phthalimidovaleriansäure u. CH_2N_2 oder mit sd. CH_3OH in Ggw. von konz. H_2SO_4 (3 Std.); 80%. — *δ-Benzamino-valeriansäuremethylester* (**III**), Kp.$_4$ 217°, F. 40—41°, 80%. — *ε-Phthalimido-α-oxo-β-methoxycarbonyl-capronsäuremethylester*, $C_{17}H_{17}NO_7$, F. 104—107° (A.), aus **II**, der Oxalsäuredimethylester u. NaH in sd. Bzl. (8 Std.), Zers. mit Eisessig u. Chlf.-Extraktion nach W.-Zusatz; 40%. *2.4-Dinitrophenylhydrazon* (**V**), $C_{23}H_{21}N_5O_{10}$, F. 200° (A.); 50%. — *ε-Benzamino-α-[2.4-dinitrophenylhydrazono]-β-methyloxycarbonyl-capronsäuremethylester* (**VI**), $C_{22}H_{23}N_5O_9$, F. 155° (CH_3OH), aus Oxalsäuredimethylester, **III** u. Na durch Abdest. von CH_3OH bei 60—65° u. 30 Torr, Eindampfen bei 4 Torr, Ae.-Extraktion der wss. Lsg. des Rückstands, Ansäuern der letzteren, Ae.-Extraktion u. Rk. des öligen Ae.-Rückstands (**R**) mit Dinitrophenylhydrazin; 30%. — *ε-Benzamino-α-phenylhydrazono-*, (**VII**), $C_{22}H_{25}N_3O_5$, F. 119° (CH_3OH), aus **R** analog wie vorst.; 28%. — *1-Benzoyl-3-methoxalylpiperidin-(2)*, $C_{15}H_{15}NO_5$, F. 113° (A.), aus N-Benzoylpiperidon-(2) u. Oxalsäuredimethylester in sd. Toluol in Ggw. von NaH (2 Std.); 16%. *2.4-Dinitrophenylhydrazon* (**IV**), $C_{21}H_{19}N_5O_8$, F. 205—208° (Zers.). — *α-Brom-δ-phthalimidovaleriansäuremethylester*, F. 55—56° (CH_3OH), aus δ-Phthalimidovaleriansäure u. rotem P in CCl_4 durch Zutropfen von Br_2, 4 Std. Kochen, Lösen des Eindampfrückstands in CH_3OH unter Eiskühlung u. 15 Min. Rückfl.; 88%. *ε-Phthalimido-α.β-bis-[methoxycarbonyl]-capronsäuremethylester*, $C_{19}H_{21}NO_8$, F. 83° (CH_3OH), aus Lsg. von Na u. Malonsäuredimethylester in CH_3OH u. vorst. Verb. unter Rückfl. (2 Std.); 43%. — *α-Formamino-α.β-bis-[methoxycarbonyl]-valeriansäuremethylester*, $C_{11}H_{17}NO_7$, F. 102° (Cyclohexan), aus Lsg. von Na u. Formaminomalonsäuredimethylester in Bzl. u. α-Brombuttersäureäthylester (12 Std. Rückfl.); 26%. — *$N^α$-Formyl-$N^ε$-α.β-bis-[methoxycarbonyl]-lysin-methylester* (**VIII**), $C_{20}H_{22}N_2O_9$, F. 153—155° (CH_3OH), aus vorst. Verb. u. Formaminomalonsäuredimethylester durch Eindest. von CH_3OH (aus Mg-Methylat-CH_3OH), Na-Zusatz, 12 Std. Rückfl. u. Acetonextraktion; 35%. Aus Acetonrückstand durch Dest. Verb. $C_{15}H_{17}NO_5$, F. 214° (CH_3OH). — *β-Carboxylysin* (**I**), a) aus vorst. Verb. mit sd. konz. HCl (12 Std.) u. Eindampfen des Filtrats; b) aus **IV**, **V**, **VI** u. **VII** mit vorhydriertem Pt-Katalysator in CH_3OH-konz. HCl, Eindampfen im Vak. u. 6 Std. mit konz. HCl. — *Bis-Dinitrophenyl-***I** *A* u. *B*, $C_{19}H_{18}N_6O_{12}$, *A*, F. 124—126° (Zers.) (HCOOH), *B*, F. 132—134° (Zers.) (HCOOH), aus **VIII** u. Dinitrofluorbzl. bei 50° u. chromatograph. Trennung; 70% (bez. auf **VIII**).

K. Maier 4587

1262 **Identifizierung des acyclischen Zwischenproduktes der Nicotinsäure-Biosynthese.** 4. Mitt. **Umwandlung des Zwischenproduktes in ε-Hydroxy-β-carboxy-norleucin und β-Carboxylysin.** Erich Kuss. (Hoppe-Seyler's Z. physiol. Chem. **348** (1967) 12, 1602—08; München, Max-Planck-Inst. f. Biochem. u. I. Univ.-Frauenklin., Lab. f. Biochem.; dt.) — 3. vgl. vorst. Referat. — Das Zwischenprod. (**I**) wurde aus 3-Hydroxyanthranilsäure durch enzymat. Oxydation mit Schweineleberextrakt in Ggw. von etwas $FeSO_4$ hergestellt, durch Phenolextraktion, Behandeln der wss. Phase mit Dowex 50 X 2 (H^+) u. Butanolextraktion gereinigt u. in das *2.4-Dinitrophenylhydrazon* (**II**) übergeführt. **I** gab bei katalyt. Hydrierung mit PtO_2 in Butanol *ε-Hydroxy-β-carboxy-norleucin*, sein **II** ergab *β-Carboxylysin*, die mit den synth. Verb. ident. waren. **I** hat nach diesen Befunden die Konst. eines *α-Amino-β-carboxy-muconsäure-ε-semialdehyds*. *Sorbinal* wurde durch Oxydation von Sorbinol mit MnO_2 in PAe. (45 Min.) hergestellt; *Dinitrophenylhydrazon*, F. 184° (A.). *Hexylamin*, aus vorst. Hydrazon mit PtO_2 in CH_3OH, zuletzt mit HCl-Zusatz; 65% (Ausb.); *Pikrolonat*, F. 188°.

K. Maier 4587

1263 **Darstellung und Reaktionen von Alkylderivaten des Methantricarbonsäuretriäthylesters.** Yukino Miyata und Paulo Carvalho Ferreira. (Rev. Fac. Farmác. Bioquím. Univ. São Paulo **5** (1967) 2, 305—30; port.) — Einige Alkylmethantricarbonsäuretriäthylester werden dargestellt u. ihre alkal. Verseifung sowie Decarboxylierung im Vgl. zu Monocarbonsäuren untersucht. Bei der Rk. mit Benzylamin werden z. T. die Benzylamide erhalten, z. T. tritt Decarboxäthylierung zu Alkylmalonsäuredibenzylamiden ein.

Versuche: α-Alkylmethantricarbonsäuretriäthylester: *Methyl-*, $C_{11}H_{18}O_6$, Kp.$_{11}$ 130—132°, aus Methantricarbonsäuretriäthylester u. Methylhalogenid in Dioxan, n_D^{25} 1,4229; 70%. — *Äthyl-*, $C_{12}H_{20}O_6$, Kp.$_{17}$ 145—147°, n_D^{25} 1,4271; 58%. — *n-Propyl-*, $C_{13}H_{22}O_6$, Kp.$_{10}$ 147—148°, n_D^{25} 1,4282; 56,2%. — *Isopropyl-*, $C_{13}H_{22}O_6$, Kp.$_{10}$ 146—149°, n_D^{25} 1,4302; 49,5%. — *n-Butyl-*, $C_{14}H_{24}O_6$, Kp.$_{10}$ 152—54°, n_D^{25} 1,4299; 58,3%. — *n-Pentyl-*, $C_{15}H_{26}O_6$, Kp.$_{10}$ 162—164,5°, n_D^{25} 1,4324; 46,4%. — *n-Hexyl-*, $C_{16}H_{28}O_6$, Kp.$_{10}$ 171—172,5°, n_D^{25} 1,4336; 54,3%. — *n-Heptyl-*, $C_{17}H_{30}O_6$, Kp.$_{10}$ 178—180°, n_D^{25} 1,4351; 58,3%. — *n-Octyl-*, $C_{18}H_{32}O_6$, Kp.$_{10}$ 184 bis 186,5°, n_D^{25} 1,4366; 42,1%. — *n-Nonyl-*, $C_{19}H_{34}O_6$, Kp.$_{10}$ 188,5—190°, n_D^{25} 1,4382; 39%. — *n-Decyl-*, $C_{20}H_{36}O_6$, Kp.$_{10}$ 206—208°, n_D^{25} 1,4395; 46,6%. — α-Alkylmethantricarbonsäuretribenzylamide: *Unsubstituiert*, $C_{25}H_{25}N_3O_3$, F. 197—199°. — *Methyl-*, $C_{26}H_{27}N_3O_3$, F. 147—151°. — *n-Propyl-*, $C_{28}H_{31}N_3O_3$, F. 161 bis 164°. — *n-Butyl-*, $C_{29}H_{33}N_3O_3$, F. 150—153°. — *n-Pentyl-*, $C_{30}H_{35}N_3O_3$, F. 112—115°. — *n-Hexyl-*, $C_{31}H_{37}N_3O_3$, F. 122—124°. — *Isopropyl-*, $C_{28}H_{31}N_3O_3$, F. 190 bis 192°. — Malonsäuredibenzylamide: *Unsubstituiert*, $C_{17}H_{18}N_2O_2$, F. 141,5—142,5°. — *Methyl-*, $C_{18}H_{20}N_2O_2$, F. 141—143°. — *Äthyl-*, $C_{19}H_{22}N_2O_2$, F. 137—138°. — *n-Propyl-*, $C_{20}H_{24}N_2O_2$, F. 129—130,5°. — *n-Butyl-*, $C_{21}H_{26}N_2O_2$, F. 148—149°. — *n-Pentyl-*, $C_{22}H_{28}N_2O_2$, F. 135—137°. — *n-Hexyl-*, $C_{23}H_{30}N_2O_2$, 123—125°. — *n-Heptyl-*, $C_{24}H_{32}N_2O_2$, F. 116,5—118°. — *n-Oktyl-*, $C_{25}H_{34}N_2O_2$, F. 121—123°.

W. Holland 4607

1264 **Struktur- und Anti-Acetylcholinesterase-Aktivität von O.O-Dialkyl-S-[acetylphenylharnstoff]-dithiophosphorsäureestern.** A. K. Sen Gupta, R. C. Srivastava und Surendra S. Parmar. (Canad. J. Chem. **45** (1967) 23, 2993—97; Dep. of Pharm. and Therapeut, King George's Coll., Lucknow Univ., Lucknow, India; engl.) — *O.O-Diäthyl-S-[acetyl-2-methoxyphenylharnstoff]-* (**I**), *O.O-Diäthyl-S-[acetyl-4-methoxyphenylharnstoff]-* (**II**), *O.O-Di-n-propyl-S-[acetyl-3-methylphenylharnstoff]-* (**III**), *O.O-Di-n-propyl-S-[acetyl-4-methylphenylharnstoff]-* (**IV**), *O.O-Di-n-propyl-S-[acetyl-2-methoxyphenylharnstoff]-* (**V**), *O.O-Di-n-propyl-S-[acetyl-3-methoxyphenylharnstoff]-* (**VI**), *O.O-Di-n-propyl-S-[acetyl-4-methoxyphenylharnstoff]-* (**VII**), *O.O-Diisopropyl-S-[acetylphenylharnstoff]-* (**VIII**) u. *O.O-Diisopropyl-S-[acetyl-2-methoxyphenylharnstoff]-dithiophosphorsäureester* (**IX**) bewirken eine 20,0—45,4%ig. Hemmung von *Acetylcholinesterase* (**X**), während *O.O-Dimethyl-S-[acetyl-2-methylphenylharnstoff]-* (**XI**), *O.O-Dimethyl-S-[acetyl-3-methylphenylharnstoff]-* (**XII**), *O.O-Dimethyl-S-[acetyl-4-methylphenylharnstoff]-* (**XIII**), *O.O-Dimethyl-S-[acetyl-4-methoxyphenylharnstoff]-* (**XIV**), *O.O-Di-n-propyl-S-[acetyl-2-methylphenylharnstoff]-* (**XV**), *O.O-Diisopropyl-S-[acetyl-2-methylphenylharnstoff]-* (**XVI**), *O.O-Diisopropyl-S-[acetyl-3-methylphenylharnstoff]-* (**XVII**), *O.O-Diisopropyl-S-[acetyl-4-methylphenylharnstoff]-* (**XVIII**), *O.O-Diisopropyl-S-[acetyl-3-methoxyphenylharnstoff]-* (**XIX**) u. *O.O-Diisopropyl-S-[acetyl-4-methoxyphenylharnstoff]-dithiophosphorsäureester* (**XX**) **X**-Inhibierung zeigen. Vf. konnten keine Struktur-Anti-**X**-Aktivitätsbeziehungen dieser Ester ermitteln.

Versuche: α-Chloracetylharnstoffe: *N-Phenyl-* (**XXI**), $C_9H_9ClN_2O_2$, F. 161—162°, aus 0,1 Mol N-Phenylharnstoff u. 0,11 Mol α-Chloracetylchlorid (**XXII**) durch 2—3std. Erhitzen in abs. Bzl. unter Rückfluß, 70%. — *N-2-Methylphenyl-* (**XXIII**), $C_{10}H_{11}ClN_2O_2$, F. 138—140°, aus N-2-Methylphenylharnstoff u. **XXII** analog **XXI**, 70%. — *N-3-Methylphenyl-* (**XXIV**), $C_{10}H_{11}ClN_2O_2$, F. 123—125°, aus N-3-Methylphenylharnstoff u. **XXII** analog **XXI**, 65%. — *N-4-Methylphenyl-* (**XXV**), $C_{10}H_{11}ClN_2O_2$, F. 187—189°, aus N-4-Methylphenylharnstoff u. **XXII** analog **XXI**, 75%. — *N-2-Methoxyphenyl-* (**XXVI**), $C_{10}H_{11}ClN_2O_3$, F. 197—198°, aus N-2-Methoxyphenylharnstoff u. **XXII** analog **XXI**, 65%. — *N-3-Methoxyphenyl-* (**XXVII**), $C_{10}H_{11}ClN_2O_3$, F. 138—140°; aus N-3-Methoxyphenylharnstoff u. **XXII** analog **XXI**, 70%. — *N-4-Methoxyphenyl-* (**XXVIII**), $C_{10}H_{11}ClN_2O_3$, F. 168—170°, aus N-4-Methoxyphenylharnstoff u. **XXII** analog **XXI**, 75%. — O.O-Dimethyldithiophosphorsäureester: **XIII**, $C_{12}H_{17}N_2O_4PS_2$, F. 122–124° (CCl_4), aus O.O-Dimethyldithiophosphorsäure-Mononatriumsalz (**XXIX**) u. **XXV** in Aceton durch 18std. Erhitzen auf 80°, 60%. — **XI**, $C_{12}H_{17}N_2O_4PS_2$, F. 121–123°, aus **XXIX** u. **XXIII** analog **XIII**, 65%. — **XII**, $C_{12}H_{17}N_2 \cdot O_4PS_2$, F. 125–126°, aus **XXIX** u. **XXIV** analog **XIII**, 70%. — **XIV**, $C_{12}H_{17}N_2O_5PS_2$, F. 117–118°, aus **XXVIII** u. **XXIX** analog **XIII**, 70%. — O.O-Diäthyldithiophosphorsäureester: **I**, $C_{14}H_{21}N_2O_5PS_2$, F. 96–98°, aus O.O-Diäthyldithiophosphorsäure-Mononatriumsalz (**XXX**) u. **XXVI** analog **XIII**, 65%. — **II**, $C_{14}H_{21}N_2O_5PS_2$, F. 79,5–80°, aus **XXVIII** u. **XXX** analog **XIII**, 70%. — O.O-Di-n-propyldithiophosphorsäureester: **XV**, $C_{16}H_{25}N_2O_4PS_2$, F. 66–67°, aus O.O-Di-n-propyldithiophosphorsäure-Mononatriumsalz (**XXXI**) u. **XXIII** analog **XIII**, 60%. — **III**, $C_{16}H_{25}N_2O_4PS_2$, F. 74–75°, aus **XXXI** u. **XXIV** analog **XIII**, 65%. — **IV**, $C_{16}H_{25}N_2O_4PS_2$, F. 79–80°, aus **XXXI** u. **XXV** analog **XIII**, 60%. — **V**, $C_{16}H_{25}N_2O_5PS_2$, F. 107–109°, aus **XXXI** u. **XXVI** analog **XIII**, 65%. — **VI**, $C_{16}H_{25}N_2O_5PS_2$, F. 68–70°, aus **XXXI** u. **XXVII** analog **XIII**, 60%. — **VII**, $C_{16}H_{25}N_2O_5PS_2$, F. 76,5–77,5°, aus **XXXI** u. **XXVIII** analog **XIII**, 60%. — O.O-Diisopropyldithiophosphorsäureester **VIII**, $C_{15}H_{23}N_2O_4PS_2$, F. 81–82°, aus O.O-Diisopropyldithiophosphorsäure-Mononatriumsalz (**XXXII**) u. **XXI** analog **XIII**, 65%. — **XVI**, $C_{16}H_{25}N_2O_4PS_2$, aus **XXXII** u. **XXIII** analog **XIII**, 75%. — **XVII**, $C_{16}H_{25}N_2O_4PS_2$, F. 77–78°, aus **XXXII** u. **XXIV** analog **XIII**, 60%. — **XVIII**, $C_{16}H_{25} \cdot N_2O_4PS_2$, F. 109–110°, aus **XXXII** u. **XXV** analog **XIII**, 60%. — **IX**, $C_{16}H_{25}N_2O_5PS_2$, F. 126–127°, aus **XXXII** u. **XXVI** analog **XIII**, 55%. — **XIX**, $C_{16}H_{25}N_2O_5PS_2$, F. 72 bis 73°, aus **XXXII** u. **XXVII** analog **XIII**, 60%. — **XX**, $C_{16}H_{25}N_2O_5PS_2$, F. 92–93°, aus **XXXII** u. **XXVIII** analog **XIII**, 70%. D. Lange 4607

1265 **Dissoziationskonstanten Cholinesterase reaktivierender Bis-pyridiniumaldoxime.** Detlef Bieger und Otmar Wassermann. (J. Pharmacy Pharmacol. 19 (1967) 12, 844–47; Kiel, Christian-Albrecht-Univ., Abt. für Pharmakol.; engl.) — pKa_1 u. pKa_2 von *Bis-pyridiniumaldoximen* u. pKa von *Pyridinium-4-aldoximen* (**I**) wurden nach Britton (Hydrogen Ions, **1**, 222, London 1955) mittels Elektronenrechners ermittelt. Die 2. Oximgruppe steigert die Azidität der 1. Gruppe. **I** sind 0,7 pH-Einh. saurer als die entsprechenden 3-Aldoxime. Untersuchte 1.1′-Polymethylen-bis-[4-formylpyridiniumsalz]-dioxime: *Di-*, pKa_1, 7,58 ± 0,01, pKa_2, 8,34 ± 0,01; *Tri-* (**II**), 7,78 ± 0,01; 8,61 ± 0,03; *Tetra-*, 7,93 ± 0,01, 8,66 ± 0,01; *Penta-*, 7,93 ± 0,01, 8,67 ± 0,01; *Hexa-*, 7,98 ± 0,01, 8,69 ± 0,05; *Tri-[2-oxamethylen]-*, 7,54 ± 0,01, 8,24 ± 0,02; 1.1′-Polymethylen-bis-[3-formylpyridiniumsalz]-dioxime: *Tri-*, 8,59 ± 0,01, 9,30 ± 0,03; *Tetra-*, 8,65 ± 0,01; *Hexa-*, 8,70 ± 0,01, 950 ± 0,01; *N-Äthyl-4-formylpyridiniumsalz-oxim* (**III**), pKa 8,2; *N-[3-Pyridiniopropyl]-4-formylpyridiniumsalz-oxim* (**IV**), 8. In der Reihe **II–IV** stieg die Fähigkeit zur Reaktivierung TEPP- oder Paraoxon-gehemmter Acetylcholinesterase in vitro im Verhältnis 1/33, 8, 22 an. K. Maier 4607

1266 **β-Sympathikolytische Wirkungen von Abkömmlingen des Prenylamins.** Gustav Ehrhart und Ernst Lindner. (Arzneimittel-Forsch. 18 (1968) 2, 291; Farbwerke Hoechst AG, Wiss. Labor.; dt.) — Die β-sympathikomimet. Wrkg. von Deriv. des *Prenylamins*, *1-Phenyl-2-[γ.γ-diphenylpropylamino]-propan* (**I**), nimmt zu, je adrenalinähnlicher die OH-Gruppenanordnung der Verb. ist. α-sympathikomimet. Wrkg. fehlt. Mit der β-sympathikomimet. Wrkg. ist eine β-sympathikolyt. verknüpft. Ersatz von Phenyl in der Diphenylpropylkomponente von **I** durch Pyridin steigert letztere. Von den synthetisierten Verb. senkt nur **II** die Brenzcatechinamine im Rattenherzmuskel gleich stark wie **I**.

Versuche: *Prenylamin* (**I**), F. 39–40°, aus Phenylaceton u. 1.1-Diphenylpropylamin (**III**) durch Hydrieren mit Pd in CH_3OH. *Hydrochlorid*, F. 195–196°. — *l-1-m-Hydroxyphenyl-2-[γ.γ-diphenylpropylamino]-propanol, Hydrochlorid* (**II**), F. 211–213° (A.), aus **III** u. l-m-Hydroxyphenyl-acetylcarbinol durch Hydrieren mit Pd in Isopropanol bei 70°. — *1-[3.4-Dihydroxyphenyl]-2-[γ.γ-diphenylpropylamin]-äthanol*, F. 200° (Zers.), aus Chloracetobrenzcatechin u. **III** in A. + wenig W. durch 30 Min. Erhitzen auf dem Dampfbad u. Hydrieren des Ketons als Hydrochlorid mit Pd in CH_3OH bei 40–50°. — *1-[3.4-Dimethylphenyl]-2-[γ.γ-diphenylpropylamino]-propanol, Hydrochlorid*, F. 213–214° (A. + wenig Ae.), *Base*, F. 114–115°, aus 3.4-Dimethylpropiophenon durch Bromieren in CH_2Cl_2, Abdest., Rk. mit **III** in Bzl., Ansäuern des Filtrats mit HCl u. Hydrieren des Hydrochlorids mit Pd in A. bei 70° unter Druck. — *1-[3.4-Dimethylphenyl]-2-[γ-phenyl-γ-pyridyl-(2)-propylamino]-propanol, Hydrochlorid*, F. 197–198° (Aceton + Ae.), aus 1-Phenyl-1-pyridyl-(2)-propylaldehyd u. 1-[3.4-dimethylphenyl]-2-aminopropanol in Bzl., Abdest. von Bzl. u. Rk.-Wasser im Vakuum, Hydrieren der methanol. Lsg. des Rückstands mit $NaBH_4$. K. Maier 4620

1267 **Beziehung zwischen Pharmakon und Rezeptor an quasiaromatischen Verbindungen.** 1. Mitt. **Heterolytische C–N-Bindungsspaltung im Laufe der Quaternierung von Tropylaminen.** E. H. Varga und K. Nádor. (Arzneimittel-Forsch., Beih. 17 (1967) 4, 409–11; Budapest, Ung. Akad. der Wiss., Inst. für Exp. Med.; dt.) — Da nach früheren Unters. in der Beziehung zwischen Rezeptor u. der in den meisten Pharmaka vorhandenen aromat. Gruppe die Elektronendichte der letzteren offensichtlich eine wichtige Funktion hat, wurden jetzt Modellverb., die an Stelle des aromat. Restes einen quasiaromat. Ring enthalten, synthetisiert. Dieser muß mit dem Rezeptor eine Verb. völlig abweichenden Typs u. Geh. bilden. Bei Quaternierung von Dimethyltropylamin mit CH_3Br in Aceton trat Spaltung der C–N-Bindung unter Bldg. von *Tropylaceton* u. *Trimethylaminhydrobromid* ein. Sie verläuft wahrscheinlich über ein Carbonium(Tropylium- oder Triphenylmethyl-Kation)-Zwischenprod. u. wird durch die deprotonisierende Wrkg. des Amins hervorgerufen.

Versuche: *Triäthylaminhydrofluorborat*, $[C_6H_{10}N] \cdot BF_4$, F. 114–115° (Aceton–Ae.), aus 2,5 g Tropyliumfluorborat in abs. A. u. $(C_2H_5)_3N$; 2,4 g (Ausb.). — *7-Äthoxytropyliden*, $Kp._{0,3}$ 34–35°, aus vorst. Mutterlauge; n_D^{22} 1,5010. — *Dimethyltropylamin*, $Kp._{0,4}$ 32 bis 34°, aus Tropyliumperchlorat (**I**) u. wss. $(CH_3)_2NH$; n_D^{22} 1,5172. — *Tropylaceton*, $Kp._{0,7}$ 52–53°, aus vorst. Verb. u. CH_3Br in Aceton (Einschlußrohr, Raumtemp., 1 Woche), Abfiltrieren von $(CH_3)_3N \cdot HBr$, Verd. der Mutterlauge mit Ae., weitere $(CH_3)_3N \cdot HBr$-Abscheidung (91%) u. Vak.-Dest.-; *Dinitrophenylhydrazon*, $C_{16}H_{16}N_4O_4$, F. 170°, orangerote Krist. (A.–Äthylacetat). — *7-Pyrrolidinotropyliden*, $C_{11}H_{15}N$, $Kp._{0,3}$ 60–62°, aus **I** u. Pyrrolidin in wss. Lsg. u. Ae.-Extraktion; n_D^{20} 1,5411; 55%. — *Dimethylamino-triphenylmethan*, $C_{21}H_{21}N$, F. 92–93° (A.), aus Triphenylchlormethan in Aceton u. $(CH_3)_2NH$ (1 Tag, Raumtemp.) u. Eindampfen des Filtrats; 42%. Quaternierung von 3 g mit CH_3Br in Aceton (7 Std., 80°, Einschlußrohr): *Tetramethylammoniumbromid* (80%ig. Umsetzung) u. krist. Verb. (3 g); aus 0,78 g der vorst. Verb. mit Eisessig *Triphenylcarbinol*, F. 159°, 65 g. K. Maier 4628

1268 **Dihydrochinazolinone mit langdauernder Tranquillizer- und antikonvulsiver Wirkung.** R. Hurmer und J. Vernin. (Thérapie 22 (1967) 6, 1325–30; Le-Mée-sur-Seine, Labor. Pharmacol. Valpan, Serv. de Rech.; franz.) — Von mehreren synth. *3-Aryl-3H-chinazolinon-(4)-Deriv.* zeigte **I** (s. u.) bei sehr geringer Toxizität protahierte Tranquillizer- u. antikonvulsive Wrkg., wobei das Verhältnis wirksame Schlafdosis (> 800 mg/kg) zu wirksamer antikonvulsiver Dosis (30 mg/kg) sehr groß war.

Versuche: 3-[substituiert-Aryl]-3H-chinazolinon-(4)-deriv., *3-o-Tolyl*, F. 98–100° (A.), aus N-Formylanthranilsäure in Toluol, o-Toluidin u. PCl_3 ($POCl_3$, Polyphosphorsäure, p-Toluolsulfochlorid) unter Rückfl. (2 Std.); 59% (Ausb.); B. aus Anthranilsäure u. o-Toluidin wie vorst.; 62%; DL_{50} 1100, antikonvulsive Wrkg. gegen Pentatetrazol, Strychnin, Elektroschock, DE_{50} 90, 200. — *2-Methyl-3-o-tolyl* (*Methaqualon*), 500, 70, —, 50. — *2-Methyl-3-[m-chlor-v-tolyl]*, 1100, 84, —, 29, — *3-[m-Chlor-o-tolyl]*, > 4000, 75, 65, —. — *3-[o-Äthylphenyl]*, 1100, > 200, 100, 80. — *3-[o.p-Dichlorphenyl]* (**I**), > 4000, 30, 37, 135. — *3-[o.m-Dichlor-*

phenyl], > 2000, 180, 85, > 200. — *3-[o.m'-Dichlorphenyl]*, Erregung. — *3-[o-Bromphenyl]*, > 3000, 50, > 300, —. — *3-[p-Chlor-o-tolyl]*, > 2500, 100, 320, 250. — *2-Methyl-3-[p-chlor-o-tolyl]*, 230, 65, —, 30. —

K. Maier 4628

1269 **Choleretische Eigenschaften von Cumarinen, Indandionen und Acylindandionen, die mit oralen Antikoagulantien verwandt sind.** L. Fontaine, M. Grand, D. Molho und E. Boschetti. (Chim. thérapeut. **2** (1967) 6, 430—40; Lyon, Société LIPHA; franz.) — Vgl. C. R. hebd. Séances Acad. Sci. **252** [1961], 336. — Von 90 dargestellten *Cumarinen* (**A**), *2-Arylindandionen-(1.3)* (**B**) u. *2-Acylindandionen-(1.3)* zeigen einige **A** u. wenige **B** choleret. Wirkung. Am stärksten wirksam sind die Verb. **II**, **III**, **V**, **VI** u. **XIV** (s. unten). Die Zusammenhänge zwischen Struktur u. Wrkg. werden diskutiert. Choleret. u. antikoagulierende Wrkg. sind voneinander unabhängig.

Versuche: Cumarine: *Unsubstituiert*, F. 70°. — *4-Methyl-7-trimethylammonio-*, *Jodid* (**I**), F. 185° (Zers.), nach v. Pechmann [1884]. — *4-Methyl-7-dimethylamino-*, F. 143°. *Hydrochlorid*, analog **I**. — *4-Methyl-7-diäthylamino-*, *Hydrochlorid*, F. 193°, analog **I**. — *3-Hydroxy-*, F. 152°. *Na-Salz*. — *3-Hydroxy-4-methyl-*, F. 175°. *Na-Salz*. — *7-Methoxy-8-hydroxy-*, F. 174°. — *6.7-Dihydroxy-(Esculetin)* (**II**), F. 266°, durch Hydrolyse von Esculosid. — *4-Methyl-6.7-dihydroxy-*, F. 275°, analog **XI** (s. unten). — 7-Hydroxycumarine: *Unsubstituiert*, F. 225°, analog **I**. — *4-Methyl-* (**III**), F. 190°, durch Kondens. von Phenol mit β-Ketosäureester nach v. Pechmann u. Duisberg [1883]. — *4-n-Propyl-*, F. 139°, analog **III**. — *8-Methyl-*, F. 235°. — *4-Phenyl-*, F. 49°, analog **III**. — *4-Carboxymethyl-*, *Na-Salz*, F. 210°. — *3-n-Propionyl-*, F. 212°. — *3-Äthoxycarbonyl-*, F. 168°. — *3.4-Dimethyl-*, F. 256°, analog **III**. — *4.8-Dimethyl-*, F. 260°, analog **III**. — *3-n-Propyl-4-methyl-*, F. 160°, analog **III**. — *3-Chlor-4-methyl-*, F. 231°, analog **III**. — *4-[β-Diäthylaminoäthylaminocarbonylmethyl]-*, *Hemisulfat*, F. 220°. — *4-n-Propyl-8-piperidinomethyl-* (**IV**), F. 104° (A.), durch 7std. Kochen von 4-Propyl-7-hydroxycumarin mit Trioxymethylen in A.; 55% (Ausb.). *Hydrochlorid*, F. 215°. — *4-Methyl-8-piperidinomethyl-*, F. 255°, analog **IV**. — *4-Phenyl-8-piperidinomethyl-*, *Nicotinsäure-Additionsprod.*, F. 189°, analog **IV**. — *4-Pyridyl-(3')-8-piperidinomethyl-*, *Hydrochlorid*, F. 268°, analog **IV**. — *4-Pyridyl-(3')-8-dimethylaminomethyl-*, *Hydrochlorid*, F. 253°, analog **IV**. — *3.4-Dihydro-4-methyl-*, F. 110°. — *5-Methyl-*, F. 248°. — *4-Methyl-6-chlor-*, F. 280°, analog **III**. — 4-Hydroxycumarine: *Unsubstituiert* (**V**), F. 215°. — *3-Methyl-* (**VI**), F. 227°. — *3-Phenyl-*, F. 240°. — *3-Brom-*, F. 195°. — *3-Nitro-*, F. 177°. — *3-Acetylamino-*, F. 225°. — *3-Äthoxycarbonyl-* (**VII**), F. 102°. — *3-Acetyl-*, F. 137°. — *3-Benzoyl-*, F. 145°. — *3-Äthoxycarbonyl-7-jod-*, F. 158° (A.), durch 16std. Kochen von **VII** mit 4-Jodacetylsalicylsäure (F. 80°) u. Na-Malonester in Bzl., Lösen des Nd. in wss. A. u. Ansäuern mit HCl. — *3-n-Octylaminocarbonyl-7-jod-* (**VIII**), $C_{18}H_{22}JNO_4$, F. 126° (A.), durch $^3/_4$std. Erhitzen vorst. Verb. mit n-Octylamin auf 100—110°, Lösen in A., Ansäuern mit HCl auf pH 2 u. Zugabe von W.; 83%. — *3-[β-Diäthylaminoäthylaminocarbonyl]-* (**IX**), $C_{16}H_{20}N_2O_4$, F. 154—155° (A.), durch 1std. Erhitzen von 4,68 g **VII** mit N.N-Diäthyläthylendiamin (Kp. 144—145°) auf 150° unter Dest. des A.; 4,6 g. *Hydrochlorid*, $C_{16}H_{20}N_2O_4 \cdot HCl$, F. 225°. — *3-[δ-(Di-n-propylamino)-butylaminocarbonyl]-*, *Hydrochlorid*, F. 200°, analog **IX**. — *3-[p-Hydroxyphenylaminocarbonyl]-*, F. 231°, analog **IX**. — *3-[o-Hydroxyphenylaminocarbonyl]-*, F. 257°, analog **IX**. — *3-Pyridyl-(2')-aminocarbonyl-*, F. 228—231°, analog **IX**. — *3-Piperidinocarbonyl-*, F. 151—152°, analog **IX**. — *3-Morpholinocarbonyl-*, F. 154°, analog **IX**. — *3-[β-Morpholinoäthylaminocarbonyl]-*, F. 249°, analog **IX**. *3-[β-Morpholinopropionylamino]-*, F. 192°. — *3-[β-(p-Phenylbenzoyl)-äthyl]-* (**X**), $C_{24}H_{19}O_4$, F. 180° (A.), durch $3^1/_2$std. Kochen von p-Phenyl-β-piperidinopropiophenon-Hydrochlorid (F. 212°) mit **V** in Py., Gießen auf Eis u. Ansäuern; 57%. — *3-[β-(p-Brombenzoyl)-äthyl]-*, F. 230°, analog **X**. — *3-[β-(p-Chlorbenzoyl)-äthyl]-*, F. 216°, analog **X**. — *3-[2'-Hydroxynaphthylmethyl]-*, F. 258—260°. — *6-Chlor-*, F. 276°. — *6-Methyl-*, F. 260°. — *3-Phenyl-7.8-benzo-*, F. 265°. — *3-[p-Hydroxyphenylaminocarbonyl]-6-brom-*, F. 297°, analog **VIII**. — *3-[p-Hydroxyphenylaminocarbonyl]-6-chlor-*, F. 295°, analog **VIII**. — *3-[n-Octylaminocarbonyl]-6-chlor-*, F. 110°, analog **VIII**. — *3-[β-Morpholinoäthylaminocarbonyl]-8-methyl-*, Hydrochlorid, F. 239°, analog **VIII**. — 4.7-Dihydroxycumarine: *Unsubstituiert*, F. 265°, nach Sonn [1917]. — *3-Phenyl-* (**XI**), F. 220°, nach Urbain u. Mentzer [1944]. — *3-Phenyl-5-methyl-*, F. 294°, analog **XI**. — 5.7-Dihydroxycumarine: *Unsubstituiert*, F. 285°, nach Heyes u. Robertson [1936]. — *4-Methyl-* (**XII**), F. 280°, nach v. Pechmann [1883]. — *4-Pyridyl-(3')-*, F. 325° (Zers.), analog **XII**. — 7.8-Dihydroxycumarine: *Unsubstituiert*, F. 261°, nach Heyes u. Robertson [1936]. — *4-Methyl-*, F. 232°, analog **XII**. — *3-Carboxy-*, F. 270° (Zers.). — Indandione-(1.3): *2-[p-Chlorphenyl]-* (**XIII**), F. 142° (CCl_4), a) nach Gabriel u. Neumann [1893]; b) nach Seymour et al. (vgl. J. org. Chemistry **25** (1960), 1860); c) durch 2std. Kochen von 1-[p-Chlorphenyl]-butanon-(2) mit $NaOCH_3$ u. Phthalsäuremethylester in Bzl. unter teilweiser Dest. der Lsgm., Dest. des Bzl., 1std. Rühren bei 135—140°, Lösen in W. u. Ansäuern mit HCl. — *2-[p-Methoxyphenyl]-* (**XIV**), F. 153°, analog **XIII**. — *2-[3'.4'.5'-Trimethoxyphenyl]-*, F. 180°, analog **XIII**. — *2-[p-Fluorphenyl]-*, F. 118°, analog **XIII**. — *2-[p-Bromphenyl]-*, F. 144°, analog **XIII**. — *2-[p-Jodphenyl]-*, F. 146°, analog **XIII**. — *2-Piperidyl-(2')-*, F. 290°. — *2-Piperidyl-(2')-*, F. 315° (Zers.). — *2-Phenyl-2-brom-*, F. 105°. — *2-[Phenyl-(p-chlorphenyl)-acetyl]-*, (**XV**), $C_{23}H_{15}ClO$, F. 140° (A./Aceton), aus 1-Phenyl-1-[p-chlorphenyl]-propanon-(2) analog **XIII** nach c), jedoch Lösen in A. u. Ansäuern mit konz. HCl; 58%. — *2-[Phenyl-(biphenyl)-acetyl]-*, F. 177—178°, analog **XV**. — *2-[Phenyl-(p-bromphenyl)-acetyl]-*, F. 154°, analog **XV**. — *2-Anilinocarbonyl-*, F. 115°. — *2-[p-Brombenzoyl]-*, F. 180°. — *2-Phenyl-6-chlor-*, F. 156°. — *Na-3.4-dihydro-3-acetyl-5.6-benzocumarin-3-id*. — *1.3-Dioxo-2-phenyl-2.3-dihydro-4-hydroxyphenalen*, F. 204°. — *1-Diphenylacetoxy-2-phenyl-3-oxo-3H-inden*, F. 112°.

Gottfried Schreiber 4630△

F. Pharmazeutische Chemie

1270 **Analyse von pharmazeutischen Produkten durch kernmagnetische Resonanz.** Thomas G. Alexander und Stanley A. Koch. (J. assoc. off. analyt. Chemists **50** (1967) 3, 676—78; Food and Drug Adm., Washington, D.C.; engl.) — 6 Mitarbeiter untersuchten versiegelte Aliquoten einer Lsg. durch Ausmessung der Peakflächen mit Hilfe des elektron. Integrators. Die Abweichung des Mittelwerts vom wahren Wert betrug 8%.

W. Grimmich 4840

1271 **Darstellung einiger Derivate von p-Hydroxybenzolsulfonamiden. 4. Mitt. Einige N-Aryl-, N-Heterocyclyl- und andere Derivate von p-[Carboxymethoxy]-benzolsulfonamid.** Melita Šaden-Krehula, Dragutin Kolbah und Božidar Stavrič. (Acta pharmac. jugosl. **18** (1968) 1, 3—6; Dep. of Chem., Fac. of Pharm. and Biochem., Zagreb; engl.) — 3. vgl. Croat. Chem. Acta **35** (1963) 161. — Die Darst. einiger der genannten Verb. aus den Sulfonylchloriden u. Aminen wird beschrieben. **I** hat vermutlich zytostat. Wrkg., die anderen Verb. Phytohormon-Wirkung. — p-Carboxymethoxybenzolsulfonamide: *N-Phenyl-*, $C_{14}H_{13}NO_5S$, F. 170 bis 171,5° (W.), durch alkal. Verseifung des Esters; 92% (Ausb.). *Methylester*, $C_{15}H_{15}NO_5S$, F. 121—122,5° (A.), durch Zugabe von Anilin in Aceton/Ae. zu p-[Carbomethoxymethoxy]-benzolsulfonylchlorid (**II**) in Aceton bei 18—29° u. 24std. Stehen; 70,9%. — *N-[3.4-Dimethylisoxazolyl-(5)]-*, $C_{13}H_{14}N_2O_6S$, F. 186—187° (20%ig. A.), durch Hydrolyse des Äthylesters; 65,2%. *Äthylester*, $C_{15}H_{18}N_2O_6S$, F. 123—124° (Bzl.), durch Zutropfen von Py. zu p-[Carbäthoxymethoxy]-benzolsulfonylchlo-

rid (**III**) u. 3.4-Dimethyl-5-aminoisoxazol bei 60° u. 24std. Stehen; 21,2%. — *N.N-Bis-[2-chloräthyl]-, Äthylester* (**I**), $C_{14}H_{19}Cl_2NO_5S$, F. 85,5—87° (A.), aus **III** u. N.N-Bis-[2-chloräthyl]-amin in Ae.; 40%. — *p-[Carbomethoxymethoxy]-benzolsulfonylphenylhydrazid*, $C_{15}H_{16}N_2 \cdot O_5S$, F. 147—148° (70%ig. A.), durch Zutropfen von Phenylhydrazin zu **II** in Aceton u. 48std. Stehen; 40%.
W. Holland 4846

1272 **Synthese von 1.3-Diaminopropanderivaten als möglichen Antihistaminika.** Y. K. Agarwal und Nazar Singh. (Indian J. Pharmacy **30** (1968) 6, 152—53; Dep. of Pharm., Punjab Univ., Chandigarh; engl.) — Eine Reihe von 1-Phenylamino-1-p-bromphenyl-3-aminopropanen wird dargestellt. Die Verb. zeigen in der vorläufigen pharmakolog. Prüfung gute Antihistaminwirkung.

Versuche: 1-p-Bromphenylpropane: *1-Chlor-3-dimethylamino-* (**I**), $C_{11}H_{15}BrClN$, F. 184—185° (A./Ae.), aus dem entsprechenden Carbinol u. $SOCl_2$ in Bzl.; 95,8% (Ausb.). — *1-Chlor-3-piperidino-*, $C_{14}H_{19}Br \cdot ClN$, F. 244—245°; 80%. — *1-Chlor-3-morpholino-, Hydrochlorid (HCl)*, $C_{13}H_{17}BrClNO \cdot HCl$, F. 242—243°. — *1-Anilino-3-dimethylamino-, Di-HCl*, $C_{17}H_{21}BrN_2 \cdot 2HCl$, F. 162—163° (A./Ae.), durch 6std. Kochen von **I** u. Anilin in A.; 10%. — *1-p-Toluidino-3-dimethylamino-, Di-HCl*, $C_{18}H_{23}BrN_2 \cdot 2HCl$, F. 214—215°; 14,5%. — *1-p-Anisidino-3-dimethylamino-, Di-HCl*, $C_{18}H_{23}BrN_2O \cdot 2HCl$, F. 199—200°; 7%. — *1-p-Phenetidino-3-dimethylamino-, Di-HCl*, $C_{19}H_{25}BrN_2O \cdot 2HCl$, F. 169—170°; 7,5%. — *1-p-Chloranilino-3-dimethylamino-, Di-HCl*, $C_{17}H_{20}Br \cdot ClN_2 \cdot 2HCl$, F. 135—136°; 22,5%. — *1-Anilino-3-piperidino-, Di-HCl*, $C_{20}H_{25}BrN_2 \cdot 2HCl$, F. 165—166°; 75%. — *1-p-Toluidino-3-piperidino-, Di-HCl*, $C_{21}H_{27}BrN_2 \cdot 2HCl$, F. 164—165°; 14%. — *1-p-Anisidino-3-piperidino-, Di-HCl*, $C_{21}H_{27}BrN_2O \cdot 2HCl$, F. 198—199°; 40%. — *1-p-Phenetidino-3-piperidino-, Di-HCl*, $C_{22}H_{29}BrN_2O \cdot 2HCl$, F. 190—191°; 28%. — *1-p-Chloranilino-3-piperidino-, Di-HCl*, $C_{20}H_{24}BrClN_2 \cdot 2HCl$, F. 178—179°; 40,5%. — *1-Anilino-3-morpholino-, Di-HCl*, $C_{19}H_{23}BrN_2O \cdot 2HCl$, F. 170—171°; 32,5%. — *1-p-Toluidino-3-morpholino-, Di-HCl*, $C_{20}H_{25}BrN_2O \cdot 2HCl$, F. 155—156°; 12,4%. — *1-p-Anisidino-3-morpholino-, Di-HCl*, $C_{20}H_{25}BrN_2O_2 \cdot 2HCl$, F. 162—163°; 83%. — *1-p-Phenetidino-3-morpholino-, Di-HCl*, $C_{21}H_{27}BrN_2O_2 \cdot 2HCl$, F. 164—165°; 74%. — *1-p-Chloranilino-3-morpholino-, Di-HCl*, $C_{19}H_{22} \cdot BrClN_2O \cdot 2HCl$, F. 178—179°; 40,5%.
W. Holland 4846

1273 **Bestimmungsmethoden für Edan. 2. Mitt. Photometrische und visuelle Titration in nichtwäßrigem Medium.** Henryk Ellert, Romuald Ceglarski und Andrzej Regosz. (Chem. analit. [Warszawa] **12** (1967) 6, 1219—22; Kat. Chem. Farm., Akad. Med., Gdańsk; pol.) — 1. vgl. ibid. **10** (1965) 1217. — Edan (*Acetylsalicylsäurediäthylaminoäthylesterhydrochlorid*) wurde in Essig- (**I**), Propionsäure oder **I**/1.4-Dioxan (**II**) 1:2 mit 0,1 n $HClO_4$-Lsg. in **II** unter Verw. von Kristallviolett oder Tropäolin 00 als Indikatoren mit einem Fehler von < 0,5% bestimmt. W. Grimmich 4846

1274 **Photokolorimetrische und argentometrische Bestimmung von Acetylsalicylsäurediäthylaminoäthylesterhydrochlorid (Edan-Polfa).** Jerzy Fecko und Ryszard Seidel. (Chem. analit. [Warszawa] **12** (1967) 6, 1267—70; Kat. Chem. Farm., Akad. Med., Łódź; pol.) — Größere Mengen von *Edan* (**I**) können mit $AgNO_3$-Lsg. nach Volhard mit einer Standardabweichung von 0,51% titriert werden. Die Rk. mit Ammoniumreineckat wird zur kolorimetr. Mikrobest. von **I** benutzt. Eine Lsg. von **I**-Reineckat in Aceton wird bei 546 nm gemessen. Das Beersche Gesetz gilt für 0,2—1,6 mg/ml. Die Standardabweichung beträgt 1,22%.
W. Grimmich 4846

1275 **Infrarotbestimmung von Pilocarpin in Augentropfen.** James I. Roberts. (J. Assoc. off. analyt. Chemists **50** (1967) 3, 658—59; Food and Drug Admin., San Francisco, Calif.; engl.) — *Pilocarpin* (**I**) wird aus wss. bas. Lsg. mit $CHCl_3$ extrahiert u. nach weiteren Arbeitsgängen IR-spektrometr. beim Absorptionsmax. 9 μ quant. bestimmt. Die Werte werden mit den von Standard-**I**-Lsg. verglichen. E. Boye 4846

1276 **Mechanismus der Polymyxin M-Inaktivierung.** G. S. Katrukha, L. A. Baratova und A. B. Silaev. (Experientia [Basel] **24** (1968) 6, 540—41; Moskau State Univ., Labor. of Bioorgan. Chem.; engl.) — *Polymyxin M* (**I**, Antibiotikum) lieferte nach 7tägigem Stehen in einem Puffer von pH 10,3 bei 37°, saurer Hydrolyse u. Behandlung mit *1-Dimethylaminonaphthalin-5-sulfonyl(DNS)-chlorid* u. a. *DNS-Threonin* u. *Di-DNS-α.γ-Diaminobuttersäure*. Daraus wird auf einen etwas veränderten Inaktivierungsmechanismus geschlossen, der zusätzlich zur N_α–N_γ-Umacylierung (vgl. C. **1964**, 4-1164) zur Bldg. des 3-Acylamino-2-pyrrolidons u. zur Freisetzung der benachbarten Aminogruppe führt. Damit ergibt sich für den Peptidring von **I** die Struktur (α)-DAB → (α)-DAB → X_1 → X_2 → (α)-DAB → (α)-DAB → THr; die Stellung von Thr u. Leu (X_1 oder X_2) ist noch ungewiß. — 24 Literaturangaben.
W. Meise 4848

1277 **Quantitative Bestimmung von Isoniazid (INH) und p-Aminosalicylsäure (PAS).** John W. Turczan. (J. Assoc. off. analyt. Chemists **50** (1967) 3, 652—54; Food and Drug Admin., Brooklyn, N.Y.; engl.) — Zur Ermittlung einer Kombination von *Isoniazid* (**I**) u. *p-Aminosalicylsäure* (**II**) in Tabletten werden diese in methanol. HCl gelöst. **I** wird polarograph. u. **II** UV-spektrophotometr. bei 299 nm bestimmt.
E. Boye 4850

1278 **Bestimmung von Hydrocodon in Gemischen mit Antihistaminen.** Thomas D. Doyle. (J. Assoc. off. analyt. Chemists **50** (1967) 3, 655—57; Food and Drug Admin., Div. of Pharm. Chem., Washington, D.C.; engl.) — Die Trennung von *Hydrocodon* (**I**) von Antihistaminen (**A**) erfolgt säulenchromatograph. mit 2 Säulen verschiedener Füllung (Celite mit 2 n HCl bzw. Celite mit 1 n $NaHCO_3$ u. 6% Bernsteinsäure). **A** werden in der 1. Säule, **I** in der 2. Säule durch Bernsteinsäure zurückgehalten. **I** wird mit einer Lsg. von NH_3 in $CHCl_3$ eluiert u. spektrophotometr. bestimmt. 7 von 9 Analysen ergeben **I**-Werte von durchschnittlich 99,9%
E. Boye 4850

1279 Laboratoires André Guerbet, Saint-Quen, Frankreich, **2.4.6-Trijodbenzamide** der allg. Formel **I** erhält man durch Jodierung von m-Hydroxy-N-benzamiden u. ggf. weiterer Umsetzung mit Halogenalkylcarbonsäureestern [R = H oder $-CH(R^3)(CH_2)_n-CO_2H$;

I

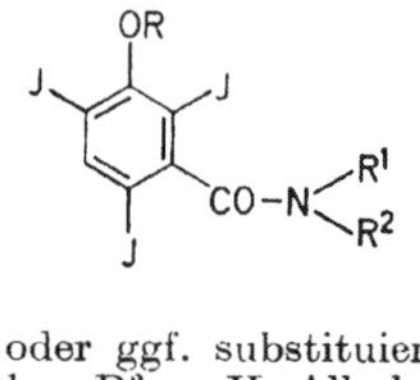

R^3 = C_1–C_6-Alkyl- oder ggf. substituierte Phenylreste; n = 0 oder 1—4; R^1 u. R^2 = H, Alkyl- oder Hydroxyalkylreste; beide Reste können zum Morpholino- oder Piperidinorest zusammengeschlossen sein]. — *2.4.6-Trijod-3-hydroxy-N-methylbenzamid*, F. 231° (W.). — *2.4.6-Trijod-3-hydroxy-N-di-[1-hydroxy-2-äthyl]-benzamid*, F. 155°. — *2.4.6-Trijod-3-hydroxy-N-morpholinobenzamid*, F. 218° (Methanol). — Ferner Verb. der Formel **I**, worin *R = H*: *R^1 = H, R^2 = C_2H_5*, F. 222°. — *R^1 = H, R^2 = n-Butyl*, F. 158°. — *R^1 = H, R^2 = Isopropyl-*, F. 188°. — *R^1 = H, R^2 = CH_2CH_2OH*, F. 160°. — *R^1 u. R^2 = CH_3*, F. 193°. — *R^1 u. R^2 = C_2H_5*, F. 100—110°. — *2.4.6-Trijod-3-hydroxy-N-piperidino-benzamid*, F. 212°. — *[2.4.6-Trijod-3-N-methylcarbamyl]-phenoxy-α-buttersäure*,- F. 150°. — *[2.4.6-Trijod-3-N-methylcarbamyl]-phenoxy γ-buttersäure*, F. 196°. — *[2.4.6-Trijod-3-N-morpholinocarbamyl]-phenoxy-α-buttersäure*, F. 187° (Methanol). — *[2.4.6-Trijod-3-N-morpholinocarbamyl]-phenoxy-γ-buttersäure*, F. 170° (A.–Dioxan). — *[2.4.6-Trijod-3-N-methylcarbamyl]-phenoxy-α-buttersäure*, F. 150°. — *[2.4.6-Trijod-3-N-äthylcarbamyl]-phenoxy-α-buttersäure*, F. 130°. — *[2.4.6-Trijod-3-N-dimethylcarbamyl]-phenoxy-α-buttersäure*, F. 80°. — *[2.4.6-Trijod-3-N-methylcarbamyl]-α-phenylphenoxyessigsäure*, F. 250°. — *[2.4.6-Trijod-3-N-*

äthylcarbamyl]-phenyl-phenoxyessigsäure, F. 215°. — *[2.4.6-Trijod-3-N-dimethylcarbamyl]-α-phenyl-phenoxyessigsäure*, F. 240°. — *[2.4.6-Trijod-3-N-morpholinocarbamyl]-α-phenylphenoxyessigsäure*, F. 218°. — *[2.4.6-Trijod-3-N-äthylcarbamyl]-phenoxy-γ-buttersäure*, F. 208°. — *Choleret. Mittel.* (**Brit.P. 1080496** vom 19/7. 1966, ausg. 23/8. 1967. F. Prior. 6/8. 1965.) — 7 S. A. Jahn 4846

1280 E. R. Squibb & Sons, Inc., New York, N.Y. (Erfinder: John Krapcho, New Brunswick, N.J.), USA, **Herstellung von Diphenylacetamiden** der allg. Formel (R″ · $C_6H_4)_2C(OR)$–CO–N(R′)–Y–N(R′)–Y′–CH(OH)–R‴ (R = niedermol. Alkyl; R′ = niedermol. Alkyl, Alkenyl; R″ = H, Halogen, Halogenmethyl, niedermol. Alkyl, niedermol. Alkoxy, HO, NO_2, NH_2, CN, Alkanoyloxy, C_6H_5; R‴ = aromat. Gruppe; Y u. Y′ = niedermol. Alkylen) erfolgt durch Rk. eines Diphenylacetamids mit einem Halogenalkylphenon u. Red. des Rk.-Produktes. — Beispiel: Durch Rk. von CH_3NH_2 mit 2-[N-Benzyl-N-methyl-amino]-äthylchlorid erhält man N-Benzyl-N.N′-dimethyl-äthylendiamin, $Kp._{0,5}$ 80 bis 82°. Durch Rk. dieser Verb. mit α-Chlor-diphenyl-acetylchlorid u. anschließend mit Alkohol erhält man *N-[2-(N′-Benzyl-N′-methylamino)-äthyl]-2-äthoxy-N-methyl-2.2-diphenylacetamid, Hydrochlorid*, F. 162—164°. Durch Hydrierung dieser Verb. in Ggw. von Pd/C erhält man *2-Äthoxy-N-methyl-N-[2-methylaminoäthyl]-2.2-diphenyl-acetamid*, F. 45—48°, *Hydrochlorid*, F. 202—203°. Durch Rk. der Base mit α-Chloracetophenon erhält man *2-Äthoxy-N-methyl-N-[2-(methylphenacylamino)-äthyl]-2.2-diphenylacetamid, Hydrochlorid*, F. 187—188°. Durch Red. dieser Verb. mit $NaBH_4$ erhält man *2-Äthoxy-N-{2-[(β-hydroxyphenäthyl)-methyl-amino]-äthyl}-N-methyl-2.2-diphenylacetamid, Hydrochlorid*, F. 162—164°. — *Analgetika.* (**Schwz.P. 433241** vom 10/6. 1964, ausg. 30/9. 1967.) — 3 S. R. Bauereis 4846

1281 Merck & Co., Inc., Rahway, N.J. (Erfinder: William Alfred Bolhofer, Frederick, und James Maurice Sprague, Gwynedd Valley, Pa.), USA, **α-Methylennaphthylacylverbindungen** der allg. Formel R^3–C(=CH_2)–C(=O)–$C_{10}H_4(R^1)(R^2)$O–B–C(=O)–X (R^1 u. R^2 = H, Alkyl, Halogen; R^3 = H, Halogen, CF_3, OH, NO_2, CN, gesätt. oder ungesätt. Alkyl, die ggf. substituiert sein können, ggf. substituiertes Cycloalkyl, Cycloalkenyl, substituiertes Aryl, Aryloxy, Aralkyl; B = Alkylen, ggf. substituiertes Arylen, Alkarylen; X = OH, Alkoxy, OM; M = Alkalimetall, –N(R^4)–R^5; R^4 u. R^5 = H, Alkyl oder beide bilden zusammen mit dem N einen heterocycl. Ring) erhält man durch Rk. einer der allg. Formel R^3–CH_2–C(=O)–$C_{10}H_4(R^1)(R^2)$–O–B–C(=O)–X mit HCHO u. Behandlung der erhaltenen Mannich-Amin-Verb. mit einer schwachen Base. — Durch Rk. von 5-Oxy-1-naphthonitril mit Methylsulfat erhält man *5-Methoxy-1-naphthonitril*, $C_{12}H_9NO$, F. 87—89°; daraus durch Rk. mit n-Propyl-MgBr das *5-Methoxy-1-butyronaphthon*, $C_{15}H_{16}O_2$, F. 67—69°; daraus durch Hydrolyse das *5-Oxyderiv.*, $C_{14}H_{14}O_2$, F. 84—86°, daraus durch Rk. mit Bromessigsäureäthylester in Ggw. von Na-Äthylat die *5-Butyryl-1-naphthyloxyessigsäure*, $C_{11}H_{16}O_4$, F. 156—157,5°, daraus durch Rk. mit HCHO u. Dimethylaminhydrochlorid das *5-(α-Dimethylaminomethyl-butyryl)-1-naphthyloxyessigsäurehydrochlorid*, F. 165 bis 170°, daraus durch Rk. mit wss. $NaHCO_3$ die *5-(α-Methylenbutyryl)-1-naphthyloxyessigsäure*, $C_{17}H_{16}O_4$, F. 142 bis 145°. — Ähnlich die *R-naphthyloxyessigsäure*: *R* = *5-Methyl-7-butyryl-1-*, $C_{17}H_{18}O_4$, F. 152,5—154°. *5-Methyl-7-(α-Methylenbutyryl)-1-*, $C_{18}H_{13}O_4$, F. 136,5 bis 138°. *8-Butyryl-2-*, $C_{16}H_{16}O_4$, F. 118—120°. *8-(α-Methylenbutyryl)-2-*, $C_{17}H_{16}O_4$, F. 118—120°. *4-Chlor-2-butyryl-1-*, $C_{16}H_{15}ClO_4$, F. 124—225°. *2-Chlor-4-(α-methylenbutyryl)-1-*, $C_{17}H_{15}ClO_4$, F. 100—101,5°. *5-Butyryl-2-*, $C_{16}H_{16}O_4$, F. 113—115°. *5-(α-Methylenbutyryl)-2-*, $C_{17}H_{16}O_4$, F. 101 bis 103°. *2-Methyl-1-*, $C_{13}H_{12}O_3$, F. 141—143°. *2-Methyl-4-butyryl-1-*, $C_{17}H_{18}O_4$, F. 116—119°. *2-Methyl-4-(α-dimethylaminomethylbutyryl)-1-, Hydrochlorid*, $C_{20}H_{25}NO_4$ · HCl, F. 171—173°. *2-Methyl-4-(α-methylenbutyryl)-1-*, $C_{18}H_{18}O_4$, F. 72—74,5°. *6-Propionyl-2-*, $C_{15}H_{14}O_4$, F. 175 bis 177°. *6-(α-Methyl-β-dimethylaminopropionyl)-2-, Hydrochlorid*, F. 166—170°. *6-Methacryloyl-2-*, $C_{16}H_{14}O_4$, F. 145—146°. *4-Propionyl-1-*, $C_{15}H_{14}O_4$, F. 190—193°. *4-(α-Methyl-β-dimethylaminopropionyl)-1-, Hydrochlorid*, $C_{18}H_{21}NO_4$ · HCl, F. 177—179°. *4-Methacryloyl-1-*, C_{16} · $H_{14}O_4$, F. 117—120°, F. 133—135°. *4-Butyryl-1-*, $C_{16}H_{16}$ · O_4, F. 137—139°. *4-(α-Dimethylaminomethylbutyryl)-1-, Hydrochlorid*, $C_{19}H_{23}NO_4$ · HCl, F. 176—178°. *4-(α-Methylenbutyryl)-1-*, $C_{17}H_{16}O_4$, F. 106—109°. *4-Butyryl-2-*, $C_{16}H_{16}O_4$, F. 122—124°. *4-(α-Dimethylaminomethylbutyryl)-2-, Hydrochlorid*, F. 162—166°. *4-(α-Methylenbutyryl)-2-*, $C_{17}H_{16}O_4$, F. 96—98,5°. *6-Butyryl-1-*, $C_{16}H_{16}$ · O_4, F. 134—136°. *6-(α-Dimethylaminomethylbutyryl)-1-, Hydrochlorid*, F. 177—183°. *6-(α-Methylenbutyryl)-1-*, $C_{17}H_{16}O_4$, F. 110—112°. *5-Chlor-1-*, $C_{12}H_9ClO_3$, F. 179 bis 181°. *5-Chlor-4-butyryl-1-*, $C_{16}H_{15}ClO_4$, F. 164—165,5°. *5-Chlor-4-(α-methylenbutyryl)-1-*, $C_{17}H_{15}ClO_4$, F. 178 bis 179°. *3-Methyl-6(7)-butyryl-1-*, $C_{17}H_{18}O_4$, F. 141,5—143°. *3-Methyl-6(7)-(α-methylenbutyryl)-1-*, $C_{18}H_{18}O_4$, F. 122 bis 123,5°. *4-Butyryl-3-methyl-1-*, $C_{17}H_{16}O_4$, F. 131—132,5°. *3-Methyl-4-(α-methylenbutyryl)-1-*, $C_{18}H_{18}O_4$, F. 154 bis 155,5°. *5-Methyl-5.6.7.8-tetrahydro-1-*, $C_{13}H_{16}O_3$, F. 156,5 bis 158,5°. *4-Butyryl-5-methyl-1-*, $C_{17}H_{18}O_4$, F. 138,5 bis 140°. *5-Methyl-4-(α-methylenbutyryl)-1-*, $C_{18}H_{18}O_4$, F. 144,5—145,5°. *4-Isovaleryl-1-*, $C_{17}H_{18}O_4$, F. 120—121,5°. *7-Amino-1-butyronaphthonhydrochlorid*, $C_{14}H_{15}NO$ · HCl, F. 177—181°. — *R-butyronaphthon*: *R* = *7-Oxy-1-*, $C_{14}H_{14}O_2$, F. 79—83°. *4-Chlor-1-oxy-2-*, $C_{14}H_{13}ClO_2$, F. 59,5—61°. *3-Chlor-4-oxy-1-*, $C_{14}H_{13}ClO_2$, F. 111—113°. *6-Methoxy-1-*, $C_{15}H_{16}O_2$, $Kp._{0,05}$ 140—145°, n_D^{25} 1,6010. *6-Oxy-1-*, $C_{14}H_{14}O_2$, F. 83—84°. *3-Methoxy-1-*, $C_{15}H_{16}O_2$, $Kp._{0,1}$ 140°, n_D^{26} 1,5986. *3-Oxy-1-*, $C_{14}H_{14}O_2$, F. 120 bis 122°. *5-Methoxy-2-*, $C_{15}H_{16}O_2$, F. 60—63°. *5-Oxy-2-*, $C_{14}H_{14}O_2$, F. 138—140°. *5(8)-Methoxy-7(6)-methyl-2-*, $C_{16}H_{18}O_2$, F. 93,5—95,5°. *5(8)-Oxy-7(6)-methyl-2-*, C_{15} · $H_{16}O_2$, F. 165—167,5°. — *1-Methoxy-3-methylnaphthalin*, $C_{12}H_{12}O$, $Kp._{0,5}$ 95—97°. — *4-Brom-3-methyl-1-methoxynaphthalin*, $C_{12}H_{11}BrO$, F. 62—63,5°. *4-Butyryl-3-methyl-1-methoxynaphthalin*, $C_{16}H_{18}O_2$, $Kp._{0,5}$ 145—150°; n_D^{25} 1,5875. — *4-Butyryl-3-methyl-1-naphthol*, $C_{15}H_{16}O_2$, F. 148,5—149,5°. — *4-Butyryl-5-methyl-5.6.7.8-tetrahydro-1-naphthyloxyessigsäureäthylester*, $C_{19}H_{26}O_4$, $Kp._{0,5}$ 208 bis 212°; n_D^{25} 1,5364. — *4-Butyryl-5-methyl-1-naphthyloxyessigsäuremethylester*, F. 89—94°. — *Heilmittel* mit *diuret.*, *natriumuret.* u. *chloruret.* Wrkg., bes. gegen *Ödeme.* (**Schwz.P. 448992** vom 13/11. 1962, ausg. 11/4. 1968. **Brit.P. 1019775** vom 12/11. 1962, ausg. 9/2. 1966. Beide U.S. Prior. 14/11. 1961.) — 22 S. — 32 S. R. Bollinger 4846

1282 Merck & Co., Inc. (Erfinder: Edward Louis Engelhardt und Marcia Elizabeth Christy), **Herstellung von 5.6.7.12-Tetrahydrodibenzo-[a.d]-cyclooctenen (I).** 6.7-Dihydrodibenzo-[a.d]-cycloocten-12-(5H)-on wird in abs. Tetrahydrofuran (**II**) mit dem aus Dimethylaminopropylchlorid u. Mg in **II** bereiteten Grignard-Reagens behandelt → *12-[3-Dimethylaminopropyl]-12-hydroxy-***I**, $C_{21}H_{27}NO$, F. 126,5—128°, das in Trifluoressigsäure (**III**) gelöst u. mit **III**-Anhydrid gekocht wird → *12-[3-Dimethylaminopropyliden]-***I**, $C_{21}H_{25}N$, F. des Hydrochlorids (**IV**) 178—179°. Dieses wird mit rotem P u. Eisessig (**V**) zu unter N_2 auf 100° erhitztem 55%ig. HJ gegeben u. 5 Std. gekocht → *12-[3-Dimethylaminopropyl-***I**, $C_{21}H_{27}N$, F. des **IV** 177,5—178,5°, das darauf unter N_2 in Bzl. mit BrCN umgesetzt wird → *12-[3-(N-Cyano-N-methyl)-aminopropyl]-***I**, F. 79—85°, das in **V** mit HCl 17 Std. gekocht wird → *12-[3-Methylaminopropyl]-***I***-hydrochlorid*, $C_{20}H_{25}N$ · HCl, F. 178,5—179,5°. — *Pharmazeutika.* (**Aust.P. 273222** vom 17/12. 1963, ausg. 9/3. 1967. U.S. Prior. 11/1. 1963.) — 35 S. C. Lüttgen 4846

1283 J. R. Geigy Akt.-Ges., Basel (Erfinder: Ulrich Renner, Riehen, und Daniel Prins, Oberwil), Schweiz, **Indolo-[3.2-d]-azabicyclo-[6.3.1]-dodecan(I)-Derivate** der allg. Formel **II** erhält man durch Rk. von reaktionsfähigen Estern der Alkohole der allg. Formel **III** mit säurebindenden Mitteln mit einer Dissoziationskonst. > 1 · 10^{-5} (R^1 u. R^2 = H oder CH_3O; X u. Y = H; beide Reste X u. Y können für eine zusätzliche Bindung stehen, vgl. die gestrichelte Linie). — Tosylester des Voacanginols (F. 135—140°) + Triäthylamin → *5′-Methoxy-6-methylen-10-äthyl-10.11-dehydro-***I**, F. 198—202° (Methanol). — *5′.6′-Dimethoxy-6-methylen-10-äthyl-10.11-*

dehydro-**I**, F. 180—185°. — *5'-Methoxy-6-methyl-10-äthyl*-**I**, F. 153—154° (Methanol), $[\alpha]_D^{24}$ +98,6° (c = 0,5 in $CHCl_3$). — *5'.6'-Dimethoxy-6-methyl-10-äthyl*-**I**, F. 97—100°. — *Heilmittel*. (**Schwz.P. 434281** vom 4/3. 1964,

II

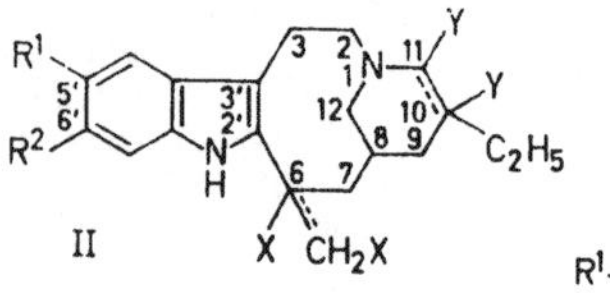

III

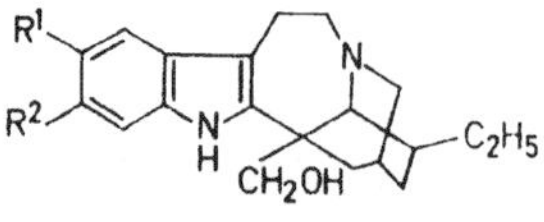

ausg. 14/10. 1967. **Brit.P. 1071479** vom 3/3. 1965, ausg. 7/6. 1967. Schwz. Prior. 4/3. 1964.) — 3 S. — 4 S.
A. Jahn 4846

1284 Merck & Co., Inc., Rahway (Erfinder: Lewis Hastings Sarett, Princeton, und Horace Dean Brown, Plainfield), N.J., USA, **Herstellung von 1-Alkyl- und 1-Alkenylbenzimidazolen** der allg. Formel **I** (R =

I

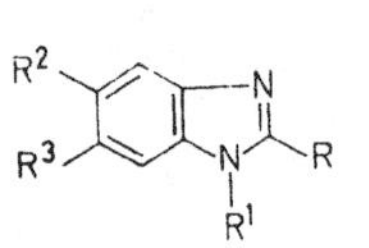

5-gliedriger, heterocycl., N u. S enthaltender Rest; R^1 = niedriger Alkyl- oder Alkenylrest; R^2 u. R^3 = H oder ggf. halogenierter niederer Alkylrest) durch Behandeln eines Benzimidazols der Formel **I** (R^1 = H) mit einem Alkalihydrid u. Rk. des entstandenen Alkalisalzes mit einem Ester aus einer starken Säure u. einem niedrigen Alkanol- oder Alkenol. — Man setzt 2-[4'-Thiazolyl]-benzimidazol (**II**) in Dimethylformamid (**III**) mit einer NaH-Emulsion in Mineralöl um u. dann mit CH_3J in **III** → *1-Methyl*-**II**. — Analog: *1-Allyl*-**II**. — *Pharmazeutika*. — Vgl. Ung.P. 149895; C. **1963**, 4149. (**Schwz.P. 423793** vom 17/1. 1961, ausg. 13/5. 1967. U.S. Prior. 18/1. u. 17/3. 1960.) — 3 S.
C. Lüttgen 4846

1285 Jan Marcel Didier Aron-Samuel, Suresnes, Frankreich, **Oxazolinon-(4)(I)-Derivate** der allg. Formel **II**

II

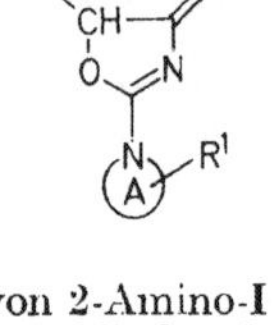

erhält man durch Rk. von 2-Amino-I mit entsprechenden heterocycl. Basen (R = Alkyl- oder ggf. substituierte Phenylgruppe; A = *Piperazino*, Piperidino-, Pyrrolidino-, Morpholinoring, der ggf. 1—2 C_1—C_6-Alkylreste trägt; R^1 = H, Alkyl-, Acyl-, Aryl-, Alkaryl- oder Aralkylrest; falls A-Piperazinorest ist R^1 an das zweite N-Atom gebunden). — *2-Pyrrolidino-5-phenyl*-**I**, F. 150—152°. — *2-Piperidino-5-phenyl*-**I**, F. 125°. — *2-Piperazino-5-phenyl*-**I**, F. 146—148° (Benzol). — *2-N-Methylpiperazino-5-phenyl*-**I**, F. 148—150°. — *2-[4-(3.4.5-Trimethoxybenzoyl)]-piperazino-5-phenyl*-**I**, F. 250—252° (Dimethylformamid). — *5-Butyl-2-piperidino*-**I**, *Hydrochlorid*, F. 134—136°. — *2-Piperidino-5-hexyl*-**I**, *Hydrochlorid*, F. 124—126°. — *2-N-Butylpiperazino-5-hexyl*-**I**, Nadeln, F. 48—50°. — *2-N-Methylpiperazino-5-hexyl*-**I**, F. 40°. — *Hydrochlorid*, F. 208°. — *2-Morpholino-5-butyl*-**I**, F. 90°. — *2-N-(Hydroxyäthyl)-piperazino-5-butyl*-**I**, F. 71°. — *2-N-(p-Tolyl)-piperazino-5-butyl*-**I**, F. 139°. — *2-Piperidino-5-isobutyl*-**I**, F. 64—66°. — *2-(4-Methylpiperidino)-5-hexyl*-**I**, *Hydrochlorid*, F. 138—140°. — *2-Pyrrolidino-5-butyl*-**I**, *Hydrochlorid*, F. 153°. — *2-Pyrrolidino-5-hexyl*-**I**, F. 101°. — *2-N-(p-Tolyl)-piperazino-5-hexyl*-**I**, F. 132°. — *2-N-(Hydroxyäthyl)-piperazino-5-hexyl*-**I**, F. 86°. — *2-N-Methylpiperazino-2-isobutyl*-**I**, *Hydrochlorid*, F. 258—260°. — *2-Piperidino-5-phenyl*-**I**, F. 125°. — *2-N-Methylpiperazino-5-phenyl*-**I**, F. 148—150°. — *2-N-Phenylpiperazino-5-phenyl*-**I**, F. 190—192°. — *2-Pyrrolidino-5-phenyl*-**I**, F. 152°. — *2-N-(p-Tolyl)-piperazino-5-phenyl*-**I**, F. 180°. — *2-Morpholino-5-phenyl*-**I**, F. 164—166°. — *2-N-Methylpiperazino-5-methyl*-**I**, *Hydrochlorid*, F. 243°. — *2-N-Methylpiperazino-5-(p-fluorphenyl)*-**I**, F. 156°. — *2-N-Benzylpiperazino-5-phenyl*-**I**, F. 162—164°. — *2-N-Methylpiperazino-5-(p-bromphenyl)*-**I**, F. 182—184°. *2-N(Hydroxyäthyl)-piperazino-5-phenyl*-**I**, F. 90—92°. — *2-N-(p-Methoxyphenyl)-piperazino-5-phenyl*-**I**, F. 182—184°. — *2-N-(p-Chlorphenyl)-piperazino-5-phenyl*-**I**, F. 156—158°. — *2-Piperidino-5-(p-methoxyphenyl)*-**I**, F. 108—110°. — *2-Piperidino-5-(o-chlorphenyl)*-**I**, F. 98—100°. — *2-Pyrrolidino-5-(3.4-methylendioxy)-phenyl*-**I**, F. 152—154°. — *2-(4-Methylpiperidino)-5-phenyl*-**I**, F. 104—106°. — *2-(3-Methylpiperidino)-5-phenyl*-**I**, F. 136—138°. — *2-Piperidino-5-methyl*-**I**, F. 48—50°. — *2-Piperazino-5-phenyl*-**I**, F. 146—148°. — *2-Piperidino-5-(p-bromphenyl)*-**I**, F. 138—140°. — *2-N-Acetylpiperazino-5-phenyl*-**I**, F. 142 bis 144°. — *2-Morpholino-2-(p-bromphenyl)*-**I**, F. 180 bis 182°. — *2-N-(p-Tolyl)-piperazino-5-(p-chlorphenyl)*-**I**, F. 202—204°. — *2-(N.N-Diäthylaminoäthyl)-piperazino-5-phenyl*-**I**, F. 84—86°. — *2-(3-Methyl-N-acetylpiperazino)-5-phenyl*-**I**, F. 162—164°. — *2-(3.5-Dimethyl-N-acetylpiperazino)-5-phenyl*-**I**, F. 180—190°. — *2-(N-Propylpiperazino)-5-phenyl*-**I**, F. 134—136°. — *2-N-Butylpiperazino-5-phenyl*-**I**, F. 112—114°. — *2-Piperidino-2-propyl*-**I**, *Hydrochlorid*, F. 124—126°. — *2-N-Butylpiperazino-2-hexyl*-**I**, F. 48—50°. — *2-N-Propylpiperazino-5-hexyl*-**I**, F. 44—45°. — *2-Piperazino-5-hexyl*-**I**, F. 78°. — *2-(N.N-Diäthylaminoäthylpiperazino)-5-hexyl*-**I**, F. 35 bis 36°. — *2-[N-(4'-Chlorbutyrophenon-4-yl)-piperazino]-5-phenyl*-**I**, F. 152—154°. — *2-N-(4-Fluorbutyrophenon-4-yl)-piperazino-5-phenyl*-**I**, F. 134—136°. — *2-N-(p-Tolyl)-piperazino-2-butyl*-**I**, F. 139°. — *2-N-(Hydroxyäthyl)-piperazino-5-butyl*-**I**, F. 71°. — *2-Morpholino-5-butyl*-**I**, F. 90°. — *2-Piperidino-5-tetradecyl*-**I**, F. 64—66°. — *2-N-Methylpiperazino-5-tetradecyl*-**I**, F. 74—76°. — *2-Piperidino-5-nonyl*-**I**, F. 45°. — *2-N-Methylpiperidino-5-nonyl*-**I**, F. 54—56°. — *2-Piperidino-5-butyl*-**I**, *Hydrochlorid*, F. 134—136°. — *2-Piperidino-5-(p-fluorphenyl)*-**I**, F. 98—100°. — *2-N-Propylpiperazino-5-butyl*-**I**, F. 64—66°. — *2-N-Phenylpiperazino-5-butyl*-**I**, F. 118°. — *Antipyret.*, *analget.* u. *entzündungshemmende Mittel*. (**Brit.P. 1085922** vom 10/5. 1965, ausg. 4/10. 1967.) — 12 S.
A. Jahn 4846

1286 Research Laboratorium Dr. C. Janssen N. V. Belgien, übert. von: Cornelis Van de Westeringh, Breda, Niederlande, und Alfons Herman Margaretha Raeymaekers, Beerse, Belgien, **2-Acylimino-thiazolinderivate** der allg. Formel **I** erhält man durch Rk.

I

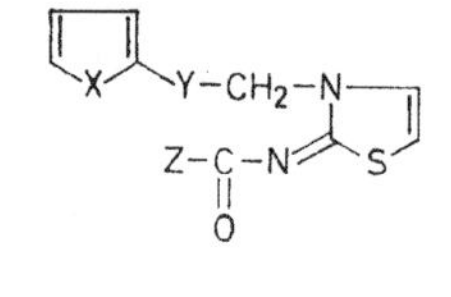

von 2-Imino-3-[(2-thienylcarbonyl)-methyl]-thiazolinen bzw. 2-Imino-3-[(2-furylcarbonyl)-methyl]-thiazolinen mit Acylierungsmitteln [X = O oder S; Y = > CO, > CHOH oder > CH(OCO-nieder-Alkyl); Z = niederer Alkyl- oder Alkoxyrest oder Cyclopropylrest]. — Es wurden erhalten: Thiazoline: *2-Imino-3-[(2-thienylcarbonyl)-methyl]*-, F. 117,5—118,5° (2-Propanol). — *3-[(2-Furylcarbonyl)-methyl]-2-imino-*, *Hydrobromid*, F. 198—198,5°. — *2-Acetylimino-3-[(2-thienylcarbonyl)-methyl]*-, F. 146—147,5° (2-Propanol). — *2-Acetylimino-3-[(2-furylcarbonyl)-methyl]*-, F. 142,5—143,5° (4-Methyl-2-pentanon). — *2-[(Äthoxycarbonyl)-imino]-3-[(2-thienylcarbonyl)-methyl]*-, F. 178—179° (4-Methyl-2-pentanon). — *2-Propionylimino-3-[(2-thienylcarbonyl)-methyl]*-, F. 137,5—138° (2-Propanol). — *2-Butyroylimino-3-[(2-thienylcarbonyl)-methyl]*-, F. 104—105° (Dibutyläther). — *2-[(Cyclopropylcarbonyl)-imino]-3-[(2-thienylcarbonyl)-methyl]*-, F. 158,5 bis 160° (Toluol). — *DL-2-Acetyl-imino-3-[2-hydroxy-2-(2-thienylcarbonyl)-äthyl]*-, F. 132,5—133° (4-Methyl-2-pentanon). — *DL-2-Acetylimino-3-[2-(2-furyl)-2-hydroxy-*

äthyl]-, F. 115–116,5° (2-Propanol). — DL-3-[2-Hydroxy-2-(2-thienyl)-äthyl]-2-porpionylimino-, F. 141,5–143° (2-Propanol). — *2-[(Äthoxycarbonyl)-imino]-3-[2-hydroxy-2-(2-thienyl)-äthyl]-*, F. 152–154° (2-Propanol). — *DL-2-Butyroylimino-3-[2-hydroxy-2-(2-thienyl)-äthyl]-*, F. 106,5 bis 107,5° (Dibutyläther-äthylacetat). — *DL-2-[(Cyclopropylcarbonyl)-imino]-3-[2-hydroxy-2-(2-thienyl)-äthyl]-*, F. 152–153° (2-Propanol). — *DL-2-Acetylimino-3-[2-acetoxy-2-(2-thienyl)-äthyl]-*, F. 122–122,5° (Diisopropyläther). — *Darm-Parasitizide*, bes. gegen *Ascaris* u. *Heterakis*. (**U.S.P. 3264316** vom 18/9. 1963, ausg. 2/8. 1966. **Brit.P. 1081283** vom 14/9. 1964, ausg. 31/8. 1967. U.S. Prior. 18/9. 1963.) — 4 S. — 6 S. A. Jahn 4846

1287 Eli Lilly & Co., übert. von: Walter E. Buting und Cameron Ainsworth, Indianapolis, Ind., USA, **Anthelminthika** enthaltend als Wirkstoff eine Verb. der allg. Formel **I** (n = 0–3; R = Alkyl C_{1-8}, C_6H_5, $C_{10}H_7$,

I 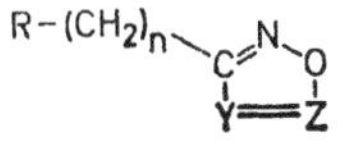

Fluorenyl, durch Alkyl C_{1-4}, Alkoxy C_{1-4}, Alkylamino C_{1-6}, Dialkylamino C_{2-6}, OH, Halogen, NO_2, CN, CF_3 substituiertes Phenyl, Pyridin, Thiophen, Furan, Thiazol, Oxazol, Pyrazol; Y u. Z = CH oder N). Die Verb. erhält man nach folgendem Beispiel: Phenylglyoxim gibt mit Bernsteinsäureanhydrid → 3-Phenyl-1.2.5-oxadiazol, $Kp._{10}$ 110°. — Weitere Beispiele: *3-p-Chlorphenyl-*, *3-Methyl-* und *3-n-Hexyl-1.2.4-oxadiazol*. (**U.S.P. 3279988** vom 17/3. 1965, ausg. 18/10. 1966.) — 4 S. R. Bauereis 4846

1288 Dr. A. Wander Akt.-Ges., Bern (Erfinder: Othmar Schindler, Gurzelen), Schweiz, **Herstellung von Thioxanthenderivaten** der Formel I, worin R = gerade

I 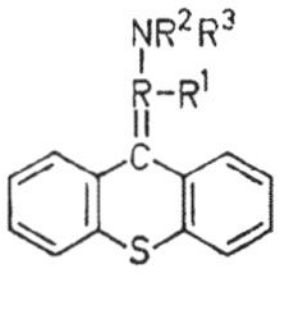

C_{3-5}-KW-stoffkette, R^1 = H, niedriges Alkyl oder zusammen mit R^2 = C_{2-4}-Alkylen oder Alkyl, ebenso R^3; R^2 u. R^3 auch zusammen oder mit dem N-Atom ein 5–6gliedriger Ring (ggf. ein weiteres Heteroatom, z. B. O oder S aufweisend) durch W.-Abspaltung aus einem entsprechend substituierten Thioxanthen-10-oxid mit Säure(anhydrid). — Beispiel: Aus 9-[(1'-Methyl-3'-piperidyl)-methyl]-thioxanthen-10-oxid, F. 128–131°, mit 37%ig. HCl → *9-[(1'-Methyl-3'-piperidyl)-methylen]-thioxanthen*, F. 68–71°, *Hydrochlorid*, F. 246–253° neben *9-[(1'-Methyl-3'-piperidyl)-chlormethylen]-thioxanthen*, F. 99–101°, *Hydrochlorid*, F. 255–265° u. *9-[(1'-Methyl-3'-piperidyl)-methyl]-thioxanthen*, F. 66–75°, *Hydrochlorid*, F. 209–210°, u. *9-Hydroxy-9-[(1'-methyl-3'-piperidyl)-methyl]-thioxanthen*, F. 205–207°. Analog folgende Thioxanthene (**I**): *2-Chlor-9-[γ-dimethylamino-n-propyliden]-***I**, *cis-Form*, F. 92–95°, *Hydrochlorid*, F. 225–228°, *trans-Form*, F. 212–214°; *2-Methyl-9-[γ-piperidino-n-propyliden]-***I**, *Oxalat*, F. 215–220°; *2-Methoxy-9-[γ-piperidino-n-propyliden]-***I**, *Oxalat*, F. 155–161°. — *Arzneimittel*. (**Schwz.P. 421138** vom 4/11. 1965, ausg. 31/3. 1967). — 4 S. R. Bauereis 4846

1289 Laboratorio Bioterapico Milanese Selvi & C. S. A. S., Mailand, Italien (Erfinder: Luigi Almirante und Walter Murmann), **Imidazo-[1.2-a]-pyridin(I)-**

II 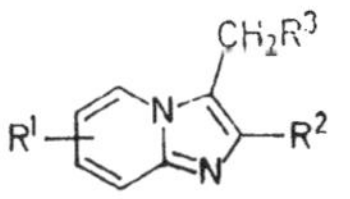

Derivate der allg. Formel **II** erhält man durch Rk. von 3-Trialkylammoniummethyl-**I**-Deriv. mit CN-Ionen im wss. Medium (R^1 = H, C_1–C_4-Alkyl-, C_1–C_4-Alkoxyrest oder Halogen; R^2 = H, C_1–C_4-Alkyl-, ggf. durch Halogen, Alkyl, Alkoxy oder NO_2 substituierter Arylrest; R^3 = CN, $CONH_2$ oder CO_2H). — 3-Dimethylaminomethyl-I-methojodid + NaCN → *3-Cyanmethyl-***I**, F. 139–140° (Bzl.). — *3-Cyanmethyl-7-methyl-***I**, F. 145 bis 147° (W.). — *2-[4'-Chlorphenyl]-3-cyanmethyl-***I**, F. 146 bis 147° (Methanol). — *2-[4'-Nitrophenyl]-3-cyanmethyl-***I**, F. 215–217° (Methanol). — *2-Methyl-3-carbonamidomethyl-***I**, F. 222–223° (W.). — *2-[4'-Chlorphenyl]-3-carbonamidomethyl-***I**, F. 254–256° (Methanol) *3-Carboxymethyl-***I**, F. 255–256° (A.). — *2.7-Dimethyl-3-carboxymethyl-***I**, F. 301–302° (A.). — *2-[4'-Chlorphenyl]-3-carboxymethyl-***I**, F. 247–248° (wss. A.). — *2-Methyl-3-carboxymethyl-***I**, F. 239–240° (A.). — *Analget.*, *antipyret.*, *antiphlogist.* u. *antikonvulsive Mittel*. (**Brit.P. 1076089** vom 23/12. 1965, ausg. 19/7. 1967. It. Prior. 9/11. 1965.) — 4 S. A. Jahn 4846

1290 Farbenfabriken Bayer Akt.-Ges., Leverkusen (Erfinder: Siegismund Schütz, Marianne Bock und Hinrich Otten), **Naphthalin-1.4.5.8-tetracarbonsäurediimid(I)-Derivate** der allg. Formel **II** erhält man

II 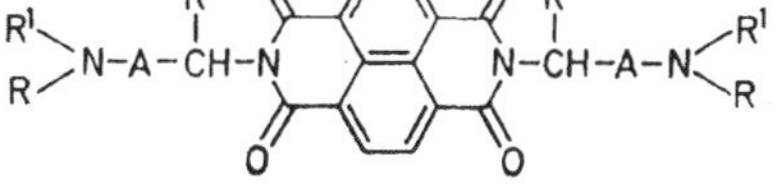

erhält man durch Rk. von Naphthalin-1.4.5.8-tetracarbonsäureanhydrid mit entsprechenden Aminen oder durch Überführung von N.N'-Halogenalkyl-I-Deriv. in die Nitrile u. nachfolgende Red. [A = Alkylenrest mit ≦ 6 C-Atomen, der ggf. durch OH substituiert ist; R = H, ungesätt. aliphat. Rest mit ≦ 8 C-Atomen, der ggf. durch polycycl., heterocycl. oder ungesätt. Cycloalkylreste substituiert u. ggf. durch O oder N unterbrochen ist, gesätt. oder ungesätt. aliphat. C_9–C_{20}-KW-Stoffrest, Aryloxyalkyl- oder Alkylrest mit ≦ 6 C-Atomen, der an R^1 zu einem alkylsubstituierten Ring gebunden sein kann; R^1 = R; R^2 = H oder C_1–C_4-Alkylrest]. — *N.N'-Bis-[γ-(4-methylpiperidino)-propyl-***I**, F. 214 bis 216°. — *N.N'-Bis-[γ-(N''-methyl-N''-cyclohexyl)-aminopropyl]-***I**, F. 170–173°. — *N.N'-Bis-[γ-(2-methylpiperidino)-propyl]-***I**, F. 183–184°. — *N.N'-Bis-[γ-(2-äthylpiperidino)-propyl]-***I**, F. 149°. — *N.N'-Bis-[γ-(N''-methyl-N''-β-äthoxyäthyl)-aminopropyl]-***I**, F. 113–115°. — *N.N'-Bis-[γ-(octadecylamino)-propyl]-***I**, F. 164–166°. — *N.N'-Bis-[γ-(N''-äthyl-N''-cyclohexylamino)-propyl-***I**, F. 114–116°. — *N.N'-Bis-[γ-(3.3.4.4-tetramethylpyrrolidino)-propyl]-***I**, F. 186°. — *N.N'-Bis-[β-hydroxy-(γ-N''-äthyl-N''-p-chlorphenylamino)-propyl]-***I**, F. 162–165°. — *N.N' Bio [β (β' p tolyläthyl)-aminoäthyl]-***I**, F. 195 bis 196°. — *N.N'-Bis-[β-(β'-m-tolyläthyl)-aminoäthyl]-***I**, F. 199–201°. — *N.N'-Bis-[γ-cyclohexylaminopropyl]-***I**, F. 176°. — *N.N'-Bis-{β-[di-(2-diäthylaminoäthyl)-amino]-äthyl}-***I**, F. 210–212°. — *N.N'-Bis-{β-bicyclo-[2.2.2]-hept-2-ylmethylamino-äthyl}-***I**, F. 181–184°. — *N.N'-Bis-[β-(3.5-dimethyl-1.2.3.6-tetrahydropyridin-1-yl)-äthyl]-***I**, F. 252°. — *N.N'-Bis-{β-[pyridyl-(4)-methylamino]-äthyl}-***I**, F. 184°. — *N.N'-Bis-[β-(2-methylprop-2-enylamino)-äthyl]-***I**, F. 150–151° (A.). — *N.N'-Bis-[β-(prop-2-enylamino)-äthyl]-***I**, F. 192°. — *N.N'-Bis-[β-(prop-2-inylamino)-äthyl]-***I**, F. 208°. — *N.N'-Bis-[β-(but-2-enylamino)-äthyl]-***I**, F. 130°. — *N.N'-Bis-[β-(2-propoxypropylamino)-äthyl]-***I**, F. 136–138°. — *N.N'-Bis-[β-(hept-5-en-2-inylamino)-äthyl]-***I**, F. 162°. — *N.N'-Bis-[β-(2-chlorbenzylamino)-äthyl]-***I**, F. 183–184°. — *N.N'-Bis-[β-(3.4-dichlorbenzylamino)-äthyl]-***I**, F. 187°. — *N.N'-Bis-[β-(4-chlorbenzylamino)-äthyl]-***I**, F. 194°. — *N.N'-Bis-[β-(2.6-dichlorbenzylamino)-äthyl]-***I**, F. 225 bis 227°. — *N.N'-Bis-[β-(4-methylbenzylamino)-äthyl]-***I**, F. 188–190°. — *N.N'-Bis-[β-(2.4-dimethylbenzylamino)-äthyl]-***I**, F. 166°. — *N.N'-Bis-[β-(2.5-dimethylbenzylamino)-äthyl]-***I**, F. 200–202°. — *N.N'-Bis-[β-(β'-phenoxyäthylamino)-äthyl]-***I**, F. > 260°. — *N.N'-Bis-[γ-(2-methylcyclohexylamino)-propyl]-***I**, F. 158°. — *N.N'-Bis-[γ-allylaminopropyl]-***I**, F. 168°. — *N.N'-Bis-[γ-nonylaminopropyl]-***I**, F. 134°. — *N.N'-Bis-[γ-nonyl-(2)-amino-*

propyl]-I, N [*N* = *Naphthalin-1.5-disulfonat*], F. > 260°. — *N.N'-Bis-{γ-[5-äthylheptyl-(2)-amino]-propyl}*-I, N, F. > 260°. — *N.N'-Bis-{γ-(2.6-dimethylheptyl-(4)-amino]-propyl}*-I, N, F. > 260°. — *N.N'-Bis-[γ-decylaminopropyl]*-I, F. 135°. — *N.N'-Bis-{γ-[6-äthyloctyl-(3)-amino]-propyl}*-I, N, F. 201°. — *N.N'-Bis-{γ-[3-isopropylheptyl-(2)-amino]-propyl}*-I, N, F. 224°. — *N.N'-Bis-[γ-dodecylaminopropyl]*-I, F. 138°. — *N.N'-Bis-[γ-tetradecylaminopropyl]*-I, F. 135°. — *N.N'-Bis-[γ-hexadecylaminopropyl]*-I, F. 124°. — *N.N'-Bis-[γ-(p-methylbenzylamino)-propyl]*-I, F. 170°. — *N.N'-Bis-[γ-(o-chlorbenzylamino)-propyl]*-I, F. 130°. — *N.N'-Bis-[γ-(p-chlorbenzylamino)-propyl]*-I, F. 140°. — *N.N'-Bis-{γ-[1-(p-methoxyphenyl)-äthylamino]-propyl}*-I, F. 145°. — *N.N'-Bis-{γ-[2-(m-tolyl)-äthylamino]-propyl}*-I, F. 149°. — *N.N'-Bis-{γ-[2-(p-tolyl)-äthylamino]-propyl}*-I, F. 111°. — *N.N'-Bis-[γ-cyclopentylaminopropyl]*-I, F. 186°. — *N.N'-Bis-[γ-(2-methylcyclopentylamino)-propyl]*-I, F. 152°. — *N.N'-Bis-[γ-(3-methylcyclopentylamino)-propyl]*-I, F. 153°. — *N.N'-Bis-{γ-[2-(2-cyclohexen-1-yl)-äthylamino]-propyl}*-I, F. 159°. — *N.N'-Bis-[γ-(3-methylcyclohexylamino)-propyl]*-I, F. 167°. — *N.N'-Bis-[γ-(4-methylcyclohexylamino)-propyl]*-I, F. 193°. — *N.N'-Bis-[γ-(2.3-dimethylcyclohexylamino)-propyl]*-I, F. 144°. — *N.N'-Bis-[γ-(2.4-dimethylcyclohexylamino)-propyl]*-I, F. 110°. — *N.N'-Bis-[γ-(2.5-dimethylcyclohexylamino)-propyl]*-I, F. 114°. — *N.N'-Bis-[γ-(2.6-dimethylcyclohexylamino)-propyl]*-I, F. 142°. — *N.N'-Bis-[γ-(3.4-dimethylcyclohexylamino)-propyl]*-I, F. 142°. — *N.N'-Bis-[γ-(3.5-dimethylcyclohexylamino)-propyl]*-I, F. 166°. — *N.N'-Bis-[γ-(2-äthylcyclohexylamino)-propyl]*-I, F. 109°. — *N.N'-Bis-[γ-(2.3.5-trimethylcyclohexylamino)-propyl]*-I, F. 95°. — *N.N'-Bis-[γ-(2.4.5-trimethylcyclohexylamino)-propyl]*-I, F. 141°. — *N.N'-Bis-[γ-(2.4.6-trimethylcyclohexylamino)-propyl]*-I, F. 156°. — *N.N'-Bis-[γ-(3.3.5-trimethylcyclohexylamino)-propyl]*-I, N, F. > 260°. — *N.N'-Bis-[γ-(2-n-propylcyclohexylamino)-propyl]*-I, N, F. > 260°. — *N.N'-Bis-[γ-(4-isopropylcyclohexylamino)-propyl]*-I, F. 123°. — *N.N'-Bis-[γ-(2.4-dimethyl-6-äthylcyclohexylamino)-propyl]*-I, F. 160°. — *N.N'-Bis-[γ-(2.6-diäthylcyclohexylamino)-propyl]*-I, F. 70°. — *N.N'-Bis-[γ-(2-isopropyl-4-methylcyclohexylamino)-propyl]*-I, N, F. 250°. — *N.N'-Bis-[γ-(2-n-butylcyclohexylamino)-propyl]*-I, N, F. > 260°. — *N.N'-Bis-[γ-(cycloheptylamino)-propyl]*-I, F. 166°. — *N.N'-Bis-[γ-(cyclooctylamino)-propyl]*-I, F. 181°. — *N.N'-Bis-[γ-(cyclodecylamino)-propyl]*-I, F. 178°. — *N.N'-Bis-{γ-(bicyclo-[2.2.1]-heptyl-(2)-amino)-propyl}*-I, F. 191°. — *N.N'-Bis-{γ-(tricyclo-[2.2.1.0$^{2.6}$]-heptyl-[3]-amino)-propyl}*-I, F. 195°. — *N.N'-Bis-{γ-(bicyclo-[2.2.1]-heptyl-[2]-methylamino)-propyl}*-I, F. 176°. — *N.N'-Bis-{γ-(1-bicyclo-[2.2.1]-heptyl-[2]-äthylamino)-propyl}*-I, F. 129°. — *N.N'-Bis-{γ-(2-methylbicyclo-[2.2.1]-heptyl-[2]-methylamino)-propyl}*-I, F. 169°. — *N.N'-Bis-{γ-(1.3.3-trimethylbicyclo-[2.2.1]-heptyl-[2]-amino)-propyl}*-I, F. 184°. — *N.N'-Bis-{γ-(1.7)-trimethylbicyclo-[2.2.1]-heptyl-[2]-amino)-propyl]*-I, F. 218°. — *N.N'-Bis-}γ-[3.4.5.6.7.7a-hexahydro-4.7-methanoindanyl-(1)-amino]-propyl/*-I, F. 193°. — *N.N'-Bis-[γ-(2-methoxyäthylamino)-propyl]*-I, F. 172°. — *N.N'-Bis-[γ-(3-methoxypropylamino)-propyl]*-I, F. 115°. — *N.N'-Bis-[γ-(3-äthoxypropylamino)-propyl]*-I, F. 118°. — *N.N'-Bis-[γ-(3-n-butoxypropylamino)-propyl]*-I, N, F. > 260°. — *N.N'-Bis-[γ-(3-tert.-butyloxypropylamino)-propyl]*-I, N, F. > 260°. — *N.N'-Bis-{γ-[3-(2-äthylhexyloxy)-propylamino]-propyl}*-I, N, F. > 260°. — *N.N'-Bis-[γ-(4-methoxypentylamino)-propyl]*-I, N, F. > 260°. — *N.N'-Bis-{γ-[2-(2-methoxyäthoxy)-äthylamino]-propyl]*-I, F. 144°. — *N.N'-Bis-{γ-[2-methyltetrahydrofuryl-(2)-methylamino]-propyl}*-I, F. 120°. — *N.N'-Bis-[γ-(2-phenoxyäthylamino)-propyl]*-I, F. 175°. — *N.N'-Bis-[γ-(3-phenoxypropylamino)-propyl]*-I, F. 138°. — *N.N'-Bis-[γ-(4-phenoxybutylamino)-propyl]*-I, F. 104°. — *N.N'-Bis-[γ-(2-diäthylaminoäthylamino)-propyl]*-I, F. 95°. — *N.N'-Bis-[γ-(3-dimethylaminopropylamino)-propyl]*-I, F. 108°. — *N.N'-Bis-[γ-(3-diäthylaminopropylamino)-propyl]*-I, F. 65°. — *N.N'-Bis-[γ-(2-morpholinoäthylamino)-propyl]*-I, F. 114°. — *N.N'-Bis-[γ-(2-furyl-methylamino)-propyl]*-I, N, F. > 260°. — *N.N'-Bis-{γ-[2-(1.2.3-triazolo-[4]-äthylamino)]-propyl}*-I, F. 165°. — *N.N'-Bis-{γ-[pyridyl-(2)-methylamino]-propyl}*-I, F. 166°. — *N.N'-Bis-{γ-[pyridyl-(3)-methylamino]-propyl}*-I, F. 139°. — *N.N'-Bis-{γ-[pyridyl-(4)-methylamino]-propyl]*-I, F. 164°. — *N.N'-Bis-[β-(2-pyrrolidinoäthylamino)-äthyl]*-I, F. 152—154°. — *N.N'-Bis-[β-(2-piperidinoäthylamino)-äthyl]*-I, F. 148—150°. — *Heilmittel.* (**Brit.P. 1081124** vom 4/6. 1965, ausg. 31/8. 1967.) — 12 S. A. Jahn 4846

1291 J. R. Geigy Akt.-Ges. (Erfinder: Frederick Leonard), **β-Carbolinderivate.** Eine Suspension von 1-Isopropyl-A-3-carbonsäuremethylester (A = β-Carbolin) wird bei 0° unter Druck mit Methylamin gesätt. u. nach 5 Tagen bei Raumtemp. konz. → *N-Methyl-1-isopropyl-A-3-carbonsäureamid*, F. 296—297°, das in trockenem 1.2-Dimethoxyäthan (I) mit einer Lsg. von $LiAlH_4$ in I 18 Std. unter Rückfluß gekocht wird → *1-Isopropyl-3-[n-methyl]-aminomethyl-A*, F. 155—156°. Analog: *3-Aminomethyl-1-methyl-A*, F. 178—181°, *3-Diäthylaminomethyl-1-methyl-A*, F. 141—142°, *3-Aminomethyl-1-phenyl-A*, F. 186—189°, *3-[3'.4'.5'-Trimethoxybenzylaminomethyl]-1-methyl-A*, F. 263° (Zers.), *3-[β-Hydroxyäthylaminomethyl]-1-methyl-A-Dihydrochlorid*, F. 296—297°, *3-[(γ-Dimethylaminopropyl)-aminomethyl]-1-phenyl-A-trimethansulfonat*, F. 246—248°, u. *3-Methylaminomethyl-1-phenyl-A-dimethansulfonat*, F. 223—225°. — α-Tryptophan wird mit CH_3OH (**II**) in Ggw. von HCl-Gas verestert → *Tryptophan-methylester-hydrochlorid*, F. 238°, das in W. mit Acetaldehyd umgesetzt wird → *1-Methyl-1.2.3.4-tetrahydro-A-3-carbonsäure*(**III**)*-methylester*, F. 114—115°, der in **II** mit NH_3 behandelt wird → **III**-*Amid* (**V**), F. 205°, darauf mit $LiAlH_4$ red. → *1-Methyl-3-aminomethyl-1.2.3.4-tetrahydro-A* (**IV**), F. 186 bis 187°, darauf in wasserfreiem Py. u. Tetrahydrofuran mit 3.4.5-Trimethoxybenzoylchlorid (**XII**) behandelt → *1-Methyl-3-[3'.4'.5'-trimethoxybenzamidomethyl]-1.2.3.4-tetrahydro-A*, F. 177—178°. Aus **IV** in Aceton mit $KMnO_4$ $^1/_2$ Std. bei 0° behandelt, 24 Std. bei 10—15° gerührt, filtriert u. eingedampft u. der Rückstand mit Dimethansulfonat behandelt → *3-Aminomethyl-1-methyl-3.4-dihydro-A-dimethansulfonat* (**XI**), F. 268—269°. **V** $^1/_2$ Std. mit $POCl_3$ unter Rückfluß erhitzt → *3-Cyano-1-methyl-1.2.3.4-tetrahydro-A*, F. 122—124°, darauf mit $LiAlH_4$ red. u. mit 10 n-NaOH versetzt → *3-Aminomethyl-1.2.3.4-tetrahydro-A*, F. 185—187°. **V** mit S u. Dimethylformamid (**VI**) 20 Std. bei 140—150° gerührt → *1-Methyl-A-carbonsäureamid* (**VII**), F. 284—285°, das in **VI** bei 60° tropfenweise mit $SOCl_2$ (**IX**) versetzt wird → *3-Cyano-1-methyl-A-Hydrochlorid*, F. 227—228°, darauf mit $LiAlH_4$ oder katalyt. red. → *3-Aminomethyl-1-methyl-A* (**VIII**), F. 184—185°, das auch aus **VII** direkt durch Red. mit $LiAlH_4$ erhältlich ist. *3-Acetamidomethyl-1-methyl-A*, F. 234—235°, aus **VIII** u. Essigsäureanhydrid in Dioxan bei 80—90°. Analog: *3-Acetamido-1-methyl-A*, F. 213°, *3-Acetamidomethyl-1-benzyl-A*, F. 212°, *3-Cyclohexancarbonsäureamidomethyl-1-methyl-A*, F. 249—251°, *3-[4'-Chlorbenzamidomethyl]-1-methyl-A*, F. 264°, *3-[3'.4'.5'-Trimethoxycinnamidomethyl]-1-methyl-A*, F. 220—221°, *3-[4'-Trifluormethylbenzamidomethyl]-1-methyl-A*, F. 263 bis 264°, *3-[3'.4'.5'-Trimethoxybenzamidomethyl]-1-phenyl-A*, F. 223—226°, *3-Nicotinoylamidomethyl-1-methyl-A*, F. 244—246°, u. *3-[3'.4'-Methylendioxybenzamidomethyl]-1-methyl-A*, F. 280° (Zers.). — 3.4.5-Trimethoxybenzoesäure wird 1 Std. mit **IX** gekocht, zur Trockne gebracht, in Dioxan (**X**) mit heißer Lsg. von **VIII** in **X** versetzt u. $^1/_2$ Std. gekocht → *3-[3'.4'.5'-Trimethoxybenzamidomethyl]-1-methyl-A-Hydrochlorid*, F. 260—262°, F. des *Methansulfonats* 197—198°. Analog: *1.1-Dimethyl-3-[1-methyl-A-3-methyl]-harnstoffhydrochlorid*, F. 228—230°, u. folgende *1-Methyl-A-Hydrochloride*: *5-[3'.4'.5'-Trimethoxybenzamido]-*, F. 292°, u. *3-[O-Acetylmandelsäureamido]-*, F. 208—210°. **XI** wird mit 5%ig. NH_4OH in W. in die *freie Base* umgewandelt, diese in Tetrahydrofuran gelöst u. mit **XII** behandelt → *1-Methyl-3-[3'.4'.5'-trimethoxybenzamidomethyl]-3.4-dihydro-A-Hydrochlorid*, F. 197—198°. **III** wird in Tetrahydrofuran red. mit $LiAlH_4$ → *1-Methyl-1.2.3.4-tetrahydro-A-3-methanol*, F. 179—180°. Analog: *1-Methyl-A-3-methanol*, F. 196 bis 197°, u. *1.2.3.4-Tetrahydro-A-3-methanol*, F. 176—178°. — *Pharmazeutika.* (**Aust.PP. 271950, 271951** u. **271952** vom 10/7. 1962, ausg. 12/1. 1967.) — 17 S. — 13 S. — 12 S. C. Lüttgen 4846

1292 F. Hoffmann-La Roche & Co. Akt.-Ges., Basel, Schweiz (Erfinder: Arnold Brossi, Verona, N.J., USA, Hans Bruderer, Riehen, und Otto Schneider, Basel, Schweiz), **Herstellung von Tetrahydrobenzo-[a]-chinolizinen** erfolgt durch Behandlung von 2-Hydroxyhexahydrobenzo-[a]-chinolizinen mit wasserabspaltenden Mitteln. — *2.3-Diäthyl-A* (A = 9.10-Dimethoxy-1.4.6.7-tetra-; B = -3.4.6.7-tetrahydro-11bH-benzo-[a]-chinolizin), *Hydrochlorid* (**I**), F. 225—227°, aus β-2-Hydroxy-2.3-diäthyl-9.10-dimethoxy-1.2.3.4.6.7-hexahydro-11bH-benz-[a]-chinolizin, F. 131—132°, durch 3,5std. Kochen mit H_2SO_4. — Analog: *2-Phenyl-3-methyl-A*-**I**, F. 232°. — *2-Äthyl-3-isobutyl-A*-**I**, F. 222 bis 224°. — *2-Methyl-3-äthyl-A*-**I**, F. 244—245°. — *2-[p-Chlorphenyl]-3-äthyl-B*, F. 95°. — *2-Phenyl-3-methyl-B*-**I**, F. 226°. — (+)-*2-Methyl-3-äthyl-A*-**I**, F. 241—242°; $[\alpha]_D^{24}$ +242° [c = 0,5 in Methanol (**II**)]. — (+)-*2-[p-Chlorphenyl]-3-äthyl-B*, F. 96°; $[\alpha]_D^{25}$ +113 (c = 1 in **II**). — *2-[p-Chlorphenyl]*-A, F. 141—142°. — *Sedativa* u. *Antiemetika*. (**Schwz.P. 419139** vom 31/8. 1962, ausg. 28/2. 1967. **Brit.P. 1016518** vom 21/8. 1963, ausg. 12/1. 1966. Schwz. Prior. 31/8. 1962.) — 4 S. — 6 S.
C. Lüttgen 4846

1293 Rhône-Poulenc Soc. An., Paris (Erfinder: Jean Clément Fouche, Sceaux, Seine), Frankreich, **Dibenzo[a.d]cycloheptadiene** der allg. Formel **I** (R^1 u.

I 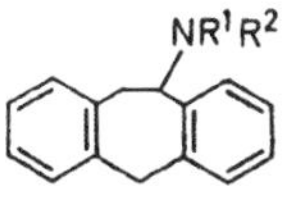

R^2 = H, Alkyl, Hydroxyalkyl, Dialkylaminoalkyl oder zusammen mit dem N ein heterocycl. Rest. mit bis zu 7 Ringgliedern) erhält man durch Rk. eines Dibenzocycloheptadiens mit einem rk.-fähigen Esterrest in der 10-Stellung mit einem sek. Amin oder einer heterocycl. Verbindung. — Aus 10-Hydroxy-dibenzo[a.d]cycloheptadien erhält man durch Rk. mit $SOCl_2$ das *10-Chlor-Deriv.*, daraus durch Rk. mit 1-Methylpiperazin das *10-[Methyl-4-piperazino]-dibenzo[a.d]cycloheptadien*, F. 128°, ähnlich: *10-**R**-dibenzo[a.d]cycloheptadien*, **R** = *Dimethylamino-*, *Hydrochlorid*, F. ca. 228—230° (Zers.); *[Äthyl-4-piperazino]-*, *Dihydrochlorid*, F. ca. 234—235°; *[Hydroxyäthyl-4-piperazino]-*, F. 100°; *[Hydroxyäthylen-4-piperazino]-*, F. 72°; *Piperazino*, F. 114°; *[Cinnamoyl-4-piperazino]-*, F. 95°; *[Benzyl-4-piperazino]-*, F. 143°; *[(Methyl-3-benzyl)-4-piperazino]-*, F. 110°; *[N-Methyl-N-dimethylaminoäthyl]-amino-*, *Hydrochlorid*, F. ca. 130—133°; *[(Methoxy-4-benzyl)-4-piperazino]-*, F. 130°; *[(Chlor-4-benzyl)-4-piperazino]-*, F. 164°; *[(Fluor-4-benzyl)-4-piperazino]-*, F. 98°; *[(Nitro-4-benzyl)-4-piperazino]-*, F. 172° *[(Phenyl-1-äthyl)-4-piperazino]-*, F. 96—98°; *[Phenyl-4-piperazino]-*, F. 132—134°; *[Methyl-4-hexahydroazepino]-*, F. 190—195°; *[Benzyl-4-hexahydroazepino]-*, F. 86°; *[(N-Methylacetamido)-4-piperidino]-*, F. 160°; *[Dimethylamino-4-piperidino]-*, *Dihydrochlorid*, F. 258—260°; *Methylamino-*, *Hydrochlorid*, F. ca. 252°; *[Hydroxyäthylamino]-*, F. 112°; *[Dimethylamino-2-äthylamino]-*, *Hydrochlorid*, F. 156—158°; *N-[Hydroxy-2-äthyl]-N-[dimethylamino-2-äthyl]-amino-*, F. 78—80°; *[Hydroxy-4-piperidino]-*, F. 128°; *[Phenyl-4-hydroxy-4-piperidino]-*, F. 156°; *Oxo-4-piperidino-*, F. 125—128°; *[(Methyl-2-benzyl)-4-piperazino]-*, F. 138°; *[(Methyl-4-benzyl)-4-piperazino]-*, F. 135°; *[Phenäthyl-4-piperazino]-*, F. 136°; *[(tert.-Butyl-4-benzyl)-piperazino]-*, F. 127—128°; *[(Propin-2-yl)-4-piperazino]-*, F. 131°; *[(Cyan-4-benzyl)-4-piperazino]*, F. 202°; *[Äthoxycarbonylmethyl-4-piperazino]-*, F. 79°; *Piperidino-*, F. 82°; *Pyrrolidino-*, *Hydrochlorid*, F. 250°; *Diäthylamino-*, *Fumarat*, F. 175° u. *Morpholino-*, F. 116°; ferner *[Dibenzo-[a.d]cycloheptadienyl-10]-4-dimethyl-1.1-piperazinium-methylsulfat*, F. 158—162°. — *Heilmittel*. (**Schwz.P. 439276** vom 26/3. 1965, ausg. 15/12. 1967. F. Prior. 27/3., 23/7. 1964 u. 4/2. 1965.) — 11 S. R. Bollinger 4846

1294 Ciba Akt.-Ges., Basel (Erfinder: Hans Ulrich Daeniker, Reinach), Schweiz, **2-Polyhalogenbenzylphthalaziniumderivate oder entsprechende Pseudobasen** erhält man durch Rk. von o-Phthalaldehyd oder seinen reaktionsfähigen Deriv. mit Verb. der allg. Formel R—$NHNH_2$ u. ggf. Behandlung mit alkal. Mitteln [R = Polyhalogenbenzylrest]. — *2-[2.3.4.5.6-Pentachlorbenzyl]-phthalaziniumchlorid*, F. 235—237° *2-[2.4-Dichlorbenzyl]-phthalaziniumchlorid*, F. 208—210° (Isopropanol). — *2-[3.4-Dichlorbenzyl]-phthalaziniumchlorid*, F. 181—182° (Acetonitril–Isopropanol). — *Anthelminthika*. (**Schwz.P. 439308** vom 10/4. 1963, ausg. 15/12. 1967.) — 2 S.
A. Jahn 4846

1295 Olin Mathieson Chemical Corp., New York, N. Y., USA, **4-Chinazolon(I)-Derivate** der allg. Formel **II** [X = $N(R^4)R^5$] erhält man durch Red. oder Hydrolyse von Verb. der allg. Formel **II** [X = in einen Aminorest

II 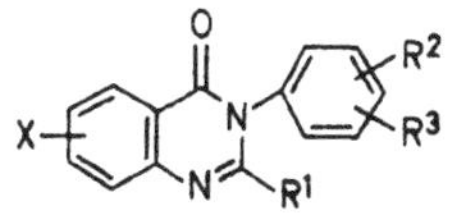

überführbare Gruppe] (R^1 = H oder Alkyl $\leq C_5$; R^2 u. R^3 = Halogen, R^1 oder Trihalogenmethylrest; R^4 u. R^5 = R^1 oder Acylrest). — 2-Methyl-3-o-tolyl-6-nitro-**I** + H_2/Raney-Ni → *2-Methyl-3-o-tolyl-6-amino-**I***, F. 223 bis 224° (A.). — *2-Methyl-3-o-chlorphenyl-6-amino-**I***, F. 234 bis 236° (A.). — *2-Methyl-3-o-tolyl-6-acetylamino-**I***, F. 228 bis 230°. — *3-o-Tolyl-6-amino-**I***, F. 207—208° (A.). — *2-Methyl-3-o-tolyl-6-[N-methyl-N-tosyl]-amino-**I***, F. 163 bis 165° (A.). — *2-Methyl-3-o-tolyl-6-methylamino-**I***, F. 173 bis 175°. — *2-Methyl-3-[2-methyl-4-chlorphenyl]-6-amino-**I***, F. 195—196°. — *3-Phenyl-6-amino-**I***, F. 189—190°. — *3-[m-Tolyl]-6-amino-**I***, F. 236—237°. — *3-[p-Tolyl]-6-amino-**I***, F. 183—184°. — *3-[o.p-Dimethylphenyl]-6-amino-**I***, F. 159—160°. — *3-[2-Methyl-4-chlorphenyl]-6-amino-**I***, F. 151—152°. — *2-Methyl-3-phenyl-6-amino-**I***, F. 244 bis 245°. — *2-Methyl-3-[o-tolyl]-5-amino-**I***, F. 173—174°. — *6-Methylamino-**I***, F. 173—175°. — *6-Dimethylamino-**I***, F. 163—164°. — *6-Formylamino-**I***, F. 237—238°. — *6-Acetylamino-**I***, F. 228—230°. — *6-Carbäthoxyamino-**I***, F. 245—246°. — *2-Methyl-3-[m-tolyl]-6-amino-**I***, F. 235 bis 236°. — *2-Methyl-3-[p-tolyl]-6-amino-**I***, F. 179—180°. — *2-Methyl-3-[p-tolyl]-6-acetylamino-**I***, F. 249—250°. — *2-Methyl-3-[m-chlorphenyl]-6-amino-**I***, F. 214—215°. — *2-Methyl-3-[p-chlorphenyl]-6-amino-**I***, F. 202—203°. — *2-Methyl-3-[o-trifluormethylphenyl]-6-amino-**I***, F. 252 bis 253°. — *2-Methyl-3-[2.4-dimethylphenyl]-6-amino-**I***, F. 161 bis 162°. — *2-Methyl-3-[2.3-dimethylphenyl]-6-amino-**I***, F. 225—226°. — *2-Methyl-3-[2-methyl-4-chlorphenyl]-6-amino-**I***, F. 195—196°. — *2-Methyl-3-[2-methyl-4-bromphenyl]-6-amino-**I***, F. 182—183°. — *2-Methyl-7-amino-**I***, F. 246—247°. — *2-Methyl-3-[o-tolyl]-7-amino-**I***, F. 206 bis 208°. — *2-Methyl-3-[m-tolyl]-7-amino-**I***, F. 231—232°. — *2-Methyl-3-[p-tolyl]-7-amino-**I***, F. 219—220°. — *2-Methyl-3-[m-chlorphenyl]-7-amino-**I***, F. 185—186°. — *2-Methyl-3-[p-chlorphenyl]-7-amino-**I***, F. 222—223°. — *2-Methyl-3-[2.4-dimethylphenyl]-7-amino-**I***, F. 182—183°. — *2-Methyl-3-[2-methyl-3-chlorphenyl]-7-amino-**I***, F. 231—232°. — *2-Methyl-3-[2-methyl-4-chlorphenyl]-7-amino-**I***, F. 219 bis 220°. — *2-Methyl-3-[o-tolyl]-8-amino-**I***, F. 255°. — *Sedative*, *hypnot.*, *antikonvulsive* u. *muskelerschlaffende Mittel*. (**Brit.P. 1052055** vom 7/6. 1963, ausg. 21/12. 1966. D. Prior. 27/6. 1962.) — 6 S. A. Jahn 4846

1296 J. R. Geigy Akt.-Ges., Basel (Erfinder: Henri Dietrich, Birsfelden, und Werner Kung, Basel), Schweiz, **Iminodibenzylderivate** der allg. Formel **I** (R^1 u.

I 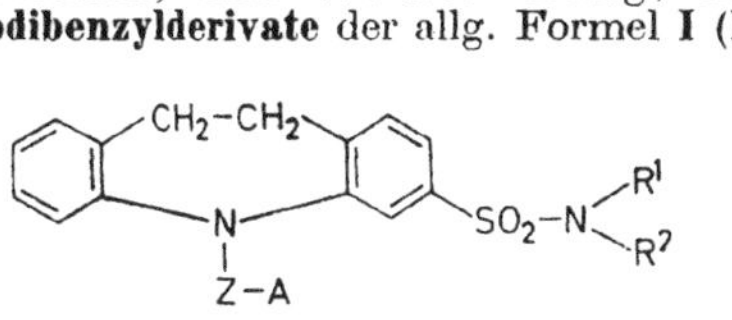

R^2 = niedere Alkylreste, die auch über O oder direkt miteinander verbunden sein können; Z = Alkylen C_{2-6}; A = niedere Alkyl- oder Dialkylaminogruppe, wobei beide Alkylreste direkt oder über NH, eine niedere Alkyl-, Hydroxyalkyl- oder Alkanoyloxyiminogruppe verbunden sein können) erhält man durch Rk. eines Esters der allg. Formel **I** (A = OH) mit einem Amin der allg. Formel AH. — 5-[3′-Chlorpropyl]-A (A = 3-Dimethylsulfamoyliminodibenzyl) u. $(CH_3)_2NH$ werden im Autoklaven 12 Std. in CH_3OH auf 110° erhitzt → *5-[γ-Dimethylamino-propyl]-A, Hydrochlorid* (**II**), F. 189°. — Analog: *5-[3'-Methylaminopropyl]-A*-**II**, F. 133°; *5-[2'-Methyl-3'-(4''-hydroxyäthyl-1''-piperazinyl)-propyl]-A, Oxalat*, F. 158°; *5-[(β-Dimethylamino)-äthyl]-A*-**II**, F. 210°; *5-[γ-Dimethylamino-β-methylpropyl]-A*, F. 111°; *5-[γ-Dimethylamino-n-butyl]-A*, F. 90°; *5-[γ-(4'-Methylpiperazinyl)-β-methylpropyl]-A, Oxalat*, F. 193°; *5-[γ-Methylamino-β-methylpropyl]-A, Oxalat*, F. 216°; *5-[γ-(1'-Piperazinyl)-β-methylpropyl]-A, Oxalat*, F. 168°. — *Pharmazeutika.* (**Schwz.P. 407128** vom 20/3. 1962, ausg. 31/8. 1966.) — 3 S. C. Lüttgen 4846

1297 F. Hoffmann-La Roche & Co. Akt.-Ges., Basel, Schweiz, **1H-Benzdiaz[1.4]epinon-(2)-derivate** der allg. Formel I erhält man durch Rk. entsprechender 1-

I 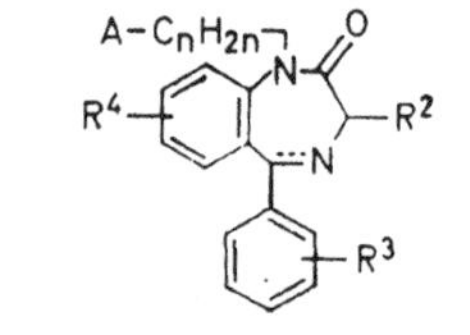

Alkalideriv. mit a) Alkandihalogeniden, dann Alkylaminen oder b) Halogenalkylaminen [R^2 = H, Alkyl; R^3 = H, Halogen; R^4 = R^3, CF_3 oder — außer wenn in 4.5-Stellung eine Einfachbindung steht — NO_2; n = 2—7; A = Alkylamino; in 4.5-Stellung kann eine Einfach- oder Doppelbindung sein]. — *7-Chlor-1-[3-methylaminopropyl]-5-[2-fluorphenyl]-2.3-dihydro*-**I**, Öl. — *Dihydrochlorid*, F. (Zers.) 193—196° (Methanol-Ae.). — *7-Chlor-1-[3-methylaminopropyl]-5-[2-fluorphenyl]-2.3.4.5-tetrahydro*-**I**, Öl. — *Dihydrochlorid*, Nadeln, F. (Zers.) 230—235° (CH_3OH–Ae.). — *Antikonvulsiv., analget., sedative, muskelerschlaffende, hypotensive, antidepressive Mittel.* (**Brit.P. 1077358** vom 8/2. 1965, ausg. 26/7. 1967. U.S. Prior. 11/2. 1964.) — 4 S. A. Jahn 4846

1298 Dr. Karl Thomae G. m. b. H., Biberach/Riss, **5.6-Dihydro-6-oxo-pyrido[2.3-b]1.4-benzoxazepin(I)-derivate,** die in 5-Stellung durch R u. im Benzolring durch R^1 u. R^2 substituiert sind, erhält man durch Rk. von Alkalideriv. in 5-Stellung unsubstituierter **I**-Deriv. [R^1 = H, Halogen, niederer Alkyl-, Alkoxy-, Amino-, Acylamino-, Acylrest; R^2 = H; R^1 u. R^2 zusammen bedeuten einen annellierten Benzolring; R = Alkenyl-, Halogenalkenyl-, Alkylrest]. — Es wurden erhalten: *5-Methyl*-**I**, $C_{13}H_{10}N_2O_2$, F. 137—139° (n-Butanol). — *5-Äthyl*-**I**, $C_{14}H_{12}N_2O_2$, F. 111—112° (Cyclohexan). — *5-(β-Dimethylaminoäthyl)-*, $C_{16}H_{17}N_3O_2$, F. 91—92° (Cyclohexan), *Hydrochlorid*, $C_{16}H_{18}ClN_3O_2$, F. (Zers.) 256° (Isopropanol). — *5-Methyl-8-chlor*-**I**, $C_{13}H_9ClN_2O_2$, F. 181—183° (A.). — *5-(β-Dimethyl-aminoäthyl)-8-chlor*-**I**, $C_{16}H_{16}ClN_3O_2$, $Kp._{0,1}$ 194°. — *5-(p-Chlorbenzyl)-8-tert.-butyl*-**I**, $C_{23}H_{21}ClN_2O_2$, F. 185—187° (Isopropanol). — *5-(β-Piperidinoäthyl)*-**I**, $C_{19}H_{21}N_3O_2$, F. 113—115° (Cyclohexan), *Hydrochlorid*, $C_{19}H_{22}ClN_3O_2$, Zers. 150°. — *5-(β-Morpholinoäthyl)*-**I**, $C_{18}H_{19}N_3O_3$, F. 123—125° (Isopropanol–Methylcyclohexan). — *5-[γ-(4'-Methylpiperazin-1'-yl)-propyl]*-**I**, $C_{20}H_{24}N_4O_2$, F. 83—85° (P.Ae.). — *5-(γ-Chlorpropyl)*-**I**, $C_{15}H_{13}ClN_2O_2$, F. 94,5—95,5° (Cyclohexan). — *5-(β-Methoxyäthyl)*-**I**, $C_{15}H_{14}N_2O_3$, $Kp._{0,05}$ 165—170°, F. 77—75° (Ae.–PAe.). — *5.10-Dimethyl*-**I**, $C_{14}H_{12}N_2O_2$, F. 149 bis 150° (Isopropanol). — *5-Äthyl-10-methyl*-**I**, $C_{15}H_{14}N_2O_2$, $Kp._{0,02}$ 160—162°, F. 74—76°. — *5-(β-Dimethylaminoäthyl)-10-methyl*-**I**, $C_{17}H_{19}N_3O_2$, $Kp._{0,04}$ 203°, F. 110—113° (Cyclohexan). — *5-Methyl-8-acetylamino*-**I**, $C_{15}H_{13}N_3O_3$, F. 245—246° (Acetonitril). *5-Isobutyl*-**I**, $C_{16}H_{16}N_2O_2$, F. 137—138° (Acetonitril–W.). — *5-(γ-Dimethylaminopropyl)*-**I**, $C_{17}H_{19}N_3O_2$, F. 93—95° (PAe.). — *5-[γ-(4'-Methylpiperazin-1'-yl)-propyl]-10-methyl*-**I**, $C_{21}H_{26}N_4O_2$, $Kp._{0,04}$ 227—230°. — *5-Methyl-8-tert.-butyl*-**I**, $C_{17}H_{18}N_2O_2$, F. 141—143°. — *5-[γ-(4'-Methylpiperazin-1'-yl)-propyl]-8-tert.-butyl*-**I**, $C_{24}H_{32}N_4O_2$, $Kp._{0,03}$ 230—235°. — *5-Methyl-9-methoxy*-**I**, $C_{14}H_{12}N_2O_3$, F. 150—151° (W.). — *5-Allyl*-**I**, $C_{15}H_{12}N_2O_2$, F. 85—87° (Ae.–PAe.). — *5-Allyl-8-tert.-butyl*-**I**, $C_{19}H_{20}N_2O_2$, F. 121—123° (A.–W.). — *5-(p-Methoxybenzyl)*-**I**, $C_{20}H_{16}N_2O_3$, F. 113—115° (CH_3OH). — *5-(γ-(4'-Methylpiperazin-1'-yl)-propyl]-8-chlor*-**I**, $C_{20}H_{23}ClN_4O_2$, Kp. 225—230°. — *5-[γ-(4'-Methylpiperazin-1'-yl)-propyl]-9-methoxy*-**I**, $C_{33}H_{32}N_{10}O_{17}$, *Pikrat*, F. 152—154° (wss. Dimethylformamid). — *5-Methyl-8-amino*-**I**, $C_{13}H_{11}N_3O_2$, F. 162,5—163,5° (Isopropanol). — *5-Methyl-8-acetyl*-**I**, $C_{15}H_{12}N_2O_3$, F. 186—188° (Aceton). — *5-Isobutenyl*-**I**, $C_{16}H_{14}N_2O_2$, F. 106—107° (Cyclohexan). — *5-[2'-Chlorpropen-(2)-yl]*-**I**, $C_{15}H_{11}ClN_2O_2$, F. 106—108° (Cyclohexan). — *5-Methyl-5.6-dihydro-6-oxo-naphtho-[2.3-f]-pyrido[2.3-b]1.4-oxazepin*, $C_{17}H_{12}N_2O_2$, F. 203 bis 205° (Isopropanol). — *Sedativa.* (**Brit.P. 1055221** vom 21/4. 1965, ausg. 18/1. 1967. D. Prior. 21/4. 1964.) — 12 S. A. Jahn 4846

1299 Sankyo Co. Ltd., Tokio, Japan, **Tropyliumsalze** der allg. Formel **I** erhält man durch Rk. von Verb. der allg. Formel **II** mit Verb. der allg. Formel $(R)_2SO_4$

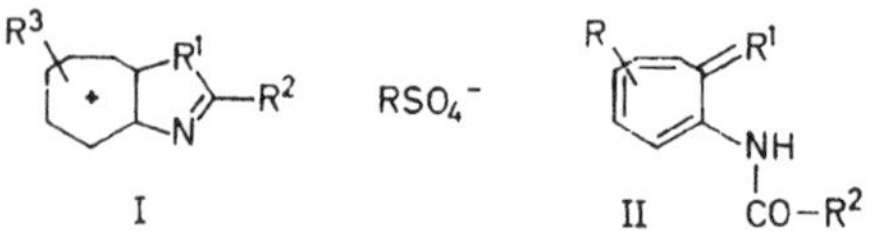

I II

[R = C_1—C_5-Alkylrest; R^1 = O oder S; R^2 = Phenylrest, der ggf. durch Halogen, Trihalogenalkyl-, Nitro- oder C_1—C_5-Alkyl- bzw. Alkoxyreste substituiert ist; R^3 = H, CN, NO_2, Phenyl- oder C_1—C_5-Alkylrest]. — 2-Benzoylaminotropon + Dimethylsulfat → *2-Phenyl*-**III** [**III** = *Oxazolotropylium-monomethylsulfat*], F. 160° (Zers.). — *2-[p-Chlorphenyl]*-**III**, F. 165° (Zers.). — *2-[p-Methylphenyl]*-**III**, F. 160° (Zers.). — *2-[p-Methoxyphenyl]*-**III**, F. 155° (Zers.). — *2-[p-Nitrophenyl]*-**III**, F. 169 bis 172° (Zers.). — *2-[m-Trifluormethylphenyl]*-**III**, F. 145° (Zers.). — *2.6-Diphenyl*-**III**, F. 217° (Zers.). — *2-Phenyl-5-isopropyl*-**III**, F. > 280°. — *2-[β-Naphthyl]*-**III**, F. 161° (Zers.). — *2-Phenylthiazolotropylium-monomethylsulfat*, rotbraune Krist., *Chloroplatinat*, orange Krist., F. > 260°. — Zwischenprod. zur Synth. von *Cycloheptoxazolen* u. *Cycloheptathiazolen* mit *entzündungswidrigen* Eigenschaften. (**Brit.P. 1087001** vom 25/1. 1966, ausg. 11/10. 1967. Jap. Prior. 26/1. 1965.) — 4 S. A. Jahn 4846

1300 Soc. Farmaceutici Italia übert. von: Luigi Bernardi und Onofrio Goffredo, Mailand, Italien, **6-Methyl- oder 1.6-Dimethyl-8-hydroxymethylergolin I-derivate.** Aus Dihydrolysergol I (**II**) in 15 (cm^3) wasserfreiem Py. mit 1 Benzoylchlorid → **II**-*Benzoat*, F. 247 bis 249°; $[\alpha]_D^{20}$ —79° (c = 0,42 in Py.). — Analog: **II**-*Nicotinat*, F. 225—226°; $[\alpha]_D^{20}$ —87° (c = 0,44 in Py.). — **II**-*8-N-Butylcarbamat*, F. 166—167°; $[\alpha]_D^{20}$ —79° (c = 0,47 in Py.), aus **II** u. Butylisocyanat. — **II** wird mit CH_3J in fl. NH_3 in Ggw. von K methyliert → *1-Methyl*-**II** (**III**), das auch nach Stoll (Helv. Chim. Acta **32** [1949] 1947) durch Red. eines **III**-Esters erhältlich ist, F. 243—246° (Zers.); $[\alpha]_D^{20}$ —98° (c = 0,45 in Py.), daraus durch Acylieren → **III**-*Propionat*, F. 94—95°; $[\alpha]_D^{20}$ —85° (c = 0,5 in Py.). — **III**-*Benzoat*, F. 141 bis 143°; $[\alpha]_D^{20}$ —89° (c = 0,39 in Py.). — **III**-*Nicotinat*, F. 142—144°; $[\alpha]_D^{20}$ —88° (c = 0,51 in Py.). — **III**-*N-Äthylcarbamat*, F. 158—160°; $[\alpha]_D^{20}$ —84° (c = 0,6 in Py.). — Gemisch aus **III**-Carbonat u. p-Nitrophenol, F. 228—230°; aus **III** u. p-Nitrophenylchlorcarbonat, das in abs. Methanol mit methanol. Diäthylamin behandelt wird → **III**-*N-Diäthylcarbamatmonotartrat*, F. 152—154° (nach Brit.P. 1048555 F. 175—177°). — Analog: **III**-*Carbamat*, F. 152—154°. — **III**-*N-Methylcarbamat*, F. 224—225°. — *Pharmazeutika.* (**U.S.P. 3236852** vom 23/7. 1963, ausg. 22/2. 1966. **Brit.P. 1048555** vom 22/7. 1963, ausg. 16/11. 1966. Beide It. Prior. 26/7. 1962. **Zusatz zu Brit.P. 1047164; C. 1969, 2-1688.**) — 2 S. — 4 S. C. Lüttgen 4846

1301 Imperial Chemical Industries Ltd., London, Großbritannien (Erfinder: John Selwyn Morley, George Wallace Kenner, Paul Martin Hardy, Robert Charles Sheppard, John Keith McLeod und Alan Hodgson Laird), **Peptidderivate und deren Herstellung.** Nachst. sind die Aminosäurereste Aspartyl,

Phenylalanyl, Methionyl, Tryptophyl, Glutamyl, Alanyl, Tyrosyl, Lysyl, Prolyl, Isoleucyl, Valyl, Pyroglutamyl, Homocysteinyl (alle in der L-Form bzw. Glycin mit Asp, Phe, Met, Trp, Glu, Ala, Tyr, Lys, Pro, Ile, Val, Pyroglu, Homocys u. Gly, ferner der „Carbobenzoxyrest" mit Z, die tert.-Butylgruppe mit Bu, der Benzylrest mit Z, der Benzoylrest mit BZO, der Acylrest mit Ac, der Acetylrest mit Ace, der 2.4.5-Trichlorphenylrest mit TCP u. der Trifluoracetatrest mit TFA abgekürzt. — Nach Brit.P. 1042481 erhält man *Dipeptid*-Verb. der allg. Formel C_6H_5–CH_2–O–CO–NH–CH(CH_2–COOR)–CO–NH–CH(CH_2–C_6H_5)–CO–NH_2 (**I**; R = Alkyl- oder Aralkylrest) durch Aktivierung der COOH-Gruppe der entsprechenden *β*-Ester von N(Z)-Asp-OH der allg. Formel C_6H_5–CH_2–O–CO–NH–CH(CH_2–COOR)–COOH nach bekannten Meth. [Bldg. eines gemischten Anhydrids, akt. Esters bzw. eines Azids oder unter Verw. eines Kondens.-Mittels, wie N.N'-Dicyclohexylcarbodiimid (**II**)] in Ggw. eines Verdünnungsmittels (VM) oder Lsgm. bei —15 bis 0° u. ggf. eines Säureakzeptors u. Rk. der aktivierten Verb. mit H-Phe-NH_2 oder dessen Salzen in Ggw. eines VM oder Lsgm. u. bes. eines tert. Amins bei —10 bis 5°. — Aus N-Z-(Bu)Asp-OH in Tetrahydrofuran durch Rk. mit Chlorameisensäureäthylester in Ggw. von Triäthylamin u. dann mit H-Phe-NH_2-acetat in $CHCl_3$ → *N-Z-(Bu)Asp-Phe-NH$_2$* (**III**), F. 158,5—159,5° (Isopropanol); analog *N-Z-(Bz)Asp-Phe-NH$_2$* (**IV**, F.171 bis 172° (A. oder Essigester); **IV** auch aus H-Phe-NH_2 u. N-Z-(*β*-Bz)-Asp-OH in Ggw. von **II** oder aus H-Phe-NH_2 u. N-Z-(*β*-Bz)-Asp-*α*-(O-TCP). — Nach Brit.P. 1042482 erhält man *Diamide* der allg. Formel NH_2–CH(CH_2–COOR)–CO–NH–CH(CH_2–C_6H_5)–CO–NH_2 (**V**; R = C_{1-4}-Alkyl oder C_{7-10}-Aralkyl) bzw. deren Salze a) durch katalyt. Hydrierung von Verb. der obigen Formel **I**, in der jedoch R keinen *α*-Arylalkylrest bedeutet, in Ggw. eines Katalysators (Pd/Kohle) in einem VM oder Lsgm. bei Raumtemp. oder b) durch saure Hydrolyse einer Verb. der Formel **I**, R = *α*-Arylalkylrest, bes. in einer wss. Lsg. von HBr in Eisessig bei 15—25°. — Aus einer methanol. **III**-Lsg. mit H_2 (+ Katalysator) → *β-Bu-Asp-Phe-NH$_2$* (**VI**), F. 123—124° (Bzl.) → *Acetat*, Zers. bei > 140°. — Aus **IV** u. HBr in Eisessig → *β-Bz-Asp-Phe-NH$_2$ · HBr* (**VII**), F. 185° (Zers.) → *β-Bz-Asp-Phe-NH$_2$*, F. 99—100° (Essigester). — Nach Brit.P. 1042483 erhält man *Tripeptid*-Verb. der allg. Formel NH_2–CH(CH_2–CH_2–SCH_3)–CO–NH–CH(CH_2–COOR)–CO–NH–CH(CH_2–C_6H_5)–CO–NH_2 (**VIII**; R wie oben) u. deren Salze durch Rk. eines Methioninderiv. der Formel X–NH–CH(CH_2–CH_2–SCH_3)–COOH (X = Schutzgruppe, die leichter als R abspaltbar ist) mit einer Verb. der obigen Formel **V** in einem VM oder Lsgm. bei —5 bis 5° u. Abspaltung der Schutzgruppe. — Aus N-(NPS)Met-OH u. **VI** durch 18std. Rk. bei 0° in Ggw. von **II** → N-(NPS)Met-(*β*-Bu)Asp-Phe-NH_2, F. 168—169° (A.), gelb $\xrightarrow{HCl}$ *H-Met-(β-Bu)Asp-Phe-NH$_2$ · HCl*, F. 202—203° (Gasbldg.) → freie Base, *H-Met-(β-Bu)Asp-Phe-NH$_2$*, F. 152—153° (Essigester); analog aus **VII** → N-(NPS)Met-(*β*-Bz)Asp-Phe-NH_2, F. 194—195°, gelb → *H-Met-(β-Bz)Asp-Phe-NH$_2$*, F. 175—176° (A.). — Nach Brit.P. 1042485 erhält man *H-Asp-Phe-NH$_2$*, NH_2–CH(CH_2–COOH)–CO–NH–CH(CH_2–C_6H_5)–CO–NH_2 (**IX**), a) durch katalyt. Hydrierung einer Verb. der obigen Formel **I**, R = *α*-Arylalkyl in Ggw. von Pd oder Pt/Kohle oder b) durch saure Hydrolyse (ggf. mit der Hydrierung nach a) kombiniert) einer Verb. **I**, R = tert. Alkylrest, in einem Lsgm. bei Raumtemperatur. — Aus **IV** mit H_2 in Ggw. von Pd/Kohle → **IX**, F. 188° (Schaumbldg.), Nadeln; analog **IX** aus **III** durch saure Hydrolyse. — Nach Brit.P. 1042488 erhält man die *Tripeptid*-Verb. *H-Met-Asp-Phe-NH$_2$*, NH_2–CH(CH_2–CH_2–SCH_3)–CO–NH–CH(CH_2–COOH)–CO–NH–CH(CH_2–C_6H_5)–CO–NH_2 (**X**) oder deren Salze a) durch Rk. einer Methioninverb. der allg. Formel A–NH–CH(CH_2–CH_2–SCH_3)–COOH (A = Schutzgruppe; COOH-Gruppe aktiviert) mit **IX** in Ggw. eines VM oder Lsgm. bei 0—5° in Ggw. einer Base u. Abspaltung von A (BOC-, NPS- oder p-Methoxybenzyloxycarboxylgruppe), bes. mit HCl in einer inerten Fl. oder b) durch Rk. der geschützten Methioninverb. (wie vorst.) mit einem Dipeptidester der allg. Formel NH_2–CH(CH_2–COOH)–CO–NH–CH(CH_2–C_6H_5)–COOR (R = Alkyl oder Aralkyl) u. dann mit NH_3. — Aus N-BOC-Met-O-TCP u. H-Asp-Phe-NH_2 → N-BOC-Met-Asp-Phe-NH_2, F. 209—210° (Zers.) $\xrightarrow{CF_3COOH}$ H-Met-Asp-Phe-NH_2-TFA $\xrightarrow[pH6]{NH_3}$ *H-Met-Asp-Phe-NH$_2$*, F. 223—225° (Zers.). Aus H-Asp-Phe-OCH_3 · HCl u. N-BOC-Met-O-TCP u. Umsetzung des Rk.-Gemisches mit HCl, NH_3 u. Citronensäure (pH 3) → N-BOC-Met-Asp-Phe-NH_2, F. 209—210° (Zers.; Methanol) $\xrightarrow{HCl}$ *H-Met-Asp-Phe-NH$_2$ · HCl*, F. 204—206° (Methanol/Essigsäure). — Nach Brit.P. 1042484 erhält man die *Tetrapeptid*-Verb. *H-Trp-Met-Asp-Phe-NH$_2$*, NH_2–CH(CH_2–A)–CO–NH–CH(CH_2–CH_2–SCH_3)–CO–NH–CH(CH_2–COOH)–CO–NH–CH(CH_2–C_6H_5)–CO–NH_2 (**XI**) u. deren Salze a) durch Rk. einer Verb. der allg. Formel X–NH–CH(CH_2–A)–COOH (X = Schutzgruppe; A = *β*-Indolylrest; COOH-Gruppe aktiviert) mit einer Verb. der obigen Formel **VIII** (R = H oder Alkyl) oder b) durch Rk. eines geschützten Deriv. von H-Trp-Met-OH der Formel X–NH–CH(CH_2–A)–CO–NH–CH(CH_2–CH_2–SCH_3)–COOH (COOH-Gruppe aktiviert) mit H-Asp-Phe-NH_2 oder dessen Estern der Formel NH_2–CH(CH_2–COOR)–CO–NH–CH(CH_2–C_6H_5)–CO–NH_2 oder dessen Salzen (R wie oben) oder c), falls R = H, durch Einw. von NH_3 auf einen geschützten H-Trp-Met-Asp-Phe-ester der Formel X–NH–CH(CH_2–A)–CO–NH–CH(CH_2–CH_2–SCH_3)–CO–NH–CH(CH_2–C_6H_5)–COOR' (R' = C_{1-6}-Alkyl oder Aralkyl) u. Abspaltung von X u. ggf. R aus den nach a) bzw. b) bzw. c) erhaltenen Zwischenprod. der Formel X–NH–CH(CH_2–A)–CO–NH–CH(CH_2–CH_2–SCH_3)–CO–NH–CH(CH_2–CO · OR)–CO–NH–CH(CH_2–C_6H_5)–CO–NH_2 (**XII**) mit HCl oder CF_3COOH in einem VM oder Lsgm. (Essigester, Essigsäure oder W.) bei Raumtemp. bis 0°. — Aus N^α-BOC-Trp-O-TCP, F. 125—126° (A.) u. H-Met-(*β*-Bu)Asp-Phe-NH_2 · HCl (s. oben) → *N^α-BOC-Trp-Met-(β-Bu)Asp-Phe-NH$_2$*, F. 175—176° (A.); daraus in wss. CF_3COOH durch Fällung mit Ae. → Nd., *H-Trp-Met-Asp-Phe-NH$_2$-trifluoracetat* (**XIII**), F. 185—190° (Schaumbldg.); gleiches Prod. aus N-BOC-Trp-Met-Asp-Phe-NH_2 u. wss. CF_3COOH. — Nach Brit.P. 1042487 erhält man *acylierte Tetrapeptid*-Verb. der allg. Formel Ac–Y–NH–CH(CH_2–A)–CO–NH–CH(CH_2–CH_2–SCH_3)–CO–NH–CH · (CH_2–COOH)–CO–NH–CH(CH_2–C_6H_5)–CO–NH_2 (**XIV**; Y = Bindung zwischen Ac u. N-Atom oder Aminoacylrest, der 1—5 bekannte *α*-Aminosäurereste enthält; A = *β*-Indolylrest) u. deren Salze erhält man a) durch Acylierung der Tetrapeptidverb. der obigen Formel **XI** oder deren Salzen durch ein Säurederiv. der Formel Ac–Y–OH (mit aktivierter COOH-Gruppe) oder einem geschützten Deriv. der Säure durch ein Cyansäurederiv.! u. ggf. Abspaltung der Schutzgruppen oder b) durch Rk. einer Verb. der Formel Ac–Y–NH–CH(CH_2–A)–COOH (COOH-Gruppe aktiviert) oder einem geschützten Deriv. mit einem Tripeptidamid der obigen Formel **X** oder einem Salz u. Abspaltung von Schutzgruppen oder c) durch Rk. einer Verb. der Formel Ac–Y–NH–CH(CH_2–A)–CO–NH–CH(CH_2–CH_2–SCH_3)–COOH (mit aktivierter COOH-Gruppe) oder einem geschützten Deriv. mit einem Dipeptidderiv. der obigen Formel **IX** oder deren Salzen u. ggf. Abspaltung von Schutzgruppen oder d) durch Einw. von NH_3 auf einen Ester der allg. Formel Ac–Y–NH–CH(CH_2–A)–CO–NH–CH(CH_2–CH_2–SCH_3)–CO–NH–CH(CH_2–COOH)–CO–NH–CH(CH_2–C_6H_5)–COOR (R = Alkyl oder Aralkyl) in einem VM oder Lsgm. bei —10 bis 50°, bzw. auf ein geschütztes Esterderiv. u. ggf. Abspaltung von Schutzgruppen. — Aus **XIII** u. BZO-Gly-O-TCP, F. 148—149° (A.) u. Rk. mit HCl → *N-BZO-Gly-Trp-Met-Asp-Phe-NH$_2$*, F. 237—238° (Zers.); analog: *H-Pyroglu-Trp-Met-Asp-Phe-NH$_2$*, F. 232° (Zers.); *N^α-Ace-Trp-Met-Asp-Phe-NH$_2$*, F. 245—246° (Schaumbldg.); *N^α-BZO-Trp-Met-Asp-Phe-NH$_2$*, F. 228 bis 230° (Schaumbldg.); *N^α-BOC-(N^ε-Z)Lys-Trp-Met-Asp-Phe-NH$_2$*, F. 207—208° (Schaumbldg.); *N^α-Z-(N^ε-BOC)Lys-Trp-Met-Asp-Phe-NH$_2$*, F. 216—217° (Schaumbldg.); *N-Z-Gly-Trp-Met-Asp-Phe-NH$_2$*, $C_{39}H_{45}N_7O_9S$; *N-Z-Trp-Met-Asp-Phe-NH$_2$*; *N-BOC-Trp-Met-Asp-Phe-NH$_2$*, $C_{36}H_{47}N_7O_9S$; *H-Gly-Trp-Met-Asp-Phe-NH$_2$*; *N-Z-Glu-Glu-Ala-Tyr-Gly-Trp-Met-Asp-Phe-NH$_2$* [aus N-Z-

(γ-Bu)Glu-(γ-Bu)Glu-Ala-Tyr-Gly-OH durch Rk. mit Diphenylphosphorylchlorid u. dann mit **XIII**]; *N-BOC-β-Ala-Trp-Met-Asp-Phe-NH$_2$*, F. 229—230° [wss. 2-Äthoxyäthanol (**XV**); Zers.]; N-(L-2- u. D-2-Hexanoyl)-Gly-Trp-Met-Asp-Phe-NH$_2$ (Gemisch), F. 228—230° (Zers.); *N-p-(Trifluoracetylamino)-BZO-Trp-Met-Asp-Phe-NH$_2$*, F. 229—231° (wss. CH_3COOH; Zers.); *N-Ace-β-Ala-Trp-Met-Asp-Phe-NH$_2$*, F. 245° (wss. **XV**; Zers.; *N^α-Z-{N^ε-[4-chlor-6-dimethylaminotriazinyl-(2)]}-Lys-Trp-Met-Asp-Phe-NH$_2$*, F. 233° (Zers.); *N-BOC-Ala-Phe-Ile-Trp-Met-Asp-Phe-NH$_2$*, F. 248—250° (Zers.); *N-Z-Pro-Trp-Met-Asp-Phe-NH$_2$*, F. 238—240° (A.; Zers.); *N-p-Tosyl-Trp-Met-Asp-Phe-NH$_2$*, F. 233—234° (Zers.); *N-BOC-(S-Bz)Homocys-Trp-Met-Asp-Phe-NH$_2$*, F. 215 bis 216° (A.; Zers.); *N-BOC-N-methyl-Ala-Trp-Met-Asp-Phe-NH$_2$*, F. 180—185° (Zers.); *N^α-Z-(N^ε-BOC)Lys-Gly-Trp-Met-Asp-Phe-NH$_2$*, F. 200—201° (Zers.); *N-Z-Val-Trp-Met-Asp-Phe-NH$_2$*, F. 246—247° (wss. **XV**; Zers.); *N-Z-Phe-Trp-Met-Asp-Phe-NH$_2$*, F. 241—243° (wss. CH_3COOH; Zers.); *N-BZO-β-Ala-Trp-Met-Asp-Phe-NH$_2$*, F. 200—201° (wss. 2-Methoxyäthanol); *N-Ace-γ-amino-butyryl-Trp-Met-Asp-Phe-NH$_2$*, F. 217—218° (Methanol/Essigester); *N-Carbamoyl-Trp-Met-Asp-Phe-NH$_2$*, F. 205 bis 206° (wss. Dimethylformamid); *H-β-Ala-Trp-Met-Asp-Phe-NH$_2$ · HCl*, Zers. bei 208°; *N^α-Z-Lys-Trp-Met-Asp-Phe-NH$_2$-TFA*, F. 198—200° (Zers.); *N^ε-Z-Lys-Trp-Met-Asp-Phe-NH$_2$-TFA*, F. 192—193° (Zers.); *N^α-Z-Lys-Gly-Trp-Met-Asp-Phe-NH$_2$-TFA*, *(S-Bz)-Homocys-Trp-Met-Asp-Phe-NH$_2$-TFA*; *N-Z-β-Ala-Trp-Met-Asp-Phe-NH$_2$*, F. 230—232° (**XV**; Zers.); *N-BOC-Ala-Trp-Met-Asp-Phe-NH$_2$* (im Orig. irrtümlich: N-BOC-Ala-Trp-Met-Phe-NH$_2$; der Referent), F. 223—225° (Zers.); *N-Pivaloyl-(β-Ala)-Trp-Met-Asp-Phe-NH$_2$*, F. 218—220° (wss. A.); *N-BOC-Ala-Tyr-Gly-Trp-Met-Asp-Phe-NH$_2$*, F. 234° (Zers.). Die niedrigmol. Prod. sind Zwischenprod. für Peptidsynth. u. die höhermol. Prod. ***Therapeutika*** bzw. Mittel zur *Diagnose von Magen- u. Darmgeschwüren*. — Mengenbeispiele für Injektionslösungen. — Vgl. Brit.P. 1042486; C. **1969**, 5-1991. (**Brit.PP. 1042481, 1042482, 1042483, 1042485** vom 25/6. 1964, **1042484** vom 25/6. 1964, **1042487** vom 25/6. 1964 u. **1042488** vom 2/9. 1964, alle ausg. 14/9. 1966.) — 3 S. — 3 S. — 4 S. — 3 S. — 8 S. — 23 S. — 4 S. Georg Vogel 4846

1302 Ciba Akt.-Ges., Basel (Erfinder: Albert Wettstein, Riehen, Georg Anner, Karl Heusler, Jaroslav Kalvoda, Basel, und Hellmut Ueber-Wasser, Riehen), Schweiz, **6β.19-Oxidosteroide.** Zu D.A.S. 1192194; C. **1966**, 7—1819 ist nachzutragen: Aus 3β, 11β, 20β-Triacetoxy-6β-hydroxy-5α-pregnan mit $Pb(OAc)_4$ in Cyclohexan erhält man nach der chromatograph. Aufarbeitung → *3β.11β.20β-Triacetoxy-6β.19-oxido-5α-pregnan*, F. 192—195°/198—200° (aus Ae.); *3β.11β.20β-Triacetoxy-6-oxo-5β-pregnan*, F. 220—222° (aus Ae.). — ***Heilmittel***. (**Schwz.P. 438289** vom 15/7. 1960, ausg. 15/12. 1967.) — 4 S. W. Gengenbach 4847

1303 May & Baker Ltd. (Erfinder: Michael Davis), **Herstellung von Androstan- und Androstenderivaten.** Androstan-3-on bzw. -3.17-dion oder die entsprechenden Androstenderiv. werden reduktiv aminiert mit H_2 u. NH_3 oder einem Amin (**I**) durch Behandlung mit **I** u. Red. des gebildeten Enamins mit HCOOH (**II**), $NaBH_4$, oder durch Behandeln mit NH_2OH u. Red. mit Na u. Alkoholen, katalyt. Hydrierung oder mit $LiAlH_4$. — Man erhitzt 5-A-3.17-dion (A = Androstan) mit Piperidin u. **II** 16 Std. im Druckrohr auf 170° ± 10° → *3β.17β-Dipiperidino-5α-A*, F. 158—160°, neben *3α.17β-Dipiperidino-5α-A*, F. 166—168°, Dimethansulfonat Zers. bei 242 bis 249°, u. *3β-Piperidino-5α-A-17-on* (**III**), F. 167—169°. Analog: *3β.17β-Dipyrrolidin-1′-yl-5α-A*, F. 155—158°, Dihydrochlorid, F. 320°, *3α.17β-Dipyrrolidin-1′-yl-5α-A*, F. 151—154°, *17β-Pyrrolidin-1′-yl-androst-5-en-3β-ol*, F. 196—198°, Acetat, F. 146—148°, *17β-Piperidino-androst-5-en-3β-ol*, F. 178—180°, Hydrochlorid, F. 286—293°, *3β-Piperidino-17β-pyrrolidin-1′-yl-5α-A*, F. 168—170°, aus **III** u. Pyrrolidin, *3β-Dimethylamino-17β-pyrrolidin-1′-yl-5α-A*, F. 80—81°, *3.17β-Dipyrrolidin-1′-yl-androst-4-en*, F. 155—157°. Aus **III**, NH_2OH · HCl, A. u. wss. Na-Acetat-Lsg. → *3β-Piperidino-5α-A-17-oxim*, F. 248—251° (Zers.), das in abs. 2-Äthoxyäthanol mit Na behandelt wird → *17β-Amino-3β-piperidino-5α-A*, Hydrochlorid F. 300°. — ***Pharmazeutika***. (**Aust.P. 273180** vom 28/1. 1964, ausg. 9/3. 1967.) — 26 S. C. Lüttgen 4847

1304 Takeda Chemical Industries Ltd., Osaka, übert. von: Takuichi Miki, Amagasaki, und Kentaro Hiraga, Ikeda, Japan, **14-Hydroxysteroide** erhält man durch Cyclisierung von 13-substituierten 8.14-Secogona-1.3.5(10).9-tetraen-14.17-dionen unter milden Bedingungen. — Man setzt 3-Methoxy-8.14-seco-östra-1.3.5(10).9-tetraen-14.17-dion mit 2 n HCl in Tetrahydrofuran bei Raumtemp. um → *14ε-Hydroxy-3-methoxyöstra-1.3.5(10).9-tetraen-17-on* (**I**), $C_{29}H_{22}O_3$, Gemisch der Diastereomeren, F. 161 bzw. 129°, neben *(±)-3-Methoxyöstra-1.3.5(10).8.14-pentaen-17-on* (**II**). — **I** läßt sich durch Rk. mit 2 n methanol. HCl überführen → **II**. — Man kann auch 3-Methoxy-13-äthyl-8.14-secogona-1.3.5(10).9-tetraen-14.17-dion in Bzl.-Äthylacetat nach dem Durchlaufen von Silicagel überführen → *14ε-Hydroxy-3-methoxy-13-äthylgona-1.3.5(10).9-tetraen-17-on*, $C_{20}H_{24}O_3$, F. 152°, welches sich wie vorst. überführen läßt → *(±)-3-Methoxy-13-äthylgona-1.3.5(10).8.14-pentaen-17-on*. — Analog: *14ε-Hydroxyöstra-1.3.5(10).9-tetraen-17-on*, $C_{10}H_{22}O_2$, F. 140°. — *(±)-14-Hydroxy-3-methoxyöstra-1.3.5(10).9-tetraen-17-on* (**III**), F. 162°, neben *(±)-3-Methoxyöstra-1.3.5(10).8.12-pentaen-17-on*, F. 108°. — **III** läßt sich wie vorst. isomerisieren → *(±)-3-Methoxyöstra-1.3.5(10).8.14-tetraen-17-on*, F. 108°, welches sich durch Red. mit $NaBH_4$ überführen läßt → *(±)-3-Methoxyöstra-1.3.5(10).8.14-pentaen-17β-ol*, F. 113°; daraus durch selektive Red. mit Raney-Ni → *(±)-3-Methoxyöstra-1.3.5(10).8-tetraen-17β-ol*, F. 126°, welches sich mit K in fl. NH_3 red. läßt → *(±)-3-Methoxyöstra-1.3.5(10)-trien-17β-ol*, F. 130°. — *3-Methoxy-14ε-hydroxy-13-isopropylgona-1.3.5(10).9-tetraen-17-on*, $C_{21}H_{28}O_3$, F. 136°. — ***Heilmittel***. (**U.S.P. 3287380** vom 28/10. 1964, ausg. 22/11. 1966. **Brit.P. 1080333** vom 27/10. 1964, ausg. 23/8. 1967. **Zusatz zu Brit.P. 1064011; C. 1669, 4-1655.** Beide Jap. Prior. 1/11. 1963.) — 3 S. U. Sievers 4847

1305 Syntex Soc. An., übert. von: Howard J. Ringold, Mexiko City, Mexiko, **6-Methyl-6-dehydroderivate von Kortikohormonen** erhält man durch Rk. von 6-Methyl-$Δ^4$-3-ketonen oder 6-Methyl-$Δ^{1.4}$-3-ketonen mit einem Chinon, bes. Chloranil. Das 6-Methyl-$Δ^{1.4.6}$-3-keton erhält man auch durch Rk. des 6-Methyl-$Δ^{1.4}$-3-ketons mit SeO_2. — Aus 6α-Methyl-16α-hydroxycortison-21-acetat erhält man durch Rk. mit Chloranil u. chromatograph. Reinigung das *6-Methyl-$Δ^{4.6}$-pregnadien-16α.17α.21-triol-3.11.20-trion-21-acetat*. — Herst. weiterer Verb. ohne Angabe von Kennzahlen. — ***Heilmittel***. (**U.S.P. 3316252** vom 8/7. 1959, ausg. 25/4. 1967. Mexikan. Prior. 28/2. 1959.) — 4 S. R. Bollinger 4847

1306 Whitefin Holding Soc. An., Lugano, Schweiz (Erfinder: Uberto Teotino, Mailand, Italien), **Herstellung von Thiamphenicolacetylcysteinat,** F. 158—160° (Zers.), erfolgt durch Rk. von d-Threo-1-[p-methylsulfonylphenyl]-2-dichloracetamido-3-aminoacetoxy-1-propanol mit N-1-Acetylcystein. — ***Antibiotikum*** mit mukolyt. Wirkung. (**Schwz.P. 449654** vom 29/3. 1966, ausg. 11/4. 1968. F. Prior. 29/3. 1965.) — 2 S. R. Bauereis 4848

1307 Fujisawa Pharmaceutical Co. Ltd., Osaka, Japan, **Cephalosporansäurederivate** der allg. Formel **I**

I

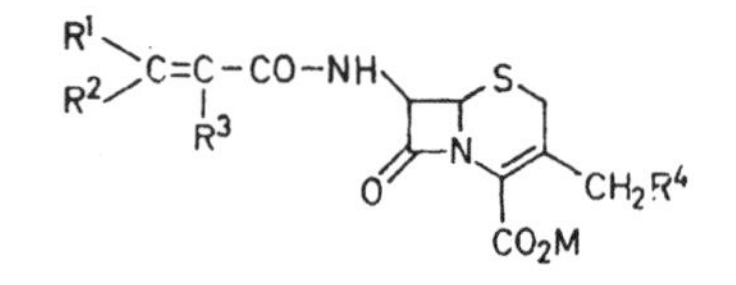

erhält man durch Rk. von 7-Aminocephalosporansäure oder deren Deriv. mit entsprechenden α.β-ungesätt. Carbonsäuren oder deren reakt. Deriv. (R^1 = R oder RX; X = S, O oder CO; R = Alkenyl mit ≦ 6 C-Atomen, Phenyl-, Halogenphenyl-, Nitrophenyl-, ggf. durch NO_2 substituierter 5gliedriger heterocycl. Rest; R^2 u. R^3 = H, Halogen, Alkyl mit ≦ 6 C-Atomen, Cycloalkenyl-, Phenylrest; R^4 = Acetoxy-, Pyridinium-, Aminopyridinium-, Imidazolinium-, Methylimidazoliniumrest; M =

H, nicht giftiges Kation oder negative Ladung). — Es wurden folgende Cephalosporansäuren (II) erhalten: *7-Cinnamido*-**II**, $C_{19}H_{18}O_6N_2S$, F. 171—173° (Aceton-W.). *Dicyclohexylaminsalz*, F. 201—203° (Zers.), *Dibenzyläthylendiaminsalz*, F. 174—176° (Zers.), *Na-Salz*, F. 182—200° (Zers.). — *7-(o-Nitrocinnamido)*-**II**, F. 94 bis 102° (Zers.). — *7-(m-Nitrocinnamido)*-**II**, F. 115 bis 125° (Zers.). — *7-(p-Nitrocinnamido)*-**II**. — *7-(o-Chlorcinnamido)*-**II**, $C_{19}H_{17}O_6N_2SCl$, F. 193—194° (Aceton-W.). — *7-(p-Chlorcinnamido)*-**II**, F. 178—185° (Zers.). — *7-(β-Chlorcinnamido)*-**II**, F. 125—130° (Zers.). — *7-(trans-α.β-Dibromcinnamido)*-**II** F. 98—106° (Zers.). — *7-[2-(1-Cyclohexenyl)-p-nitrocinnamido]*-**II**, F. 64—84° (Zers.). — *7-[2-Phenyl-o-nitrocinnamido]*-**II**, *Dicyclohexylaminsalz*, F. 123—131° (Zers.). — *7-(2.3-Diphenylacrylamido)*-**II**, F. 111—114° (Zers.). — *7-[3-(2-Thienyl)-acrylamido]*-**II**, F. (Zers.) 154—156° (wss. Aceton + A.). — *7-[2-Methyl-3-(2-thienyl)-acrylamido]*-**II**, F. (Zers.) 145—148° (Aceton-W.). — *7-[2-Phenyl-3-(2-thienyl)-acrylamido]*-**II**, F. 95—98° (Zers.). — *7-[3-(2-Furyl)-acrylamido]*-**II**, Zers. 170°. — *7-[3-(5-Nitro-2-furyl)-acrylamido]*-**I**, $C_{17}H_{15}O_9 \cdot N_3S$, Zers. 150°. — *7-[2-Phenyl-3-(2-furyl)-acrylamido]*-**II**, F. 116—119° (Zers.). — *7-[2-(1-Cyclohexenyl)-3-(2-furyl)-acrylamido]*-**II**, F. 98—104° (Zers.). — *7-[2-(1-Cyclohexenyl-3-(2-thienyl)-acrylamido]*-**II**, *7-(3-Benzoylacrylamido)*-**II**, F. 96—120° (Zers.). — *7-[3-(m-Nitrobenzoyl)-acrylamido]*-**II**, F. 180° (Zers.). — *7-(3-Chlor-3-benzoyl-acrylamido]*-**II**, F. 115—120°. — *7-(3-Phenoxycrotonamido)*-**II**, F. 77° (Zers.). — *7-(2-Chlor-3-phenylmercapto-acrylamido)*-**II**, F. 198—208° (Zers.). — *7-(3-Phenylmercaptocrotonamido)*-**II**, F. 75—84° (Zers.). — *7-[3-(2-Thienylmercapto)-crotonamido]*-**II**, F. 75—89°. — *7-(2.4-Hexadienamido)*-**II**, F. 146—158° (Zers.). — *7-Cinnamido-3-pyridiniummethyl-de*-**II**, *inneres Salz*, F. 190—192° (Zers.). — *7-Cinnamido-3-(2-aminopyridinium)-methyl-de*-**II**, *inneres Salz*, F. 160—163°. — *Mikrobizide*. (**Brit.P. 1058535** vom 15/3. 1965, ausg. 15/2. 1967. Jap. Prior. 14/3. u. 23/7. 1965.) — 12 S. A. Jahn 4848

1308 Fujisawa Pharmaceutical Co. Ltd., Osaka, Japan, **Cephalosporansäurederivate** der allg. Formel **II**

II 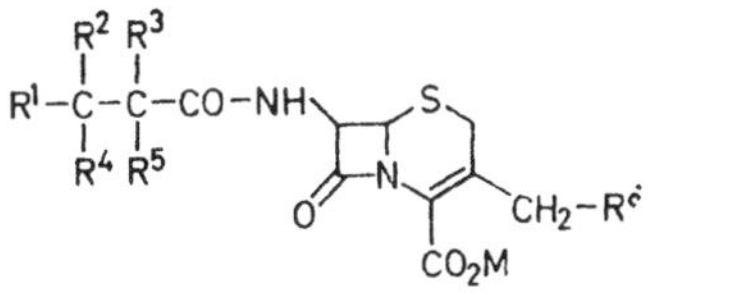

erhält man durch Rk. von 7-Aminocephalosporansäure oder deren Deriv. mit entsprechenden Carbonsäuren oder deren reakt. Deriv. (R^1 = Aryl-, Arylcarbonyl-, Halogenaryl-, Nitroaryl-, Halogenarylcarbonyl-, Nitroarylcarbonyl- oder 5gliedriger heterocycl. Rest; R^2 u. R^3 = H, Halogen oder Aryl; einer der Reste R^4 u. R^5 = Halogen, der andere H, Halogen, oder Alkoxyrest mit ≦ 6 C-Atomen; R^6 = Acetoxy-, Pyridinium-, Aminopyridinium-, Imidazolinium-, Methylimidazoliniumrest; M = H, nicht giftiges Kation oder negative Ladung). — Es wurden Cephalosporansäuren (I) erhalten: *7-(2.3-Dichlor-3-phenylpropionamido)*-**I**, F. 157—159°, *Dicyclohexylaminsalz*, F. 153—155° (Zers.), Na-Salz, F. 153—155° (Zers.). — *7-(2.3-Dibrom-3-phenylpropionamido)*-**I**, F. 84—87° (Zers.). — *7-(2.3-Dichlor-3-thienylpropionamido)*-**I**, F. 121 bis 124° (Zers.). — *7-[2.3-Dichlor-3-(p-chlorphenyl)-propionamido]*-**I**, F. 109—112° (Zers.). — *7-(2-Chlor-3-phenylpropionamido)*-**I**, F. 141—143° (Zers.). — *7-[2.3-Dichlor-3-(p-nitrophenyl)-propionamido]*-**I**, F. 157—160° (Zers.). — *7-(3-Chlor-3-phenylpropionamido)*-**I**, F. 119 bis 122° (Zers.). — *7-(2.3.3-Trichlor-3-phenylpropionamido)*-**I**, F. 125—130° (Zers.). — *7-(2-Brom-3-phenylpropionamido)*-**I**, F. 105—107° (Zers.). — *7-(2-Chlor-3-methoxy-3-phenylpropionamido)*-**I**, F. 157—159° (Zers.). — *7-[2-Chlor-3-methoxy-3-(p-chlorphenyl)-propionamido]*-**I**, F. 120 bis 123° (Zers.). — *7-(2-Chlor-3-benzoylpropionamido)*-**I**, F. 89—93° (Zers.). — *7-(2.3-Dichlor-3-benzoylpropionamido)*-**I**, F. 66—72°. — *7-[2.3-Dichlor-3-(o-nitrobenzoyl)-propionamido]*-**I**, F. 95—118° (Zers.). — *7-(2.3-Dichlor-3-phenylpropionamido)-3-pyridiniummethyl-de*-**I**, *inneres Salz*, F. 165—170°. — *7-[2.3-Dichlor-3-(p-chlorphenyl)-propionamido]-3-pyridiniummethyl-de*-**I**, *inneres Salz*, F. 165—170°. — *Mittel gegen Mikroben*. (**Brit.P. 1065517** vom 15/3. 1965, ausg. 19/4. 1967. Jap. Prior. 14/3. u. 23/7. 1964.) — 7 S. A. Jahn 4848

1309 Ciba Ltd., Basel, Schweiz, **O-Desacetyl-O-carbamoyl-7-acylaminocephalosporansäurederivate** der allg. Formel **I** erhält man durch Rk. von O-Desacetyl-7-

I 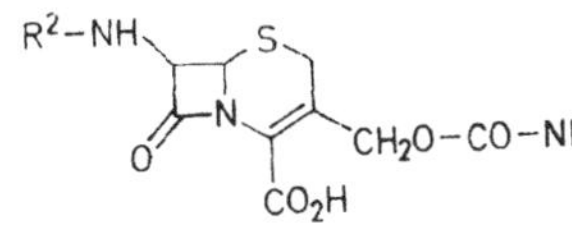

aminocephalosporansäure, deren Aminogruppe durch einen Carbonsäurerest acyliert ist, mit entsprechenden Isocyansäureestern, ggf. hydrolyt. oder hydrogenolyt. Abspaltung des Acylrestes R^2 u. erneute Acylierung mit Carbonsäuren (R^1 = Acylrest, z. B. niederer Alkylsulfonyl-, Arylsulfonyl-, Alkanoyl-, Alkoxycarbonyl- oder KW-Stoffrest; R^2 = Rest einer Carbonsäure). Es wurden erhalten: O-Desacetylcephalosporansäuren: *O-(β-Chloräthylcarbamoyl)-7-thienylacetamido-*. — *O-Chlormethylcarbamoyl-7-thienylacetamido-*. — *O-tert.-Butylcarbamoyl-7-thienylacetamido-*. — *O-Äthylcarbamoyl-7-thienylacetamido-*. — *O-Methylcarbamoyl-7-thienylacetamido-*. — *O-Carbäthoxycarbamoyl-7-thienylacetamido-*. — *O-Tosylcarbamoyl-7-thienylacetamido-*. — *O-(β-Chloräthylcarbamoyl]-7-phenacetyl-*. — *O-Chlormethylcarbamoyl-7-phenacetyl-*. — *O-(tert.-Butylcarbamoyl)-7-phenylacetamido-*. — *O-Äthylcarbamoyl-7-phenylacetamido-*. — *O-Methylcarbamoyl-7-phenylacetamido-*. — *O-(Chlor-tert.-butylcarbamoyl)-7-phenylacetamido-*. — *O-(β-Chloräthylcarbamoyl)-7-(S-phenylthioacetamido)-*. — *O-Äthylcarbamoyl-7-(S-phenylthioacetamido)-*. — *O-Methylcarbamoyl-7-(S-phenylthioacetamido)-*. — *O-Benzhydrylcarbamoyl-7-(S-phenylthioacetamido)-*. — *O-Phenylcarbamoyl-7-thienylacetamido-*. — *Bakterizide, die gegen Penicillinasen u. Cephalosporinasen stabil sind*. (**Brit.P. 1073828** vom 4/6. 1965, ausg. 28/6. 1967. Schwz. Prior. 5/6. 1964 u. 21/4. 1965.) — 8 S. A. Jahn 4848

1310 Fujisawa Pharmaceutical Co. Ltd., Osaka, Japan, **Cephalosporansäurederivate** der allg. Formel **II**

II 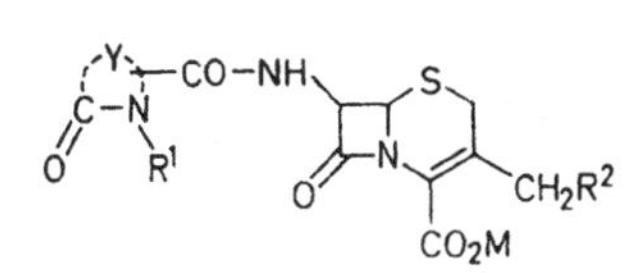

erhält man durch Rk. von 7-Aminocephalosporansäure mit entsprechenden heterocycl. Carbonsäuren oder deren reakt. Deriv. (R^1 = H, niederer Alkylrest, Cycloalkyl-, Aralkylrest; R^2 = Acetoxy-, Pyridiniumrest; Y = ggf. durch niedere Alkylreste substituierter Propylen- oder 1.3-Butadienylrest; M = H, nicht giftiges Kation oder anion. Ladung). — Es wurden folgende Cephalosporansäurederiv. (**I**) erhalten: *7-(5-Oxopyrrolidin-2-carbonamido)*-**I**, gelbliches Pulver. — *Dicyclohexylaminsalz*, F. 120—125° (Zers.). — *7-(1-Methyl-6-oxonicotinamido)*-**I**, F. 114—125° (Zers.). — *7-(1-Propyl-5-oxopyrrolidin-3-carbonamido)*-**I**, 73—80° (Zers.). — *7-(1-Cyclohexyl-5-oxopyrrolidin-3-carbonamido)*-**I**, F. 134—140° (Zers.). — *Na-Salz*, F. 200—215° (Zers.). — *Dicyclohexylamin-Salz*, F. 179—180° (Zers.). — *7-(1-Cyclohexyl-5-oxopyrrolidin-3-carbonamido)-3-pyridiniummethyl-de*-**I**, *inneres Salz*, F. 82—86° (Zers.). — *7-(2-Äthyl-6-oxoisonicotinamido)*-**I**, F. 130—145° (Zers.). — *Mittel gegen Mikroben*. (**Brit.P. 1073933** vom 23/7. 1965, ausg. 28/6. 1967. Jap. Prior. 23/7. 1964.) — 8 S. A. Jahn 4848

1311 Fujisawa Pharmaceutical Co. Ltd., Osaka, Japan, **Cephalosporansäurederivate** der allg. Formel **II** erhält man durch entsprechende Acylierung von 7-Aminocephalosporansäure (R^1 = niederer Alkyl-, Alkanoylamino-, Pyridyl-, Aryl-, Halogenaryl-, Nitroarylrest;

R^2 = Acetoxy-, Pyridinium-, Aminopyridinium-, Imidazolium-, Methylimidazoliumrest; X = O oder S; Y = N oder =CH–; Z = Methylen- oder 1.2-Äthylenrest; M = H, nichtgiftiges Kation oder negative Ladung). —

II 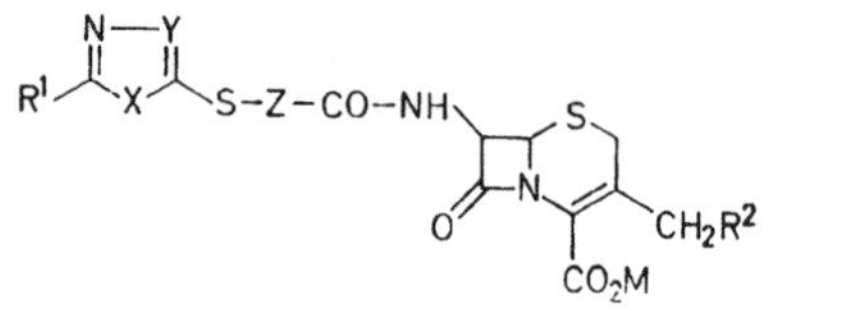

Es wurden folgende Cephalosporansäuren (**I**) erhalten: *7-[2-Acetamidothiazol-5-(2-thioacetamido)]*-**I**, F. 150° (Zers.). — *7-[2-Acetamidothiazol-5-(2-thioacetamido)]-3-pyridiniummethyl-de-***I**, *inneres Salz*, F. 95—100° (Zers.). — *7-[2-Phenyl-1.3.4-thiadiazol-5-(2-thioacetamido)]*-**I**, F. 120—123° (Zers.). — *7-[2-(4-Pyridyl)-1.3.4-thiadiazol-5-(2-thioacetamido)]*-**I**, F. 165° (Zers.). — *7-[2-Methyl-1.3.4-oxadiazol-5-(2-thioacetamido)]*-**I**, F. 80—86° (Zers.). — *7-[2-Phenyl-1.3.4-oxadiazol-5-(2-thioacetamido)]*-**I**, F. 117 bis 122°. — *7-[2-Phenyl-1.3.4-oxadiazol-5-(3-thiopropionamido)]*-**I**, F. 89—97° (Zers.). — *7-[2-(4-Nitrophenyl)-1.3.4-oxadiazol-5-(2-thioacetamido)]*-**I**, F. 145—152° (Zers.); *Dicyclohexylaminsalz*, F. 170—177°. — *7-[2-(3-Chlorphenyl)-1.3.4-oxadiazol-5-(2-thioacetamido)]*-**I**, F. 86 bis 93° (Zers.); *Na-Salz*, F. 194—196° (Zers.). — *Mittel gegen Mikroben*. (**Brit.P. 1073996** vom 23/7. 1965, ausg. 28/6. 1967. Jap. Prior. 23/7. 1964.) — 9 S.

A. Jahn 4848

1312 **Beecham Group Ltd.**, Großbritannien, *Al enthaltende Chelate*. (**F.P.[Méd.] 3 353** vom 16/5. 1962, veröff. 12/7. 1965. **F.P. 1 393 218** vom 16/5. 1962, ausg. 2/7. 1965. Beide Brit. Prior. 17/5. 1961. — C. **1966**, 36-1695 [Brit.P. 949 405].)

1313 **Smith, Kline & French Laboratories**, USA (Erfinder: **Henry Cecil Caldwell**). *Sedativum*. (**F.P.[Méd.] 2 496** vom 16/4. 1963, veröff. 25/5. 1964. U.S. Prior. 25/4. 1962. — C. **1965**, 34-1651 [D.A.S. 1 184 333].)

1314 **Orsymonde**, Frankreich, *Ataraktikum*. (**F.P.[Méd.] 2 619** vom 26/4. 1962, veröff. 27/7. 1964. — C. **1966**, 33-1684 [Brit.P. 961 045].)

1315 **Wellcome Foundation Ltd.**, Großbritannien, *N-substituierte Derivate des 2-Amino-1-[2.5-dimethoxyphenyl]-propanols*. (**F.P. 1 329 256** vom 18/7. 1962, ausg. 25/9. 1963. Brit. Prior. 21/7. 1961. — C. **1966**, 36-1699 [Brit.P. 975 706].)

1316 **Farbwerke Hoechst Akt.-Ges. vormals Meister Lucius & Brüning**, Deutschland, *Herstellung von Mandelsäureestern*. (**F.P. 1 363 232** vom 12/4. 1963, ausg. 23/9. 1964. D. Prior. 14/4. u. 14/4. 1962. — C. **1966**, 38-1705 [Oe.P. 242 121].)

1317 **Centre National de la Recherche Scientifique**, Seine, Frankreich (Erfinder: **Germaine Thuillien** und **Paul Rumpf**), *Herstellung von basischen Estern*. (**F.PP. 1 359 053** vom 15/4. 1959, ausg. 24/7. 1964 u. **1 359 614** vom 30/12. 1959, ausg. 7/8. 1964. — C. **1966**, 31-1669 [Oe.P. 223 603].)

1318 **J. R. Geigy Soc. An.**, Schweiz (Erfinder: **Frederick Leonard**), *Herstellung von Alkylbenzoesäurederivaten*. (**F.P. 1 313 771** vom 6/9. 1961, ausg. 8/4. 1963. U.S. Prior. 6/9. u. 20/9. 1960. — C. **1966**, 32-1659 [Oe.PP. 230 354, 230 356, 230 357, 230 358 u. 230 359].)

1319 **Imperial Chemical Industries Ltd.**, Großbritannien, *2-Phenylbenzamid-Derivate*. (**F.P. 1 366 715** vom 23/7. 1959, ausg. 18/11. 1964. Brit. Prior. 23/7. 1958. — **C. 1966**, 27-1626 [Brit.P. 859 342].)

1320 **Farbwerke Hoechst Akt.-Ges. vormals Meister Lucius & Brüning**, Deutschland, *Benzolsulfonylsemicarbazide*. (**F.PP.[Méd.] 2 269** u. **2 270** vom 21/12. 1962, veröff. 10/2. 1964. **F.P. 1 343 613** vom 22/9. 1962, ausg. 21/28. 1964. Alle D. Prior. 22/9. 1961. — C. **1966**, 29-1675 [Brit.P. 979 679].)

1321 **Farbwerke Hoechst Akt.-Ges. vormals Meister Lucius & Brüning**, Deutschland, *Benzolsulfonylsemicarbazide*. (**F.PP.[Méd.] 2 837** vom 2/1. 1963, veröff. 9/11. 1964, u. **1 335 751** vom 3/10. 1962, ausg. 9/12. 1963. Beide D. Prior. 3/10. 1961. — C. **1966**, 29-1674 [Brit.P. 979 007].)

1322 **Farbwerke Hoechst Akt.-Ges. vormals Meister Lucius & Brüning**, Deutschland, *Benzolsulfonylsemicarbazide*. (**F.P. 1 334 118** vom 19/9. 1962, ausg. 27/11. 1963. D. Prior. 20/9. 1961. — C. **1966**, 30-1652 [D.A.S. 1 204 675].)

1323 **F. Hoffmann-La Roche & Cie. Soc. An.**, Schweiz (Erfinder: **John Thomas Plati** und **Wilhelm Wenner**), *Herstellung von Sulfamiden*. (**F.P. 1 367 813** vom 12/7. 1963, ausg. 27/11. 1964. U.S. Prior. 17/7. 1962. — C. **1966**, 37-1820 [Oe.P. 241 456].)

1324 **Deutsche Gold- und Silber-Scheideanstalt vormals Roessler**, Deutschland, *Herstellung von Phenyläthylalkylaminen*. (**F.P. 1 322 420** vom 29/3. 1962, ausg. 19/6. 1963. D. Prior. 29/3. 1961. — C. **1966**, 25-1665 [Brit.P. 959 958].)

1325 **Österreichische Stickstoffwerke Akt.-Ges.**, Österreich, *Phenyläthanolaminderivate*. (**F.P. 1 324 857** vom 14/6. 1962, ausg. 22/7. 1963. Oe. Prior. 21/6. 1961. — C. **1966**, 32-1664 [Oe.P. 226 219].)

1326 **S. p. A. Farmochimica Cutolo-Calosi**, Italien (Erfinder: **Angelo Larizza** und **Giovanni Brancaccio**), *Ephedrinester*. (**F.P. 1 338 076** vom 26/10. 1962, ausg. 27/12. 1963. It. Prior. 26/10. 1961 u. 1/8. 1962. — C. **1967**, 42-1694 [Brit.P. 1 016 078].)

1327 **Abbott Laboratories**, USA (Erfinder: **Warren James Close**), *5-Chlor-2.4-bis-[methylsulfamyl]-anilin*. (**F.P. 1 328 256** vom 10/7. 1962 ausg. 11/9. 1963. U.S. Prior. 28/7. 1961. — C. **1966**, 39-1887 [U.S.P. 3 137 711].)

1328 **Calanda-Stiftung, Institut für Wissenschaftliche und Technische Forschung**, Liechtenstein, *Glutorimidderivate*. (**F.P.[Méd.] 1 360** vom 8/9. 1961, veröff. 16/7. 1962. Schwz. Prior. 11/6. 1960. — C. **1966**, 39-1902 [U.S.P. 3 057 867].)

1329 **Farbenfabriken Bayer Akt.-Ges.**, Leverkusen (Erfinder: **Siegismund Schütz, Marianne Bock** und **Hinrich Otten**, Wuppertal), *Herstellung von Naphthalin-1.4.5.9-tetracarbonsäurediimiden*. (**Oe.P. 247 308** vom 11/9. 1963, ausg. 10/6. 1966. D. Prior. 12/9. 1962. **F.P.[Méd.] 3 701** vom 11/12. 1963, veröff. 27/12. 1965. D. Prior. 12/9. 1962 u. 15/6. 1963. — C. **1966**, 26-1698 [D.A.S. 1 195 762].)

1330 **Science Union & Cie. Soc. Française de Recherche Médicale**, Seine, Frankreich (Erfinder: **Laszlo Beregi** und **Pierre Hugon**), *Herstellung von bicyclischen Verbindungen*. (**F.P. 1 362 251** vom 2/7. 1963, ausg. 11/9. 1964. **Oe.P. 244 346** vom 2/7. 1963, ausg. 27/12. 1965. Beide Brit. Prior. 2/7. 1962. — C. **1966**, 34-1725 [D.A.S. 1 183 075].)

1331 **Studiengesellschaft Vichee m. b. H.**, Deutschland, *Trisubstituierte Azulene*. (**F.P. 1 329 108** vom 25/5. 1962, ausg. 4/10. 1963. D. Prior. 25/5. 1961. — C. **1966**, 26-1715 [Brit.P. 963 310].)

1332 **Abbott Laboratories**, USA (Erfinder: **William Brady Martin** und **Leo Ralph Swett**), *Cyclische Propinylamine*. (**F.P.[Méd.] 2 474** vom 9/1. 1963, veröff. 19/5. 1964. U.S. Prior. 27/10. 1961. — C. **1966**, 38-1738 [Brit.P. 977 810].)

1333 **Abbott Laboratories**, USA (Erfinder: **Harold Elmer Zaugg, Robert William De Net** und **Raymond John Michaels jun.**), *Herstellung von N-substituierten 3-Phenyl-3-[o-hydroxyphenyl]-tetrahydrofuranon-(2)-iminen*. (**F.P. 1 374 662** vom 4/11. 1963, ausg. 20/1. 1965. **F.P.[Méd.] 3 164** vom 31/1. 1964, veröff. 5/4. 1965. Beide U.S. Prior. 5/11. 1962. — C. **1966**, 25-1672 [U.S.P. 3 135 770].)

1334 **E. Merck Akt.-Ges.**, Darmstadt, *Herstellung von Indolen*. (**Oe.PP. 235 280** u. **235 284** vom 20/3. 1961, ausg. 25/8. 1964. D. Prior. 9/4. 1960. — C. **1966**, 28-1664 [U.S.P. 3 104 241].)

1335 **J. R. Geigy Akt.-Ges.**, Basel, Schweiz, *Herstellung von 1.2-Diaryl-4-alkyl-3.5-dioxopyrazolidinen*. (**Oe.P. 245 566** vom 23/1. 1964, ausg. 10/3. 1966. **F.P.[Méd.] 3 351** vom 22/4. 1964, veröff. 5/7. 1965. Beide Schwz. Prior. 24/1. 1963. — C. **1966**, 30-1667 [D.P.[DDR] 39 612].)

1336 **J. R. Geigy Soc. An.**, Schweiz, *Imidazolderivate*. (**F.P. 1 317 595** vom 13/3. 1962, ausg. 8/5. 1963. Schwz. Prior. 14/3. 1961. — C. **1966**, 34-1749 [D.A.S. 1 164 415].)

1337 **F. Hoffmann-La Roche & Cie. Soc. An.**, Schweiz (Erfinder: **Milan Radoje Uskokovic** und **Wilhelm Wenner**), *Chinazolonderivate*. (**F.PP.[Méd.] 3 278** vom 4/4. 1964, veröff. 31/5. 1965 u. **1 395 924** vom 4/4. 1964, ausg. 26/7. 1965. **Oe.P. 247 339** vom 23/4. 1964, ausg. 10/6. 1966. Alle U.S. Prior. 5/4. 1963. — C. **1966**, 34-1748 [Port.P. 42 283] u. C. **1968**, 21-1878 [U.S.P. 3 214 429].)

1338 **Dr. Karl Thomae G. m. b. H.**, Deutschland, *Diquaternäre Bis-[pyridylmercapto]-alkane*. (**F.P.[Méd.] 1 163** vom 5/5. 1961, veröff. 2/4. 1962. D. Prior. 9/5. 1960 — C. **1966**, 34-1794 [D.P.[DDR] 31 468].)

1339 **Cutter Laboratories, Inc.**, USA (Erfinder: **Waldo Richard Hardie** und **Isaac Frederick Halverstadt**), *Piperidyldioxolane und -dioxane*. (**F.PP.[Méd.] 1 812** vom 7/2. 1962, ausg. 30/4. 1964, u. **1 358 362** vom 9/2. 1962, ausg. 17/7. 1964. Beide U.S. Prior. 10/2. u. 7/6. 1961. — C. **1966**, 29-1696 [Brit.P. 971 661].)

1340 **Ciba Soc. An.**, Schweiz (Erfinder: **Martin Eric Kuehne**), *Herstellung von Isochinolinen*. (**F.P. 1 336 696** vom 22/5. 1962, ausg. 18/12. 1963. U.S. Prior. 23/5. 1961. — C. **1966**, 25-1681 [U.S.P. 3 133 926].)

1341 **F. Hoffmann-La Roche & Co. Akt.-Ges.**, Basel, Schweiz (Erfinder: **Wilhelm Wenner**, Upper Montclair, USA), *Herstellung von Isochinolinen*. (**D.P.[DDR] 46 266** Kl. 12p vom 4/3. 1963, ausg. 5/7. 1966 [Ausschließungspatent]. **F.P. 1 354 364** vom 2/3. 1963, ausg. 19/6. 1964. Beide U.S. Prior. 6/3. u. 18/12. 1962. — C. **1966**, 33-1692 [Oe.P. 238 202].)

1342 **Smith, Kline & French Laboratories**, USA (Erfinder: **Joseph Weinstock** und **Virgil Daniel Wiebelhaus**), *Pyrimido-[4.5-d]-pyrimidine*. (**F.PP.[Méd.] 2 461** vom 28 9. 1962, veröff. 11/5. 1964. u. **1 335 354** vom 28/9. 1962, ausg. 6/12. 1963. Beide U.S. Prior. 3/10. 1961. — C. **1966**, 34-1741 [Brit.P. 963 050].)

1343 **Smith, Kline & French Laboratories**, USA (Erfinder: **Irvin Jacob Pachter** und **Joseph Weinstock**), *7-Aminopteridine*. (**F.P. 1 337 997** vom 26/9. 1962, ausg. 27/12. 1963. U.S. Prior. 3/10. 1961 u. 29/6. 1962. — C. **1966**, 26-1706 [D.A.S. 1 196 206].)

1344 **Ciba Soc. An.**, Schweiz, *Guanylhydrazone*. (**F.P. 1 332 543** vom 9/1. 1962, ausg. 20/11. 1963. Schwz. Prior. 16/1. u. 30/11. 1961. — C. **1966**, 37-1808 [Brit.P. 954 264].)

1345 **J. R. Geigy Akt.-Ges.**, Basel, Schweiz, *Herstellung von Oxazinderivaten*. (**Oe.PP. 244 976** u. **244 977** vom 13/11. 1962, ausg. 10/2. 1966. **F.P. 1 339 175** vom 13/11. 1962, ausg. 10/1. 1964. Alle Schwz. Prior. 14/11. 1961. — C. **1966**, 27-1644 [U.S.P. 3 122 538].)

1346 **Abbott Laboratories**, USA (Erfinder: **John Anthony Carbon**), *Pyrido-[2.3-e]-asymm.-triasin-1-oxide*. (**F.P.[Méd.] 2 498** vom 26/4. 1963, veröff. 25/5. 1964. U.S. Prior. 8/2. 1962. — C. **1966**, 27-1646 [U.S.P. 3 137 693].)

1347 **F. Hoffmann-La Roche & Cie. Soc. An.**, Schweiz (Erfinder: **Arthur Stempel**), *Benzodiazepinderivate*. (**F.P. 1 329 160** vom 10/7. 1962, ausg. 25/9. 1963. U.S. Prior. 11/7. 1961. — C. **1966**, 30-1677 [D.P. [DDR] 40 504].)

1348 **J. R. Geigy Soc. An.**, Schweiz, *Alkaloid aus Schizozygia caffaloide*. (**F.P. 1 360 535** vom 13/6. 1963, ausg. 20/8. 1964. Schwz. Prior. 14/6. 1962. u. 13/2. 1963. — C. **1966**, 34-1755 [D.A.S. 1 197 896].)

1349 **Warner-Lambert Pharmaceutical Co.**, USA (Erfinder: **John Shavel jun.** und **George Bobowski**), *Herstellung von Yohimbanderivaten*. (**F.P. 1 300 177** vom 2/6. 1961, ausg. 12/12. 1962. U.S. Prior. 15/6. 1960. — C. **1966**, 35-1772 [Brit.P. 905 823 u. U.S.P. 3 046 279].)

1350 **Ciba Soc. An.**, Schweiz (Erfinder: **Michael Mullen Robison** und **Robert Armistead Lucas**), *Herstellung von Alloyohimbanderivaten*. (**F.P. 1 283 843** vom 27/7. 1960, ausg. 27/6. 1962. U.S. Prior. 29/7., 1/9. 1959 u. 20/6. 1960. — C. **1966**, 31-1691 [Brit.P. 885 981].)

1351 **Roger Bellon**, Frankreich (Erfinder: **Jean Le Men**), *Paravallarin-Verbindungen*. (**F.P.[Méd.] 1 915** vom 28/4. 1962, ausg. 3/7. 1964. Brit. Prior. 8/2. 1961. — C. **1966**, 33-1722 [Brit.P. 952 484].)

1352 **Farbwerke Hoechst Akt.-Ges. vormals Meister Lucius & Brüning**, Deutschland, *Herstellung von Polynucleotiden*. (**F.P. 1 324 582** vom 24/5. 1962, ausg. 15/7. 1963. D. Prior. 24/5. 1961. — C. **1966**, 26-1718 [D.A.S. 1 201 353].)

1353 **Bristol-Myers Co.**, USA (Erfinder: **Yvon Gaston Perron** und **William F. Minor**), *α-Aminobenzylpenicilline*. (**F.P. 1 332 557** vom 15/3. 1962, ausg. 20/11. 1963. U.S. Prior. 23/3. 1961. — C. **1966**, 25-1701 [Oe.P. 237 803].)

1354 **Løvens Kemiske Fabrik ved A. Kongsted**, Ballerup, Dänemark, *Herstellung von 6-Aminopenicillansäure*. (**Oe.P. 234 901** vom 4/5. 1960, ausg. 27/7. 1964. Brit. Prior. 6/5., 19/6., 17/8. 1959 u. 14/1. 1960. — C. **1965**, 16-1743 [Ind.P. 71 679] u. C. **1966**, 33-1745 [U.S.P. 3 161 573].)

1355 **Nippon Soda K. K.**, Japan, *N-substituierte Thionocarbaminsäureester*. (**F.P. 1 337 797** vom 21/6. 1962, ausg. 30/12. 1963. Jap. Prior. 21/6., 25/8. 1961, 9/4. u. 13/4. 1962. — C. **1966**, 38-1784 [Brit.P. 967 897].)

1356 **Ciba Soc. An.**, Schweiz, *2-Alkyl-3-[p-aminobenzolsulfonamido]-pyrazole.* (**F.P. 1 335 533** vom 30/5. 1962, ausg. 11/12. 1963. Schwz. Prior. 31/5. 1961. — C. **1966**, 33-1774 [Brit.P. 955 303].)

1357 **F. Hoffmann-La Roche & Cie. Soc. An.**, Schweiz, *Sulfapyrimidine.* (**F.P.[Méd.] 2 925** vom 5/11. 1962, veröff. 14/12. 1964. Schwz. Prior. 7/11. 1961. — C. **1965**, 7/8-1819 [Port.P. 40 200] u. C. **1966**, 36-1785 [Brit.P. 963 419].)

1358 **Allen & Hanburys Ltd.**, Großbritannien, *Chinaldiniumverbindungen.* (**F.PP.[Méd.] 2 752** vom 12/9. 1963 u. **1 369 641** vom 12/9. 1963, ausg. 9/12. 1964. Beide Brit. Prior. 12/9. 1962. — C. **1966**, 26-1743 [Brit.P. 980 394].)

1359 **J. R. Geigy Soc. An.**, Schweiz, *5-Nitrofurfurol-N'-triazinylhydrazone.* (**F.P. 1 343 927** vom 29/11. 1962, ausg. 24/2. 1964. Brit. Prior. 30/11. 1961. — C. **1966**, 37-1875 [U.S.P. 3 145 203].)

1360 **Scherico Ltd.**, Schweiz (Erfinder: **Margaret H. Sherlock**), *Substituierte 3.4-Dihydrobenzo-1.2.4-thiadiazin-1.1-dioxide.* (**F.P. 1 337 762** vom 15/11. 1961, ausg. 30/12. 1963. U.S. Prior. 15/11. 1960. — C. **1966**, 37-1876 [U.S.P. 3 155 654].)

G. Analytische Chemie, Laboratoriumspraxis

G–1. Allgemeine Verfahren und Apparate

1361 **Wissenschaftliche Geräte.** (Rev. sci. Instruments **38** (1967) 11; 1563—1696; engl.) — Ein-Spiegel-Reflektometer mit fast normalem Einfall (R. J. Esposito, F. Rothwarf u. A. Kozul; 1573—74); App. zur Aufrechterhaltung eines Wärmegradienten zur Verw. in einer Glovebox (D. F. Fischer u. M. G. Chasanov; 1574—75); Hochtemp.-Probezelle für die Röntgen-Kleinwinkelkamera von Kratky (H. Brumberger u. N. G. Alexandropoulos; 1579—80); NQR-Spektrometer für hohe Niveaus (D. Gill, M. Hayek, Y. Alon u. A. Simievic; 1588—90); Monochromator für den extremen Ultraviolettbereich (R. C. Jaklevic u. L. J. Leblanc; 1597—1601); Fabry-Perot-Resonator mit hohem Hohlraumqualitätsfaktor für Absorptionsmessungen an NO_2 bei 150 GHz (I. P. French u. T. E. Arnold; 1604—07); Balgenmanometer aus Glas für Ultrahochvakuumvorr. für den Meßbereich von 1—760 Torr (L. A. Boschi u. E. A. Garcia; 1610—11); Torsionspendel für plastische Materialien unter Zugbelastung (A. H. Lepie u. A. Adicoff; 1615—18); App. zur Aufnahme scharfer photograph. Bilder mit Röntgenstrahlen (H. F. Sherwood; 1619—22); Neue Automatisierungstechnik für konst. Geschw. in Mössbauer-Spektrometern (R. C. Knauer u. J. G. Mullen; 1624—28); Schnellanzeigender Fühler für Gefrierpunkthygrometer (S. H. Jury, L. P. Bosanquet u. Y. W. Klim; 1634—37); App. zur Verw. der Relaxationsmeth. des Dissoziation-Feld-Effektes mit Rechteckwellen (D. T. Rampton, L. R. Holmes, D. L. Cole, R. P. Jensen u. E. M. Eyring; 1637—40); Kalorimeter zur gleichzeitigen Messung therm. Eig. u. Dimensionsänderungen (A. A. Antoniou u. G. G. Litvan; 1641—44); Neues hochempfindliches Quarzthermometer (F. P. Branca; 1644 bis 1645); Hochdruck–Hochtemp.-Viskosimeter (L. L. Sperry u. J. D. Mackenzie; 1646—50); App. zur Messung des Hall-Effektes in Proben niedriger Beweglichkeit bei hohen Temp. (N. Z. Lupu, N. M. Tallan u. D. S. Tannhauser; 1658—61); Einfache Meth. zur Registrierung des Verhältnisses von Größen (D. E. Aspnes; 1663—65); Techniken für Hochdruckvers. (M. Tamayama u. H. Eyring; 1666—67); Kontinuierlich registrierende Thermowaage mit Dehnungsstreifen (R. E. Latta, J. T. Bittel u. G. B. Hadesty; 1667—69); Einfache Kammer zur Erzeugung u. ESR-Unters. von Radikalen in Pulvern, die durch Beschuß mit kleinen reaktiven Teilchen entstehen (J. N. Herak; 1669); Vakuum-Mikrowaage für Arbeiten bei 77,3°K (R. J. Whitefield u. J. J. Brady; 1670—71); Herst. einer preiswerten Hohlraum-Ionenkammer (G. S. Higgins u. C. R. Wallace; 1671—72); Ultraviolett-H_2-Bogenlampe hoher Intensität von vereinfachter Konstruktion (C. A. Kocher; 1674—75); Einfacher thermogravimetr. App. (J. J. Byerly; 1675—76); Züchtung großer Einkrist. mit fokussiertem Licht (S. D. Harkness, R. W. Gould, J. J. Hren u. A. M. Sheble; 1676—77); Keram. Mikrowellenfenster für 8,4 u. 2 mm (W. R. Day; 1677—78). Gerhard Schulze 5001

1362 **Vereinfachtes Verfahren zur analytischen Bestimmung des built up-Faktors für Gamma-Strahlung.** Jerzy Czarnecki und Stanisław Kowalik. (Nukleonika [Warszawa] **12** (1967) 1—2, 143—56; Kat. Obrony Przeciwatomowej, Wojskowa Akad. Techn., Warszawa; pol.) — Die Best. des built up-Faktors wurde experimentell unter geometr. Meßbedingungen durchgeführt, wie sie bei Verw. von Isotopen für industrielle Zwecke üblich sind. ^{60}Co diente als typ. Strahlungsquelle, die aus Fe bestehenden Wände des Behälters als Absorber u. ein GM-Zähler als Detektor. Bestimmt wurde der Absorptionskoeff., der vom Kollimationskoeff. der γ-Strahlung u. von den Entfernungen Quelle–Absorber u. Detektor–Absorber abhängt. A. v. Wilpert 5030

1363 **Apparatur zur Entnahme von ^{85}Kr zur Darstellung radioaktiver Kryptonate.** Š. Varga, J. Tölgyessy, V. Jesenák und B. Filip. (Chem. Zvesti **22** (1968) 4, 300 bis 303; Slovens. vys. šk. techn., Bratislava; slowak.) — Es wird ein Verf. zur Entnahme u. Dosierung des radioakt. ^{85}Kr beschrieben. Das in einer zugeschmolzenen Glasampulle befindliche Gas wird in einen mit Aktivkohle (AK) gefüllten u. in fl. N_2 getauchten Behälter (B) übergeführt u. an der AK adsorbiert. Zur Entnahme von ^{85}Kr wird an B ein Rohrsyst. angeschlossen, aus dem vorher die Luft mittels eines Hg-Manostaten (M) durch Hg verdrängt wurde. Das Gas wird durch gelindes Erwärmen aus dem B desorbiert u. in die Vorr. eingesaugt. Aus der Vorr. wird ^{85}Kr mit einer Injektionsspritze entnommen, deren Totraum mit Hg ausgefüllt ist u. deren Nadel durch einen Gummiverschluß in die Vorr. hineinragt, wobei mit dem M stets atmosphär. Druck aufrechterhalten wird. Die App. bewährt sich bes. bei der Herst. radioakt. Kryptonate. K. Kámen 5030△

1364 **Bestimmung der Dicke dünner Wasserfilme mit Neutronenstrahlung.** Anatol Selecki und Zbigniew Wisz. (Nukleonika [Warszawa] **12** (1967) 1—2, 111—19; Zakł. Stosowania Izotopów w Chem. i Technol. Chem., Inst. Badán Jądrowych, Warszawa; pol.) — Die Meth. beruht auf der Neutronenstreuung an H-Kernen. Die W.-Schicht wurde von unten mit einer Neutronenquelle (Po–Be) bestrahlt, über dem W.-Film befand sich ein Szintillator mit angeschlossenem Zähler. Die besten Ergebnisse wurden ohne Kollimator u. mit einer Cd-Abschirmung in Form eines Zylinders zwischen Szintillator u. W.-Schicht erhalten. A. v. Wilpert 5042

1365 **Kryoskopische Bestimmung des Molekulargewichtes mit automatischer Temperaturregistrierung.** Rostislav Vilím, Stanislav Dvořák und Jiřina Fajtová. (Chem. Průmysl **17** [42] (1967) 5, 274—75; Brno, Výzkumný ústav makromolekularni chemie; tschech.) — Es wird eine Modifikation der kryoskop. Molgew.-Best. organ. Substanzen beschrieben. Gegenüber der klass. Meth. ist das beschriebene Verf. einfacher, genauer, weniger zeitraubend u. weniger mühsam. Die Genauigkeit der Meth. wird durch Messung von reinem Bromoform bestimmt. Die Abweichung beträgt ± 4,1%. J. Schneider 5048△

1366 **Erhöhung der Selektivität organischer analytischer Reagenzien.** N. N. Basargin. (Ž. analitičeskoj Chim. **22** (1967) 10, 1445—53; Inst. geochim. i analit. chim. im. Vernadskogo, AN SSSR, Moskva; russ., Auszug: engl.) — Eine Steigerung der Selektivität (A) gegenüber Anionen schwacher anorgan. u. organ. Säuren wird durch Veränderung des optimalen pH-Wertes der Rk. zum stärker sauren Bereich hin angestrebt. Dies wird durch eine Veränderung der Struktur der Reagenzien erreicht (Einführung negativwirkender Substituenten u. mehrerer gleichartiger funktioneller Gruppen). Zur Steigerung der A gegenüber Metallkationen sind neue Typen von Reagenzien zu synthetisieren, die 2 oder mehr isolierte funktionelle Gruppen unterschiedlicher analyt. Wrkg. enthalten, eine Gruppe für die Farbe, die 2. zur Maskierung. Gezeigt werden Beispiele u. Reagenzienstrukturen dieses

Typs, ihre A u. Vorteile im Vgl. zu den üblichen photometr. Reagenzien. Mit einer Erhöhung der Zahl strukturell unterschiedlicher, jedoch gleichartig analyt. wirkender Gruppen erhöht sich die Zahl der reagierenden Elemente, die Selektivität erniedrigt sich. Ein 2. Weg zur Erhöhung der A beruht auf der Ausnutzung der Säure–Base-Eig. der Gruppen der Reagenzien.
E. Pfluger 5086

1367 **N.N'-Di-(thiocarbamoyl)-hydrazin und seine Derivate als analytische Reagenzien. 12. Mitt. Amperometrische Bestimmung von Metallen mit N.N'-Dithiocarbamoylhydrazin und seinem Diallylderivat (Dalzin).** P. K. De und N. K. Dutt. (Indian J. appl. Chem. **30** (1967) 5–6, 173–77; Indian Assoc. for Cultivat. of Sci., Calcutta; engl.) — 10. vgl. C. **1968,** 33-2225. — Unter Verw. einer einfachen App. mit einem Mikroamperometer (0–50 μA) wurden folgende Ionen mit Dalzin titriert: *Cu^{2+}*: Citratpuffer (0,1 m, pH 3,85) mit 0,01% Gelatine, −0,2 V (gegen SCE), Tropfzeit 3 Sek., Arbeitsbereich 0,5 bis 4,5 mg Cu^{2+}/20 ml. *Zn^{2+}*: 0,1 m NH_4Cl- + 0,04 m NH_3-Lsg. +0,01% Gelatine, −1,5 V, 0,73–6,5 mg Zn^{2+}; *Cd^{2+}* analog Zn^{2+} bei −0,8 V, 1,4–8,4 mg Cd^{2+}. Cu^{2+} wurde ferner mit N.N'-Dithiocarbamoylhydrazin titriert [Citratpuffer (0,1 m, pH 4,2), −0,5 V, 1–5 mg Cu^{2+}]. Der Fehler aller Best. war $\leq 1\%$.
J. Pickardt 5086

1368 **N.N'-Di-(thiocarbamoyl)-hydrazin und seine Derivate als analytische Reagenzien. 13. Mitt. Amperometrische Bestimmung von Kupfer und Palladium mit Monalzin, N-Allylthiocarbamoyl-N-thiocarbamoylhydrazin.** N. K. Dutt und B. K. Bhattacharjee. (Indian J. appl. Chem. **30** (1967) 5–6, 141–43; engl.) — Cu^{2+} wird bei −0,4 V u. pH 4,7 (Na-Acetat/Essigsäure), Pd^{2+} bei −0,8 V in 0,5 m NH_4-Acetat/0,5 m Essigsäure titriert (Arbeitsbereiche Cu^{2+} 0,5–2 mg, Pd^{2+} 0,8 bis 3,7 mg, Fehler ±1%). Die Rk. von Monalzin mit Zn, Ni, Cd u. Hg verläuft bei Zimmertemp. nur langsam. Für Pb wurde kein geeigneter Leitelektrolyt gefunden.
J. Pickardt 5086

1369 **Maßanalytische Bestimmung von Cupferron.** Ju. K. Celinskij. (Ukrainskij chim. Ž. **33** (1967) 10, 1079 bis 1080; IREA, Doneckij filial; russ.) — 0,02–0,03 g Cupferron (I) werden in 10 ml W. gelöst u. 50–60 ml A. zugesetzt. Mit H_2SO_4 u. NH_3-Lsg. wird der pH-Wert 2,5 eingestellt. Nach Zusatz von 5–6 Tropfen 0,05%ig. alkohol. Xylenolorange-Lsg. wird mit 0,0251 n $ZrOCl_2$-Lsg. auf Himbeerrot titriert. Der mittlere quadrat. Fehler liegt bei 0,15%. Die nach der beschriebenen Meth. erhaltenen Ergebnisse werden mit gewichtsanalyt. gewonnenen verglichen. E. Pfluger 5086

1370 **Untersuchungen mit Dithizon. 12. Mitt. Bildung von Thiadiazolinen durch Kondensation mit Aldehyden und Ketonen.** H. M. H. N. Irving und U. S. Mahnot. (Talanta [London] **15** (1968) 8, 811–21; School of Chem., Univ., Leeds; engl.) — 11. vgl. C. **1964,** 31-0578; 7. vgl. C. **1966,** 15-0774. — Die rote Farbe, die sich beim Zusatz von Mineralsäuren zu Lsg. von Dithizon (I) in gewissen Dioxanproben bildet, rührt im wesentlichen her von der Bldg. von 2-Methyl-3-phenyl-5-phenylazo-1.3.4-thiadiazolin (II), das sich teilweise mit zufällig anwesenden Spuren von 2-Methyldioxolan bildet. Eine purpurrote Verb. $C_{13}H_{10}N_4S$ bildet sich auch aus I durch eine unabhängige langsamere Reaktion. Aus I u. CH_3CHO läßt sich II leicht herstellen. Analoge Verb. von HCHO, C_6H_5CHO, Aceton u. Butanon-(2) erhält man in besserer Ausb., wenn man von Diphenylthiocarbazid (III) ausgeht. Ähnliche Rk. gibt Di-p-tolyldithizon. Die Red. von II mit NH_4HS in A. gibt III durch Öffnen des Heterorings u. Eliminierung eines Alkylrestes aus dem Zwischenprod. 3-Alkylmercapto-1.5-diphenylformazan. Andere Beispiele nucleophiler Verdrängungen durch SH^- wurden ebenfalls untersucht. W. Grimmich 5086

1371 **Untersuchung von Mischindikatoren mit Hilfe der komplementären Tristimuluskolorimetrie. 4. Mitt. Modifizierter Mischindikator Bromkresolgrün–Methylrot.** M. Zahradníček, M. Blešová und S. Štefek. (Ceskoslov. Farmac. **17** (1968) 3, 139–42; Lehrst. für pharm. Chem., Pharm. Fak., Comenius-Univ., Bratislava; tschech.) — 3. vgl. C. **1968,** 41-1777. — Die Abschaltung des Mischindikators Bromkresolgrün–Methylrot durch eine 3. Komponente zur Erzielung der „grauen" Zwischenfärbung bei pH 5,10 wird diskutiert u. spektrophotometr. untersucht. Folgende 3 Mischindikatoren zeigen einen Farbumschlag von Karminrot über Grau nach Grün: Bromkresolgrün (I)/Methylrot (II)/2.6-Dinitrophenol (6:9:3), I/II/Phenolrot (6:9:2) u. I/II/Thymolblau (6:9:6). Sie sind für volumetr. Best. mit visueller Indikation des Endpunktes (pH 5,10) zu empfehlen.
O. Rösner 5090

1372 **Potentiometrische Messungen mit SO_4^{2-}- und PO_4^{3-}-empfindlichen Membranelektroden.** G. A. Rechnitz, Z. F. Lin und S. B. Zamochnick. (Analyt. Letters **1** (1967) 1, 29–33; Dep. of Chem., State Univ. of N.Y., Buffalo, N.Y.; engl.) — Es werden zwei Elektroden beschrieben, die aus einer Silicongummimembran mit einem $BaSO_4$- bzw. $BiPO_4$-Überzug bestehen. Beide Elektroden sind für die entsprechenden Ionen nicht spezif. u. bedürfen der Weiterentwicklung.
W. Grimmich 5092

1373 **Dynamische Ansprechempfindlichkeit der Glaselektrode.** Gillis Johansson und Karin Norberg. (J. electroanalyt. Chem. Interfacial Electrochem. [Lausanne] **18** (1968) 3, 239–50; Inst. of Anal. Chem., Univ. of Lund, Lund (Schweden); engl.) — Vf. untersuchen die Abhängigkeit der Zeitkonst. einer Glaselektrode von den Arbeitsbedingungen. Hierzu werden die Zeitkonst. in W. u. organ. Lsgm. (Methyläthylketon, Isopropanol) bei unterschiedlichen Protonenaktivitäten gemessen. Auf der Grundlage des Phasengrenzschichtmechanismus entwickeln Vf. eine allg. Gleichung für die Elektrodenkinetik u. diskutieren die experimentellen Ergebnisse.
K.-H. Bielicki 5092

1374 **Hochselektive, auf Natriumionen ansprechende Glaselektrode.** Z. Stefanac und W. Simon. (Analyt. Letters **1** (1967) 2, 1–9; Chem. Labor., Fac. of Sci., Univ., Zagreb; engl.) — Die Empfindlichkeiten der beschriebenen Glaselektrode für Na^+, H^+ u. K^+ verhalten sich wie 10000:1000:1. Man arbeitet zweckmäßigerweise in Pufferlsg., die Triäthanolamin(I)/CH_3COOH(II), I/HCl oder Äthanolamin/II enthalten. Das Elektrodenglas wird durch Schmelzen eines Gemisches aus SiO_2, Li_2CO_3, $Al(OH)_3$, B_2O_3 u. Ga_2O_3 bei 1500° im Pt-Tiegel hergestellt. W. Grimmich 5092

1375 **Beobachtungen an einer Borcarbidelektrode.** A. M. Hartley und H. D. Axelrod. (J. electroanalyt. Chem. Interfacial Electrochem. [Lausanne] **18** (1968) 1/2, 115–21; Dep. of Chem. and Chem. Engng., Univ. of Ill., Urbana, Ill.; engl.) — Es wurde die Leistungsfähigkeit von Borcarbidelektroden bei elektrochem. Prozessen (Voltammetrie, Potentiometrie u. a.) untersucht. Entgegen der bisherigen Annahme, daß die Borcarbidelektrode inert ist, wurde eine starke irreversible Oberflächenox. beobachtet, die zu einer fehlerhaften Interpretation der Ergebnisse führen kann, wenn die Vorbehandlung u. der Zustand der Elektrode nicht beurteilt werden. K.-H. Bielicki 5092

1376 **Ermittlung der optimalen Ausführung einer nitratselektiven Elektrode.** Susan S. Potterton und W. D. Shults. (Analyt. Letters **1** (1967) 2, 11–22; Analyt. Chem. Div., Oak Ridge Nat. Labor., Oak Ridge, Tenn.; engl.) — Die optimale Ausführung der nitratselektiven fl. Membranelektrode (Fa. Orion) wird im Hinblick auf Arbeitsbereich, Genauigkeit u. Ansprechzeit ermittelt. Temp.-Effekte, Wahl der Vgl.-Elektrode u. Arbeitsweise werden ebenfalls untersucht. Mit der beschriebenen Elektrodenanordnung läßt sich NO_3^- mit der Einfachheit einer pH-Messung ebenso genau wie mit photometr. Meth. bestimmen. W. Grimmich 5092

1377 **Theoretische Betrachtung von tensammetrischen Titrationskurven.** Taitiro Fujinaga, Kosuke Izutsu und Hiromiti Sawamoto. (Japan Analyst **16** (1967) 11, 1188–92; Chem. Inst., Fac. of Sci., Univ. of Kyoto, Sakyo-ku, Kyoto; jap., Auszug: engl.) — Bei der amperometr. Titration sehr verd. Lsg. erhält man nach der Tangentenmeth. den Äquivalenzpunkt nur sehr ungenau. Vf. bringen eine allg. Gleichung für tensammetr. Titrationskurven bei der Titration verd. Metallionenlsg. mit Lsg. von 8-Hydroxychinolin(Oxin) bzw. dessen Deriv. unter Berücksichtigung der Meßempfindlichkeit u. der Stabilitätskonst. der Oxinate. Die Konst. der Komplexe von Cu, Zn, Ni, U(VI), Cd, Pb, Mg, Ca, Fe(III) u. Th mit Oxin, 2-Methyloxin u. Oxin-5-sulfonsäure werden angegeben. Die Anwendbarkeit der theoret. abgeleiteten Korrekturen wird diskutiert. W. Grimmich 5092

1378 **Hochfrequenztitration.** 6. Mitt. **Zur Theorie der Kennkurven.** L. Pazsitka und R. Bertram. (J. electroanalyt. Chem. Interfacial Electrochem. [Lausanne] **18** (1968) 1/2, 33–40; Inst. für Phys. Chem. und Elektrochem., TH, Braunschweig; dt.) – 5. vgl. C. **1966, 24**-1756. – Es wurde ein Ersatzschaltbild für die elektrodenlose kapazitive Zelle aufgestellt u. durch Einführung einer neuen Variablen x als Funktion der Leitfähigkeit χ bzw. X als Funktion der DK die Zahl der unabhängigen Variablen verringert, wodurch es gelang verallgemeinerte Kennkurven zu erhalten. Messungen im Frequenzbereich 0,1–20 kHz ergaben innerhalb der Meßgenauigkeit einen von der Frequenz unabhängigen Wert für die spez. Leitfähigkeit. Erstmals wurden auch DK-Werte für Materialien mit beliebiger Leitfähigkeit erhalten. K.-H. Bielicki 5092

1379 **Volltransistorisierter, potentialgesteuerter coulometrischer Titrator für analytische Zwecke.** W. Warzanskyj, A. Diez Moreno und V. Almagro. (J. electroanalyt. Chem. Interfacial Electrochem. [Lausanne] **18** (1968) 1/2, 107–13; Junta de Energia Nuclear, Madrid; engl.) – Beschreibung eines volltransistorisierten, potentialgesteuerten Coulometers, das zwei Operationsverstärker enthält, einen zur Steuerung der Potentialdifferenz zwischen den Elektroden, den anderen zur Integration eines Teiles des Titrationsstromes. Das Gerät arbeitet im Strombereich 40 μA–0,4 A bei Variation des Potentials zwischen 8 mV u. 8 V. Anwendungsbeispiele zur Best. von Cu, Cu–Cd, Cu–Cd–Pb u. Cu–U werden angegeben. K.-H. Bielicki 5096

1380 **Photo-Polarographie.** 20. Mitt. **Systematik und Problematik.** H. Berg, H. Schweiss, E. Stutter und K. Weller. (J. electroanalyt. Chem. Interfacial Electrochem. [Amsterdam] **15** (1967) 4, 415–50; Inst. für Mikrobiol. u. exp. Therapie, Jena, Abt. Biophysikochem. der Dt. Akad. der Wiss. zu Berlin; dt.) – 17. vgl. C. **1967**, 6-1879; 21. vgl. C. **1967**, 15-0679. – Übersicht. – 55 Literaturangaben. Gerhard Schulze 5098

1381 **Theoretische Berechnung des polarographischen Lösungswiderstandes.** D. Britz und H. H. Bauer. (J. electroanalyt. Chem. Interfacial Electrochem. [Lausanne] **18** (1968) 1/2, 1–4; Dep. of Chem., State Univ. of N.Y. at Buffalo, Buffalo, N.Y.; engl.) – Es wird eine neue Meth. zur Berechnung des polarograph. Lösungswiderstandes zwischen der Hg-Tropfelektrode u. der großen Gegenelektrode beschrieben, bei der die Ggw. der Kapillare berücksichtigt wird, wodurch bessere Ergebnisse als bisher erhalten werden. K.-H. Bielicki 5098

1382 **Gleichungen der polarographischen Stufen einfacher und komplexer Metallionen.** 2. Mitt. **Das Metallion wird unter Amalgambildung in Gegenwart eines hydrolysierbaren Liganden in einem gepufferten Medium reduziert.** Mihail E. Mascovschi. (J. electroanalyt. Chem. Interfacial Electrochem. [Lausanne] **18** (1968) 1/2, 47–59; Inst. of Phys. Chem., Rumanian Acad.; of Sci., Bukarest, engl.) – 1. vgl. C. **1969, 10**-0630. – Unter der Annahme, daß das Metallion unter Amalgambldg. red. wird u. das Medium gepuffert ist, wurden die Gleichungen der polarograph. Stufen für den Fall eines schwach sauren bzw. schwach bas. Liganden erhalten. K.-H. Bielicki 5098

1383 **Gemeinsame Bestimmung von Nitroverbindungen durch Derivativpolarographie.** Z. I. Fodiman und É. S. Levin. (Zav. Labor. **34** (1968) 1, 21–25; russ.) – Zur Best. von *2.4-Dinitrophenol-6-sulfonsäure* (**I**) im Red.-Prod. *4-Nitro-2-aminophenol-6-sulfonsäure* (**II**) eignet sich als Grundelektrolyt boratgepufferte NaOH-Lsg. (35 ml 0,05 m $Na_2B_4O_7$ + 65 ml 0,1 m NaOH, pH 12,76), da hier der Potentialunterschied zwischen der 1. Stufe von **I** u. den folgenden am größten ist. Bei konst. **II**-Konz. (4,011 g/l) betragen der mittlere quadrat. Fehler 0,045% abs. u. die Empfindlichkeit der Best. 0,5%. Die bei der Nitrierung von 4-Nitrophenol-6-sulfonsäure zu **I** als Nebenprod. entstehende *Pikrinsäure* kann bis zu Geh. von 0,04% durch oszillograph. Derivativpolarographie in 0,1 n NaOH-Lsg. bestimmt werden. Die bei techn. Prod. erhaltenen Ergebnisse wurden mit chromatograph. ermittelten Geh. verglichen. Bis 0,1% *Dinitroxylol* lassen sich in *Nitroxylol* bestimmen, wenn als Lsgm. A./Bzl. (60:40) u. als Grundelektrolyt 0,1 m CH_3COONa + 0,03 m $N(C_2H_5)_4OH$ verwendet werden. Der mittlere Fehler liegt bei 0,025% abs. u. die Abweichung zur kolorimetr. Best. beträgt ± 0,10% absolut. E. Bomke 5098

1384 **Neue Kohlenstoffpasteelektrodenhalterung und einfache Methode zur Herstellung reproduzierbarer Elektrodenoberflächen.** Jörgen Lindquist. (J. electroanalyt. Chem. Interfacial Electrochem. [Lausanne] **18** (1968) 1/2, 204–05; Dep. of Anal. Chem., Univ. of Uppsala, Uppsala (Schweden); engl.) – Durch Zugabe von 8 g Graphit zu einer Lsg. von 6 ml Bromnaphthalin in 6 ml n-Pentan wurde nach 5–10 Min. langem Rühren eine C-Paste erhalten, die als Elektrodenmaterial geeignet ist. Diese Paste wurden in eine speziell konstruierte Elektrodenhalterung gebracht. Die Elektrode wurde in Rotation versetzt (600–700 U/Min.) u. mit einer Klaviersaite von 0,2 mm ⌀ die überschüssige Paste entfernt, wodurch eine reproduzierbare Elektrodenoberfläche entstand. Eine Überprüfung der Reproduzierbarkeit der Elektrodenoberfläche ergab für den Peakstrom bei der Ox. von $5 \cdot 10^{-4}$ m Hydrochinonlsg. eine Reproduzierbarkeit von ± 0,27% u. für das Potential des halben Peaks von ≦ 1 mV. K.-H. Bielicki 5100

1385 **Bestimmung der Feuchtigkeit von Gasgemischen mit Hilfe der Infrarot-Absorptionsspektren.** 3. Mitt. **Gesetzmäßigkeiten der Absorption von Infrarotstrahlung durch Wasserdampf bei nichtaufgelöster Struktur des Spektrums.** M. S. Kiseleva. (Optika i Spektroskopija **24** (1968) 3, 401–11; russ.) – 2. vgl. C. **1967, 10**-0842. H. Roschkowski 5104

1386 **Verteilungsgaschromatographische Reinigung von CO_2 für die Massenspektroskopie.** R. B. Jordan und A.L. Odell. (Analytic. Chem. **39** (1967) 6, 681–82; Dep. of Chem., Stanford Univ., Stanford, Calif.; engl.) – Zur Reinigung von CO_2 zur massenspektroskop. Analyse des ^{18}O-Geh. wird die präparative Gaschromatographie mit He als Trägergas an sek.-Butylphthalat vorgeschlagen. Wegen des starken Austausches von ^{18}O gegen ^{16}O läßt sich DMF nicht einsetzen. Das von den Begleitkomponenten SO_2, H_2S, $(CN)_2$, N_2 u. O_2 befreite CO_2 wird in einer Kühlfalle bei der Temp. des fl. N_2 ausgefroren, das He abgepumpt u. das CO_2 in ein vorevakuiertes Gassammelrohr übergeführt. Da HCl unter den vorliegenden Bedingungen schwer vom CO_2 zu trennen ist, wird eine Vorbehandlung des zu untersuchenden Gasgemisches mit Zn-Amalgam vorgeschlagen. K. Metzner 5106

1387 **Entladungsröhren mit Hohlkathode für die Atomabsorptionsspektroskopie und ihre laboratoriumsmäßige Herstellung.** Stanislav Tardon. (Chem. Průmysl **17** [42] (1967) 3, 150–54; Vědeckovýzk. uhel. úst., Ostrava-Radvanice; tschech.) – Vf. berichtet über Konstruktion, Herst. u. Funktion verschiedener Typen der für die Atomabsorptionsspektralphotometrie bestimmten Entladungsröhren (ER) mit Hohlkathode, wobei eigene Erfahrungen auf diesem Gebiet erörtert werden. Außerdem wird eine Modifikation der App. von Elwell u. Gidley zur laboratoriumsmäßigen Herst. der ER beschrieben. K. Kámen 5116△

1388 **Tauchkolorimeter und seine Anwendung.** Giichi Mutô, Haruo Miyashita und Yoshinori Takata. (Japan Analyst **16** (1967) 9, 946–51; Inst. of Ind. Sci., Univ. of Tokyo, Minato-ku, Tokyo; jap., Auszug: engl.) – Vf. beschreiben ein Gerät in Rohrform (⌀ 12 mm, Länge 15 cm), bei dem die zu photometrierende Lsg. zwischen zwei Glasfenstern hindurchströmt, wenn es in die Lsg. getaucht wird. Das Gerät besitzt eine W-Lampe u. eine

Hg-Quarzlampe sowie eine CdS-Zelle u. Filter. Es ist bes. für photometr. Titrationen geeignet.
W. Grimmich 5116

1389 **Quantitative Analyse durch Metall-Chelat-Austauschreaktionen.** 1. Mitt. **Reaktionsgeschwindigkeitskonstanten bei spektrophotometrischen Messungen.** Norio Fukushi. (Japan Analyst **16** (1967) 9, 913–17; Fac. of Gen. Study, Gunma Univ., Hiyoshi-machi, Maebashi-shi; jap., Auszug: engl.) — Im Anschluß an theoret. Untersuchungen wird der Ligandenaustausch der Rk. Nitrien (I) + Cu-EDTA (II) → Ni-EDTA + Cu-trien (trien = Triäthylentetramin) photometr. bei 550 nm verfolgt. Durch Messung der RG kann die Metallionenkonz. bestimmt werden. Der optimale pH-Bereich für die Messung liegt bei 8–9. Der Temp.-Einfl. kann durch Parallelbest. kompensiert werden. Das Verhältnis I/II spielt keine Rolle, wenn die Konz. 10^{-4}–10^{-3} Mol/l beträgt. Die Meth. konnte zur Analyse von Stahl verwendet werden, wobei die anderen Metallionen vorher abgetrennt werden müssen. W. Grimmich 5116

1390 **Einfache Infrarotzelle für korrosive Gase.** Edward W. Lawless und G. J. Hennon. (Analyt. Lettters **1** (1967) 3, 159–61; Chem. Div., Midwest Res. Inst., Kansas City, Mo.; engl.) — Die Zelle besteht aus Kel-F mit AgCl-Fenstern. Sie kann bis zu 10^{-5} Torr evakuiert werden. W. Grimmich 5116

1391 **Aufnahme von Infrarotspektren korrosiver Feststoffe.** Edward W. Lawless. (Analyt. Letters **1** (1967) 3, 153–58; Chem. Div., Midwest Res. Inst., Kansas City, Mo.; engl.) — Vf. beschreiben zwei Verf. zur Tablettenpressung korrosiver u. feuchtigkeitsempfindlicher Feststoffe, bes. im Hinblick auf die Unters. der IR-Spektren salzartiger Verb., die die Ionen $N_2F_3^+$, ClF_2^+, ClF_4^-, SF_5^- oder AsF_6^- enthalten. Die Ausschaltung des Christiansen-Effekts von $[N_2F_3][AsF_6]$, das sogar mit CCl_4, $CFCl_3$, $C_2F_3Cl_3$, NaCl u. KBr reagiert, wird durch Verw. von AgCl-Fenstern erreicht.
W. Grimmich 5116

1392 **Grundlegende Untersuchungen der emissionsspektroskopischen Bestimmungen durch Anregung im Plasmastrahl.** Tsugio Takeuchi und Shigenori Sakurai. (Japan Analyst **16** (1967) 9, 888–94; Dep. of Synth. Chem., Fac. of Engng., Nagoya Univ., Chikusa-ku, Nagoya; jap., Auszug: engl.) — Das Lichtbogenplasma wird in einer Ar-Atmosphäre erzeugt. Der Generator besteht aus einem angespitzten W-Stab als Kathode, der in die kon. geformte Bohrung der Cu-Anode, die gleichzeitig als Düse wirkt, hineinragt. Zur Best. von Ni, Mn u. Cr wird unter folgenden Bedingungen gearbeitet: Stromstärke 280 A, 15 l Ar/min, 1 ml Probelsg./min, 10 s Belichtungszeit. Im Vgl. zum Wechselstrombogen weist der Plasmastrahl folgende Vorteile auf: die Best. sind weniger empfindlich gegen Begleitelemente u. die Eichkurven besitzen einen größeren Linearitätsbereich. Bei Verw. wss. Probelsg. ist der Untergrund jedoch sehr groß. W. Grimmich 5118

1393 **Besonderheiten der Lichtbogenentladung in inerter Gasatmosphäre zur Erhöhung der Empfindlichkeit bei der Bestimmung von Begleitstoffen in reinen Materialien.** N. G. Karpel' und O. K. Fedorčuk. (Izvest. sibirskogo Otd. Akad. Nauk SSSR, Ser. chim. Nauk **1967,** 9, 76–79; russ.) — Die Vorteile der Anwendung von Inertgas führen in einer Reihe von Fällen zur Verringerung des Untergrundes, in dem die Linien der zu bestimmenden Elemente liegen. Bei unmerklichem Untergrund beobachtet man in der Inertgasatmosphäre einen Verlust der integralen Intensität für viele Elemente mit mittlerer Flüchtigkeit. Die Beispiele für die Best. von Zn u. Cd in He-Atmosphäre zeigen bei Abwesenheit des Untergrundes eine maximal erreichbare Empfindlichkeit von 10^{-4}%. Die Abhängigkeit des Ausbrennens des Zn aus GaAs von der Zeit wird graph. mitgeteilt. Als Beispiele der leichtflüchtigen Metalle werden Zn, Cd, Ca u. Na bei der Entladung in He-Atmosphäre angeführt.
E. Pfluger 5118

1394 **Quantitative Analyse von Gasgemischen in der Hochstromhohlkathode.** P. Bürger, J. Maierhofer und A. Reis. (Z. analyt. Chem. **234** (1968) 3, 176–85; Phys.-chem. Inst., TH, München; dt.) — Vf. untersuchen in einer Hochstromhohlkathoden-Entladung die grundlegenden Entladungsbedingungen wie Kathodenfall, Elektronentemp., Elektronendichte, Konz. der angeregten Atome, Kathodenzerstäubung u. Einfl. von Kathodenoberflächenschichten. Die Nachw.-Empfindlichkeit in Gasgemischen liegt zwischen 0,005% (N_2 in Edelgasen) u. 1% (He in O_2). Die Standardabweichungen betragen im Mittel 2,5. Es werden Eichkurven u. günstigste Anregungsbedingungen für die Gasgemische O_2–He, O_2–Ar, O_2–N_2, He–O_2, Ar–O_2, CO_2–He, N_2–He, N_2–Ar u. N_2–O_2 (jeweils das erstgenannte Gas ist das beigemengte) angegeben. H.-D. Schenke 5118

1395 **Einfluß des Typus der turbulenten Flamme auf die Nachweisgrenze bei der Atomfluoreszenzspektrometrie.** M. P. Bratzel jun. und J. D. Winefordner. (Analyt. Letters **1** (1967) 1, 43–54; Dep. of Chem., Univ. of Fla., Gainesville, Fla.; engl.) — Die Nachw.-Grenzen für Ag, Au, Bi, Cd, Co, Cu, Ga, Hg, In, Mg, Mn, Pb, Se, Te, Tl u. Zn unter Verw. von Zerstäuberbrennern der Firmen Beckman u. Zeiss mit Gemischen aus H_2, O_2, Luft u. Ar als Brenngas werden gemessen u. mit Literaturwerten verglichen. W. Grimmich 5122

1396 **Anwendung kommerzieller Ultraviolettstabilisatoren als optische Filterlösungen in der Ramanspektroskopie.** J. M. Brown, A. C. Chapman und D. A. E. Rendell. (Appl. Spectroscopy **22** (1968) 3, 203–04; Res. Dep., Albright & Wilson, Ltd., Oldbury, Warley, Worcestershire; engl.) — An Stelle von p-Nitrotoluol wird *2.2'.4-Hydroxy-4'-methoxy-benzophenon* (Handelsname Uvinul 490) als Filter in der Raman-Spektroskopie benutzt. Uvinul ist über mehrere Wochen unter Torontobogenbestrahlung stabil u. verliert seine Stabilität auch bei Zugabe von Methylviolett zur Verringerung des Untergrundes nicht. Weitere Vorteile sind die fehlende Toxizität u. die Anwendung wesentlich geringerer Konzentrationen. K.-H. Bielicki 5124

1397 **Übersichten auf dem Gebiet der angewandten Spektroskopie** (Applied Spectroscopy Reviews) Bd. **2.** Edward G. Brame jun. (Hrsg.) (New York, Marcel Dekker, Inc. 1968, 187–432; engl.) — Chem. Spektroskopie im fernen IR (J. W. Brasch, Y. Mikawa u. R. J. Jakobsen; 187–235); Prüfung von Polymeren durch Hochauflösungs-NMR (H. A. Willis u. M. E. A. Cudby; 237–88); IR-Spektren von adsorbierten Molekülen (M. R. Basila; 289–378); Ausrüstung, spektrale Charakteristiken u. Anwendungen der Spektroskopie mit weichen Röntgenstrahlen (W. L. Baun; 379–432).
Ch. Weiske 5126

1398 **Anwendung metallographischer Methoden auf Molybdäneinkristalle.** 2. Mitt. **Indirektes Kohle-Abdruckverfahren zur Sichtbarmachung von Gleitlinien.** Gerald J. Irwin und Brigitte Otto. (Prakt. Metallogr. **5** (1968) 6, 338–43; Imperial Coll. of Sci. and Technol., Dep. of Metallurg., Univ. of London, England; dt.) — 1. vgl. ibid. **5** (1968) 199. — Zur Beobachtung von Gleitlinien in Mo-Einkrist. wird ein indirektes Kohleabdruckverf. beschrieben. Ein ausgewählter Probenbereich wird mit Methylalkohol gesäubert, mit Aceton angefeuchtet u. ein Blatt Celluloseacetat aufgepreßt, das nach dem Trocknen abgezogen u. nach Bradley senkrecht 100–200 Å dick mit Kohle bedampft wird. Die Dickenkontrolle erfolgt an einem neben der Probe angebrachten Tropfen Siliconöl. Danach wird das Replica ebenfalls im Vakuum unter einem Winkel von 60° mit reinem Au beschattet. Der Abdruck wird in kleine Rechtecke zerschnitten u. diese mit der Bedampfungsschicht auf Objektträgernetze gelegt. Das Celluloseacetat wird zuerst in gesätt. Aceton-Atmosphäre u. dann durch vorsichtiges Übergießen mit Aceton gelöst. Bei der elektronenmkr. Unters. können Einzelheiten beobachtet werden, die lichtmkr. nicht auflösbar sind. R. Zimmer 5128

1399 **Messung äußerst schwacher Aktivitäten von β-Strahlern mit dem GM-Durchflußdetektor in 2π-Geometrie.** M. Zaduban. (Chem. Zvesti **22** (1968) 4, 291–99; Univ. P. J. Šafárika, Košice; slowak.) — Zur Messung der Aktivität sehr schwacher, fester u. fl. β-Strahler wurde ein GM-Durchflußgasdetektor in 2π-Geometrie mit Ar (99,4%)/Propan/Butan-Füllung verwendet; zur Eichung dienten Gemische von K- u. Na-Salzen. Die gefundenen Grenzaktivitäten sind von der Impulszahl der Proben abhängig u. betragen bei 1 Ipm $1{,}55 \cdot 10^{-12}$ Ci, bei 6 Ipm $9{,}29 \cdot 10^{-12}$ Ci. Der Einfl. des Probencharakters u. der Vers.-Bedingungen auf die Ergebnisse werden erörtert. K. Kámen 5130△

1400 **Katalytisches Strahlungsinstrument zur kontinuierlichen Dosimetrie.** Vikt. I. Spicyn, I. E. Michajlenko, P. Ja. Glazunov, Ju. V. Voronin und B. N. Parfanovič. (Kinetika i Kataliz 8 (1967) 4, 946–48; Inst. fiz. chim. AN SSSR; russ.) — Ein katalyt. Strahlungsinstrument zur kontinuierlichen Dosimetrie u. Fernsteuerung heterogener katalysierter Rk. unter Einw. von beschleunigten Elektronen oder radioakt. Katalysatoren wurde entwickelt. J. Eliassaf 5130

1401 **Herstellung von Flüssigmischungen für die Szintillationsmessung von ^{14}C- und ^{3}H-Proben.** W. A. Roberts. (Lab. Pract. 17 (1968) 6, 703–06; Beckman Instr. Ltd., Glenrothes, Fife, Schottland; engl.) — Übersicht. N. Harder 5132

1402 **Bestimmung der Aktivität von Isotopen bei der Aktivierungsanalyse durch spezielle Koordinatensysteme.** E. B. Blankov, T. N. Blankova und V. G. Rusjaev. (Zav. Labor. 34 (1968) 3, 305–07; Inst. geol. i geofiz. SO AN SSSR; russ.) — Zur Vereinfachung des von Perkel, D. H. [Nucleonics, 6 (1957)] angegebenen Verf. für die Auflsg. einer aus zwei Komponenten mit ähnlicher Halbwertszeit bestehenden Abklingkurve wird vorgeschlagen, die erforderlichen Größen aus einem Nomogramm zu ermitteln, dessen Konstruktion beschrieben wird. Die Meth. wurde auf die V-Best. in Al angewandt. C. Herold 5132

1403 **Herstellung sehr dünner, gleichmäßiger Cellulosedünnschichten.** Ruby M. Summers und Roy B. Mefferd jun. (Analyt. Letters 1 (1967) 1, 65–66; Veterans Adm. Hosp., Houston, Tex.; engl.) — Die in W. aufgeschlämmte Cellulose (240:30) wird mit einem Sprühgerät auf die horizontalen Platten gesprüht. Das Verf. ist auch für Silicagel-Platten geeignet. W. Grimmich 5138

1404 **Einfache Methode zum Auftragen von Substanz auf Dünnschichten.** P. G. Shotton. (Chem. and Ind. **1968,** 38, 1273; Cementation Co. Ltd., Denham Way, Rickmansworth, Herts.; engl.) — Das Hochkriechen der Fl. an der Außenseite einer Hamilton-Spritze wird durch Aufsatz einer PVC-Muffe vermieden. Es können Tropfen mit Vol. zwischen 0,5 u. 5 μl erzielt werden. W. Grimmich 5138

1405 **Einfache Vorrichtung zur selbsttätigen Einstellung des Entwicklungsbeginns von Chromatogrammen.** Z. Kucera, E. Pluhár und I. Kompiš. (Chem. Zvesti 22 (1968) 4, 304–06; Chem. úst. Slovens, akad. vied, Bratislava; slowak.) — Für Papierchromatogramme, deren absteigende Entw. sehr langsam verläuft (> 8 Std.), wird eine Vorr. vorgeschlagen, die die Einstellung des Entw.-Beginns mittels eines Weckers gestattet. Das Gehwerk des Weckers bewirkt in der bis 12 Std. vorher einstellbaren Zeit das Umkippen eines Glaszylinders mit der mobilen Phase, die dabei in den chromatograph. Trog ausfließt, wodurch die Entw. anfängt. K. Kámen 5138△

1406 **Ionenaustauschkapazität von Chromatographiepapier.** William J. Jones und Roy A. Keller. (Analyt. Letters 1 (1968) 4, 227–35; Tucson, Ariz., Univ. of Ariz., Dep. of Chem.; engl.) — Mit $PbCl_2$ u. $Pb(NO_3)_2$ werden die Ionenaustauschkapazitäten der Chromatographiepapiere Whatman No. 1 u. Whatman CM 81 sowohl ohne Vorbehandlung als auch nach Waschen mit 2 n Essigsäure (**I**), 1 n $HClO_4$ (**II**), 0,1 m Na_2H_2EDTA (**III**) u. 2 m NH_3-Lsg. chromatograph. aufsteigend durch Entw. mit dest. W. bestimmt. Die Ergebnisse werden nach den Mittelwerten der Standardabweichung ausgewertet. Die statist. Analyse zeigt, daß das Vorwaschen mit **I, II** u. **III** die Kapazität in gleichem Maße beeinflußt. K. Dorfner 5138

1407 **Korrelation der bei der Adsorptions- und bei der Verteilungschromatographie erhaltenen R_M-Werte.** 2. Mitt. **R_M-Werte von Nitranilinen und Aminopyridinen.** Jarosław Ościk und Gabriela Chojnacka. (Chem. analit. [Warszawa] 12 (1967) 6, 1213–18; Kat. Chem. Fiz., Uniw. im. Curie-Skłodowskiej, Lublin; pol.) — 1. vgl. Bull. Acad. polon. Sci., Sér. Sci. chim. **14** (1966) 11–12, 879. — Beim Übergang von einer beweglichen Phase zu einer anderen u. bei gleichbleibender stationärer Phase ist das Verhältnis der R_M-Werte für eine bestimmte Substanz bei der Adsorptions- (zugehöriger R_M-Wert $= R_M^a$) u. bei der Verteilungschromatographie (entsprechender R_M-Wert $= R_M^v$) konst., d. h. R_M^a ist eine lineare Funktion von R_M^v. Durch Chromatographie von Nitranilinen u. Aminopyridinen an mit W. behandeltem Whatman-Papier Nr. 4, Kieselgel, Al_2O_3 u. Infusorienerde wird obige Behauptung bestätigt. Als bewegliche Phase werden CCl_4, Bzl., Toluol, $CHCl_3$, Tetralin, $CH_3 \cdot CCl_3$, MIBK u. n-Hexanol untersucht. W. Grimmich 5138

1408 **Synthese und Metallionen-Selektivität von 4-Vinylpyridin/Acrylnitril- bzw. Acrylsäure/p-Divinylbenzol-Copolymeren.** Friedrich Wolf, Rüdiger Hauptmann und Dieter Warnecke. (Z. analyt. Chem. **238** (1968) 6, 432–41; Halle, Inst. für Techn. Chem. der Univ.; dt.) — Aus 4-Vinylpyridin, Acrylnitril, Acrylsäure u. p-Divinylbenzol werden die 4 Harztypen 4-Vinylpyridin-Acrylnitril-pDVB, 4-Vinylpyridinium-Acrylnitril-pDVB, 4-Vinylpyridin-Acrylsäure-pDVB u. 4-Vinylpyridinium-Acrylsäure-pDVB hergestellt u. deren Eig. als Ionenaustauscher nach den Ionenaustauschgleichgew. u. Verteilungskoeff. untersucht. Die Harze sind befähigt, mit Au^{3+}- u. Ag^{+}-Ionen u. in geringerem Maße auch mit Cu^{2+}-, Co^{2+}, UO_2^{2+}-, u. Ni^{2+}-Ionen Komplex-Verb. zu bilden, die zu einer selektiven Aufnahme dieser Metalle aus ihren Salzlsg. führen. K. Dorfner 5138

1409 **Elution und Analyse von Restchlorid aus Anionenaustauschern.** J. Pauwels und K. F. Lauer. (Z. analyt. Chem. **240** (1968) 4, 225–28; Geel, Belgien, Euratom, Central Bur. for Nuclear Measurements; engl.) — Zur Best. des Restchlorids an Anionenaustauschern, das nach Elution mit NaOH-Lsg. auf dem Austauscher verbleibt, wird dieses gegen NO_3^- ausgetauscht u. das Cl^- mit $^{110m}AgNO_3$ gefällt. Dieses radiochem. Verf. wird mit den Meth. der Neutronenaktivierung u. der potentiometr. Titration verglichen. K. Dorfner 5138

1410 **Gelchromatographie mit polymere Substanzen enthaltenden Eluentien.** Krister Hellsing. (J. Chromatogr. [Amsterdam] **36** (1968) 2, 170–80; Dep. of Med. Chem., Univ. Uppsala; engl.) — Es werden Gelfiltrationsvers. mit menschlichem *Serumalbumin* durchgeführt, wobei dem Eluens neutrale Polymere, wie Dextrane, Polyäthylenglykol, Polyvinylalkohol u. Ficoll, in verschiedenen Konz. zugesetzt werden. Dabei ändert sich der Verteilungskoeff. des Albumins in Abhängigkeit von der Art u. der Konz. des zugesetzten Polymeren. Messungen ergeben, daß der Anteil des vom Dextrangel nicht aufgenommenen Albumins gut übereinstimmt mit dem Anteil um den die Löslichkeit desselben Proteins in Dextranlösungen vermindert wird. D. Volkmann 5138

1411 **Säulenfraktionierung von Polymeren.** 11. Mitt. **Stoßlos arbeitende Pumpe mit konstantem Volumendurchsatz für die Gelpermeationschromatographie.** Julian F. Johnson und Manfred J. R. Cantow. (J. Chromatogr. [Amsterdam] 28 (1967) 1, 128–30; Chevron Res. Co., Richmond, Calif.; engl.) — 4. vgl. C. **1967,** 46-1087. — Beschreibung des Pumpensystems. H.-D. Schenke 5138

1412 **Säulenkombinationen in der Verteilungsgaschromatographie.** Andrzej Waksmundzki, Zdzisław Suprynowicz und Irena Miedziak. (Chem. analit. [Warszawa] 12 (1967) 6, 1205–11; Kat. Chem. Fiz., Uniw. im. Curie-Skłodowskiej, Lublin; pol.) Vf. vergleichen folgende Kombinationen: Mit bin. fl. Phasen bedeckte Träger in einfachen Säulen, in Segmente aufgeteilte Säulen u. zwei in Reihe betriebene Säulen, die jeweils eine reine fl. Phase enthalten. Die beiden Phasen sind entweder mischbar, teilweise mischbar oder unmischbar. Das Retentionsvol. (V_R) verschiedener Stoffe wird für alle möglichen Kombinationen ermittelt; log V_R

wird in Abhängigkeit des Molenbruches einer der beiden Phasen graph. dargestellt. Man beobachtet eine stetige Änderung von log V_R. W. Grimmich 5138

1413 **Experimentelle Studie über die Trennwirksamkeit flüssiger Phasen in der Gaschromatographie.** Rudolf Louis. (Z. analyt. Chem. **234** (1968) 3, 161—76; Forsch.-Labor. ESSO AG, Hamburg-Harburg; dt.) — Vf. untersucht die Trennwirksamkeit von 22 fl. Phasen bei gaschromatograph. Analysen von aliphat. Alkoholen, Estern, Ketonen, Äthern, Chlorparaffinen u. Chloräthylenen. Dabei erweist sich jeweils nur eine als optimal hinsichtlich Auftrennung der verwendeten Testgemische u. Analysenzeit. Wegen der großen Unterschiede in den Ergebnissen lassen sich relative Eignungsskalen aufstellen. Sie sind geeignet, Unsicherheiten bei der Säulenauswahl für die genannten Aufgabengebiete auszuschalten. Eine Spezifität zwischen Phasentyp u. zu trennender Stoffklasse besteht nicht. H.-D. Schenke 5138

1414 **Massenspektrometrische und thermogravimetrische Prüfung von gaschromatographischen Flüssigphasen.** R. W. McKinney, J. F. Light und R. L. Jordan. (J. Gas Chromatogr. **6** (1968) 2, 97—100; Clarksville, Md., W. R. Grace and Co., Washington Res. Center; engl.) — Proben von Carbowax 1000, 1500 u. 1540, SE-30, XE-60, DC-11, Versamid 900 u. Lexan werden programmiert erhitzt u. der Gesamtionenstrom eines Flugzeit-Massenspektrometers gemessen. Die Stoffe wurden auch in einer Thermowaage bei einer Heizrate von 5°/Min. im He-Strom erhitzt u. der Gew.-Verlust gegen die Temp. registriert. Unterschiede im Verh. der 3 Carbowax-Arten deuten auf unterschiedliche Struktur hin. Die Temp., bei denen 10 Gew.-% Verlust eingetreten sind, werden angegeben. C.-E. Döring 5138

1415 **Analyse der isotopen Moleküle des Wasserstoffs unter Verwendung von Kapillarsäulen und einem elektrolytischen Leitfähigkeitsdetektor.** M. Mohnke, O. Piringer und E. Tataru. (J. Gas Chromatogr. **6** (1968) 2, 117—19; Leipzig, Inst. for Stable Isotopes; engl.) — Vf. kombinieren eine Adsorptions-Kapillarsäule mit einem modifizierten elektrolyt. Leitfähigkeitsdetektor zur Analyse der Wasserstoff-Isotopen auch in extremen Konz.-Verhältnissen. Die Länge der mit CO_2 partiell desaktivierten Trennkapillare beträgt 75 m, als Trägergas wird Ne (1,4 ml/Min.) verwendet. Vor Eintritt in den Detektor reagiert der H in einer Rk.-Zone nach $PdCl_2 + H_2 = 2HCl + Pd$. C.-E. Döring 5138

1416 **Bedingungen der Blitzpyrolyse von Polymeren bei der Pyrolyse/Gaschromatographie.** Francisco Farré-Rius und Georges Guiochon. (Analytic. Chem. **40** (1968) 6, 998—1000; Paris, École Polytechn.; engl.) — Vf. zeigen, daß in den meisten Fällen die Pyrolyse bei einer Temp. abläuft, die unterhalb der Gleichgew.-Temp. der Heizquelle liegt, wodurch die Heizrate u. der Wärmeübergang zur Probe, nicht aber die Gleichgew.-Temp. von höchster Bedeutung für die Blitzpyrolyse sind. K. Dorfner 5138

1417 **Papierelektrophorese von Metallionen in Acetatpuffern.** M. Mazzei und M. Lederer. (Analyt. Letters **1** (1967) 1, 67—70; C.N.R., Inst. di Chim. Gen. ed Inorg., Roma; engl.) — Die Beweglichkeiten von 26 Ionen bei der Hochspannungselektrophorese (1500 V) auf Whatman-Papier in 0,1, 0,5 u. 1,0 n $CH_3COOH/NaCH_3COO$-Pufferlsg. werden mitgeteilt u. mit den R_F-Werten auf Amberlite-Papier verglichen. W. Grimmich 5138

1418 **Verteilungsenthalpie als Maß für die Donatorstärke eines Extraktionsmittels.** A. Kettrup und H. Specker. (Z. analyt. Chem. **240** (1968) 1, 1—5; Inst. für anorg. Chem., Ruhr-Univ., Bochum; dt.) — Die bei der Extraktion von Bi-, Hg-, Zn-, Cd-Jodid, Fe-, Zn- u. Uranylthiocyanat mit Tri-n-butyl-, Tri-n-butoxyäthylphosphat, Methyl-n-butylmethyl-, Di-n-butylphenyl-, Di-n-butyl-n-butylphosphonat (alle in Isooctan) auftretenden Verteilungsenthalpien wurden calorimetr. bestimmt. Die Werte stehen im Einklang mit den analyt. gemessenen Verteilungskoeffizienten. W. Grimmich 5140

1419 L. S. Dvorkin, L. Z. Ukrainski und V. I. Glazev, **Dispersionsanalyse von Suspensionen,** dad. gek., daß zur Sicherung einer kontinuierlichen, automat. Messung der Teilchengröße die Suspension mit dem Dispersionsmittel bis zu einer vorgewählten Teilchenkonz. verd. wird, mit Ultraschall behandelt u. aus dem Ausmaß der Absorption des Ultraschalles auf den Dispersionsgrad geschlossen wird. Bei polydispersen Suspensionen muß mit mehreren Frequenzen gemessen werden. — Verf.-Schema. (**UdSSR.P. 180844** vom 25/3. 1957, ausg. 27/5. 1966.) — 2 S. H. Heidepriem 5044

1420 Corning Glass Works, USA (Erfinder: James W. Ross), **Bestimmung der Ionenkonzentration in wäßrigen Lösungen.** Mit der zu untersuchenden Lsg. steht ein organ. fl. Ionenaustauscher, bes. prim., sek. u. tert. Amine, Organophosphorsäuren, Carbonsäuren, Perfluorcarbonsäuren bzw. deren Salze, in Kontakt. Der Ionenaustauscher u. ein organ. Lsgm., in dem er gelöst ist, z. B. aliphat. Alkohole mit > 8 C-Atomen, sind mit der wss. Lsg. nicht mischbar. In den fl. Austauscher taucht eine drahtförmige Elektrode. Die zu untersuchende Fl. steht mit einer Referenzelektrode in Kontakt. — 4 Zeichnungen, Diagramm, Schaltschema. (**F.P. 1465429** vom 17/8. 1965, veröff. 13/1. 1967. U.S. Prior. 17/8. 1964.) — 11 S. J. Bardeleben 5100

1421 Harshaw Chemical Co., USA (Erfinder: E. Wayne O'Dell, Gunther H. Dierssen und Robert Hofstadter), **Szintillationszähler,** dad. gek., daß als fluoreszierende Substanz zusatzfreies CaJ_2 mit einem Emissionsscheitelwert von 4100 ± 40 Å verwendet wird. — 4 Zeichnungen, Diagramme. (**F.P. 1433343** vom 16/10. 1964, veröff. 1/4. 1966. U.S. Prior. 16/10. 1963.) — 14 S. J. Bardeleben 5130

1422 Stamicarbon N. V., Niederlande, **Bestimmen von in Flüssigkeiten gelösten, suspendierten, emulgierten oder dispergierten Substanzen.** Die zu untersuchende Fl. wird in einen Resonanzraum für Mikrowellen gebracht u. die Resonanzfrequenz bestimmt. Dann wird die durchgelassene, reflektierte oder absorbierte Energie gemessen. — Zum Beispiel wird so der Geh. von *Bzl.* in Cyclohexan oder von $C_2H_5AlCl_2$ in Ae. bestimmt. — Diagramm, Blockschaltbild. (**F.P. 1465785** vom 23/12. 1965, veröff. 13/1. 1967. Niederl. Prior. 23/12. 1964.) — 7 S. J. Bardeleben 5144

1423 **Mine Safety Appliances Co.,** übert. von: **Paul Willis McConnaughey** Pittsburgh, Pa., USA, *Nachweis von Chlordioxid in Gasen.* (**U.S.P. 3 355 251** vom 15/10. 1964, ausg. 28/11. 1967. — C. **1968,** 37-2145 [D.A.S. 1 250 658].)

1424 **Hughes Aircraft Co.,** Culver City, übert. von: **James W. Mayer,** Pacific Palisades, **Stephen S. Friedland,** Sherman Oaks, und **John S. Wiggins,** Los Angeles, Calif., USA, *Detektor.* (**Can.P. 681 349** vom 11/1. 1961, ausg. 3/3. 1964. U.S. Prior. 25/1. 1960. — C. **1966,** 43-2380 [D.A.S. 1 162 494].)

G-2. Analyse der Elemente und anorganischen Verbindungen

1425 **Anionennachweis im Mikro-Ultramikrobereich. 1. Mitt. Allgemeine Orientierungsversuche.** P. Luis, A. Sá und A. Mascaró. (Mikrochim. Acta [Wien] **1968,** 1, 35—43; Fac. de Farm. y Bioquím., Univ., Buenos Aires; engl.) — Für Probenmaterial, das außer Alkalikationen sonst nur Anionen enthält, werden einige Probetests beschrieben, um das Material einstufen zu können. Von 35 untersuchten Anionen sind die Rk. angegeben. Die Prüfung wird in der Spitze einer Kapillare ausgeführt. K. Henning 5151

1426 **Anionennachweis im Mikro-Ultramikrobereich. 2. Mitt. Identifizierungstests.** P. Luis, A. Sá und A. Mascaró. (Mikrochim. Acta [Wien] **1968,** 1, 44—52; engl.) — 1. vgl. vorst. Referat. — Mittels Kapillartechnik werden Nachw.-Verf. für etwa 25 Anionen angegeben, worunter sich auch organ. Säurereste befinden. K. Henning 5151

1427 **Gleichzeitige Bestimmung von Wasser- und von Sauerstoffspuren in organischen Lösungsmitteln.** A. Guyot und J. Vialle. (Analyt. Letters **1** (1968) 8, 509—17; Inst. de Rech. sur la Catalyse, Villeurbanne; franz.) — H_2O reagiert mit einer metallorgan. Verb. MeR (Me = Metall; R = organ. Rest) unter Bldg. von MeOH u. RH. RH reichert sich in der Gasphase über dem Lsgm. an u.

kann nach Aufnahme von Eichkurven mit Modell-KW-Stoffen gaschromatograph. bestimmt werden. O_2 reagiert unter Bldg. von MeOR, das im organ. Lsgm. verbleibt u. zu ROH hydrolysiert wird. Die hydrolysierte Lsg. wird ebenfalls gaschromatograph. analysiert. H_2O u. O_2 können noch bei Geh. < 1 ppm bestimmt werden.
W. Grimmich G 240

1428 **Voltammetrie von Peroxiden und Superoxiden in geschmolzenen Salzen.** Pier Giorgio Zambonin und Joseph Jordan. (Analyt. Letters **1** (1967) 1, 1–10; Dep. of Chem., Pa. State Univ., University Park, Pa.; engl.) — Für die Rk. O_2^-/O_2^{2-} u. O_2/O_2^- in geschmolzenen Alkalinitraten wurden unter Verw. einer rotierenden Pt-Scheibe nach Levich bei 265° die Halbstufenpotentiale −1,32 bzw. −0,75 V gefunden.
W. Grimmich G 240

1429 **Chomatographische Trennung der Halogenide.** Louis Ramaley und William A. Holcombe. (Analyt. Letters **1** (1967) 3, 143–51; Dep. of Chem., Univ. of Ariz., Tucson, Ariz.; engl.) — Milligrammengen F^-, Cl^-, Br^- u. J^- können an Tricaprylmethylammoniumchlorid (I) auf Kel-F durch Elution mit 0,1 m Na-Acetat-, 0,01 m, 0,1 m u. 1 m $NaNO_3$-Lsg. getrennt werden. I wird entweder als reine Fl. oder als Lsg. in $CHCl_3$ auf Kel-F aufgetragen.
W. Grimmich G 245

1430 **Halbquantitative Submikrobestimmung von Fluorid. Fällungsaustausch an LaTl[Fe(CN)$_6$].** N. Ballczo. (Mikrochim. Acta [Wien] **1968,** 1, 205–11; Anorg. Inst., Univ., Wien; dt.) — Zur Best. von F^- in W. u. pyrolyt. zerlegbaren Fluoriden wird der Fällungsaustausch auf Filterpapier mittels der Ringofentechnik bei 100° mit $LaTl[Fe(CN)_6]$ angewendet. Das dabei in Freiheit gesetzte $[Fe(CN)_6]^{4-}$ wird dann mit Bathophenanthrolin umgesetzt.
K. Henning G 246

1431 **Spurenbestimmung von Chlorid- und Bromidionen durch potentiometrische Titration.** Theodore S. Prokopov. (Mikrochim. Acta [Wien] **1968,** 2, 401–04; Stout State Univ., Menomonie, Wis.; engl.) — Die Titration von 10^{-3}–10^{-6} Mol Cl^- u. Br^- wird potentiometr. in 90%ig. Acetonlsg. mit einer Pt-Indikator-Elektrode nach Zugabe einiger Tropfen 6 m HNO_3-Lsg. mit $AgNO_3$-Lsg. durchgeführt. Die Genauigkeit liegt im Bereich ± 0,3%.
K. Henning G 248

1432 **Kinetische Bestimmung von Mikromengen Jodid.** G. F. Proskurjakova. (Ž. analitičeskoj Chim. **22** (1967) 5, 802–04; Sverdlovsk, selchoz. inst.; russ., Auszug: engl.) — Die Kinetik der durch J^- katalysierten Rk. von $[Fe(SCN)]^{2+}$ [I; aus $NH_4Fe(SO_4)_2$- u. KSCN-Lsg.] mit NO_2^- in HNO_3-Lsg. wird photometr. bei 536 nm verfolgt. 0,02–0,1, 0,006–0,03 u. 0,002–0,008 μg J^-/ml können nach der kinet. Meth. bestimmt werden, wenn die I-Konz. 10^{-3} Mol/l u. das Verhältnis I:$NaNO_2$:HNO_3 in der Lsg. 1:5:50 bzw. 1:10:100 bzw. 1:50:8000 beträgt.
W. Grimmich G 249

1433 **Entwässerungsprodukte der Jodsäure.** Eiichi Torikai, Yoji Kawami und Naoko Miyamoto. (Japan Analyst **17** (1968) 2, 213–15; Osaka, Midorigaoka, Ikeda-shi, Osaka-fu, Gov. Ind. Res. Inst.; jap., Auszug: engl.) — Vf. untersuchten die Entwässerung von HJO_3 mit TGA, DTA u. Röntgenstrukturanalyse. Die Entwässerung verläuft in zwei Stufen, bei 90–140° ($HJO_3 \rightarrow HJ_3O_8$) u. bei 200–230° ($HJ_3O_8 \rightarrow J_2O_5$). Das Verhältnis der Gew.-Verluste der beiden Stufen ist 2:1. Der Temp.-Bereich, in dem die einzelnen Komponenten stabil sind, liegt für HJO_3, HJ_3O_8 u. J_2O_5 bei < 80°, 100 bis 190° bzw. > 230°. Bei Temp., die zwischen den beiden Entwässerungsstufen liegen, werden Gemische der Verb. erhalten. HJO_3 kann durch Krist. oder Trocknung bei 70° erhalten werden. HJ_3O_8 kann durch Entwässern von HJO_3 bei 120–150° oder durch Absorption von W. an J_2O_5 hergestellt werden. Die DTA-Kurven von HJ_3O_8, das aus J_2O_5 hergestellt wurde, weichen von den Kurven ab, die HJ_3O_8, das durch Trocknung hergestellt wurde, liefert.
I. Degen G 249

1434 **Sulfat-Bestimmung durch titrimetrische oder photometrische Messung einer äquivalenten Zinkmenge.** A. E. Mendes-Bezerra und P. C. Uden. (Analyt. Letters **1** (1968) 6, 355–58; Dep. of Chem., Univ., Birmingham; engl.) — SO_4^{2-} wird als $BaSO_4$ gefällt u. dieses bei pH 12,5–13,0 in überschüssigem EDTA gelöst. Das nichtverbrauchte EDTA kann bei pH 12,5–13,0 mit Zn^{2+} gegen Zincon titriert werden. 1–50 mg SO_4^{2-} sind bestimmbar. Zur photometr. Auswertung wird im gleichen pH-Bereich eine der angewandten EDTA-Menge genau äquivalente Zn^{2+}-Menge zugesetzt, wobei das Ba aus dem EDTA-Komplex nicht verdrängt wird. Das nichtkomplexierte Zn^{2+} wird mit Zincon bei λ = 625 nm photometr. bestimmt. 0,2–1 mg SO_4^{2-} sind hiermit erfaßbar.
G. Wünsch G 253

1435 **Bestimmung kleiner Chlormengen in Selen durch Wechselstrompolarographie.** L. N. Vasil'eva und Z. L. Justus. (Zav. Labor. **34** (1968) 1, 1–3; Gos. NII cvetnych metallov; russ.) — Bis zu $5 \cdot 10^{-5}$% Cl in Rein-Se lassen sich mit dem oszillograph. Vektorpolarographen CLA bestimmen. Dazu wird das Chlorid aus dem gemahlenen Se (Korngröße 5–10 μm) entweder mit W. extrahiert oder bei gröberem Material nach Auflsg. des Se in HNO_3 im N_2-Strom destilliert. Als Grundelektrolyt eignet sich am besten 0,4 n KNO_3-Lsg. bei pH 1. Der Peak liegt dann bei 0 V (gegen Boden-Hg), u. seine Höhe ändert sich im Bereich 0,2–10 mg Cl/l linear mit der Konzentration. Das Verhältnis Se:Cl kann bis zu 20:1 betragen. Bei höheren Cl-Konz. tritt bei +0,15 V eine zusätzliche Adsorptionsstufe auf.
E. Bomke G 254

1436 **Zerstörungsfreie Bestimmung von Kohlenstoff in Silicium über die Reaktion ^{12}C(d,n)^{13}N.** E. Schuster und K. Wohlleben. (Z. analyt. Chem. **240** (1968) 3, 175 bis 183; Forsch.-Labor. der Siemens AG, Erlangen; dt.) — Die prakt. Nachw.-Grenze liegt bei 25 ppb C, wenn 2,0 MeV-Deuteronen mit einer Flußdichte von 5 μA/cm² 10 Min. lang auf die C-haltige Si-Probe einwirken u. die gebildete ^{13}N-Aktivität durch graph. oder Computer-Analyse der Gesamtzerfallskurve ermittelt wird. Der zur Auswertung benötigte integrale Wrkg.-Querschnitt der Rk. ^{12}C(d,n)^{13}N wurde von 0,4–3,0 MeV mit monokrist. SiC als Eichsubstanz gemessen. Die zu untersuchenden Si-Proben (durch mehrfaches Zonenschmelzen gereinigte einkrist. Stäbe) wurden in Scheiben geschnitten, zweimal in Toluol ausgekocht, geläppt u. mit einer (1:1)-Mischung aus 40%ig. HF u. konz. HNO_3 abgeätzt. weil in den bearbeiteten oberflächennahen Schichten erhöhter C-Geh. beobachtet wurde. Durch abwechselndes Abätzen der aktivierten Schicht u. erneute Aktivierung wurde die Verteilung des C in zonengezogenen Si-Stäben untersucht; sie war über die ganze Stablänge weitgehend gleichmäßig.
K. R. Fröhner G 260

1437 **Spektrochemische Bestimmung von Spurenverunreinigungen in Reinstsilicium.** Lajos Vecsernyés. (Z. analyt. Chem. **239** (1968) 5, 294–303; Forsch.-Inst. für Fernmeldetechnik, Budapest; dt.) — Ohne vorausgehende chem. Anreicherung wird eine hochempfindliche Direktmeth. mit Nachw.-Grenzen von $1 \cdot 10^{-10}$ g/g für *Al, B, Cu* u. *Fe* mit einem relativen Fehler von 50% beschrieben. Es wird ein Plangitterspektrograph höherer Auflsg. verwendet u. als Anregung ein Gleichstrombogen (35 A) mit der Probe als Kathode. Um Kontaminierung zu vermeiden, werden die Probe unter Überdruck aufbereitet u. die Elektroden durch Ausglühen gereinigt. Zur Empfindlichkeitssteigerung wird die Probenmenge vergrößert, die Anregungsenergie erhöht u. in einer offenen Schutzgaskammer mit Ar u. Elektrodenkühlung gearbeitet. Zur Ermittlung des optimalen Empfindlichkeitsbereiches wurden Unters. mit veränderter Stromstärke, Polarität u. verschiedenen Schutzgasen durchgeführt.
H. Bensch G 261

1438 **Mikromethode zur Silicium-Bestimmung in siliciumorganischen Verbindungen durch Modifizierung einer Kolbenverbrennung.** James E. Burroughs, William G. Kator und Alan I. Attia. (Analytic Chem. **40** (1968) 3, 657–58; Borg-Warner Corp., Des Plaines, Ill.; engl.) — Die Meth. beruht auf der Verbrennung eines Gemisches der zu bestimmenden Substanz mit Teflon in einer mit O_2 gefüllten Polyäthylenflasche, die 10 ml 6 n NaOH-Lsg. u. 2 ml 3%ig. H_2O_2-Lsg. enthält, sowie anschließender photometr. Best. der neutralisierten u. mit Ammoniummolybdat versetzten Lösung. Die erhaltenen

Werte zeigen gute Übereinstimmung mit den bisher üblichen Methoden. N. Holtschmidt G 261

1439 **Untersuchungen über kondensierte Phosphate im Ultrabereich.** 2. Mitt. **Bestimmung der chemischen Zusammensetzung kondensierter Phosphate im Ultrabereich.** Itaru Motooka, Yoshiharu Endo, Tamotsu Morikawa, Mutsumi Ishizaki und Masamitsu Kobayashi. (J. chem. Soc. Japan, ind. Chem. Sect. [Kōgyō Kagaku Zasshi] **70** (1967) 7, 1097–1100; Dep. of Chem., Fac. of Gen. Educat. Kobe Univ., Ichinosancho, Nada-ku, Kobe-shi; jap., Auszug: engl.) — 1. vgl. ibid **69** (1966) 2071. — Analyt. Meth. zur Best. von P_2O_5, Na_2O u. H_2O in kondensierten Na-Phosphaten wurden ausgearbeitet. Der P_2O_5-Geh. wurde nach Zugabe von $(NH_4)_2MoO_4$ zur salzsauren Lsg. u. Red. bei 730 nm photometr., der Na_2O-Geh. bei 5890 Å in einer Propan/Luft-Flamme mit Hilfe der Atomabsorptionsspektroskopie u. der H_2O-Geh. durch ZnO-Verbrennung ermittelt. Bei der P_2O_5-Best. ist der Einfl. der HCl-Konz. bis $2 \cdot 10^{-2}$ n auf die Extinktion konst., der Einfl. von CaO, MgO u. ZnO ist bis zu Konz. von $6 \cdot 10^{-3}$ Mol/l vernachlässigbar. Bei der Na_2O-Best. stört PO_4^{3-} bis $1 \cdot 10^{-2}$Mol/l, HCl bis $4{,}8 \cdot 10^{-3}$ Val/l nicht. Die Meth. wurden zur Analyse von Phosphaten mit molaren Na_2O/P_2O_5-Verhältnissen von 1:2 u. 1:3 benutzt. Trägt man die Ergebnisse in ein Dreiecksdiagramm für das Syst. P_2O_5–Na_2O–H_2O ein, so liegen sie auf den aus den Molverhältnissen der Ausgangsgemische ber. theoret. Linien. H.-S. Park G 264

1440 **Trennung von Schwefel und Phosphor durch Mitfällung der Phosphationen mit Eisenhydroxid.** A. I. Novikov und E. K. Ščekoturova. (Radiochimija **10** (1968) 3, 366–67; russ.) — Die Mitfällung der Sulfationen (^{35}S trägerfrei) in Ggw. von 1 mg P in 0,14 n NH_4NO_3-Lsg. beginnt bei pH > 2, erreicht bei pH 4,0–4,4 ein Max. (ca. 70%) u. verringert sich auf 0% bei pH > 6,5. Die Mitfällung der Phosphationen (160 μg P) in Ggw. von 1 mg S ist im pH-Bereich 5–9 vollständig (100%) u. erreicht bei pH > 13 0%. Danach ergibt sich folgende Trennungsmeth.: zu der beide Elemente, NH_4NO_3 u. Fe enthaltenden Lsg. wird bis pH 6,5–9,0 Ammoniak zugegeben, der Nd. durch Zentrifugieren abgetrennt (Filtrat enthält S), mit wenig 0,1 n KOH aufgelöst u. die Lsg. zu einem KOH-Überschuß gegeben. Phosphat verbleibt bei der Nd.-Bldg. in der Lösung. G. Ewald G 264

1441 **Antimon-Bestimmung in Elektrolyt-Zink und Zinksulfat.** M. Leclercq und S. Carlier. (Analyt. Letters **1** (1968) 6, 359–64; Soc. Vieille-Montagne, Angleur, Belgien; franz.) — Zur Vermeidung von Sb-Verlusten wird das Zn in HNO_3 gelöst, mit H_2SO_4 abgeraucht u. mit HCl aufgenommen. Die Sb-Best. erfolgt durch anodic-stripping-Voltammetrie am hängenden Hg-Tropfen. Als Elektrolyt dient 6 n HCl-saure $ZnSO_4$-Lsg., welche genügende Trennung der eng benachbarten Peaks von Sb u. Cu gewährleistet. Nach 45 Min. Entlüftung mit N_2 wird 5 Min. bei −0,32 V (SCE) unter Rühren vorelektrolysiert. Das Polarogramm wird mit einer Geschw. von 0,08 V/Min. aufgenommen. Bestimmbar sind $5 \cdot 10^{-5}$g Sb in der Analysenlsg. bzw. 0,01 ppm Sb in Elektrolytzink. Ein Bi-Geh. von der Größenordnung des Sb-Geh. sowie größere Mengen Fe stören. G. Wünsch G 266

1442 **Untersuchungen über die Flüchtigkeit von Antimon in Chlorid–Sulfat-Medien.** P. Patek. (Mikrochim. Acta [Wien] **1968**, 2, 282–90; Reaktorzentrum Seibersdorf der Österr. Studienges. für Atomenergie, G. m. b. H.; dt.) — Die Flüchtigkeit von Sb(III) beim Eindampfen chlorid- u. sulfathaltiger Lsg. wird durch Markierung mit ^{124}Sb durch Messung der γ-Aktivität bestimmt. In einer 0,12 m Sb-Lsg. ist bei 50fachem Cl^--Überschuß alles Sb flüchtig, während sich in Ggw. von SO_4^{2-} nur 3% verflüchtigen. In Mischungen hängt die Flüchtigkeit vom Verhältnis $Sb:Cl^-:SO_4^{2-}$ ab, so daß bei geringen trägerfreien Sb-Mengen mit hohem SO_4^{2-}-Überschuß gearbeitet werden muß. K. Henning G 266

1443 **Verfahren zur Bestimmung von metallorganischen Verbindungen der Elemente der 1., 2. und teilweise der 3. Gruppe.** C. A. Uraneck, J. E. Burleigh und J. W. Cleary. (Analytic. Chem. **40** (1968) 2, 327–31; Phillips Petroleum Co., Bartlesville, Okla.; engl.) — Die Best. erfolgt durch Spaltung von Dialkyl- u. Diaryldisulfiden u. Titration des anschließend mit Ag^+ gebildeten Mercaptids. Die Ergebnisse der Best. mit Bis-(p-tolyl)-disulfid, das sich als günstigstes Reagenz erweist, sind für zahlreiche Beispiele tabellar. dargelegt. u. mit einigen üblichen Meth. verglichen. Störende Beimengungen u. nicht bestimmbare Substanzen werden erwähnt. N. Holtschmidt G 270

1444 **Trennung der Elemente der Alkaligruppe durch Dünnschichtchromatographie bei Benutzung eines binären Laufmittelsystems.** Gilbert E. Janauer, John D. Carrano und Robert C. Johnston. (Mikrochim. Acta [Wien] **1968** 1, 61–65; Dep. of Chem., Univ. of N.Y., Binghampton, N.Y.; engl.) — Die Trennung der Alkalimetalle als Polyjodide auf luftfeuchten Silicagel-Platten ist durch die Verw. von Nitromethan/Bzl. verbessert worden. K. Henning G 272

1445 **Spektrophotometrische Endpunktanzeige für die Bestimmung von Magnesium in Gegenwart von Calcium und Phosphat durch Titration mit CDTA.** Donald E. Jordan und Donald E. Monn. (Analytica chim. Acta [Amsterdam] **39** (1967) 3, 401–04; Continental Oil Co., Ponca City, Okla.; engl.) — Nach Lösen der metall. Probe in $HClO_4$-Lsg. wird zur Best. der Gesamtmenge an Metallen CDTA-Lsg. zugesetzt, deren Überschuß bei pH 10 gegen Eriochromschwarz T (bei 650 nm) mit $MgSO_4$-Lsg. titriert wird. Analog wird zur Best. der störenden Elemente bei pH 5,0 verfahren: es wird mit $ZnSO_4$-Lsg. gegen Xylenolorange titriert (600 nm). Ca wird wie früher beschrieben [ibid. **37** (1967) 42] bestimmt. Der Mg-Geh. der Probe wird aus den erhaltenen Daten errechnet. Er lag bei den untersuchten Proben zwischen 0,03 u. 0,52% MgO. W. Grimmich G 282

1446 **Neue metallochrome Indikatoren vom „Calcon“-Typ. Bestimmung von Calcium.** Jiři Neumann, Jiři Ditz und Václav Suk. (Z. analyt. Chem. **239** (1968) 3, 167–72; Lehrstuhl für anal. Chem., Karls-Univ., Prag; dt.) — Calcon-Deriv. (Calcon-o-anisidid, Calcon-p-anisidid u. Calcon-m-nitroanilid) eignen sich als Indikatoren zur chelatometr. Best. von Ca in Ggw. von Mg (bis 1:1). Bei pH-Werten > 13,5 werden die Indikatoren zersetzt. Der Fehler der Best. ist kleiner als bei Verw. von Calcon. U. Geisler G 283

1447 **Synthese und analytische Untersuchungen von Farbreagenzien.** 11. Mitt. **Farbreagenzien für Barium.** Koyji Tôei und Toshiko Kobatake. (Japan Analyst **17** (1968) 5, 634–37; Dep. of Chem., Fac. of Sci., Okayama Univ. Tsushima, Okayama-shi; jap., Auszug: engl.) — 10. vgl. C. **1967**, 26-2068. — Vf. stellten > 100 Azoverb. her, die als Farbreagenzien (R.) für Metallionen untersucht wurden. Azoverb. mit je einer OH- u. SO_3H-Gruppe in 2- u. 2′-Stellung eignen sich als R. für Ba, wobei Bis-Azoverb. der Chromotropsäure am besten geeignet sind. In schwach saurer Lsg. ist die Farbe dieser R. violett u. die der Ba-Komplexe blau. W. Grimmich G 285

1448 **Mikroanalyse mit Hilfe von Ionenaustauschern.** 25. Mitt. **Nachweis von Nanogrammen Zink(II) durch Anreicherung des Chelates mit Zincon an Anionenaustauscherkörnchen.** Masatoshi Fukimoto und Yukio Nakatsukasa. (Mikrochim. Acta [Wien] **1968**, 3, 551–59; II. chem. Inst. der Naturwiss. Fak., Univ. Hokkaido, Sapporo, Japan; dt.) — 24. vgl. ibid. **1968**, 9, 465; 23. vgl. C. **1964**, **49**-1733. — Zum Nachw. werden einige Körnchen eines stark bas. Anionenaustauschers niedriger Vernetzung u. schwacher Eigenfarbe auf einer Porzellantüpfelplatte nacheinander mit je 1 Tropfen der schwachsauren Probelsg., 0,003%ig. Zinconlsg. u. des Puffergemisches pH 9 (213 ml 1 n NaOH + 37,3 g NaCl + 31 g H_3BO_3/l W.) zusammengegeben. Nach 30 Min. entsteht die Blaufärbung des Zn-Chelates. Die Störung durch Co, Ni, Cu u. Hg(II) läßt sich durch Maskierung mit KCN u. Chloral beseitigen. Bei pH 4 läßt sich in gleicher Weise Cu(II) neben Zn nachweisen, da der Zn-

Komplex nicht mehr ausgebildet wird. Die Nachw.-Grenze liegt für beide Elemente bei 4 ng.

K. Henning G 288

1449 **Photometrische Endpunktsbestimmung bei der Titration von Zink mit EDTA-Lösung in Gegenwart von Mangan.** Solomon C. Levine und Harry J. Golden. (Analyt. Letters **1** (1967) 2, 39–43; IBM Corp., Poughkeepsie, N.Y.; engl.) — Mn(II) wird in ammoniakal. Tartratlsg. (pH 8–10) in Ggw. von Ascorbinsäure mit EDTA-Lsg. titriert, wobei Zn mit CN^- maskiert wird. Anschließend wird HCHO zugesetzt u. Zn ebenfalls mit EDTA-Lsg. titriert. Als Indikator wird in beiden Fällen Eriochromschwarz T verwendet. Der Endpunkt wird photometr. bei 660 nm ermittelt.

W. Grimmich G 288

1450 **Thiocyanatextraktion und Dithizonbestimmung von Zink in Eisen(III)-oxid.** Jerzy Minczewski und Cezary Różycki. (Z. analyt. Chem. **239** (1968) 3, 158–63; Lehrst. für Anal. Chem., Politechnikum Warzawa; dt.) — Der Zinkthiocyanatkomplex kann aus schwach saurer Lsg. (pH 3–5) mit Isoamylalkohol extrahiert werden. Fe wird mit NH_4F, Cu mit $Na_2S_2O_3$ maskiert, Co u. Ni werden mit Nitroso-R-Salz in der Waschlsg. maskiert. Zn wird mit einer Pufferlsg. bei pH 9 reextrahiert u. mit Dithizon photometr. bei 538 nm bestimmt. Cd, Pb u. Bi werden bei der Extraktion abgetrennt. Es wurden $9{,}9 \cdot 10^{-3}$% Zn in Fe_2O_3 mit einer Abweichung von $0{,}72 \cdot 10^{-3}$% bestimmt.

U. Geisler G 288

1451 **Komplexbildungsfähigkeit von auf Amberlit IRA-401 fixiertem Ferron.** Wiktor Kemula und Krystyna Brajter. (Chem. analit. [Warszawa] **13** (1968) 2, 305 bis bis 310; Kat. Chem. Nieorg., Uniw., Warszawa; pol., Auszug: engl.) — Ferron (**I**, 7-Jod-8-hydroxychinolin-5-sulfonsäure) wird bei Konz. $< 2{,}2 \cdot 10^{-3}$ Mol/l an Amberlit IRA-401 (**II**) in der Acetat- oder NO_3^--Form quant. sorbiert. Die Konz. an freien Zn^{2+}- u. Cd^{2+}-Ionen wird in Ggw. u. Abwesenheit von **II** untersucht, sie ist in Ggw. von **II** größer. Die Fixierung von **I** auf **II** verringert die Fähigkeit zur Komplexbldg. jedoch nur wenig.

W. Grimmich G 289

1452 **Spektrophotometrische Bestimmung von Spurenmengen Gallium nach Extraktion des Gallium-Rhodamin B-Komplexes mit o-Dichlorbenzol. Bestimmung von Gallium in silicatischen und hochreinen Materialien.** Władysław Rutkowski und Maria Basińska. (Chem. analit. [Warszawa] **13** (1968) 3, 641–48; Zakład Chem. Analit. Inst. Badań, Jadrowych, Warszawa; pol., Auszug: engl.) — Verf. zur Best. von Ga im Halbmikro- (Nachw.-Grenze $1{,}65 \cdot 10^{-3}$ μg) u. Makromaßstab (Nachw.-Grenze 0,07 μg) mit Rhodamin B (**I**) nach einer verbesserten Meth. von Onishi u. Sandell [Analytica chim. Acta **13** (1965) 159] werden angegeben. Ga wird von As, Fe, Mo, Sb u. Tl durch Extraktion mit Diisopropyläther aus 7 n HCl-Lsg. als $[GaCl_4]^-$ in Ggw. von Ascorbinsäure (**II**) an Stelle von $TiCl_3$ abgetrennt. Nach Abdampfen des Äthers wird der Rückstand mit 6 n HCl-Lsg. aufgenommen. Nach Zusatz von **II** (an Stelle von $[NH_3 \cdot OH]Cl$) u. **I** wird der Ga-I-Komplex mit o-Dichlorbenzol (**III**) an Stelle von Bzl. extrahiert. Die Reproduzierbarkeit bei der Best. von 1 bzw. 10 μg Ga in 1 g silicat. Material beträgt $\pm$ 50 bzw. $\pm$ 5%. Die Absorptionskurven des Ga-I-Komplexes in W. (λ_{max} 565 nm), Bzl. (565 nm; ε 9700), C_6H_5Cl (560 nm), m-$C_6H_4Cl_2$ (560 nm) u. **III** (565; ε 90000) werden angegeben.

W. Grimmich G 295

1453 **Zerstörungsfreie aktivierungsanalytische Bestimmung von Mikro- und Ultramikromengen Indium in Reinstthallium und Thalliumverbindungen.** Christo Daiev, Stoyan Alexandrov und Lilan Daieva. (Z. analyt. Chem. **239** (1968) 6, 369–77; Chem. Fak., Univ. „Kl. Ochridski", Sofia, Bulgarien; dt.) — Vf. beschreiben zwei Neutronenaktivierungs-Meth., die im Kernreaktor IRT-1000 bei $1{,}6 \cdot 10^{12}$ n cm^{-2} s^{-1} durchgeführt wurden. I. Nach 24- bis 48std. Aktivierung u. einigen Tagen Abklingzeit kann über das γ-Spektrum des gebildeten ^{114m}In (197-keV-Peak) minimal 1 μg In mit 4,5–8% Standardabweichung zerstörungsfrei nachgewiesen werden. II. 4 Std. Aktivierungszeit u. 30 Min. Abklingzeit genügen beim gleichen Neutronenfluß, wenn das gebildete ^{116m}In (1274 keV-γ-Linie) gemessen wird; die Nachw.-Grenze liegt unter $5 \cdot 10^{-11}$ g In, die Standardabweichung liegt bei 15%. Vgl.-Proben mit bestimmtem In-Geh. wurden aus HNO_3-Lsg. von Reinst-In hergestellt. Die Verb.-Partner des Tl als Oxid, Nitrat, Sulfat oder Chlorid stören nicht bei der Aktivierungsanalyse, ebenso nicht die möglichen Verunreinigungen des Tl: Al, Bi, Ga, Fe, Cd, Ca, Mg, Pb, Zn u. Cu. Die Ergebnisse stimmen mit denen der Spektralanalyse überein.

K. R. Fröhner G 296

1454 **Komplexe metallorganischer Verbindungen. Bestimmung von Phenylthalliumdichlorid mit Xylenolorange und EDTA.** Baldassarre Lassandro Pepe, Eleonora Rivarola und Renato Barbieri. (Analytic. Chem. **40** (1968) 2, 432–33; Univ. di Palermo, Italia; engl.) — Zwei Meth. zur quant. Best. von $C_6H_5TlCl_2$ (**I**) werden angegeben: 1. Gepufferte Lsg. von **I** in W./Methanol werden photometr. mit Xylenolorange titriert. Der molare Extinktionskoeff. des Komplexes bei λ_{max} = 576 nm hat den Wert $\varepsilon = 3{,}69 \cdot 10^4$. 2. Die methanol. Lsg. von **I** wird gepuffert u. mit EDTA (**II**) gegen Xylenolorange titriert, wobei der Umschlag von Rot nach Zitronengelb erfolgt. Die Verb. $C_6H_5Tl(III)$–EDTA kann aus äquimolaren Lsg. von **I** u. **II** krist. erhalten werden.

N. Holtschmidt G 297

1455 **Amperometrie mit zwei polarisierbaren Elektroden. Komplexometrische Bestimmung von Seltenerdelementen.** Frantisek Vydra und Jan Horácek. (Analyt. Letters **1** (1967) 2, 31–37; Heyrovsky Polarogr. Inst., Czechosl. Acad. of Sci., Prague; engl.) — Unter Verw. von zwei stationären Pt-Elektroden können La bei pH 5–8, Y bei pH 3,5–8 u. Yb bei pH 3–8 in Ggw. von Fe u. Th mit EDTA-Lsg. biamperometr. titriert werden. Fe u. Th können bei pH 1,5–2 titriert werden, anschließend die Elemente der La-Gruppe bei pH 5. Elemente der Y-Gruppe stören in größeren Mengen die Best. von Fe u. Th.

W. Grimmich G 303

1456 **Verstärkung der Trennung von benachbarten Paaren Seltener Erden in Elutionen mit Hydroxyäthyläthylendiamintriacetat (HÄDTE).** J. E. Powell und H. R. Burkholder. (J. Chromatogr. [Amsterdam] **36** (1968) 1, 99–104; Inst. of Atomic Res. and Dep. of Chem., Ia. State Univ., Ames, Ia.; engl.) — Die Paare Er–Ho, Ho–Dy, Dy–Tb u. Tb–Gd werden durch Elution mit Ammonium-HÄDTE bei 92° mit gutem Erfolg getrennt. Aus den beobachteten Trennfaktoren werden einzelne Stabilitätskonst. bei 92° abgeleitet. Ein einfacher Mechanismus zur Erklärung des starken Abfalls der Komplexbeständigkeit, der dann eintritt, wenn nur die Komplexe der leichteren Seltenen Erden von 15° auf 92° erhitzt werden, wird vorgeschlagen. Ein Schema zur wirtschaftlichen Rückgewinnung reinen Y aus Y/Lanthanid-Gemischen wird diskutiert.

H.-D. Schonke G 303

1457 **Flammenphotometrische Bestimmung von Dysprosium, Holmium, Erbium, Thulium, Yttrium und Scandium durch Emission im inneren Flammenkegel.** L. A. Ovčar und N. S. Poluėktov. (Ž. analitičeskoj Chim. **22** (1967) 1, 45–49; Inst. obščej i neorg. chim. AN USSR, Odessa; russ., Auszug: engl.) — Durch Anregung der Seltenerdelemente im inneren Kegel einer C_2H_2–Luft-Flamme wurden im Bereich von 400–420 nm für Dy, Ho, Er, Tm, Y u. Sc Emissionslinien beobachtet, die bei Anregung in der äußeren Flammenzone nicht auftreten. 0,5% der Oxide von Dy, Ho, Er u. Y lassen sich in einem Gemisch der Seltenen Erden bestimmen. Die Proben (200 mg) werden in HCl-Lsg. gelöst, eingedampft u. mit 2 ml 20%ig. NH_4Cl-Lsg. + 1 ml Butanol aufgenommen. Diese Lsg. wird flammenphotometr. analysiert.

W. Grimmich G 303

1458 **Komplexbildung im System Metallion/Arsenazo I/Diphenylguanidin.** 1. Mitt. **Optimale Extraktionsbedingungen für Beryllium-, Aluminium- und Titanionen.** V. N. Tolmačev, L. A. Kvičko und V. D. Konkin. (Ž. analitičeskoj Chim. **22** (1967) 1, 11–14; Ukrain. NII metallov, Char'kov; russ., Auszug: engl.) — Fast alle Metallionen, die in wss. Lsg. mit Arsenazo I (**I**) Komplexe bilden, lassen sich in Ggw. von Diphenylguanidin (**II**) mit n-Amylalkohol als tern. Komplexe extrahieren. Die

Komplexe folgender Metalle wurden extrahiert (in Klammern λ_{max} in nm): Ce, La u. Be (560), Sc, Y, Th u. Al (570) sowie Zr, Hf u. Ti (580). Quant. Extraktion durch einmaliges Ausschütteln erreicht man für Be u. Al bei pH 6—8 u. für Ti bei pH 4—8 jeweils in Ggw. eines großen Überschusses von I u. II.
W. Grimmich G 321

1459 **Trennung von Tantal und Hafnium durch Mitfällung mit Eisenhydroxid.** A. I. Novikov, T. M. Zakrevskaja und G. K. Rjazanova. (Radiochimija **10** (1968) 3, 368—69; russ.) — Vf. untersuchten unter Verw. von ^{175}Hf u. ^{182}Hf die Mitfällung von kleinen Hf- u. Ta-Mengen (20 μg) mit 0,1 mg-Atom Fe in einer 1 n NH_4NO_3- u. 0,5 m NH_4HCO_3-Lsg. in Abhängigkeit vom pH-Wert des Mediums. Im pH-Bereich 2—14 ist die Ta-Mitfällung vollständig. Hf wird im pH-Intervall 8—9 nicht mit Eisenhydroxid mitgefällt (Bldg. von Carbonatkomplexen). Somit kann eine Ta–Hf-Trennung bei pH 8—9 erfolgen. Nach der Fällung des Fe-Hydroxids mit KOH wird 30 Min. lang unter Rühren bei 70—80° erwärmt u. anschließend der Nd. (+ Ta) durch Zentrifugieren abgetrennt. Zeitaufwand: 40 Min. G. Ewald G 323

1460 **Fällung unter homogenen oder heterogenen Bedingungen durch photochemische Reaktion.** J. M. Fitzgerald, R. J. Lukasiewicz und H. D. Drew. (Analyt. Letters **1** (1967) 3, 173—78; Dep. of Chem., Seton Hall Univ., South Orange, N.J.; engl.) — Vf. untersuchen die Fällung von $Th(JO_3)_4$ in $HClO_4$-Lsg. mit JO_3^-, das aus JO_4^- durch UV-Bestrahlung in situ gebildet wird. Je nach den Konz.-Verhältnissen kann man unter fast homogenen bis zu heterogenen Bedingungen arbeiten.
W. Grimmich G 324

1461 **Erhöhung der Empfindlichkeit der Spektralanalyse von Zinn.** I. G. Judelevič, I. R. Šelpakova, T. A. Sukonkina und S. A. Prochorova. (Zav. Labor. **34** (1968) 9, 1074—76; Inst. neorg. chimii SO AN SSSR, Novosibirsk; russ.) — Folgende Verbesserungen, die zur Erhöhung der Empfindlichkeit der Best. von Begleitelementen in hochreinem Sn führen, werden vorgeschlagen: Analyse des Sn nach Pulverisierung (bei —33° durch β-α-Umwandlung) u. Einführung in den Elektrodenkrater; Analyse von gegossenen Probekörnern; Verw. von verstärkenden Zusätzen (C-Pulver); Verw. von Geräten hoher Auflsg.; Verw. der fraktionierten Dest. u. Erhöhung der Empfindlichkeit auf Kosten chem. Rk. im Krater der C-Elektroden. Vf. bringen tabellar. die Best. von 24 Begleitelementen nach verschiedenen Meth. u. die Empfindlichkeitsbereiche. E. Pfluger G 327

1462 **Beschleunigungseffekt von Hydroxycarbonsäuren bei der Oxydation von Vanadyl(IV) durch Kaliumchlorat.** P. R. Bontschev und Z. Mladenowa. (Mikrochim. Acta [Wien] **1968,** 2, 427—35; Dep. of Anal. Chem., Sofia Univ., Bulgaria; engl.) — Der Einfl. von Citronen-, Wein-, Sulfosalicyl- u. Oxalsäure auf die Rk.-Geschw. der Ox. von VO^{2+} durch $KClO_3$ wird untersucht. Während die Rk.-Geschw. durch die ersten 3 Säuren beschleunigt wird, setzt Oxalsäure die Geschw. infolge der Bldg. koordinativ gesätt. Komplexe herab. Darüber hinaus fehlen in diesem Mol. brückenbildende Gruppen.
K. Henning G 330

1463 **Indirekte Bestimmung von Vanadin durch Atomabsorptionsspektrometrie.** R. J. Jakubiec und D. F. Boltz. (Analyt. Letters **1** (1968) 6, 347—54; Dep. of Chem., Wayne State Univ., Detroit, Mich.; engl.) — V wird als Molybdatovanadatophosphorsäure aus salzsaurer Lsg. mit Pentanol-(1)/Ae. (1:4) extrahiert u. anschließend mit alkal. Pufferlsg. (NH_4Cl/NH_3-Lsg.) in die wss. Phase rückextrahiert. Die Atomabsorption wird bei 313 nm unter Verw. einer reduzierenden Luft/C_2H_2-Flamme bestimmt. Aus der gefundenen Mo-Konz. wird auf die V-Menge zurückgerechnet (Mo:V-Verhältnis = 11:1). Noch 0,05 ppm V lassen sich bestimmen. Es stören: Fe(II), Fe(III) > 5 ppm, Ti(IV), SiO_3^{2-} u. WO_4^{2-} > 10 ppm, Sn(IV) > 50 ppm, Cd, CrO_4^{2-} u. Acetat > 100 ppm sowie Cr(III), NO_3^- u. SO_4^{2-} > 250 ppm. Die relative Standardabweichung bei 0,48 ppm V (10 Best.) beträgt ± 3,4%.
H. Kuchenbecker G 330

1464 **Gravimetrische Bestimmung von Hg(II) und V(IV) mit Benzoylacetanilid.** Ajit K. Sarkar und Jyotirmoy Das. (Analyt. Letters **1** (1968) 5, 323—32; Univ. of Burdwan, W. Bengal, Indien; engl.) — Benzoylacetanilid (**I**) bildet mit Hg(II) einen farblosen u. mit V(IV) einen grünen Komplex im Verhältnis **I**:Me = 2:1. Hg(II) wird bei pH 3,5—4,0 gefällt; Cd, Ni, Tl(I), Zn, Pb, Ag, Al u. Ca stören nicht. Co, Cu, Fe(III) u. W werden mit 1 g Citronensäure maskiert. V(IV) wird bei pH 3,0—4,0 gefällt; Cr(III) stört nicht. Ni, Co, Zn, Al, Ti, W u. Mo werden mit 1 g NaF sowie Fe(III) mit 4 ml Thioglykolsäure maskiert. Die Nd. werden nach Trocknung bei 110° direkt gewogen. 14—50 mg Hg u. 5—20 mg V können mit einer Standardabweichung von 0,18 bzw. 0,10% bestimmt werden. G. Wünsch G 330

1465 **Schnelle Trennung von Wismutspuren durch Redoxreaktion auf metallischem Quecksilber.** D. Monnier, P. Gross und W. Haerdi. (Z. analyt. Chem. **236** (1968) 519—24; Genf, Labor. de Chim. Analyt., Univ.; franz.) — Da J^- mit Hg^{2+} einen stabileren Komplex als mit Bi(III) bildet, so daß das Potential von Hg^{2+}/Hg kleiner wird als das von Bi^{3+}/Bi, kann Bi durch Amalgamierung in einem Hg-Tropfen schnell abgetrennt werden. Aus 10^{-1} m J^--Lsg. werden > 99% Bi in < 60 Sek. abgetrennt. Die Reextraktion des amalgamierten Bi in eine wss. Lsg. muß noch untersucht werden.
K. Dorfner G 334

1466 **Spektroskopische Untersuchungen der Metallkomplexe des 2.5-Dibenzoyl-3.4-dihydroxyselenophens.** A. Balenović-Solter, M. Tomašković und Z. Stefanac. (Mikrochim. Acta [Wien] **1968,** 2, 344—49; Inst. für org. Chem. u. Biochem., Univ., Zagreb; dt.) — Bestimmt werden die Absorptionsmax. u. molaren Extinktionskoeff. von *Al*, *Fe(III)*, *Cu*, *Pb(II)*, *Ni*, *Hg(II)*, *Bi* u. *Th(IV)*, die sich mit einer 50%ig. äthanol. 2.5-Dibenzoyl-3.4-dihydroxyselenophenlsg. in W. ergeben. Bi, Ni, Pb u. Cu bilden einen 1:1-Komplex. Bi kann im Gültigkeitsbereich des Beerschen Gesetzes von 1 bis 10 μg/ml bei pH 2,5 (Citratpuffer) photometr. bestimmt werden (λ_{max} = 490 nm, ε = 4600) mit einer Standardabweichung von ± 0,55 μg Bi/ml. Gleiche Mengen Hg, Pb, Ni u. Al stören nicht. K. Henning G 334

1467 **Tüpfelnachweis für Molybdän durch Extraktion des o-Phenanthrolin–Thiocyanat-Komplexes.** V. Pandu Ranga Rao, K. Venugopala Rao und P. V. R. Bhaskara Sarma. (Mikrochim. Acta [Wien] **1968,** 1, 89—91; Chem. Dep., Andhra Univ., Waltair, South India; engl.) — Zum Nachw. gibt man zur Mo(VI)-Lsg. 0,1 ml 0,5%ig. o-Phenanthrolin-Lsg., 0,05 ml 30%ig. KSCN-Lsg., 0,1 ml 5 m NaCl-Lsg., 0,08 ml konz. HCl-Lsg., 0,07 ml W., 0,5 ml Benzylalkohol u. 0,05 ml 1 n $SnCl_2$-Lsg. in 2 n HCl-Lsg. Nach Schütteln zeigt eine rosa Färbung in der organ. Phase Mo an. Die Nachw.-Grenze liegt bei 0,025 μg Mo/0,5 ml. Cu(II) gibt eine störende grüne Färbung. K. Henning G 336

1468 **Photometrische Bestimmung von Molybdän mit Na-Diäthyldithiocarbamidat als Reagenz.** V. Bhaskara Sarma und M. Suryanarayana. (Z. analyt. Chem. **240** (1968) 1, 6—9; Chem. Dep., Andhra Univ., Visakhapatnam, Indien; engl.) — In 5 n HCl-Lsg. wird der Mo-Diäthyldithiocarbamidat-Komplex gebildet u. mit $CHCl_3$ extrahiert. Mo(VI) wird mit Hydrazinsulfat zu Mo(V) reduziert. Der über 6 Std. stabile Komplex wird bei 450 nm photometr. bestimmt; das Beersche Gesetz ist bis zu 500 μg/25 ml erfüllt. U. Geisler G 336

1469 **Direkte titrimetrische Mikrobestimmung von Uran.** O. C. Saxena. (Mikrochim. Acta [Wien] **1968,** 2, 448 bis 451; Chem. Labor., Univ. of Allahabad, Allahabad, India; engl.) — Zur Best. (76,3—0,7 mg) gibt man zu einem bekannten Vol. $UO_2(CH_3COO)_2$ in 1 n CH_3COOH, fügt einen Überschuß $K_4[Fe(CN)_6]$ hinzu, wobei ein braunroter Komplex $[U(VI)O_2 \cdot U(V)O_2 \cdot Fe(CN)_6]$ ausfällt u. titriert mit $Ce(SO_4)_2$ in 8 n H_2SO_4 bis zum Umschlag nach Hellgrün. Störungen durch andere Metallkationen sind untersucht worden. K. Henning G 339

1470 **Atomabsorptionsspektrometrische Analyse von Uranlegierungen.** G. Baudin, J. Normand und J. Fijalkowski. (Spectrochim. Acta [Oxford], Part B **23** (1968) 9, 587—95; Commissariat à l'Energie Atomique, Centre de Saclay; franz.) — In Leg. vom Typ SICRAL können Fe u. Al in Mengen von 50—500 bzw. 500 bis 1000 ppm enthalten sein. Die Best. kann ohne vorherige Abtrennung durch Lösen in H_2SO_4, Versprühen der Lsg. in eine Luft/C_2H_2- (für Fe) oder Luft/N_2O-Flamme (für Al) erfolgen. Die verwendeten Linien sind 2843 (Fe) u. 3092 Å (Al). Die Fehler liegen bei 2—3%. W. Grimmich G 339

1471 **Bestimmung von Plutonium in schwefelsauren Lösungen.** A. A. Nemodruk und N. E. Kočetkova. (Radiochimija **10** (1968) 3, 324—28; russ.) — Vf. untersuchten die Möglichkeit der photometr. Pu-Best. mit Arsenazo III (I) ohne Abtrennung einer größeren Sulfatmenge. Verwendet wurde eine Lsg., die Pu unterschiedlicher Wertigkeit enthielt. Zur Überführung alles Pu in Pu(IV) wurde die Lsg. mit H_2SO_4 eingedampft, anschließend wurde in 6 n HNO_3 mit I Pu(IV) bestimmt. Eine Erhöhung der Konz. von I von $4{,}8 \cdot 10^{-5}$ auf $3{,}0 \cdot 10^{-4}$ Mol/Liter unterdrückt den störenden Einfl. der Sulfationen wesentlich. Bei Verw. einer Lsg. von 3,0 bis 10^{-4} Mol/Liter I stört die Ggw. von 0,6 g-Ion SO_4^{2-}/Liter die Pu-Best. nicht. Diese Meth. ist auch für die Best. von Pu in flüchtigen Säuren (HNO_3, HCl, $HClO_4$, CH_3COOH u. HF) geeignet. G. Ewald G 343

1472 **Photometrische Bestimmung kleiner Mengen Rhenium in der organischen Phase nach Abtrennung von Wolfram und Molybdän durch Verteilen.** D. Thierig und F. Umland. (Z. analyt. Chem. **240** (1968) 1, 19—23; Anorg.-chem. Inst. der Univ., Münster; dt.) — Re wird als $[(C_6H_5)_4As][ReO_4]$ in Ggw. von Citrat mit $HCCl_3$ bei pH 10 extrahiert. Größere Mengen Cl^- stören hierbei. Das Re(VII) wird in der organ. Phase mit methanol. $SnCl_2$-Lsg. red. u. mit α-Furildioxim bestimmt. Der Extinktionskoeff. beträgt $\varepsilon = 29750$ bei $\lambda = 530$ nm. 37—186 μg Re sind bestimmbar; bei 55,9 μg Re beträgt die Varianz V = 1,2%. Das Lambert-Beersche Gesetz ist erfüllt. Die Meth. erlaubt die Best. von Re neben W in 10^5fachem u. Mo in 10^4fachem Überschuß sowie neben Co u. Ni. G. Wünsch G 352

1473 **Anwendung der ascorbinometrischen Bestimmung von Hexacyanoferrat(III) zu automatischen Mikrotitrationen.** L. Erdey, G. Svehla und O. Weber. (Z. analyt. Chem. **240** (1968) 2, 91—102; Inst. für allg. u. anal. Chem., TU, Budapest; dt.) — Hexacyanoferrat(III) (I) läßt sich bei pH 6 schnell u. stöchiometr. mit 0,1 n Ascorbinsäure-Lsg. titrieren, wenn die freigesetzten H^+-Ionen durch $KHCO_3$ gebunden werden. Hexacyanoferrat(II) (II) wird nach Ox. mit NO_2^- titriert. Zur Best. von CrO_4^{2-}, $Cr_2O_7^{2-}$, MnO_4^-, BrO_3^-, JO_3^- u. Chloramin T werden diese mit II red. u. das gebildete I titriert. Bestimmbar sind etwa 0,1—10 mg dieser Ionen mit relativen Fehlern von ca. 0,2—9,6%. Es wird ein registrierendes Titriergerät benutzt. G. Wünsch G 354

1474 **Triphenyltetrazoliumchlorid als analytisches Reagenz.** 5. Mitt. **Spektrophotometrische Bestimmung kleiner Kobaltmengen.** A. Alexandrov, P. Vassiléva-Alexandrova und E. Kovatchóva. (Mikrochim. Acta [Wien] **1967**, 3, 579—84; Plovdiv, Bulgarie, Ecole Normale Supér.; franz.) — 7. vgl. C. **1969**, 11-1654. — Zur Best. kleiner Co-Mengen wurde eine Meth. ausgearbeitet, die auf der Rk. zwischen $[Co(SCN)_4]^{2-}$ u. Triphenyltetrazoliumchlorid beruht. Das Rk.-Prod. wird mit $CHCl_3$ extrahiert. Der intensiv blau gefärbte Extrakt hat ein Absorptionsmax. bei 620 nm. Fremdionen werden mit $S_2O_3^{2-}$ u. F^- maskiert. Der mittlere Fehler der Best. liegt bei 1,88% für 12—72 μg Co/25 ml. Das Verf. ist spezif. schnell durchführbar u. für die Best. von Co in Prod. der metallurg. Industrie geeignet. G. Gawalek G 355

1475 **Einfluß von Acridinium-Ionen auf die Reduktion von $[Co(NH_3)_6]^{3+}$ an der Quecksilberelektrode.** R. G. Barradas und F. M. Kimmerle. (Analyt. Letters **1** (1967) 3, 179—84; Lash Miller Chem. Labor., Univ., Toronto, Ontario; engl.) — Der ungewöhnliche Verlauf der Strom–Zeit-Kurven bei der kath. Red. von $[Co \cdot (NH_3)_6]^{3+}$ (10^{-2} Mol/l) in 0,5 m K_2SO_4-/0,1 m H_2SO_4-Lsg. in Ggw. von Acridiniumchlorid (I) (10^{-5}—10^{-4} Mol/l) wird im Bereich von —0,3 bis —0,4 V (gegen SCE) untersucht. Der anfängliche Strom bei Abwesenheit von I wird durch Zusatz von I bis auf fast Null erniedrigt. Bei hohem kathod. Potential (—0,4 bis —0,5 V) wird ein ungewöhnlicher katalyt. Effekt beobachtet. W. Grimmich G 355

1476 **Qualität von Endpunktsbestimmungen mit Murexid.** H. Flaschka und J. Mann. (Analyt. Letters **1** (1967) 1, 19—22; School of Chem., Ga. Inst. of Technol., Atlanta, Ga.; engl.) — Die bei der EDTA-Titration von Ni in Ggw. von großen Co-Mengen unter Verw. von Murexid als Indikator auftretenden Schwierigkeiten der Endpunktsbest. werden auf den Einfl. der Ionenstärke zurückgeführt u. können durch Verdünnen der Lsg. behoben werden. W. Grimmich G 356

1477 **Spurenbestimmung von Nickel durch Kombination von Papierchromatographie und radiometrischer Fällung.** E. L. Chiotis, G. A. Welford und R. S. Morse. (Mikrochim. Acta [Wien] **1968**, 2, 297—303; Health and Safety Labor., U.S. Atomic Energy Commiss., New York, N.Y.; engl.) — Ni wird auf Whatman Papier No. 42 mit dem Laufmittel Aceton/HCl/W. (87:8:5) durch ab steigende Chromatographie in 12 Std. von Begleitelementen (z. B. Stahlanalyse) abgetrennt. Anschließend wird mit Alizarin Rot-S angesprüht, in NH_3-Dampf gehalten, mittels eines Standardchromatogramms das Ni lokalisiert, erneut 1 Std. in NH_3 gehalten u. dann 3 Std. in eine $(NH_4)_2{}^{35}S$-Lsg. getaucht. Nach dem Trocknen an der Luft wird die Aktivität gemessen. Die Standardabweichung beträgt bei 10 μg Ni im 90%-Vertrauensbereich 1,6%, bei 0,07 μg 13,0%. K. Henning G 356

1478 **Salzeffekte bei der Atomabsorptionsspektrophotometrie.** Erkki Wänninen und Allan Lindholm. (Analyt. Letters **1** (1967) 1, 55—63; Inst. of Analyt. and Inorg. Chem., Abo Akad., Abo; engl.) — Die Cu-Best. wird wegen der Änderung der Absorptionswerte in Ggw. von anorgan. Salzen u. organ. Lsgm. unsicher. Na_2SO_4, $NaNO_3$, NaCl, $NaClO_4$, H_2SO_4, HCl, HNO_3, u. $HClO_4$ setzen die Werte herab, C_2H_5OH erhöht sie. Als Grund werden Änderungen des spezif. Gew., der Oberflächenspannung u. der Viskosität angenommen. W. Grimmich G 358

1479 **Untersuchung der Komplexbildung mit Hilfe von Cu^{2+}-selektiven Membranelektroden.** G. A. Rechnitz und Z. F. Lin. (Analyt. Letters **1** (1967) 1, 23—27; Dep. of Chem., State Univ. of N.Y., Buffalo, N.Y.; engl.) — Die von Orion Res. Inc. hergestellte Cu^{2+}-selektive Elektrode Nr. 92-29 ist bei pH 3,5—6,5 für den Bereich pCu^{2+} = 2—5 einzusetzen. Mit ihrer Hilfe wurden die Stabilitätskonst. der Cu-Komplexe mit Glycin, Glutaminsäure, Acetat u. Tris bestimmt. W. Grimmich G 358

1480 **Thermospektrophotometrische Simultanbestimmung von Kupfer, Kobalt und Nickel.** T. V. Petrova. (Ž. analitičeskoj Chim. **22** (1967) 1, 15—19; Inst. geochim. i analit. chim. im. Vernadskogo AN SSSR, Moskva; russ., Auszug: engl.) — Die Meth. beruht auf der Temp.-Abhängigkeit der Absorptionsspektren wss. Lsg. von $CuCl_2$, $CoCl_2$ u. $NiCl_2$. Man mißt die Extinktionen der salzsauren Lsg. bei 375 u. 592 nm jeweils bei 20 u. 80°. Ein Gleichungssyst. zur Berechnung der Konz. der drei Bestandteile wird angegeben. W. Grimmich G 358

1481 **Analytische Verwendung von 1.2-Diaminocyclohexantetraessigsäure: Amperometrische Titration von Cu^{2+} mit CTDA.** D. S. Jain und J. N. Gaur. (Indian J. appl. Chem. **30** (1967) 5—6, 147—49; Univ. of Rajasthan, Jaipur; engl.) — Unter Verw. einer Hg-Tropfelektrode (2,12 mg/s, —1,0 V gegen SCE; 30°) wurde Cu^{2+} amperometr. titriert. Es wurde die Existenz eines 1:1-Komplexes, der in schwach saurer u. alkal. Lsg. beständig ist, nachgewiesen. Ni, In, Ga, Bi usw. stören, da sie stabilere Komplexe bilden. J. Pickardt G 358

1482 **Bestimmung von Kupfer, Kobalt und Nickel durch kreisförmige Dünnschichtchromatographie.** M. H. Hashmi, Maqbool Ahmad Shadid und Farhat Rafique Chughtai. (Mikrochim. Acta [Wien] **1968**, 2, 309—15;

West Regional Labor., Pakistan Council of Sci. and Ind. Res., Lahore, West-Pakistan; engl.) — Cu, Co u. Ni werden durch Extraktion mit einer Mischung $CHCl_3$/Py./50%ig. NH_4SCN (2:0,1:0,2) von 40 anderen Elementen abgetrennt u. durch kreisförmige Dünnschichtchromatographie auf Al_2O_3 mit dem Laufmittel Aceton/Acetylaceton/4 n HCl (91:4:5) in 1—2 Min. getrennt, anschließend mit Rubeansäure angesprüht u. über NH_3 gehalten. Die R_F-Werte betragen 0,98; 0,65 bzw. 0,50 für Cu, Co bzw. Ni. Nach dem Abkratzen der einzelnen Zonen werden die Metalle mit konz. HCl u. W. vom Al_2O_3 gelöst, zentrifugiert u. photometr. bestimmt: Cu mit Rubeansäure, Ni nach Zusatz von Weinsäure u. gesätt. Br_2-W. mit Diacetyldioxim u. Co nach Extraktion des Thiocyanatokomplexes mit DBP. Die Ausb. betragen > 98%. K. Henning G 358

1483 **Wechselstrompolarographische Silberbestimmung mit festen Elektroden.** Ju. S. Ljalikov und L. G. Madan. (Zav. Labor. **34** (1968) 1, 8—9; Inst. chim. AN Mold. SSR; russ.) — Für die Ag-Best. in Halbleiterleg., die In, Pb, Ga, Sb u. Au neben Ag (≈ 3%) enthalten, wurden Pt- bzw. Au-Mikroscheibenelektroden im Potentialbereich —0,4 bis +0,4 V, bezogen auf eine Pt-Anode, verwendet. Als Grundelektrolyte eignen sich 1 m $NaNO_3$, 1 m HNO_3, 1 m CH_3COONa, 1 m KSCN + 1 m $NaNO_3$ u. 1 m NH_4Cl + 2 m NH_3-Lösung. Die rotierende Elektrode hat eine 3—4mal höhere Empfindlichkeit als die stationäre. Der relative Fehler der Best. beträgt 3—7%. E. Bomke G 359

1484 **Schnelle Trennung von Silberspuren durch Redoxaustausch mit Quecksilber.** W. Haerdi, A. Baumgartner und D. Monnier. (Z. analyt. Chem. **236** (1968), 513—19; Genf, Labor. de Chim. Analyt., Univ.; franz.) — Eine schnelle u. selektive Meth. zur Abtrennung von Ag folgt aus dem Austausch von Ag mit einem Tropfen Hg bei gleichzeitiger Komplexierung von Hg mit OH^-, EDTA, Äthylendiamin, J^-, NH_3 oder Pyridin. Die Reextraktion von Ag kann mit Hilfe der Komplexbildner SCN^- oder CN^- vorgenommen werden. Als Anwendung der neuen Meth. wurden die Trennungen Au/Ag, Ag/Zn u. Ag/Pg durchgeführt. K. Dorfner G 359

1485 **Atomabsorptionsspektroskopische Bestimmung von Gold in Cyanidlösungen mit sehr geringem Goldgehalt.** V. C. O. Schüler. (J. South African Inst. Mining Metallurgy **67** (1967), 7, 362—64; Johannesburg, Anglo American Res. Labor.; engl.) — Zur Best. von Au in Cyanidlsg. aus der Aufbereitung von armen Au-Erzen (0,001 bis 0,005 dwt/Tonne) wird eine Kollektorfällung mit Te vorgeschlagen. Elektrolyt. Abscheidung oder Red. mit SO_2 oder N_2H_4 sind nicht quantitativ. Nach Zusatz von $TeCl_4$ werden Au u. Te durch Red. mit $SnCl_2$ aus 2,5 n HCl-Lsg. ausgefällt. Te wird durch Erhitzen auf 900° im im Quarztiegel verdampft. Au kann nach Lösen in Königswasser durch Atomabsorption bei 2428 Å unter Verw. einer Au-Hohlkathodenlampe bestimmt werden. W. Grimmich G 360

1486 **Thenoyltrifluoraceton als extraktives und kolorimetrisches Reagenz für Ruthenium(III).** Asha V. Rangnekar und S. M. Khopkar. (Mikrochim. Acta [Wien] **1968,** 2, 272—76; Indian Inst. of Technol., Bombay; engl.) — Zur photometr. Best. gibt man zur wss. acetatgepufferten (pH 4) Probelsg. 10 ml 0,015 m TTA/Bzl.-Lsg. u. mißt nach der Extraktion die Extinktion bei 450 nm (ε = 740). Das Beersche Gesetz ist erfüllt von 6—42 μg Ru/ml. Die Standardabweichung beträgt 1,1% u. die Empfindlichkeit nach Sandell 1,5 $\mu g\ cm^{-2}$. Cu u. Co können durch vorangehende Extraktion bei pH 8,5 abgetrennt werden. Nach der mole-ratio-Meth. ergibt sich ein Verhältnis von Ru:TTA = 1:5, wobei aber nur 3 TTA-Mol. im Komplex gebunden sind u. die beiden anderen auf synergist. Effekte zurückzuführen sind. K. Henning G 363

1487 **Radiochemische Simultanbestimmung von Osmium und Ruthenium.** K. S. Chung und F. E. Beamish. (Analyt. Letters **1** (1967) 2, 45—52; Dep. of Chem., Univ., Toronto; engl.) — Die Tetroxide beider Metalle werden nach dreitägiger Bestrahlung mit $5 \cdot 10^{12}\ n \cdot cm^{-2} \cdot s^{-1}$ gemeinsam dest. u. dann durch Messung der Aktivität von ^{191}Os u. ^{103}Ru bei 45 bzw. 498 keV bestimmt. W. Grimmich G 366

1488 **Kernmagnetische Resonanzuntersuchung an Phosphoriten.** I. N. Pen'kov, I. A. Safin, Ju. V. Jablokov und A. N. Didenko. (Geochimija **1968,** 5, 618—24; Kazanskij gos. univ., Kazan'; russ., Auszug: engl.) — Mit Hilfe der NMR-Impulstechnik werden die Resonanzen der ^{31}P- u. ^{19}F-Kerne der Phosphorite untersucht. Die NMR wird als Schnellmeth. zur quant. P_2O_5- u. F-Best. u. zur Identifizierung der Mineraltypen vorgeschlagen. Die Genauigkeit wird zu ca. 10^{20} ^{31}P-Atome (ca. 1,5% P_2O_5) bzw. zu 0,1—0,2% F angegeben. M. Hähnert 5158

1489 **Röntgenspektrometrische Bestimmung von K_2O und CaO an Gesteinsstandards — ein Beitrag zur Aufschlußtechnik.** P. Richter. (Z. analyt. Chem. **238** (1968) 5, 340—46; Mineralog. Inst. Univ., Würzburg; dt.) — Bei der röntgenspektrometr. Analyse von Gesteinsstandards stellen Vf. fest, daß ein Aufschluß von 3 Teilen $Li_2B_4O_7$ mit 2 Teilen Probe ausreichend ist, um K_2O u. CaO hinreichend genau zu bestimmen. Zur Best. von Al_2O_3, SiO_2 u. Fe_2O_3 ist die Meth. ungeeignet, was in Übereinstimmung mit den Ergebnissen von Czamanske, Hower u. Millard [Geochim. cosmochim. Acta [London] **30** (1966) 745] steht. Vgl. der erhaltenen K_2O- u. CaO-Geh. mit denen, die durch Aufschluß der Proben nach Rose, Adler u. Flanagan [Appl. Spectroscopy **17** (1963) 81] unter Zusatz eines Absorbers erhalten werden, zeigen im allgemeinen gute Übereinstimmung. Für eine Reihe von Gesteinsstandards werden neue K_2O- u. CaO-Best. vorgelegt. H.-D. Schenke 5158

1490 **Chelatometrische Calcium- und Magnesiumbestimmung in Manganerzen.** Jerzy Jurczyk. (Z. analyt. Chem. **240** (1968) 4, 236—44; Huta „Pokoj", Ruda Śląska, Polen; dt.) — Zur Best. von 0,5% Ca u. Mg werden aus der Lsg. von 0,5 g Probe zunächst Fe, Cr, Al u. Ti hydrolyt. durch Benzoatfällung abgetrennt. In aliquoten Teilen des Filtrats (je 0,2 g) werden Mn sowie Co, Ni, Cu, Zn u. Pb durch Extraktion mit Na-Diäthyldithiocarbamidat in $CHCl_3$ entfernt. Dann werden Ca gegen Fluorexon u. die Summe Ca + Mg gegen Eriochromschwarz T mit EDTA titriert. Bei niedrigen Geh. werden durch Zusatz bekannter Ca- u. Mg-Mengen subjektive, systemat. Fehler weitgehend ausgeschaltet u. der Titrationsverlauf verbessert. Störendes Ba kann durch Chromatfällung entfernt werden. G. Wünsch 5158

1491 **Spektrographische Bestimmung kleiner Thoriummengen in silicatischen Gesteinen.** A. K. Rusanov, V. M. Alekseeva und N. V. Il'jasova. (Ž. analitičeskoj Chim. **23** (1968) 3, 373—76; vses. NII mineral'n. syr'ja, Moskva; russ., Auszug: engl.) — Bei $1 \cdot 10^{-2}$ bis 1% Th u. $n \cdot 10^{-4}$ bis $n \cdot 10^{-2}$% Seltenerdmetallen werden die Proben direkt mit einem Puffer aus 85% C, 15% $BaCO_3$ u. 0,1% Lu-Oxid als innerem Standard im Verhältnis 1:3 verrieben u. im Kohlebogen abgebrannt. Die Dispersion des Gitterspektrographen beträgt 2 Å/mm. Für Geh. von $n \cdot 10^{-4}$ bis $1 \cdot 10^{-2}$% Th u. $n \cdot 10^{-5}$ bis $n \cdot 10^{-3}$% Seltenerdmetallen erfolgt eine Anreicherung über die Oxalatfällung. Der Variationskoeff. beträgt im ersten Fall 11% im zweiten 20% (für Th). S. Seifert 5158

1492 **Elektrometrische Titration von Fulvinsäuren aus Bodenhumus.** Chhabi Datta und S. K. Mukherjee. (J. Indian chem. Soc. **45** (1968) 7, 555—61; Dep. of Agric. Chem., Univ. of Coll. Sci., Calcutta; engl.) — Aus Böden extrahierte Fulvinsäuren (A) werden konduktometr. u. potentiometr. mit NaOH- u. $Ba(OH)_2$-Lsg. in Ggw. u. Abwesenheit von NaCl titriert. Die konduktometr. Titrationskurven (K.) zeigen je nach Herkunft der **A** zwei oder drei Knickpunkte, woraus auf die Zahl der COOH- u. phenol. OH-Gruppen geschlossen werden kann. Zum Vgl. werden die K. von Bernstein-, Phthal- u. Salicylsäure herangezogen. Die potentiometr. K. zeigen keine signifikanten Unterschiede. Die Basenaustauschkapazität beträgt je nach Herkunft der **A** 690—1300 mVal/100g **A**. W. Grimmich 5160

1493 **Photometrische Fluoridbestimmung im Wasser mit Lanthan-Alizarinkomplexen nach Wasserdampf-**

Säuredestillation. K.-E. Quentin und A. Rosopulo. (Z. analyt. Chem. **241** (1968) 4, 241–50; Inst. für Wasserchem. u. Chem. Balneol. der TH München; dt.) — Kleine F^--Mengen im W. können aus dem Abdampfrückstand als H_2SiF_6 durch Dest. mit überhitztem W.-Dampf in der App. nach Seel unter Verw. von H_2SO_4 rasch isoliert werden. Die F^--Best. in den Destillaten im Bereich von 0–30 μg F erfolgt mit einer einzigen Reagenzlösung. Sie enthält $2 \cdot 10^{-4}$ Mol La-Alizarinkomplexan/l W./Aceton (1:1) u. ist mit Acetatpuffer auf pH 5,6–5,8 eingestellt. Die Mischlsg. ist mindestens 2–3 Monate haltbar. Analysen- u. Reagenzlsg. werden im Verhältnis **1:1** gemischt u. die Extinktion bei 600–620 nm gemessen. Das Verf. benötigt einen Zeitaufwand von ca. **45** Min., die Standardabweichung beträgt $\pm$ 0,18.
D. Gerlatzek 5162

1494 Mine Safety Appliances Co., USA (Erfinder: Charles Arthur Plantz und Paul Willis McConnaughey), **Bestimmen von O_2 in Gasmischungen.** Das zu untersuchende Gas wird über einen inerten Träger, z. B. Kieselgel, der mit einem Cr(II)-Salz, bes. $CrCl_2$, imprägniert ist, geleitet. Die Farbänderung zeigt die Ggw. von O_2 an. (**F.P. 1471040** vom 11/3. 1966, veröff. 24/2. 1967. U.S. Prior. 17/3. 1965.) — 2 S.
J. Bardeleben G 239

1495 General Electric Co., USA (Erfinder: Cornelius Bernard Murphy), **Quantitative Bestimmung von N-Verbindungen.** Die Verb. werden mit O_2 in NO_2 umgewandelt, das mit W. zur Rk. gebracht wird unter Bldg. von HNO_3-Tröpfchen, die als Kondensationskerne wirken. Diese werden bestimmt u. aus ihnen wird auf den N-Geh. geschlossen. — 3 schemat. Zeichnungen. (**F.P. 1472804** vom 29/3. 1966, veröff. 10/3. 1967. U.S. Prior. 29/3. 1965.) — 7 S.
J. Bardeleben G 243

1496 V. A. Kremer und E. I. Vail, **Kontinuierliche Bestimmung der Ionenkonzentration in Lösungen** (z. B. *S^--Ionen*) mit einem potentiometr. Verf., bei dem zur Erhöhung der Genauigkeit, zur Ausschaltung des Einfl. des pH-Wertes der Lsg. u. zur Automation des Meßprozesses gleichzeitig mit der Messung der S^--Konz. der pH-Wert der Lsg. mit einer Glaselektrode bestimmt wird. (**UdSSR.P. 180397** vom **3/5. 1963, ausg. 4/5. 1966.**) — 2 S.
H. Heidepriem G 253

1497 V. A. Kremer und E. I. Vail, **Kontinuierliche potentiometrische Bestimmung der Ionenkonzentration in Lösungen** (z. B. von *S^--Ionen*) unter Verw. einer mit 500 U/Min. rotierenden S^--Blei–Indikatorelektrode, einer Kalomel-Bezugselektrode u. einer zusätzlichen Glas-Indikatorelektrode zur Ausschaltung des Einfl. des pH-Wertes der Lsg., wobei das Meßsyst. einen Summator für die Elektrodensignale enthält. — Verf.-Schema. (**UdSSR.P. 180398** vom 3/5. 1963, ausg. 25/4. 1966.) — 2 S.
H. Heidepriem G 253

1498 **Technicon Instruments Corp.**, Chauncey, N. Y., USA, *Kontinuierliche Analysierung von Flüssigkeiten.* (**Niederl.P. 123 583** vom 5/8. 1960, ausg. 15/1. 1968. U.S. Prior. 6/8. 1959. — C. **1966**, 21-2121 [Aust.P. 246 751].)

1499 **Montecatini Soc. Gen. per l'Industria Mineraria e Chimica** (Erfinder: **Pietro Angeleri**), Mailand, Italien, *Physikalische Analyse der Kupferionenkonzentration in einer Lösung.* (**Schwz.P. 438 792** vom 8/4. 1963, ausg. 15/12. 1967. It. Prior. 10/4. 1962. — C. **1967**, 21-2141 [F.P. 1 353 819].)

G–3. Analyse organischer Verbindungen

1500 **Verbesserung der Verbrennung organischer Substanzen im Ultramikro-Sauerstoffkolben.** B. Griepink und W. Krijgsman. (Mikrochim. Acta [Wien] **1968,** 2, 330–31; Anal.-chem. Labor. der Reichsuniv., Utrecht; dt.) — Vf. ersetzen das durch R. Belcher et al. eingeführte Folienmaterial Polyäthylen (**I**) zum Einwickeln der Substanz durch Kollodium (**II**), indem ein Tropfen einer 1,5%ig. äther. **II**-Lsg. auf ein Uhrglas gegeben wird u. nach der Auflage der Substanz erneut **II** aufgetropft wird, womit die Substanz fertig eingewickelt ist. Zur Best. von As empfiehlt sich die Kombination einer **I**-Folie, die durch einen Tropfen einer **II**-Lsg. zugeschweißt wird.
K. Henning 5176

1501 **Einfluß der Struktur stickstoffhaltiger Substanzen bei der Mikrobestimmung von Kohlenstoff und Wasserstoff mit Außenabsorption der Stickoxide.** M. Marzadro, A. Farina und G. Settimj. (Mikrochim. Acta [Wien] **1968, 2, 332–43**; Ist. Superiore di Sanità, Roma; dt.) — Bei der CH-Best. von Aminonitrilen der allg. Struktur $NC-\overset{\alpha}{C}-\overset{\beta}{C}-CN$ mit 19–30% N ergeben sich zu hohe H-Werte, während die Analyse von Cyanalkylaminen der allg. Struktur $CN-(CH_2)-\underset{R}{N}-(CH_2)-CN$ richtige Werte liefert. Bei Verb. mit Phenylringen oder OH-Gruppen in α- u. β-Stellung werden ebenfalls richtige Werte erhalten, wie dies an Beispielen mit Deriv. des Bernsteinsäuredinitrils gezeigt wird. Die am α- u. β-C-Atom Methylaminogruppen enthaltenden Verb. geben zu hohe H-Werte, während das Benzylaminoderiv. zu richtigen Werten führt. Ebenso sind für den Fall mit OH-Gruppen in α- u. β-Stellung mehrere Verb. angeführt. Insgesamt sind **38** Verb. analysiert worden u. z. T. auch die Präparationen mitgeteilt. In den Verb., die bei der CH-Best. zu hohe H-Werte liefern, werden zur Identifizierung N nach J. Unterzaucher [Chem.-Ing.-Techn. **22** (1950) 128] sowie C u. H nach einer Meth. bestimmt, die die Red. der Stickoxide mit red. Cu vorsieht.
K. Henning 5176

1502 **Mikrobestimmung geringer Chlorgehalte in organischen Verbindungen.** A. Dirscherl. (Mikrochim. Acta [Wien] **1968,** 2, 316–20; F. Hoffmann-La Roche & Co. A.G., Basel; dt.) — Zur Analyse von 0,1–0,01% Cl werden bis zu **30** mg Substanz zusammen mit einem Mischoxid (WO_3 + 1,5% V_2O_5 mit W. angeteigt u. bei 900° geglüht) im Verbrennungsrohr bei 900° im O_2-Strom verbrannt, im Mikroperlenrohr (ibid. **1961,** 866) absorbiert u. anschließend mit 0,01 n $Hg(ClO_4)_2$-Lsg. die Titration ausgeführt. Für Phenacetin wird aus den Messungen ein Mittelwert von $\pm$ 0,164% $\pm$ **0,003** bei Einwaagen von **4–44** mg angegeben.
K. Henning 5176

1503 **Gaschromatographische Simultanbestimmung von C, S, Cl, Br und J in organischen Verbindungen.** Donald R. Beuerman und Clifton E. Meloan. (Analyt. Letters **1** (**1967**) 3, 195–200; Dep. of Chem., Kans. State Univ., Manhattan, Kans.; engl.) — Die organ. Substanz wird mit O_2 bei 800° in einem Pt-Schiffchen oxydiert. CO_2, SO_2, Cl_2, Br_2 u. J_2 werden an Kel F-3, das Aroclor oder Dioctylphthalat enthält, getrennt. Br_2 u. J_2 können nur durch Temp.-Programmierung getrennt werden.
W. Grimmich 5176

1504 **Vergleichende Untersuchung über die Stickoxidabsorbentien bei der Bestimmung der primären Aminogruppe.** Gerald Kainz und Karl Zidek. (Mikrochim. Acta [Wien] **1968,** 1, 66–70; Anal. Inst. der Univ., Wien; engl.) — Zur Absorption von NO ist 20%ig. $NaBrO_3$/20%ig. H_2SO_4 (1:1) am wirksamsten. Davon können 20 ml 550 ml NO vollständig absorbieren. Eine 4 cm lange Schicht von gefälltem PbO_2 nimmt 88 mg NO auf. Von nur geringer Kapazität sind dagegen Chromsäure, $AgMnO_4$ u. gefälltes MnO_2. Ist im 1. Absorbens der H_2SO_4-Geh. $\leq$ 10%, so ist die Lsg. längere Zeit haltbar.
K. Henning 5178

1505 **Verbesserte Apparatur zur Bestimmung der primären Aminogruppe.** Gerald Kainz und Franz Kasler. (Mikrochem. Acta [Wien] **1968,** 1, 92–96; Anal. Inst. der Univ., Wien; dt.) — Die früher beschriebene App. (ibid. **1958, 347**) wird verändert, so daß die einzelnen Teile unabhängig voneinander ausgewaschen u. luftfrei gemacht werden können. Mit den Absorbern [20%ig. $NaBrO_3$/20%ig. H_2SO_4 (1:1) im 1. Absorber u. 15 ml konz. HCOOH zusammen mit 85 ml 40%ig. Na-Acetatlsg. im 2. Absorber] sind 30–50 Analysen ausführbar.
K. Henning 5178

1506 **Messung aller mit Organoaluminiumverbindungen reagierenden Verunreinigungen von Kohlenwasserstoffen durch eine kontinuierliche thermometrische Durchflußanalyse.** T. R. Crompton und Brian Cope. (Analytic. Chem. **40** (1968) 2, 274–80; Shell Res., Ltd., Urmston, Manchester; engl.) — Es wird ein kontinuierlicher Analysator beschrieben u. diskutiert, der es gestattet, die in

KW-Stoffen enthaltenen Verunreinigungen (W., niedere Alkohole, gelöster O) in Konz. bis herab zu 1 ppm durch die bei Rk. mit Triäthylalan unter N_2 entstehende Wärmemenge quant. zu bestimmen.
N. Holtschmidt G 550

1507 **Verteilungsgaschromatographische Analyse langkettiger Fettalkohole.** Randall Wood. (J. Gas Chromatogr. **6** (1968) 2, 94—96; Oak Ridge, Tenn., Oak Ridge Associated Univ.; engl.) — Trifluoracetat- u. Trimethylsilyläther-Deriv. der $C_{14}-C_{20}$-Alkohole wurden an 5 ft. · $^1/_8$ in.-Säulen mit 15 Gew.-% Äthylenglykolsuccinat-Methylsiliconpolymer u. 5% SE-30 bei 130° bzw. 190° analysiert. Sowohl gesätt. als auch ungesätt. Alkohole lieferten gute Ergebnisse. C.-E. Döring G 610

1508 **Bestimmung von RCOO-Gruppen in Stannylestern durch Titration in nichtwäßrigem Medium.** A. Groagová und M. Přibyl. (Z. analyt. Chem. **234** (1968) 6, 423 bis 428; Forsch.-Inst. für reine Chemikalien, Lachema, Brno, CSSR; dt.) — Di- u. Trialkylzinnderiv. der Monocarbonsäuren u. Dicarbonsäurehemiester werden in Py. gelöst u. mit Na-Methoxidlsg. potentiometr. gegen eine Sb- oder Kalomel-Elektrode bzw. visuell gegen Thymolphthalein titriert. Einige Titrationskurven sind angegeben u. für 8 Verb. werden die Analysenresultate den theoret. Werten gegenübergestellt. Auch Trialkylzinnhalogenide lassen sich auf diese Weise bestimmen.
N. Holtschmidt G 820

1509 **Papierelektrophoretische Trennung von basischen Aminosäuren.** J. L. Frahn und J. A. Mills. (Analyt. Biochem. [New York] **23** (1968) 3, 546—54; Commonwealth Sci. and Ind. Res. Organiz. Adelaide, Australien; engl.) — Eine einwandfreie Trennung der bas. Aminosäuren (**AS**) *Arg, Lys, His, Orn* u. *Citrullin* gelingt innerhalb von **30** Min. durch Papierelektrophorese auf Whatman-Papier No. **4** unter Verw. eines **1,06** g Na_2CO_3 u. **6,72** g $NaHCO_3$ pro Ltr. enthaltenen Puffers vom pH **9,2**. Dem Puffer werden **0,1%** Oxin zugesetzt um Störungen bei der **AS**-Trennung durch Papierverunreinigungen (Schwermetallkationen) zu verhindern. Die Papierstreifen werden auf 50° erwärmt, dadurch können die in der alkal. **AS**-Lsg. durch CO_2-Absorption gebildeten Carbamate zerstört u. eine Doppelfleckenbldg. vermieden werden. P. Ziska G 950

1510 **Bestimmung von D-Aminosäuren durch enzymatische stereospezifische Acetylierung.** J. H. Schmitt und M. H. Zenk. (Analyt. Biochem. [New York] **23** (1968) 3, 433—41; Bot. Inst., Univ., München; engl.) — Die Übertragung der Acetyl(Ac)-Gruppe auf die Aminogruppe einer D-Aminosäure (AS) wird durch eine α-N-Acetyltransferase katalysiert, deren präparative Gewinnung aus Bäckerhefe u. 500fache Anreicherung aus dem Rohextrakt mittels Adsorption an CM-Sephadex C-50, sowie Fraktionierung mittels Ammoniumsulfat u. Aceton beschrieben werden. Die Best. der D-AS beruht auf dem folgenden Prinzip: Ac-Phosphat + CoA → Ac-CoA + PO_4^{3-}, Ac-CoA + D-AS → Ac-D-AS + CoA. Das nicht verbrauchte Ac-phosphat wird anschließend mit $NH_2 \cdot OH$ umgesetzt u. die Hydroxamsäure mit dem $FeCl_3$-Reagenz quant. ausgewertet. Zur D-AS-Best. kann aber auch mit ^{14}C- oder ^3H-markiertes Acetat eingesetzt werden. Die markierten Ac-D-AS werden dann papierchromatograph. getrennt u. bestimmt. Die Rf-Werte von **45** Ac-D-AS für 4 verschiedene Lsgm.-Syst. sind aus einer Tabelle zu entnehmen. Die Acetylierung ist spezif. für D-AS. Es wurde die Acceptorspezifität der Acetyltransferase für die D-AS *Met* (**I**), *Tyr, Äthionin*, **I**-*sulfoxyd, His, Cys, Gln, α-Phenylglycin, α-Aminobuttersäure, Asn, Ser, Trp* (**II**), *Phe, Norvalin, 5-Hydroxy*-**II**, *Citrullin, Norleucin, Arginin, Alanin, Leucin, Lysin, Thr, Orn, Val, Ile, Glu, Asp, allo-Ile* u. *Pro* bestimmt. P. Ziska G 950

1511 **Komplexverbindungen von Aminosäuren und Peptiden mit Metallkationen.** 3. Mitt. **Trennung der diastereoisomeren Dipeptide von L-Leucyl-L-phenylalanin und L-Leucyl-D-phenylalanin durch Extraktion ihrer Cu(II)-Komplexe.** Feliks Karczyński und Gotfryd Kupryszewski. (Chem. analit. [Warszawa] **13** (1968) 2, 217 bis 222; Zakład. Metod. Naucz. Chem. i Kat. Chem. Org., Wyższey Szkoły Pedagog., Gdańsk; pol.) — 2. vgl. C. **1968**, 41-0558. — L-Leucyl-L- u. L-Leucyl-D-phenylalanin können in Ggw. von $Cu(ClO_4)_2$ aus wss. Lsg. mit n-Butyl- oder n-Amylalkohol durch Craig-Verteilung getrennt werden. W. Grimmich G 950

1512 **Trennung von Chlorkresolen und Chlorxylenolen durch Verteilungsgaschromatographie.** Sajid Husain. (Indian J. Technol. **6** (1968) 3, 94—95; Regional Res. Labor.; Hyderabad 9; engl.) — Zur Trennung von 4- u. 6-Chlor-o-, 4- u. 6-Chlor-m-, 4.6-Dichlor-o-, 4.6-Dichlor-m- u. 2.4.6-Trichlor-m-kresol, 6-Chlor-3.4-, 4-Chlor-2.5-, 4-Chlor-3.5-, 4-Chlor-2.6-, 2.4-Dichlor-3.5- u. 2.6-Dichlor-3.4-Xylenol, 2.4-Dichlor-5-äthyl-3-methyl-, 2.4-Dichlor-3-äthyl-5-methyl- u. 4-Chlor-3-äthyl-5-methylphenol wird eine 9 ft. lange Säule mit 30% Reoplex 100 auf Celite bei 209° u. mit 2,6 l N_2/Std. verwendet. SE-30 u. Silicon-Hochvakuumfett sind weniger gut geeignet.
G. Bock G 1060

1513 **Anomalie in der Elektrochemie von Hydrochinon an Platinelektroden.** Donald G. Davis, Mark Hazelrigg und J. L. Huntington. (Analyt. Letters **1** (1968) 4, 257—65; Dep. of Chem., La. State Univ., New Orleans, La.; engl.) — Bei chronopotentiometr. Unters. an Hydrochinon mit einer Pt-Elektrode wurden im pH-Bereich 8,0—8,6 zwei chronopotentiometr. Ox.-Stufen beobachtet. Dieses Verh. wird dem Einfl. von Pt-Oxid auf die Reversibilität verschiedener Stufen im Ox.-Mechanismus zugeschrieben. Das gleiche Verh. wurde auch bei der cycl. Voltammetrie u. bei EPR-Messungen beobachtet.
K.-H. Bielicki G 1060

1514 **Halbmikrobestimmung von Azo- und Nitrosoverbindungen und Chinonen mit Vanadin(II)-sulfat.** K. L. Chawla und J. P. Tandon. (Z. analyt. Chem. **238** (1968) 6, 459—62; Jaipur, Indien, Univ. of Rajasthan, Dep. of Chem.; engl.) — Die Probelsg. wird zur Best. der Azo- u. Nitrosoverb. sowie der Chinone mit einem 100%ig. Überschuß an V(II)-Lsg. u. Na-Acetat versetzt. Überschüssiges V(II) wird mit Fe(III)-Lsg. gegen Neutralrot, Phenosafranin oder Safranin-T zurücktitriert. Maximaler Fehler: ± 1%. G. Gawalek G 1190

1515 **Nachweis von Amidoximen durch Fällung ihrer Eisen(III)-Komplexe mit Thiocyanat.** Kalojan R. Manolov. (Z. analyt. Chem. **234** (1968) 1, 37—40; Higher Inst. of Food Ind., Plovdiv, Bulgaria; engl.) — Amidoxime können als Fe(III)-Komplexe mit KSCN oder NH_4SCN in dunkelbraune, in W. schwerlösl. Verb. übergeführt u. dadurch nachgewiesen werden. Die Empfindlichkeiten der Rk. mit Benzamidoxim, α-Hydroxy-phenacetamidoxim u. Phenacetamidoxim sind 0,5, 0,7 bzw. 1,4 mg/ml.
H.-D. Schenke G 1210

1516 **Photometrische Bestimmung von Phthalsäureestern neben anderen Carbonsäureestern nach der Hydroxamatmethode.** Günter Lehmann und Gerhard Wilhelm. (Z. analyt. Chem. **238** (1968) 6, 415—27; Saarbrücken, Univ. des Saarlandes, Inst. für org. Chem.; dt.) — Es wird ein allg. anwendbares Verf. beschrieben, das bes. zur Unters. von Plasteweichmachern u. zur Aufdeckung von Verfälschungen des Lavendelöls mit Phthalsäureestern geeignet ist. Die durch Hydroxylaminolyse entstandene Phthaldihydroxamsäure wandelt sich in stark saurer Lsg. zum N-Hydroxyphthalimid um. Letzteres gibt in alkal. Lsg. ein gelbrotes Alkalisalz, das bei 410 nm photometr. bestimmt wird. Weiterhin werden dünnschichtchromatograph. Phthal-, Adipin-, Citronen- u. Sebacinhydroxamsäure auf Celluloseschichten getrennt. G. Gawalek G 1220

1517 **Fluorimetrische Untersuchung von Brenzcatechinaminen und verwandten Verbindungen. Verbesserungen und Erweiterungen zur Hydroxyindol-Technik.** R. Laverty und K. M. Taylor. (Analyt. Biochem. [New York] **22** (1968) 2, 269—79; Dunedin, New Zealand, Univ. of Otago Med. School, Wellcome Med. Res. Inst.; engl.) — Das Prinzip der beschriebenen Meth. zur Unters. von Brenzcatechinaminen u. verwandten Verb. in biolog. Material beruht auf der Ox. dieser Verb. mit J, Abstoppen der Ox. durch Zugabe eines Red.-Mittels, Umlagerung des Rk.-Prod. in das fluoreszierende Lutin-Deriv. in Ggw. von Alkali u. Best. der Fluoreszenzintensität. Vf. untersuchen die optimalen Bedingungen für jeden dieser Rk.-Schritte für: *l-Noradrenalin-bitartrat, Dopamin · HCl, Metanephrin · HCl, l-Adrenalin, Tyramin · HCl, Tyr,* DL-*Normetanephrin · HCl,* DL-*Dihydroxyphenylalanin, 3-Metoxytyramin · HCl,* DL-*Octopamin · HCl, 3.4-Dimethoxyphenetylamin · HCl, α-Methylnoradrenalin · HCl, α-Methyl-Tyr,* u. *α-Methyldihydroxyphenylalanin.* Bei Einhaltung der ermittelten Rk.-Bedingungen ist die Meth. empfindlich, selektiv u. reproduzierbar. A. M. Fretzdorff G 1320

1518 **Fluoreszenzquantenausbeute von Tryptophan und Tyrosin.** Raymond F. Chen. (Analyt. Letters **1** (1967) 1, 35—42; Labor. of Techn. Dev., Nat. Heart Inst., Bethesda, Md.; engl.) — Die Fluoreszenzquantenausb. bei UV-Bestrahlung von Tyrosin, Tryptophan u. Phenylalanin wurden bei 23° in W. zu 0,14, 0,13 u. 0,024 bestimmt. Diese Ergebnisse wurden sowohl mit Chinin als auch mit Phenol als Standard erhalten, liegen aber weit unter bekannten Literaturwerten. Die Quantenausb. von o-, m-Tyrosin, p-, o- u. m-Fluorphenylalanin werden ebenso angegeben u. betragen 0,15, 0,16, 0,17, 0,17 bzw. 0,18. W. Grimmich G 1350

1519 **Gaschromatographische Untersuchung organischer Phosphorverbindungen.** Robert L. Grob und Garry L. Mc Crea. (Analyt. Letters **1** (1967) 2, 53—59; Chem. Dep., Villanova Univ., Villanova, Pa.; engl.) — Organ. Phosphinoxide konnten mit den vorhandenen Chromatographiesyst. nicht getrennt werden. Vf. beschreiben die Trennung von *Triphenyl-, Diphenyl-p-tolyl-, -p-dimethylaminophenyl-, -p-hydroxyphenyl-, Bis-*[*p-hydroxyphenyl*]-*phenyl-, Tris-*[*p-hydroxy-, -p-carbomethoxy-, -p-fluor-, -p-chlor-, -p-bromphenyl*]-, *Tris-*[*2-thienyl*]- u. *Tris-*[*2-furyl*]-*phosphinoxid* an Poropak Q u. an 5% SE-30 auf Poropak Q (jeweils 80—100 mesh) unter Verw. von He als Trägergas u. einem Wärmeleitfähigkeitsdetektor. W. Grimmich G 1380

1520 **Analytische Chemie der Benzilsäure.** S. S. Gupta und D. Mukerjee. (Z. analyt. Chem. **233** (1968) 1, 20—25; Inorg. Chem. Labor., Lucknow Univ., Lucknow, India; engl.) — Na-Benzilat ergibt mit Ag(I), Pb(II), Cu(II), Zn(II), Ga(III), In(III), La(III), Fe(III) u. Ti(IV) 1:1-Nd., mit Th(IV) einen 1:2-Nd. u. mit Tl(III), Pb(IV) u. Sn(IV) Nd., in denen das Kation schnell red. wird. Die für die Fällungen günstigsten pH-Werte liegen zwischen 2,0 u. 4,0. Für Zn, Pb u. Ag werden Trennungsverf. beschrieben, die auf der Fällung der Benzilate zusammen mit den anderen Metallen u. anschließender Extraktion mit einem organ. Lsgm. beruhen. H.-D. Schenke G 2450

1521 **Beziehungen zwischen Konzentration und Intensität bei der Elektrochemolumineszenz.** Stephen A. Cruser und Allen J. Bard. (Analyt. Letters **1** (1967) 1, 11—17; Dep. of Chem., Univ. of Tex., Austin, Tex.; engl.) — Die Maxima der Lumineszenzstrahlung für 0,2—10 mMol 9.10-Diphenylanthracen/l DMF in Ggw. von 0,1 Mol $[N(n\text{-}C_4H_9)_4]ClO_4$/l steigen bei Anregung durch Wechselstrom linear mit der Konz. an. W. Grimmich G 2800

1522 **Chemische und gaschromatographische Bestimmung von unverändertem Methylfuran sowie Aceton bei der Synthese von γ-Acetopropanol.** L. Dimofte, J. Simionovici, M. Sterescu und V. Stefan. (Z. analyt. Chem. **238** (1968) 6, 441—45; Bukarest, Inst. für chem.-pharmazeut. Forsch.; dt.) — Das bei der γ-Acetopropanol-Synth. durch Hydrierung von Methylfuran (I) in aceton. Lsg. nichtumgesetzte I u. Aceton werden bromatometr. bzw. durch Oximierung bestimmt. Als dritte Komponente wurde Methyltetrahydrofuran nachgewiesen. Auf einer 120 cm langen Celite C-22 (mit Silicon-550 imprägniert)-Säule wurden bei 80° die 3 Komponenten gaschromatograph. nebeneinander bestimmt. G. Gawalek G 3061

1523 **Herstellung geeigneter Kristalle zur Messung der Profilwinkel: Optimale Zeit–Temperatur-Sublimation, Cantharidin.** A. C. Shead. (Mikrochim. Acta [Wien] **1968,** 2, 249—52; Dep. of Chem., Univ. of Okla., Norman, Okla.; engl.) — Zur Darst. unter dem Mikroskop vermeßbarer Krist. wird die Cantharidinsubstanz in einen Glasring von 3 mm Höhe u. 16 mm ⌀ zwischen 2 Glasplatten gebracht u. bei 120° auf einer heißen Platte 15 Min. lang sublimiert. Von typ. Krist. (Abb.) sind die Profilwinkel angegeben. K. Henning G 3061

1524 **Komplexbildende Eigenschaften von Flavonderivaten.** 1. Mitt. **Untersuchung des Cu(II)-Hesperetinkomplexes.** Anna Korkuć. (Chem. analit. [Warszawa] **13** (1968) 2, 391—97; Kat. Chem. Nieorg. i Analit., Akad. Med., Łódź; pol., Auszug: engl.) — Cu^{2+} bildet mit Hesperetin (I) einen 1:1-Komplex (λ_{max} 380 nm, ε 2960) mit einer Dissoziationskonst. von K ≈ $2 \cdot 10^{-3}$. Die Rk. eignet sich zu photometr. Best. von I. Das Beer-sche Gesetz gilt für 12—80 μg I/l. W. Grimmich G 3211

1525 **Einfacher und empfindlicher Detektor zur halbquantitativen Bestimmung von Cyanid in 2-Hydroxyiminomethylpyridiniummethansulfonat.** A. J. W. Brook, V. T. Moores und C. W. Palmer. (Chem. and Ind. **1968,** 38, 1275—76; Ministry of Defence, Porton Down, Salisbury, Wilts.; engl.) — Das einfach herzustellende Gerät, das mit einer elektrochem. Zelle ausgerüstet ist, gestattet es, den CN^--Geh. von 2-Hydroxyiminomethylpyridiniummethansulfonat (I) bei Mengen ≦ 1 ppm zu bestimmen, ohne daß I abgetrennt werden muß. W. Grimmich G 3231

1526 **Kernresonanzspektroskopie in der Pharmazie.** 3. Mitt. **Quantitative Bestimmung von Barbituraten durch Kernresonanzspektroskopie.** G. Rücker. (Z. analyt. Chem. **229** (1967) 5, 340—43; Inst. für Pharm. Chem., Westf. Wilhelms-Univ., Münster; dt.) — 2. vgl. C. **1967,** 56-0509. — Mit Hilfe eines Speichergerätes, das das Spektrum beliebig oft addiert u. das gebildete Summenspektrum integriert, können Barbituratgemische nebeneinander quant. in Mengen von 0,1—1,5 mg NMR-spektrometr. bestimmt werden, wenn sich die Signale nicht überlappen. Die Standardabweichung beträgt ±10%. K. Stühmer G 3272

1527 **Automatisierte Ionenaustauschchromatographie von Uronsäuren und Uronsäure enthaltenden Oligosacchariden.** Lars-Åke Fransson, Lennart Roden und Mary Lou Spach. (Analyt. Biochem. [New York] **23** (1968) 2, 317—30; La Rabida-Univ. of Chicago Inst., Chicago, Ill.; engl.) — Die beschriebene Meth. ist bes. zur Trennung u. Best. von L-Iduron- u. D-Glucuronsäure in Hydrolysaten von Dermatansulfat geeignet. Die Hydrolysebedingungen für optimale Uronsäureausb. wurden bestimmt. Während Uronsäuren u. Aldobiuronsäuren durch Elution mit Ameisensäure erfolgreich getrennt wurden, konnten Hyaluronsäureoligosaccharide u. bes. die Chondroitinsulfatoligosaccharide geeigneter nach Lsg. in einem Chloridsyst. durch Elution mit LiCl (nichtlinearer Gradient) getrennt werden. Dieses Syst. wurde auch für die Trennung von ungesätt. u. gesätt. Disacchariden, die nach Chondroitinasebehandlung von Chondroitin u. Chondroitinsulfat entstanden, angewendet. Der Säulenausfluß wurde mit der automat. Orcin/H_2SO_4-Meth. des Technicon-Zuckerchromatographiesyst. analysiert. H. Wolf G 3400

1528 **Trennung von Fructosanen durch Gelfiltration.** Horacio G. Pontis. (Analyt. Biochem. [New York] **23** (1968) 2, 331—33; Casilla de Correo 138, San Carlos de Bariloche, Rio Negro, Argentina; engl.) — Es wird die Trennung von Fructosanen durch Gelfiltration an Polyacrylamidgel (Bio-Gel P-2) beschrieben. Die mit W. angerührte Suspension (200—400 mesh) wurde in der Säule (1 · 210 cm) etwa 7 Std. unter einem Druck von 2 m W.-Säule gepackt. Dann wurde über Nacht mit W. gewaschen. Die Probe (50 mg Fructosane) wurde in 0,13 ml heißem W. gelöst u. auf die Säule gebracht. Die Elution erfolgte mit Wasser. Der Fructosegeh. der Fraktionen wurde mittels der Thiobarbitursäure.-Meth. von Percheron bestimmt. H. Wolf 3450

1529 **Chromatographische Trennung von Nucleotiden auf Diäthylaminoäthylcellulosepapier.** J. F. Morrison. (Analyt. Biochem. [New York] **24** (1968) 1, 106—11; Dep. of Biochem., Australien Nat. Univ., Canberra; engl.) — Vf. beschreiben eine einfache Meth. zur papierchromatograph. Trennung von Nucleotiden auf DEAE-Cellulosepapier (Whatman DE 81). Sowohl Konz. u.

pH-Wert des zur Entw. verwendeten Ammoniumformiat-Puffers als auch die Entw.-Zeit werden variiert. Es lassen sich folgende Nucleotid-Mischungen in ihre Komponenten zerlegen: *ATP–ADP–AMP, CTP–CDP–CMP, CTP–CDP, CDP–CMP, GTP–GDP, GDP–GMP, ITP–IDP, IDP–IMP, TTP–TDP, TDP–TMP, UTP–UDP, UDP–UMP* u. *IMP–XMP*. Da beim Einsatz von $^{14}C_{(2)}$- oder $^{14}C_{(8)}$-markierten Nucleotiden die Best. ohne Elution vom Papier erfolgen kann, ist die Meth. auch für kinet. Unters. von Austausch-Rk., die durch P-Transferasen katalysiert werden, bes. zu empfehlen.
P. Ziska G 3450

1530 **Gaschromatographie von Peyotealkaloiden. Neues Peyotealkaloid.** Jan Lundström und Stig Agurell. (J. Chromatogr. [Amsterdam] **36** (1968) 1, 105–08; Stockholm, Dep. of Pharmacogn., Farm. Inst.; engl.) — Es wurde eine gaschromatograph. Meth. zur Best. u. Identifizierung von bekannten u. unbekannten Alkaloiden des Kaktus *Lophophora williamsii* entwickelt. Eine Auftrennung der Alkaloidmischung in eine phenol. u. eine nichtphenol. Fraktion erleichtert wesentlich die Arbeit. Mit dem Verf. wurde ein neues Peyotealkaloid, das *3.4-Dimethyloxyphenyläthylamin* gefunden. Zum Vgl. wurden die Trennungen an semipräparativen Säulen durchgeführt. Genauere Ergebnisse erzielt man jedoch mit analyt. Säulen.
G. Düring G 3500

1531 **Trennung von Chloroplast-Blattpigmenten durch Dünnschichtchromatographie auf Celluloseplatten.** Joseph Sherma und Gunter Zweig. (J. Chromatogr. [Amsterdam] **31** (1967) 2, 439–45; Syracuse, N.Y., Syracuse Univ. Res. Corp.; engl.) — Vf. konnten auf Celluloseplatten eine bessere Trennung von Chlorophyll a u. b, Neoxanthin, Violaxanthin, Lutein u. β-Carotin erzielen als auf Papier oder Celluloseschichten auf Glasplatten.
W. Fester G 3550

1532 **Sesquiterpenkohlenwasserstoffe von handelsüblichen Kopaivabalsam und amerikanischen Zedernholzölen.** John A. Wenninger, Ronald L. Yates und Meyer Dolinsky. (J. Assoc. off. analyt. Chemists **50** (1967) 6, 1304–13; Washington, D.C., Food and Drug Administrat., Div. of Color and Cosmet. Chem.; engl.) — Die Trennung der Sesquiterpen-KW-Stoffe (**I**) geschieht durch Kombination verschiedener Verf. (Adduktbldg. mit $AgNO_3$, Fl. u. Gaschromatographie, Dest.). Die Identifizierung der einzelnen Verb. erfolgt durch IR-Spektroskopie. Für Kopaivabalsam wurde bei der Unters. von 4 handelsüblichen Proben der I-Geh. zu 72 bis > 90% gefunden. Von 24 Komponenten wurden zusätzlich neben 4 bekannten u. 5 nichtdefinierten Verb. identifiziert: *α- u. β-Cubeben, β-, γ- u. δ-Elemen, Copaen, Cyperen, β-Farnesen, allo-Aromadendren, β-Bisabolen, α- u. β-Selinen, Curcumen, γ-Cadinen, Calamenen*. Der I-Geh. von 3 handelsüblichen Proben von amerikan. Zedernholzöl lag zwischen 55 u. 65%. Neben 3 bekannten u. einigen nichtdefinierbaren Verb. wurden zusätzlich identifiziert: *β-Elemen, Caryophyllen, β-Cedren, α- u. β-Humulen, Acoren, Valencen, Cuprenen III* u. *IV*.
E. Boye G 3600

1533 **Infrarotspektren hoher Auflösung von einigen in der Natur vorkommenden Sesquiterpenkohlenwasserstoffen.** John A. Wenninger, Ronald L. Yates und Meyer Dolinsky. (J. Assoc. off. analyt. Chemists **50** (1967) 6, 1313–35; engl.) — 36 Sesquiterpen-KW-Stoffe wurden aus handelsüblichen äther. Ölen isoliert u. mit Hilfe der Gaschromatographie gereinigt. Als innerer Standard wurde *Isoduren* verwendet. Dargelegt werden tabellar. die R_1-Werte u. graph. die Spektren im Gebiete von 4000 u. 300 cm^{-1} von: *α-Bergamoten, β- u. γ-Bisabolen, β-Bourbonen, γ-, δ- u. ε-Cadinen, Calamenen, Caryophyllen, α-Cedren, Copaen, α- u. β-Cubeben, Cuparen, Cuprenen, Curcumen, Cyperen, β-, γ-, δ-Elemen, β-Farnesen, α- u. δ-Guaien, α- u. β-Gurjunen, α-Humulen, α-, β- u. γ-Patchoulen, α- u. β-Santalen, α- u. β-Selinen, β-Sesquiphellandren, Thujopsen, Zingiberen*. Außerdem werden für die 36 Verb. die 5 stärksten Spektralbanden im Bereich von 1250–300 cm^{-1} tabellar. wiedergegeben.
E. Boye G 3600

1534 **Trimethylsilyläther von Steroiden.** E. M. Chambaz und E. C. Horning. (Analyt. Letters **1** (1967) 3, 201–11; Inst. for Lipid Res., Baylor Univ., Coll. of Med., Houston, Tex.; engl.) — Die Überführung von Hydroxysteroiden in die Trimethylsilyl(TMS)-Deriv. mit verschiedenen Reagenzien wird unter verschiedenen Bedingungen untersucht. Bei Verw. von Bis-[TMS]-acetamid (**I**) allein (nicht katalysierte Rk.) reagieren 11-β- u. tert.-17α-OH-Gruppen nicht, dagegen jedoch bei Verw. von **I** u. N-TMS-Imidazol (**II**) (katalysierte Rk.). Verätherung aller OH-Gruppen erreicht man mit **I, II** u. Trimethylchlorsilan bei 60°. Die TMS-Deriv. können an 1% OV-1 u. 1% OV-17 auf Gas Chrom P (100–120 mesh) bei 170 bis 200° (1°/Min.) analysiert werden.
W. Grimmich G 3700

1535 **Trennung einiger 17-Ketosteroide durch horizontale Dünnschichtchromatographie.** M. Luisi, A. Carnicelli, V. Marescotti, M. Grieco und G. F. Menchini. (J. Chromatogr. [Amsterdam] **35** (1968) 3, 430–33; Ist. Patolog. Med., Labor. di Endocrinol., Univ. di Pisa; engl.) — Auf Silicagel konnten durch horizontale Dünnschichtchromatographie mit Bzl./Äthylacetat (50:50) die 17-Ketosteroide: *Androstendion, Androsteron, Dehydroepiandrosteron, Epiandrosteron, Ätiocholanolon, 11-Ketoandrosteron, 11-Hydroxyandrosteron, 11-Ketoätiocholanolon, 11-Hydroxyätiocholanolon* getrennt werden.
M. Wiedemann G 3700

1536 **Bildung und gaschromatographisches Verhalten isomerer Steroidketon–Methoxim-Derivate.** M. G. Horning, A. M. Moss und E. C. Horning. (Analyt. Biochem. [New York] **22** (1968) 2, 284–94; Houston, Tex., Baylor Univ. College of Med., Inst. for Lipid Research; engl.) — Steroidketone reagieren mit Methoxylamin unter Bldg. von Methoxim-Deriv. (**MO**); bei dieser Rk. entstehen in vielen Fällen geometr. Isomere vom syn/anti-Typ. Der Verlauf der **MO**-Bldg. ist abhängig von den ster. Verhältnissen in den Steroidketonen. Die entstandenen Isomerenpaare lassen sich entweder dünnschichtchromatograph. an Rhodamin 6 G enthaltendem Kieselgel G oder gaschromatograph. als Trimethylsilyl-Deriv. an temperaturprogrammierten (1°/Min.) Säulen trennen (Gas Chrom P mit 1% OV-1 oder 1% OV-17). Alle untersuchten Ketone können in die **MO** übergeführt werden mit Ausnahme derer, die eine Ketogruppe in 11-Stellung besitzen. Die TMSi-Deriv. erhält man durch Rk. der **MO** mit Bis-(trimethylsilyl)-acetamid.
A. M. Fretzdorff G 3700

1537 **Gaschromatographie der Trimethylsilyl-Derivate von Jodtyrosinen und Jodtyronynen.** Nicholas M. Alexander und Robert Scheig. (Analyt. Biochem. [New York] **22** (1968) 2, 187–94; New Haven, Conn., Yale Univ. School of Med., Dep. of Biochem. and Med.; engl.) — *Tyr, 3-Monojod-Tyr, 3.5-Dijod-Tyr, Thyronin, 3.3'.5-Trijodthyronin* u. *Thyroxin* lassen sich in Form ihrer Trimethylsilyläther gaschromatograph. an 3% OV-1 auf Gaschrom Q (60–80 mesh) oder SP 319 u. einem H_2-FID trennen u. bestimmen. Die Trimethylsilyl-Deriv. erhält man durch Erwärmen der genannten Verb. mit N.O-Bis-(trimethylsilyl)-acetamid auf 50° in Acetonitril.
A. M. Fretzdorff G 3750

1538 **Fluorimetrische Bestimmung von Epinephrin und Norepinephrin. Verbesserte Modifizierung der Trihydroxyindol-Methode.** H. Weil-Malherbe und L. B. Bigelow. (Analyt. Biochem. [New York] **22** (1968) 2, 321–34; Washington, D.C., St. Elizabeth's Hospital, Nat. Inst. of Mental Health; engl.) — Die fluorimetr. Meth. zur Best. von Epinephrin (**I**) u. Norepinephrin (**II**) beruht auf der Umwandlung dieser Verb. in die stark fluoreszierenden 3.5.6-Trihydroxyindole oder Lutine. Vf. verbessern die Empfindlichkeit u. die Differenzierung zwischen **I** u. **II** durch folgende Modifikation der Meth.: Als Red.-Mittel wird β-Mercaptoäthanol verwendet; nach der Umwandlung in das Lutin in Ggw. von Alkali wird die fluoreszierende Lsg. wieder auf pH = 5,0 gebracht u. die Ox. bei pH = 3 wird durch Cu^{2+} katalysiert. Durch diese Abänderungen wird auch der Leerwert stark herabgesetzt.
A. M. Fretzdorff G 3750

1539 **Nachweis von Indolaminen und Brenzkatechinaminen auf Chromatogrammen durch Erhitzen mit Paraformaldehyd.** Edward J. Cowles, G. M. Christensen und A. C. Hilding. (J. Chromatogr. [Amsterdam] **35** (1968) 3, 389–95; Dep. of Chem., Univ. of Minn.,

Duluth, Minn.; engl.) — Prim. u. sek. Indolamine u. Brenzcatechinamine geben beim Erhitzen mit Paraformaldehyd auf 100—155° stark fluoreszierende Substanzen. Auf diese Weise konnten auf Dünnschichtplatten noch 1 ng Indolamin nachgewiesen werden u. auf Papier 10—25 ng. Etwas weniger empfindlich ist die Meth. für Brenzcatechinamine. M. Wiedemann G 3750

1540 **Osmometrische Molekulargewichtsbestimmung von Peptiden unter Verwendung von o-Chlorphenol.** Richard G. Hiskey und Avery J. Dennis. (Analyt. Letters **1** (1968) 4, 221—25; Venable Chem. Labor., Univ. of N.C., Chapel Hill, N.C.; engl.) — Vf. bestimmten die Molgew. von 10 Cystein- bzw. Cystin-haltigen Peptiden mit einem Osmometer Modell Mechrolab 301A unter Verw. von o-Chlorphenol als Lösungsmittel. Waren die N- u. C-Terminale der Peptide durch Carbobenzoxy- u. tert.-Butoxy-Gruppen geschützt, so stimmten die theoret. Molgew., die zwischen 740 u. 2214 lagen, mit den gefundenen gut überein. Dagegen konnte mit Peptiden, die freie Carboxylgruppen enthielten, keine Übereinstimmung zwischen theoret. u. ermittelten Molgew. gefunden werden. P. Ziska G 3800

1541 **Fluorimetrische Bestimmung von Cellulase.** George G. Guilbault und Anton N. J. Heyn. (Analyt. Letters **1** (1967) 3, 163—71; Dep. of Chem. and Biol., La. State Univ., New Orleans, La.; engl.) — Nicht fluoreszierendes Resorufinacetat wird durch Cellulase (**I**) zu Resorufin hydrolysiert, dessen Fluoreszenz bei 540/580 nm gemessen wird. Auf diese Weise lassen sich 0,0001—0,06 I.E./ml mit einer Standardabweichung von 1,5% bestimmen. W. Grimmich G 3850

1542 **Reinheit von Aflatoxin G1 und die Anwendung eines Antioxydans und eines Komplexbildners bei der Reinigung des Toxins durch Dünnschichtchromatographie.** Tai-Wan Kwon und John C. Ayres. (J. Chromatogr. [Amsterdam] **31** (1967) 2, 420—26; Ames, Ia., Ia. State Univ., Dep. of Dairy and Food Ind.; engl.) — Die Chromatographie wurde auf Kieselgel G-Schichten durchgeführt. Zur Entw. dienten Lsg. von 3% Methanol in $CHCl_3$. Das Roh-Aflatoxin wurde aus *Aspergillus parasiticus* gewonnen. Das reine Prod. nach 7maliger Chromatographie zeigte eine blaue Fluoreszenz u. eine UV-Absorption bei 264 nm. W. Fester G 3950

1543 **Bestimmung der Untereinheiten des Arachins durch Osmometrie.** M. P. Tombs und M. Lowe. (Biochem. J. **105** (1967) 1, 181—87; Bedford Sharnbrook. Unilever Res. Labor.; engl.) — In Harnstoff–Sulfit-Lsg. dissoziiert Arachin. Der Dissoziationsgrad ist von der Sulfit-Konz. abhängig. Durch osmometr. Molgew.-Best. konnten 12 Untereinheiten („Monomere") von einer Form mit dem Molgew. 345000 gefunden werden. Es konnte eine neue Arachin-Form A_1 mit der Struktur $\alpha_4\gamma\delta$ aufgefunden werden. W. Fester G 4080

1544 **Methode zur Bestimmung von Nucleosidphosphaten in pflanzlichen Geweben.** O. D. Mikitjuk und D. I. Čkanikov. (Agrochimija **1967**, 6, 128—37; VNII fitopatol. Bol'šie Vjazemy, Moskovskoj obl.; russ.) — Vf. beschreiben die günstigsten Meth., Reagenzien u. Operationen zur Gewinnung von Nucleosidphosphaten (**I**). Die Adsorption der **I** an Aktivkohle nach ihrer Extraktion aus den Pflanzen mit $HClO_4$ u. die Desorption mit alkohol. NH_3-Lsg. oder wss. Py.-Lsg. soll am günstigsten sein. Die Reinigung der **I**-Lsg. von Verunreinigungen erfolgt durch Ausschütteln mit $CHCl_3$ u. anschließende Behandlung mit schwach saurem Kationenaustauscher KB-4 (NH_4^+-Form). Die gereinigte **I**-Lsg. kann mit Hilfe der Papier-, Dünnschicht- oder Ionenaustauschchromatographie analysiert werden. Vf. geben Anleitungen für die genannten Operationen u. teilen Vgl. der abs. Werte nach verschiedenen Meth. u. ein Arbeitsschema für die Unters. von Pflanzengeweben auf **I**-Geh. mit.
E. Pfluger G 4090

1545 V. M. Kostjučenko, L. V. Kozodoj, L. V. Suchova und V. F. Nikulin, **Bestimmung des Gehalts an Monoäthanolamindämpfen** in vorgereinigten Gasen durch Einleiten von 350—450 l Gas mit einer Strömungsgeschw. von 1—6 l/Min. in 200 ml 0,01 n HCl u. Titration des HCl-Überschusses in einer 20 ml-Probe mit 0,01 NaOH gegen Phenolphthalein. — Zeichnung. (**UdSSR.P. 180847** vom 6/1. 1964, ausg. 16/5. 1966.) — 2 S.
H. Heidepriem G 920

1546 T. B. Nikonorova, **Bestimmung von Isopropylbenzol in Luft durch** Absorption in konz. Nitromischung (**N**), Bestrahlen mit UV-Licht zur Rk.-Beschleunigung u. Kolorimetrie der erhaltenen orangefarbenen Lsg., wobei die Rk. spezif. in Ggw. von Toluol, Benzol u. Isopropylbenzol(**I**)-Hydroperoxid ist u. eine Empfindlichkeit von 5 γ/5 ml aufweist. — Die zu untersuchende Luft wird mit einer Geschw. von 10 l/Std. durch 2 hintereinandergeschaltete Absorber mit 2 ml **N** geleitet. Zur Analyse wird 1 ml entnommen u. in eine 5 ml-Küvette gefüllt. Gleichzeitig bereitet man aus einer Standardlsg. (0,1 mg **I**/ml; Haltbarkeit 2—3 Tage) eine Konz.-Reihe mit 0, 5, 10, 20, 40, 60 γ **I** in 1 ml **N** vor. Konz.-Reihe u. Meßprobe werden mit N–W. (1:3) auf 5 ml verd., gemischt u. 30 Min. mit UV-Licht bestrahlt. Die erhaltenen gefärbten Lsg. werden ausschließend kolorimetriert. (**UdSSR.P. 181372** vom 11/3. 1965, ausg. 30/5. 1966.) — 2 S.
H. Heidepriem G 1010

1547 N. M. Turkevič und I. I. Kopijčuk, **Quantitative Bestimmung von Rhodanin und dessen 3-Substitutionsprodukten** durch Umsetzung mit bisdiazotiertem Benzidin u. Kolorimetrie des gebildeten, in alkal. Lsg. intensiv rotvioletten Azofarbstoffs. — 0,5 g Benzidin werden mit 40 ml W., 10 ml 10%ig. HCl u. 0,4 g $NaNO_2$ diazotiert, mit KOH wird auf pH 9—9,5 eingestellt. Zu 2 ml dieser Lsg. gibt man 10 mg der Probe, mißt die bei Ggw. von Rhodanin oder dessen 3-Substitutionsprod. entstehende rotviolette Färbung beim Max. von 445 nm u. berechnet den Geh. mit einer Eichkurve. Untere Grenze der Best. 0,33 μg Rhodanin. (**UdSSR.P. 179503** vom 4/3. 1965, ausg. 26/3. 1966.) — 2 S.
H. Heidepriem G 3142

1548 E. N. Zelenina und V. A. Krasnov, **Quantitative Bestimmung von Trioxan** durch Umsetzung mit konz. H_2SO_4 in Ggw. von HCOOH, Neutralisation u. Best. des gebildeten HCHO. — 0,2—0,5 g Trioxan, auf 0,0002 g genau gewogen, werden mit 0,5 (ml) HCOOH (spezif. Gew. 1,22) u. H_2SO_4 (1,84) vermischt. Nach Zugabe von 5—6 Tropfen Thymolphthalein gibt man 5—14 20 bis 50%ig. Alkalilsg. bis zur schwachblauen Färbung zu, danach setzt man 50 dest. W. zu, mischt u. neutralisiert genau mit 0,5 n HCl bis zum Verschwinden der blauen Farbe. Das abgeschiedene monomere HCHO wird nach bekannten Verf. bestimmt; Genauigkeit ± 0,3%. (**UdSSR.P. 181081** vom 3/4. 1965, ausg. 14/6. 1966.) — 2 S. H. Heidepriem G 3343

1549 **Rhône-Poulenc Soc. An.**, Paris, übert. von: **Bernard Pierre Brossard** und **Jacques Francis Paul Boichard**, Lyon, Frankreich, *Herstellung von Ninhydrin.* (**U.S.P. 3 349 102** vom 19/11. 1963, ausg. 24/10. 1967. F. Prior. 29/11. 1962. — **C. 1967**, 11-2123 [Brit.P. 993 299].)

G–4. Analyse biologischer Materialien, forensische Analyse

1550 **Identifizierung einiger natürlich vorkommender alkylsubstituierter Phenole in Cashew-Nußschalenflüssigkeit mit Hilfe der Chromotographie.** B. G. K. Murthy, M. A. Siva Samban und J. S. Aggarwal. (J. Chromatogr. [Amsterdam] **32** (1968) 3, 519—28; Hyderabad, India, Regional Res. Labor.; engl.) — Die Schalenfl. enthält wirtschaftlich verwendbare (Harzherst.) Phenol-Fraktionen: Cardanol (**I**) u. Cardol (**II**), in kleinen Mengen Anacardsäure. Die Frakt. wurden papierchromatograph. [Streifen, P.Ae. (40—60°)/Ae. (1:1)], dünnschichtchromatograph. (Silicagel oder Silicagel–$AgNO_3$, Bzl./Äthylacetat) oder säulenchromatograph. (Silicagel–PAe.) nachgewiesen. **I** in techn. Qualität besteht aus 4 Komponenten: gesätt. **I** u. dementsprechenden Mono-, Di- u. Tri-Olefinen (Nachw.: H_2-Aufnahme). Die Tri-Olefine wurden über den Nachw. der Δ-Bindung vom Vinyltyp (starke Absorptions-Bande bei 900 cm^{-1}) charakterisiert.
W. Rehner 5206

1551 **Trennung des Scopoletins von fluoreszierenden Verbindungen in den Wurzeln von Pisum Sativum var. meteor durch Sephadexgel-Filtration.** J. Roberts. (J.

Chromatogr. [Amsterdam] **34** (1968) 1, 112–14; Dagenham, Essex, Dep. of Chem. Biol.; engl.) – Die Extrakte von 20 Wurzelsyst. des Pisum Sativum var. meteor wurden auf Sephadexgel-Säulen gegeben. Zu Beginn der Trennung wurden zwei fluoreszierende Bänder I u. II beobachtet. Band III, eine blau- u. Band IV, eine gelbfluoreszierende Zone, traten erst am Ende der Säule auf. Jedes der vier eluierten Fluoreszenzbänder wurde gesondert untersucht. Es wurden Vers. unternommen, die Verb. mit papierchromatograph. Meth. zu identifizieren. Als Testsubstanzen wurden synth. Scopoletin, Kaffee- u. Chlorogeninsäure verwendet. Band II war das abgetrennte Scopoletin. Dieser Befund wurde durch Emissions- u. Anregungsspektren bestätigt.
G. Düring 5206

1552 **Methoden zur Anthocyan-Bestimmung.** 1. Mitt. **Extraktion und Bestimmung der Gesamt-Anthocyane in Preiselbeeren.** Tibor Fuleki und F. J. Francis. (J. Food Sci. **33** (1968) 1, 72–77; Dep. of Food Sci. and Technol., Univ. of Mass., Amherst, Mass.; engl.) – Aus einem Preiselbeerenbrei (cranberry) werden die Anthocyane (**A**) quant. mit A./1,5 n HCl (85:15) extrahiert u. nach Verdünnen mit dem Extraktionsmittel wird die Extinktion bei **535** nm bestimmt. Unter Berücksichtigung der für die 4 wesentlichen **A** der Preiselbeeren ermittelten Extinktionskoeff. wird in angegebener Weise der Gesamt-A-Geh. berechnet. K. Herrmann 5206

1553 **Bestimmung von Chlorogensäure in Pflanzengewebe durch Kombination einer Polyvinylpyrrolidon-Säule und Gaschromatographie.** J. L. Wilson, W. J. Dunlap und S. H. Wender. (J. Chromatogr. [Amsterdam] **35** (1968) 3, 329–35; Chem. Dep., Univ. of Okla., Norman, Okla; engl.) – Nach Isolierung u. teilweiser Reinigung an der Polyvinylpyrrolidon-Säule wurde die Chlorogensäure in dasTrim ethylsilyl-Deriv. übergeführt u. gaschromatograph. gereinigt u. bestimmt.
M. Wiedemann 5206

1554 **Dünnschichtchromatographische Trennung von Pigmenten aus Chloroplasten.** Joseph Sherma. (Analyt. Letters **1** (1967) 3, 189–93; Dep. of Chem., Lafayette Coll., Easton, Pa.; engl.) – 1–3 μl eines Extrakts aus Spinatblättern können an Cellulose durch zweidimensionale Entw. mit PAe. (20–40°)/Bzl./$CHCl_3$/Aceton Isopropanol (50:35:10:5:0,17) u. Ae. /PAe. (20–40°) (1:1) mit 0,25% n-Propanol chromatographiert werden. Die 7 getrennten Flecke sind Neo-, Violaxanthin, Chlorophyll a u. b, Lutein, Carotin u. Pheophytin.
W. Grimmich 5206

1555 **Pigmentmuster von Dermatophyten auf Dünnschichtchromatogrammen.** Yuki Ito, Yoshinori Nozawa und Toshio Yoneya. (J. Chromatogr. [Amsterdam] **35** (1968) 4, 573–75; Gifu Univ. School of Med., Gifu, Japan; engl.) – Vf. beschreiben die Dünnschichtchromatographie (**A**) von Pigmenten, die aus den Myzelien folgender, beim Menschen Dermatozytose hervorrufender Pilzstämme gewonnen wurden: *Trichophyton violaceum 1851, Tr. equinum H-12, Tr. megnini Blanchard IFO-5913, Tr. tonsurans Malmsten IFO 5946, Tr. rubrum N-4, Tr. mentagrophytes N-3, Microsporum cookei HUT-2061, M. gypseum T-1* u. *Epidermophyton floccosum IFO 8146.* Die gereinigten u. gefriergetrockneten Myzelien wurden zermahlen u. die Pigmentstoffe nach Entfernung der Lipide mit PAe. durch Extraktion mit Aceton unter N_2 gewonnen. Nach Eindampfen bis zur Trockne u. Aufnehmen in $CHCl_3$ erfolgte die aufsteigende **A** an mit Oxalsäure imprägniertem Kieselgel G. Als Laufmittel wurde Bzl./Aceton (3:1) verwendet, die Flecken wurden durch Besprühen mit 2 n NaOH-Lsg. sichtbar gemacht. Da Nährmedium u. Alter der Kulturen keinen Einfl. auf die Verteilung haben, wird die **A** als Kriterium zur Klassifizierung der Dermatophyten vorgeschlagen. U. Feist 5206

1556 **Quantitative Bestimmung von einigen Mitragyna-Oxindolalkaloiden nach dünnschichtchromatographischer Trennung.** 4. Mitt. **Vergleich von Ultraviolettspektrophotometrie, Kolorimetrie und Densitometrie als Methoden zur quantitativen Bestimmung von Oxindolalkaloiden in Pflanzenmaterial.** E. J. Shellard und M. Z. Alam. (J. Chromatogr. [Amsterdam] **35** (1968) 1, 72–82; London, Univ. Dep. of Pharm., Chelsea, Coll. of Sci. and Technol.; engl.) – 3. vgl. ibid. **33** (1968) 347. – Oxindolalkaloide kommen in mehreren Arten von Mitragyna-Pflanzen vor. Sie wurden quant. durch UV-Spektrophotometrie, Kolorimetrie u. Densitometrie bestimmt [vgl. ibid. **32** (1968) 472 u. 489 sowie l.c.]. Die Alkaloide wurden aus den Pflanzen mit $CHCl_3$ extrahiert u. anschließend dünnschicht- oder säulenchromatograph. getrennt. Die Ergebnisse zeigten, daß der Variationskoeff. bei allen drei Meth. klein war, wenn nur wenige Alkaloide bei der Best. vorhanden waren. Lag eine größere Anzahl Alkaloide vor, so wurden auch größere Variationskoeff. beobachtet. Die genauesten Resultate wurden mit der UV-spektrophotometr. Meth. gewonnen. Die densitometr. Messungen ergaben die unzuverlässigsten Werte.
G. Düring 5206

1557 **Mikrochemische Untersuchung medizinischer Pflanzen.** 1. Mitt. **Antituberkuläres Prinzip in Prunus mume und Schizandra chinensis.** T. S. Ma und Robert Roper. (Mikrochim. Acta [Wien] **1968**, 1, 167–81; Dep. of Chem., N.Y. Univ.; engl.) – Über 50 Pflanzendrogen werden mit *M. tuberculosis 607* als Testsubstrat geprüft u. dabei in vitro die antituberkuläre Wrkg. der beiden chines. Drogen festgestellt. Diese beruht auf der Ggw. von Citronen- u. Äpfelsäure. Die Analyse wird mittels Papierchromatographie unter Verw. verschiedener Laufmittel durchgeführt, indem gleichzeitig parallel dazu bekannte Säuren mitchromatographiert werden. Anschließend wird mit Methylrot angesprüht u. die Extinktion bei 580 nm gemessen. K. Henning 5206

1558 **Mikrochemische Untersuchung medizinischer Pflanzen.** 2. Mitt. **Antituberkuläre Aktivität einiger Pflanzensäuren und ihrer Hydrazide.** Robert Roper und T. S. Ma. (Mikrochim. Acta [Wien] **1968**, 1, 212–18; engl.) – 1. vgl. vorst. Referat. – Ausgeführt werden Unters. über antibakterielle Eig. der *Citronensäure* (**I**) u. 15 weiterer Pflanzensäuren. Dabei zeigt sich, **daß I** eine spezif. Wrkg. gegen *M. tuberculosis 607*, nicht aber gegen *E. coli* oder *B. subtilis* hat. Anschließend werden die Hydrazide von **I**, *Malon-*, *Bernstein-* u. *Weinsäure* hergestellt. Dabei zeigt sich, daß die Aktivität des Hydrazids von I 10mal größer ist als die reiner **I.** K. Henning 5206

1559 **Mikrochemische Untersuchung medizinischer Pflanzen** 3. Mitt. **Samen der Catalpa-Pflanze.** Justin L. Hirshman und T. S. Ma. (Mikrochim. Acta [Wien] **1968,** 2, 262–71; Brooklyn Coll. of the City Univ., New York; engl.) – 2. vgl. vorst. Referat. – Aus Catalpa-Samen wird durch Ae.-Extraktion *p-Hydroxybenzoesäure* (**I**) isoliert, indem der Samen nacheinander mit CH_3OH, W. u. Ae. extrahiert wird. **I** wird aus der ätherlösl. Fraktion durch Papierchromatographie (Whatman No. 3, 2%ig. CH_3COOH) abgetrennt u. durch Farbrk. mit diazotiertem p-Nitroanilin u. Soda nachgewiesen. **I** kann sowohl vorher (Markierung durch UV-Bestrahlung) als auch nach der Farbrk. mit CH_3OH ausgewaschen werden, um den Rückstand auszuwiegen. Aus der wasserlösl. Fraktion wird eine gelbe krist. Verb. (F. 218.5–219,5°) erhalten, die im mg-Maßstab methyliert u. acetyliert wurde. K. Henning 5206

1560 **Mikrochemische Untersuchung medizinischer Pflanzen.** 4. Mitt. **Gelbe Verbindung aus dem Catalpasamen.** Justin L. Hirshman, Philip W. Zimmerman und T. S. Ma. (Mikrochim. Acta [Wien] **1968,** 5, 1085–94; City Univ. N.Y., Brooklyn, N.Y.; engl.) – 3. vgl. vorst. Referat. – Mit der aus dem Samen von *Catalpa bignonioides* neben p-Hydroxybenzoesäure isolierten gelben krist. Verb. (vgl. 3. Mitt.) werden verschiedene chem. Rk. u. Vorproben im mg-Bereich durchgeführt. Je 2 Hydroxyl- u. Methoxylgruppen können nachgewiesen werden. Obwohl die Elementaranalyse zeigt, daß nur C, H u. O in der Substanz enthalten sind, kann zwischen den Formeln $C_{14}H_{12}O_6$ u. $C_{17}H_{14}O_6$ nicht entschieden werden.
K. Henning 5206

1561 **Trennungsmethode für Zearalenon, Aflatoxin und Ochratoxin.** R. M. Eppley. (J. Assoc. off. analyt. Chemists **51** (1968) 1, 74–78; Food and Drug Adm., Div. of Food Chem., Washington, D. C.; engl.) – Zearalenon (**I**), Aflatoxin (**II**) u. Ochratoxin (**III**) lassen sich rasch u. ge-

nau bestimmen durch gemeinsame Extraktion u. anschließende Überführung in eine chromatograph. Säule (Silicagel). Die Eluierung erfolgt für **I** mit Aceton/Bzl. (5:95), dann nach Waschen mit Ae. für **II** mit Methanol/$CHCl_3$ (3:97) u. für **III** mit CH_3COOH/Bzl. (1:9). Zur Best. wird die Dünnschichtchromatographie angewendet. Die Ergebnisse der Best. von **I, II** u. **III** sind für **31** verschiedene Prod. dargelegt. Die geringsten noch nachweisbaren Mengen der entsprechenden Mycotoxine sind für **I** 0,5 mg/kg, für **II** u. **III** 32 bzw. 55 μg/kg.
E. Boye 5208

1562 **Fettsäurezusammensetzung der dünnschichtchromatographisch isolierten Fraktionen von Serumcholesterylestern.** Christer Alling, Lars Svennerholm und Jirl Tichy. (J. Chromatogr. [Amsterdam] **34** (1968) 3, **413** bis 415; Dep. of Neurochem., Psychiatric Res. Centre, Univ. Gothenburg, Sweden; engl.) — Vf. trennen Cholesterylester dünnschichtchromatograph. in 5 scharf definierte Fraktionen auf u. bestimmen die Zus. ihrer Fettsäuren durch GLC. Jede Fraktion enthält nur eine Hauptfettsäure (16:0, 18:1, 18:2, 20:4 bzw. 20:5) was bedeutet, daß die Trennung nur von der Zahl der Doppelbindungen in den Fettsäuren abhängt. H.-D. Schenke 5214

1563 **Quantitative Kininogenbestimmung in menschlichem Plasma.** Giesela Garbe. (Naunyn-Schmiedebergs Arch. Pharmakol. exp. Pathol. **256** (1967) 1, **112** bis 118; MPI für exper. Med., Göttingen; dt.) — Zur Blockierung von Kininasen im Plasma eignet sich bes. o-Phenanthrolin. Die Inaktivierung von Kallikrein (**I**) kann durch Wärme- u. Säurebehandlung des Plasmas ausgeschaltet werden. Auf diese Weise kann das gesamte, von Pankreas-I angreifbare Kininogen (**III**) durch eine einzige Inkubation mit **I** (1 I. E./ml) umgesetzt werden. Trypsin (**IV**) entwickelt aus dem gleichen Plasma etwa 4mal soviel Kinin (**II**) wie Pankreas-I. Diese Differenz wird z. T. auf die verschiedene Natur des entstandenen **II** zurückgeführt. Ein Teil des im Plasma vorkommenden **III** wird von Pankreas-I nicht umgesetzt, von **IV** aber angegriffen. Die Resultate weisen auf die Existenz zweier **III** im menschlichen Plasma hin. G. Marquard 5214△

1564 **Aktivierungsanalyse mit schnellen Neutronen von Silicium im Sputum.** A. Sárdi und A. Tomcsányi. (Analyst **92** (1967) 1097, **529**—31; Central Res. Inst. of Phys., Budapest; engl.) — Zur Identifizierung u. Trennung von Silicose- u. Lungentuberkulosefällen wurde eine schnelle u. genaue Meth. zur Best. von Si im Sputum entwickelt, bei der das Sputum mit Trypsin digeriert, dreimal bei Zimmertemp. u. einmal nach Erhitzen mit 5%ig. Trichloressigsäurelsg. (Entfernung von P, der die Aktivitätsmessung stört) zentrifugiert wurde. Nach 2 bis 3 Min. Exposition ($2 \cdot 10^9$ n $cm^{-2}s^{-1}$) wurde die Aktivität in einem Vielkanalanalysator gemessen u. der Si-Geh. aus der ^{28}Al-Aktivität [^{28}Si (n, p)^{28}Al; Photopeak bei 1,78 MeV] ermittelt. Der Si-Geh. des Spektrums von Silicose-Patienten war durchschnittlich viermal so groß wie der gesunder Personen. U. Drehmann 5220

1565 **Röntgenspektroskopie in Biologie und Medizin.** 8. Mitt. **Mikro- und Ultramikroverfahren zur Bestimmung von Calcium, Phosphor und Schwefel in Harnsteinen.** James C. Mathies und Paul K. Lund. (Clin. Chem. [New York] **13** (1967) 11, **962**—69; Seattle, Wash., Swedish Hospital med. Center, Labor. of Path., Pacific Northwest Res. Foundation; engl.) — Die Best. des Ca-, P- u. S-Geh. von Harnsteinen mit Einwaagen von 0,15 mg für eine Doppelbest. ist mit der Röntgenstrahlemissionsspektrographie möglich. Zu dem in der 7. Mitt. beschriebenen Verf. werden die instrumentellen Daten für die hier zu bestimmenden Elemente angegeben. Die im Achatmörser zerriebenen Steinproben werden mit einer ammoniakal. 0,05 m EDTA-Lsg. extrahiert. Nach Zusatz von 2%ig. Methylcellulose-Lsg. (1:1) trocknet man Teile dieser Lsg. zunächst bei Raumtemp. auf Plättchen von Al-Folie ein. Zur Eichung stellt man sich Standard-Plättchen unter Verw. von Na_2HPO_4, $CaCO_3$ u. Cystin her. Mit diesen ergab sich die relative Standardabweichung des Verf. bei einem Ca-Geh. von 26% zu 3,4%, für 9% S u. 13% P zu 5,4 bzw. 4,8%. Die Unters. von 245 Steinen ergab bez. der Zus. eine den Angaben in der Literatur entsprechende Häufigkeitsverteilung. F. Bister 5224

1566 **Dünnschichtchromatographie von Rattengalle und -harn nach intravenöser Gabe von Safrol, Isosafrol und Dihydrosafrol.** L. Fishbein, J. Fawkes, H. L. Falk und S. Thompson. (J. Chromatogr. [Amsterdam] **29** (1967) 1, **267**—73; Bethesda, Md., Nat. Cancer Inst.; engl.) — Vf. untersuchen Gallenfl. u. Harn von Ratten nach einmaliger i.v. Injektion von Safrol, Isosafrol u. Dihydrosafrol mit Hilfe der Dünnschichtchromatographie an Kieselgel Df-5 mit Essigester/Methanol/Eisessig (70:20:10). Die genannten Verb. u. ihre Abbauprod. werden mit Chromotropsäure-Reagenz auf dem Chromatogramm sichtbar gemacht. Safrol u. Isosafrol mit ungesätt. Seitenkette zeigen im Chromatogramm eine größere Anzahl von Abbauprod. als Dihydrosafrol.
A. M. Fretzdorff 5224

1567 **Prüfung der Hexokinase/Glucose-6-Phosphat-Dehydrogenase-Methode zur Bestimmung von Glucose im Harn.** John I. Peterson und Donald S. Young. (Analyt. Biochem. [New York] **23** (1968) 2, **301**—16; Clinical Center, Nat. Inst. of Health Bethesda, Md.; engl.) — Vf. unternahmen eine detaillierte Unters. der Glucosebest. im Harn mittels der Glucoseoxydase-Meth. u. des gekoppelten opt. Testes mit Hexokinase (Hk) u. Glucose-6-phosphat-Dehydrogenase (G6PDH). Während die Glucoseoxydase-Meth. durch den Ascorbinsäure- u. Harnsäure-Geh. im Harn stark verfälschte Werte angibt, ist die Hk/G6PDH-Meth. hoch spezif. u. störungsfrei. Die einzige mögliche Fehlerquelle ist eine abnorm hohe Fructosekonz. im Harn. Die allg. analyt. u. kinet. Charakteristika wurden bestimmt. Dabei wurde bei Umgebungstemp. mit 10 Min. Inkubation bis zu 100 mg/100 ml eine Gerade als Eichkurve erhalten.
H. Wolf 5224

1568 **Dünnschichtchromatographischer Nachweis von Adalin, Bromural und Valamin im Blut und Harn nach Einnahme therapeutischer Mengen.** S. Goenechea und R. Buttler. (Z. analyt. Chem. **239** (1968) 6, **389**—95; Inst. für gerichtl. Med. der Univ., Bonn; dt.) — Aus 1 ml Blut werden obige Substanzen mittels $CHCl_3$ extrahiert u. nach Reinigung in einer Kieselgelsäule auf Kieselgel G mit $CHCl_3$/Aceton (90:10) zweidimensional chromatographiert. Als Sprühmittel wird für Adalin (**I**) u. Bromural (**II**) 10%ig. wss. $AgNO_3$-Lsg., für Valamin gesätt. wss. Hg(I)-Nitratlsg. verwendet. Die günstigste Blutentnahmezeit für den Nachw. dieser Substanzen bzw. ihrer Abbauprod. liegt zwischen $^3/_4$ bis 3 Std. nach der Einnahme therapeut. Dosen (600—1 000 mg). Im Harn ist der Nachw. von **I** u. **II** nicht möglich. Valamin dagegen ist neben seinen Metaboliten in allen Harnproben gefunden worden.
F. Büchele 5224

1569 **Anwendung der Ionenaustausch-Chromatographie bei der spektralphotometrischen Untersuchung des antineoplastisch wirkenden 2-Dimethylamino-3'.4'-dihydroxyacetophenon-hydrochlorids in biologischen Flüssigkeiten.** George T. Bryan und Hitoshi Takahashi. (J. Chromatogr. [Amsterdam] **36** (1968) 2, **229**—233; Div. of Clinical Oncology; Univ. of Wis. Med. School, Madison, Wis.; engl.) — Die Titelverb. (**I**) kann in biolog. Material durch Chromatographie über Dowex 2 (Borat-Form) u. anschließend über Dowex 50 (H^+-Form) bestimmt werden. Die Analyse erfolgt durch UV-Spektroskopie. **I** zeigt eine bemerkenswerte Stabilität in Boratpuffern vom pH 9, im Gegensatz zu Phosphatpuffern vom gleichen pH. Es werden 92% $\pm$ 6% des eingesetzten **I** wiedergefunden. Mit Hilfe dieser Meth. wird festgestellt, daß nach i.v. Gabe beim krebskranken Patienten ca. 50% des verabreichten **I** unverändert ausgeschieden werden.
D. Volkmann 5230

1570 Miles Laboratories, Inc., USA (Erfinder: Chauncey Orvis Rupe und Allen Chuol Hue), **Nachweis von Galaktose in biologischen Flüssigkeiten** mit einer Mischung aus Galaktoseoxydase, einem Peroxydationsmittel, wie Peroxydase, Hämin, Methämoglobin, Oxyhämoglobin, Hämoglobin, Hämochromogen, Hämatin u. Urobämin, einem Farbindikator für H_2O_2, wie o-Tolidin, Guajakharz, 2.7-Diaminofluoren, o-Dianisidin

u. Leukoindophenol, einer leicht lösl. metall. Verb., wie ZnO, CdO, CuO, $ZnCO_3$, $CaCO_3$, $MgCO_3$, $CdCO_3$ u. $Al(OH)_3$, u. einem Puffer für pH 5,8—7,5. (**F.P. 1468364** vom 16/2. 1966, veröff. 3/2. 1967. U.S. Prior. 17/2. 1965.) — 5 S. J. Bardeleben 5224

1571 Miles Laboratories, Inc., USA (Erfinder: Joseph Wilfred Fraser jun. und Royer Lee Atkinson), **Nachweis von Glucose in Körperflüssigkeiten** (Blut, Harn). Ein absorbierender Träger wird mit einer Mischung aus Glucoseoxydase, einem Peroxydationsmittel, Citratpuffer, o-Tolidindihydrochlorid, Polyvinylpyrrolidon, einem Deriv. eines Interpolymeren aus Methylvinyläther u. Maleinsäureanhydrid, Na-Lauroylsarkosinat, 3.6-Anhydro-D-galaktose u. sulfatisierter D-Galaktose getränkt. (**F.P. 1488166** vom 1/8. 1966, veröff. 7/7. 1967. U.S. Prior. 2/8. 1965.) — 4 S. J. Bardeleben 5224

1572 Miles Laboratories, Inc., Elkhart, Ind., USA (Erfinder: James Thomas Rees, Glamorgan, Wales, Großbritannien), **Glucosenachweis im Harn** erfolgt durch ein Reagens, das Glucoseoxydase, eine Peroxydase u. einen farbgebenden, durch H_2O_2 u. Peroxydase oxidierbaren Indikator enthält, wobei der Indikator die allg. Formel $R'-C_6H_4-CH{=}N-C_6H_4-R''$ (R' u. R'' = Hydroxyl, Amino, NHR-, NR_2; R = Alkyl, Aryl) besitzt. Als Indikatoren werden genannt: 3-Methoxy-4-hydroxybenzal-p-dimethylaminoanilin, p-Hydroxybenzal-p-hydroxyanilin, p-Dimethylaminobenzal-p-hydroxyanilin. (**D.A.S. 1260827** Kl. 42l vom 9/12. 1964, ausg. 8/2. 1968.) — 2 S. R. Bauereis 5224

G–5. Analyse technischer Produkte

1573 **Bestimmung von Diäthanolamin, 2-Methylaminoäthanol und 2-Diäthylaminoäthanol in der Luft im Mikrogramm-Bereich.** F. A. Miller, R. F. Scherberger, K. S. Tischer und A. M. Webber. (Amer. ind. Hyg. Assoc. J. **28** (1967) 4, 330—34; Rochester, N.Y., Eastman Kodak Co.; engl.) — Durch Rk. mit $Na_2Cr_2O_7$ werden die beiden sek. Amine ox., das überschüssige $Cr_2O_7^{2-}$ wird mit 1.5-Diphenylcarbazid photometr. bestimmt. Das tert. Amin wird aus der wss. Absorptionslsg. mit Äthylendichlorid extrahiert u. mit Methylorange umgesetzt. Der entstehende Komplex zerfällt in saurer Lsg. u. der gebildete Farbstoff wird photometr. bestimmt. K. Wettig 5242

1574 **Anwendung der Ultraviolett-Spektrophotometrie zur Schnellanalyse von Stickoxiden bei der Erzeugung von verdünnter Salpetersäure.** B. F. Rud'ko und N. L. Vasil'eva. (Chim. Prom. **1967**, 2, 53—55; Inst. avtomat. AN USSR; russ.) — Die Aufnahme der Spektren erfolgte im Bereich von 209—600 nm mit dem Gerät **SF-4**. Zunächst wird das Gerät nach der NO_2-Konz. bei λ_{max} = 400 nm geeicht, anschließend wird die Summe von NO_2 u. NO bei λ_{max} = 214 nm gemessen. Dann wird die Gasküvette mit der Probemischung gefüllt, der NO_2-Geh. bei 400 nm u. der NO_2 + NO-Geh. bei 214 nm abgelesen. Mitgeteilt werden die Spektren von NO_2 u. NO, die Abhängigkeit der Extinktion von der Stickoxidkonz. bei verschiedenen Wellenlängen, die Spektren von NO bei verschiedenen Konz. u. die abs. Analysenwerte von NO_2–NO-Gemischen im Vgl. zu den nach chem. Best.-Verf. erhaltenen sowie die Analysenabweichungen. E. Pfluger 5243

1575 **Chemische Analyse von Schlämmen, Klinkern und Zementen mit dem Photoelektrokolorimeter FÉK-M.** A. Brašnarova und J. Tutunarova. (Stroitelni Mater. Silikatna Prom. 8 (1967) 7—8,5—9; russ.) — Kombinierte Anwendung photometr. u. komplexometr. Meth. zur Best. der Hauptkomponenten in Klinkern u. Zementen ergeben Vorteile im Vgl. zu den bisher üblichen klass. Methoden. SiO_2 wird nach dem Aufschluß (Schmelzen mit Na_2CO_3 + $Na_2B_4O_7$) als Si-Mo-Komplex der Zus. $H_8[Si(Mo_2O_7)_6]$ bei 360—410 nm u. Blaufilter kolorimetriert. Al_2O_3 wird photometr. mit Aluminon oder anderen bekannten Reagenzien bestimmt. Fe_2O_3 wird mit NH_4SCN bestimmt. *CaO* u. *MgO* werden durch komplexometr. Titration mit EDTA u. Methylthymolblau als Indikator ermittelt. Die Analysenvorschriften u. Beleganalysen verschiedener silicat. Materialien werden mitgeteilt. E. Pfluger 5244

1576 **Beschreibung der Verfahren zur Prüfung, Identifizierung und Analyse der ausgeschiedenen, sehr feinen Phasen in metallischen Werkstoffen.** Rinaldo Campos-Soares, Jacques Voeltzel und Guy Henry. (J. Microscop. [Paris] **7** (1968) 1, 17—38; franz.) — Übersicht über die elektronenmkr. Unters. u. die Elektronensonden-Mikroanalyse von fein verteilten, in Fe- oder Ni-Grundmasse ausgeschiedenen Phasen u. den Anwendungsbereich der Verf. (Beispiel an 2 austenit.-martensit., rostfreien Stählen mit überwachter Umwandlung, sek. Härtung u. Carbiden, Carbonitriden u. intermetall. Verb. als ausgeschiedenen Phasen). — 28 Literaturangaben. W. Wesly 5245

1577 **Sorptionseigenschaften und Gasgehalte von verschiedenen Graphitsorten und ihre Verwendung als Reduktionsmittel bei der Bestimmung von Gasen in Metallen.** É. E. Vajnštejn, R. Š. Chalitov, A. F. Kutejnikov und V. A. Egorova. (Z. analitičeskoj Chim. **23** (1968) 4, 568—74; Inst. geochim. i anal. chim. im. Vernadskogo AN SSSR, Moskva; engl.) — Die Unters. erfolgte im Zusammenhang mit möglichen Fehlern bei der Best. von Gasen in Metallen nach dem Vakuum-Extraktionsverf. bei Verw. von Graphittiegeln. In Abhängigkeit von den Herst.-Bedingungen u. Reinigung der Graphite (**G**) u. deren Dichte, kann der Gasgeh. (O_2, N_2 u. H_2) in weiten Grenzen schwanken. Er liegt bei > ca. $4 \cdot 10^{-4}$% für H u. N u. ca. $1 \cdot 10^{-3}$% für O; der Gasgeh. in **G** ist in erster Linie von deren Porosität abhängig; er ist um so höher, je höher die Porosität ist. Der Blindwert der Korrektur bei der Entgasung des **G**-Tiegels stabilisiert sich nach 2 Std. bei 1900—1700° u. ist wenig abhängig von der **G**-Sorte u. der Tiegeltemperatur. Die Absorption von CO kann bei einem Vakuum im Reaktor von ca. 10^{-6}—10^{-5} mg Hg vollständig beseitigt werden. Bei $t_g < t_c$ (t_d = Vers.-Temp.; t_c = Temp. bei der Tiegelentgasung) wird eine Desorption von CO nicht erreicht. Gebracht werden Charakteristika von verschiedenen **G** u. ihr Gasgeh., die Abhängigkeit des Gasgeh. in **G** von deren Porosität, die Abhängigkeit des Korrekturwertes von der Tiegeltemp., der Entgasungsgeschw. von **G** verschiedener Sorten u. a. abs. Größen der CO-Absorption u. -Desorption. E. Pfluger 5245

1578 **Bestimmung von Sauerstoff in Metallen mit Hilfe einer Reduktionsschmelze in Argonatmosphäre mit dem Gerät „Kulomatik O".** A. M. Vasserman, Ju. N. Surovoj, L. L. Kunin und V. A. Mansurov. (Zav. Labor. **34** (1968) 8, 919—21; CNII černoj metallurgii im Bardina; russ.) — Die Meth. besteht in der Überführung des gebundenen O der Probe in CO, das kontinuierlich aus der Rk.-Zone abgezogen wird. Das Schmelzen der Probe erfolgt in einem Graphittiegel in einem Fe–Sn-Bad bzw. Sn-Bad mittels induktiver Heizung. Der Graphittiegel ist in C-Pulver eingebettet; das entstehende CO wird im Ar-Strom mit J_2O_5 zu CO_2 ox. u. dieses coulometr. mit $Ba(ClO_4)_2$ titriert. Vf. bringen die Beschreibung der App., des Verbrennungsverf. sowie abs. Best.-Ergebnisse von O in Stahl **49**, elektrolyt. Cr u. Mn, Ferrochrom, AlN u. Einkrist. von Ga-Antimonid. E. Pfluger 5245

1579 **Analytische Verfahren zur Untersuchung von Materialien zur Stahlherstellung.** 5. Mitt. **Spektrophotometrische Bestimmung von Titan in Ferroniob mit Diantipyrylmethan.** Rokuro Kajiyama und Katsumasa Yamaguchi. (Japan Analyst **16** (1967) 9, 908—12; Kawasaki Plant of Nippon Yakin Kogyo Co., Daishigawara, Kawasaki-shi, Kawagawa-ken; jap., Auszug: engl.) — 4. vgl. ibid. **12** (1963) 659; 6. vgl. C. **1967**, 3-2016. — Wenn Nb als Oxalat vorliegt, stört ein > 100-facher Überschuß an Nb die Ti-Best. mit Diantipyrylmethan (I) nicht. Zur Best. von 0,02—0,6% Ti in Ferroniob wird die Probe mit $K_2S_2O_7$ geschmolzen u. dann mit $(COOH)_2$-haltiger H_2SO_4-Lsg. aufgenommen. In einem aliquoten Teil (10—100 μg Ti) wird Fe^{3+} mit Ascorbinsäure red., die Lsg. mit HCl-Lsg. u. 20 ml 1%ig. I-Lsg. versetzt u. mit W. auf 50 ml aufgefüllt. Nach 45 Min. wird die Extinktion bei 385 nm gemessen. W. Grimmich 5245

1580 **Extraktions-photometrische Bestimmung von Molybdän in Stählen mit N.N'-Diphenylthiocarbamylhydroxamsäure.** V. P. Maklakova und I. P. Rjazanov. (Zav. Labor. **34** (1968) 9, 1049—51; Magnitogorskij gornometallurg. inst.; russ.) — Das Reagenz bildet mit Mo in saurer Lsg. einen gelben Nd., der leicht lösl. in organ. Lsgm. ist (Acidität 0,4—0,5 n HCl). Das Absorptionsmax. des $CHCl_3$-Extraktes liegt bei 400—450 nm. Die Synth. des Reagenzes erfolgt aus Phenylisothiocyanat mit Phenylhydroxylamin. Es bildet weiße, blättrige Krist., die lösl. in Methanol, A., höheren Alkoholen, Aceton, Dioxan, $CHCl_3$, CCl_4 u. Methyläthylketon sind. Al, Cr, Zn, Co, Ni, Mn, Fe(II), V(IV) stören nicht; es stören Cu, Fe(III), V(V), W (VI); Fe(III) wird durch Zusatz von Ascorbinsäure maskiert. Vf. bringen den Analysengang, die Grenzwerte der Konz. der Störelemente sowie abs. Best.-Werte von Mo in Stahl (0,26—0,43% Mo) u. die relativen Fehlerbereiche. E. Pfluger 5245

1581 **Analyse von Mineralölprodukten durch Absorption von radioaktiven Strahlen.** 5. Mitt. **Radioaktive Absorptionsmethode und Gerät zur kontinuierlichen Analyse des Gehaltes an Heteroatomen in flüssigem Petroleum und petrochemischen Produkten.** T. Bálint. (Acta chim. Acad. Sci. hung. **52** (1967) 3, 243—40; Veszprém, Hung. Mineral Oil and Natural Gas Res. Inst.; engl.) — 4. vgl. C. **1966, 27**-1893. — Auf der Grundlage der Gleichung $\log I_0/I = \varrho \cdot l \cdot \sum_{i=1}^{n} a_i \cdot w_i$ [I_0 u. I = Strahlungsintensität ohne bzw. mit Absorptionsschicht (AS.); ϱ u. l = D. bzw. Dicke von AS.; a_i u. w_i = Massenabsorptionskoeff. bzw. Gew.-Anteil der Komponente i in AS.] wird eine mechan. Vorr. entwickelt, mit der $\varrho \cdot l$ bei D.-Unterschieden von maximal 0,05—0,10 g/cm^3 kontinuierlich konst. gehalten werden können. Die App. wurde bei der direkten Alkoholsynth. zur Best. des Katalysatorgeh. (Co-Carbonyle) verwendet u. kann zur S- u. H-Best. eingesetzt werden. E. Bomke 5247

1582 **Gaschromatographie der Oxydationsprodukte aus Leichtpetroleumgas.** J. Rouchaud. (J. Gas Chromatogr. **6** (1968) 2, 127—28; Leopoldville, Congo, Univ. of Lovanium; engl.) — Zur Analyse der Ox.-Prod. von Propan-, Butan-, Isobutan-Mischungen verwendet Vf. 2 Säulen A (2 m × 3,15 mm, 20 Gew.-% Dinonylphthalat) u. B (4 m × 3,15 mm, 20 Gew.-% Diäthylenglykolsuccinat) Säule A wird in Reihe mit Säule B zwischen 80 u. 110°, oder aber Säule B zwischen 50 u. 90° temperatur programmiert betrieben. Die Probe wird in Essigsäure als Lsgm. dosiert. Die Identifizierung der Peaks (Methyl-, Äthyl-, tert.- u. n-Butylacetat, Methanol, Äthanol, Propanol, Butanol, Aceton, MEK) erfolgt durch Zusatz von Testsubstanzen. n-Propanol dient als innerer Standard. C.-E. Döring 5247

1583 **Spektrofluorimetrische Bestimmung kleiner Mengen von Perylentetracarbonsäure-3.4.9.10-dianhydrid in Pigmenten.** J. F. McKellar und G. T. Porteus. (Analytica chim. Acta [Amsterdam] **39** (1967) 3, 395—97; Imp. Chem. Ind. Ltd., Blackley, Manchester; engl.) — Perylentetracarbonsäure-3.4.9.10-dianhydrid (**I**) kann in ppm-Mengen in Farbstoffen nachgewiesen u. bestimmt werden, indem der Farbstoff ca. 5 Std. lang der alkal. Hydrolyse mit Na_2CO_3-Lsg. unterworfen wird, wobei **I** in die Carbonsäure übergeht, die ein Fluoreszenzmax. bei 480 nm zeigt. Das Verf. versagt bei Farbstoffen, die während der Hydrolyse ebenfalls zersetzt werden. W. Grimmich 5248

1584 **Identifizierung der Hauptbestandteile des Muskatnußöls durch Gaschromatographie und Massenspektrometrie.** G. M. Sammy und W. W. Nawar. (Chem. and Ind. **1968**, 38, 1279—80; Dep. of Food Sci. and Technol., Univ. of Mass., Amherst, Mass.; engl.) — Im mit W.-Dampf isolierten Öl werden durch Säulenchromatographie an Silicagel 14 Fraktionen erhalten, die in zwei Kapillarsäulen an (Carbowax 20M mit Poly-diäthylenglykolsuccinat u. SE-30) analysiert werden. Als Detektor dient ein Massenspektrometer. Identifiziert werden: α-, β-Pinen, Camphen, α-Phellandren, Myrcen, α-Terpinen, p-Cymol, Terpinolen, Linalool, 4-Terpineol, α-, β-Terpineol, Citronellol, Geraniol, β-Caryophyllen, Safrol, Methyleugenol, Myristicin, cis-, trans-Elemicin sowie im Fett die geradkettigen Fettsäuren C_{12}—C_{18} u. Ölsäure (als Methylester). G. Bock 5249

1585 **Bestimmung von Propylenglykol in kosmetischen Präparaten durch Gaschromatographie.** Frederick C. Gross und John H. Jones. (J. Assoc. off. analyt. Chemists **50** (1967) 6, 1284—87; Food and Drug Administrat., Washington, D.C.; engl.) — Propylenglykol (**I**) enthaltende Präp. werden unter Zugabe von etwas W. mit Isooctan destilliert. Es folgt die gaschromatograph. Analyse des Destillats. Es wurden bekannte **I**-Mengen zu Reinigungs-, Rasier-, Cold- u. Befeuchtungscreme, Shampoo, Zahnpasten, Lippenstiften u. Haarfarben zugefügt. Die wiedergefundenen Mengen liegen zwischen 92 u. 102%. E. Boye 5249

1586 **Bestimmung von Glycerin in kosmetischen Präparaten durch Verteilungsgaschromatographie.** 1. Mitt. **Entwicklung der Methode.** Frederick C. Gross und John H. Jones. (J. Assoc. off. analyt. Chemists **50** (1967) 6, 1287—91; Food and Drug Administrat., Washington, D.C.; engl.) — Die Verteilungsgaschromatographie an 5% SAIB auf Chromosorb G eignet sich zur Best. von Glycerin (**I**) in Abwesenheit von Wasser. Dazu wird die **I**-haltige Substanz mit etwas W. versetzt u. nach Neutralisation mit HCl mit $CHCl_3$ oder PAe. extrahiert. Die abgetrennte wss. Phase wird mehrmals unter Zusatz von Äthylenglykolmonomethyläther (**II**) u. bei Ggw. von B unter Zusatz von Methanol–**II**-Gemisch (4:1) eingedampft. Auch kann für die weiteren Unters. die Lsg. von **I** in **II** benutzt werden. Es folgt dann die gaschromatograph. Bestimmung. **I** wurde in W., Glykolmonostearat, Reinigungscreme [enthaltend Stearinsäure, Triäthanolamin u. Propylenglykol (**III**)] sowie in Zahnpasten (enthaltend Sorbit, **III**, Ca-Phosphat u. -Carbonat, Na-Laurylsulfat u. Irischmoos) bestimmt. Die wiedergefundenen Mengen lagen zwischen 95 u. 105%. Weiterhin wurden Handlotion, Coldcreme u. Nachrasur-Creme untersucht. E. Boye 5249

1587 **Bestimmung von Glycerin in kosmetischen Präparaten durch Verteilungsgaschromatographie.** 2. Mitt. Frederick C. Gross. (J. Assoc. off. analyt. Chemists **50** (1967) 6, 1292—93; engl.) — 1. vgl. vorst. Referat. — 6 Mitarbeiter analysierten je 2 Muster von Reinigungscreme mit 2 verschiedenen Glycerin(**I**)-Geh. nach dem vorst. beschriebenen Verfahren. Jede Best. wurde zweimal durchgeführt. Bei Muster 1 mit 24,7 mg **I** lagen die Analysenwerte zwischen 94 u. 102% bei einem Ausreißer mit 82%. Bei Muster 2 mit 49,4 mg **I** lagen die Werte zwischen 95 u. 102% bei einem Ausreißer mit 88%. Es werden Folgerungen für die Abänderung der Arbeitsweise gezogen. E. Boye 5249

1588 **Bemerkung zur Bestimmung von Wasser und flüchtigen Alkoholen in kosmetischen Präparaten durch temperaturprogrammierte Gaschromatographie an porösen polymeren Perlen.** Frederick C. Gross. (J. Assoc. off. analyt. Chemists **50** (1967) 6, 1293—94; Food and Drug Administrat., Washington, D.C.; engl.) — Vgl. vorst. Referat. — Als Füllkörper zur Chromatographie wird Poropak Q verwendet, das leichter herzustellen ist u. bessere u. raschere Trennungen von A. u. Isopropanol (**I**) ergibt als Carbowax. Als Lsgm. eignet sich n-Propanol (**II**) besser als 2-Methoxyäthanol (**III**). Das Chromatogramm für ein Gemisch aus W., Methanol, A., **I** u. **II** sowie für **III** wird mitgeteilt. E. Boye 5249

1589 **Bestimmung von Feuchthaltemitteln in Zahnpasten durch Gaschromatographie.** Jaime Blum und Walter R. Koehler. (J. Gas Chromatogr. **6** (1968) 2, 120—23; Edgewater, N.J., Lever Brothers Res. Center; engl.) — Die als Feuchthaltemittel verwendeten Polyole Glycerin, Sorbit u. Propylenglykol werden in die entsprechenden Trimethylsilylderiv. übergeführt u. an einer 6 ft. × 3 mm-Säule mit 6 Gew.-% SE 30 auf silaniertem Chromosorb W zwischen 75 u. 225° (6°/Min.) analysiert. Zur quant. Auswertung wird Erythrit als innerer Standard zugesetzt. C.-E. Döring 5249

1590 **Gaschromatographie von Lösungsmitteln.** Jan Beneš. (Chem. Průmysl **17**[43] (1967) 5, 261—66; Gottwaldov, Výzkumný ústav gumárenské a plastikářské technol.; tschech.) — Vf. beschreibt eine gaschromatograph. Meth. zur Identifizierung von Lsgm., die in der Kautschuk- u. Kunststoffproduktion vorkommen (z. B. bei der Gesamtanalyse von Klebstoffen, Kitten, Lacken, Anstrichmitteln, Zementen u. a.). Es handelt sich um aliphat., aromat., nitrierte u. chlorierte KW-Stoffe, Alkohole, Glykole, Äther, Ketone, Ester u. organ. Säuren. J. Schneider 5250△

1591 **Eignung verschiedener Einschlußmittel für Dauerpräparate von Kunststoff-Dünnschnitten.** Manfred Schrader und Ute Weber. (Mikroskopie [Wien] **22** (1968) 7/8, 199—204; IBM Deutschland GmbH, Sindelfingen; dt.) — Es werden die Ergebnisse von Unters. über die Eignung von verschiedenen Einschlußmitteln [*Glyceringelatine* (**B**), *Caedax* (**C**), *Malinol* (**D**), *Rox I*, *Rox II*, *Styrax* (**E**)] für Dauerpräp. von Kunststoff [*Polyvinylchlorid*, *Polymethacrylat* (Resurit), *Polyacrylnitril* (Novodur), *Polymethacrylat* (Plexigum weiß bzw. grau), *Polycarbonat* (Makrolon), *Polyamid A*, *Polyacetal* (Delvin), *Polyäthylen*, *Polystyrol*, *Polypropylen* (Hostalen PPH), *Polytetrafluoräthylen* (Teflon)]-Dünnschnitten bekanntgegeben. Als chem. neutrales Einschlußmittel ergab sich **B** für die untersuchten Kunststoffe. Bes. lösungsmittelunempfindliche Präp. lassen sich auch in **C**, **D** oder **E** einschließen. P. Würthle 5250

1592 **Bestimmung von Polygarda ($(C_6H_{19}$–C_4H_4–$O)_3P$) und Dioctylphthalat in schlagfestem Polystyrol.** V. A. Balandina, V. G. Korsakov, N. I. Malkina und Z. F. Davydova, M. P. Noskova und Z. I. Ševardina. (Plastičeskie Massy **1967**, 10, 53—54; russ.) — Die Best. von Polygarda (**I**) u. Dioctylphthalat (**II**) erfolgt im Quarzspektrophotometer SF-4A bei 276 nm in neutraler oder alkal. alkohol. Extraktionslösung. Der relative Fehler kann bis 13% betragen. Für die Best. von **II** wird außerdem eine polarograph. Meth. beschrieben (Grundlsg. 10 ml A., 10 ml 2%ig. $(C_2H_5)_3$J-Lsg. in DMF bei 1,8—1,9 V, Tropfenfolge 1,4 Sek. gegen Boden-Hg). Der relative Fehler beträgt ±3%. Das untersuchte Polystyrol enthält ca. 3% **II** u. 1% **I**. Herbert Hoffmann 5250

1593 **Quantitative Infrarotanalyse des Gehaltes an o-Phthalsäureanhydrid in nicht modifizierten Alkydharzfarben.** C. Salama und R. Dunn. (Canad. Spectroscopy **12** (1967) 5, 175; Canadian Nat. Railways, Dept. Res. and Development, Montreal; engl.) — Durch die Best. des Absorptionsverhältnisses der Banden bei 1581 u. 2927 cm^{-1} nach der Grundlinienmeth. läßt sich der o-Phthalsäureanhydrid-Geh. in nicht modifizierten Alkydharzen im Bereich 10—50% o-Phthalsäureanhydrid bestimmen. M. Meyer zur Heyde 5252

1594 **Bestimmung von Bor in Düngemitteln, Böden, Pflanzen und Mineralwässern mit Nilblau A.** E. Gagliardi und E. Wolf. (Mikrochim. Acta [Wien] **1968**, 1, 140—47; Inst. für anorg. u. anal. Chem., Univ., Graz; dt.) — Man gibt zur Probelsg. mit 10—130 μg B/10 ml 10 ml 2%ig. HF-Lsg. u. fügt nach 20 Min. 10 ml einer 10%ig. wss. Lsg. von $Fe_2(SO_4)_3 \cdot 9H_2O$, 5 ml 0,1%ig. wss. Nilblaulsg., extrahiert 30 Sek. mit 20 ml $CHCl_3$, verd. 5 ml vom organ. Extrakt mit CH_3OH auf 50 ml u. mißt die Extinktion bei 647 nm. Der Fehler für die Eichkurve liegt bei ±2%. Bis 130 μg B ist die Eichkurve linear. Bei Ersatz des $CHCl_3$ durch o-Dichlorbenzol kann die Empfindlichkeit gesteigert werden, so daß eine Eichkurve für den Bereich von 0,01—0,20 μg B/ml aufgestellt werden kann. Der molare Extinktionskoeff. in o-Dichlorbenzol beträgt 72500 l/Mol · cm. Der Fehler liegt im untersten erfaßbaren Bereich zwischen ±5 u. ±7%. Es stören Ta, Cl^- oberhalb 0,5 mg/ml u. NO_3^-. Der relative Fehler liegt bei der Düngemittelanalyse mit 0,52% B bei ±2,4%, in Mineralwässern mit 2,660 mg B/l bei ±2,4%. K. Henning 5253

1595 **Trennung, Identifizierung und Bestimmung von Fluoracetamidrückständen in Wasser, biologischen Materialien und Böden.** 1. Mitt. **Analytische Technik.** R. Sawyer, L. M. Grisley und B. G. Cox. (J. Sci. Food Agric. **18** (1967) 7, 283—86; Ministry of Technol., Cornwall House, London; engl.) — Zur Best. von Rückständen von Fluoracetamid (**I**) in W. (0,2 ppm-Bereich) wird die Meth. nach Ramsey u. Clifford (1949) durch einen weiteren Extraktionsschritt (3std. Extraktion mit Ae. u. anschließende Säulenchromatographie [Chloroform/Butanol]) modifiziert. Dadurch wird nur das an organ. Säure gebundene F erfaßt (Herabsetzung des Blindwertes auf durchschnittlich 0,016 ppm ber. als **I**). In den Extrakten wird das F nach Hall (1963) photometr. mit Zirkonylchlorid u. Solochromcyanin R bei 540 nm bestimmt. Aus Boden- u. Laubproben werden zuviel Pigmente mitextrahiert, die den Blindwert stark erhöhen. Dafür wird ein Elektrodialyseverf. (Ionenaustauschermembranen) angegeben. Die Proben (100 g) werden 2 Std. lang bei pH 10—11 mit sd. W. digeriert, 8—12 Std. lang in Phosphatpuffer dialysiert u. dann wie beschrieben aufgearbeitet. Im Bereich 0,1—5,0 ppm wurde **I** zu über 60% wiedergefunden. L. Lauckner 5253

1596 **Trennung, Identifizierung und Bestimmung von Fluoracetamidrückständen in Wasser, biologischen Materialien und Böden.** 2. Mitt. **Identifizierung und Bestimmung durch Verteilungsgaschromatographie.** R. Sawyer, B. G. Cox, E. J. Dixon und J. Thomson. (J. Sci. Food Agric. **18** (1967) 7, 287—89; engl.) — 1. vgl. vorst. Referat. — Fluoracetamid (**I**) wird aus W.- (**A**) u. Urinproben (**B**) (500 ml Material), wie l.c. beschrieben, extrahiert. Die Ae.-Extrakte wurden nach Zusatz von N-Methyl-di-N-octylamin eingeengt, mit Na_2SO_4 getrocknet u. mit Diazomethan in den Methylester (**II**) übergeführt. **II** wird gaschromatograph. bestimmt [Säule von 5 ft. Länge, Dinonylphthalat bzw. Polyäthylenglykol auf Chromosorb (20:80), 50°, 60 ml N_2/Min., Flammenionisationsdetektor). In den Bereichen 0,01—0,5 u. 0,05 bis 1,0 ppm wurden in **A**- u. **B**-Proben 70 ± 5% **I** wiedergefunden. Unter den angegebenen Bedingungen empfiehlt Vf. die IR-spektrophotometr. Best. nicht. L. Lauckner 5253

1597 **Bestimmung des Natriumsalzes und des Butylesters der 2.4-Dichlorphenoxyessigsäure in der Luft.** L. I. Gavrilova. (Gig. i San. **32** (1967) 6, 69—71; Saratovskij NII sel. gig.; russ.) — Verb. der 2.4-Dichlorphenoxyessigsäure (**I**) werden in der Landwirtschaft als Herbizide in Form fl. Hydrosole oder als Stäube verwendet. Die Best. der **I** gründet sich auf die Rk. mit Chromotropsäure bei der oxydativen Hydrolyse der **I** unter Abscheidung von Formaldehyd. Die Rk. verläuft beim Erhitzen in Ggw. von konz. H_2SO_4 u. Bldg. einer purpurfarbenen Verbindung. Der Butylester der **I** bildet mit Hydroxylamin in alkal. Medium Hydroxamsäure, die mit $FeCl_3$ in HCl-Medium einen farbigen Komplex liefert. Die in der Luft enthaltenen Herbizide werden auf Gewebe FPP-15 aufgefangen, mit Methylalkohol ausgewaschen u. nach dem vorst. Verf. bestimmt. E. Pfluger 5253

1598 **Maximalausbeuten von Pestiziden aus Alfalfa und verwandtem Material.** George A. Root. (Bull. environment. Contaminat. Toxicol. **2** (1967) 5, 274—78; Calif. State Dep. of Agric., Sacramento, Calif.; engl.) — Zehn verschiedene Extraktionsverf. zur Best. von *DDT*, *Parathion*, *Kelthan*, *Toxaphen* u. *Tedion* mit Hilfe der Gaschromatographie werden gegenübergestellt. Am geeignetsten ist 1std. Kochen des Materials unter Rückfluß mit Acetonitril (Lsgm./Material = 10:1), nachdem es vorher bis auf 20 mesh zerkleinert wurde. J. Lauckner 5253

1599 **Kolorimetrische Methode zur Bestimmung von Dipterex und Atrazin in Präparaten und biologischen Materialien.** M. I. Gžegockij. (Gig. i San. **32** (1967) 6, 71—72; CNII labor. biolog. akt. vesc. L'vovskogo med. inst.; russ.) — Ein einfaches u. empfindliches Verf. zur Best. giftiger Stoffe, wie Dipterex (**I**) u. Atrazin (**II**), in W., Böden, Blutserum u. Harn wird beschrieben. Das Prinzip beruht auf dem Erhitzen der Probe im sd. W.-Bad mit einem Gemisch aus Py. u. NaOH. Bei Ggw. von **I** wird die Py.-Schicht rosa-tiefbraun, bei Ggw. von **II** zitronengelb mit grünem Stich. Die Py.-Schicht wird gegen eine Blindlsg. gemessen u. über eine Eichkurve ausgewertet. E. Pfluger 5253

1600 **Ringversuch zur gaschromatographischen Analyse von Heptachlor-Formulierungen.** Marshall Malina. (J. Assoc. off. analyt. Chemists **51** (1968) 3, 565–68; Chicago, Ill., Velsicol Chem. Corp.; engl.) — Für die Gaschromatographie wird eine Glassäule mit einer nichtreagierenden Füllung verwendet, um den Verlust an Heptachlor (**I**) herabzusetzen. Aldrin (**II**) wird als innerer Standard mit der Analysenprobe chromatographiert u. bei der Berechnung ein Korrekturfraktor für die Ansprechempfindlichkeit eingeführt. Der mittlere Fehler ist mit −0,6% wesentlich niedriger als bei einer älteren gaschromat. Meth. (+4%). E. Haase-Sajak 5253

1601 **Schnelle Reinigung von Carbaryl durch Rinnenschichtchromatographie.** Lewis J. Faucheux jun. (J. Assoc. off. analyt. Chemists **51** (1968) 3, 676–78; Food and Drug Adm., New Orleans, La.; engl.) — Vf. verkürzt durch Verw. der Rinnenschichtchromatographie (RSG) nach M. J. Matherne, jun. u. W. H. Bathalter [ibid. **49**, (1966) 1012] die Analysenzeit u. vermindert den Verbrauch an Lösungsmittel (CH_2Cl_2). Durch die RSG kann eine befriedigende Reinigung der **I**-Extrakte für die nachfolgende dünnschichtchromatograph. Best. von Carbaryl (**II**) erreicht werden. Die Meth. wurde erfolgreich für die Analyse von **II**-Rückständen (0,2–10 ppm) in Äpfeln, Lattich, Kohl, rohem Reis, Preiselbeeren, Gurken, Paprikaschoten, Rüben, Maismehl, Sojabohnen, Heu, grünem Senf, Erdbeeren u. Süßkartoffeln angewendet. E. Haase-Sajak 5253

1602 **Photometrische Bestimmung von Malathion und Parathion mit Fluoroborsäure.** Duane E. Long. (Analyt. Letters **1** (1967) 2, 61–65; Dugway Proving Ground, Utah; engl.) — Zu einer alkohol. (A. oder 2-Propanol)-Lsg. der organ. P-Verb. (0,01–0,5 mg/ml) gibt man eine Lsg., die folgende Reagenzien enthält: Monohydroxyfluoroborsäure, 2.7-Diaminofluoren, $Hg(CH_3COO)_2$, H_2O_2 u. NH_3 zur Einstellung auf pH 6,0. Die Lsg. wird 30 Min. lang auf 50° erwärmt u. filtriert. Nach 1 Std. wird die Extinktion bei 455 ± 7 nm gemessen. W. Grimmich 5253

1603 **Chromatographie von Lebensmittelfarbstoffen an Sephadex.** J. R. Parrish. (J. Chromatogr. [Amsterdam] **33** (1968) 3–4, 542–43; Albany, Calif., Western Res. Labor.; Agric. Res. Serv., U.S. Dep. of Agric.; engl.) — Sephadex G-26 (**I**) eignet sich gut zur Trennung von wasserlösl. Lebensmittelfarbstoffen durch Säulen- u. Dünnschichtchromatographie. Eine Elektrolytlsg. (0,1% oder 4% Na_2SO_4) in W. oder NH_4-Acetat-Puffer dient als Eluierungsmittel. Von Tatrazin (**II**, 19140), Indigocarmin (**III**, 73015), u. Orange G (**IV**, 16230) wurden nach Trennung an einer 6 cm **I**-Säule 98% wiedergefunden. An einer 36 cm-Säule mit **I** konnten **II**, **III**, Amaranth (16185), **IV** u. Carmoisine (14720) mit 10%ig. A. innerhalb 25 Min. getrennt werden. E. Wiehr 5255

1604 **Bewertung der Naphthylazonaphthylamin-Methode zur Bestimmung von Nitrat und Nitrit.** Len Kamm, D. F. Bray und D. E. Coffin. (J. Assoc. off. analyt. Chemists **51** (1968) 1, 140–47; Canada, Ontario, Dep. of Nat. Health and Welfare, Food and Drug Directorate; engl.) — Untersucht werden die Standardkurve für *Nitrit* (**I**), die Stabilität des 1-Naphthylazonaphthylamin (**II**)-Farbstoffs, die Red. von *Nitraten* (**III**) zu **I** mit Hilfe einer Cd-Säule, die Reproduzierbarkeit der Ergebnisse durch Vgl. von natürlichen Nahrungsmittelfarbstoffen mit reinen Farbstofflsg. u. Ergebnisse von Ringversuchen. Die Vers. ergeben: Die Farbstoffmenge, die bei der Rk. von **I** mit 1-Naphthylamin entsteht, ist linear vom **I**-Geh. abhängig. **II** ist nach Lösen in $CHCl_3$ u. Überführung in das saure Salz bis 4 Std. beständig. Die Red. von **III** zu **I** über die Cd-Säule ist vollständig. Die statist. Auswertung der Vers. zeigt, daß die Meth. sicher u. genau ist. E. Boye 5255

1605 **Nachweis und Bestimmung wasserlöslicher, synthetischer Lebensmittel-Farbstoffe mit Hilfe von Polyamidpulver.** 1. Mitt. Günter Lehmann und Hans-Gert Hahn (unter technischer Mitarbeit von M. Bernau und J. Gruschke). (Z. analyt. Chem. **238** (1968) 6, 3445–56; Saarbrücken, Univ. des Saarlandes, Inst. für organ. Chem.; dt.) — Zur Anreicherung synthet., wasserlösl. Lebensmittelfarbstoffe (**A**) wird ein allg. anwendbares Verf. beschrieben. Aus wss. oder wss.-alkohol. Lsg. adsorbiert akt. Polyamidpulver die Farbstoffe schnell u. quantitativ. Unter schonenden Bedingungen können diese wieder desorbiert werden. Von einigen **A** werden Absorptionsspektren gebracht. Polyamide verschiedener Herkunft weisen gegenüber den **A** unterschiedliches Adsorptionsverh. auf. G. Gawalek 5255

1606 **Extraktion und Bestimmung polycyclischer aromatischer Kohlenwasserstoffe in Diätzusammenstellungen.** John W. Howard, Thomas Fazio, Richard H. White und Barbara A. Klimeck. (J. Assoc. off. analyt. Chemists **51** (1968) 1, 122–29; Washington D.C., Food and Drug Adm., Div. of Food Chem.; engl.) — Vf. entwarfen eine allg. Meth. zum Nachw. u. zur Best. von polycycl. aromat. KW-Stoffen u. eine spezielle für *Benzo(a)pyren* (**I**) in Diätzusammenstellungen (Molkereiprod., Ölen, Fetten u. Backfetten, Getränken, Fleisch, Fisch, Geflügel u. Wurzelgemüsen). Im Bereich von 2 ppb wurden 75–100% dieser Verb. wiedergefunden. *Pyren* u. *Fluoranthen* wurden in allen Proben, Spuren von **I** *Benzo(k)fluoranthen*, *Benzo(b)fluoranthen* u. anderen KW-Stoffen nur in einigen (Öle, Fette). Die Isolierung geschah durch Dünnschichtchromatographie, die Best. durch Spektrometrie (UV- u. Fluoreszenz-Technik). E. Haase-Sajak. 5255

1607 **Bestimmung von β-Aminocrotonsäureester nach Migration in Lebensmittel.** H. Woggon, D. Jehle und W.-J. Uhde. (Z. analyt. Chem. **239** (1968) 5, 312–22; Inst. für Ernährung der DAW zu Berlin, Potsdam-Rehbrücke; dt.) — Beschreibung einer dünnschichtchromatograph. u. einer polarograph. Meth.: 1. Der β-Aminocrotonsäureester wird mit Acetonitril ausgeschüttelt, das Fett vom Pentan aufgenommen. Nach Nitrosierung der Esterlsg. erfolgt Polarographie, wobei die Werte mit 1,25 zu multiplizieren sind, da durchschnittlich nur 80% Ester ausgeschüttelt werden. 2. Bei der chromatograph. Best. erfolgt visueller Fleckenvgl. des mit Echtblausalz B sichtbar gemachten Esters. Mit beiden Meth. lassen sich noch Mengen bis zu 2 ppm erfassen. W. Huhn 5255

1608 **4-p-Nitrobenzylpyridin als Sprühreagenz für Organophosphorpestizide und einige ihrer Zersetzungsprodukte auf Dünnschichtchromatogrammen.** Mohamed Tawfik H. Ragab. (Bull. environment. Contaminat. Toxicol. **2** (1967) 5, 279–88; Rutgers-The State Univ., New Brunswick, N.J.; engl.) — Nach dünnschichtchromatograph. Trennung auf Al_2O_3 G- u. Celluloseplatten sowie Eastman-Chromatographieblättern werden für 36 verschiedene Organophosphorpestizide bzw. Zers.-Prod. die $R_{Co\text{-}Ral}$-Werte u. die Nachw.-Empfindlichkeit mit dem Reagenz 4-p-Nitrobenzylpyridin (**I**) (2%ig. in Aceton) angegeben (0,1–5,0 μg). Der Nachw. mit **I** wird nicht gestört, wenn Extrakte von Ernteprod. u. Fischen untersucht werden. Es wurden *Malathion* in W., Fischen u. Karotten, *Zinophos* in Spargel sowie *Malathion*, *Parathion* u. *Trithion* in Karotten u. Salat zu über 90% wiedergefunden. J. Lauckner 5255

1609 **Bestimmung von Bis-[lauryloxycarbonyläthyl]-sulfid und anderer Antioxydantien durch eine modifizierte Sublimationsmethode.** Thomas Fazio, John W. Howard und Armando Sandoval. (J. Assoc. off. analyt. Chemists **51** (1968) 1, 17–20; Food and Drug Adm., Div. of Food Chem., Washington, D.C.; engl.) — Die früher beschriebene [ibid. **50** (1967) 243] Vakuum-App. zur Trennung wird vereinfacht. Die Sublimate werden in fl. N_2 aufgefangen. Nach weiteren Arbeitsgängen wird die äther. Lsg. der Sublimate der Verteilungschromatographie unterworfen. Zur Identifizierung der Verb. wurde die UV-, IR- u. Massenspektralanalyse angewandt. Die Wiederauffindungsquoten lagen für *Bis-[lauryloxycarbonyläthyl]-sulfid* bei 93–100%, für *BHT* bei 85–105%, für *4-Hydroxymethyl-2.6-di-tert.-butylphenol* bei 90–100% u. für *BMA* bei 91%. E. Boye 5255

1610 **Methodik der Kupferbestimmung in Nahrungsmitteln mit Hilfe von 2.2′-Dicinchoninsäure.** L. K. Pjatnickaja. (Gig. i San. **32** (1967) 10, 62–64; Saratov, med. inst. kafedra obščej gigiena; russ.) — Proben von

200–500 mg (Kartoffeln, Weizen, Erbsen, Milch, Fleisch u. Kohl) werden 10 Min. lang mit 1 n HCl behandelt, nach Zugabe von 10 ml 15%ig. NH_2OH-Lsg. wird vorsichtig neutralisiert, 2 ml 0,1%ig. Dicinchoninsäurelsg. zugegeben u. mit Acetatpuffer auf 25 ml aufgefüllt. Die Extinktion wird bei 550–570 nm gemessen. Es können bis zu 4,4 μg Cu bei einem Fehler von ca. 8% bestimmt werden. Ein Vgl. mit der Diäthyldithiocarbamatmeth. ergibt gute Übereinstimmung.
Herbert Hoffmann 5255

1611 **Ringversuch über eine neue Bestimmungsmethode der alkalischen Phosphatase in Milch.** D. H. Kleyn und S. H. C. Lin. (J. Assoc. off. analyt. Chemists **51** (1968) 4, 802–07; State Univ., New Brunswick, N.J.; engl.) – Mit Phenolphthaleinmonophosphat [A. L. Babson u. S. J. Greely, ibid. **50** (1967) 555] läßt sich die alkal. Phosphatase in Mager-, Vollmilch u. solcher mit höherem Fettgeh. genauer als mit der Scharer I-Meth. bestimmen.
W. Huhn 5255

1612 **Nachweis von Antibiotika und anderen Inhibitoren in Milch.** Josef Holec. (Průmysl Potravin **18** (1967) 8, 399–402; Vys. šk. zeměd., Brno; tschech.) – Bericht über die Meth. zum Nachw. bzw. zur Best. von Antibiotika (Penicillin, Chlortetracyclin, Streptomycin) u. a. inhibierenden Verb. (NaOH, Chloramin-BS, Septonex, Na_2CO_3) in Milch sowie über Erfahrungen mit einigen dieser Methoden. – 42 Literaturhinweise.
K. Kamen/Prag 5255△

1613 **Bestimmung von gesättigten und ungesättigten Fettsäuren: Vergleich der Verteilungsgaschromatographie, der Rhodanzahl- und der Bleisalz/Äther-Methode.** Denis E. La Croix, A. R. Prosser und A. J. Sheppard. (J. Assoc. off. analyt. Chemists **51** (1968) 1, 20–23; Food and Drug Admin., Div. of Nutrition, Washington, D. C.; engl.) – Bestimmt wurden die gesätt. u. ungesätt. C_{16}- bis C_{18}-Fettsäuren in pflanzlichen Speiseölen.
E. Boye 5255

1614 **Ermittlung von Umlagerungsreaktionen durch Silbernitrat-Dünnschichtchromatographie.** M. M. Chakrabarty und D. Bhattacharyya. (J. Chromatogr. [Amsterdam] **31** (1967) 2, 556–59; Calcutta Univ., Dep. of Appl. Chem.; engl.) – Vf. untersucht die Triglyceride von Baumwoll-, Erdnuß-, Sesam-, Senf- u. Lein-Samen im Vgl. zu entsprechenden synth. Prod. auf Silicagel G-Platten, die mit wss. $AgNO_3$-Lsg. getränkt worden waren (Fließmittel $CHCl_3/CH_3COOH$/Methanol). Die synth. Prod. enthielten mehr Komponenten als die nativen Produkte.
W. Fester 5255

1615 **Zur Fleckentwicklung bei der Dünnschichtchromatographie geeignetes Lösungsmittel für Aflatoxine.** L. Stoloff, A. C. Beckwith und Mary E. Cushmac. (J. Assoc. off. analyt. Chemists **51** (1968) 1, 65–67; Food and Drug Admin., Div. of Food Chem., Washington, D.C.; engl.) – Es wird auf Grund einer einjährigen Vers.-Zeit dargelegt, daß die Entw. der Flecken von Aflatoxin mit Bzl. auf Dünnschichten aus Silicagel einige Vorteile zeigt gegenüber der üblichen Verw. von $CHCl_3$.
E. Boye 5255

1616 **Ringversuch über geeignete Methode zur Untersuchung von Aflatoxinen in Erdnußprodukten einschließlich präparativer Trennung und Identifizierung.** R. M. Eppley, L. Stoloff und A. D. Campbell. (J. Assoc. off. analyt. Chemsits **51** (1968) 1, 67–73; Food and Drug Adm., Div. of Food Chem., Washington, D.C.; engl.)
E. Boye 5255

1617 **Analyse der Rückstände von Pflanzenschutzchemikalien.** 1. Mitt. **Bestimmung von Methylparathion in Reiskörnern durch Elektroneneinfanggaschromatographie.** Keisuke Suzuki, Shinkō Gotō und Tsukasa Kashiwa. (Japan Analyst **17** (1968) 2, 187–91; Tokyo, Kodaira-shi, Min. of Agric. and Forest., Agric. Chem. Inspection Station; jap., Auszug: engl.) – 25 g Reiskörner werden über Nacht mit 50 ml n-Hexan stehengelassen. Nach Filtration (G3-Fritte) der Lsg. wird der Rückstand mehrmals mit je 30 ml Ae. gewaschen. Das Eluat wird auf 10 ml eingeengt u. zur Reinigung auf eine Al_2O_3-Säule gegeben. Nach Elution mit n-Hexan/Ae. (9:1) wird ein aliquoter Teil der Lsg. im Gaschromatographen mit Spiralglassäule (5 ft. $^1/_8$ in.) u. 10% Hochvakuumsiliconfett auf Chromosorb W(40 bis 60 mesh) untersucht. Die Best. wird bei 180° Säulentemp. u. 20 ml N_2/Min. durchgeführt. Die Wiederfindungsquote der Meth. ist bei 0,1 bis 10 ppm der Verb. in Ggw. von 0,1 bis 10 ppm Sumithion 70 bis 101%.
I. Degen 5255

1618 **Photometrische Bestimmung von Alar-Rückständen in Äpfeln.** L. J. Edgerton, Marilyn L. Rockey, Helen Arnold und D. J. Lisk. (J. agric. Food Chem. **15** (1967) 5, 812–13; Pesticide Residue Labor., Dep. of Entomol., Cornell Univ., Ithaca, N.Y.; engl.) – Äpfelpürree wird mit 50%ig. NaOH-Lsg. versetzt, über Nacht stehen gelassen u. das abgepreßte Filtrat der W.-Dampfdest. unterworfen. Alar (= N-Dimethylaminobernsteinsäure) (**I**) wird hierbei zu Dimethylhydrazin hydrolysiert, das durch Red. von Molybdatophosphorsäure zu Molybdänblau photometr. bei 625 nm bestimmt wird. Mengen von 2,5–10 ppm wurden zu 68–114% wiedergefunden. Durch Sprühen von **I** wurden Mengen von weniger als 1,5–48,5 ppm auf Äpfeln festgestellt. Bei 1,5 ppm liegt die Best.-Grenze der Methode.
K. Herrmann 5255

1619 **Nachweis und halbquantitative Bestimmung von Diphenyl und 2-Hydroxydiphenyl auf Zitrusfrüchten.** H. Hoppe und K. Romminger. (Nahrung **11** (1967) 7–8, 797–808; Zentrale lebensmittelhygien. Unters.-Stelle, Berlin-Weißensee; dt.) – Eine dünnschichtchromatograph. Schnellmeth. auf Kieselgel mit den Fließmitteln Heptan für Diphenyl (**I**) u. Methylenchlorid für 2-Hydroxydiphenyl wird beschrieben. Methylenchlorid/Cyclohexan u. Cyclohexan sind für **I** weniger geeignet. Die halbquant. Auswertung der Chromatogramme durch visuellen Fleckenvgl. führte bei Beleganalysen zu Abweichungen von –14% bis zu +21% von der vorgegebenen Menge.
K. Herrmann 5255

1620 **Neue Methode zur Bestimmung von zugesetztem α-Tocopherolacetat in Futtermitteln.** W. Müller-Mulot. (Z. analyt. Chem. **239** (1968) 6, 378–88; Hoffmann-La Roche AG., Grenzach/Baden; dt.) – Der Aufschluß der Probe erfolgt mit CH_3COOH. Durch Behandeln mit 80%ig. H_2SO_4 werden die zersetzten Vitamine A u. D sowie die Fette vor der Dünnschichtchromatographie weitgehend entfernt. Der Tocopherolacetatstreifen wird von der Platte abgeschabt, gelöst, mit 2 n methanol. H_2SO_4 verseift u. nach Emmerie-Engel mit $FeCl_3$/Dipyridyl photometr. bestimmt.
W. Huhn 5255

1621 **Bestimmung von pflanzlichem Tannin in Flüssigkeiten durch Ultraviolett-Absorption.** J. G. Greifeneder und K. W. Browne. (J. Amer. Leather Chemists Assoc. **62** (1967) 10, 670–83; Beardmore & Co. Ltd., Acton, Ontario, Canada; engl.) – Beschreibung einer einfachen UV-photometr. Meth. zur Best. von Tanninen in Gerberlohe. Eine ca. 0,04 g Tannin enthaltende Probe wird mit W. verd., mit 7 ml Acetatpuffer (pH 4,4) versetzt u. auf 100 ml aufgefüllt. 15 ml dieser Lsg. werden 15 Min. lang bei 1500 U/min zentrifugiert. 5 ml des klaren Überstandes werden auf 50 ml verd., die Extinktion dieser Lsg. wird bei 278 nm gegen W. gemessen. Das Verf. bietet eine gute Kontrolle des Gerbprozesses.
A.-M. Fretzdorff 5562

1622 V. D. Grebenjuk und N. P. Gnusin, **Messung der spezifischen Leitfähigkeit granulierter Ionenaustauscher** mit einer kontinuierlich arbeitenden Meßzelle durch Messung des Widerstandes der Kornschicht nach Abtrennung der mit dem Ionenaustauscher im Gleichgew. stehenden Lsg., z. B. durch Zentrifugieren. – Zeichnung. (**UdSSR.P. 180402** vom 6/8. 1964, ausg. 4/5. 1966.) – 2 S.
H. Heidepriem 5241

1623 Intertechnique, Frankreich (Erfinder: Henri Boiteau), **Nachweis geringer Mengen von entweichenden Gasen** durch Schaumwrkg. von wss. Lsg., welche Salze von Gallensäuren u. eine farblose organ. Hg-Verb. als Antiseptikum enthalten. (**F.P. 1433509** vom 17/2. 1965, veröff. 1/4. 1966.) – 2 S.
J. Bardeleben 5241t

1624 National Research Development Corp., Großbritannien (Erfinder: Reginald Gordon Harry

Watson und Cyril Francis McCourt), **Bestimmung der Konzentration von Gasen in Flüssigkeiten,** bes. O_2 *in* H_2O. Die zu untersuchende Fl. wird durch 3 parallele elektrolyt. Zellen geleitet. In jeder Zelle sind 2 Elektroden, an die ein bestimmtes Potential gelegt wird; gemessen wird der erzeugte Strom. — 2 Schaltskizzen. (**F.P. 1473974** vom 6/1. 1966, veröff. 24/3. 1967. Brit. Prior. 6/1. 1965.) — 5 S. J. Bardeleben 5242

1625 I. M. Abezgauz, V. N. Baljev, Ju. V. Kapyrin und G. F. Trebin, **Bestimmung der Erstarrungstemperatur von Paraffin in Naphtha** durch Messung der opt. D. in Abhängigkeit von der Temp. im IR-Bereich des Spektrums. Die Best. wird mit einem Spektralphotokolorimeter durchgeführt, das Messungen im IR-Bereich erlaubt. Die Küvette mit der zu untersuchenden Naphthaprobe u. die Vgl.-Küvette mit einer Standardprobe, die im zur Best. verwendeten Temp.-Bereich keine Phasenumwandlung zeigt, werden bei einer über der Schmelztemp. des Paraffins liegenden Temp. thermostatiert. Dann wird die opt. Eig. der Probe bei Temp.-Erniedrigung um jeweils 2—5° registriert. Die Belichtungsdauer auf jeder Temp.-Stufe wird experimentell bestimmt. Aus den erhaltenen Werten wird die Kurve gezeichnet, deren Knickpunkt die Temp. angibt, bei der die Kristallisation beginnt. — Diagramme. (**UdSSR.P. 181379** vom 26/5. 1965, ausg. 31/5. 1966.) — 3 S. H. Heidepriem 5247

H. Angewandte Chemie

H-3. Anorganische Industrie

1626 **Eigenschaften von zirkoniumreichen Cu–Zr–Cr-Legierungen und ihr isothermisches Diagramm der Kupferecke.** Ichiro Kawakatsu, Hisashi Suzuki und Hitoshi Kitano. (Nippon Kinzoku Gakkai-Si [J. Japan Inst. Metals] **31** (1967) 11, 1253—57; Fac. of Engng., Univ. of Tokyo, Tokyo; jap.) — Die Eig. von Cu–Zr–Cr-Leg. mit > ≈ 0,5(%) Zr u. verschiedenem Cr-Geh. werden durch Schwankungen der Zus. wenig beeinflußt. Die optimale Zus. von Leg. mit hoher Festigkeit u. elektr. Leitfähigkeit weist ≈ 0,5—0,8 Zr u. 0,5 bis 1,2 Cr auf. Die isotherm. Querschnitte des Gleichgw.-Diagramms bei 950 u. 902° bestehen aus α-, (α + Cr)-, (α + Cr + Cu_3Zr)- u. (α + Cu_3Zr)-Phase. W. Wesly H 270

1627 **Kinetik der Reduktion von Zinkoxid durch Kohlenoxid.** I. S. Škuridin. (Izvest. vysšich učebnych Zavedenij [Ordžonikidze], cvetnaja Metallurg. **10** (1967) 2, 41—45; Leningrad, Gornyj inst.; russ.) — Die Red. von ZnO durch CO ist ein kinet. komplizierter Prozeß, der u. a. von der Temp., dem aerodynam. Zustand der Schicht, der Art der Bewegung des Gasstroms, dem CO-Partialdruck im Gasstrom u. der Körnung des ZnO abhängt. Die Abhängigkeit der Geschw.-Konst. von diesen Größen wird in Diagrammen dargestellt. Optimale Bedingungen sind ein höherer CO-Partialdruck, Temp. ≦ 880° u. kleine Körnung des ZnO. R. K. Müller H 288

1628 **Reaktionskinetik in titanhaltigen Schlacken.** E. U. Chukukere und H. U. Ross. (Canad. metallurg. Quart. **6** (1967) 2, 137—52; Univ. of Toronto; engl.) — Die Unters. bei der Gewinnung von *Ti* ergaben, daß Fe-Oxide in bas. Schlacken viel schneller red. werden als in sauren Schlacken, weil in sauren Schlacken viel höhere Beträge von Fe-Oxiden zurückgehalten werden. Ähnlich wird TiO_2 schneller u. in größerem Ausmaß in bas. Schlacken red. als in sauren. Das hat direkte Folgerungen für die Ti-Carbid- u. Ti-Nitrid-Bildung. Die Wrkg. von TiO_2 auf saure Schlacken ist ähnlich der von Kalk. Beide brechen das Silicatnetzwerk auf. Bei einem gegebenen NaO/SiO_2-Verhältnis in einer Schlacke steigt mit steigendem TiO_2-Geh. in der Schlacke die Menge des in einer bestimmten Zeit zu Ti red. TiO_2 an. F. Vier H 321

1629 **Elektrolytische Reinigung von schwarzem Blei aus Silicat–Chlorid-Elektrolyten.** Ju. K. Delimarskij und Ju. E. Kosmatyj. (Ukrainskij chim. Ž. **34** (1968) 8, 767—73; Inst. obšč. i neorgan. chim. AN Ukr. SSR; russ.) — Die elektrolyt. Darst. von reinem Pb wurde in Abhängigkeit von der Temp., der Stromdichte u. des Extraktionsgrades von Pb aus der Ausgangsleg. im Syst. $PbSiO_3$–1,27 PbO–2 $PbCl_2$ untersucht. Die erhaltenen Pb-Proben entsprechen im Hinblick auf ihren Sn-, Sb- u. Ag-Geh. den Anforderungen der höchsten Reinheitsklasse. J. J. Pohl H 328

1630 **Gesetzmäßigkeiten der Verteilung von Gold und Silber zwischen den Produkten der Bleischmelze.** A. E. Guriev und M. B. Čalikova. (Izvest. vysšich učebnych Zavedenij [Ordžonikidze], cvetnaja Metallurg. **10** (1967) 2, 31—40; Severokavkazskij gornometallurg. inst.; russ.) — Wenn bei der *Pb*-Schmelze der Stein eine Schmelze reiner Sulfide mit wechselndem Verhältnis Cu_2S:FeS im Kontakt mit Pb darstellt, nimmt bei steigendem FeS-Geh. der Geh. an Pb, Au u. Ag im Stein zu. Bei Sättigung des Steins mit Fe gibt er mehr Ag u. weniger Au ab, weil das überschüssige Fe stark Au löst. Einfache Sulfide u Sulfidsyst. halten mehr Au u. Ag zurück als zusammengesetzte u. techn. Steine. Je niedriger der Endgeh. an Pb im Stein ist, desto mehr Au u. Ag geht in das Werk-Pb über. Für die Berechnung der Stoffbilanz wird je eine Gleichung für Au u. für Ag angegeben. R. K. Müller H 328

1631 **Verhalten von Silicium in Molybdän.** E. Lassner und R. Püschel. (Mikrochim. Acta [Wien] **1967,** Suppl. II, 219—34; dt.) — Unter gleichen Bedingungen (Herst. von Si-Mo-Leg.) diffundiert Si aus SiO rascher als elementares Si oder aus $MoSi_2$ im Kontakt mit Mo bei 1800—2000° im Hochvakuum. Aus SiO_2 u. aus Silicaten diffundiert Si viel langsamer. Si u. $MoSi_2$ ergeben im Kontakt mit Mo bei höherer Temp. Zwischenschichten, deren Si-Geh. auf Mo_3Si u. Mo_5Si_3 schließen läßt. Bei längerem Glühen diffundiert immer mehr Si aus diesen Schichten in das Mo. Bei ca. 2200° bilden sich schmelzfl. Phasen, die bes. entlang den Korngrenzen rasch diffundieren. Aus dem Si-Geh. der entstehenden Abweichungen ergibt sich eine Si-Löslichkeit in Mo von 0,5—0,8%. In Mo gelöstes Si bedingt immer einen Härteanstieg von ca. 100 kp/mm². SiO_2 führt zu Kornvergröberung; elementares, mit Mo vorlegiertes u. aus SiO stammendes Si hemmt das Kornwachstum. W. Wesly H 336

1632 **Einfluß von Salz- und Oxidzusätzen auf die Kinetik der Reaktion von Quarz mit Graphit.** V. G. Mizin, I. V. Rjabčikov und N. V. Tolstoguzov. (Izvest. vysšich učebnych Zavedenij [Moskva], černaja Metallurg. **10** (1967) 6, 65—68; Sibirskij metallurg. inst.; russ.) — Untersucht wird der Einfl. von Al_2O_3-, BaO-, CaO-, MgO-, Fe_2O_3-, CaF_2- oder NaCl-Zusätzen auf den Rk.-Prozeß von Quarz mit Graphit (Herst. von *Ferrosilicium*). Die Wrkg. des Zusatzes hängt von seiner Natur u. der Temp. ab. Bei 1600° zeigt CaF_2 die am stärksten beschleunigende Wrkg., darauf MgO u. CaO. Ein BaO-Einfl. zeigt sich erst bei einer größeren Haltezeit. Al_2O_3- u. NaCl-Zusätze verändern prakt. die Rk.-Geschw. nicht. Den am meisten merkbaren Einfl. haben bei 1800° BaO, CaF_2, MgO u. CaO. Der Einfl. der Zusatzmenge auf die kinet. Kennwerte des Prozesses wird bei 1760° u. einer Haltezeit von 10 Min. bestimmt, wobei sich zeigt, daß BaO-, CaF_2- u. Fe_2O_3-Zusätze bei ihrer Einführung bis 4(%), CaO u. Al_2O_3 bis 6 u. MgO bis 8 wirksam sind. Der Einfl. von BaO, CaF_2, CaO u. Al_2O_3 bei Einführung in einer Menge von 8% ist prakt. gleich. Der Zusatz von NaCl in beliebiger Menge ist unwirksam. CaO u. Fe_2O_3 erhöhen u. Al_2O_3 erniedrigt die Rk.-Fähigkeit von Koks. Ein bedeutender Einfl. eines BaO-Zusatzes ist auch durch die starke Einw. des Ba-Kations auf die Geschw. der Phasenumwandlungen u. auf die Verflüssigung saurer Schlacken bedingt. Al_2O_3-Zusätze verlangsamen die Christobalit-Bildungsgeschwindigkeit. Der geringe Einfl. von NaCl wird durch seine starke Flüchtigkeit erklärt. Beim Einführen großer Zusatzmengen werden die Bedingungen des Rk.-Verlaufs infolge einer besseren Berührung des Oxids mit dem Red.-Mittel erleichtert. Die kontinuierliche Zunahme der Verluste mit Erhöhung der MgO-Menge hängt mit der Beschleunigung der Si-Red. u. der starken MgO-Dissoziation unter Red.-Bedingungen zusammen. Es wird für die Herst. von 75%ig. Ferrosilicium ein Zusatz von 2—3% CaF_2 empfohlen. H. Hochstein H 354

1633 **Quaternäre Legierungen von Eisen und Bor.** Masayoshi Hasegawa und Masafumi Okamoto. (Nippon Kinzoku Gakkai-Si [J. Japan Inst. Metals] **31** (1967) 11, 1314—20; School of Sci. and Engng., Wareda Univ., Tokyo; jap.) — Struktur u. mechan. Eig. (bei verschiedener Wärmebehandlung) zahlreicher, quatern., C-freier Fe-B-Leg. mit verschiedenen Geh. an Ni, Cr, Mn, Nb, Mo bzw. Ti u. B-Geh. von 0,10 u. 0,20% werden (Abb., Diagramme) bestimmt. W. Wesly H 354

1634 **Einfluß von Ni-Zusätzen auf die Phasenzusammensetzung von Fe-Be-Legierungen.** J. S. Umanskij und I. G. Ševkun. (Izvest. Akad. Nauk SSSR, Metally **1967**, 1, 145—46; Moskva; russ.) — Durch Ni-Zusätze von 0,75—7,25 (Atom-%) zu Fe-Be-Leg. mit 7,25—20 Be, Rest Fe wird die Gitterperiode von NiBe vom Typ CsCl verändert, was offenbar durch eine teilweise Verdrängung der Ni-Atome durch Fe-Atome bedingt ist; auch geringe Ni-Zusätze von z. B. 0,75 führen dazu, daß in der Leg. nicht die Laves-Phase $FeBe_2$ entsteht. Beim Zerfall der Fe-Be-Leg. mit 12 u. 21 Atom.-% Be entsteht bis zum Erscheinen der stabilen Phase $FeBe_2$ eine metastabile Phase, die eine tetragonal verzerrte Struktur vom Typ CsCl (a/c = 1,03) besitzt. Beim teilweisen Ersatz der Ni-Atome durch Fe-Atome wird die Phase (Ni, Fe) Be mit einem unverzerrten Gitter bei Abschrecktemp. von 1150—850° beständig. H. Hochstein H 354

1635 **Entstehungsbedingungen der Nitridphase in Ni-Legierungen mit Ti, Zr und Al.** A. Ja. Stomachin und A. Ju. Poljakov. (Izvest. vysšich učebnych Zavedenij [Moskva], černaja Metallurg. **10** (1967) 3, 116—21; Mosk. inst. stali i splavov; russ.) — Die Ti-Konz., die zur Bldg. der Nitridphase in einer Ni-Schmelze bei 1823°K u. 1 at erforderlich ist, wird zu ca. 3—4% bestimmt. Metallograph. Unters. von Blöcken mit unterschiedlichem Ti-Geh. zeigen, daß sich die Nitridphase in der Leg. auf verschiedene Weise bilden kann. Wenn sie sich nach der Erstarrung der Leg. bildet, treten Einschlüsse über den Querschnitt verteilt auf. Bei erhöhtem Ti-Geh., wenn sich die Nitridphase bereits in der fl. Leg. bildet, ballen sich die Einschlüsse zusammen. Die Beobachtungen gelten außer für Ni-Ti-, auch für Ni-Zr- u. Ni-Al-Leg., die keine anderen Komponenten enthalten. H. Hochstein H 356

1636 **Beruhigungsvermögen und Aktivität von Ti in Ni-Legierungen mit Cr.** P. A. Čerkasov, V. V. Averin und A. M. Samarin. (Izvest. Akad. Nauk SSSR, Metally **1967**, 1, 49—55; Moskva; russ.) — Unters. des *Desox.-Vermögens* (**DV**) von Ti bei 1600°, Löslichkeit u. Aktivität von O in Ni-Leg. mit 5, 10, 15 u. 20% Cr u. Berechnung der Aktivierungskoeff. (K_a) des Ti in vorst. Legierungen. Das **DV** wurde nach der Meth. der Gleichgew.-Best. zwischen Metall, der Gasphase (H_2 + W.-Dampf) u. der Oxidphase bestimmt. Eine Erhöhung des Cr-Geh. in den Leg. von 0 auf 20% bewirkt eine Erhöhung des K_a von Ti von $1,0 \cdot 10^{-4}$ auf $2,5 \cdot 10^{-3}$. Die Rk.-Kennzahl e_{Ti}^{Cr}, die den Einfl. von Cr auf den K_a von Ti ausdrückt, ist +0,055. Die Ggw. von Ti in den Leg. Ni-Cr bedingt eine Verringerung der O-Aktivität. Mit Erhöhung des Cr-Geh. wird der Einfl. auf die Verringerung der O-Aktivität abgeschwächt. Die Größen e_O^{Ti} sind 0,46, —0,002 u. 0 bei Cr-Geh. entsprechend 5, 10, 15 u. 20%. Gebracht werden abs. Werte der Geh. u. graph. Darst. der Einfl.-Faktoren. E. Pfluger H 356

1637 **Prinzipien der Legierung zunderfester leitender Kupfer- und Aluminiumlegierungen.** M. V. Zacharov. (Izvest. vysšich učebnych Zavedenij [Ordžonikidze] cvetnaja Metallurg. **10** (1967) 2, 110—14; Moskva, Inst. stali i splavov; russ.) — Zunderfeste leitende Leg. können aus schwachlegierten, schwerschmelzenden tern. Leg. auf quasibin. Schnitten vom Typ $A–B_xC_y$ erhalten werden, z. B. $Cu–Cr_2Zr$, Cu–NiBe, $Cu–Ni_3Ti$, $Al–Mg_2Si$, Al–S-Phase, Al–MgAg usw. Auch ein quatern. Syst. wird in diesem Zusammenhang untersucht: Cu mit 1,9(%) Ni, 0,3 Be u. 0,1 Ti auf dem Schnitt Cu–NiBe mit maximaler Leitfähigkeit (35% derjenigen von Cu, in gealtertem Zustand 53%) u. maximalen Härten bei 700°, in geglühtem, gegossenem u. gealtertem Zustand (50, 125, 150 bzw. 250—270 mg/mm²). Bei hochleitenden zunderfesten Cu-Leg., bei denen in gealtertem Zustand bei bestimmten Temp. Plastizität auftritt, wird Zuleg. von oberflächenakt. Elementen, z. B. 0,015—0,02% B, empfohlen. R. K. Müller H 358

1638 **Chlorieren von Gold und Verhalten dessen Trichlorids beim Erhitzen.** Ja. I. Ivaščencev und R. I. Timonova. (Izvest. vysšich učebnych Zavedenij [Ordžonikidze], cvetnaja Metallurg. **10** (1967) 4, 80—83; Krasnojarsk. inst. cvet. metallov; russ.) — Nach thermogravimetr. u. röntgenograph. Analysen beginnt die Rk. von Au mit Cl_2 bei 143° mit einem Max. bei 190—200° [Bldg. von $AuCl_3$; 118,5 (kJ/mol)], ab 260° zersetzt sich $AuCl_3$ in AuCl (65,5), u. bei höheren Temp. bilden sich wieder die Elemente (35,2). Bei Überführen von Cl_2 über Au bei 400—500° kommt es prakt. zu keiner Rk.; ebenfalls ein O_2-Zusatz von 40% zu Cl_2 unterdrückt voll die Rk. von Au mit Cl_2 bei allen Temperaturen. J. Tůmová H 360△

1639 United States of America, Secretary of Navy, übert. von: Patrick J. Hannan, Washington, D.C., USA, **Gewinnung von Sauerstoff,** erfolgt durch Photosynth. von Algen. Man leitet im Gemisch aus Luft u. CO_2 das 0,5—3,6 Vol.-% CO_2 enthält, mit 1—10 psi durch eine Algenkultur in der linearen Wachstumsphase, wobei als Alge Chlorella pyrenoidosa verwendet wird. — Vorr., Zeichnung Diagramme. (**U.S.P. 3303608** vom 2/9. 1965, ausg. 14/2. 1967.) — 4 S. K. Demmler H 239

1640 Halcon International, Inc., New York, N.Y., USA, **Gewinnung von Fluorwasserstoff** aus einem Gemisch aus W. u. HF durch Behandeln des Gemisches mit einer mit W. nichtmischbaren organ. Fl., bes. Cyclohexanol, Abtrennen der organ. von der wss. Schicht u. Gewinnung des HF aus der organ. Schicht, deren Fl. auch Methylisobutylketon, n-Butanol u. n-Hexanol sein kann. — Vorr., Zeichnungen. (**Brit.P. 1054745** vom 13/2. 1964, ausg. 11/1. 1967. U.S. Prior. 13/2. 1963.) — 5 S. K. Demmler H 246

1641 Monsanto Co., Del., übert. von: Harold J. Herbst, Wheat Ridge, Colo., USA, **Trinatriumorthophosphat** aus V-haltigem Ferrophosphor. Der beim elektrotherm. P-Verf. verbleibende u. zur Wiedergewinnung von Fe, V u. Cr mit Na_2CO_3 oder NaOH behandelte Rückstand der noch > 20 Gew.-% Na_2CO_3 enthält, wird mit W., das auf pH 6—8 eingestellt ist, bei 60° bis zum Kp. der Lsg. ausgelaugt, die gewonnene Lsg. vom pH > 11,5 durch Zugabe einer Mineralsäure oder einem Gemisch aus Mineralsäuren auf pH 10,5—11,5 eingestellt u. das gebildete Na_3PO_4 durch Kühlen der Lsg. auf 25—55° auskristallisiert. (**U.S.P. 3330619** vom 19/9. 1963, ausg. 11/7. 1967.) — 4 S. V. Habernickel H 264

1642 Avraham M. Baniel, Haifa, Ruth Blumberg, Mount Carmel, und Alexander Alon, Ahuza, Haifa, Israel, **Reine Phosphorsäure** durch Aufschluß von Rohphosphaten mit Säuren u. Extraktion der gebildeten H_3PO_4. Man digeriert gemahlene Rohphosphate (**I**) mit HCl, verrührt die Lsg. mit einem Aufschlußgemisch aus H_2SO_4 u. weiteren Mengen **I**, filtriert u. extrahiert die wss. Rk.-Mischung mit einem organ. Lsgm., wie niedrigmol. aliphat. Alkoholen, Ketonen oder Trialkylphosphaten. Nach dem Abtrennen der wss. Schicht wird der HCl u. H_3PO_4 enthaltende Lsgm.-Extrakt mit W. behandelt, das Lsgm. abgetrennt u. aus der wss. Schicht die HCl abdestilliert. Der Rückstand ist reine H_3PO_4. — Fließbild, Zeichnung. (**U.S.P. 3338674** vom 9/5. 1963, ausg. 29/8. 1967.) — 4 S. V. Habernickel H 264

1643 Tennessee Valley Authority, übert. von: John E. Davenport, Tuscumbia, und Frank Carroll, Sheffield, Ala., USA, **Gewinnung von konzentrierter H_3PO_4** u. $CaSO_4 \cdot {}^1/_2 H_2O$ nach dem Naßverfahren. Man mischt gemahlenes Rohphosphat (**I**) mit verd. H_3PO_4 vom Filter, führt die Mischung unterhalb einer bei der Rk. von H_2SO_4 mit **I** gebildeten Schaumschicht (**II**) in einen Aufschlußbrei aus **I**, verd. H_3PO_4 u. H_2SO_4 ein, wobei die H_2SO_4 im Molverhältnis von H_2SO_4:CaO (in **I**) = 0,8—1,2 oberhalb von **II** eingetragen u. der Aufschlußbrei als auch **II** langsam gerührt werden u. die Temp. 30 bis 120 Min. bei 70—115° gehalten wird. — Vorr., Zeichnung. (**U.S.P. 3326635** vom 25/3. 1963, ausg. 20/6. 1967.) — 8 S. V. Habernickel H 264

1644 Olin Mathieson Chemical Corp., New Haven, übert. von: Duane L. Sawhill, Orange, Conn., USA, **Frei fließendes Natriumtriphosphathexahydrat,** $Na_5P_3O_{10} \cdot 6H_2O$ mit niedrigem Schüttgew. wird dadurch erhalten, daß man techn. Tripolyphosphat (**I**) in einer wss. Lsg. von > 12% **I** bei 0—45° mit überschüssigem NH_3 behandelt. (**U.S.P. 3325246** vom 20/11. 1963, ausg. 13/6. 1967.) — 2 S. V. Habernickel H 264

1645 Allied Chemical Corp., New York, übert. von: Raymond L. Copson, Syracuse, N.Y., USA, **Konzentrierte Kaliumpyrophosphatlösung** mit nur geringem Geh. an Ortho- u. Polyphosphaten. Man vermischt 1 Teil fl. H_3PO_4 (**I**) mit 78—81% P_2O_5 bei unter 50° mit 1—7 Teilen granulierter, fester Pyrophosphorsäure, bis die Mischung als Granulat verfestigt ist, mischt einen Teil dieses Granulats erneut mit **I** unter Bldg. weiterer Mengen eines trockenen Granulats u. mischt dieses dann mit 1,4—3,2 Teilen 40—65%ig. KOH so, daß das pH der Mischung stets > 7,0 u. die Temp. bei 20—110° bleibt. (**U.S.P. 3325244** vom 17/9. 1962, ausg. 13/6. 1967.) — 3 S. V. Habernickel H 264

1646 Olin Mathieson Chemical Corp., übert. von: Margot Becke, Heidelberg, und Wendel Lehr, Schifferstadt, **Herstellung eines Phosphornitrilchlorids der Formel P_3NCl_{12}** erfolgt dad., daß man eine Mischung von PCl_3 mit NCl_3 in Mol.-Verhältnis (3—3,3):1 bei —60 bis +140°, bes. bei —60° bis Zimmertemp. in inerten mehrfach halogenierten niederen Alkanen **I** umsetzt. Als **I** dienen bes. symm. Tetrachloräthan, CCl_4, $CHCl_3$, $CHBr_3$ oder entsprechende Cl u. F enthaltende Lösungsmittel. (**U.S.P. 3357805** vom 29/11. 1962, ausg. 12/12. 1967.) — 1 S. H.-W. Wille H 264

1647 Olin Mathieson Chemical Corp., New Haven, übert. von: Karl O. Knollmueller, Hamden, Conn., USA, **Wasserfreies Ammoniumpolyphosphat** mit einer Kettenlänge von mindestens 6 –(NH_4PO_3)-Einheiten. Man erhitzt eine Mischung aus Harnstoff (**I**) u. NH_4-Phosphaten (**II**) mit 1,0—1,2 Mol **II** je Mol **I** auf 130 bis 200° bei 100 mm Hg oder niedriger. (**U.S.P. 3333921** vom 6/12. 1963, ausg. 1/8. 1967.) — 2 S. V. Habernickel H 279

1648 Continental Titanium Metals Corp., G. m. b. H., Krefeld (Erfinder: Roger Edward Peebles), **α-Titanlegierung** besteht aus 5,5—6,5(%) *Al*, 1,7—2,3 *Sn*, 0,7—5,0 *Zr*, 0,7—3,0 *Mo* u. ≦ 0,2, bes. ≦ 0,16 *O*, Rest Ti u. übliche Verunreinigungen. Die Leg. zeichnet sich durch niedrige Dichte (4,4—4,7 g/cm³), hohe Festigkeit (≧ 85 kg/mm² bei Raumtemp. bzw. ≧ 49 kg/mm² bei 425°) hohe Kriechfestigkeit bei erhöhten Temp. (bleibende Dehnung < 0,60% nach 150 Std. bei 540° unter einer Belastung von 21 kg/mm²), gute Duktilität u. therm. Stabilität aus. Verwendet wird die Leg. daher bes. zur Herst. von *Flugzeugzellen, Raketen* u. *-flüssiggasbehältern.* (**F.P. 89637** vom 25/2. 1966, veröff. 12/6. 1967. **Zusatz zu 1411649; C. 1967, 14-2608. Brit.P. 1095076** vom 1/3. 1966, ausg. 13/12. 1967. Beide U.S. Prior. 1/3. 1965. **Zusatz zu Brit.P. 1049210; C. 1967, 34-2610.**) — 3 S. — 6 S. C. F. Gross H 321

1649 Birmingham Small Arms Co. Ltd., Großbritannien, **Titanlegierungen** bestehen aus 2—4(%) *Al*, 3—7 *Zr* 4—8 *Sn*, 0,2—0,8 *Mo*, 0,1—0,8 *Si*, Rest Ti u. übliche Verunreinigungen, bes. insgesamt 0,05—0,5 an *C*, *O* u. *N*. Die Leg. können auf Kosten des Ti ggf. ≦ 3 *Fe*, *Co*, *Ni*, *Cr*, *Mn*, *V*, *Be*, *B*, *Nb*, *Sb*, *W* u./oder *Bi* sowie ggf. ≦ 3 *Cu* enthalten. Zur Erhöhung der Festigkeitseig. können die Leg. wärmebehandelt werden (z. B. 1 Std. bei 1000°), woran sich nach dem Abkühlen an Luft ggf. eine Alterung (z. B. für 24 Std. bei 550°) anschließt. Die schweißbaren Leg. zeichnen sich durch wesentlich verringerte Neigung zur Grobkornbldg. beim Glühen im β-Phasenbereich, gute Festigkeit bei Raumtemp. u. gute Zeitstandfestigkeit bei erhöhten Temp. (z. B. bei 450 bis 550°) aus. Nach F.P. 1477222 bestehen die Leg. aus 2—10(%) Al, 3—10 Zr, 4—8 Sn, 0—10 Mo, 0,1—2 Si, 0,1—5 Cu, Rest Ti u. übliche Verunreinigungen, bes. insgesamt 0,1—0,5 an C, O u. N. Die Leg. können auf Kosten des Ti ggf. ≦ 3 Fe, Co, Ni, Mn, V, Be, B, Nb, Sb, W u./oder Bi enthalten. (**F.PP. 1477221** u. **1477222** vom 25/4. 1966, veröff. 6/3. 1967. Brit. Prior. 27/4. 1965.) — 3 S. — 2 S. C. F. Gross H 321

1650 Reactive Metals, Inc., USA (Erfinder: Octavian Bertea, Stanley Robert Seagle und Ronald Rodger Seeley), **Titanlegierung** besteht aus 5—9(%) *Al*, 0,33—3,33 *Nb*, 0,3—2,5 *Mo* ggf. 0,33—3,33 *Ta*, Rest Ti u. übliche Verunreinigungen. Die Leg. zeichnet sich im getemperten Zustand durch eine 0,2%-Dehngrenze von ≧ 70,3 kg/mm² u. Widerstandsfähigkeit gegen Schnellrißfortpflanzung aus, wobei letztere gegeben ist, wenn das Verhältnis Bruchspannung in W. zu Bruchspannung an Luft ≧ 0,9 ist. Verw. findet die Leg. bes. für den Bau von *Überschallflugzeugen* u. *tieftauchenden Unterseebooten.* — 15 Leg.-Beispiele. (**F.P. 1494011** vom 21/9. 1966, veröff. 24/7. 1967. U.S. Prior. 21/9. 1965.) — 3 S. C. F. Gross H 321

1651 Farbenfabriken Bayer Akt.-Ges., Leverkusen (Erfinder: Franz Hund, Krefeld, und Wilhelm Abeck, Köln), **Ferromagnetisches CrO_2** mit Rutilgitter entsteht durch Erhitzen von CrO_3 auf 100—500° bei 1—500 at in Ggw. von W., (oder unter hydrothermalen Bedingungen) einem oder mehreren Oxiden oder Fluoriden oder Elementen, die bei diesen Bedingungen Oxide bilden. (**Brit.P. 1073483** vom 4/8. 1964, ausg. 28/6. 1967. D. Prior. 24/7., 19/10. 1963 u. 21/3. 1964.) — 8 S. R. Hofmann H 335

1652 A. M. Poljak, R. A. Gorochova, B. P. Sereda und G. S. Žuravleva, **Herstellung von Ca-Chromit** aus Cr-Konzentraten durch Sintern mit Kalk oder Kalkstein u. Soda, dad. gek., daß zur Vereinfachung der Herst.-Technologie u. zur Erhöhung der $CaO \cdot Cr_2O_3$-Güte der Sinter mit NH_3 bei ca. 800° behandelt wird u. aus dem erhaltenen $CaO \cdot Cr_2O_3$ Beimengungen durch HNO_3 ausgeschieden werden. (**UdSSR.P. 179471** vom 26/4. 1963, ausg. 26/3. 1966.) — 1 S. H. Hochstein H 335

1653 Rheinisch-Westfälisches Elektrizitätswerk Akt.-Ges., Essen (Erfinder: Peter Faber, Kahl), **Herstellung von Kunstbraunstein,** bes. für Primärelemente. Trockenpulvriges, neutrales oder saures $MnCO_3$ wird, bes. bei 200—300°, mit einem Ozongasstrom behandelt. (**D.A.S 1268604** Kl. 12 n vom 8/9. 1965, ausg. 22/5. 1968.) — 2 S. E. Miessgang H 350

1654 American Smelting and Refining Co., USA (Erfinder: Paul J. Kranz), **Kupferlegierung** besteht aus 0,25—2,50(%) *P*, 1,5—4 *Sn*, 0,25—4 *Ni*, > 3 — < 20 *Pb*, ca. 4 — < 20 *Zn*, Rest < 80 Cu, wobei der Zn-Geh. stets größer ist als der Geh. an Sn. Ggf. kann die Leg. ≦ 1, bes. 0,05—0,75, *Fe* u./oder ≦ 0,1, bes. ≦ 0,05, *S* enthalten. Die Leg. wird nach dem Stranggußverf. vergossen, wobei die Kokille bes. einen gekühlten u. einen ungekühlten Abschnitt hat. Beim Erschmelzen der Leg. wird P als Vorleg. eingebracht. Die Leg. zeichnet sich durch eine Streckgrenze ≧ 14 kg/mm² (bes. ≧ 19,6 kg/mm²), eine Zugfestigkeit ≧ 24,5 kg/mm² (bes. ≧ 29,4 kg/mm²), eine Dehnung ≧ 5% (bes. ≦ 20%) u. eine Brinell-Härte ≧ 50 kg/mm² (bes. > 60—90 kg/mm²) aus. Die Stranggußbarren besitzen oberflächlich Pb-reiche Ausschwitzungen, die beim Auswalzen eine gleichmäßige Schicht bilden. Die Leg. wird daher bes. zur Herst. von *Lagern* verwendet. — 1 Stranggußvorr., 2 Ansichten von Stranggußbarren mit Pb-Ausschwitzungen. (**F.P. 1496357** vom 10/10. 1966, veröff. 21/8. 1967. U.S. Prior. 11/10. 1965.) — 9 S. C. F. Gross H 358

1655 **Asahi Kasei Kogyo K. K.**, Japan, *Herstellung von NH_4-Perchlorat und NH_4-Na-Phosphat.* (**F.P. 1 309 424** vom 6/10. 1961, ausg. 25/2. 1963. – C. **1966,** 32-2058 [CanP. 689 760].)

1656 **Deutsche Gold- und Silber-Scheideanstalt vormals Roessler,** Deutschland, *Herstellung von Si-Carbid.* (**F.P. 1 336 392** vom 6/8. 1962, ausg. 18/12. 1963. D. Prior. 8/9. 1961. – C. **1966,** 33-2100 [Brit.P. 960 537].)

1657 **International Standard Electric Corp.**, USA, übert. von: **Standard Telephones and Cables Ltd.** (Erfinder: **Henley Frank Sterling** und **Frederick John Raymond**), *Si hoher Reinheit.* (**F.P. 75 047** vom 6/1. 1959, ausg. 7/7. 1961. Brit. Prior. 6/1. 1958. Zusatz zu F. P. 1 108 543; C. 1958, 7340. – C. **1966,** 34-2149 [D.A.S. 1 198 321].)

1658 **International Standard Electric Corp.**, USA, übert. von: **Standard Telephones and Cables Ltd.** (Erfinder: **Henley Frank Sterling**), *Si hoher Reinheit.* (**F.P. 78 090** vom 13/7. 1960, ausg. 26/10. 1962. Zusatz zu F.P. 1 108 543; C. 1958, 7340. Brit. Prior. 17/7. 1959. – C. **1966,** 28-2067 [Oe.P. 226 197].)

1659 **Morton Salt Co.**, USA, *Herstellung von $Mg(OH)_2$.* (**F.P. 1 329 056** vom 27/4. 1962, ausg. 23/9. 1963. – C. **1966,** 29-2131 [U.S.P. 3 111 376].)

1660 **Knapsack-Griesheim Akt.-Ges.**, Deutschland, *Herstellung von synthetischem Pyrolusit.* (**F.P. 1 279 700** vom 20/1. 1961, ausg. 27/4. 1962. D. Prior. 20/1. 1960. – C. **1966,** 31-2121 [Oe.P. 225 155].)

H-6. Organische Industrie

1661 **Thermische Umsetzungen von Äthylen, Butadien-(1.3) und ihren Gemischen bei der Pyrolyse.** Ju. G. Kambarov, D. A. Burdzaliev und M. A. Dalin. (Azerbajdzanskoe neftjanoe Choz. **46** (1967) 9, 40–43; russ.) – Die Bldg. von Aromaten, bes. Bzl., bei der Hochtemp.-Pyrolyse wurde bei wiederholten therm. Umsetzungen von *Äthylen* (**I**), Butadien-(1.3) (**II**) u. ihren Gemischen untersucht. Die gasf. Prod. wurden im Chromatographen ChT-2M mit Al-Gel analysiert, die fl. Prod., die bis 140° sieden, im Chromatographen ChL-4 unter Ausnutzung einer mit Dinonylphthalat gefüllten Säule untersucht. Die Bldg. von Aromaten, bes. Bzl., wird mit der Ggw. von *Cyclohexen* (**III**) in den fl. Prod. der Pyrolyse des **I**–**II**-Gemisches erklärt. Der Geh. u. die Ausb. von **III** ist abhängig vom molaren Verhältnis **I**–**II**. Die Bldg. von Aromaten ist bes. durch **II** bedingt. Man kann annehmen, daß **II**, indem es mit jedem beliebigen der niedermol. ungesätt. KW-Stoffe kondensiert, auch mit dem zweiten Mol. **II** **III** bildet. Die Aromaten oder ihre Homologen in den Pyrolysaten werden als Prod. der Dehydrierung von **III** erklärt. Es wird vermutet, daß außer **III** u. seinen Homologen auch ungesätt. KW-Stoffe C_5 bis C_6 bei der Bldg. von Bzl. beteiligt sind.
D. Merzdorf H 550

1662 **Kinetische Aspekte der katalytischen Methanoxydation. Anwendung der Initialgeschwindigkeitstechnik zur Bestimmung des Mechanismus.** O. P. Ahuja und G. P. Mathur. (Canad. J. chem. Engng. **45** (1967) 6, 367–71; Univ. of Windsor, Ontario; engl.) – Als Katalysator dient *Pd* auf Al_2O_3 mit 0,5% Pd-Gehalt. Die Methanumwandlung wird auf ≈ 10% begrenzt, um die Initialgeschw.-Näherung anwenden zu können. Graph. Darst. der Initialgeschw. gegen den Druck u. die Zus. des Ausgangsprod. werden zur qual. Interpretation der erhaltenen Ergebnisse verwendet. Die Best. der Regressionskoeff. aus den linearisierten Geschw.-Gleichungen u. die Überprüfung ihrer Übereinstimmung mit den experimentellen Daten gestattet, den wahrscheinlichen Rk.-Mechanismus zu bestimmen u. eine Gleichung aufzustellen, die nur 4% Abweichung von den Vers.-Ergebnissen aufweist. Im untersuchten Bereich (6–30% Methan, 1,8 bis 9,7 at, 300, 320, 340°) findet eine Oberflächenrk. zwischen adsorbiertem, aber nicht dissoziiertem O_2 u. adsorbiertem Methan zu gleichfalls adsorbiertem CO_2 u. W. statt.
M. Jatkowski H 560

1663 **Kinetik der Krackung von Wachs zur Herstellung von α-Olefinen.** G. R. Worrell, R. F. Chapman und S. G. Woinsky. (Ind. Engng. Chem., Process Design Development **6** (1967) 1, 89–95; Atlantic Richfield Co., Philadelphia, Pa.; engl.) – Unters. über die therm. Krackung von n-Paraffinen (mit 20–26 C-Atomen) bei 1000–1160°F, 0,25–4,0 at KW-Stoff-Partialdruck u. 1,5–12 Sek. Rk.-Dauer zeigen, daß es sich um eine Rk. der Ordnung 1,3 handelt. Die Aktivierungsenergie beträgt 49600 cal/Mol. Die Rk.-Ordnung der Krackung der freien Radikale der Paraffine wird vom Molgew. der endständigen Radikale bestimmt. Höhere Drucke führen zu höherer Aktivierungsenergie u. niedrigerer Rk.-Ordnung.
W. Wesly H 570

1664 **Oxydative Dehydrierung von Isoamylenen an MoO_3–Bi_2O_3.** T. Ja. Gusman, B. R. Serebrjakov und M. A. Dalin. (Chim. Technol. Topliv Masel **12** (1967) 4, 1–5; russ.) – In einer beschriebenen Vers.-App. wird die oxydative Dehydrierung von Isoamylen–O_2–W.-Gemischen (Molverhältnis 1:1,1–1,9:16–42) an Bi_2O_3 allein sowie mit 1,2 u. 3 MoO_3 u. $Bi_2O_3 \cdot 3\,MoO_3 + 2\,MoO_3$, bei 420–480° u. Kontaktzeiten von 0,7–1 Sek. durchgeführt. Die Analyse des Gasgemisches erfolgte gaschromatographisch. Neben *Isopren* bilden sich *cis-* u. *trans-Penten-(2)*, *Penten-(1)*, *3-* u. *2-Methylbuten-(1)* u. *2-Methylbuten-(2)*. Die höchsten *Isopren*-Ausb. von ≈ 60% werden an $Bi_2O_3 \cdot MoO_3$ erreicht. Ausführliche Beschreibung der Vers. u. ihrer Auswertung.
Herbert Hoffmann H 570

1665 **Gewinnung von Acetylen durch oxydative Methanpyrolyse.** V. U. Ševčuk und I. M. Romanjuk. (Gazovaja Prom. **12** (1967) 5, 49; Borislav, GSNIIOChT; russ.) – Bei Verw. eines auf 500–560° vorgewärmten Ausgangsgemisches (36–37% O_2) werden Pyrolysegase folgender Zus. erhalten (Vol.-%): 3,4–3,8 CO; 7,8–8,2 C_2H_2; 24,5–26,0 CO_2; 54,0–55,0 H_2; 5–6 CH_4; 0,2 bis 0,4 C_2H_4; 0,2–0,4 O_2; 2–3 N_2. Gaszus. u. Acetylenausb. sind für oxydative Methanpyrolyse fast optimal.
G. Mögel H 580

1666 **Dampfphasenreaktion von Graphit mit leichten Kohlenwasserstoffen.** J. L. Blanchet und J. R. Parent. (Canad. J. chem. Engng. **45** (1967) 6, 361–66; Dep. Chem. Engng., Univ. Laval, Quebec; engl.) – In einem elektr. Lichtbogen zwischen Graphitelektroden wird die Pyrrolyse von *Äthan* u. *Propan* bei Temp. zwischen 2000° u. 5000°K untersucht. Durch die Ggw. von dampfförmigem C liegen die Ausb. an C_2H_2 höher als nach dem Gleichgew. zu erwarten sind. Die Ausb. sind von dem C:H_2-Verhältnis, der Energiezufuhr, der Rk.-Temp. u. dem Druck abhängig. Es werden Leistungen zwischen 10 u. 50 KW u. Strömungsgeschw. zwischen 1,5 u. 20 l/min untersucht. Die Ergebnisse werden mit den üblichen Meth. zur C_2H_2-Darst. verglichen.
M. Jatkowski H 580

1667 **Einfluß von Borsäure auf den Mechanismus der Flüssigphasenoxydation von Paraffin-Kohlenwasserstoffen.** F. I. Novak, V. V. Kamzolkin, Ju. A. Talyzenkov und A. N. Baskirov. (Neftechimija **7** (1967) 2, 248–53; AN SSSR, inst. neftechim.; russ.) – Die Ox. erfolgt bei 140–175° in Ggw. von B_2O_3. Die Kinetik des Beginns u. Verlauf der Rk. werden untersucht u. die effektive Aktivierungsenergie zu 24 ± 0,7 kcal in Ggw. von B_2O_3 angegeben.
Herbert Hoffmann H 810

1668 **Äthylacetatsynthese durch direkte Oxydation von Äthanol.** G. E. Zaikov, Z. K. Majzus, M. I. Vinnik und N. M. Emanuel. (Neftechimija **7** (1967) 2, 260 bis 263; AN SSSR, inst. chim. fiz.; russ.) – Die Ox. erfolgt im Autoklaven (58,5 ml) bei 15 Atm., 145° u. Einleiten von 20 l Luft/Std. in Ggw. von 0,3% H_3PO_4. Die Ausb. an *Essigsäureäthylester* beträgt ≈ 90% neben 5% *Acetaldehyd*, 1% *Essigsäure* u. 4% CO_2.
Herbert Hoffmann H 810

1669 **Konjugieren von Sojabohnenöl durch Zersetzen des Eisentricarbonyl-Komplexes mit Kohlenmonoxid.** E. N. Frankel und S. Metlin. (J. Amer. Oil Chemists' Soc. **44** (1967) 1, 37–39; Northern Regional Res. Labor., Peoria, Ill.; engl.) – Sojabohnenöl u. andere pflanzliche Öle werden durch Zers. ihrer $Fe(CO)_3$-Komplexe mit CO bei 180–200° u. 1090–3750 psi konjugiert. Dabei werden hochkonjugierte Öle (82%) erhalten u. $Fe(CO)_5$ (98%) zur Wiederverw. gewonnen, was diesen Prozeß rentabel macht.
C. Wilke H 810

1670 **Acetonitril – ein Nebenprodukt der Petrolchemie.** Edwin Fritzsche und Karl-Heinz Wingerter. (Chem. Techn. **19** (1967) 2, 97–99; Böhlen, VVB Mineralöle u. organ. Grundstoffe; dt.) – Vf. beschreiben Verw.-Möglichkeiten von Acetonitril (**I**). Die Hydrierung von **I** liefert *Mono-* u. *Diäthylamin.* Falls jedoch keine neuen Verw.-Möglichkeiten für diese Amine erschlossen werden, kann nur ein Teil von anfallendem **I** eingesetzt werden. Der Bedarf an *Acetamid*, das durch Hydrolyse von **I** erhältlich ist, ist zu gering. Größere Produktionen von *N-Methylacetamid* durch Umsetzung von **I** mit

Methylamin, von *Diacetamid* u. *Triacetamid* durch Umsetzung von **I** mit Essigsäure oder Essigsäureanhydrid lohnen nicht. Ökonom. Bedeutung können die direkten Synth. von *Essigsäureestern* aus **I** u. den entsprechenden Alkoholen oder Olefinen erlangen, z. B. die Herst. von *n-Butylacetat*. Durch Kondens. von Dicyandiamid u. **I** entsteht *Acetoguanamin*, das evtl. mit Formaldehyd wertvolle Harze liefern könnte. — Die Herst. von Acrylnitril aus **I** mit Formaldehyd über wasserabspaltende Katalysatoren scheint aussichtsreich. Als Trennmittel für Olefine von Paraffinen hat **I** großtechn. Bedeutung erlangt. Desgleichen wird **I** als Lsgm. für Copolymerisate auf Basis Acrylnitril u. Vinylchlorid oder Vinylacetat verwendet. Der Bedarf der pharmazeut. Industrie dagegen ist gering. K. Frederich H 810

1671 **Funktion des Katalysators bei der Flüssigphasenoxydation von Cyclohexanon.** K. A. Červinskij und V. N. Mal'cev. (Neftechimija 7 (1967) 2, 264—69; Dnepropetrowsk, inst. chim.-technol.; russ.) — Theoret. Betrachtungen über die Kinetik der Ox. von Cyclohexanol zu *Adipinsäure* in fl. Phase in Ggw. von Co- u. Mn-Stearat-Katalysatoren. Ein Rk.-Mechanismus des Ablaufs der Ox. wird diskutiert. Herbert Hoffmann H 820

1672 **Rolle des Phenols bei der durch Kupfer- und Eisenionen katalysierten Oxydation von Benzol.** D. I. Metelica und E. T. Denisov. (Neftechimija 7 (1967) 1, 65—69; AN SSSR, Inst. chim. fiz.; russ.) — Vgl. Ž. fiz. chim. **40** (1966) 2162. — Die l.c. beschriebene Kinetik der Ox. von Bzl. durch O_2 in wss. Lsg. in Ggw. von Cu^{2+} u. Fe^{2+} hat den autokatalyt. Charakter der Anreicherung von *Phenol* (**I**) gezeigt. Neben **I** entsteht Teer der Zus. $C_6H_4O_4$; flüchtige Prod. sind CO_2, Acetaldehyd, CH_2O, Aceton u. CH_3COOH. Es wird gezeigt, daß die prim. Rk. die Ox. von Bzl. zu **I** ist, an die sich die Bldg. von Teer als Hauptrk., die der flüchtigen Prod. als Nebenrk. anschließt. Die autokatalyt. Rk. ist die Ox. von **I**, die mit der Bzl.-Ox. konjugiert ist. Zwischen der Rk.-Geschw., der **I**-Konz. u. der Konz. an Fe^{2+} besteht eine direkte Beziehung. R. K. Müller H 1060

1673 **Schaumoxydation von Toluol.** I. M. Kuznecova, V. V. Nesmelov und N. N. Terpilovskij. (Neftechimija 7 (1967) 4, 591—95; Kasanskij chim.-technol. inst.; russ.) — Bei 100 ± 2° u. 1 at bei 0,019 m/s Luftgeschw. wird *Toluol* (**I**) (242 g) unter Bedingungen der Schaumox. zu *Benzoesäure* (**II**) oxydiert (Initiator: 1 Gew.-% Tetrabromäthan, Katalysator: 0,05% Co-Stearat). Es wird der Einfl. von Zusätzen an Ox.-Prod. auf den Rk.-Ablauf untersucht. So erlaubt ein Benzaldehyd(**III**)-Zusatz zur Ausgangsverb. **I** die Ausbldg. eines stabilen Schaumes bei viel geringeren Luftgeschw. als es bei Verw. von reinem **I** der Fall ist. Bei 4—5% **III**-Zusatz bleibt die sonst während der **I**-Ox. beobachtete Induktionsperiode aus, wodurch maximale Prozeßgeschw. gewährleistet wird. Ein Zusatz von 4,8—7% Benzylbenzoat zum Ausgangsgemisch unterdrückt die Bldg. dieser Verb. im Verlauf der Oxydation. Durch Zusatz der genannten Verb. kann **II** in 99—100%ig. Ausb. erhalten werden. K. Jasche H 1210△

1674 **Heterogene-katalytische Synthese von o-Isopropenylphenol.** S. M. Aliev, R. G. Ismajlov, G. M. Mamedaliev und M. R. Bajramov. (Azerbajdžanskoe neftjanoe Choz. **46** (1967) 3, 38—40; russ.) — Untersucht wurde die Dehydrierung von o-Isopropylphenol an Styrolkontakt bei 620°, Molverhältnis Rohstoff: Dampf = 1:12,5 u. Raumgeschw. 2,5—9,2 Std^{-1}. Die *o-Isopropenylphenol*-Ausb. ist abhängig von der Rk.-Temp., Rohstoffzugabe u. Dampfmenge u. beträgt 65—68%. Die Zus. der gasförmigen u. fl. Rk.-Prod. werden mitgeteilt. Herbert Hoffmann H 1460

1675 **Hydroformylierung und Hydrocarboxylierung von Cyclohexen in Anwesenheit von Co-, Rh-, Ir-, Fe- und Ni-Carbonylen.** N. S. Imjanitov und D. M. Rudkovskij. (Ž. prikl. Chim. **40** (1967) 9, 2020—24; Leningrad, VNII neftechim. processov; russ.) — Nach einer Literaturübersicht wird über die Umsetzung von 20 ml Cyclohexen, gelöst in 180 ml Dioxan, in Ggw. von 0,003 bzw. 0,006 Co-, Rh- u. Ir- sowie 0,08 gAtom/l Fe- u. Ni-Carbonyl, bei 150 at im Autoklaven u. Temp. von 150 bis 290° berichtet. H_2 u. CO werden mit 150 at in das Rk.-Gefäß eingespeist. Die Aldehydausb. betragen bei Co- u. Rh-Carbonyl 80 bzw. 97%. Nur bei Co-Carbonyl wird eine Säureausb. von 49% erhalten, die restlichen sind nahezu inakt. (Säurebldg. < 0,4%). — 16 Literaturangaben. Herbert Hoffmann H 1920

1676 **Technologie der Oxydation von Cyclohexylamin mittels H_2O_2 zu Cyclohexanonoxim.** 2. Mitt. **Technisch-ökonomische Analyse des Prozesses.** Lubor Jarkovský, Josef Pašek und Vlastimil Růžička. (Chem. Průmysl **17(42)** (1967) 1, 18—20; Praha, VŠCHT; tschech.) — 1. vgl. ibid. **16(41)** (1966) 10, 591. — In einer während 40 Std. kontinuierlich arbeitenden App. wurde bei der Ox. von Cyclohexylamin (**I**) zu *Cyclohexanonoxim* (**II**) mittels H_2O_2 kein Einfl. der Nebenprod., wie *Cyclohexanon*, festgestellt. Der Umsatz betrug in Ggw. von Na-Wolframat 33,2%. Isolierung von **II** erfolgte durch Dest.; **II** enthielt noch 2,6% **I** bzw. *Cyclohexylhydroxylamin*. Das Verf. ist gegenüber anderen nicht wirtschaftlich. W. Ehm H 1960

1677 **Oxydation von 2-Isopropylnaphthalin mit molekularem Sauerstoff.** G. N. Kiricenko, V. A. Simanov, L. A. Filatova und T. M. Channanov. (Neftechimija 7 (1967) 2, 254—59; Ufa, Inst. neftechim.; russ.) — Die Herst. von *2-Isopropylnaphthalinhydroperoxid* (**I**), F. 64—65°, durch Emulsions-Fl.-Phasen-Ox. unter Einw. von mol. O_2 in Ggw. von Co-Stearat 0,01—0,02, Cumolhydroperoxid u. Azobisisobuttersäuredinitril jeweils 0,85 u. $Cu(NO_3)_2 \cdot 6\,H_2O$ 0,15 g/Mol bei 95° wurde untersucht. Eine Ausb. von 25—27% an **I** wurde bei Verw. von $Cu(NO_3)_2 \cdot 6\,H_2O$ erreicht. Herbert Hoffmann H 2700

1678 **Desulfonierung von 2.3-Dihydroxynaphthalin-6-sulfonsäure und 2-Naphtholsulfonsäuren.** Shizunobu Hashimoto, Junzo Sunamoto, Atsuo Senda und Yoshinobu Takahashi. (J. chem. Soc. Japan, ind. Chem. Sect. [Kōgyō Kagaku Zasshi] **70** (1967) 10, 1708 bis 1711; Dep. Appl. Chem., Doshisha Univ., Kyoto, Japan; jap., Auszug: engl.) — Die Desulfonierung der Titelverb. mit HCl wird kinet. untersucht. Dabei wird die Rk. in einem geschlossenen Rohr bei 170—190° u. bei konst. Ionenstärke durchgeführt. Die Rk.-Geschw. ist der Konz. von Sulfonsäure u. HCl proportional; es wird ein normaler Salzeffekt beobachtet. Dieser ist stärker wirksam als der katalyt. Einfl. von $CuCl_2$ u. $CuSO_4$ auf die Desulfonierung von *2.3-Dihydroxynaphthalin-6-sulfonsäure*. M. Jatkowski H 2700

1679 **Dehydrocyclisierungen von Diäthylsulfid zu Thiophen in Gegenwart von Metalloxiden und -sulfiden.** A. V. Maškina, T. S. Suchareva und V. I. Černov. (Neftechimija 7 (1967) 1, 110—14; AN SSSR, Sibir. otd., Inst. kataliza; russ.) — Vgl. ibid. **6** (1966) 620. — Auf Grund der l.c. beschriebenen Vers. über das Cracken von *Diäthylsulfid* (**I**) an Oxid- u. Sulfidkatalysatoren wird die Aktivität u. Selektivität dieser Katalysatoren bei der Dehydrocyclisierung von **I** zu Thiophen vergleichend untersucht. Tabellar. werden die Aktivierungsenergien u. die präexponentiellen Faktoren bei Verw. von 7 oxid. u. 13 sulfid. Katalysatoren (Elemente der 3—6. Periode) mitgeteilt. Als bes. wirksam erweisen sich hierbei Oxide u. Sulfide von *Cr*, *Ti*, *V*, *Mo*, *Co*, *W* u. *Re*. Bei Re_2S_7 ist die spezif. katalyt. Aktivität am höchsten, jedoch ist Re_2S_7 bei hohen Temp. instabil. R. K. Müller H 3071

1680 Badische Anilin- & Soda-Fabrik Akt.-Ges., Ludwigshafen/Rh. (Erfinder: Horst Pommer, Ludwigshafen, Herbert Müller, Frankenthal, und Hermann Overwien, Ludwigshafen/Rh.), **Alkenone** erhält man durch Rk. eines Olefins mit einem Aldehydpolymeren der allg. Formel $(RCHO)_n$ (R = organ. Rest, n = 3—100) u. einem Keton, das an dem zur CO-Gruppe benachbarten C-Atom ≧ 1 H-Atom trägt, bei 100—400°. — Aus Trioxan durch Rk. mit Isobutylen u. Aceton im Autoklav bei 290° → *2-Methylhepten-(1)-on-(6)*, $Kp._{20}$ 69—70°. (**D.A.S. 1268135** Kl. 12o vom 16/7. 1966, ausg. 16/5. 1968. **Zusatz zu D.A.S. 1259876; C. 1968, 49/50-2610.**) — 2 S. R. Bollinger H 710

1681 Merck & Co., Inc., Rahway, N.J., USA (Erfinder: Janos Kollonitsch), **Hydroborierung zur Herstellung von Organoborverbindungen** erfolgt durch Rk. von organ. Verb. mit einer ungesätt. C–C-Bindung mit $AlH_3(BH_3)_3 \cdot 3$ $[Al(OR)_3]$ (R = Alkyl, Cycloalkyl, Aralkyl), vgl. Brit.P. 1050676; C. **1969,** 5-1992. – (*Boran* = **I**) *Triisooctyl*-**I**, Kp. 86–90°, 81% (Ausb.); *Tripentyl*-**I**, $Kp._{0,5}$ 79–80°, 72%; *Trihexyl*-**I**, 86%; *Tricyclohexyl*-**I**, $Kp._1$ 138–142°, 81%; *Tri-(2.2-diphenyläthyl)*-**I**, hieraus durch Ox. in situ → 2.2-Diphenyläthanol, F. 63–64° (aus Isohexen), 76%; *Tri-(3-hexyl)*-**I**, $Kp._{0,5}$ 79–80°. Durch Hydroborierung u. Ox. wurden erhalten: Styrol → Phenyl-methylcarbinol neben β-Phenyläthylalkohol, 81%; Octin-(1) → Octylaldehyd; 3.20-Cycloäthylendioxy-5β-pregnen-9(11) → 11α-Hydroxy-5β-pregnandion-(3.20), F. 191–193°, $[\alpha]_D$ +82°, 65%. – (**Brit.P. 1054043** vom 9/10. 1963, ausg. 4/1. 1967.) – 5 S.
A. Debo H 980

1682 Dieter Schulze, Dresden, **Herstellung von Funktionsflüssigkeiten** auf Basis von Verb. der allg. Formel **I** (n = 0–3) durch Umsetzung von m-Dibrom-

I 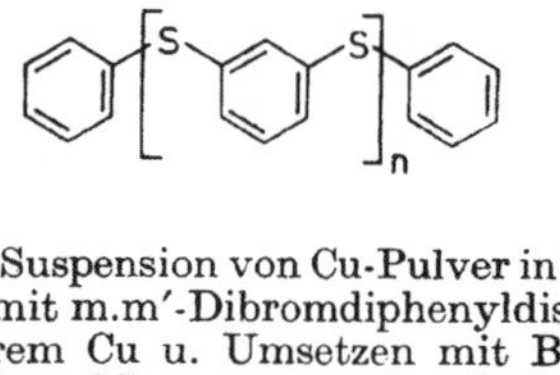

benzol (**II**) in einer Suspension von Cu-Pulver in Dimethylformamid (DMF) mit m.m'-Dibromdiphenyldisulfid (**III**), Zusatz von weiterem Cu u. Umsetzen mit Brombenzol (**IV**) bei 150–160°. – Man versetzt ein sd. Gemisch aus 236 (g) **II**, 84 Cu u. DMF mit 247 **III**. Nach 3std. Umsetzung wird die Rk. durch Zusatz von 327 **II** u. 190,5 Cu 3–5 Std. fortgesetzt u. nach Zusatz von 314 **IV** nach 1–2 Std. beendet: 212 *Diphenylsulfid*, 22 *m-Bis-[phenylmercapto]-benzol*, 82 *Bis-[m-phenylmercaptophenyl]-sulfid* u. 115 *m-Bis-[m-phenylmercaptophenylmercapto]-benzol*. – *Schmier-, Treib- u. hydraul. Mittel.* (**D.P.[DDR] 54355** Kl. 12o vom 22/4. 1965, ausg. 5/3. 1967 [Wirtschaftspatent].) – 3 S. K.-D. Stolp H 1090

1683 Upjohn Co., Kalamazoo, Mich., USA, **2-Phenyl-4-(3-methoxyphenyl)-3-pentensäure** erhält man durch Rk. von 2-Phenyl-4-(3-methoxyphenyl)-4-ketobuttersäure (erhalten nach Brit.P. 1021188; C. **1969,** 2-2277) mit einem Methyl-Mg-halogenid oder Methyl-Li u. W.-Abspaltung aus der erhaltenen 2-Phenyl-4-(3-methoxyphenyl)-4-hydroxyvaleriansäure durch Erhitzen, bes. in Ggw. von $ZnCl_2$ oder p-Toluolsulfonsäure. (**Brit.P. 1021780** vom 21/8. 1962, ausg. 9/3. 1966. U.S. Prior. 5/9. 1961.) – 2 S.
H.-W. Ebersbach H 1210

1684 Soc. d'Études Scientifiques et Industrielles de l'Ile-de-France (Erfinder: Michel Léon Thominet), Paris, Frankreich, **Substituierte Benzamide** der allg. Formel **I** (A = H, Alkyl; X = NH_2, Alkyl-, Di-

I 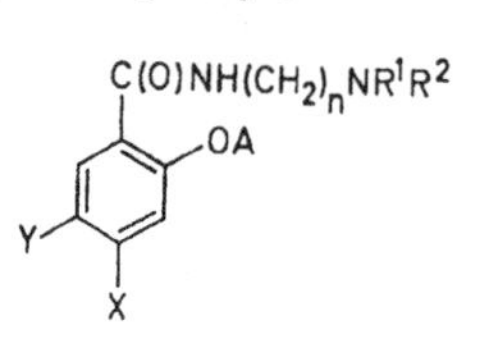

alkyl- oder Acylamino; Y = Halogen, NO_2, NH_2, Alkyl-, Dialkyl- oder Acylamino; n = 2, 3; eine CH_3-Gruppe von A oder des Carbonsäureamidrestes kann ersetzt sein durch: $-CH(R^5)-$; R^5 = C_1–C_5-Alkyl; R^1, R^2 = C_1–C_5-Alkyl; $-NR^1R^2$ = Heterocyclus) werden hergestellt durch Acylierung eines p-Aminosalicylsäureesters, Alkylierung, Amidierung mit einem unsymm. substituierten Diamin u. Hydrolyse. – (*4-Amino-5-chlorbenzamid* = **I**): p-Aminosalicylsäuremethylester, F. 119°, 86% (Ausb.), N-Acetylderiv., F. 152–153°, 94%; 2-Methoxy-4-acetylaminobenzoesäure-methylester, F. 127°, 78%; 2-Methoxy-4-acetylamino-5-chlorbenzoesäure-methylester, F. 153°; 86%; N-[Diäthylaminoäthyl]-2-methoxy-acetyl-**I**; *N-[Diäthylaminoäthyl]-2-methoxy*-**I**, F. 144°, 65%, *Dihydrochlorid*, F. 136–137°; 2-Methoxy-4-acetylamino-5-brombenzoesäure-methylester, F. 174°, 96%; *N-[Diäthylaminoäthyl]-2-methoxy-4-amino-5-brombenzamid*, F. 149°, 81%; *Dihydrochlorid*, F. 134–136°, 74%; 2-Äthoxy-4-acetylaminobenzoesäuremethylester, F. 145°, 97%; N-Acetylderiv., F. 142°, 83%; *N-[Diäthylaminoäthyl]-2-äthoxy*-**I**, F. 151–152°; 86,5%; *Hydrochlorid*, F. 175–180° (Zers.); *N-[Diäthylaminopropyl]-2-methoxy*-**I**, F. 79–80°; *Hydrochlorid*, F. 188 bis 189°. – Folgende Beispiele nur Brit.P.: 2-Methoxy-4-acetylamino-5-nitrobenzoesäure-methylester; 68%; *N-[Diäthylaminoäthyl]-2-methoxy-4-amino-5-nitrobenzamid*, F. 208–209°, 45%; *Hydrochlorid*, F. 178–179°; *N-[Diäthylaminoäthyl]-2-methoxy-4.5-diaminobenzamid*, *Dihydrochlorid*, F. 190–191° (Zers.). (**Brit.P. 1019781** vom 27/4. 1964, ausg. 9/2. 1966. **Schwz.P. 447210** vom 2/5. 1964, ausg. 29/3. 1968.) – 7 S. – 5 S.
A. Debo H 1250

1685 E. I. du Pont de Nemours & Co., übert. von: Reinhard Schmutzler, Wilmington, Del., USA, **Fluorhaltige 1.3.2.4-Diazadiphosphetidin(I)-Derivate** der allg. Formel $RP(F)_2–N(R)–P(F)_2(R')–N(R)$ (R = CH_3 oder C_2H_5; R' = F oder einwertiger organ. Rest) erhält man durch Rk. von Disilazanen der allg. Formel $[(R)_3 \cdot Si]_2N–R$ mit Verb. der allg. Formel $PF_aR'_b$ (a = 4 oder 5; b = 0 oder 1; a + b = 5) bei 0–150°, bes. 20–50°. – Heptamethyldisilazan (**II**) + Phenyltetrafluorphosphoran → *1.3-Dimethyl-2.4-diphenyl-2.2.4.4-tetrafluor*-**I**, $C_{14} \cdot H_{16}N_2P_2F_4$, F. 162° (Bzl.). – **II** + Äthyltetrafluorphosphoran → *1.3-Dimethyl-2.4-diäthyl-2.2.4.4-tetrafluor*-**I**, $Kp._1$ 42°, $C_6H_{16}P_2F_4N_2$. – **II** + PF_5 → *1.3-Dimethyl-2.2.2.4.4.4-hexafluor*-**I**, $C_2H_6P_2F_6N_2$, $Kp._{175}$ 54°. – **II** + m-Trifluormethylphenyl-tetrafluorphosphoran → *1.3-Dimethyl-2.4-bis-[m-trifluormethylphenyl]-2.2.4.4-tetrafluor*-**I**, $C_{16}H_{14}F_{10}P_2N_2$, F. 164–166° (96% Ausb.). – *Cokatalysatoren für die Polymerisation von ε-Caprolactam.* (**U.S.P. 3287406** vom 14/8. 1963, ausg. 22/11. 1966.) – 3 S. A. Jahn H 1380

1686 Hooker Chemical Corp., Niagara Falls, N.Y., USA, **Aromatische Phosphorigsäureester und Phosphorigsäureesterhalogenide.** Zu U.S.P. 3281506; C. **1969,** 4-2131 ist nachzutragen: Verb. der allg. Formel $[Z(4) \cdot Y(6)Y^1(2)–C_6H_2OP(R)_m]_n$ (R = OH oder Halogen; Y u. Y^1 = organ. Rest; Z = H, Halogen oder organ. Rest; m = 1 oder 2; n = 3-m) erhält man durch Rk. eines di- oder trisubstituierten Phenols mit einem P-Trihalogenid in Ggw. eines tert.-Amins bei Raumtemperatur. – PCl_3 gibt mit dem Na-Salz von 2.6-Di-tert.-butylphenol das *Phosphorigsäure-[2.6-di-tert.-butylphenolester]-dichlorid*, $C_{14}H_{21}Cl_2OP$, daraus durch Hydrolyse mit W. das *2.6-Di-tert.-butylphenylphosphit*, F. 136,5–138°; ähnlich: *Phosphorigsäure-2.4.6-tri-tert.-butylphenylesterdichlorid*, $C_{18} \cdot H_{29}OPCl_2$, F. 79–83°; *2.6-Di-tert.-butyl-4-methylphenylphosphit*, $C_{15}H_{25}O_3P$, F. 190–195° (Zers.); *Phosphorigsäure-2.6-di-tert.-butyl-4-nonylphenylesterdichlorid*, $Kp._{0,25}$ 148–154°; *2.6-Di-tert.-butyl-4-chlorphenylphosphit*, F. 140 bis 142° (Zers.) u. *2.6-Di-tert.-butylphenyldiphenylphosphit*. (**Brit.P. 1058977** vom 7/8. 1963, ausg. 15/2. 1967. U.S. Prior. 31/8. u. 31/8. 1962.) – 11 S.
R. Bollinger H 1380

1687 General Electric Co. (Erfinder: Allen Stuart Hay), Schenectady, N.Y., USA, **Diphenochinon** u. seine Deriv. erhält man durch Rk. von tert. Aminen u. in dem tert. Amin lösl. Cu(II)-Salz, das im Cu(III)-Zustand existieren kann, in Ggw. von O_2 mit Phenolen, die in o.o'-Stellung durch die Reste R u. R^1 substituiert sind (R u. R^1 bedeuten 1. KW-Stoffreste mit aliphat. tert. α-C-Atomen, wobei R^1 auch H sein kann; 2. beide Reste sind a) KW-Stoffreste mit aliphat. sek. α-C-Atom, b) Arylreste oder c) über O gebundene KW-Stoff- oder Halogen-KW-Stoffreste; 3. R = KW-Stoffrest, Halogen-KW-Stoffrest mit ≧ 2 C-Atomen, über O gebundener Halogen-KW-Stoffrest mit ≧ 2 C-Atomen oder über O gebundener KW-Stoffrest, R^1 = F oder R mit Ausnahme der nach 1. u. 2. möglichen Kombinationen von R u. R^1). – Verwendet man Phenole mit den Resten R u. R^1 der Bedeutung 3., so muß Rk.-W. im Maße seiner Bldg. aus dem Gemisch entfernt werden. – (Diphenochinon = **I**) *3.3'-Dimethyl-5.5-di-tert.-butyl*-**I**, F. 210°, orange. – *3.3'.5.5'-Tetramethoxy*-**I**, purpurrot, F. 300°. – *3.3'.5.5'-Tetraphenyl*-**I**, rot. — *3.3'.5.5'-Tetra-tert.-butyl*-**I**, tiefrote, metall. glänzende Nadeln, F. 246—246,5°. — *3.3'.5.5'-Tetraisopropyl*-**I**, tiefrosa, F. 211—212°. — *3.3'.5.5'-Tetramethyl*-**I**, rote Verb., F. 216—217°. — *Farbstoffe, Antioxydantien*, Zwischenprodukte. (**D.A.S. 1269608** Kl. 12o vom 24/6. 1959, ausg. 6/6. 1968. U.S. Prior. 24/6. 1958.) — 5 S. A. Jahn H 2390

1688 Chemische Fabrik von Heyden Akt.-Ges., München (Erfinder: Hans Höhn, Regensburg), **Herstellung substituierter 5-Aminopyrazole** der allg. Formel I

I 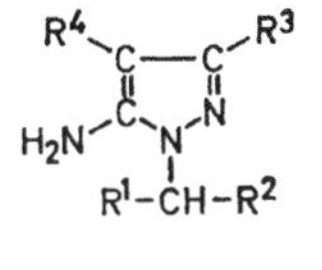

(R^{1-4} = H, Alkyl, Aryl, Aralkyl, Cycloalkyl, heterocycl. Reste oder Alkylreste, die durch ein Heteroatom unterbrochen sein können; R^1 + R^2 bzw. R^3 + R^4 können jeweils auch Glieder eines Ringes sein), dad. gek., daß man ein Aldehyd- bzw. Ketonhydrazon der allg. Formel N≡C–CH[R^4]–CH[R^3]–NH–N=C[R^1]R^2 in Ggw. eines Alkoholats, bes. Alkalibutylats, u. eines Lsgm. auf etwa 90—130° erhitzt. Als Lsgm. dient bes. jener Alkohol, von dem sich das Alkoholat ableitet. Die als Ausgangsstoffe dienenden Hydrazone können ohne Isolierung u. Reinigung direkt verwendet werden. — Man löst 16,8 (g) Na in 400 ml n-Butanol, fügt 136 *Benzaldehyd-β-cyanpropylhydrazon*, Kp.$_{0,2}$ 131°, zu u. kocht 5 Std. → 94% *1-Benzyl-4-methyl-5-aminopyrazol*, F. 129—130°. — Analog (Ausb. in % der Theorie): **I** (*R^1 + R^2 = -[CH_2]$_5$-; R^3 = R^4 = H*), Kp.$_{0,5}$ 115—120°, (93). — **I** (*R^1 = C_6H_5; R^{2-4} = H*), F. 80—81°, (82). — **I** (*R^1 = R^3 = CH_3; R^2 = R^4 = H*), F. 100—101°, (87). — **I** (*R^{1-4} = H*), F. 75—76°, (85). — **I** (*R^1 = R^3 = C_6H_5; R^2 = R^4 = H*), F. 125—126°, Kp.$_{0,6}$ 215—220°, (82). — **I** (*R^1 = -CH_2-CH[CH_3]$_2$; R^{2-4} = H*), Kp.$_{0,15}$ 87—88°, (81). — **I** (*R^1 = 3'.4'-Methylendioxyphenyl; R^{2-4} = H*), F. 82—83°, Kp.$_{0,2}$ 168—171°, (70). — **I** (*R^1 = Furyl-[2]; R^{2-4} = H*), F. 69—70°, Kp.$_{0,5}$ 122—124°, (84). — **I** (*R^1 = p-Chlorphenyl; R^2 = R^4 = H; R^3 = CH_3*), F. 95—96°, Kp.$_{0,4}$ 153—154°. — **I** (*R^1 = CH_3; R^{2-4} = H*), F. 59—60°, Kp.$_{0,25}$ 75—76°, (72). — **I** (*R^1 = C_2H_5; R^{2-4} = H*), Kp.$_{0,1}$ 73°. — **I** (*R^1 = R^2 = CH_3; R^3 = R^4 = H*), F. 60—61°, Kp.$_{0,2}$ 68—70°. — **I** (*R^1 = n-Propyl; R^{2-4} = H*), Kp.$_{0,2}$ 80—81°. — **I** (*R^1 = Isopropyl; R^{2-4} = H*), Kp.$_{0,4}$ 81 bis 84°. — **I** (*R^1 = CH_3; R^2 = C_2H_5; R^3 = R^4 = H*), Kp.$_{0,3}$ 78—80°. — **I** (*R^1 = n-Butyl; R^{2-4} = H*), Kp.$_{0,3}$ 103 bis 104°. — **I** (*R^1 = -[CH_2]$_2$-OCH_3; R^{2-4} = H*), Kp.$_{0,1}$ 92°. — **I** (*R^1 = CH_3; R^2 = C_6H_5; R^3 = R^4 = H*), F. 123 bis 124°, Kp.$_{0,6}$ 130—131°. — **I** (*R^1 = Benzyl; R^{2-4} = H*), Kp.$_{0,2}$ 133—135°. — **I** (*R^1 = Phenäthyl; R^{2-4} = H*), Kp.$_{0,3}$ 151°. — **I** (*R^1 + R^2 = -[CH_2]$_4$-; R^3 = R^4 = H*), Kp.$_{0,2}$ 99—100°. — **I** (*R^1 = -CH[C_6H_5]$_2$; R^{2-4} = H*), F. 103—104°, Kp.$_{0,3}$ 174°. — **I** (*R^1 = -CH[CH_3]-C_6H_5; R^{2-4} = H*), Kp.$_{0,15}$ 121—123°. — **I** (*R^1 = Cyclohexyl; R^{2-4} = H*), F. 56—57°, Kp.$_{0,15}$ 105—106°. — **I** (*R^1 = p-Chlorphenyl; R^{2-4} = H*), F. 75—76°, Kp.$_{0,12}$ 141—142°. — **I** (*R^1 = p-Dimethylaminophenyl; R^{2-4} = H*), F. 86 bis 87°, Kp.$_{0,15}$ 173°. — **I** (*R^1 = o-Chlorphenyl; R^{2-4} = H*), F. 81—82°, Kp.$_{0,15}$ 131—132°. — **I** (*R^1 = p-Isopropylphenyl; R^{2-4} = H*), F. 95—96°, Kp.$_{0,25}$ 152°. — **I** (*R^1 + R^2 = -[CH_2]$_2$-N[CH_3]-[CH_2]$_2$-; R^3 = R^4 = H*), F. 129 bis 130°, Kp.$_{0,2}$ 131—133°. — **I** (*R^1 = Thienyl-[2]; R^{2-4} = H*), F. 72—73°, Kp.$_{0,2}$ 130°. — **I** (*R^1 = Hydrindenyl-[5]; R^{2-4} = H*), Kp.$_{0,16}$ 158—159°. — **I** (*R^1 = Pyridyl-[4]; R^{2-4} = H*), F. 139—140°, Kp.$_{0,2}$ 165°. — **I** (*R^1 = R^2 = R^4 = H; R^3 = CH_3*), F. 79—80°. — **I** (*R^1 = R^3 = CH_3; R^2 = R^4 = H*), F. 100—101°, Kp.$_{0,4}$ 100—106°. — **I** (*R^1 = C_2H_5; R^2 = R^4 = H; R^3 = CH_3*), Kp.$_{0,3}$ 89—90°. — **I** (*R^1 = n-Propyl; R^2 = R^4 = H; R^3 = CH_3*), Kp.$_{0,4}$ 98—101°. — **I** (*R^1 = Isopropyl; R^2 = R^4 = H; R^3 = CH_3*), F. 91—92°, Kp.$_{0,05}$ 90—95°. — **I** (*R^1 = n-Butyl; R^2 = R^4 = H; R^3 = CH_3*), F. 59—60°, Kp.$_{0,7}$ 122—125°. — **I** (*R^1 = -CH_2-CH[CH_3]$_2$; R^2 = R^4 = H; R^3 = CH_3*), F. 80—81°. — **I** (*R^1 = C_6H_5; R^2 = R^4 = H; R^3 = CH_3*), F. 72—73°, Kp.$_{0,2}$ 130—131°. — **I** (*R^1 = o-Chlorphenyl; R^2 = R^4 = H; R^3 = CH_3*), F. 101—102°, Kp.$_{0,8}$ 165—168°. — **I** (*R^1 = R^3 = CH_3; R^2 = C_6H_5; R^4 = H*), Kp.$_{0,5}$ 130°. — **I** (*R^1 = Furyl-[2]; R^2 = R^4 = H; R^3 = CH_3*), Kp.$_{0,6}$ 124°. — **I** (*R^1 = Thienyl-[2]; R^2 = R^4 = H; R^3 = CH_3*), F. 99—100°, Kp.$_{0,2}$ 131—132°. — **I** (*R^1 + R^2 = -[CH_2]$_2$-N[CH_3]-[CH_2]$_2$-; R^3 = CH_3; R^4 = H*), F. 99—100°, Kp.$_{0,4}$ 141—142°. — **I** (*R^1 = Pyridyl-[4]; R^2 = R^4 = H; R^3 = CH_3*), F. 92—93°. — **I** (*R^1 = Cyclopentyl; R^2 = R^4 = H; R^3 = CH_3*), F. 103—104°, Kp.$_{0,1}$ 107—108°. — **I** (*R^1 = R^2 = R^4 = H; R^3 = C_2H_5*), F. 74—75°. — **I** (*R^1 = CH_3; R^2 = R^4 = H; R^3 = C_2H_5*), F. 66—67°, Kp.$_{0,1}$ 92°. — **I** (*R^1 = R^2 = R^4 = H; R^3 = Isopropyl*), F. 111—112°. — **I** (*R^1 = C_2H_5; R^2 = R^4 = H; R^3 = C_6H_5*), F. 106—107°, Kp.$_{0,75}$ 106—107°. — **I** (*R^1 = R^3 = C_6H_5; R^2 = R^4 = H*), F. 125—126°, Kp.$_{0,6}$ 232—235°. — **I** (*R^1 = C_6H_5; R^2 = R^4 = H; R^3 = Furyl-[2]*), F. 144 bis 145°, Kp.$_{2}$ 225—226°. — **I** (*R^1 = CH_3; R^2 = R^4 = H; R^3 = Furyl-[2]*), F. 104—105°, Kp.$_{0,8}$ 165—167°. — **I** (*R^1 = Furyl-[2]; R^2 = R^4 = H; R^3 = Thienyl-[2]*), F. 117—118°, Kp.$_{0,2}$ 183—185°. — **I** (*R^{1-3} = H; R^4 = CH_3*), F. 135—136°, Kp.$_{1,3}$ 77°. — **I** (*R^1 = R^4 = CH_3; R^2 = R^3 = H*), Kp.$_{0,1}$ 74—76°. — **I** (*R^1 = C_2H_5; R^2 = R^3 = H; R^4 = CH_3*), Kp.$_{0,3}$ 87—88°. — **I** (*R^1 = R^2 = R^4 = CH_3; R^3 = H*), Kp.$_{0,9}$ 71—75°. — **I** (*R^1 = n-Propyl; R^2 = R^3 = H; R^4 = CH_3*), Kp.$_{0,4}$ 97°. — **I** (*R^1 = Isopropyl; R^2 = R^3 = H; R^4 = CH_3*), Kp.$_{0,05}$ 77—79°. — **I** (*R^1 = C_6H_5; R^2 = R^3 = H; R^4 = CH_3*), F. 129—130°. — **I** (*R^1 = Furyl-[2]; R^2 = R^3 = H; R^4 = CH_3*), F. 87—88°, Kp.$_{1,7}$ 146—147°. — **I** (*R^1 = Pyridyl-[4]; R^2 = R^3 = H; R^4 = CH_3*), F. 129—130°, Kp.$_{0,2}$ 161—163°. — **I** (*R^1 + R^2 = -[CH_2]$_2$-N[CH_3]-[CH_2]$_2$-; R^3 = CH_3; R^4 = Thienyl-[2]*), F. 98—99°. — **I** (*R^1 + R^2 = -[CH_2]$_2$-N[CH_3]-[CH_2]$_2$-; R^3 = C_2H_5; R^4 = Thienyl-[2]*), F. 130—131°. — **I** (*R^1 + R^2 = -[CH_2]$_2$-N[CH_3]-[CH_2]$_2$-; R^3 = CH_3; R^4 = C_6H_5*), F. 141—143°. — **I** (*R^1 = 3.4-Methylendioxyphenyl; R^2 = R^3 = H; R^4 = CH_3*), F. 119 bis 120°. — **I** (*R^1 = p-Methoxyphenyl; R^{2-4} = H*), Kp.$_{1,2}$ 179—182°. — **I** (*R^1 = o-Methoxyphenyl; R^{2-4} = H*), Kp.$_{0,2}$ 147°. — **I** (*R^1 = -[CH_2]$_2$-O-CH_3; R^2 = R^4 = H; R^3 = CH_3*), F. 72—73°, Kp.$_{0,4}$ 109—111°. — Ferner: *1-[Fluorenyl-(9)]-5-aminopyrazol*, F. 132—133°. — Die Herst. nachst. β-Cyanäthylhydrazone wird beschrieben: *Benzaldehyd-β-methyl-*, Kp.$_{0,2}$ 131°. — *Cyclohexanon-*, Kp.$_{0,45}$ 103°. — *Benzaldehyd-*, Kp.$_{0,3}$ 143—146°. — *Formaldehyd-*, F. 122—123°, Kp.$_{1,5}$ 80°. — *3.4-Methylendioxybenzaldehyd-*, F. 78—79°. — *Furfuryliden-*. — *Zwischenprod.* für *Farbstoffe, Sensibilisatoren* u. *Arzneimittel.* (**Schwz.P. 442324** vom 21/7. 1964, ausg. 31/1. 1968. **F.P. 1403372** vom 24/7. 1964, veröff. 10/5. 1965. **Brit.P. 1057740** vom 4/8. 1964, ausg. 8/2. 1967. Alle D. Prior. 24/7. 1963.) — 11 S. — 13 S. — 17 S. O. Schön H 3122

1689 J. R. Geigy Akt.-Ges., Basel (Erfinder: Heinrich Häusermann, Riehen, und Siegfried Rosenberger, Münchenstein), Schweiz, **Pyrazolin-Verbindungen** der allg. Formel I (X = Halogen oder CF_3; Y = H,

I 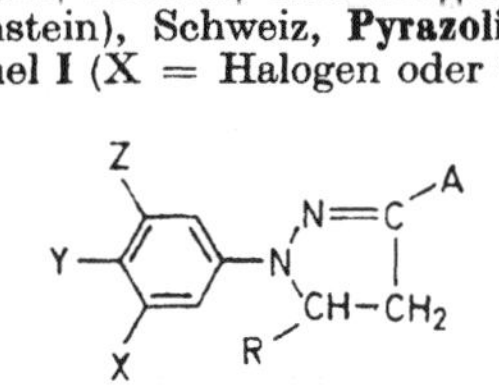

Halogen, CF_3, Alkyl, ggf. verestertes COOH, Alkylsulfonyl, Hydroxyalkylsulfonyl, ggf. substituiertes Sulfonsäureamid, Carbonsäureamid oder CN; Z = H, Halogen oder Alkyl; R = H, Alkyl oder ein unsubstituierter oder nichtionogener u. nichtfarbgebende Substituenten aufweisender carbocycl.- oder heterocycl.-aromat. Rest; A = unsubstituierter oder nichtionogene u. nicht farbgebende Substituenten aufweisender Phenylrest) erhält man durch Rk. eines Phenylhydrazins der allg. Formel $XYZC_6H_2NHNH_2$ mit einem Vinylketon der allg. Formel RCH=CHCOA oder einem wie dieses reagierenden Keton der allg. Formel WCH(R)CH_2COA (W = Cl, Br oder tert.-Amino). — 3-Chlorphenylhydrazin-Hydrochlorid gibt mit [β-Dimethylaminoäthyl]-[4-chlorphenyl]-keton-Hydrochlorid in A. in Ggw. von Na_2CO_3 *1-[3'-Chlorphenyl]-3-[4''-chlorphenyl]-pyrazolin*, F. 121—122°;

ähnlich folgende *1-(R)-3-(R¹)-pyrazoline*: *R* = *3'-Chlorphenyl*, *R¹* = *4''-methoxyphenyl*, F. 120—121°; *3'-Chlorphenyl*, *3''.4''-dimethylphenyl*, F. 102—104°; *3'-Chlorphenyl*, *2''.4''-dimethoxyphenyl*, F. 73—75°; *3'-Chlorphenyl*, *2''.5''-dimethoxyphenyl*, F. 86—87°; *3'-Fluorphenyl*, *phenyl*, F. 152—154°; *3'-Bromphenyl*, *phenyl*, F. 91—92°; *3'-Bromphenyl*, *4''-chlorphenyl*, F. 119—120°; *3'-Bromphenyl*, *2''.5''-dimethoxyphenyl*, F. 91—92°; *3'-Chlor-4'-methylphenyl*, *phenyl*, F. 124—125°; *3'.4'-Dichlorphenyl*, *4''-chlorphenyl*, F. 147—148°; *3'.5'-Dichlorphenyl*, *phenyl*, F. 139—140°; *3'.5'-Dichlorphenyl*, *4''-chlorphenyl*, F. 160—161°; *3'-Trifluormethylphenyl*, *4''-chlorphenyl*, F. 113—114°; *3'-Trifluormethylphenyl*, *4''-bromphenyl*, F. 122—124°; *3'-Trifluormethyl-4'-chlorphenyl*, *4''-chlorphenyl*, F. 91—92°; *3'-Fluorphenyl*, *4''-chlorphenyl*, F. 131—132°; *3'-Chlor-4'-carboxyphenyl*, *4''-chlorphenyl*, F. 257° (Zers.); *3'-Chlor-4'-carbomethoxyphenyl*, *4''-chlorphenyl*, F. 152—154°. — 3-Chlorphenylhydrazin-Hydrochlorid gibt mit Benzal-4-chloracetophenon *1-[3'-Chlorphenyl]-3-[4''-chlorphenyl]-5-phenylpyrazolin*, F. 121—122°; ähnlich: *1-[3'-Chlorphenyl]-3.5-bis-[4''-chlorphenyl]-pyrazolin*, F. 135°, u. *1-[3'-Chlorphenyl]-3-[4''-chlorphenyl]-5-furyl-(2')-pyrazolin*, F. 131 bis 132°. — *Opt. Aufheller*. (**Schwz.P. 434273** vom 27/5. 1964, ausg. 14/10. 1967.) — 6 S.

R. Bollinger H 3122

1690 J. R. Geigy Akt.-Ges., Basel, Schweiz, **Herstellung von 1.3-Diphenylpyrazolinderivaten** der allg. Formel I [R¹ = (durch Halogenatome, Alkyl-, Alkoxy-

I 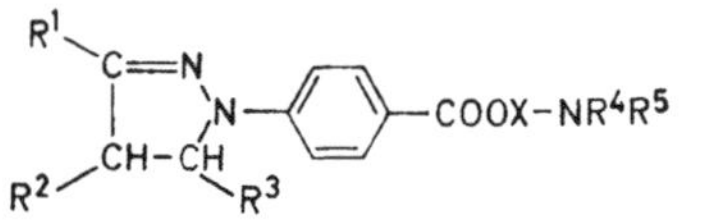

reste mit 1—4 C-Atomen substituierter) Phenylrest; R², R³ = H, Alkyl mit 1—4 C-Atomen; X = Alkylen mit 1—4 C-Atomen; R⁴, R⁵ = Alkyl-, Hydroxyalkyl-, Alkoxyalkyl-, Cyanalkyl-, Aralkyl-, Hydroxyalkylenoxyalkylreste mit 1—4 C-Atomen im Alkylenrest oder zusammen mit N heterocycl. Rest). — Zum Beispiel durch Rk. von 1-(p-Chlorcarbonylphenyl)-3-(p-chlorphenyl)-pyrazolin in Toluol mit N.N-Dimethyl-2-hydroxyäthylamin → *4-[3'-(p-Chlorphenyl)-pyrazolinyl-(1')]-benzoesäure-β-dimethylaminoäthylester* (**II**), F. 161°. — Analog: *4-[3'-(p-Chlorphenyl)-pyrazolinyl-(1')]-benzoesäure-β-diäthylaminoäthylester*, F. 118°. — *4-[3'-(p-Chlorphenyl)-pyrazolinyl-(1')]-benzoesäure-γ-dimethylaminopropylester*, F. 131—132°. — *4-[3'-(p-Chlorphenyl)-pyrazolinyl-(1')]-benzoesäure-β-piperidinoäthylester*, F. 145—147°. — *4-[3'-(p-Chlorphenyl)-pyrazolinyl-(1')]-benzoesäure-β-morpholinoäthylester* (**III**), F. 157—159°. — *4-[3'-(p-Chlorphenyl)-pyrazolinyl-(1')]-benzoesäure-β-N'-methylpiperazinoäthylester*, F. 147—149°. — *4-[3'-(p-Chlorphenyl)-pyrazolinyl-(1')]-benzoesäure-β-dibutylaminoäthylester*, F. 72—73°. — *4-[3'-(p-Methylphenyl)-pyrazolinyl-(1')]-benzoesäure-β-diäthylaminoäthylester*, F. 77—78°. — *4-[3'-(p-Fluorphenyl)-pyrazolinyl-(1')]-benzoesäure-β-diäthylaminoäthylester*, F. 118—119°. — *4-[3'-(p-Methoxyphenyl)-pyrazolinyl-(1')]-benzoesäure-β-diäthylaminoäthylester*, F. 95—96°. — *4-[3'-Phenyl-4'-methylpyrazolinyl-(1')]-benzoesäure-β-diäthylaminoäthylester*, Öl. — *4-[3'-(p-Chlorphenyl)-5'-methylpyrazolinyl-(1')]-benzoesäure-β-diäthylaminoäthylester*, Öl. — **II** wird mit folgenden Estern quaternisiert: *Dimethylsulfat* (F. 226—228°), *Benzylchlorid* (F. 254—256°), *p-Toluolsulfonsäuremethylester* (F. 230—232°), *p-Methylbenzylchlorid* (F. 238—240°) u. **III** mit *Dimethylsulfat* (F. 180—183°). — *Opt. Bleichmittel*. — Vgl. Oe.P. **233003**; C. **1966**, 19-2874. (**Niederl.P. 122633** vom 29/11. 1961, ausg. 17/7. 1967. Schwz. Prior. 30/11. 1960 u. 8/11. 1961.) — 6 S.

F. Böhm H 3122

1691 Imperial Chemical Industries Ltd., London, Großbritannien (Erfinder: George Harold Keats und Barrie Tinker), **Optische Aufheller** der allg. Formel **I** (R u. R¹ = H oder nicht chromophorer Substituent; R² = H, Alkyl, Aryl oder Aralkyl; X = CH_2, O, S oder direkte Bindung) erhält man durch Rk. einer Verb. der allg. Formel **II** mit einem ggf. in p-Stellung R-substituierten Phenylhydrazin in Ggw. eines Lsgm. u. eines sauren Katalysators. An Stelle von **II** kann auch eine Verb. der allg. Formel **III** (Z = OH, NH_2, SH, Cl oder

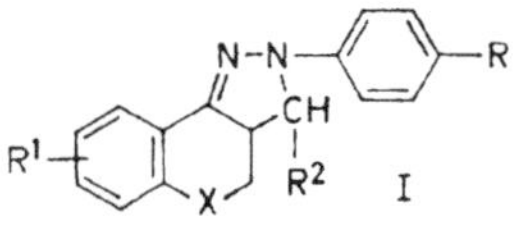

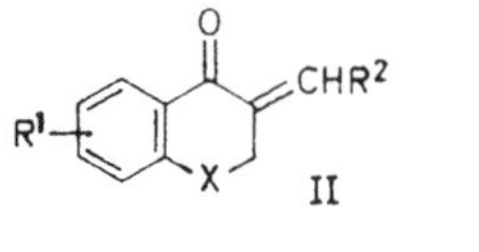

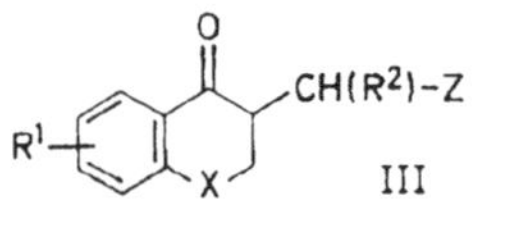

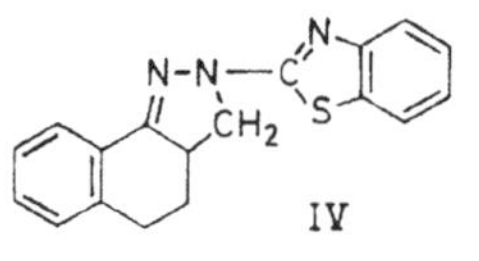

substituierte Aminogruppe) zusammen mit einem alkal. Katalysator verwendet werden. — Beispiele: Man kocht 4,5 (Teile) p-Aminosulfonylphenylhydrazin, 4,6 *β*-[Dimethylaminomethyl]-*α*-tetralonhydrochlorid, 20 A., 30 W. u. 1 NaOH 6 Std. → **I** ($R = -SO_2NH_2$; $R^1 = R^2 = H$; $X = CH_2$), $C_{17}H_{17}N_3O_2S$, F. 242—243°. — Analog: **I** ($R = R^1 = R^2 = H$; $X = CH_2$), F. 125—127°. — **I** ($R = COOH$; $R^1 = R^2 = H$; $X = CH_2$), $C_{18}H_{16}N_2O_2$, F. 292° (Zers.). — **I** ($R = -SO_2NH_2$; $R^1 = H$; $R^2 = C_6H_5$; $X = CH_2$), $C_{23}H_{21}N_3O_2S$, F. 213—214°. — **I** ($R = -SO_2NH_2$; $R^1 = Cl$; $R^2 = C_6H_5$; $X = CH_2$), $C_{23}H_{20}ClN_3 \cdot O_2S$, F. 222—227°. — **I** ($R = -SO_2-NH-CH_3$; $R^1 = H$; $R^2 = C_6H_5$; $X = CH_2$), $C_{24}H_{23}N_3O_2S$, F. 248 bis 249°. — **I** ($R = -SO_2-NH-CH_2-CH_2-OH$; $R^1 = H$; $R^2 = C_6H_5$; $X = CH_2$), $C_{25}H_{25}N_3O_3S$, F. 193—195°. — **I** ($R = Cl$; $R^1 = H$; $R^2 = p\text{-}[C_2H_5]_2N\text{-}C_6H_4$; $X = CH_2$), $C_{27}H_{28}ClN_3$, F. 203—204°. — **I** ($R = -SO_2-NH_2$; $R^1 = H$; R^2 = *4-Methoxynaphthyl-[1]*; $X = CH_2$), $C_{28}H_{25}N_3O_3S$, F. 227—229°. — **I** ($R = -SO_2-CH_2-CH_2-OH$; $R^1 = H$; R^2 = *Furyl-[2]*; $X = CH_2$), $C_{23}H_{22}N_2O_4S$, F. 252—258°. — **I** ($R = -SO_2-NH_2$; $R^1 = H$; $R^2 = C_6H_5$; $X = O$), $C_{22}H_{19}N_3O_3S$, F. 138° (Zers.). — **I** ($R = -SO_3K$; $R^1 = R^2 = H$; $X = CH_2$), $C_{17}H_{15}KN_2O_3S$. — **I** ($R = -SO_2-C_2H_5$; $R^1 = R^2 = H$; $X = CH_2$), $C_{19}H_{20}N_2O_2S$, F. 205—206°. — **I** ($R = -SO_2-N[CH_3]_2$; $R^1 = R^2 = H$; $X = CH_2$), $C_{19}H_{21}N_3O_2S$, F. 221—222°. — **I** ($R = -SO_2-NH-C_6H_5$; $R^1 = R^2 = H$; $X = CH_2$), $C_{23}H_{21}N_3O_2S$, F. 236—237°. — **I** ($R = -SO_2-CH_2-CH_2-OH$; $R^1 = R^2 = H$; $X = CH_2$), $C_{19}H_{20}N_2O_3S$, F. 207—208°. — **I** ($R = -SO_2-NH_2$; $R^1 = R^2 = H$; X = *direkte Bindung*), $C_{16}H_{15}N_3O_2S$, F. 275 bis 277° (Zers.). — **I** ($R = -SO_2-CH_2-CH_2-OH$; $R^1 = 6\text{-}CH_3$; $R^2 = H$; $X = S$), $C_{19}H_{20}N_2O_3S_2$, F. 235—237°. — **I** ($R = -SO_2-NH_2$; $R^1 = 6\text{-}CH_3$; $R^2 = H$; $X = S$), $C_{17}H_{17} \cdot N_3O_2S_2$, F. 275—277°. — **I** ($R = -SO_2-CH_2-CH_2-O-SO_3K$; $R^1 = R^2 = H$; $X = CH_2$), $C_{19}H_{19}KN_2O_6S_2$, F. 267°. — **I** ($R = -SO_2-CH=CH_2$; $R^1 = R^2 = H$; $X = CH_2$), $C_{19}H_{18}N_2O_2S$, F. 175—177°. — **I** ($R = -CO_2CH_3$; $R^1 = R^2 = H$; $X = CH_2$), $C_{19}H_{17}N_2O_2$, F. 186—187°. — Ferner erhält man aus 2-[Dimethylaminomethyl]-1-tetralonhydrochlorid + 2-Hydrazinobenzthiazol + NaOH eine Verb. der Formel **IV**, $C_{18}H_{15}N_3S$, F. 198 bis 199°. — *Opt. Aufheller für Polyamide, Polyester (z. B. Polyäthylenterephthalat), Polyurethane, Polyacrylnitril, Polymethylmethacrylat, Polystyrol, Polyäthylen, Celluloseacetate, Viskosefasern, Baumwolle, Papier, Seide u. Wolle*. (**Brit.P. 1086068** vom 2/9. 1964, ausg. 4/10. 1967.) — 14 S.

O. Schön H 3122

1692 Polaroid Corp., Cambridge, übert. von: Milton Green, Newton Center, und Phylis Moore, Lexington, Mass., USA, **Pyrazolonderivate** der Formel **I** (Ar = Phe-

I 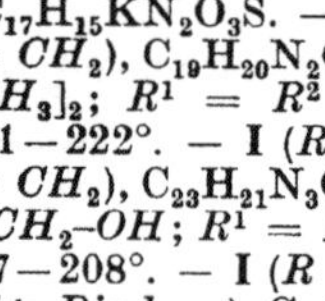

nylen oder Naphthylen; M = Alkylen; n = 0 oder 1; Y' = 2.5-Di-benzoyloxy-phenyl oder 2.5-Di-alkylcarbonyloxy-phenyl; Q = –COOZ; Z = Alkyl) oder entsprechende Verb., die statt durch Q durch Q′ u. statt durch Y′ durch Y substituiert sind (Y = 2.5-Di-hydroxyphenyl; Q′ = -COOZ′ oder -CO-NR²R³; Z′ = H oder Alkyl; R² u. R³ = H, Alkyl C_{1-12} oder zusammen Pentamethylen) erhält man durch Diazotierung einer Verb. der Formel Y′-$(M)_n$-Ar-NH_2 u. Rk. der erhaltenen Diazoverb. mit einem substituierten Ester der Bernsteinsäure. — 2.5-Diacetoxyphenäthylanilin-Hydrochlorid wird diazotiert u. nach Zers. überschüssiger HNO_2 mit Diäthylacetosuccinat in Pyridin umgesetzt → *1-[p-(2′.5′-Diacetoxyphenäthyl)-phenyl]-3-carbäthoxy-5-pyrazolon* (**II**), F. 179—182°; aus **II** u. sd. n-Hexylamin in N_2-Atmosphäre → *1-[4′-Hydrochinonyläthyl]-phenyl-3-n-hexylcarbamyl-5-pyrazolon*, F. 136—140°; aus **II** durch Einw. von NaOH in A. unter N_2 bei ≦ 7° → *1-[p-(2′.5′-Dihydroxyphenäthyl)-phenyl]-3-carbäthoxy-5-pyrazolon*, F. 110—114°; — aus **II** in Ggw. von NaOH in wss. Lsg. bei W.-Badtemp. → *1-[p-(2′.5′-Dihydroxyphenäthyl)-phenyl]-3-carboxy-5-pyrazolon*, Erweichung bei 195°, Zers. ab 185°; — analog: *1-[p-(2′.5′-Diacetoxyphenylpropyl)-phenyl]-3-carbäthoxy-5-pyrazolon*, F. 148—152°, u. *1-[p-(2′.5′-Diacetoxyphenyl)-phenyl]-3-carbäthoxy-5-pyrazolon*, F. 175—179°. — *Photograph. Entwickler*. (**U.S.P. 3252990** vom 18/11. 1964, ausg. 24/5. 1966.) — 6 S.

H. Roos H 3122

1693 Ajinomoto Co., Inc., Tokio (Erfinder: Yoshitaka Yamada, Kawasaki-shi, Tadao Takenishi, Tokio, Izumi Kumashiro, Yokohama-shi, und Katsumi Suzuki, Tokio), Japan, **Herstellung von 5-Aminoimidazol-4-carboxamid.** 4.5-Dicyanimidazol wird in n-NaOH 6 Std. auf 40° erwärmt u. das Rk.-Gemisch mit 6 n-HCl neutralisiert → *4-Cyanimidazol-5-carboxamid*, $C_5H_4N_4O$, F. 272—273° (Zers.), Ausb. 97%, von dem 0,1 (Mol) in einer wss. Lsg. von 0,9 NaOH gelöst u. mit 0,1 Br_2 bei 0° versetzt werden. Man läßt das Gemisch 30 Min. bei 0° stehen, erhitzt es 3 Std. auf 70—75°, behandelt es mit einem Kationenaustauscher u. wäscht mit 3 n NH_4OH → *5-Amino-4-cyanimidazol*, $C_4H_4N_4$, F. 129—129,5° (Zers.), das durch Erhitzen in wss. Alkali- oder Erdalkalihydroxiden hydrolysiert wird → *5-Aminoimidazol-4-carboxamid, Hydrochlorid*, $C_4H_6N_4O \cdot HCl$, F. 254—255°. (**Schwz.PP. 440297** vom 18/6. 1965, ausg. 29/12. 1967. Jap. Prior. 18/6. 1964, **441341** vom 18/6. 1965, ausg. 15/1. 1968. Jap. Prior. 25/2. 1965, u. **443316** vom 18/6. 1965, ausg. 15/2. 1968. Jap. Prior. 24/3. 1965.) — 2 S. — 2 S. — 4 S. C. Lüttgen H 3122

1694 Farbwerke Hoechst Akt.-Ges. vormals Meister Lucius & Brüning, Frankfurt/M., **Benzoxazolderivate** der allg. Formel I erhält man durch Rk. von

I 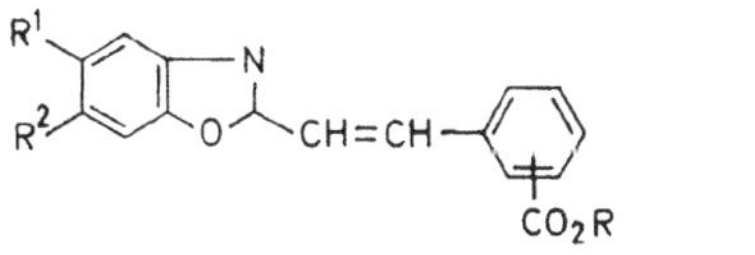

o-Aminophenolen oder o-Aminonaphtholen mit Carbalkoxyzimtsäurechloriden u. nachfolgendem Ringschluß, z. B. mit $ZnCl_2$. Der Esterrest R kann durch Umesterung mit höhersd. Alkoholen in Ggw. von Alkoholaten ausgetauscht werden. Ferner kann man 2-[Cyanstyryl]-benzoxazole mit Alkoholen u. HCl bzw. 2-[Chlorcarbonylstyryl]-benzoxazole mit Alkoholen oder Phenolen in I überführen (R = H, Alkyl, Cycloalkyl, Halogenalkyl, Hydroxyalkyl, Alkoxyalkyl, N.N-Dialkylaminoalkyl, quart. Trialkylammoniumalkyl, Aryl oder Aralkyl; R² = Alkyl, Alkoxy oder Aryl; R¹ = H oder R²; R¹ u. R² können zusammen einen annelierten aromat. oder hydroaromat. Rest bilden). — Es wurden erhalten: *2-[p′-Carboxystyryl]-5.6-dimethylbenzoxazol* (**II**), Zers. 345°, F. 223—224° (Toluol), *Äthylester*, F. 165—167°. — *n-Propylester*, F. 148,5—150,5°. — *n-Butylester*, F. 118,5 bis 121°. — *Cyclohexylester*, F. 160—162°. — *Phenylester*, F. 208—210°. — *2-[β-Äthoxyäthyl]-ester*, F. 116—117,5°. — *Benzylester*, F. 179—181°. — *tert.-Butylester*, F. 136 bis 138°. — *β-[Chloräthyl]-ester*, F. 175,5—178°. — *β-[Hydroxyäthyl]-ester*, F. 176—176,5°. — *6-Methyl-***II**, *Methylester*, F. 152,5—154°. — *2-[m-Carbomethoxystyryl]-5.6-dimethylbenzoxazol*, F. 161—163°. — *2-[p-Carbomethoxystyryl]-5.6-trimethylenbenzoxazol*, F. 191—192°. — *2-[o-Carbomethoxy]-5.6-dimethylbenzoxazol*, F. 163,5—165,5°. — *2-[p-Carbomethoxystyryl]-5.6-tetramethylen-benzoxazol*, F. 189—191°. — *2-{4-[β-(Trimethylammonium)-äthoxycarbonyl]-styryl}-5.6-tetramethylen-benzoxazol-methosulfat*, F. 251—254° (Zers.). — *Opt. Aufheller*. (**Brit.P. 1071346** vom 19/5. 1964, ausg. 7/6. 1967. D. Prior. 17/5. 1963.) — 10 S. A. Jahn H 3132

1695 Nippon Chemical Works Co. Ltd., Wakayama City, Japan, **Di-arylenazolylstilbene** der allg. Formel I erhält man durch Rk. von 4.4′-Stilbendicarbon-

I 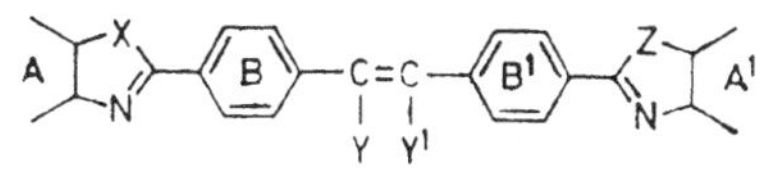

säuren mit entsprechenden aromat. 1.2-Diaminen oder o-Amino(thio)phenolen oder durch Rk. von 2-[p-Diazaaryl]-arylenazolen mit p-[Arylenazolyl-(2)]-zimtsäuren in Ggw. von Rk.-Beschleunigern (Aceton, CuCl, Na-Acetat) [A u. A¹ = Benzol- oder Naphthalinreste, die ggf. durch Halogen, C_1-C_{18}-Alkyl-, Aryl-, C_1-C_4-Alkoxyreste substituiert sind; B u. B¹ kann durch Halogen substituiert sein; X u. Z = O, S oder NR; R = H, C_1-C_4-Alkyl-, Aryl-, Aralkyl- oder Cyanalkylrest; Y u. Y¹ = H oder C_1-C_4-Alkylreste; falls einer der Reste X u. Z = NR bedeutet, ist der andere O oder S; beide Azolylgruppen sind verschieden]. — Stilbene: *4-[Benzoxazolyl-(2)]-4′-[5-methylbenzoxazolyl-(2′)]-*, $C_{29}H_{20}N_2O_2$, F. > 300°. — *4-[Benzoxazolyl-(2)]-4′-[5-tert.-octylbenzoxazolyl-(2′)]-*, $C_{32}H_{26}N_2O_2$. — *4-[5-Methylbenzoxazolyl-(2)]-4′-[5-chlorbenzoxazolyl-(2)]-*, $C_{29}H_{19}N_2O_2Cl$, F. > 300°. — *4-[5-Methylbenzoxazolyl-(2)]-4′-[5-tert.-butylbenzoxazolyl-(2′)]-*, $C_{33}H_{28}N_2O_2$. — *4-[5-Methylbenzoxazolyl-(2)]-4′-[6-methylbenzoxazolyl-(2′)]-*, $C_{30}H_{22}N_2O_2$. — *4-[5-Methylbenzoxazolyl-(2)]-4′-[5-methoxybenzoxazolyl-(2′)]-*, $C_{30}H_{22}N_2O_3$. — *4-[5-Methylbenzoxazolyl-(2)]-4′-[6-methylbenzthiazolyl-(2′)]-*, $C_{30}H_{22}N_2OS$. — *4-[5-Methylbenzoxazolyl-(2)]-4′-[benzimidazolyl-(2′)]-*, $C_{29}H_{21}N_3O$. — *4-[6-Methylbenzthiazolyl-(2)]-4′-[benzimidazolyl-(2′)]-*, $C_{29}H_{21}N_3S$, F. > 300°. — *4-[Benzoxazolyl-(2)]-4′-[5-methylbenzoxazolyl-(2′)]-3.3′-dichlor-*, $C_{29}H_{18}N_2O_2Cl_2$. — *Opt. Aufheller*. (**Brit.P. 1084136** vom 18/8. 1964, ausg. 20/9. 1967. Jap. Prior. 22/8. 1963 u. 17/2. 1964.) — 12 S.

A. Jahn H 3132

1696 Geigy (U. K.) Ltd., Manchester, Lancashire, Großbritannien (Erfinder: Donald Richard Randell und Donald Kearey Howard), **Bis-benzotriazole** der allg. Formel I (X = direkte Bindung, Alkylen, 1.1-Cycloalkylen mit ≧ 5 C-Atomen, CO, O, S oder SO_2) werden

I 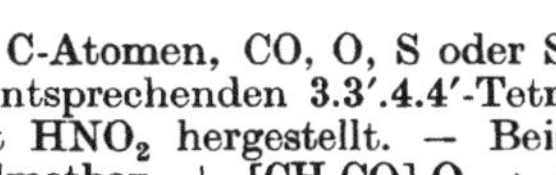

durch Rk. der entsprechenden 3.3′.4.4′-Tetraamino-bisphenylderiv. mit HNO_2 hergestellt. — Beispiele: 4.4′-Diaminodiphenylmethan + $[CH_3CO]_2O$ → 84,5% *4.4′-Diacetamido-***II** (**II** = *diphenylmethan*), F. 236°, + HNO_3 → 38,6% *4.4′-Diacetamido-3.3′-dinitro-***II**, F. 264°, + NaOH → 87,7% *4.4′-Diamino-3.3′-dinitro-***II**, F. 238°, + H_2 (in Dioxan bei 100° u. 50 at mit Raney-Ni) → 65,9% *3.3′.4.4′-Tetraamino-***II**, F. 135°, + $NaNO_2$ + Essigsäure → 79,1% *Bis-[benzotriazolyl-5]-methan*, F. 153° (Zers.). — 4.4′-Dichlorbenzophenon + HNO_3 (D. 1,50 bei 0—2°) → 92,2% *4.4′-Dichlor-3.3′-dinitrobenzophenon*, F. 132°, + NH_3 (150—200°, autogener Druck) → 49,7% *4.4′-Diamino-3.3′-dinitrobenzophenon*, F. 287°, + H_2 → *3.3′.4.4′-Tetraaminobenzophenon* → *Bis-[benzotriazolyl-5]-keton*, F. 285—280° (Zers.). — 4.4′-Diaminodiphenyläther + $[CH_3CO]_2O$ → 70,5% *4.4′-Diacetamidodiphenyläther*, $C_{16}H_{16}N_2O_3$, F. 229°, → 77,5% *4.4′-Diacetamido-3.3′-dinitrodiphenyläther*, $C_{16}H_{14}N_4O_7$, F. 215°, → 89,5% *4.4′-Diamino-3.3′-dinitrodiphenyläther*, $C_{12}H_{10}N_4O_5$, F. 174—176°, → 94,5% *3.3′.4.4′-Tetraaminodiphenyläther*, $C_{12}H_{14}N_4O$, F. 140°, → 99,1% *Bis-[benzotriazolyl-5]-äther*,

$C_{12}H_8N_6O$, F. 243—244°. — *4.4'-Dichlor-3.3'-dinitrodiphenylsulfon*, F. 202°, → *4.4'-Diamino-3.3'-dinitrodiphenylsulfon*, F. 309° → *3.3'.4.4'-Tetraaminodiphenylsulfon* → *Bis-[benzotriazolyl-5]-sulfon*, F. 300° (Zers.). — *Bis-[benzotriazolyl-5]*, F. 320°. — *4.4'-Dinitrodibenzyl*, F. 176—176,5°, → *4.4'-Diaminodibenzyl*, F. 136°, → *4.4'-Diacetamidodibenzyl*, F. 272°, → *4.4'-Diacetamido-3.3'-dinitrodibenzyl*, $C_{14}H_{14}N_4O_4$, F. 270—272°, → *4.4'-Diamino-3.3'-dinitrodibenzyl*, F. 286—287°, → *3.3'.4.4'-Tetraaminodibenzyl* → *Bis-[benzotriazolyl-5]-1.2-äthan*, F. 209°. — Anilin + Cyclohexanon in Ggw. von HCl → *4.4'-Diamino-***III** (**III** = *diphenyl-1.1-cyclohexan*), F. 114°, → *4.4'-Diacetamido-***III**, F. 266—267°, → *4.4'-Diacetamido-3.3'-dinitro-***III** → *4.4'-Diamino-3.3'-dinitro-***III** → *3.3'.4.4'-Tetraamino-***III** → *Bis-[benzotriazolyl-5]-1.1-cyclohexan*. — *4.4'-Diamino-***IV** (**IV** = *diphenyl-2.2-propan*), F. 132°, → *4.4'-Diacetamido-***IV**, F. 250—252°, → *4.4'-Diacetamido-3.3'-dinitro-***IV**, F. 190°, → *4.4'-Diamino-3.3'-dinitro-***IV**, F. 214°, → *3.3'.4.4'-Tetraamino-***IV** → *Bis-[benzotriazolyl-5]-2.2-propan*. — Die Prod. verlangsamen das Anlaufen von polierten Metalloberflächen (bes. aus Cu) u. dienen deshalb als *Zusatz in Metallputzmitteln*. — 8 Tabellen. (**Brit.P. 1081282** vom 14/8. 1964, ausg. 31/8. 1967.) — 24 S. O. Schön H 3153

1697 Shionogi & Co. Ltd., Osaka, Japan, **Triazoline** der allg. Formel **I** erhält man durch Rk. von Norbor-

I 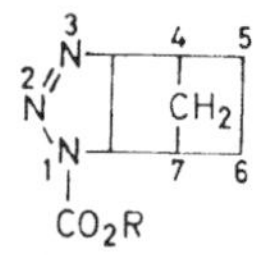 II 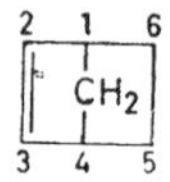

neylverb. der allg. Formel **II** mit Azidoformiaten der allg. Formel ROC(O)–N_3 [R = C_1—C_5-Alkyl-, Aryl- oder Aralkylrest mit 7—16 C-Atomen; in 5- u. 6-Stellung kann sich eine Doppelbindung oder ein ggf. substituierter ankondensierter Benzolring befinden]. — Benzo-[5.6]-2.5-norbornadien + Äthyl-azidoformiat (**III**) → *3a.4.9.9a-Tetrahydro-1-carbäthoxy-4.9-methano-naphtho-[2.3-d]-triazolin*, F. 94° (Ae.). — 2-Norbornen + **III** → *3a.4.5.6.7.7a-Hexahydro-1-carbäthoxy-4.7-methanobenztriazolin*. — 2.5-Norbornadien + **III** → *3a.4.7.7a-Tetrahydro-1-carbäthoxy-4.7-methanobenztriazolin*, F. 66—67° (Hexan). — Zwischenprod. zur *Herst.* von *Norbornenylaziridinen*. (**Brit.P. 1084608** vom 1/11. 1965, ausg. 27/9. 1967. Jap. Prior. 5/11. 1964.) — 3 S. A. Jahn H 3153

1698 Ciba Akt.-Ges., Basel (Erfinder: Adolf-Emil Siegrist, Basel, Erwin Maeder, Münchenstein, Leonardi Guglielmetti, Basel, und Peter Liechti, Binningen), Schweiz, **Herstellung und Verwendung von neuen Oxdiazolylthiophenverbindungen.** Zu U.S.P. 3234231; C. **1969,** 4-2151 ist nachzutragen: *5-[5'-Phenyl-(1'')-1'.3'.4'-oxdiazolyl-(2')]-thiophen-2-carbonsäuremethylester*, $C_{14}H_{10}N_2O_3S$, F. 164—164,5°. — *5-[5'-Phenyl-(1'')-1'.2'.4'-oxdiazolyl-(2')]-thiophen-2-carbonsäure*, $C_{13}H_8N_2O_3S$, F. 243—244°. (**Schwz.P. 448107** vom 30/11. 1962, ausg. 29/3. 1968.) — 7 S. O. Schön H 3163

1699 J. R. Geigy Akt.-Ges., Basel, Schweiz, **Aminocumarinderivate** der allg. Formel **I** (R^1 = H, Alkyl; R^2 =

I 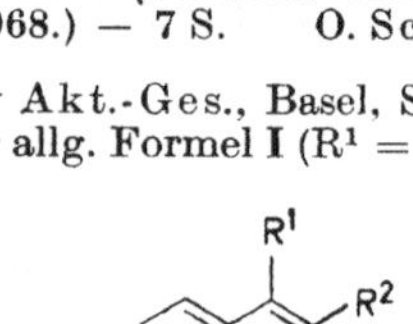

H, Alkyl, Aryl) erhält man durch Rk. eines Aminophenols mit β-substituierten Acrylsäuren oder Deriv. davon in inertem Lsgm. u. Ggw. einer Lewis-Säure als Kondens.-Mittel bei erhöhter Temperatur. Beispiel: Rk. von 3-Aminophenol mit β-Hydroxy-α-phenylacrylsäureäthylester in Nitrobenzol u. in Ggw. von $AlCl_3$ → *7-Amino-3-phenylcumarin*, F. 208—209°, Hydrochlorid, F. 254 bis 260°. — *Opt. Aufheller*. (**Brit.P. 1086398** vom 27/8. 1965, ausg. 11/10. 1967. U.S. Prior. 31/8. 1964.) — 5 S. R. Bauereis H 3211

1700 Ciba Akt.-Ges., Basel (Erfinder: Max Dünnenberger, Frenkendorf, und Christian Lüthi, Münchenstein), Schweiz, **Hydroxyaryl-1.3.5-triazine als UV-Schutzmittel** für nichttextile organ. Stoffe haben die allg. Formel **I** (R = ggf. substituiertes Hydroxybenzol,

I 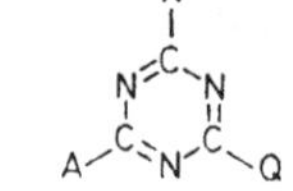 II 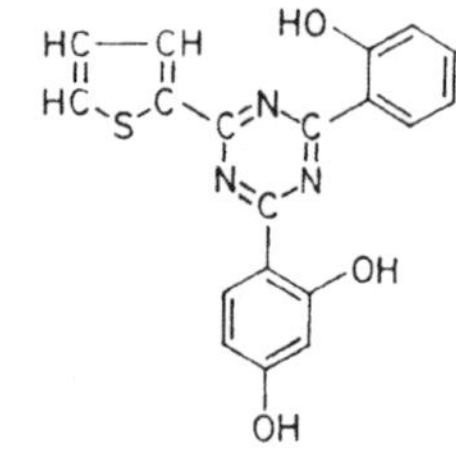

Hydroxynaphthalin, mit einer OH-Gruppe in Nachbarstellung zur Bindung an den Triazinring (**T**); A = 5- oder 6gliedriger Heterocyclus mit einem Heteroatom u. einer C-Bindung an **T**; Q = Halogen oder ggf. substituiertes Bzl. oder Naphthalin). Man gibt zur Lsg. von 11,6 (Gew.-Teilen) 2.4-Dichlor-6-thienyl-[2']-1.3.5-triazin (**III**) u. 11 Resorcin in 200 ml Nitrobenzol bei 5—10° 14 $AlCl_3$, erhöht die Temp. in 30 Min. auf 55°, rührt 16 Std. bei 55—60°, gießt in 1000 50%ig. HCl, dest. das Lsgm. mit W.-Dampf ab u. erhält **II**, $C_{19}H_{13}N_3O_4S$, F. 342—344°. — Verwendet man an Stelle von **III** 2.4-Dichlor-6-phenylthienyl-[2']-1.3.5-triazin (**V**), so erhält man die Verb. $C_{25}H_{17}N_3O_4S$, F. 330°. — 2.4-Dichlor-6-[3'.5'-dimethylthienyl-(2')]-1.3.5-triazin → Verb. $C_{21}H_{17}N_3O_4S \cdot H_2O$ (**IV**), F. 313—315°. — 2.4-Dichlor-6-furyl-[2']-1.3.5-triazin → Verb. $C_{20}H_{13}N_3O_5 \cdot H_2O$ (**VII**), F. 332—334°. — Aus **II** u. Diäthylsulfat (**VIII**) in alkohol. Alkalilsg. bei 75—80° → Verb. $C_{28}H_{21}N_3O_4S$, F. 223—224°. — **II** + n-Octylbromid (**VI**) in Dimethylformamid/NaOH → Verb. $C_{35}H_{45}N_3O_4S$, F. 124—125°. — Allylbromid (**X**) → Verb. $C_{25}H_{21}N_3O_4S$, F. 170—171°. — Benzylbromid (**IX**) → $C_{33}H_{25}N_3O_4S$, F. 140—141°. — **IV** + **VI** → Verb. $C_{37}H_{49} \cdot N_3O_4S$, F. 109,5—110,5°. — **VII** + **VIII** → Verb. $C_{23}H_{21} \cdot N_3O_5$, F. 247,5—248,5°. — **VII** + **IX** → Verb. $C_{33}H_{25}N_3O_5$, F. 180—181°. — **VII** + **X** → Verb. $C_{25}H_{21}N_3O_5$, F. 184 bis 185°. — **II** + Äthylenchlorhydrin → Verb. $C_{23}H_{21}N_3O_6S$, F. 222—223°. — **V** + p-Kresol in Ggw. von $AlCl_3$ → $C_{21}H_{17}N_3O_2S$, F. 222—223°. — *Stabilisierung* von *Polyamid, PVC, Acetylcellulose, Papiermasse, Polyäthylen, Polypropylen*. (**Schwz.P. 433296** vom 18/2. 1963, ausg. 30/9. 1967.) — 13 S. O. Müller-Meiningen H 3313

1701 Ciba Akt.-Ges., Basel (Erfinder: Max Dünnenberger, Frenkendorf, Hans-Rudolf Biland, Basel, und Christian Lüthi, Münchenstein), Schweiz, **Aryl-1.3.5-triazine als UV-Schutzmittel** für nichttextile organ. Stoffe haben die allg. Formel **I** (A = –O–, –S–, –NH–,

I 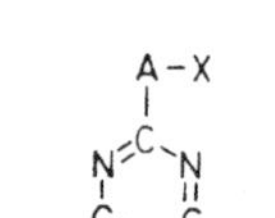

Ia 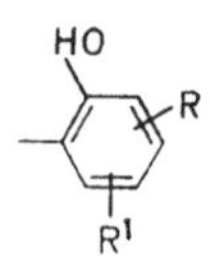 II 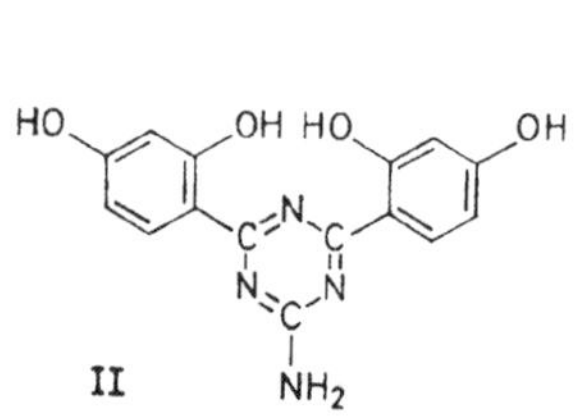

–N(Q)–; Q = Alkyl, Hydroalkyl; X = Q, ggf. substituiertes Phenyl oder Naphthyl; falls A = –NH–, auch H; Y = ggf. substituiertes Naphthyl, Phenyl; R = H, ggf. veräthertes OH, Alkyl; R^1 = H, Alkyl; Z = Cl, Y, Hydroxyphenyl **Ia**). — Man gibt zur Lsg. von 8,2 (Gew.-Teilen) 2-Amino-4.6-dichlor-1.3.5-triazin (**III**) u. 11 1.3-Dihydroxybenzol in 80 Nitrobenzol bei 5—10° 14 wasserfreies $AlCl_3$ in 15 Min., erhitzt 30 Min. auf 70°, rührt bei dieser Temp. 4 Std., gießt in ein Gemisch aus 250 W., 100 Eis u. 50 konz. HCl, erneuert unter Rühren die wss. Schicht bei 0°, bis ihr pH mindestens 5 ist, dest. das Lsgm. mit W.-Dampf ab u. erhält 12—13 **II**, $C_{15}H_{12} \cdot N_4O_4$; F. > 300°. — Verwendet man an Stelle von **III** 12,05 2-Anilino-4.6-dichlor-1.3.5-triazin, so erhält man die Verb. $C_{21}H_{16}N_4O_4$; F. > 300°. — Analog werden Verb. mit folgendem F. erhalten: $C_{29}H_{32}N_4O$, 178—179°. — $C_{31}H_{28}N_4O$, 225—226°. — $C_{32}H_{30}N_4O$, 166—167°. — $C_{23}H_{28}N_4O_4$, > 330°. — $C_{15}H_{10}ClN_3O_4$, > 300°. — $C_{23} \cdot H_{27}N_3O_4S$, 308° (Zers.). — *Stabilisierung* von *Acetylcellulose, Polyamiden, PVC, Polyäthylen, Papierlaminat.* (**Schwz.P. 436285** vom 25/1. 1963, ausg. 15/11. 1967.) — 9 S. O. Müller-Meiningen H 3313

1702 J. R. Geigy Akt.-Ges., Basel, Schweiz, **Bistriazinylstilbenderivate** der allg. Formel **I** erhält man

I 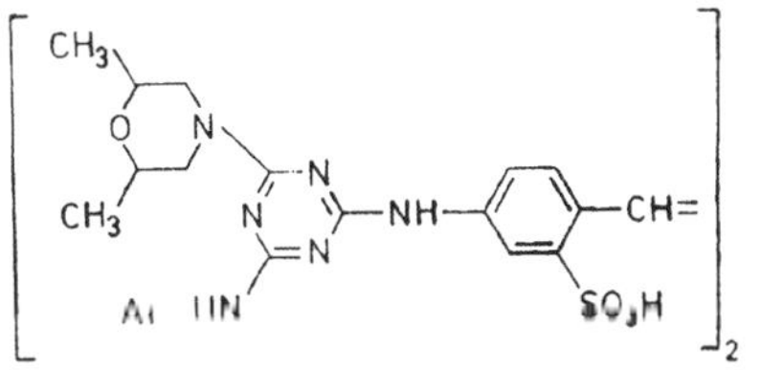

durch Rk. von 2 Mol 2.4.6-Trihalogen-1.3.5-triazin in beliebiger Reihenfolge mit 1 Mol 4.4′-Diaminostilben-2.2′-disulfonsäure oder deren Salzen, 2 Mol 2.6-Dimethylmorpholin u. 2 Mol eines prim. Arylamins (Ar = ggf. durch Halogen, niedere Alkyl-, Alkoxy-, Alkanoylaminogruppen substituierter Phenylrest oder der 1-Naphthylrest). — *4.4′-Bis-[4-(2.6-dimethylmorpholino)-6-phenylamino-1.3.5-triazinyl-(2)-amino]-stilben-2.2′-disulfonsäure.* — *4.4′-Bis-[4-(p-methylphenylamino)-6-(2.6-dimethylmorpholino)-1.3.5-triazinyl-(2)-amino]-stilben-2.2′-disulfonsäure.* — *Opt. Aufheller.* (**Brit.P. 1063424** vom 19/11. 1965, ausg. 30/3. 1967. U.S. Prior. 20/11. 1964.) — 8 S. A. Jahn H 3313

1703 J. R. Geigy Akt.-Ges., Basel, Schweiz, **Optische Aufheller** der allg. Formel **I** (X = Cl, ggf. substituiertes

I 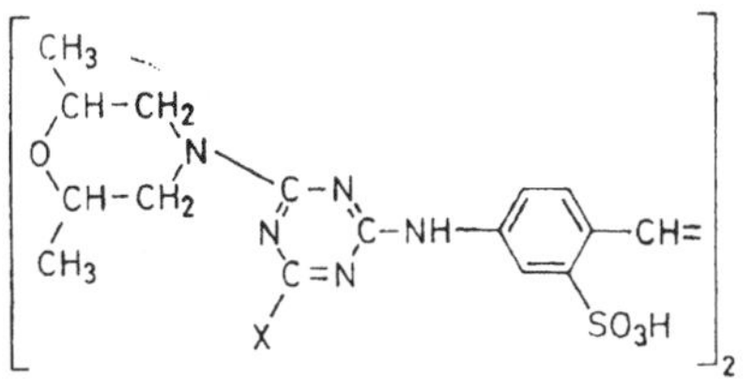

Niederalkoxy, Niederalkylthio, $-NH_2$ oder $-N[R^1]R^2$, wobei R^1 = H, ggf. substituiertes Niederalkyl u. R^2 = ggf. substituiertes Niederalkyl, durch saure, salzbildende Reste substituiertes Aryl; R^1 u. R^2 können auch miteinander verbunden sein) werden in üblicher Weise durch Rk. von 1 (Mol) 4.4′-Diaminostilben-2.2′-disulfonsäure mit 2 Cyanurchlorid, 2 2.6-Dimethylmorpholin u. ggf. 2 Alkanol, 2 Alkylmercaptan, 2 NH_3 oder 2 $HN[R^1]R^2$ in beliebiger Reihenfolge erhalten. — Beispiele: 75 (Teile) Cyanurchlorid + 82,8 Na-Salz der 4.4′-Diaminostilben-2.2′-disulfonsäure + 69,2 Sulfanilsäure + 120 2.6-Dimethylmorpholin (in wss. Aceton bei pH 7, ansteigend auf 8,5—9 durch Zusatz von NaOH bzw. Na_2CO_3; Rk.-Temp.: 1. Stufe 0—5°; 2. Stufe 5—25°; 3. Stufe: 50 bis 100°) → **I** (*X = p-Sulfoanilino*). — Ferner wurden folgende **I**-Deriv. ohne Angabe physikal. Kennzeichen hergestellt: *X = 2-Methyl-4-sulfoanilino, 3-Methyl-4-sulfoanilino, 4-Methyl-3-sulfoanilino, 2.5-Dimethyl-4-sulfoanilino, 3-Sulfoanilino, 3-Methoxy-4-sulfoanilino, 3-Äthoxy-4-sulfoanilino, 3-Chlor-4-sulfoanilino, 2-Chlor-5-methyl-4-sulfoanilino, 2.5-Dichlor-4-sulfoanilino, 4-Carboxyanilino, 3-Carboxyanilino, β-Methoxyäthoxy, β-Äthoxyäthoxy, β-Propoxyäthoxy, β-Methoxypropoxy, β-Äthoxypropoxy, β-Propoxypropoxy, δ-Methoxybutoxy, β-Hydroxyäthoxy, β-Hydroxypropoxy, γ-Hydroxypropoxy, Methoxy, Äthoxy*, $-S-CH_3$, $-S-C_2H_5$, $-S-C_3H_7$, $-S-CH_2 \cdot CH_2-OH$, Cl, $-NH-CH_2-CH_2-OH$, NH_2, $-NH-CH_3$, $-N[CH_3]_2$, $-NH-C_2H_5$, $-N[C_2H_5]_2$, $-NH-C_2H_4-O-CH_3$, $-NH-C_2H_4-O-C_2H_5$, $-N[CH_2-CH_2OH]_2$, $-N[CH_2-CH_2-O-CH_3]_2$, $-NH-CH_2-CH_2-O-CH_2-CH_2-OH$, $-NH-CH_2-CH_2-O \cdot CH_2-CH_2-O-CH_3$, $-NH-CH_2-CH[OH]-CH_3$, $-N[CH_2 \cdot CH(OH)-CH_3]_2$, $-NH-[CH_2]_3-OH$, $-NH-[CH_2]_3-O-CH_3$, $-N[CH_3]-CH_2-CH_2-OH$, $-N[C_2H_5]-CH_2-CH_2-OH$, *Pyrrolidino, Piperidino, Morpholino, 2.6-Dimethylmorpholino, Hexamethylenimino*, $-N[CH_3]-CH_2-COOH$, $-N[CH_3]-CH_2-CH_2-SO_3H$, $-NH-CH_2-COOH$, *2-Methylmorpholino.* — *Opt. Aufheller für Papiere, Cellulose-, Baumwolle-* u. *Polyamidfasern.* (**Brit.P. 1064618** vom 19/11. 1965, ausg. 5/4. 1967. Schwz. Prior. 20/11. 1964.) — 9 S. O. Schön H 3313

1704 Farbenfabriken Bayer Akt.-Ges., Leverkusen, **Silapiperazine** der allg. Formel **I** u. deren Bromhydrate

I 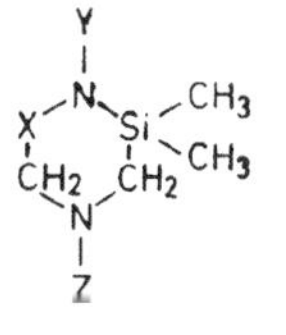

erhält man durch Rk. von Brommethyl-dimethylchlorsilan (**II**) mit NH_3, prim. aliphat. Aminen, Äthylendiamin u. deren aliphat. N.N′-disubstituierten Deriv., ggf. in Ggw. von HBr-bindenden tert. Aminen (X = $> CH_2$ oder $> Si(CH_3)_2$; Y u. Z = H oder aliphat. KW-Stoffrest). — N.N′-Dimethyläthylendiamin + **II** → *1.2.2.4-Tetramethyl-2-silapiperazin*, $C_7H_{18}N_2Si$, $Kp._{53}$ 64°. — NH_3 + **II** → *2.2.6.6-Tetramethyl*-**III** (**III** = *2.6-Disilapiperazin*), *Hydrobromid*, $C_6H_{19}N_2Si_2Br_2$, F. (Zers.) 270°, + *1.3-Di-(brommethyl)-1.1.3.3-tetramethyldisilazan*, $C_6H_{17}NSi_2Br_2$, $Kp._{0,5}$ 68—70°. — Ferner wurden erhalten: *2.2.6.6-Tetramethyl-4-propyl*-**III**, $C_9H_{24}N_2Si_2$, $Kp._{11}$ 80—82°. — *2.2.6.6-Tetramethyl-4-allyl*-**III**, $C_9H_{22} \cdot N_2Si_2$, $Kp._{12}$ 91—93°. — *1.2.2.4.6.6-Hexamethyl*-**III**, $C_8H_{22}N_2Si_2$, $Kp._{12}$ 65—66°; *Hydrobromid*, $C_8H_{23}N_2Si_2Br$, F. (Zers.) 240°. — *1.4-Diallyl-2.2.6.6-tetramethyl*-**III**, $C_{12}H_{16}N_2Si_2$, $Kp._4$ 93—96°. — *Zwischenprod.* für *Polymere.* (**Brit.P. 1058711** vom 31/7. 1963, ausg. 15/2. 1967. D. Prior. 2/8. 1962.) — 3 S. A. Jahn H 3343

1705 Farbwerke Hoechst Akt.-Ges. vormals Meister Lucius & Brüning, Frankfurt/M. (Erfinder: Joachim Ribka, Offenbach/M.), **Herstellung von 2-Chlor-4H-1.3.2-dioxaphosphorin-4-onen** erfolgt durch Rk. eines o-Hydroxybenzoesäurederiv. mit $POCl_3$. Beispiel: Durch Rk. von 2-Hydroxynaphthalin-3-carbonsäure mit $POCl_3$ erhält man *2-Chlor-4H-naphtho-[2.3-e]-1.3.2-dioxaphosphorin-4-on*, F. 126—128°. — Analog wurden folgende [2.3-e]-1.3.2-dioxaphosphorin-4-one (**I**) erhalten: *2-Chlor-7-methoxy-4H-naphtho*-**I**, Zers. 245°; *2-Chlor-4H-naphtho*-**I**, $Kp._{4,5}$ 166°; *2-Chlor-4H-anthraceno*-**I**, F. 176 bis 178° (Zers.); *2-Chlor-4H-6.7.8.9-tetrahydronaphtho*-**I**, $Kp._{0,2}$ 140—141°; *2-Chlor-4H-carbazolo*-**I**, F. 195° (Zers.); *2-Chlor-4H-indolo-[3″.2″-7′.8′]-naphth*-**I**, F. 257—259° (Zers.); *2-Chlor-4H-dibenzofurano*-**I**, F. 172—175° (Zers.); *2-Chlor-4H-carbazolo*-**I**, F. 197—200° (Zers.). — *Flammschutzmittel*, Zwischenprod. für *Farbstoffe* u. *Schädlingsbekämpfungsmittel.* (**Schwz.P. 451195** vom 14/7. 1965, ausg. 15/5. 1968. D. Prior. 16/7. 1964, 16/1., 2/6. u. 19/6. 1965.) — 5 S. R. Bauereis H 3343

1706 Procter & Gamble Co., Cincinnati, Ohio, USA, **Cyclische Tetraphosphon-Verbindungen** der allg. Formel **I**

I 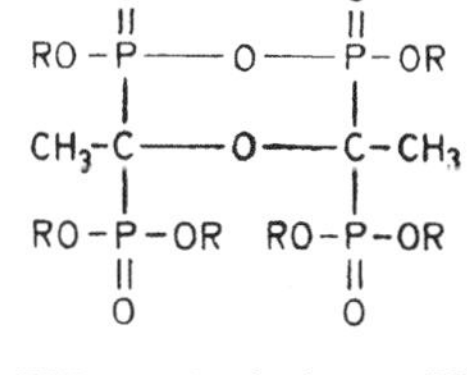

(R = H, Na, K, NH_4, substituiertes NH_4, C_{1-6}-Alkyl) erhält man durch Erhitzen von phosphoriger Säure (**II**) mit Essigsäureanhydrid (III) auf 120–165° u. ggf. Veresterung der freien Säure. Erhitzen von **II** mit **III** in Di-n-propyl-sulfon auf 136–139° → eine cycl. Tetraphosphonsäure u. daraus durch Rk. mit Orthoameisenmethylester der Hexamethylester. — *Chelatbildner, Reinigungsmittel.* (**Brit.P. 1079340** vom 30/3. 1966, ausg. 16/8. 1967. U.S. Prior. 30/3. 1965.) — 7 S.

R. Bauereis H 3354

1707 Sandoz Akt.-Ges., Basel, Schweiz, **Herstellung substituierter Isodeserpidinsäurelactone** der allg. Formel I

I 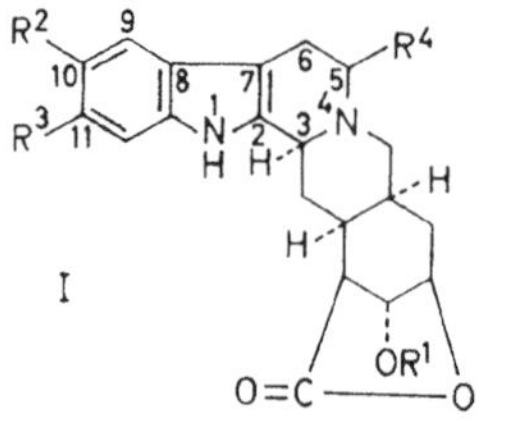

II 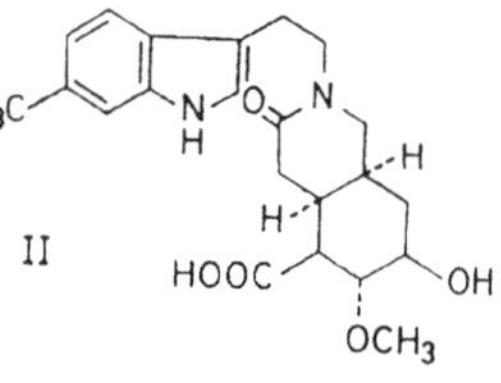

(R^1 = Alkyl mit 1–3 C-Atomen; R^2 = H oder Alkoxy mit 1–2 C-Atomen; R^3 = H, Alkoxy, Alkyl mit 1–2 C-Atomen; R^4 = H, Alkyl mit 1–2 C-Atomen). Man behandelt z. B. eine Aufschlämmung von Decahydro-2-methoxy-3.5-oxido-6-brom-7-oxo-8-hydroxy-1-naphthoesäurelacton in Essigsäureanhydrid unter Kühlung auf 40–59° mit Zn-Staub u. gewinnt aus dem entstandenen racem. *1.2.3.4.7.8.9.10-Octahydro-2-methoxy-3-acetoxy-7-oxo-1-naphthoesäure*, F. 210–215°, mit Strychnin u. frakt. Krist. das *Strychninsalz der (—)-Ketosäure*, F. 240–241°, $[\alpha]_D^{20}$ —122° (c = 0,2 in A.) u. hieraus die freie *(—)-Ketosäure*, F. 223–225°, $[\alpha]_D^{20}$ —219° (c = 0,2 in A.). Diese ox. man in Dioxan in Ggw. von OsO_4 u. NaOH mit HJO_4. Das Prod. wird in Ae. mit Diazomethan behandelt u. der gebildete *Dimethylester* in Bzl. mit 6-Methyltryptamin kondensiert. Man red. die erhaltene Schiffsche Base in CH_3OH mit $NaBH_4$ u. verseift das Prod. durch Kochen mit CH_3OH u. n-NaOH (1:1) → *Hydroxycarbonsäure* der Formel **II**, F. 153–155°, $[\alpha]_D^{20}$ +50° (c = 0,2 in Py.). Durch Kochen mit Na-Acetat u. Essigsäureanhydrid in Bzl. hieraus das entsprechende *Lactonlactam*, F. 169–171°, $[\alpha]_D^{20}$ —38° (c = 0,2 in Py.). Kochen dieser Verb. unter N_2 mit $POCl_3$ u. Behandlung mit NH_4OH ergibt *11-Methyl-3-dehydrodeserpidinsäurelacton*, F. 301–303°, $[\alpha]_D^{20}$ +125° (c = 0,2 in Py.), das man in CH_3OH mit $NaBH_4$ bei Raumtemp. red. zu *11-Methylisodeserpidinsäurelacton* (amorph). — Analog: *10-Methoxyisodeserpidinsäurelacton*, F. 140 bis 142° u. 212°, $[\alpha]_D^{20}$ —91° (c = 0,3 in Py.). — *11-Äthoxyisodeserpidinsäurelacton*, F. 195–198°, $[\alpha]_D^{20}$ —130° (c = 0,2 in Py.). — *Isodeserpidinsäurelacton*, F. 225 bis 227°, $[\alpha]_D^{20}$ —93° (in Py.). — *(l)-5-Methylisoreserpsäurelacton*, F. 241–243°, $[\alpha]_D^{20}$ —141° (c = 0,2 in Py.). — *17-Desmethoxy-17-äthoxyisoreserpsäurelacton*, F. 115°, $[\alpha]_D^{20}$ —106° (c = 0,2 in Py.). — *17-Desmethoxy-17-isopropoxyisoreserpsäurelacton*, F. 210–212°, $[\alpha]_D^{20}$ —113° (c = 0,2 in Py.). — *17-Desmethoxy-17-n-propoxyisoreserpsäurelacton*, F. 87°, $[\alpha]_D^{20}$ —109° (c = 0–0,5 in Py.). — *Isoreserpsäurelacton*, F. 224–225°, $[\alpha]_D^{20}$ —142° (c = 0,3 in Py.). — *(d)-5-Methylisodeserpidinsäurelacton*, F. 261°, $[\alpha]_D^{20}$ —96° (c = 0,5 in Py.). — *10.11-Dimethoxyisodeserpidinsäurelacton*, F. 217–219°, $[\alpha]_D^{20}$ —110° (c = 0,5 in Py.). — (**Niederl.P. 122641** vom 12/4. 1958, ausg. 17/7. 1967.) — 8 S.

F. Böhm H 3500

1708 Roussel-Uclaf Soc. An., Paris, Frankreich, **Herstellung von Colchicinderivaten** der allg. Formel I (R = H-Atom, Alkylrest mit 1–3 C-Atomen, Rest einer Carbonsäure mit 1–18 C-Atomen oder eines sauren Kohlensäureesters mit 2–18 C-Atomen; R^1 = H-Atom oder Alkylrest mit 1–3 C-Atomen; R^2 = H-Atom oder Rest einer Carbonsäure mit 1–24 C-Atomen; Z = -O-Alkyl- oder -S-Alkylrest mit 1–2 C-Atomen oder Rest der Formel -N(R′)(R″); R′, R″ = H-Atome, Alkylreste mit 1–8 C-Atomen, Aryl- oder Aralkylreste oder zusammen mit dem N-Atom heterocycl. Ring). Man läßt z. B. auf 1-Formylcolchicin in Methanol bei Raumtemp. KBH_4 einwirken → *1-Hydroxymethylcolchicin* (**II**), F. 260°, $[\alpha]_D^{20}$ —100° (c = 0,5 in $CHCl_3$); *Ameisensäureester*, F. 194°, $[\alpha]_D^{20}$ —83° (c = 0,5 in $CHCl_3$); *Essigsäureester*, F. 162°, $[\alpha]_D^{20}$ —107° (c = 0,35 in $CHCl_3$); *Propionsäureester*, F. 190°, $[\alpha]_D^{20}$ —100° (c = 0,5 in $CHCl_3$); *Hexahydrobenzoesäureester*, F. 216°, $[\alpha]_D^{20}$ —84,2°

I 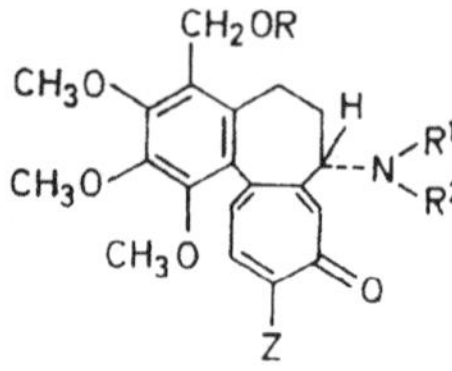

(c = 0,5 in $CHCl_3$); *gemischtes Carbonat von Hexahydrobenzylalkohol u.* **II**, F. 160°. — Analog: *1-Hydroxymethylthiocolchicin* (**III**), F. 150°, $[\alpha]_D^{20}$ —126° (in $CHCl_3$); *Ameisensäureester*, F. 160°, $[\alpha]_D^{20}$ —166° (c = 0,2 in $CHCl_3$); *Essigsäureester*, F. 238°, $[\alpha]_D^{20}$ —163° (c = 0,4 in $CHCl_3$); *Propionsäureester*, F. 210°, $[\alpha]_D^{20}$ —167° (c = 0,3 in $CHCl_3$). Aus **III** erhält man durch Kochen mit HCl in Methanol *1-Methoxymethyl-N-desacetylthiocolchicin*, F. 165°, $[\alpha]_D^{20}$ —101° (c = 0,35 in $CHCl_3$), das mit Essigsäureanhydrid in Py. bei Raumtemp. in *1-Methoxymethylthiocolchicin*, F. 195°, $[\alpha]_D^{20}$ —154° (c = 0,2 in $CHCl_3$), übergeführt wird. — *1-Hydroxymethylcolchiceinamid*, F. 238–240°, $[\alpha]_D^{20}$ —157° (c = 0,15 in $CHCl_3$). — *1-Hydroxymethyl-N-methylcolchiceinamid*, F. 250°, $[\alpha]_D^{20}$ —192° (c = 0,5 in A.). — *1-Hydroxymethyl-N.N-dimethylcolchiceinamid*, F. 170°, $[\alpha]_D^{20}$ +301° (c = 0,3 in $CHCl_3$). — *14-(N-Morpholino)-1-hydroxymethylcolchicein*, F. 216 bis 218°. — Verw. in der *Landwirtschaft* als *Modifikator der Mitose* u. zur *Bldg. von Polyploiden.* (**Niederl.P. 122490** vom 3/10. 1963, ausg. 15/6. 1967. F. Prior. 11/10., 9/11. u. 4/12. 1962.) — 7 S.

F. Böhm H 3500

1709 Roussel-Uclaf Soc. An., Paris, Frankreich, **Herstellung von Colchicinderivaten** der allg. Formel I

I 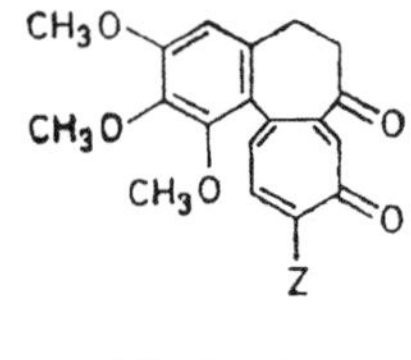

(Z = Alkoxy-, Amino-, Alkylamino-, Aralkylamino-, Alkyl-aralkylamino- oder Dialkylaminorest). Man chloriert N-Desacetylcolchicein, z. B. mit N-Chlorsuccinimid in Eisessig bei Raumtemp., läßt auf das gebildete *N-Desacetyl-N-chlorcolchicein*, F. 170–174°, $[\alpha]_D^{20}$ —320° (c = 0,5 in $CHCl_3$), ein alkal. Reagenz einwirken, z. B. KOH in Methanol bei Raumtemp., hydrolysiert das erhaltene *7-Desacetylamino-7-iminocolchiceinhydrat*, F. 130°, mit Säure, z. B. 50%ig. Essigsäure bei 50°, zu *7-Desacetylamino-7-oxocolchicein* (**II**), F. 154°, veräthert dieses mit einem Diazoalkan, trennt das entstandene Gemisch aus 7-Desacetylamino-7-oxo-10-demethoxy-10-alkoxycolchicin u. 7-Desacetylamino-7-oxo-9-demethoxy-9-alkoxyisocolchicin u. läßt ggf. das 10-Alkoxyderiv. mit NH_3 oder einem prim. oder sek. Alkyl- oder Aralkylamin reagieren. — **II** setzt man z. B. bei 0° in Methanol/CH_2Cl_2 (1:1) mit Diazomethan zu einem Gemisch aus *7-Desacetylamino-7-oxocolchicin*, F. 230°, u. *7-Desacetylamino-7-oxoisocolchicin*, F. 190°, um, das durch fraktionierte Krist. getrennt wird. Aus ersterem in Methanol mit NH_3 → *7-Desacetylamino-7-oxocolchiceinamid*, F. 186 bis 187°, mit Methylamin → *7-Desacetylamino-7-oxo-N-methylcolchiceinamid*, F. 215°, u. mit Benzylamin *7-Desacetylamino-7-oxo-N-benzylcolchiceinamid*, F. 274–276°. Verw. als *Pharmaceutika* u. in der Landwirtschaft als *Modifikator der Mitosen* u. zur Bldg. *von Polyploiden*. (**Niederl.P. 122491** vom 18/6. 1964, ausg. 15/6. 1967. F. Prior. 19/6. 1963.) — 4 S.

F. Böhm H 3500

1710 **Imperial Chemical Industries Ltd.**, Großbritannien, *Herstellung von Chlorfluoralkanen.* (**F.P. 1 358 997** vom 13/6. 1963, ausg. 22/7. 1964. Brit. Prior. 13/6. 1962. — **C. 1966**, 21-2600 [Brit.P. 976 883].)

1711 **Produits Chimiques Pechiney Saint-Gobain**, Frankreich (Erfinder: **Laurent Seigneurin**), *Fluorhalogenpropanderivate.* (**F.P. 1 351 424** vom 9/10. 1962, ausg. 6/5. 1964. — C. **1966**, 33-2448 [Can.P. 698 297].)

1712 **El Paso Natural Gas Products Co.**, USA (Erfinder: **Walter E. Steinmetz**), *Herstellung ungesättigter Kohlenwasserstoffe.* (**F.P. 1 346 343** vom 31/10. 1962, ausg. 18/3. 1964. U.S. Prior. 18/7. 1962. — C. **1966**, 32-2396 [Brit.P. 973 949].)

1713 **British Hydrocarbon Chemicals Ltd.**, Großbritannien (Erfinder: **Leslie Ernest Addy**), *Herstellung von Olefinen.* (**F.P. 1 344 352** vom 2/10. 1962, ausg. 28/2. 1964. Brit. Prior. 13/10. 1961. — C. **1966**, 25-2458 [Brit.P. 967 822].)

1714 **Montecatini Soc. Gen. per l'Industria Mineraria e Chimica**, Italien (Erfinder: **Dario Sianesi** und **Giuseppe Nelli**), *Herstellung fluorierter Olefine.* (**F.P. 1 360 481** vom 5/6. 1963, ausg. 20/8. 1964. It. Prior. 7/6. 1962. — C. **1966**, 27-2390 [D.P.[DDR] 37 754].)

1715 **E. I. du Pont de Nemours & Co.**, USA (Erfinder: **George Paul Colbert**), *Stabilisierung von Chlorbutadien.* (**F.P. 1 348 917** vom 27/2. 1963, ausg. 10/4. 1964. U.S. Prior. 28/2. 1962. — C. **1966**, 39-2690 [Brit.P. 971 969].)

1716 **Montecatini Soc. Gen. per l'Industria Mineraria e Chimica**, Italien (Erfinder: **Giacomo Fauser**), *Herstellung von Acetylen.* (**F.P. 1 339 085** vom 23/10.1962, ausg. 8/1. 1964. It. Prior. 25/10. 1961. — C. **1966**, 38-2450 [Ung.P. 151 457].)

1717 **Allied Chemical Corp.**, USA (Erfinder: **Morton Herbert Litt** und **George Joseph Schmitt**), *Halogenierte ungesättigte Alkohole.* (**F.P. 1 345 812** vom 29/11. 1962, ausg. 13/3. 1964. U.S. Prior. 5/12. 1961. — C. **1966**, 33-2466 [Brit.P. 964 755].)

1718 **Distillers Co. Ltd.**, Großbritannien (Erfinder: **Leslie Ernest Cooper**), *Herstellung von Alkanolen.* (**F.P. 1 349 816** vom 8/3. 1963, ausg. 20/4. 1964. Brit. Prior. 15/3. 1962. — C. **1966**, 32-2406 [Can.P. 697 759].)

1719 **E. I. du Pont de Nemours & Co.**, USA (Erfinder: **Robert Albert Darby**), *Perfluorvinyläther.* (**F.P. 1 341 087** vom 29/11. 1962, ausg. 20/1. 1964. U.S. Prior. 8/12. 1961. — C. **1966**, 33-2467 [Brit.P. 976 136].)

1720 **Olin Mathieson Chemical Corp.**, USA, *Herstellung von reinem Glycerin.* (**F.P. 1 357 871** vom 2/4. 1963, ausg. 10/7. 1964. — C. **1966**, 28-2429 [Can.P. 692 092].)

1721 **UCB (Union Chimique — Chemische Bedrijven) Soc. An.**, Belgien, *Herstellung ungesättigter Aldehyde.* (**F.P. 1 370 233** vom 26/7. 1963, ausg. 14/12. 1964. Brit. Prior. 30/7. 1962. — C. **1966**, 33-2473 [Brit.P. 972 403].)

1722 **Sumitomo Chemical Co. Ltd.** und **Sumitomo Atomic Energy Industries, Ltd.**, Japan, *Stabilisierter HCHO.* (**F.P. 1 372 246** vom 16/10. 1963, ausg. 30/12. 1964. Jap. Prior. 13/2. 1963. — C. **1966**, 37-2615 [Can.P. 686 830].)

1723 **Ajinomoto Co., Inc.**, Japan, *α-Acyloxypropionaldehyde.* (**F.P. 1 361 797** vom 8/7. 1963, ausg. 4/9. 1964. Jap. Prior. 12/7. 1962. — C. **1966**, 35-2629 [Jap.A.S. 1 575/1965].)

1724 **Imperial Chemical Industries Ltd.**, Großbritannien, *Aldehyde und Carbonsäuren aus Olefinen.* (**F.P. 1 364 810** vom 24/5. 1963, ausg. 23/10. 1964. Brit. Prior. 25/5. 1962. — C. **1966**, 37-2572 [Brit.P. 964 552].)

1725 **Knapsack-Griesheim Akt.-Ges.**, Deutschland, *Reine Essigsäure.* (**F.P. 1 339 323** vom 19/11. 1962, ausg. 10/1. 1964. D. Prior. 25/11. 1961. — C. **1966**, 32-2412 [Brit.P. 959 875].)

1726 **Consortium für Elektrochemische Industrie G. m. b. H.**, Deutschland, *Kontinuierliche Herstellung von Peressigsäure.* (**F.P. 1 367 324** vom 26/8. 1963, ausg. 23/11. 1964. D. Prior. 27/8. 1962. — C. **1966**, 35-2637 [D.A.S. 1 205 519].)

1727 **Imperial Chemical Industries Ltd.**, Großbritannien, *Herstellung von Estern ungesättigter Alkohole.* (**F.P. 1 370 062** vom 6/7. 1963, ausg. 14/12. 1964. Brit. Prior. 6/7. 1962. — C. **1966**, 33-2478 [Brit.P. 975 683].)

1728 **Imperial Chemical Industries Ltd.**, Großbritannien, *Herstellung ungesättigter Ester.* (**F.P. 1 371 896** vom 25/7. 1963, ausg. 24/12. 1964. Brit. Prior. 25/7. 1962 u. 3/7. 1963. — C. **1966**, 33-2479 [Brit.P. 975 709].)

1729 **E. I. du Pont de Nemours & Co.**, USA (Erfinder: **Frederic Wurl Swamer**). *Fluorhaltige Perhalogenverbindungen.* (**F.P. 1 372 549** vom 30/7. 1963, ausg. 30/12. 1964. U.S. Prior. 31/7. 1962. — C. **1966**, 33-2425 [Brit.P. 976 316].)

1730 **Imperial Chemical Industries Ltd.**, Großbritannien, *Herstellung von Adipinsäure.* (**F.P. 1 351 666** vom 7/2. 1963, ausg. 8/5. 1964. Brit. Prior. 7/2., 23/5. 1962 u. 16/1. 1963. — C. **1966**, 37-2630 [Brit.P. 972 656].)

1731 **Badische Anilin- & Soda-Fabrik Akt.-Ges.**, Deutschland (Erfinder: **Martin Decker, Joseph Schmidt, Hans Joachim Pistor** und **Heinrich Scholz**), *Herstellung von Adipinsäuredinitril.* (**F.P. 1 356 815** vom 17/5. 1963, ausg. 1/7. 1964. D. Prior. 18/5. 1962. — C. **1966**, 39-2716 [D.A.S. 1 196 179].)

1732 **Farbenfabriken Bayer Akt.-Ges.**, Deutschland (Erfinder: **Günter Nawrath**), *Herstellung aliphatischer Diamine.* (**F.P. 1 372 867** vom 18/10. 1963, ausg. 31/12. 1964. D. Prior. 18/10. 1962. — C. **1966**, 35-2652 [D.A.S. 1 202 282].)

1733 **Jefferson Chemical Co., Inc.**, USA (Erfinder: **Myrl Lichtenwalter** und **Herbert George Muhlbauer**), *Rückgewinnung von Triäthylendiamin.* (**F.P. 1 358 293** vom 6/6. 1963, ausg. 15/7. 1964. U.S. Prior. 7/6. 1962. — C. **1966**, 29-2560 [U.S.P. 3 128 275].)

1734 **Armour & Co.**, USA (Erfinder: **Sydney Harold Shapiro** und **Thomas Michael Chefalo**), *Herstellung quaternärer Ammoniumverbindungen.* (**F.P. 1 352 870** vom 30/11. 1962, ausg. 25/5. 1964. U.S. Prior. 20/12. 1961. — C. **1966**, 29-2559 [Can.P. 694 441].)

1735 **Soc. des Usines Chimiques Rhône-Poulenc**, Frankreich (Erfinder: **Pierre Lafont** und **Michel Thiers**), *Herstellung von ω-Aminosäuren.* (**F.P. 1 349 281** vom 19/11. 1962, ausg. 15/4. 1964. — C. **1966**, 27-2432 [D.A.S. 1 192 190].)

1736 **Merck & Co., Inc.**, USA (Erfinder: **Ralph Henry Beutel**), *Herstellung von β-Alaninamidsulfat.* (**F.P. 1 343 206** vom 18/12. 1962, ausg. 14/2. 1964. U.S. Prior. 19/12. 1961. — C. **1966**, 38-2472 [U.S.P. 3 137 726].)

1737 **American Cyanamid Co.**, USA (Erfinder: **Arthur Kentaro Hoffmann**), *N.N'-disubstituierte Nitroxide.* (**F.P. 1 357 477** vom 27/5. 1963, ausg. 3/7. 1964. U.S. Prior. 13/6. 1962. — C. **1966**, 35-2596 [D.A.S. 1 200 820].)

1738 **Imperial Chemical Industries Ltd.**, Großbritannien, *Organosiliciumverbindungen.* (**F.P. 1 359 431** vom 10/4. 1963, ausg. 7/8. 1964. Brit. Prior. 10/4. 1962 u. 20/2. 1963. — C. **1966**, 38-2862 [Brit.P. 968 470].)

1739 **Hooker Chemical Corp.**, USA (Erfinder: **Arthur Charles Schulz**) *Herstellung von Trimethylphosphit.* (**F.P. 1 350 188** vom 17/1. 1963, ausg. 22/4. 1964. U.S. Prior. 29/1. 1962. — C. **1966**, 32-2434 [Can.P. 697 704].)

1740 **Esso Research and Engineering Co.**, USA (Erfinder: **Helmut G. Schneider** und **James Clark**), *Dialkyldithiophosphorsaure Salze.* (**F.P. 1 354 630** vom 22/4. 1963, ausg. 12/6. 1964. U.S. Prior. 29/6. 1962. — C. **1966**, 32-2608 [Brit.P. 968 801].)

1741 **Farbenfabriken Bayer Akt.-Ges.**, Deutschland (Erfinder: **Wulf Schwerdtel** und **Walter Krönig**), *Herstellung von Benzolkohlenwasserstoffen.* (**F.P. 1 341 111** vom 6/12. 1962, ausg. 22/1. 1964. D. Prior. 6/12. 1961. — C. **1966**, 32-2438 [Brit.P. 960 201].)

1742 **Imperial Chemical Industries Ltd.**, Großbritannien, *Herstellung von Fluorchlorbenzolen.* (**F.P. 1 358 120** vom 28/5. 1963, ausg. 10/7. 1964. Brit. Prior. 28/5. 1962 u. 3/5. 1963. — C. **1966**, 21-2633 [Brit.P. 970 746].)

1743 **Ethyl Corp.**, USA (Erfinder: **James Clyde Geddes jun.** und **Byron Russel Lowrance**), *Herstellung von o-Alkylphenolen.* (**F.P. 1 354 603** vom 19/4. 1963, ausg. 12/6. 1964. U.S. Prior. 20/4. 1962. — C. **1966**, 34-2465 [D.A.S. 1 199 277].)

1744 **Allied Chemical Corp.**, USA (Erfinder: **Basil Said Farah** und **Everett Eddy Gilbert**), *Herstellung von Alkylmercaptophenolen.* (**F.P. 1 348 699** vom 24/1. 1963, ausg. 8/4. 1964. U.S. Prior. 29/1. 1962. — C. **1966**, 29-3184 [U.S.P. 3 134 818].)

1745 **Allied Chemical Corp.**, USA (Erfinder: **Basil Said Farah** und **Everett Eddy Gilbert**), *4-Methylmercaptophenol.* (**F.P. 1 348 698** vom 24/1. 1963, ausg. 8/4. 1964. U.S. Prior. 29/1. 1962. — C. **1966**, 25-2537 [Brit.P. 956 229].)

1746 **Farbenfabriken Bayer Akt.-Ges.**, Deutschland (Erfinder: **Hans Richert**), *Trifluormethylmercaptophenole.* (**F.P. 1 339 764** vom 2/11. 1962, ausg. 15/1. 1964. D. Prior. 3/11. 1961 u. 22/6. 1962. — C. **1966**, 25-2538 [Oe.P. 232 988].)

1747 **Witco Chemical Co., Inc.**, USA, *Hydrotrope Sulfonate.* (**F.P. 1 349 806** vom 7/3. 1963, ausg. 20/4. 1964. — C. **1966**, 33-2504 [Brit.P. 963 787].)

1748 **„Shell" Research Ltd.**, Großbritannien, *2.6-Dihalogenbenzamidine.* (**F.P. 1 345 865** vom 20/12. 1962, ausg. 13/3. 1964. Brit.Prior. 22/12. 1961. — C. **1966**, 38-2482 [Brit.P. 956 027].)

1749 **Shionogi & Co. Ltd.**, Japan (Erfinder: **Kunio Nokagawa** und **Teruji Tsuji**), *Herstellung von Nitrilen.* (**F.P. 1 350 668** vom 2/10. 1962, ausg. 27/4. 1964. Jap. Prior. 3/10. 1961. — C. **1966**, 32-2410 [Brit.P. 955 129].

1750 **Ministerul Industriei Petrolului si Chimiei**, Rumänien, *Herstellung von Phthalsäureanhydrid.* (**F.P. 1 354 932** vom 28/1. 1963, ausg. 15/6. 1964. — C. **1966**, 34-2470 [D.A.S. 1 205 520].)

1751 **Teijin Ltd.**, Japan, *Herstellung von Terephthalsäure.* (**F.P. 1 355 257** vom 26/4. 1963, ausg. 17/6. 1964. — C. **1966**, 34-2471 [D.A.S. 1 203 754].)

1752 **Ciba Soc. An.**, Schweiz, *Trihalogentrimesinsäuren.* (**F.P. 1 360 537** vom 13/6. 1963, ausg. 20/8. 1964. Schwz. Prior. 19/6. 1962. — C. **1966**, 37-2652 [Brit.P. 969 311].)

1753 **Union Carbide Corp.**, USA (Erfinder: **Raymond Paul Kurkjij, Markus Matzner** und **Robert James Cotter**), *Herstellung von Diarylcarbonaten.* (**F.P. 1 361 228** vom 28/6. 1963, ausg. 28/8. 1964. U.S. Prior. 3/7. 1962. — C. **1968**, 3-2921 [D.A.S. 1 227 911].)

1754 **Olin Mathieson Chemical Corp.**, USA (Erfinder: **Ehrenfried H. Kober** und **Wilhelm J. Schnabel**), *Gewinnung organischer Isocyanate.* (**F.P. 1 352 516** vom 1/4. 1963, ausg. 15/5. 1964. U.S. Prior. 2/4. 1962. — C. **1966**, 37-2655 [Can.P. 692 093].)

1755 **B. F. Goodrich Co.**, USA (Erfinder: **Robert Wesley Layer** und **John Cummings McCool**), *Herstellung von N.N'-Di-[1-methylalkyliden]-p-phenylendiaminen.* (**F.P. 1 349 193** vom 30/8. 1962, ausg. 22/4. 1964. U.S. Prior. 31/8. 1961. — C. **1966**, 29-2585 [Can.P. 690 283].)

1756 **Allied Chemical Corp.**, USA (Erfinder: **Richard R. Lloyd** und **Edward R. Degginger**), *Tetrachlorxylylendiamine.* (**F.P. 1 353 888** vom 17/4. 1963, ausg. 8/6. 1964. U.S. Prior. 19/4. 1962. — C. **1966**, 33-2844 [Brit.P. 970 024].)

1757 **Beecham Research Laboratories Ltd.**, Großbritannien (Erfinder: **Berndt Olof Harald Sjoberg** und **Bertil Ake Ekstrom**), *Herstellung von D(—)-α-Azidophenylessigsäure.* (**F.P. 1 351 144** vom 15/3. 1963, ausg. 4/5. 1964. Brit. Prior. 16/3. 1962. — C. **1966**, 29-1721 [Brit.P. 960 665].)

1758 **Imperial Chemical Industries Ltd.**, Großbritannien, *Si-organische Verbindungen.* (**F.P. 1 339 125** vom 31/10. 1962, ausg. 10/1. 1964. Brit. Prior. 31/10. 1961. — C. **1966**, 28-2485 [U.S.P. 3 139 448].)

1759 **Asahi Kasei Kogyo K. K.**, Japan, *Pyrophosphorsäureester.* (**F.P. 1 372 445** vom 29/3. 1963, ausg. 30/12. 1964. Jap. Prior. 31/3. 1962. — C. **1966**, 35-2685 [D.A.S. 1 200 819].)

1760 **Asahi Kasei Kogyo K. K.**, Japan, *Orthophosphorsäureester oder -esteramide.* (**F.P. 1 372 446** vom 29/3. 1963, ausg. 30/12. 1964. Jap. Prior. 31/3. 1962. — C. **1966**, 35-2684 [D.A.S. 1 200 818].)

1761 **National Research Development Corp.**, Großbritannien (Erfinder: **John Colin Tatlow** und **Robert Stephens**), *Fluorierte alicyclische Verbindungen.* (**F.P. 1 339 463** vom 26/11. 1962, ausg. 10/1. 1964. Brit. Prior. 27/11. 1961. — C. **1966**, 33-2518 [Can.P. 696 856].)

1762 **Stamicarbon N. V.**, Niederlande, *Herstellung cyclischer Alkohole.* (**F.P. 1 346 563** vom 21/12. 1962, ausg. 18/3. 1964. Niederl. Prior. 21/12. 1961, 17/1. u. 7/2. 1962. — C. **1966**, 33-2519 [Brit.P. 970 450].)

1763 **Dehydag Deutsche Hydrierwerke G. m. b. H.**, Deutschland, *Herstellung von trans-1.4-Dimethylolcyclohexan.* (**F.P. 1 356 114** vom 3/5. 1963, ausg. 24/6. 1964. D. Prior. 5/5. 1962. — C. **1966**, 26-2818 [D.A.S. 1 203 254].)

1764 **Hans J. Zimmer Verfahrenstechnik**, Deutschland, *Herstellung von Cycloalkanonoximen.* (**F.P. 1 369 277** vom 17/9. 1963, ausg. 7/12. 1964. D. Prior. 29/9. 1962. — C. **1966**, 34-2482 [D.A.S. 1 205 966].)

1765 **Shell Internationale Research Mij. N. V.**, Niederlande, *Herstellung von Biphenylverbindungen.* (**F.P. 1 345 311** vom 20/12. 1962, ausg. 6/3. 1964. Niederl. Prior. 22/12. 1961. — C. **1966**, 32-2471 [Brit.P. 959 542].)

1766 **Snia Viscosa Soc. Nazionale Industria Applicazioni Viscosa S. p. A.**, Italien, *Herstellung von Dicyclohexylketon.* (**F.P. 1 364 991** vom 30/7. 1963, ausg. 26/10. 1964. It. Prior. 1/8. 1962. — C. **1966**, 33-2523 [Can.P. 687 511].)

1767 **Ministerul Industriei Petrolului şi Chimiei**, Rumänien (Erfinder: **Mircea Duvalma, Ioan Victor Pirvulescu** und **Teofil Dumitru Bota**), *Herstellung von 1-Nitronaphthalin.* (**F.P. 1 352 613** vom 4/4. 1963, ausg. 19/5. 1964. — C. **1966**, 27-2461 [D.P.[DDR] 32 821].)

1768 **United States Rubber Co.**, USA (Erfinder: **Elbert Clinton Ladd**), *Dithiobis-[N-phenylmaleinimide].* (**F.P. 1 346 637** vom 31/1. 1963, ausg. 18/3. 1964. U.S. Prior. 30/3. 1962. — C. **1966**, 33-2785 [Brit.P. 973 062].)

1769 **Österreichische Stickstoffwerke Akt.-Ges.**, Österreich, *3-Amino-2.5-thiadiazol-4-carbonsäure-Derivate.* (**F.P. 1 348 091** vom 8/2. 1963, ausg. 3/4. 1964. Oe. Prior. 9/2. 1962. — C. **1966**, 33-2542 [Brit.P. 972 950].)

1770 **Eastman Kodak Co.**, USA (Erfinder: **James Cuthbert Martin**), *Ungesättigte Aminoketone.* (**F.P. 1 365 275** vom 16/7. 1962, ausg. 30/10. 1964. U.S. Prior. 26/7. 1961. — C. **1966**, 38-2500 [U.S.P. 3 141 880].)

1771 **Österreichische Stickstoffwerke Akt.-Ges.**, Österreich, *Herstellung von Melamin.* (**F.P. 1 343 599** vom 20/9. 1962, ausg. 21/2. 1964. Oe. Prior. 21/9. 1961. — C. **1966**, 38-2520 [Brit.P. 968 765].)

1772 **Ledoga S. p. A.**, Italien, *Zuckerester*. **(F.P. 1 350 654** vom 10/9. 1962, ausg. 27/4. 1964. It. Prior. 12/9. 1961. — C. **1966,** 34-2506 [D.A.S. 1 205 510].)

1773 **Olin Mathieson Chemical Corp.**, USA (Erfinder: **Donald W. Kaiser** und **Stephen Fuzesi**), *Alkylierung von Methylglucosid*. **(F.P. 1 356 800** vom 16/5. 1963, ausg. 1/7. 1964. U.S. Prior. 24/5. 1962. — C. **1967,** 21-3168 [U.S.P. 3 167 538].)

1774 **Roussel-Uclaf Soc. An.**, Frankreich (Erfinder: **Arturo Blade** und **Georges Muller**), *Colchicinderivate*. **(F.P. 1 347 137** vom 12/11. 1962, ausg. 25/3. 1964. — C. **1966,** 34-2946 [D.A.S. 1 206 439].)

1775 **E. I. du Pont de Nemours & Co.**, USA (Erfinder: **Ernest Frank Silversmith** und **Walter John Sloan**), *Organometallverbindungen*. **(F.P. 1 361 323** vom 29/11. 1962, ausg. 28/8. 1964. U.S. Prior. 30/11. 1961. — C. **1966,** 38-2525 [Can.P. 690 294].)

1776 **Studiengesellschaft Kohle m. b. H.**, Deutschland (Erfinder: **Ernst Koerner** und **Günther Schenck**), *Tl-Cyclopentadienyle*. **(F.P. 1 346 276** vom 27/7. 1962, ausg. 18/3. 1964. D. Prior. 29/7. 1961. — C. **1966,** 36-2542 [D.P.[DDR] 35 928].)

1777 **M. & T. Chemicals, Inc.**, USA (Erfinder: **Gerry Proteus Mack**), *Organische Sn-Verbindungen*. **(F.P. 1 369 815** vom 23/9. 1963, ausg. 9/12. 1964. U.S. Prior. 25/9. 1962. — C. **1966,** 34-2742 [D.A.S. 1 207 387].)

1778 **Ethyl Corp.**, USA (Erfinder: **Paul Kobetz** und **Francis Mitchell Beaird**), *Herstellung von Tetramethylblei*. **(F.P. 1 372 724** vom 30/8. 1963, ausg. 30/12. 1964. U.S. Prior. 31/8. 1962. — C. **1966,** 39-2883 [U.S.P. 3 192 240].)

H–8. Farbstoffe

1779 Ciba Akt.-Ges. (Erfinder: Visvanathan Ramanathan), Basel, Schweiz, **Herstellung wasserunlöslicher Monoazofarbstoffe** durch Kupplung der Diazoverb. eines Aminobenzols oder heterocycl. Amins mit einem Anilin, das am N-Atom durch a) einen Aralkylrest u. b) einen Cyanalkyl-, Carbalkoxyalkyl- oder Cyanalkoxyalkylrest substituiert ist. *1-Amino-2-cyan-4-nitrobenzol* → *N-Cyanäthyl-N-benzylanilin*, färbt Polyester reibecht rot. — Färbevorschriften. **(Schwz.P. 454308** vom 23/10. 1964, ausg. 28/6. 1968.) — 7 S. A. Jahn 6842

1780 Ciba Akt.-Ges., Basel (Erfinder: Visvanathan Ramanathan, Basel, und Hans Wilhelm Liechti, Oberwil), Schweiz, **Herstellung basischer Farbstoffe** der allg. Formel (A–Z–CO–Y⊕)X⊖ durch Quaternisierung entsprechender Farbstoffe (A = Rest eines von sauren wasserlösl. machenden Gruppen freien Farbstoffs; Z = O oder NH; X = Anion; Y = 5- oder 6gliedriger heterocycl. Ring) *4'-{N.N-Bis-[β-(N'-Methyl-3-nicotinoyloxy)-äthyl]-2.2'.6'-trichlor}-4-nitroazobenzol, Dimethosulfat*, färbt Polyacrylnitril braun. **(Schwz.P. 457656** vom 18/1. 1965, ausg. 15/8. 1968.) — 11 S. A. Jahn 6842

1781 Ciba Akt.-Ges., Basel (Erfinder: Visvanathan Ramanathan, Basel, und Hans Wilhelm Liechti, Oberwil), Schweiz, **Herstellung basischer Farbstoffe** der allg. Formel (A–Z–CO–Y⊕)X⊖ durch Kupplungsrk., wobei mindestens die Diazo- oder Kupplungskomponente den Rest –Z–CO–Y⊕X⊖ aufweist (A = Rest eines von sauren wasserlösl. machenden Gruppen freien Azofarbstoffs; Z = O oder NH; X = Anion; Y = 5- oder 6gliedriger heterocycl. Ring mit quart. Ammoniumgruppe). — *4-[N-Methylnicotinylamino]-anilin-chlorid* → *1-Hydroxy-4-chlorbenzol*, färbt Polyacrylnitril (**P**) gelb. — *5-Amino-3-phenyl-1.2.4-thiadiazol* → *N-β-Cyanäthyl-N-β-[N'-methylnicotinyl]-hydroxyäthylanilin-methosulfat*, färbt **P** rot. **(Schwz.P. 457659** vom 18/1. 1965, ausg. 15/8. 1968.) — 4 S. A. Jahn 6842

1782 Eastman Kodak Co., Rochester, N.Y. (Erfinder: Max Allen Weaver und David Jefferson Wallace, Kingsport, Tenn.), USA, **Herstellung von Azofarbstoffen** der allg. Formel R–N=N–R^1–N(R^2)–R^3–N–CO–Y–CO durch Kuppeln eines aromat. Diazoniumsalzes mit einer Verb. der allg. Formel H–R^1–N(R^2)R^3–N–CO–Y–CO (R = ggf. substituierter Phenylrest; R^1 = ggf. substituierter Phenylenrest; R^2 = H, ggf. substituierter Alkyl- oder Cycloalkylrest, Benzolrest; R^3 = niederer, ggf. substituierter Alkylrest; Y = Ergänzung zu einem 5- oder 6gliedrigen Ring mit mindestens einem weiteren Heteroatom). — Folgende Rk.-Prod. wurden erhalten (Kurzform): *p-Chloranilin* → *3-[2-(N-Äthyl-m-toluidino)-äthyl]-hydantoin* (**I**), färbt Celluloseacetat, Polyester u. Nylon gelb. — *2.6-Dichlor-4-nitroanilin* → *5.5-Dimethyl-***I**, färbt Polyester braun. — *p-Nitroanilin* → *3-[2-(N-Äthyl-m-toluidino)-äthyl]-2.4-thiazolidindion*, färbt Celluloseacetat u. Polyester orange. — *2-Chlor-4-nitroanilin* → *4-[2-(N-Äthyl-m-toluidino)-äthyl]-3.5-morpholindion*, färbt Polyester braun. Aufzählung weiterer Verb. mit Farbtönen. **(Schwz.P. 449148** vom 1/9. 1965, ausg. 11/4. 1968. U.S. Prior. 3/9. 1964.) — 13 S. A. Jahn 6842

1783 International Polaroid Corp., Jersey City, N.J. (Erfinder: Edwin Herbert Land, Cambridge, Elkan Rogers Blout, Bellmont, Milton Green, Newton Highlands, Helen Pollak Husek, Waltham, Howard Hardner Rogers, Weston, Myron Sydney Simon, Newton Centre, und Robert Bruns Woodward, Belmont, Mass.), USA, **Herstellung von Azofarbstoffen.** Zu D.A.S. 1036640; C. **1959, 12434** ist die Herst. nachzutragen: Man diazotiert Verb. der allg. Formeln Y^1–R^1–Ar$(Z^1)_m$–NH_2, Y^1–Ar$(Z^2)_m$–NH_2, Y^1–R^1–Ar$(Z^1)_m$–N=N–Q^1–NH_2 oder Y^1–Ar$(Z^2)_m$–N=N–Q^1–NH_2, kuppelt die Diazoniumsalze mit den entsprechenden Kupplungskomponenten u. verseift die Diacyloxyphenylgruppe Y^1 zur Dihydroxyphenylgruppe (R^1 = Alkylen; Ar = Aryl; Z^1 = Alkyl, Halogen; Z^2 = Z^1, Alkoxy; m = 0–2; Y^1 = 2.5-, 2.3- oder 3.4-Diacyloxyphenyl, die ggf. durch Halogen oder Alkyl substituiert sind; Q^1 = Rest einer Kupplungskomponente). — *1-Phenyl-3-amino-4-[p-(2'.5'-dihydroxyphenäthyl)-phenylazo]-5-pyrazolon*, F. 244–245°; λ_{max} 400 mμ; ε = 27000. — *2-[p-(2'.5'-Dihydroxyphenäthyl)-phenylazo]-4-methoxy-1-naphthol*, λ_{max} 530 mμ (in A.); ε = 18500. — *4-[p-(2'.5'-Dihydroxyphenäthyl)-phenylazo]-5-acetamido-1-naphthol*, Zers. bei 230°, λ_{max} 474 mμ (in Py.). — *1-[p-(2'.5'-Dihydroxyphenäthyl)-phenylazo]-2-naphthol*, Zers. bei 230°. — *1-Phenyl-3-methyl-4-[p-(2'.5'-dihydroxyphenyl)-phenylazo]-5-pyrazolon*, F. 195–199°, λ_{max} 420 mμ; ε > 22400 (in A.). — *2-[p-(2'.5'-Dihydroxyphenyl)-phenylazo]-4-benzamido-1-naphthol*, λ_{max} 505 mμ (in A.). — *4-[p-(2'.5'-Dihydroxyphenyl)-phenylazo]-2.5-dimethoxyanilin*, λ_{max} 444 bis 448 mμ (Methylcellosolve); ε = 26000. — *2-[p-(2'.5'-Dihydroxyphenyl)-phenylazo]-4-methoxy-1-naphthol*, F. 201 bis 203°; λ_{max} 540–542 mμ (Methylcellosolve); ε > 2300. — *2-{2'.5'-Dimethoxy-4'-[p-(2''.5''-dihydroxyphenäthyl)-phenylazo]-phenylazo}-1.8-naphthalindiol-3.6-disulfonsäure*. — *8-Acetamido-1-{2'.5'-dimethoxy-4'-[p-(2''.5''-dihydroxyphenäthyl]-phenylazo]-phenylazo}-2-naphthol*. — *4-{2'.5'-Dimethoxy-4'-[p-(2''.5''-dihydroxyphenäthyl)-phenylazo]-phenylazo}-N.N-dimethylanilin*. — *2-{4'-[p-(2''.5''-Dihydroxyphenäthyl)-phenylazo]-naphthylazo}-4-methoxy-1-naphthol*. — *1-Phenyl-3-amino-4-{4'-[p-(2''.5''-dihydroxyphenäthyl)-phenylazo]-2'.5'-diäthoxyphenylazo}-5-pyrazolon*. — *2-{2'.5'-Dimethoxy-4'-[p-(2''.5''-dihydroxyphenäthyl)-phenylazo]-phenylazo}-4-methoxy-1-naphthol*. — *1-{4'-[p-(2''.5''-Dihydroxyphenäthyl)-phenylazo]-naphthylazo}-2-anilinonaphthalin*. — *5-Amino-4-{2'.5'-dimethoxy-4'-[p-(2''.5''-dihydroxyphenyl)-phenylazo]-phenylazo}-1-naphthol*. — *8-Hydroxy-3-{2'.5'-dimethoxy-4'-[p-(2''.5''-dihydroxyphenyl)-phenylazo]-phenylazo}-1-naphthyl-5-sulfonsäure, Na-Salz*. **(Schwz.P. 444344** vom 12/2. 1957, ausg. 15/2. 1968. U.S. Prior. 13/2., 25/9., 25/9., 25/9., 25/9., 25/9. u. 25/9. 1956.) — 11 S. A. Jahn 6842

1784 Sandoz Akt.-Ges. (Erfinder: Jacky Doré, Hans Ischer, Basel, Piero Maderni, Binningen, Lukas Schneider, Basel, und August Schweizer, Muttenz), Schweiz, **Herstellung von Azoverbindungen.** Man verwendet als *Kupplungsbeschleuniger Harnstoff* (**I**) u. arbeitet vorteilhaft in einer wss. **I**-Lsg., die z. B. 2–80% **I** in gelöster u. ggf. zum Teil in suspendierter Form enthält. Mit den so hergestellten Farbstoffen erhaltene Färbungen sind bes. rein. — 60,8 (Gew.-Teile) der *Monoazo*-Verb. *2-Amino-4-chlor-1.1'-diphenyläther* → *1-Amino-3-[4'-methyl]-phenylsulfonylaminobenzol-6-sulfonsäure* löst man heiß in 1000 W., versetzt mit 11 $NaNO_2$ u. bei 0° mit 85 30%ig. HCl, salzt nach 4 Std. die orangebraune *Diazo*-Verb. aus, filtriert ab, rührt bei 0° in wenig W. zu einem Brei an, gibt dazu eine Suspension von 26,3 *2-Amino-8-hydroxynaphthalin-6-sulfonsäure* (**II**) u. 220 **I** in 100 W. u. erwärmt sofort auf 35°. Die Kupplung in o-Stellung zur Aminogruppe der **II** tritt sehr schnell ein. Die Ausb. an *Disazofarbstoff* ist fast quantitativ. Geringe Mengen von gelben u. roten Nebenprod. bleiben in der konz. **I**-Lsg. gelöst u. werden beim Filtrieren abgetrennt. — Weitere Beispiele. **(Schwz.P. 455083** vom 4/9. 1964, ausg. 28/6. 1968.) — 6 S. O. Roick 6842

1785 Badische Anilin- & Soda-Fabrik Akt.-Ges. Ludwigshafen/Rh. (Erfinder: Alfred Schoellig, Mutterstadt), **Herstellung von 4-Brom-3-hydroxychinophthalon** (I) erfolg dadurch, daß einer 3-Hydroxychinophthalon enthaltenden Schmelze, die durch Kondens. von 3-Hydroxychinaldin oder 3-Hydroxychinaldin-4-carbonsäure mit überschüssigem Phthalsäureanhydrid (II) erhalten wurde, nach Abkühlung auf 150—180° etwa so viel fl. Br_2, wie zur Bldg. des Monobromderiv. erforderlich ist, zugesetzt wird. Gegen Ende der Rk. wird die Temp. bes. auf 180—200° erhöht. Danach wird die Schmelze zur Entfernung des II-Überschusses in eine heiße Na_2CO_3-Lsg. eingetragen. Das nach Abfiltrieren gewonnene Prod. wird in Py. umkrist., F. 242—245°. — *Farbstoff für Textilmaterialien aus linearen Polyestern.* (**Schwz.P. 443528** vom 3/6. 1965, ausg. 15/2. 1968. D. Prior. 27/6. 1964.) — 2 S. H.-W. Wille 6858

1786 Cassella Farbwerke Mainkur Akt.-Ges. (Erfinder: Konrad Mix, Frankfurt/M., Hanswilli von Brachel, Offenbach, und Otto Gräwinger, Frankfurt/M.), **Herstellung von Anthrachinonfarbstoffen,** die sich feindispergiert sehr gut zum Färben hydrophober Kunststoffmaterialien eignen, erhält man, wenn man 1-Amino-2-acyl-anthrachinone, die noch mindestens eine acylierbare Aminogruppe in der 4-, 5- oder 8-Stellung tragen, mit aliphat., mindestens eine Alkoxy- oder Aryloxygruppe enthaltenden Carbonsäuren bzw. deren funktionellen Deriv. acyliert. — Man löst 28 (g) *1.4-Diamino-2-acetyl-anthrachinon* (I) in 200 Dimethylformamid, versetzt bei 50° mit 17 *Methoxyessigsäureanhydrid* (II), läßt einige Std. stehen u. verd. das Rk.-Gemisch mit Methanol. Man erhält blaue Krist., F. 212°, die Triacetatfasern (E) u. Polyäthylenglykolterephthalatfasern (P) rotstichig blau färben. In ähnlicher Weise können weitere Farbstoffe erhalten werden aus: I u. *Äthoxyacetylchlorid* (III), Krist. aus Chlorbenzol, färben E rotstichig blau; *1.4-Diamino-2-benzoyl-, -toluyl-* oder *-anisoyl-anthrachinon* u. II oder III, färben P nach dem Thermosol-Verf. gut licht- u. sublimierecht blau; I u. *β-Butoxypropionylchlorid*, blaue Krist., F. 139—140°, färben P kräftig dunkelblau; I u. *Phenoxyacetylchlorid* (4std. Erhitzen in o-Dichlorbenzol auf 150°), blaue Krist., F. 240—242°, färben P kräftig violett; I u. *2-Methyl-3-methoxypropionylchlorid* (IV) (mehrstd. Verrühren in N-Methylpyrrolidon), blauer Farbstoff, F. 162—163°, färbt P, Polyamide (N) u. Polyolefine dunkelblau; *1.5-Diamino-2-propionyl-* oder *1.8-Diamino-2-acetyl-anthrachinon* u. *β-Isopropoxypropionylchlorid*, färben P u. N rot; *1.5-Diamino-8-hydroxy-2-acetylanthrachinon* u. IV, färbt P bordorot. (**D.A.S. 1278636** Kl. 22b vom 3/3. 1965, ausg. 26/9. 1968.) — 2 S. O. Roick 6864

1787 Sandoz Akt.-Ges., Basel (Erfinder: Jacques Günthard, Binningen und Emilio Baserga, Neuallschwil), Schweiz, **Herstellung von sulfonsäuregruppenfreien Anthrachinonverbindungen.** In Anthrachinone, die in 4-Stellung unsubstituiert sind, aber sonst weitersubstituiert sein können u. in 1-Stellung eine $-NH-X-CH_2-K$-Gruppe enthalten (X = direkte Bindung oder gesätt., ggf. substituierter KW-Stoff-Rest, K = Rest einer Ammonium-, Cycloammonium- oder Hydraziniumgruppe) führt man durch Bromieren ein Br-Atom in 4-Stellung des Anthrachinonkerns ein. — Die erhaltenen Farbstoffe eignen sich zum Färben von Acrylnitrilpolymerisaten oder -mischpolymerisaten u. können auch als Zwischenprod. zur Herst. anderer Farbstoffe verwendet werden. — 37,5 (Gew.-Teile) *N-[3-(1'-Anthrachinonyl)-amino-2-hydroxypropyl]-N.N-dimethylhydraziniumchlorid* löst man in 280 28%ig. HCl, versetzt in 15—30 Min. mit der Lsg. von 16 *Br_2* in 112 28%ig. HCl, rührt 3 Std. bei normaler Temp., erwärmt in 30 Min. auf 45° u. rührt 2 Std. bei 45°. Der *bromierte Farbstoff* (I) färbt Polyacrylnitril (PAC) rotorange. Die durch Kondens. von I mit *Monomethylamin* (II) oder mit *1-Amino-4-methoxybenzol* erhaltenen Farbstoffe färben PAC in sehr egalen rotstichig bzw. grünstichig blauen Tönen. Man erhält in ähnlicher Weise weitere bromierte Farbstoffe aus: *3-Anthrachinoyl-[1']-aminopropyl-trimethylammonium-methylsulfat*, Kondens.-Prod. mit II färbt PAC leuchtend rotstichig blau; *N-[2-(1'-Anthrachinonyl)-aminoäthyl]-N.N-dimethylhydraziniumchlorid*; *N-[3-(1'-Anthrachinonyl)-aminopropyl]-N.N-dimethylhydraziniumchlorid*, färbt PAC orangerot, durch Kondens. mit I blauer Farbstoff. — Weitere Tabellenbeispiele ohne Angaben über die Eig. der erhaltenen Farbstoffe. (**Schwz.P. 456807** vom 10/11. 1965, ausg. 31/7. 1968.) — 5 S. O. Roick 6864

1788 Cassella Farbwerke Mainkur Akt.-Ges. (Erfinder: Werner Zerweck † und Ernst Heinrich), Frankfurt/M., **Herstellung eines Küpenfarbstoffes.** Man kondensiert *p-Brombenzoesäure* oder deren funktionelle Deriv. mit *1.5-Diamino-4.8-dihydroxyanthrachinon* im Mol.-Verhältnis 2:1 u. erhält ein bronzefarbenes Farbstoffpulver, das in konz. H_2SO_4 grün lösl. ist u. auf Cellulosematerialien aus rotstichig brauner Küpe klare blauviolette Färbungen u. Drucke von guten Echtheits-Eig., z. B. guter Naß- u. Sodakochechtheit liefert. (**D A.S. 1276846** Kl. 22b vom 24/4. 1965, ausg. 5/9. 1968.) — 1 S. O. Roick 6864

1789 Badische Anilin- & Soda-Fabrik Akt.-Ges., Ludwigshafen/Rh. (Erfinder: Willy Braun, Heidelberg, und Ernst Anton, Ludwigshafen/Rh.), **Herstellung von Perylentetracarbonsäureimiden** erfolgt durch Kondens. von Perylen-3.4.9.10-tetracarbonsäure oder deren Anhydrid mit Aminen in organ. Medium, bes. Chinolin oder Chinolin enthaltenden Gemischen, wobei man als Kondens.-Hilfsmittel Zn- oder Cd-Salze, bes. von Ameisen-, Essig-, Propion-, Butter-, Stearin-, Benzoe-, Nicotin-, Phthal-, Hexahydrobenzoe-, Phenylessigsäure einsetzt. Beispiel: Perylen-3.4.9.10-tetracarbonsäureanhydrid, 4-Amino-azobenzol, krist. Zn-acetat werden nacheinander in Chinolin eingetragen. Unter Durchleiten von Luft oder N_2 wird auf 230—235° erhitzt u. bei 100° rote Krist. abgesaugt, die mit Chinolin, CH_3OH, W. gewaschen werden. Nach Auskochen in verd. NaOH → Perylen-3.4.9.10-tetracarbonsäure-bis-[4-phenylazo]-phenyl-imid. — Weitere Beispiele. — *Pigmentfarbstoffe für Lacke, plast. Massen, Druckfarben, Kunstfasern, Küpenfarbstoffe mit guter Sodaechtheit.* (**Schwz.P. 441586** vom 14/5. 1964, ausg. 15/1. 1968.) — 4 S. H.-W. Wille 6866

1790 Sandoz Akt.-Ges., Basel (Erfinder: Helmut Moser, Basel, und Hans von Tobel, Riehen), Schweiz, **Herstellung von Phthalocyaninfarbstoffen** der allg. Formel I, worin Pc der Rest eines ggf. metallhaltigen

$$Pc-[-SO_2-NH-(-CH_2-)_m-Z^{\oplus}]_n A_n^{\ominus}, \quad I$$

u./oder nicht wasserlöslichmachenden Substituenten tragenden Phthalocyaninfarbstoffes, Z⊕ der Rest einer quatern. Ammonium- oder Hydrazoniumverb., A⊕ einwertiges Anion, m = 2 oder 3 u. n = 2, 3 oder 4 sind, erfolgt dadurch, daß man 1 Mol der Verb. der allg. Formel

$$Pc-[-SO_2-NH-(-CH_2-)_m-R]_n, \quad II$$

II worin R einen einwertigen organ. oder anorgan. Säurerest bedeutet, mit n Mol. eines sek. oder tert. Amins oder eines mindestens an einem N-Atom disubstituierten Hydrazins u. bei Verw. eines sek. Amins eines Quaternierungsmittels umsetzt. Als II werden bes. Cu, Ni, Fe, Co, Zn, Al, Cr enthaltende Verb. eingesetzt. Beispiel: 3.3'.3''.3'''-Tetra-(β-chloräthylaminosulfonyl)-Cu-phthalocyanin werden in 40%ig. Trimethylamin gerührt. Durch Fällen mit Aceton u. Trocknen bei 60° wird ein wasserlösl. Farbstoff erhalten. Weitere Beispiele. — *Bläuliche Papierfarbstoffe.* (**Schwz.P. 446578** vom 21/10. 1966, ausg. 15/3. 1968.) — 3 S. H.-W. Wille 6870

1791 J. R. Geigy Akt.-Ges., Basel, Schweiz (Erfinder: John Dewar Stewart, Clarkston, und Alexander Hamilton, Giffnock, Großbritannien), **Halogenierung von Phthalocyaninen** erfolgt dadurch, daß man in 1. Stufe, bes. zwischen 110 u. 220°, eine Mischung aus einem Phthalocyanin u. einem Friedel-Crafts-Metallhalogenid-Katalysator, bes. $AlCl_3$, $AlBr_3$, $FeCl_3$, in Schmelze mit elementarem Halogen, bes. Cl_2, Br_2, in 2. Stufe mit einem Schwefeloxychlorid, $SOCl_2$, SO_2Cl_2, zwischen 100 u. 200° umsetzt. Ggf. wird der Schmelze ein Alkalihalogenid zugesetzt. — *Pigmentfarbstoff für Lacke,*

Druckfarben, organ. Kunststoffe. (**Schwz.P. 441585** vom 20/4. 1964, ausg. 15/1. 1968. Brit. Prior. 24/4. 1963.) — 5 S. H.-W. Wille 6870

1792 Sandoz Akt.-Ges., Basel (Erfinder: Jakob Benz, Oberwil, August Schweizer, Muttenz, und Walter Wehrli, Riehen), Schweiz, **Herstellung von Reaktivfarbstoffen** erfolgt dadurch, daß man organ. Verb., die mindestens eine ggf. monosubstituierte NH_2-Gruppe u. mindestens einen Halogentriazinylrest enthalten, zuerst mit mindestens 2 am gleichen N-Atom gebundenen KW-Stoffreste enthaltenden Hydrazinen, bes. mit asymm. Dimethylhydrazin u. dann mit einem Phthalocyaninpolysulfonsäurechlorid umsetzt. — 99 (Teile) Mono-Na-Salz von 1-Amino-3-(4′-chlor-6′-phenylamino-1′.3′.5′-triazinyl-2′-amino)-benzol-6.3″-disulfonsäure, die in 450 W. unter Zugabe von Na_2CO_3-Lsg. neutral gelöst sind, werden mit 14 asymm. Dimethylhydrazin umgesetzt. 49,6 des nach der Zugabe von 500 Methanol u. verd. HCl ausgefallenen Nd. werden nach dem Trocknen in 800 W. unter Kühlung auf 0° suspendiert u. zwischen 0—5° wird langsam feuchtes Cu-Phthalocyanin-3.3′.3″.3‴-tetrasulfonsäurechlorid zugesetzt. Durch Zugabe von NaOH-Lsg. wird das pH auf 5 eingestellt, dann werden 55 krist. Na-Acetat zugegeben u. der gebildete Farbstoff wird nach 20std. Rühren bei bis auf 20° ansteigender Temp. ausgesalzen, → türkisblauer, wasserlösl. Farbstoff. — Farbstoffe für Leder u. tier., pflanzliche oder synthet. Fasern, wie *Wolle, Seide, Cellulose, Baumwolle, Nylon* oder *Kupferreyon.* — Druckvorschrift. (**Schwz.P. 452088** vom 29/11. 1966, ausg. 31/5. 1968.) — 3 S. H.-W. Wille 6870

1793 Badische Anilin- & Soda-Fabrik Akt.-Ges., Ludwigshafen/Rh. (Erfinder: Johannes Dehnert, Ludwigshafen, Arnold Tartter Lambsheim, und Walter Grosch, Ludwigshafen), **Herstellung von Farbstoffen der Tetrazaporphinreihe** erfolgt dadurch, daß man ggf. freie Sulfonsäurereste enthaltende Tetrazaporphinsulfonsäurehalogenide mit aromat.-heterocycl. Aminen mit einer unsubstituierten Iminogruppe, die Teil des heterocycl. Ringes ist, umsetzt u. die nicht umgesetzten Sulfonsäurehalogenidreste hydrolysiert. — Eine Lsg. von 58 (Teilen) Cu-Phthalocyanin in 500 $ClSO_3H$ wird 5 Std. auf 130—135° erhitzt, abgekühlt u. in Eiswasser eingerührt. Der mit kaltem W. gewaschene Nd. wird mit 150 Eis u. einer Lsg. von 34 4-Aminobenztriazolhydrochlorid in 120 W. angeteigt; dann werden 150 10%ig. NaOH zugesetzt u. durch Zugabe von 10%ig. Na_2CO_3-Lsg. wird das pH 15—20 Std. bei 25° auf 7 gehalten. Nach dem Ausfällen mit KCl u. Trocknen werden 165 eines blauen Farbstoffes erhalten, von dem 20 in 10 NaOH (38°Bé) u. 1000 W. gelöst werden. Nach der Zugabe von 10 Hexahydro-1.3.5-triacryloyl-symm.-triazin wird damit Baumwollgewebe geklotzt, getrocknet u. 8 Min. bei 100° gedämpft; türkisblaue, naßechte Färbung. — Tabellenbeispiele. Grünliche Baumwollfarbstoffe. (**Schwz.P. 451372** vom 30/8. 1163, ausg. 15/5. 1968. D. Prior. 11/9. 1962.) — 3 S. H.-W. Wille 6870

1794 **Imperial Chemical Industries Ltd.**, London (Erfinder: **Frank Hall** und **Jan Durham Rattee**, Manchester), Großbritannien, *Farbstoffe.* (**SchwzPP. 441 550, 441 567,** vom 11/3. 1960, ausg. 15/1. 1968, **443 520** vom 11/3. 1960, ausg. 15/2. 1968, u. **449 817** vom 11/3. 1960, ausg. 30/4. 1968. Alle Brit. Prior. 11/3., 21/5., 2/7. 1959 u. 4/1. 1960. — C. **1966,** 18-2587 [Brit.P. 885 059, F.P. 1 253 475 u. D.A.S. 1 155 549].)

1795 **Farbenfabriken Bayer Akt.-Ges.** (Erfinder: **Winfried Kruckenberg**), Leverkusen, *Herstellung von Azofarbstoffen.* (**D.A.S. 1 273 727** Kl. 22a vom 27/1. 1962, ausg. 25/7. 1968. — C. **1968,** 8-2685 [F.P. 1 345 989].)

1796 **Farbenfabriken Bayer Akt.-Ges.** (Erfinder: **Karl-Heinz Schündehütte, Horst Nickel** und **Fritz Suckfüll**), Leverkusen, *Herstellung von reaktiven Azofarbstoffen.* (Schwz.P. **452 079** vom 30/7. 1962, ausg. 31/5. 1968. D. Prior. 26/8. 1961. — C. **1967,** 7-2959 [F.P. 1 331 284].)

1797 **Farbenfabriken Bayer Akt.-Ges.** (Erfinder: **Klaus Gerlach**), Leverkusen, *Herstellung von Chromkomplexazofarbstoffen.* (**Oe.P. 255 000** vom 3/6. 1965, ausg. 12/6. 1967. D. Prior. 3/6. u. 18/9. 1964. — C. **1968,** 33-3000 [Belg.A.S. 664 682].)

1798 **Farbenfabriken Bayer Akt.-Ges.**, Leverkusen (Erfinder: **Helmut Kleiner**, Köln), *Herstellung von Dispersionsfarbstoffen.* (**Schwz.P. 448 332** vom 12/5. 1965, ausg. 29/3. 1968. D. Prior. 27/6. 1964. — C. **1968,** 45-2948 [Belg.A.S. 665 505].)

1799 **Badische Anilin- & Soda-Fabrik Akt.-Ges.** (Erfinder: **Günter Lange** und **Hans-Günter Wippel**), Ludwigshafen/Rh., *Herstellung wasserunlöslicher Azofarbstoffe.* (**D.A.S. 1 270 710** Kl. 22a vom 20/9. 1963, ausg. 20/6. 1968. — C. **1968,** 49/50-2781 [Oe.P. 247 486].)

1800 **Crompton & Knowles Corp.**, Worcester, Mass. (Erfinder: **Robert W. Eltonhead**, Reading, Pa.), USA, *Herstellung von Monoazofarbstoffen.* (**Schwz.P. 450 589** vom 9/10. 1964, ausg. 30/4. 1968. U.S. Prior. 14/10. 1963. — C. **1969,** 2-2460 [Brit.P. 1 053 313].)

1801 **J. R. Geigy Akt.-Ges.** (Erfinder: **Hans-Rudolf Schwander**, Basel, **Jean-Pierre Jung**, Riehen, und **Peter Hindermann**, Basel), Schweiz, *Herstellung von Monoazofarbstoffen.* (**Schwz.P. 438 524** vom 3/4. 1959, ausg. 15/12. 1967. Zusatz zu Schwz.P. 424 023; C. 1969, 2-2463. — C. **1962,** 6976 [F.P. 1 222 195].)

1802 **Farbwerke Hoechst Akt.-Ges., vormals Meister Lucius & Brüning,** Frankfurt/M., *Herstellung von wasserunlöslichen reaktiven Monoazopyrazolon-Farbstoffen.* (**Brit.P. 1 097 985** vom 6/5. 1965, ausg. 3/1. 1968. D. Prior. 6/5. 1964. — C. **1968,** 36-2723 [Oe.P. 251 726].)

1803 **Imperial Chemical Industries Ltd.**, London (Erfinder: **Donald Graham Wilkinson,** Blackley), Großbritannien, *Herstellung von Thiachromonoacridonen.* (**Schwz.P. 442 576** vom 30/4. 1963, ausg. 31/1. 1968. Brit. Prior. 30/4. 1962. — C. **1967,** 7-2967 [Brit.P. 968 474 u. F.P. 1 371 801].)

1804 **Aziende Colori Nazionali Affini ACNA S. p. A.** (Erfinder: **Marco Tessandori**), **Mailand, Italien,** *Herstellung von linearem Chinacridon als rotes Pigment.* (**Schwz.P. 440 504** vom 2/6. 1964, ausg. 29/12. 1967. It. Prior. 12/6. 1963. — C. **1969,** 8-2288 [Brit.P. 1 069 753].)

1805 **Sandoz Akt.-Ges.,** Basel (Erfinder: **Paul Bücheler,** Reinach), Schweiz, *Herstellung von Anthrachinonfarbstoffen.* (**D.A.S. 1 267 360** Kl. 22b vom 17/4. 1964, ausg. 2/5. 1968. Schwz. Prior. 23/4. 1963. — C. **1969,** 8-2279 [Brit.P. 1 061 424].)

1806 **Sandoz Akt.-Ges.,** Basel (Erfinder: **Paul Bücheler,** Reinach). Schweiz, *Herstellung von Farbstoffen der Anthrachinonreihe.* (**Schwz.P. 442 577** vom 4/3. 1964, ausg. 31/1. 1968. — C. **1969,** 7-2170 [Belg.A.S. 658 470].)

1807 **Sandoz Akt.-Ges.,** Basel (Erfinder: **Wolfgang Schoenauer,** Riehen), Schweiz, *Herstellung von wasserlöslichen Farbstoffen.* (**Schwz.P. 447 421** vom 7/7. 1961, ausg. 29/3. 1968. Zusatz zu Schwz.P. 396 254; C. 1968, 43-2821. — C. **1967,** 32-2733 [D.A.S. 1 227 588].)

1808 **Sandoz Ltd.** (Erfinder: **François Benguerel**), Basel, Schweiz, *Wasserlösliche Aminoanthrachinonfarbstoffe.* (**Brit.P. 1 072 133** vom 23/9. 1964, ausg. 14/6. 1967. Schwz. Prior. 24/9. 1963 u. 11/8. 1964. **D.A.S. 1 269 266** Kl. 22b vom 30/9. 1964, ausg. 30/5. 1968. Schwz. Prior. 11/8. 1964. — C. **1969,** 1-2550 [Belg.A.S. 653 163].)

1809 **Badische Anilin- & Soda-Fabrik Akt.-Ges.**, Ludwigshafen/Rh. (Erfinder: **Karl Maier, Julius Eisele,** Ludwigshafen/Rh., und **Wilhelm Federkiel,** Frankenthal/Pfalz), *Herstellung von Anthrachinonfarbstoffen.* (**Schwz.P. 446 569** vom 4/6. 1965, ausg. 15/3. 1968. D. Prior. 18/6. 1964. — C. **1969,** 9-2064 [Niederl.P. 122 492].)

1810 **Farbenfabriken Bayer Akt.-Ges.**, Leverkusen (Erfinder: **Hans Raab** und **Gerd Müller,** Köln), *Herstellung von Anthrachinonazofarbstoffen.* (**Schwz.P. 453 532** vom 2/11. 1965, ausg. 14/6. 1968. D. Prior. 24/12. 1964. — C. **1969,** 4-2272 [F.P. 1 461 884].)

1811 **Farbwerke Hoechst Akt.-Ges. vormals Meister Lucius & Brüning,** Frankfurt/M. (Erfinder: **Hermann Remy,** West Warwick, R. I., USA), *Herstellung eines blauen sauren Anthrachinonfarbstoffes.* (**Schwz.P. 450 596** vom 30/11. 1965, ausg. 30/4. 1968. D. Prior. 2/12. 1964. Zusatz zu Schwz.P. 438 539; C. 1969, 9-2089. — C. **1969,** 5-2225 [F.P. 89 146].)

Redaktionsschluß: 6. Februar 1969

Herausgeber: Prof. Dr. Heinrich Bertsch, Berlin, und Prof. Dr. Dr. h. c. Wilhelm Klemm, Münster
Stellvertretende Herausgeber: Prof. Dr.-Ing. Dr. rer. nat. h. c. Eberhard Leibnitz, 104 Berlin, Schiffbauerdamm 19, Fernsprecher: 425571
und Prof. Dr. Bertold Reuter, 1 Berlin 30, Geisbergstraße 39, Fernsprecher: 2119091
Chefredakteure und verantwortlich für den Inhalt: Dr. Helga Völz, 104 Berlin, Schiffbauerdamm 19, Fernsprecher: 425571
und Dr.-Ing. Christian Weiske, 1 Berlin 30, Geisbergstraße 39, Fernsprecher: 2119091
Stellvertretender Chefredakteur: Dr.-Ing. Günter Pötzscher, 1 Berlin 30, Geisbergstraße 39, Fernsprecher: 2119091

Akademie-Verlag GmbH, 108 Berlin, Leipziger Str. 3—4 (Fernsprecher: 220441, Telex-Nr. 0112020) und Verlag Chemie, GmbH, 6940 Weinheim/Bergstr., Pappelallee 3 (Fernsprecher: (06201) · 3635; Fernschreiber: 465516 vchwh d). Bestellnummer: 1007/140.
Das Chemische Zentralblatt erscheint wöchentlich. Preis des Jahrganges einschl. Schnellreferatedienst, Autoren-, Patent-, Sach- u. Formelregister: 3200,—; einseitig bedruckte Ausgabe: 3700,—. Abgabe der Zeitschrift nur mit sämtlichen Registern. Abbestellungen nur bis spätestens 6 Wochen vor Ablauf des Kalenderjahres.

Satz u. Druck: VEB Druckhaus „Maxim Gorki“, Altenburg, und VEB Leipziger Druckhaus, Leipzig.
Veröffentlicht unter der Lizenznummer 1273 des Presseamtes beim Vorsitzenden des Ministerrates.
Printed in Germany.

31305

FSC
www.fsc.org
MIX
Papier | Fördert gute Waldnutzung
FSC® C083411

Kolibri 360 GmbH
Ferdinand-Jühlke-Straße 7
99095 Erfurt, Deutschland
produktsicherheit@kolibri360.de